Konrad-Zuse-Straße 3, D-54552 Nerdlen/Daun
Telefon: 06592 957389-0
Kontakt: info@kynos-verlag.de
www.kynos-verlag.de

Gedruckt in Lettland

1. Auflage 2025
ISBN 978-3-95464-348-6

Bildnachweis: Alle Bilder von Heinz Grundel

Grafische Gestaltung: Nicole Hilgers unter der Verwendung einer Grafik von Neyriss-stock.adobe.com für die Länderausschnitte

KYNOS STIFTUNG

Mit dem Kauf dieses Buches unterstützen Sie die
Kynos Stiftung Hunde helfen Menschen
www.kynos-stiftung.de

Grundel & Rau

Atlas der Hunderassen

Alle FCI-Rassen in Wort und Bild

Inhaltsverzeichnis

Vorwort von Yves De Clercq, FCI 8

Vorwort von Prof. Dr. Peter Friedrich, VDH 9

Über die Autoren 10

Ein paar Worte vorweg 11

FCI-Gruppe 1 – Hütehunde & Treibhunde 17

Sektion 1 – Schäferhunde 18
Sektion 2 – Treibhunde 104

FCI-Gruppe 2 – Pinscher und Schnauzer, Molossoide, Schweizer Sennenhunde 117

Sektion 1 – Pinscher & Schnauzer 118
Sektion 2 – Molossoide 140
Sektion 3 – Schweizer Sennenhunde 222

FCI-Gruppe 3 – Terrier 231

Sektion 1 – Hochläufige Terrier 232
Sektion 2 – Niederläufige Terrier 266
Sektion 3 – Bullartige Terrier 290
Sektion 4 – Zwerg-Terrier 298

FCI-Gruppe 4 – Teckel / Dackel / Dachshund 305

FCI-Gruppe 5 – Spitze und Hunde vom Urtyp 311

Sektion 1 – Nordische Schlittenhunde 312
Sektion 2 – Nordische Jagdhunde 324
Sektion 3 – Nordische Wach- und Hütehunde 344
Sektion 4 – Europäische Spitze 356
Sektion 5 – Asiatische Spitze und verwandte Rassen 364
Sektion 6 – Urtyp 390
Sektion 7 – Urtyp – Hunde zur jagdlichen Verwendung 400

FCI-Gruppe 6 – Laufhunde, Schweißhunde und verwandte Rassen 413

Sektion 1 – Laufhunde 414
Sektion 2 – Schweißhunde 548
Sektion 3 – Verwandte Rassen 554

FCI-Gruppe 7 – Vorstehhunde 559

Sektion 1 – Kontinentale Vorstehhunde 560
Sektion 2 – Britische und irische Vorstehhunde und Setter 622

FCI-Gruppe 8 – Apportierhunde, Stöberhunde, Wasserhunde 633

Sektion 1 – Apportierhunde 634
Sektion 2 – Stöberhunde 646
Sektion 3 – Wasserhunde 664

FCI-Gruppe 9 – Gesellschafts- und Begleithunde 679

Sektion 1 – Bichons und verwandte Rassen 680
Sektion 2 – Pudel 692
Sektion 3 – Kleine belgische Hunderassen 696
Sektion 4 – Haarlose Hunde 702
Sektion 5 – Tibetanische Hunderassen 704
Sektion 6 – Chihuahueño 712
Sektion 7 – Englische Gesellschaftsspaniel 714
Sektion 8 – Japanische Spaniel und Pekingesen 718
Sektion 9 – Kontinentaler Zwergspaniel und andere 722
Sektion 10 – Kromfohrländer 728
Sektion 11 – Kleine doggenartige Hunde 730

FCI-Gruppe 10 – Windhunde 737
Sektion 1 – Langhaarige oder befederte Windhunde 738
Sektion 2 – Rauhaarige Windhunde 746
Sektion 3 – Kurzhaarige Windhunde 750

Quellen und Literaturempfehlungen 766

Index der Rassenamen
und alternativen Rassebezeichnungen 768

Vorwort von Yves De Clercq

Liebe Leser,

die FCI-Rassennomenklatur in ihrer gegenwärtigen Form (https://www.fci.be/de/Nomenclature/) datiert zurück auf das Jahr 1987, als sie auf der Generalversammlung der FCI (Fédération Cynologique Internationale) in Jerusalem erstmals vorgestellt und angenommen wurde. Ihr Begründer Pr. R. Triquet (FR) hatte mehrere Jahre lang hart an diesem umfangreichen Projekt gearbeitet, das heute immer noch weitreichenden Einfluss auf die Welt der Hunde hat. Gleichzeitig wurde ein neues Modell für die Rassestandards angenommen, welches stark demjenigen ähnelt, das wir heute kennen (und das in vorliegendem Atlas widergespiegelt wird).

Alle Rassestandards und von der FCI anerkannten Rassen zusammenzutragen ist eine große Aufgabe, die viel Mühe, Energie, Zeit und Geld verlangt. Sie angemessen und korrekt zu illustrieren ist eine weitere riesige Herausforderung. Der Atlas aber, den Sie gerade aufgeschlagen haben und gleich durchblättern werden, hat dies wahr werden lassen und ich möchte die Gelegenheit nicht versäumen, Heinz Grundel und Gisela Rau zu diesem wunderbaren Referenzwerk zu beglückwünschen und ihnen zu danken.

Die Auswahl eines (Rasse-)hundes ist ein persönliches oder Familienprojekt mit langfristigen Auswirkungen. Der Atlas von Grundel & Rau wird eine wertvolle Hilfe und Unterstützung für jeden sein, der darüber nachdenkt, einen Hund zu sich nach Hause zu holen.

Im Namen der FCI wünschen wir den Lesern viel Freude und gratulieren den Autoren nochmals zu diesem wunderbaren Werk.

Y. De Clercq
Exekutivdirektor der FCI

Entdecken und Genießen

Ein Vorwort von Prof. Dr. Peter Friedrich

Ein umfassender Atlas aller von der FCI anerkannten Rassen, ein solches Projekt ist gewiss anspruchsvoll, und es klingt im ersten Moment vielleicht auch ein klein wenig nach anstrengendem Lesestoff. Könnte man meinen. Aber man läge mit einer solchen Vermutung völlig falsch. Das von Heinz Grundel und Gisela Rau vorgelegte Werk ist eine regelrechte Einladung zum vergnüglichen Entdecken unterschiedlichster Hunderassen und zum entspannten Genießen der nahezu unzähligen Zeichnungen, die der Natur der abgebildeten Hunde mehr als gerecht werden und zugleich eine wundervolle künstlerische Note aufweisen. Verantwortlich für alle grafischen Elemente ist Heinz Grundel und für die verbalen Beschreibungen Gisela Rau.

Ich habe mir einmal den Spaß gemacht, mehrere bereits existierende bebilderte Rasselexika neben den neuen ‚Atlas der Hunderassen' zu legen, einige mir besonders vertraute Hunderassen aufzuschlagen und zu vergleichen, was ich da zu sehen kriege. Die zutage tretenden Gemeinsamkeiten und Unterschiede waren nicht störend, sondern bereichernd. Vor allem ist mir klar geworden, wie sehr Zeichnungen geeignet dafür sind, nicht nur die Anatomie von Hunden zu repräsentieren, sondern auch ihren Ausdruck. Letzterer spielt ja auch beim Bewerten von Hunden eine wesentliche Rolle und wird häufig in den Rassekennzeichen eingehend und mit sorgfältig gewählten Worten erläutert. Heinz Grundel hat es tatsächlich geschafft, den jeweils rassetypischen Ausdruck einzufangen. Er überdosiert dabei subjektive Eindrücke keineswegs, sondern wird dem Wesen der portraitierten Tiere voll gerecht. Er wählt dazu passende Perspektiven und Posen, was die Vielfältigkeit des Bandes noch zusätzlich steigert.

Der Atlas von Grundel und Rau lebt von seiner außerordentlich hohen Qualität und von der Verbindung von prägnanter und nicht ausufernder Information mit der einmaligen und lebhaften Ästhetik der Hundezeichnungen, die sich wahrhaft auf höchstem Niveau bewegen. Erfahrene Hundekenner, neugierige Laien und Kunstbegeisterte dürfen sich somit gleichermaßen angesprochen fühlen.

Prof. Dr. Peter Friedrich
Präsident des Verbands für das Deutsche Hundewesen (VDH)

Über die Autoren

Heinz Grundel

Jahrgang 1950, ist Grafiker und Künstler und lebt in Osnabrück. Er ist bisher vor allem durch seine witzigen Hunde-Cartoons, die er in zahlreichen Büchern veröffentlicht hat, bekannt geworden. Er hatte sein Leben lang Hunde, war viele Jahre mit Alaskan Malamutes als Musher aktiv und bedauert es, nicht alt genug werden zu können, um noch viel mehr Hunderassen einmal haben zu können. Er hat noch nie einen Hund getroffen, den er nicht mochte.

Gisela Rau

Jahrgang 1969, ist Geschäftsführerin des Kynos Verlags und dort seit 25 Jahren für Lektorat und Programmplanung zuständig. Recherchieren und Schreiben ist für sie mehr als nur ein Job. Zusammen mit Heinz Grundel verfasste sie die Texte zu diesem Buch. Mit ihrem Mann, Pferden, Hunden und Katzen lebt sie auf einem Hof in der Eifel.

Ein paar Worte vorweg ...

... möchten wir zum Aufbau des Buchs verlieren und einige wichtige grundlegende Anmerkungen machen, die eigentlich zu jeder Rassebeschreibung gehören, dann aber wegen Wiederholung gelangweilt hätten und daher besser hier aufgehoben sind, auch wenn Vorworte ja leider dazu neigen, überlesen zu werden. Aber zum Glück ja nicht von Ihnen! Deshalb vorab:

Zur Systematik des Buchs

Da man sich für irgendeine Systematik entscheiden und diese dann konsequent beibehalten muss, haben wir die Rassen nach FCI-Gruppen, innerhalb derer nach Sektionen und innerhalb dieser wiederum alphabetisch geordnet. Der deutsche Name steht dahinter. Alle Rassenamen, auch alternative Bezeichnungen und Schreibweisen, finden Sie im Index am Ende des Buchs. Die Übernahme der FCI-Gruppen, Standardnummern und Standardbeschreibungen erschien uns am logischsten, da dies für die Mehrheit der Hundezüchter und -experten immer noch der geltende Standard ist. Natürlich könnte man Hunderassen auch nach Ländern, einfach alphabetisch oder nach aufgrund neuerer Forschungsergebnisse genetisch nach Verwandtschaftsgrad sortieren, aber das wäre aus mehreren Gründen unpraktisch gewesen. Wir kommen später nochmal darauf zurück. Doch zuvor:

FCI & Co, oder: Wer ist wer?

Ganz kurz für die Neulinge unter Ihnen: Die FCI steht kurz für Fédération Cynologique Internationale und ist der 1911 in Paris gegründete internationale Dachverband der Hundezucht mit Sitz in Thuin bei Brüssel. Jedes Land hat seinen eigenen nationalen Dachverband, der FCI-Mitglied ist, im deutschsprachigen Raum für Deutschland den VDH, in der Schweiz die SKG und in Österreich den ÖKV. Insgesamt gibt es heute 100 Mitgliedsländer.

Es gibt auch sogenannte „Dissidenzvereine“, die eigene Strukturen gebildet haben und außerhalb des FCI-Systems agieren.

Bleiben wir aber bei der FCI: In den nationalen Dachverbänden der Länder wiederum gruppieren sich Rassezuchtverbände, die eine oder mehrere verwandte Rassen betreuen und in denen die Züchter Mitglied sind.

Die USA haben übrigens seit jeher mit dem AKC (American Kennel Club) und die Briten mit dem KC (Kennel Club) ihre eigenen, nicht der FCI angehörenden Verbände mit eigenen Rassestandards und eigenem Ausstellungswesen.

Ausstellungswesen? Ja, das Wort klingt ein wenig altmodisch im Zusammenhang mit Hunden und auch nicht mehr ganz zeitgemäß. Es ist der langen Tradition geschuldet, denn die erste Hundeausstellung fand schon 1863 in Deutschland statt. Man „stellt Hunde aus“, indem man sie Zuchtrichtern vorführt, die sie anhand des Rassestandards überprüfen, ob sie den Kriterien entsprechen. Es gibt sie auf allen Verbandsebenen von lokal bis international. Neben Zuchtzulassungsprüfungen geht es hier um die Vergabe von Titeln oder sogenannten „Anwartschaften“, die zur Teilnahme an der nächsthöheren Ebene berechtigen. Zur besseren Vergleichbarkeit werden die Hunde in Klassen eingeteilt, z.B. nach Alter, Verwendung oder schon errungenen Titeln. Mehr über das System können Sie auf der Internetpräsenz des VDH oder in dem Buch „Best in Show“ von Dr. Peter Beyersdorf nachlesen. Die FCI legt auch den so genannten Rassestandard fest, womit wir beim nächsten sehr wichtigen Punkt wären:

Der Rassestandard: Idealbild statt Garantie für Eigenschaften

Der Standard, von dem in diesem Buch immer wieder die Rede ist, ist keine Beschreibung aller Hunde dieser Rasse, sondern ein theoretisches Idealbild. Das ist ganz wichtig zu verstehen, denn das jeweilige Individuum Hund hat ihn nicht gelesen, um es ganz flapsig zu sagen, sondern verhält sich so, wie es ihm seine individuelle Veranlagung, seine Aufzucht, Sozialisation, Lebenserfahrung und Erziehung mitgeben. Natürlich gibt es, was das Verhalten angeht, innerhalb der Rasse starke Neigungen, besonders bei Hunden, die über Jahrhunderte für einen ganz bestimmten Zweck gezüchtet wurden, wie etwa zur Jagd oder sogar einer bestimmten

Teildisziplin der Jagd. Hier tritt die Selektion auf bestimmte Verhaltensmerkmale ganz besonders deutlich hervor. Trotzdem kommt es selbst bei Jagdhunderassen hin und wieder zu Individuen, die nicht so talentierte Jäger sind. Will sagen: Ein Rassestandard ist keine Garantie für „Jeder Hund dieser Rasse ist soundso". Seien Sie sich dieser Tatsache bewusst, wenn Sie eine Hundeanschaffung planen und diesen Atlas dazu nutzen möchten, herauszufinden, welche Rasse zu Ihnen passt. Die vererbte Genetik macht nur einen Teil des Verhaltens aus, der andere wird durch Umwelterfahrungen bedingt, was schon beim Verhalten der Mutterhündin anfängt, über den Umgang mit dem Welpen beim Züchter, die Außenreize und sich über Sozialisation und Erziehung in den ersten Wochen und Monaten fortsetzt. Bitte ordnen Sie daher Aussagen wie „ist freundlich zu Kindern" oder „ist misstrauisch gegenüber Fremden" immer in diesen Kontext ein – als eine Tendenz, nicht als eine absolute Aussage für alle Hunde der Rasse. Problematisch ist grundsätzlich auch der Begriff „Familienhund", der uns eigentlich Kopfschmerzen bereitet, der aber andererseits in diesem Buch nicht zu vermeiden war. Kopfschmerzen deshalb, weil es die Familie nicht gibt. Die Tatsache, dass mehrere Personen oder Generationen in einer Gemeinschaft zusammenleben, sagt noch nicht viel über ihren Lebensstil: Haus auf dem Land oder Stadtwohnung? Eher aktive oder eher „ansässige" Menschen? Ständiges Kommen und Gehen im Haus oder eher Ruhe? Gleichmäßiger Tagesablauf oder viele Variationen? Andere Haustiere? Immer jemand zuhause? Und so weiter und so fort. Wie soll es da den Familienhund geben? Verstehen Sie daher bitte den Begriff lieber so: Ein Hund, der nicht zur Erfüllung einer ganz bestimmten Aufgabe oder Arbeit wie Hüten, Jagen, Bewachen etc. gehalten wird, sondern einfach als Alltagsbegleiter, der seinen Menschen Freude machen soll. Und dann überlegen Sie, was von den beschriebenen Eigenschaften einer Rasse am ehesten zu Ihrer ganz konkreten Lebenssituation passt und recherchieren Sie dann, wenn Sie eine engere Auswahl getroffen haben, weiter – sprechen Sie mit Züchtern und Besitzern der Wunschrasse, lernen Sie Hunde dieser Rasse kennen (vielleicht auf einer Ausstellung) und lesen Sie dazu, was Sie nur finden können. Weitere Literaturtipps finden Sie im Anhang.

Übrigens hat Heinz Grundel auch die Hunde in diesem Buch nicht streng nach „Standardideal" gezeichnet. Das war nicht sein Ziel. Die Bilder sollen vielmehr einen möglichst lebendigen Eindruck der Persönlichkeiten und Individuen vermitteln, die diese Rasse ausmachen. Wir hoffen, dies ist uns gelungen. Wenn Sie eine bestimmte Rasse züchten, werden Sie sich ohnehin mit dem Standard im vollen Wortlaut eingehend beschäftigen, viele Bilder von mehr oder weniger gut bewerteten Hunden dieser Rasse vergleichen und Ihr Auge für die Besonderheiten genau dieser Rasse schulen.

Die Gefahr der Übertypisierung

Der Rassestandard beschreibt natürlich nicht nur das Verhalten, sondern in erster Linie Körperbau und Aussehen, und das sehr detailliert. Form, Größe und Position der Ohren, die Haltung der Rute, manchmal jeder Farbfleck werden exakt für eine Rasse beschrieben. Das kann dann zum Problem werden, wenn es ganz besondere rassetypische Merkmale gibt, die in die funktionelle Physiologie des Hundes eingreifen, wie etwa eine kurze, gedrehte Rute, eine „gut gewinkelte" Hinterhand beim Deutschen Schäferhund oder die kurze, flache Nasenpartie bei Mops, Pekinesen, Französischen Bulldoggen & Co. Die Züchter bemühen sich, dieses Merkmal hervorzuheben, die Richter honorieren es mit guten Noten und so kann die Form immer extremer werden bis über das hinaus, was eigentlich einmal gedacht und noch funktional oder gesund für den Hund war. Oft reagiert dann der Verband und ändert die Standards (sie ändern sich ohnehin immer wieder einmal, die aktuelle Version finden Sie immer auf www.fci.be) oder sie fügt Zusätze wie „normale Atmung und Bewegung darf nicht beeinträchtigt sein" oder ähnliches hinzu. Für potenzielle Welpenkäufer heißt das: Schauen Sie sich den Züchter und worauf er Wert legt ganz besonders gut an. Welpen mit auf Ausstellungen hochprämierten Eltern müssen nicht unbedingt automatisch die gesündesten und robustesten sein, auch wenn das natürlich so wünschenswert wäre.

Kritik an der Rassehundezucht?

Da sind wir natürlich schon mitten im derzeit heiß umstrittenen Thema der „Qualzuchten" oder sogar der Rassehundezucht generell. So richtig ins Rollen kam es mit der BBC-Dokumentation „Pedigree Dogs Exposed" aus dem Jahr 2008, die so verformte Bulldogs zeigte, dass sie kaum noch laufen und atmen konnten, aber auf der prestigeträchtigen britischen Haupt-Ausstellung

„Crufts" in Birmingham hoch benotet wurden oder Bassets, die mit dem Bauch fast über den Boden schleiften. Ein großer Sturm der Empörung auf allen Seiten war die Folge, von Öffentlichkeit und Tierschützern auf der einen wie von Züchtern und Zuchtverbänden auf der anderen Seite, die sich ungerecht behandelt und diffamiert fühlten. Dennoch: Nach viel Streit kam dabei heraus, dass der britische Kennel Club die Standards für viele Rassen überarbeitete – zum Wohl der Hunde. Auch in anderen Ländern reagierte man. Am strengsten bisher in den Niederlanden, wo das Ministerium für Landwirtschaft, Natur und Lebensmittelqualität die Zucht von Hunden mit bestimmten Defektmerkmalen ab dem 24. August 2023 endgültig verboten hat. So muss jetzt zum Beispiel bei den brachycephalen (kurznasigen) Rassen die Nasenlänge mindestens 1/3 der Schädellänge betragen, damit mit dem Hund weiter gezüchtet werden darf. In Deutschland sind ähnliche Regelungen derzeit (2025) in der Diskussion, aber noch nicht beschlossen und die weitere Entwicklung bleibt abzuwarten.

Wir sind der Meinung: Ja, es ist fundamental wichtig und unser aller ethischer Verantwortung, Hunde zu züchten (oder zu kaufen und dadurch die Nachfrage zu stärken), die durch ihren eigenen Körper nicht behindert werden. Ein Mops, der ständig schnarcht, ist nicht „süß", sondern bekommt keine Luft, Punkt. Große Glubschaugen sind nicht mehr niedlich, sondern gruselig, wenn sie dem Hund buchstäblich aus dem Schädel fallen. Viel hat sich hier zum Glück schon in der Wahrnehmung der Öffentlichkeit geändert. Aber man muss dennoch das Kind nicht mit dem Bade ausschütten und nun die Rassehundezucht generell verbieten. Ihre Geschichte zeigt in jeder Richtung, zum Negativen wie zum Positiven, wie schnell sich das gesamte Erscheinungsbild einer ganzen Rasse innerhalb weniger Generation komplett verändern kann. Beispiele dafür werden sie in diesem Atlas einige beschrieben finden. Züchter und Richter sind in der Verantwortung, das zum Wohle der Hunde auch umzusetzen. Manchmal reicht dazu ein Blick in die Vergangenheit einer Rasse, denn man kann recht sicher davon ausgehen, dass unsere Vorfahren in erster Linie immer eher eine Funktion oder ein Talent im Auge hatten als eine Äußerlichkeit, und wenn, dann hat selbst diese eine Funktion wie zum Beispiel die bessere Sichtbarkeit einer weißen Schwanzspitze im Nebel und Dunklen.

Rassetypische Erkrankungen

Wir haben lange überlegt, ob wir zu jeder Rasse auch die „rassetypischen Erkrankungen" auflisten sollen und uns dann dagegen entschieden. Nicht, weil es „unschön" wäre und unter den Teppich gekehrt werden sollte, sondern weil sich die diesbezügliche Sachlage häufig schnell ändert. Insbesondere in der Genetik macht die Wissenschaft derzeit so rasante Fortschritte, dass man kaum noch hinterherkommt und das Buch kurz nach Erscheinen wahrscheinlich schon nicht mehr aktuell wäre, weil man neue Erbgänge herausgefunden und neue Gentests entwickelt hat. Wir raten daher, sich bei Interesse für eine bestimmte Rasse aktuell im Internet möglichst vielseitig zu informieren, welche Erkrankungen innerhalb einer Rasse häufiger auftreten, wie der Zuchtverband damit umgeht und wie die einzelnen Züchter. Die ausführlichste unabhängige wissenschaftliche Datenbank dazu führt die Universität Sydney unter www.omia.org, sie ist aber für Laien unter Umständen schwer interpretierbar und nur in englischer Sprache verfügbar.

Nur, wenn bestimmte Erkrankungen und Defekte für eine Rasse sehr auffällig kennzeichnend sind, haben wir sie in der Beschreibung als Hinweis mit aufgenommen. Das heißt nicht, dass alle andere Rassen, die keinen solchen Vermerk haben, nicht von erblichen Erkrankungen betroffen sind. Informieren Sie sich immer im Einzelfall.

Und was ist mit Mischlingen?

Das Argument, Mischlinge seien gesünder als Rassehunde, wird häufig an dieser Stelle der Diskussion vorgebracht. Die gängige Begründung dafür: Ihr Genpool sei größer, damit die Gefahr für inzuchtbedingte Erbkrankheiten geringer. So einfach ist es aber leider nicht, denn auch Mischlinge können die Gene für Krankheitsdispositionen in sich tragen. Nur: Man weiß nicht, welche, während man in der Rassehundezucht aufwändige Gesundheits- und Gentests durchführt, um möglichst genau vorhersagen zu können, was ein Hund vererben wird und was nicht.

Aktuelle Studien zeigen zum Beispiel, dass Rassehunde grundsätzlich nicht häufiger erkranken als Mischlinge.*

* Forsyth KK, McCoy BM, Schmid SM, Promislow DEL, Snyder-Mackler N, the DAP Consortium and Creevy KE (2023) Lifetime prevalence of owner-reported medical conditions in the 25 most common dog breeds in the Dog Aging Project pack. *Front. Vet. Sci.* 10:1140417. doi: 10.3389/fvets.2023.1140417

Das soll nun natürlich andererseits keine Abwertung der Mischlinge darstellen, die wunderbare Hunde sein können und mehrheitlich auch sind. Wissen sollte man aber, dass sie nicht nur gesundheitlich, sondern auch vom Verhalten her ein Überraschungspaket sein können, vor allem, wenn nicht genau bekannt ist, welche Rassen an ihrer Entstehung beteiligt waren. Besonders bei Hunden aus dem Auslandstierschutz ist das häufig der Fall. Aus Rumänien und generell Südosteuropa zum Beispiel kommen häufig Mischlinge mit unerkannten Herdenschutzhund-Vorfahren zu uns und die nichtsahnenden Besitzer sind überrascht und überfordert, wenn diese nach einigen Monaten ein ausgeprägtes Territorialverhalten zu zeigen beginnen. Es sollte daher möglichst immer versucht werden, möglichst viel über die beteiligten Rassen herauszufinden.
Übrigens am Rande: Auch die derzeit so boomenden „Designer-Dogs" sind Mischlinge, meist aus Pudel und einer anderen Rasse. Im Prinzip keine abwegige Idee, aber in der Umsetzung oft schlecht, wenn man nicht ganz genau weiß, was man miteinander verpaart und vor allem ganz schlecht, wenn man mit den Hunden der ersten (F1) Generation auch noch weiterzüchtet, weil dann laut der Mendelschen Regeln in der nächsten Generation eine Aufspaltung beginnt und unerwünschte und auch ziemlich unvorhersehbare Eigenschaften auftreten können. Da die Nachfrage nach den „Doodles" aber ungebrochen hoch ist, erliegen leider manche Züchter der Versuchung, hier schnelles Geld machen zu können. Von einer verantwortungs- und planvollen Zucht ist das Lichtjahre entfernt, auch wenn manche „Doodles" sehr gelungene Exemplare sind. Aber sie sind eben keine Rasse, sondern eine „Einmalkreuzung", weshalb sie in diesem Buch nicht weiter behandelt werden.

Warum die Geschichte einer Rasse so wichtig ist

Beim Lesen der Rassebeschreibungen wird Ihnen auffallen, dass wir der Geschichte und dem ursprünglichen Verwendungszweck einer Rasse deutlich mehr Raum gegeben haben als der Beschreibung von äußeren Merkmalen. Wir finden es besonders wichtig zu verstehen, warum eine Rasse so ist, wie sie ist, und das kann man nur in Kenntnis ihrer Historie. Das ist insbesondere im Hinblick auf das Verhalten wichtig. Ein plakatives Beispiel: Schlittenhunde wurden am Polarkreis seit Jahrhunderten, wenn nicht Jahrtausenden daraufhin selektiert (oder selektierten sich selbst), dass sie im Winter ausdauernd im Geschirr ziehen konnten, während der Sommermonate aber, in denen ihre Dienste nicht gebraucht wurden, freigelassen wurden, um sich ihre Nahrung selber zu fangen. Und nun kommt der ahnungslose Interessent, der einen Husky wegen seiner ursprünglichen Optik so hübsch findet und möchte, dass dieser weder an der Leine zieht noch Jagdtrieb zeigt. Das ist weder realistisch noch fair dem Hund gegenüber. Die faszinierendste Veranschaulichung, was züchterische Selektion auf bestimmte Verhaltensmerkmale bewirken kann, findet sich bei den Jagdhunden: Mit je mehr Rassen man sich dort beschäftigt, desto mehr begreift man, dass alle nur unterschiedlich stark ausgeprägte Versionen ein und desselben Verhaltens zeigen, das im Fall des Jagens vereinfacht gesagt von Beute suchen – aufspüren – verfolgen – orten – stellen – fangen – töten – wegtragen – fressen geht. Also so, wie es beim Wolf vollständig vorhanden ist. Beim Haushund ging man nun hin und betonte durch Zuchtauswahl nur die Glieder dieser Kette, die einem besonders gut gefielen, man „markierte" sie quasi genetisch so, wie wir im Clickertraining ein erwünschtes Verhalten markieren. Zum Beispiel das Stöbern im Fall der Spaniel, Verfolgen im Fall von Bloodhound & Co, Stellen im Fall der Laiki oder Wegtragen (Apportieren) im Fall der Retriever. Die anderen Glieder der Kette werden dann abgeschwächt oder gar nicht ausgeführt, sie „schlummern" aber immer noch in der Genetik. Ein Jagdhund bekommt also nicht als Dressuraufgabe beigebracht, was er zu tun hat, sondern er bringt die Neigung zur Ausführung bestimmter Verhaltenselemente schon verstärkt mit und es liegt am Hundeführer, was er daraus macht, indem er die Ansätze dieses Verhaltens weiter fördert (oder unterdrückt).
Rassehundezucht ist also ein Live-Lehrstück für uns, wie Domestikation abläuft und für die erstaunliche Geschichte der Kooperation zwischen Hund und Mensch, denn Voraussetzung für all das ist, dass es Hunden aus irgendeinem Grund sehr wichtig ist, uns zu gefallen und mit uns zusammenzuarbeiten. Sie sind eben mehr als nur eine „beschreibbare Festplatte". Das Buch „… und wenn es doch Liebe ist?" von Prof. Clive Wynne liefert dazu übrigens spannende wissenschaftliche Hintergrundinformationen.
Zur Historie ist grundsätzlich noch anzumerken. „Rassen" im heutigen Sinne gibt es erst seit Beginn der modernen Rassehundezucht vor etwa 150 Jahren. Vorher

gab es nach Region oder Gebrauchszweck unterschiedliche Typen oder Schläge, aber sie waren weit weniger einheitlich als heute. Wenn hier oder anderswo davon gesprochen wird, dass es die Rasse schon seit so und so vielen Jahrhunderten gibt, dann ist damit gemeint: Hunde eines ähnlichen Typs, nicht tatsächlich genau diese „Rasse".

Die Geschichte wird laufend fortgeschrieben

Da die FCI schon im Jahr 1911 gegründet wurde, haben wir es seitdem mit einem ständig weiterwachsenden System zu tun. Rassen verschwanden wieder, neue kamen hinzu und man musste sie in die bestehenden Gruppen einsortieren. Das gelang nicht immer in allen Fällen fehlerfrei oder eindeutig, manche Rassen könnten genauso gut zu einer anderen Gruppe gehören. Aber so ist das mit lebenden Systemen: Sie entwickeln sich weiter, manchmal über Umwege oder müssen sich anpassen.

Eine spannende Studie aus dem Jahr 2017, oft als „Parker-Studie" zitiert** untersuchte das Genom von über 160 modernen Hunderassen und teilte sie nach Alter und genetischer Verwandtschaft in 23 Gruppen, sogenannte „Kladen" ein. Die Erkenntnisse daraus bergen manche Überraschung und zeigen, dass die derzeitige FCI-Einteilung aus genetischer und entwicklungsgeschichtlicher Sicht vielleicht nicht immer ganz korrekt ist. Aber wie bereits gesagt: Wir sind bei diesem System geblieben, weil es für so viele Länder nach wie vor das übliche und gebräuchliche ist. Sie dürfen und sollen trotzdem gerne „selbst denken" und müssen die Kategorisierung nicht als in Stein gemeißelt ansehen.

Eine Bestandsaufnahme

Vor Ihnen liegt also ein Versuch der Bestandsaufnahme der Rassehundezucht Stand 2025. Nicht mehr und nicht weniger. Verstehen Sie das Buch bitte auch so: Nicht als Empfehlung bestimmter Rassen, nicht als Kritik an anderen, einfach als Überblick über die unglaubliche Vielfalt an Variationen, die Evolution und Domestikation aus dem Stammvater Wolf gemacht haben. Wenn der wüsste!

Entdecken Sie auf den folgenden Seiten all die großen und kleinen, ernsten und fröhlichen, lang- und kurzhaarigen Hunde, all die Spezialisten ihrer Gebiete mit ihren erstaunlichen Fähigkeiten. Es ist, wenn man so möchte, ein immenses kulturelles Erbe, das wir da zu verwalten haben, ein Stück auch unserer eigenen Menschheitsgeschichte und unseres langen gemeinsamen Weges mit den Hunden. Ohne sie wären wir nicht, was wir heute sind.

In diesem Sinne viel Spaß beim Lesen und Schauen!

Gisela Rau und Heinz Grundel
August 2025

** Parker, Heidi G. et al., „Genomic Analyses reveal the Influence of Geographic Origin, Migration and Hybridization on Modern Dog Breed Development," *Cell Reports*, vol. 19 (2017), 697-708.

Hütehunde
&
Treibhunde

FCI-Gruppe 1

Sektion 1 – Schäferhunde
Sektion 2 – Treibhunde

Ursprung: Australien

Arbeitsprüfung

FCI-Standard Nr. 293
Gruppe: 1
Sektion 1: Schäferhunde

Größe
Rüde: 46–51 cm
Hündin: 43–48 cm

Gewicht
Keine Angabe im FCI-Standard
(i. d. R. ca. 20 kg)

Farbe/Haarkleid
Schwarz, Schwarz und Loh, Rot, Rot und Loh, Falbfarben, Schokoladenbraun oder Rauchblau

Laut FCI-Standard Stockhaar mit kurzer und dichter Unterwolle. Arbeitshunde in Australien weisen oft keine Unterwolle auf.

Australian Kelpie

Ursprünglicher Verwendungszweck:
Hüten von Schafen auf sehr großen Flächen

Die Rasse wurde nach der Hündin „Kelpie" benannt, die von im 19. Jahrhundert nach Australien importierten Kurzhaar-Collies abstammte. Sie war sehr erfolgreich bei Hütewettbewerben, weshalb ihre Welpen sehr gefragt waren.

Die raue, ungewohnte Landschaft Australiens zwang die Einwanderer aus England und Schottland, Arbeitshunde zu züchten, die sich den Verhältnissen des Landes anpassten – viel größere Flächen, große Zahlen empfindlicher Merinoschafe und große Hitze. Vermutlich wurden in den Anfängen Hütehunde unterschiedlicher Rassen eingekreuzt.

Die Schafherden mussten jede Nacht ins Gatter auf der Farm gebracht werden, um sie vor Dieben, Dingos oder streunenden Hunden zu schützen. Dies erforderte eine eigene Technik, die Schafe zusammenzutreiben. In seinem Hütestil ähnelt der Kelpie dem Border Collie und arbeitet wie dieser mit Anstarren, Ducken, Anschleichen und immer wieder Lossprinten im Wechsel mit schnellem Hinlegen, ist aber außerdem auch gerne „mittendrin statt nur dabei" und springt den Schafen auch schonmal auf den Rücken, wenn es irgendwo eng wird.

Auszug aus dem Standard:
„Seine Energie ist nahezu unerschöpflich. Er ist sehr treu und ergeben. Er bringt eine instinktive Begabung für die Arbeit an Schafen mit."

Kelpies sind noch heute die Spitzenschäferhunde Australiens und machen sich beim Zusammentreiben und Einpferchen von Schafen außerordentlich nützlich. Sie treiben sie durch Staubwolken genauso energisch und ausdauernd wie über schwankenden Moorboden oder verladen sie in Lastwagen und Waggons.
Zunehmend werden sie auch zu anderen Aufgaben als zum Hüten verwendet und haben sich auch als gute Rettungs-, Blindenführ- und Drogenspürhunde erwiesen.
Der Kelpie ist wachsam, aber kein ausgesprochener Schutzhund. Bekommt er die nötige Beschäftigung, ist er ein guter, temperamentvoller Familienhund, der allerdings konsequente Erziehung benötigt. Er ist sehr menschen- und kinderbezogen. Im Allgemeinen ist der Kelpie sehr verträglich mit anderen Hunden und sucht keinen Streit.
Er ist ein lebhafter und agiler Hund und macht in den verschiedenen Hundesportarten wie zum Beispiel Agility, wo sein Talent zu rasanten Richtungswechseln bestens zum Tragen kommt, eine gute Figur. Er ist von Natur aus ein echter Workaholic und braucht körperliche sowie mentale Auslastung, um unproblematisch und zufrieden zu sein. Als Familienhund „nebenher" eignet er sich daher eher nicht.
1973 wurde der Kelpie als Rasse von der FCI anerkannt.

Ursprung: USA, Westküste

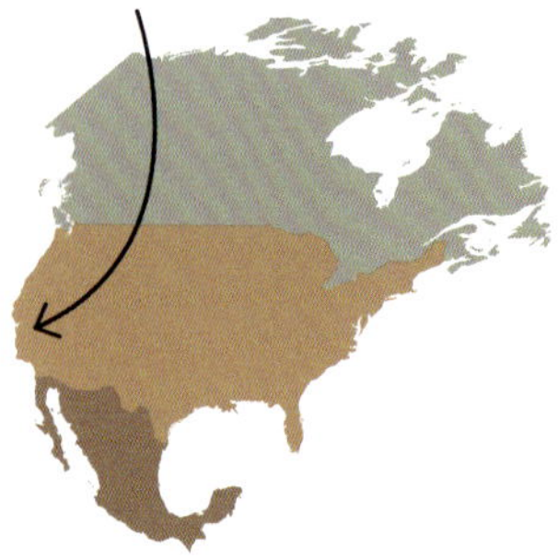

Australian Shepherd

FCI-Standard Nr. 342
Gruppe: 1
Sektion 1: Schäferhunde

Größe
Rüde: 51–58 cm
Hündin: 46–53 cm

Gewicht
Keine Angabe im FCI-Standard (i. d. R. ca. 16–32 kg)
Bei der Beurteilung der Größe ist die Qualität des Hundes wichtiger als eine leichte Abweichung von der Idealgröße.

Farbe/Haarkleid
Blue Merle, Schwarz, Red Merle, Rot, alle mit oder ohne weiße Abzeichen und/oder kupferfarbene Abzeichen. Weiß am Kopf soll nicht vorherrschen.

Stockhaar – mittellanges, glattes Deckhaar mit Unterwolle

Ursprünglicher Verwendungszweck:
Farm und Ranch-Hütehund

Der Australian Shepherd entstand gar nicht in Australien, sondern im Laufe der 50er Jahre des 20. Jahrhunderts an der Westküste der USA als Hütehund für Schafe. Die Schafe kamen im 19. Jahrhundert unter anderem aus Australien samt Schäfern und ihren Schäferhunden in die USA – und dieser Name blieb an den Hunden kleben. Die Schäfer waren britische und baskische Einwanderer, die ihre Hunde aus Collies, Border Collies und verschiedenen Hütehunden wie dem Berger des Pyrenées kreuzten, bis ein eigener Schlag entstand.
Später wurde der Aussie durch seine bei Rodeo-Veranstaltungen gezeigten Kunststücke bekannt und es wurde deutlich, dass es sich hier um einen Hund von außergewöhnlicher Leistungsfähigkeit und Lernbereitschaft handelte. Nach Deutschland kam er in den 1970er und 80er Jahren vor allem im Gefolge von Westernreitern, die ihn zusammen mit ihren Quarter Horses aus den USA importierten.

Auszug aus dem Standard:
„Obschon jeder einzelne Hund ein Unikum in Farbe und Zeichnung darstellt, zeigen alle Australischen Schäferhunde eine unübertreffbare Anhänglichkeit gegenüber ihrem Meister und seiner Familie. Seine zahlreichen guten Eigenschaften haben seine stetige Beliebtheit aufrechterhalten."

Der Australian Shepherd ist ein beweglicher und zugleich kräftiger Hütehund mit mittellangem bis langem Haarkleid und dichter Unterwolle. Das Fell ist wetterfest, aber weder zu üppig noch zu fein. Es ist eine große Palette an Fellfarben erlaubt, darunter auch die beliebten Farben Red und Blue Merle, die oft mit zweifarbigen Augen einhergehen. Zwei merlefarbene Hunde dürfen jedoch niemals miteinander verpaart werden, da sonst Welpen mit zu großem Weißanteil, der zu Taubheit und anderen Gesundheitsproblemen führen kann, geboren werden können.

Der „Aussie" ist intelligent und sehr agil. Er ist ein Arbeitshund mit starkem Hüte- und Schutztrieb. Wie alle Hunde, in denen die Aufgaben in der engen Zusammenarbeit mit einem Schäfer noch lebendig sind, ist er äußerst gelehrig und arbeitsfreudig. Damit ist er ein hervorragender Partner für aktive Menschen und ein idealer Gefährte für jeden Hundesport. So gefordert macht er sich auch gut als Familienhund und verströmt eine überzeugende Fröhlichkeit und Lebensfreude.

Er braucht unbedingt mentale und sportliche Herausforderungen, um zufrieden zu sein, wobei gleichzeitig darauf geachtet werden muss, ihn nicht durch zu viel gut gemeinte Action zu überdrehen. Klare Ruhepausen sind daher wichtig.

Härte oder Kasernenhofstil sind im Umgang mit dem sensiblen Aussie vollkommen kontraproduktiv.

Ursprung: Großbritannien (Schottland, Nordengland)

FCI-Standard Nr. 271
Gruppe: 1
Sektion 1: Schäferhunde

Größe
Rüde: 53–56 cm
Hündin: 51–53 cm

Gewicht
Keine Angabe im FCI-Standard
(i. d. R. ca. 18–27 kg)

Farbe/Haarkleid
Schiefergrau, rötlich falbfarben, Schwarz, Blau, alle Schattierungen von Grau, Braun und Sandfarben, mit oder ohne weiße Abzeichen. Niemals Merle/gescheckt.

Lang-Stockhaar – langes Deckhaar mit kürzerer, feiner Unterwolle

Bearded Collie

Ursprünglicher Verwendungszweck:
Schäferhund mit komplexen Hüteaufgaben

Der Bearded Collie, benannt nach seinem langen, pfiffigen Bart, hat mit dem heutigen Collie nicht viel gemeinsam und die Experten streiten sich noch darum, ob man ihn überhaupt den Collies zurechnen soll. Äußerlich ähnelt er eher dem Old English Sheepdog, ist aber kleiner als dieser. Eine der frühesten schriftlichen Unterlagen über die Rasse beschreibt sie so: „Ein großer, rauher, zottig aussehender Hund, die Haarstruktur hart und faserig, Ohren dicht am Kopf hängend getragen." Schon seit langem wurde er in Schottland und im Norden Englands zum Hüten von Schafen eingesetzt.

Im Jahre 1898 bringt Alfred Ollivant in seinem Buch eine Beschreibung, die auch zum heutigen Beardie sehr gut passt: „Wenn du durch wilde Schafweiden wanderst oder auf einen Viehmarkt gehst, triffst du manchmal einen wirklich vollkommen freundlichen Ritter. Er ist in ein dunkelgraues Gewand gekleidet, das hier und da von den Strahlen des Mondes beleuchtet wird. Dieser Ritter gehört zur Zunft der Gentlemen, er ist männlich wie ein Prinz, schlank wie eine Eberesche, anmutig wie ein hübsches Mädchen, er benimmt sich wie ein König, seine Bewegungen und Manieren gleichen denen einer Feenkönigin. Dann schau in seine beiden Augen, ruhig, intelligent, ohne Argwohn, ihre sanften Tiefen, eingehüllt in ewige Traurigkeit und voller Sehnsucht, dann wisse, dass du einem aus dem Geschlecht der schönsten Schäferhunde des Nordens begegnet bist."

Die moderne Rasse, wie wir sie heute kennen, wurde in den 1940er Jahren durch ihre Züchterin G. Olive Willison der Öffentlichkeit vorgestellt. Ihre Bearded Collie Hündin „Jeannie" begeisterte sie so, dass sie sich entschloss, diese Rasse aufzubauen. Nach sorgfältiger Suche erhielt sie schließlich einen passenden Zuchtpartner für „Jeannie".

Die Nachzucht aus der Verpaarung begründete die modernen Linien. Die meisten führen darauf zurück. Die Bearded Collie Rasse ist eine der wenigen, die ein dominantes Aufhellungsgen trägt. Die Welpen werden schwarz geboren und beginnen etwa im Alter von acht Wochen zu ergrauen. Blau verwandelt sich in Silber, Braun hellt sich zimtfarben oder milchschokoladenfarben auf, Falb entwickelt sich zu einer Champagnerfarbe. Bis etwa zum Alter von einem Jahr geht die Aufhellung weiter, dann kehrt sich der Prozess um, sie dunkeln wieder nach, werden aber nur sehr selten wieder so dunkel wie bei der Geburt.

Auszug aus dem Standard:
„Aufmerksam, lebhaft, selbstsicher und aktiv. Zuverlässig, intelligenter Arbeitshund, ohne Anzeichen von Nervosität oder Aggressivität."

Gründliche Fellpflege ist einmal wöchentlich erforderlich, dabei wird der Hund durchgebürstet, um Verfilzungen zu lösen und Matten vorzubeugen. Ein großer Sauberkeitsfanatiker sollte man als Besitzer aber nicht sein, da der unternehmungslustige Beardie nicht nur gern draußen Löcher buddelt oder im Schlamm badet, sondern in seinem langen Zottelfell auch viel Schmutz mit ins Haus trägt.

Beardies sind hübsche Ausstellungshunde, liebevolle Familienmitglieder und Kumpel für die Kinder. Einige arbeiten als Therapiehunde und werden von den Menschen in Kinderheimen und Krankenhäusern begeistert begrüßt. Um ihre angeborenen Instinkte zu bewahren, werden Hüteleistungsprüfungen abgehalten. Beardies sind übermütige, lebhafte, zuweilen stürmische Hunde. Sie sind auch eigenwillig, robust und dabei empfindsam. Viele Hundebesitzer sehen in ihnen gleichzeitig angenehme Familienhunde und eine Herausforderung, mit ihnen Hundesport zu machen, wobei meistens der Spaß im Vordergrund steht.

FCI-Standard Nr. 347
Gruppe: 1
Sektion 1: Schäferhunde

Größe
Rüde: 58–66 cm
Hündin: 53–61 cm

Gewicht
Rüde: 30–40 kg
Hündin: 25–35 kg

Farbe/Haarkleid
Weiß

Stockhaar oder Lang-Stockhaar, jeweils mit dichter Unterwolle

Berger Blanc Suisse
(Weißer Schweizer Schäferhund)

Ursprünglicher Verwendungszweck:
Herdengebrauchshund

Bekanntlich wurde im Jahr 1899 der Deutsche Schäferhund Horand von Grafrath (Hektor Linksrhein) mit der Nummer 1 in das Zuchtbuch des Vereins für Deutsche Schäferhunde eingetragen. Was aber nur wenige wissen: Horand war ein Nachkomme des weißen Schäferhundes Greif aus dem Besitz des Barons von Knigge. Weiße Welpen, die in der Nachzucht fielen, wurden ebenfalls ins Zuchtbuch eingetragen.

Erst um 1920 gerieten die weißen Schäferhunde in Verruf. Alle Erbdefekte wie HD, ED, Blindheit und Taubheit, Unfruchtbarkeit und allgemeine Lebensuntüchtigkeit wurden ihnen angelastet. Selbst Stephanitz, der „Vater" des Deutschen Schäferhundes, unterstützte in seinen letzten Lebensjahren diese Meinung. Daraufhin wurde die Farbe Weiß 1933 aus dem Rassestandard des Deutschen Schäferhundes gestrichen. Weiße Schäferhunde wurden innerhalb der FCI als nicht mehr standardkonform angesehen und dadurch in Europa selten.

Einige weiße Schäferhunde waren aber in die USA und nach Kanada exportiert worden und bildeten dort eine Zuchtbasis, der letztendlich auch die heutige Population in Europa zu verdanken ist. Die Beliebtheit der „neuen" Rasse nahm in den Vereinigten Staaten und in Kanada rasant zu. Vorübergehend war die Rasse daher auch als „Amerikanisch-kanadischer Weißer Schäferhund" bekannt.

In den 1970er Jahren brachte Agatha Burch einen weißen Schäferhundrüden namens „Lobo" von einer USA-Reise in die Schweiz mit. Dieser Rüde kann als Stammvater der Rasse in der Schweiz angesehen werden. Aus Verbindungen mit diesem in der Schweiz registrierten Hund sowie weiteren Importhunden aus den USA und Kanada wurden die weißen Schäferhunde allmählich über ganz Europa verbreitet.

Die Population der weißen Schäferhunde besonders in Deutschland, der Schweiz, in Holland, Frankreich, Österreich und Schweden stieg nach 1991 stark an und es wurde ein Versuch der Anerkennung als eigene Rasse durch die FCI gestartet. Die Anerkennung verzögerte sich, weil der Verein für Deutsche Schäferhunde protestierte. Er sah im weißen Schäferhund eine Fehlfarbe seiner eigenen Rasse.

Im Jahr 2001 stellte die Schweizerische Kynologische Gesellschaft (SKG) den für die internationale Anerkennung notwendigen Antrag an die FCI. Da die Schweiz das erste Land war, das acht voneinander unabhängige Zuchtlinien nachweisen konnte, wurde sie im Standard als Ursprungsland des Weißen Schäferhundes eingetragen und der Name mit „Berger Blanc Suisse" festgesetzt – auch wenn es sich historisch eigentlich um einen Deutschen Schäferhund handelt.

Die endgültige Anerkennung durch die FCI erfolgte 2011.

Auszug aus dem Standard:
„Kräftiger, gut bemuskelter, mittelgroßer, stehohriger, stockhaariger oder langstockhaariger weißer Schäferhund von gestrecktem Format, mittelschwerem Knochenbau und eleganten, harmonischen Körperumrissen."

Weiße Schäferhunde sind intelligent und lernwillig und daher für nahezu alle Hundesportarten geeignet. Sie sind problemlos, was die tägliche Pflege betrifft, aber anspruchsvoll im Hinblick auf die notwendige artgerechte Haltung und Beschäftigung, die ihnen geboten werden muss und in dieser Hinsicht vergleichbar mit dem Deutschen Schäferhund.

Weiße Schweizer Schäferhunde sind laut FCI-Rassestandard Hüte- und Treibhunde, auch wenn ihre Verwendung als Hütehund schon lange zurückliegt und schon lange keine züchterische Selektion mehr auf Hüteeigenschaften erfolgt. Außerdem finden sie auch Verwendung als Wach-, Arbeits-, Schutz- und Gebrauchshund sowie als Rettungs-, Blindenführ- und Therapiehund.

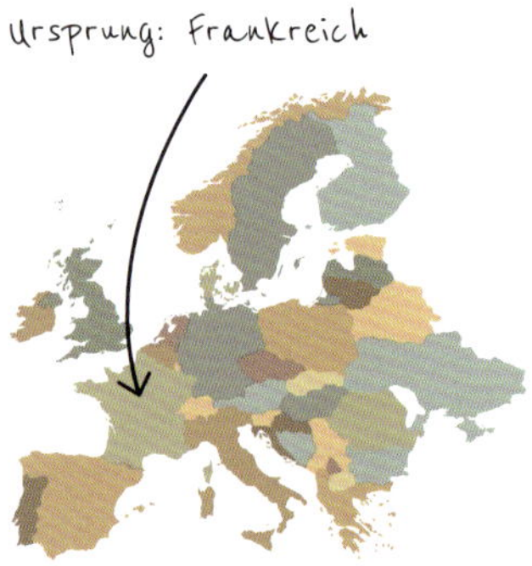

Arbeitsprüfung

FCI-Standard Nr. 44
Gruppe: 1
Sektion 1: Schäferhunde

Größe
Rüde: 65–70 cm
Hündin: 61–68 cm

Gewicht
Keine Angabe im FCI-Standard
(i. d. R. 30–45 kg)

Farbe/Haarkleid
Schwarz und Brand (Schwarz mit lohfarbenen Abzeichen), Harlekin (blau gefleckt mit lohfarbenen Abzeichen)

Fest anliegendes Stockhaar von 3–4 cm Länge, dichte Unterwolle

Berger de Beauce
(Beauceron)

Ursprünglicher Verwendungszweck:
Hirten- und Wachhund

Die Ursprünge dieser sehr alten Rasse liegen in Frankreich und den Hütehundschlägen der Wanderschäferei. Alten Berichten zufolge genügten zwei Beaucerons, um rund 300 Schafe zu hüten und sie konnten dabei problemlos Strecken von bis zu 80 km am Tag zurücklegen. Im 19. Jahrhundert wurde begonnen die Zucht zu dokumentieren. Im Laufe der Zeit bildete sich diese Rasse heraus. 1889 wurde der erste Rassestandard erstellt.
Der Beauceron zeigte Kraft, Beweglichkeit und Anpassungsfähigkeit an die gestellten verschiedenartigen Aufgaben. Er war unter anderem Saupacker bei der Jagd, Hüter und Beschützer der Herden und Polizei- und Militärhund.
In den Weltkriegen diente der Beauceron seinem Land als Meldehund. Die Hunde wurden auch als Lastenträger, Sanitätshunde und zum Aufspüren von Sprengstoff eingesetzt.
Weitere Fähigkeiten zeigen sich durch die Auswahl des Beaucerons als Blindenführhund und als Wachhund. Die Beaucerons haben weitgehend den gleichen vielfältigen Einsatzbereich wie zum Beispiel Deutsche Schäferhunde. Zur Zeit ist der Beauceron der zweitpopulärste Schäferhund Frankreichs, vor ihm steht nur noch sein Landsmann Briard.
Sein Zweitname „Bas Rouge", „Rotstrumpf", ist ein Hinweis auf die lohfarbenen Abzeichen an den Läufen. Die typischste Fellfarbe ist schwarz mit lohfarbenen Abzeichen. Es gibt aber auch eine Harlekinvariante, die blaugrau gefleckt mit schwarz und loh auftritt, gleichfalls mit roten Abzeichen.
Der Beauceron hat starken Hüteinstinkt und versucht jegliche Gruppierung von zwei oder mehr Lebewesen zusammenzuhalten. Die Selbständigkeit und das Selbstbewusstsein, die früher zum Arbeiten an den Herden gewünscht waren, werden ihm heute oft zu Unrecht als Sturheit und Eigensinn ausgelegt. Wenn der Halter mit dem starken Willen umzugehen weiß, wird er jedoch einen überaus verlässlichen Partner an seiner Seite haben. Fremden gegenüber ist er sehr wachsam und beschützt alles ihm Anvertraute einschließlich Kindern. Bei einer kräftigen und selbstbewussten Rasse wie dieser ist es unbedingt wichtig, darauf zu achten, dass die Welpen aus einer seriösen Zucht kommen und gut sozialisiert wurden, dann sind sie nicht problematischer als andere große Hunde. Man sagt der Rasse auch nach, dass sie nur ihrem Herrn gegenüber zur Unterordnung bereit sei. Der Beauceron ist ein intelligenter und arbeitsfreudiger Hund und passt sich einer neuen Situation problemlos an. Er ist sehr lauffreudig und braucht reichlich Betätigung für seine Energie. Ein Anfängerhund ist dieser Workaholic eher nicht.

Auszug aus dem Standard:

„Der Beauceron ist ein Hund von großer Größe, solide, rustikal, kräftig, gut gebaut und muskulös, ohne Schwerfälligkeit. Sicheres furchtloses Auftreten. Der Ausdruck ist ehrlich, nie böse, ängstlich oder unruhig. Brav und furchtlos sollte sein Wesen sein."

Arbeitsprüfung

FCI-Standard Nr. 113
Gruppe: 1
Sektion 1: Schäferhunde

Größe
Rüde: 62–68 cm
Hündin: 56–64 cm

Gewicht
Keine Angabe im FCI-Standard
(i. d. R. 23–41 kg)

Farbe/Haarkleid
Schwarz, Fauve, Fauve mit Schwarz überdeckt (wenig oder mittel) oft mit Maske, Grau oder Blau

Ziegenhaarartiges, trockenes und leicht gewelltes Haar mit wenig Unterwolle

Berger de Brie
(Briard)

Ursprünglicher Verwendungszweck:
Hüte- und Wachhund

In vielen Teilen der Welt waren die großen, die Herde schützenden Hunde Partner kleinerer Hütehunde. In England brauchte man nach der Ausrottung der Wölfe die großen Herdenschutzhunde nicht mehr und kleinere Hütehunde wurden zur Norm (wobei der Old English Sheepdog die Ausnahme darstellt). Aber auf dem Kontinent gab es unverändert eine Nachfrage nach großen Hütehunden, die beides konnten, die Schafe sowohl schützen als auch hüten und treiben. Ein solcher Typ entstand während des Mittelalters und er geht wahrscheinlich zurück auf Kreuzungen orientalischer Hütehunde mit örtlichen Rassen, die auf Größe und Verteidigung gezüchtet waren. In Frankreich entstand aus einer solchen Verbindung der Briard, eine alte Rasse, über die viele Legenden überliefert sind.

Eine von vielen Versionen einer alten Erzählung berichtet, dass der französische Adlige Aubry von Montdidier ermordet wurde und der einzige Tatzeuge sein Hund war. Dieser Hund folgte dem Mörder, klebte unermüdlich an seinen Fußspuren und machte ihm das Leben zur Qual. Als der König von dieser Geschichte hörte, befahl er ein Duell zwischen dem Hund und dem Angeklagten (es ist

Auszug aus dem Standard:
„Der Briard ist ein rustikaler Hund, geschmeidig, muskulös und gut proportioniert; lebhaft und aufgeweckt."

tatsächlich bekannt, dass es im Mittelalter derartige „Gottesurteile" durch den Zweikampf – selbst mit Tieren – gegeben hat). Der Hund rächte den Tod seines Herrn. Aubrys Hund (französisch: Chien d'Aubry), ein großer, langhaariger Hirtenhund, gab der Sage nach der Rasse den Namen. Wahrscheinlicher als diese schöne Legende ist allerdings, dass der Name einfach von der französischen Region Brie abgeleitet ist – der Schäferhund aus der Brie.

Historisch verwandt ist er wahrscheinlich mit dem alten Barbet, dem Griffon, dem Beauceron und sogar dem Deerhound. Die erste Festlegung eines Rassestandards erfolgte 1897. Napoleon Bonaparte soll die Rasse sehr geschätzt haben. Der Briard ist ein furchtloser, vor nichts zurückschreckender, ausdauernder und arbeitsfreudiger Hund mit besonders gutem Hörvermögen. Diese Eigenschaften brachten der Rasse den Ruf eines erstklassigen Verteidigers ein und er wurde oft als Diensthund der französischen Armee in beiden Weltkriegen eingesetzt, unter anderem als Wachposten und zur Suche nach Verletzten auf den Schlachtfeldern.

Die Persönlichkeit dieser rustikalen Hunde, die von ihren Fans gern als „Herz mit Haaren drumherum" bezeichnet werden, hat viele Facetten: Clown, Schutzhund, Gentleman oder „zurückgezogener Philosoph". Diese Hunde lieben es draußen zu sein, einige lassen sich sogar einschneien. Briards schützen Haus, Herde und ihre Menschen und neigen nicht zum Kläffen. Sie eignen sich für fast alle Bereiche des Hundesports – Hauptsache, es kommt keine Langeweile auf. Ihr langes, leicht gewelltes Haarkleid erinnert an Ziegenhaar.

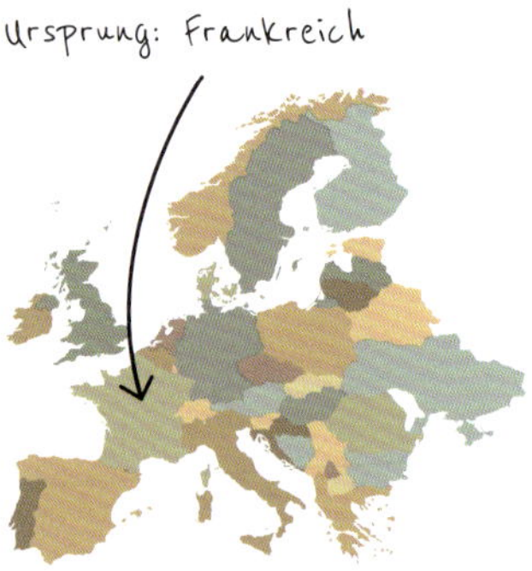

Berger de Picardie

Arbeitsprüfung

FCI-Standard Nr. 176
Gruppe: 1
Sektion 1: Schäferhunde

Größe
Rüde: 60–65 cm
Hündin: 55–60 cm

Gewicht
Keine Angabe im FCI-Standard (i. d. R. 23–32 kg)

Farbe / Haarkleid
Fauve, Fauve mit schwarzer Deckfarbe, Fauve gestromt und Grau, welches normalerweise dunkel bleibt

Harsches, raues Halblanghaar. Das Deckhaar bildet keine geschlossene Schicht über der gewellten Unterwolle, sondern hat eine offene Struktur.

Ursprünglicher Verwendungszweck:
Hüte- und Wachhund

Die Ahnen des Berger de Picardie sind wahrscheinlich schon mit den Kelten in die Nordwestecke Frankreichs, die Picardie, gekommen. Vermutlich hat er die gleichen Vorfahren wie die belgischen und holländischen Schäferhunde (Berger = frz. „Schäfer“). Seine Hauptmerkmale sind eine buschige und struppige Behaarung, gepaart mit auffälligen Stehohren.

Jahrhundertelang begleitete er die Herden in der Gegend zwischen Amiens und Lille, im Pas-de-Calais und an der Somme. Dabei wurde er nicht nur an Schafen eingesetzt, sondern auch an Kühen und Rindern, was seine Durchsetzungsstärke und Robustheit erklärt.

„Rustikal – dieser Terminus passt in jeder Beziehung und ohne Einschränkung auf ihn … Rustikal im Erscheinungsbild wie im Wesen“, schreibt der Kenner der französischen Hütehundrassen Willi Schneider.

Obwohl es schon im 19. Jahrhundert erste Bemühungen gab, den zotteligen, zähen Schäferhund aus den flandrischen Ebenen als eigenständige Rasse neben Briard und Beauceron, den beiden anderen französischen Hütehundrassen, anzuerkennen, dauert es noch lange, bis er vom Bauern- zum Rassehund wurde. Im Zweiten Weltkrieg wurde sein Bestand so stark dezimiert, dass er auszusterben drohte.

Erst 1955 gründete sich in Frankreich eine eigene Rassevertretung, und auch heute noch ist er gegenüber den beiden anderen französischen Schäferhunden, dem Berger de Beauce und dem Berger de Brie, zahlenmäßig in der Minderheit. Inzwischen hat er auch in Deutschland einige Liebhaber und Züchter gefunden und der sympathische Filmhund Joker in der Rolle des „Ludwig“ in der Fernsehserie der Eberhoferkrimis hat sicher weiter zur Bekanntheit der Rasse beigetragen – viele Zuschauer wollten wissen, welcher Rasse der nette Zottelhund angehört.

Der Berger de Picardie gilt als sehr selbständig und eigenwillig, als „charmantes Raubein mit zarter Seele“, was bei einer Verwendung als Begleit- bzw. Familienhund berücksichtigt werden muss. An seine Erziehung stellt der Picard besondere Anforderungen, denn seine Eigenwilligkeit macht es einfach schwieriger. Mit der nötigen Menge an Geduld, Fantasie, einem kräftigen Schuss Humor und genügend Zeit und Lust, den Hund gut zu sozialisieren und zu erziehen, erhält man einen liebenswürdigen Begleithund, den man überall mit hinnehmen kann. Trotz seiner Eigenwilligkeit ist er nämlich sehr sensibel und menschenbezogen, was sich vor allem im Umgang mit Kindern und am ausgeprägten Schutzinstinkt zeigt.

Auszug aus dem Standard:

„Er ist weder aggressiv noch ängstlich noch unsicher. Er soll sowohl klug als auch beherzt sein. So kann er leicht seine Arbeit erfüllen: Schafherden führen und bewachen. Er ist ebenfalls ein sehr guter Wächter des Hauses und ein hervorragender Familienhund, der es liebt, in enger Gesellschaft mit Kindern zu leben.“

Ursprünglich als Hütehund gezüchtet und genutzt, wird er für diese Aufgabe heute kaum noch verwendet. Aufgrund seiner Eigenschaften wird er meist als Familienhund gehalten. Er ist aber ebenso als Rettungs-, Begleit- und Schutzhund geeignet.

Da der Picard noch nie eine Moderasse war, ist er bisher erfreulich gesund, robust und langlebig geblieben.

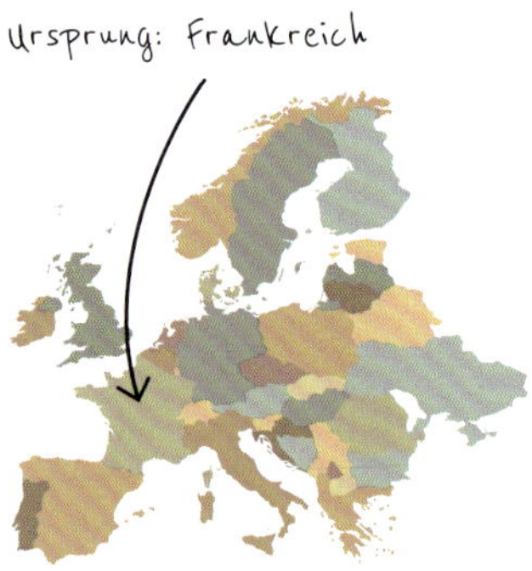

Arbeitsprüfung

FCI-Standard Nr. 138/141
Gruppe: 1
Sektion 1: Schäferhunde

Berger des Pyrénées à poil long (FCI-Nr. 141)
Langhaariger Pyrenäen-Hütehund

Größe
Rüde: 42–48 cm
Hündin: 40–46 cm
Eine Toleranz von +/- 2 cm ist zulässig.

Gewicht
Keine Angabe im FCI-Standard

Farbe/Haarkleid
Fauve (Fahlgelb) mit oder ohne Überdeckung von schwarzen Haaren, Grau, Blau mit schwarzer Tüpfelung (Harlekin oder Schieferblau), Gestromt, Schwarz oder Schwarz mit weißen Flecken (begrenzt gesprenkelt). Gelegentlich etwas Weiß an Brust und Gliedmaßen

Lang oder mittellang, dicht, glatt oder leicht gewellt

Berger des Pyrénées
(Pyrenäen-Hütehund)

Ursprünglicher Verwendungszweck:
Hütehund

Die Geschichte dieser kleinen Hütehunde aus den französischen Pyrenäen reicht über viele Jahrhunderte zurück. Sie mussten zum Verfolgen der Schafe im gebirgigen Gelände schnell und beweglich sein und brauchten als Schutz gegen die Elemente reiches, schützendes Haar. Sie waren außerordentlich widerstandsfähig gegen extreme Wetterverhältnisse und Krankheiten und so genügsam, dass sie auch längere Zeit ohne Nahrung auskommen konnten.

Aufgrund der Isolation der einzelnen Hochgebirgstäler entstanden individuelle regionale Schläge mit kleinen Abweichungen in Länge und Struktur des Fells oder der Farbe. Allen gemeinsam war aber stets die Intelligenz und die Fähigkeit zum selbständigen Arbeiten, sodass man den Pyrenäen-Hütehund, auch Pyrenäen-Schäferhund genannt, gern auch als Pfiffikus unter den Hütehunden bezeichnet.

Um das Klettern im steilen Gebirge zu erleichtern, stehen die Sprunggelenke etwas eng. Die feinsohligen Pfoten finden auch auf glattem Felsen noch Halt. Im Trab bewegen sich die Hunde nahe dem Boden, die Franzosen beschreiben dies als „er mäht das Gras“.

Berger des Pyrénées gehörten zu den Vorfahren des Australian Shepherd, weil baskische Schäfer aus den Pyrenäenregionen sie mit in die USA brachten, wo der Aussie entstand. Mit einiger Wahrscheinlichkeit vererbten sie dem Aussie auch das Gen für die Merle-Färbung.

Im Laufe der Zeit entwickelten sich zwei Schläge, der Berger des Pyrénées à poil long mit langem Fell und der Berger des Pyrénées à face rase (im Gesicht kurzhaarig und am Körper etwas längeres Fell). Heute werden beide als getrennte Rassen gerichtet und gezüchtet.

In beiden Rassen kann eine angeborene Stummelrute vorkommen, diese ist auch laut Standard erlaubt. Ist sie lang, bildet sie an der Spitze einen charakteristischen Haken.

Berger des Pyrénées sind intelligente, lebhafte, selbstbewusste und unabhängige Hunde, die eine geduldige und einfühlsame Erziehung brauchen, damit sie sich modernem Familienleben anpassen.

Sie brauchen den Kontakt zu ihren Menschen, lieben lange Spaziergänge und häufige Gelegenheit zum Herumtoben. Sie hungern geradezu nach einer Aufgabe, seien es Unterordnungsübungen, Hüten der Herde, Arbeit als Wachhund oder als Rettungshund – der Kreativität sind keine Grenzen gesetzt, um ihren Arbeitseifer sinnvoll zu nutzen. Gute Strukturen im Alltag sind wichtig, damit der Berger nicht das Gefühl bekommt, zu viel Verantwortung für seine menschliche Familie übernehmen zu müssen. Der Fremden gegenüber ohnehin schon misstrauische Berger kann sonst zum eher unangenehmen Wächter von allem und jedem werden.

141 Berger des Pyrénées à poil long / Pyrenäen-Hütehund (Langhaar)
Sein langes Fell ist glatt oder von leicht gewellter Struktur und zudem dicht und wollig. Es erinnert an Fell, das zwischen Schafswolle und Ziegenhaar angesiedelt sein könnte und kann bei manchen Hunden auch Zotten (Cadenettes) bilden.

Berger des Pyrénées à face rase (FCI-Nr. 138) Pyrenäen-Hütehund mit kurzhaarigem Gesicht

Größe
Rüde: 40 – 54 cm
Hündin: 40 – 52 cm

Gewicht
Keine Angabe im FCI-Standard

Farbe / Haarkleid
Verschiedene Farben (von Blond über verschiedene Braun- und Grauschattierungen bis Schwarz und auch Harlekin)

Im Gesicht kurzhaarig, sonst etwas längeres Fell

138 Berger des Pyrénées à face rase / Pyrenäen-Hütehund (Glatthaar mit kurzhaarigem Gesicht)
Der Kopf ist von kurzen, feinen Haaren bedeckt, am Körper ist das Haar halblang oder kürzer. Am längsten ist es an Hals, Widerrist und der Mittellinie des Rückens.
Der Fang ist ein wenig länger und der Rumpf ein wenig kürzer als der des langhaarigen Pyrenäen-Hütehundes.

Auszug aus dem Standard:

„Ein Hund, der bei einem Minimum an Größe und Gewicht ein Maximum an Lebhaftigkeit ausstrahlt."

Arbeitsprüfung

FCI-Standard Nr. 297
Gruppe: 1
Sektion 1: Schäferhunde
Varietäten: 2 (Haarkleid)

Größe
Rüde: 53 cm
Hündin: etwas weniger

Gewicht
Keine Angabe im FCI-Standard

Farbe / Haarkleid
Vorwiegend Schwarz-Weiß, erlaubt sind alle Farben, wie z. B. Tricolor (schwarz-weiß-braun), wobei Weiß nie vorherrschen soll.

Zwei Haarvarietäten jeweils mit dichter Unterwolle sind anerkannt:
a) Mäßig langes Haar
b) Kurzes Stockhaar

Border Collie

Ursprünglicher Verwendungszweck:
Herdengebrauchshund

Einen Verweis auf den geographischen Ursprung dieser Rasse gibt bereits ihr Name: So bezieht sich das englische Wort „border" (dt. „Grenze") in diesem Fall auf die Grenzregion zwischen England und Schottland. Seit Jahrhunderten hielten die dort ansässigen Farmer Hütehunde, die zuverlässig und folgsam ihre Schafe hüteten und im rauen Klima dieser Gegend bestens zurechtkamen. Die erste Beschreibung über die Arbeitsweise des Border Collies bzw. dessen Vorfahren stammt von John Caius, Leibarzt von Königin Elisabeth I., aus dem Jahr 1576.

Eine der herausragenden Eigenschaften der Rasse ist ihre Fähigkeit, die Schafe zu „fixieren" – eine Art von hypnotischem Blick, der die Schafe veranlasst, sich zu bewegen und abzudrehen. Man sagt im Fachjargon, der Hund habe „eye". Die Zucht des Borders erfolgte planmäßig insbesondere nach dieser Fähigkeit des „Fixierens" zusammen mit dem typischen geduckten langsamen Anschleichen und Verharren, beides ursprünglich Elemente des Jagdverhaltens, die hier abgewandelt bzw. ohne die Endhandlung des Packens und Tötens eindrucksvoll gezeigt werden. Ein guter Border Collie steuert die Schafe auf diese Weise und gepfiffenen oder gerufenen Anweisungen des Schäfers zentimetergenau, ohne ihnen dabei zu nahe kommen zu müssen. Er kann in einem sogenannten „Outrun" weit zu den draußen grasenden Schafen hinauslaufen, sie in einem großen Bogen umrunden und dann zum Schäfer zurück (oder auf eine neue Weide) führen. Hunde, die mit dieser Technik arbeiten, nennt man „Koppelgebrauchshunde", und außer dem Border Collie besitzt nur noch der Kelpie dieses genetisch fixierte außergewöhnliche Talent.

Als Stammvater der heutigen Border Collies gilt der Rüde „Old Hemp" (geb. 1893) des Farmers Adam Telfer, der in Hütewettbewerben, so genannten Sheep Dog Trials, unbesiegt blieb und seine Arbeitseigenschaften zuverlässig an die Nachkommen weitergab. Auf schafhaltenden Betrieben weltweit sind Border Collies bis zum heutigen Tag vorzügliche Leistungshunde und unverzichtbare Helfer.

Obgleich der Typ festgelegt ist, gab und gibt es doch immer Abweichungen in Größe und Haarkleid – dies ist aber nebensächlich, bei der Rasse geht es um Arbeitsleistung, zumindest, wenn nicht von reinen Showlinien die Rede ist. So hat die englische Züchtervereinigung „International Sheep Dog Society", die es seit 1906 gibt, bis heute keinen Rassestandard formuliert, sondern richtet die Border Collies allein nach ihrer Arbeitsleistung. Erst die FCI, die den Border Collie 1976 offiziell als Rasse anerkannte, stellte einen Rassestandard auf, der erstmals auch das Äußere der Hunde mit einbezog.

Das Fell des Border Collies gibt es gemäß Standard in zwei unterschiedlichen Längen, eine mit mäßig langem Fell und eine stockhaarige Varietät. Bei Collies mit mäßig langem Fell sind Mähne, Hosen und Fahnen gut sichtbar.

Heute kann man zwei verschiedene Wesensveranlagungen feststellen: den arbeitsbesessenen Collie, der alles und jeden laufend zu hüten versucht, und daneben den

Auszug aus dem Standard:
„Zu harter und ausdauernder Arbeit fähiger Hund von guter Führigkeit; aufgeweckt, aufmerksam, empfänglich, intelligent, weder nervös noch aggressiv."

etwas ruhigeren Familienhund. Border Collies fühlen sich am glücklichsten, wenn sie eine Aufgabe haben, sie brauchen für ihre Energie unbedingt ein Betätigungsfeld. Haben sie keine Schafe zu hüten, dann hüten Border Collies die Tiere auf dem Nachbargrundstück, andere Tiere oder auch Kinder. Ein erfahrener Züchter bestätigt: „Mit einem Border Collie zusammenzuleben ist, wie einen ständigen Schatten neben sich zu haben." Hat man keine Nutztiere zu hüten, muss man den Border Collie unbedingt mit Aufgaben auslasten, die seiner hohen Intelligenz und seinem Arbeitswillen angemessen sind. Körperliche Bewegung alleine reicht nicht aus! Viele von ihnen sind Stars im Hundesport wie Agility oder Dogdance, aber auch in der anspruchsvollen Sucharbeit als Spürhunde können sie bei richtiger Ausbildung brillieren.

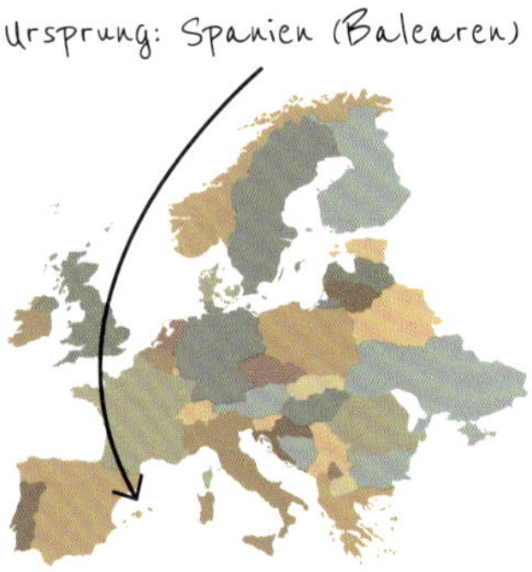

Ca de Bestiar (Perro de Pastor Mallorquín / Mallorca-Schäferhund)

FCI-Standard Nr. 321
Gruppe: 1
Sektion 1: Schäferhunde
Varietäten: 2 (Haarkleid)

Größe
Rüde: 66–73 cm
Hündin: 62–68 cm
Eine Toleranz von +/- 1 cm ist zulässig.

Gewicht
Mittleres Gewicht: ca. 40 kg

Farbe/Haarkleid
Schwarz. Manchmal weiße Abzeichen an Brust, Hals und Pfoten

a) **Kurzhaar** (am meisten verbreitete Varietät)
b) **Langhaar**

Ursprünglicher Verwendungszweck:
Hüte-, Wach- und Schutzhund

Der Ca de Bestiar ist der Hof- und Bauernhund der Balearen.
Die genaue Herkunft der Rasse ist ungeklärt, vermutet wird, dass neben einheimischen Hunden auch molosserartige Hunde eine Rolle bei ihrer Entstehung gespielt haben könnten, die vielleicht von den Römern mitgebracht worden waren. Bedingt durch die Insellage bildete sich wohl auch durch importierte Herdengebrauchshunde ein Hundetyp heraus, der je nach Art der Verwendung große Unterschiede im Körperbau aufwies. Der Hund der Rinderhirten war größer und kräftiger als der Hund der Schaf- und Ziegenhirten, der wendiger und kleiner sein musste, um auch den Ziegen nachsteigen zu können.
In den 1960er Jahren beschloss daher ein Liebhaber des Ca de Bestiar, Alonso Guasp, die Rasse zu retten und gründete 1970 den „Club del Perro de Pastor Mallorquín“. 1975 wurde der erste Rassestandard festgelegt, 1982 erfolgte die Anerkennung durch die FCI.
Viehhunde der Südländer sind meistens sehr willensstarke und eigensinnige Charaktere – so auch der Ca de Bestiar. Die Hunde leben teilweise wochen- bis monatelang alleine draußen mit den Tieren und mussten sich früher auch schonmal selbst versorgen, indem sie eigenständig jagten.
Sie hüten und beschützen die Herden selbstständig. Rund um den Hof bewachen sie das Hab und Gut ihrer Besitzer und melden alles Ungewohnte lautstark. So selbständige und freiheitsliebende Hunde verkümmern, werden verhaltensauffällig oder aggressiv, wenn sie nicht artgerecht gehalten und beschäftigt werden. Es ist ein Hundetyp, der Freiheit und eine Aufgabe braucht. Hat er beides, ist der Ca de Bestiar sehr umgänglich. Fremden gegenüber ist er misstrauisch. Er neigt aber nicht zum übertriebenen Angriff.
Der Ca de Bestiar hat einen starken Schutztrieb und zeigt Misstrauen gegen fremde Hunde und auch Menschen, die nicht zu „seiner“ Familie gehören. Er ist nicht für die Haltung als Familienhund geeignet – das war allerdings auch nie vorgesehen. Zwar ist es grundsätzlich möglich, den Ca de Bestiar durch eine frühe Sozialisation an andere Tiere und Menschen zu gewöhnen, allerdings erfordert dies viel Geduld und Hingabe des Halters. Dazu kommt das vom Standard ausdrücklich geforderte streitsüchtige Wesen.
Problematisch ist, dass viele dieser Hunde oder deren Mischlinge über den spanischen Auslandstierschutz als vermeintliche „Labrador-Mischlinge“ nach Deutschland vermittelt

Auszug aus dem Standard:
„Er anerkennt nur einen Herrn und lässt es nur ungern zu, dass sich ihm Fremde nähern; intelligent, führig, anhänglich; in der Jugend äußerst scheu und zurückhaltend (…) tapfer und streitsüchtig.“

werden und dann dem erwarteten Labrador-Image natürlich nicht gerecht werden. Sie sind zwar durchaus lernwillig und gieren nach Aufgaben, haben aber Eigensinn, einen starken Jagdtrieb und den erwähnten Wach- und Schutztrieb. Wer damit umzugehen weiß, bekommt einen loyalen Begleiter, der mit durch dick und dünn geht. Der Ca de Bestiar ist keinesfalls ein Anfängerhund.

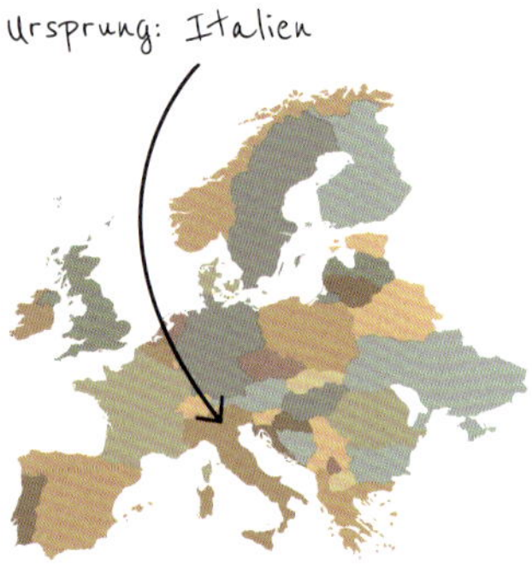

Arbeitsprüfung

FCI-Standard Nr. 194
Gruppe: 1
Sektion 1: Schäferhunde

Größe
Rüde: 60 cm
Hündin: 56 cm
Ideale Widerristhöhen mit einer Toleranz von +/- 2 cm sind zulässig.

Gewicht
Rüde: 32 – 38 kg
Hündin: 26 – 32 kg

Farbe/Haarkleid
Verschiedene Grautöne, Isabell-Töne, Fawn-Schattierungen oder uni Schwarz

Unterbleibt das Kämmen, so verfilzen Unterwolle und Deckhaar zu den charakteristischen Zotteln.

Cane da Bergamasco (Cane da Pastore Bergamasco/ Bergamasker)

Ursprünglicher Verwendungszweck:
Hirtenhund zum Führen und Beschützen der Herden

Der Bergamasker Hirtenhund ist neben dem Maremmaner Hirtenhund (Maremmano) der in Italien am meisten verbreitete und älteste Hirtenhund. Der urtümliche Hund mit den charakteristischen Zotteln gehört zu einer der ältesten Hunderassen Italiens. Vermutlich sind seine Vorfahren bereits vor ca. 2000 Jahren im Gefolge phönizischer und römischer Soldaten aus Asien nach Norditalien gelangt, wo die Gegend um Bergamo sich zu einem Zentrum der Zucht entwickelte. Schriftliche Aufzeichnungen von Wanderhirten belegen, dass der „Cane da Pastore Bergamasco" (oder auch einfach „Cane delle Alpi") ab dem 16. Jahrhundert in den italienischen Alpen beheimatet ist. Unter den dort ansässigen Hirten machte sich der originelle Hund dank seines herausragenden Arbeitseifers und seiner bedingungslosen Treue einen Namen. Er führte die Viehherden von Weide zu Weide und beschützte gleichzeitig Hirte und Herde zuverlässig und mutig vor Angriffen. Es war vor allem diese Vielseitigkeit, die ihn für die Schäfer so wertvoll machte. Der Schweizer Schriftsteller Tschudi berichtet, dass die italienischen Hirten schon im 13. Jahrhundert mit ihren Bergamaskerschafen ins schweizerische Engadin zogen. Heute kommen keine italienischen Schafherden mehr ins Engadin, aber die Bergamaskerhunde gibt es dort immer noch. Sie zählen zu den beliebtesten Hirtenhunden.

Der Bergamasker vereinigt alle typischen Gaben des Hirtenhundes in sich: er ist stark, mutig, äußerst vertraut mit dem Schäfer und außerordentlich intelligent. Sind die ihm anvertrauten Tiere in Gefahr, zögert er nicht, seine ganze Kraft und allen Mut einzusetzen. Als es in den Bergen noch Wölfe gab, wurde der Bergamasker durch sein dickes Fell vor Wolfsbissen geschützt.

Trotz seiner positiven Eigenschaften und seiner großen Verdienste als Hirtenhund blieb der Bergamasker jenseits der Alpen lange unbekannt. 1898 wurde in Italien das erste Zuchtbuch begonnen und ein erster Standard formuliert, doch italienische Kynologen wurden erst Mitte des 20. Jahrhunderts wirklich auf ihn aufmerksam. 1959 erkannte der Internationale Hundeverband FCI den Bergamasker schließlich als Hüte- und Gebrauchshund an und machte ihn damit einer breiteren Öffentlichkeit bekannt.

Bis heute ist dieser außergewöhnliche Vierbeiner jedoch ein sehr seltener Rassehund, auch wenn sich mittlerweile ein paar Liebhaber auf nahezu allen Kontinenten finden lassen. Er wird inzwischen auch als Familienhund immer beliebter und lässt sich für Dogdancing, Mantrailing und Agility begeistern.

Auszug aus dem Standard:
„Seine Fähigkeit, zu lernen und Entschlüsse zu fassen, vereint mit Gelassenheit und Geduld, machen ihn zum idealen Wach- und Begleithund und befähigen ihn zu den unterschiedlichsten Aufgaben. Mit den Menschen geht er eine enge Bindung ein."

Das lange Haarkleid verfilzt vor allem an der hinteren Körperhälfte zu Zotteln, während es vorne eine rauere Beschaffenheit hat und deshalb offen bleibt. Die Bewahrung und Pflege der rassetypischen Zotteln, die auch auf Ausstellungen gefordert werden, erfordert ein gewisses Knowhow. So müssen sie nach jedem Fellwechsel von Hand bis auf die Haut zerteilt werden und es ist darauf zu achten, dass sie nicht so lang und schwer werden, dass sie die Bewegungsfreiheit des Hundes einschränken. Wem der rassetypische Zottel-Look nicht so wichtig ist, kann seinen Bergamasker natürlich auch einfach regelmäßig durchkämmen und/oder scheren.

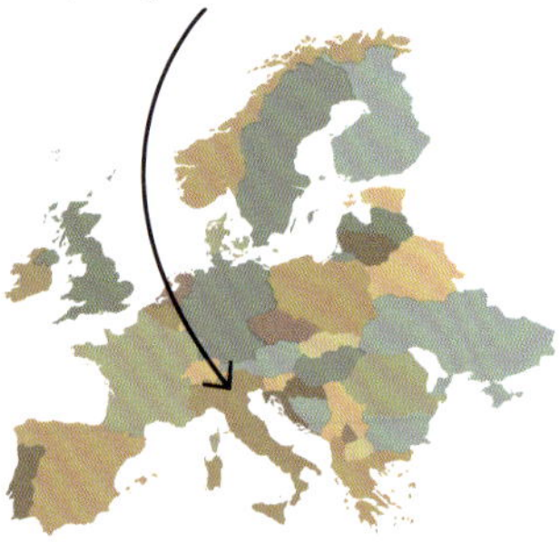

Arbeitsprüfung

FCI-Standard Nr. 201
Gruppe: 1
Sektion 1: Schäferhunde

Größe
Rüde: 67–73,5 cm
Hündin: 62–70 cm

Gewicht
Rüde: 40–52 kg
Hündin: 35–45 kg

Farbe / Haarkleid
Uni weiß. Die Tönungen Elfenbein, Blassorange oder Zitronengelb werden nur in beschränktem Maße toleriert.

Lang, eher rau, manchmal leicht gewellt, mit dichter Unterwolle

Cane da Pastore Maremmano-Abruzzese (Maremmano)

Ursprünglicher Verwendungszweck:
Schäferhund zum Beschützen von Herden und als Wachhund

Der Maremmen-Abruzzen-Schäferhund stammt aus dem Landstrich zwischen der westlichen Toskana (Maremma) und den Abruzzen. Bis vor einigen Jahren unterschied man noch zwei Hirtenhundtypen, den von den Maremmen und den von den Abruzzen. Da beide Typen aber kaum Unterschiede aufwiesen, hat man einen Standard für beide veröffentlicht. Eine Kreuzung der Herdenschutzhunde dieser beiden Landstriche hat zum Maremmano-Abruzzese geführt, wie wir ihn heute kennen. In seinem Ursprungsland Italien wird er heute noch genauso wie früher zur Arbeit an den Schafherden eingesetzt. Beim Hüten ist er aufmerksam, unermüdlich und so mutig, dass er sich auch nicht vor den Wölfen zurückzieht, wenn sie im Winter von Hunger getrieben bis in abgelegene Dörfer vordringen.
Heute ist die Rasse in der Toskana, der Emiglia, in den Marken, den Abruzzen, in Apulien und in Latium verbreitet. Die psychischen Qualitäten des Maremmen-Abruzzen Schäferhundes sind so ausgezeichnet, dass sie ihn zu einem unvergleichlichen Wachhund machen.
Wie gut der Hund später seine Herde beschützt, hängt von seiner Sozialisierung ab: Seiner Bestimmung gemäß wird ein Arbeitshund mit den Schafen aufgezogen und beschützt dann instinktiv, ohne besonders dafür „ausgebildet" zu werden. Man kann die gleiche Fähigkeit auch zum Schutz für jede andere Tierart wie Pferde, Rinder oder Geflügel nutzen: Immer dann, wenn sich ein Fremder, egal ob Mensch oder Tier, nähert, wird sich der Hund schützend vor die Herde stellen und lautstark anschlagen. Ist der Hund auf den Menschen geprägt, verhält er sich gegenüber seiner Familie wie ein aufmerksamer Beschützer.
Seine angeborenen Verhaltensmuster sind stark ausgeprägt. Er ist sehr gelehrig, dennoch wird er meist keinen unterwürfigen Gehorsam zeigen, denn er wurde jahrhundertelang daraufhin selektiert, draußen an der Herde selbständig, also ohne Anweisungen des Menschen, zu arbeiten.

Auszug aus dem Standard:
„... ein großer Hund, kräftig gebaut, von rustikalem Aussehen, dennoch majestätisch, was typisch ist."

Der Cane da Pastore Maremmano-Abruzzese wurde in Italien immer im Rudel an der Herde eingesetzt. Dazu braucht er ein ausgeprägtes Sozialverhalten, was ihn bei einem möglichen Dasein als Famililenhund zugute kommt. Voraussetzung für einen Familienhund ist aber auch, dass schon beim Züchter und auch bei den späteren Besitzern darauf geachtet wird, den Welpen ausreichend mit unterschiedlichen Menschen zu sozialisieren. Hierbei sind viel Geduld und Verständnis notwendig, Gewalt ist in jedem Fall fehl am Platze. Er ist und bleibt jedoch ein typischer Vertreter der Herdenschutzhunde, die grundsätzlich eher nicht als Anfänger- und reine Familienhunde zu empfehlen sind, denn er ist sehr selbstbewusst, eigenständig und klug und benötigt Freiraum in Kombination mit klaren Regeln.

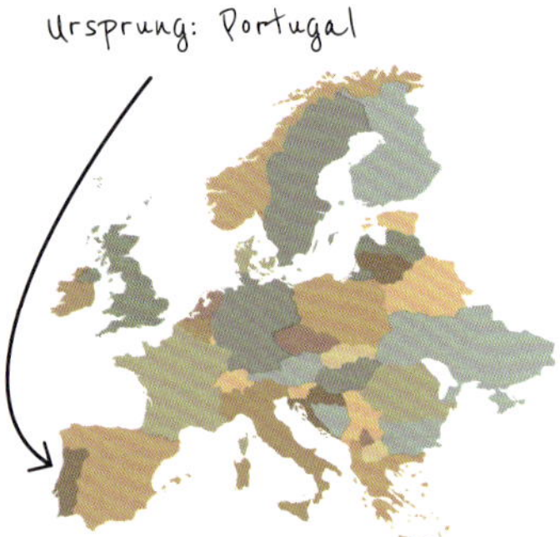

Cão da Serra de Aires
(Portugiesischer Schäferhund)

Ursprünglicher Verwendungszweck:
Schäferhund zum Hüten und Bewachen des Viehs

FCI-Standard Nr. 93
Gruppe: 1
Sektion 1: Schäferhunde

Größe
Rüde: 45 – 55 cm
Hündin: 42 – 52 cm

Gewicht
Zwischen 17 – 27 kg

Farbe / Haarkleid
Gelb, Braun, Grau, Loh und Wolfsgrau. Schwarz mit mehr oder weniger starken rotbraunen Abzeichen, aber nie mit weißen Flecken (ausgenommen ein kleiner weißer Brustfleck)

Langes Haar von ziegenartiger Struktur ohne Unterwolle

In seiner Heimat Portugal wird der Cão da Serra de Aires, wörtlich übersetzt „Hund aus dem Gebirge von Aires", auch gern als „Affenhund" (Cão Macaco) bezeichnet, da er ein affenähnliches Aussehen hat und ein fröhliches Verhalten an den Tag legt. Vor allem im Süden Portugals, im Alentejo, wird er auch heute nicht allein nur zur Bewachung und Führung von Schafen gebraucht, sondern auch von anderen Haustieren wie etwa Pferden und Schweinen.

Er ist bekannt für seine außergewöhnliche Gewandtheit, die ihm anvertrauten Tiere zu führen und für die Sicherheit im Auffinden und Zurückbringen von Tieren, die manchmal ausreißen oder sich verirren. Durch seine traditionellen Arbeitsaufgaben haben sich zwei Verhaltensweisen ausgebildet: Das Treiben der Tiere beim Weiterziehen der Herde, das durch anhaltendes Gebell erreicht wurde, und das Zusammenhalten beim Weiden durch lautloses Umkreisen. Er war und ist den Schäfern und Viehhaltern der Region also ein echter Allround-Helfer und zeichnete sich dabei auch durch seine Gewandtheit, Ausdauer, Widerstandsfähigkeit gegen schroffes Gebirgsklima und Anspruchslosigkeit in Futter und Pflege aus. Weil die großen Herden nicht mit einem einzigen Hund zu bewachen waren, legten die Herdenbesitzer in der Zucht außerdem Wert auf Verträglichkeit der Hunde untereinander.

Hunde vom Typ des Cão da Serra de Aires oder auch des ihm sehr ähnlichen spanischen Gos d'Atura Català und auch des Berger des Pyrénées sind seit Jahrhunderten in den Gebirgsregionen Spaniens und Portugals im Einsatz. Erst seit etwa den 1930er Jahren erfolgte ein mehr oder weniger planmäßige eigene Rassezucht. Zu seinen weitläufigeren Verwandten gehören noch weitere mittelgroße europäische Hütehunde mit langem Haarkleid wie etwa der Polski Owczarek Nizinny oder der holländische Schapendoes.

Auszug aus dem Standard:

„Mittelgroßer Hund, mittellang, (sub-longilinear).
Er ist außergewöhnlich intelligent und lebhaft, unempfindlich und besonnen, mit raumgreifendem Gangwerk. (…)
Er hat ein affenähnliches Aussehen und Gehabe, weshalb man ihn in seiner Heimat auch als ‚Affenhund' bezeichnet."

Der Cão da Serra de Aires ist sehr temperamentvoll und robust. Außerdem ist er seiner zu bewachenden Herde sowie seinem Menschen treu ergeben. In seiner Familie ist er liebevoll, verschmust und ausgeglichen, jedoch stets zu Schandtaten bereit, sodass es seinen Menschen nie langweilig wird. Fremden gegenüber ist er zurückhaltend.
Er überzeugt mit seiner Bereitschaft zu lernen sowie seiner Leichtfüßigkeit. Durch seine außergewöhnliche Intelligenz „speichert" er jedoch auch kleinste Fehler in der Erziehung, die es daher zu vermeiden gilt. Als Anfängerhund ist er deshalb nicht unbedingt geeignet.
Wie alle Hütehunde braucht auch der Cão da Serra de Aires ausreichend Bewegung. Außer täglichen langen Spaziergängen und / oder Fahrradtouren bieten sich praktisch alle Hundesportarten wie Obedience, Agility, Disc Dogging oder Dogdancing an, um Abwechslung in den Alltag zu bringen.

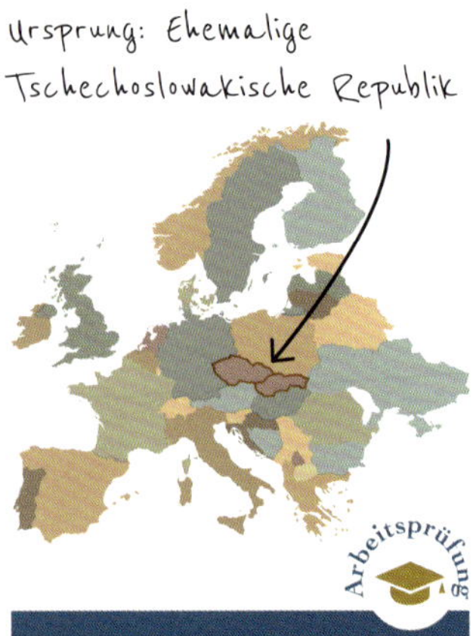

FCI-Standard Nr. 332
Gruppe: 1
Sektion 1: Schäferhunde

Československý vlčak
(Tschechoslowakischer Wolfhund)

Größe
Rüde: 65 cm
Hündin: 60 cm

Gewicht
Rüde: mind. 26 kg
Hündin: mind. 20 kg

Farbe / Haarkleid
Gelb- bis Silber- und Dunkelgrau mit charakteristischer heller Maske. Helles Haar auch am unteren Teil des Halses und an der Vorderseite der Brust

Stockhaar, gerades, fest anliegendes, kurzes Deckhaar mit dichter Unterwolle

Ursprünglicher Verwendungszweck:
Gebrauchshund / Experimentalzucht

Der Tschechoslowakische Wolfhund ist ein Kreuzungsprodukt aus Deutschen Schäferhunden mit Karpatenwölfen, das 1955 als Versuch gestartet wurde. Ziel war, die Diensthunde der damaligen tschechoslowakischen Republik den Höhenlagen der Grenzgebiete besser anzupassen. 1958 fiel in der Zuchtstätte des Grenzschutzes in Libějovice der erste Hybridwurf dieses Projekts.
Schon bei der ersten Generation (F1) ließ sich eine gewisse Erziehbarkeit bei den Nachkommen feststellen. Aber auch das Wolfserbe machte sich durch Scheu, Fluchttendenz und aggressives Verhalten bei Unterschreitung der Individualdistanz bemerkbar.
Ab etwa der fünften Generation konnten einige dieser Hunde als Diensthunde bei der Armee eingesetzt werden. Bedingung war, dass sich diese Hunde eng an den Menschen banden, indem sie schon früh mit Menschen sozialisiert wurden. Die meisten anderen waren nicht diensttauglich, da sie gegen Fremde wolfstypisches, scheues Verhalten an den Tag legten. Um 1970 gab die Armee es auf, diese

Hunde einsetzen zu wollen und trat als Auftraggeber des Projekts nicht mehr in Erscheinung.
1982 wurde der Klub für Tschechoslowakische Wolfhunde gegründet, der die Zuchtbemühungen in eigener Regie wieder aufnahm. 1999 erfolgte die Anerkennung durch die FCI.

Auszug aus dem Standard:
„Ist durch Körperbau, Bewegung, Behaarung, Haarfarbe und Maske dem Wolf ähnlich."

Hundehalter schätzen diesen Hund wegen der Vorteile, die aus den besonderen Zuchtzielen resultieren: seine Ausdauer, extreme Leistungsfähigkeit, sein Orientierungssinn und seine Fährtensicherheit. Tschechoslowakische Wolfhunde verfügen über ein großes Repertoire an Körpersprache, das sie zur Kommunikation einsetzen. Hündinnen werden meist nur einmal im Jahr läufig.
Wie bei allen Hunden ist es auch bei der Erziehung von Tschechoslowakischen Wolfhunden wichtig, sie früh zu sozialisieren, mit Umwelteinflüssen zu konfrontieren und mit Menschen vertraut zu machen. Ein gesundes Misstrauen und eine gewisse Reserviertheit allem Neuen und Unbekannten gegenüber ist gewünscht und im FCI-Standard festgeschrieben.
Die Ausbildung ist in der Regel anspruchsvoller und langwieriger als bei den gängigen Diensthunderassen, der Wolfhund hat einen starken eigenen Willen und ordnet sich ungern unter. Mit seinen vielfältigen Fähigkeiten benötigt er eine Ausbildung, die ihn wirklich fordert.

Chien de Berger Belge

(Belgischer Schäferhund)

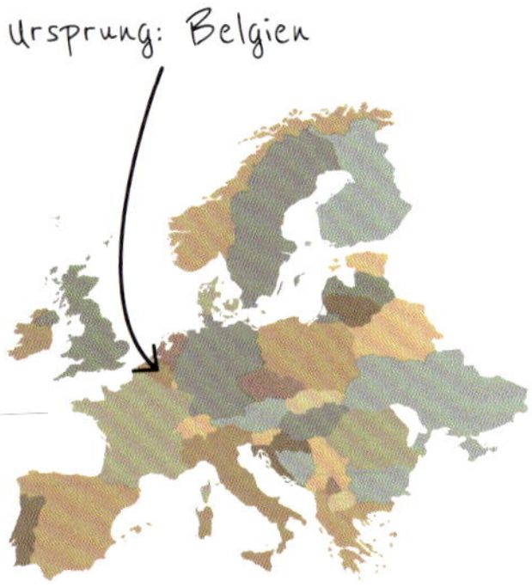

Arbeitsprüfung

FCI-Standard Nr. 15
Gruppe: 1
Sektion 1: Schäferhunde
Varietäten: 4 (Farbe/Haarkleid)

Größe
Rüde: 62 cm
Hündin: 58 cm
Eine Toleranz von 2 cm nach unten und 4 cm nach oben ist zulässig.

Gewicht
Rüde: 25 – 30 kg
Hündin: 20 – 25 kg

Farbe/Haarkleid
Bei allen Varietäten ist etwas Weiß an der Vorbrust und an den Zehen zulässig

Farbe und Haarkleid sind unterschiedlich für die vier Varietäten, siehe Folgeseiten

Ursprünglicher Verwendungszweck:
Schäferhund, heute Gebrauchshund

Die hart arbeitenden Schäferhunde Belgiens werden schon seit dem Mittelalter hoch geschätzt. Damals gab es unter den Typen große Unterschiede, die Zucht erfolgte rein nach Hüteleistung. Da schon berufsbedingt Paarungen örtlich nur über geringe Distanzen möglich waren, kam es häufiger zu Inzuchtverpaarungen, dadurch entwickelten sich gewisse regionale Standardmerkmale. Ähnliche Schäferhunde entstanden in den Nachbarländern Holland, Frankreich und Deutschland. Im Jahre 1891 katalogisierte Professor Adolphe Reul von der Belgischen Veterinärwissenschaftlichen Universität die verschiedenen Schläge und erstellte Rassestandards für die einzelnen Schäferhundetypen. Im Typ fand er alle bemerkenswert ähnlich, die Hauptunterschiede lagen in Farbe, Länge und Struktur des Haarkleides. Der Professor teilte sie in einzelne Schläge und empfahl, sie separat weiter zu züchten. Heute kennen wir vier: Malinois (kurzhaarig, falb), Groenendael (langhaarig schwarz), Tervueren (langhaarig, falb), Laekenois (rauhaarig). Alle erhielten ihre Namen nach den Regionen, in denen sie am meisten verbreitet waren. Mit Ausnahme des Haarkleids sind alle Standards identisch, auf FCI-Ausstellungen werden die vier Varietäten jedoch in unterschiedlichen Klassen gerichtet.

Die verschiedenen Schläge wurden über die Jahre auch außerhalb ihrer Heimat Belgien anerkannt. Sie werden nach wie vor als verschiedene Schläge einer gemeinsamen Rasse gesehen, es kommt auch zu Kreuzungen unter den Schlägen. Der sehr temperamentvolle und zugleich sensible Charakter der Belgier kann für unerfahrene Halter schnell zu einer Herausforderung werden. Der Bewegungs- und Tatendrang will auf körperlicher und mentaler Ebene gestillt werden und verlangt nach konsequenter Führung mit viel Zeiteinsatz für Auslauf und Training. Ein Hund fürs Sofa ist er auf keinen Fall.

Auf den Folgeseiten werden die einzelnen Varietäten näher vorgestellt.

Auszug aus dem Standard:

„Harmonisch gebauter Hund von mittleren Proportionen, die Eleganz und Kraft in sich vereinigt. Der Belgische Schäferhund ist wachsam und rege, von übersprudelnder Lebhaftigkeit und stets aktionsbereit."

Farbe/Haarkleid

a) **Groenendael:**
Nur einfarbig schwarz.
Langhaar

b) **Malinois:**
Nur falbfarben-schwarz gewolkt mit schwarzer Maske. Kurzhaar

Der Groenendael ist die langhaarige und immer schwarze Varietät der Belgischen Schäferhunde. Er verdankt seinen Namen dem in der Nähe von Brüssel gelegenen Schloss Groenendael und wurde wesentlich von dem leidenschaftlichen Züchter Nicolas Rose geprägt. Rose paarte seine schwarze Hündin „Petite" mit einem anderen schwarzen Schäferhund „Piccard D'Uccle". Hieraus entstand „Duc de Groenendael", der die Rasse prägende Zuchtrüde unter den modernen belgischen Schäferhunden. Während des Krieges arbeitete der Groenendael als Sanitätshund, suchte verwundete Soldaten und war Meldehund.

Der Malinois war der erste durchgezüchtete Typ und wurde so bekannt, dass all die anderen Schläge über eine gewisse Zeit mit „andere als Malinois" bezeichnet wurden. Dem kurzhaarigen Chien de Berger Belge Malinois à poil court fauve charbonné gab man einen kürzeren Namen: Belgischer Malinois. Der Malinois mit seinem schwarz durchsetzten falben Haarkleid ist ein Schäferhund „par excellence", er stammt aus dem Gebiet Malines, worauf sich sein Name bezieht. Der Malinois gewinnt heute immer mehr Bedeutung als Polizeihund, brilliert aber auch in Vielseitigkeitssport, Rettungs- und Fährtenarbeit oder Sportarten wie Agility und Turnierhundsport.

Farbe / Haarkleid

c) Tervueren:
Nur falbfarben-schwarz gewolkt oder grau-schwarz gewolkt mit schwarzer Maske, vorzugsweise jedoch falbfarben-schwarz gewolkt. Die Falbfarbe soll warm sein, weder hell noch ausgewaschen. Langhaar

d) Laekenois:
Nur falbfarben, mit Spuren von schwarzer Wolkung, hauptsächlich am Fang und an der Rute. Rauhaar

Der Tervueren: Der nahe Tervueren lebende Brauer M. Corbeel paarte seine beiden langhaarigen Schäferhunde „Tom“ und „Poes“, hieraus entstand „Miss“, die an M. Danhieux verkauft wurde, den maßgebenden Züchter des Tervueren-Schlags. Alle diese Hunde waren falbfarben mit schwarzen Haarspitzen. Danhieux paarte „Miss“ mit „Piccard D'Uccle“, dem schwarzen Stammvater der Groenendaels, der aber auch das Gen für Falbfarbe trug. Über die Kriegsjahre waren die Tervueren nahezu ausgestorben, aber ein besonders hübsches Exemplar „Willy de la Garde Noir“ erneuerte das Interesse an der Rasse.

Der Laekenois ist der seltenste der vier Belgier. Dieser rauhaarige Schlag stammt aus der Gegend von Boom nahe Antwerpen, das auch allgemein wegen seines kostbaren Leinens bekannt ist. Der Name geht auf das Schloss Laeken zurück, eine der königlichen Residenzen. Der Laekenois war die Lieblingsrasse von Königin Marie Henriette, was seine Popularität sehr förderte. Der Laeken war jedoch nicht nur als Hütehund im Einsatz, man brauchte ihn auch zur Bewachung des wertvollen Leinens, das auf den Wiesen zum Bleichen ausgelegt wurde. Heute ist dieser Schlag selten geworden, die meisten gibt es noch in Holland. Der Laeken liebt es, ein „Kopfhund" zu sein – der Besitzer sollte ihn frühzeitig erziehen, damit das Verhältnis Mensch / Hund sich als harmonisch gestaltet.

FCI-Standard Nr. 364
(provisorisch anerkannt)
Gruppe: 1
Sektion 1: Schäferhunde

Größe
Rüde: 52–55 cm
Hündin: 49–52 cm

Gewicht
Rüde: 19–27 kg
Hündin: 17–24 kg

Farbe/Haarkleid
Schwarz bis Gunmetal-Schwarz mit satten lohfarbenen Abzeichen

Langhaar (gerade oder leicht gewellt, dick, grob) mit gut entwickelter Unterwolle

Chodský pes
(Böhmischer Schäferhund / Chodenhund)

Ursprünglicher Verwendungszweck:
Vielseitiger Gebrauchshund

Die Choden sind ein Volksstamm aus Südböhmen, die laut dem Schriftsteller J.A. Gabriel im 19. Jahrhundert den Beinamen „Hundsköpfe" trugen – weil sie in ihrem Wappen die Silhouette eines typischen Schäferhundes mit längerem Fell und Stehohren führten. Ob es sich dabei um einen Vorfahren des heutigen „Chodenhundes", tschechisch Chodský pes, handelt, wissen wir nicht. Fest steht aber, dass es in dieser Gegend schon seit langem langhaarige Schäferhunde gab, die den Bauern beim Hüten des Viehs und Bewachen des Eigentums halfen. Sie wurden noch nicht als reine Rasse gezüchtet, sondern ergaben sich eher aus ihrer Gebrauchsfähigkeit als regionaler Typ.

Das änderte sich im Jahr 1982, als der tschechische Ingenieur und Kynologe Jan Findejs daran ging, die noch vorhandene Population dieses Regionalschlags zu sichten und zu sichern. Auf den Aufruf in einer Hundezeitschrift meldeten sich mehrere Besitzer von Hunden, die dem Typ des gezeigten Beispielfotos glichen. Von diesen wurden schließlich drei als erste Grundlage für eine Zucht ausgewählt, und so nahm das Projekt „Chodský pes" ab Mitte der 1980er Jahre langsam Fahrt auf.

Von Anfang an legte man Wert darauf, gesunde, temperamentvolle und widerstandsfähige Hunde zu züchten, die weiterhin vielseitig brauchbar sein sollten. 1991 wurde in Tschechien der Klub der Freunde des Chodenländer Hundes (Klub přátel chodského psa) gegründet und 2019 erfolgte die vorläufige Anerkennung der neuen alten Rasse durch die FCI.

Im Vergleich zu anderen Schäferhundrassen ist der Böhmische Schäferhund rund 10 cm kleiner und 10 kg leichter und wirkt recht elegant. Er ist ein typischer Traber und kann diese Gangart leicht ausdauernd beibehalten.

Sein langes Fell mit Unterwolle ist stets schwarz mit lohfarbenen Abzeichen (Black and Tan). Äußerlich ähnelt er dem Altdeutschen Schäferhund und teilt sich mit diesem den historischen Verwendungszweck. Die tschechischen Kynologen legen jedoch großen Wert darauf, dass es sich genetisch um eine eigenständige Rasse handelt.

Der tschechische Klub beschreibt ihn als sehr temperamentvoll, aber beherrschbar und lernfreudig. Er eigne sich als ausgezeichneter Wachhund, Begleit- und Familienhund, welcher auch zu „anspruchsvoller Abrichtung" fähig sei. Er sei dabei absolut nicht aggressiv sondern freundlich, aber trotzdem selbstsicher, treu und ergeben.

Mehrere Vertreter der Rasse wurden erfolgreich als Rettungshunde, in der Fährtenarbeit, IPO, in Agility und Dogdancing und natürlich auch im Hüten erfolgreich eingesetzt.

Auszug aus dem Standard:

„Ein mittelgroßer Hütehund mit langgestrecktem Körper. (…) Charakteristische Merkmale der Rasse sind die elegante Haltung und die kurzen Ohren, die elegante Form des langen Halses und ein hoher Widerrist sowie das üppige lange Fell. Die Bewegungen sind leicht und frei. Die gesamte Form des Körpers, vom Kopf bis zur Rute, besteht aus einer Reihe von anmutigen Kurven."

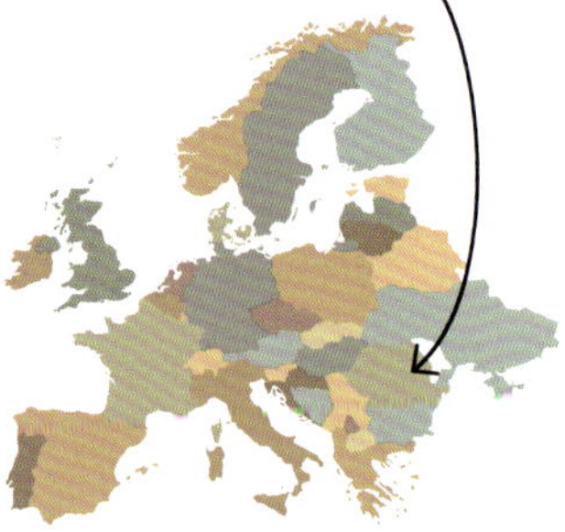

Ciobănesc Românesc Carpatin
(Carpatin)

FCI-Standard Nr. 350
Gruppe: 1
Sektion 1: Schäferhunde

Größe
Rüde: 65–73 cm
Hündin: 59–67 cm
Eine Toleranz von +/- 2 cm ist zulässig.

Gewicht
Keine Angabe im FCI-Standard (i. d. R. 32–45 kg)

Farbe/Haarkleid
Blasses Falb mit schwarzer Wolkung (Wolfsgrau), oft an den Seiten heller und am oberen Teil des Körpers dunkler. Weiße Abzeichen am Fang, Vorgesicht, Hals, Brust, den Gliedmaßen und der Rute sind möglich.

Stockhaar. Hartes, gerades und harsches Deckhaar mit dichter Unterwolle

Ursprünglicher Verwendungszweck:
Hütehund in den Karpaten zur Verteidigung und Bewachung der Herden

Der Ciobănesc Românesc Carpatin kommt ursprünglich aus Rumänien. Übersetzt bedeutet sein Name „Rumänischer Hirtenhund der Karpaten". Er ist ein typischer Vertreter der Herdenschutzhunde, deren Aufgabe es seit jeher war, die Schaf- und Ziegenherden der Bauern vor den in den Karpaten häufig vorkommenden Wölfen und Bären zu schützen. Nebenher konnte er aber auch Hüte- und Treibaufgaben an den Herden ausführen oder den Hof bewachen, war also vielseitig einsetzbar. Der erste Standard wurde 1934 verfasst, die Anerkennung durch die FCI erfolgte 2015.
Von Geburt an ist der Ciobănesc Românesc Carpatin sehr wachsam. Er ist nicht schreckhaft, sondern ruhig und ausgeglichen. Da er schon als Welpe sehr aufmerksam ist, zeichnet sich seine besondere Eignung als Hirtenhund früh ab. Sein Schutzinstinkt gegenüber der Herde ist sehr ausgeprägt. Seinem Besitzer gegenüber ist er stets treu und loyal und baut eine sehr enge Beziehung zu ihm auf, Fremden gegenüber ist er hingegen sehr misstrauisch. Er wird daher häufig als

unbestechlicher Wachhund eingesetzt und übt diese Tätigkeiten sehr eigenständig und gewissenhaft aus. Trotz seiner Größe und Kraft ist er sehr beweglich und niemals schwer.

Aus der Beschreibung des ursprünglichen Verwendungszwecks geht schon hervor, dass dieser kernige Naturbursche kein Kuscheltier fürs Sofa und auch kein typischer Befehlsempfänger ist. Sein eigenständiges Naturell muss gewürdigt und mit liebevoller Konsequenz in die richtigen Bahnen gelenkt werden. Dennoch wird er als relativ leicht erziehbar beschrieben, was möglicherweise an dem Hütehund-Anteil in seinem Erbe liegt. Ein Anfängerhund ist er aber sicher nicht. Körperliche und geistige Beschäftigung sind wichtig, damit er ausgeglichen bleibt.

Eine frühe Sozialisation mit anderen Tieren ist wichtig, damit er sich später gut mit diesen verträgt. Wen er als Teil seiner „Herde" betrachtet, beschützt er mit großer Hingabe.

Künftige Besitzer sollten sich darauf einstellen, dass der Naturbursche möglicherweise lieber draußen als im Haus schlafen möchte.

Auszug aus dem Standard:

„Von Natur aus wachsam und mutig, zeichnet er sich durch seine angeborene bedingungslose Hingabe zur Herde und zu seinem Herrn aus. Ein würdevoller, ruhiger und ausgeglichener Hund."

Ursprung: Rumänien

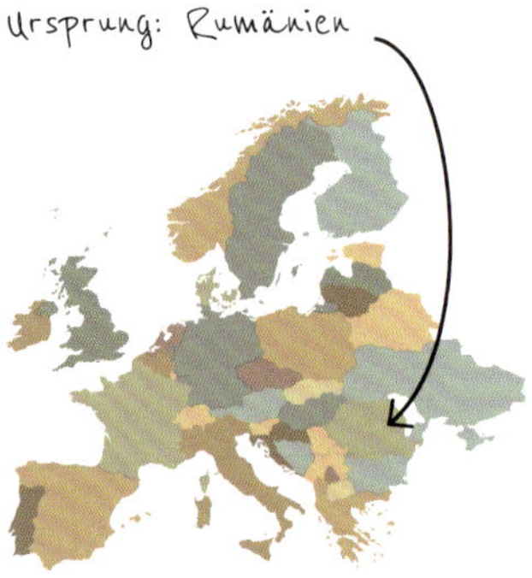

Ciobănesc Românesc Mioritic
(Mioritic)

Ursprünglicher Verwendungszweck:
Hirten- und Wachhund

Ciobănesc Românesc bedeutet übersetzt nichts anderes als „rumänischer Hirtenhund". Alle vier heute von der FCI als eigenständigen Rassen anerkannten Ciobănesc haben seit Jahrhunderten die Aufgabe, die Schaf- und Ziegenherden vor Wölfen, Bären, Luchsen, Raubvögeln und auch zweibeinigen Dieben zu schützen. Während der Ciobănesc Românesc Carpatin hauptsächlich im Karpatengebirge vorkommt, ist der Mioritic eher der Hund der Niederungen. Seinen Namen hat er vom rumänischen Wort „mioritica" für „kleines Schaf". Mit seiner Körpergröße und seinem hellen Zottelfell ähnelt er von Weitem selbst ein wenig einem solchen.

Das darf jedoch nicht darüber hinwegtäuschen, dass es sich um einen sehr mutigen, eigenständigen und im Zweifelsfall auch entschlossenen Beschützer seiner Herden handelt. Zuchtziele waren seit jeher ausschließlich Funktionalität und Robustheit, denn die Hunde waren Tag und Nacht und zu jeder Jahreszeit draußen bei den Schafen. So ergaben sich Wachsamkeit, Genügsamkeit, Ausdauer und Kraft.

Auch heute noch unterscheidet der Mioritic sehr genau zwischen fremd und vertraut, weshalb eine gute Sozialisation im Welpenalter sehr wichtig ist. Seinen Bezugspersonen gegenüber ist er sehr anhänglich, loyal und zuverlässig. Er bewacht gerne alles, was sich im Einflussbereich seines „Rudels" befindet und sucht sich dazu am liebsten einen leicht erhöhten Beobachtungsposten. Von dort aus entgeht ihm kein ungewöhnlicher Vorgang, den er dann lautstark meldet. Er mag es nicht, wenn seine tägliche Routine gestört wird oder seine Umgebung sich ständig ändert, dann reagiert er gestresst und gereizt. Hat er sein festes und vertrautes Umfeld sowie eine sinnvolle Aufgabe, ist er ausgeglichen und ruht in sich selbst. Im Umgang mit ihm sollten Ruhe und Konsequenz vorherrschen, dann lässt er sich auch weitgehend erziehen und sucht gern die Nähe seiner menschlichen Familie. Ein typischer Befehlsempfänger wie ein Hütehund ist er aufgrund seiner Eigenständigkeit jedoch nicht.

Im Umgang mit anderen Hunden beweist er gerne seine Autorität und ist nicht gerade der gesellige Typ, der mit allen spielen möchte. Das ist in Haltung und Erziehung unbedingt zu berücksichtigen.

Die Rumänische Kynologische Vereinigung erstellte 1981 einen Standard, nachdem es ein erstes Zuchtbuch schon 1938 gegeben hatte.

FCI-Standard Nr. 349
Gruppe: 1
Sektion 1: Schäferhunde

Größe
Rüde: mind. 70 cm
(ideal 75 cm)
Hündin: mind. 65 cm
(ideal 70 cm)

Gewicht
In gutem Verhältnis zur Größe
(i. d. R. 50–60 kg)

Farbe/Haarkleid
Gescheckt: Grundfarbe Weiß mit klar abgezeichneten schwarzen oder grauen Flecken.
Einfarbig: Einfarbig weiß oder grau

Dichtes, langes Deckhaar mit dichter Unterwolle

Die imposante Rasse hat in Rumänien einen recht großen Liebhaberkreis und wird immer noch gern als Wachhund für Haus und Hof gehalten. Die Hunde sind groß und kräftig, aber keineswegs schwer und können sich erstaunlich flink bewegen.

Auszug aus dem Standard:

„Guter Herdenschutzhund, sehr mutig und effizient bei der Abwehr von Raubtieren (…). Mißtrauisch gegenüber Fremden. Er mag Kinder."

Collie Rough
(Collie Langhaar)

FCI-Standard Nr. 156
Gruppe: 1
Sektion 1: Schäferhunde

Größe
Rüde: 56–61 cm
Hündin: 51–56 cm

Gewicht
Keine Angabe im FCI-Standard (i. d. R. 18–29 kg)

Farbe/Haarkleid
Zobel-Weiß (Sable-White), Tricolor (überwiegend Schwarz-Weiß mit Tan), Blue Merle

Langes, glattes und üppiges Deckhaar mit reichlich Unterwolle

Ursprünglicher Verwendungszweck:
Hüte- und Schäferhund

Der Langhaar-Collie, auch als „Rough Collie“ bezeichnet, ist eine Hütehunderasse aus Schottland, zu dessen Vorfahren vermutlich auch skandinavische Hunde zählten. Der ursprüngliche Collie sah aber noch nicht aus wie heute – er war häufig schwarz, kurzhaarig und und diente dem Schäfer und Farmer als vielseitiger Helfer, der nicht nur zum Hüten, sondern auch zum Bewachen und Jagen diente.
Als Königin Victoria 1860 Balmoral Castle in Schottland besuchte, begegnete sie dem Arbeitscollie und brachte mehrere Exemplare mit nach London. Dieses königliche „Gütesiegel“ machte die Rasse schnell außerhalb der Farmen populär und die Züchter betonten nun immer stärker die allgemein bewunderten Merkmale: Einen schlanken, schmalen, gemeißelten Kopf, ein langes Haarkleid und leuchtende Farben – so entstand das äußere Bild, das wir heute allgemein kennen.
Schnell wurde der Collie zum „Hund des Tages“, was noch durch die Geschichten des Amerikaners Albert Payson Terhune über seinen Hund Lad (Lad = schottisch für „Bursche“ oder „Kumpel“) verstärkt wurde. Zu Weltruhm gelangte die Rasse durch den möglicherweise von den Lad-Geschichten inspirierten und 1943 verfilmten Roman „Lassie Come Home“ von Eric Knight. Spätestens seit der Fernsehserie aus den 1960er–70er Jahren kannte jedes Kind Lassie (schottisch für „Mädchen“) und der Name wurde fast zum Synonym für die Rasse.
Der freundliche Gesichtsausdruck und die halb aufgerichteten Ohren wurden zum Markenzeichen der Rasse und die Farbe zobel/weiß zum Wiedererkennungsmerkmal, auch wenn es heute Collies auch in dreifarbig (tricolor) und Blue Merle gibt. Der Name leitet sich übrigens von dem alten keltischen Wort „col“ für „schwarz“ ab und bezog sich, so eine Theorie, vermutlich ursprünglich auf die schwarzen Gesichter und Beine der heimischen Schafe, von wo aus er auf den Hütehund übertragen wurde. Oder aber die Hunde waren mehrheitlich schwarz – das lässt sich heute nicht mehr klären.
Der Langhaarcollie wird seit über 150 Jahren ausschließlich als beliebter Begleithund gezüchtet, sodass man ihn praktisch nicht mehr an Schafen arbeiten sieht. Nur in den USA wird die Arbeit an den Herden noch gefördert. Trotzdem hat der Collie sich in seinem Wesen viele Hütehundeigenschaften bewahrt, unter anderem eine hohe Sensibilität und Intelligenz gepaart mit dem sogenannten „Will to Please“, die viele Hütehundrassen mitbringen – seinem Menschen zu gefallen und eng mit ihm zusammenarbeiten zu wollen. Er ist sowohl ein freundlicher als auch aktiver Hund, der gut mit Kindern und anderen Hunden zurechtkommt.
Sein langes Haarkleid mit dichter Unterwolle verlangt regelmäßiges Bürsten. Die Üppigkeit seines Fells ist unterschiedlich – es gibt Exemplare mit moderatem, eher mittellangem Fell, besonders in den Arbeitslinien, und solche aus Showlinien, bei denen die Fülle des Langhaars züchterisch sehr betont wurde. Die Collies aus Arbeits-und Showlinien können sich außerdem auch im Verhalten unterscheiden, und auch in den USA hat sich ein eigener Typ herausgebildet.

Der Kurzhaarcollie (siehe folgende Seiten) ist trotz identischen Ursprungs heute nicht mehr nur eine Fellvariante des Langhaarcollie, sondern wird nach eigenem Rassestandard gerichtet und gezüchtet, wodurch sich Unterschiede im Typ ergeben haben.

Auszug aus dem Standard:

„Ein ausgezeichneter Begleithund,
freundlich, glücklich und aktiv,
gut mit Kindern und anderen Hunden."

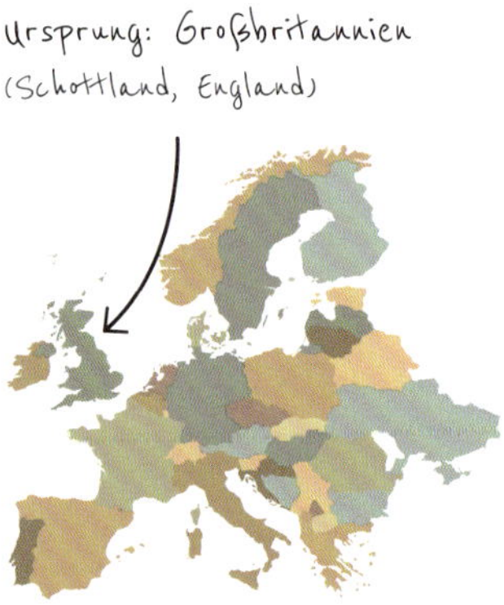

Collie Smooth
(Collie Kurzhaar)

FCI-Standard Nr. 296
Gruppe: 1
Sektion 1: Schäferhunde

Größe
Rüde: 56–61 cm
Hündin: 51–56 cm

Gewicht
Rüde: 20,5–29,5 kg
Hündin: 18–25 kg

Farbe/Haarkleid
Zobel-Weiß (Sable-White), Tricolor (überwiegend Schwarz-Weiß mit Tan), Blue Merle

Kurzes, flaches und hartes Deckhaar mit dichter Unterwolle

Ursprünglicher Verwendungszweck:
Hüte- und Schäferhund

Der kurzhaarige Collie, englisch Smooth Collie, teilt seinen Ursprung mit dem langhaarigen schottischen Schäferhund (Rough Collie), ist aber viel seltener als dieser. Die Bezeichnung „Kurzhaar" ist etwas verwirrend, denn tatsächlich ist er eher stockhaarig, mit kurzem, festen Deckhaar und feiner Unterwolle. Nachdem er jahrelang fast vergessen war, erfreut er sich heute immer größerer Beliebtheit, vor allem in England. Dort gab es auf Hundeausstellungen schon 1870 eine eigene Bewertungsklasse für Kurzhaarcollies. Queen Victoria besaß einen kurzhaarigen Collie namens Sharp, der sogar im Park von Schloss Windsor begraben ist. Er sah Fotos zufolge den heutigen Kurzhaarcollies aber nur entfernt ähnlich.

Genau wie der Langhaarcollie stammt der aus der schottischen Hügellandschaft und wurde dort bei Tag und Nacht und jeder Witterung zum Hüten der Schafherden eingesetzt. Die langhaarigen, so wird berichtet, wurden eher in den rauen Highlands bevorzugt, während man die kurzhaarigen eher in klimatisch weniger rauen Gebieten und auch als Treibhund bei Viehhändlern fand.

Im Gegensatz zum Langhaarcollie, der durch „Lassie" beispiellosen Ruhm erlangte, kam er der Kurzhaarcollie nie in Mode und blieb unverändert der bescheidene Arbeitshund, was der Rasse insgesamt gut getan hat, denn so blieb er von züchterischen Wandlungen eher verschont. Für seine Fans kommt seine elegante Erscheinung durch das Kurzhaar erst richtig zur Geltung. In den USA werden Kurz- und Langhaarcollies nach den Regularien des AKC übrigens nicht als unterschiedliche Rassen, sondern Varietäten einer Rasse geführt und auch untereinander gekreuzt.

Die schottischen Collies, egal ob mit langem oder kurzem Haar, arbeiteten in den Bergen Schottlands immer sehr eigenständig an den Schafen, was man ihnen auch heute noch an ihrem Wesen anmerkt. Trotz dieser Eigenständigkeit lassen sie sich aber sehr gut lenken und arbeiten gern mit dem Menschen zusammen. Sie sind anpassungsfähig und vielseitig einsetzbar, und so sieht man heute Kurzhaarcollies als Familienhunde, in allen möglichen Sportarten, aber auch im Rettungsdienst, als Assistenzhund oder Diabetikerwarnhund. Der Collie ist, im Gegensatz zum Beispiel zu den belgischen und französischen Schäferhunden, die charakterlich deutlich härter sind, ein sensibler Hund, der keinerlei Härte in der Erziehung verträgt und dem es wichtig ist, möglichst überall mit seinen Menschen dabei zu sein.

Auszug aus dem Standard:
„Der Körperbau ist geprägt von Kraft und Aktivität, er ist frei von Plumpheit und ohne jede Spur von Grobheit."

Er lernt sehr schnell, aber durch seine Sensibilität leider auch im Schlechten. Das kann bewirken, dass einmal gemachte schlechte Erfahrungen, wie beispielsweise das Einklemmen einer Pfote im Auto, dazu führen können, dass er das Einsteigen in Autos fortan grundsätzlich und hartnäckig fürchtet. Bei einem so feinfühligen Hund ist eine gute Sozialisation im Welpenalter ebenso wichtig wie die Tatsache, dass bei aller Bewegung und Aktivität, die er benötigt, auch auf ausgiebige Ruhepausen geachtet wird, damit kein schädlicher Stress entsteht.
Viele Collies, egal ob Lang- oder Kurzhaar, bellen mitunter gern, was je nach Wohnsituation zum Problem führen kann, mit dem man sich auseinandersetzen muss.

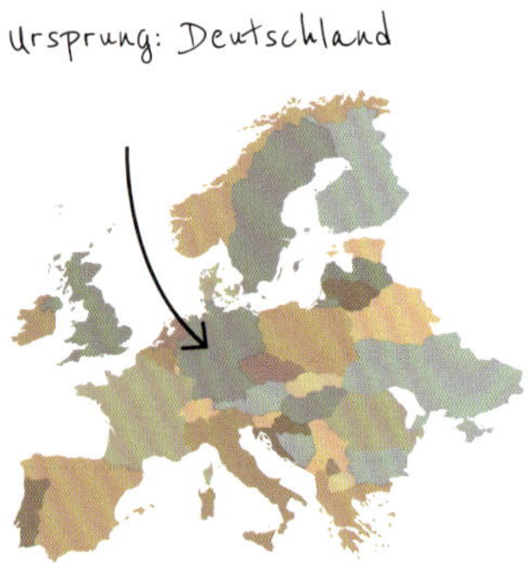

Arbeitsprüfung

FCI-Standard Nr. 166
Gruppe: 1
Sektion 1: Schäferhunde
Varietäten: 2 (Haarkleid)

Größe
Rüde: 60–65 cm
Hündin: 55–60 cm

Gewicht
Rüde: 30–40 kg
Hündin: 22–32 kg

Farbe/Haarkleid
Schwarz mit rotbraunen, braunen, gelben bis hellgrauen Abzeichen.
Schwarz einfarbig, Grau mit dunklerer Wolkung, schwarzem Sattel und Maske.
Unauffällige, kleine weiße Brustabzeichen sowie helle Innenseiten sind zugelassen, aber nicht erwünscht.

a) Stockhaar
b) Langstockhaar

Deutscher Schäferhund

Ursprünglicher Verwendungszweck:
Vielseitiger Gebrauchs-, Hüte- und Diensthund

Der Begründer der Rasse ist der preußische Rittmeister Max von Stephanitz (1894–1936), der von dem traditionellen Typ der deutschen Schäfer- und Hütehunde begeistert war. Diese waren zu Beginn der Reinzucht allerdings noch eine sehr bunt gemischte Gesellschaft und weit entfernt von dem einheitlichen Bild, das der Deutsche Schäferhund heute zeigt: Von Schlapp- bis Stehohr, Kurzhaar und zotteligem Langhaar und den verschiedensten Farben war alles vertreten. Stephanitz war besonders angetan von dem stehohrigen Typ mit kurzem Stockhaar und hängender Rute, der vor allem im Württemberg und Thüringen vorkam. Als seinen Idealen entsprechender Rassebegründer gilt der Rüde „Hektor Linksrhein“, den er 1898 dreijährig kaufte. Später wurde der Hund in Horand von Grafrath umbenannt und im Zuchtbuch des 1899 gegründeten Vereins für Deutsche Schäferhunde (SV) mit der Nummer 1 eingetragen – die Rasse Deutscher Schäferhund war geboren.

Der Deutsche Schäferhund scheint zum Wachhund geboren und ist geradezu ein klassisches Beispiel für einen Diensthund. Er wird weltweit in der Polizei oder als Sanitäts-, Melde- und Botenhund beim Militär eingesetzt, auch wenn ihm dort Belgische Schäferhunde, allen voran der Malinois, langsam den Rang ablaufen. Nach wie vor ist er aber ein bewährter Lawinenhund und Rettungshund bei Katastrophen oder verlässlicher Blindenführhund, kurz ein echter Kamerad. Wie eh und je wird er auch immer noch als Herdenhund eingesetzt. Damit seine Gebrauchseigenschaften nicht verloren gehen, muss auch heute noch jeder Deutsche Schäferhund eine IPO-Prüfung (Schutzdienstprüfung Stufe 1), alternativ die Rettungshundeteam-Prüfung oder eine Herdengebrauchshund-Prüfung plus Ausdauerprüfung bestehen, bevor er zur Zucht zugelassen wird.

Weltweit rangiert der Deutsche Schäferhund in der Beliebtheitsskala aller Rassehunde immer noch regelmäßig auf einem Spitzenplatz, auch wenn die Zahl der in Deutschland geborenen Welpen in den letzten Jahren deutlich gesunken ist. Durch züchterische Übertreibungen, zum Beispiel einer übertrieben stark gewinkelten Hinterhand mit stark abfallender Rückenlinie, kam es zeitweise und in bestimmten Linien vermehrt zu Gesundheitsproblemen. Zum Glück besinnen sich aber heute immer mehr Züchter auf die guten Gebrauchseigenschaften und die Funktionalität des vielseitigen Allround-Talents zurück.

Als Gebrauchshund durch und durch benötigt der Deutsche Schäferhund eine konsequente, verständnisvolle Erziehung, um seine positiven Wesenseigenschaften wie Selbstbewusstsein, psychische Belastbarkeit, Aufmerksamkeit, Lernwillen und Arbeitseifer voll entfalten zu können. Er braucht geistige Aufgaben und körperliche Bewegung, um ausgeglichen zu sein.

Bei guter Sozialisation im Welpenalter verträgt er sich später sehr gut mit allen Menschen und Tieren im Familienumfeld. Die Welpen werden übrigens mit Schlappohren geboren, erst langsam richten sie sich zur typischen stehenden Form auf – mit manchmal lustigen Zwischenphasen.

Auszug aus dem Standard:

„Der Deutsche Schäferhund muss vom Wesensbild her ausgeglichen, nervenfest, selbstsicher, absolut unbefangen und (außerhalb einer Reizlage) gutartig sein, dazu aufmerksam und führig. Er muss Triebverhalten, Belastbarkeit und Selbstsicherheit besitzen, um als Begleit-, Wach-, Schutz-, Dienst- und Hütehund geeignet zu sein."

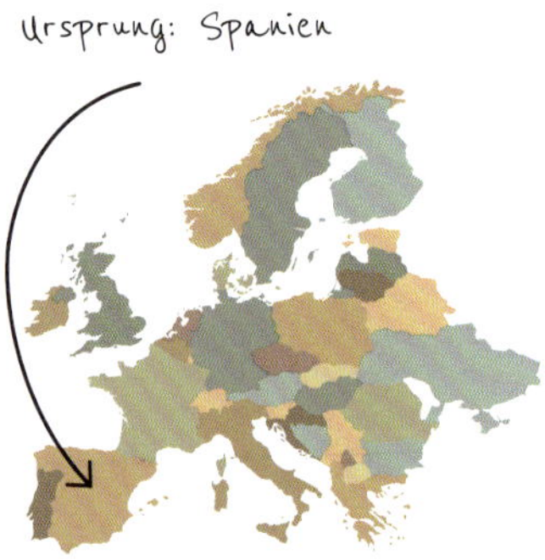

FCI-Standard Nr. 87
Gruppe: 1
Sektion 1: Schäferhunde

Größe
Rüde: 47 – 55 cm
Hündin: 45 – 53 cm

Gewicht
Keine Angabe im FCI-Standard
(i. d. R. 16 – 20 kg)

Farbe / Haarkleid
Lohfarbe mit den Abstufungen hell, mittel und dunkel.
Sandgelb (Arena), bestehend aus grauen, weißen und schwarzen Haaren, in den Nuancen hell, mittel und dunkel.
Grau, bestehend aus weißen, grauen und schwarzen Haaren, in Nuancen von silbergrau bis grauschwarz.
Wenn Schwarz vorherrscht und es nur mit weißen Haaren vermischt ist, erhält man ein reifgraues Schwarz.

Lang, glatt oder leicht gewellt, rau, dichte Unterwolle

Gos d'Atura Català

(Katalanischer Schäferhund)

Ursprünglicher Verwendungszweck:
Hirtenhund mit Hüteaufgabe, Wachhund, Begleithund

Der Gos d'Atura Català stammt aus den katalanischen Pyrenäen, also von der spanischen Seite des Gebirges. Die Menschen, die hier siedelten, wanderten von Frankreich über die Pyrenäen nach Spanien ein. Ihre Hunde waren die Vorläufer des Gos d'Atura. Gos ist die katalanische Bezeichnung für Hund, d'Atura sagt, dass der Hund bei der Herde eingesetzt wird und beim Treiben hilft. Er wurde zum Führen der Herden eingesetzt und hat sich daher in alle katalanischen Hirtengebiete verbreitet. Das Aussehen der Hunde blieb aber in etwa das gleiche. Auch heute ist der Gos d'Atura Català ein Hund der Hirten.
Im Körperbau ähnelt er seinem französischen Nachbarn Berger des Pyrénées. Kinnbart, Backenbart und das zottige Haarkleid verleihen ihm ein Aussehen ähnlich dem portugiesischen Cão da Serra de Aires oder einem Beardie alten Typs. Diese Hunde hüten Pferde ebensogut wie Schafe, die es überall in Spanien gibt und treffen dabei auch eigene Entscheidungen. Obwohl einige dem Hund nervöses Wesen nachsagen, handelt es sich um intelligente, kraftvolle und starke Hunde, die sich auch recht gut für Polizei, Armee und Bewachungsaufgaben eignen.

Auszug aus dem Standard:
„Er ist ein wohlgestalteter Hund mittlerer Größe und mit schönem Pelz."

Der Standard wurde von dem Tierarzt Augustin Franco entworfen und 1929 von der FCI anerkannt. Der Gos d'Atura Català war damit die erste von der FCI anerkannte spanische Hunderasse.
Im FCI-Rassestandard wird der Katalanische Schäferhund als sehr zurückhaltender, lebhafter und intelligenter Hund beschrieben, der dem Schäfer und der ihm anvertrauten Herde „aufopfernd ergeben" ist. Er hält typischerweise Abstand zu Fremden und ist sehr wachsam. Der spanische, der FCI angeschlossene Zuchtverband Real Sociedad Canina de España (RSCE) bemüht sich seit Jahren, die Hirten dazu zu bewegen, auch ihre Hunde nach dem Standard und unter seiner Aufsicht zu züchten.
Wie die meisten Hütehunde schließt sich der Katalane eng an seinen Menschen an und arbeitet gern mit diesem zusammen. Das zusammen mit seiner Aufmerksamkeit und Intelligenz macht ihn leicht für die verschiedensten Aufgaben ausbildbar, solange der Mensch dafür sorgt, dass er stets schlauer bleibt als der Hund.
Der Fellwechsel vollzieht sich bei dieser Rasse etwas ungewöhnlich, nämlich in zwei Phasen – erst vorne, dann hinten, was für eine markante Übergangsoptik sorgt. Die Fellfarbe ist ein Gemisch unterschiedlicher Töne, das aus der Ferne eher einfarbig wirkt.

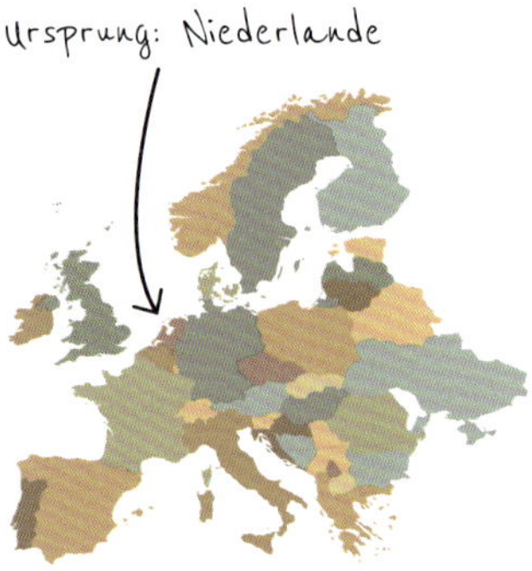

Arbeitsprüfung

FCI-Standard Nr. 223
Gruppe: 1
Sektion 1: Schäferhunde
Varietäten: 3 (Haarkleid)

Größe
Rüde: 57–62 cm
Hündin: 55–60 cm

Gewicht
Keine Angabe im FCI-Standard (i. d. R. 23–30 kg)

Farbe / Haarkleid
Gestromt mit Grundfarbe Gold oder Silber. Die goldene Farbe kann von heller Sandfarbe bis zu Kastanienrot variieren. Die Stromung erstreckt sich klar über den ganzen Körper, auch an Kragen, Hosen und Rute. Zu viel Schwarz ist unerwünscht. Eine schwarze Maske ist bevorzugt. Große weiße Markierungen an der Brust oder den Pfoten sind nicht erwünscht.

a) Kurzhaar
b) Langhaar
c) Rauhaar

Hollandse Herdershond

(Herder)

Ursprünglicher Verwendungszweck:
Schäferhund

In den Niederlanden hatte die Schafzucht schon immer große Bedeutung und entsprechend gibt es auch eigene Schäferhundrassen. Ihre anatomischen Merkmale sind den nahen Belgischen Schäferhunden recht ähnlich und sie entstammen den gleichen Wurzeln und der gleichen Region – schließlich trennte erst im 19. Jahrhundert eine Staatsgrenze Belgien von den Niederlanden.

Die holländischen Schäferhunde oder „Herder" (von Herde) bilden gegenwärtig eine besondere Rasse, welche sich in drei Varietäten unterteilt: Kurzhaarig, rauhaarig oder langhaarig. Der langhaarige Schlag ist im eigenen Land nahezu ausgestorben, der kurzhaarige ist am meisten verbreitet. Als Besonderheit zeigt er ein hell oder dunkel gestromtes Haarkleid. Die rauhaarige Varietät ist bei den holländischen Züchtern nicht so begehrt und deshalb nicht sehr verbreitet. Ihre geringere Popularität ist wahrscheinlich auf „lokale" Gründe zurückzuführen. Man sagt den drei Varietäten auch ein leicht unterschiedliches Wesen nach: Die kurzhaarige wird als „triebiger" und deshalb geeigneter für den Schutzdienst angesehen, die lang- und rauhaarigen Hunde sollen ruhiger, freundlicher und verträglicher sein. Natürlich kommt es aber wie immer auf den individuellen Hund an.

Die holländischen Schäferhunde waren außerhalb ihrer Heimat nie weit verbreitet und nie ein Modehund, was der Rasse aber gut getan hat: Sie stehen immer noch stark im Typ des ursprünglichen Herdengebrauchshundes ohne irgendwelche Übertreibungen und gelten als robust und gesund. Es handelt sich um folgsame Hunde, freundlich, wenig anspruchsvoll, immer auf der Hut, sehr nützlich, sehr widerstandsfähig den Witterungseinflüssen gegenüber und zu jeder Arbeit geeignet.

Der Herder diente ursprünglich als Hütehund und arbeitete eng mit den niederländischen Schafhirten zusammen. Doch nicht nur das – der Holländische Schäferhund wurde in verschiedenen anderen Bereichen als Gebrauchshund eingesetzt. Als Treibhund wurden ihm Rinderherden anvertraut, die er von A nach B begleiten musste. Der Herder war außerdem als Zughund für Karren oder als Wach- und Hofhund sehr beliebt. Im Prinzip ein Allround-Talent.

Auszug aus dem Standard:
„Sehr treu und zuverlässig, immer aufmerksam, wachsam, aktiv, unabhängig, mit großer Ausdauer, intelligent, bereit folgsam zu sein und mit den Eigenschaften eines echten Schäferhundes ausgestattet."

Mit dem Herder holt man sich einen sehr ursprünglichen und vielseitigen Hütehund ins Haus, der zum einen gemäß seiner Arbeitsanlagen ausgelastet werden muss und zum anderen von Welpe an unbedingt klare Regeln und Strukturen benötigt. Denn er hat in den meisten Fällen eine aus früheren Zeiten stammende, stark ausgeprägte territoriale Motivation und ist es gewohnt, selbständige Entscheidungen zu treffen.

Zur Auslastung bieten sich vor allem aktive Beschäftigungsformen wie Agility, Longieren, Revieren, Zughundesport oder auch Obedience sowie verschiedene Formen der Nasenarbeit an.

Aufgrund seiner Beliebtheit in den Niederlanden wurde im Jahr 1898 ein Zuchtverein für den Holländischen Schäferhund, der „Nederlandse Herdershonden Club" gegründet. Die Anerkennung durch die FCI erfolgte 1960.

Ursprung: Kroatien

FCI-Standard Nr. 277
Gruppe: 1
Sektion 1: Schäferhunde

Größe
Rüde: 45–50 cm
Hündin: 43–48 cm
Eine Toleranz von +/- 3 cm ist zulässig.

Gewicht
Keine Angabe im FCI-Standard (i. d. R. 13–20 kg)

Farbe / Haarkleid
Schwarz. Einzelne, gleichmäßig in der Grundfarbe verteilte weiße Haare (vorausgesetzt sie sind fast unbemerkbar) sind erlaubt.

Mittellanges, raues Deckhaar mit dichter Unterwolle

Hrvatski Ovčar
(Kroatischer Schäferhund)

Ursprünglicher Verwendungszweck:
Hüte- und Wachhund

Der Hrvatski Ovčar stammt aus den Regionen Slawonien, Bačka und Baranja an der ungarischen Grenze. Er ist eng verwandt mit dem ungarischen Mudi und erinnert rein äußerlich aber ein wenig an einen schwarzen Spitz. Seit Jahrhunderten werden solche Hunde als Hütehund in den Ebenen Slawoniens eingesetzt. Der Hrvatski Ovčar wird erstmals im Jahr 1374 von Bischof Peta unter dem Namen „Canis pastoralis croatius" erwähnt, wobei die Rasse vermutlich deutlich älter ist und bereits im 7. Jahrhundert den Kroaten als Herdenschutzhund diente.

Im Jahr 1935 begann die systematische Zucht der Rasse, deren Standard 1969 von der FCI anerkannt wurde.

Der Hrvatski Ovčar wurde lange Zeit in seiner Heimat als Hütehund eingesetzt, wobei er sowohl Schweine und Schafe als auch Enten beschützen sollte. Auch als Wachhund fand er immer wieder Verwendung.

Heute ist er ein guter Familienhund mit guten Wacheigenschaften. Auch für diverse Hundesportarten eignen sich die Tiere prima. Fremden gegenüber ist der Kroatische Schäferhund eher zurückhaltend.

Die Erziehung der Hunde ist verhältnismäßig einfach, da sie ein beachtenswertes Sozialverhalten und eine gute Lernbereitschaft an den Tag legen. Sie lernen schnell und gerne dazu, sodass sie – zumindest solange sie genug Beschäftigung haben – als anpassungsfähig und unkompliziert gelten.

Der Hrvatski Ovčar ist ein aktiver, lebhafter Hund, der großen Wert auf Bewegungsfreiheit und Beschäftigung legt. Die Hunde brauchen dementsprechend unbedingt genügend Auslauf und Auslastung im Alltag, sodass sie besonders gut in eine aktive Familie passen, die sie zu allen Freizeitaktivitäten begleiten können. Mit ihrer Intelligenz und ihrer Lernfähigkeit eignen sich die Tiere außerdem hervorragend für verschiedene Hundesportarten. Da die Hunde kaum Jagdtrieb aufweisen, können sie sich auch im Freien gut ohne Leine bewegen.

Kennzeichnende Charaktereigenschaften des Hrvatski Ovčar sind zudem seine Aufmerksamkeit und seine Wachsamkeit. Diese Stärken kommen besonders bei seiner langjährigen Arbeit als Hirtenhund zum Vorschein, weshalb auch der ausgeprägte Hütetrieb der Hunde unbedingt erwähnt werden sollte.

Auszug aus dem Standard:

„Die Charaktermerkmale der Rasse sind Scharfsinn, Mut, Lebendigkeit, Ausdauer, Geduld und Besonnenheit bei der Arbeit. Die Rasse ist einfach auszubilden."

Komondor

FCI-Standard Nr. 53
Gruppe: 1
Sektion 1: Schäferhunde

Größe
Rüde: mind. 70 cm
Hündin: mind. 65 cm

Gewicht
Rüde: 50 – 60 kg
Hündin: 40 – 50 kg

Farbe / Haarkleid
Elfenbeinfarben

Derbes Deckhaar und feine Unterwolle verfilzen zu den typischen Schnüren

Ursprünglicher Verwendungszweck:
Hirtenhund, Hauptaufgabe: Schutz der Herde vor Wolfsangriffen

Die Wurzeln dieser Rasse liegen in Asien. Der amerikanische Sumerologe Pálfalvy wies nach, dass der Komondor und auch die beiden anderen ungarischen Hirtenhunde, der Kuvasz und der Puli, schon 3000 – 4000 Jahre vor Christi in Mesopotamien gelebt haben. Die ersten Vertreter gelangten von hier aus im 9. Jahrhundert mit dem Steppenvolk der Magyaren nach Ungarn, das heute als Herkunftsland gilt. Auch hier kamen die Herdenschutzhunde für das Bewachen großer Viehherden, die sie mutig gegen Wölfe verteidigten, zum Einsatz. Erstmals namentlich erwähnt ist der Komondor in einer Quelle aus dem Jahr 1544. Seit Jahrhunderten sind die Vertreter der Rasse berühmt für ihren Mut und ihren ausgeprägten Beschützerinstinkt. Das zottelige Fell, das zu langen Schnüren verfilzt, dient dem Komondor als Schutz vor extremen Witterungen und Bissverletzungen. Hunderte von Jahren war er der Behüter der Zackelschafherden. Der Wolf hatte es nicht leicht mit den Wächtern im zotthaarigen Fell.

Auszug aus dem Standard:

„Der Komondor ist groß gewachsen und kräftig gebaut. Die gewinnende äußere Erscheinung und die würdevolle Haltung wecken im Beobachter Ehrfurcht, eventuell auch Angst. Er ist von Natur aus nicht einschmeichelnd."

Seit 1841 wird der Komondor reinrassig gezüchtet. 1920 wurde für die Rasse ein Standard abgefasst. Er stimmt mit der Beschreibung von Lónyays 1901 und dem Standard, der von Buzzi 1905 verfasst wurde, überein.

Als ursprünglicher Herdenschützer ist der Komondor sehr eigenständig und selbstbewusst, denn anders als „Hütehunde" verteidigen „Hirtenhunde", zu denen diese Rasse gehört, Viehherden oder Territorien komplett auf sich allein gestellt. Daher wundert es nicht, dass diese Hunde auch heute noch sehr territorial sind und keine Fremden ungefragt in ihrem Revier dulden. Sie sind dann unbestechlich und lassen sich im eigenen Revier auch nicht durch Leckerbissen ablenken. Außerhalb dieses Raums verhalten sie sich neutral, aber ihre Grundhaltung ist misstrauisch.

Der eigenwillige Charakter erfordert hundeerfahrene Halter, die den stolzen Vierbeiner mit Sachverstand und Einfühlungsvermögen trainieren und keinen Kadavergehorsam fordern. Die beste Basis für eine gute Erziehung ist eine gute Sozialisierung. Wer dem Komondor ein artgerechtes Zuhause mit viel Freiraum und einer fachkundigen Erziehung bietet, kann sich über einen sympathischen, ausgeglichenen Gefährten freuen.

Die Fellpflege hat aufgrund der Schnürenbildung, die ab etwa Endes des ersten Lebensjahres beginnt, ihre Eigenheiten: Der Hund wird nie gebürstet, sondern die Zotteln werden nur vorsichtig mit den Fingern voneinander getrennt, damit sie nicht zu Platten verfilzen.

FCI-Standard Nr. 54
Gruppe: 1
Sektion 1: Schäferhunde

Größe
Rüde: 71–76 cm
Hündin: 66–70 cm

Gewicht
Rüde: 48–62 kg
Hündin: 37–50 kg

Farbe/Haarkleid
Weiß, elfenbeinfarben ist erlaubt. Nasenspiegel, Lidrand und Lefzen sind schwarz, die Ballen sind schwarz oder schiefergrau.

Leicht gewelltes, grobes Deckhaar mit feiner Unterwolle

Kuvasz

Ursprünglicher Verwendungszweck:
Hirtenhund, auch Wach-, Schutz, Jagd- und Spürhund

Der Kuvasz gehört zu den alten ungarischen Hirtenhunden, deren Ursprung in den Steppengebieten Asiens und der Mongolei liegt. Dem Kuvasz ähnliche Hunde waren wahrscheinlich schon zur Zeit der ersten großen Völkerwanderung, beginnend mit dem Hunneneinfall ins Land der Ostgoten im Jahre 375 n. Chr., Begleiter der Magyaren. Es gibt Aufzeichnungen aus dem 15. Jahrhundert, aus denen ersichtlich ist, dass der Kuvasz zu Wolfs- und Bärenjagden des Hofes verwendet wurde. Um Wölfe, Bären, Raubkatzen und Räuber erfolgreich von den Herden fernzuhalten, waren Mut, Klugheit, Kraft, körperliche Gewandtheit und Zähigkeit Voraussetzung.
Die besten Exemplare dienten häufig im Kreise des Hochadels gegenseitig als Geschenke.
Der Kuvasz wurde vielseitig eingesetzt: Er bewachte die Herden, spürte entlaufenes Vieh auf und war ein guter Fährtensucher. Die sehr helle bis weiße Fellfarbe machte es den Schäfern leicht, ihn im Dunklen von Wölfen zu unterscheiden, während er sich mit seiner Größe, Statur und Fellfarbe andererseits in einer Schafherde so gut wie unsichtbar zu machen wusste. Sicher eine unliebsame Überraschung für zweibeinige Viehdiebe, die sich im Dunklen an eine vermeintlich verlassene Schafsherde heranschlichen und dann plötzlich von einem bellenden, wild entschlossenen „Schaf" attackiert wurden …
Als in Ungarn immer mehr Weideland zu Ackerland wurde und immer weniger Herden frei umherzogen, brauchte man nicht mehr so viel Hütehunde wie vorher und so wurde der Kuvasz Haus- und Kettenhund. Im Zweiten Weltkrieg wurden die schönen Hunde fast ausgerottet. Inzwischen hat sich die Zucht in Ungarn wieder gut erholt.
Als Herdenschutzhund ist der Kuvasz ein selbständig arbeitender Wachhund. Er hat Temperament und entwickelt sich am besten da, wo sein natürlicher Instinkt des Bewachens und Beschützens genutzt werden kann. Ein ideales Revier ist ein Haus mit Gartengrundstück, das er bewachen kann. Kenner der Rasse berichten, es sei wichtig, einem Kuvasz einen Platz im Haus zuzuweisen, der nur ihm zusteht und an dem er niemals gestört wird, auch nicht von Kindern. Wenn er Ruhe braucht, wird er sich dorthin zurückziehen, was unbedingt respektiert werden sollte – denn wie eigentlich alle Herdenschutzhunde ist auch der Kuvasz kein Freund von viel Trubel und Veränderung.
Den Kuvasz zeichnet eine hohe Reizschwelle aus. Wichtig ist es, ihn von Anfang an Kontakte mit anderen Menschen und Hunden aufnehmen zu lassen; er wird dadurch umgänglicher und freundlicher, ohne dass seine Wachsamkeit darunter leidet.
Er ist sehr ausdauernd und bewegungsfreudig – so kann ihm zum Beispiel auch das Mittraben am Fahrrad Spaß machen, solange es nicht zu heiß ist.

Auszug aus dem Standard:

„Die Hunde dieser Rasse sind stark, groß gewachsen und weisen ein dichtes, gewelltes, weißes Haarkleid auf. Ihr gefälliges Erscheinungsbild strahlt Adel und Kraft aus."

Lancashire Heeler
(Ormskirk Heeler)

FCI-Standard Nr. 360
(provisorisch anerkannt)
Gruppe: 1
Sektion 1: Schäferhunde

Größe
Rüde: 30 cm (ideal)
Hündin: 25 cm (ideal)

Gewicht
Keine Angabe im FCI-Standard
(i. d. R. ca. 5,9–8,2 kg)

Farbe / Haarkleid
Schwarzloh oder leberbraun und lohfarben mit Pigment in Fellfarbe, mit satten lohfarbenen Flecken auf den Backen, oft auch über den Augen.

Kurzhaar (kurz, dick, hart und flach) mit feiner Unterwolle

Ursprünglicher Verwendungszweck:
Hüte- und Treibhund

Der Lancashire Heeler hat eine lange Geschichte, die bis ins 17. Jahrhundert zurückreicht, aber der tatsächliche Ursprung der Rasse ist ungewiss. Belegt ist, dass um das Jahr 1600 ein Ormskirk Heeler (benannt nach der Marktstadt Ormskirk in West-Lancashire) oder Butchers' Dog als Treibhund auf den Viehtransporten zwischen Wales und Lancashire eingesetzt wurden. Dieser ursprüngliche Lancashire Heeler war zu Beginn des 20. Jahrhunderts ausgestorben, weshalb man sich entschloss, ihn aus den Ausgangsrassen Welsh Corgi und Manchester Terrier wieder so gut wie möglich rückzuzüchten. 2016 wurde der Standard bei der FCI veröffentlicht.

Der ursprüngliche Lancashire Heeler war wie der Corgi ein Hüte- und Treibhund für Großvieh. Heute wird er als Begleit- und Familienhund eingesetzt. Der Name „Heeler“ bezieht sich darauf, dass der Hund das Vieh in die Hacken (heels) zwickt, um es in die gewünschte Richtung zu treiben. Dieses genetisch verankerte Verhalten, wie es zum Beispiel auch der Australian Cattle Dog stark ausgeprägt zeigt, ist der Grund, warum der Heeler nicht unbedingt zum Begleiter beim Joggen geeignet ist: Er wird immer wieder versuchen, durch Zwicken in die Waden die Richtung zu bestimmen, vor allem, wenn mehrere Läufer in einer Gruppe unterwegs sind und einer es wagt, von den anderen auszuscheren. Die Heeler brauchten dazu einerseits eine niedrige Körperhöhe, um mit den Zähnen auf Fersenhöhe der Rinder zu sein, andererseits auch ein großes Selbstbewusstsein, um es mit diesen viel größeren Tieren aufzunehmen und auch einmal einen Huftritt wegzustecken.

Der Lancashire Heeler ist heute eine beliebte Begleithundrasse. Er ist intelligent, wachsam und angenehm und stellt sich gern neuen Aufgaben, aber er kann auch seinen eigenen Kopf haben. Hier kommt sicherlich das Terriererbe durch! Daher sollte das Training sanft, aber konsequent sein. Dann bekommt man ein liebevolles und lustiges Familienmitglied – seinen Besitzern gegenüber sehr anhänglich und immer bereit für neue Unternehmungen. Eindringlinge in sein Territorium wird das kleine Kraftpaket lautstark melden, auch sonst ist er recht „stimmlich veranlagt“.

In seinem Heimatland Großbritannien ist er ein beliebter Begleit- und Ausstellungshund und Teilnehmer an Agility- und Obedience-Wettbewerben. Er nimmt auch an Hütewettbewerben teil.

Auszug aus dem Standard:

„Klein, kräftig und robust, ein aufmerksamer und energetischer Arbeiter."

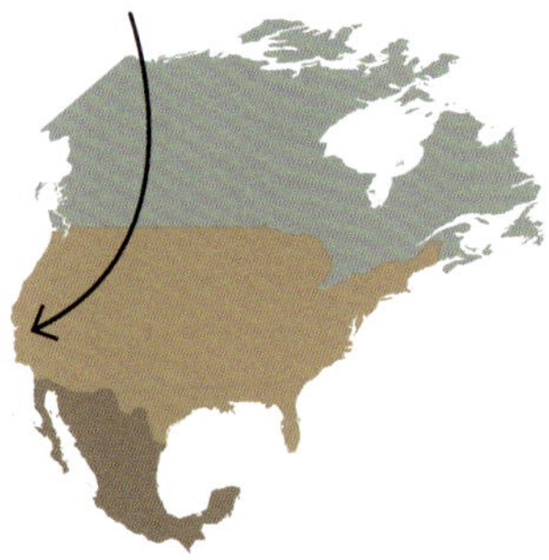

FCI-Standard Nr. 367
(provisorisch anerkannt)
Gruppe: 1
Sektion 1: Schäferhunde

Größe
Rüde: 35,5 – 46 cm
Hündin: 33 – 43,5 cm

Gewicht
Ein gesundes Gewicht wird auf der individuellen Größe, dem Geschlecht und der Substanz basieren (variiert i. d. R. zwischen 9 und 18 kg)

Farbe / Haarkleid
Typische Farben sind Merle (blau oder rot), Schwarz und Rot, oft mit weißen und kupferfarbenen Abzeichen. Asymmetrische Abzeichen sind kein Fehler, weiße Abzeichen sind nicht erforderlich, dürfen ggf. jedoch nicht dominieren.

Mittellang, dicht und wetterfest mit Unterwolle

Miniature American Shepherd

Ursprünglicher Verwendungszweck:
Hüte- und Wachhund

Die Rasse entstand parallel zum Australian Shepherd. Während der gesamten Geschichte der Australian Shepherds findet man immer wieder kleinere Hunde. Für die Arbeit an Pferden und Rindern wurde der größere Australian Shepherd bevorzugt, die kleinere Variante hatte aber längst eine große Fangemeinde gewonnen.
Um 1968 wurde begonnen, die „Kleinen Aussies" zu züchten, die ab 2011 vom Miniature American Shepherd Club of the USA betreut wurden.
Im Mai 2019 folgte dann die nationale Anerkennung durch den deutschen VDH. Der Club für Australian Shepherd e.V. (CASD) betreut den Miniature American Shepherd unter den Bestimmungen des VDH und ist damit der einzige Verein in Deutschland, der ein anerkanntes Zuchtbuch für den „Mini-Aussie" führt.
2019 wurde die Rasse vorläufig von der FCI anerkannt.
Wichtig zu wissen ist, dass der „Miniature *Australian* Shepherd" keine offiziell anerkannte Rasse ist und noch mit dem Australian Shepherd gekreuzt werden darf, während der „Miniature *American* Shepherd" international als eigenständig anerkannt ist und nach eigenen Regeln gezüchtet wird. Die Farbvarianten sind jedoch genauso bunt und vielfältig wie beim „großen Bruder" Australian Shepherd.
Der Miniature American Shepherd ist ein lebhafter, freundlicher, anpassungsfähiger Hund. Er ist anhänglich, gefällt seinem Menschen gerne und arbeitet mit Feuereifer. Das Hüten und Wachen liegt dem klugen Vierbeiner im Blut. Er lernt schnell und eignet sich auch für verschiedene Hundesportarten; so nimmt er zum Beispiel auch erfolgreich an Agilityturnieren und Hütetrials teil.
Die handliche Größe macht ihn zudem zu einem problemlos im Haus zu haltenden Familienmitglied, dennoch hat er immer noch ein starkes Hütehunderbe und eine gewisse Wachsamkeit im Haus, genau wie der große Aussie. Manche Züchter bezeichnen die Kleinen charakterlich sogar als „Konzentrat" der Großen und möchten ihn nicht aufgrund seiner Größe zum „Schoßhund" degradiert sehen, was diesem aktiven und intelligenten Hund nicht gerecht würde. Da der Miniature American Shepherd gerne gefällt, gestaltet sich seine Ausbildung recht einfach. Dennoch braucht auch dieser Hund Erziehung und klare Regeln, damit er sich harmonisch ins Familienleben einfügt.

Auszug aus dem Standard:

„Ein äußerst vielseitiger, energischer, und ausdauernder Hund von herausragender Intelligenz und mit starker Hingabe zum Halter."

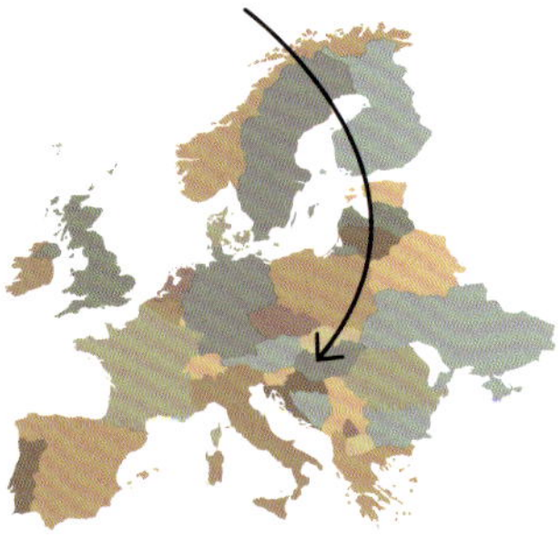

FCI-Standard Nr. 238
Gruppe: 1
Sektion 1: Schäferhunde
Varietäten: 7 (Farbe)

Größe
Rüde: 41–47 cm
(Idealgröße: 43–45 cm)
Hündin: 38–44 cm
(Idealgröße: 40–42 cm)

Gewicht
Rüde: 11–13 cm
Hündin 8–11 kg

Farbe/Haarkleid
a) Falb
b) Schwarz
c) Asche
d) Leber
e) Aschbraun
f) Weiß
g) Cifra (Merle)

An Kopf und Vorderseite der Gliedmaßen kurz, ansonsten stark gewellt bis leicht gelockt, mit Unterwolle

Mudi

Ursprünglicher Verwendungszweck:
Hüte- und Treibhund, auch vorzüglicher Schutz- und Wachhund

Diese weitere ursprüngliche ungarische Hütehunderasse wurde gegen Ende des 19. Jahrhunderts erstmals planvoll gezüchtet und ist seit 1966 von der FCI als eigenständige Rasse anerkannt.

Der mittelgroße, stehohrige und meist schwarze Mudi erinnert äußerlich ein wenig an den alten deutschen Schäferspitz und eine historische Verwandtschaft mit diesem ist nicht auszuschließen. Er unterscheidet sich deutlich von den beiden anderen ungarischen Hütehundrassen Pumi und Puli und natürlich erst recht von Kuvasz und Komondor, die als deutlich größere und schwerere Herdenschutzhunde von heller Fellfarbe historisch auch ganz andere Aufgaben hatten.

Der Mudi war schon immer ein Allround-Helfer für die ungarischen Kleinbauern: Die Schäfer brauchten ihn vor allem für das Hüten und die Bewachung, aber auch für das Treiben von Schaf- und Viehherden. Da vor allem das Treiben der größeren Nutztiere wie Rinder und Schweine auch Mut und Durchsetzungskraft erforderte, setzte man den kühnen Mudi mitunter sogar für die Wildschweinjagd ein. Außerdem machte er sich auf dem heimischen Hof als Wächter sowie in der Ratten- und Mäusebekämpfung nützlich.

Mudis sind es deshalb gewohnt, eigenständig zu arbeiten. Früher brachten sie die Herde auf die Weide, behüteten sie den ganzen Tag und begleiteten sie am Abend selbstständig wieder in den Stall. Diese Tätigkeit erfordert Intelligenz und die Fähigkeit, selbst zu entscheiden. Obwohl sich der Mudi einer souveränen und liebevollen Führung des Menschen gerne unterordnet, behält er stets eine gewisse Eigenständigkeit bei, was einen Teil seines Charmes ausmacht.

Als „rechte Hand“ seines Menschen, den er sehr liebt, erwartet er aber, dass man ihm seine Aufgaben klar zuweist – ansonsten sucht er sich selbst welche. Kurzum: Er braucht einen Job. Der selbstbewusste, energiegeladene und wachsame Arbeiter ist nicht der ideale Bewerber für die Stelle eines anspruchslosen Familienhundes, der allem und jedem gegenüber freundlich, gelassen und aufgeschlossen reagiert. Es ist nicht ungewöhnlich, dass Mudis Fremde zunächst einmal nicht besonders mögen. Umso wichtiger ist es, dass beim Welpen viel Wert auf eine gute Sozialisation gelegt wird, damit „ich lasse niemanden zu meinen Menschen oder auf den Hof“ nicht später zum Problem wird.

Als ehemaliger Wachhund bellt der Mudi auch gern und viel und ist relativ leicht erregbar. Auch beim Treiben des Viehs hat er früher lautstark nachgeholfen, um seine Meinung durchzusetzen. Hundesportarten wie Agility können ihn gut auslasten, aber auch sehr „aufdrehen“, sodass immer eine gute Balance zwischen Action und Ruhephasen gefunden werden muss, damit man sich keinen Hysteriker heranzieht. Das Lösen mentaler Aufgaben, zum Beispiel durch Nasenarbeit oder Tricktraining, kann eine gute Möglichkeit sein, den agilen Ungarn zu beschäftigen, ohne ihn zu sehr zu überdrehen. Lange, ruhige Spaziergänge mit Aufgabenstellungen zwischendrin sind eine weitere gute Möglichkeit.

Wer Zeit und Energie mitbringt, dieses stets nach Arbeit fragende Energiebündel zu beschaftigen, hat mit dem Mudi einen sehr lernwilligen und begeisterungsfähigen Begleiter, der für alles gern zu haben ist.

Auszug aus dem Standard:

„Wegen seines mutigen Verhaltens ist er bei den Schäfern auch zum Treiben schwieriger und groß gewachsener Tierarten beliebt. (...) Vorzüglicher Schutz- und Begleithund."

FCI-Standard Nr. 313
Gruppe: 1
Sektion 1: Schäferhunde

Größe
Rüde: 43–50 cm
Hündin: 40–47 cm

Gewicht
Keine Angabe im FCI-Standard (i. d. R. 12–20 kg, Rüde auch bis 25 kg)

Farbe / Haarkleid
Alle Farben sind zulässig. Bevorzugt wird jedoch ein Blaugrau bis Schwarz.

Üppiges, langes Deckhaar mit dichter Unterwolle

Nederlandse Schapendoes

Ursprünglicher Verwendungszweck:
Herdenhund zum Hüten von Schafherden

Der Schapendoes, sprich „ß-chapeduss", repräsentiert eine uralte Schäferhunderasse aus den Niederlanden. Er war der „Allerweltshund" der Schäfer auf den Heideflächen der niederländischen Provinz Drenthe und der Veluwe. Als typischer Hund zum Hüten der Schafherde musste er weitgehend selbständig handeln können. Jahrhundertelang wurde er nicht als Rasse-, sondern als Gebrauchshund betrachtet – dabei ähnelt er in Aussehen und Wesenseigenschaften unter anderem dem deutschen Schafpudel, einer altdeutschen, nicht von der FCI anerkannten Hütehundrasse.

Zwischen den beiden Weltkriegen begannen die Niederländer, sich für heimische, bodenständige Rassen zu interessieren und entdeckten dabei auch den Schapendoes. Der Kynologe Pieter M. C. Toepoel gilt als der Begründer der Rasse, und zwischen 1940 und 1945 begann die systematische Zucht des zu dieser Zeit beinahe verschwundenen Hütehundes. 1952 erfolgte die vorläufige Anerkennung der Rasse durch den niederländischen Zuchtverband Raad van Beheer. Der erste Standard ist aus dem Jahr 1954, gleichzeitig wurde auch mit der Führung eines Stammbuchs begonnen. Die definitive Anerkennung durch die FCI erfolgte im Jahr 1971.

Als Hütehund besitzt der Schapendoes eine enge Beziehung zum Menschen und wird versuchen, sich ständig in seiner Nähe aufzuhalten. Dies macht ihn als Familienhund so wertvoll. Der Familie muss allerdings auch klar sein, dass man Lebensgewohnheiten, die diesem Bedürfnis entgegenstehen, so weit wie möglich ablegen sollte. Ein Schapendoes lernt sehr schnell und kann ausloten, wie weit er bei den einzelnen Familienmitgliedern gehen darf. Man kann den Schapendoes als lebhaften, aber keineswegs nervösen Hund bezeichnen. Er ist aufmerksam, fröhlich und außerordentlich intelligent. Da er stets zu Spaß und Spiel aufgelegt ist, stellt er den idealen Hund für Familien mit Kindern dar. Man sollte jedoch niemals vergessen, dass der Schapendoes noch vor wenigen Generationen ein Arbeitshund war. Er verlangt auch jetzt noch nach einer sinnvollen, abwechslungsreichen Beschäftigung.

Eine Runde um den Häuserblock ist für ihn nicht ausreichend und ein großer Garten ist kein Ersatz für einen Spaziergang. Als sinnvolle Beschäftigung sind Hundesportarten wie Agility oder Breitensport anzusehen. Auch als Rettungshund ist der Schapendoes sinnvoll zu beschäftigen. Er ist auch ein idealer Begleiter für Jogger oder Radfahrer.

Zur Erziehung sei angemerkt, dass er durch seine Intelligenz einerseits und seine Selbständigkeit andererseits eigentlich nur ein großes Maß an liebevoller Konsequenz braucht. Harte Erziehung mit Strafen verträgt ein Schapendoes nicht; bei einem so sensiblen und intelligenten Hund ist sie auch vollkommen überflüssig. Mit positiver Verstärkung kommt man viel besser zum Ziel. Er verabscheut sture, stupide, dauernd wiederholte Übungen.

Es ist also nicht nur das knuddelige Aussehen der Schapendoezen (Schapendoezen = Plural von Schapendoes), die sie so beliebt machen. Es handelt sich um eine Rasse mit großen sozialen Fähigkeiten, manchmal anspruchsvoll in der Erziehungsarbeit, die aber bei angemessener Selbsterziehung leicht zu meistern ist und mit einer hohen Toleranzschwelle gegenüber seinem Umfeld.

Auszug aus dem Standard:

„Der Schapendoes ist ein normal und harmonisch gebauter Hirtenhund mit einem aufmerksamen und mutigen Charakter. Er ist intelligent, wachsam, fröhlich, lebhaft, freundlich und temperamentvoll. Gegenüber vertrauten Menschen entwickelt er große Zuneigung und Treue."

Old English Sheepdog (Bobtail)

Ursprünglicher Verwendungszweck:
Hütehund

Der Old English Sheepdog, mitunter auch kurz einfach als OES bezeichnet, ist ein anpassungsfähiger Hund mit ausgeglichenem Wesen: kühn, treu und zuverlässig, ohne jegliches Zeichen von Nervosität oder unbegründeter Aggressivität.

Seinen Bei- oder Rufnamen „Bobtail“ (wörtlich: Stummelschwanz) verdankt er der kurzen Rute: Manche Old English Sheepdogs wurden früher aufgrund einer Genmutation, die heute kaum noch in der Rasse vorkommt, schon mit kurzer Rute geboren. Kam in England ein Welpe mit langer Rute zur Welt, wurde sie früher standardmäßig kupiert. Es heißt, diese Tradition sei durch die Notwendigkeit bedingt gewesen, Arbeitshunde, die keine Steuer bezahlten, von den Luxushunden, für welche Steuer bezahlt werden musste, zu unterscheiden. Heute ist der Normalfall die lange, natürlich getragene Rute, die mit reichlich Haar von harter Textur gut befedert sein soll.

Der Old English Sheepdog hat sich fortschreitend im Süden Englands verbreitet und auch im Norden, also in Schottland, wo man die Herkunft der Bearded Collies vermutet. Zweifellos ist die Rasse alt, wenn sie auch heute als arbeitender Hütehund bei Schäfern kaum noch anzutreffen ist. Heute ist der Bobtail vor allem als Familienhund beliebt. Seine Freundlichkeit und clowneskes Verhalten, die sehr eigenartige Stimme, der zottelige Look, der etwas bärenhafte, schwankende Gang, die große Anhänglichkeit und Intelligenz erklären seine Beliebtheit.

Dass diese alte englische Rasse jahrhundertelang Anerkennung und Vertrauen genoss, lag aber an ihrer nützlichen Arbeit bei den Schäfern. Bobtails hüteten und trieben die Schafherden, waren aber auch gut darin, sie zu bewachen. Es ist nicht leicht, die Herkunft dieses sehr sympathischen Hundes zu bestimmen. Er weist viele Analogien mit dem russischen Owtscharka auf, gleicht aber auch stark dem französischen Briard und dem italienischen Bergamasker. Manche Fachleute vermuten, dass zu den unmittelbaren Vorfahren des Bobtails auch der Pudel und der Deerhound gezählt werden können.

Das üppige Haarkleid schützte ihn bei der Arbeit an der Herde vor dem nasskalten Klima Britanniens, aber auch vor Wolfsbissen. Historischen Abbildungen und Berichten zufolge war das Fell früher jedoch nur mittellang, Kopf und Augen waren frei. Erst im Zuge der Showhundezucht, die vor etwa einem Jahrhundert begann, wurde das Fell immer länger bis hin zu manchmal extremer Übertreibung. Mittlerweile setzt man vermehrt wieder auf mehr Natürlichkeit, auch zugunsten einer einfacheren Fellpflege. Dennoch muss das Fell nach wie vor regelmäßig mindestens ein Mal wöchentlich gründlich gebürstet werden, um nicht zu verfilzen. Besonders während des saisonalen Fellwechsels können größere Haarmengen in der Wohnung anfallen. Damit die langen Haare im Gesicht die Augen nicht verdecken, bindet man sie häufig mit einem Haargummi zu einem „Top Knot“ oben auf dem Kopf zusammen.

FCI-Standard Nr. 16
Gruppe: 1
Sektion 1: Schäferhunde

Größe
Rüde: 61 cm und größer
Hündin: 56 cm und größer

Gewicht
Keine Angabe im FCI-Standard (i. d. R. zwischen 27 – 45 kg)

Farbe / Haarkleid
Jede Schattierung von Grau, „Grizzle“ oder Blau. Körper und Hinterläufe durchgehend einfarbig, mit oder ohne weiße „Socken“. Weiße Flecken im sonst einfarbigen Haarkleid sollten nicht gefördert werden. Kopf, Hals Vorderhand und Unterbauch sollten weiß, mit oder ohne Flecken sein. Jeder Anflug von Braun ist unerwünscht.

Üppiges, langes, hartes und dichtes Deckhaar mit feiner Unterwolle

Auszug aus dem Standard:
„Ein untersetzter, muskulöser, robuster Hund mit höchst intelligentem Ausdruck.“

Der Hüteinstinkt ist noch heute im Old English Sheepdog verwurzelt, sodass er gern versuchen wird, ein abseits stehendes oder gehendes Familienmitglied unverzüglich zur „Herde“ zurückzutreiben.
Der Club für Britische Hütehunde beschreibt seine typischen Charaktereigenschaften mit „anhänglich, freundlich, gutmütig, aufmerksam, zuverlässig, humorvoll und friedlich“ sowie „geborenen Komiker und Stubenclown“. Dennoch ist seine Energie nicht zu unterschätzen und er braucht ausgiebige, sinnvolle Beschäftigung. Der Klang des Bellens eines Bobtails ist eine Besonderheit. „Sein Gebell ist laut, aber mit dem Anklang an das Tönen eines zerbrochenen Topfes“, notiert 1895 der Comte de Bylandt.

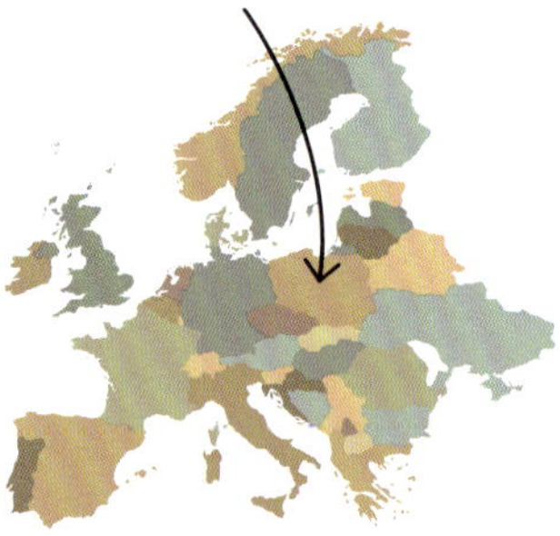

FCI-Standard Nr. 251
Gruppe: 1
Sektion 1: Schäferhunde

Größe
Rüde: 45–50 cm
Hündin: 42 – 47 cm

Gewicht
Keine Angabe im FCI-Standard
(i. d. R. zwischen 14–23 kg)

Farbe/Haarkleid
Alle Farbe und Flecken sind erlaubt.

Derbes, dichtes, mittellanges Deckhaar, manchmal leicht gewellt, mit Unterwolle

Polski Owczarek Nizinny (PON)

Ursprünglicher Verwendungszweck:
Hüte- und Wachhund

Zur Herkunft der Rasse Polski Owczarek Nizinny, dessen Name übersetzt „Polnischer Niederungs-Schäferhund" bedeutet und der Einfachheit halber oft gern mit PON abgekürzt wird, gibt es keine eindeutigen Belege. Wahrscheinlich gehören asiatische Hunderassen wie der Tibet Terrier oder der Tibet Spaniel zu seinen Vorfahren. Im „Handbuch für Zoologie" des Zoologen Krzysztof Kluk aus dem Jahr 1779 werden „… einfache, wuschelige Hunde, sehr gelehrig, mit großem Verstand und die Gedanken des Schäfers ahnend …" erwähnt.

Anfang des 20. Jahrhunderts begannen Maris Czetwerryska-Grocholska und die Schwestern Wanda und Rosa Zoltrowska diesen Hundetyp in Polen reinrassig zu züchten. Die Eigenschaften als Gebrauchs- und Arbeitshund standen im Fokus der züchterischen Bemühungen. 1924 wurden erstmals Hunde dieser Rasse auf der Geflügel-, Tauben- und Hundeausstellung in Warschau vorgestellt.

Mitte der 1950er Jahre fand in Bydgoszcz die erste Hundeausstellung nach dem Zweiten Weltkrieg statt. Hier wurde der Rüde Smok z Kordegardy erstmals ausgestellt. Er wurde zum Leitbild der Rasse, und nach ihm formulierte der kynologische Club in Polen 1959 den Standard. 1963 wurde die Rasse durch die FCI anerkannt.

Ursprünglich war der Polski Owczarek Nizinny ein Hüte- und Wachhund. Seit Hunderten von Jahren hütete und bewachte er Haus und Hof, Schweine, Gänse, Schafe oder auch die Bauernkinder. Er passte auf, dass alle beisammenblieben und meldete, wenn jemand Unbefugtes sich näherte. Da er für diese Aufgaben kaum noch Verwendung findet, ist er heute hauptsächlich ein zuverlässiger Begleithund. Durch seine Wendigkeit eignet sich der PON für viele Hundesportarten wie Agility, Obedience oder Dogdancing. Auch als Assistenzhund ist er im Einsatz und in Rettungshundestaffeln hat er sich vielfach bewährt.

Der PON präsentiert sich als zuverlässiger Wächter und Beschützer, dabei zeigt er aber keinerlei aggressives Verhalten. Im Gegenteil, er ist ein hervorragender Familienhund, der sich ausgezeichnet mit Kindern versteht. Sein Jagdverhalten ist nicht besonders ausgeprägt. Um ein ausgeglichenes Wesen an den Tag zu legen, will und muss er ausreichend beschäftigt werden.

Der Polski Owczarek Nizinny ist ein selbstbewusster Hund, der eine liebevolle und klare Führung benötigt. Unter frühzeitiger, konsequenter Erziehung kann er seinen Charakter optimal entwickeln und zu einem ausgeglichenen, angenehmen Hund werden. Seine Intelligenz und das hervorragende Gedächtnis lassen ihn schnell verstehen, was er zu tun und zu lassen hat. Zudem sorgen sein starker Arbeitswille und das große Bedürfnis zu gefallen dafür, dass er ein ausgezeichneter Begleithund werden kann.

Sein langes, dichtes Fell muss gut durch Bürsten gepflegt werden, damit es sein ansprechendes Aussehen behält.

Auszug aus dem Standard:

„Hund von mittlerer Größe, gedrungen, kräftig, muskulös, mit langem, dichtem Fell. Gut gepflegt gibt ihm sein Haarkleid ein anziehendes und interessantes Aussehen. (…) Von lebhaftem, aber gemäßigtem Temperament, wachsam, wendig, intelligent, ausgestattet mit gutem Gedächtnis und vortrefflicher Aufnahmebereitschaft. Er ist widerstandsfähig gegenüber ungünstigen klimatischen Gegebenheiten."

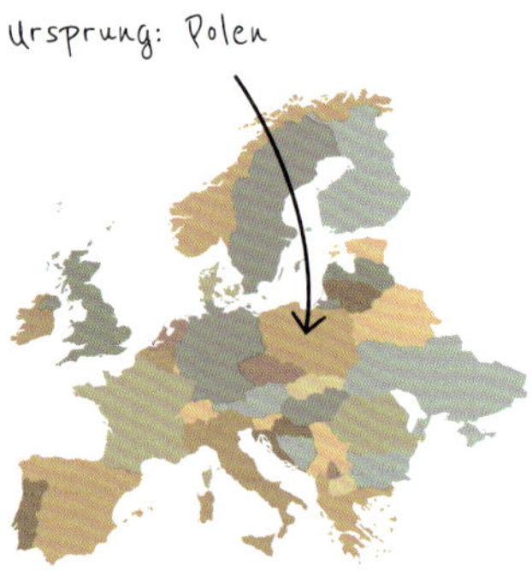

Polski Owczarek Podhalanski (Tatra-Schäferhund)

Ursprünglicher Verwendungszweck:
Hirten- und Wachhund, meist als Herdenschutzhund, in Polen auch Hofhund

FCI-Standard Nr. 252
Gruppe: 1
Sektion 1: Schäferhunde

Größe
Rüde: 65 – 70 cm
Hündin: 60 – 65 cm

Gewicht
Keine Angabe im FCI-Standard (i. d. R. zwischen 45 – 65 kg)

Farbe / Haarkleid
Einheitlich Weiß, kleine cremefarbige Flecken sind erwünscht

Dichtes, festes Deckhaar mit reichlich Unterwolle

Der Polski Owczarek Podhalanski oder „Podhalaner“ ist ein großer, stattlicher, robuster Herdenschutzhund, der seinen Ursprung in der Gebirgsregion Hohe Tatra in Polen hat. Er gehört zu der Familie großer weißer Berghütehunde Europas, die alle vermutlich auf große asiatische Doggen zurückgehen, die vor rund tausend Jahren nach Europa kamen und ist recht eng mit dem ungarischen Kuvasz oder dem slowenischen Cuvac verwandt. Das Wort „Owczarek“ bedeutet auf Polnisch „Schäferhund“ oder „Schafshund“ und die Polen bezeichnen ihn gern als „König der polnischen Hunderassen“.

Der Owczarek Podhalanski ist eine sehr alte Regionalrasse, die durch ihre Arbeit für den Menschen geformt wurde: Er wurde als Wächter und Beschützer der Herden gegen Wölfe und andere Räuber eingesetzt und nicht zum Treiben der Schafe. In Polen findet man ihn auch heute noch häufig zum Bewachen der Höfe. Im Laufe der Zeit entstand ein großer, widerstandsfähiger, mutiger, ausgeglichener Hund mit einer hohen Reizschwelle.

Als geborener Wächter braucht er ein Grundstück, das er bewachen kann. Er ist eigenständig, unerschrocken, sehr aufmerksam und wachsam. Fremden gegenüber ist der Owczarek Podhalanski eher zurückhaltend. Es ist nicht nötig, seinen angeborenen Schutztrieb weiter zu fördern – das Beschützen liegt ihm im Blut. Für eine Stadtwohnung eignet er sich nicht unbedingt. Er liebt den Aufenthalt im Freien und ist bei naturverbundenen Menschen am besten aufgehoben.

Der Podhalaner sucht jedoch keinen Streit, er ist nervenstark und von ausgeglichenem Wesen. Der eigenen Familie gegenüber ist er sehr geduldig, liebevoll und absolut anhänglich. Er braucht viel Zuneigung und eine liebevolle, konsequente Erziehung. Er tut nichts auf Befehl, sondern nur aus Überzeugung und bestenfalls aus Zuneigung.

Er ist gerne draußen, aber nicht der geborene Ausdauerläufer. Ruhige Spaziergänge liegen ihm eher, wobei uns sein gering ausgeprägter Jagdtrieb zugute kommt. Begegnungen mit anderen Hunden können da schon eher problematisch sein, weshalb eine gute Sozialisation im Welpenalter unbedingt wichtig ist.

Die züchterische Erfassung des Tatra-Schäferhunds begann erst in den letzten Jahrzehnten. Die internationale Anerkennung der Rasse durch die FCI erfolgte 1967.

Der Polski Owczarek Podhalanski ist relativ pflegeleicht – das regenfeste Fell ist schmutzabweisend und muss in der Regel nur einmal pro Woche ausgebürstet werden. Nur während des Fellwechsels haart der Podhalanski stark – da sollte er möglichst täglich gebürstet werden.

Er ist ein Hund von deutlich rechteckigem Format, wobei die Rüden etwas kürzer gebaut sind als die Hündinnen.

Auszug aus dem Standard:

„Sein kompakter und starker Körperbau lassen auf große Kraft und Beweglichkeit schließen. (…) Von ruhiger Wesensart, gelehrig und wachsam."

Puli

Ursprünglicher Verwendungszweck:
Treibhund

FCI-Standard Nr. 55
Gruppe: 1
Sektion 1: Schäferhunde
Varietäten: 2 (Farbe)

Größe
Rüde: 39–45 cm
(Ideal: 41–43 cm)
Hündin: 36–42 cm
(Ideal: 38–40 cm)

Gewicht
Rüde: 13–15 kg
Hündin: 10–13 kg

Farbe/Haarkleid
a) Perlweiß
b) Schwarz, Schwarz mit rostroten oder grauen Nuancen, Falb, Grau

Deckhaar und Unterwolle verfilzen miteinander zu den typischen Zotten und Schnüren

Der Puli ist der kleinste der ungarischen Hirtenhunde. Seine Vorfahren kamen schon im 9. Jahrhundert ins heutige Ungarn, als die Magyaren von Asien aus die Ebene im Karpatenbecken besiedelten. Seine ursprünglichen Wurzeln werden in Tibet vermutet, denn tatsächlich ist er mit dem Tibet Terrier, aber auch mit dem Pumi genetisch verwandt. Bei Ausgrabungen im heutigen Irak, dem früheren Mesopotamien, wurden 4000 Jahre alte Amulette mit Abbildungen von Hunden gefunden, die dem heutigen Puli ähnlich sehen. Äußerlich ähnelt er dem Komondor, der ebenfalls zu den ungarischen Hirtenhunden zählt, ist aber viel kleiner und nur rund ein Drittel so schwer.

Der Puli ist ein Hütehund durch und durch und ein unermüdlicher Läufer. Seine Mission ist der Schutz der Herde. Er duldet nicht, dass ein Tier seiner Herde sich absondert, sei das ein großes kräftiges Rind oder ein Schaf. Fremde – egal ob Mensch, Artgenosse oder anderes Tier – werden misstrauisch betrachtet und energisch verbellt. Gegenüber den direkten Bezugspersonen ist der Puli anhänglich und treu. Als typischer Herden-Manager tendiert er dazu, die Kontrolle zu übernehmen und zum Beispiel spielende Kinder „zusammentreiben". Ein weiteres bemerkenswertes Charaktermerkmal des liebenswürdigen Zotteltieres: Fühlt es sich ungerecht behandelt, ist es gekränkt und zeigt das, indem es seinen Menschen stundenlang demonstrativ nicht beachtet.

Der ursprüngliche Puli hatte die Aufgabe, Herden von Schweinen, Kleinwiederkäuern oder Geflügel zu beschützen und zusammenzuhalten und die Tiere vor sich her zu treiben. „Ein Puli ersetzt zwei Arbeiter", besagt eine alte ungarische Redensart. Dazu musste der Hund in der Lage sein, selbstständige Entscheidungen zu treffen. Die Haltung des Puli sollte darum naturnah erfolgen. Wenn er nicht ohnehin seiner Bestimmung gemäß eingesetzt wird (etwa zum Hüten einer Schafherde), benötigt er viel Auslauf, Anregung und vor allem: Aufgaben. Der Puli ist ein sehr sportlicher Hund und eignet sich zum Beispiel für Agility oder Suchspiele. Seinen Menschen will der Puli gefallen: Lob und Ansprache sind wichtige Mittel der Erziehung. Er ist sogar als Polizeihund geeignet.

Das markante Zottelfell des Puli bildet sich über einen Zeitraum von mehreren Jahren. In einem natürlichen Prozess verfilzt das Deckhaar mit der Unterwolle, wodurch die an Rasta-Zöpfe erinnernden Fellschnüre entstehen. Damit dieser Filz sich nicht flächig ausbreitet, muss das Fell geordnet und zur Schnurform gebracht werden. Das dichte Filzfell hat für den ursprünglichen Hütehund eine nützliche Funktion: Es schützt sowohl vor der Witterung als auch vor Bissen angreifender Wildtiere. Unter dem üppigen Haarkleid versteckt sich ein feiner, etwas hagerer, aber gut bemuskelter Hund.

Auszug aus dem Standard:

„Hund von mittlerer Größe, fester Konstitution, quadratischem Körperbau und feiner, aber nicht zu leichter Knochenstruktur. Der etwas hagere Körper ist in allen Teilen gut bemuskelt. (…) Die nach vorne über die Kruppe eingerollte, üppig behaarte Rute verursacht scheinbar eine nach hinten leicht ansteigende Körperform. (…) Von lebhaftem Temperament, außerordentlich lernfähig. Er ist kinderliebend und ein ausgezeichneter Wachhund."

FCI-Standard Nr. 56
Gruppe: 1
Sektion 1: Schäferhunde
Varietäten: 4 (Farbe)

Größe
Rüde: 41–47 cm
(ideal: 43–45 cm)
Hündin: 38–44 cm
(ideal: 40–42 cm)

Gewicht
Rüde: 10–15 kg
(ideal: 12–13 kg)
Hündin: 8–13 kg
(ideal: 10–11 kg)

Farbe/Haarkleid
a) Grau in verschiedenen Nuancen
b) Schwarz
c) Falbfarben (Fakó)
d) Weiß

Borstiges, ca. 5 cm langes Deckhaar mit Wellen oder Locken, weiche Unterwolle

Pumi

Ursprünglicher Verwendungszweck:
Treibhund, auch zur Bekämpfung von Nagern und Raubwild

Der Pumi ist ein ehemaliger Hirten- und Treibhund aus Ungarn. Er ist ein kleiner bis mittelgroßer, lebendiger Hund, der in seiner äußeren Erscheinung an einen Puli, aber vor allem durch die aufrechtstehenden Kipp-Stehohren an einen Terrier erinnert.

Er entstand im 17. und 18. Jahrhundert als Hüte-, Jagd- und Wachhund durch Kreuzung des Puli mit verschiedenen Schäferhunden aus Frankreich und Deutschland, wobei eine nicht gesicherte Theorie besagt, dass eben auch Terrier beteiligt waren, was seinen lebhaften Charakter erklären würde.

Das Revier des Pumis waren die Schaf-, aber auch Schweineherden in den Weiten der Puszta. Hier diente er als ausgesprochen kluge, rechte Hand der Hirten. Zuhause bewachte er außerdem Haus und Hof und hielt die Mäuse und Ratten in Schach.

Der Pumi ist eng verwandt mit Puli und Mudi. Vor hundert Jahren waren Pumi und Puli noch kaum zu unterscheiden, erst dann wurden sie durch die Rassehundezucht in zwei Rassen getrennt. Die endgültige Trennung erfolgte erst 1960.

Im Kern seines Wesens ist er immer noch ein Hirtenhund, obwohl er schon lange nur noch als Begleithund gezüchtet und gehalten wird. Er findet sich ohne Probleme in seine heutige Rolle als Familienhund ein und bewacht und behütet seine Menschenfamilie und deren Wohnung im besten Sinne. In seiner Funktion als Wachhund kann er zum Kläffen neigen. Er ist ausgesprochen gelehrig und agil.

Typisch für den Pumi ist sein rastloses Temperament. „Seine ganze Erscheinung strahlt Tatendrang aus, und wegen seiner Ruhelosigkeit und Betriebsamkeit sind alle seine Körperteile stets in Bewegung. Scheues oder phlegmatisches Benehmen sind rassenfremde Eigenschaften“, sagt auch der Rassestandard über sein Wesen.

Als typischer Hirtenhund ist er sehr mutig und Fremden gegenüber anfänglich meist etwas reserviert, „taut“ dann aber schnell auf und lenkt mit seiner Lebhaftigkeit und Ausdrucksfähigkeit gern immer und überall die Aufmerksamkeit auf sich.

Der Pumi kann ziemlich laut sein und ist grundsätzlich immer aktiv und einsatzbereit. Zusammen mit seiner Klugheit und Freundlichkeit macht ihn das zum Geheimtipp für aktive Hundehalter, die einen vielseitigen Komplizen suchen, der mit ihnen durch Dick und Dünn geht.

Der Pumi haart nicht, muss aber regelmäßig gekämmt und geschnitten bzw. geschoren werden, damit er nicht verfilzt.

Auszug aus dem Standard:

„Es handelt sich um einen mittelgroßen, zum Spaß aufgelegten, terrierartigen Hirtenhund."

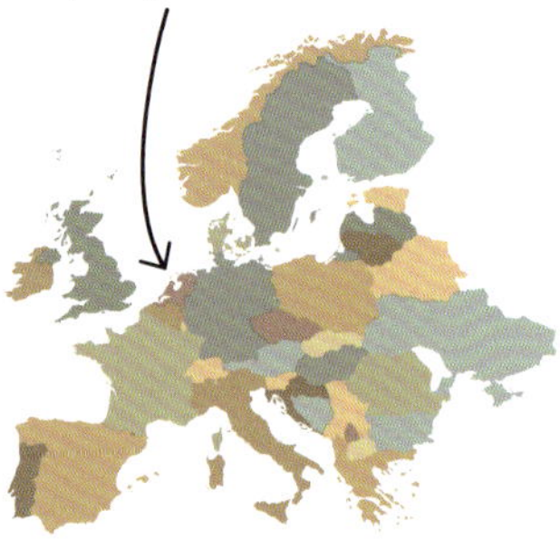

Saarlooswolfhond
(Saarlooswolfhund)

FCI-Standard Nr. 311
Gruppe: 1
Sektion 1: Schäferhunde

Größe
Rüde: 65–75 cm
Hündin: 60–70 cm
Geringe Abweichungen nach oben sind zulässig.

Gewicht
Keine Angabe im FCI-Standard (i. d. R. 30–41 kg)

Farbe/Haarkleid
Von hell bis dunkel schwarz-schattiert, wildfarben von hell bis dunkel braun-schattiert. Typische Wolfabzeichen sind von hell cremefarben bis weiß.

Stockhaar, festes, kurzes Deckhaar mit Unterwolle

Ursprünglicher Verwendungszweck:
Gesellschafts- und Haushund

Der Niederländer Leendert Saarloos (1884–1969) beabsichtigte, dem Deutschen Schäferhund seine „natürlichen" Eigenschaften zurückzugeben, indem er ihn mit einer Wölfin der Art Europäischer Grauwolf kreuzte. Er war der Meinung, dass die meisten Haushunde degeneriert seien und hoffte, auf diese Weise einen besseren Gebrauchshund zu erhalten.

Der erste Wurf fiel im Frühjahr 1936. Da Saarloos hoffte, durch die Verpaarung mit der Wölfin Hunde zu erhalten, die besonders resistent gegen Krankheiten seien, weigerte er sich, seine Hunde impfen zu lassen. Im Ergebnis starben alle Welpen und später auch die erste Mutterwölfin an Staupe.

Aus anschließenden Verpaarungen mit anderen Wölfinnen gingen Welpen für die Weiterzucht hervor. Das Ziel war, einen braun gefärbten „Europäischen Wolfhund" zu schaffen.

Saarloos war von der Qualität seiner Wolfhunde überzeugt. Obwohl viele von ihnen sehr scheu waren, beantragte er 1942 die Registrierung der Wolfhunde beim niederländischen Raad van Beheer. Die Unterlagen wurden zurückgeschickt, da seine Halb- und Viertelwölfe noch sehr unausgewogen im Charakter und im Äußeren waren. Ursprünglich hieß die Rasse Europese Wolfhond (Europäischer Wolfhund), später wurde sie zu Ehren des Begründers umbenannt und 1975 anerkannt.

Die Hybridisierung zwischen Hund und Wolf erwies sich bei vielen Abkömmlingen als störend für den Diensteinsatz. Diese Hunde hatten Schwierigkeiten mit der Bindung an den Menschen, sie waren scheu und schreckhaft. Das ist auch der Grund, warum der Saarlooswolfhund dem Anspruch nicht gerecht werden konnte, der „bessere Gebrauchshund" zu sein.

Der Saarlooswolfhund zeigt die Vorsicht und das schnelle Reaktionsvermögen eines Wolfs, gepaart mit der Anhänglichkeit und Treue des Hundes. Seine äußerliche Erscheinung und seine Art sich zu bewegen machen ihn zu einer imposanten Erscheinung. Er ist ein sehr eigenständiger Hund, von dem man Gehorsam vom Welpenalter an nicht erwarten kann. Die Hunde haben ein sicheres Sozialverhalten, sind keine Einzelgänger und besitzen dem Menschen gegenüber keinen Angriffstrieb.

Die meisten Hunde dieser Rasse haben einen ausgeprägten Jagdinstinkt, der nur schwer zu kontrollieren und dem ständig entgegenzuwirken ist. Das kann über das Anbieten adäquater Ersatzhandlungen geschehen, zum Beispiel Futterjagen.

Der Saarloos Wolfhond hat einen starken Drang zur Selbstständigkeit und Eigenwillen und muss daher konsequent und sehr liebevoll erzogen werden. Die Erziehung wird durch seinen stark ausgeprägten Fluchtreflex erschwert, der einsetzt, sobald sich der Hund in die Enge getrieben fühlt.

Beim Freilauf ist außerdem zu beachten, dass er von Passanten leicht für einen Wolf gehalten werden kann und die Reaktionen auf ihn entsprechend ausfallen.

Auszug aus dem Standard:

„Der Saarlooswolfhund ist ein kräftig gebauter Hund, dessen äußeres Erscheinungsbild (Körperbau, Gangwerk und Behaarung) an einen Wolf denken lässt."

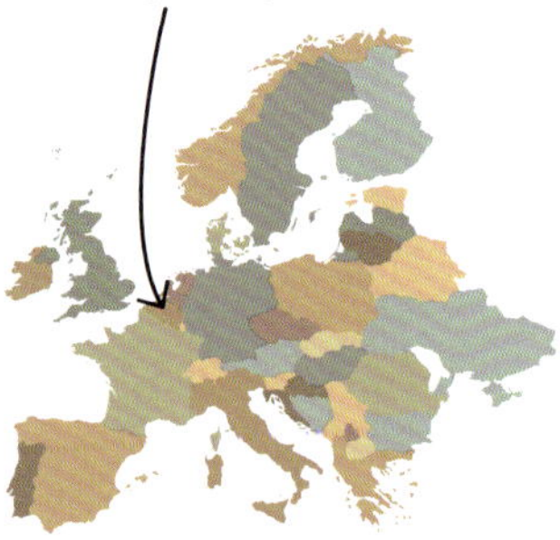

FCI-Standard Nr. 83
Gruppe: 1
Sektion 1: Schäferhunde

Größe
Keine Angabe im FCI-Standard (i. d. R. 25–33 cm)

Gewicht
3–9 kg (mittleres Gewicht von 4–7 kg ideal)

Farbe/Haarkleid
Einfarbig Schwarz. Unterwolle darf auch dunkelgrau sein, wenn völlig vom Deckhaar bedeckt.

Dichtes und gerades Deckhaar mit löwenartiger Mähne, dichte Unterwolle

Schipperke

Ursprünglicher Verwendungszweck:
Wach- und Gesellschaftshund

Der Schipperke (sprich: ß-chipperke) stammt ursprünglich aus Flandern, dem heutigen Belgien und Holland. Er hat eine lange Tradition. Mit der Zeit wurde er über die Grenzen Belgiens als geschickter und treuer Wächter auf den Binnenschiffen bekannt. So wurde er lange „Schifferspitz“ genannt, was etwas irreführend ist, da er mit den Spitzen genetisch nicht verwandt ist, denn seine Vorfahren waren Schäferhunde. So hat auch sein flämischer Name Schipperke nichts mit Schiffen oder Booten zu tun, wie man vielleicht meinen könnte, sondern stammt vielmehr von „Schäperke“ für „kleiner Schäferhund“. An Land macht er sich als effektiver Haus- und Hofwächter verdient, der nebenbei auch noch Ungeziefer klein hält und eine überschaubare Herde von Schafen oder Gänsen hüten hilft. Um 1690 war der Schipperke beliebt beim ganzen Volk und der besondere Freund der Brüsseler Schuster, die eigene Prüfungen organisierten und ihre Hunde mit schön verzierten Halsbändern stolz präsentierten.

Er war auch berühmt als Jäger von Mäusen, Ratten, Maulwürfen und anderem Ungeziefer. Der Schipperke wurde zum ersten Mal 1882 in der Stadt Spa ausgestellt, wo er der belgischen Königin Marie Henriette auffiel. Ein paar Jahre später erwarb sie in Brüssel ihren ersten Schipperke. Dies machte den kleinen Hund populär und er verbreitete sich in kurzer Zeit über das ganze Land.

Seit 1885 wird er nach Stammbuch gezüchtet und 1888 wurde der erste Rassestandard verfasst. Der Schipperke ist ein sportlicher Hund und geeignet für Hundesport, besonders für die Spaßsportarten.

Der Schipperke, wie er laut Standard sein soll, ist aufgeweckt, vital und immer in Aktion. Fremden gegenüber ist er zurückhaltend. Er zeigt sich lernfreudig, lebhaft und neugierig. Als Wachhund meldet er hervorragend, das heißt, er bellt, wenn etwas Auffälliges geschieht. Außerdem verteidigt er Dinge, die ihm anvertraut werden. Er verbindet alle Vorteile eines Kleinhundes mit denen eines Arbeitshundes. Dazu ist er ausgesprochen umgänglich, pflegeleicht und sehr sanft mit Kindern, immer neugierig auf alles, was sich bewegt oder was hinter einer Tür ist.

Sein dichtes Haarkleid bildet vor allem bei Rüden eine üppige Mähne, Schürze und Hose, was zu seinem charakteristischen Äußeren beiträgt. Er steht in einem kompakten Quadratformat und fällt mit seiner Lebensfreude und Vitalität auf.

Auszug aus dem Standard:

„Der Schipperke ist ein Schäferhund im Kleinformat, aber sehr kräftig gebaut."

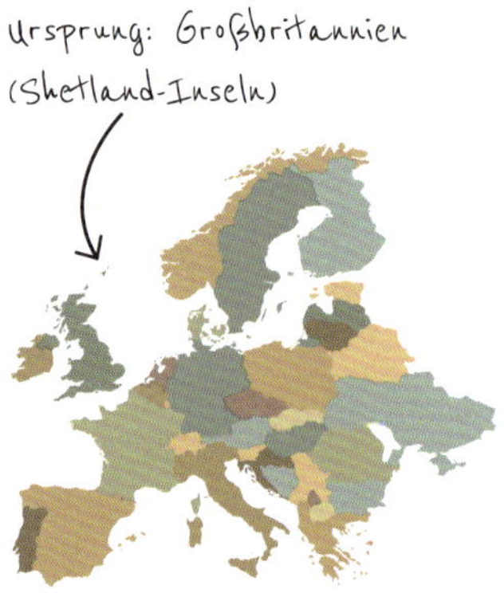

FCI-Standard Nr. 88
Gruppe: 1
Sektion 1: Schäferhunde

Größe
Rüde: 37 cm
Hündin: 35,5 cm
Eine Toleranz von +/- 2,5 cm ist höchst unerwünscht.

Gewicht
Keine Angabe im FCI-Standard (i. d. R. 6,4 – 12 kg)

Farbe / Haarkleid
Zobel, dreifarbig, Blue Merle Schwarz-Weiß und Schwarz mit Loh

Raues, langes Deckhaar mit feiner Unterwolle

Shetland Sheepdog
(Sheltie)

Ursprünglicher Verwendungszweck:
Hütehund für Schafe

Der Shetland Sheepdog, kurz auch Sheltie genannt, stammt von den Shetland-Inseln, die auf halbem Wege Richtung Norwegen vor der Küste Schottlands liegen. Er sieht aus wie eine kleine Ausgabe des Langhaarcollies, entstand aber nicht wie manche andere Rassen als Minivariante durch Kleinerzüchten einer Ausgangsrasse. Er war wahrscheinlich ursprünglich eine Mischung aus vielen Hundetypen, darunter kleinen spitzartigen skandinavischen Hütehunden, ähnlich dem heutigen Islandspitz und schottischen Schäferhunden. Die kleine Körpergröße war weniger eine evolutionäre Anpassung an das raue Klima, wie manchmal vermutet, sondern eher züchterisch gewollt, weil ein kleinerer Hütehund auch besser zu den kleineren Nutztierrassen auf den Inseln wie den Shetlandschafen und Shetlandponys passte. Gleichzeitig wünschte man sich einen flinken, agilen, schnellen, intelligenten und wetterunempfindlichen Arbeitshund. Auch wird berichtet, dass die Farmer auf den Shetlandinseln sich im 19. Jahrhundert plötzlich einem neuen Trend gegenübersahen: reichen Touristen, die von den kleinen, flinken Arbeitshunden, damals als „Toonies“ bekannt, begeistert waren und sie als Haustiere erwerben wollten. Die Einkreuzung von Zwergspitzen, Cavalier King Charles Spaniel und Corgies sorgte für den erwünschten Niedlichkeitsfaktor, um die neue Nachfrage erfüllen zu können. Glücklicherweise erkannte man jedoch um das Jahr 1900 herum, dass dadurch die guten Arbeitseigenschaften verlorenzugehen drohten und besann sich auf die Ursprünge der Rasse zurück, bei der schottische Schäferhunde eine Rolle gespielt hatten und kreuzte wieder Kurzhaarcollies mit ein. Die neuen Linien waren ein großer Erfolg und die Rasse wurde 1909 vom English Kennel Club als „Shetland Collie“ anerkannt. Erst später nannte man sie in „Shetland Sheepdog“ um, um sich stärker vom Collie abzugrenzen.
Anders als die Hütehunde in vielen anderen Ländern mussten die Shelties ihre Herden nicht vor Beutegreifern beschützen, da es auf den Inseln weder Wölfe noch Bären gab. So konnten sie voll auf Wendigkeit und Schnelligkeit setzen, um die Schafherden optimal zu hüten. Dabei arbeiteten sie oft selbständig ohne unmittelbare Anweisungen ihres Schäfers.
Shelties sind ausgesprochen lernbegierig und lernfähig, sie versprühen geradezu Frohsinn und Lebensfreude um sich herum. Die kleinen Energiebündel lassen sich leicht erziehen und lesen ihren Besitzern praktisch jeden Wunsch von den Augen ab, was aber eine fachkundige menschliche Hand voraussetzt. Ist ihrem Arbeitseifer und ihrer Intelligenz mit ausreichend anspruchsvoller Beschäftigung Genüge getan, sind sie liebe Familienhunde. Shelties eignen sich hervorragend für Agility, Obedience, Dogdancing, Flyball und Breitensport ganz allgemein. Man sieht sie sogar als Rettungshund oder Therapiehund.
Gut geführte Shelties sind kinderlieb und familienfreundlich und machen sich auch gut als Wachhund, eine gewisse Neigung zum Kläffen ist ihnen aber dabei eigen. Das freundliche Wesen ist bestimmend für den Shetland Sheepdog – er

ist immer zu einem Spiel aufgelegt. Zugleich besitzt er ein gutes Stück schottischen Eigensinn: Wenn er genug hat, hat er genug! Die Pflege eines gesund gezüchteten Shelties ist anspruchslos, sofern das Haarkleid nicht übertrieben üppig gezüchtet wurde. Regelmäßiges Bürsten reicht vollkommen.

Auszug aus dem Standard:

„Kleiner, langhaariger Arbeitshund von großer Schönheit, frei von Plumpheit und Grobheit, geschmeidiges und graziöses Gangwerk. Das reichliche Haarkleid, die üppige Mähne und Halskrause und ein schön geformter Kopf mit einem lieblichen Ausdruck verbinden sich zum idealen Erscheinungsbild. Wachsam, sanft, intelligent, kräftig und lebhaft."

Slovensky Čuvač
(Slowakischer Tschuvatsch)

FCI-Standard Nr. 142
Gruppe: 1
Sektion 1: Schäferhunde

Größe
Rüde: 62–70 cm
Hündin: 59–65 cm

Gewicht
Rüde: 36–44 kg
Hündin: 31–37 kg

Farbe/Haarkleid
Reinweiß (ein gelblicher Anflug am Ohr ist erlaubt, aber nicht erwünscht)

Glattes, mittellanges, über dem Rücken manchmal leicht gewelltes Deckhaar, an Kopf und Vorderseiten der Läufe kürzer, dichte Unterwolle.

Ursprünglicher Verwendungszweck:
Herdenschutzhund

Der Slovensky Čuvač, sprich „Tschuwatsch", ist ein großer, weißer Gebirgshirtenhund, der über einen starken Knochenbau und ein ausgeglichenes Temperament verfügt. Seine Haarfarbe ist reinweiß. Die Beschaffenheit des Fells beugt im Sommer einem Hitzestau vor, im Winter hält es die Körperwärme gespeichert.

Er gehört wie beispielsweise der ungarische Kuvasz oder der Pyrenänenberghund zur großen Gruppe der europäischen weißen Herdenschutzhunde und kommt aus den slowakischen Bergen, wo er in den letzten Jahrhunderten die Herden bewachte und notfalls verteidigte. Sein Name leitet sich vom slowakischen Wort „čuvat" ab, das „hören" oder „Acht geben" bedeutet – er trägt das Aufpassen also schon im Namen.

Eine Schlüsselrolle in der Geschichte des Slovensky Čuvač nimmt der tschechische Wissenschaftler Prof. Dr. Antonin Hruza (1865–1950) ein. Er war Dekan der Tiermedizinischen Hochschule in Brno und gehörte zu den ersten Organisatoren der Kynologie in der neu gegründeten Tschechoslowakei. Prof. Hruza als Gründer

der geregelten Zucht ist es zu verdanken, dass die Rasse Slovensky Čuvač erhalten blieb.

Professor Hruza begann die Zucht mit rassereinen Exemplaren und erreichte damit auch die Fixierung der Charaktereigenschaften. Der Čuvač ist ein Hund von außerordentlich imponierendem Aussehen, ruhig, selbstsicher und mutig. Die dichte Behaarung beschützt ihn vor den Wetterextremen auf den Bergweiden, wo er zu Hause ist. Er ist treu und sehr anhänglich.

Auszug aus dem Standard:
„Er ist von starkem Knochenbau, hat ein lebhaftes Temperament und ist wachsam, unerschrocken und scharfsinnig."

Der Slovensky Čuvač ist bei entsprechend umsichtiger Sozialisierung durchaus freundlich und aufgeschlossen, aber auch wachsam. Fremden Menschen und ungewohnten Situationen gegenüber verhält er sich vorsichtig, abwartend und zurückhaltend. Er ist ein angenehmer Begleithund, der sich auch für Aufgaben wie Therapie-, Rettungs- und Suchhundearbeit eignet. Wegen seines natürlich veranlagten Beschützerverhaltens soll der Slovensky Čuvač nicht in Richtung Schutzhund ausgebildet werden. Er darf nicht mit Härte, sondern muss mit souveräner Ruhe, Geduld und besonnener Konsequenz erzogen werden. Für Anfänger ist er als typischer Herdenschutzhund nur bedingt geeignet.

Die organisierte Zucht begann 1929, 1969 wurde der Standard für den Slovensky Čuvač endgültig von der FCI anerkannt.

Ursprung: Russland
(südrussische Steppengebiete)

Yuzhnorusskaya Ovcharka
(Südrussischer Owtscharka)

FCI-Standard Nr. 326
Gruppe: 1
Sektion 1: Schäferhunde

Größe
Rüde: nicht unter 66 cm
Hündin: nicht unter 62 cm

Gewicht
Rüde: mind. 35 kg
Hündin: mind. 30 kg

Farbe / Haarkleid
Weiß, Weiß mit gelblicher Schattierung, Weiß mit Grau, Weizen (Biskuit) oder helle Elfenbein-Flecken

Langes, zotteliges Deckhaar mit feiner Unterwolle

Ursprünglicher Verwendungszweck:
Hüte- und Schutzhund

Der Südrussische Owtscharka ist eine Hirtenhundrasse aus Russland, die als robust, mutig, wachsam und temperamentvoll beschrieben wird. Zu ihren Vorfahren zählen mutmaßlich auch grobhaarige Hirtenhunde aus Spanien, die dem Gos d'Atura Català ähneln und die, wie wir aus einer Gesetzessammlung aus dem russischen Zarenreich von 1830 wissen, aus dem Süden Spaniens in die südrussischen Steppen gebracht und dort mit den heimischen Hunden, unter anderem Windhunden, gekreuzt wurden.

Die Owtscharkas (dt. „Schäfer") wurden wegen ihrer Unabhängigkeit und ihres Schutztriebs gezüchtet. Sie mussten ursprünglich ihre Arbeit selbständig und ohne menschliche Hilfe leisten. Deshalb kombiniert der Südrussische Owtscharka die Eigenschaften von Misstrauen gegen Fremde mit großer Sensibilität und einem Talent für das Beherrschen von Situationen. Der Südrussische Owtscharka ist ein zuverlässiger Hütehund und Begleiter von großen Herden.

Er braucht täglich viel Bewegung, da er normalerweise den ganzen Tag zusammen mit seiner Herde im Freien verbringt und diese immer wieder umkreist und gegebenenfalls beschützt. Selbst wenn er bei uns eine Aufgabe bekommt und beispielsweise einen Hof bewachen kann, braucht er regelmäßige Spaziergänge.

Der Südrussische Owtscharka kann bei seinem Besitzer sehr anhänglich sein, jedoch ist er ein sehr eigenständiger Hund. Er wird nie der absolut kuschelige Couchhund, kann jedoch auch als Familienhund gut leben, wenn er einen großen Garten hat oder einen Hof, den er bewachen kann. Im Idealfall lebt er zwar bei einer Familie, hat dort aber in erster Linie die Aufgabe, eine Tierherde zu bewachen.

Der Südrussische Owtscharka ist in erster Linie ein Hütehund, hat jedoch aufgrund seiner territorialen Einstellung und seiner starken Bindung zur Herde auch einen ausgeprägten Schutztrieb und wird auch als Herdenschutzhund eingesetzt. Die Hunderasse gilt jedoch als leichter zu führen als die reinen Herdenschutzhunde, da der Vierbeiner sich besser an den Menschen bindet und weniger penetrant gegen Feinde vorgeht. Er verbellt vor allem Eindringlinge und stellt sich schützend vor die Herde.

Der Südrussische Owtscharka ist vom Charakter her ein sehr selbstbewusster Hund, der eigene Entscheidungen trifft und seiner Herde und seinen Menschen gegenüber loyal ist. Auf fremde Menschen, die keine Bedrohung für seine Familie oder seine Herde darstellen, reagiert er meist zurückhaltend und eher distanziert. Im Gegensatz dazu ist er bei seiner Familie sehr anhänglich und würde diese mit seinem Leben beschützen.

Wie fast alle Herdenschutzhunde hat er in neuen Umgebungen und Situationen schnell Stress. Das erklärt sich daher, dass er beim Weiterziehen der Herde in ein neues Gebiet immer zuerst abklären musste, ob die Umgebung für die Schafe sicher war – er prüfte jeden Stein und Busch auf lauernde Räuber, bevor er sich wieder entspannen konnte.

Die Erziehung des Südrussischen Owtscharka ist selbst für hundeerfahrene Menschen oft schwer und fordert viel Zeit und Geduld, denn der eigensinnige Hund ist nur bereit, Befehle auszuführen, wenn er einen Sinn darin sieht. Blinder Gehorsam ist nicht seine Art und er begeistert sich kaum für Hundesport.

Auszug aus dem Standard:
„Der südrussische Owtscharka ist der perfekte Wachhund für Vieh und bestens für den Schutz seines Halters und dessen Eigentum geeignet."

Der Südrussische Owtscharka ist kein Anfängerhund und auch kein Hund für Senioren. Er braucht einen hundeerfahrenen Besitzer und einen Ort, wo er frei laufen kann und den er beschützen darf. Ein eigenes Haus mit Garten oder Hof sind ideal für die Haltung, da er nicht immer im Haus leben möchte. Er kann in einer Familie leben und geht auch sehr geduldig mit Kindern um, er ist jedoch kein klassischer Familienhund.

Ursprung: Australien

Australian Cattle Dog

FCI-Standard Nr. 287
Gruppe: 1
Sektion 2: Treibhunde

Größe
Rüde: 46–51 cm
Hündin: 43–48 cm

Gewicht
Keine Angabe im FCI-Standard
(i. d. R. 14–16 kg)

Farbe / Haarkleid
Blau (getüpfelt / gesprenkelt), Rot gesprenkelt mit lohfarbenen Abzeichen

Glattes, dichtes, kurzes Deckhaar mit Unterwolle

Ursprünglicher Verwendungszweck:
Treibhund für Rinder

Der Australian Cattle Dog ist das Ergebnis planmäßiger Verbindung verschiedener Hunderassen mit ganz spezifischen Arbeitsmerkmalen. Er entstand, weil importierte Hütehunde nicht in der Lage waren, das einheimische, recht selbstbewusste Vieh auf dem Weg zum Markt unter Kontrolle zu halten. Sie verausgabten sich auf den langen Strecken körperlich. Außerdem wurde das Vieh unnötig herumgehetzt und verlor auf dem Transport zuviel Gewicht. Dem Problem versuchten die Viehzüchter durch Einkreuzung des Dingos zu begegnen.

Um 1830 begann Thomas Hall, importierte Hütehunde aus Northumberland mit den Nachkommen gezähmter Dingos zu verpaaren. Es brauchte etwa zehn Jahre planmäßiger Zucht, bis er etwa 1840 mit dem Ergebnis zufrieden war. Die Hunde wurden Hall's Heelers genannt, „Heelers" von „Heel" für „Ferse", weil die typische Arbeitsweise der Hunde darin bestand, die Rinder zum Treiben von hinten in die Beine zu kneifen. Übrigens eine Eigenschaft, die auch heute noch in der Rasse verankert ist, weshalb ein Cattle Dog, der ein wegrennendes Kind in die Beine zu zwicken versucht, nur getreu seiner Genetik handelt.

Auszug aus dem Standard:
„(...) kräftiger, wehriger Hund mit großer Ausdauer und der Fähigkeit, wilde Rinder zusammenzutreiben und zu bewegen."

1865 wurden die Hunde auf einer Hundeausstellung in Melbourne vorgestellt. Eine Rassebeschreibung existierte nicht, der Cattle Dog (Rinderhund) wurde allein über seine Arbeitsleistung definiert. Es wurde der Wunsch geäußert, dass für Treibhunde auf Ausstellungen ein Zertifikat über ihre Arbeitsleistung vorgelegt werden solle, da diese, und nicht das Aussehen, den Wert solcher Hunde darstellten.

Robert Kaleski wollte aus den Hall's Heelers eine attraktive, aber reine Rasse züchten. Er kreuzte daher verschiedene Hunderassen ein, darunter sehr wahrscheinlich verschiedene importierte Hütehunde, Bullterrier, Dalmatiner und schwarz-lohfarbene australische Kelpies „für die Arbeitsleistung", bis der moderne Australian Cattle Dog entstanden war. 1903 schrieb er den ersten Rassestandard des Australian Cattle Dog und veröffentlichte ihn in der „Agricultural Gazette of New South Wales".

Wer sich für die Rasse als Familienhund interessiert, sollte bedenken, dass sie extrem starke Persönlichkeiten sind – schließlich wurden sie dazu gezüchtet, den ganzen Tag lang widerspenstige Kühe zu kontrollieren und auch nicht klein beizugeben, wenn sie Tritte abbekamen.

Australian Stumpy Tail Cattle Dog

Ursprung: Australien

FCI-Standard Nr. 351
(provisorisch anerkannt)
Gruppe: 1
Sektion 2: Treibhunde

Größe
Rüde: 46–51 cm
Hündin: 43–48 cm

Gewicht
Keine Angabe im FCI-Standard (i. d. R. 16–23 kg)

Farbe / Haarkleid
Blau (einfarbig blau oder blau getüpfelt, am Kopf können schwarze Abzeichen vorhanden sein, schwarze Flecken am Körper sind zulässig) und rot gesprenkelt (rundum ein gutes, gleichmäßiges Rot-gefleckt, einschließlich der Unterwolle), weder weiß noch cremefarben, mit oder ohne dunklere rote Abzeichen am Kopf. Rote Flecken am Körper sind zulässig.

Das Deckhaar ist mäßig kurz, gerade, dicht und von mittelharscher Textur. Die Unterwolle ist kurz, dicht und weich.

Ursprünglicher Verwendungszweck:
Hüte- und Treibhund

Der Australian Stumpy Tail Cattle Dog (engl. Stumpy Tail: Stummelrute) ist nachweislich die erste Rasse, die in Australien für australische Bedürfnisse entwickelt wurde. Die australischen Siedler brauchten einen robusten, intelligenten Hund für die Rinderarbeit. Sie schufen einen mittelgroßen, wendigen Hund mit den typischen Konturen eines kurzhaarigen Schäferhundes. Dessen Hauptarbeit ist das Treiben und Hüten von Rindern sowohl in weit offenem als auch in eng begrenztem Gelände. Das meistert er auch unter harten Bedingungen in unnachahmlicher Weise. Das Wesen des Stumpy ist von großem Arbeitseifer, ständiger Aufmerksamkeit, Mut und Selbständigkeit geprägt. Er begreift schnell und nimmt Herausforderungen begeistert an. Seine Besonderheit ist die angeborene Stummelrute. Deshalb auch sein Name, kurz "Stumpy".

Die Ahnen des Australian Stumpy Tail Cattle Dog sind vermutlich der Smithfield (ein nordenglischer Hütehund), der Dingo sowie ein kurzhaariger blue-merle-farbener Collie. Eine Lohfärbung hat der Australian Stumpy Tail Cattle Dog nicht, weil bei ihm – anders, als beim Australian Cattle Dog – keine Kelpies eingekreuzt wurden.

Australian Cattle Dogs mit langer und kurzer Rute wurden anfänglich in der gleichen Klasse ausgestellt. Erst im Jahre 1927 wurden die zwei unterschiedlichen Rassen anerkannt und getrennt ausgestellt.

Anfang 1980 gab es beinahe keine Australian Stumpy Tail Cattle Dogs mehr, so dass der Stumpy auf die Liste der seltenen Rassen (Rare Breed List) gesetzt wurde. 1988 erfolgte der Start eines anspruchsvollen und schlussendlich erfolgreichen Projekts unter dem Patronat des A.N.K.C. (Australian National Kennel Council) mit dem Ziel, den Stumpy vor dem Aussterben zu retten. Der Stumpy heißt seit 2002 offiziell Australian Stumpy Tail Cattle Dog. Nach Kelpie und Australian Cattle Dog wurde der Stumpy 2005 als eigene australische Rasse von der FCI anerkannt.

Im Wesen unterscheidet sich der Stumpy stark vom Australian Cattle Dog. Als Arbeitshund ist er meist stark auf seinen Hundeführer fixiert. Im Umgang mit Fremden dagegen ist er oft äußerst scheu und misstrauisch. Er zieht sich lieber zurück – im Gegensatz zum Australian Cattle Dog, der Fremden gegenüber meist aufgeschlossen reagiert. Stumpywelpen brauchen deshalb eine sehr gute, einfühlsame Sozialisierung und einen engen Kontakt zu seinen Menschen, um den Anforderungen unserer modernen Welt gewachsen zu sein.

Auszug aus dem Standard:

„Gut proportionierter Arbeitshund, eher quadratisch im Gebäude, seine hartgesottene, robuste Erscheinung bei genügend Substanz muss die Fähigkeit, lange, anstrengende Arbeitsperioden unter allen möglichen herrschenden Bedingungen durchstehen zu können, erkennen lassen."

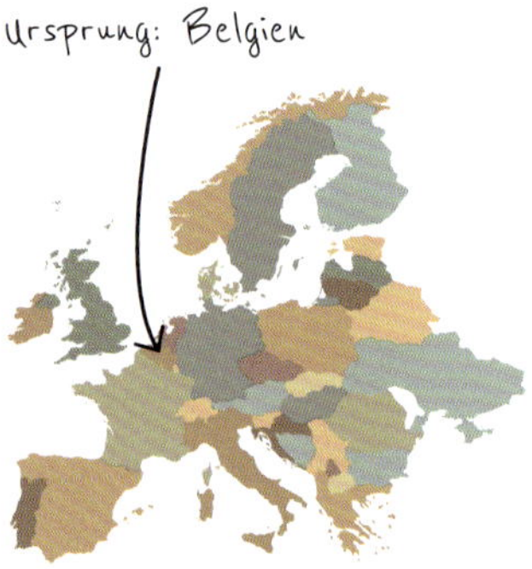

Arbeitsprüfung

FCI-Standard Nr. 171
Gruppe: 1
Sektion 2: Treibhunde

Größe
Rüde: 56 – 62 cm
Hündin: 52 – 56 cm
Eine Toleranz von +/- 1 cm ist zulässig.

Gewicht
Rüde: 28 – 35 kg
Hündin: 22 – 28 kg

Farbe / Haarkleid
Alle Farben außer Weiß, oft aus einer Mischung von grauen, schwarzen und falbfarbenen Haaren. Die graue Farbe reicht von Hellgrau bis Dunkelgrau. Braunes, rostrotes oder strohgelbes Haarkleid.

Raues, zerzaustes Deckhaar von ca. 6 cm Länge mit dichter Unterwolle

Bouvier des Ardennes

Ursprünglicher Verwendungszweck:
Treibhund

Die Heimat dieses seltenen und alten Treibhundes sind die belgischen und französischen Ardennen. Der Bouvier des Ardennes hat ein raues Wesen und Aussehen. Er ist ein intelligenter und gehorsamer Gebrauchshund. Ursprünglich wurde er zum Bewachen und Treiben von Rinderherden eingesetzt, arbeitete aber auch mit Schafen, wobei ihm seine Schnelligkeit zugute kam. Auch als Jagdhund wurde die Rasse verwendet. Fremden gegenüber ist der Bouvier des Ardennes misstrauisch. Er hat einen mürrischen und strengen Ausdruck, welcher die Fremden fernhält. Mit seinem Besitzer hingegen ist er folgsam und anhänglich.
Der Ardennen-Treibhund wird in seiner Heimat seit Menschengedenken „Bouvier“ genannt. Das französische Wort Bouvier bedeutet „Kuhtreiber“ und beschreibt die Verwendung der Hunde als Bewacher und Treiber der zahlreichen Milchkuhherden des kargen Landstrichs. Es wurde ausschließlich Wert auf die Gebrauchstüchtigkeit der Hunde gelegt. Die von Armut gezeichnete Gegend konnte sich keinen unnützen Fresser leisten. Das raue Klima, seine schwere Arbeit und die Armut der Gegend haben einen derben und leistungsfähigen Hund geformt. Nur die robustesten und leistungsfähigsten waren fähig, die schwere Arbeit zu leisten. Im 19. Jahrhundert wurde er auch zur Treibjagd auf Hirsche und Wildschweine verwendet. Zu der Zeit glich der Treibhund einem rauhaarigen Schäferhund, war aber kräftiger, stämmiger und beißfreudiger als dieser. Sein Haarkleid, bestehend aus sehr rauem, zotteligem Deckhaar mit dichter Unterwolle, lässt ihn auch nasskaltem Wetter trotzen. Die meisten Bouvier des Ardennes kommen mit natürlicher Stummelrute zur Welt.
Im Gegensatz zu den „normalen“ Hütehunden, die sich nicht mit natürlichen Feinden für das Vieh auseinandersetzen müssen und bei denen jegliche Raubzeugschärfe durch gezielte Zucht eliminiert wurde, besitzt der Bouvier des Ardennes einen ausgeprägten Jagdtrieb und große Verteidigungsbereitschaft, was unbedingt eine konsequente Erziehung erfordert. Sehr leichtführig ist er deshalb nicht, aber ein zuverlässiger und selbständiger Arbeiter.
Der Ardennen-Treibhund ist sogar in seiner Heimat selten und steht auf der Roten Liste der Gesellschaft zur Erhaltung alter und gefährdeter Haustierrassen. Er ist ein rustikaler Hund, der an das Leben im Freien und an harte Arbeit gewöhnt ist.

Auszug aus dem Standard:

„Mittelgroßer, vierschrötiger Bauernhund ohne jeden Anspruch von Eleganz (…) Die Eigenschaftsworte kurz, kompakt und muskulös passen am besten für die Beschreibung dieses Hundes."

Arbeitsprüfung

FCI-Standard Nr. 191
Gruppe: 1
Sektion 2: Treibhunde

Größe
Rüde: 62–68 cm
(ideal 65 cm)
Hündin: 59–65 cm
(ideal 62 cm)
Eine Toleranz von +/- 1 cm ist zulässig.

Gewicht
Rüde: 35–40 kg
Hündin: 27–35 kg

Farbe/Haarkleid
Grau, Gestromt oder Schwarz gewolkt. Zulässig, aber nicht bevorzugt ist auch ein tiefschwarzes Haarkleid. Helle, sogenannte ausgewaschene Fellfarben, sind nicht zulässig. Ein weißer Stern auf der Brust wird toleriert.

Langes, üppiges, raues und harsches Deckhaar mit dichter Unterwolle

Bouvier des Flandres
(Flandrischer Treibhund)

Ursprünglicher Verwendungszweck:
Treib- und Zughund

Dieser mehrere hundert Jahre alte Rassetyp stammt wahrscheinlich von den Mastiffs ab, die die Spanier im 16. Jahrhundert während des niederländischen Unabhängigkeitskrieges in Flandern zurückließen. Die Anerkennung als eigenständige Rasse erfolgte 1910 und 1922 wurde in Belgien entsprechend den Bestimmungen der FCI der Standard festgelegt. Nach dem Ersten Weltkrieg war der Bouvier so gut wie ausgestorben und musste zurückgezüchtet werden. Der in Gent 1922 gegründete „Club National Belge“ legte die Standards fest und seit 1960 wird streng an der Verbesserung der Rasse gearbeitet.

Die Kynologen aus Belgien und Frankreich diskutieren schon lange über die Herkunft des Flandrischen Treibhundes. Die einen sagen, dass er von Belgien kommt; die anderen vertreten die Ansicht, dass er aus Frankreich stammt, was vermutlich eher stimmt. Während des Ersten Weltkrieges rekrutierten die Franzosen eine große Anzahl Flandrischer Treibhunde für den Sanitätsdienst. Nur wenige überlebten. 1918 war die Zucht beinahe ausgelöscht. Die königliche Gesellschaft St. Hubert (Belgien) entschloss sich zur Kreuzung von Flandrischen Treibhunden mit dem Belgischen Treibhund Roulers, welcher sehr ähnlich war. Man erhielt eine einzige Rasse, genannt Flandrischer Treibhund, der die Kennzeichen des Belgischen Schäferhundes trug. Das führte zu endlosen Diskussionen mit dem Resultat, dass die Verwirrung noch größer wurde. Robin, Professor an der tierärztlichen Fakultät von Alfort, ein bedeutender Kynologe, bestätigt nicht nur, dass der Flandrische Treibhund aus Frankreich stammt (er definiert ihn als ,,Bouvier français“), er teilt auch kategorisch die beiden Rassen, indem er beiden verschiedene Abstammungen zuschreibt. Nach Dechambre soll der Flandrische Treibhund aus einer Kreuzung von einem Griffon und einem alten Schlag des Schäferhundes von Beauce stammen.

Der Flandrische Treibhund ist ein Hund mit außergewöhnlichen Qualitäten. Er wurde früher als willensstarker und durchsetzungsfähiger Treibhund für Rinder (daher auch sein Name von französisch „boeuf“ für Rind/Ochse) eingesetzt, aber auch als Zughund vor Karren, zum Ziehen (Treideln) von Booten durch Kanäle und als Wachhund. Manchmal wurde er sogar benutzt, um ein Rad zu drehen, das seinerseits eine Maschine zur Butterherstellung in Bewegung setzte.

Das 1872 erschienene Buch „Ein Hund aus Flandern“ der britischen Autorin Marie Louise de la Ramée, in dem ein Junge im Straßengraben einen Bouvier findet, der als Zugtier von einem Fuhrwerksbesitzer misshandelt worden war und mit dem er eine einzigartige Freundschaft eingeht, trug viel zur Bekanntheit der Rasse bei.

Heute kommt der Bouvier des Flandres noch immer als Wächter im ländlichen Raum zum Einsatz. Daneben zeigt er seine Talente als Wach-, Polizei- und Schutzhund sowie – dank seines extrem ausgeprägten Spürsinns – auch als Fährtenhund. Mitunter sieht man ihn sogar als Blindenführhund. Bei rassegerechter Auslastung

erweist er sich als geduldiger und ausgeglichener Familienhund. Im Sportbereich passt vor allem der Zughundesport zu seinen Talenten.

Auszug aus dem Standard:
„Kompakt, gedrungen. Körper kurz und stämmig mit stark bemuskelten, kräftigen Gliedmaßen. Der Hund vermittelt insgesamt den Eindruck von großer Kraft, aber ohne Plumpheit."

Sein strenger Ausdruck, den ihm sein harsches Haar verleiht, steht in seltsamem Gegensatz zu seiner gutmütigen Art. Dabei zeigt er sich aber blitzschnell in seinen Entscheidungen und wechselt bei Bedarf von einer Sekunde zur anderen von stoischer Ruhe auf „Beschützen", seine Wachsamkeit ist immer aktiv. Er lässt keinen Zweifel daran, dass er seine Menschen schützen wird, und ist wie ein massiver Fels in der Brandung. Dieses große Selbstbewusstsein, gepaart mit hoher Intelligenz und Eigenständigkeit, verlangt aber auch eine konsequente (nicht zu verwechseln mit harter) Erziehung von Anfang an.

Welsh Corgi Cardigan

Ursprung: Großbritannien (Wales)

FCI-Standard Nr. 38
Gruppe: 1
Sektion 2: Treibhunde

Größe
Rüde: 25–33 cm
Hündin: 25–33 cm
(ideale Widerristhöhe 30 cm)

Gewicht
Rüde: 14–17 kg
Hündin: 11–15 kg

Keine genauen Angaben im FCI-Standard, wobei eine ausgewogene Gesamterscheinung von vorrangiger Bedeutung ist

Farbe/Haarkleid
Blue Merle, Gestromt, Rot, Zobelfarben, Dreifarbig mit gestromten Punkten und dreifarbig mit roten Punkten

Stockhaar mit dichter Unterwolle

Ursprünglicher Verwendungszweck:
Hüte- und Treibhund, vor allem für Rinder und Ponys

Der Welsh Corgi Cardigan, der seinen heutigen Namen von der Grafschaft Cardiganshire in Wales hat, soll schon in keltischer Zeit vor rund dreitausend Jahren in den walisischen Bergen als Viehhund gearbeitet haben. Seine Herkunft ist mysteriös, aber man vermutet, dass er dem gleichen Stamm angehört, der die deutschen Dackel hervorbrachte. Die Kelten, die seine Ahnen mutmaßlich nach England brachten, schätzten an ihm besonders die Gaben der Intelligenz und Wachsamkeit.

Zur Herkunft des Namens „Corgi“ gibt es verschiedene Deutungen. Er könnte aus einer Kombination der walisischen Worte „Cor“ (Zwerg) und „Gi“ (Hund) stammen, aber auch von „cur“ für „über etwas wachen“ oder vom irisch-keltischen „Cor“ für Schaf.

Schon im 12. Jahrhundert war er als Viehhund bekannt und hochgeschätzt. Seine Aufgabe war weniger das Hüten als eben das Treiben – er bewegte das Vieh wie viele andere Treibhunde-Rassen durch gezielte Fesselkniffe, das sogenannte „Heeling“ von „Heel“ für „Ferse“, wobei er flink und oft laut bellend zwischen den Rindern oder Ponys hin- und herflitzte und geschickt deren Huftritten auswich. So konnte er die Kühe morgens selbständig zur Weide und abends wieder zurück zum Hof bringen, wo er sich dann nach Feierabend noch darum kümmerte, dass die Mäuse- und Rattenplage nicht überhandnahm oder der Fuchs sich vom Hühnerstall fernhielt.

Wie hoch der eifrige kleine Helfer geschätzt wurde, geht auch aus den vielen walisischen Volkssagen hervor, die man sich abends am Kamin erzählte. In der bekanntesten davon wird berichtet, die Feen hätten sich den kleinen und hilfsbereiten Corgi als Reittier erschaffen, weil es ihnen zu mühsam war, lange Strecken selbst zu fliegen. Eines Tages gingen zwei dieser Feen-Welpen im Wald verloren und wurden von zwei Kindern gefunden, die sie zuerst für Fuchswelpen hielten und mit nach Hause nahmen. Als die Hunde älter wurden, nahmen sie die seltene Blue-Merle-Farbe an als Zeichen dafür, dass sie von den Feen stammten, lernten das Hüten und blieben bei den Menschen.

Cardigan und Pembroke Corgi waren lange Zeit praktisch der gleiche Hund und wurden 1925 vom britischen Kennel Club auch gemeinsam als Rasse anerkannt. Erst 1934 erfolgte nach vielen Streitigkeiten eine separate Anerkennung der beiden Rassen und der Standard wurde durch die Welsh Corgi Association aufgestellt und durch den Kennel Club sanktioniert.

Beide Corgi-Rassen sind heute intelligente, wachsame, lebhafte und robuste Begleiter mit eigenen Ideen und manchmal geradezu britischem Sinn für schrägen Humor. Sie sind Hunde für Individualisten, die genau diese liebenswert-selbstbewussten Wesenseigenschaften zu schätzen wissen.

Auszug aus dem Standard:

„Robust, widerstandsfähig, mobil, zu Ausdauer befähigt. Lang im Verhältnis zur Höhe. Rute fuchsschwanzähnlich, in einer Linie mit dem Körper angesetzt."

Ursprung: Großbritannien (Wales)

FCI-Standard Nr. 39
Gruppe: 1
Sektion 2: Treibhunde

Größe
Widerristhöhe ca. 25–33 cm

Gewicht
Rüde: 10–12 kg
Hündin: 9–11 kg

Farbe/Haarkleid
Einfarbig Rot, Sable, Rehfarben, Schwarz mit Brand, mit oder ohne Weiß an Läufen, Brustbein und Hals

Stockhaar mit dichter Unterwolle

Welsh Corgi Pembroke

Ursprünglicher Verwendungszweck:
Hüte- und Treibhund, vor allem für Rinder und Ponys

Der Corgi Pembroke ist eng verwandt mit dem Corgi Cardigan und lange Zeit kreuzte man beide auch untereinander, sodass es sich faktisch um eine Rasse handelte. Man vermutet aber, dass der Pembroke zusätzlich von Hunden beeinflusst wurde, die von flämischen Webern im 12. Jahrhundert mit nach Wales gebracht wurden – König Heinrich II. hatte sie eingeladen, um das heimische Handwerk zu stärken. Andere Kynologen vertreten die Ansicht, es handele sich historisch um völlig unterschiedliche Rassen und der Pembroke stamme vielmehr vom Norwegischen Elchhund, dem Wikingerspitz und anderen nordischen Rassen und sei erst später mit dem Cardigan verkreuzt worden. Vermutlich ist hier aber eher der Wunsch, sich abzugrenzen, der Vater des Gedankens. Heute liegen die Hauptunterschiede zwischen beiden in den Farben sowie darin, dass der Pembroke meist etwas kleiner und leichter ist und manchmal eine angeborene Stummelrute haben kann.

Lange setzte man diese Hunde in Großbritannien als vielseitige Hofhunde ein, die das Großvieh treiben, den Hof bewachen und von Mäusen freihalten konnten.

Auszug aus dem Standard:
„Tiefgestellt, kräftig, robust, wachsam und lebhaft, in kleinem Format erweckt er den Eindruck von Substanz und Zähigkeit."

Höher und kürzer als die ähnliche Cardigan-Rasse, ist der Pembroke heute vor allem ein sehr geschätzter Begleit- und Wachhund für das Haus.
1925 wurden der Pembroke und der Cardigan gemeinsam noch als eine einzige Rasse anerkannt, erst 1934 erfolgte nach vielen Streitigkeiten eine separate Anerkennung der beiden Rassen. Die britische Königin Elisabeth II. fand schon früh Gefallen am Welsh Corgi Pembroke und züchtete die Rasse bis 2009. Zeitweise besaß sie bis zu neun Corgis, die sie ständig in ihrem Alltag begleiteten. Im Buckingham Palace besaßen sie sogar ein eigenes „Corgi-Zimmer". Zum siebzigjährigen Thronjubiläum 2022 wurde sogar ein Corgikopf mit Krone als Sticker für den royalen Instagram-Kanal entwickelt.
Der Welsh Corgi Pembroke ist im Allgemeinen ein gehorsamer, aktiver kleiner Hund. Kenner sagen ihm jedoch einen gewissen „eigensinnigen verschrobenen Charme" nach, der freundlich, aber konsequent in die richtigen Bahnen gelenkt werden muss. Der Rassestandard beschreibt sein Wesen als „dreist und geschickt". Er ist mutig, aufgeschlossen und freundlich – ein „großer Hund in kleinem Körper".
Seiner Familie gegenüber ist er loyal, zu Hause ist er wachsam und kündigt Besucher gerne lautstark an.
Mit der richtigen Mischung aus Lob und Konsequenz kann der Pembroke Corgi ein Hund sein, mit dem die Arbeit Spaß macht. Falls der Hund öfters ohne Aufsicht im Garten ist, sollte der Zaun unbedingt gesichert sein. Der Corgi ist ein Spezialist darin, sich unter Hindernissen durchzugraben.

Pinscher und Schnauzer
Molossoide
Schweizer Sennenhunde

FCI-Gruppe 2

Sektion 1 – Pinscher & Schnauzer
Sektion 2 – Molossoide
Sektion 3 – Schweizer Sennenhunde

FCI-Standard Nr. 186
Gruppe: 2
Sektion 1: Pinscher & Schnauzer
1.1 Pinscher

Größe
Rüde und Hündin: 25–30 cm

Gewicht
4–6 kg

Farbe/Haarkleid
Rein schwarz mit schwarzer Unterwolle

Harsches Deckhaar mit Unterwolle

Affenpinscher

Ursprünglicher Verwendungszweck:
Ratten- und Mäusejagd

Der Affenpinscher unterscheidet sich vom Zwergpinscher durch seine rundliche Kopfform mit vorgewölbter Stirn, vergrößerten Augenhöhlen und einen zurückgesetzten, verkürzten Oberkiefer – alles Merkmale der Kurzköpfigkeit bzw. Brachyzephalie, die beim Zwergpinscher und Zwergschnauzer unerwünscht sind. Die runde Kopfform war dann in Verbindung mit den abstehenden Haaren und dem Schnauzbart auch namensgebend für diesen kleinen Clown. Dennoch teilt der Affenpinscher seine aus Süddeutschland stammenden Ahnen und daher auch Wesenszüge mit den anderen Pinschern und Schnauzern, die sich über Jahrhunderte einen Ruf als hervorragende Ratten- und Mäusefänger erarbeitet hatten. So ist auch der kleine und lustig aussehende Affenpinscher im Grunde seines Herzens immer noch ein echter Draufgänger.

Es ist schwierig, genau festzustellen, wann und wie der erste typische Affenpinscher beschrieben wurde. Eine der ältesten namentlichen Erwähnungen des „Affen-Pintsch“ finden wir in „Der Hund und seine Racen“ von L.J. Fitzinger aus dem Jahr 1876, aber die Rasse ist ursprünglich sicherlich noch viel älter. Bis 1896 wurden Affenpinscher und kurzhaarige Zwergpinscher aber in der Zucht noch nicht streng unterschieden, erst nach der Gründung des Pinscher-Schnauzer-Klubs im Vorjahr führte man eine zuchtbuchmäßige Trennung ein.

Während die ursprünglichen Pinscher und Schnauzer vor allem die Hunde der Kutscher und Fuhrleute waren, die sowohl einen Mäusefänger im Stall als auch einen Wächter für das Eigentum unterwegs auf Reisen benötigten, machte der rundköpfige Affenpinscher vor allem als Schoß- und Begleithund Karriere. Sein koboldhaftes Aussehen, sein munteres, neugieriges Temperament und seine anhängliche Treue kamen dem sehr entgegen. Dennoch ist er kein zartes Schoßhündchen, sondern immer noch ein furchtloser Wächter, der es auch jederzeit mit einer Ratte aufnehmen würde.

Der Affenpinscher gilt als sehr verspielt, neugierig und temperamentvoll, hat einen hohen Bewegungsdrang und möchte seine Beschäftigung. Der kleine Hund ist durchaus auch für Hundesport, etwa Dogdancing, geeignet. Er ist sehr loyal und möchte sich seiner Familie eng anschließen. Kinder sollten respektieren, dass er ein kleiner Hund ist, mit dem man mit Bedacht umgehen muss. Der besondere Charme des Affenpinschers liegt neben seiner äußeren Erscheinung in der Widersprüchlichkeit seines Wesens: Einerseits braves Schoßhündchen, auf der anderen Seite mutiger Draufgänger.

Das harte, dichte Haarkleid wächst üppig und lang und steht um den Kopf herum munter ab, was zusammen mit dem Barthaar und den buschigen Augenbrauen für den unverwechselbaren Look sorgt.

Das Fell muss regelmäßig gebürstet und mindestens zwei Mal jährlich getrimmt werden. Ursprünglich gab es den kleinen Hund in vielen unterschiedlichen Farben, heute sieht der Standard nur noch Schwarz vor. Dennoch kommen gelegentlich graue und braune Nuancen vor.

Auszug aus dem Standard

„Der Affenpinscher ist rauhhaarig, klein und kompakt, mit einem affenartigen Gesichtsausdruck. (…) unerschrocken, wachsam, hartnäckig und anhänglich, manchmal von aufbrausender Leidenschaft. Er ist rundum ein angenehmer Familienhund."

FCI-Standard Nr. 356
Gruppe: 2
Sektion 1: Pinscher & Schnauzer
1.1 Pinscher

Größe

Rüde: 34–37 cm
Hündin: 32–35 cm
Eine Toleranz von +/- 2 cm wird akzeptiert.

Gewicht

Keine Angabe im FCI-Standard (i. d. R. 7–12 kg)

Farbe / Haarkleid

Überwiegend Weiß. Abzeichen verschiedener Farben, Größen und Kombinationen erlaubt: Schwarz, Loh, Gelb, Braun und alle Falbtöne

Haarkleid kurz und glatt

Dansk-Svensk Gårdshund

(Dänisch-Schwedischer Farmhund)

Ursprünglicher Verwendungszweck:
Hofhund mit der Aufgabe, Haus und Stall frei von Ratten und Mäusen zu halten

Der Dansk-Svensk Gårdshund wird in Deutschland auch Dänisch-Schwedischer Farmhund oder Dänisch-Schwedischer Bauernhund oder Hofhund – oder manchmal auch einfach nur kurz Dansky genannt. Traditionell diente diese Hunderasse als Rattler dazu, Haus und Hof von Mäusen und Ratten freizuhalten. Da diese Eigenschaft im letzten Jahrhundert in den Hintergrund gerückt ist, geriet auch der Dänisch-Schwedische Farmhund in Vergessenheit, bis Hundefreunde sich der alten Rasse annahmen und die letzten Exemplare retteten und weiterzüchteten.

1989 wurde der alte Bauernhund Dänemarks auf der Welthundeausstellung in Kopenhagen das erste Mal mit etwa 50 Hunden wieder öffentlich vorgestellt. 2019 hat die FCI den Dansk-Svensk Gårdshund endgültig anerkannt.

Auszug aus dem Standard:
„Ein kleiner, kompakter und etwas rechteckiger Hund. Als Spätentwickler bekannt. (…) Aufgeweckt, aufmerksam und lebhaft."

Der Dansk-Svensk Gårdshund hat äußerlich viel Ähnlichkeit mit einem Jack Russell Terrier oder Foxterrier, ist mit den Terriern aber nicht näher verwandt. Vielmehr wird er zur Familie der Pinscher gezählt.
Die Aufgabe, Haus und Hof von unerwünschten Nagern zu befreien, haben Dansk-Svensk Gårdshunde heutzutage nicht mehr. Was von ihrer ursprünglichen Aufgabe geblieben ist, ist ein starkes Zugehörigkeitsgefühl zu ihrem Zuhause und seinen Besitzern – und an Mauselöchern kommen sie auch heute noch nicht vorbei. An größeren Beutetieren haben sie jedoch, anders als die Terrier, kein Interesse. Ansonsten ist der Gårdshund wegen seiner unkomplizierten Art bekannt. Als freundlicher und offener Begleiter ist er für Familien bestens geeignet und stellt auch für Hundeanfänger kein Problem dar. Darüber hinaus gibt es einige rassetypische Charakterzüge, die aus dem Dänisch-Schwedischen Bauernhund ein zuverlässiges Familienmitglied machen, wie Wachsamkeit, eine schnelle Auffassungsgabe und ein unkompliziertes, genügsames Wesen.
Besonders der letzte Punkt macht ihn auch zu einem geeigneten Hund für unerfahrene Besitzer. Er verzeiht Fehler in der Handhabung und Erziehung und lernt gleichzeitig schnell dazu. Er hat kein Verlangen zum Herumstreunen, sondern sieht sich mehr als Teil seiner Familie. Er beschützt sie im Zweifelsfall und versucht sich ihre Zuneigung zu sichern. Dabei ist er allgemein nicht aggressiv gegenüber Fremden und überzeugt mit seiner quirligen, offenen und freundlichen Art. Besuch kündigt er gern mit Gebell an, neigt aber ansonsten nicht zum Kläffen.
Das kurze und glatte, dicht am Körper anliegende Haar ist pflegeleicht.

Deutscher Pinscher

FCI-Standard Nr. 184
Gruppe: 2
Sektion 1: Pinscher & Schnauzer
1.1 Pinscher
Varietäten: 2 (Farbe)

Größe
Rüde und Hündin: 45–50 cm

Gewicht
Rüde und Hündin: 14–20 kg

Farbe/Haarkleid
a) Einfarbig: Hirschrot, Rotbraun bis Dunkelrot-braun
b) Schwarzrot: Lackschwarzes Haar mit roten bzw. braunen Abzeichen

Kurz und glatt, ohne Unterwolle

Ursprünglicher Verwendungszweck:
Wach- und Begleithund

Äußerlich ähnelt der Deutsche Pinscher, vor allem in seiner schwarzroten Varietät, einem kleinen Dobermann, mit dem zusammen er ja auch zur gleichen Familie zählt: Der Dobermann ist die größte der Pinscher-Rassen. Der Deutsche Pinscher wurde früher Rattler, Stallhund oder Kutscherhund genannt. Die fleißigen Tiere begleiteten Kutscher und fahrende Händler auf ihren Wegen. Dabei lief ein Pinscher meist über lange Strecken neben dem Fuhrwerk her. Hielt die Kutsche an, bewachte er das Fuhrwerk, wenn der Kutscher abwesend war. Wenn Pferde und Kutscher am Abend zur Ruhe kamen, erfüllte der Pinscher seine nächste Aufgabe: Er blieb im Stall bei den Pferden und sorgte für Ordnung, indem er Ratten, Mäuse und andere unerwünschte Stallbewohner jagte. Der Rassename ist übrigens wortgeschichtlich verwandt mit dem englischen Verb „to pinch" – kneifen, beißen, was sich auf seine Eigenschaft als Rattenjäger bezieht. Streunen durften die Stallhunde nicht, daher wurde auch auf die Eigenschaft der Reviertreue selektiert. Bis 1895 gab es keine züchterische Trennung zwischen Pinschern und Schnauzern und man nannte die Schnauzer auch „rauhaarige Pinscher".

Auszug aus dem Standard:
„Der Deutsche Pinscher ist glatthaarig, mittelgroß, von stolzer Haltung, fließend in den Umrisslinien, elegant und quadratisch gebaut."

Heute ist der Pinscher ein anpassungsfähiger Familienhund, der sowohl für aktive Stadtmenschen als auch für das Leben auf dem Bauernhof geeignet erscheint. Fremde können auch heute nicht unbemerkt sein Anwesen betreten, der Pinscher schlägt an, ohne jedoch ein Kläffer zu sein. Die Jagdlust ist individuell mehr oder weniger stark ausgeprägt, ebenso die Neigung zum eigenständigen Erkunden der Gemarkung. Er ist ein sparsamer Beller, sehr aufmerksam, in der Wohnung ruhig, draußen dafür sehr temperamentvoll. Gutartiger Charakter, Spiellust, Ausdauer und Widerstandsfähigkeit sprechen für seine Vielseitigkeit. Er zeichnet sich durch Kraft, Energie und Bewegungsfreude aus. Der Pinscher ist sowohl als Reitbegleithund als auch im Hundesport, zum Beispiel beim Agility, einsetzbar.

Ist der Deutsche Pinscher ausgelastet, ist er im Haus ein ruhiger, angenehmer Zeitgenosse. Draußen dagegen ist er sehr aufmerksam, neugierig, temperamentvoll und voller Tatendrang. Der Pinscher sucht die Nähe zu seinen Menschen, gleichzeitig ist und bleibt er aber ein eigenständiger, selbstsicherer Hund mit einem besonderen, eigenen Charakter, dem man seinen Freiraum lassen sollte.

Mit anderen Hunden kommt der Pinscher zurecht, sofern er sie nicht als Bedrohung ansieht. Fremden Menschen gegenüber ist er zurückhaltend.

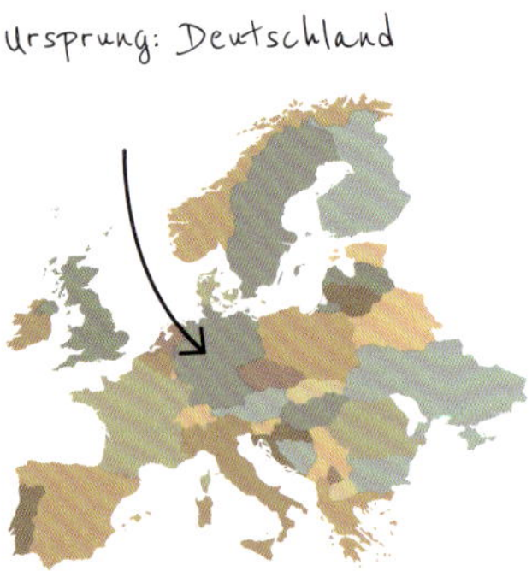

Arbeitsprüfung

FCI-Standard Nr. 143
Gruppe: 2
Sektion 1: Pinscher & Schnauzer
1.1 Pinscher
Varietäten: 2 (Farbe)

Größe
Rüde: 68–72 cm
Hündin: 63–68 cm
jeweils Mittelgröße erwünscht

Gewicht
Rüde: 40–45 kg
Hündin: 32–35 kg

Farbe/Haarkleid
a) **Einfarbig Schwarz mit rostrotem Brand**
b) **Einfarbig Braun mit rostrotem Brand**

Haarkleid kurz und glatt, ohne Unterwolle

Dobermann

Ursprünglicher Verwendungszweck:
Begleit-, Schutz- und Gebrauchshund

Karl Friedrich Louis Dobermann (1834–1894) war Justizangestellter im thüringischen Apolda und darüber hinaus Wirker, Abdecker, Steuereintreiber und Hundefänger. Neben den genannten Tätigkeiten arbeitete er als Nachtpolizist und benötigte einen Gebrauchshund zum Personenschutz. Er beschäftigte sich mit Hundezucht und begann mit selektiven Kreuzungen der besten Hunde vor Ort. Neben den bekannten Hunderassen, darunter Deutsche Pinscher sowie „Fleischerhunde", die Vorfahren des heutigen Rottweilers, nahm er auch vor allem Pinscher-geprägte Mischlingshunde, die ihm durch seine Arbeit zur Verfügung standen. Welche Rassen noch eine Rolle bei der Entstehung spielten, ist nicht genau bekannt, möglicherweise waren auch Weimaraner und Deutsche Dogge sowie Deutsche Schäferhunde beteiligt. Mit dem Ergebnis legte er den Grundstein für die Zucht des später nach ihm benannten Dobermanns.
Die anfänglich eher plump wirkende Rasse wurde durch Einkreuzung des inzwischen ausgestorbenen englischen Black-and-Tan-Terriers, der am ehesten dem heutigen Manchester-Terrier ähnelt, „verfeinert". Trotz der vielen beteiligten Rassen steht der Pinscher-Typus heute, was das Äußere betrifft, sehr im Vordergrund, weshalb man den Dobermann als größte der Pinscher-Rassen in diese Gruppe einsortiert hat.
Der berühmte Kynologe Setgast schreibt: „Es gibt wenig Hunderassen, die sich so gut für die Bewachung und zur Verteidigung eignen. Die physischen Qualitäten und die Intelligenz des Dobermanns haben ihn innerhalb kurzer Zeit in die vorderste Linie gebracht. Weil er äußerst misstrauisch gegen Fremde ist, zieht er es vor, immer bei seinem Herrn zu bleiben. Seine Wachsamkeit ist fortwährend, sein aufmerksamer Blick schweift unaufhörlich umher, damit er seinen Herrn vor Gefahren warnen kann. Er kennt keine Angst. Im Gefahrenmoment streckt sich sein muskulöser Körper, sein Gesichtsausdruck wird hart, die Augen flammen auf und beim geringsten Zeichen seines Herrn greift er mutig seinen Gegner an."
Es ist erstaunlich, festzustellen, dass es bei dieser Rasse möglich war, das Werk der Selektion in so kurzer Zeit zu vollbringen und die außergewöhnlichen Charaktereigenschaften zu festigen.
Schnell wurde die Eignung als Polizeihund erkannt und der Dobermann wurde stetig beliebter. Zeitweise erhielt die Rasse daher auch den Beinamen „Gendarmenhund". Auch im Ersten und Zweiten Weltkrieg wurde der Dobermann vielfältig als Minensuchhund, als Sanitätshund oder auch als Meldehund eingesetzt. Im Jahr 1955 wurde die Rasse offiziell von der FCI anerkannt. Eine sehr gute Eignung wird ihm auch als Rettungshund bescheinigt, wo seine rassetypische Mischung aus Neugier und Mut, gepaart mit einer guten Nase und viel Selbstbewusstsein, perfekt zum Tragen kommt.
Der Dobermann ist von Natur aus ein vertrauenswürdiger und treuer Begleiter. Bei falscher Sozialisation und Erziehung kann er, wie eigentlich jeder Hund, natürlich zur Gefahr für andere werden. Er besitzt eine große Lernfähigkeit und

kann deshalb mit Leichtigkeit ausgebildet werden. Von sehr robustem Körperbau erträgt er leicht Müdigkeit, Witterungseinflüsse und ist immer bereit, seine Menschen zu beschützen.
Vor Einführung des Kupierverbotes kannte man ihn fast nur mit künstlichen spitzen Stehohren, die ihm ein gefährlicheres Aussehen verleihen sollten und mit kupierter Rute. Heute darf der Dobermann zum Glück wieder sein natürliches Schlappohr und die vollständige Rute tragen.

Auszug aus dem Standard:
„Durch die elegante Linienführung seines Körpers, die stolze Haltung, das temperamentvolle Wesen und den Ausdruck von Entschlossenheit entspricht er dem Idealbild eines Hundes."

Österreichischer Pinscher

FCI-Standard Nr. 64
Gruppe: 2
Sektion 1: Pinscher & Schnauzer
1.1 Pinscher

Größe
Rüde: 44–50 cm
Hündin: 42–48 cm

Gewicht
Keine Angabe im FCI-Standard (i. d. R. 12–18 kg)

Farbe / Haarkleid
Semmelgelb, Braungelb, Hirschrot, Schwarz mit lohfarbenen Abzeichen

Meist Kurzstockhaar, es kommen aber auch langstockhaarige Hunde vor.

Ursprünglicher Verwendungszweck:
Wach- und Begleithund, Schädlingsbekämpfung, Hüteaufgaben

Pinscher waren früher in ganz Mitteleuropa als die Hunde der Kutscher, Stallbetreiber und fahrenden Händler weit verbreitet. Die Fuhrleute brauchten einen Hund, der in der Lage war, weite Strecken mitzulaufen, der Wagen und Ware zuverlässig und eindrucksvoll behütete und das auch noch nachts nach einer anstrengenden Tagesfahrt.
Wenn dann die Pferde ausgespannt im Stall standen, war die Arbeit dieser Hunde immer noch nicht zu Ende. Hier besorgten die Pinscher neben dem Wachdienst auch noch die Reinigung des Stalls von Mäusen und Ratten. So entstanden seine Bezeichnungen als „Stallpinscher" oder „Rattler". Sämtliche heutigen Pinscher- und Schnauzerrassen zählten noch vor 120 Jahren unter diese eine Rubrik.
Der Österreichische Pinscher entstammt dem altösterreichischen Landpinscher, der noch in der zweiten Hälfte des 19. Jahrhunderts als genügsamer, vielseitiger Bauernhund weit verbreitet war. In den 1920er Jahren wurde, vor allem durch die Initiative von DDr. Emil Hauck, mit einer planmäßigen Reinzucht begonnen. Ab 1928 wurde diese Rasse als Österreichischer Kurzhaariger Pinscher vom österreichischen

Kynologenverband anerkannt, seit 2000 heißt er nur noch „Österreichischer Pinscher". 1955 erfolgte die offizielle Anerkennung durch die FCI. Für das Stadtleben eignet sich der Österreichische Pinscher weniger, es sei denn, man gibt ihm viel Auslauf. Stadtbewohner könnten auch durch die Neigung dieses Hundes zu übertriebenem Bellen Schwierigkeiten haben, denn als geborener Wachhund verschafft er sich sehr geräuschvoll Aufmerksamkeit und Respekt. Sein Jagdtrieb ist überschaubar und beschränkt sich eher auf Mäuse und Ratten, was zusammen mit seinem freundlichen, anhänglichen Wesen für eine recht problemlose Erziehbarkeit sorgt. Liebhaber der „Öpis", wie sie oft liebevoll abgekürzt genannt werden, schätzen an ihnen ihre Begeisterungsfähigkeit für die verschiedensten Freizeitaktivitäten und Hundesportarten, ihre starke Bindung an die Familie und Haus oder Hof sowie den unbestechlichen Wachinstinkt.

Auszug aus dem Standard:

„Mittelgroßer, stämmiger Hund mit munterem und aufgewecktem Gesichtsausdruck. (...) Wesensfest, lebhaft, aufmerksam, spielfreudig und besonders anhänglich und freundlich im Umgang mit ihm vertrauten Menschen. Fremden gegenüber ist er misstrauisch und ein unbestechlicher Wächter."

Der mittelgroße, stämmige Hund fällt sofort durch seinen munteren, aufgeweckten Gesichtsausdruck auf. Insgesamt gibt es innerhalb der Rasse ein ziemlich breites Erscheinungsbild, was durch die genetische Vielfalt der ursprünglichen Landpinscher gut erklärlich ist. Historisch legte man bei den Hofhunden auf Genügsamkeit, Wachsamkeit, Robustheit und Gelehrsamkeit mehr Wert als auf Äußerlichkeiten. So gibt es eine deutliche Varianz in Größe, Fellfarbe und Haarlänge und auch der FCI-Standard lässt viel Spielraum. Trotz seiner alten Geschichte ist dieser Hund heute sehr selten geworden.

Zwergpinscher

Ursprünglicher Verwendungszweck:
Mäuse- und Rattenjagd

FCI-Standard Nr. 185
Gruppe: 2
Sektion 1: Pinscher & Schnauzer
1.1 Pinscher
Varietäten: 2 (Farbe)

Größe
Rüde und Hündin: 25–30 cm

Gewicht
4–6 kg

Farbe/Haarkleid
a) Einfarbig: Hirschrot, Rotbraun bis Dunkelrot-braun
b) Zweifarbig: lackschwarzes Haar mit roten bzw. braunen Abzeichen

Kurz und glatt, ohne Unterwolle

Der Zwergpinscher stammt direkt von seinem größeren Vetter, dem Deutschen Pinscher, ab. Man nennt ihn auch Miniatur-Pinscher oder kurz „Mini-Pin" oder Rehpinscher wegen seiner anmutigen Bewegungen, die an ein junges Reh erinnern. Genau wie der große Deutsche Pinscher stammt er von rattenjagenden, furchtlosen Stall- und Wachhunden ab und hat sich trotz der körperlichen Verkleinerung viele dieser Charaktereigenschaften bewahrt.

Aus den ursprünglich sehr vielen Farbvarianten züchtete man die Farben Schwarz mit lohfarbenen Abzeichen (was ihnen manchmal den Spitznamen Mini-Dobermann einbringt) sowie einfarbig braune bis rötliche Tiere heraus.

Die Ohren können sowohl aufrecht stehen (was am häufigsten vorkommt) als auch V-förmig umklappen. Der schnittig und harmonisch gebaute kleine Hund fällt auch durch kraftvolle und elegante Bewegungen auf, vor allem im Trab.

Der Zwergpinscher ist ein sehr anhänglicher Hund und neigt dazu, sich einer einzigen Person eng anzuschließen. Er ist sehr neugierig mit ausgeprägtem Bewegungsdrang, verspielt, lebhaft und temperamentvoll. Wenn er unterbeschäftigt ist, neigt er dazu, sich selbst Ersatzbeschäftigungen zu suchen. Außerdem kann er Lust bekommen, Dinge in seiner Reichweite zu zerstören. Daher muss er sowohl geistig als auch körperlich ausreichend gefordert werden. Dies kann mit Wanderungen, längeren Ausflügen, aber auch Hundesportarten wie Agility oder Dogdancing erreicht werden. Es macht ihm auch viel Spaß, mit Kindern und einem Ball auf einer Wiese zu toben.

Vom Charakter ist der Zwergpinscher sehr aufmerksam und hat eine niedrige Reizschwelle. Im Haus ist er „immer auf Draht" und meldet jeden Eindringling lautstark, weshalb er für Wohnungen mit vielen Nachbarn eher weniger geeignet ist.

Vorsicht ist unbedingt bei der Begegnung mit anderen Hunden geboten, denn der Zwerg ist so selbstbewusst, dass er auch größeren Artgenossen gegenüber frech und provozierend auftreten kann und sich damit in Gefahr bringt, da er aufgrund seiner Feingliedrigkeit doch recht zerbrechlich ist.

Auszug aus dem Standard:

„Der Zwergpinscher ist das verkleinerte Abbild des Deutschen Pinschers, ohne die Mängel zwergenhafter Erscheinungen. Sein eleganter, quadratischer Bau wird durch das kurze Glatthaar deutlich sichtbar."

Ursprung: Deutschland

FCI-Standard Nr. 181
Gruppe: 2
Sektion 1: Pinscher & Schnauzer
1.2 Schnauzer
Varietäten: 3 (Farbe)

Größe
Rüde und Hündin: 60–70 cm

Gewicht
35–47 kg

Farbe / Haarkleid
a) **Pfeffersalz**
b) **Rein Schwarz mit schwarzer Unterwolle**
c) **Schwarz-silber**

Raues Deckhaar mit dichter Unterwolle

Riesenschnauzer

Ursprünglicher Verwendungszweck:
Hirten- und Wachhund

Der Riesenschnauzer ist die jüngste und größte der drei Schnauzer-Varietäten, die sich heute äußerlich alle sehr stark gleichen und nur durch die Größe voneinander unterscheiden. Dennoch sind die Riesenschnauzer nach Meinung einiger Kynologen wie etwa Hans Räber (1993) historisch und genetisch gar nicht einmal besonders eng mit den Mittel- und Zwergschnauzern verwandt. Während diese aus den rattenjagenden württembergischen Pinschern hervorgingen, waren die Vorfahren des Riesenschnauzers alte Bauernhunde aus Oberbayern – Treib und Wachhunde, rauhaarig, bärtig und mehrheitlich dunkel gefärbt. Die Hunde waren insbesondere in und um München zahlreich verbreitet, wo sie unter anderem die Brauereiwagen begleiteten und bewachten, was ihnen auch den Namen „Bierschnauzer" einbrachte. München war auch 1907 der Entstehungsort des Bayerischen Schnauzer-Klubs. Die Formung der Rasse fand hauptsächlich in den Jahren vor dem Ersten Weltkrieg statt, wobei unterschiedliche, heute nicht mehr nachvollziehbare Rassen eingekreuzt wurden. Es sollen Deutsche Doggen, Schäferhunde, flandrische Treibhunde und sogar Großpudel beteiligt gewesen sein.
1925 wurde der starke, mutige, gelehrige und imposante Riesenschnauzer offiziell als Diensthund anerkannt und zählt auch heute noch zu den neun von der FCI anerkannten Gebrauchshunderassen. Weltweit schätzen ihn Polizeieinheiten als belastbaren und selbstsicheren Dienst- oder Sprengstoffspürhund, der sich gut ausbilden lässt und unbestechlich zu seinem Hundeführer hält. Auch als Rettungshund leistet er Großartiges.
Die Riesenschnauzer sind temperamentvoller als die kleineren Artgenossen und brauchen eine konsequente Führung. Sie lernen aber schnell den Unterschied zwischen der Zeit zum Toben und der Ruhezeit zu erkennen.
Der Riesenschnauzer ist ein sehr wachsamer, intelligenter und sensibler Hund, der Fremden gegenüber eher misstrauisch ist. In seiner Familie jedoch ist er sehr anhänglich und braucht Aufmerksamkeit. Er braucht viel Platz, Bewegung und Beschäftigung, aber auch ausreichend Ruhephasen.
Der raue Schnauzbart und die buschigen Augenbrauen prägen das markante Äußere ebenso wie der fast quadratische, gedrungene, aber dennoch sehr bewegliche Körperbau.
Das raue Fell mit dichter Unterwolle muss regelmäßig gebürstet und zwei bis drei Mal pro Jahr getrimmt werden; der Bart muss routinemäßig gesäubert und gekämmt werden, damit er nicht verfilzt.

Auszug aus dem Standard:

„Groß, kräftig, eher gedrungen als schlank, rauhaarig, das vergrößerte, kraftvolle Abbild des Schnauzers. Ein trutzig – wehrhafter Hund von Respekt einflößendem Aussehen."

Ursprung: Deutschland

Schnauzer

Ursprünglicher Verwendungszweck:
Wach- und Begleithund

Der Schnauzer, auch Mittelschnauzer oder Standardschnauzer genannt, ist der ursprüngliche Typ der Rasse, also der Schnauzer schlechthin. Er stammt aus Württemberg, wo er in ähnlicher Form bereits seit rund 500 Jahren bekannt ist. Er soll aus dem heute ausgestorbenen, mittelalterlichen „Biberhund" und diversen Schäferhunden hervorgegangen sein und diente in erster Linie als Stallhund – seine Aufgabe war es, die Ställe frei von Ratten und Mäusen zu halten. Seine dichte und struppige Gesichtsbehaarung war ihm dabei sehr nützlich, denn Ratten können sehr wehrhaft sein. Auch das nächtliche Bewachen des Stalls vor Vieh- und Pferdedieben war sein Job.

Er begleitete aber auch die Fuhrwagen und musste auf Reisen Hab und Gut seiner Besitzer verteidigen – eine Eigenschaft, die sich auch heute noch in seinem unerschrockenen und wachsamen Naturell widerspiegelt. Auch die Begeisterung zur Mäusejagd ist ihm geblieben, und nach wie vor kommt er, entsprechende Sozialisation natürlich vorausgesetzt, gut mit Pferden und Kühen aus.

Schnauzer fallen sofort durch ihre Optik auf, besonders durch das raue Fell und den Schnauzbart. In den späten 1890er Jahren wurde der Schnauzer noch rauhaariger Pinscher genannt, da er wie die Pinscher als Mäuse- und Rattenjäger gezüchtet wurde. Erst ab 1897 bürgerte sich der Name Schnauzer ein, auch, um die Hunde nicht nur äußerlich von den Pinschern zu unterscheiden.

Neben reinem Schwarz ist beim Schnauzer die sogenannte „Pfeffersalz"-Farbe typisch, bei der das Deckhaar einen dunklen Farbton (Pfeffer) aufweist und die Haarspitzen hell getönt sind (Salz). Dadurch entsteht der Eindruck eines graumelierten Fells.

Schnauzer sind temperamentvolle und gemächliche Tiere zugleich. Sie haben einen großen Spieltrieb und auch der Jagdtrieb liegt dem Schnauzer im Blut. Sie wollen beschäftigt werden, können aber hinterher wunderbar auf dem Sofa kuscheln. Sie sind für ihren tollen, selbstbewussten Charakter und ihre anhängliche Treue berühmt. Schnauzer sind außergewöhnlich gute Familienhunde und kommen wunderbar mit Kindern aus. Sie sind wachsam und aufmerksam, lassen sich aber nur durch liebevolle Konsequenz trainieren. Ein gewisser Eigensinn ist dem starken Charakter nicht abzusprechen, aber wenn man einen Schnauzer erst einmal auf seiner Seite hat, geht er mit einem durch dick und dünn.

Das raue Haar, das eine dichte Unterwolle besitzt, muss regelmäßig gebürstet und etwa zwei bis drei Mal jährlich getrimmt werden.

Schnauzer sind eher wenig bestechlich. Auch zählen sie nicht zu jenen Rassen, die als Kläffer bekannt sind. Sie sind klug und gehorsam, können Fremden gegenüber aber etwas misstrauisch sein.

FCI-Standard Nr. 182
Gruppe: 2
Sektion 1: Pinscher & Schnauzer
1.2 Schnauzer
Varietäten: 2 (Farbe)

Größe
Rüde und Hündin : 45–50 cm

Gewicht
14–20 kg

Farbe / Haarkleid
a) Rein schwarz mit schwarzer Unterwolle
b) Pfeffersalz

Raues Deckhaar mit dichter Unterwolle

Auszug aus dem Standard:

„Typische Wesenszüge sind sein lebhaftes Temperament, das mit bedächtiger Ruhe gepaart ist. Bezeichnend sind sein gutartiger Charakter, seine Spiellust und die sprichwörtliche Anhänglichkeit an seinen Herrn. Er ist sehr lieb zu Kindern, unbestechlich, wachsam und dennoch kein Kläffer."

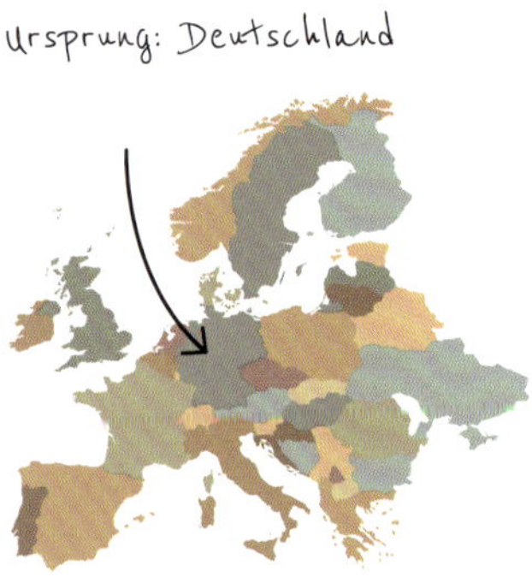

FCI-Standard Nr. 183
Gruppe: 2
Sektion 1: Pinscher & Schnauzer
1.2 Schnauzer
Varietäten: 4 (Farbe)

Größe
Rüde und Hündin: 30–35 cm

Gewicht
ca. 4–8 kg

Farbe/Haarkleid
a) Pfeffersalz
b) Rein schwarz mit schwarzer Unterwolle
c) Schwarz-silber
d) Rein weiß mit weißer Unterwolle

Raues Deckhaar mit dichter Unterwolle

Zwergschnauzer

Ursprünglicher Verwendungszweck:
Haus- und Begleithund

Der Zwergschnauzer ist nach Mittel- und Riesenschnauzer die kleinste der drei Schnauzer-Varietäten und teilt mit diesen weitgehend seine Geschichte als eine der ältesten deutschen Hunderassen, deren Ursprung in Württemberg zu suchen ist und der sich aus dem mittelalterlichen „Biberhund" sowie einheimischen Schäferhunden entwickelt hat. Die Schnauzer hatten ihr traditionelles Einsatzgebiet als Ratten- und Mäusefänger in den Ställen und Höfen.

Ursprünglich trennte man Zwergschnauzer und Affenpinscher nicht voneinander – kaum zu glauben, wenn man heute beide Rassen gegenüberstellt. Aus der rauhaarigen Variante des Affenpinschers wurden erst gegen Ende des 19. Jahrhunderts die Zwergschnauzer, und 1899 wurden auf Ausstellungen getrennte Klassen für sie eingeführt.

Der Zwergschnauzer ist ein maßstabsgerecht verkleinertes Abbild des Standardschnauzers, ohne die typischen Merkmale einer Verzwergung wie runder Oberkopf oder Kulleraugen. Laut Rassestandard ist er klein, kräftig, eher gedrungen als schlank, rauhaarig und elegant.

Der Zwergschnauzer besitzt trotz seiner kleineren Dimension im Verhältnis zum Schnauzer die gleichen Wesenseigenschaften wie Selbstbewusstsein und Unerschrockenheit, diese werden aber ergänzt durch das typische Temperament und Verhalten eines Kleinhundes: Der Zwergschnauzer ist aufmerksam und sehr wachsam und meldet entsprechend schnell ungewöhnliche Bewegungen in seinem Zuhause. Er soll klug und unerschrocken sein, bei Hundebegegnungen zeigt er sich häufig respektlos und scheut die Konfrontation nicht. Fremden gegenüber ist er zunächst misstrauisch und zurückhaltend, Kinder mag er gerne und erträgt mit seinem robusten und geduldigen Naturell auch einen turbulenten Familienalltag. Ansonsten hat er ein quirliges Temperament, ist unternehmungslustig und ausdauernd und hat daher sowohl an langen Spaziergängen als auch an Hundesport wie Agility Spaß.

Sein raues, drahtiges Haar, das eine dichte Unterwolle besitzt, muss regelmäßig gebürstet und gelegentlich getrimmt werden. Die dichte Gesichtsbehaarung, der „Schnauzbart", ist übrigens nicht nur Show, sondern diente den Hunden zum Schutz vor Bissen, als sie noch Rattenfänger waren.

Auszug aus dem Standard:

„Klugheit, Unerschrockenheit, Ausdauer und Wachsamkeit machen den Zwergschnauzer zum angenehmen Haushund wie auch zum Wach- und Begleithund, der auch in einer kleinen Wohnung problemlos gehalten werden kann."

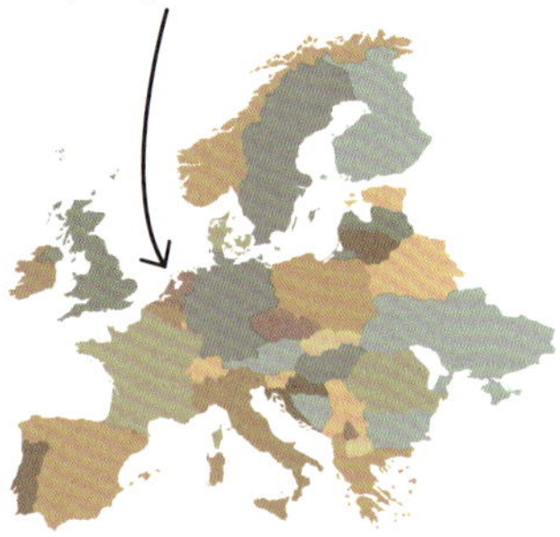

Hollandse Smoushond

(Holländischer Smoushund)

Ursprünglicher Verwendungszweck:
Begleithund, Mäuse- und Rattenfänger

FCI-Standard Nr. 308
Gruppe: 2
Sektion 1: Pinscher & Schnauzer
1.3 Smoushound

Größe
Rüde: ca. 37 – 42 cm
Hündin: ca. 35 – 40 cm

Gewicht
7 – 11 kg

Farbe / Haarkleid
Einfarbig Gelb in allen Schattierungen, vorzugsweise dunkles Strohgelb. Jede andere Farbe als Gelb in seinen verschiedenen Schattierungen ist unerwünscht.

Raues und drahtiges Deckhaar mit weicher Unterwolle

Der Hollandse oder Holländische Smoushund wird auch gerne als Holländischer Rattler bezeichnet – abgeleitet von seiner Aufgabe, die Ställe und Höfe von Ratten und Mäusen zu befreien. Er wurde ursprünglich nicht gezielt gezüchtet, sondern entwickelte sich durch seine Verwendung als Begleithund der Pferdekutschen und Rattenjäger. Vermutlich zählen gelbe Schnauzer zu seinen Vorfahren. Das Aussehen der Hunde stand nie besonders im Fokus, weshalb der Holländer quadratisch gebaut und sein Fell struppig und wetterfest ist. Die freundlichen Hunde sollten darauf ausgelegt sein, bei jedem Wetter auf Rattenjagd zu gehen und ihre Besitzer ständig zu begleiten.

Erst zu Beginn des 20. Jahrhunderts begann die selektierte Zucht. 1905 wurde ein eigener Club, der Hollandse Smoushonden Club, gegründet, um die Rasse vor dem Aussterben zu bewahren. In der planmäßigen Zucht wurde das Aussehen des Hundes, das bisher eher unwichtig war, mehr in den Vordergrund gestellt. Der struppige Kopf des Holländers wurde zum Merkmal der Rasse und war ausschlaggebend für die Bezeichnung Smoushond.

Wie viele andere Hunderassen war auch der Hollandse Smoushond durch die beiden Weltkriege betroffen. Besonders nach dem Zweiten Weltkrieg war das Überleben der Rasse ungeklärt, doch 1972 fing Frau H.N. Barkmann mit der Rückzüchtung an. Schnell zeigten sich erste Erfolge und das Überleben der Rasse war gesichert. Später wurden in die Zucht Border Terrier mit einbezogen, was für den Erhalt der Rasse sorgte. 1981 erfolgte die offizielle Anerkennung von der FCI.

Der strubbelige Holländer strahlt förmlich vor Lebensfreude und Lebhaftigkeit, er ist überaus freundlich und aktiv. Mit seiner positiven Art und seinem sonnigen Gemüt weiß er jedermann schnell für sich einzunehmen. Seine Fröhlichkeit und Verspieltheit macht ihn auch für Kinder zu einem treuen Spielgefährten. Angst, Aggression oder Nervosität liegen ihm fern; er ist ein sehr anhänglicher und anschmiegsamer Weggefährte, der gerne Abenteuer erlebt. Der Standard verlangt, der Smous solle immer ein angenehmer und bequemer Familienhund sein.

Auf Spaziergängen kann er problemlos von der Leine gelassen werden und wird nicht weglaufen. Der Hollandse Smoushond besitzt keinen ausgeprägten Jagdtrieb und ist sehr auf sein Rudel fixiert. Zwar ist er durchaus bereit, seine Familie bei Gefahr zu verteidigen und zeigt auch Schutz- und Wachverhalten, doch diese Instinkte sind nicht stark ausgeprägt.

Die Rasse gilt als sehr anschmiegsam, freundlich und neugierig. Der Hollandse Smoushond ist ein echter Allrounder, der sich problemlos vielen Situationen anpassen kann.

Auszug aus dem Standard:

„Rauhaarig, lebhaft, aktiv, kräftig und von quadratischem Körperbau. Die Hündinnen dürfen etwas länger sein als die Rüden. (...) anhänglich, fröhlich, freundlich und natürlich frei veranlagt, er ist lebhaft, aber weder übermäßig nervös noch ängstlich."

Ursprung: Russland

FCI-Standard Nr. 327
Gruppe: 2
Sektion 1: Pinscher & Schnauzer
1.4 Tchiorny Terrier

Größe
Rüde: 72–76 cm
Hündin: 68–72 cm
(Abweichung von +/- 2 cm wird toleriert)

Gewicht
Rüde: 50–60 kg
Hündin: 45–50 kg

Farbe / Haarkleid
Schwarz (Schwarz mit unwesentlich vermischtem grauen Haar ist zulässig)

Hartes, gewelltes Rauhaar mit Unterwolle

Russkiy tchiorny terjer (Russischer Schwarzer Terrier)

Ursprünglicher Verwendungszweck:
Gebrauchs- und Wachhund

Die russische Armee begann in den 1940er Jahren, im Zwinger „Krasnaja Zwezda" „Roter Stern" einen Gebrauchshund für ihre Bedürfnisse zu züchten. Sowjetische Kynologen hatten ein Zuchtprogramm ausgearbeitet mit dem Ziel, einen großen, massiven, temperamentvollen und arbeitswilligen Hund zu erhalten, der vielseitig einsetzbar war und mit den klimatischen Unterschieden des riesigen Landes zurechtkam.
An der Entstehung waren ungefähr 20 Hunderassen beteiligt, darunter Riesenschnauzer, Airedale Terrier, Rottweiler und Neufundländer, wobei der Riesenschnauzer vermutlich den größten Einfluss hatte. Deshalb hat die FCI ihn auch trotz des „Terriers" in seinem Namen in die Gruppe der Pinscher und Schnauzer einsortiert, ihm aber als Sonderfall eine eigene Untersektion zugestanden. Andererseits wird das Zuchtbuch aber in Deutschland vom „Klub für Terrier" betreut. Wahrscheinlich hat durch die gemischte Rasseherkunft beides seine Berechtigung. Es entstand ein Hund, der sehr stabil im Charakter und Temperament war, aber ein uneinheitliches Erscheinungsbild hatte. Das war allerdings für die Armee von geringer Bedeutung, hier brauchte man einen robusten, lernwilligen und athletischen Gebrauchshund, der zum Beispiel zum Objektschutz und zur Grenzbewachung, aber auch als Sanitäts- und Meldehund eingesetzt wurde. Erst als sich private Züchter für die Rasse interessierten, gelang es, das Äußere der Rasse zu vereinheitlichen und dabei Charakter und Temperament zu erhalten.
1981 wurde der Schwarze Terrier von der FCI anerkannt. 2012 erfolgte die Umbennung von Schwarzer Terrier in Russischer Schwarzer Terrier.
Für die Zucht war der Charakter von enormer Bedeutung: Russische Schwarze Terrier sollten selbstbewusst und durch nichts aus der Ruhe zu bringen sein. Die Hunde zeichnen sich durch große Loyalität zu ihren Besitzern aus.
In der Wohnung sind sie eher gemütlich. Dieser Hund liebt es, Zeit mit seinem zweibeinigen Rudel zu verbringen. Im Umgang mit Menschen ist der Russische Schwarze Terrier gutmütig und zuverlässig. Die menschenbezogenen, freundlichen Hunde sind gute Familien- und Begleithunde, sollten jedoch nur zu erfahrenen Haltern. Denn der Russische Schwarze Terrier ist nicht nur loyal, sondern auch mutig und stets bereit, seine Lieben oder sein Revier zu verteidigen. Eine gewisse Unabhängigkeit und Eigenständigkeit ist typisch für ihn.
Als Arbeitshund lernt er schnell und überzeugt durch seine hervorragende Auffassungsgabe, große Ausdauer und gute Führigkeit. Er eignet sich für die Schutzhundarbeit ebenso gut wie für die verschiedensten Hundesportarten oder als Rettungshund.
Der Russische Schwarze Terrier sucht sich im Normalfall eine Bezugsperson, zu der er eine enge Bindung aufbaut. Fremden gegenüber verhält er sich hingegen zurückhaltend.

Auszug aus dem Standard:

„Der Russische Schwarze Terrier ist ein großer Hund mit einem etwas langen Körper und sehr athletischem Gebäude von robustem Typ und widerstandsfähiger Konstitution. Die Rasse hat Qualitäten wie einen massiven Knochenbau und kräftige Muskulatur."

Broholmer

FCI-Standard Nr. 315
Gruppe: 2
Sektion 2: Molossoide
2.1 Doggenartige Hunde

Größe
Rüde: ca. 75 cm
Hündin: ca. 70 cm

Gewicht
Rüde: 50–70 kg
Hündin: 40–60 kg

Farbe / Haarkleid
Gelb mit schwarzer Maske, Gold-rot, Schwarz

Kurzes und glattes Fell mit Unterwolle

Ursprünglicher Verwendungszweck:
Jagd- und Wachhund

Der große, mächtige und an einen englischen Mastiff erinnernde Broholmer stammt aus Dänemark, wo Hunde dieses Typs seit dem Mittelalter bekannt sind. Er bewachte dort Bauernhöfe und Landgüter, wurde aber auch von Adligen zur Hirsch- und Saujagd eingesetzt. Er wurde früher auch oft als „Dänische Dogge" bezeichnet, was zu Verwirrungen führte, da die Deutsche Dogge ja im Englischen auch „Great Dane" heißt. Der heutige Name leitet sich von dem Schloss Broholm auf der Insel Fünen ab, dessen Schlossherr Niels Frederik Sehested sich in der Mitte des 19. Jahrhunderts stark für den Erhalt der Rasse einsetzte. Sein Zuchtziel war die Entwicklung eines großen gelb-braunen Hundes nach dem Vorbild von Abbildungen großer Hunde im Dänemark der frühen Neuzeit und seine Ehefrau führte einen Broholmer in ihrem Wappen. Nach seinem Tod ging es zunächst mit der Zucht bergab, bis sich 1886 ein Freundeskreis zusammenfand, der einen ersten Rassestandard ausarbeitete. Nach ersten Erfolgen brachten die beiden Weltkriege herbe Rückschläge, und nach dem Zweiten Weltkrieg war praktisch kein Broholmer mehr übrig. Erst in den 1970er und 80er Jahren gelang es wieder, ein Programm zur Rekonstruktion

der Rasse auszuarbeiten. Auch heute noch sind die Broholmer vor allem außerhalb Dänemarks ziemlich selten, wobei Deutschland mit 113 eingetragenen Welpen im Jahr 2023 eine Führungsrolle einnimmt.
Broholmer zeichnen sich durch ein ruhiges, gutartiges und freundliches Wesen aus, sind aber gleichzeitig unbestechliche und selbstbewusste Wächter. Ruhiges Selbstvertrauen gilt als wichtiges Zuchtkriterium bei dieser Rasse. Fremden gegenüber verhält sich der Broholmer auf neutralem Grund gleichgültig bis freundlich. Manchmal sucht er von sich aus Kontakt zu Fremden, aber diese Entscheidung sollte man immer dem Hund überlassen. Wie alle Molosser ist er gerne mal etwas stur, dabei aber anhänglich gegenüber seinen Menschen und lässt sich mit liebevoller Konsequenz gern überzeugen.

Auszug aus dem Standard:

„Großer Hund von Mastiff-Typ mit rechteckigem, kräftigem Gebäude und kraftvollem, ruhigem Bewegungsablauf. Seine Erscheinung wird geprägt durch eine mächtige Vorhand: Der Kopf ist massiv und breit, der Hals mächtig und von etwas loser Haut bedeckt, die Brust ist breit und tief."

FCI-Standard Nr. 149
Gruppe: 2
Sektion 2: Molossoide
2.1 Doggenartige Hunde

Größe
Keine Angabe im FCI-Standard (i. d. R. 31 – 40 cm)

Gewicht
Rüde: 25 kg
Hündin: 23 kg

Farbe / Haarkleid
Einfarbig oder einfarbig mit schwarzer Maske oder schwarzem Fang (Smut). Nur einheitliche Farben (die immer leuchtend und rein in ihrer Art sein sollten), nämlich Gestromt, Rot in allen Schattierungen, Falb, Rehbraun usw., Weiß und Gescheckt (d. h. Weiß in Kombination mit einer der genannten Farben)

Kurzes und glattes Fell ohne Unterwolle

English Bulldog
(Englische Bulldogge)

Ursprünglicher Verwendungszweck:
Stierhetze (Bullbaiting), Hundekämpfe, später Begleithund mit Abschreckungswirkung

Im England des 13. bis 18. Jahrhunderts gehörten Kampfvorführungen zu den wichtigsten Aufgaben der Bulldogge. Jede Stadt und jedes Dorf hatte einen eigenen Kampfring für Kämpfe Hund gegen Bulle, das so genannte Bullbaiting. Die dafür bestimmten Hunde wurden sorgfältig ausgewählt, wobei es nicht auf Schönheit ankam, sondern ausschließlich auf Angriffslust, Mut und Beharrlichkeit. Durch die sorgfältige Auswahl erhielt man einen so entschlossenen Hund, dass er nicht einmal durch den Schmerz gebremst wurde. Nur der Hund, der furchtlos genug war, notfalls bis zum Tode zu kämpfen, galt als echter Bulldog. Er packte den Bullen an der Nase, wo er nicht von den Hörnern erreicht werden konnte, biss sich fest und ließ nicht mehr los. Aber auch auf Bären und andere Tiere hetzte man die Hunde in den Arenen und empfand das als große Belustigung.

Der Ursprung der Rasse geht bis in die Zeit zurück, als die Römer England eroberten und ihre Molosser mitbrachten, die ihrerseits von asiatischen und griechischen Hunden abstammten. Trotz ihrer Ahnen ist die Bulldogge, wie wir sie kennen, zweifellos in England entstanden. Die zahlreichen in England gefundenen Dokumente bezeugen die alte Anwesenheit eines der Bulldogge sehr ähnlichen Hundes, allerdings waren die frühen Bulldoggen wesentlich leichter und hochläufiger als die heutigen, wie wir alten Abbildungen entnehmen können.

Der heutige Name taucht etwa im 17. Jahrhundert auf. Bei der Zucht wurde damals neben den charakterlichen Merkmalen äußerlich auf eine kurze Schnauze, breite Kiefer und eine zurückgenommene Nase Wert gelegt. Letztere hatte den Zweck, dass der Hund sich in die Nase des Bullen verbeißen konnte und dabei trotzdem weiter gut Luft bekam.

Erst im 19. Jahrhundert kam Ablehnung gegen diese brutale Form der Tierkämpfe auf und es gelang schließlich 1835, das Bullenbeißen gesetzlich zu verbieten – der „Bullenbeißer" wurde arbeitslos. Da Kämpfe Hund gegen Hund aber vorerst (bis 1911!) weiterhin erlaubt waren, kreuzte man einen Teil der Zuchttiere mit Terriern, um „schärfere" Hunde für diesen Zweck zu erhalten – daraus wurde der „Bull and Terrier" und später „Bullterrier". Ein anderer Teil der Bulldog-Züchter reagierte auf die geänderten Anforderungen mit einer Selektion auf Gutartigkeit und Treue anstatt Kampfeslust und veränderte das Äußere der Hunde zu dem kompakteren, niedrigeren und großköpfigeren Bau, wie wir ihn aus neuerer Zeit kennen. In dieser Gestalt wurde der Bulldog, immer noch für seine Beharrlichkeit und seinen Eigensinn berühmt, zum Maskottchen für die gesamte englische Nation und stand insbesondere während der beiden Weltkriege symbolisch für Stärke, Widerstandsfähigkeit und Loyalität.

Heute hat der Bulldog seine Kampfeslust längst verloren und gilt als überaus verträglich und anhänglich mit einer großen Portion Eigensinn, die respektiert werden möchte. Ein Befehlsempfänger ist er nicht, sondern bleibt Individualist.

FCI-Gruppe 2

Durch die Kurzschnäuzigkeit ist er in unterschiedlichem Maß von damit verbundenen gesundheitlichen Problemen wie Atemnot, Gebissfehlstellungen und Augenproblemen betroffen. Übertypisierungen führen in manchen Fällen zu Qualzucht. Selbst die Geburt ist durch übergroße Köpfe meist nicht mehr auf normalem Weg möglich. Auch andere Körpermerkmale wie extrem breit stehende Vorderläufe und ein nach hinten erhöhter Karpfenrücken (roach back) können für Bewegungseinschränkungen sorgen. 2009 wurde ein neuer Standard festgelegt, bei dem die Gesundheit stärker beachtet wird.

Auszug aus dem Standard:
„Vermittelt den Eindruck von Entschlossenheit, Kraft und Aktivität. Aufmerksam, kühn, loyal, zuverlässig, mutig, grimmig im Aussehen, aber liebenswürdig im Wesen."

FCI-Standard Nr. 157
Gruppe: 2
Sektion 2: Molossoide
2.1 Doggenartige Hunde

Größe
Rüde: 64–69 cm
Hündin: 61–66 cm

Gewicht
Rüde: 50–59 kg
Hündin: 41–50 kg

Farbe/Haarkleid
Jegliche Schattierung von Gestromt, Rehbraun oder Rot

Kurzes Fell ohne Unterwolle

Bullmastiff

Ursprünglicher Verwendungszweck:
Wachhund

Der Bullmastiff hat auch den Beinamen „Gamekeeper's Nightdog" oder „Wildhüterhund", weil er mit dem Ziel gezüchtet wurde, die englischen Wildhüter auf ihren Kontrollgängen zu begleiten und entsprechend zu schützen sowie aufgegriffene Wilderer zu stellen.
Um das Ziel zu erreichen, einen optimalen Wachhund zu schaffen, hatten sich die englischen Züchter im 19. Jahrhundert entschlossen, zu den schon ausgezeichneten Gaben des Old English Mastiff die Eigenschaften anderer Rassen von großem Wuchs hinzuzufügen. Nach etlichen Kreuzungsversuchen wurde entschieden, sich auf die Bulldogge und den englischen Mastiff als Ausgangsrassen zu beschränken. Später wurden noch Bloodhounds eingekreuzt, um die Hunde auch auf der Fährte einsetzen zu können. Bei alledem war wichtig, dass der Hund zwar mutig sein und seinen Herrn notfalls vor Wilderern oder Eindringlingen verteidigen sollte, aber dennoch sehr kontrolliert und zuverlässig agieren und Situationen schnell richtig einschätzen sollte. Aggressoren sollte er stellen, aber nicht angreifen oder verletzen.
Sein durch die V-förmig nach vorne gefalteten Ohren quadratisch wirkender Schädel wirkt in Verbindung mit der dunklen Gesichtsmaske, der leicht gefalteten Stirn und dem gedrungenen, muskulösen und beweglichen Körper ziemlich respekteinflößend – dabei hat er wie alle Molosser eine extrem hohe Reizschwelle und ist nur schwer aus der Ruhe zu bringen.
1924 wurde die Rasse vom britischen Kennel Club, 1955 auch durch die FCI anerkannt. Heute ist er ein treuer und zuverlässiger Freund und ein überall geschätzter Wachhund. Außerdem avancierte er zu einem geschätzten Familienhund, der sein „Rudel" zuverlässig gegen jede Bedrohung schützt und gut mit Kindern umgehen kann. Dennoch steht er aufgrund seiner Masse und Größe und seines ehemaligen Verwendungszwecks in einigen deutschen und österreichischen Bundesländern sowie in einigen Schweizer Kantonen auf der Liste der gefährlichen Hunde, deren Haltung mit besonderen Auflagen verbunden ist.
Seine psychologische Wirkung auf eventuelle Gegner, aber auch seine Spürhundfähigkeiten qualifizieren ihn zu einem sehr universell einsetzbaren Diensthund bei Polizeibehörden in der ganzen Welt.

Auszug aus dem Standard:

„Kraftvoll, symmetrisch, zeigt große Stärke, ohne dabei schwerfällig zu sein. Er ist solide und aktiv. (...) ausdauernd, aktiv und verlässlich. Sehr lebhaft, wachsam und treu."

Ursprung: Spanien (Mallorca)

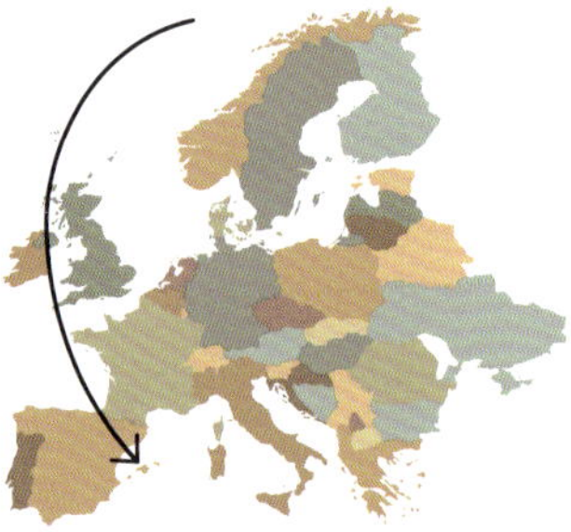

Ca de Bou
(Mallorca-Dogge)

FCI-Standard Nr. 249
Gruppe: 2
Sektion 2: Molossoide
2.1 Doggenartige Hunde

Größe
Rüde: 55–58 cm
Hündin: 52–55 cm

Gewicht
Rüde: 35–38 kg
Hündin: 30–34 kg

Farbe/Haarkleid
Gestromt, Falb und Schwarz

Glattes und kurzes Fell ohne Unterwolle

Ursprünglicher Verwendungszweck:
Wach- und Schutzhund

Der Ca de Bou, wörtlich „Rinderhund", hat seine Heimat auf den spanischen Balearen, hauptsächlich Mallorca, woher er auch seine Alternativnamen „Mallorca-Dogge" oder „Mallorca-Mastiff" hat. Im Spanischen ist er auch als Perro de Presa Mallorquín oder Perro Dogo Mallorquín bekannt. Er gilt als Nachfahre des ausgestorbenen spanischen Alano, der schon 1644 von Alfonso Martinez del Espinar (nach Hans Räber, 1993) als Hund mit „stumpfer, breiter, nach oben gerichteter Schnauze, tiefliegenden, blutunterlaufenen Augen, einem furchteinflößenden Blick und einem kurzen, breiten Nacken" sowie „bester Hund für die Jagd auf Hirsch, Eber und Bär" beschrieben wurde.
Die ursprüngliche Aufgabe des Ca de Bou war das Schützen und Bewachen der Viehherden, wo er sich gegebenenfalls auch gegen widerspenstige Bullen zur Wehr setzen und diese in die Schranken weisen oder sogar durch Beißen in die Nase und Festhalten zu Boden ringen musste (daher auch sein Alternativname „Presa" – spanisch für „Packer").

Zu einem anderen, zweifelhaften Ruhm gelangte er während der britischen Besatzung Menorcas (1708 – 1802), als Hundekämpfe nach englischem Vorbild in den Hafengegenden der Balearen zum beliebten Volkssport wurden und englische Kampf- und Wachhunde in die heimischen Rassen eingekreuzt wurden. Der mutige und starke Ca de Bou, der es sonst furchtlos mit Stieren aufnahm, war auch hier meist der Champion. Auch das „Bullenbeißen" wurde nun zum Vergnügen des Publikums aufgeführt. Nach dem Verbot der Hundekämpfe und des Bullenbeißens ging die Anzahl der Vertreter dieser Rasse stark zurück und der Ca de Bou drohte auszusterben. Als der Ca de Bou auf Ausstellungen gezeigt wurde, wurde er wieder populärer. 1963 wurde die Rasse durch die FCI endgültig anerkannt.

Auszug aus dem Standard:

„Es handelt sich um einen typischen Molosser von etwas verlängerter Gestalt, kräftig und mächtig, von mittlerer Größe. (…) Bei ruhiger Charaktergrundlage kann er sich auch mutig und tapfer verhalten; er ist mit den Menschen umgänglich und seinem Meister treu und anhänglich. Als Wach- und Schutzhund ist er unübertrefflich. In ruhiger Situation ist er vertrauensvoll und selbstsicher; in der Erregung ist sein Blick durchdringend."

Heute ist er ein temperamentvoller, freundlicher, nervenstarker Hund, in der Familie ruhig und ausgeglichen, seinem Menschen treu ergeben und Fremden gegenüber misstrauisch. Der Ca de Bou ist ein selbstsicherer Schutzhund mit hoher Reizschwelle. Sein Bewegungsdrang ist verhältnismäßig groß und er benötigt entsprechenden Auslauf, um ausgeglichen zu bleiben.

Ursprung: Italien

FCI-Standard Nr. 343
Gruppe: 2
Sektion 2: Molossoide
2.1 Doggenartige Hunde

Größe

Rüde: 64–68 cm
Hündin: 60–64 cm
Mit einer Toleranz von +/-2 cm

Gewicht

Rüde: 45–50 kg
Hündin: 40–45 kg

Farbe/Haarkleid

Schwarz, Grau, Falbfarben (hell und dunkel), Hirschrot, weizenfarbig

Kurzes, dichtes und glattes Fell mit wenig Unterwolle

Cane Corso Italiano

Ursprünglicher Verwendungszweck:
Vielseitiger Jagd- und Wachhund

Der Ursprung und die Abstammung des Cane Corso sind nicht sicher belegt, aber sehr vieles spricht dafür, dass seine Wurzeln in den alten römischen Molossern liegen. Hunde wie er waren in der Antike in Italien und im ganzen Römischen Reich, später vor allem in den süditalienischen Gebieten hoch angesehen und weit verbreitet. Sie dienten den Herrschern als Kriegshunde. In den römischen Legionen dienten sie als Schutz- und Wachhunde für Häuser, Güter und Rinderherden, wurden aber auch zur Großwildjagd eingesetzt. Hierfür brachten die großen, robusten und muskulösen Hunde die nötige Kraft und Wehrhaftigkeit mit. Ihr Rassename „Corso" soll sich vom lateinischen „cohors" ableiten, was sich etwas als „Hüter von Haus und Hof" übersetzen lässt. In ihrer Heimat werden diese Hunde heute noch – meist zu mehreren im Rudel – zum Bewachen, aber auch Treiben von Viehherden eingesetzt.
1996 erfolgte die Anerkennung durch die FCI.
Der große, stattliche und starke Cane Corso hat durch seine ausgeprägte Stirnfurche immer einen leicht nachdenklichen Ausdruck. Wie alle Molosser besitzt er eine hohe Reizschwelle und ist schwer aus der Ruhe zu bringen, aber im Notfall verteidigt er seine Menschen und auch sein Revier vehement. Hier schlägt sein altes Wachhundeerbe durch, denn jahrhundertelang hat man von ihm erwartet, dass er niemand Fremden – weder Mensch noch Tier – in dem ihm zugewiesenen Gebiet duldete. Gute Sozialisation und kompetente Erziehung sind daher Voraussetzung, dass er nicht unabsichtlich zur Gefahr wird, auch wenn er von Natur aus nicht aggressiv veranlagt ist.
Der Cane Corso ist in der Haltung vergleichsweise anspruchsvoll. Er benötigt ausreichend Platz und eine artgerechte Auslastung, gerne auch im Hundesport wie zum Beispiel Obedience. Seine gute Nase und seine Beharrlichkeit machen ihn auch zu einem guten Spürhund, Mantrailer oder Rettungshund.
Ausreichende Bewegung vorausgesetzt, sind diese Hunde beliebte Familien- und Schutzhunde. Sie gelten als gelehrig und arbeitsfreudig und sind ihrer Familie treu ergeben. Im Umgang mit Kindern zeigen sie eine Engelsgeduld. Fremden gegenüber verhalten sie sich reserviert bis gleichgültig, solange ihre Familien oder deren Besitz nicht bedroht werden.

Auszug aus dem Standard:

„Mittelgroßer bis großer Hund; robust und stämmig, trotzdem mit einiger Eleganz. Trockene und kraftvolle Muskeln. (…) Kopf breit und typisch molossoid, Fang stark, quadratisch und deutlich kürzer als der Schädel."

Ursprung: Portugal (Azoren)

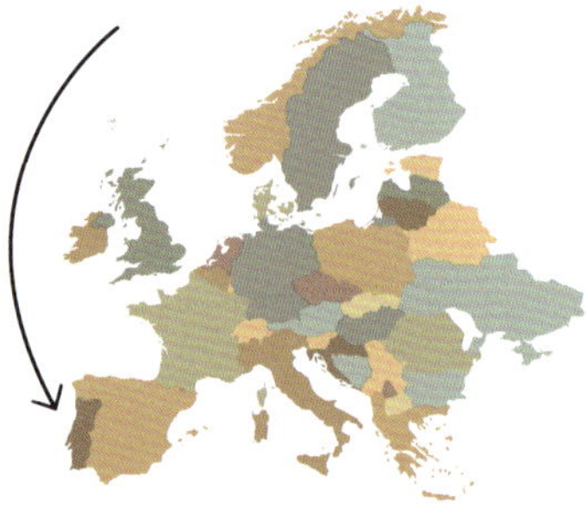

Cão Fila de São Miguel

FCI-Standard Nr. 340
Gruppe: 2
Sektion 2: Molossoide
2.1 Doggenartige Hunde

Größe
Rüde: 50–60 cm
Hündin: 48–58 cm

Gewicht
Rüde: 25–35 kg
Hündin: 20–30 kg

Farbe/Haarkleid
Falb, Sand, Grau (von hell bis dunkel)
Immer gestromt

Ursprünglicher Verwendungszweck:
Treibhund, auch Wach- und Schutzhund

Der Cão Fila de São Miguel stammt von der Hauptinsel der Azoren, São Miguel. Daher hat er seinen Namen. Vermutlich stammen seine molossoiden Vorfahren aus der Provence und vom spanischen Festland. Die Abstammung vom Alano Español gilt als gesichert. Durch die isolierte Abgeschiedenheit, den engen Raum einer Insel konnte sich die Hunderasse recht frei von äußeren Einflüssen entwickeln. Bereits aus dem 16. Jahrhundert gibt es Berichte über den Cão Fila de São Miguel. Über einen langen Zeitraum gab es nur wenig Interesse an dem Hund, erst in den letzten Jahren ist er stärker ins öffentliche Interesse getreten. Die Rasse ist heute sehr einheitlich. 1995 erfolgte die vorläufige Anerkennung durch die FCI. Sie wurde 2007 durch die endgültige Anerkennung bestätigt.

Der einzige Ort, wo der Cão Fila de São Miguel sehr bekannt ist, ist seine Heimat. Dort wird er auch Kuhhund genannt, da er als Treiber für Rinderherden arbeitet. Seine typische Arbeitsweise ist dabei wirklich das Treiben des Viehs von hinten, nicht das Hüten, wobei er dem Rind ähnlich wie der Australian Cattle Dog auch schon einmal in die Beine zwickt. Die Hunde haben einen ausgeprägten Schutzinstinkt und werden deshalb auch gerne als Wach- und Schutzhunde von Haus und Hof eingesetzt. Sie eignen sich auch als Familienhunde, wobei sie allerdings jedoch genug ausgelastet werden müssen. Sie können deshalb auch sehr gut für verschiedene Hundesportarten eingesetzt werden.

Der Cão Fila de São Miguel ist sehr intelligent und hat ein großes Bewegungsbedürfnis. Er jagt zwar nicht, aber es kann passieren, dass er aufgrund seines Instinktes anfängt, andere Tiere – oder auch Menschen – zu treiben, wenn sie trödeln.

Der Cão de Fila de São Miguel ist ein Arbeitshund mit ausgeprägtem Temperament. Er gilt als aktiv und braucht dementsprechend ausreichend Beschäftigung und Bewegungsfreiraum. Besonders geschätzt wird seine Intelligenz. Die Hunde sind nicht nur klug, sondern auch noch ausgesprochen lernfähig und auffassungsbegabt. Durch diese Eigenschaften fällt ihre Erziehung oft leicht.

Fremden Menschen und Hunden gegenüber zeigt er sich neutral oder sozial und freundlich. Dass er manchen Fremden zunächst einmal mit Misstrauen begegnet, hat mit seinem Einsatzbereich und seinem ausgeprägten Schutztrieb zu tun.

Außerhalb der Azoren und Portugals sind diese Hunde sehr selten zu finden. Einige wenige Züchter gibt es noch in Frankreich und kurioserweise in Finnland.

Traditionell wurden den Filas in ihrer Heimat die Ohren kurz und rund sowie die Rute kurz kupiert. Die natürliche Form sind Schlappohren und eine tief angelegte, mittellange Hängerute.

Auszug aus dem Standard:

„Besonders guter Treibhund, er ist auch ein guter Wächter des Eigentums und ein guter Schutzhund.“

FCI-Standard Nr. 353
Gruppe: 2
Sektion 2: Molossoide
2.1 Doggenartige Hunde

Größe
Rüde: 58–61 cm
Hündin: 55–58 cm
Eine Toleranz von +/- 2 cm wird akzeptiert.

Gewicht
Rüde: 38–45 kg
Hündin: 33–40 kg

Farbe/Haarkleid
Gestromt, Falbfarben in allen Tönen, Bläulich gestromt, Bläulich falbfarben
Alle mit oder ohne Maske

Kurzes und glattes Haar mit Unterwolle

Cimarrón Uruguayo
(Uruguayischer Cimarron)

Ursprünglicher Verwendungszweck:
Arbeit mit Rindern, Großwildjagd und Wachhund

Der Cimarrón Uruguayo ist der einzige einheimische Hund Uruguays und ein Nachkomme der Mastiffs, die mit spanischen und portugiesischen Kolonisten nach Südamerika kamen. Viele davon verwilderten, vermischten sich mit den örtlichen Hunden und bereiteten den Schaf- und Rinderzüchtern Probleme. Aus dieser Zeit des wilden Lebens stammt auch der Rassename „Cimarrón", der „verwildert" oder „der Wilde" bedeutet. Im Ursprungsland nennt man ihn manchmal auch „Perro Cimarron" oder „Perro Gaucho". Gleichzeitig aber entdeckten Grundbesitzer die Vorzüge dieser Hunde und begannen sie zu nutzen und zu erhalten. Sie wurden und werden vor allem an Rinderherden, aber auch zur Großwildjagd und zur Bewachung von Haus und Hof eingesetzt. Seit 1989 ist die Rasse vom uruguayischen Zuchtverband anerkannt und gilt seitdem als Nationalhund Uruguays. 2017 folgte die Anerkennung durch die FCI.
Der Cimarrón Uruguayo ist ein imposanter, kräftiger und beweglicher Hund, der mutig und unerschrocken seinen Dienst tut und damit sehr respekteinflößend wirkt. Körperlich ist er durch die natürliche Auslese aus der Zeit des wilden Lebens extrem fit, vital, leistungsfähig und belastbar.
Traditionell wurden die Ohren im Ursprungsland kupiert, was heute in den meisten EU-Ländern verboten ist.
Fremden Personen gegenüber ist er zurückhaltend, innerhalb seiner Familie ist er unkompliziert, freundlich und anpassungsfähig. Er wird, wie die meisten Molosser, im Allgemeinen als unabhängiger Hund beschrieben, der nicht gut auf Druck und Drill reagiert und unbedingt eine gute, frühe Sozialisation benötigt.
Der Cimarrón ist eine aktive Hunderasse, die viel Zeit im Freien verbringen muss, um ihre Energie zu verbrauchen und eignet sich daher nur für Menschen mit einem aktiven Lebensstil, Geduld, Zeit und Durchsetzungsvermögen.
Neben dem Ursprungsland ist die Rasse vor allem in Argentinien und Brasilien verbreitet und beliebt, in Europa gibt es insgesamt nur sehr wenige Hunde.

Auszug aus dem Standard:

„… mittelgroßer Hund des Doggentyps, stark, kompakt, mit guter Knochenstärke, gut bemuskelt und beweglich (…) ausgeglichen, intelligent und ausgsprochen mutig."

FCI-Standard Nr. 369
(provisorisch anerkannt)
Gruppe: 2
Sektion 2: Molossoide
2.1 Doggenartige Hunde

Größe
Rüde: 42–50 cm
Hündin: 40–48 cm

Gewicht
25–30 kg

Farbe / Haarkleid
Alle Farben, die von schwarzer Nase begleitet sind. Einfarbig, Gestromt oder Weiß kombiniert, mit oder ohne schwarze Maske. Ein bestimmtes Fleckenmuster wird nicht angestrebt. Blau und Braun sind nicht gestattet.

Kurzes und glattes Fell ohne Unterwolle

Continental Bulldog

Ursprünglicher Verwendungszweck:
Begleithund, Familienhund

Der Continental Bulldog, von seinen Liebhabern kurz „Conti“ genannt, ist eine noch junge Rasse, die in der Schweiz vor allem auf Initiative der Züchterin Imelda Angehrn entstanden ist.

Frau Angehrn hatte bereits lange Zeit unter dem Zwingernamen „Pickwick Bulldogs“ English Bulldogs gezüchtet und zeigte sich zusehends enttäuscht von den Gesundheitsproblemen der Rasse, die sich durch züchterische Übertreibung recht weit von dem ursprünglichen alten Bulldog-Typ, der noch wesentlich sportlicher, agiler und belastbarer gewesen war, entfernt hatte. Sie versuchte daher zunächst mit Genehmigung und unter Aufsicht der Schweizer Kynologischen Gesellschaft (SKG) zu Beginn der 2000er Jahre (nicht FCI-anerkannte) Old English Bulldogs in ihre Zucht einzukreuzen, zunächst nur mit dem Ziel, die Hunde wieder fitter zu machen. Recht schnell wurde jedoch klar, dass das Projekt auf die Schaffung einer neuen Rasse hinauslief, die 2004 in Abgrenzung zum English Bulldog als „Continental“ Bulldog von der SKG und 2022 (provisorisch) auch international von der FCI anerkannt wurde.

Heute kommen die Hunde als mittelgroße, bewegliche und belastbare Molosser dem ursprünglichen, historischen Bulldogtyp wieder recht nah und besitzen die typischen Bulldog-Wesenseigenschaften, ohne in irgendeiner Weise aggressiv zu sein. Der Continental Bulldog zeigt sich stets zurückhaltend und freundlich, auch gegenüber unbekannten Menschen und Tieren. Sein gelegentlich etwas starrsinniges und dickköpfiges, dabei aber bisweilen geradezu humorvolles Wesen wird von seinen Fans besonders geschätzt.

Auszug aus dem Standard:
„Ein kurzhaariger, athletisch gebauter, mittelgroßer, fast quadratischer, bulldogartiger Hund. Trotz seines kräftigen Körperbaus ist der Continental Bulldog beweglich und ausdauernd (…). Aufmerksam, selbstsicher, freundlich, weder aggressiv noch scheu."

Die Nase ist im Vergleich zum English Bulldog wieder deutlich länger geworden, sodass die Hunde frei atmen können. Atemgeräusche sollen nicht zu hören sein. Die Vorderläufe sind von der Seite und von vorn betrachtet wieder deutlich gerader und auch etwas länger, die Rückenlinie fast gerade und nur leicht nach hinten abfallend. Insgesamt soll sich der Hund frei und ungehindert bewegen können.
Ein ausgesprochener Sporthund ist er dennoch nicht unbedingt. Auch mit kürzeren Spaziergängen ist er zufrieden und ein idealer Begleithund für Menschen, die sein charmantes, leicht schrulliges, eben bulldogtypisches Wesen lieben und damit umgehen können.

Ursprung: Deutschland

FCI-Standard Nr. 235
Gruppe: 2
Sektion 2: Molossoide
2.1 Doggenartige Hunde
Varietäten: 3 (Farbe)

Größe
Rüde: mind. 80 cm
(90 cm sollten nicht überschritten werden)
Hündin: mind. 72 cm
(84 cm sollten nicht überschritten werden)

Gewicht
Keine Angabe im FCI-Standard
(i. d. R. Rüde: 54–90 kg
Hündin: 45–59 kg)

Farbe/Haarkleid
a) Gelb und Gestromt
b) Schwarz-weiß gefleckt, Grau-weiß gefleckt und Schwarz
c) Blau

Glattes und kurzes Haar ohne Unterwolle

Deutsche Dogge

Ursprünglicher Verwendungszweck:
Jagd-, Wach- und Schutzhund

Unter „Dogge“ verstand man im deutschen Sprachraum lange Zeit allgemein einen großen, starken Hund, der keiner bestimmten Rasse angehören musste. Die heutige Deutsche Dogge geht auf die alten Bullenbeißer sowie die sogenannten Hatz- und Saurüden des Mittelalters zurück, die unter anderem zur Jagd auf Hirsche und Wildschweine eingesetzt wurden und vom Typ her zwischen dem englischen Mastiff und Windhunden standen. Die Bullenbeißer wurden, wie der Name schon vermuten lässt, vor allem von den Viehhändlern und Metzgern zum Treiben und Bewachen des Rindviehs eingesetzt und konnten von recht unterschiedlichem Typ sein.

Der Name „Deutsche Dogge“ tauchte erstmals 1876 auf, zuvor gab es je nach Region und Farbschlag unterschiedliche Bezeichnungen wie Ulmer Dogge oder auch Dänische Dogge (im Englischen heißt die Deutsche Dogge heute noch „Great Dane“). Spätestens seit Otto von Bismarck, der ein glühender Verehrer war, wurde die Rasse zu so etwas einem deutschen Nationalhund.

1888 wurde als erster deutscher Rasseclub überhaupt der „Deutsche Doggenclub" gegründet. Das erste Zuchtbuch erschien 1897 und enthielt schon knapp 600 Eintragungen, was für die Beliebtheit der Rasse sprach.

Auszug aus dem Standard:
„Die Deutsche Dogge vereinigt in ihrer edlen Gesamterscheinung bei einem großen, kräftigen und wohlgefügten Körperbau Stolz, Kraft und Eleganz. Durch Substanz, gepaart mit Adel, Harmonie der Erscheinung, mit einer wohlproportionierten Linienführung sowie mit ihrem besonders ausdrucksvollen Kopf wirkt sie auf den Betrachter wie eine edle Statue. Sie ist nicht grobschlächtig oder zu elegant. (…) Sie ist der Apoll unter den Hunderassen."

Heute unterscheidet sich die Deutsche Dogge von den anderen Doggenartigen vor allem durch ihren eleganten Körperbau und den relativ schmalen Kopf. Sie ist harmonisch proportioniert und beeindruckt mit Größe, Kraft, Stolz und Eleganz.

Trotz ihrer Stärke ist sie ein echtes Sensibelchen, das sich eng an seinen Menschen bindet und einfühlsam auf dessen Stimmungen reagiert, während sie sich Fremden gegenüber eher reserviert zeigt. Sie ist unerschrocken und selbstsicher einerseits, aber freundlich und anhänglich andererseits.

Die Deutsche Dogge ist ein angenehmer Familienhund – vorausgesetzt, es ist genügend Platz vorhanden. Will eine Deutsche Dogge auf dem Sofa Platz nehmen, so braucht sie gleich den ganzen Zweisitzer und auch das Auto kommt schnell an seine Grenzen.

In der Erziehung sind Geduld und Konsequenz gefragt, mit Druck und Zwang erreicht man nichts. Sie ist aber bei richtigem Umgang gelehrig und leichtführig und besticht durch ihre Unerschrockenheit und hohe Reizschwelle.

Arbeitsprüfung

FCI-Standard Nr. 144
Gruppe: 2
Sektion 2: Molossoide
2.1 Doggenartige Hunde
Varietäten: 2 (Farbe)

Größe
Rüde: 57 – 63 cm
Hündin: 53 – 59 cm

Gewicht
Rüde: über 30 kg (bei etwa 60 cm Widerristhöhe)
Hündin: ungefähr 25 kg

Farbe/Haarkleid
a) Gelb
b) Gestromt

Kurzes und glattes Fell ohne Unterwolle

Boxer

(Deutscher Boxer)

Ursprünglicher Verwendungszweck:
Jagd auf Wildschweine, Bullenbeißer, später Schutz- und Gebrauchshund

Als direkter Vorfahre des Boxers gilt der Brabanter Bullenbeißer, der, anders als es sein Name vermuten lässt, in erster Linie von Jägern gezüchtet wurde und dessen Aufgabe es war, das von Laufhunden gehetzte Wild zu packen und festzuhalten, bis der Jäger zur Stelle war. Dazu war ein breites Maul mit breitem Zahnstand gefordert, um gut festhalten und gleichzeitig noch atmen zu können. Durch Kreuzung mit der Englischen Bulldogge versuchte eine Gruppe von Kynologen aus Bayern Ende des 19. Jahrhunderts eine neue Rasse zu züchten, die die anatomischen Kennzeichen Eleganz und Homogenität haben sollte, in Verbindung mit Mut, Ausgeglichenheit und Kraft. Das Ziel wurde in kurzer Zeit erreicht.

1896 wurde der erste Boxerklub gegründet. Nach dem Ersten Weltkrieg erfuhr die Rasse eine weltweite Verbreitung. Heute stellt sie einen idealen Wach-, Verteidigungs- und Begleithund dar. Im Boxer vereint sich die Harmonie der Form mit zahlreichen Charaktereigenschaften und Intelligenz.

Abgesehen von einer freundlich-konsequenten Erziehung sind ausreichend Bewegung und Abwechslung ausschlaggebend für die Ausgeglichenheit und das Wohlbefinden des Hundes. Lange Spaziergänge würzt man am besten mit einfallsreichen Einlagen, bei denen der Boxer beim spielerischen Kräftemessen und enger Kontaktpflege zum Menschen auf seine Kosten kommt. Beim Wandern, Joggen und Radfahren erweist sich der stämmige Vierbeiner mit dem quadratischen Körperbau als eifriger Begleiter, der sich flink und niemals schwerfällig bewegt.

So unermüdlich er im Sport- und Spielmodus ist, so ruhig ist er zuhause. Gut sozialisiert und mit Verstand erzogen erweist sich der Boxer als völlig unkompliziertes, stets gradliniges Familienmitglied, das zudem durch seine Reinlichkeit hervorsticht. Boxerwelpen machen ihrem Namen übrigens mitunter alle Ehre: Sie knuffen und boxen ihre zwei- und vierbeinigen Sparring-Partner gerne beherzt, um sie zum Spielen aufzufordern.

Boxer gehören seit vielen Jahrzehnten zu den beliebtesten Hunderassen. Der einfallsreiche Vierbeiner, der zeitlebens ein bisschen seinen Kindskopf bewahrt und dennoch ein ernstzunehmendes Familienmitglied abgibt, besticht einfach durch seine einmalige Mimik und sein überaus freundliches Wesen. Der hohe Beliebtheitsgrad des Boxers kommt nicht von ungefähr: Er verfügt über ein selbstbewusstes und ausgeglichenes Wesen, das in Kombination mit seinem Temperament alle Voraussetzungen für einen unproblematischen und angenehmen Familienhund schafft. Bei der Boxerzucht wird besonderer Wert auf Ausgeglichenheit und ein angemessenes Temperament gelegt. Mit diesen angenehmen Eigenschaften ausgestattet, sind Boxer für ein harmonisches Leben innerhalb der modernen Gesellschaft geschaffen.

Fremden gegenüber zeigt der Boxer ein gesundes Misstrauen. Einbrecher sollten besser nicht versuchen, sich Zugang zum Territorium des unbestechlichen Wachhundes zu verschaffen, denn dann offenbaren sich die Qualitäten eines mutigen, kraftvollen Beschützers, der nicht zulässt, dass seine Familie in Gefahr gerät. Diese Eigenschaften machen den Boxer zu einem exzellenten Schutzhund. 1924 wurde der Boxer offiziell als Gebrauchs- und Diensthund anerkannt.

Auszug aus dem Standard:

„Der Boxer ist ein mittelgroßer, glatthaariger, stämmiger Hund mit kurzem, quadratischem Gebäude und starken Knochen. Die Muskulatur ist trocken, kräftig entwickelt und plastisch hervortretend. Die Bewegungen sind lebhaft, voller Kraft und Adel."

Dogo Argentino
(Argentinische Dogge)

FCI-Standard Nr. 292
Gruppe: 2
Sektion 2: Molossoide
2.1 Doggenartige Hunde

Größe
Rüde: 60–68 cm
Hündin: 60–65 cm

Gewicht
Rüde: 40–45 kg
Hündin: 40–43 kg

Farbe/Haarkleid
Reinweiß. Es ist nur ein schwarzer Fleck oder dunkle Farbe am Schädel zulässig (kann auch auf einem Ohr oder um das Auge herum vorkommen)

Kurzes, glattes Haar ohne Unterwolle, in kälteren Klimazonen manchmal mit Unterwolle

Ursprünglicher Verwendungszweck:
Jagdhund für Großwild (wie Wildschwein, Nabelschwein, Puma)

Der Dogo Argentino ist ein kraftvoller und zugleich sportlich-eleganter Jagd- und Wachhund aus Argentinien.

Die Rasse ist relativ jung und ein geplantes Zuchtprojekt des Arztes Dr. Antonio Nores Martinez aus der argentinischen Provinz Cordoba, der sich als begeisterter Jäger in den 1920er Jahren einen Hund wünschte, der vor Wildschweinen, aber auch vor Puma und Jaguar nicht zurückschrecken und gleichzeitig ein guter Wachhund sein sollte – und obendrein noch ein loyaler Familienhund, dem man auch die Kinder anvertrauen können sollte.

Martinez nahm als Grundlage für sein Zuchtprojekt die schon in Argentinien vorhandenen „Kampfhunde von Cordoba", die ihrerseits aus Rassen wie Mastín, Bulldog und Bullterrier stammten und hauptsächlich zu den damals sehr populären Hundekämpfen eingesetzt wurden und experimentierte dann mit zahlreichen Einkreuzungen, unter anderem Bullterrier, Deutsche Dogge, Bulldog, Pointer, Boxer und Bordeauxdogge, aber auch Pyrenäenberghund und Irish Wolfhound. Dabei legte er unter anderem Wert darauf, dass der Fang nicht wie bei vielen anderen Molossern verkürzt, sondern ebenso lang wie der Schädel war. Heraus kam ein athletisch gebauter, muskulöser, schneller und starker reinweißer Hund, der nicht nur durch sein imposantes Äußeres, sondern auch durch Schnelligkeit, Nasenleistung, Kraft und Furchtlosigkeit beeindruckte. 1964 erfolgte die Anerkennung der Rasse durch die Argentinische Kynologische Vereinigung, 1973 die durch die FCI.

Der Dogo Argentino wurde und wird in seiner Heimat als Jagdhund für Großwild eingesetzt, wobei er in Gruppen jagt, in denen mehrere Hunde zusammenarbeiten. In der Zucht wurde Wert auf lautloses Jagen gelegt, Spurlaut war unerwünscht. Die weiße Fellfarbe wurde den Hunden angezüchtet, um sie vor einem Fehlschuss der Jäger zu bewahren. Leider ist sie aber auch dafür verantwortlich, dass viele Welpen taub geboren werden.

Mit geduldiger und konsequenter Anleitung eignet sich der Dogo Argentino auch für die Ausbildung zum Fährtenhund oder Schweißhund, denn sein Geruchssinn ist dank seines Pointererbes hervorragend. Auch auf dem Agilityplatz oder im Turnierhundsport kann der Dogo Argentino geführt werden, vorausgesetzt, es wird auf seine physische und psychische Konstitution geachtet.

Der Dogo Argentino ist ein freundlicher Hund, aber ein Athlet, der seine Leistungsfähigkeit zeigen möchte. In diesem Punkt unterscheidet er sich im Wesen von den anderen Molossern. Ansonsten ist er ihnen sehr ähnlich: Gutmütig, den Menschen zugewandt und kinderlieb. Er ist gut erziehbar, aber aufgrund seiner Größe, Stärke und Energie gepaart mit molossertypischem Eigensinn kein Anfängerhund.

Auszug aus dem Standard:

„Mit mächtigen Muskeln, agil, sein Aussehen vermittelt den Eindruck von Kraft, Energie und Stärke im Gegensatz zu seinem Ausdruck von Freundschaft und Sanftmut. Ganz weiß, darf nur einen einzigen dunklen Fleck auf dem Schädel haben."

Dogue de Bordeaux
(Bordeauxdogge)

FCI-Standard Nr. 116
Gruppe: 2
Sektion 2: Molossoide
2.1 Doggenartige Hunde

Größe
Rüde: 60–68 cm
Hündin: 56–66 cm
(-1/+2 cm werden toleriert)

Gewicht
Rüde: mind. 50 kg
Hündin: mind. 45 kg

Farbe/Haarkleid
Einfarbig – in allen Abstufungen der Falbfarbe von Mahagoni bis Isabellfarbig

Kurzes und glattes, weiches Fell

Ursprünglicher Verwendungszweck:
Bewachung, Schutz und Abschreckung, auch zur Jagd (Wildschweine)

Vorfahren der Bordeauxdogge waren die Saupacker des Mittelalters. Sie wurden also ursprünglich zur Jagd auf Wildschweine, später aber ähnlich wie die Bulldoggen auch für Schaukämpfe mit Wölfen und Bären verwendet.

Der Name rührt vermutlich daher, dass die Hunde häufig die Begleiter der Metzger im französischen Bordeaux waren und ihnen dabei halfen, ihr wertvolles Gut vor wilden Tieren zu schützen. Damals waren die Bordeauxdoggen allerdings noch nicht so groß und so schwer wie heute. Im Lauf der Geschichte haben politische Wirren dem Bestand sehr geschadet. Während der Französischen Revolution 1789 wurde die Bordeauxdogge fast ausgerottet, da sie als Hund der herrschenden Elite galt.

Mit der Entstehung der modernen Rassehundezucht wurde die Bordeauxdogge als eigene Rasse geschaffen. Auf der ersten französischen Hundeausstellung 1863 in Paris wurde sie erstmals offiziell vorgestellt und trug damals bereits ihre heutige Bezeichnung.

In den beiden Weltkriegen litt der Bestand an Bordeauxdoggen so sehr, dass die Rasse auszusterben drohte. Nach dem Zweiten Weltkrieg wurde die Zucht von engagierten Freunden dieser Hunde neu aufgebaut. Das führte 1954 zur Anerkennung durch die FCI.

Eine breitere Bekanntheit erhielt die Rasse durch den Film „Scott und Huutsch" aus dem Jahr 1989, in dem eine Bordeauxdogge an der Seite von Tom Hanks die Titelrolle spielte.

Heute ist die Bordeauxdogge hauptsächlich Wach-, Schutz- und Familienhund von souveräner Gelassenheit mit einer extrem hohen Reizschwelle, sie lässt sich nur schwer aus der Ruhe bringen. Nur bei wirklicher Gefahr verteidigt sie ihre Familie entschlossen und mutig. Als Beschützer ihrer Familie ist sie trotz ihres imposanten Äußeren ausgesprochen liebenswert und dem Menschen freundlich zugewandt.

Im Alltagstrubel strahlt die Bordeauxdogge Ruhe und Gelassenheit aus. Die Erziehung ist mit Geduld und liebevoller Konsequenz unproblematisch, wenn auch ein gewisse Dickköpfigkeit typisch für die Rasse ist.

Das kurze Fell ist leicht zu pflegen, Sorgen für das gepflegte Heim bereitet eher die Neigung zum Sabbern.

Die Bordeauxdogge zählt zu den brachycephalen (kurznasigen) Rassen und ist daher bei züchterischer Übertreibung dieses Merkmals anfällig für Atemprobleme.

FCI-Gruppe 2

Auszug aus dem Standard:

„Typischer kurzköpfiger Molosser mit konkaver Linienführung. Die Bordeauxdogge ist ein sehr kräftiger Hund, dessen sehr muskulöser Körper ein harmonisches Gesamtbild bewahrt. Sie ist eher bodennah gebaut, die Entfernung vom Brustbein zum Boden ist etwas geringer als die Brusttiefe. Stämmig, athletisch und imposant, einen sehr Respekt einflößenden Eindruck erweckend."

FCI-Standard Nr. 225
Gruppe: 2
Sektion 2: Molossoide
2.1 Doggenartige Hunde

Größe
Rüde: 65–75 cm
Hündin: 60–70 cm

Gewicht
Rüde: mind. 50 kg
Hündin: mind. 40 kg

Farbe / Haarkleid
Gestromt, Falb und Schwarz. Eine schwarze Maske kann, muss aber nicht vorhanden sein.

Haar kurz, glatt, dicht am Körper anliegend

Fila Brasileiro
(Brasilianischer Mastiff)

Ursprünglicher Verwendungszweck:
Jagd auf Großwild, Wach- und Schutzhund

Die Vorfahren des Fila Brasileiro kamen mit den Portugiesen und Spaniern nach Südamerika. Diese brachten Doggen, Mastiffs und Bloodhounds mit, deren Nachkommen speziell auf den großen Farmen Brasiliens als Treib- und Wachhunde, aber auch zur Jagd auf Großwild eingesetzt wurden.
Wahrscheinlich entstammt er Kreuzungen der importierten Rassen. Die Zuchtziele waren genau auf die Aufgaben ausgerichtet, welche diese Tiere erwarteten. Im Fila finden sich die Charakteristiken dieser drei Rassen nicht nur im Aussehen, sondern auch in seinen Eigenschaften. Der melancholische Blick und der feine Spürsinn erinnern zweifellos an den Bloodhound, und wenn man sein massives Knochengebäude betrachtet, denkt man sofort an den Respekt einflößenden Mastiff. Die Bulldogge hat ihm schließlich mutige und hartnäckige Temperament gegeben. Alles in allem ist der Fila ein sehr typischer Molosser sowohl in seinem kraftvollen, schweren Körperbau als auch in seinem eigensinnigen Temperament.
Rasseytpisch sind der Passgang, ausgeprägte Faltenbildung im Gesicht und ein ausgeprägtes Hinterhauptbein. Trotz seiner Masse kann sich der Fila erstaunlich schnell bewegen.
Die Filas leisten in ihrer Heimat hervorragende Dienste bei der Betreuung der Rinderherden und arbeiten dabei weitgehend selbständig. Diese Hunde sind für das Landleben geschaffen, wo es ihnen erlaubt ist, ihre physische Kraft frei auszuleben und wo ihrer Robustheit keine Grenzen gesetzt sind.
Obwohl sein Anblick furchterregend wirkt und er immer zum Angreifen bereit ist, hat der Fila trotzdem einen friedlichen Charakter und ist seiner Familie ergeben. Zuhause zeigt er sich sensibel, anschmiegsam und anpassungsfähig und ist auch den Kindern gegenüber geduldig. Gleichzeitig ist er ein unvergleichlicher Wächter, zu Fremden misstrauisch und lässt keine Vertraulichkeit zu. Gute Sozialisation ist unerlässlich, damit der große, starke und selbstbewusste Hund seine angeborene hohe Reizschwelle behält und sein Wach- und Schutztrieb keine unerwünschten Formen annimmt.

Auszug aus dem Standard:

„Kraftvolle Knochen, rechteckiger Aufbau, kompakt, dennoch harmonisch und gut proportioniert. Zu seiner Schwere gesellt sich eine leicht erkennbare Behändigkeit. (…) Mut, Entschlossenheit und herausragende Tapferkeit gehören zu seinen Charakteristika."

Mastiff

Ursprünglicher Verwendungszweck:
Schutz- und Wachhund, ebenso zur Jagd auf Bären, Stiere und Wildschweine

FCI-Standard Nr. 264
Gruppe: 2
Sektion 2: Molossoide
2.1 Doggenartige Hunde

Größe und Gewicht
Keine Angabe im FCI-Standard (Gewicht und Größe „im richtigen Verhältnis" zueinander), i. d. R. ca. 80–90 kg bei 70–80 cm Größe

Farbe / Haarkleid
Apricot, Falb, Gestromt

Auf jeden Fall sollten Fang, Ohren und Nase schwarz sowie die Augenlider schwarz umrandet sein, wobei sich das Schwarz zwischen den Augen nach oben ausbreitet. Übermäßig viel Weiß am Körper, Brust oder Füßen ist inakzeptabel.

Kurzes, hartes und glattes Haarkleid

Dieser mächtige Wachhund wird als traditionelle englische Rasse betrachtet, hat aber einen orientalischen Ursprung. Der Mastiff ist ein typischer Molosser, wie er wohl schon im alten Rom, bei den Babyloniern, den Kelten oder Germanen zu sehen war. Seine Vorfahren muss man beim Assyrischen Mastiff suchen, einem Nachkommen des Tibetischen Mastiff, der von den Phöniziern auf ihren Handelsreisen nach Europa gebracht wurde. Der Mastiff ist einer der gewaltigsten Hunde überhaupt und der Hochadel schmückte sich mit den großen Molossern als Bodyguards. Große und kleine Molosser waren in ganz Europa verbreitet. In England wurde der Mastiff auch „Englische Dogge" genannt und seit Hunderten von Jahren als eigener Typ herausgezüchtet.

In England und anderswo hatte der Mastiff früher verschiedene Tätigkeiten – auf der Jagd, beim Krieg, zur Bewachung von Personen und Besitztum. Er wurde im Laufe der Jahrhunderte züchterisch verfeinert, etwas verändert und ist heute hauptsächlich ein Wach- und Verteidigungshund. Diese Aufgaben erfüllt er ausgezeichnet. Er ist ein guter Freund des Menschen geworden, selbst wenn er Fremden mit Misstrauen begegnet. Es gibt kaum etwas, das diesen Riesen aus der Fassung bringen könnte. Mit der potenziellen Gefährlichkeit war immer die entsprechende Kontrollierbarkeit gepaart und züchterisch im Wesen verankert worden.

Ein Mastiff ist fromm wie ein Lamm. Seine extrem hohe Reizschwelle und seine stoische Gelassenheit sind der notwendige Gegenpol zu seiner enormen Kraft. Daher ist es unverständlich, dass einige Länder den Mastiff in die Liste der angeblich gefährlichen Hunderassen aufgenommen haben. In den USA wird er verbreitet als Therapiehund eingesetzt. Als Familienmitglied zeigt er sich ausgesprochen liebenswert und sucht die Nähe zu seinen Menschen. Bei akuter Bedrohung seiner Menschen wird er versuchen, die Gefahr von diesen fernzuhalten, indem er den Aggressor mit seinem Körper stellt, ihn jedoch nicht weiter angreift. Sein ruhiges, gelassenes Temperament macht ihn für Kinder zu einem treuen, freundlichen Gefährten. Mit anderen Haustieren verträgt er sich bestens.

Der heutige Mastiff ist deutlich größer und schwerer als seine Vorfahren. Auch die Mastiffs der modernen Rassehundezucht waren anfangs leichter. In „Dogs of all Nations" (1915) werden 77 kg als Gewicht und 71 cm als Höhe angegeben. Da konnte ein Mastiff noch ausdauernd laufen und wurde 12 Jahre und älter. Der erste Mastiff-Club wurde 1872 gegründet, die offizielle Anerkennung durch die FCI erfolgte 1964.

Auszug aus dem Standard:

„Der Kopf bietet in seinen allgemeinen Umrissen aus jedem Blickwinkel ein quadratisches Erscheinungsbild. (…) Groß, massiv, kraftvoll, ebenmäßig, festgefügtes Gebäude."

Mastino Napoletano

Ursprünglicher Verwendungszweck:
Schutz- und Wachhund

FCI-Standard Nr. 197
Gruppe: 2
Sektion 2: Molossoide
2.1 Doggenartige Hunde

Größe
Rüde: 65–75 cm
Hündin: 60–68 cm

Gewicht
Rüde: 60–70 kg
Hündin: 50–60 kg

Farbe/Haarkleid
Die bevorzugten Farben sind Grau, Bleigrau und Schwarz, aber auch Braun, Falbfarben und intensiv Falbfarben (Hirschrot).
Erlaubt ist ein kleiner weißer Fleck an Brust und/oder Zehenspitzen. Alle Farben dürfen gestromt sein.

Haarkleid kurz, hart und glatt mit wenig Unterwolle

Der Mastino Napoletano ist ein Nachkomme der Molosser, der in den römischen Arenen eingesetzten Kampfhunde. Über Jahrhunderte wurden diese Hunde als Kampf- und Kriegshunde genutzt. Als der Bedarf an Kriegshunden nachließ, wurde der Mastino Napoletano unbestechlicher Wächter von Haus und Hof.

Im Jahr 1946 wurde die Rasse erstmals auf einer Ausstellung der Öffentlichkeit präsentiert. Bei der Gelegenheit sah der Maler Piero Scanziani die Hunde und war von ihnen so beeindruckt, dass er eine Reihe vorzüglicher Tiere sammelte und seine eigene Zucht gründete. Heute gilt er als moderner Vater der Rasse. Er stellte einen schriftlichen Rassestandard auf und erreichte 1956 die Anerkennung der Rasse durch die FCI.

Ihr Äußeres steht im Widerspruch zu ihrem freundlichen Wesen. Mastini sind ihren Freunden gegenüber sanft, von Natur aus aber gute Wächter mit starkem Territorialinstinkt, sie verlassen nie von sich aus ihren Grund und Boden.

Obgleich für den Kampf gezüchtet, sind diese Hunde anderen Hunden gegenüber nicht streitsüchtig. Als ursprüngliche Kampfhunderasse wurden diese Hunde speziell aufgrund ihrer stoischen Ruhe züchterisch gefestigt und zeigen diese Veranlagung noch heute. Der Mastino passt sich leicht verschiedener Umgebung und unterschiedlichen Klimazonen an. Für die großen Molosser ist ihr Gang typisch: langsam, frei und bärenartig.

Mastini haben ganz besondere körperliche Merkmale. Die Haut hängt in stark übertriebenen Falten rund um den Kopf. Dadurch erwecken sie den Eindruck, sie hätten doppelte, vielleicht sogar dreifache Hautmengen.

Wie die meisten anderen Molosser auch schätzt der Mastino Napoletano eine ruhige Umgebung und konsequente Menschen, die ihm mit verantwortungsvoller Zuneigung begegnen. Eine möglichst umfassende Sozialisation – vom Welpenalter an – kommt dem mächtigen Hund zugute. Enger Familienanschluss ist für den Mastino Napoletano ausgesprochen wichtig. Ein Wachtrieb muss nicht gefördert werden; er ist vorhanden und es reicht, ihn etwas zu steuern.

FCI-Gruppe 2

Auszug aus dem Standard:

„Großer, schwerer und massiger Hund mit wuchtiger Erscheinung. Die Körperlänge übertrifft die Widerristhöhe. (…) Beständiges, treues Wesen, nicht aggressiv. Wachsamer Beschützer von Haus und Bewohnern, immer aufmerksam, intelligent, edel und majestätisch."

FCI-Standard Nr. 346
Gruppe: 2
Sektion 2: Molossoide
2.1 Doggenartige Hunde

Größe
Rüde: 60 – 66 cm
Hündin: 56 – 62 cm

Gewicht
Rüde: 50 kg (max. 65 kg)
Hündin: 40 kg (max. 55 kg)

Farbe / Haarkleid
Gestromt in allen Schattierungen, von einem warmen Dunkelbraun bis zu sehr blassem Grau oder Blond. Alle Schattierungen von Falb- zu Sandfarben

Kurzes und harsches Haar mit wenig Unterwolle

Presa Canario

Ursprünglicher Verwendungszweck:
Wachhund für den Schutz von Rindern

Der Presa Canario, auch Perro de Presa Canario oder Dogo Canario genannt, stammt von den zu Spanien gehörenden Kanarischen Inseln, vor allem Teneriffa und Gran Canaria. Übrigens haben auch umgekehrt diese Inseln ihren Namen von den Hunden, denn wörtlich übersetzt heißt das spanische „Islas Canarias" nichts anderes als „Hundeinseln".

Jedenfalls entstand dort im ausgehenden Mittelalter aus heimischen Hunden und mitgebrachten Molossern ein einheitlicher Hundetyp, der in erster Linie zum Schutz der Rinderherden eingesetzt wurde. Die Hunde dienten aber auch zum Treiben der Herden, Bewachen der Höfe und machten auch als Packer bei der Jagd auf wehrhaftes Wild wie Hirsche, Bären und Wölfe eine gute Figur.

Der Dogo Canario wurde von den Konquistadoren zusammen mit anderen großen Molossern als Kriegshunde für die Eroberung Südamerikas mitgeführt. Viele dieser Hunde blieben aber auf den Kanaren, wo sie weiterhin gezüchtet wurden. Dort verloren sie viele ihrer typischen Aufgaben und wurden in erster Linie Schutz- und Wachhunde.

Auf den Kanaren wurde diese Rasse seit jeher als „Perro de Presa Canario" bezeichnet, was übersetzt so viel wie „Kanarischer Beutehund" oder „zupackender Hund" bedeutet. Von der FCI wurde sie im Jahr 2001 anerkannt.

Wie alle Molosser zeichnet sich auch der Presa Canario durch sein ruhiges und ausgeglichenes Wesen aus. Er ist gutmütig, nervenstark und hat eine hohe Reizschwelle. Bei guter Sozialisation und liebevoller und konsequenter Erziehung wird er zu einem angenehmen Familienhund, der allerdings einen starken Beschützerinstinkt hat und dann auch durchsetzungsfähig ist. Der Presa Canario baut eine intensive Bindung zu seinem Halter und seiner Familie auf und ist ihnen treu ergeben.

Der intelligente Hund braucht eine Aufgabe. So eignet sich der kräftige Vierbeiner beispielsweise für die Ausbildung zum Schutz- oder Suchhund. Das eigene Gelände sollte groß genug sein, damit der Dogo Canario es bewachen kann und seinen Auslauf hat.

Anhänger der Rasse schätzen, dass es bei diesem rustikalen und funktionalen Hund keine züchterischen Übertreibungen wie hängende Augenlider, extreme Lefzen, übertrieben lose Haut oder Gebäudefehlstellungen gibt wie bei manchen anderen Molosserrassen, die eher für den Ausstellungsring gezüchtet werden.

Über den Auslandstierschutz landen Presas und deren Mischlinge auch in Deutschland. Ihre Herkunft wird oft nicht gleich erkannt.

Auszug aus dem Standard:

„Ein mittelgroßer, molossoider Hund mit geradlinigem Profil und schwarzer Maske. Robust und gut proportioniert.“

Ursprung: Deutschland

Arbeitsprüfung

FCI-Standard Nr. 147
Gruppe: 2
Sektion 2: Molossoide
2.1 Doggenartige Hunde

Größe
Rüde: 61–68 cm
Hündin: 56–63 cm

Gewicht
Rüde: ca. 50 kg
Hündin: ca. 42 kg

Farbe/Haarkleid
Schwarz mit gut abgegrenzten Abzeichen (Brand) von satter, rotbrauner Färbung

Kurzes und glattes Deckhaar mit weicher Unterwolle, die je nach Jahreszeit unterschiedlich dicht ist.

Rottweiler

Ursprünglicher Verwendungszweck:
Hüte-, Treib- und Wachhund

Der Rottweiler gehört zu den Gebrauchshunderassen. Er ist ein sehr loyaler und gehorsamer Hund, der aufgrund seiner muskulösen und kräftigen Statur gern als Wach- und Schutzhund eingesetzt wird. Sein Ursprung und die Herkunft sind bis heute nicht ganz geklärt, aber bereits bei den Römern lassen sich Hinweise darauf finden, dass Hunde vom Typ des heutigen Rottweilers als Hütehund für Viehherden eine Aufgabe fanden.

Seine Vorfahren kamen also vermutlich mit den Römern über die Alpen in die Gegend um Stuttgart, wo er durch seine Arbeit mit dem Vieh auch als „Metzgerhund" bekannt wurde. Der muskulöse und kräftige Rottweiler Metzgerhund entwickelte sich vor 150 Jahren zu einem der besten Arbeitshunde. Bei allen Aufgaben zeigte er hervorragende Leistungen. Als Diensthund überzeugt er noch heute bei Polizei und Militär. Dort ist er als Sprengstoff-, Brandmittel-, Rauschgift-, Leichen-, Blutspür-, sowie Fährten- und Schutzhund im Einsatz. Außerdem schätzt man ihn weltweit als leistungsbereiten Helfer in Katastrophengebieten, er seine Fähigkeiten als Flächen-, Trümmer- und Lawinensuchhund entfaltet. Er stellt eine der neun anerkannten Dienst- und Gebrauchshunderassen in Deutschland.

Der erste Standard wurde 1883 vom Tiermaler Albert Kull ausgearbeitet. Zu der Zeit erhielt er auch endgültig seinen Rassennamen nach der Stadt Rottweil, in der er häufig vorkam. Anfang 1900 wurden die ersten Vereine rund um die Hunderasse gegründet, die sich 1921 zum Allgemeinen Deutschen Rottweiler-Klub zusammenschlossen. Der betreut ihn noch heute und ist weltweit für seinen Standard zuständig. 1955 erfolgte die endgültige Anerkennung durch die FCI.

Der Rottweiler ist ein mittelgroßer bis großer, stämmiger Hund, weder plump noch leicht, nicht hochläufig oder windig. Seine im richtigen Verhältnis stehende, gedrungene und kräftige Gestalt lässt auf große Kraft, Wendigkeit und Ausdauer schließen.

Von freundlicher und friedlicher Grundstimmung, kinderliebend, ist er sehr anhänglich, gehorsam, führig und arbeitsfreudig. Er liebt seine Familie, ob zwei- oder vierbeinig, vorbehaltlos und beschützt sie im besten Sinne. Er hat ein ausgewogenes Temperament, neigt aber als altes Erbe der Molosser-Vorfahren auch zu einer gewissen Portion Ignoranz. Da er gleichzeitig ein recht robustes Wesen und eine erhebliche Masse mitbringt, sollten seine Menschen weder zu zart besaitet noch zu zart gebaut sein. „Wenn ein Rotti sich freut, leidet schonmal das Mobiliar," sagen Kenner der Rasse. Dennoch ist der kernige Brocken wie die meisten Molosser im Grunde seiner Seele ein Sensibelchen, das Ungerechtigkeiten nicht verträgt und eine zwar konsequente, aber liebevolle und geduldige Erziehung braucht.

Auszug aus dem Standard:

„Seine Erscheinung verrät Urwüchsigkeit; sein Verhalten ist selbstsicher, nervenfest und unerschrocken.“

FCI-Standard Nr. 309
Gruppe: 2
Sektion 2: Molossoide
2.1 Doggenartige Hunde

Größe
Größe: 44–51 cm

Gewicht
Keine Angabe im FCI-Standard (i. d. R. 20–27 kg)

Farbe/Haarkleid
Alle einheitlichen Farben zulässig (nicht weiß, gefleckt oder gepunktet)

Shar Pei

Ursprünglicher Verwendungszweck:
Jagd- und Wachhund

Der Shar-Pei ist eine sehr alte Rasse, die aus Südchina stammt. Erste Belege für ihre Existenz sollen rund 2000 Jahre alt sein und auf der genetischen Ebene finden sich deutliche Unterschiede zu anderen Rassen. Anders als der Mops, mit dem er das Herkunftsland und eine ähnlich lange Geschichte teilt, lag die Heimat des Shar Peis aber nicht in den Palästen des Kaisers, sondern in den Höfen armer Bauern und Fischer. Sein Einsatzgebiet reichte vom Bewachen des Hofes über das Hüten der Tiere bis hin zum Jagen von Kleinwild und Ratten.

Besonderes Kennzeichen sind seine markanten Hautfalten, vor allem im Gesicht und am Widerrist, die gleichzeitig auch sein größtes Problem sind. Vor allem durch züchterische Übertreibung wurden diese Falten immer extremer, sodass die Hunde nicht nur an Ekzemen leiden, die sich in den feuchten Tiefen bilden, sondern zum Teil sind die Falten sogar so massiv, dass sie über die Augen fallen und Augenerkrankungen begünstigen. Wer sich solch einen Hund anschafft, sollte unbedingt auf moderate Falten achten und sich der Problematik bewusst sein – ständige Pflege der Falten ist nötig, damit diese nicht gereizt werden.

Ein weiteres typisches Rassemerkmal ist die durch die herabhängenden, üppigen Lefzen sehr breit und nilpferdartig erscheinende Schnauze sowie die Zunge, die wie beim Chow Chow blau gefärbt ist.

Der Shar Pei wird zur Gruppe der Molosser gezählt und strahlt wie diese meist friedliche Ruhe und Gelassenheit aus, aber durchaus auch Eigensinn und Selbständigkeit. Damit er ein umgänglicher Familienhund wird, braucht er neben einer guten, konsequenten Erziehung auch einen engen Familienanschluss. Die Nähe zu seiner Bezugsperson und seiner Familie dankt dieser Hund mit einer großen Loyalität und Treue. Im Familienverbund erweist sich der recht ernsthafte Vierbeiner zuweilen lustig und zärtlich.

Anderen Hunden oder Tieren gegenüber zeigt er sich hingegen weniger nachsichtig. Eine frühe und umfassende Sozialisation sowie eine einfühlsame und konsequente Erziehung sind deshalb zwingend nötig. Mit dem richtigen Training lernt der intelligente und stolze Chinese, sich zu beherrschen und nicht provozieren zu lassen.

Darüber hinaus gilt der Shar Pei als zuverlässiger Wachhund, der seine Familie jederzeit aufmerksam und selbstbewusst beschützt. Zwar begegnet er Fremden zunächst zurückhaltend bis reserviert, doch er ist mutig und selbstbewusst genug, seine Familie zu verteidigen, sofern die Situation dies erfordert.

Auszug aus dem Standard:

„Mittelgroßer, lebhafter, kompakter Hund mit quadratischem Gebäude und kurzer Lendenpartie. Hautfalten am Schädel und am Widerrist, kleine Ohren und ein Fang, der dem eines Nilpferdes gleicht, verleihen ihm ein einzigartiges Aussehen."

FCI-Standard Nr. 260
Gruppe: 2
Sektion 2: Molossoide
2.1 Doggenartige Hunde

Größe
Rüde: mind. 60 cm
Hündin: mind. 55 cm

Gewicht
Keine Angabe im FCI-Standard

Farbe / Haarkleid
Rot, Falbfarben, Apricot, Schwarz, Gestromt. Diskrete weiße Abzeichen an Brust und Pfoten sind zulässig

Kurzes, hartes und dichtes Haarkleid

Tosa

Ursprünglicher Verwendungszweck:
Kampf- und Wachhund

Der Tosa, auch Tosa Inu genannt, stammt aus Japan und wurde ursprünglich als Kampfhund für Hundekämpfe gezüchtet. Anders als in den Hundekämpfen in England oder den USA, wo es mitunter um Leben und Tod ging, sollten die Hunde in den traditionellen japanischen Hundekämpfen aber nicht beißen, sondern ähnlich wie Sumoringer mit den Läufen und dem Körper ihren Gegner zu Boden ringen und dort festhalten. Beißen und selbst Knurren führte zur Disqualifikation und der Kampf wurde abgebrochen, sobald ein Hund verletzt war.

Der Tosa, benannt nach der Stadt Tosa in der Provinz Kochi auf der Insel Shikoku, ist das Produkt exakt geplanter Selektion: in die lokale Rasse „Shikoku-Ken", die vom Aussehen eher Nordischen Spitzen ähnelte, wurde Blut von europäischen Hunden eingekreuzt, unter anderem von Bulldogge, Bernhardiner, Mastiffs, Bullterrier und Deutscher Dogge, aber auch von französischen Bordeauxdoggen. Jede dieser Rassen steuerte ihre Charakteristika bei – Kraft, Angriffslust oder Mut; aber auch das geduldige Temperament mit hoher Reizschwelle, was den Tosa besonders zum imposanten Wachhund prädestiniert.

Tosas sind sicherlich keine Anfängerhunde und gehören in erfahrene Hände sowie einen ihren Bedürfnissen angemessenen Lebensraum. Perfekte Sozialisation im Welpenalter und ruhiger, konsequenter Umgang sind unerlässlich. Der Tosa-Rüde soll nach Rassestandard mindestens 60 cm groß sein, die Hündin mindestens 55 cm bei einem Gewicht von 50 bis 70 Kilogramm (mitunter werden bis zu 90 kg erreicht). Der kraftvolle, muskulöse Körper soll elegant wirken. Typisch sind dabei ein breiter Schädel mit kräftigem Fang und kleinen, hoch angesetzten Ohren, die herunterhängen, sowie ein hoher gerader Rücken und eine lange Rute. Das Fell ist kurz und in den Farben Rot, Schwarz, Falb, Apricot oder Gestromt. Alle Farben sind mit diskreten weißen Abzeichen an Brust und Pfoten möglich, bevorzugt wird jedoch ein warmer, kräftiger Rotton mit oder ohne weiße Abzeichen.

Auszug aus dem Standard:

„Großer Hund von kräftiger Gestalt und würdigem Benehmen. Er hat Hängeohren, ein kurzes Haarkleid, einen quadratischen Fang und eine an ihrem Ansatz dicke Hängerute."

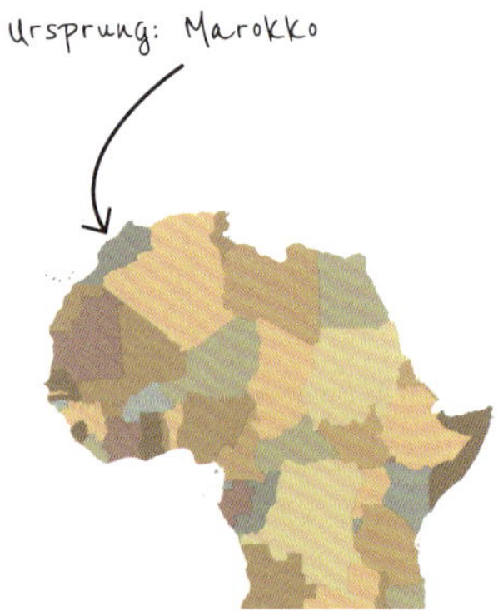

Aïdi (Atlas-Berghund)

Ursprünglicher Verwendungszweck:
Jagd-, Schutz- und Wachhund

FCI-Standard Nr. 247
Gruppe: 2
Sektion 2: Molossoide
2.2 Berghunde

Größe
Größe: 52–62 cm

Gewicht
Keine Angabe im FCI-Standard (i. d. R. 22–26 kg)

Farbe/Haarkleid
Falb, Braun, Schwarz

Üppiges, eher raues Deckhaar mit weicher Unterwolle

Man findet den Aïdi – häufig auch Atlas-Berghund oder Atlas-Schäferhund genannt – in den Bergen und auf den Hochplateaus des marokkanischen Atlasgebirges. Dort wacht er über die Lager und Herden der Hirten und Halbnomaden. Ob der Aïdi aus Spanien nach Nordafrika kam oder ihn die weltumsegelnden Phönizier aus Italien mibrachten, spielt kaum eine Rolle. Er ist ein klassischer Herdenschutzhund, wenn auch etwas kleiner und weniger behaart als viele seiner Verwandten auf der anderen Seite des Mittelmeers. Er dient daneben aber auch zum Hüten und Treiben oder gelegentlich auch als Jagdhund, ist aber kein Hütehund im Sinne europäischer Hütehunde. Der Schutz der Herde kommt seinem Wesen viel mehr entgegen. Hirten und Halbnomaden schätzen die Qualitäten des verhältnismäßig umgänglichen Wachhundes, der Fremde vom Lager fernhält und die Herden vor Raubtieren schützt.

Seinem aufmerksamen Blick entgeht nichts und er zögert keine Sekunde, wenn es um Gefahrenabwehr geht. Das Bewachen und Verteidigen des ihm anvertrauten Gutes liegt dem Aïdi im Blut. Dabei kennt er keine Angst und entfaltet in riskanten Situationen eine hohe Effizienz. Im Kreise seiner Familie ist der imposante Atlas-Berghund treu, führig und anhänglich. Außerhalb dieses engen Kreises vertrauter Bezugspersonen zeigt er sich wenig kontaktfreudig.

In seiner marokkanischen Heimat jagt er häufig gemeinsam mit dem Sloughi: Dabei spürt der Aïdi das Wild mit der Nase auf, woraufhin der Sloughi auf Hetzjagd geschickt wird.

Ein Aïdi braucht eine Aufgabe, die er mit all seiner Leidenschaft als Wächter ausleben kann. Möglichst viel liebevoller Sozialkontakt mit seiner Familie sollte dabei nicht zu kurz kommen. Die Erziehung des rustikalen Vierbeiners erfordert Ruhe, Geduld und Toleranz. Mit Drill ist beim Aïdi rein gar nichts zu erreichen, und zuverlässigen Gehorsam auf den kleinsten Fingerzeig darf man bei dieser selbständigen Rasse nicht erwarten. Der Aïdi ist sicherlich kein Anfängerhund und als ursprünglicher Herdenschutzhund im Grunde genommen gar nicht besonders gut für die Haltung hierzulande geeignet. Entsprechend kritisch sollte man die Bemühungen mancher Auslandstierschützer sehen, die Hunde aus der Ursprungsregion nach Deutschland zu bringen und den nichtsahnenden deutschen Besitzern fälschlich als „Hütehunde" zu vermitteln.

Anspruchslos ist hingegen die Fellpflege. Das buschige, rund sechs Zentimeter lange Haar, das beim Kampf mit Raubtieren wie ein Harnisch schützt, begnügt sich mit gelegentlichem Bürsten. Das üppige Haarkleid ist in seiner natürlichen Form optimal auf extreme Witterungsbedingungen von heiß bis klirrend kalt ausgerichtet.

Auszug aus dem Standard:

„Solider, sehr rustikaler Hund, der durch seine Stärke und Behändigkeit auffällt; er ist muskulös, nervig, kräftig aber ohne Schwerfälligkeit. (…) Immer wachsam, schätzt er die Wichtigkeit der Gefahr und reagiert entsprechend ohne Angst."

FCI-Standard Nr. 61
Gruppe: 2
Sektion 2: Molossoide
2.2 Berghunde
Varietäten: 2 (Haarkleid)

Größe
Rüde: 70–90 cm
Hündin: 65–80 cm

Gewicht
Keine Angabe im FCI-Standard (i. d. R. ca. 60–80 kg)

Farbe/ Haarkleid
Grundfarbe Weiß mit kleineren oder größeren klaren roten Platten (Plattenhunde) bis durchgehend klaren zu dunkel roten Decken über Rücken und Flanken (Mantelhunde). Zerrissener Mantel (mit Weiß durchbrochene Decke) gleichwertig

a) Kurzhaar (Stockhaar)
b) Langhaar

Bernhardiner

Ursprünglicher Verwendungszweck:
Wach- und Hofhund

Der imposante Bernhardiner ist Legende – jedes Kind kennt ihn und er steht geradezu symbolisch für Kraft und Opferbereitschaft. So erntet der St. Bernhardshund, wie er auch heißt, die uneingeschränkte Bewunderung des Menschen, der seine außerordentlichen ästhetischen Qualitäten, die Anhänglichkeit, Treue und Intelligenz schätzt.
Die Geschichte dieses berühmten Hundes ist mit jener des St. Bernhard-Hospizes auf der Passhöhe des Großen St. Bernhard in den Schweizer Alpen verbunden. Das Hospiz wurde kurz vor dem Jahre 1000 von dem jungen Edelmann Bernhard von Menthon gegründet mit dem Ziel, Reisende und von Unwetter und Schnee Überraschte aufzunehmen. Nach dem Tode Bernhards folgten viele Generationen von Mönchen seinem Beispiel. Große Berghunde wurden schon im 17. Jahrhundert zur Bewachung im Hospiz gehalten, aber erst gegen Mitte des 18. Jahrhunderts entschlossen sich die Zisterzienser vom St. Bernhard, sie auch für ihre Hilfeleistungen heranzuziehen. Es mussten Tiere sein, die fähig waren, dem Schnee und den Mühseligkeiten der Hochalpen zu widerstehen.

Auszug aus dem Standard:
„... von beachtlicher Größe und erhabener Gesamterscheinung."

Die Vorfahren des Bernhardiners sind in den großen Bauernhunden der Region zu finden und diese wiederum stammen mit sehr hoher Wahrscheinlichkeit von den Molossern ab, die mit den Römern kamen, als diese Kolonien in der Schweiz gründeten. Durch Zucht erreichte man im Hospiz eine eigene Varietät. Im 19. Jahrhundert lief die Rasse Gefahr, auszusterben. Weil die Mönche der Robustheit der Tiere mehr Aufmerksamkeit als den ästhetischen Qualitäten geschenkt hatten, gestaltete sich die Neubegründung der Zucht als schwierig. Es waren Liebhaber, welche die Rasse aufrechterhielten und ihre Zucht vor allem auf die ästhetischen Eigenschaften ausrichteten. Ihre Bemühungen wurden von bestem Erfolg gekrönt. Schon seit dem 18. Jahrhundert kennt man zwei Schläge von St. Bernhardhunden: langhaarige und kurzhaarige. Die Mönche vom Hospiz pflegten vor allem die kurzhaarigen Tiere und dies aus gutem Grund: An langen Haaren verklebt der Schnee leichter. Die Hunde vom Großen St. Bernhard wurden zum Urbild des Rettungshundes, der Verirrte sicher durch dichtes Schneetreiben führte oder in Lawinen Verschüttete fand. Der berühmteste unter ihnen, Barry, soll mindestens 40 Menschen gerettet haben und steht heute ausgestopft im Naturhistorischen Museum in Bern. Das berühmte „Fässchen um den Hals" ist dabei allerdings eine frei erfundene Legende, wird als Marketing-Gag aber heute noch zelebriert.
Heute ist der Bernhardiner hauptsächlich Haus- und Familienhund. Der freundliche Riese ist sehr sensibel und braucht einen engen Kontakt zu seinen Menschen. Seinem Besitzer, dessen Nähe er immer wieder sucht, steht er jederzeit beschützend zur Seite.

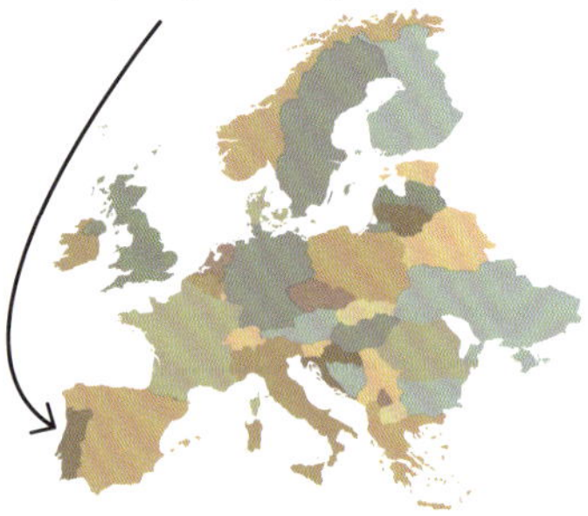

Cão de Castro Laboreiro

Ursprünglicher Verwendungszweck:
Wach-, Schutz- und Herdenhund

FCI-Standard Nr. 170
Gruppe: 2
Sektion 2: Molossoide
2.2 Berghunde

Größe
Rüde: 58–64 cm
Hündin: 55–61 cm
Mit einer Toleranz von +2 cm

Gewicht
Rüde: 30–40 kg
Hündin: 25–35 kg

Farbe / Haarkleid
Rot-braun-grau (in allen Schattierungen), Einfarbig Sandfarben, Schwarz

Kurzes, hartes und glattes Haarkleid ohne Unterwolle

Der Cão de Castro Laboreiro stammt aus dem Norden Portugals. Er hat seinen Namen von dem Ort Castro Laboreiro, was „Stadt der Arbeiter“ bedeutet. Heute ist die Rasse nicht auf eine Stadt beschränkt, sondern man findet sie im ganzen Land als eine der besten Schutzhunderassen Portugals. Die Rasse wird, wie der Berghund der Serra da Estrela, zu den ältesten in Europa zu gezählt und ist dem leichten, wendigen und aktiven Mastiff-Typ zuzuordnen.

Aufgrund ihres angeborenen misstrauischen und mutigen Wesens eignet sich die Rasse ebenso für Aufgaben bei Polizei- und Objektschutz wie als Wächter von Schaf- und Rinderherden und einsam gelegenen Höfen. Im Norden Portugals wird sie nach wie vor zum Schutz der Herden vor Wolfsangriffen eingesetzt. Da die Schäfer in den kargen Gebirgsregionen oft von einem Weidegrund zum anderen ziehen mussten, musste der begleitende Herdenschutzhund etwas agiler und beweglicher sein als seine schwereren Verwandten aus anderen Gegenden, die nicht so viele Kilometer zurückzulegen hatten. Die häufig vorkommenden rotbraun-grauen Fellfarben verschmelzen geradezu mit den Landschaftsfarben des portugiesischen Hochlands.

Das drohende Bellen des Laboreiros ist einmalig und klingt furchterregend: Es beginnt mit einem dröhnenden Bariton und erreicht schnell die lauteste Klangstufe, die in einem hohen, anhaltenden Ton endet.

Die Hunde sind intelligent und lernen schnell, haben aber immer ihren eigenen Kopf und treffen Entscheidungen selbständig. Wie viele Herdenschutzhunde sind sie ständig auf der Hut und schützen Herde wie Familie gegen alle Bedrohungen. Der Castro-Laboreiro-Hund gibt sofort Alarm, wenn sich ungebetene menschliche und tierische Gäste dem Vieh, Eigentum oder seinen Menschen, nähern. Er passt zuverlässig auf, patrouilliert regelmäßig in dem ihm anvertrauten Gelände und ist, wenn nötig, zur Verteidigung bereit. Er ist denen, die seinem Schutz anvertraut sind, treu ergeben, aber wie die meisten Herdenschutzhunde nicht der Typ, der gespannt auf Befehle wartet.

Aufgrund seiner donnernden Stimme ist wahrscheinlich ein Bauernhof oder Landsitz (oder verständnisvolle Nachbarn) das Beste.

Seine offizielle Anerkennung durch die FCI hat er 1955 erhalten.

Auszug aus dem Standard:

„Die Rasse ist von leichtem Mastiff-Typ. Ein kraftvoller Hund von attraktiver Morphologie und sehr häufig mit eindrucksvollem Haar. Er hat einen strengen und ernsten Ausdruck und die Rustikalität eines Bergsteigers."

Cão de Gado Transmontano
(Transmontano-Hirtenhund)

Ursprünglicher Verwendungszweck:
Herdenschutzhund für Schaf- und Ziegenherden

FCI-Standard Nr. 368 (provisorisch anerkannt)
Gruppe: 2
Sektion 2: Molossoide
2.2 Berghunde

Größe
Rüde: 75–85 cm
Hündin: 68–78 cm

Gewicht
Rüde: 60–75 kg
Hündin: 50–60 kg

Farbe/Haarkleid
Häufig anzutreffende Farben sind: weiß mit schwarzen, gelben, falben oder wolfsgrauen Abzeichen. Die einheitlichen Farben sind Falb, Gelb oder Wolfsgrau, gestromt oder nicht gestromt.

Mittellanghaar (dick und reichlich) mit starker Unterwolle

Dieser Herdenschützer ist die die größte und rustikalste aller portugiesischen Rassen. Er existiert als nur nach Funktion selektierter Gebrauchshundeschlag seit Jahrhunderten im Nordosten Portugals, in der gebirgigen Region Trás-os-Montes, was wörtlich übersetzt „Hinter den Bergen" heißt und von der man sagt, dass dort „Neun Monate Winter und drei Monate Hölle" herrschten. Für die Schaf- und Ziegenhaltung auf den kargen Hochflächen brauchte und braucht man heute noch immer tüchtige Hunde, die die Herden vor Wolf und Bären schützen und sie auf den jährlichen Wanderungen, den Transhumanzen, zu neuen Weidegründen begleiteten. Diese Aufgabe können immer nur mehrere Hunde im Team an jeweils einer Herde erfüllen. Sie leben bei jedem Wetter Tag und Nacht draußen an ihrer Herde, sind stets auf Wachtposten und legen dabei pro Tag nicht selten 10-20 km zurück, auf den Transhumanzen deutlich mehr. Die Welpen kommen schon ab einem Alter von zwei Monaten mit an die Herde und lernen von den Erwachsenen, was zu tun ist. Besondere Kommandos von Seiten des Hirten kennen sie nicht, das Beschützen ihres Territoriums und ihrer Herde ist fest in ihrer Genetik verankert und muss nicht erlernt werden. „Oft erreichen sie das Erwachsenenalter, ohne zu wissen, dass sie einen Namen haben, auf den sie hören, geschweige denn, dass es eine menschliche Stimme gibt, der sie gehorchen müssen" schreibt der portugiesische Zuchtverband ACCGT auf seiner Webseite. Entsprechend unabhängig und selbständig sind diese Hunde. Sie entscheiden selbst, was zu tun ist und sorgen für sich selbst.

Wer einen solchen Hund außerhalb seines ursprünglichen Verwendungszwecks halten möchte, muss wissen, dass dieser immer der Meinung ist, dass er sein Gebiet, so klein es auch sein mag, bewachen und verwalten muss. Das kann zum Problem werden, wenn auch Besucher und Postboten nicht aufs Grundstück gelassen werden; auch Ressourcenverteidigung kann bei den autarkiegewohnten Hunden zum Problem werden. Sie freuen sich einerseits riesig über Lob und Zuneigung des Menschen, benötigen aber liebevolle Konsequenz in der Erziehung, um zu respektvollen Mitbewohnern anstatt Rüpeln zu werden. Grobheiten lassen sie sich jedoch nicht gefallen und reagieren im besten Fall mit Einstellen der Zusammenarbeit, im schlechtesten mit den Zähnen. Bei korrektem Umgang und richtiger Auslastung sind die Hunde jedoch gutmütig und umgänglich. Gute Sozialisation im Welpenalter ist entscheidend, damit der Hund später weiß, wen er als Freund und wen als potenziellen Feind einzuordnen hat. Mit den Kindern der Familie geht er rücksichtsvoll um und macht es sich zur Aufgabe, sie zu beschützen.

Für eine Haltung in der Wohnung sind diese rustikalen, freiheitsliebenden Persönlichkeiten ungeeignet. Nur wer ihnen genügend Platz und eine sinnvolle Aufgabe bieten kann, im Idealfall als Beschützer einer Herde, sollte über die Anschaffung nachdenken.

Gut zu wissen: Die ursprünglichen Hunde graben sich bei Hitze instinktiv ein Erdloch zum Kühlen – auch im gepflegten Rasen. Kenner berichten, dass es problematisch sein kann, mehrere Hündinnen der Rasse zusammen zu halten, da sie zu ständigen Kämpfen untereinander neigen, während Rüden untereinander verträglicher sind. Die portugiesischen Viehhalter achten deshalb immer darauf, dass mehr Rüden als Hündinnen gleichzeitig an einer Herde sind.

Auszug aus dem Standard:

„Großer molossoider Hund, stark und rustikal, auffallend durch sein imposantes und nobles Aussehen und seinen nüchternen Blick. (…) Trotz seiner Größe ist er ein gefügiger, jedoch zurückhaltender Hund."

Die alte, aber erst 2020 provisorisch von der FCI anerkannte Rasse ist historisch mit den anderen Herdenschutzhunden der Iberischen Halbinsel verwandt. Dass sich hier klar unterscheidbare Rassen herausbildeten, liegt daran, dass die einzelnen Regionen früher durch große Flüsse und hohe Berge streng voneinander getrennt waren und wenig Austausch der Zuchttiere stattfand.

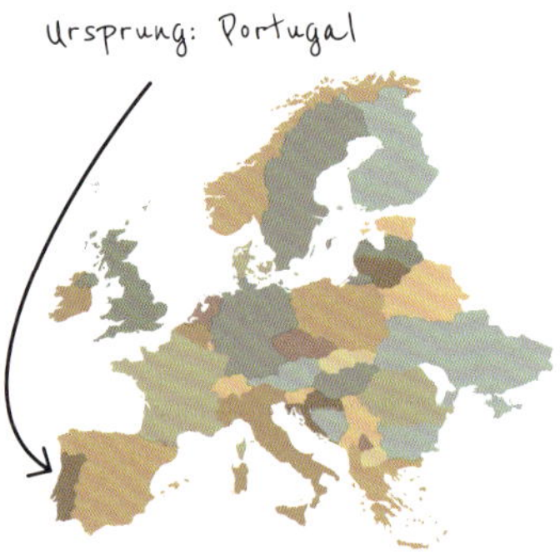

Cão da Serra da Estrela

(Serra da Estrela Berghund)

Ursprünglicher Verwendungszweck:
Wächter der Herden, Wach- und Begleithund, Zughund

Seit langer Zeit lebt dieser große Molosser-Hund in Portugal in der hohen Serra da Estrela (portgugiesisch für „Sternenberge"). Sein Ursprung liegt in grauer Vorzeit; vermutlich ist es eine der ältesten Rassen auf der Iberischen Halbinsel.

Der Hund von der Serra da Estrela ist ein wunderbarer Wächter des Hauses und auch großer Freund der Schäfer dieser Gebirgsgegend. Er beschützt die Herden vor den Raubtieren, manchmal wird er auch benutzt, um schwere Lasten zu ziehen. In Portugal gibt es noch ziemlich viele Exemplare dieser Rasse, wenn auch die meisten heute am Fuße der Serra da Estrela leben.

Die Hauptsaison für die Hunde ist der Sommer, wenn das Gras nach der Schneeschmelze wächst und die Herden bis auf die höchsten Alpweiden (bis ca. 2000 m) getrieben werden. Die Hunde gehen mit und bewachen und beschützen ihre Herde.

Wie alle Herdenschutzhunde ist auch der Serra da Estrela Berghund Fremden gegenüber eher misstrauisch eingestellt. Er ist ruhig und gelassen, aber jederzeit bereit, sein Territorium gegen Eindringlinge zu verteidigen. Er benötigt eine sachkundige, konsequente und einfühlsame Erziehung. Welpen sollten schon früh an alles Fremde gewöhnt werden.

Der Serra da Estrela Berghund ist ein vorzüglicher Wächter von Haus und Hof und braucht eine Aufgabe, die dieser Veranlagung gerecht wird. Ideal ist ein Lebensraum im ländlichen Bereich, wo er ein klar abgegrenztes Revier bewachen und beschützen kann und ihm dennoch der nötige Familienanschluss geboten wird.

Als Wohnungshund oder Stadthund ist er nicht geeignet, eine sehr gründliche Sozialisation ist unbedingt notwendig.

Der Serra da Estrela Berghund ist lebhaft und bewegungsfreudig. Aber sportliche Höchstleistungen wie Agility oder anderen Hundesport sind für ihn ungeeignet – dazu sind sein Eigenwille und seine Selbständigkeit zu stark ausgeprägt. Auch seine Größe und sein Gewicht machen ihn für Agility völlig ungeeignet; er würde schon gar nicht durch den Tunnel oder Slalom kommen. Durch die Sprünge wären seine Gelenke ziemlich schnell lädiert.

Es gibt eine lang- und eine kurzhaarige Varietät, bei beiden ist das Haar kräftig und ähnelt in seiner Textur etwas dem Ziegenhaar. Bei der Langhaarvarietät, die besonders in Falbfarbe mit schwarzer Maske aus größerer Entfernung schon einmal für einen Leonberger gehalten werden kann, ist das Haar rund um Hals und Oberschenkel besonders üppig, die Rückseiten der Vorderläufe zeigen eine sogenannte Befederung.

FCI-Standard Nr. 173
Gruppe: 2
Sektion 2: Molossoide
2.2 Berghunde
Varietäten: 2 (Haarkleid)

Größe
Rüde: 65–73 cm
Hündin: 62–69 cm
Mit einer Toleranz von +2 cm

Gewicht
Rüde: 45–60 kg
Hündin: 35–45 kg

Farbe/Haarkleid
Einfarbig: Gelb, Falbfarben und Grau in allen Schattierungen,
Wolfsgrau: Falbfarbene, gelbe und graue Töne (mehrheitlich in helleren und dunkleren Schattierungen),
Gestromt: falbfarbene, gelbe oder graue Grundfarbe mit schwarzer Stromung (eine dunkel gefärbte Maske ist typisch)

a) Kurzhaarig
b) Langhaarig

Auszug aus dem Standard:

„Groß, molossoider Hund vom Mastifftyp. (...) Rustikal, substanzvoll mit einem flotten Gangwerk und beeindruckender Haltung. Die Rasse hat einen aufmerksamen, ruhigen und ausdrucksvollen Blick; seine Erscheinung ist ausgewogen und harmonisch; diese traditionellen Eigenschaften haben die Rasse seit langer Zeit bekannt gemacht."

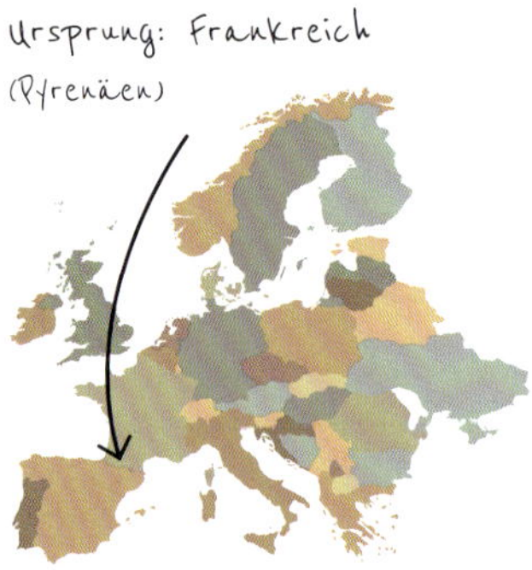

FCI-Standard Nr. 137
Gruppe: 2
Sektion 2: Molossoide
2.2 Berghunde

Größe
Rüde: 70–80 cm
Hündin: 65–75 cm
Bei sehr typvollen Hunden wird eine Toleranz von +2 cm akzeptiert.

Gewicht
Keine Angabe im FCI-Standard (i. d. R. 45–57 kg)

Farbe / Haarkleid
Weiß, Weiß mit grauen (dachsfarbenen oder wolfsgrauen), blassgelben oder orangefarbenen (rostigen) Flecken an Kopf, Ohren und Rutenansatz (manchmal auch auf dem Körper)

Mittellanges, üppiges Deckhaar, gerade oder leicht gewellt, mit viel Unterwolle

Chien de Montagne des Pyrénées
(Pyrenäen-Berghund)

Ursprünglicher Verwendungszweck:
Herdenschutzhund

Die großen weißen Hunde aus den zwischen Frankreich und Spanien gelegenen Pyrenäen sind sicherlich die eindrucksvollste und populärste Rasse der Herdenschutzhunde.

Die genaue Ursprungsgeschichte der in Frankreich auch als „Patou“ bezeichneten Hunde ist unbekannt, aber es gab schon vor mehr als tausend Jahren in Frankreich große Herdenschutzhunde, die die ihnen anvertrauten Schafherden gegen Wölfe und Bären verteidigten. Dem Rassetyp entsprechende Knochenfunde gehen bis ins Bronzealter (1800–800 v. Chr.) zurück.

Entdeckt wurde die Rasse vor der Französischen Revolution wegen ihres üppigen weißen Fells und der imposanten Größe auch durch den französischen Adel, und so fand man die Hunde bald auch als Wächter großer Schlösser in Südfrankreich.

Pyrenäen-Berghunde lebten aber keineswegs nur als königliche Hunde, vielmehr arbeiteten sie weiter bei den Schäfern und Kleinbauern der Pyrenäenregion als Herdenschutzhunde, wo sie sich mit ihrer Größe, Statur, Farbe und Felltextur von Weitem fast nicht erkennbar unter die Schafe mischten. Wenn ein Hund sich nicht engstens an die Schafherde band und sie auch unter schwierigsten Verhältnissen beschützte, wurde er aussortiert und abgegeben.

Pyrenäen-Berghunde standen auch in dem Ruf, Gehilfen der Schmuggler zu sein. Mit Schmugglerware bepackt, ermöglichte ihnen ihre Trittfestigkeit, Pfade zu benutzen, die ihre Menschen vor der Entdeckung durch die Zöllner bewahrten.

Anfang des 20. Jahrhunderts war diese Hunderasse nahezu ausgestorben. Bernard Senac-Lagrange, einem französischen Adligen und allgemein anerkannten Kynologen, gebührt das Verdienst, die Rasse gerettet zu haben. Er durchwanderte das Gebirge, um gute Tiere für die Zucht zu finden und gründete die „Vereinigung der Liebhaber des Pyrenäenberghundes“ in Lourdes. Im Ersten und Zweiten Weltkrieg transportierten die „Patous“ auch Meldungen und Material für französische Soldaten.

Nach 1945 wurden diese wunderschönen Hunde einem Wesenswandel unterzogen – vom starken Herdenschutzhund im Gebirge zum freundlichen und begehrten Ausstellungshund, sie wurden zu einem der „sanften Riesen“. Allerdings haben Hunde mit direkter Abstammung aus den Pyrenäen eine ausgeprägtere, typische Selbständigkeit und Wachsamkeit. Unabhängigkeit und Eigeninitiative sind für ihr Verhalten typisch. Aufgrund ihrer überragenden Fähigkeiten und Größe ist diese Rasse immer noch sehr häufig (und erfolgreich) als Herdenschutzhund im Einsatz – gerade mit der Rückkehr von Wolf und Bär in die Pyrenäen ist der Herdenschutz mit Hunden dort wieder zu einem aktuellen Thema geworden. Bis zum Alter von sechs Monaten leben die Welpen in aller Regel voll mit den Schafen zusammen und beginnen dann von selbst ihre Herde zu beschützen.

Diese Hunde sind bei guter Sozialisation freundlich zu allen Haustieren und auch zu anderen Hunden. Sie beschützen Heim und Familie, müssen aber unbedingt in das Familienleben eingegliedert werden. Das wetterfeste, schmutzabweisende und üppige dichte Fell muss regelmäßig gebürstet werden, damit es nicht verfilzt. Vor allem an der dichten Halsmähne und in den üppigen „Hosen" an der Rückseite der Oberschenkel drohen schnell Knoten und Filzplatten. Baden mit Shampoo oder Scheren sind aber unbedingt zu unterlassen, damit das Fell seine typische Struktur nicht verliert.

Auszug aus dem Standard:

„Großer, imposanter, kräftig gebauter Hund, jedoch nicht ohne eine gewisse Eleganz (…) Dieser Schutzhund hat einen Hang zu Unabhängigkeit und Eigeninitiative, die von seinem Herrn eine gewisse Autorität erfordern."

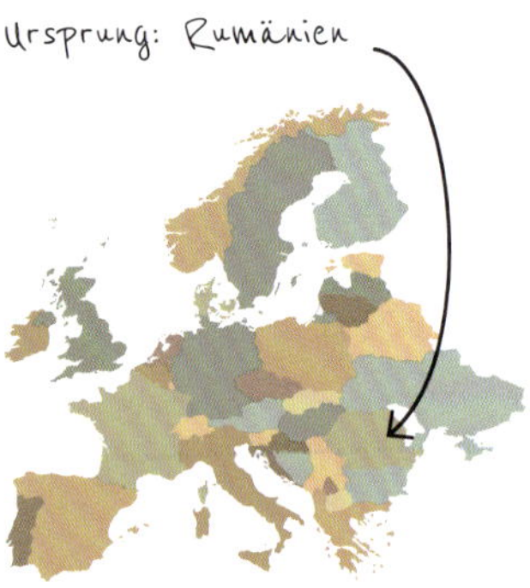

Ciobănesc Românesc de Bucovina
(Rumänischer Bukowina Schäferhund)

Ursprünglicher Verwendungszweck:
Herdenschutzhund

FCI-Standard Nr. 357
Gruppe: 2
Sektion 2: Molossoide
2.2 Berghunde

Größe
Rüde: 68–78 cm
(ideal 71–75 cm)
Hündin: 64–72 cm
(ideal 66–68 cm)
Eine Toleranz von -4 cm wird akzeptiert.

Gewicht
Im Verhältnis zur Größe

Farbe/Haarkleid
Klassische Farbe: Hauptfarbe Weiß oder Weiß-beige mit deutlichen grauen, schwarzen oder schwarzen Flecken, die rot-beige reflektieren, einfarbige Exemplare (ohne Flecken) sind zugelassen, aber nicht gewünscht

Dichtes, üppiges und mittellanges Deckhaar mit dichter Unterwolle

Die im heutigen Rumänien liegenden Karpaten sind das Ursprungsgebiet des Ciobănesc Românesc de Bucovina. Besonders die Region Bukowina, von der sich der Rassename ableitet, war für die Zucht bedeutend. Der große Bukowina-Schäferhund wurde dort seit langem als Herdenschutz- und Wachhund eingesetzt und war ein unentbehrlicher Helfer der Wanderschäfer bei der Verteidigung der Schafe gegen Luchs, Bär und Wolf. Die Zuchtauswahl erfolgte rein nach Arbeitseigenschaften und eine strenge natürliche Auslese brachte einen genügsamen, ausdauernden und robusten Arbeitshund hervor.

Er ist nah verwandt mit den anderen rumänischen Hirtenhunden, deren Namen ebenfalls mit „Ciobănesc Românesc“ beginnt, was einfach „Rumänischer Hirtenhund“ bedeutet und nur durch die Herkunftsregion ergänzt wird.

In Rumänien mussten im freien Gelände, also außerhalb von Zäunen arbeitende Herdenschutzhunde lange Zeit gesetzlich vorgeschrieben ein an einer Kette befestigtes, vom Halsband herabbaumelndes etwa 30 cm langes Holz tragen, das sogenannte „Jujău“. Es hatte den Sinn, Hunde im Besitz von Schäfern von freilaufenden Streunern zu unterscheiden, denn letztere durften erschossen werden, wenn der Verdacht bestand, dass sie wildern. Daran waren die Schäfer auch nicht ganz unschuldig, denn oft waren sie bitterarm und ließen gerade nicht gebrauchte Hunde in den kargen Wintermonaten einfach laufen, damit sie sich selbst ihr Futter jagen sollten. Außerdem sollte das Holz den Hund so weit behindern, dass es beim Hetzen von beispielsweise Hasen unangenehm störte, nicht aber im normalen Alltag und bei langsameren Bewegungen. Heute sieht es man es eher als traditionelles Accessoire für die Rasse auf Schauvorführungen, ähnlich wie das Fässchen beim Bernhardiner.

Ausgeglichenheit, innere Ruhe und Treue gegenüber seinen Bezugspersonen zeichnen den Ciobănesc Românesc de Bucovina aus. In der Familie ist er zudem auffallend kinderlieb. Dieser selbstbewusste Hund ist feinfühlig und legt großen Wert auf eine enge Bindung an seine menschliche Familie. Er gehört aber wie alle Herdenschützer sicherlich nicht in eine Stadtwohnung und braucht sein Areal. Er kann problemlos das ganze Jahr über draußen verbringen und muss sich in seinem Revier bewegen können.

Dieser Herdenschützer braucht eine Aufgabe, bei der er seine rassespezifischen Eigenschaften ausleben kann. Das ist an erster Stelle natürlich der Einsatz als Herdenhund. Der mutige Vierbeiner beschützt das ihm anvertraute Vieh zuverlässig, patrouilliert des Nachts und meldet unüberhörbar, wenn er etwas Ungewöhnliches bemerkt. Die Rasse ist auf Eigenständigkeit gezüchtet, was für ihre Erziehung Rassekenntnis und Einfühlungsvermögen erforderlich macht. Ein Ciobănesc Românesc de Bucovina wird sich nie als reiner Kommandoempfänger

sehen. Das wäre genau das Gegenteil von dem, was er braucht. Mit Geduld, Ruhe und Konsequenz ist jedoch durchaus eine Basiserziehung möglich. Ungerechtigkeit und Härte sind unbedingt zu unterlassen, da der stolze Rumäne sonst aggressiv reagieren könnte.

Auszug aus dem Standard:
„Großer Hund, eindrucksvoll, hochmütig und stolz. Der Geschlechtsunterschied der Rasse ist deutlich ausgeprägt."

Die Rasse ist in Deutschland relativ selten, manchmal gelangen Exemplare oder auch Mischlinge mit anderen Rassen über den Auslandstierschutz hierher. Dies ist insbesondere dann kritisch zu sehen, wenn die neuen Besitzer nicht zuvor gründlich über die Eigenschaften und Bedürfnisse eines typischen Herdenschutzhundes aufgeklärt wurden.

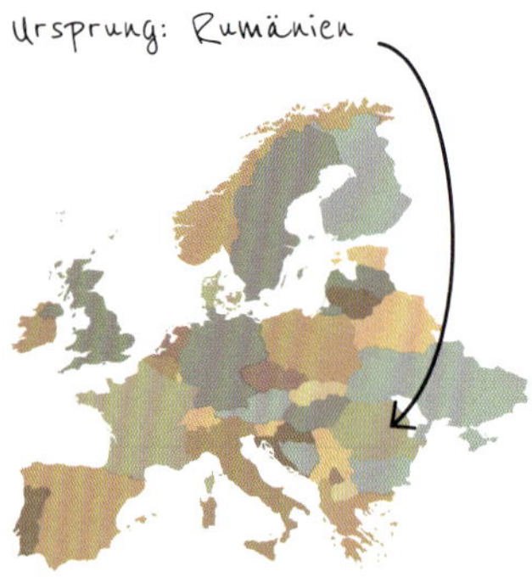

Ciobănesc Românesc Corb

Provisorisch anerkannt
FCI-Standard Nr. 373
Gruppe: 2
Sektion 2: Molossoide
2.2 Berghunde

Größe
Rüde: 70–80 cm
Hündin: 65–75 cm

Gewicht
In gutem Verhältnis zur Höhe

Farbe/Haarkleid
Schwarz, weiße Flecken auf Brust oder Vorderhand erlaubt.

Gerades, festes und raues Langhaar mit Unterwolle, am Kopf und an den Läufen kürzer

Ursprünglicher Verwendungszweck:
Herdenschutz-, Hüte- und Wachhund

„Corb" heißt auf Rumänisch Rabe, und so lautet der Rassename übersetzt etwa „Rabenschwarzer rumänischer Hirtenhund". Damit ist sein ungewöhnlichstes Merkmal schon beschrieben, nämlich die in der Familie der Hirten- und Herdenschutzhunde sonst nicht vorkommende schwarze Fellfarbe. Lediglich ein paar weiße Abzeichen an Brust und Vorderbeinen können vorhanden sein.

Der imposante große Hund stammt aus den Südkarpaten, deren Gipfel bis zu 2500 m Höhe erreichen sowie aus dem Karpatenvorland der Provinzen Dambovita, Arges, Prahova und Brașov. Hier sind Schafe und Schäfer nicht wegzudenken und mit ihnen die Hirtenhunde. Sie ziehen mit den Herden mit und erfüllen auch Hüteaufgaben, aber nicht im Sinne eines Border Collies, der die Tiere auf Kommandos des Schäfers gezielt bewegt, sondern eher als ständig anwesender Wächter und Beschützer. Das ist hier auch wichtig, denn in Karpaten sind Wolf, Luchs und auch Bär noch weit verbreitet und sie alle schleichen sich insbesondere nachts gern an die Herden in der Aussicht auf eine leicht erreichbare Mahlzeit. Da haben sie die Rechnung ohne den „Raben" gemacht: Mit seinem schwarzen Fell unsichtbar, stürzt er aus dem Dunklen hervor und lässt ein tiefes, weithin hörbares Alarmbellen ertönen, das die Schäfer herbeieilen lässt. Die Hunde sind ausgesprochen mutig und scheuen selbst mit dem Bären keine direkte Konfrontation. Zu ihren Menschen sind sie dagegen sanft und anhänglich, Fremde werden mit Argwohn betrachtet und dürfen sich ohne Erlaubnis des Hirten nicht der Herde nähern. In der Regel sind immer mehrere Hunde gleichzeitig an einer Herde anwesend.

Der Corb ist die offiziell jüngste der vier rumänischen Ciobănesc (Hirtenhunde) – er wurde erst 2024 von der FCI anerkannt, obwohl er in den Karpaten schon seit vielen Generationen bekannt ist. Seit 2008 hatte sich der nationale rumänische Hundezuchtverband darum bemüht. Aber bis zur FCI-Anerkennung ist es eben ein langer Weg – alle Unterlagen müssen beigebracht, eine bestehende Zuchtbasis nachgewiesen werden und vieles mehr. Die Anerkennung des jedem Rumänen bekannten Hundes, der auch bereits eine rumänische Briefmarke zierte, wurde im Land mit großer Freude zur Kenntnis genommen – sogar die staatlichen Nachrichtensender berichteten ausführlich darüber und sendeten Rasseportraits.

Während der Ciobănesc Românesc Mioritic und der Carpatin von der FCI in die Gruppe 1 der Hütehunde einsortiert wurden, gehören der Ciobănesc Românesc de Bucovina und der Corb in die Gruppe 2. Alle vier sind von ihrem Aufgabenbereich her aber vorrangig Herdenschutz- und Wachhunde mit zusätzlicher Hütefunktion.

Da es in Rumänien leider immer noch sehr viele heimatlose Hunde gibt, gelangen hin und wieder auch Corb-Mischlinge über den Auslandstierschutz nach Deutschland. Oft werden sie wegen ihrer schwarzen Fellfarbe aber nicht als Herdenschutzhunde erkannt, sondern als „Labrador-Mixe" oder „Neufundländer-Mixe" deklariert. Das kann zu so mancher Überraschung des neuen Besitzers

führen, wenn dieser nicht korrekt informiert wurde. Wie die meisten Herdenschützer braucht der Corb eine eher ruhige, stabile Umgebung mit wenig Trubel und Veränderungen, denen gegenüber er nicht besonders stressresistent ist. Er bevorzugt es, seine Umgebung von einem möglichst erhöhten Platz aus zu überwachen und ungewöhnliche Vorgänge zu melden. Zu seiner menschlichen Familie einschließlich Kindern und Haustieren ist er sehr lieb und betrachtet sie als seine Gruppe, die er beschützen muss. Er sollte einen hundeerfahrenen, führungsstarken Halter mit viel Platz bekommen und eine gute Sozialisation im Welpenalter. So geduldig und geruhsam wie ein Neufundländer ist er sicher nicht, auch wenn er diesem sehr entfernt ähnelt.

Auszug aus dem Standard:

„Großer Hund, überragend, mutig und stolz. (…) Ausgeglichen, ruhig, mit einem gut entwickelten Herdeninstinkt, gehorsam und anhänglich gegenüber seinem Herrn. Zurückhaltend gegenüber Fremden. Sehr guter Hütehund für Vieh, mutig und fähig, gegen Raubtiere (Bär, Wolf) zu kämpfen. Lautes Bellen, tief und aus großer Entfernung zu hören."

FCI-Standard Nr. 230
Gruppe: 2
Sektion 2: Molossoide
2.2 Berghunde

Größe
Rüde: mind. 66 cm
Hündin: mind. 61 cm

Gewicht
Keine Angabe im FCI-Standard

Farbe/Haarkleid
Schwarz, Rot, Blau, Schwarzmarken, Blau- und Tanfarben

Dickes, mittellanges Deckhaar mit reichlich dichter Unterwolle

Do Khyi
(Tibet Mastiff)

Ursprünglicher Verwendungszweck:
Wach- und Schutzhund

Der in Tibet Do Khyi (wörtlich übersetzt: „Hund zum Anketten") genannte Hirtenhundetypus stammt aus den Hochebenen des Himalaya und Transhimalaya und gilt als eine der ältesten Hunderassen des Ostens. Manche Kynologen vermuten in ihm das entwicklungsgeschichtliche Bindeglied zwischen den Mastiff-Rassen und den Herdenschutzhunden. Lange war seine Heimat Tibet von der Außenwelt isoliert, aber sehr wahrscheinlich ist, dass seine Vorfahren schon mit dem Alexander dem Großen aus dem fernen Osten nach Europa gelangten.
Der manchmal auch als Tibetdogge bezeichnete mächtige Hund ist nicht nur in Tibet, sondern auch in Nepal und Indien häufig in steinernen Tempelfiguren verewigt und genießt hohe Wertschätzung. Sein häufig vorkommender weißer Brustfleck gilt den Tibetern als Symbol für ein tapferes Herz und man legt ihm traditionell ein aus Yakhaaren geflochtenes und rot eingefärbtes Halsband zum besonderen spirituellen Schutz an.
Marco Polo, der im 13. Jahrhundert Asien bereiste und über die Kultur und die Menschen des Tibetischen Hochlandes berichtete, erwähnte die mächtigen Hunde voller Staunen und Ehrfurcht.
Traditionell lebte der der Do Khyi als Wach- und Schutzhund für die Klöster, Großbauern und größeren Anwesen. Er bewachte die Lager der nomadisch lebenden Hirten der Hochebenen und die Karawanen, die mit wertvollen Waren durch den Himalaya zogen. Unter diesen extremen klimatischen Verhältnissen entstanden äußerst genügsame und widerstandsfähige Hunde. Der alte Do Khyi war ein großer, wehrhafter Hund, mit dem sich kein Wolf oder Schneeleopard freiwillig anlegen wollte. Sein dickes Fell verlieh ihm eine bären- oder löwenhafte Ausstrahlung und schützte vor Wind und Kälte genauso wie vor Raubtierzähnen. Früher unterschied man zwischen einem leichteren und beweglicheren Typus, dem sogenannten Bhotia, der mit den Herden mitzog und diese beschützte, und dem schwereren Tsang Kyi, der den Hof bewachte.
Einer der ersten Do Khyis, die nachweislich in die westliche Welt gelangten, war ein Rüde, der an Queen Victoria gesandt wurde. In den 1880er Jahren brachte Edward VII., der Prince of Wales, zwei Do Khyis mit nach England. 1898 gab es einen Wurf Do-Khyis im Berliner Zoo.
Der Do Khyi hat ein ausgeprägtes Territorialverhalten und verhält sich auf dem eigenen Terrain sehr selbstsicher. Wachhundeigenschaften sind dieser Rasse angeboren: Er ist Fremden gegenüber zurückhaltend und abwägend, und als Bewacher von Haus und Hof verteidigt er das Grundstück seiner Besitzer bis an die Grenzen. In seiner Heimat ist der Do Khyi nach wie vor ein unverzichtbarer und allgegenwärtiger Bestandteil der dortigen Hof- und Familiengemeinschaften.
Der Do Khyi ist ruhig und souverän. Darunter verbirgt sich aber höchste Wachsamkeit, verbunden mit der Bereitschaft, seine Familie jederzeit zu beschützen. Der offizielle Standard beschreibt sein Wesen so: Unabhängig mit Schutzinstinkt,

Respekt einflößend, ausgeprägte Loyalität gegenüber seiner Familie. Der Do Khyi braucht Menschen mit Hundeerfahrung und ein großes, eingefriedetes Grundstück. Er ist kein ausgesprochener Wohnungshund, aber eng an seine Menschen gebunden und macht es sich auch gern auf der Couch bequem. Er gilt als ausgesprochen kinderlieb und eignet sich sogar als Therapiehund.
Wer einmal seinem Charme verfallen ist, kann sich ein Leben ohne ihn kaum noch vorstellen. Der Do Khyi ist trotz seiner Eigenwilligkeit mit liebevoller Konsequenz und viel Hundeverstand sehr gut erziehbar.

Auszug aus dem Standard:

„Mächtig, schwer, gut gebaut, mit guter Knochenstärke. Imposant; mit würdevollem und erhabenem Auftreten."

Arbeitsprüfung

FCI-Standard Nr. 190
Gruppe: 2
Sektion 2: Molossoide
2.2 Berghunde
Varietäten: 3 (Farbe)

Größe
Rüde: 63–70 cm
Hündin: 58–65 cm

Gewicht
Keine Angabe im FCI-Standard
(i. d. R. ca. 25–40 kg)

Farbe/Haarkleid
a) Schwarzmarken
b) Schwarz
c) Blond

Mittellanges Deckhaar mit wenig Unterwolle

Hovawart

Ursprünglicher Verwendungszweck:
Hof-, Wach- und Zughund

Der Hovawart trägt seine Aufgabe im Namen: „Hova" für Hof und „wart" für Wächter. Erst seit dem Jahre 1936 gibt es ihn offiziell als Rasse, seine Wurzeln allerdings reichen weit zurück. Schon im Sachsenspiegel des Eike von Repgow um das Jahr 1230 herum wurde der „Hovewart" erwähnt, allerdings wissen wir nicht genau, wie er damals aussah. Eine geplante Zucht gab es jahrhundertelang nicht, es waren einfach Hofhunde, die möglichst vielseitig verwendbar sein mussten: Sie wurden als Wächter und Bewacher, aber auch als Hüte- und Treibhund oder sogar für leichtere Zugarbeiten eingesetzt. „Hovawart" war also ursprünglich eher eine Job- als eine Rassebeschreibung.

Erst seit 1922 wurde diese Rasse unter Verwendung von typmäßig ähnlichen Hunden, die man auf Bauernhöfen noch vorfand, neu herausgezüchtet. Die führende Rolle spielte dabei ein gewisser Kurt Friedrich König, der in den ersten Jahren Einkreuzungen von Deutschen Schäferhunden, Neufundländern, Leonbergern, Kuvasz und weiteren Hunderassen vornahm. Entscheidendes Kriterium war die Leistung für den vorgesehenen Zweck: Gesucht war ein weitgehend

selbständig agierender Hof- und Wachhund, der auch ohne Training und Kommandos Freund von Feind unterscheiden können sollte. Er musste nervenstark genug sein, um nicht bei jedem Reiz aus der Fassung zu geraten, und im Ernstfall selbstbewusst genug, um die richtigen Entscheidungen zu treffen und sein Revier zu verteidigen.

Auszug aus dem Standard:
„Der Hovawart ist ein kraftvoller, mittelgroßer, leicht gestreckter, langhaariger Gebrauchshund. (…) Von der Veranlagung her ausgeglichen und gutartig, besitzt er Schutztrieb, Selbstsicherheit und Belastbarkeit, mittleres Temperament und eine sehr gute Nasenveranlagung."

Durch starke Selektionsmaßnahmen wurde der ursprüngliche Gebrauchshundetyp wieder erreicht. Es ist durchaus möglich, dass der heutige Hovawart durch diese Vorgehensweise von Erscheinung und Wesen her den alten Hofwächtern unserer Vorfahren ähnelt, aber das ist Spekulation. Erst 1944 wurde das Zuchtbuch geschlossen und die Rasse 1955 von der FCI anerkannt.
Heute sind Hovawarte als Gebrauchshunde klassifiziert und glänzen mit hoher nervlicher Belastbarkeit, Wachsamkeit, Wesensfestigkeit und Schutzbereitschaft – Eigenschaften, die sie durchaus aus als Diensthunde für Polizei oder Zoll geeignet machen. Sie kommen gut als sportlich veranlagte Familien- und Begleithunde mit besonderer Wachfunktion zum Einsatz und machen in Sportarten wie Fährtenarbeit, Gebrauchshundesport, Mantrailing, Obedience, Turnierhundsport und so weiter eine gute Figur. Häufiger trifft man sie auch in Rettungshundestaffeln an, wo sie sich kooperativ und einsatzwillig zeigen. Auch als Therapiebegleit- und Assistenzhunde sieht man sie öfter im Einsatz.

Ursprung: Serbien/Mazedonien (eh. Jugoslawien)

FCI-Standard Nr. 41
Gruppe: 2
Sektion 2: Molossoide
2.2 Berghunde

Größe
Keine Angabe im FCI-Standard (i.d.R. 54–62 cm)

Gewicht
Rüde: 35–45 kg
Hündin: 30–40 kg

Farbe/Haarkleid
Einfarbig. Erlaubt sind alle Farbnuancen von Weiß bis zu einem fast schwarzen Dunkelbraun. Wünschenswert ist eine eisengraue oder dunkelgraue Farbe.

Mittelanges, dichtes und üppiges Deckhaar mit viel Unterwolle

Šarplaninac

Ursprünglicher Verwendungszweck:
Herdenschutzhund, auch Wach- und Schutzhund

Der Šarplaninac ist eine der ältesten Hunderassen des Karstgebirges in Istrien, das im heutigen Mazedonien liegt. Er hatte in seiner langen Geschichte unterschiedliche Namen wie zum Beispiel Illyrischer, Istrianer, Bosnischer Schäferhund oder Jugoslawischer Hirtenhund. Der heutige Name leitet sich von dem Gebirgszug Šar Planina ab, der zwischen Kosovo und Nordmazedonien liegt.

Er ähnelt sehr seinen vermutlichen Ahnen – den griechischen Schäferhunden und den Akbash-Hirtenhunden des Ostens. In seiner Heimat ist der Šarplaninac noch immer recht zahlreich und als Herdenschutzhund ein fester Bestandteil der großen Schaf- und Ziegenherden. Oft arbeitet er auch an Rinderherden oder dient nur als Wächter. Der Šarplaninac bindet sich besonders gern nur an einen Herrn. Bei der Verteidigung der Herden gegen Wölfe, Bären oder Luchse ist er vehement und nimmt seine Aufgabe sehr ernst.

Auch wenn er etwas kleiner ist als die anderen verwandten Rassen, hat er den natürlichen Schutzinstinkt und das selbständige, diese Gruppe auszeichnende Denken und Handeln. Im Allgemeinen sind diese Hunde ruhig – ein scharfer Kontrast zu der Wildheit, die, wenn es die Situation verlangt, plötzlich ausbrechen kann. „Blinde Unterordnung" wie beim Deutschen Schäferhund ist ihnen fremd.

Im Gegensatz zu den anderen großen europäischen Herdenschutzhunderassen ist der Šarplaninac mehrheitlich nicht weiß, obwohl diese Farbe auch erlaubt ist, sondern eisengrau, was allerdings auch eine Entwicklung neuerer Zeit ist. Früher gab es die Hunde auch verbreitet in Weiß und Hellgelb und Berichten zufolge wurden die hellen Hunde eher an den Herden (wegen der besseren Sichtbarkeit und Unterscheidung vom Wolf) eingesetzt und die dunkleren eher zur Hofbewachung (wegen der Tarnung bei Dunkelheit).

Das sehr dichte und wetterfeste Haarkleid besteht aus reichlicher, hell sandfarbener Unterwolle und rund zehn Zentimeter langen, meist eisengrauen oder dunkelbraunen – aber jedenfalls einfarbigen – Deckhaaren, die nur unterschiedlich helle oder dunkle Schattierung aufweisen.

Die Rasse wurde 1939 als „Illirskij ovcar" (Illyrischer Schäferhund) bei der FCI registriert und 1957 in Šarplaninac umbenannt.

Als Haus- und Familienhund wird der Šarplaninac eher selten gehalten. Wachsen diese Hunde mit der Familie und den Kindern auf, sind sie ihnen gegenüber immer tolerant und freundlich, bleiben aber Fremden gegenüber stets misstrauisch. Der Šarplaninac besitzt ausgezeichnete Wacheigenschaften und beschützt das ganze ihm anvertraute Gebiet einschließlich der darauf angesiedelten Lebewesen. Er wird als außerordentlich treu und anhänglich gegenüber seiner Bezugsperson beschrieben sowie als sehr stabil und „in sich ruhend". Jede Form von Ängstlichkeit, Unsicherheit und mangelndem Selbstbewusstsein gilt innerhalb der Rasse als Fehler.

Sein lautes und kräftiges Bellen setzt er nur dann ein, wenn es wirklich nötig ist, genau wie er sich nicht zu einer unnötigen Reaktion verleiten lässt. Er ist stets wachsam, handelt aber nur dann, wenn die Situation es tatsächlich erfordert und lässt sich nicht grundlos provozieren. Greift er jedoch aus einer Verteidigungsreaktion heraus an, tut er dies aber sehr entschlossen.

Auszug aus dem Standard:

„Er hat eine kraftvolle Konstitution, ausgeglichene Veranlagung, gutes Wesen, ist zuverlässig, wachsam, aber nicht bissig. Er ist unbestechlich und seinem Herrn ergeben."

Kangal Çoban Köpeği

(Kangal)

Ursprünglicher Verwendungszweck:
Herdenschutzhund

Der Kangal stammt vermutlich von Herdenschutzhunden der asiatischen Nomaden ab, die zwischen 10.000 v. Chr. bis 1300 n. Chr. von Zentralasien nach Anatolien zogen. In seiner heutigen Form wurde er im 12. Jahrhundert zum ersten Mal erwähnt. Besonders die Stadt Kangal und der gleichnamige Landkreis in der Provinz Sivas, beide wiederum benannt nach einer aristokratischen, von turkmenischen Beys abstammenden Adelsfamilie, sind für die Kangal-Hunde bekannt. Hier befindet sich eine raue Hochebene, auf der seit Menschengedenken Rinder, Schafe und Ziegen weiden und vor Bären und Wölfen beschützt werden mussten. Die hier ansässige Adelssippe der Kangals achtete über Jahrhunderte hinweg darauf, anders als es bei vielen „Bauernhunden" und „Landschlägen" der Fall ist, dass die Hunde nur rein untereinander gezüchtet wurden.

Kangal ist aber gar nicht die ursprüngliche Bezeichnung der Rasse. Der frühere Name war Karabaş, das bedeutet auf Türkisch Schwarzkopf und leitet sich von der schwarzen Maske der Rasse ab. Heute heißt er in der Türkei Kangal Çoban Köpeği.

In erster Linie ist der Kangal natürlich ein Herdenschutzhund, der rund ums Jahr draußen bei den Schafen lebt – kein „Schäferhund" im Sinne eines Hütehundes wie der Deutsche Schäferhund, wie die irreführende Bezeichnung „Anatolischer Schäferhund", die manchmal noch durch die Literatur geistert, vielleicht vermuten lässt. Außerdem wird er traditionell auch als Wachhund eingesetzt, in der Türkei wird er auch als Diensthund gezüchtet und eingesetzt. 1975 begann in der Türkei ein Trainingsprogramm, in dem Kangal-Hunde für militärische Zwecke ausgebildet wurden.

Heute gilt der Kangal als der türkische Nationalhund, fast wie der Bernhardiner in der Schweiz – jeder Türke kennt ihn und er ist öfter auf türkischen Briefmarken zu sehen. Auch in der Höhe kann der Kangal es mit dem Bernhardiner aufnehmen: bis zu etwa 80 cm Schulterhöhe kann ein Rüde erreichen.

Das kurze, stockhaarige, dichte Fell ist gelbbraun bis graubraun und immer mit schwarzem Kopf und Ohren.

Während der Kangal seinem zweibeinigen Rudel sehr zugetan ist, verhält er sich fremden Menschen gegenüber distanziert und manchmal sogar feindselig. Der Hund will kritische Situationen gerne selbst einschätzen und selbst bestimmen, wie er sein Rudel und sein Revier am besten „beschützen" kann. Konsequenz und Erfahrung mit eigenständigen Hunden sind für potenzielle Halter ebenso wichtig wie in der Welpenzeit eine intensive Prägung sowie Sozialisierung mit anderen Hunden. Dieser Hund braucht als Halter echte Hundekenner, die Verständnis und die nötige Souveränität für die Erziehung der Rasse mitbringen.

FCI-Standard Nr. 331
Gruppe: 2
Sektion 2: Molossoide
2.2 Berghunde

Größe
Rüde: 72–78 cm
Hündin: 65–73 cm
Eine Toleranz von +/- 2 cm wird akzeptiert.

Gewicht
Rüde: 48–60 kg
Hündin: 40–50 kg

Farbe / Haarkleid
Von Creme bis Wolfsgrau (wenig Weiß wird bevorzugt). Muss eine schwarze Maske haben.

Kurzes, manchmal auch halblanges, festes Deckhaar mit dichter Unterwolle

Auszug aus dem Standard:

„Groß, aufrecht, kraftiger Bau (…) nicht aggressiv, aber ein guter Wächter. Kann sich mit hoher Geschwindigkeit bewegen. (…) Stolz und selbstsicher."

FCI-Standard Nr. 328
Gruppe: 2
Sektion 2: Molossoide
2.2 Berghunde

Größe
Rüde: bevorzugt 72–75 cm (mind. 68 cm)
Hündin: bevorzugt 67–70 cm (mind. 64 cm)

Gewicht
Rüde: mind. 50 kg
Hündin: mind. 45 kg

Farbe/Haarkleid
Jede einheitliche Farbe (gescheckt oder getüpfelt), außer einfarbig Schwarz; auch verwässertes Schwarz oder Schwarz in jeglicher Kombination, genetisch Blau oder Leberbraun

Mittellanges, dichtes, grobes Fell mit viel Unterwolle

Kawkaskaja Owtscharka (Kaukasischer Owtscharka)

Ursprünglicher Verwendungszweck:
Herdenschutzhund

Sowohl im Kaukasus als auch im Uralgebirge werden schon über viele Jahrhunderte die Herden von Hirtenhunden bewacht und gegen wilde Tiere und Diebe geschützt. Schon aus dem ersten Jahrhundert vor Christus gibt es Erwähnungen großer molossoider Hunde, die in der Armee des armenischen Herrschers Tigran II. eingesetzt wurden.

Der Name „Owtscharka“ leitet sich vom russischen Wort für „Schaf“ bzw. „Schäfer“ ab, heißt also eigentlich nur „Schäferhund“. Diese Hunde sind hervorragend auf die örtlichen und klimatischen Bedingungen abgestimmt, gehen aber auf dieselben asiatischen/mittelöstlichen Hunderassen zurück wie alle anderen Herdenschutzhunde. Die Zuchtauswahl erfolgte über Jahrhunderte rein nach Arbeitsleistung, Mut, Anspruchslosigkeit und Widerstandsfähigkeit, wobei sich durch die engen und durch hohe Berge getrennten Gebirgstäler im Kaukasus oft regional sehr unterschiedliche Typen herausbildeten, denn man konnte nicht so einfach einmal eben für einen Deckrüden ins Nachbartal reisen. Auch unterscheidet man zwischen den Kaukasen der Steppenregionen des Norkdkaukasus und den Gebirgs-Kaukasen: Die Steppenkaukasen sind etwas hochläufiger und leichter, die Hunde aus dem Gebirge etwas gedrungener und quadratischer.

Die besten und einheitlichsten modernen Exemplare findet man heute in Georgien. Trotz regionaler Unterschiede ist der kaukasische Hund immer starkknochig, massiv aufgebaut und kraftvoll, er hat das richtige Wesen, um die Herden zu schützen.

Der echte Owtscharka ist ein selbstbewusster, eigenwilliger und furchtloser Hund mit sehr viel Unabhängigkeit. In seiner Heimat wird er als angriffslustiger Hund beschrieben mit der Empfehlung, sich ihm vorsichtig zu nähern. Er ist ein außerordentlich zuverlässiger Wachhund und kann instinktiv zwischen echter Gefahr und weniger wichtigen Störungen unterscheiden. Er ist definitv ein Hund nur für sehr erfahrene Halter mit ausreichend großem, gesichertem Gelände.

Auszug aus dem Standard:

„(…) großer, kräftiger Hund mit viel Knochen und kraftvoller Muskulatur (…) Das Wesen ist ausgeglichen, aktiv, selbstbewusst, furchtlos und unabhängig."

FCI-Standard Nr. 278
Gruppe: 2
Sektion 2: Molossoide
2.2 Berghunde

Größe
Rüde: 57–63 cm
(Idealgröße 60 cm)
Hündin: 54–60 cm
(Idealgröße 57 cm)
Abweichung von +2 cm wird toleriert, hat aber negativen Einfluss auf die Gesamtbeurteilung des Hundes

Gewicht
Rüde: 30–42 kg
Hündin: 25–37 kg

Farbe / Haarkleid
Eisengrau mit dunkler Maske

Langes Deckhaar mit dichter Unterwolle

Kraški ovčar
(Karst-Schäferhund)

Ursprünglicher Verwendungszweck:
Herdenschutzhund

Die örtlichen Herdenschutzhunde der im heutigen Slowenien liegenden Karst (slowenisch: kras) sind mit dem Šarplaninac des Südens eng verwandt. Sowohl der Schäferhund der Karst wie der Šarplaninac sind offensichtlich Nachkommen der Herdenschutzhunde Griechenlands, Rumäniens und des östlichen Balkans. Ein paar Anhänger im ehemaligen Jugoslawien machten sich daran, die Rasse in ihrer Heimat zu retten. Die meisten Züchter waren Menschen, die im Schäferhund der Karst ein lebendes Stück der Geschichte ihres Landes sahen.
In der Literatur Mitte des 20. Jahrhunderts wird der Schäferhund aus dem Karstgebirge gemeinsam mit dem Schäferhund aus Šarplaninagebirge, dem heutigen Šarplaninac, unter dem Namen Illyrischer Schäferhund (Ilirski ovčar) geführt. 1968 erfolgte die endgültige Trennung der beiden Rassen durch den jugoslawischen Zuchtverband. Die Unterschiede zwischen den beiden Rassen sind nur minimal. 1969 wurde die Rasse von der FCI international anerkannt.
Der Kraški ovčar ist der typische Hirtenhund bzw. Herdenschutzhund dieser Gegend und wird dort auch Kraševec genannt. Er agiert weitgehend selbstständig,

was auch zum Schutz der Herde unbedingt wichtig ist. Seine Universalität zeigt sich darin, dass er auch als Wach- und Schutzhund eingesetzt werden kann sowie vielfach als Familienhund gehalten wird.
Der Rassestandard beschreibt den Kraški ovčar als gutmütig, mutig und wachsam, ohne bissig zu sein. Er zeigt sich seiner Bezugsperson ergeben, Fremden gegenüber ist er aber misstrauisch. Daher ist er ein guter Wachhund. Er hat ein mäßig lebhaftes Temperament und ist sehr eigenständig. Der Standard bezeichnet ihn ferner als angenehmen und gehorsamen Begleithund.

Auszug aus dem Standard:
„Der Karst-Schäferhund ist ein mittelgroßer, harmonischer, robuster Hund mit gut entwickelter Muskulatur und kräftiger Konstitution. (…) vorzüglicher Hirtenhund und guter Wächter.“

Leonberger

Ursprünglicher Verwendungszweck:
Wach- und Begleithund

FCI-Standard Nr. 145
Gruppe: 2
Sektion 2: Molossoide
2.2 Berghunde

Größe
Rüde: 72–80 cm
(empfohlenes Mittelmaß 76 cm)
Hündin: 65–75 cm
(empfohlenes Mittelmaß 70 cm)

Gewicht
Keine Angabe im FCI-Standard
(i. d. R. 41–77 kg)

Farbe/Haarkleid
Löwengelb, Rot, Rotbraun, auch noch Sandfarben (Fahlgelb, Creme) und alle Kombinationen zwischen ihnen, jeweils mit schwarzer Maske

Mittelweiches bis derbes, mittellanges Deckhaar mit viel Unterwolle

Im Jahre 1846 gelang es Heinrich Essig, Stadtrat aus Leonberg bei Stuttgart, einen neuen, prächtigen Hundetyp zu züchten, der einem Löwen, dem Wappentier seiner Heimatstadt, ähneln sollte: den Leonberger. Der „schwäbische Löwe“ entstand aus der Kreuzung von Landseern und Bernhardinern, später wurden auch Pyrenäenberghunde eingekreuzt. Die ersten Leonberger waren mehrheitlich weiß mit schwarzem Kopf, die heutigen gelben mit schwarzer Maske folgten erst später.
Bald schon wurden Zuchtgenossenschaften und Leonberger-Clubs gegründet und die Leonberger waren im 19. Jahrhundert auch in den besseren Kreisen sehr beliebt: Richard Wagner besaß einen, ebenso der Großherzog Friedrich von Baden, der russische Zar und auch die österreichische Kaiserin Sissi soll gleich sieben Stück ihr Eigen genannt haben.
Nach Rückschlägen in den beiden Weltkriegen wird der Leonberger heute erfolgreich gezüchtet. Als Träger der Leonberger-Zucht gilt heute der Deutsche Club für Leonberger Hunde e. V. in Leonberg.
Der „Leo“ hat im wahrsten Sinne des Wortes ein dickes Fell: Besonders im Umgang mit Kindern und Kleinkindern zeigt der sanfte Riese sein gutmütiges und freundliches Wesen, das ihn zu einem idealen Familienhund macht, der seinen Menschen in jeder Lebenslage stets ein treuer und folgsamer Begleiter ist. Sehr angenehm ist auch seine hohe Lärmunempfindlichkeit.
Aufgrund seiner angeborenen Wachsamkeit und seines furchtlosen Wesens ist er seiner Familie gleichzeitig ein zuverlässiger Wachhund, der einem in jeder Situation beschützend zur Seite steht.
Seine Erziehung stellt kein besonderes Problem dar, jedoch sollte man sich bewusst sein, dass man rund 50 Kilo Kraftpaket am anderen Ende der Leine hat, weshalb Inkonsequenzen und schlechte Sozialisation im Welpenalter stärkere Auswirkungen haben können als bei kleineren und leichteren Hunden. Der Leo ist gutmütig, wenn auch bisweilen ein wenig stur, lernt aber gerne und nachhaltig.
Leonberger lieben häufig das Wasser (ein Erbe ihrer Landseer-Ahnen), bewähren sich als ruhige und einfühlsame Besuchs- und Therapiehunde, aber auch als Rettungs-, Fährten- und Zughunde.
Die Pflege des dichten und langen Fells ist ebenso wenig zu unterschätzen wie die Menge an Schmutz, die er nach einem Spaziergang draußen mit ins Haus bringt – sicher kein Hund für Sauberkeitsfanatiker!

Auszug aus dem Standard:

„Dem ursprünglichen Verwendungszweck entsprechend ist der Leonberger ein sehr großer, kräftiger, muskulöser und doch eleganter Hund. Ihn zeichnen harmonischer Körperbau und selbstbewusste Ruhe bei durchaus lebhaftem Temperament aus. Besonders der Rüde ist mächtig und kraftvoll."

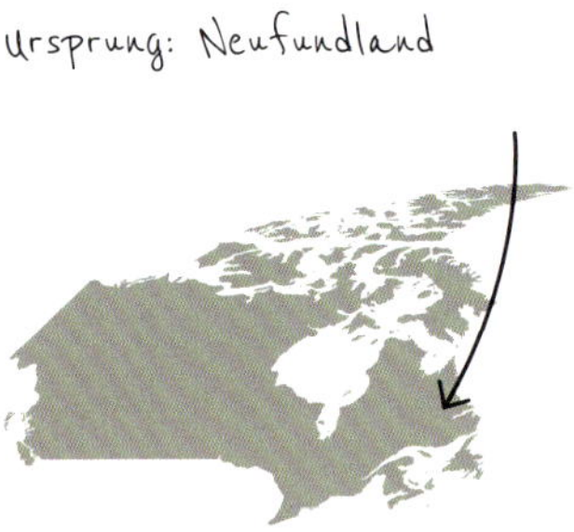

FCI-Standard Nr. 226
Gruppe: 2
Sektion 2: Molossoide
2.2 Berghunde

Größe
Rüde: 72–80 cm
Hündin: 67–72 cm
Kleinere Variationen nach unten oder oben sind zu tolerieren

Gewicht
Keine Angabe im FCI-Standard (i. d. R. 45–68 kg)

Farbe/Haarkleid
Weiß mit zerrissenen schwarzen Platten auf der Rumpf- und Kruppenpartie. Der Kopf ist schwarz mit weißer Schnauzenpartie und einer symmetrischen, nicht zu breiten, durchgezogenen Blesse.

Mittellanges, dichtes und wasserabweisendes Deckhaar, das am Rücken leicht gewellt sein kann. Dichte Unterwolle, jedoch etwas weniger als beim schwarzen Neufundländer.

Landseer

Ursprünglicher Verwendungszweck:
Ziehen von Fischernetzen, Wach- und Begleithund

Der unmittelbar feststellbare Ursprung der Rasse sind Hunde, die von britischen Fischern aus Neufundland ins Vereinigte Königreich gebracht wurden – wobei deren Vorfahren wiederum ab 1620 aus Großbritannien nach Nordamerika gelangt waren. Es war also im Grunde eine Rückkehr in die alte Heimat.

Der Landseer als eigenständige Rasse ist vergleichsweise jung. Der weiß-schwarze Typ des Neufundländers, der sich von den schwarzen und braunen Neufundländern auch durch mehr Größe und Substanz unterschied, wurde Anfang des 20. Jahrhunderts in Großbritannien immer seltener und drohte ganz zu verschwinden. Auf der Basis weniger Hunde wurde mit dem Aufbau einer eigenen Rasse begonnen und 1960 erkannte die FCI den Landseer als eigenständige Rasse anstatt nur als eine Farbvariante des Neufundländers an.

Den Namen verdankt die Rasse dem britischen Tiermaler Edwin Landseer, der in seinen Gemälden und Zeichnungen im 19. Jahrhundert schwarz-weiße Hunde bevorzugte, die damals in Großbritannien unter dem Namen Neufundländer bekannt waren. Die Vorliebe des Malers führte dazu, dass dieser Hund bald landläufig den Namen „Landseer Dog“ bekam, ohne dass sich die offizielle

Auszug aus dem Standard:
„Der Landseer soll den Eindruck eines großen, starken, harmonisch gebauten Hundes hervorrufen."

Rassebezeichnung änderte. Die „Newfoundland Dogs" waren damals in Großbritannien beliebte Hunde des Adels und des Großbürgertums, mit denen man sich gerne schmückte. Die Gemälde Landseers, die oft dramatische Rettungsszenen von Menschen durch Hunde aus dem Wasser zeigten, steigerten ihre Bekanntheit weiter.
1886 wurde der „Newfoundland Club" gegründet, der sowohl den ursprünglichen weiß-schwarzen als auch den seit etwa 1850 aufgetretenen schwarzen Neufundländer züchtete.
Der Landseer ist bei richtiger Sozialisation selbstsicher und gelassen, gutmütig und anhänglich. In Umgang und Erziehung müssen seine Größe und Kraft natürlich jederzeit in Betracht gezogen werden.
Das Gefühl, gebraucht zu werden, macht den Landseer glücklich. Er brilliert auch heute noch vor allem in der Wasserrettung und wird daher gerne von Rettungshundestaffeln an Badeseen und Stränden eingesetzt, wo er mit dem Boot hinausgebracht oder vom Helikopter abgeseilt wird, um in Not geratenen Schwimmern zur Hilfe zu kommen und sie an Land zu ziehen. Er ist aber genauso stolz, wenn er auf die Kinder aufpassen oder irgendwas für sie herumtragen darf. Sein langes und dichtes Fell muss gut gebürstet werden, damit es nicht verfilzt. Ein besonderes Rassekennzeichen sind die „Schwimmhäute" zwischen den Zehen und die im Vergleich zum schwarzen Neufundländer höheren Läufe.

Ursprung: Spanien, Pyrenäen

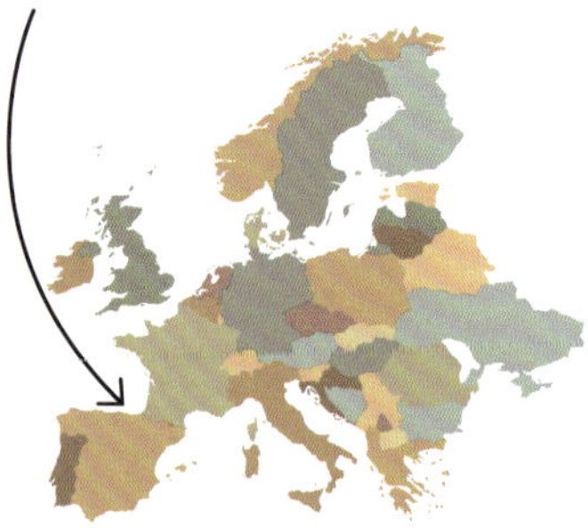

FCI-Standard Nr. 92
Gruppe: 2
Sektion 2: Molossoide
2.2 Berghunde

Größe

Rüde: mind. 77 cm
Hündin: mind. 72 cm
Es wird jedoch gewünscht, dass die Hunde diese untere Linie wesentlich überschreiten. Rüden sollen größer sein als 81 cm und Hündinnen größer als 75 cm.

Gewicht

Keine Angabe im FCI-Standard (i. d. R. um die 80 kg)

Farbe / Haarkleid

Grundfarbe Weiß, immer mit einer gut ausgebildeten Maske. Die am meisten geschätzten Farben sind Reinweiß (Schneeweiß) mit mittelgrauen, intensiv goldgelben, braunen, schwarzen, grau-silberfarbenen, hell-beigen, sandfarbigen oder marmorierten Flecken. Unerwünscht sind rote Flecken und eine weißgelbliche Grundfarbe.

Dichtes, mittellanges Deckhaar mit Unterwolle

Mastín del Pirineo

(Pyrenäen-Mastiff)

Ursprünglicher Verwendungszweck:
Herdenschutzhund

Der Mastín del Pirineo beschützte in der Vergangenheit Haus, Hof und Herde gegen Wölfe und Bären. Auf abseits liegenden Höfen ist dies auch heute noch seine Aufgabe.

Der Pyrenäen-Mastiff wird in seiner Heimat manchmal auch Mastin Pirenaico oder Mastin d'Aragon genannt und hat sein Ursprungs-Kerngebiet in Nordspanien entlang des gesamten Pyrenäen-Gebirgszugs vom Mittelmeer bis zum Atlantik. Er ist sozusagen der spanische Vetter des Pyrenäenberghundes, der auf der anderen Seite des Gebirges in Frankreich seine Heimat hat. Wie die anderen Herdenschutzhunde der Iberischen Halbinsel ist er eine sehr alte Rasse, die schon vor rund 2000 Jahren ins Land kam.

In den spanischen Pyrenäen ist er ein geschätzter Wach- und Schutzhund und wird in erster Linie als Herdenschutzhund zur Verteidigung der Herden vor Raubtieren eingesetzt. Hier bleibt er Tag und Nacht im Freien bei seiner Herde und lässt sich auch durch das widrigste Hochgebirgswetter nicht von seiner Arbeit abhalten. Seit der Wolf auch wieder in Westeuropa heimisch wird, steigt die Nachfrage nach Herdenschutzhunden für die Viehherden. Dadurch ist der Mastín del Pirineo auch in Deutschland verbreitet.

Im Laufe der Zeit hat sich ein klares Rassebild herauskristallisiert und die Anerkennung als eigenständige Rasse rückte näher. Gleichzeitig wurde die Nachfrage nach den Diensten der Hunde geringer, denn die Hirten gaben die Wanderschäferei auf. Im spanischen Bürgerkrieg ist der Mastín del Pirineo bis auf wenige Exemplare ausgestorben. Aus diesen Hunden wurde in der Mitte des 20. Jahrhunderts die Rasse wiederbelebt und 1954 durch die FCI anerkannt.

Als typischer Herdenschutzhund zeigt der Mastín del Pirineo sehr wachsames und territoriales Verhalten. Dabei ist er sehr mutig und gleichzeitig ein sanfter und sogar anhänglicher Hund in seinem Rudel. Der Pyrenäen-Mastiff ist zudem ein sehr intelligenter Hund, der eine Situation erst bewertet und dann handelt. Trotz seines hohen Schutztriebes zeigt er eine enorme Gelassenheit und kommt auch mit der Hektik des Alltags gut zurecht. Er zeigt kein Aggressionsverhalten; seine Erziehung braucht aber wegen der rassetypischen Eigenständigkeit viel Geduld. Seine freundliche Grundeinstellung ist eine gute Voraussetzung, um ihn in eine Herde zu integrieren.

Um einen Mastín zu halten, ist Hundeerfahrung nötig, denn diese Hunde sind keine klassischen Familienhunde. Ein Hund für die Stadt ist der Mastín nicht, in einer ländlichen Umgebung ist er viel besser aufgehoben und leichter zu halten. Er braucht viel Auslauf und möglichst ein eigenes Grundstück. Seiner Familie gegenüber ist der Pyrenäen-Mastiff sehr freundlich und offen, bei fremden Menschen jedoch ist er wachsam und distanziert.

Auszug aus dem Standard:

„Es handelt sich um einen sehr großen Hund von überdurchschnittlichem Format und von mittleren Proportionen. Er ist harmonisch, ausgesprochen kräftig und muskulös (…) Trotz seiner Größe darf er nicht den Anschein erwecken, schwerfällig oder träge zu sein."

Ursprung: Spanien

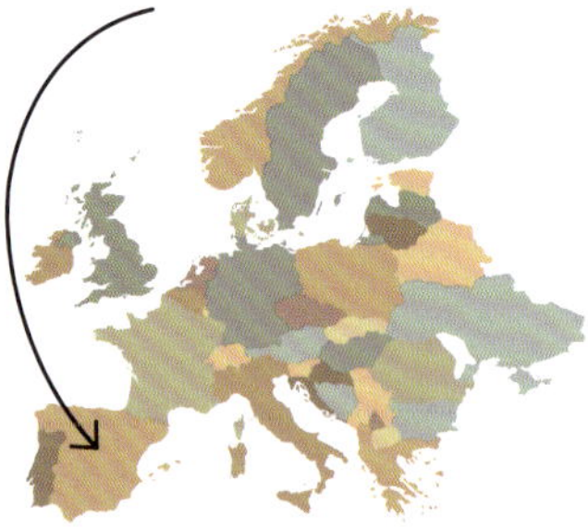

Mastín Español
(Spanischer Mastiff)

FCI-Standard Nr. 91
Gruppe: 2
Sektion 2: Molossoide
2.2 Berghunde

Größe
Rüde: mind. 77 cm
Hündin: mind. 72 cm
Es ist anzustreben, diese Mindestgrößen deutlich zu übertreffen, sodass Rüden 80 cm und Hündinnen 75 cm übertreffen.

Gewicht
Keine Angabe im FCI-Standard

Farbe/Haarkleid
Unbestimmt, wobei Einfarbigkeit – Gelb, Falbfarben, Rot, Schwarz, Wolfsgrau und Hirschrot – zu bevorzugen ist. Auch kombinierte Farben wie Gestromt, Gescheckt oder mit weißer Halskrause sind zulässig.

Dichtes, mittellanges Fell mit Unterwolle

Ursprünglicher Verwendungszweck:
Wach- und Schutzhund, Herdenschutzhund

Der Spanische Mastiff ist ein großer und kräftiger Herdenschutzhund, der im Aussehen den anderen Mastiff-Rassen ähnelt. Er teilt seine Entwicklungsgeschichte mit den anderen Herdenschutzhunden in Spanien und Portugal und stammt mutmaßlich von den Hunden ab, die mit den Phöniziern und Griechen vor rund 2000 Jahren auf die Iberische Halbinsel gebracht wurden. Seitdem waren die Mastiffs unverzichtbare Begleiter der jährlichen langen Herdenwanderungen von den südlichen Landesregionen im Winter bis in die Gebirgsregionen des Nordens im Sommer. Sie schützten die Schafe unterwegs und auf den Weiden vor Wölfen, Bären und Viehdieben. Manchmal waren auf diesen Wanderungen bis zu 40.000 Schafe auf einmal unterwegs, und im Schnitt kam auf je hundert Schafe ein Mastín als Begleiter. Sie waren aufgrund ihrer Bedeutung für die Herdenbesitzer hoch geschätzt und auf ihre Verletzung standen hohe Strafen.

Heute werden in Spanien nur noch wenige Schafherden über große Entfernungen in einer sogenannten Transhumanz getrieben, aber wenn, dann sind immer mehrere Mastíns mit dabei. Daneben gibt es in Spanien Züchter, die Mastíns zur eher „stationären“ Bewachung von Rinderherden als zum Zurücklegen weiter Strecken züchten, diese Exemplare sind besonders groß und kräftig und bis zu 110 kg schwer.

Wie die meisten großen Hunde sieht der Spanische Mastiff keine Notwendigkeit, seine Stärke zu zeigen. Er ist aufmerksam, aber dabei ruhig und gehorsam. Er macht den Hirten durch sein tiefes, lautes Bellen aufmerksam und verhält sich dann ruhig und wachsam – er greift nicht ohne Grund an. Tut er es aber, kennt er keine Kompromisse.

Der Mastín Español ist zu anderen Tieren freundlich und seinem Besitzer gegenüber liebevoll. Er lebt gerne in der Familie, ist geduldig mit Kindern und freut sich, wenn ihm Aufgaben zugewiesen werden, ist aber wie alle typischen Herdenschutzhunde selbstbewusst bis hin zu stur. Seine Vorfahren waren es seit Jahrtausenden gewohnt, selbstbewusst eigene Entscheidungen zu treffen und wurden genau dafür geschätzt. Man kann es ihm deshalb heute nicht vorwerfen, dass er nicht der Persönlichkeitstyp ist, der gespannt auf Befehle wartet.

Er benötigt ein weitläufiges Gelände, das er bewachen kann und muss eine klare Rolle zugewiesen bekommen. Einfühlsame Konsequenz ist zu seiner Erziehung unerlässlich. Als Wächter von Haus und Hof ist er unbestechlich und beeindruckt durch seine imposante Erscheinung. Auch wenn seine Reizschwelle hoch liegt, müssen seine Größe und Kraft berücksichtigt werden – wenn er einmal „in Gang“ kommt, hält man ihn nicht mal eben an der Leine fest. In einigen deutschen Bundesländern steht er auf der Liste der gefährlichen Hunde.

FCI-Gruppe 2

Auzug aus dem Standard:

„... großer, schwerer, ebenmäßig gebauter Hund von mittleren Proportionen, sehr kräftig und muskulös, mit kompaktem Knochengerüst, großem Kopf und halblangem Haarkleid. (...) Ländlich derb, von liebevollem und sanftem Adel."

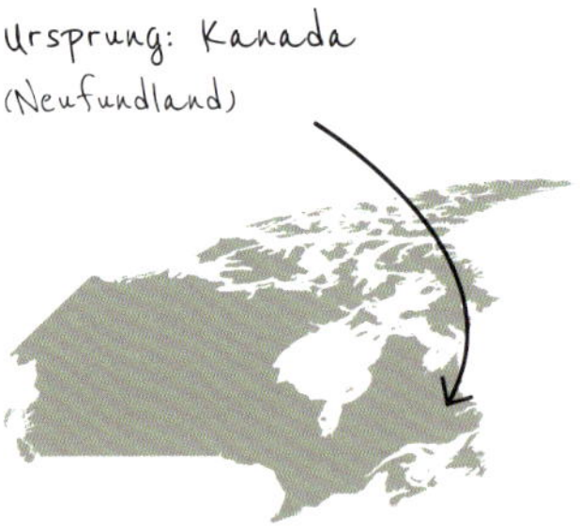

Newfoundland
(Neufundländer)

Ursprünglicher Verwendungszweck:
Schlittenhunde für schwere Lasten, Rettungshund

FCI-Standard Nr. 50
Gruppe: 2
Sektion 2: Molossoide
2.2 Berghunde
Varietäten: 3 (Farbe)

Größe
Rüde: durchschnittlich 71 cm
Hündin: durchschnittlich 66 cm

Gewicht
Rüde: ca. 68 kg
Hündin: ca. 54 kg

Farbe/Haarkleid
a) Schwarz
b) Weiß-schwarz
c) Braun

Dichtes, mittellanges, wasserfestes Deckhaar mit viel Unterwolle

Als Heimat des Neufundländers gilt die kanadische Atlantikinsel Neufundland. Die genaue Herkunft ist aber unklar. Vermutlich waren an der Entstehung des heutigen Neufundländers unterschiedliche große, starke Hunde beteiligt, die von den europäischen Fischern auf die Insel gebracht wurden und sich mit den heimischen Hunden der auf der Insel lebenden Ureinwohner vermischten. Auch eine Abstammung vom „großen schwarzen Bärenhund", den Wikinger nach dem Jahr 1100 mitbrachten, wird diskutiert.

Der Neufundländer, der erstmals im 18. Jahrhundert von einem britischen Seemann namens Cartwright als „Newfoundland Dog" erwähnt wurde, diente den Fischern auf Neufundland als Arbeitstier. Im Rassestandard wird er als Schlittenhund für schwere Lasten und als Wasserhund beschrieben. Die wetterbeständigen Hunde mit der imposanten Statur und einer ausgeprägten Liebe zum Wasser halfen den dort lebenden Fischern und Seefahrern bei ihrer täglichen Arbeit. Selbst Sturm, Schnee und eisige Kälte konnten ihnen nichts anhaben, nur Hitze vertragen sie schlecht. Als Zug- und Wasserhunde halfen sie zuverlässig beim Ziehen von schweren Lasten, wie zum Beispiel dem Einholen der Fischernetze und dem Herausziehen der Fischerboote aus dem Wasser.

Im Wasser ist der ehemalige Küstenhund völlig in seinem Element. Das macht ihn zusammen mit seiner großen Kraft zum idealen Rettungshund, der häufig in der Wasserrettung eingesetzt wird. Er kann einem Ertrinkenden ein Boot oder einen Rettungsring bringen, ihn sich an seinem Geschirr festhalten lassen und ihn an Land ziehen oder ein mit Personen oder Hilfsmaterial besetztes Boot ziehen. Dabei strahlt er auch noch große Ruhe und Sicherheit aus, was der Panik des Verunglückten entgegenwirkt. Seine Kraft, Ausdauer, Wetterfestigkeit sowie seine Passion fürs Schwimmen hat er sich bis heute bewahrt.

Der Neufundländer ist stets gelassen, friedlich und liebenswürdig. Diese Eigenschaft macht ihn zum idealen Familienhund. Besonders zu Kindern entwickeln Neufundländer ein ganz besonders enges Verhältnis. Dabei ist es nicht nur seine Verspieltheit, sondern vor allem seine Rücksichtnahme und Geduld, die im Umgang mit Kindern beeindrucken. Doch auch den anderen Familienangehörigen gegenüber zeigt sich der „Neufi" als besonders anhänglicher und treuer Weggefährte. Er braucht einen engen Kontakt zu seinen Menschen und möchte am liebsten überall dabei sein. Trotz seiner Kraft und Größe ist er dank seiner sanftmütigen Art und seiner hohen Reizschwelle überall ein gern gesehener Gast. Auch fremden Menschen begegnet er freundlich.

Auszug aus dem Standard:

„Der Neufundländer drückt in seiner Erscheinung Wohlwollen und Milde aus. Majestätisch, fröhlich und unternehmungslustig ist er für seine stete Liebenswürdigkeit und Gelassenheit bekannt."

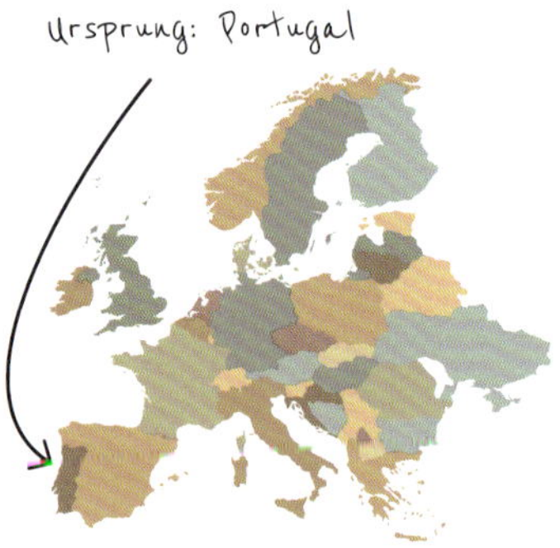

Rafeiro do Alentejo

FCI-Standard Nr. 96
Gruppe: 2
Sektion 2: Molossoide
2.2 Berghunde

Größe
Rüde: 66–74 cm
Hündin: 64–70 cm

Gewicht
Rüde: 45–60 kg
Hündin: 35–50 kg

Farbe/Haarkleid
Schwarz, Wolfsgrau, Falbfarben, Gelb
Entweder gestromt oder einfarbig, alle Farben immer mit weißen Flecken oder Weiß mit Flecken dieser Farben

Kurzes bis mittellanges, dickes Fell mit viel Unterwolle

Ursprünglicher Verwendungszweck:
Wach- und Hofhund

Es gibt nicht viele Aufzeichnungen über die Entwicklung des Rafeiro do Alentejo, aber man nimmt an, dass er von molossoiden Hunden aus dem Nahen Osten abstammt. In neuerer Zeit haben vermutlich Mastín Español und Estrela-Berghund eine Rolle gespielt. In Portugal kennt man ihn auch unter der Bezeichnung „Mastín do Alentejo“. Bis zur portugiesischen Nelkenrevolution 1974 war dieser stattliche Hund Statussymbol der Großgrundbesitzer, vor allem in der Region des Alentejo im Süden des Landes, die ihn zur Begleitung und zum Schutz ihrer Viehherden hielten. Wie in Spanien war es auch in Portugal jahrhundertelang Tradition, dass große Viehherden zwei Mal jährlich auf große Wanderungen, so genannte Transhumanzen gingen, um von den wärmeren Winterquartieren in den Ebenen des Südens in die Berge des Nordens zu ziehen und umgekehrt. Immer wurden diese Herden von großen Hunden begleitet und beschützt, was auch erklärt, wie der Rafeiro in den Süden des Landes gelangte.

Der Rafeiro do Alentejo ist es gewohnt, unabhängig und selbständig sein Gelände oder seine Herde zu bewachen und zu beschützen. Besonders nachts sind alle Sinne geschärft und ihm entgeht nichts. Darum ist er als Wachhund auf einsam gelegenen Bauerhöfen sehr beliebt.

Der Standard beschreibt das Wesen des Portugiesen: Ein vorzüglicher Wachhund für Haus und Hof. Er ist auch ein sehr hilfreicher Beschützer der Herden, nachts wachsamer als bei Tage. Er nimmt seine Aufgabe, ihm anvertrautes Territorium oder Besitztum zu bewachen, sehr ernst.

Der selbständige Rafeiro ist kein Hund für Anfänger. Bei akuter Bedrohung seiner Menschen wird er versuchen, die Gefahr von diesen fernzuhalten. Sein ruhiges, gelassenes Temperament macht ihn für Kinder zu einem treuen, freundlichen Gefährten, der alles verzeiht. Fremden gegenüber ist er zunächst abwartend. Er muss sie erst einmal beobachten und prüfen. Er ist eben kein will-to-please Hund.

Der Rafeiro do Alentejo ist schon aufgrund seiner Größe nicht einfach zu halten. Ein großes Anwesen mit Garten, das er bewachen kann, ist ideal ist für ihn. Eine Etagenwohnung oder eine städtische Umgebung wären unpassend. Auch mit ständig wechselnden Reizen in einer lauten und unruhigen Umgebung kann dieser Hund nicht gut umgehen: Er ist dann wenig stressresistent.

Der Rafeiro do Alentejo ist ein echter Partner und kein Objekt für Leistungsjunkies. Er ist in der Erziehung nicht ganz einfach, da er selbständiges Denken und Handeln gewohnt ist. Seinen Dickkopf musst man mit konsequenter Milde und Geduld für sich gewinnen. Er möchte seinen Leuten folgen und tut das auch sehr zuverlässig. Dennoch gehören Unterordnung und Gehorsam nicht zu seinen Stärken, vielmehr liegt ihm selbständiges Handeln im Blut.

Über den Auslandstierschutz gelangen manchmal Rafeiro-Mischlinge nach Deutschland. Hier ist es besonders wichtig, dass die neuen Besitzer wissen, dass es sich um keinen typischen Hütehund handelt, sondern einen sehr unabhängigen und eigenständigen Wächter und Beschützer, der seinen Job ernst nimmt.

Auszug aus dem Standard:

„Großer Hund, kräftig, derb, genügsam und ruhig. Seine Profillinien sind etwas konvex und sein ganzes Gebäude ist eher lang als breit."

Sredneasiatskaja Owtscharka
(Mittelasiatischer Schäferhund)

Ursprung: Russland
(Zentralasien)

FCI-Standard Nr. 335
Gruppe: 2
Sektion 2: Molossoide
2.2 Berghunde

Größe
Rüde: mind. 70 cm
Hündin: mind. 65 cm

Gewicht
Rüde: mind. 50 kg
Hündin: mind. 40 kg

Farbe / Haarkleid
Jede Farbe erlaubt (ausgenommen genetisch Blau und genetisch Braun in jeglicher Kombination und schwarzer Mantel auf Loh)

Sehr üppiges, dickes und dichtes Deckhaar mit viel Unterwolle

Ursprünglicher Verwendungszweck:
Herdenschutzhund

Der „Mittelasiatische Schäferhund", der seine Bezeichnung nur der wörtlichen Übersetzung aus dem Russischen verdankt, aber eigentlich ein Herdenschutz- und kein Schäferhund ist, ist in Westeuropa fast unbekannt. Ursprünglich findet er seine Verbreitung in den zentralasiatischen Republiken Kasachstan, Kirgisistan, Tadschikistan, Usbekistan, Afghanistan, Turkmenistan und der Mongolei. Durch dieses enorme Verbreitungsgebiet ist die Vielfalt der einzelnen Schläge bedingt.

Der Mittelasiatische Owtscharka, auch als Alabai bekannt, wird noch heute in seinen Herkunftsgebieten zur Arbeit als Herdenschutzhund, aber auch zur Bewachung der Karawanen, Nomadenlager und Häuser eingesetzt und begleitet die Hirten bei ihren Wanderungen durch die Steppen. „Die harten Lebensbedingungen und der kontinuierliche Kampf gegen Angreifer hatten einen Einfluss auf das Aussehen und auch auf den Charakter des Hundes; es hat ihn kräftig und furchtlos gemacht und er hat gelernt, seine Energie zu sparen", heißt es im Rassestandard.

Er ist daher von ruhigem Temperament, sehr selbstsicher und trifft seine Entscheidungen selbständig. Er bleibt selbst bei Bedrohung ruhig und gelassen. Wie alle Herdenschutzhunde zeichnen ihn besonders sein Mut und seine hohe Territorialität aus. Ihn bringt so schnell nichts aus der Fassung. Das ruhige Temperament sollte jedoch niemals unterschätzt werden, denn der Schutz der ihm Anvertrauten geht dem Herdenschutzhund über alles. Sieht er seine Herde bzw. seine Familie in echter Gefahr, so greift er ohne jede Vorwarnung an. Der Mut, die Selbstsicherheit und die Kampfstärke dieses Hundes sind enorm.

Aufgrund seines ausgeprägten Schutzinstinkts und seines angeborenen Misstrauens gegenüber fremden Menschen und Hunden ist der Mittelasiatische Owtscharka als Familienhund nur sehr bedingt geeignet.

Eine konsequente Erziehung ist für ein harmonisches Zusammenleben zwischen Mensch und Owtscharka unabdingbar. Mangelnde Führungsstärke, die sich nicht nur in übertriebener Härte, sondern auch in gut gemeinter Nachgiebigkeit zeigt, kann rasch zu unerwünschten Verhaltensweisen führen. Trotz ihres im Grunde ausgeglichenen Temperaments können die unabhängigen Vierbeiner durchaus aggressiv agieren.

Am wohlsten fühlt sich der Owtscharka, wenn er den Aufgaben nachgehen darf, für die er ursprünglich gezüchtet wurde: Dem Schutz von Viehherden und die Begleitung des Hirten in einsame Gegenden.

Nur hier kann er seinen Schutztrieb ungehindert ausleben. Derart ausgelastet zeigt sich der Nomadenhund dann auch extrem anpassungsfähig. Sein „Hirte" wird ihn als zuverlässigen und fähigen Wächter erleben, der bei aller Unabhängigkeit und Selbstsicherheit auch eine überraschend anhängliche, beinah zärtliche Seite besitzt. In den Herkunftsländern kupiert man traditionell die Ohren meist sehr kurz, um Wölfen und Bären weniger Angriffsfläche zu bieten.

Auszug aus dem Standard:
„Furchtlosigkeit gegenüber großen Angreifern ist eine charakteristische Eigenschaft."

Ursprung: Bosnien und Herzegowina und Kroatien (ehem. Jugoslawien)

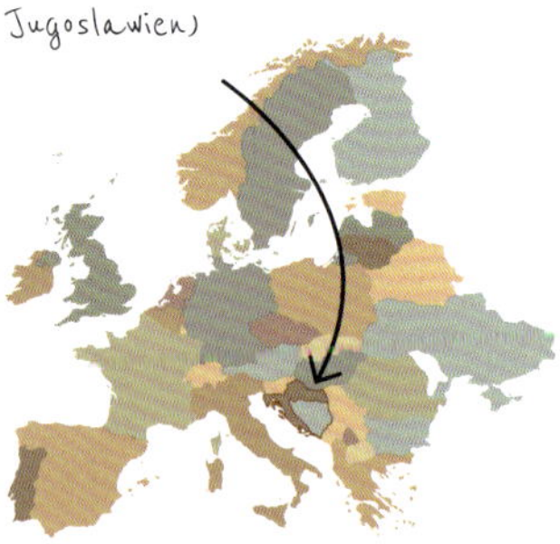

FCI-Standard Nr. 355
Gruppe: 2
Sektion 2: Molossoide
2.2 Berghunde

Größe
Rüde: 65–70 cm
Hündin: 60–65 cm
Mit einer Toleranz von +/- 2 cm

Gewicht
Keine Angabe im FCI-Standard
(i. d. R. 30–50 kg)

Farbe / Haarkleid
Meist mehrfarbig mit einfarbigen Abzeichen unterschiedlicher Farbtöne. Für gewöhnlich ist die dominierende Grundfarbe Weiß.

Mittellanges, üppiges, manchmal leicht gewelltes und wetterfestes Deckhaar mit dichter Unterwolle

Tornjak

Ursprünglicher Verwendungszweck:
Herdenschutzhund

Der Tornjak stammt aus dem Gebiet von Bosnien-Herzegowina und Kroatien, ist aber schon viel älter als die heutigen Staaten. Schon aus dem 11. Jahrhundert sind vom Balkan erste Beschreibungen großer Hirtenhunde überliefert, die die Herden sowohl hüteten als auch bewachten. Historisch sind die Tornjaks mit den anderen osteuropäischen Herdenschutzhunden wie Kuvasz und Komondor verwandt. Mit dem Rückgang der Wanderschäferei wurden auch auf dem Balkan die Tornjaks immer weniger, bis sie kurz vor dem Verschwinden standen. 1972 wurden die Restbestände erstmals richtig erfasst und weiter gezüchtet, wodurch sich heute die Zahlen auf einem stabilen Niveau bewegen.
Der Tornjak hat die typische Größe eines Hirtenhundes mit kräftigem Körperbau. Seine Aufgabe war es, die Herde gegen Beutegreifer wie Wolf und Bär zu verteidigen. Entsprechend zeigt er Mut und Selbstbewusstsein sowie Eigenständigkeit in seinen Entscheidungen, was ihm manchmal etwas ungerecht als „Sturheit“ angelastet wird. Fremden gegenüber ist reserviert bis vorsichtig, aber nicht aggressiv. Er kennt sein Territorium und verhält sich innerhalb anders als außerhalb.

Sein langes, dichtes Haarkleid mit oftmals reichlicher Mähne und weißer Grundfarbe mit meist großen einfarbigen Abzeichen macht ihn zusammen mit seinem quadratisch-kompakten, aber nicht schwerfälligen Äußeren zu einem attraktiven Hingucker. Dennoch sollten sich Interessenten im Klaren darüber sein, dass sie hier keinen einfach zu erziehenden und stets kooperativen Hütehund vor sich haben, sondern einen Herdenschutzhund mit all seinen typischen Eigenschaften, die vom Halter berücksichtigt werden müssen.
Er ist nach wie vor ein robuster, kerniger Arbeitshund, der gerne draußen ist und Platz, Bewegung und eine Aufgabe braucht.

Auszug aus dem Standard:

„Der Tornjak ist ein großer und kraftvoller Hund, gut proportioniert und wendig. Die Körperform ist fast quadratisch. (…) Er ist kräftig, harmonisch und gut ausgewogen im Stand oder in der Bewegung."

FCI-Standard Nr. 46
Gruppe: 2
Sektion 3: Schweizer Sennenhunde

Größe
Rüde: 52 – 56 cm
Hündin: 50 – 54 cm
Eine Toleranz von +/- 2 cm wird akzeptiert.

Gewicht
Keine Angabe im FCI-Standard (i. d. R. ca. 22 – 32 kg)

Farbe / Haarkleid
Grundfarbe Schwarz oder Havannabraun (mit möglichst symmetrischen braun-roten und weißen Abzeichen)

Kurzes, dichtes Deckhaar mit Unterwolle

Appenzeller Sennenhund

Ursprünglicher Verwendungszweck:
Hüte- und Treibhund, auch Wachhund

Der Appenzeller Sennenhund, in seiner Schweizer Heimat gern auch „Bläss“ genannt, gehört zu den Bauernhunden. Mit den Schweizer Bauern und Hirten ist er zu dem geworden, was ihn heute ausmacht: ein guter Hüter und Treiber des Viehs und zuverlässiger Wächter.

Durch seine Größe und seine Herkunft von den „Metzger- und Fleischerhunden“ aus dem süddeutschen und alpenländischen Raum ist er zum Hüten und Treiben von Rindern geeignet. Er kennt jedes Tier seiner Herde und ist damit seinem Verwandten, dem kleineren Entlebucher Sennenhund, ähnlich. Der energisch und flink agierende Hund kann auch eine große Anzahl verstreuter Tiere auf weiten Gebieten zusammentreiben und half traditionell beim Auf- und Abtrieb der Kühe von den Almweiden. Er war dabei den Kühen gegenüber nicht zimperlich und wusste sich durchzusetzen, indem er sie auch schonmal kräftig in die Beine kniff. Mit lautem Bellen bekräftigte er seine Absichten.

Während der Nacht ist er stets wachsam. Selbst wenn er nicht mit dem Vieh auf die Weide zieht, bewacht er unaufhörlich den Hof. Fremden gegenüber ist er deshalb eher misstrauisch und zeigt auch gleich durch Bellen an, wenn etwas Ungewöhnliches vor sich geht.

Er zeichnet sich durch große Lebhaftigkeit, Arbeitseifer und Anhänglichkeit an seinen Herrn aus. Er ist außerdem selbstsicher und furchtlos, zeigt sich aber meist sehr sozial sowohl Menschen als auch anderen Hunden gegenüber. Er bewegt sich gern und braucht angemessene Beschäftigung. Er hat eine gute Auffassungsgabe, ist sehr lernwillig und -fähig und wird bei guter Erziehung schnell gehorsam. Er benötigt jedoch einen sportlichen Besitzer, der ihn täglich intensiv beschäftigt und ihm engen Familienanschluss bietet.

In letzter Zeit werden Appenzeller Sennenhunde auch vermehrt mit großem Erfolg als Blindenführhunde und Lawinenhunde eingesetzt. Aber auch im Breitensport, wie etwa dem Agility, trifft man sie an.

Das kurze, feste und anliegende Stockhaar besitzt dichtes und glänzendes Deckhaar mit schwarzer, brauner oder grauer Unterwolle, die aber nicht durch das Deckhaar hindurch scheinen soll.

Im Jahr 1898 wurde die erste Rassendefinition zur gezielten Zucht festgehalten, 1906 erfolgte die Gründung des Schweizer Clubs für Appenzeller Sennenhunde.

Auszug aus dem Standard:

„Dreifarbiger, mittelgroßer, fast quadratisch gebauter Hund, in allen Teilen harmonisch proportioniert, muskulös, sehr beweglich und flink, mit pfiffigem Gesichtsausdruck."

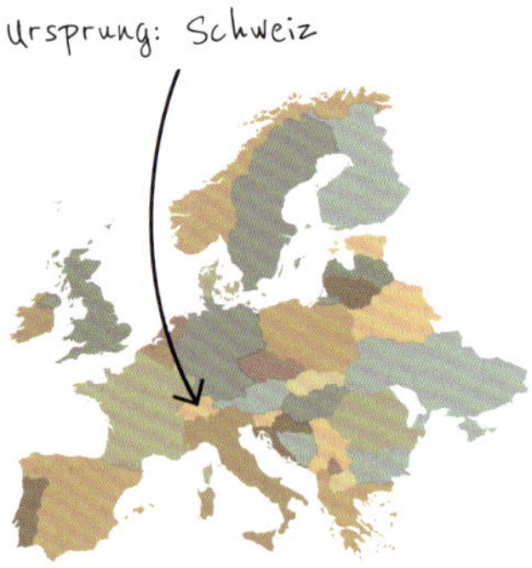

Berner Sennenhund

FCI-Standard Nr. 45
Gruppe: 2
Sektion 3: Schweizer Sennenhunde

Größe
Rüde: 64–70 cm
(ideal 66–68 cm)
Hündin: 58–66 cm
(ideal 60–63 cm)

Gewicht
Keine Angabe im FCI-Standard
(i. d. R. ca. 36–50 kg)

Farbe/Haarkleid
Tiefschwarze Grundfarbe mit sattem, braunrotem Brand an den Backen, über den Augen, an allen vier Läufen und auf der Brust; mit weißen Abzeichen

Langes, dichtes, glattes oder leicht gewelltes Deckhaar mit viel Unterwolle

Ursprünglicher Verwendungszweck:
Wach-, Treib- und Zughund auf den Bauernhöfen

Der Berner Sennenhund ist ein alter Arbeitshund, dem die Schweizer Milchbauern die Früchte tagelanger Arbeit anvertrauen konnten. Es zählte zu seinen traditionellen Aufgaben, die schweren Karren mit Milch von der Alm herunter zur Molkerei ins Tal zu ziehen. Diese Arbeit musste er zuverlässig erledigen und durfte sich nicht von einem Kaninchen ablenken lassen. Nach getaner Arbeit musste er wieder zur Alm zurückkommen. Die Dürrbächler, wie man die Hunde früher auch nannte, hatten noch viele weitere Jobs auf den Höfen des Berner Umlandes: Sie mussten das Haus bewachen, sie halfen beim Treiben der Kühe und ihnen wurden die Kinder auf unbekannten Wegen anvertraut. Schon früh wird sein liebenswerter, treuer Charakter gerühmt. Er wird als Hund beschrieben, der dem Menschen besonders zugewandt ist.

Historisch ist er mit den Molossern verwandt und natürlich mit den anderen Schweizer Sennenhundrassen, dem Entlebucher, Appenzeller und dem Großen Schweizer Sennenhund – in der Reihenfolge ihrer Größe. Erst vor rund hundert Jahren hat man diese Aufteilung geschaffen. Davor waren die Berner

Sennenhunde auch nicht alle dreifarbig wie heute, sondern es gab fast alle Farben. Heute sind die Berner Sennenhund sehr einheitlich gezeichnet, sodass sie sich oft ähneln wie ein Ei dem anderen.

Auszug aus dem Standard:
„Langhaariger, übermittelgroßer, kräftiger und beweglicher Gebrauchshund mit stämmigen Gliedmaßen; harmonisch und ausgewogen."

Aus den anspruchsvollen Aufgaben, die der Berner Sennenhund über Jahrhunderte meisterte, erwuchs ein selbstbewusstes, in sich ruhendes Wesen.
Sein Charakter ist beeindruckend - gelassen und doch bestimmt, offen und freundlich. Ein Berner legt größten Wert auf die Nähe und innige Verbundenheit zu seinen Menschen. Er ist ihnen freundlich zugewandt, widmet ihnen seine Aufmerksamkeit und lässt sich von den Kindern auch Sachen gefallen, die er jedem anderen verbieten würde. Er ist ein ruhender Pol in der Familie.
Dennoch sollte „das Bärli" in der Erziehung wissen, wo die Hausordnung hängt. Das geht am besten durch Konsequenz auf Basis einer vertrauensvollen Bindung, die seine Persönlichkeit respektiert. Der Berner erfüllt dann treu seine Pflichten, ist aber kein Arbeitsjunkie, der seinen Halter täglich fordert. Er ist ein guter Wächter, klafft aber nicht. Selbst höhere Anforderungen wie die Rettungshunde- oder Fährtensucharbeit meistert er und häufig ist er auch als Therapiehund zu sehen, wo er mit seinem freundlichen Charakter glänzt. Aufgrund seiner körperlichen Konstitution ist er für schnellere Sportarten wie Agility weniger geeignet – bei ihm liegt in der Ruhe die Kraft.
Gesundheitlich ist bei ihm vor allem auf Gelenkprobleme zu achten und damit verbunden auf ein gesundes Gewicht sowie das Vermeiden von häufigen, allzu schnellen und abrupten Bewegungswechseln.

Entlebucher Sennenhund

Ursprünglicher Verwendungszweck:
Treib-, Hüte-, Wach- und Hofhund

FCI-Standard Nr. 47
Gruppe: 2
Sektion 3: Schweizer Sennenhunde

Größe
Rüde: 44–50 cm
(Toleranz bis 52 cm)
Hündin: 42–48 cm
(Toleranz bis 50 cm)

Gewicht
Keine Angabe im FCI-Standard
(i. d. R. ca. 20–30 kg)

Farbe/Haarkleid
Typische Dreifarbigkeit. Grundfarbe Schwarz mit möglichst symmetrischen (gelb bis bräunlich rostroten) lohfarbenen und weißen Abzeichen

Kurzes, hartes Deckhaar mit Unterwolle

Die Rasse ist die kleinste der vier Schweizer Sennenhunde und trägt den Namen ihrer Herkunftsregion, den Tälern des Flusses Emme und Entlen in den Schweizer Kantonen Bern und Luzern. Dort befindet sich auch der kleine Ort Entlebuch. Erstmals schriftlich erwähnt wurde der Entlebucher Sennenhund 1889 unter dem Namen Entlebucherhund. Bis 1926 war die Rasse trotz der ersten Eintragung in das Schweizerische Hundestammbuch im Jahr 1914 kaum vom Appenzeller Sennenhund zu unterscheiden. Eine eindeutige Trennung wurde erst mit der Gründung des Klubs für Entlebucher Sennenhunde vorgenommen. Erste Rassestandards legte der Club 1927 fest. Die endgültige Anerkennung durch die FCI erfolgte 1954. In der Schweiz ist die Rasse auch unter den Bezeichnungen Entlibucher, Schärlig oder Schärglibacher Sennenhund bekannt.

Die Aufgabe des Entlebucher Sennenhundes bestand ursprünglich im Hüten und Treiben von Viehherden, wobei er die Rinder treibhundtypisch in die Hinterbeine kniff, um sie zu bewegen. Nebenher wurde er wie der Appenzeller auch als Wachhund eingesetzt. Um seinen ursprünglichen Aufgaben gerecht zu werden, musste er agil und lebhaft, kraftvoll und furchtlos sein. Diese Eigenschaften hat die Rasse sich bis heute erhalten. Dieser Sennenhund zeichnet sich außerdem durch sein wesensfestes und ausgeglichenes Naturell aus. Vom reinen Arbeitstier hat er sich heute zu einem beliebten Familienhund entwickelt. Dabei entfaltet er einen ausgeprägten Beschützerinstinkt und zeigt sich Fremden gegenüber zunächst eher misstrauisch. In Verbindung mit seiner Wachsamkeit tragen diese Eigenschaften dazu bei, dass er Haus und Hof aufmerksam bewacht und Besucher und Passanten am Gartenzaun lautstark ankündigt. Die Bellfreude ist ihm also angeboren – etwas, was ein künftiger Besitzer wissen sollte, um damit angemessen umgehen zu können.

Äußerlich unterscheidet er sich vom Appenzeller Sennenhund, der ja ein ähnliches Tätigkeitsprofil, eine ähnliche Größe und eine Färbung hat, durch einen kürzeren Hals, eher walzenförmigen Rumpf und einen flachen Rücken. Rund zehn Prozent der Entlebucher kommen mit angeborener Stummelrute auf die Welt.

Der Entlebucher ist, da er sehr beweglich und flink ist, auch als Sporthund geeignet und kommt als Rettungs- oder Lawinenhund zum Einsatz. Außerdem kann er vom Wesen her als Schul- oder Therapiehund sehr wertvolle Dienste leisten. Der Rassestandard beschreibt sein Wesen als lebhaft, temperamentvoll, selbstsicher und furchtlos; gegenüber vertrauten Personen gutmütig und anhänglich, gegenüber Fremden leicht misstrauisch; unbestechlicher Wächter; freudig und lernfähig.

Auszug aus dem Standard:

„Knapp mittelgroßer, kompakt gebauter Hund von leicht gestrecktem Format, dreifarbig wie alle schweizerischen Sennenhunde, sehr beweglich und flink. Aufgeweckter, kluger und freundlicher Gesichtsausdruck."

FCI-Standard Nr. 58
Gruppe: 2
Sektion 3: Schweizer Sennenhunde

Größe
Rüde: 65–72 cm
Hündin: 60–68 cm

Gewicht
Keine Angabe im FCI-Standard (i. d. R. 50–70 kg)

Farbe/Haarkleid
Typische Dreifarbigkeit: Grundfarbe Schwarz mit symmetrischem rot-braunem Brand und weißen Abzeichen

Kurzes, festes Deckhaar mit Unterwolle

Großer Schweizer Sennenhund

Ursprünglicher Verwendungszweck:
Wach- und Zughund

Im Jahr 1908 entdeckte der Schweizer Kynologe Albert Heim auf einer Ausstellung unter den Berner Sennenhunden einen großen Rüden namens „Bello vom Schlossgut" mit kurzem Haar. Er definierte auf dieser Grundlage eine eigene Rasse und gab ihr den Namen „Großer Schweizer Sennenhund". Natürlich war Bello nicht der einzige seiner Art, es hatte schon vorher lange Zeit in der Schweiz überall große, kurzhaarige Sennenhunde dieses Typs gegeben, die von den alten Metzgerhunden abstammten und von den Bauern vielseitig zum Viehtreiben, Hüten, Bewachen und sehr verbreitet auch zum Ziehen von Karren verwendet wurden. Nur konnte damals von einer Reinzucht natürlich keine Rede sein, die Hunde waren sehr unterschiedlich in Typ, Farbe und Größe. Erst Heim ist es zu verdanken, dass der heutige Große Schweizer Sennenhund mit seinem markanten Äußeren klar aus der großen Menge der Bauernhunde herausgezüchtet wurde. 1912 wurde der „Klub für Große Schweizer Sennenhunde" gegründet.
Mit einem ruhigen Temperament versehen, welches sich in einer beachtenswerten Sicherheit ausdrückt, ist der Große Schweizer Sennenhund ein ausgezeichneter Herdenführer, heute aber auch ein geschätzter Familienhund.
Er ist trotz seiner eindrucksvollen Größe, seiner Starkknochigkeit, seiner guten Bemuskelung und seines Gewichtes ausdauernd und beweglich. Eine gute Möglichkeit zur Beschäftigung und Auslastung findet sich heute für ihn besonders im Zughundesport. Viele Große Schweizer Sennenhunde lieben auch das Wasser.
Er hat einen beeindruckenden Charakter, gelassen und doch bestimmt, offen und freundlich. Er ist stark auf seine Familie und sein Heim geprägt und verteidigt seine Familie notfalls mit Entschlossenheit und ohne jede Furcht. Fremden gegenüber ist er zunächst eher misstrauisch. Die gelegentliche Sturheit des Großen Schweizer Sennenhundes rundet sein äußerst liebevolles und charmantes Wesen auf erfrischende Weise ab.
Der Große Schweizer ist genetisch und geschichtlich eng mit dem Bernhardiner verwandt, was gerade auch in seinem Wesen erlesbar wird.

Auszug aus dem Standard:

„Dreifarbiger, stämmiger, starkknochiger und gut bemuskelter Hund. Trotz seiner Größe und seines Gewichtes zeigt er Ausdauer und Beweglichkeit. (…) Sicher, aufmerksam, wachsam und furchtlos in Alltagssituationen, gutmütig und anhänglich mit vertrauten Personen, selbstsicher gegenüber Fremden; mittleres Temperament."

Terrier

FCI-Gruppe 3

Sektion 1 – Hochläufige Terrier
Sektion 2 – Niederläufige Terrier
Sektion 3 – Bullartige Terrier
Sektion 4 – Zwerg-Terrier

Fakultativ Arbeitsprüfung

FCI-Standard Nr. 7
Gruppe: 3
Sektion 1: Hochläufige Terrier

Airedale Terrier

Ursprünglicher Verwendungszweck:
Jagdhund für die Wasserjagd auf Fischotter, aber auch Apportierhund

Die Arbeiter von Leeds in Yorkshire waren die ersten, die Mitte des 19. Jahrhunderts aus dem Old English Black and Tan Terrier und dem Otterhound den Airedale Terrier züchteten. Sie wollten einen Hund als Mäusevernichter, als Vorsteh- und Wasserhund und vor allem für die Jagd auf Fischotter. 1875 wurden die ersten Hunde dieses Schlages unter den Namen „Waterside-Terrier" oder „Bingley-Terrier“ ausgestellt. Erst um das Jahr 1880 bürgerte sich die heutige Bezeichnung „Airedale Terrier“ nach dem Flusstal der Aire in der Grafschaft Yorkshire ein.

Der Airedale Terrier ist höchst aufmerksam, zu allen Taten bereit wie ein geladenes Energiebündel, aber zugleich gelassen und ohne jede Aggression.

Als einziger Terrier (und der größte unter den Terrierrassen) zählt er offiziell zu den Schutzhunderassen und überzeugt nach wie vor als Diensthund – beispielsweise bei Zoll und Polizei, aber auch als Rettungshund und mitunter sogar als Blindenführhund. Seine angeborenen Eigenschaften Mut, Zuverlässigkeit, Ausdauer und Belastbarkeit prädestinieren ihn regelrecht für solche Einsätze. Er benötigt jedoch verständnisvolle Konsequenz in der Ausbildung, mit Härte und Zwang erreicht man bei ihm nichts. Er muss von dem überzeugt werden, was er tun soll, dann ist er mit vollem Einsatz dabei!

Der sportliche Airedale Terrier überzeugt auch in vielen anderen Bereichen und vor allem auch als Familienhund, zumal er umgänglich und lernfreudig ist, wenn man liebevoll-konsequent mit ihm umgeht.

Airedale Terrier sind ziemlich pflegeleicht. Sie sind rauhaarig und haben hartes, leicht gewelltes Deckhaar, das einen optimalen Wetterschutz bietet. Die unter dem Deckhaar liegende weiche, flaumige Unterwolle ist kürzer und wärmt zusätzlich bei Kälte. Regelmäßiges Trimmen – durchschnittlich alle drei Monate – erhält das Haarkleid attraktiv. Scheren ist tabu: Es schadet der rassetypischen Fellstruktur, lässt das Haar stumpf und die Farben blass werden.

Airedale Terrier begeistern sich für vieles – Hauptsache Action! Die meisten Airedales leben als Familienhunde, wo sie Groß und Klein glücklich machen. Trotz ihrer Größe sind sie ideale Haushunde, verspielt und freundlich zu Kindern und im Allgemeinen verträglich mit Artgenossen. Ein möglichst großer Garten und lange Spaziergänge machen sie glücklich. Auch für die verschiedensten Hundesportarten von Agility über Turnierhundsport bis Vielseitigkeit sind sie ebenfalls geeignet. Sie sind ausgesprochen lernfreudig, was die Ausbildung erleichtert.

So umgänglich und tolerant sich der Airedale im Umgang mit Kindern zeigt, so aufmerksam ist er, wenn es gilt, nach Haus und Hof zu sehen. Unerschrockenheit, Wachsamkeit und Mut gehören zu seinen rassespezifischen Eigenschaften.

Größe
Rüde: ca. 58–61 cm
Hündin: 56–59 cm

Gewicht
Keine Angabe im FCI-Standard (18–29 kg)

Farbe/Haarkleid
Sattel schwarz oder gräulich, ebenfalls Nacken und Oberseite der Rute. Alle anderen Körperpartien Lohfarben

Rauhaar mit welligem, hartem Deckhaar und weicher Unterwolle

FCI-Gruppe 3

Auszug aus dem Standard:

„Ein muskulöser, aktiver, ziemlich kompakter Hund ohne Anzeichen von Hochläufigkeit oder unverhältnismäßiger Körperlänge. Entschlossener Ausdruck, schnell in der Bewegung, jederzeit voll gespannter Erwartung."

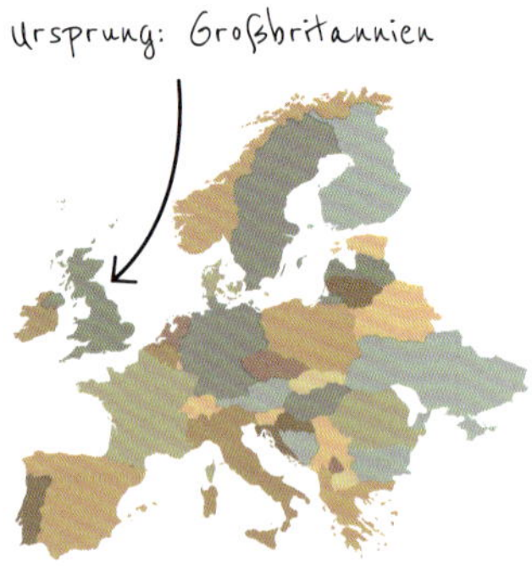

Bedlington Terrier

Ursprünglicher Verwendungszweck:
Gebrauchshund für die Jagd auf Otter, Füchse und Dachse

Der Bedlington Terrier, früher auch als Rothbury Terrier bekannt, stammt aus Northumberland, den früheren Bergbauregionen Nordenglands im schottischen Grenzgebiet, wo er für die Jagd auf Ratten verwendet wurde. Wo es möglich war, wurde er auch als Gehilfe beim Wildern eingesetzt. Vor allem aber reisten Bedlington Terrier mit Kesselflickern, Scherenschleifern und Händlern durchs Land und befreiten, während die Besitzer ihrer Arbeit nachgingen, die Dörfer von Ratten und anderen Nagetieren.

Zu ihren Vorfahren zählen vor allem Dandie Dinmont Terrier, aber wahrscheinlich auch einige Pudel, denen sie wohl das heutige lockige Haarkleid verdanken dürften. Dieses wird vor allem am Kopf in eine traditionelle Form geschnitten, die das Aussehen der Rasse stark prägt.

Auch Windhunde, vermutlich Whippets, haben bei ihrer Entstehung eine Rolle gespielt, was die Hochbeinigkeit, den grazilen Gang und die aufgewölbte Rückenlinie erklärt.

Bedlington Terrier sind bekannt für ihre Schnelligkeit und Ausdauer, Eigenschaften, die sie zu Kandidaten für den Hundesport wie Agility machen. Früher galten sie als eine der härtesten und schärfsten Terrierrassen überhaupt und zeichnen sich auch heute noch durch außergewöhnlichen Mut aus. Ihr schäfchenhaftes Aussehen darf nicht darüber hinwegtäuschen, dass sie Energiebündel mit starker Jagdpassion sind, weshalb man sie manchmal auch „Lämmchen mit Löwenherz" nennt.

Wenn das Zusammenleben mit anderen Haustieren wie zum Beispiel Katzen gelingen soll, müssen sie von Klein auf daran gewöhnt werden. Draußen beim Freilauf ist immer daran zu denken, dass der starke Jagdtrieb Katzen und andere Kleintiere gefährden kann. Hier sind gutes Training und Umsicht des Halters gefragt.

Bedlington Terrier sind wachsam und verteidigen notfalls tapfer „ihre" Menschen und deren Hab und Gut, sind aber ansonsten ausgesprochen kooperativ und gelehrig. Sie sind ihren Menschen treu zugewandt und eignen sich bestens als Familienhund, wenn man ihre starke Persönlichkeit nicht nur respektiert, sondern vielmehr zu schätzen und zu handhaben weiß.

FCI-Standard Nr. 9
Gruppe: 3
Sektion 1: Hochläufige Terrier

Größe
ca. 41 cm (bei Hündinnen leichte Abweichung nach unten, bei Rüden nach oben erlaubt)

Gewicht
8–10 kg

Farbe/Haarkleid
Blau, Leber- oder Sandfarben, mit oder ohne Loh. Dunklere Farbtöne sind vorzuziehen.

Wollig bis flachsartig, dicht, lockig. Haart nicht.

Auszug aus dem Standard:

„Temperamentvoll und mutig, voller Zutraulichkeit. Intelligenter Begleiter, der mit einem stark ausgeprägten Jagdinstinkt ausgestattet ist. Gutmütig, von liebevoller Natur, würdevoll, nicht scheu oder nervös. In der Ruhe sanft, jedoch voller Mut in der Erregung."

Border Terrier

FCI-Standard Nr. 10
Gruppe: 3
Sektion 1: Hochläufige Terrier

Größe
Keine Angabe im FCI-Standard (i. d. R. 30–37 cm)

Gewicht
Rüde: 5,9–7,1 kg
Hündin: 5,1–6,4 kg

Farbe/Haarkleid
Rot, Weizen, Grizzle and Tan (meliert und lohfarben), Blau and Tan (blau und lohfarben).

Rauhaar mit harschem Deckhaar und weicher Unterwolle

Ursprünglicher Verwendungszweck:
Jagdhund für Füchse und Dachse

Der Border Terrier stammt wie der Border Collie aus dem englisch-schottischen Grenzgebiet, den Borders. In dieser eher kargen und früher von Armut geprägten Region ist der Boden felsig und kaum landwirtschaftlich nutzbar, aber seit jeher wurde hier in großem Stil Schafzucht betrieben. Für die adlige Gesellschaft waren die Borders ein beliebtes Jagdgebiet. Robuste und jagdlustige, scharfe kleine Terrier waren hier allen nützlich: Den Farmern, um den Ratten, Mardern und Füchsen Paroli zu bieten, die in Hühnerställen, an neugeborenen Lämmern oder an den Fischteichen Schaden anrichteten, und den zu ihrem Vergnügen jagenden Landadeligen, um im großen Stil zu Pferd den Füchsen nachzustellen.

Im 18. und 19. Jahrhundert war das Erscheinungsbild noch sehr uneinheitlich, fast jede Region oder jedes größere Landgut hatte seinen eigenen Terriertyp. Die planmäßige Zucht begann erst Anfang des 20. Jahrhunderts und die Rasse wurde 1963 offiziell von der FCI anerkannt. Die Zuchtziele waren ursprünglich ausschließlich Jagdhundeigenschaften: Schnelligkeit und Ausdauer, um Jagdreiter und ihre Foxhounds begleiten zu können, aber auch klein genug, um in die engen Fuchsbauten zu gelangen und Füchse aus ihren Verstecken zu treiben. Kein Dornengebüsch und keine Steinblöcke konnten die zähen kleinen Terrier aufhalten. Äußerlichkeiten waren vollkommen gleichgültig, allein die Leistung zählte. So hieß es auch 1920 in der Einleitung zum ersten Standard, den der neugegründete englische Border Terrier Club aufstellte: „Der Border Terrier ist vor allem ein Arbeitsterrier, befähigt, mit den Pferden zu laufen, und muss große Aktivität und Jagdlust (gameness) besitzen."

Der Border Terrier ist auch heute noch in Großbritannien häufig als Jagdterrier anzutreffen, in anderen Ländern ist er aufgrund seines kecken, intelligenten Wesens eher zum Familienhund für Menschen geworden, die robuste Natürlichkeit mögen und gern draußen unterwegs sind. Er ist immer gut gelaunt, unternehmungslustig und verspielt und neigt weder zu Sturheit noch zu Aggressivität. Seine Jagdpassion ist aber immer noch stark vorhanden. Mit Artgenossen zeigt er sich in der Regel sehr umgänglich, was darauf zurückzuführen ist, dass die kleinen Terrier früher fast immer in der Meute jagten und zu mehreren gehalten wurden. Was im Umkehrschluss heißt: Zwei oder mehr Border Terrier haben draußen in Feld und Wald zusammen großen Spaß, weniger jedoch die Katze oder das Kaninchen, dem sie auf den Fersen sind.

Zwar bellt der kernige Naturbursche durchaus, um etwas für ihn Interessantes anzuzeigen, ist aber kein Kläffer. Sportarten wie Agility sind ideal für ihn, um seiner Bewegungslust gerecht zu werden und sein schlaues Köpfchen zu fordern. Sture Unterordnung zum Selbstzweck ist wie für die meisten eher selbstbewussten Terrier eher nicht sein Ding. Langweilig wird es jedenfalls mit einem Border Terrier nie.

Sein Fell aus harschem, rauem Deckhaar und weicher Unterwolle, muss regelmäßig getrimmt anstatt geschoren werden, um seine typische Qualität zu bewahren.

Auszug aus dem Standard:

„Vereinigt Unternehmungslust mit jagdlichem Schneid. Lebhaft und mutig."

Arbeitsprüfung

FCI-Standard Nr. 103
Gruppe: 3
Sektion 1: Hochläufige Terrier

Größe
33–40 cm

Gewicht
Den Maßverhältnissen entsprechend (keine genauere Angabe im FCI- Standard) i.d.R. 7,5–10 kg

Farbe/Haarkleid
Schwarz, dunkelbraun oder schwarzgrau meliert mit rotgelben, scharf abgegrenzten sauberen Abzeichen.

Rauhaar oder Glatthaar, beide mit (wenig) Unterwolle

Deutscher Jagdterrier

Ursprünglicher Verwendungszweck:
Vielseitig einsetzbarer Jagdgebrauchshund, besonders für die Baujagd und als Stöberhund

Der Deutsche Jagdterrier hat eindeutig englische Vorfahren, nämlich den Foxterrier. Zu Beginn des 20. Jahrhunderts waren einige deutsche Jäger aus dem süddeutschen Raum der Meinung, die weiß-rot gescheckten Foxterrier seien mit ihrer Färbung zu auffällig für die Jagd und bei dem zwar selten, aber dennoch hin und wieder bei ihnen vorkommenden schwarz-lohfarbenen Farbkleid handele es sich um die eigentliche Urform des Foxterriers – und die Weißscheckung sei erst später durch die Einkreuzung von Beagles entstanden. Außerdem sei der englische Foxterrier zum „Salonterrier“ verkommen und viel zu weich für die Jagd – eine Argumentation, die vermutlich eher auf dem politischen Hintergrund ihrer Zeit zu sehen ist, als dass sie auf Tatsachen beruhte.

Wie dem auch sei, jedenfalls begann man auf der Basis von vier dunkel gefärbten „Foxeln“, wie man sie damals nannte und die eher durch Zufall als Geschenk des Zooparkdirektors Hagenbeck in die Hände besagter Jäger gefallen waren, eine Zucht aufzubauen: Werwolf, Rauhgraf, Morla und Nigra hießen die vier, die heute noch in den Stammbäumen aller Deutschen Jagdterrier zu finden sind. Eine entscheidende Rolle in der Weiterentwicklung der Rasse spielte der ostpreußische Zahnarzt und Jäger Dr. Herbert Lackner, der gezielt noch rauhaarige englische Terrier und Welsh Terrier einkreuzte und schließlich 1926 Mitbegründer des Deutschen Jagdterrier Clubs e.V. wurde.

Das Ziel der „Gründerväter“ war erreicht: Ein extrem harter, scharfer und draufgängerischer Jagdgebrauchshund, der auch die Konfrontation mit einem Wildschwein nicht scheute, Fuchs und Dachs aus dem Bau trieb, bei Drückjagden Wild aufstöberte, auch vor Sumpf und Wasser nicht zurückschreckte, bei Bedarf auch apportierte, mit seiner feinen Nase dem Wild nachspürte und es dann auch noch spurlaut, das heißt laut bellend, sobald er eine Fährte gefunden hatte, verfolgte. Kurzum: Ein echter Allround-Jagdgebrauchshund.

Aus dieser Beschreibung dürfte schon klar werden, dass es sich hier um keinen kleinen niedlichen Familienhund, sondern ein echtes Raubein handelt, das ausschließlich in Jägerhand gehört – und selbst da kommen nicht alle Jäger mit dem Temperament des Deutschen Jagdterriers zurecht. Wer aber einen guten Draht zu seinem DJT, wie er von Insidern gern abgekürzt wird, hat, möchte nie wieder mit einem anderen Hund jagen gehen, so wird berichtet. Auch wenn er kein Stubenhocker ist, braucht und sucht der Deutsche Jagterrier dennoch die enge Bindung zu seinem Menschen. Ruhige, klare und konsequente Führung ist jedoch wichtig, damit die selbstbewusste Persönlichkeit nicht den Aufstand probt.

Definitiv kein Hund für Anfänger – ohnehin wird er so gut wie ausschließlich von Jägern gezüchtet und auch nur an Jäger abgegeben.

Auszug aus dem Standard:

„Kleiner, allgemein schwarzroter, kompakter, gut proportionierter Jagdgebrauchshund. (…) Mutig und hart, arbeitsfreudig und ausdauernd, vital und temperamentvoll, zuverlässig, umgänglich und führig, weder scheu noch aggressiv.“

Fakultativ Arbeitsprüfung

FCI-Standard Nr. 169
Gruppe: 3
Sektion 1: Hochläufige Terrier

Größe
Rüde: nicht mehr als 39 cm
Hündin: etwas kleiner

Gewicht
Rüden: 8,25 kg (Idealgewicht in Ausstellungskondition)
Hündin: etwas weniger

Farbe / Haarkleid
Vorherrschend Weiß mit schwarzen, schwarz und lohfarbenen oder lohfarbenen Abzeichen

Drahtiges Deckhaar mit kurzer und weicher Unterwolle

Fox Terrier
(Wire / Drahthaar)

Ursprünglicher Verwendungszweck:
Jagdhund auf Fuchs, Dachs und Wildschwein

Der drahthaarige Fox Terrier (oder Foxterrier, in der im Deutschen üblichen Schreibweise) ist, zumindest was die offizielle Rassehundezucht betrifft, die jüngere Variante – glatthaarige Foxterrier wurden bereits Mitte des 19. Jahrhunderts in England auf Rassehundezuchtschauen ausgestellt, drahthaarige folgten rund zwanzig Jahre später. 1876 formulierte der Fox Terrier Club of England den ersten Rassestandard.

Bei beiden handelt es sich im Grunde nur um Varianten der gleichen Rasse mit den gleichen Ursprüngen, dennoch werden sie heute in der FCI als zwei verschiedene Rassen klassifiziert. Lange Zeit wurden sie als eine Rasse geführt.

Beide sind, wie alle Terrier, britischen Ursprungs und zählen vermutlich die heute nicht mehr existenten Old English Terrier, Black and Tan Terrier, Bull Terrier, Greyhounds und Beagles zu ihren Vorfahren.

Wie der Name (Fox = Fuchs; Terra = Erde) schon sagt, waren die Hunde dazu gedacht, die berittenen Jagdmeuten mit den schnellen Laufhunden wie zum Beispiel Foxhounds oder Beagles zu begleiten (manchmal wurden sie auch in Satteltaschen mitgenommen) um dann ins Spiel zu kommen, wenn der gejagte Fuchs entweder in seinem Bau verschwand oder gar nicht erst daraus hervorkam. Ihr Job war es dann, den Fuchs unter der Erde aufzuspüren, anzuzeigen oder auch aus seinem Bau herauszutreiben, wozu sie mitunter selbst in den Fuchsbau hineinschlüpfen mussten. Man kann sich schon vorstellen, dass dies viel Mut und Entschlossenheit von den Hunden erforderte. So sind auch die heutigen Fox Terrier noch selbstbewusste Persönlichkeiten mit ordentlichem Jagdtrieb und einer Vorliebe fürs Buddeln und Graben, wobei sie keinen Unterschied zwischen Fuchsbau oder gepflegtem Blumenbeet machen.

Im Deutschland der 1950er und 1960er Jahre erlebte vor allem die drahthaarige Variante mit dem charakteristischen Schnauzbart einen Beliebtheitsboom als Gesellschaftshund und man sieht ihn häufig auf Fotografien aus dieser Zeit. Danach geriet er wieder aus der Mode und etwas in Vergessenheit, um später in der Beliebtheit vom Jack Russell Terrier abgelöst zu werden. Mehrere berühmte Persönlichkeiten besaßen einen Drahthaar-Foxterrier, darunter Agatha Christie, Humphrey Bogart, Katherine Hepburn und Ernest Hemingway.

Das drahtige Fell muss mehrmals im Jahr von Hand getrimmt werden, wobei die toten Haare von Hand ausgerupft anstatt geschnitten oder geschoren werden. Nur so bleibt das Haarkleid gut in Form – schert oder schneidet man es, verliert es seine typische drahtige

Auszug aus dem Standard:
„Aktiv und lebhaft. Vereint in kleinerem Rahmen Knochenstärke und Kraft. Nie schwerfällig noch grob. (…) Lebhaft, schnell in der Bewegung, mit durchdringendem Ausdruck, voll gespannter Erwartung bei der geringsten Herausforderung. Freundlich, aufgeschlossen und furchtlos."

Struktur, wird weicher und die Farben verblassen. Außerdem muss es mehrmals wöchentlich gebürstet werden, um nicht zu verfilzen.
Fox Terrier, egal ob glatt- oder drahthaarig, sind intelligente, energische und aktive Hunde, die viel Bewegung brauchen. Sportarten wie Agility oder Flyball sind für die flinken Flitzer wie gemacht, aber auch mit Nasenarbeit kann man sie gut beschäftigen. Sie neigen zum Bellen und können wie alle Terrier recht eigensinnig sein. Auch sind sie nicht automatisch jedermanns bester Freund, was andere Artgenossen angeht. Eine gute Sozialisation im Welpenalter ist daher besonders wichtig.

Fakultativ Arbeitsprüfung

FCI-Standard Nr. 12
Gruppe: 3
Sektion 1: Hochläufige Terrier

Größe
Rüde: nicht über 39 cm
Hündin: etwas weniger

Gewicht
Rüde: 7,5 – 8 kg
Hündin: 7 – 7,5 kg

Farbe / Haarkleid
Vorherrschend Weiß, entweder einfarbig Weiß, Weiß mit lohfarbenen, Schwarz mit lohfarbenen oder schwarzen Abzeichen.

Kurzes, glattes Deckhaar und kurze, weiche Unterwolle

Fox Terrier
(Smooth / Glatthaar)

Ursprünglicher Verwendungszweck:
Jagdhund auf Fuchs, Dachs und Wildschwein

Die Entwicklung des glatthaarigen Foxterriers begann nach 1850 in England, als die Züchter wetteiferten, immer bessere Jagdhunde hervorzubringen.

Die ersten Foxterrier, die Mitte des 19. Jahrhunderts erstmals auf einer englischen Hundeausstellung gezeigt wurden, waren fast weiße Hunde, die sich in besonderem Maße für die Fuchsjagd eigneten. Aufgrund ihres Mutes, ihrer Ausdauer und ihres Geschicks, die Füchse bis in ihren Bau hinein zu verfolgen, fanden die kleinen Terrier schnell viele Anhänger unter den englischen Jagd- und Hundefreunden. Die furchtlosen Hunde waren in der Lage, sich selbst durch engste Fuchsbau-Röhren zu zwängen.

Die Züchter setzten von Anfang an vor allem auf Funktionalität: Die kleinen Terrier mussten beweglich, ausdauernd und wetterhart sein und bei der Jagd zu Pferde mit den schnellen Foxhounds mithalten können. Auch das viele Weiß war kein Zufall: Es half dem Jäger, seinen Hund im dichten Gebüsch oder im Erdbau leichter wiederzufinden.

1876 legte der neu gegründete Fox Terrier Club den ersten Rassestandard für den Foxterrier vor. Die offizielle Anerkennung durch die FCI erfolgte 1963.

Foxterrier sind hoch passionierte Jagdhunde, denen jagdliche Auslastung entgegenkommt. Sie sind clever, gewitzt, aufgeweckt, immer voll gespannter Erwartung und unter den Terriern vermutlich die lebhaftesten. Sie setzen gern ihr Köpfchen durch und nutzen charmant, aber gnadenlos jede Inkonsequenz und Schwäche ihres Menschen aus.

Ist kein jagdlicher Einsatz möglich, muss das hohe Bewegungsbedürfnis des Foxterriers anderweitig Ventile finden, zum Beispiel als Reitbegleithund, am Fahrrad oder als unermüdlicher Begleiter beim Joggen. Der Kopf des klugen Hundes sehnt sich ebenfalls nach Beschäftigung. Hundesport, Trick Dogging oder anspruchsvolle Spiele kommen beim Foxterrier gut an; dann ist er auch als Familienhund freundlich und aufgeschlossen. Müßig zu erwähnen, dass sein Jagdtrieb nach wie vor wach und lebendig ist: Gerne nimmt er es jederzeit mit Mäusen und Ratten, aber auch Hasen und Füchsen auf.

Auszug aus dem Standard:

„Aktiv, lebhaft. Mit Knochenstärke und Kraft in kleinem Rahmen, keinesfalls schwerfällig oder grob wirkend. Weder zu hoch noch zu niedrig auf den Läufen stehend. Er sollte im Stand wie ein gut gebautes Jagdpferd mit kurzem Rücken aussehen, dabei viel Boden deckend."

Ursprung: Spanien

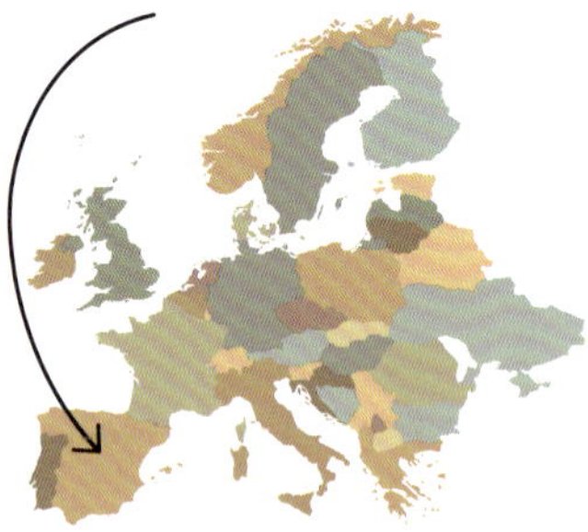

FCI-Standard Nr. 370
(provisorisch anerkannt)
Gruppe: 3
Sektion 1: Hochläufige Terrier

Größe
Rüde: 30–40 cm
(ideal 36 cm)
Hündin: 29–38 cm
(ideal 33 cm)

Gewicht
4–8 kg (für beide Geschlechter)

Farbe/Haarkleid
Geflecktes Fell dominiert das einfarbige. Unter den gefleckten Fellen ist das dreifarbige (schwarz-braun mit weißen Flecken) am häufigsten, gefolgt von schwarz-braun. Es gibt auch schwarz-weißes, zimtweißes, schokoladenbraunes und schokoladenweißes Fell.

Kurzes, feines Deckhaar, nicht länger als 2 cm

Gos Rater Valencià
(Ratonero Valenciano)

Ursprünglicher Verwendungszweck:
Jagd auf Wasserratten, Kaninchen und Maulwürfe, Wachhund

Die Gegend südlich von Valencia ist eins der ältesten und größten spanischen Reisanbaugebiete. In der See- und Lagunenlandschaft Albufera, die als eins der wichtigsten Feuchtgebiete Europas gilt, wird seit Jahrhunderten Reis angebaut und ein örtliches Sprichwort sagt. „Die Menschen in Valencia essen sechsmal die Woche Reis und sonntags Paella.“
Die Ernte war aber immer wieder durch einen unwillkommenen Schädling bedroht, der hier paradiesische Lebensbedingungen vorfand: Die Große Wühlmaus oder Ostschermaus, umgangssprachlich auch als Wasserratte bekannt. Zu ihrer Bekämpfung brauchte man traditionell einen mutigen kleinen Hund, der sie in den Feldern und Kanälen aufspürte und jagte. Entweder jagten Mensch und Hund gemeinsam, wobei der Jäger ein trichterförmiges Netz vor den Ausgang des Baus spannte und der Hund die Bewohner hineintrieb, oder aber der Hund erledigte den Job gleich alleine. Übrigens war das Fleisch besagter Wasserratte auch ein wichtiger Bestandteil der Paella …
Auch zur Jagd auf Kaninchen war der „Ratonero“ unentbehrlich für die zahlreichen Gemüsebauern der Region, weshalb er auch Gos de l'Horta, Gartenhund, genannt wurde. „Gos“ ist das regional verwendete katalanische Wort für Hund.
Während die FCI den kleinen Jäger in die Gruppe der Terrier einsortiert hat, was sowohl aufgrund seines Aussehens als auch seiner Aufgabe gerechtfertigt erscheint, bestreitet der spanische nationale Zuchtverband Associació Nacional del Gos Rater Valencià, dass es sich um einen Terrier handele oder dass jemals englische Terrier wie etwa der Fox eingekreuzt wurden und ist der Meinung, dass der Ratonero eine einheimische und schon seit dem 16. Jahrhundert bekannte Rasse sei, die nur durch Selektion auf ihren Verwendungszweck quasi parallel zum Terrier ein ähnliches Äußeres erhalten habe.
Wie dem auch sei: Der athletische und aktive kleine Hund hat immer noch das Zeug zu einem guten Jäger, auch wenn sein ursprüngliches Betätigungsfeld heute verschwunden ist und er in erster Linie zu einem Begleithund geworden ist. Dass er den Rasen auf Links drehen wird, um Wühlmäuse und Maulwürfe auszuheben, kann allerdings heute weniger erwünscht sein …
Traditionell war er nebenbei auch immer ein nützlicher Wachhund, der alles Ungewöhnliche meldete und den Besitz seiner Menschen verteidigte. Auch die Pferdeställe hielt er mäuse- und rattenfrei.
2004 wurde die Rasse in Spanien anerkannt, 2022 auch provisorisch durch die FCI.
Der Gos Rater Valencià ist ein sportlicher, muskulöser und robuster Hund, dem trotz seiner geringen Größe alle Merkmale einer Verzwergung fehlen – er ist eine maßstabsgerechte Verkleinerung eines großen Hundes. Er wäre gut als Begleithund für aktive Menschen oder für den Hundesport wie Agility einsetzbar, aber noch seine sehr geringe Anzahl selbst im Herkunftsland lässt dies im Moment eher hypothetisch erscheinen. Es sind im deutschsprachigen Raum derzeit keine

Züchter registriert und in Spanien gibt es derzeit nur um die 140 Welpeneintragungen jährlich.
Interessenten sollten sich auf einen lebhaften und intelligenten Hund einstellen, der sich nicht langweilen möchte und sich im Zweifelsfall selbst Beschäftigungsmöglichkeiten sucht. Er ist anhänglich, aber selbstbewusst und Fremden gegenüber eher reserviert, ohne dabei aggressiv zu sein.
Sein kurzes, glattes Fell ist pflegeleicht.

Auszug aus dem Standard:

„Hund von kleiner Größe, leicht und nicht extrem kurz, variables Haarkleid, Tricolor dominiert. (…) Lebhaft, fröhlich und aktiv. Anhänglich und treu, reserviert gegenüber Fremden. Mutig, nicht nur in der Jagd, sondern auch in der Verteidigung des Eigentums seines Besitzers. Lernt schnell."

FCI-Standard Nr. 139
Gruppe: 3
Sektion 1: Hochläufige Terrier

Größe
ca. 45 cm

Gewicht
Rüde: ca. 12 kg
Hündin: ca. 11 kg

Farbe/Haarkleid
Einheitlich rot, rot-weizenfarben oder gelblich-rot

Raues, harsches Deckhaar mit weicher Unterwolle

Irish Terrier

Ursprünglicher Verwendungszweck:
Hof- und Wachhund, auch zur Jagd eingesetzt

In vorchristlicher Zeit waren in Irland drei Arten von Hunden bekannt: einer für die Niederwildjagd, einer für die Verteidigung gegen wilde Tiere und einer für die Baujagd auf Füchse, Dachse oder Marder sowie zum Freihalten des Hofs von Ratten und anderen Schädlingen. Von diesen drei antiken Hunden stammen heute der Irish Water Spaniel, der Irish Wolfhound und eben der Irish Terrier ab. Historikern zufolge ist der Irish Terrier die älteste Terrierrasse der Welt. Ende des 19. Jahrhunderts veränderte sich die Lebensweise der Menschen in Irland so sehr, dass er kaum noch für seine ursprünglichen Aufgaben gebraucht wurde und kurz vor dem Aussterben stand – zum Glück fanden sich Liebhaber, die sich für den Erhalt der Rasse einsetzten.

Auf der Hundeausstellung 1873 in Dublin entstand die erste Rassebeschreibung für den Irish Terrier. Die auch für die heutige Rassebeschreibung wichtigen Attribute wie „sensibel und engagiert, temperamentvoll und mutig", haben ihm schon damals den Namen „Daredevil" (etwa: „Draufgänger" oder „Teufelskerl") eingebracht. Zu der Zeit waren Größe und Farbe von Exemplar zu Exemplar

verschieden. Nach 1870 hingegen beschloss man eine Festlegung der Charakteristiken und von da an wurde die Rasse planmäßig gezüchtet und vervollkommnet.
Bei uns wird er heute als Begleithund gehalten, aber in seinem Ursprungsland, wie auch in manchen Ländern Europas, wird er wegen seiner sehr ausgeprägten Gaben oft auch als Jagdhund eingesetzt.

Auszug aus dem Standard:
„Der Irish Terrier muss aktiv, lebhaft, geschmeidig und drahtig erscheinen und viel Substanz haben, ohne dabei jegliche Unbeholfenheit erkennen zu lassen, denn sowohl Geschwindigkeit und Ausdauer als auch Kraft sind für die Rasse von essenzieller Bedeutung … die Umrisse seines Körpers und seine Gestalt sollen Schnelligkeit, Anmut und Flüchtigkeit demonstrieren."

Der Irish Terrier ist angenehm im Umgang mit Menschen und loyal zu seiner Familie, bringt aber auch die typischen Terrier-Eigenschaften wie Mut, Selbstvertrauen, Jagdleidenschaft und eine ausgeprägte Persönlichkeit mit. Ein Anfängerhund ist er daher eher nicht. Gegenüber Artgenossen kann er durchaus kämpferisch auftreten. Er möchte gefordert und gefördert werden, ist mit dem Garten allein nicht zufrieden und der richtige Hund für aktive Menschen, die einen intelligenten, charmanten und eben draufgängerischen Hund suchen. Er ist aber durchaus auch in der Lage, sich in Geduld und Ruhe zu üben, wenn mal gerade nicht so viel Action angesagt ist.
Der Irish Terrier soll den Eindruck von lebhafter Aktivität, Widerstandskraft und Beweglichkeit vermitteln. Gleichzeitig soll er frei von jeder Derbheit sein, weil Schnelligkeit und Eleganz für ihn ebenso wesentlich wie die Kraft sind. Sein raues Haarkleid muss mehrmals pro Jahr getrimmt werden, damit das Deckhaar fest glänzend bleibt.

Irish Glen of Imaal Terrier

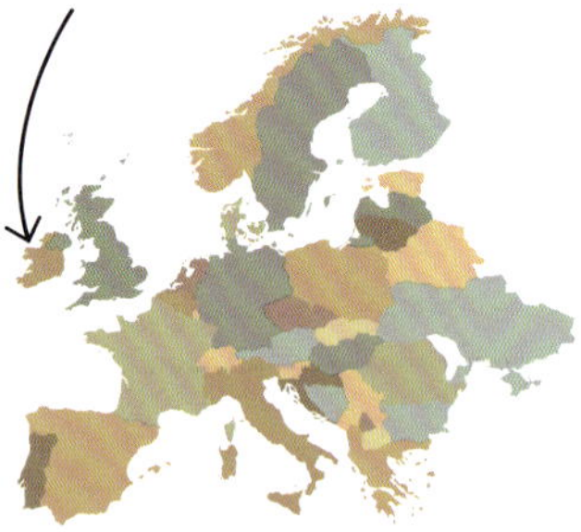

FCI-Standard Nr. 302
Gruppe: 3
Sektion 1: Hochläufige Terrier

Ursprünglicher Verwendungszweck:
Jagdhund auf Füchse, Dachse und Ratten

Der Irish Glen of Imaal Terrier ist die kleinste und auch unbekannteste der vier irischen Terrierrassen. Seinen Namen hat er vom Tal Imaal (Glen= gaelisch für „schmales Tal") in der südlich von der Hauptstadt Dublin gelegenen, gebirgigen Grafschaft Wicklow. Hier hat sich relativ ungestört vom Rest der Welt eine kleine, zähe Terrierrasse entwickeln und erhalten können, die vor allem für die Bekämpfung von Nagetieren auf dem Hof zuständig war, aber manchmal auch zur Jagd auf Dachs, Fuchs oder Otter gebraucht wurde. Der genügsame und zähe kleine Bursche brauchte nicht viel zum Leben, sodass man ihn auch in den ärmsten Cottages antraf, wo er sich in allem nützlich machte, was so anfiel – wenn es sein musste, passte er auch auf den Gemüsegarten oder die Kinder auf oder half beim Treiben des Viehs. Eine weniger schöne Aufgabe war das stundenlange Antreiben von großen Rädern zum Beispiel zur Butterherstellung oder zum Drehen von Grillspießen.

Die Vorfahren der Rasse kamen höchstwahrscheinlich im 15. und 16. Jahrhundert mit Soldaten aus England auf die irische Insel. Es wird berichtet, dass bei ihrer Entstehung auch ein Irischer Wolfshund eine Rolle gespielt haben soll – was vielleicht das „Unterrierhafte" an der Rasse, nämlich das trotz seiner Furchtlosigkeit eher anhängliche, sanfte Wesen und die im Vergleich zu anderen Terriern kaum vorhandene Bellfreude erklären könnte. Selbst beim Aufstöbern eines Fuchses aus dem Bau arbeitete er leise. Bis zum Verbot der Jagd auf Dachse im Jahr 1966 gab es in Irland Arbeitsprüfungen für den Glen of Imaal Terrier, bei denen Bellen im Zuge der Baujagd als Ausschlusskriterium galt.

Als eigenständige und planvoll gezüchtete Rasse geriet er erst mit dem Aufkommen der ersten Hundeausstellungen in der zweiten Hälfte des 19. Jahrhunderts in den Fokus öffentlicher Aufmerksamkeit, auch wenn es ihn natürlich vorher schon jahrhundertelang in den Bergen von Wicklow gegeben hatte. In einem heute zu einem Stausee gefluteten Nachbartal des Glen of Imaal soll es einmal eine kleine alte Kirche gegeben haben, auf deren bunten Fenstern der irische Nationalheilige Patrick mit einem kleinen Terrier zu Füßen dargestellt gewesen war.

1934 wurde die Rasse vom Irish Kennel Club und erst 1981 auch von der FCI anerkannt. Letztere sortierte ihn übrigens unter den „hochläufigen Terriern" ein, was einigermaßen unverständlich ist angesichts seiner wirklich eher kurzen Läufe. Auch der Standard des britischen Kennel Club spricht von „kurzen, leicht gebogenen" Läufen und die irische Glen of Imaal Terrier Association bezeichnet ihn als „big dog on short legs" und als genetisch zwergwüchsig (achondroplastisch), d. h. mit kurzen Gliedmaßen und relativ großem Kopf.

Größe
Rüde: max. 35,5 cm
Hündin: entsprechend weniger

Gewicht
Rüde: 16 kg
Hündin: entsprechend weniger

Farbe / Haarkleid
Blau gestromt (jedoch ohne schwarzen Anflug), Weizen (von heller Weizenfarbe bis zu rötlich-goldener Schattierung)

Raues, drahtiges Deckhaar mit weicher Unterwolle

Auszug aus dem Standard:
„Von mittlerer Größe mit mittellangem Haar, den Eindruck von großer Stärke und maximaler Substanz für die Größe des Hundes vermittelnd. (…) Aktiv, beweglich, lautlos arbeitend; wenn erforderlich, entschlossen und temperamentvoll mit großem Mut, sonst sanft und gelehrig viel Persönlichkeit ausstrahlend."

Der kleine, aber muskulöse Glen ist heute selten anzutreffen, was eigentlich schade ist, da er unter den kleinen bis mittelgroßen Terriern sicher zu den Unkompliziertesten gehört. Natürlich ist er wie alle Terrier ein Energiebündel, das eine starke eigene Persönlichkeit hat, der Unterwürfigkeit eher fremd ist, aber zuhause zeigt er sich gern sanft und liebevoll. Nach außen hin kann er durchaus Schutztrieb zeigen.

Der „Glennie" ist ein passender Hund für naturliebende, aktive Individualisten, die einen kernigen und selbstbewussten Begleiter für ihre Unternehmungen suchen.

Ursprung: Irland

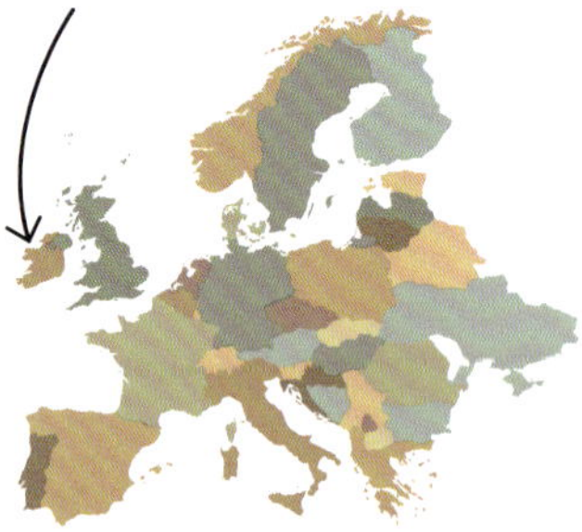

FCI-Standard Nr. 40
Gruppe: 3
Sektion 1: Hochläufige Terrier

Größe
Rüde: 46 – 48 cm
Hündin: etwas weniger

Gewicht
Rüde: 18 – 20,5 kg
Hündin: etwas weniger

Farbe / Haarkleid
Gute, reine Weizenfarbe (Wheaten) in jeder Schattierung (von hellweizen bis hin zu rotgoldener Färbung)

Seidenweich, leicht gelockt, ohne Unterwolle, haart kaum

Irish Soft Coated Wheaten Terrier

Ursprünglicher Verwendungszweck:
Jagdhund auf Dachse und Otter, Hofhund zur Schädlingsbekämpfung, Wachhund

Von den vier irischen Terrierrassen ist der Soft Coated Wheaten Terrier vermutlich die älteste. Schriftliche Hinweise auf einen weichhaarigen („soft coated") Terrier gibt es seit ungefähr 200 Jahren. Er stammt aus den südirischen Grafschaften Kerry und Cork und ist mit dem Kerry Blue Terrier und dem Irish Terrier verwandt. Die heute vier irischen Terrierrassen stammen alle aus dem gemeinsamen Pool der einheimischen Terrier, die es auf der Insel bereits seit Jahrhunderten gab. 1957 erfolgte die endgültige Anerkennung durch die FCI.

Die ursprünglichen Aufgaben des Irish Soft Coated Wheaten Terriers waren die verschiedenen Arbeiten auf der Farm von Ratten- und Mäusefang bis Bewachen des Hofs sowie die anspruchsvolle Otterjagd. Demnach ist er auch heute noch im Kern eher ein Draufgänger als ein Schoßhund. Wie die meisten Terrier wird er gern als fröhlich, menschenfreundlich, energisch, furchtlos und sehr lernfähig, dabei aber etwas eigensinnig, beschrieben. Er wird jedoch im Vergleich zu anderen Terrierrassen häufig als eher "weicher und sanfter" beschrieben.

Seinen Menschen liebt er über alles, folgt ihm freudig überall mit hin und ist am liebsten bei allen Familienunternehmungen mit dabei. Er ist gutmütig, aber auch clever und hat manchmal seine eigenen Ideen – dann hilft liebevolle Konsequenz, seine Unternehmungslust in die richtigen Bahnen zu lenken. Bei der Erziehung des klugen Hundes ist zu berücksichtigen, dass er ein Spätentwickler ist. Mit viel Konsequenz auf Basis eines respektvollen Vertrauensverhältnisses, aber ohne Druck und Zwang lässt er sich sehr gut erziehen und ist auch für engagierte Hundeanfänger geeignet, die allerdings seinem großen Bewegungsdrang gerecht werden müssen. Seinen selbstbewussten und niemals unterwürfigen Charakter muss man respektieren und schätzen.

Er hat auch Talent als Wachhund und ist als solcher im Ernstfall durchaus verteidigungsbereit.

Das weiche, seidige Fell ist beim Junghund noch dunkel und wird erst im Erwachsenenalter richtig weizenfarben („wheaten"). Eine Besonderheit ist, dass der Wheaten nicht haart und nicht zwischen Sommer- und Winterfell wechselt, sondern eher ein kontinuierliches Haarwachstum aufweist. Damit das Fell nicht verfilzt, muss es mindestens zweimal wöchentlich, besser täglich gebürstet bzw. gekämmt werden. Auch regelmäßiges Trimmen ist wichtig, da das Fell immer weiterwächst. An Gesicht, Pfoten und Läufen wird es häufig mit der Schere geschnitten. Das Scheren mit der Maschine ist eher nicht zu empfehlen.

Den Sauberkeitsfanatiker mag freuen, dass der Hund nicht haart, aber Achtung, dafür bleibt in seinem feinen Fell jeder Schmutz und jedes Ästchen hängen, das er draußen aufgabelt.

FCI-Gruppe 3

Auszug aus dem Standard:

„Ein harter, aktiver Hund mit kurzer Lendenpartie, der gut gebaut ist und den Eindruck von Kraft vermittelt. (…) Temperamentvoll und entschlossen, gutmütig, seinem Besitzer höchst zugetan und ergeben.“

Ursprung: Irland
(Grafschaft Kerry)

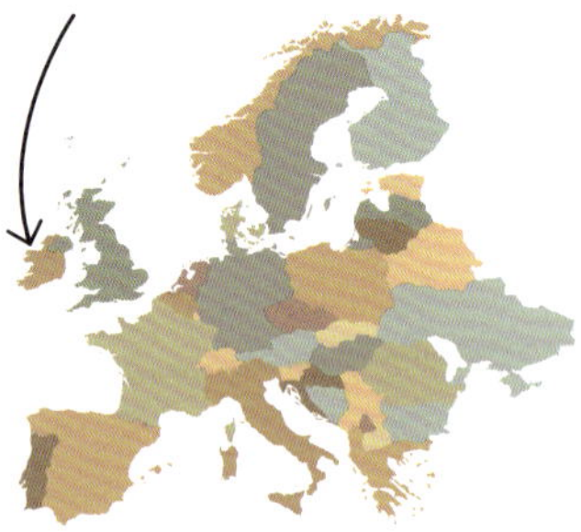

Kerry Blue Terrier

FCI-Standard Nr. 3
Gruppe: 3
Sektion 1: Hochläufige Terrier

Größe
Rüde: 45,5–49,5 cm
Hündin: 44,5–48 cm

Gewicht
Rüde: 15–18 kg
Hündin: 13–15 kg

Farbe / Haarkleid
Blau in jeder Schattierung (mit oder ohne schwarze Abzeichen).
Schwarz ist nur bis zum Alter von 18 Monaten zulässig, gleiches gilt für einen lohfarbenen Anflug.

Weich, gewellt, keine Unterwolle, nicht haarend

Ursprünglicher Verwendungszweck:
Jagdhund auf Otter und Dachse, Hofhund zur Schädlingsbekämpfung, Wachhund

Der Kerry Blue Terrier stammt aus Irland, wahrscheinlich der Grafschaft Kerry. Er ist ein vielseitiger Gebrauchshund, der besonders für die Jagd im Wasser nach Ottern oder in Bauten nach Fuchs und Dachs gezüchtet wurde. Seinen Ursprung hatte er vermutlich als Bauernhund und treuer Rattenfänger bei den irischen Bauern und Schafhirten. Seine Intelligenz und Vielseitigkeit ließen ihn auch zum Hüten der Schaf- und Viehherden geeignet erscheinen.

Heute ist der Kerry wegen seiner charakteristischen Haartracht und der Farbe ein beliebter Begleithund. Mittlerweile ist er meist ein Haus- und ein Familienhund und wird nur noch selten für die Jagd genutzt. Vielmehr ist er wegen seines sehr allergiefreundlichen Fells bei vielen Menschen geschätzt.

Die ersten Beschreibungen des Kerry Blue Terriers wurden Mitte des 19. Jahrhunderts verfasst und zeigen die weitreichende Beliebtheit des Hundes in Irland. Zu dieser Zeit wurde der Kerry Blue Terrier bereits von Jägern und Pelzfängern für die Jagd auf Dachse und Otter genutzt. Das lockige Fell schützte den Hund

> **Auszug aus dem Standard:**
> „Durch und durch ein Terrier. Das alles entscheidende Merkmal, der Ausdruck, muss durchdringend und wachsam sein."

im Wasser vor dem Auskühlen und seine aufrechte und treue Art machten ihn schnell zum Liebling der Leute. Die Zucht wurde bald nach einem einheitlichen Standard betrieben, und im Jahr 1913 wurde der Kerry Blue Terrier zum ersten Mal als eigenständige Rasse auf einer Ausstellung vorgestellt. Bald wurde er auch im Ausland bekannt, und der Kerry Blue Terrier bekam im Jahr 1963 seine endgültige Anerkennung von der FCI.

Der Kerry Blue Terrier ist seinem Besitzer gegenüber anhänglich und verschmust, aber bei fremden Personen wachsam und skeptisch. Als Familienhund ist er sehr unternehmungslustig, liebt lange Spaziergänge mit seinen Menschen und das Erkunden von neuen Wegen. Er ist ein intelligenter Hund, der schnell lernt und gerne mit seinem Besitzer arbeitet.

Der Kerry Blue Terrier ist ein guter Spielpartner für Kinder. Mit ihnen hat er viel Geduld und kann sein Temperament zügeln.

Durch sein selbstbewusstes Auftreten kann es bei anderen Hunden durchaus einmal zu einer Rauferei kommen, doch der Kerry Blue Terrier besitzt keinerlei Aggressionen und ist mit einer guten Sozialisierung ein ganz ‚normaler' Hund.

Das weiche, leicht gelockte Fell muss mehrmals wöchentlich gebürstet und alle sechs bis acht Wochen geschnitten werden, da es sonst immer weiter wächst.

Lakeland Terrier

Ursprünglicher Verwendungszweck:
Jagdhund auf Füchse, Hofhund zur Schädlingsbekämpfung, Wachhund

FCI-Standard Nr. 70
Gruppe: 3
Sektion 1: Hochläufige Terrier

Größe
Größe: nicht über 37 cm

Gewicht
Rüde: 7,7 kg
Hündin: 6,8 kg

Farbe/Haarkleid
Schwarz und Loh (black and tan), Blau und Loh, Rot, Weizenfarben, Rotgrizzle, Leberbraun, Blau oder Schwarz

Kleine weiße Abzeichen auf den Pfoten oder an der Brust sind unerwünscht, jedoch zulässig. Mahagoni oder dunkles Loh sind nicht typisch.

Harsches, raues Deckhaar und weiche Unterwolle

Der Ursprung dieses kompakten Terriers liegt im Lake District in Nordengland. Diese hoch gelegene, kahle Gegend ist durch viele Seen, aber auch Felsen, Steinbrüche und steile Abhänge geprägt. Anfang des 19. Jahrhunderts begannen hier die Farmer den urtümlichen Old English Black and Tan Terrier mit dem Bedlington Terrier zu kreuzen. Ihr Zuchtziel war ein kleiner Hund für die Fuchsjagd. Nachdem auch noch der Border Terrier wegen seines wetterfesten Fells eingekreuzt wurde, hatten sie einen robusten, mutigen und wendigen kleinen Hund, der die Füchse in ihren Höhlen aufstöbern und heraustreiben konnte. Er musste außerdem so schnell und ausdauernd sein, dass er mit den Pferden und der Foxhound-Meute mithalten konnte, und das über einen ganzen Jagdtag lang.

Zuhause auf den Farmen hielt er außerdem Ratten, Mäuse, Marder oder Wiesel in Schach, die dem Hofgeflügel nachstellten. Auf ein einheitliches Aussehen wurde früher nicht viel Wert gelegt, allein die Arbeitsleistung bestimmte die Qualität des Hundes. Erst ab 1912 begann man, systematisch auch auf das Äußere zu züchten und einigte sich nach etlichen Diskussionen auf den Namen „Lakeland Terrier". Zuvor war er zeitweise auch unter „Patterdale Terrier" oder „Fell Terrier" bekannt gewesen. Die endgültige Anerkennung durch die FCI folgte 1954.

Äußerlich ähnelt der Lakeland Terrier dem Welsh Terrier, aber er ist nicht nur etwas kleiner, sondern auch sein Kopf ist kürzer und breiter als beim Vetter aus Wales. Außerdem kommen andere Fellfarben vor. Dennoch sind beide Rassen natürlich eng verwandt und für den Laien kaum voneinander zu unterscheiden.

Ein Lakeland Terrier ist ein fröhlicher, verspielter, geschickter und kinderfreundlicher Hund und daher sehr gut für Familien geeignet. Er liebt seine Menschen sehr und braucht daher engen Familienanschluss. Er ist sowohl unternehmungslustig als auch ausdauernd und hat eine besondere Vorliebe für Wasser – gern springt er in jeden Graben und Tümpel, der sich ihm bietet.

Das raue Deckhaar wird von einer dichten Unterwolle ergänzt, die etwas stärker ausgeprägt ist als bei anderen Terrierrassen. Regelmäßiges Trimmen (nicht Scheren!) ist ein Muss, damit das Fell seine Struktur und der Hund sein rassetypisches Aussehen behält.

Der „Lakie" ist selbstbewusst und ein guter Wächter, kläfft aber nie aus Langeweile. Wie alle Terrier ist er ziemlich clever und testet gerne seine Grenzen aus. Doch gerade seine forsche Art ist bezaubernd und macht ihn auch zu etwas Besonderem.

FCI-Gruppe 3

Auszug aus dem Standard:

„Forsch, geschickt, gut ausgewogen und kompakt. (…) Fröhlich, furchtloses Auftreten, durchdringender Ausdruck, flink in der Bewegung, gespannt vor Erwartung. Kühn, freundlich mit Selbstvertrauen."

FCI-Standard Nr. 71
Gruppe: 3
Sektion 1: Hochläufige Terrier

Größe
Rüde: 41 cm
Hündin: 38 cm

Gewicht
Keine Angabe im FCI-Standard

Farbe / Haarkleid
Tiefschwarz und satte mahagoniähnliche Lohfarbe

Glattes Kurzhaar

Manchester Terrier

Ursprünglicher Verwendungszweck:
Jagdhund auf Ratten

Der Manchester Terrier sieht einem Deutschen Pinscher ziemlich ähnlich und ist auch mit diesem verwandt. Beide haben einen sehr alten Ursprung und die gleiche Aufgabe, nämlich als „Rattler" die Häuser und Höfe von Nagetieren freizuhalten. Seinerseits spielte der Manchester Terrier später bei der Entstehung des Deutschen Jagdterriers eine Rolle. Berühmt wurden die Hunde in den Industriestädten Nordenglands, allen voran eben Manchester, durch den Volkssport „Rattentöten auf Zeit" in den sogenannten rat pits, worauf hohe Wetten abgeschlossen wurden. Der Überlieferung nach erledigte ein gewisser „Billy" einhundert Ratten in unter sieben Minuten. Diese „Schärfe" und der Jagdtrieb sind auch heute noch in der Rasse erhalten.
Immer wieder wurde behauptet, dass der Manchester Terrier, der früher auch „Black and Tan Terrier" genannt wurde, mit kleinen italienischen Windhunden gekreuzt worden sei. Für diese Annahme sprechen sein für einen Terrier recht graziler Körperbau und das kurze, glatte Fell.
Die Manchester wurden seit der Gründung des Clubs 1879 in zwei Typen eingeteilt: einer von größerem Wuchs, mit ähnlichen Charakteristiken wie der heutige

Manchester, welcher die Aufgaben eines Höhlen- und Mäusehundes hatte; der andere, von kleinerem Wuchs, dem die Rolle eines Begleithundes zukam und der Urvater des heutigen English Toy Terrier war. Heute ist die Rasse leider auch in England ziemlich selten geworden.

Der Manchester Terrier ist intelligent, lebhaft und anhänglich. Er bindet sich eng an seine Bezugspersonen und braucht deren Nähe. Wie alle Terrier hat er aber ein gewisses Maß an Selbständigkeit und Eigensinn, das man mögen und mit dem man liebevoll-konsequent umgehen können muss.

Das kleine Energiebündel steht gerne im Mittelpunkt, spielt so begeistert wie ausdauernd und ist immer zu Aktivitäten bereit. Sein freundliches und offenes Wesen macht ihn zu einem guten Familienhund, sofern er ausreichend geistig und körperlich ausgelastet wird. Dem Jagdtrieb muss in Erziehung und Haltung Rechnung getragen werden. Er zeigt eine bemerkenswerte Wachsamkeit und kann ein guter Wachhund sein.

Auszug aus dem Standard:

„Kompakt, elegant, gesund und leistungsfähig, mit guter Substanz. (...) Eifrig, wachsam, fröhlich, arbeitsfreudig. Scharfsinnig und ergeben."

Parson Russell Terrier

Ursprung: Großbritannien

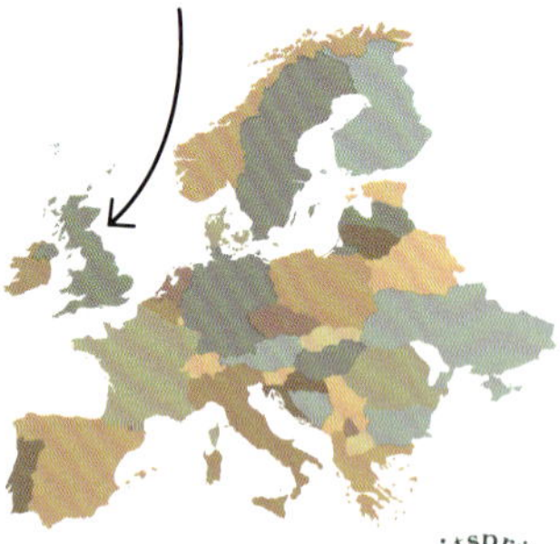

Fakultativ Arbeitsprüfung

FCI-Standard Nr. 339
Gruppe: 3
Sektion 1: Hochläufige Terrier

Größe
Rüde: 36 cm (ideal)
Hündin: 33 cm (ideal)

Gewicht
Keine Angabe im FCI-Standard
(i. d. R. 6–7 kg)

Farbe/Haarkleid
Weiß, Weiß mit Loh mit gelben oder schwarzen Abzeichen

Glatt mit Unterwolle
Rauhaarig mit Unterwolle
Broken-coated (Stockhaar, Zwischenform von Glatt- und Kurzhaar)

Ursprünglicher Verwendungszweck:
Jagdhund für den Einsatz im Fuchsbau

Der Parson Russell Terrier ist der „Bruder" des Jack Russell Terrier und unterscheidet sich von diesem nur minimal durch etwas längere Beine, etwas mehr Körpergröße und einen etwas kürzeren Rücken. Historisch handelt es sich um die gleiche Rasse, erst im Jahr 1999 wurden sie von der FCI in zwei verschiedene Rassen mit verschiedenen Standards unterteilt.
John „Jack" Russell war ein englischer Pfarrer (Parson = engl. für Pfarrer), der im 19. Jahrhundert lebte. Er züchtete Foxterrier für die Fuchsjagd zu Pferd. Seine Hunde hatten einen hervorragenden Ruf, was ihre jagdliche Leistung betraf. Darum wurden Foxterrier, die von ihm stammten oder auf seine Zuchtlinien zurückgingen, als „Jack Russell's Terrier" bezeichnet. Lange Zeit hatten sie aber keinen eigenen Rassestandard oder wurden nach Aussehen gezüchtet, sondern nur nach Leistung und dem Motto „Hübsch ist, was hübsch arbeitet."
Diese (noch nicht unterteilte) Rasse wurde zunächst von der FCI unter dem Namen Parson Jack Russell Terrier anerkannt. Währenddessen importierte Australien, das unter den aus Europa eingeschleppten, sich stark vermehrenden

Rotfüchsen litt, Foxterrier und kleinere Exemplare des Parson Jack Russell Terrier, damit diese gut in die Fuchsbauten passen sollten. So wurde der niederläufigere, kleinere Typ über die Jahrzehnte in Australien zu einer eigenen Rasse, die von der FCI wiederum als „Jack Russell Terrier" anerkannt wurde. Aus der ursprünglichen Rasse Parson Jack Russell Terrier wurde das „Jack" im Namen entfernt und es wurde 2001 daraus der „Parson Russell Terrier" – Verwirrung leider perfekt. Wir sehen aber, dass der heutige Parson Russell Terrier eigentlich den ursprünglicheren, älteren Typ der Rasse repräsentiert.

Auszug aus dem Standard:
„Derber, widerstandsfähiger Arbeitsterrier, besonders für die Arbeit unter der Erde geeignet. (...) Geschickt, lebhaft, wendig; ohne Übertreibungen. (...) Unerschrocken und freundlich."

Der Parson Russell Terrier gilt als intelligent, unerschrocken, freundlich und arbeitsfreudig, was sich aus seiner Herkunft als Jagdhund ableitet. Ein Parson Russell Terrier muss körperlich und geistig gefordert werden, sonst kann er unfolgsam und destruktiv werden.

Auf Grund ihrer großen Arbeitsfreude, Intelligenz und Ausdauer eignen sich Parson Russell Terrier für viele Hundesportarten wie Agility, Obedience oder Turnierhundsport. Interessenten sollten aber nicht vergessen, dass in dem kleinen Energiebündel immer noch ein draufgängerischer Jäger steckt.

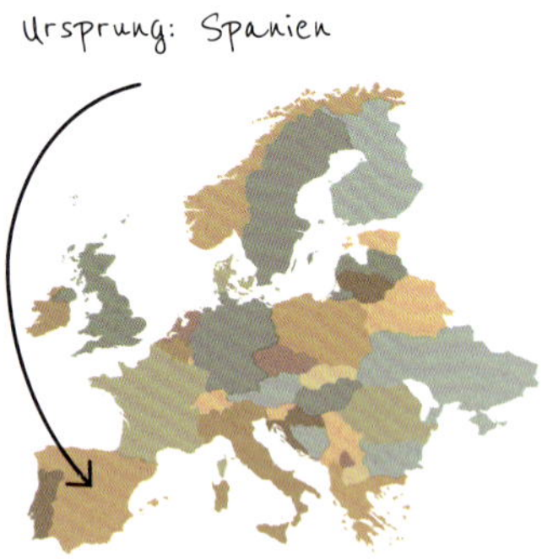

Fakultativ Arbeitsprüfung

FCI-Standard Nr. 371
(provisorisch anerkannt)
Gruppe: 3
Sektion 1: Hochläufige Terrier

Größe
Rüde: 37–43 cm (ideal 40 cm)
Hündin: 35–41 cm (ideal 38 cm)

Gewicht
Rüde: 10–12 kg
Hündin: 8–10 kg

Farbe/Haarkleid
Überwiegend reinweiß mit schwarzen Flecken, die sich hauptsächlich am Kopf und am Halsansatz befinden und durch lohfarbene Punkte im Gesicht, an den Wangen und über den Augen ergänzt werden.

Sehr kurzes und dichtes Fell, gleichmäßig und reichlich über den ganzen Körper verteilt

Ratonero Bodeguero Andaluz

Ursprünglicher Verwendungszweck:
Arbeitsterrier zur Jagd auf Ratten, Mäuse und jegliches Ungeziefer, aber auch für die Kaninchen- und Hasenjagd geeignet

Sein klangvoller spanischer Name bedeutet wörtlich übersetzt etwa „Andalusischer Weinkeller-Mäusejäger", womit wir schon gleich bei seiner Arbeitsplatzbeschreibung wären. Der mittelgroße Terrier hatte die Aufgabe, Häfen, Lager und Weinkeller von Mäusen und Ratten freizuhalten und so die wertvolle Ware zu schützen. Wahrscheinlich kamen seine Vorfahren im späten 18. und 19. Jahrhundert mit britischen Weinbau-Unternehmern nach Andalusien. Diese zog es damals in größerer Zahl dorthin und einige von ihnen brachten es zu großem Ruhm und Reichtum mit Herstellung und Handel von Brandy und Sherry. „Terry", „Sandeman" und „Osborne" sind nur drei der großen Namen, die wir heute noch kennen. Da liegt die Annahme nah, dass auch kleinere Terrier von der britischen Insel, vermutlich hauptsächlich Foxterrier, als Mäusejäger auf den Schiffen mit ins heiße Andalusien einwanderten und sich hier mit einheimischen Hunden vermischten. Mit den tüchtigsten Jägern unter ihnen züchtete man weiter und tauschte sich vermutlich untereinander aus, sodass nach und nach ein eigener Typ entstand. Im Englischen heißt er übrigens bezeichnenderweise auch „Sherry-Terrier".
Immer blieb der Ratonero dabei ein Gebrauchshund der ländlichen Gegend, dessen Funktion stets über dem äußeren Erscheinungsbild stand. Die überwiegend weiße Fellfarbe war allerdings praktisch, um den Hund auch im dunklen Weinkeller sehen zu können. Neben der Schädlingsbekämpfung machte er sich auch als Wachhund nützlich, der ungewöhnliche Geräusche und Bewegungen sofort meldete: Er war immer „auf Zack". Manchmal wurde er auch von andalusischen Jägern als Ergänzung zum hetzenden Galgo für die Jagd auf Kaninchen eingesetzt und hatte die Aufgabe, sie aus den Bauten zu treiben, ganz ähnlich, wie es auch die Terrier in England traditionell tun.
Ein erster nationaler Zuchtverband für den Ratonero Bodeguero Andaluz wurde 1993 in Spanien gegründet, im Jahr 2000 wurde er von der Real Sociedad Canina de España als eigenständige Rasse anerkannt und im Jahr 2024 schließlich auch provisorisch von der FCI.
Der vorwiegend weiße Körper ist gleichmäßig kurz und ohne Unterwolle behaart, was dem Hund im südlichen Klima sehr zugute kommt. Der Kopf ist überwiegend schwarz und lohfarben (Black and Tan) wobei sich lohfarbene Markierungen über den Augen befinden müssen. Die nach vorn geklappten dreieckigen Ohren erinnern deutlich an die Terrier-Vorfahren, die Läufe sind eher langgestreckt und kräftig. Der gesamte Hund ist sehr athletisch, wendig, schnell und ausdauernd. Terriertypisch ist er sehr aktiv und wachsam, bei der Jagd mutig und scharf, zuhause gegenüber seinen Menschen aber sehr anhänglich. Als energischer Hund braucht er eine angemessene Beschäftigung und Bewegung, um ausgeglichen zu sein. Wie seine Terrier-Ahnen ist er selbstbewusst und hat mitunter seine eigenen Vorstellungen, wann und wie eine Aufgabe auszuführen ist. Er kooperiert aber gerne mit dem Menschen, wenn er die Sinnhaftigkeit einsieht.

Mit anderen Haustieren kann er sich bei entsprechender Sozialisation vertragen, bei Meerschweinchen, Hamstern oder Mäusen ist aber sicherlich Vorsicht geboten.
Kenner der Rasse beschreiben ihn als ausgesprochen reinlichen Hund. Das kurze, glatte Fell macht die Pflege zusätzlich leicht.

Auszug aus dem Standard:

„Ein guter Arbeitsterrier mit der Fähigkeit zum Jagen von Ratten, Mäusen und jeglichen Schädlingen. Kann auch zur Hasen- und Kaninchenjagd verwendet werden. (…) Fröhlich, neugierig, anhänglich, mutig und tapfer, von herausragendem Wesen."

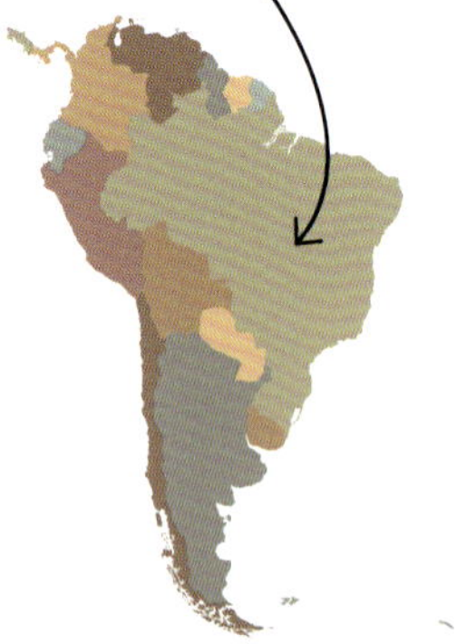

FCI-Standard Nr. 341
Gruppe: 3
Sektion 1: Hochläufige Terrier

Größe
Rüde: 35–40 cm
Hündin: 33–38 cm

Gewicht
ca. 10 kg

Farbe / Haarkleid
Grundfarbe Weiß mit schwarzen, blauen, braunen oder isabellafarbigen Abzeichen. Dunkelroter Brand über den Augen, beidseitig am Fang, innen am Ohr und am Rand der Ohren.

Kurz und glatt ohne Unterwolle

Terrier Brasileiro

Ursprünglicher Verwendungszweck:
Jagdhund auf Mäuse und Ratten sowie Wachhund

Der brasilianische Terrier ist erst 2007 in die große FCI-Familie der Terrier dazugekommen. Er ist in seiner Heimat auch als „Foquinho" oder „Fox Paulistinha" bekannt, was so viel heißt wie „Kleiner Foxterrier aus Sao Paulo" – und schon einen guten Hinweis auf seine Abstammung und sein Aussehen gibt.

Aus Europa mitgebrachte Foxterrier, möglicherweise auch Jack Russell Terrier, spielten bei seiner Entstehung definitiv eine Rolle, vermutlich aber auch kleine und mittelgroße Pinscher. Erst nach und nach begann man ihn gezielt auf ein einheitliches Aussehen zu züchten und der erste brasilianische Rassestandard wurde 1964 veröffentlicht.

Für die brasilianischen Farmer war und ist er ein nützlicher Helfer. Er hielt die Nager in den Ställen und Lagerräumen in Schach und fungierte, oft mit mehreren Artgenossen zusammen, als „Alarmanlage" für alle ungewöhnlichen Vorkommnisse, die er mit lautem Gebell meldete. Oft hielten die Farmer den oder die Terrier zusammen mit der zweiten brasilianischen Rasse, dem großen und mächtigen Fila Brasileiro, der den Job des beeindruckenden Wach- und Schutzhundes übernahm

– flankiert von den kleinen Terriern, die sich nach der „Alarmierung“ des Fila nicht weniger mutig auf den Eindringling stürzten und ihn laut bellend umkreisten.
Aber auch zur Jagd auf Niederwild taugte der kleine, mutige Terrier gut.
Die Energie und Bellfreude haben sich auch heute noch in der Rasse erhalten. Für eine hellhörige Mietshauswohnung ist er daher eher weniger geeignet. Ohnehin braucht der lebhafte kleine Hund viel Platz und Bewegung, am liebsten in Kombination mit Aufgaben, die auch sein intelligentes Köpfchen fordern, wie etwa Tricktraining oder Nasenarbeit. Ist das gegeben und respektieren seine Menschen seinen terriertypischen Eigensinn, der allerdings weniger stark ausgeprägt ist als bei vielen anderen Terrierrassen, ist er ein friedlicher und anhänglicher Kumpel, der sich zuhause auch gern aufs Sofa kuschelt und Streicheleinheiten genießt.
Da der brasilianische Terrier in Europa eher selten ist, wird er meistens mit dem Jack Russell Terrier verwechselt. Kenner machen ihn jedoch am eher foxterriertypischen quadratischen Körperbau, der etwas kürzeren Schnauze und den im Vergleich zu den viel kantigeren Europäern runden Körperlinien aus. Seine Rute kann von Natur aus kurz oder lang sein und wird aufrecht, aber nie über den Rücken gerollt getragen. Das kurze und glatte Haarkleid ohne Unterwolle ist pflegeleicht und braucht nur ab und zu ein paar Bürstenstriche, um immer gut auszusehen.

Auszug aus dem Standard:
„Mittelgroßer, schlanker, harmonisch gebauter Hund von gutem, aber nicht zu schweren Körperbau; quadratisch mit gerundeteten Außenlinien. (...) Immer in Bewegung, lebhaft, aktiv, aufgeweckt; freundlich und zutraulich gegenüber Bekannten, Fremden gegenüber jedoch misstrauisch.“

FCI-Gruppe 3

Welsh Terrier

FCI-Standard Nr. 78
Gruppe: 3
Sektion 1: Hochläufige Terrier

Größe
nicht über 39 cm

Gewicht
9–9,5 kg

Farbe/Haarkleid
Vorzugsweise Schwarz mit Loh oder „Grizzle" mit Loh (dabei frei von schwarzen Markierungen an den Zehen), Schwarz unterhalb der Sprunggelenke ist höchst unerwünscht

Raues, harsches Deckhaar und weiche Unterwolle

Ursprünglicher Verwendungszweck:
Jagdhund auf Füchse, Dachse und Otter

Auf den ersten Blick sieht der Welsh Terrier aus wie ein verkleinerter Airedale Terrier, Kenner der Rasse verweisen jedoch vehement darauf, dass die kleineren Waliser die wesentlich ältere Rasse seien. Beide stammen vom alten, heute ausgestorbenen Black-and-Tan oder Old English Terrier ab, von dem sie das lohfarbene Haarkleid mit schwarzem oder „grizzlefarbenem" Sattel und das drahtige Deckhaar mit weicher Unterwolle geerbt haben. Der Welsh Terrier soll angeblich dem alten nordenglischen Black-and-Tan Terrier am nächsten geblieben sein. Erwähnt wird die Rasse in Wales schon in Schriften aus dem 18. Jahrhundert.

Wie so viele andere Terrier auch wurde der Welsh Terrier im letzten Jahrhundert noch ausgiebig zur Jagd auf Fuchs, Dachs und Otter eingesetzt. Für die Jagd im gebirgigen und unwegsamen Gelände von Wales brauchte er etwas längere Läufe, Robustheit und viel Ausdauer, um mit den berittenen Jägern und der schnellen Foxhoundmeute mithalten zu können. Hatte er Fuchs oder Dachs einmal ausgemacht, stellte er diese mutig und furchtlos.

Der Welsh Terrier wäre bei entsprechender Ausbildung auch heute noch gut jagdlich einsetzbar, wird aber fast ausschließlich als Sport- und Familienhund gehalten. Hier punktet er mit seinem fröhlichen, temperamentvollen und unternehmungslustigen Naturell. Er liebt fast alle Arten von Aktivitäten, solange es nicht um reine Unterordnung geht – wie alle Terrier hat er seine eigenen Ideen davon, was sinnvoll ist und was eher nicht.

Im Gegensatz zu vielen anderen Terriern neigt er eher weniger zum Kläffen, bewacht Haus und Hof aber bei Bedarf zuverlässig. Bei konsequenter und liebevoller Erziehung gilt er als unkompliziert und kinderlieb.

Sein Haarkleid muss drei bis vier Mal jährlich getrimmt werden, wobei die toten Haare von Hand ausgezupft werden. Würde man ihn scheren, würde die typische harsche, drahtige Struktur des Deckhaars verloren gehen, es würde weich und wollig werden und die kräftigen Farben würden verblassen. Nur der Schnauzbart am Kopf und das Haar an den Pfoten wird mit der Schere in Form geschnitten.

Das Trimmen lässt man sich am besten von einem Profi zeigen und kann es mit ein bisschen Übung dann durchaus selber machen. Dazwischen reicht gelegentliches Bürsten.

Auszug aus dem Standard:

„Forsch, geschickt, ausgewogen und kompakt. (…)
Unerschrocken und furchtlos, jedoch keinesfalls aggressiv;
obwohl er sich jederzeit, wenn nötig, behaupten kann."

Ursprung: Australien

Australian Terrier

Ursprünglicher Verwendungszweck:
Bekämpfung von Ratten und Schlangen, aber auch gelegentlich Hüten von Schafherden

FCI-Standard Nr. 8
Gruppe: 3
Sektion 2: Niederläufige Terrier

Größe
Rüde: optimal 25 cm
Hündin: etwas weniger

Gewicht
Rüde: optimal 6,5 kg
Hündin: etwas weniger

Farbe / Haarkleid
Blau, Stahlblau oder Dunkelgraublau mit sattem Loh (nicht Sandfarbe), klar sandfarben oder Rot

Mittellanges harsches, glattes Deckhaar mit weicher Unterwolle

Der Australian Terrier entstand im 19. Jahrhundert als eine der wenigen Terrierrassen außerhalb Großbritanniens. Er stammt unter anderem vom Yorkshire-Terrier, dem Dandie Dinmont Terrier und dem Cairn Terrier ab, wahrscheinlich auch noch von weiteren kleineren englischen Terrierrassen, die von den Siedlern mit nach „Down under" gebracht wurden. Er hat gemeinsame Vorfahren mit der zweiten australischen Terrierrasse, dem Australian Silky Terrier. Erst durch getrennte Züchtung auf unterschiedliche Typen entstanden im Lauf der Zeit daraus zwei unterschiedliche Rassen.

Das Zuchtziel war ursprünglich ein kleiner robuster Hund, um in rauer Umgebung zu arbeiten, Schlangen und Nager auf Farmen und in den Goldminen zu jagen oder auch die Kaninchen in Schach zu halten, die sich nach ihrer Einführung aus Europa mangels natürlicher Feinde in Australien rasend schnell verbreitet hatten und zur Plage geworden waren. Die kleinen Terrier passten als wachsame Kontrolleure aber auch auf Haus und Hof auf und stellten sich auch nicht dumm an, wenn sie einmal – meist in einer Gruppe zu mehreren - beim Hüten der Schafe mithelfen sollten. Hitze und Kälte mussten sie gleichermaßen gut ertragen können und wurden von den Siedlern sicherlich nicht verwöhnt, sondern als nützliche Arbeitstiere betrachtet. Man kann annehmen, dass sie sich ihr Futter hin und wieder selber fangen mussten.

Das erste Mal wurde die Rasse 1880 in Melbourne auf einer Hundeshow ausgestellt. 1906 erschien ein Australian Terrier das erste Mal in England, die systematische Zucht begann 1921 nach Gründung des Australian Terrier Clubs, der seinen Zuchtstandard aufstellte.

Vom Silky Terrier unterscheidet er sich durch etwas mehr Körpergröße, aber vor allem durch sein Haarkleid: Während das des Silky fein und seidig ist, besitzt der Australian Terrier raues, harsches Deckhaar mit weicher Unterwolle. Ein Markenzeichen ist auch seine deutliche Halskrause, die aber erst ab einem Alter von etwa drei Jahren voll entwickelt ist. Die Silkys sind immer blau- und lohfarben, während die „Aussies" auch in sandfarben oder rot vorkommen.

Der Australian Terrier ist ein wachsamer, fröhlicher und anhänglicher Hund. Er will gefallen und genießt die Gesellschaft und das Lob seiner Menschen. Fremden gegenüber ist er aufgeschlossen, wenn auch anfänglich etwas vorsichtig. Er ist unkompliziert und geduldig mit Kindern und sucht keinen Streit mit anderen Hunden.

Als Begleithund sollte er lange Spaziergänge bekommen mit Gelegenheit zum Toben, um seinem Wesen als Gebrauchshund gerecht zu werden. Außerdem bietet sich der Australian Terrier gut für verschiedene Hundesportarten an. Ein typischer „Schoßhund" ist er sicherlich nicht.

FCI-Gruppe 3

Auszug aus dem Standard:

„Ein kräftiger, niedrigstehender Hund, ziemlich lang im Vergleich zu seiner Schulterhöhe, mit ausgeprägtem Terriercharakter, aufgeweckt, aktiv, gesund und leistungsfähig. Sein ungetrimmtes, harsches Haarkleid mit deutlicher Krause rund um den Hals, die sich bis zum Brustbein ausdehnt, und sein langer, kräftiger Kopf unterstreichen sein kühnes, robustes Erscheinungsbild."

Cairn Terrier

Ursprung: Großbritannien (Schottland)

FCI-Standard Nr. 4
Gruppe: 3
Sektion 2: Niederläufige Terrier

Größe
28–31 cm

Gewicht
6–7,5 kg (Idealgewicht)

Farbe / Haarkleid
Cremefarben, weizenfarben, Rot, Grau bis fast Schwarz

Das Fell kann gestromt sein

Raues Deckhaar mit weicher Unterwolle

Ursprünglicher Verwendungszweck:
Jagd auf Dachs, Otter, Fuchs und auch Ratte

Der Cairn Terrier entstand auf der Insel Skye und im westlichen Hochland Schottlands. Ihren Namen verdankt die Rasse den aufgehäuften Steinwällen, die errichtet wurden, um Grenzen festzulegen oder Gräben zu markieren. Diese Steinwälle (cairns) waren das Lieblingsversteck von Füchsen, Mardern und anderem sogenannten „Raubzeug". Man brauchte einen kleinen, aber außerordentlich tapferen Terrier, um in diese Steinhaufen hineinzukriechen und die unerwünschten Konkurrenten zu stellen. Aber auch die Dezimierung von Mäusen und Ratten gehörte zu den Aufgaben, und sogar gegen so große Feinde wie Dachs oder Otter wurden die Cairns mitunter eingesetzt. Die Gutsherren Schottlands hielten zur Jagd und Dezimierung des Raubzeugs ganze Meuten dieser zottigen Terrier.

Die Rassegeschichte verläuft parallel zum Skye, West Highland White und Scottish Terrier und reicht über mehr als 500 Jahre zurück. Aus einer großen Vielzahl von Typen in verschiedenen Gegenden entstanden langsam vier eigenständige Rassen: Cairn, Skye, Westie und Scottie. Der Hund „Callamhor" von Alastair Campeil aus Ardrishaig auf der Insel Skye war 1907 der erste registrierte Cairn Terrier, der, wie auch ihre Cairn Terrier „Cuillean Bhan" und „Roy Mhor" auf der Crufts Dog Show vorgestellt wurde. Als die Cairns erstmals ausgestellt wurden, nannte man sie Short-haired Skyes. Um Verwechslungen mit dem Skye Terrier zu vermeiden, wurde der Name Cairn Terrier gewählt.

Platzend vor Energie und Lebensfreude ist der Cairn in seinem Wesen recht selbständig, außerordentlich neugierig und braucht klare Anweisungen. Seine Terriernatur zwingt ihn geradezu zum Graben – ob in einem Fuchsbau oder einem Blumenbeet, darin sieht er keinen großen Unterschied.

Der Cairn ist ein kleiner, kompakter, freundlicher und temperamentvoller Begleithund. Diese Eigenschaften machten ihn zu einer der beliebtesten Terrierrassen Englands und die vom British Cairn Terrier Club verliehene Ehrenbezeichnung „Best Little Pal in the World" – Bester kleiner Kumpel der Welt – hat er wirklich verdient. Er ist körperlich und charakterlich robust und auch durchaus kinderlieb, wenn, wie bei allen Hunden nötig, die Regeln des Zusammenseins von Kind und Hund beachtet werden. Sein gesundes Selbstbewusstsein ist dabei immer zu beachten.

Der kurze Fang und die Stehohren geben der Rasse ihren lebhaften Ausdruck; die mäßig kurze Rute wird fröhlich getragen.

Je nach Wachstum der Haare muss ein Cairn Terrier zwei bis drei Mal pro Jahr getrimmt werden. Die „reifen" Deckhaare lassen sich dann leicht herauszupfen. Geschoren werden sollte er nicht, weil die typische doppelte Struktur des Fells sonst verloren geht und es insgesamt zu weich und wollig wird.

Auszug aus dem Standard:

„Flink, aufmerksam, arbeitsfreudig
und urwüchsig in seinem Erscheinungsbild.
Furchtlos und fröhlich, sehr selbstsicher,
jedoch nicht aggressiv."

Český Teriér
(Tschechischer Terrier)

FCI-Standard Nr. 246
Gruppe: 3
Sektion 2: Niederläufige Terrier

Ursprünglicher Verwendungszweck:
Jagd auf Fuchs und Dachs

Dieser hübsche Terrier ist eine relativ neue Rasse, die von dem tschechischen Hundezüchter Dr. František Horák mit dem Ziel eines Jagdterriers gezüchtet wurde. Dieser begann 1949 Scottish und Sealyham Terrier zu kreuzen und erreichte dabei eine Reihe positiver Eigenschaften: Schneid und Größe, um unter der Erde zu arbeiten, alle körperlichen und wesensmäßigen Eigenschaften, um erfolgreich an der Jagd teilzunehmen. Das Ergebnis war der Český (oft vereinfacht Cesky geschrieben) Terrier, ein vorzüglicher Jagd- und Wachhund. Gleichzeitig entstand ein Hund von großer Leistungsfähigkeit und Schönheit.

Horák war auch Jäger und erwartete von seinen Terriern, dass sie nicht nur auf Ausstellungen, sondern auch auf Jagdleistungswettbewerben Trophäen gewinnen sollten. Das Ziel erreichte er in nur vier Generationen und weniger als einem Jahrzehnt. Der erste Vertreter der Rasse war der Rüde Javor Lovu Zdar, der mit seinem silberblauen Haarkleid in der Hundewelt größte Aufmerksamkeit fand. Langsam gewann die Rasse an Boden, zunächst in ihrer Heimat, danach auch in ein paar anderen europäischen Ländern. Im Jahre 1963 erkannte die FCI den Cesky an, aber mehrfach war die Rasse in ihrer Existenz bedroht.

Obgleich Horák vermutlich nur Scotties und Sealyhams verwendet hat, lässt gerade diese Kombination viele Fragen offen. Der Cesky hat verschiedene Eigenschaften, die bei diesen zwei Terrierrassen völlig unüblich sind. Hierzu gehören tief getragene Rute, ein extremes Verhältnis von Länge zur Schulterhöhe, langes, seidiges Haarkleid, Schokoladenfarbe und das Gen, das Schwarz zu Grau und Braun zu Kaffeebraun aufhellt. Der Dandie Dinmont führt die meisten dieser Eigenschaften: Das schokoladenbraune Gen, seidiges Haarkleid, tief angesetzte Rute und langen, tief gestellten Körper. Ob Dr. Horák bei der Zucht allein aus Scottie/Sealyham rezessive Gene fand oder tatsächlich noch andere Kreuzungen vornahm, ist unbekannt.

So zäh und unnachgiebig der Tschechische Terrier als Jagdhund im Umgang mit Raubwild ist, so anpassungsfähig und angenehm ist er als Haushund, der auch mit Kindern und anderen Hunden gut zurechtkommt. Er ist leicht zu führen, tendenziell eher ruhig und daher im Gegensatz zu vielen anderen Terrierrassen auch von Anfängern gut zu halten. Fremden gegenüber hat er ein gesundes Misstrauen, ohne aggressiv zu sein.

Die kurzbeinige Statur mit kompaktem und massivem Körperbau macht ihn äußerlich gut als Terrier erkennbar. Die Rute wird ziemlich tief getragen, die V-förmigen Ohren werden nach vorn gerichtet und gekippt getragen. Der Cesky hat einen hübschen Glanz im seidigen Fell, das an der oberen Körperhälfte geschoren (im Gegensatz zu den meisten anderen Terriern nicht getrimmt) wird. Die ganze untere Linie und Front bleiben unbearbeitet, ebenso der dichte Bart und die Augenbrauen.

Größe
Rüde: ideal 29 cm
Hündin: ideal 27 cm

Gewicht
6–10 kg

Farbe/Haarkleid
Graublau (Welpen werden schwarz geboren), Milchkaffeebraun (Welpen werden schokoladenbraun geboren)

Mittellang, fein und seidig, leicht gewellt. Keine Unterwolle

FCI-Gruppe 3

Auszug aus dem Standard:

„Kurzläufiger, langhaariger, gut gebauter und bemuskelter Terrier von rechteckigem Format, mit mittelgroßen Hängeohren. Ruhiger, nicht aggressiver, leicht zu führender, angenehmer und freudiger Gesellschafter; Fremden gegenüber zurückhaltend. Die Vertreter dieser Rasse sind besonders ruhig und sanft."

FCI-Standard Nr. 168
Gruppe: 3
Sektion 2: Niederläufige Terrier

Größe
Keine Angabe im FCI-Standard (i. d. R. 20–28 cm)

Gewicht
8–11 kg

Farbe/Haarkleid
Pepper (Pfefferfarben), Mustard (Senfkornfarben)

Raues Deckhaar mit weicher Unterwolle

Dandie Dinmont Terrier

Ursprünglicher Verwendungszweck:
Jagd auf Otter, Dachs und Kaninchen

Der Dandie Dinmont Terrier ist ein sehr kleiner, niederläufiger Terrier, der aus dem Süden Schottlands stammt. Zu seinen Vorfahren gehörten wahrscheinlich der Otterhound, Scottish Terrier, Skye und Bedlington Terrier, vermutlich auch Basset-Spürhunde aus Flandern, die 1066 mit Wilhelm dem Eroberer aus Frankreich kamen.

Seinen Namen bekam er nach einer fiktiven Romanfigur des Schriftstellers Sir Walter Scott, einem „Gentleman vom Lande mit goldigem Herzen" namens Dandie Dinmont, der im Roman „Guy Mannering" als Fuchsjäger stets von einer Meute kleiner, pfeffer- und senffarbener Terrier umgeben ist.

Als eigenständige Rasse entstanden die „Dandies" um 1870, 1955 erfolgte die Anerkennung durch die FCI.

Der Dandie Dinmont Terrier mag klein und mit seinen großen Augen und kurzen Beinen niedlich sein, aber er besitzt einen besonders ausgeprägten Mut. Den brauchte er auch, wenn er früher mit dem Fuchs in dessen Bau kämpfen musste. Die selbständige Jagd im Bau formte auch seinen selbständigen Charakter. Er

überlegt selbst, was er will und was nicht. Auch heute noch kann es problematisch werden, wenn er die Fährte eines Kaninchens in die Nase bekommt. Dann kann er auch schon mal seine Erziehung vergessen und der Fährte folgen.
Dandies sind sehr treu und anhänglich. Sie lieben ihre Familie und sind ausgesprochen kinderfreundlich. Sie zeichnen sich durch ein liebenswürdiges Wesen aus. Trotz ihres agilen Temperaments sind Dandie Dinmont Terrier kaum einmal hektisch oder nervös. Sie sind wachsam, jedoch keine Kläffer. Sie sind als Anfängerhund geeignet, Engagement und Terrierverstand vorausgesetzt.
Ein Dandie muss mehrmals wöchentlich gebürstet und zwei bis drei Mal pro Jahr getrimmt werden.

Auszug aus dem Standard:

„Unverwechselbarer Kopf, der beeindruckend mit seidiger Behaarung umrahmt ist. (…) Mutiger, arbeitsfreudiger Terrier; unabhängig, höchst intelligent, entschlossen, hartnäckig, feinfühlig, anhänglich und würdevoll."

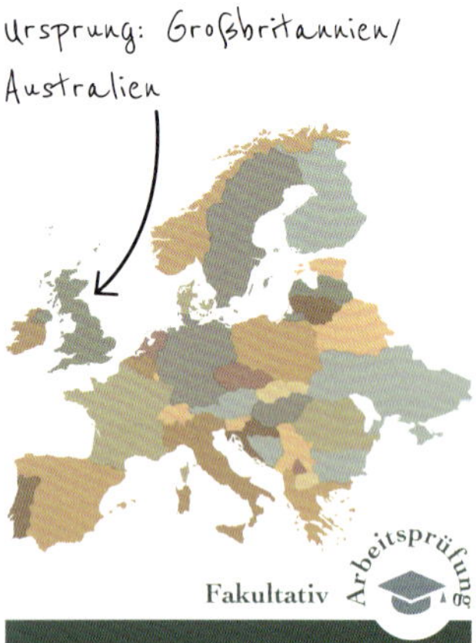

Jack Russell Terrier

FCI-Standard Nr. 345
Gruppe: 3
Sektion 2: Niederläufige Terrier
Varietäten: 3 (Haarkleid)

Größe
Ideal 25–30 cm

Gewicht
Jeweils 1 kg pro 5 cm Widerristhöhe

Farbe/Haarkleid
Weiß muss vorherrschen mit schwarzen und/oder lohfarbenen Abzeichen in allen Schattierungen vom hellsten bis hin zum sattesten Loh (Kastanienbraun)

a) Glatthaarig
b) Rauhaarig
c) Stichelhaarig oder „broken-coated"

Ursprünglicher Verwendungszweck:
Jagd auf Füchse

Der Jack Russell Terrier ist der „Bruder" des Parson Russell Terrier und unterscheidet sich von diesem nur minimal durch etwas kürzere Beine, etwas weniger Körpergröße und einen etwas längeren Rücken. Historisch handelt es sich um die gleiche Rasse, erst im Jahr 1999 wurden sie von der FCI in zwei verschiedene Rassen mit verschiedenen Standards unterteilt.

John „Jack" Russell war ein englischer Pfarrer (Parson = engl. für Pfarrer und „Jack" ist der Rufname für John), der im 19. Jahrhundert lebte. Er züchtete Foxterrier für die Fuchsjagd zu Pferd, aber es missfiel ihm, dass die Foxterrier, die zu seiner Zeit Anfang des letzten Jahrhunderts gerade sehr ihn Mode kamen, mehr und mehr zum Ausstellungshund mit längeren Läufen und eleganteren Linien wurde. Was er wollte, war aber ein kompromissloser Arbeitshund, der nicht gut auf einer Show aussehen, sondern den Fuchs entschlossen aus dem Bau treiben musste.

Seine Hunde hatten einen hervorragenden Ruf, was ihre jagdliche Leistung betraf. Darum wurden Foxterrier, die von ihm stammten oder auf seine Zuchtlinien

zurückgingen, als „Jack Russell's Terrier" bezeichnet. Lange Zeit hatten sie aber keinen eigenen Rassestandard oder wurden nach Aussehen gezüchtet, sondern nur nach Leistung.
Diese (noch nicht unterteilte) Rasse wurde zunächst von der FCI unter dem Namen Parson Jack Russell Terrier anerkannt. Währenddessen importierte Australien, das unter den aus Europa eingeschleppten, sich stark vermehrenden Rotfüchsen litt, Foxterrier und kleinere Exemplare des Parson Jack Russell Terrier, damit diese gut in die Fuchsbauten passen sollten. So wurde der niederläufigere, kleinere Typ über die Jahrzehnte in Australien zu einer eigenen Rasse, die von der FCI wiederum als „Jack Russell Terrier" anerkannt wurde. Aus der ursprünglichen Rasse Parson Jack Russell Terrier wurde das „Jack" im Namen entfernt und es wurde 2001 daraus der „Parson Russell Terrier" – Verwirrung leider perfekt.

Auszug aus dem Standard:
„Ein kräftiger, lebhafter und geschmeidiger Arbeitsterrier mit gutem Charakter und beweglichem, mittellangem Gebäude. Seine flinken Bewegungen unterstreichen seinen durchdringenden, eifrigen Ausdruck. (…) Kühn und furchtlos, freundlich mit ruhigem Selbstvertrauen."

Der Jack Russell Terrier gilt als intelligent, unerschrocken, freundlich und arbeitsfreudig, was sich aus seiner Herkunft als Jagdhund ableitet. Daher eignet er sich für viele Hundesportarten wie Agility, Obedience oder Turnierhundsport. Oft sieht man "Jackies" in Pferdeställen, wo sie sich auch als Mäusefänger nützlich machen oder am Pferd mitlaufen. Nach wie vor gibt es auch Jäger, die Jack Russells jagdlich führen und sich dafür einsetzen, dass ihre guten Arbeitseigenschaften in der Zucht erhalten bleiben.
Es gibt eine glatt-, stichel-und rauhaarige Variante des „Jackies", der rauhaarige muss regelmäßig getrimmt werden.

Nihon Terrier
(Japanischer Terrier)

FCI-Standard Nr. 259
Gruppe: 3
Sektion 2: Niederläufige Terrier

Größe
ca. 30–33 cm

Gewicht
Keine Angabe im FCI-Standard

Farbe / Haarkleid
Dreifarbig mit Kopf schwarz, lohfarben und weiß; Weiß mit schwarzen Flecken, schwarze oder lohfarbene Abzeichen am Körper

Kurz, glatt, keine Unterwolle

Ursprünglicher Verwendungszweck:
Gesellschaftshund

Japanische Terrier sind, wenn man so möchte, ausgewanderte Europäer, die in Japan zu einer Eigenständigkeit als Rasse gefunden haben und heute hierzulande noch äußerst selten sind.

Zu ihren Vorfahren zählten zweifellos glatthaarige Foxterrier, die um 1700 herum von holländischen und englischen Seeleuten mit in den Hafen von Nagasaki gebracht wurden. Auf den langen Überseefahrten dienten die zähen kleinen Terrier dazu, die Ratten und Mäuse in den Frachträumen der Segelschiffe in Schach zu halten. Diese Schiffs-Foxterrier verpaarten sich mit einheimischen kleinen japanischen Hunden und später sollen, so wird berichtet, auch einige Italienische Windspiele eingekreuzt worden sein. Jedenfalls hatten sich bis circa 1900 kleine, dem Foxterrier noch recht ähnliche Terrier besonders im Distrikt Kobe so etabliert, dass man sie „Kobe-Terrier“ nannte.

Als prägend für die heutige Rasse gilt ein Rüde namens „Kuro“ (Kuro = japanisch „schwarz“), der aus einer Kreuzung eines English Toy Terriers mit einem Miniatur-Bullterrier stammte und den man im ersten Jahrzehnt des 20. Jahrhunderts mit mehreren Kobe-Terrier-Hündinnen verpaarte. Ab da nannte man die schlanken, kleinen und glatthaarigen Nachkommen erstmals auf japanisch „Nihon Teria“ (Nihon ist die einheimische Landesbezeichnung für Japan).

1932 wurde der erste japanische Zuchtverband für die Rasse gegründet und die handlich kleinen, aufmerksamen Hunde kamen besonders in den sich rasant entwickelnden Städten als Wach- und Gesellschaftshunde in Mode.

Nach dem Zweiten Weltkrieg war die Rasse fast ausgestorben und bis etwa 1980 extrem selten, da andere, westliche Rassen zwischenzeitlich in Japan beliebter waren. 1985 sollen Berichten zufolge nur noch rund 50 Hündinnen in ganz Japan vorhanden gewesen sein, aber trotzdem gelang es einer Handvoll Enthusiasten, daraus die Rasse wieder aufzubauen. Die ersten Japanischen Terrier gelangten Anfang der 1990er Jahre nach Europa. Der FCI-Standard wurde erst 2016 veröffentlicht.

Die kleinen Japaner sind terriertypisch lebhaft, flink und sehr intelligent, weshalb sie ausreichend beschäftigt werden möchten. Tricktraining und Denkspiele, die ihr schlaues Köpfchen fordern, sind für sie besonders geeignet, aber auch Sportarten wie Agility oder Flyball. Auf jeden Fall sind sie mit Feuereifer dabei und tun alles, um ihrem Besitzer zu gefallen.

Sie sind ihren Menschen gegenüber sehr anhänglich, Fremden gegenüber jedoch eher reserviert und melden, wenn sich jemand Unbekanntes nähert.

Ihr mit nur rund 2 mm Haarlänge sehr kurzes, glattes und dichtes Haarkleid ist sehr pflegeleicht.

FCI-Gruppe 3

Auszug aus dem Standard:

„Kleiner, eleganter und kompakter Hund mit klar gezeichneten Umrisslinien. (…)
Das Verhältnis Widerristhöhe zu Körperlänge beträgt 1:1. (…)
Der Japanische Terrier ist flink und hat einen lebhaften Charakter."

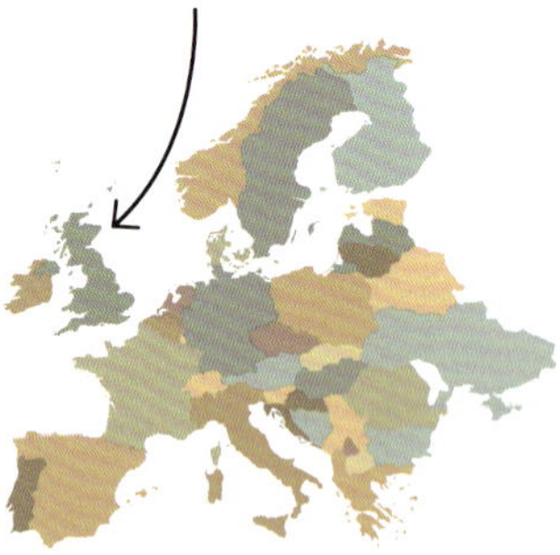

Norfolk Terrier

Ursprünglicher Verwendungszweck:
Jagd auf Fuchs, Dachs und Ratten

Der Norfolk Terrier ist eine der kleinsten Terrierrassen und stammt wie sein engster Verwandter, der Norwich Terrier, aus der Grafschaft East Anglia.

Bis zum Jahr 1964 wurden Norfolk und Norwich Terrier noch als eine einzige, gemeinsame Rasse geführt. Auffälligstes Unterscheidungsmerkmal: Der Norfolk hat heute Kipp-, der Norwich Stehohren.

Die Vorfahren des Norfolk Terriers waren jahrhundertelang häufig beim fahrenden Volk, aber auch auf Bauernhöfen zu finden und dienten dort vor allem als Ratten- und Mäusefänger. Gelegentlich wurden sie aber auch zur Jagd auf Fuchs und Dachs eingesetzt und scheuten auch vor diesen größeren Gegnern nicht zurück. Die planmäßige Zucht begann erst gegen Ende des letzten Jahrhunderts und man weiß, dass Cairn, Yorkshire, Scottish, Irish, Dandie Dinmont, Fox und andere Terrier eine Rolle dabei spielten – also ein guter Teil der großen britischen Terrierfamilie.

Wie alle Terrier ist er lebhaft, aufmerksam, gewitzt und intelligent, neigt aber viel weniger zum Kläffen als viele seiner Verwandten. Da er trotz seiner ansprechenden Kleinheit (er passt locker in die Reisetasche) nie zur Moderasse wurde, gilt er noch als urwüchsig und robust, wenig krankheitsanfällig und kann sehr alt werden.

Er ist trotz seiner geringen Körpergröße ein kerniges Kerlchen, das gerne draußen herumtollt, lange Wanderungen mitmacht und für Sportarten wie Agility oder Dog Dancing oder auch alle Arten von Nasenarbeit gern zu haben ist. Auch Tricktraining kommt seinem Intellekt und seiner Unternehmungslust sehr entgegen.

Ein großer Vorteil des Norfolk Terriers ist, dass er – Ausgleich durch Bewegung natürlich vorausgesetzt – auch mit einer kleineren Wohnung zufrieden ist und man ihn überall hin mitnehmen kann. Klein genug, um bei Bedarf im Rucksack getragen zu werden, aber auch groß genug, um bei Wanderungen über Stock und Stein mitzuhalten.

Äußerlich sind Norfolk Terrier eher unauffällig und werden, auch weil sie hierzulande so selten sind, häufig für Mischlinge gehalten. Kenner mögen aber genau dieses Natürliche an ihnen und sind begeistert von ihrem Charme.

Ausgesprochen freundlich, mutig und anpassungsfähig – so werden sie häufig beschrieben, wobei besonders ihre Verträglichkeit mit anderen Hunden und Tieren hervorgehoben wird – nicht bei allen Terriern selbstverständlich. Norfolk Terrier sind trotz starker eigener Persönlichkeit mit etwas Konsequenz gut erziehbar und eignen sich daher auch als Anfängerhunde, zum Beispiel als Alternative zum viel bekannteren West Highland White Terrier. Trotzdem bleiben sie natürlich Terrier mit dem entsprechenden selbstbewussten Naturell, das sich nicht die Butter vom Brot nehmen lässt.

Das raue Deckhaar mit weicher und dichter Unterwolle sollte etwa zwei Mal im Jahr getrimmt werden, damit seine Struktur erhalten bleibt; dazwischen reicht regelmäßiges Bürsten.

FCI-Standard Nr. 272
Gruppe: 3
Sektion 2: Niederläufige Terrier

Größe
25 cm (ideal)

Gewicht
Keine Angabe im FCI-Standard

Farbe / Haarkleid
Alle Schattierungen von Rot, Weizenfarben, Schwarz mit Lohfarben oder Grizzle. Weiße Abzeichen oder Flecken sind erlaubt, aber unerwünscht.

Harsches Deckhaar mit feiner Unterwolle

FCI-Gruppe 3

Auszug aus dem Standard:

„Tiefgestellter, schneidiger Hund, kompakt und kräftig, mit kurzem Rücken, guter Substanz und starken Knochen. (…) Ein Teufelskerl für seine Größe. Liebenswürdige Veranlagung, nicht streitsüchtig, von robuster körperlicher Konstitution; aufmerksam und furchtlos."

Ursprung: Großbritannien

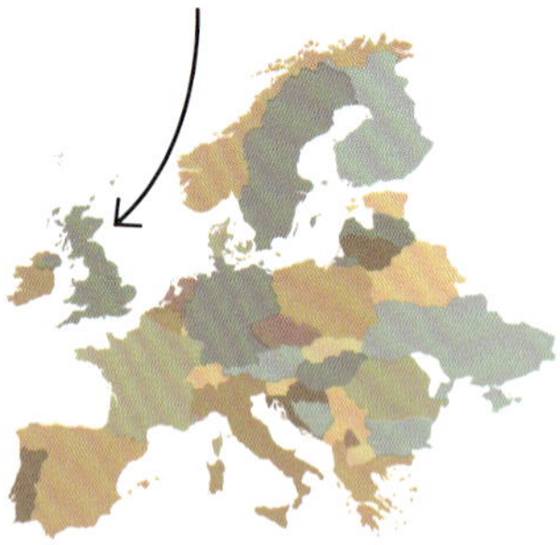

FCI-Standard Nr. 72
Gruppe: 3
Sektion 2: Niederläufige Terrier

Größe
25 cm (ideal)

Gewicht
Keine Angabe im FCI-Standard

Farbe / Haarkleid
Alle Schattierungen von Rot, Weizenfarben, Schwarz mit Loh oder Grizzle. Weiße Abzeichen oder Flecken werden akzeptiert, sind aber unerwünscht.

Harsches Deckhaar mit feiner Unterwolle

Norwich Terrier

Ursprünglicher Verwendungszweck:
Jagd auf Fuchs, Dachs, Ratten und Kaninchen

Als einer der kleinsten Terrier passt der Norwich Terrier im Flugzeug ins Handgepäck – ist aber trotzdem ein ganzer Kerl und alles andere als „nur" ein Schoßhündchen.

Wie sein engster Verwandter, der Norfolk Terrier, stammt er aus der Grafschaft East Anglia, aus der Nähe der Universitätsstadt Norwich.

Bis zum Jahr 1964 wurden Norfolk und Norwich Terrier noch als eine einzige, gemeinsame Rasse geführt. Auffälligstes Unterscheidungsmerkmal: Der Norfolk hat heute Kipp-, der Norwich Stehohren. Außerdem gilt der Norwich als etwas kompakter gebaut und von quirligerem Temperament als der Norfolk.

Die Vorfahren des Norwich Terriers waren jahrhundertelang auf Bauernhöfen Mittelenglands zu finden und dienten dort vor allem als Ratten- und Mäusefänger. Gelegentlich wurden sie aber auch zur Jagd auf Fuchs und Dachs eingesetzt und scheuten auch vor diesen größeren Gegnern nicht zurück. Die planmäßige Zucht begann erst gegen Ende des letzten Jahrhunderts und man weiß, dass Cairn, Yorkshire, Scottish, Irish, Dandie Dinmont, Fox und andere Terrier eine Rolle dabei spielten – also ein guter Teil der großen britischen Terrierfamilie. Äußerlich ähnelt der Norwich neben dem Norfolk am ehesten dem Cairn Terrier, der allerdings größer ist und in anderen Farben vorkommt. Trotzdem kann es gut sein, dass die hierzulande seltenen Norwich Terrier für „Cairn-Mischlinge" gehalten werden.

Der Norwich Terrier ist kleiner und weniger „rabaukenhaft" als das Cairn Terrier, aber handfester als der Yorkshire Terrier und damit eine gute Alternative für alle, die sich zwar einen handlich kleinen, aber auch kernigen und outdoortauglichen Hund wünschen. Der kleine, fröhliche Optimist macht gerne bei jeder Wanderung und so gut wie jedem Hundesport mit, ist aber auch damit zufrieden, mal einen Regennachmittag drinnen zu verbringen oder am Wochenende auszuschlafen. Er lernt gern und schnell und ist zum Beispiel auch für Tricktraining oder Nasenarbeit leicht zu begeistern. Er ist wachsam und meldet besondere Vorkommnisse zuhause auch lautstark als „kleine Alarmanlage" an, neigt aber ansonsten nicht zum grundlosen Kläffen.

Aufgrund seines alten Terriererbes hat er immer noch einen gewissen Jagdtrieb, der sich aber hauptsächlich auf Mäuse bezieht und auf Spaziergängen draußen zu keinen besonderen Problemen führt.

Sein doppeltes Haarkleid mit dem harschen, drahtigen Deckhaar und der weichen Unterwolle muss unbedingt regelmäßig getrimmt, das heißt durch Auszupfen „reifer" Deckhaare gepflegt werden. Bearbeitet man es mit der Schermaschine, verliert das Deckhaar seine typische Struktur, wird weich und wollig und verblasst in den

Auszug aus dem Standard:
„Einer der kleinsten Terrier. Tiefgestellter, schneidiger Hund, kompakt und kräftig, mit guter Substanz und starken Knochen. (…) Liebenswürdige Veranlagung, nicht streitsüchtig, unglaublich aktiv, von robuster körperlicher Konstitution. Fröhlich und furchtlos."

Farben. Nur um die Pfoten herum kommt eine Schere zum Einsatz. Das Trimmen kann man mit ein bisschen Übung gut selbst zuhause durchführen.

Kenner der Rasse weisen daraufhin hin, dass Norwich Terrier in der Regel einen sehr guten Appetit haben und man bei ihnen darauf achten muss, dass sie nicht zu mopsig werden.

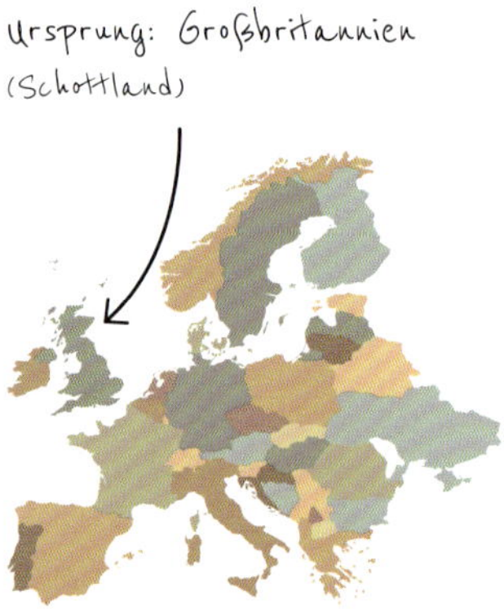

FCI-Standard Nr. 73
Gruppe: 3
Sektion 2: Niederläufige Terrier

Größe
25–28 cm

Gewicht
8,5–10,5 kg

Farbe/Haarkleid
Schwarz, weizenfarben oder gestromt (in jeder Schattierung)

Drahtiges Deckhaar mit dichter Unterwolle

Scottish Terrier

Ursprünglicher Verwendungszweck:
Jagd auf Fuchs, Dachs, Otter und Steinmarder

Der Scottish oder Scotch Terrier stammt ursprünglich aus der Gegend um Rannoch in Perthshire in den schottischen Highlands. Er war als Höhlenjäger ideal für die Jagd auf Fuchs, Dachs, Otter, Marder und anderes Raubwild. Er ist eng mit dem Skye Terrier verwandt und wurde Ende des 19. Jahrhunderts unter dem Namen Aberdeen-Terrier schnell beliebt in ganz Schottland und im übrigen Großbritannien. Nach der Gründung des Schottischen Terrier Clubs durch Captain Gordon Murray im Jahr 1882 wurde beschlossen, ihn Scotch Terrier (Schottischer Terrier) zu nennen. Die Rasse gewann schnell an Popularität und avancierte in den 1920er und 1930er Jahren zum Modehund.

Der ursprüngliche Scotch Terrier war hochbeiniger als heute und meistens in der Fellfarbe gestromt (brindle), erst später züchtete man die schwarzen und weizenfarbenen (wheaten) Hunde. Obwohl er sich heute von dem ursprünglichen Arbeitshund entfernt hat, steckt immer noch viel vom alten, kernigen Jagdhund in ihm, der keine Konfrontation scheut und der manchmal auch den terriertypischen Eigensinn zeigt. In seiner Erziehung ist daher liebevolle Konsequenz, nicht zu verwechseln mit Härte, zusammen mit Motivation gefragt, um ihn ganz auf seiner Seite zu haben.

Der „Scottie" ist in seiner Familie sehr gesellig, aber weniger der typische „Kuschelhund" als ein kerniger Naturbursche, der etwas erleben möchte: Sucharbeiten und Apportieraufgaben liegen ihm mehr als Sofasitzen. Er macht gerne jede Wanderung mit, ist aber nicht unbedingt für den Leistungssport geeignet.

Seine Menschen bewacht er unbestechlich und pflichtbewusst, wenn es nötig ist und ist ihnen treu ergeben. Seine Zuverlässigkeit ist ebenso rassetypisch wie die würdevolle Zurückhaltung, die der selbstbewusste Hund auch gerne an den Tag legt. Seine Fans bezeichnen ihn daher gern als den „Gentleman unter den Terriern": niemals aufdringlich, aber immer präsent. Sein Mut und seine Unerschrockenheit sind legendär.

Die mächtige Muskulatur der Hinterhand und die kurzen Läufe ermöglichen ihm noch heute eine beachtliche Schnelligkeit bei der unterirdischen Jagd auf höhlenbewohnendes Wild. Trotz seiner sehr geringen Masse verfügt er über viel Kraft und Behändigkeit.

Sein raues, dichtes Haarkleid muss regelmäßig gebürstet und getrimmt werden, damit es wetterfest und gut gepflegt bleibt. Keinesfalls darf es geschoren werden, da Haarstruktur und Farbe sonst leiden.

FCI-Gruppe 3

Auszug aus dem Standard:

„Treu und zuverlässig, würdevoll, unabhängig
und zurückhaltend, aber mutig und hochintelligent.
Unerschrocken, aber niemals aggressiv"

Ursprung: Großbritannien (Wales)

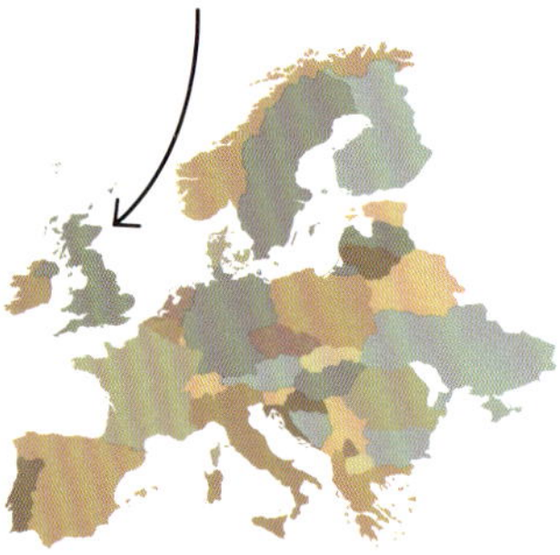

FCI-Standard Nr. 74
Gruppe: 3
Sektion 2: Niederläufige Terrier

Größe
max. 31 cm

Gewicht
Rüde: ca. 9 kg
Hündin: ca. 8,2 kg

Farbe/Haarkleid
Reinweiß, Weiß mit gelben, braunen, blauen oder dachsfarbenen Markierungen am Kopf und an den Ohren. Deutliche schwarze und starke Tüpfelung ist unerwünscht.

Langes, hartes Deckhaar mit weicher Unterwolle

Sealyham Terrier

Ursprünglicher Verwendungszweck:
Jagd auf Otter, Dachs und Iltis (in der Meute)

Der Sealyham Terrier hat seinen Namen von einem Landsitz namens Sealy Ham (Ham = engl. für „Weiler“ oder „Gehöft“) in Wales. Hier lebte Mitte des 19. Jahrhunderts ein gewisser Captain Tucker-Edwards, der eine Rasse züchten wollte, die seinen Vorstellungen von einem Hund zur Jagd auf Dachs, Otter, Iltis und Marder am besten entsprach. Die Hunde sollten besonders furchtlos, draufgängerisch, scharf und zäh sein. Gleichzeitig sollten sie aber mit anderen Hunden verträglich sein, da sie auf der Jagd zu mehreren in den Foxhound-Meuten mitlaufen mussten. Ferner wünschte er sich ein weißes, aber unempfindliches Haarkleid, damit die Hunde in den Dachsbauten oder im Unterholz gut zu sehen waren und nicht mit dem gejagten Wild verwechselt wurden.

Welche Rassen genau der Captain alle einsetzte, hat er uns nicht überliefert. Strittig ist zum Beispiel, ob niedrigläufige Bassets aus Flandern oder Welsh Corgis die Grundlage bildeten. Sicher spielte aber der Dandie Dinmont Terrier eine wichtige Rolle, kombiniert wahrscheinlich mit kleinen Bullterriern und Foxterriern für mehr Schärfe. In den Anfangszeiten der Zucht wurden Edwards' Hunde von Zeitgenossen öfter als „Foxterrier ohne Beine“ bezeichnet.

Der Captain muss ein recht exzentrischer Typ gewesen sein und seine Zuchtauslese rigoros: Zeigte ein Hund gegenüber beispielsweise einem Iltis nicht genügend Mut und Jagdtrieb, wurde er auf der Stelle erschossen. Man kann also auch nach dieser langen Zeit von einem heutigen Sealyham Terrier nicht erwarten, dass er keinen Jagdtrieb haben soll. Dazu wurde er gezüchtet!

1908 wurde der erste Sealyham Terrier Club in England gegründet und 1910 dort der erste Standard aufgestellt. Wie bei den meisten Rassen sorgte der Erste Weltkrieg für einen erheblichen Einbruch, in den 1930er und 40erJahren wurde der Sealyham dann aber sehr populär.

So besaß auch Alfred Hitchcock zwei Sealyham Terrier, Geoffrey und Stanley, die sogar mit ihm selbst kurz in der Anfangsszene des Filmklassikers „Die Vögel“ zu sehen sind, wo er sie aus einem Tiergeschäft herausführt. Agatha Christie, Humphrey Bogart, Gary Copper, Elizabeth Taylor, Princess Margret und die Queen waren weitere prominente Sealyham-Besitzer. Da also die halbe Hollywood-Elite Sealyhams hatte, wurde die Rasse entsprechend begehrt, was wie immer, wenn eine Rasse zum Modehund wird, zum Verlust eines guten Teils ihrer ehemaligen Arbeitseigenschaften führte.

Heute gehört sie eher zu den sehr seltenen bis zu vom Aussterben bedrohten Rassen und wurde vom britischen Kennel Club als „Vulnerable Native Breed“ klassifiziert. Der kleine, aber kräftige Terrier hat viel Herz und eine eigene Persönlichkeit. Von seinen Freunden wird er auch gern „Clown unter den Terriern“ genannt und kann sich

Auszug aus dem Standard:
„Freie Bewegung, aktiv, ausgeglichen und von imponierender Substanz in kleinem Rahmen. Umrisslinien rechteckig, nicht quadratisch. (…) Standhaft, unerschrocken und geschickt. Aufmerksam und furchtlos, jedoch freundlich.“

auch ganz gut mit sich selbst amüsieren. Er ist unternehmungslustig und bindet sich eng an seinen Besitzer, für den er gern alles Mögliche tut. Trotzdem behält er terriertypisch immer seinen eigenen Kopf, weshalb liebevolle Konsequenz in seiner Erziehung unumgänglich ist.
Das doppelte Haarkleid ist für einen Terrier relativ üppig und muss öfter getrimmt werden als bei anderen vergleichbar großen Terrierrassen. Der für Ausstellungen nach Rasse-Schönheitsideal lang gelassene Schnauzbart und die lange „Stirnlocke" sowie das unter dem Bauch länger gelassene Haar tragen zur markanten Silhouette des Sealyham bei. Gleichmäßig kurz getrimmtes Haar verleiht der Rasse einen ganz anderen Ausdruck als der „Show Trim".

Skye Terrier

FCI-Standard Nr. 75
Gruppe: 3
Sektion 2: Niederläufige Terrier

Größe
Rüde: 25–26 cm (ideal)
Hündin: etwas kleiner

Gewicht
Keine Angabe im FCI-Standard

Farbe/Haarkleid
Schwarz, Hell- oder Dunkelgrau, falbfarben, cremefarben
All diese Farben mit schwarzen Markierungen der Ohren und des Fanges. Jede Grundfarbe in gleichfarbiger Schattierung ist gestattet, solange Nase und Ohren schwarz sind. Ein kleiner weißer Fleck an der Brust ist erlaubt.

Hartes, gerades und langes Deckhaar mit weicher Unterwolle

Ursprünglicher Verwendungszweck:
Jagd auf Otter, Fuchs und Dachs, aber auch schon früh "Luxushund"

Der Skye Terrier ist der ungewöhnlichste Vertreter seiner Familie und bleibt jedem in Erinnerung, der ihn einmal gesehen hat: Kein anderer Terrier ist so lang – nämlich von der Seite gesehen ungefähr doppelt so lang wie hoch auf kurzen Beinen, die quasi vollständig unter dem üppigen, bodenlangen Haar verschwinden. Dann noch auffällige Stehohren mit lang herabhängender „Befederung“ und schon hat man einen Hund, der entweder heiß geliebt oder gehasst wird, auf jeden Fall aber nicht gleichgültig lässt. Es gibt auch eine seltenere hängeohrige Variante, bei der die Ohren dann flach am Kopf liegen.

Seinen Namen hat der seltene Terrier von der Insel Skye, die als größte und nördlichste der Inneren Hebriden vor der Küste Schottlands liegt. Hier, so will es die Legende, sollen Malteser-ähnliche Hündchen beim Untergang der spanischen Armada im Jahr 1588 an Land geschwommen sein und sich mit den einheimischen rauhaarigen schottischen Terriern verpaart haben. Ob das stimmt, wissen wir nicht, jedenfalls war das Haarkleid der ursprünglichen Skye Terrier, wie sie unter anderem Lady Macdonald im Mittelalter auf Armadale Castle züchtete, nicht so üppig und lang wie das heutige, das bei der Jagd auf Fuchs, Dachs, Otter oder Ratten auch eher hinderlich gewesen wäre. Die ursprünglichen Skye Terrier hatten gute Nasen, waren gute Schwimmer und scheuten nicht davor zurück, einen Otter oder eine Ratte bis in irgendwelche engen Felsspalten an der Küste hinein zu verfolgen und zu stellen.

Skyes wurden im Gegensatz zu vielen anderen Terriern aber schon relativ früh zum Modehund, nämlich spätestens dann, als Queen Victoria sie im 19. Jahrhundert auf Windsor Castle zu züchten begann. Was später für ihre Ur-urenkelin Queen Elizabeth II. die Corgies waren, waren die Skye Terrier für Queen Victoria, so wurden die auffälligen Hunde schnell zum letzten Schrei unter dem europäischen Hochadel der Zeit.

Der berühmteste Skye Terrier ist „Greyfriar's Bobby“, der sich 1858 in Edinburgh auf das Grab seines Besitzers legte und dort blieb, bis er starb – der Überlieferung nach wurde er dort noch mehrere Jahre lang von Friedhofsbesuchern gefüttert. Heute steht an der Stelle sein Denkmal, auf das immer noch frische Blumen gelegt werden.

Auch heute noch haben viele Skye Terrier etwas von dieser unerschütterlich loyalen „Ein-Personen-Hund-Persönlichkeit“, von der ihre Besitzer schwärmen. Sie seien „würdevoll, verständig, liebevoll und treu“, heißt es.

Trotz dieser guten Eigenschaften ist die Rasse im Bestand gefährdet und ungefähr so selten wie der Panda.

Das lange und üppige, doppelte Haarkleid mit Unterwolle muss nicht wie bei vielen anderen Terriern getrimmt werden, Bürsten reicht. Trotz des extrem langen Rückens leiden die Hunde nicht unter Rückenproblemen wie andere, ähnlich lang gebaute Rassen.

Auszug aus dem Standard:

„Lang; zweimal so lang wie hoch; mit Haar von guter Länge. Bewegt sich scheinbar mühelos. Kiefer, Körper, Vor- und Hinterhand kräftig. (…) Elegant und würdevoll. Ein „Ein-Mann" Hund, misstrauisch gegenüber Fremden, aber niemals bösartig."

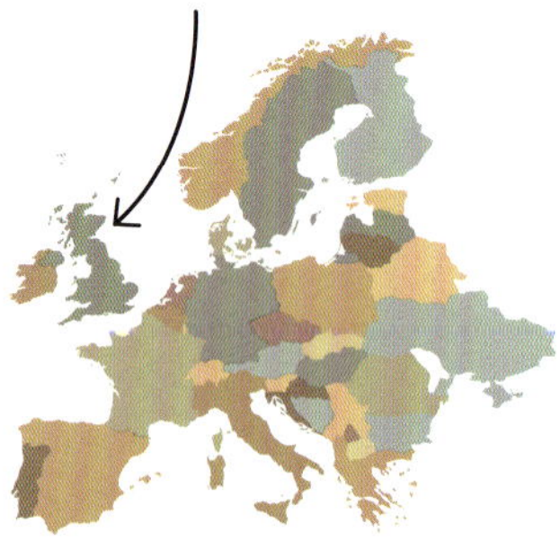

FCI-Standard Nr. 85
Gruppe: 3
Sektion 2: Niederläufige Terrier

Größe
ca. 28 cm

Gewicht
Keine Angabe im FCI-Standard

Farbe / Haarkleid
Weiß

Harsches Deckhaar mit feiner Unterwolle. Muss getrimmt statt geschoren werden.

West Highland White Terrier

Ursprünglicher Verwendungszweck:
Jagd auf Fuchs und Otter

Der Legende nach verdankt der kleine weiße Terrier aus den schottischen Highlands, der bei uns als „Westie" einen wahren Siegeszug feierte, seine Entstehung einem tragischen Jagdunfall: Colonel Edward Donald Malcom (1837-1930) aus dem nordwestlich von Glasgow gelegenen Poltalloch erschoss versehentlich an einem nebligen Herbsttag einen seiner rotbraunen Cairn Terrier, weil er ihn mit einem Fuchs verwechselte. Damit ihm das nie wieder passieren sollte, beschloss er künftig reinweiße und damit auch im schottischen Herbstwetter gut sichtbare Jagdterrier zu züchten. Da in Würfen von Cairn, Scottish und Skye Terrier immer wieder auch einmal weiße Welpen fielen, die in diesen Rassen eigentlich gar nicht so erwünscht waren, suchte er diese gezielt aus, um damit seine Zucht zu begründen. Gleichzeitig legte er Wert auf gute Arbeits-, sprich Jagdeigenschaften: Die Hunde sollten mutig, zäh und draufgängerisch genug sein, um Dachs und Fuchs in dem unwegsamen Gelände bis in deren Bau hinein zu verfolgen und zu stellen. Anfangs nannte man die kleinen Jagdhelfer nach ihrem Heimatort auch Poltalloch Terrier, bis der Colonel selbst ihnen den Namen „West Highland White Terrier" gab. Er hielt sie in

ganzen Meuten und nahm immer gleich mehrere zur Jagd mit, weshalb er Wert auf die Verträglichkeit der Hunde legte – sie sollten sich auf ihren Job konzentrieren anstatt auf Streitereien untereinander.

Auszug aus dem Standard:

„Klein, aktiv, unerschrocken, robust, mit beträchtlichem Selbstvertrauen ausgestattet und einem Auftreten, das Raubzeugschärfe erkennen lässt. Wachsam, fröhlich, mutig, selbstbewusst aber freundlich."

Aus dieser Vergangenheit als Jagdgebrauchshund wird klar, dass es sich beim so harmlos wirkenden und seinem Besitzer gegenüber anhänglichen Westie keineswegs um ein niedliches Schoßhündchen handelt. Auch wenn er seit Generationen nicht mehr jagen geht, haben sich Mut, Ausdauer, Selbstbewusstsein und eine gewisse „Schärfe", wenn inzwischen auch abgemildert, in ihm erhalten. Aber man sollte sich eben nicht wundern, wenn er den Rasen auf der Jagd nach einem Maulwurf wie besessen umgräbt und einem den Maulwurf anschließend vor die Füße legt. Anderen Hunden gegenüber besitzt er ein gesundes Selbstbewusstsein, auch wenn sie viel größer sind als er selbst, und lässt sich nicht ungestraft provozieren. Er zeigt ungewöhnliche Vorkommnisse durch Warnbellen an und kann zum Kläffen neigen, wenn man dies versehentlich zu sehr fördert, sprich ihm die Aufgabe des Aufpassers ständig überlässt – er nimmt seine Aufgabe dann halt ernst. Mit etwas liebevoller Konsequenz ist der freundliche Westie aber nicht schwer zu erziehen, sofern man ihn wie einen „richtigen" Hund behandelt und nicht wie ein Lifestyle-Accessoire.

In den 1990er Jahren erlebte der Westie einen Beliebtheitsboom, was der Rasse gesundheitlich nicht gutgetan hat. Inzwischen ist wieder eine rückläufige Tendenz zu erkennen und damit auch wieder mehr „Qualität statt Quantität" in der Zucht.

FCI-Standard Nr. 286
Gruppe: 3
Sektion 3: Bullartige Terrier

Größe
Rüde: 46–48 cm
Hündin: 43–46 cm

Gewicht
Sollte im guten Verhältnis zur Größe stehen (keine konkrete Angabe im FCI-Standard)

Farbe/Haarkleid
Jede Farbe, einfarbig (mehrfarbig oder gefleckt ist zulässig), jedoch soll mehr als 80 % Weiß, Schwarz mit Brand und Leberfarben nicht gefördert werden.

Kurz und glatt ohne Unterwolle

American Staffordshire Terrier

Ursprünglicher Verwendungszweck:
Bis Mitte des 19. Jahrhunderts für Hundekämpfe gezüchtet, später Ausstellungshund

Der American Staffordshire Terrier ist ein Nachfahre des Staffordshire Bull Terriers, der Mitte des 19. Jahrhunderts von England in die USA gebracht wurde, um dort in blutigen Hundekämpfen das Volk zu amüsieren. Dabei entstanden Namen wie Half-and-Half, Pit Dog oder auch Pit Bull Terrier. Viele Hunde waren zu einem Leben in den Pits verurteilt, wo sie ihren Besitzern Prestigegewinn und durch Wetteinnahmen Geld einbrachten.

Die glücklicheren American Staffordshire Terrier beschützten Siedlerfamilien und ihre Wohnplätze bei der Besiedlung Amerikas. Erst im Jahre 1900 wurde der Hundekampf in ganz Amerika gesetzlich verboten.

Verantwortungsbewusste Züchter, die Hundekämpfe ablehnten, wollten die positiven Eigenschaften der Rasse weiter fördern. Während des Ersten Weltkriegs diente der Amercian Staffordshire in der Armee. Der neue Name American Staffordshire Terrier grenzte sich bewusst von der Kampfhundvergangenheit und von der Rasse English Staffordshire Bull Terrier ab.

Selbst in der Blütezeit des Hundekampfes war die Aggression ausschließlich auf Hunde ausgerichtet, nie auf Menschen. Dieser duldete, selbst im bittersten Gefecht, von seinem Besitzer angefasst oder zurückgehalten zu werden. Die heutigen American Staffordshire Terrier sind liebevolle, Menschen gegenüber absolut zuverlässige Hunde. Dennoch haben einige Staffs ihre Angriffslust anderen Tieren gegenüber beibehalten; deshalb müssen ihre Besitzer immer in der Lage sein, sie unter Kontrolle zu halten.
Wichtig zu wissen ist, dass die Rasse in den meisten deutschen Bundesländern auf der Liste der gefährlichen Hunderassen steht, deren Haltung mit besonderen Auflagen verbunden ist.

Auszug aus dem Standard:

„Der American Staffordshire Terrier sollte für seine Größe den Eindruck von großer Stärke vermitteln. Er sollte ein solide gebauter Hund sein, der muskulös, aber beweglich und gefällig wirkt. (…) Sein Mut ist sprichwörtlich."

Ursprung: Großbritannien

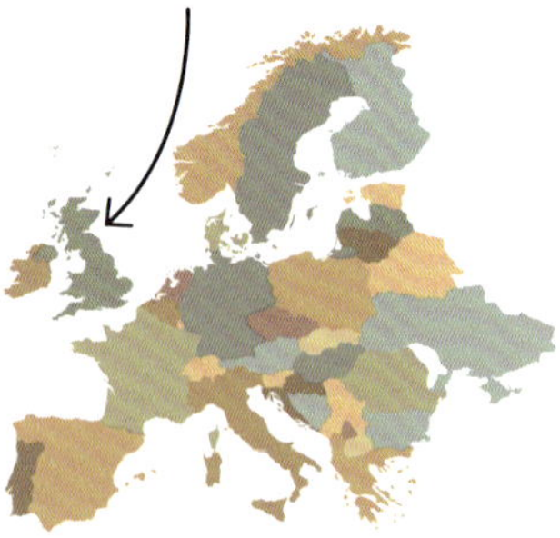

FCI-Standard Nr. 11
Gruppe: 3
Sektion 3: Bullartige Terrier

Größe und Gewicht
Bewusst keine Angaben zu Größe und Gewicht im FCI-Standard; i. d. R. 40–50 cm bei 22–38 kg

Farbe/Haarkleid
Meist Weiß, aber auch Gestromt, Schwarz, Rot, Rehbraun oder Tricolor

Kurz und glatt ohne Unterwolle

Bull Terrier

Ursprünglicher Verwendungszweck:
Hundekämpfe, auch zur Jagd auf Dachse und Ratten, später Ausstellungs- und Familienhund

Der Bull Terrier wurde in England geschaffen, weil die Bulldogge für die dort damals beliebten Kämpfe zwischen Hunden und Bullen zwar kräftig genug war, aber ihr fehlte die Wendigkeit. Daraufhin wurden Bulldoggen und Terrier gekreuzt, um Hunde zu bekommen, die fähig waren, so blutige Kämpfe wie möglich zu liefern. Als schließlich per Gesetz Kämpfe zwischen Hunden und Stieren verboten wurden, ließ man Hunde gegen Hunde kämpfen. Bis zum Ende dieser grausamen Vergnügungen war der Bull Terrier der Star dieser Kämpfe.

Als auch die Hundekämpfe 1835 endlich verboten wurden, veränderten sich die Bull Terrier in kurzer Zeit. 1862 erschien auf der Hundeschau in Birmingham erstmals der Züchter James Hinks mit weißen Bull Terriern, die vergleichsweise gegenüber früheren Bull Terriern sehr elegant waren.

Als die Mode der Kämpfe verschwunden war, wurde die Rasse für die Ratten- und Mäusejagd bestimmt. Später verfeinerten die Züchter sie noch mehr, indem sie vor allem den Charakter veränderten, der vom Instinkt her kämpferisch war. Am

Ende des 19. Jahrhunderts war der Bullterrier schon ein guter Wächter, treu, gehorsam, der angenehm in der Familie, auch mit Kindern, zu halten ist. Aggressivität gilt heute explizit als ausschließender Fehler in der Zucht und der Rassestandard verlangt ein zwar mutiges, aber ausgeglichenes, verspieltes und diszipliniertes Wesen und attestiert ihm zwar Eigensinn, aber insbesondere Freundlichkeit gegenüber Menschen.
Dennoch steht der Bull Terrier wegen seiner Vergangenheit und der Tatsache, dass er leider oft von den falschen Menschen aus der falschen Motivation als Statussymbol gehalten wird, in den meisten deutschen Bundesländern auf der Liste gefährlicher Hunde, deren Haltung mit Auflagen verbunden ist. Das führt häufig zu negativen Reaktionen im Allgemeinen auf Bull Terrier in der Öffentlichkeit, auch wenn sie bei guter Sozialisierung und Erziehung nicht anders reagieren als andere Hunde und sogar eine hohe Reizschwelle haben.

Auszug aus dem Standard:

„Kräftig gebaut, muskulös, harmonisch und aktiv, mit durchdringendem, entschlossenem und intelligentem Ausdruck. Ein einzigartiges Merkmal ist sein „downface“ (divergierende Kopflinien) und der eiförmige Kopf.“

Miniature Bull Terrier

FCI-Standard Nr. 359
Gruppe: 3
Sektion 3: Bullartige Terrier

Ursprünglicher Verwendungszweck:
Hundekämpfe, auch zur Jagd auf Fuchs, Dachs und Ratten

In dieser „Taschenausgabe" des großen Bullterriers von nur rund 36 cm Schulterhöhe stecken das gleiche Feuer und Temperament wie in der großen Variante. Er weist keinerlei Zwergenmerkmale wie runder Schädel oder runde Augen auf, sondern ist in allem eine maßstabsgerechte Verkleinerung des großen Bruders und ohne irgendeinen Größenmaßstab als Referenz auf Fotos eigentlich nicht von diesem zu unterscheiden. Das war nicht immer so: Es gibt zwar schon seit dem 19. Jahrhundert eine kleinere Version des Bullterriers, die in erster Linie zur Rattenjagd gebraucht wurde, aber der zwischenzeitliche Versuch, diese als „Toy-Hunde" besonders klein und leicht zu züchten, ging gründlich schief, weshalb die kleine Variante im Jahr 1918 aus dem Register des englischen Kennel Club gestrichen wurde.

Erst 1938 wagten engagierte Züchter einen neuen Versuch, einen zwar kleineren, aber genauso substanzvollen Typ des Bullterriers zu züchten, was durch geschickte Zuchtauswahl auch gelang. Der Rassestandard betont deshalb auch heute noch den Punkt, dass „der Eindruck von maximaler Substanz für die Größe des Hundes in Einklang von Qualität und Geschlecht" erreicht werden soll.

Das Markenzeichen beider Bullterrier ist das so genannte „Downface", das durch divergierende Ober- und Unterlinien des Schädels entsteht und den Eindruck eines beinahe eiförmigen Kopfes hervorruft. Zusammen mit den aufrechtstehenden Ohren und den kleinen, eher dreieckigen und etwas weiter auseinanderstehenden Augen entsteht so der typische Bullterrier-Ausdruck, den man entweder liebt oder hasst.

Bullterrier, die großen wie die kleinen, bringen eine gewisse Portion Eigensinn mit und sind nichts für Kontrollfreaks. Sehen sie den Sinn einer Aufgabenstellung nicht ein, können sie ganz schön auf stur schalten. Versteht man sie jedoch zu motivieren, sind sie gern bei jeder Aktivität dabei.

Sie sind kräftig und muskulös, benehmen sich beim Spielen manchmal wie echte kleine Clowns und „kaspern" albern herum. Fans der Rasse behaupten, sie seien fröhlicher und pfiffiger als die großen. Zu ihrer erfolgreichen Erziehung ist liebevolle Konsequenz nötig – sie schenken ihrem Besitzer nicht unbedingt etwas, sondern „fragen" immer wieder mal nach, ob man das jetzt wirklich ernst meint.

Im Spiel mit Artgenossen können sie mitunter etwas grobmotorisch und „bullig" sein und mit ihrem kantigen Verhalten anecken. Bei guter Sozialisation im Welpenalter sind sie gut verträglich. Durch ihre Geschichte als Kampfhund auf andere Tiere sind sie aber nicht automatisch problemlos mit Katzen oder anderen Kleintieren.

Auszug aus dem Standard:
„Kräftig gebaut, muskulös, harmonisch und aktiv, mit durchdringendem, entschlossenem und intelligentem Ausdruck. (...)
Mutig, lebhaft, mit einem verspielten Wesen. Ausgeglichenes Wesen und diszipliniert. Obgleich sehr eigensinnig, ist er im Besonderen sehr gut gegenüber Menschen."

Größe und Gewicht
Die Widerristhöhe von 35,5 cm sollte nicht überschritten werden

Gewicht: Keine Angabe im FCI-Standard, außer der Hinweis, dass das Gewicht im harmonischen Verhältnis zur Größe stehen sollte.

Farbe/Haarkleid
Weiß.
Bei farbigen Hunden muss die jeweilige Farbe vorherrschend sein; bei Gleichheit aller anderen Dinge wird der gestromte Rassevertreter bevorzugt.

Kurz und glatt ohne Unterwolle

Ihre Familie lieben sie abgöttisch und zeigen sich dort verspielt und verschmust.
Miniature Bullterrier stehen in keinem deutschen Bundesland auf der Liste gefährlicher Rassen, haben aber wegen ihres Aussehens oft mit Vorurteilen zu kämpfen.
Das kurze, glatte Fell ohne Unterwolle ist pflegeleicht und haart wenig. Vorsicht ist bei den reinweißen Bullterriern geboten: Da diese genetisch eigentlich Extremschecken sind, können, müssen aber nicht Taubheitsprobleme vorkommen.

FCI-Standard Nr. 76
Gruppe: 3
Sektion 3: Bullartige Terrier

Größe
35,5–40,5 cm (ideal)

Gewicht
Rüde: 12,7–17 kg
Hündin: 11–15,4 kg

Farbe/Haarkleid
Rot, Falb, Weiß, Schwarz oder Blau (oder eine dieser Farben mit Weiß), Gestromt in jeder Schattierung oder Gestromt mit Weiß. Schwarz mit Loh oder Leberfarben ist höchst unerwünscht.

Kurz und glatt ohne Unterwolle

Staffordshire Bull Terrier

Ursprünglicher Verwendungszweck:
Jagd auf Ratten und Hundekämpfe

Der Staffordshire Bull Terrier ähnelt stark dem historischen „Bull and Terrier" des 19. Jahrhunderts, der in England aus Kreuzungen mit Bulldogge und altem englischen Terrier entstand und den wir von alten Gemälden kennen. Anders als den mit ihm verwandten Bullterrier sieht man ihm die Bulldog-Vorfahren an seinem kompakten, muskulösen und tiefgestellten Körperbau mit breiter Brust noch deutlich an. Auch die halb stehenden, halb gekippten „Rosenohren", der breite Schädel und die starken Kiefer sind typisches Bulldogerbe.

Der „Staff" war der typische Hund der Bergleute im „Black Country", dem Kohle- und Industriegebiet rund um Birmingham und in der Grafschaft Staffordshire. Man traf ihn häufig in den Arbeitersiedlungen, wo er zum einen die Ratten in Schach hielt, zum anderen auch bis zu deren Verbot im Jahr 1835 in den unsäglichen Hundekämpfen eingesetzt wurde. Hier wurden mit hohen Wetteinsätzen Hund gegen Hund in einer „Pit" (Grube) aufeinandergehetzt und der Sieger brachte seinem Besitzer oft an einem einzigen Abend mehr Geld als durch einen ganzen Monatslohn im Kohlebergwerk.

So mutig, draufgängerisch und hartnäckig der Hund in dieser Situation sein musste, so brav und zuverlässig war er zuhause in der engen Arbeiterwohnung, in der sich die Familie mit vielen Personen nur wenig Raum teilte. Insbesondere liebte er die Kinder der Familie, was ihm schon früh den Beinamen „Nanny Dog" („Kindermädchen-Hund") einbrachte. Auch heute noch ist der Staffordshire Bullterrier in England eine der beliebtesten und häufigsten Familienhunderassen. Vom alten Kampfhunderbe ist nicht viel übriggeblieben, wenn man einmal vom typischen Eigensinn und einer rassetypischen „Hart im Nehmen-Mentalität" absieht. Entsprechende Sozialisation vorausgesetzt, ist er nicht nur mit Menschen jeden Alters „absolut zuverlässig", wie es auch der Standard fordert, sondern verträgt sich auch mit anderen Hunden. Bei anderen Haustieren wie Katzen und anderen Kleintieren ist hingegen Vorsicht geboten – es kann gutgehen, muss aber nicht.

Apropos Standard: Insbesondere bei Wesensbeschreibungen sollte man natürlich immer und bei jeder Rasse im Kopf behalten, dass es sich hierbei nicht um eine „garantierte Eigenschaft" handelt, sondern um ein angestrebtes Zuchtziel. Auch wenn die allermeisten Staffordshire Bull Terrier wirklich „absolut zuverlässig" sind, entbindet das ihre Besitzer nicht von der Pflicht einer vernünftigen Sozialisation und Erziehung. Leider sind die eigentlich so positiven Eigenschaften wie Mut und Hartnäckigkeit natürlich auch welche, die man bei entsprechender (Miss)handlung des Hundes auch negativ ausnutzen kann, vielleicht ein Grund dafür – wenn aufgrund der Erfolgsstory

Auszug aus dem Standard:
„Glatthaarig, gut ausgewogen, sehr kräftig für seine Größe, muskulös, aktiv und beweglich. (…) Traditionell von unbeugsamem Mut und Hartnäckigkeit. Hochintelligent und liebevoll, besonders zu Kindern. Tapfer, furchtlos und absolut zuverlässig."

FCI-Gruppe 3

als Familienhund in England auch nicht ganz verständlich – die Rasse in den meisten deutschen Bundesländern sowie auch in Österreich und in der Schweiz auf der Liste „gefährlicher Hunde“ steht, deren Haltung mit Auflagen verbunden ist. In den Händen der richtigen Menschen sind Staffs problemlose und freundliche Hunde.
Von britischen Immigranten vor dem Bürgerkrieg nach Nordamerika gebrachte Staffs wurden dort zu den Vorfahren von American Staffordshire Terrier, Boston Terrier und Pit Bull Terriern.

Australian Silky Terrier

Ursprung: Australien

FCI-Standard Nr. 236
Gruppe: 3
Sektion 4: Zwerg-Terrier

Größe
Rüde: 23–26 cm
Hündin: etwas weniger

Gewicht
In passendem Verhältnis zur Widerristhöhe (i. d. R. 4–5 kg)

Farbe / Haarkleid
Jede Schattierung von Blau (Blue) und Loh (Tan) ist annehmbar, je intensiver und klarer abgegrenzt die Farben sind, desto besser. Silber und Weiß sind nicht zulässig. Das Blau an der Rute muss sehr dunkel sein. Ein silberblauer oder rehbrauner Schopf ist erwünscht.

Lang, seidig, glatt ohne Unterwolle

Ursprünglicher Verwendungszweck:
Rattenfänger, später Begleithund

Wer sich bei diesem kleinen Australier spontan an einen Yorkshire Terrier erinnert fühlt, liegt nicht ganz falsch: Dieser gehört zu seinen Hauptvorfahren.
In der Stadt Ross auf der Südaustralien vorgelagerten Insel Tasmanien haben einige britischstämmige Familien um 1820 herum blau-lohfarbene Terrier gezüchtet, die sich als Ratten- und Schlangenbekämpfer nützlich machten und offensichtlich aus Kreuzungen von australischen Terriern mit Yorkshire Terriern abstammten. Ein Engländer namens McArthur Little soll eine solche Hündin mit nach England genommen und dort mit einem Dandie Dinmont Terrier verpaart haben. Bei seiner Rückkehr nach Australien nahm er einige dieser Welpen wieder mit zurück, die den Grundstock zum Aufbau des erst „Sydney Silky Terrier" und später „Australian Silky Terrier" bildeten. In der Folgezeit wurden immer wieder Yorkshire Terrier eingekreuzt, um das feine, seidige Haarkleid und die begehrte blau-lohfarbene Farbkombination zu erhalten. Der erste Standard wurde im Jahr 1900 in Australien verfasst und nach dem Zweiten Weltkrieg gab es vermehrt Exporte in die USA. 1962 wurde die Rasse auch von der FCI anerkannt, ist aber hierzulande immer noch sehr selten, obwohl sie eigentlich ein idealer Stadt-, Familien- und Anfängerhund ist.
Heute unterscheidet sich der Silky vom Yorkie bei ähnlicher Größe durch kräftigeren Körperbau, einen keilförmigeren Kopf und größere Zähne, da er auch größere Schädlinge fangen können sollte. Auch die Form der Ohren ist etwas anders: Die des Silkys sind am Ansatz nicht so groß und haben eine schärfere, umgedrehte V-Form oben auf dem Kopf.
Dennoch sind ein kleinerer, leichterer Silky und ein größerer, kräftigerer Yorkie für Nicht-Profis nahezu nicht voneinander zu unterscheiden. Umso mehr freuen sich Silky-Besitzer, wenn jemand ihre Rasse richtig erkennt!
Trotz ihrer geringen Körpergröße sind Silkys im Grunde ihres Herzens echte, furchtlose und hartnäckige Terrier, die es immer noch mit einer Ratte aufnehmen würden. Sie sind ständig wachsam und auf der Hut und melden Ungewöhnliches. Gleichzeitig sind sie liebevolle und verschmuste Schoßhunde, die am liebsten rund um die Uhr bei ihrem Menschen sind. Sie sind freundlich und verspielt, aber dennoch nicht unterwürfig, wie es sich für einen Terrier gehört. Sie möchten überzeugt und motiviert anstatt beherrscht werden und am ehesten hat man sie bedingungslos auf seiner Seite, wenn man es versteht, ihnen seine Ideen als die eigenen zu verkaufen.
Gern macht der Silky auch in Sportarten wie Agility in der Mini-Klasse mit und freut sich über jede sinnvolle Aufgabenstellung für sein schlaues Köpfchen. Durch seine geringe Körpergröße kann man ihn problemlos überall hin mitnehmen.
Das typische glatte, am Rücken gescheitelte Seidenhaar muss regelmäßig gekämmt und gebürstet werden, hat aber den Vorteil, nicht zu haaren. Es ist etwas kürzer als das des Yorkshire Terriers.
Fans der Rasse sagen, dass der Australian Silky Terrier die unverzüchtetere und gesündere Variante des Yorkshire Terriers sei.

Auszug aus dem Standard:

„Ein kompakter, mäßig niedrigstehender Hund von mittlerer Länge mit fein strukturiertem Gebäude, doch mit genügend Substanz, um die Fähigkeit, im Haus unerwünschte Nager jagen und töten zu können, erkennen zu lassen. Das gescheitelte, glatte, seidige Haar vermittelt ein gepflegtes Erscheinungsbild. (…) Ein mutiger und ausgezeichneter Toy Terrier, der als Begleithund unübertroffen ist."

English Toy Terrier

FCI-Standard Nr. 13
Gruppe: 3
Sektion 4: Zwerg-Terrier

Größe
25–30 cm (ideal)

Gewicht
2,7–3,6 kg (ideal)

Farbe / Haarkleid
Schwarz und lohfarben (black and tan)

Kurz und glatt ohne Unterwolle

Ursprünglicher Verwendungszweck:
Ratten- und Kaninchenjagd

In den englischen Arbeitersiedlungen entstand im 19. Jahrhundert der English Toy Terrier, ein kleiner zäher Terrier, der zunächst für die Jagd auf Ratten und Kaninchen gebraucht wurde. Er ist ursprünglich die kleinere Version des Manchester Terriers, indem man die kleinsten und leichtesten Exemplare dieser Rasse miteinander verpaarte. In England wurde sie schon 1862 von diesem unterschieden (beide hießen damals „Black and Tan Terrier") und ist damit eine der ältesten Zwergrassen überhaupt. 101 Jahre später, im Jahr 1963, wurde sie von der FCI endgültig anerkannt. In den USA heißt die Rasse heute noch Manchester Toy Terrier.

Im England des 19. Jahrhunderts war dieser Terriertyp als Rattenbeißer sehr gefragt, weil die Rattenpopulation aufgrund der fortschreitenden Industrialisierung immer weiter anstieg. Damit ging eine aus heutiger Sicht fragwürdige Freizeitgestaltung einher: In provisorischen Arenen ließ man die kräftigen und blitzschnell zupackenden Hunde zum Vergnügen um die Wette Ratten töten und setzte Geld darauf. Der Manchester (oder Black and Tan) Terrier war hierin der besondere Profi. Seine kleinere Version hatte dabei ihre eigenen Vorzüge: Der Hund war klein genug, um in der Manteltasche zum Wettkampf getragen zu werden. Praktischer Nebeneffekt: Bester Schutz vor Taschendieben, die es auf den Wetteinsatz oder -gewinn abgesehen hatten! Als die Wettbewerbe im Rattentöten verboten wurden, wurde der kleine, schneidige Rattentöter kurzfristig zum beliebten Damenhund, kam aber schon bald wieder aus der Mode.

Abgesehen von Größe und Gewicht ist der deutlichste Unterschied zum Manchester Terrier heute die Ohrenform: Der Manchester Terrier hat Kipp-, der English Toy Terrier Stehohren, die man sich „in Form einer Kerzenflamme" wünscht.

English Toy Terrier sind mutig, aktiv und lebhaft und dabei immer freundlich und fröhlich. In der Wohnung sind sie ruhig und schlagen höchstens kurz an, wenn es klopft oder klingelt. Sie sind sowohl in der Stadt als auch auf dem Land zufrieden und kommen mit älteren Kindern gut zurecht. Sie gelten als gelehrig und sehr verspielt. Der alte Jagdtrieb ist allerdings immer noch vorhanden, was zusammen mit dem großen Bewegungsdrang und dem terriertypischen Eigensinn keine ganz einfache Mischung ergibt. Ein Anfänger-Schoßhund ist der kleine Engländer ganz sicher nicht, wohl aber der richtige Begleiter für aktive Menschen, die sein aufgewecktes und sportliches Wesen mögen.

Sein kurzes, glattes und glänzendes Fell ist sehr pflegeleicht: Gelegentliches Bürsten reicht, manche reiben es zusätzlich mit einem feuchten Ledertuch ab.

Auszug aus dem Standard:

„Harmonisch, elegant und kompakt, geschmeidig und makellos gebaut. (…) Kleinhund mit typischen Terrier-Eigenschaften. Wachsam, durch sein Auftreten deutlich machend, warum er sich in früheren Zeiten beim Rattenbeißen auszeichnen konnte; niemals übermäßig nervös."

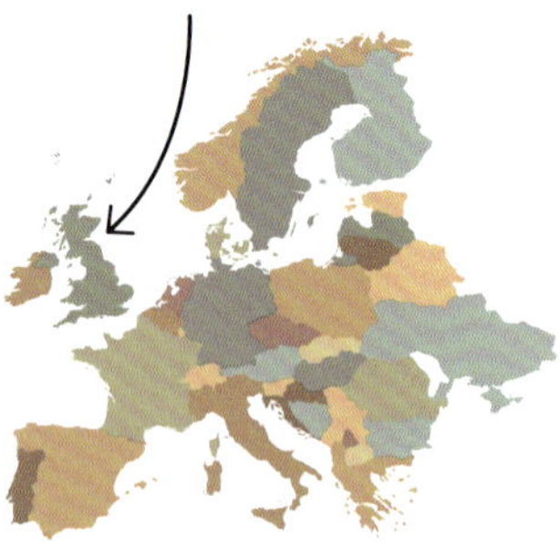

FCI-Standard Nr. 86
Gruppe: 3
Sektion 4: Zwerg-Terrier

Größe
Keine Angabe im FCI-Standard

Gewicht
bis 3,2 kg

Farbe / Haarkleid
Dunkles Stahlblau (nicht Silberblau) erstreckt sich vom Hinterhauptbein bis zum Rutenansatz, am Kopf satte, goldene Tan-Farbe, die sich nicht bis in den Nacken ausbreiten soll.

Lang, glatt, seidig ohne Unterwolle

Yorkshire Terrier

Ursprünglicher Verwendungszweck:
Jagd auf Ratten, Mäuse und Kaninchen

Auf dem Arm und mit Schleifchen in den Haaren – so haben spätestens seit Rudolf Mooshammers „Daisy" viele das Bild des Yorkshire Terriers im Kopf. Das ist schade, denn es wird dem selbstbewussten kleinen Kerlchen überhaupt nicht gerecht. Der Yorkie mag klein sein, aber er ist seiner Natur nach ein echter Terrier, dessen Vorfahren tapfer Mäuse und Ratten jagten und erlegten.

Er stammt aus der gleichen Gegend wie der Airedale Terrier von den Ufern des Flusses Aire in der englischen Grafschaft Yorkshire. Hier, in der Nähe der Städte Leeds, Bradford und Bingley veränderte die Industrielle Revolution das Leben der Menschen im 19. Jahrhundert radikal. Fabriken und Arbeitersiedlungen schossen aus dem Boden, die hohe Bevölkerungsdichte und der damit einhergehende Abfall ließen insbesondere an den Gewässern die Ratten gedeihen. Die Ahnen des Yorkies, von „Waterside Terriers", dem alten englischen Toy Terrier und vermutlich verschiedenen schottischen Terrierrassen abstammend, halfen den einfachen Leuten, der Plage Herr zu werden. Der als einer der Stammväter der Rasse geltende „Huddersfield Ben" war ein gefeierter Rattenkiller in den Pits, wo die Arbeiter nach Feierabend darauf wetteten, wie viele Ratten ein Hund in welcher Zeit töten konnte.

Gegen Ende des 19. Jahrhunderts wurde die Rasse aber mehr und mehr als Schoßhund der eleganten Damen entdeckt, züchterisch verfeinert und verkleinert. Jetzt legte man auch auf das lange, seidige Haar und die blaugraue Farbe besonderen Wert. Im Jahr 1886 erkannte der britische Kennel Club den Yorkshire Terrier als eigenständige Rasse an.

Yorkshire Terrier sind selbstbewusste, temperamentvolle und neugierige kleine Hunde, die keineswegs nur auf weichen Kissen sitzen möchten. Gern machen sie auch längere Wanderungen mit und legen hier eine erstaunliche Ausdauer und Zähigkeit an den Tag.

Der große Beliebtheitsboom seit den 1960er Jahren, der bis heute beinahe ungebrochen ist, hat leider auch viele Geschäftemacher und unseriöse Züchter auf den Plan gerufen, was der Rasse nicht immer gutgetan hat. Wer sich für einen Welpen interessiert, sollte daher unbedingt nach einem seriösen Züchter Ausschau halten, damit er lange Zeit Freude an einem gesunden Hund hat.

Yorkshire Terrier Welpen werden schwarz geboren, das schwarze Haar „vergraut" dann frühzeitig zu dem begehrten Graublau.

Damit das glatte, seidige und in seiner Beschaffenheit menschlichem Haar ähnliche Langhaar nicht verfilzt und verknotet, muss es täglich gekämmt und gebürstet werden. Wer es nicht showgerecht bis fast zum Boden reichend, sondern pflegeleichter und alltagstauglicher haben möchte, kürzt es bis auf etwa halbe Beinlänge. Das lange Haar auf dem Kopf wird traditionell mit besagtem rotem Schleifchen locker zu einem sogenannten „Top Knot" hochgebunden, damit es nicht in die Augen hängt. Alternativ, und wenn man nicht auf Ausstellungen möchte, schneidet man einen kecken Pony.

Auszug aus dem Standard:

„Sehr kompakt und adrett, aufrecht in der Haltung und ein Fluidum von Wichtigkeit ausstrahlend. (…) Reger und intelligenter Zwerg-Terrier. Lebhaft bei ausgeglichenen Wesensanlagen."

Dachshunde

FCI-Gruppe 4

Teckel / Dackel / Dachshund

Arbeitsprüfung

FCI-Standard Nr. 148
Gruppe: 4
Varietäten: 3 (Größe)

Größe nach Brustumfang

a) Standard
Rüde: über 37–47 cm
Hündin: über 35–45 cm

b) Zwerg
Rüde: über 32–37 cm
Hündin: über 30–35 cm

c) Kaninchen
Rüde: 27–32 cm
Hündin: 25–30 cm

Gewicht
Keine Angabe im FCI-Standard
i. d. R. Standard 4–9 kg,
Zwerg 3–4 kg, Kaninchen 3 kg

Farbe
Einfarbig, zweifarbig, gefleckt (Merle), gestromt

Haarkleid
Kurzhaar, Rauhaar, Langhaar

Langhaar

Ursprünglicher Verwendungszweck:
Jagdhund
(über und unter der Erde)

Kurzläufige Jagdhunde sind bereits seit dem Mittelalter Begleiter der deutschen Jäger. Ihr Ursprung wird, ähnlich wie bei den französischen Bassets, auf Zwergmutationen größerer Jagdhunde zurückgeführt. Vom Grund her ist der Dachshund, auch Teckel oder Dackel genannt, eine Zwergform der Dachsbracke, zumindest teilt sie mit ihr die gleichen genetischen Wurzeln. Im Laufe der Zeit wurden auch verschiedene Schnauzer, Terrier und / oder Spaniels eingekreuzt, um das jeweilige drahtige oder lange Haarkleid zu erzielen. Der Deutsche Teckelklub (DTK) 1888 ist der zweitälteste Hundezuchtverein Deutschlands, setzt den internationalen Zuchtstandard fest und zählt heute (Stand 2025) rund 22.000 Mitglieder.

Interessant ist ein Blick in den Katalog einer Stuttgarter Hundeausstellung aus dem Jahr 1887: Die zahlreichen Dachshund-Einträge sind noch in „leichter und schwerer“ Schlag unterteilt und neben dem bei Weitem häufigsten „Schwarz mit Braun“ finden sich auch so exotische Farben wie „Grau getigert mit weißem Halsring“ oder „Schwarz mit Weißgrau“. Weiße Abzeichen, die heute laut Standard

Langhaar

unerwünscht sind, waren damals noch oft vertreten. Mit Abstand häufigster Name damals: Waldmann für Rüden und Waldine für Hündinnen.
Dachshunde werden für vielfältige jagdliche Aufgaben eingesetzt: Kaninchenjagd, Aufspüren verschiedenartigen Wildes und Schweißarbeit. Damit sie den jeweiligen jagdlichen Anforderungen entsprechen, wurde die Rasse nach Körpergröße und Haarart unterteilt. Apropos Größe: Beim Dachshund wird sie ausnahmsweise nicht nach Widerristhöhe, sondern nach Brustumfang ermittelt. Der Standarddackel – die obere Größengruppe – war ursprünglich ein Schweißhund, der aber auch die Veranlagung besaß, Wild aufzuspüren. Die Urform aller Teckelschläge, gleichzeitig heute aber auch die seltenste Variante, war der Kurzhaarteckel. Bei Jägern ist heute mit weitem Abstand der Rauhaarteckel am beliebtesten, der als draufgängerischer als die anderen Varianten gilt.
Auch die kleineren Schläge waren nützlich zum Aufspüren des Wildes und zur Kaninchenjagd, sie arbeiteten aber hauptsächlich unter der Erde auf Dachs und Fuchs. Die kleinsten Kaninchendackel wurden eigens gezüchtet, um in Kaninchenbauten zu schlüpfen und deren Bewohner auszutreiben. Teckel sind als Jagdhelfer echte Allrounder: Wie die Bracken können sie Wildspuren zunächst finden und dann mit Spurlaut, das heißt bellend, verfolgen, wobei dem Jäger ihre Kleinheit und Kurzbeinigkeit durchaus recht ist: Das Wild flüchtet vor ihnen nie panikartig, wird aber dennoch so weit aufgetrieben, dass es vor die Flinte kommt. So kommen die Teckel immer öfter auch bei Drückjagden zum Einsatz. Als talentierte Schweißhunde finden sie nach entsprechender Einarbeitung anhand der Schweißfährte (Schweiß = Blut in der Jägersprache) auch verletztes Wild und ihre Paradedisziplin ist nach wie vor

Rauhaar

die Baujagd, das heißt das Hineinschlüpfen in Fuchs- oder Kaninchenbau und Hinaustreiben der Bewohner. Da die Reviere heute immer kleiner und die Jagdmöglichkeiten für den Einzelnen immer geringer werden, gewinnt der praktisch kleine und vielseitige Teckel als Jagdgebrauchshund immer noch zunehmend an Bedeutung. In Deutschland, Österreich und der Schweiz kümmern sich eigene Vereine um die Zucht jagdlicher Linien und um die Prüfung der Hunde.

Der Teckel erlebt heute einen Beliebtheitsboom ohnegleichen auch außerhalb der Jägerschaft, woran sicherlich nicht nur der sprichwörtliche unwiderstehliche Dackelblick, sondern auch der eigenwillige Charakter einen Anteil hat: Der Kleine weiß, was er will und bringt aus seinem Jagdhunderbe einiges an Entschlossenheit und Beharrlichkeit mit. Gepaart mit aufmerksamer Neugierde, Intelligenz und Anhänglichkeit an seinen Menschen ergibt dies eine ganz besondere Mischung, die Dackelfans gerade wegen der gewissen Eigenwilligkeit lieben. Als Dackelbesitzer sollte man darauf gefasst sein, von seinem kleinen Begleiter stets genau beobachtet zu werden, woraufhin dieser die momentane Lage einschätzt und dann selbst entscheidet, was aus seiner Sicht gerade am sinnvollsten zu tun ist. Ein Dackel lässt sich auch nicht gerne vorschreiben, wie und in welcher Form genau er eine Aufgabe ausführt: Er tut das so, wie er es für richtig hält und stellt möglicherweise die Kooperation ein, wenn man ihm aus seiner Sicht unsinnige Formvorschriften macht.

Kurzhaar

Der Jagdtrieb der Rasse ist auch außerhalb der jagdlich gezüchteten Linien noch immer stark. Mit größtem Vergnügen buddeln Dackel in Blumenbeeten, um Wühlmäuse oder einen Maulwurf einzufangen und ihren Menschen dann stolz die Beute zu präsentieren. Nicht verschwiegen werden dürfen die gesundheitlichen Schwachstellen der Rasse: Die kurzen Beine sind genetisch gesehen eine erblich bedingte Entwicklungsstörung, die das Wachstum der langen Röhrenknochen hemmt und die man als Chondrodystrophie bezeichnet. Sie ist als solche nicht unbedingt problematisch und kommt auch bei anderen Tieren und auch beim Menschen vor. Aber beim Dackel geht sie leider mit Degenerationen im Bereich der Zwischenwirbelscheiben einher, die je nach Ausmaß zum Bandscheibenvorfall führen kann. Als „Dackellähme" hat dieses Problem traurige Berühmtheit erlangt. Beim Erwerb eines Welpen sollte man daher unbedingt darauf achten, dass der Züchter Wert auf nicht zu kurze Beine und einen nicht zu langen Rücken legt, denn diese Extreme machen Probleme wahrscheinlicher. Der FCI-Standard sieht sowohl Hochläufigkeit als auch eine „am Boden schleppende Gestalt" als schwere Fehler: Irgendwo dazwischen liegt also die gesunde Mitte.

Auszug aus dem Standard:

„Niedrige, kurzläufige, langgestreckte, aber kompakte Gestalt, sehr muskulös, mit keck herausfordernder Haltung des Kopfes und aufmerksamem Gesichtsausdruck mit einem Körperbau, der ihm ein bewegliches, flinkes Arbeiten über und unter der Erde ermöglicht."

Spitze & Hunde vom Urtyp

FCI-Gruppe 5

Sektion 1 – Nordische Schlittenhunde
Sektion 2 – Nordische Jagdhunde
Sektion 3 – Nordische Wach- und Hütehunde
Sektion 4 – Europäische Spitze
Sektion 5 – Asiatische Spitze und verwandte Rassen
Sektion 6 – Urtyp
Sektion 7 – Urtyp – Hunde zur jagdlichen Verwendung

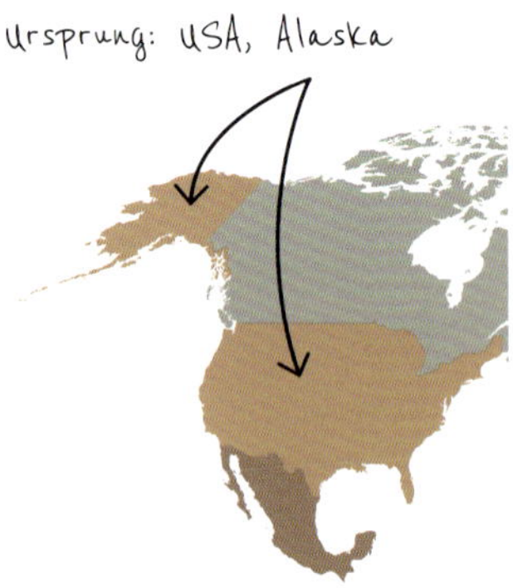

Alaskan Malamute

Ursprünglicher Verwendungszweck:
Schlittenhund zum Ziehen von Lasten und Gütern

FCI-Standard Nr. 243
Gruppe: 5
Sektion 1: Nordische Schlittenhunde

Größe
Erwünschte Größen – Toleranzen davon sind zulässig:
Rüde: 63,5 cm
Hündin: 58,5 cm

Gewicht
Rüde: 38 kg
Hündin: 34 kg

Farbe / Haarkleid
Übliche Farben: Hellgrau bis Schwarz mit allen Zwischenschattierungen und Sable (einschließlich dessen zum Rot tendierende Schattierung)

Üppiges, mittellanges Deckhaar mit viel Unterwolle

Diese Rasse verdankt ihren Namen einem Inuit-Volksstamm, den Mahlemiutes, die im Nordwesten von Alaska lebten. Die Mahlemiutes waren sehr geschickte Jäger und Fischer, die in ihren Schlittenhunden Hilfskräfte von großem Wert besaßen. Als gegen Ende des 19. Jahrhunderts Schlittenrennen populär wurden, erwiesen sich die Malamutes als ausgezeichnete Renner, besonders auf Langstrecken.
Der Malamute ist ein hochspezialisierter Arbeitshund. Laufen ist seine Leidenschaft, genauer gesagt das Ziehen von Schlitten und schweren Lasten. Wer sich für einen Alaskan Malamute interessiert, sollte unbedingt im Winter die Schlittenhunderennen besuchen. Es ist zutiefst beeindruckend und faszinierend, wenn man die extreme Anspannung der Hunde bereits lange zuvor im Lager der Musher spürt. Wenn es dann zum Start geht, gibt es kaum noch ein Halten. Wie bei einer Explosion löst sich diese Anspannung dieser ansonsten eher behäbig wirkenden Hunde in die Beschleunigung des Schlittens auf. „Die Lokomotive des Nordens" zeigt ihre beeindruckende Zugkraft und macht ihrem Namen alle Ehre. Hier sind die Hunde in ihrem Element.
Neben ihrer Rolle als Zughund halfen diese Hunde auch bei der Jagd, schützten vor Eisbären und wärmten die Menschen in kalten Nächten.
Um 1900 wurden Schlittenhunderennen in Alaska als Sport beliebt. Es ging um Ruhm und hohe Wetteinsätze und Malamutes waren dabei die Platzhirsche. Im Grunde ist es eine uralte Rasse, die durch die Rassehundezucht nur in ihrem Aussehen stärker vereinheitlicht wurde. Ihr Wesen ist aber urtümlich geblieben, sie sind eine lebendige Brücke zur Wildnis des hohen Nordens. Alaskan Malamutes strahlen eine enorme Kraft und Entschlossenheit aus – und so sind sie auch. Sie brauchen Menschen, die mit ihnen umgehen und sie führen können. Am besten ist es ein erfahrener Musher, ein Schlittenhundeführer oder eine Schlittenhundeführerin. Sie benötigen eine sehr konsequente und zugleich einfühlsame Hand mit viel Hundeverstand, die jederzeit jeden Ansatz eines Zweifels über die Führungsrolle vergessen lässt.
Der Alaskan Malamute ist ein anhänglicher, freundlicher Hund, kein „Ein-Mann-Hund". Er ist ein treuer, ergebener Begleiter, verspielt, wenn er dazu aufgefordert wird; vor allem beeindruckt er aber durch seine Würde, wenn er ausgewachsen ist. Der Malamute ist vor allem ein Rudelhund, der es gewohnt ist, mit seinesgleichen auf Tuchfühlung zu leben und zu arbeiten.
1963 erfolgte die endgültige Anerkennung durch die FCI, aber erst in den 1970er Jahren brachte ein Zoodirektor die ersten Alaskan Malamute nach Deutschland. Heute werden sie im VDH von zwei Vereinen betreut, dem Alaskan Malamute Club und dem Deutschen Club für Nordische Hunde.

FCI-Gruppe 5

Auszug aus dem Standard:

„Der Alaskan Malamute ist einer der ältesten Schlittenhunde der Arktis und hat ein mächtiges, substanzvolles Gebäude mit tiefem Brustkorb und kräftigem, gut bemuskeltem Körper."

Ursprung: Kanada

Canadian Eskimo Dog
(Kanadischer Eskimohund)

FCI-Standard Nr. 211
Gruppe: 5
Sektion 1: Nordische Schlittenhunde

Größe
Rüde: 58–70 cm
Hündin: 50–60 cm

Gewicht
Rüde: 30–40 kg
Hündin: 18–30 kg

Farbe / Haarkleid
Alle Farben sind erlaubt, mehrfarbig und einfarbig sind zugelassen

Üppiges, mittellanges Deckhaar mit viel Unterwolle

Ursprünglicher Verwendungszweck:
Schlittenhund, im Sommer Lastenhund, auch Jagdhund

Der Kanadische Eskimohund hat den Menschen etwa seit 1.000 v. Chr. als einziges Transportmittel gedient. Dieser im hohen Norden lebende Jagdhund arbeitete mit Inuit-Jägern zusammen, um Atemlöcher von Robben zu finden und große Raubtiere wie Eisbären in Schach zu halten. Außerdem war er ein kräftiger und ausdauernder Schlittenhund, der problemlos Entfernungen von bis zu 110 km pro Tag zurücklegte. Im Sommer trug er Rückenlasten und half das ganze Jahr über bei der Jagd auf Seehunde und Bären. Er stammt aus dem riesigen Gebiet nördlich der Hudson Bay und östlich von Alaska und dem Mackenzie Fluss – das sind die Nordwest-Territorien, die in den Polarkreis hineinreichen, Victoria Island, Baffin Island und selbst Grönland umfassen. Beim Kanadischen Eskimohund handelt es sich um eine zähe Arbeitsrasse, er kann bei extremen arktischen Minustemperaturen ohne äußeren Schutz im Freien leben.
Aufgrund ihrer langen Geschichte des Überlebens unter widrigsten Witterungsverhältnissen haben diese Hunde eine sehr unabhängige Natur und verlangen eine souveräne, konsequente Behandlung. Besitzer berichten, dass diese Hunde

sehr stark ausgeprägte Rudelinstinkte aufweisen und dass dabei häufig Rangordnungskämpfe zwischen den einzelnen Tieren vorkommen. Die meisten Arbeitshunde werden draußen gehalten, sowohl wegen ihrer überschüssigen Energie als auch um sie in den kalten Monaten zu akklimatisieren. Für die Haltung in wärmeren Regionen sind sie ungeeignet und hierzulande auch dementsprechend selten.

Außerdem müssen sie fest eingezäunt und dürfen nur an der Leine ausgeführt werden, da es so gut wie unmöglich ist, ihre Instinkte zum Laufen und Jagen zu unterdrücken. Sie haben eine gewisse Neigung, alle anderen Tiere als eine Art Nahrung anzusehen und sind auch unverbesserliche Futterdiebe – alles Merkmale, die das Überleben in schweren Zeiten in ihrem Ursprungsland sicherten. Trotz dieses ausgeprägten Hintergrunds als Arbeitshunde sind sie gutartig, liebevoll und mögen Menschen. Diese Hunde bellen nicht, sie haben aber eine breite Skala von Tönen. Der kanadische Standard schreibt: „Ihre natürliche Stimme ist das Heulen, kein Bellen. In der Meute geben die Hunde häufig Laut in einem Chor fremdartiger Tonmischungen – dies ist der faszinierende Klang der Arktis. Eine Reihe von Hunden steigert sich dabei zu einem An- und Abschwellen der Lautstärke bis, wie auf Kommando, alles plötzlich abreißt."

Der Kanadische Eskimohund eignet sich nur für Menschen, die sein Wesen verstehen, die Zeit und auch die Möglichkeit haben, alle seine Energien richtig zu lenken.

Auszug aus dem Standard:

„… muskulös und mit mittlerem und langem Knochenbau weist dieser Hund einen majestätischen und leistungsstarken Körperbau auf und vermittelt den Eindruck, eher für harte Arbeit und nicht für Schnelligkeit geeignet zu sein."

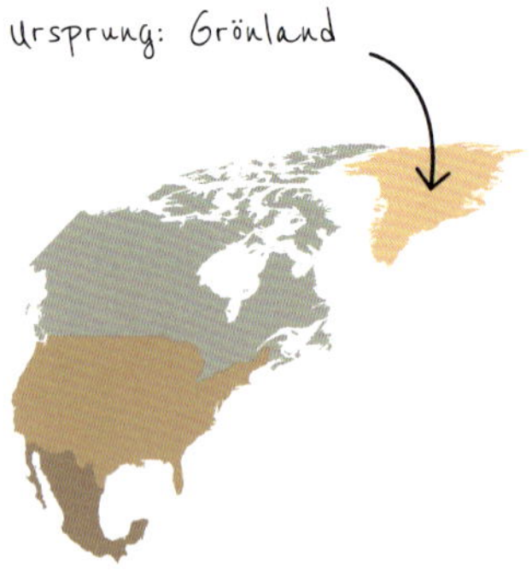

Grønlandshund
(Grönlandhund / Qimmeq qimuttoq)

Arbeitsprüfung

FCI-Standard Nr. 274
Gruppe: 5
Sektion 1: Nordische Schlittenhunde

Ursprünglicher Verwendungszweck:
Schlittenhund, auch Jagdhund

Größe
Rüde: 60 cm und mehr
Hündin: 55 cm und mehr

Gewicht
30 – 32 kg

Farbe / Haarkleid
Jede Farbe, ob ein- oder mehrfarbig, ist zugelassen. Ausgenommen sind Albinos und Hunde mit Merle-Abzeichen.

Üppiges, mittellanges Deckhaar mit viel Unterwolle

Der Grönlandhund verkörpert einen sehr alten, ursprünglichen Hundetyp, der seit Urzeiten von den Inuit zum Lastentransport über weite Strecken genutzt wird. Er ist eng mit den heutigen anderen Schlittenhunderassen verwandt, die lange Zeit alle einfach mit dem Sammelbegriff „Eskimohunde" bezeichnet wurden und deren Verbreitungsgebiet sich über eine riesige Region vom östlichen Sibirien bis nach Grönland im Westen erstreckt, das sind über 7000 Kilometer. Jahrtausendelang gab es eine Zuchtselektion nur nach Arbeitsfähigkeit, Robustheit und Ausdauer.

Durch die isolierte Insellage entwickelte sich auf Grönland ein eigener Typ, der dort in der Landessprache Kalaallit Qimmiat heißt. Seit jeher achtete man sehr streng darauf, dass diese Schlittenhunde sich nicht mit anderen Haushunden vermischen konnten, weil man sonst eine Schwächung der Rasse fürchtete. So spricht man tatsächlich heute noch dort vom „Hundeäquator" und hat diesen sogar per Gesetz definiert: Gemeint ist der Polarkreis. Ausschließlich Schlittenhunde dürfen nördlich von diesem gehalten werden. Weder dürfen sie diesen Hundeäquator nach Süden überschreiten noch dürfen andere Hunde ihn nach Norden übertreten. Eine Ausnahme gibt es lediglich für ganz wenige Schäferhunde der Polizei.

Der Grönlandhund half den Inuit traditionell auch bei der Robben- und Eisbärenjagd und wird in seiner Heimat auch heute noch verbreitet als Schlittenhund eingesetzt. Der Umgang mit ihnen war seit jeher zwar sicherlich wertschätzend, aber bestimmt nicht zimperlich: In den Wintermonaten, wenn sie zum Schlittenziehen gebraucht wurden, wurden die Hunde dauerhaft draußen angebunden, wo sie mit ihrem dichten, doppelten Haarkleid gut vor der Kälte geschützt waren und kein Dach über dem Kopf brauchten. Gefüttert wurden sie nur zwei bis drei Mal pro Woche. In den kurzen Sommermonaten ließ man sie frei umherstreunen und sich ihr Futter selber suchen beziehungsweise erbeuten. Zum Teil ist das in Grönland auch heute noch so, auch wenn durch die Motorschlitten und den Klimawandel die Zahl der Hunde abgenommen hat. Die Hunde, die heute noch dort als Schlittenhunde vorhanden sind, sind aber keine Rassehunde nach Standard, wie wir sie uns vorstellen. Die geplante Zucht der Grönlander als Rassehunde begann eher in den skandinavischen Ländern, 1967 wurden sie von der FCI anerkannt.

Das Wesen des Grönlandhundes ist durch seine lange Geschichte geprägt: Er ist zäh, willensstark, voller Energie und eigentlich nur „halb domestiziert". Sein Jagdtrieb ist stark vorhanden und dass er nicht an der Leine ziehen soll, ist einem geborenen Schlittenhund nur schwer zu vermitteln. Er ist ganz sicher kein Stadt- oder Wohnungshund und auf keinen Fall ein Hund für Anfänger. Er gehört nach draußen und braucht sehr viel Auslastung und Bewegung, am besten natürlich als Schlittenhund. Normale Spaziergänge reichen ihm nicht aus. Er neigt zu häufigen Rangordnungskämpfen innerhalb des Rudels und stellt auch die Position gegenüber dem Mensch gelegentlich gern in Frage. Als Schlittenhund, der von

verschiedenen Führern geführt werden können musste, ist er nicht unbedingt eng an nur eine Person gebunden.
Der Rassestandard nennt Energie, mentale Stärke und Kühnheit als vorherrschende Wesensmerkmale.
Er hat ein ausgeprägt spitzartiges Aussehen mit kräftigem Körperbau, kleinen, dreieckigen Ohren mit abgerundeten Spitzen und einer dicken, buschigen Rute, die er bogenförmig gekrümmt oder leicht eingerollt über dem Rücken trägt.

Auszug aus dem Standard:
„Der Grönlandhund ist ein sehr kräftiger Polarspitz und so gebaut, dass er die nötige Ausdauer bei der harten Arbeit eines Schlittenhundes unter arktischen Bedingungen aufbringen kann."

Ursprung: Russland (Sibirien)

Samojede

Ursprünglicher Verwendungszweck:
Schlitten- und Begleithund

FCI-Standard Nr. 212
Gruppe: 5
Sektion 1: Nordische Schlittenhunde

Größe
Rüde: 57 cm (ideal)
Hündin: 53 cm (ideal)
Eine Toleranz von +/- 3 cm ist zulässig.

Gewicht
Keine Angabe im FCI-Standard (i. d. R. Rüde: 20–30 kg Hündin: 17–25 kg)

Farbe/Haarkleid
Reinweiß, Creme oder Weiß mit Bisquit (wobei die Grundfarbe Weiß sein muss)

Üppiges, mittellanges Deckhaar mit viel Unterwolle

Der Samojede zählt zu den ältesten Hunderassen überhaupt. Hunde seines Typs begleiten schon seit Jahrtausenden die Stämme der Samojeden, die in Westsibirien und Nordrussland beheimatet waren. Diese lebten meist als Nomaden und folgten den wilden oder halbwilden Rentierherden. Ihre Hunde zogen die Schlitten mit dem Hausrat oder mit den Jägern zur Jagd und die Boote über den Schnee bis zum offenen Wasser. Auch zum Hüten der Rentierherden wurden die Hunde gebraucht. Sie schliefen oft mit in den Zelten der Menschen und dienten in den kalten Nächten als willkommene Wärmequelle. So wundert es kaum, dass die Samojedenvölker ein äußerst inniges Verhältnis zu ihren Hunden hatten. 1889 gelang es dem Engländer Ernest Kilburn-Scott, nach einem dreimonatigen Aufenthalt in Sibirien die ersten Samojeden nach Großbritannien zu importieren. So kamen diese Hunde in die moderne Rassehundezucht, der erste Rassestandard wurde 1909 in England erstellt. Die ersten Samojeden waren dabei nicht immer weiß, sondern kamen auch in Schwarz oder Braun vor. Heute ist das flauschige weiße Haarkleid mit der üppigen Mähne, der buschigen Rute und den „Hosen" eins der wichtigsten Erkennungsmerkmale der Rasse.
Ein charakteristisches Merkmal ist auch das so genannte „Lächeln" des Samojeden: Dieser Eindruck entsteht durch die Kombination der Augenform und -stellung mit den in sanfter Kurve nach oben gerichteten Lefzenwinkeln.
Im 19. und 20. Jahrhundert wurden Samojeden von Polarforschern in Arktis und Antarktis als Schlittenhunde genutzt. 1894 begleiteten sie Fridtjof Nansen auf seiner Nordpol-Expedition. Nansen beschrieb sie als sehr zäh und ausdauernd: Sie könnten 95 Kilometer weit laufen, ohne Nahrung zu sich zu nehmen.
Samojeden gelten als sehr anhänglich und eher schlechte Wachhunde: Bei Annäherung eines Fremden an „ihr" Territorium (Wohnung, Garten) schlagen sie zwar an, aber sie verteidigen es nicht. Der heutige Rassestandard beschreibt sein Wesen als freundlich, aufgeschlossen, munter und lebhaft mit sehr gering ausgeprägtem Jagdinstinkt, keinesfalls scheu oder aggressiv, sehr gesellig und „als Wachhund ungeeignet".
Wie die meisten Hunde vom Urtyp haben auch die Samojeden bei aller Freundlichkeit aber auch ein eher eigenständiges Naturell und sind keine geborenen Befehlsempfänger. Sie arbeiten sehr gerne mit, aber zu ihren Bedingungen. Gehorsamsdrill liegt ihnen nicht. Als Schlittenhunde sind sie nicht die schnellsten, dafür aber enorm ausdauernd. Ihre bevorzugte und beste Gangart ist der Trab, den sie lange durchhalten können. Sportarten, in denen es um Sprintschnelligkeit geht, sind eher weniger gut für sie geeignet.

Auszug aus dem Standard:
„Ein mittelgroßer, eleganter, weißer arktischer Spitz, der den Eindruck von Kraft, Ausdauer, Geschmeidigkeit, Würde und Selbstvertrauen gepaart mit Charme vermittelt."

Typisch für den Samojeden ist der „fast quadratische“ Körperbau: Er soll etwa 5% länger als hoch sein. Mehr Körperlänge ist nicht erwünscht. Die buschige Rute wird über den Rücken gerollt getragen.
Das üppige weiße Fell mit der dichten Unterwolle und dem festen Deckhaar muss zwei bis drei Mal pro Woche gebürstet und gekämmt werden. Zwei Mal im Jahr wird es gewechselt, was Wolken weißer Haare durch die Wohnung treiben lässt.

Siberian Husky

FCI-Standard Nr. 270
Gruppe: 5
Sektion 1: Nordische Schlittenhunde

Größe
Rüde: 53,5–60 cm
Hündin: 50,5–56 cm

Gewicht
Rüde: 20,5–28 kg
Hündin: 15,5–23 kg

Farbe/Haarkleid
Alle Schattierungen in den erlaubten Farben Schwarz, Grau, Wildfarbe (sandfarben mit sandfarbenen Abzeichen), sandfarben, Rot (Rotfalb) und Weiß. Einheitliche Farben, mehrere Schattierungen und weiße Abzeichen erlaubt.

Üppiges, mittellanges Deckhaar mit viel Unterwolle

Ursprünglicher Verwendungszweck:
Schlittenhund

Siberian Huskies als schnelle, ausdauernde und zähe Schlittenhunde wurde einem breiteren Publikum spätestens 1925 bekannt, als in der von Schnee und Eis eingeschlossenen Stadt Nome in Alaska eine Diphterie-Epidemie ausbrach und das rettende Serum nur mit Hundeschlitten in einer Art Staffellauf über mehr als tausend Kilometer eilig dorthin gebracht werden konnte. Einer der Musher war der Norweger Seppala, der 1914 mehrere Siberian Huskies von dem Polarforscher Roald Amundsen übernommen hatte. Dieser hatte sie für eine Nordpolexpedition gekauft, die dann aber wegen des Kriegsausbruchs nicht zustande kam.
Siberian Huskies sind leichter und schneller als der Alaskan Malamute und stammen, wie der Name schon sagt, ursprünglich aus Sibirien, aus der Zone, welche sich vom Fluss Kolyma bis zur Beringstraße ausbreitet. Dort waren sie seit Jahrtausenden unverzichtbare Helfer

Auszug aus dem Standard:
„... mittelgroßer Arbeitshund, schnell, leichtfüßig, frei und elegant in der Bewegung. (...) Die Proportionen und die Form seines Körpers spiegeln das grundlegend ausgewogene Verhältnis von Kraft, Schnelligkeit und Ausdauer wider."

der einheimischen Nomaden und zogen deren Hab und Gut bei den ständigen Wanderungen über große Entfernungen in Schlitten über das Eis.
Der sibirische Pelzhändler Goosak brachte um 1920 einige dieser schlanken Hunde aus seiner Heimat nach Alaska. Sie wurden anfangs wegen ihrer geringen Größe belächelt, überzeugten aber bei den Wettrennen durch ihre Schnelligkeit und Zähigkeit. „Huskies" war übrigens ursprünglich im Englischen nur eine der vielen variierenden Bezeichnungen für die Eskimos, also Inuit, und wurde später auch auf deren Hunde übertragen. Das Verdienst der planvollen Weiterzucht außerhalb Sibiriens kommt dem bereits erwähnten Seppala zu, dessen Hunde viele heute noch existente Schlittenhundelinien begründeten.
Mit hervorragender Intelligenz, wachsam und mit anhänglichem Charakter sind sie heute vor allem in Amerika und Kanada sehr verbreitet. Der Standard wurde vom Siberian Husky Club of America 1940 aufgestellt und 1970 von der FCI anerkannt.
Die charakteristische Gangart des Siberian Husky ist fließend und scheinbar mühelos. Er ist nach wie vor bestens dazu geeignet, seine ursprüngliche Aufgabe als Schlittenhund zu erfüllen und leichtere Lasten über große Entfernungen zu ziehen. Zu Menschen ist er freundlich und sanftmütig, aber auch aufmerksam und kontaktfreudig. Als Wachhund eignet er sich deshalb eher nicht. Seine Intelligenz, Lenkbarkeit und sein Eifer machen ihn zum angenehmen Begleiter und willigen Arbeiter, wenn man ihm die für ihn unbedingt notwendige tägliche ausgiebige Bewegung bieten kann.

Ursprung: Russland
(Nordostsibirien)

Arbeitsprüfung

FCI-Standard Nr. 365
(provisorisch anerkannt)
Gruppe: 5
Sektion 1: Nordische Schlittenhunde

Größe
Rüde: 55–59 cm
Hündin: 53–57 cm

Gewicht
Keine Angabe im FCI-Standard (variiert i. d. R. zwischen 20 und 23 kg)

Farbe / Haarkleid
Weiß und alle Scheckungen (zweifarbig oder dreifarbig)

Mittellang (dick, glänzend, gerade, harsch) mit sehr dichter und dicker Unterwolle

Yakutskaya Laika

Ursprünglicher Verwendungszweck:
Schlitten- und Jagdhund

Die Wurzeln dieser urtümlichen nordischen Rasse liegen in Nordostsibirien im Gebiet Jakutien, der heutigen russischen Republik Sacha. In dieser Region liegt auch der Kältepol der Erde, Omjakon, mit Temperaturen von bis zu -72 Grad Celsius. Dort waren die „Laiki“, was aus dem Russischen übersetzt so viel wie „Beller“ heißt, seit Jahrtausenden unentbehrliche Helfer des nomadisch lebenden Volks der Jakuten. Sie dienten als Schlittenhunde für den Transport von Hab und Gut, als Jagdhunde auf Vögel und Säugetiere und auch als Hütehunde für die Rentiere. Es handelt sich also um vielseitige Hunde mit ausgezeichnetem Geruchssinn, Gehör und Vision, starkem Jagdtrieb und Ausdauer. Sie sind anspruchslos und bestehen im harten arktischen Klima des Nordens. Unter den rauen Bedingungen in Jakutien können sie in kleinen Gruppen von der Morgendämmerung bis zum Sonnenuntergang arbeiten.
Vertreter der Rasse flossen auch in die durch Leonard Seppala begründete Zucht des Siberian Husky ein, als der Pelzhändler William Goosak 1909 Hunde verschiedener sibirischer Völker nach Alaska importiert hatte.
Die Rasse war bis in die 1990er Jahre vom Aussterben bedroht. Begründet durch Wladimir Djatschkow und Lena Sidorowa konnte sie innerhalb Jakutiens nun erhalten werden. Ein Zuchtpaar wurde durch Erwin van Wel im Jahr 2002 nach Deutschland importiert.
Die Yakutskaya Laika hat als Arbeitshunderasse Ausdauer, Durchhaltevermögen und viel Energie. Daher braucht sie täglich viel Bewegung, damit ihr nicht langweilig wird, was zu destruktivem oder negativem Verhalten führen kann. So hart und scharf die Laika gegenüber Beutetieren auf der Jagd ist, so weich und sanft zugetan ist sie dem Menschen. Entsprechend leicht passt sie sich an jede häusliche Umgebung an. Fremden gegenüber kann sie zunächst misstrauisch sein, jegliche Aggressivität als Wesensmerkmal wurde von den Züchtern allerdings von jeher akribisch eliminiert, sodass wir uns heute über einen neugierigen, lebhaften, freundlichen und anhänglichen Hund freuen können. Der Jagd- und Beutetrieb ist natürlich in der Rasse erhalten geblieben, genauso wie die Neigung zum namensgebenden Bellen bei ungewöhnlichen Vorkommnissen – traditionell zeigte die Laika auf der Jagd das Wild durch lautes Bellen an, nachdem sie es gestellt hatte. Daher hat sie schließlich auch ihren Namen. Freilauf draußen ist wegen des Jagdtriebs und der Neigung zur Unabhängigkeit eher kritisch zu sehen und nur bei guter Früherziehung möglich. Eine Schleppleine ist die meistens bessere Alternative.
Jakutische Laiki lassen sich leicht im Schlittenziehen trainieren, sind am liebsten in der Natur unterwegs und benötigen einen aktiven, hundeerfahrenen Besitzer, mit dem zusammen sie viel unternehmen können.

Auszug aus dem Standard:

„(…) Hund von mittlerer Größe, stark, kompakt, gut bemuskelt, mäßig hochläufig (…) Das Haarkleid ist dick und gut entwickelt für das Arbeiten und Leben unter den strengen arktischen Bedingungen."

Jämthund

(Schwedischer Elchhund)

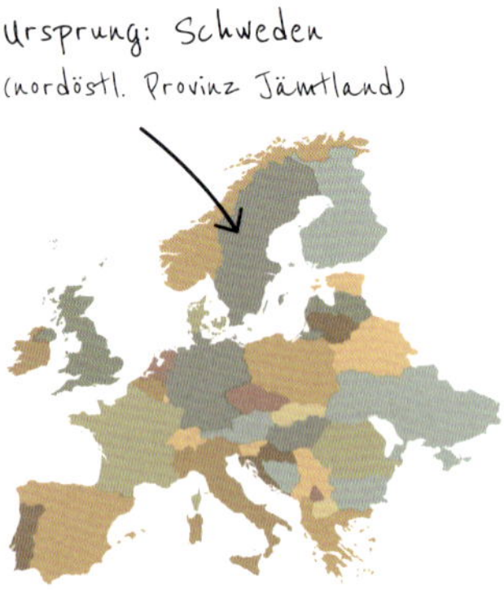

Fakultativ (nur Schweden, Norwegen, Finnland)

FCI-Standard Nr. 42
Gruppe: 5
Sektion 2: Nordische Jagdhunde

Größe
Rüde: 57–65 cm (ideal: 61 cm)
Hündin: 52–60 cm (ideal: 56 cm)

Gewicht
Keine Angabe im FCI-Standard (i. d. R. 23–30 kg)

Farbe / Haarkleid
Helleres oder dunkleres Grau

Eng anliegendes Deckhaar mit Unterwolle

Ursprünglicher Verwendungszweck:
Jagdhund, hauptsächlich auf Elche, aber auch Bären und Wildschweine

Der Jämthund hat seinen schwedischen Namen vom Distrikt Jämtland in Schweden, wo er schon seit langer Zeit verbreitet ist und jagdlich geführt wird. Zusammen mit dem norwegischen Elchhund gehört er zu einem sehr alten nordischen Hundetyp, der vermutlich schon seit der Steinzeit in sehr ähnlicher Form an der Seite der Menschen stand. In Schweden ist er jedenfalls seit der Besiedlung der nördlichen Landesteile bekannt und diente zuerst zur Bären-, später zur Elch-, Luchs-, Wildschwein- und Wolfsjagd.
Die Aufgabe dieser Hunde war es nicht, das Wild zu hetzen, sondern es selbständig über große Entfernungen zum Hundeführer aufzuspüren und dann durch lautes und anhaltendes Bellen zu melden und zu stellen, bis der Jäger vor Ort war.
So versteht der Jäger, dass der Hund die Beute gestellt und angegriffen hat und dass er sich nähern kann. Der Jämthund gibt auch dann nicht auf, wenn der wütende Elch ihn mit seinen kräftigen Schaufeln und den mächtigen Hufen zu treffen versucht.

Der Jämthund ist auch ein hervorragender Schlittenhund und wurde sogar für den Verpflegungstransport beim Militär verwendet. Als Rettungshund ist er geeignet, Verletzte in einer Pulka, einem bootsähnlichen Schlitten, zu transportieren.

Der ursprüngliche Verwendungszweck dieser Hunde lässt schon vermuten, dass sie sehr eigenständig und selbstbewusst sind, denn gerade auf diese Eigenschaften wurde ja über Jahrhunderte großer Wert gelegt. Da wäre es mehr als unfair, nun von ihnen einen schäferhundartigen Gehorsam zu erwarten. Wer das nötige Verständnis für die rassetypischen Eigenschaften mit entsprechender Geduld und Konsequenz zusammen aufbringt, hat einen robusten, furchtlosen und selbstbewussten Naturburschen an seiner Seite, der mit ihm durch dick und dünn geht.

Auszug aus dem Standard:

„Der Jämthund ist ein großer, rechteckig gebauter, sauber umrissener und kräftiger Spitz. Er ist gut gewachsen, aber zugleich beweglich und von guter Statur (…) Mutig und energisch, aber auch beherrscht und ruhig."

Arbeitsprüfung
Fakultativ (nur Schweden, Norwegen, Finnland)

FCI-Standard Nr. 48
Gruppe: 5
Sektion 2: Nordische Jagdhunde

Größe
Rüde: 54–60 cm (ideal: 57 cm)
Hündin: 49–55 cm
(ideal: 52 cm)

Gewicht
Rüde: 25–28 kg
Hündin: 17–20 kg

Farbe/Haarkleid
Schwarz (kann matt oder braun schattiert sein) mit klar abgezeichneten weißen Abzeichen an Kopf, Hals, Brust, Bauch und den Läufen

Raues, glattes Deckhaar mit Unterwolle

Karjalankarhukoira
(Karelischer Bärenhund)

Ursprünglicher Verwendungszweck:
Jagdhund, hauptsächlich für Elch und Bär

Der Karelische Bärenhund stammt aus Karelien, dem finnisch-russischen Grenzgebiet. Er ist ein typischer Vertreter der dortigen Jagdhunde, die traditionell allerdings auch zu allen anderen Aufgaben verwendet werden – etwa als Wach- und Schutzhund. Zu seinen Aufgaben gehörte zudem der Schutz der Feldfrüchte vor Wildschweinen oder Bären.

Er ist eng verwandt mit den europäischen Laiki. 1954 wurde die Rasse von der FCI anerkannt, nachdem sie planmäßig seit den 1930er Jahren gezüchtet wurde. Der Karelische Bärenhund ist sehr beliebt bei finnischen Jägern, aber auch im übrigen Skandinavien hat er Liebhaber gefunden.

Ursprünglicher Verwendungszweck war (und ist auch heute in Finnland noch) die Jagd auf wehrhaftes Wild wie Bären und Elche. Wie seine Verwandten, die schwedischen und norwegischen Elchhunde und die russischen Laiki, wird der Hund vom Jäger allein oder zusammen mit einem Artgenossen über zum Teil weite Entfernungen losgeschickt, um das Wild selbständig aufzustöbern und zu stellen. Dabei sollte er es nicht angreifen oder verletzen, sondern nur an der Flucht hindern, was bei Bären und Elchen natürlich sehr großen Mut erfordert. Wenn er also das Wild gestellt hat – und wirklich erst dann, nicht vorher – bellt er, um den Jäger zu rufen.

Der Karelische Bärenhund hat einen sehr großen Aktionsradius. Bei seiner Erziehung ist viel Geduld nötig, da er ausgesprochen stur sein kann und sehr selbständig ist. Auf zu viel Druck in der Erziehung reagiert er mit Verweigerung und bedingungslosen Gehorsam kann man nicht von ihm erwarten – das wäre auch unfair, wurde die Rasse doch jahrhundertelang auf selbständiges Aufspüren von Wild in weitläufigen Gebieten und fernab vom Hundeführer selektiert. Da darf man sich nicht wundern, wenn der robuste und eifrige Finne auch beim Freilauf am heimischen Waldrand eigene Wege einschlägt, den Rückruf ignoriert und erst einmal ein paar Stunden lang weg ist. Bei seinem legendären Orientierungssinn darf man aber zumindest davon ausgehen, dass er auch alleine wieder zum Ausgangspunkt zurückfindet.

Bei ausreichender Beschäftigung und verständnisvoller, konsequenter Erziehung ist es aber möglich, einen guten Grundgehorsam zu erreichen, auch wenn Freilauf wegen des starken Jagdtriebs nur sehr bedingt möglich ist. In der Regel wird der Hund draußen dauerhaft an der langen Schleppleine bleiben müssen. Wenn gute Auslastung gewährleistet ist, hat man einen ausgeglichenen und loyalen Familienhund, der sich trotz aller Energie durch innere Ruhe und Verträglichkeit mit anderen Hunden und Kindern auszeichnet.

FCI-Gruppe 5

Auszug aus dem Standard:

„Spitz von mittlerer Größe mit dichtem Haarkleid. Robustes Gebäude und kräftiger Knochenbau. (…) Sehr guter Orientierungssinn. Ausgeglichen, mutig und hartnäckig. Sehr gut ausgeprägter Jagdinstinkt."

Arbeitsprüfung

FCI-Standard Nr. 276
Gruppe: 5
Sektion 2: Nordische Jagdhunde

Größe
Rüde: 45 cm (ideal)
Hündin: 42 cm (ideal)
Eine Toleranz von +/- 2 cm ist zulässig.

Gewicht
Keine Angabe im FCI-Standard (i. d. R. 8–15 kg)

Farbe / Haarkleid
Rein Weiß, immer mit gut abgegrenzten und gut verteilten Abzeichen der idealen Farbe (alle Farbschattierungen von Rot und Gelb). Die Abzeichen am Körper sollten ziemlich groß sein. Die jeweilige Farbe sollte die Seiten des Kopfes und der Ohren bedecken.

Kurzes, hartes Deckhaar mit Unterwolle

Norrbottenspets
(Norrbottenspitz)

Ursprünglicher Verwendungszweck:
Jagdhund auf Eichhörnchen und Federwild (wie z. B. Auerhahn und Birkhuhn)

Der Norrbottenspitz stammt aus Schweden und wurde dort zur Jagd auf Eichhörnchen, jegliches Federwild sowie Nagetiere gezüchtet. Aber auch Elche konnte er melden. Seine Spezialität war es, das auf Bäumen sitzende oder auf diese geflohene Beutetier zu verbellen – deshalb war er früher auch als „Norrbottens bellender Vogelhund" bekannt. Außerdem war er ein zuverlässiger Wachhund auf Schwedens Bauernhöfen. Er stammt vermutlich von den kleineren Vertretern der Laiki und Spitze ab, die schon seit Urzeiten mit den Jägern des Nordkaps zusammenlebten und denen ihre kleinere Körpergröße einen Überlebensvorteil verschaffte.

Nach dem Zweiten Weltkrieg drohte die Rasse auszusterben, da die Jagd nach Fleisch und Pelzen von Wildtieren wie Zobel, Marder und Hermelin in Schweden stark zurückging. Nur besondere Bemühungen einiger Hundefreunde konnten verhindern, dass die alte Rasse verschwand. 1968 erkannte die FCI den Hund als eigenständige Rasse an.

Der Norrbottenspitz gilt als besonders anhänglich, was ihn zu einem besonders treuen Begleiter für die ganze Familie macht. Aufgrund seiner Selbständigkeit und Unabhängigkeit wahrt er anfänglich Abstand, bevor er zutraulicher wird. Dann aber ist er ein unermüdlicher Spielkamerad für die Kinder und liebt es, mit ihnen zu toben und zu spielen. Trotz ihrer Spielfreude und Energie strahlen die Norrbottenspitze dennoch eine innere Ruhe und Gelassenheit aus.

Eine frühzeitige Sozialisierung ist nötig, da Norrbottenspitze eher scheu sind und fremden Menschen und Vierbeinern gegenüber besonders argwöhnisch reagieren. Ansonsten sind sie aufmerksam, eifrig, lebhaft und selbstbewusst.

Der Norrbottenspitz ist kein Hund für die Stadtwohnung. Durch sein Bellen könnte es gewaltigen Ärger mit dem Nachbarn geben, da sich dieses kaum unterdrücken lässt. Klingelt es an der Tür, wird er sofort aufspringen und laut melden. In der Stadt hat der Hund auch grundsätzlich kaum genug Auslauf, einfache Spaziergänge morgens und abends reichen dem Energiebündel nicht aus. Der Spitz muss sich richtig austoben können.

Durch den ausgeprägten Jagdtrieb muss der Halter bei Spaziergängen immer wieder Vorsicht walten lassen. Die Rasse eignet sich für sportliche und aktive Familien und lässt sich gut neben dem Fahrrad und auch beim Joggen mitnehmen.

FCI-Gruppe 5

Auszug aus dem Standard:

„Kleiner, etwas rechteckiger Spitz, sehr selbstsicher, mit trockener und gut entwickelter Muskulatur. Aufmerksam mit hochgetragenem Kopf, einem furchtlosen Wesen und extrem wendig."

Arbeitsprüfung

Fakultativ (nur Schweden, Norwegen, Finnland)

FCI-Standard Nr. 242
Gruppe: 5
Sektion 2: Nordische Jagdhunde

Größe
Rüde: 52 cm (ideal)
Hündin: 49 cm (ideal)

Gewicht
ca. 22–25 kg

Farbe/Haarkleid
Grau in verschiedenen Nuancen

Raues, gerades Deckhaar mit Unterwolle

Norsk Elghund Grå

(Norwegischer Elchhund Grau)

Ursprünglicher Verwendungszweck:
Jagdhund auf Bären und Elche

Der Norwegische Elchhund Grau wird als Haushund, aber auch zur Jagd auf Bären und Elche verwendet.

Er ist der populärste Vertreter der drei von der FCI geführten Elchhundrassen – und wie sein Name schon sagt, im Gegensatz zum Norwegischen Elchhund Schwarz von grauer Fellfarbe. Daneben gibt es noch den schwedischen Jämthund, von dem er sich im Grunde nur durch die Größe unterscheidet.

In Skandinavien schätzt man ihn als Jagdhund, der führerbezogen arbeitet und Standlaut gibt, sobald er größeres Wild stellt. Solange er das Wild oder dessen Spur noch verfolgt, bellt er dagegen nicht. Darüber hinaus ist er ein guter Schlittenhund und lässt sich für Skijöring begeistern.

Den Namen Norwegischer Elchhund Grau kennt in Norwegen jeder – er ist der Nationalhund Norwegens und überzeugt nach wie vor bei der Elchjagd. Er sucht eigenständig den Elch in Wald und Gebirge. Sobald er einen 15 bis 20 Meter großen Abstand zum Wild hat, beginnt der Norwegische Elchhund zu

bellen. So verständigt er nicht nur den Jäger über seinen Standort, sondern bringt zusätzlich den Elch unbemerkt in Schussposition.
In den USA wird er häufig erfolgreich zur Jagd auf Luchs, Bär, Hirsch, Reh, Otter oder Waschbären eingesetzt.
Mit sehr viel Geduld und Konsequenz lässt sich der eigenständige und urwüchsige Norweger auch zu einem angenehmen Begleiter erziehen, denn neben seiner Eigenschaft als Jagdhund ist er auch ein freundlicher und unkomplizierter Familienhund. Mit seinem angenehmen Wesen und seiner Ausgeglichenheit weiß er für sich einzunehmen, braucht aber erfahrene und aktive Besitzer mit viel Platz und Zeit.

Auszug aus dem Standard:
„Ein typischer Spitz. Sein Körper ist kurz, kompakt und quadratisch gebaut. (…) Das Haarkleid ist dick und reichlich, aber nicht borstenartig oder lang. (…) Furchtlos, energisch, mutig."

Arbeitsprüfung

Fakultativ (nur Schweden, Norwegen, Finnland)

FCI-Standard Nr. 268
Gruppe: 5
Sektion 2: Nordische Jagdhunde

Größe
Rüde: 46–49 cm (ideal: 47 cm)
Hündin: 43–46 cm (ideal: 44 cm)

Gewicht
ca. 18–27 kg

Farbe / Haarkleid
Glänzend Schwarz (etwas Weiß an Brust und Pfoten kann toleriert werden)

Raues, gerades Deckhaar mit Unterwolle

Norsk Elghund Sort
(Norwegischer Elchhund Schwarz)

Ursprünglicher Verwendungszweck:
Jagdhund auf Elche (auch Hirsch und Bär)

Der schwarze Norwegische Elchhund, in Norwegen manchmal auch „Svarthund" genannt, wird in Skandinavien wie sein grauer Vetter schon seit der Wikingerzeit bei der Elchjagd geschätzt. Dafür ist er dort heute noch populär und kann sowohl einen verletzten Elch anhand der Schweißfährte finden als auch an der langen Leine als so genannter „Bandhund" der Fährte eines gesunden Elchs folgen. Typisch ist wie bei allen Elchhunden sein „Standlaut": Er verbellt das Wild erst, wenn er es gefunden und gestellt hat, nicht schon, während er ihm noch auf der Spur ist, wie die meisten Bracken es tun.
Der erstmals zu Beginn des 16. Jahrhunderts erwähnte Jagdhund wäre bereits beinahe ausgestorben: In den 1960er Jahren gab es nur noch 19 schwarze Norwegische Elchhunde. Doch dann wendete sich das Blatt und die Zuchtzahlen stabilisierten sich bis heute. Allerdings beschränkt sich seine Popularität auf Skandinavien. Im Rest der Welt ist er nur selten zu finden.
Der fast quadratisch gebaute Hund trägt seine buschige Rute nach Spitzart gerollt über den Rücken und hat einen stolz aufgerichteten, muskulösen Hals. Der schwarze norwegische Elchhund ist kleiner und agiler als sein grauer Verwandter, er ist also nicht nur eine Farbvariante davon. Schon seit 1877 ist er in Norwegen als eigenständige Rasse anerkannt.
Wie alle Hunde, die selbständig arbeiten, ist der Norwegische Elchhund trotz seines freundlichen Wesens auch recht eigensinnig und neigt dazu, Situationen selbst zu beurteilen, um danach eigene Entscheidungen zu treffen. Das setzt bei der Erziehung viel Geduld und Verständnis für die Rasse voraus.
Er ist ein passionierter Jäger, kann sich aber auch für Fährtenarbeit, Mantrailing und Suchspiele begeistern. Kurzum für alles, wobei er seine feine Nase einsetzen kann. Mit seiner Schnelligkeit und Wendigkeit bringt er auch gute Voraussetzungen für beispielsweise Agility mit, aber bei seinem Selbstbewusstsein kann es durchaus sein, dass er dabei auch mal eigene Entscheidungen trifft, die sein Mensch vielleicht nicht so geplant hatte.
In Skandinavien sind gute Elchhunde Stars und werden gefeiert wie Sportler. Außerdem sind sie ausgesprochen verschmuste Familienhunde und unermüdliche Spielgefährten für Kinder.
Furchtlosigkeit und ein energisches Wesen zeichnen diesen ursprünglichen Hund aus. Seinen Mut stellt der attraktive Norweger am liebsten nach wie vor auf der Elchjagd unter Beweis.

FCI-Gruppe 5

Auszug aus dem Standard:

„Ein typischer, quadratisch gebauter Spitz; das schwarze Haar ist ziemlich dicht am Körper anliegend; die Ohren sind spitz und aufgerichtet; die Rute ist über dem Rücken eingerollt. Der Hals ist stolz aufgerichtet, muskulös und athletisch.(...) Furchtlos, energisch und mutig."

Norsk Lundehund

(Norwegischer Lundehund)

FCI-Standard Nr. 265
Gruppe: 5
Sektion 2: Nordische Jagdhunde

Größe
Rüde: 35–38 cm
Hündin: 32–35 cm

Gewicht
Rüde: 7 kg
Hündin: 6 kg

Farbe / Haarkleid
Kombination mit Weiß, Rotbraun bis Fahlbraun (mit mehr oder minder disseminierten schwarzen Haarspitzen), Schwarz oder Grau (mit weißen Abzeichen), Weiß mit dunklen Abzeichen

Kräftiges, kurzes Deckhaar mit Unterwolle

Ursprünglicher Verwendungszweck:
Jagdhund auf Papageientaucher

Manche Kynologen glauben, dieser außergewöhnliche Hund habe schon die Eiszeit überlebt und sich seither laufend von Seevögeln ernährt. Fest steht nur, dass er auf den norwegischen Lofoteninseln Værøy und Røst schon seit vielen Jahrhunderten zuhause ist und sich dort durch die Isolation genetisch sehr rein erhalten hat. Traditionell wurde er dort zur Jagd auf Papageientaucher (norwegisch Lunde) eingesetzt.
Er ist ein typischer Nordlandhund, weist aber ganz bestimmte Veränderungen auf, die ihn für die spezielle Aufgabe der Papageientaucher-Jagd tauglich machen.

Auszug aus dem Standard:
„Der Norwegische Lundehund ist ein rechteckiger Spitzhund, klein, geschmeidig, relativ leicht, mit deutlichem Geschlechtsgepräge. (…) Anatomisch besteht der Daumenkomplex aus einer zusammengewachsen dreiteiligen und einer zweiteiligen Zehe mit dazugehörendem Sehnen- und Muskelapparat. Er verleiht der Pfote ein sehr kräftiges Aussehen."

Seine aufrechtstehenden Ohren sind sehr hoch und nach vorne angesetzt. Er kann sie so stellen, dass sie sich durch eine Querfalte im Ohrknorpel schließen und dadurch gegen das Spritzwasser der Gischt geschützt sind. Lundehunde sind außerdem in der Lage, ihren Körper durch außergewöhnliche Beweglichkeit auch engen Passagen anzupassen. Der Kopf kann so nach hinten gebogen werden, dass er nahezu den Rücken erreicht, und ihre Vorderläufe können sich dank eines besonderen Schultergürtels seitlich in Winkeln von 90 Grad drehen.
Das Interessanteste am Lundehund sind aber zweifellos seine Pfoten: Für Beweglichkeit zwischen den Küstenklippen schmal gebaut, wurde auf Vielzehigkeit (Polydaktylie) gezüchtet. Er hat zumindest zwei große, funktionsfähige Wolfskrallen und bis zu acht einzelne Pfotenpolster je Pfote. Diese zwei Extrazehen helfen beim Nachklettern hinter dem Papageientaucher durch die Felsen. Der Standard verlangt, dass diese Hunde zumindest je Pfote sechs Zehen haben müssen, dabei müssen an den Vorderläufen fünf, an den Hinterläufen vier den Hund stützen. All dies verleiht diesen Hunden unglaubliche Kletterfähigkeiten selbst auf felsigen Klippen.
Trotz dieser Besonderheiten können Lundehunde auch ganz normale Familienhunde sein. Sie sind vielleicht etwas dickköpfig, werden aber trotzdem zu unterhaltsamen Begleitern der Menschen in all ihren Aktivitäten.
Die besonderen Zehen und die Verschließbarkeit seiner Ohren sind einzigartige Mutationen in der Hundewelt – leider aber auch das sogenannte Lundehundsyndrom, ein Komplex von Krankheiten des Verdauungstrakts, der ausschließlich in dieser Rasse auftreten kann.

Arbeitsprüfung

FCI-Standard Nr. 304
Gruppe: 5
Sektion 2: Nordische Jagdhunde

Größe
Rüde: 52–58 cm
Hündin: 48–54 cm

Gewicht
Keine Angabe im FCI-Standard

Farbe / Haarkleid
Die typischsten Farben sind Schwarz mit Weiß oder Weiß mit Schwarz

Dichtes, hartes, kurzes bis mittellanges Deckhaar mit Unterwolle

Russko-Evropejskaia Laika
(Russisch-Europäischer Laika)

Ursprünglicher Verwendungszweck:
Vielseitiger Jagdhund

Der Russisch-Europäische Laika aus Karelien und den Nachbargebieten an der russisch / finnischen Grenze war im ganzen europäischen Russland, vor allem in den nördlichen Waldgebieten und in Finnland populär. Der Name „Laika“ stammt vom russischen Wort „lajat“ für Bellen und beschreibt die laut bellende Jagdtechnik gut. „Laika“ heißt also so viel wie „Beller“. Es besteht übrigens immer noch Uneinigkeit darüber, ob es „der“ oder „die“ Laika heißen muss, denn im Russischen ist das Wort grammatikalisch weiblich.

Er ist der kleinste aller anerkannten Laiki, verwandt mit dem Karelischen Bärenhund und sticht durch eine robuste, athletische Gestalt hervor. Das Hauptinteresse an der Rasse bestand in ihrem Ruf als Großwildjäger, vor allem zur Drückjagd auf Schwarzwild. Dies galt insbesondere für den russischen Adel im 19. Jahrhundert.

Obwohl in abgelegenen Dörfern über Jahrhunderte die Rasse ziemlich rein erhalten blieb, baute der Finnish Kennel Club ein eigenes Zuchtprogramm auf und gab dadurch den Anstoß, die Rasse zu erhalten. Der Winterkrieg zwischen Russland und Finnland 1939 / 1940 dezimierte die Rasse sehr stark, nur wenige Züchter blieben verschont. Verantwortungsbewusste Züchter führten diese Laika – sowohl in der Zahl wie in den jagdlichen Fähigkeiten – zum heutigen Ansehen zurück. Diese Jagdhunde werden je nach den Bedürfnissen ihrer Besitzer auch für andere Jagden eingesetzt. In Russland jagen die Laiki Eichhörnchen, Wassergeflügel und Nerz, ebenso Bären, Elche und Wildschweine. Jäger schätzen an ihnen das schnelle Finden und Stellen des Wilds, das langanhaltende Lautgeben, die Wildschärfe, Robustheit und den sehr guten Orientierungssinn, denn die Laiki jagen in großer Distanz zum Menschen selbständig.

Wie bei allen Laiki besteht das Haarkleid aus dichtem, mittellangem Stockhaar mit darunter liegender weicher Unterwolle. Die kurzen Ohren stehen aufrecht und die buschige Ringelrute wird meist über den Rücken gerollt getragen.

Ihre Besitzer unterstreichen, dass dies Arbeitshunde sind, die sehr viel Bewegung brauchen und dass nur Menschen, die das Leben im Freien lieben, mit ihnen glücklich werden können. Als Haushund und „nur“ Begleithund sollte er nur bei ausreichender Bewegung gehalten werden. Dann schließen sich die Hunde sehr eng an ihre Menschen an. Es sind mutige und unabhängige Hunde, die aber zu ihrem Herrn eine starke Bindung haben. Der Hund wird für alle, die ihn nicht meistern können, sicherlich kein angenehmer Haushund. Erziehung, Sozialisation und Leinenkontrolle in der Öffentlichkeit sind angesagt.

FCI-Gruppe 5

Auszug aus dem Standard:

„Mittelgroßer Hund, mittlerer bis kräftiger Körperbau.
Der Gesamteindruck ist der eines quadratischen Hundes (…).
Die Muskulatur ist trocken und gut ausgebildet. Kräftiger Knochenbau.
Die Geschlechtsunterschiede sind deutlich hervorgehoben."

Fakultativ (nur Schweden, Norwegen, Finnland) Arbeitsprüfung

FCI-Standard Nr. 49
Gruppe: 5
Sektion 2: Nordische Jagdhunde

Größe

Rüde: 44–50 cm (ideal 47 cm)
Hündin: 39–45 cm (ideal 42 cm)

Gewicht

Keine Angabe im FCI-Standard

Farbe / Haarkleid

Auf dem Rücken leuchtend Rot oder Goldrot, an den übrigen Partien meist heller (weißer Fleck an der Brust und kleine weiße Abzeichen an den Pfoten sind erlaubt).

Mittellanges, raues Deckhaar mit Unterwolle

Suomenpystykorva

(Finnenspitz)

Ursprünglicher Verwendungszweck:
Jagdhund auf Vogelwild, kleines Raubwild, Wasserwild, Elch und Bär

Der Finnenspitz ist ein weiterer Repräsentant nordischer Hunde, die es schon seit Jahrtausenden gibt und gehört sicherlich zu den ältesten Rassen überhaupt. Je nach Region haben sich verschiedenen Varianten herausgebildet. Mit der Zeit wurde dieser Hund auf die Vogeljagd spezialisiert. Früher wurden mit ihm Birkhuhn, Schneehuhn und Auerhahn gejagt. Finnenspitze werden aber auch bei der Jagd auf anderes Wild eingesetzt, sogar bei der Elch- und Bärenjagd. Heute ist die Rasse sowohl in Finnland als auch in Schweden verbreitet; in Mitteleuropa sieht man sie aber so gut wie nie. 1954 erfolgte die offizielle Anerkennung durch die FCI.

Die Geschichte des Finnenspitzes ist lang und eng mit der des finnischen Volkes verbunden. Die Rasse wird seit Jahrhunderten besonders im Osten des Landes gezüchtet. Sogar im nationalen Epos Kalevala wird der Finnenspitz erwähnt. Der spitzartige Hund war schon immer ein Begleiter der ansässigen Bevölkerung, robust und für den alltäglichen Gebrauch geschaffen. Er ist ein unermüdlicher Begleiter auf der Jagd mit sehr kräftiger, lauter Stimme. Der Jäger braucht diese Ansage, um dem auch im Schnee leichtfüßigen Hund folgen zu können und so die Beute zu finden. Auch heute noch gehört es zu seinem typischen Verhaltensrepertoire, dass er einen Vogel verbellt, sobald er einen im Baum oder Gebüsch erspäht. Er ist ein passionierter Jagdhund. Sein Jagdtrieb gilt aber als gut steuerbar, wenn seine Besitzer mit viel Konsequenz und Hundeverstand an ihn herangehen. Der selbstbewusste, temperamentvolle Hund findet sich dann gut in seine heute bevorzugte Rolle als Familienhund und Begleiter ein.

Doch ist er immer noch sehr agil und braucht seine Auslastung. Im Wachen und Beschützen fühlt er sich ebenso wohl und so mag er auch gerne bellen. Er ist sehr anhänglich, fröhlich und extrem kommunikativ. In seiner Familie gilt er als ausgesprochen verträglich, auch mit anderen Tieren, aber vor allem mit Kindern.

Er kann gegenüber Fremden etwas reserviert sein, ist aber nie bösartig.

Der Finnenspitz ist kein Hund für Anfänger.

FCI-Gruppe 5

Auszug aus dem Standard:

„Passionierter Jäger; ziemlich unabhängig, beteiligt sich aktiv an der Jagd und gibt Laut, um die Beute anzuzeigen. (…) Etwas kleiner als ein mittelgroßer Hund, fast quadratisch. Der Körperbau ist trocken, solide gebaut mit gut aufgerichteter Haltung."

Ursprung: Russland
(Ostsibirien)

Arbeitsprüfung

FCI-Standard Nr. 305
Gruppe: 5
Sektion 2: Nordische Jagdhunde

Größe
Rüde: 57–64 cm
Hündin: 53–60 cm

Gewicht
Keine Angabe im FCI-Standard
(i. d. R. 18–23 kg)

Farbe/Haarkleid
Die typischsten Farben sind:
Schwarz-braun, Schwarz-weiß, Weiß gescheckt, Weiß, Schwarz

Dichtes, hartes, kurzes bis mittellanges Deckhaar mit Unterwolle

Vostochno-Sibirskaja Laika
(Ostsibirischer Laika)

Ursprünglicher Verwendungszweck: Jagdhund für alle Zwecke

Der ostsibirische Laika ist die größte der anerkannten Laika-Rassen und stammt aus den Gebieten der offenen Taiga östlich des Flusses Jenissej. Übrigens ist auch die Form „die Lajka“ gebräuchlich und korrekt, denn das Wort ist im Russischen weiblich.

Bis etwa zur Mitte des letzten Jahrhunderts gab es in ganz Sibirien viele verschiedene regionale Laika-Schläge, die mit unterschiedlichen Schwerpunkten als Jagd-, Schlitten- oder Hütehunde für Rentiere gehalten wurden. In der Sowjetunion stritten die Kynologen lange Zeit darum, ob man diese Schläge nach Verwendungszweck klassifizieren sollte oder nach geografischen Zonen, aber schließlich entschied man sich 1949 für einen ersten provisorischen Standard für Hunde aus der Region um den Baikalsee, der Regionen Irkutsk, Amur und den ostsibirischen Küstenregionen und fasste sie unter „Ostsibirischer Laika“ zusammen. Auch heute noch ist der ostsibirische Laika die Laika-Rasse mit der größten Typenvariation.

Wie alle Laiki wurden und werden diese Hunde in ihren Ursprungsgebieten hauptsächlich als vielseitige und unabhängig vom Menschen arbeitende Jagdhunde eingesetzt. Sie spüren das Wild auf, verfolgen und stellen es und melden dies dem Jäger durch lautstarkes Bellen (russisch „lajat“), das sie so lange durchhalten, bis der Jäger die manchmal beträchtliche Entfernung bis zum Standort zurückgelegt hat. Sie helfen bei der Jagd auf Marder, Zobel und Auerhühner, aber auch auf Elche, Bären, Wildschweine und Berglöwen und sind entsprechend stark, selbstbewusst und unerschrocken.

Dieses über Jahrhunderte oder sogar Jahrtausende gefestigte Erbe darf man nicht vergessen, wenn man sich einen solch ursprünglichen Hund als Begleiter ins Haus holen möchte. Laiki sind sanft und freundlich zu Menschen und binden sich eng an ihre Bezugsperson, aber ihre Jagdleidenschaft und ihre Unabhängigkeit sind nach wie vor stark, sodass leinenloser Freilauf kaum möglich sein wird. Laiki passen zu Menschen, die sehr viel Zeit in freier Natur verbringen und bereit sind, ihrem Hund die nötige Bewegung und Auslastung zu bieten.

Das Haarkleid besteht aus dichtem, mittellangem Stockhaar mit darunter liegender weicher Unterwolle. Die kurzen Ohren stehen aufrecht und die buschige Ringelrute wird meist über den Rücken gerollt getragen.

FCI-Gruppe 5

Auszug aus dem Standard:

„Ein Hund von mittlerer Größe mit kräftigem und kompaktem Gebäude. (…) Der Kopf ist ziemlich groß und sehr kräftig. Die Muskulatur ist gut entwickelt. Kräftiger Knochenbau, kräftiger bei den Rüden als bei den Hündinnen."

Zapadno-Sibirskaja Laika
(Westsibirischer Laika)

Arbeitsprüfung

FCI-Standard Nr. 306
Gruppe: 5
Sektion 2: Nordische Jagdhunde

Größe
Rüde: 55–62 cm
Hündin: 51–58 cm

Gewicht
Keine Angabe im FCI-Standard (i. d. R. 18–25 kg)

Farbe/Haarkleid
Grau mit rötlichem Braun, Rot mit rötlichem Braun, Grau, Rot, Falb, rötliches Braun

Dichtes, hartes, kurzes bis mittellanges Deckhaar mit Unterwolle

Ursprünglicher Verwendungszweck:
Jagdhund auf Zobel, Bär, Ente, Eichhörnchen, Elch sowie Schlitten- und Wachhund

Der Westsibirische Laika (manchmal auch *die* Laika, weil das Wort Laika, übersetzt „Beller" im Russischen feminin ist), stammt aus dem Ural und den bewaldeten Gegenden Westsibiriens. Dort ist er seit Jahrhunderten Jagd- und Gebrauchshund der sibirischen Jäger aus den Stämmen der Mansen und Chanten. Anders als viele andere Jagdhunderassen setzt der Laika dabei all seine Sinne ein. Dabei beweist er, dass er nicht nur über einen ausgezeichneten Geruchssinn, sondern auch über einen exzellenten Hör- und Sehsinn verfügt. Das macht ihn zum Universaljagdhund für die Jagd auf Wasservögel, Auerhühner, Eichhörnchen, Marder, Zobel und Luchs bis zum Großwild wie Schwarzwild, Elche und Bären.
Der Westsibirische Laika ist es gewohnt, selbständig und auf der Jagd in großer Entfernung zum Menschen zu arbeiten. Nicht nur bei der Jagd, sondern auch als Wach- oder Schlittenhund handelt er meistens eigenständig und unabhängig und hat sich diese Wesenseigenschaft bis heute stark erhalten.

Trotzdem fühlt sich der Laika seinem Menschen eng verbunden und sucht ständig seine Nähe. Dieses Bezugsverhalten ist beim Einsatz als Hüte-, Schutz- oder Schlittenhund von Vorteil.

Wie bei allen Laiki besteht das Haarkleid aus dichtem, mittellangem Stockhaar mit darunter liegender weicher Unterwolle. Die kurzen Ohren stehen aufrecht und die buschige Ringelrute wird meist über den Rücken gerollt getragen. Von dieser typischen Ringelrute abgesehen erinnert das Äußere dieses ursprünglichen Hundes durchaus etwas an einen Wolf. Mit ihrem gut proportionierten Körperbau, den starken, aber nicht schweren Knochen und der guten Muskulatur ist er schnell, sehr ausdauernd und geschickt in der Bewegung.

Die planmäßige Zucht begann in den 1920er Jahren. 1980 erfolgte die endgültige Anerkennung durch die FCI.

Hat man erst einmal das Vertrauen eines Laika gewonnen, hat man einen Freund fürs Leben. Dabei bindet er sich eng an seine Menschen und ist besonders Kindern ein liebevoller Begleiter mit einer Engelsgeduld. Draußen muss man sich des starken Jagdtriebs und der Unabhängigkeit des Hundes bewusst sein.

Auszug aus dem Standard:

„Mittelgroßer bis etwas größerer Hund, stark mit kräftigem und trockenem Körperbau. (…) Ein kraftvoller Hund mit einem sehr ausgeprägten Sinn für Geruch und dem Aufstöbern von Wild; mit einer aufgeweckten, feinfühligen und ausgeprägten Leidenschaft für die Jagd, ist er genauso begeistert Federwild wie Pelzwild zu jagen. Selbstsicher und Fremden gegenüber wachsam."

FCI-Standard Nr. 289
Gruppe: 5
Sektion 3: Nordische Wach- und Hütehunde

Größe
Rüde: 46 cm (ideal)
Hündin: 42 cm (ideal)

Gewicht
Keine Angabe im FCI-Standard

Farbe / Haarkleid
Falb und Rot in verschiedenen Schattierungen (von Cremefarbe bis hin zu rötlichem Braun), Grauschattierun, Schokoladenbraun (in verschiedenen Schattierungen), Schwarz

Kurzhaarig
Langhaarig

Beide Varianten haben dichtes und extrem wetterfestes Doppelhaar

Íslenskur Fjárhundur
(Islandhund)

Ursprünglicher Verwendungszweck:
Hütehund für Schafe, Pferde und anderes Vieh

Diese einzige isländische Hunderasse stammt direkt von den Hunden ab, die norwegische und dänische Siedler im 9. Jahrhundert n. Chr. mitbrachten. Es waren vermutlich typische ursprüngliche Bauernspitze, Allround-Helfer auf den Höfen, wie wir sie heute noch im norwegischen Buhund finden.
Die Aufgabe des kleinen und flinken nordischen Hüte-Spitzes bestand auf Island darin, Schafe, aber auch Pferde zu hüten, zusammenzutreiben und zu bewachen. Darüber hinaus musste er aber auch verirrte und eingeschneite Schafe aufspüren und fand dabei auch solche, die verschüttet tief im Schnee festsaßen. Auf den isländischen Höfen und unterwegs bei langen Überlandritten mit Packpferden diente er traditionell auch als meldefreudiger Wachhund, außerdem verscheuchte er Raben und Möwen von den neugeborenen Lämmern oder von aufgehängtem Trockenfisch. Er war den Bauern auf dem Land also ein rundum nützlicher und unentbehrlicher Helfer, der kein nasskaltes Wetter und kein unwegsames Gelände scheute. Heute wird er bei den isländischen Schafzüchtern leider immer mehr vom Border Collie verdrängt, hat aber seinen festen Liebhaberkreis, der seine

FCI-Gruppe 5

ursprünglichen und vielseitigen Qualitäten zu schätzen weiß. Da eine Staupeepidemie im 19. Jahrhundert gut ein Dreiviertel der Population auslöschte, ist der Genpool der Rasse heute ziemlich klein.
Innerhalb der Rasse gibt es eine kurz- und eine langhaarige Variante, die beide sehr wetterfest sind. Genau wie bei den Islandpferden gibt es eine sehr große Farbvielfalt, wobei Rot in allen Schattierungen die häufigste Farbe ist. Als besonderes Merkmal gelten die häufig doppelten Afterkrallen an den Hinterläufen oder sogar an allen vier Füßen.
Bei uns ist der Islandhund Haus- und Familienhund – eine Aufgabe, die er ebenso gern erfüllt wie die Hütetätigkeit. Er braucht engen Kontakt zum Menschen, um sein freundliches, selbstbewusstes und arbeitswilliges Wesen richtig zu entwickeln. Seiner angeborenen Bellfreudigkeit wirkt man am besten schon im Junghundalter entgegen, aber so richtig ruhig wird ein Islandhund wohl eher nicht und er meldet gern alles Ungewöhnliche lautstark. Fremde begrüßt er dennoch schwanzwedelnd und mag Menschen im Allgemeinen gern. Als aktiver und intelligenter Hund benötigt er ausreichend Beschäftigung, um sich nicht aus Langeweile Unsinn auszudenken.

Auszug aus dem Standard:

„Der Islandhund ist ein nordischer Hüte-Spitz; er ist etwas kleiner als mittelgroß, robust, mit Stehohren und einer geringelten Rute. Von der Seite betrachtet hat er ein rechteckiges Format. Sein Ausdruck ist sanft, intelligent und fröhlich. Ein selbstsicheres, lebhaftes Verhalten ist typisch für die Rasse."

Lapinporokoira
(Lappländischer Rentierhund)

FCI-Standard Nr. 284
Gruppe: 5
Sektion 3: Nordische Wach- und Hütehunde

Größe
Rüde: 51 cm (ideal)
Hündin: 46 cm (ideal)
Eine Toleranz von +/- 3 cm ist zulässig.

Gewicht
Keine Angabe im FCI-Standard (i. d. R. 15–25 kg)

Farbe/Haarkleid
Schwarz in verschiedenen Nuancen, sogar Gräulich oder Dunkelbraun (mit Abzeichen in helleren Farbtönen als die Grundfarbe)

Mittellanges oder langes, gerades, steifes Deckhaar mit dichter Unterwolle

Ursprünglicher Verwendungszweck:
Hütehund für Rentiere

Die Geschichte des Lapinporokoira, auch Lappländischer Rentierhund oder Finnischer Lapplandhirtenhund genannt, ist eng mit der Entwicklung der nordischen Spitzrassen verknüpft. Ursprünglich von den finnisch-ugrischen Jägervölkern in der Taiga von Skandinavien bis Sibirien gehalten, dienten diese Hunde zunächst als Jagdhunde für Rentiere und Beschützer ihrer Menschen. Besonders die Sami, ein naturverbundenes Volk der Rentierhalter, prägten die Entwicklung des Lapinporokoira. Sie benötigten einen Hund, der große Rentierherden auf langen Wanderungen bei jedem Wetter begleiten und zusammenhalten konnte. Im Gegensatz zu anderen Hütehundrassen, die beispielsweise mit Blickkontakt ihre Herden lenken, nutzen Lapinporokoira häufig Bellen, um zu treiben. Dies zeigt sich auch in anderen Aktivitäten. Sie sind ausgezeichnete Hütehunde, die in Lappland auch heute noch als Arbeitshunde eingesetzt werden. Diese Hunde zeichneten sich durch enorme Ausdauer, Einsatzbereitschaft und Schutzinstinkt aus.
Der Lapinporokoira wurde 1967 von der FCI anerkannt. Trotz seiner Seltenheit ist er ein naher Verwandter des Finnischen Lapphundes, beide mit gemeinsamen Vorfahren aus Lappland. Ursprünglich als Jagd- und Wachhunde gehalten, wandelten sich ihre Aufgaben mit der Zucht und Haltung großer Rentierherden durch die Sami.
Heute, da die Hunde kaum noch für das Hüten und Treiben von Rentieren eingesetzt werden, sind sie besonders in Skandinavien beliebte Familienmitglieder und Begleithunde. Außerhalb dieser Region ist die Rasse selten und Liebhaber suchen oft international nach Züchtern.
Der Lapinporokoira ist eine Rasse, die durch ihr aufgeschlossenes, energiegeladenes und intelligentes Wesen besticht. Diese Hunde sind für ihre Freundlichkeit und ihr starkes Arbeitsbedürfnis bekannt und werden oft als treue und gutmütige Familienmitglieder beschrieben. Sie sind sehr aktiv und benötigen viel Bewegung sowie geistige Herausforderungen. Diese Rasse ist perfekt für sportliche und erfahrene Hundebesitzer geeignet, da sie aufgrund ihrer hohen Energie und Intelligenz anspruchsvoll in der Haltung sein kann. Sie eignet sich hervorragend für verschiedene Hundesportarten und zeigt auch im Obedience und als Rettungshund beeindruckende Leistungen.
Trotz ihres unabhängigen Charakters binden sich diese Hunde stark an ihre Menschen, wenn sie gut erzogen und sozialisiert sind. Sie sind in der Regel freundlich oder neutral gegenüber Fremden und verstehen sich gut mit anderen Hunden. Ihre Erziehung ist vergleichsweise einfach, aber ohne Aufgaben neigen sie zu Unruhe und unerwünschten Verhaltensweisen.

FCI-Gruppe 5

Auszug aus dem Standard:

„Mittelgroßer, zum Hüten verwendeter Spitz, dessen Länge eindeutig größer ist als die Widerristhöhe. Sowohl das Knochengerüst als auch die Muskulatur sind stark entwickelt. Obschon gut bemuskelt, darf er nicht den Eindruck von Schwerfälligkeit erwecken."

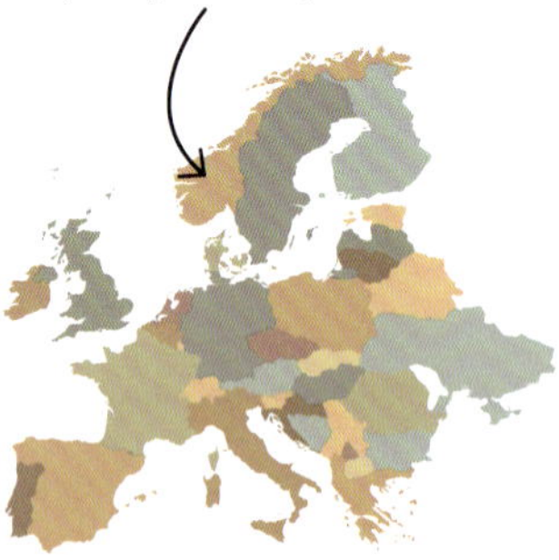

Norsk Buhund
(Norwegischer Buhund)

FCI-Standard Nr. 237
Gruppe: 5
Sektion 3: Nordische Wach- und Hütehunde

Größe
Rüde: 43–47 cm
Hündin: 41–45 cm

Gewicht
Rüde: 14–18 kg
Hündin: 12–16 kg

Farbe/Haarkleid
Weizenfarben (Biscuit), Schwarz

Hartes, dickes und glattes Deckhaar mit weicher Unterwolle

Ursprünglicher Verwendungszweck: Vielseitig verwendbarer Wach-, Hof- und Hütehund

„Bu" heißt auf Norwegisch „Hütte", früher allgemein Haus oder Gehöft – und der Buhund war also derjenige, der dieses bewachte. Als typischer Bauernhund diente er auf den oft einsam gelegenen Höfen jahrhundertelang als Allround-Helfer, ganz ähnlich wie früher der Deutsche Spitz. Er meldete jedes Vorkommnis, hielt Nagetiere in Schach, half beim Treiben der Schafherden oder gelegentlich auch bei der Jagd auf Füchse oder Wildgeflügel, Hirsch oder Elch. Auch das Aufpassen auf die Kinder konnte man ihm anvertrauen. Besonders im Westen Norwegens gab es früher auf jedem Hof einen Buhund, der mit seinem dichten Fell gut an kaltes Klima angepasst war.

Unter dem Namen „Buhund" wird er im 17. Jahrhundert erstmals erwähnt, aber die Rasse hat viel ältere Wurzeln, die weit bis in die Wikingerzeit hineinreichen. Aus Skelettfunden in Wikingergräbern in Norwegen und Schweden wissen wir, dass Hunde dieses Typs oft mit ihren Besitzern (und meistens auch dessen Pferd) bestattet wurden. Sie wurden also sehr wertgeschätzt und sollten ihren Besitzer auch im Jenseits weiter begleiten. Sogar in England fand man solche Gräber: Der Beweis dafür, dass die Wikinger ihre Hunde sogar auf ihren Schiffen mitnahmen, wenn sie zu Beutezügen aufbrachen. Der heutige Buhund ähnelt am ehesten dem Islandhund, mit dem er sicherlich gemeinsame Wurzeln hat, denn beide haben eine Wikingergeschichte und beide stammen von einem „Urspitz" ab, den es schon zur Steinzeit in Skandinavien gab und der als Stammvater aller nordischen Spitzhundrassen gilt.

Die Rasse wurde erstmals 1913 auf einer Hundeausstellung gezeigt und 1963 von der FCI anerkannt. Als Wachhund ist sie heute in Norwegen seltener geworden und als Hütehund wurde sie weitgehend vom Border Collie abgelöst. Dafür ist der Buhund zum beliebten Familienhund geworden und wird als norwegisches Kulturerbe betrachtet und gepflegt.

Er ist freundlich, kinderlieb, verspielt und seinen Menschen sehr zugetan, braucht aber auch viel Aufmerksamkeit und Beschäftigung. Es ist ihm wichtig, bei möglichst jeder Unternehmung seiner Menschen mit dabei zu sein. So ist er auch kooperativ und relativ leicht zu erziehen. Wissen muss man, dass der Buhund getreu seinem Wachhundeerbe sehr bellfreudig ist und jedes Ereignis lautstark kommentiert. Wer keinen Hof zu bewachen hat, muss von Welpenalter an daran arbeiten, das Bellen unter etwas mehr Kontrolle zu bringen. Artgenossen gegenüber kann dieser Norweger sich etwas skeptisch verhalten, weshalb auf eine gute Sozialisation mit anderen Hunden zu achten ist. Das Zusammenleben mit anderen Haustieren ist für den ehemaligen Bauernhund dagegen eher unproblematisch.

Auszug aus dem Standard:

„Ein typischer Spitz, leicht unterdurchschnittlich, quadratisch gebaut; sein Ausdruck ist aufgeweckt und freimütig. Die Ohren sind aufgerichtet und spitz; die Rute wird fest eingerollt über dem Rücken getragen. (...) Mutig, energisch, freundlich."

Suomenlapinkoira
(Finnischer Lapphund)

Ursprünglicher Verwendungszweck:
Hüte- und Wachhund für Rentiere

FCI-Standard Nr. 189
Gruppe: 5
Sektion 3: Nordische Wach- und Hütehunde

Größe
Rüde: 49 cm
Hündin: 44 cm
Eine Toleranz von jeweils +/- 3 cm ist zulässig.

Gewicht
Keine Angabe im FCI-Standard (i. d. R. 13–25 kg)

Farbe/Haarkleid
Alle Farben sind erlaubt. Die Grundfarbe muss vorherrschen.

Langes, gerades und raues Deckhaar mit dichter Unterwolle

Die Herkunft des Finnischen Lapphundes ist nicht genau geklärt. Das Erbe der nordischen Spitze ist in ihm unverkennbar, aber ziemlich sicher spielten auch Hütehunde bei seiner Entstehung eine Rolle. Ob diese von den Wikingern mit in den Norden gebracht wurden oder ob sie schon früher mit den aus Asien stammenden, viehzüchtenden Volksstämmen mitkamen, können wir nicht wissen. Die erste Rassedefinition stammt aus dem Jahr 1945. Damals bezeichnete man die Rasse als „Lappländischer Hütehund" und die Hunde waren etwas größer als heute. 1967 änderte man den Namen in Lapphund und mit der Festigung eines einheitlicheren Typs wurde der Standard in den 1970er Jahren mehrmals bearbeitet. Der offizielle Name der Rasse ist seit 1993 Finnischer Lapphund.

Seit Jahrhunderten war er Arbeits- und Hütehund der Sami, deren Heimat auf Gebiete des heutigen Finnland, Norwegen, Schweden und Russland aufgeteilt ist. In Lappland wird er auch heute noch gelegentlich zum Treiben der Rentierherden verwendet. Die meisten Lapphunde sind aber heutzutage beliebte Begleit- und Gesellschaftshunde, vor allem in Finnland und Schweden. Dort sieht man sie auch vermehrt im Hundesport wie zum Beispiel Agility und Obedience. In den deutschsprachigen Ländern sind sie noch weniger verbreitet, gewinnen aber stetig Fans dazu.

Der Finnische Lapphund ist in erster Linie sehr freundlich, menschenbezogen und kontaktfreudig. Er ist ein sehr friedfertiger Hund, der für viele verschiedene Tätigkeiten zu begeistern ist. Er strahlt Ruhe und Gelassenheit aus und ist bei guter Sozialisation ein treuer Partner in jeder Lebenslage. Auch als Rettungs-, Therapie- oder Assistenzhund eignet er sich gut, aber wie bei allen nordischen Rassen ist auch eine gewisse Selbständigkeit für ihn typisch. „Kadavergehorsam" ist nicht das Seine.

Der Finnische Lapphund passt sich an unterschiedliche Verhältnisse an und ist wetterunempfindlich aufgrund seines nahezu wasserdichten Fells. Das Hüteverhalten ist meist nur noch wenig ausgeprägt. Die meisten Lapphunde haben fast keinen Jagdtrieb. Sie vertragen sich mit den meisten anderen Hunden und auch mit anderen Tieren. Sie sind aber auch aufmerksame Wachhunde, die Fremde mit lautem Bellen ankündigen.

Der Finnische Lapphund ist grundsätzlich interessiert an den Aktionen der Familie, die auch für ihn Lebensmittelpunkt ist, und möchte gern bei jeder Aktivität dabei sein. Mit seinem mutigen Charakter folgt er seinem Menschen durch dick und dünn. Er ist intelligent und aufgeweckt, lernt gerne und schnell.

Auszug aus dem Standard:

„Etwas kleiner als mittelgroßer, im Verhältnis zu seiner Größe kräftig gebauter Hund, dessen Körperlänge die Widerristhöhe leicht übertrifft. Das Haarkleid ist dicht und lang. (...) Aufgeweckt, mutig, ruhig und lernbegierig. Friedfertig und vertrauenswürdig."

Svensk Lapphund

(Schwedischer Lapphund)

FCI-Standard Nr. 135
Gruppe: 5
Sektion 3: Nordische Wach- und Hütehunde

Größe

Rüde: 48 cm
Hündin: 43 cm
Eine Toleranz von jeweils +/- 3 cm ist zulässig.

Gewicht

Keine Angabe im FCI-Standard (i. d. R. ca. 20 kg)

Farbe / Haarkleid

Meistens einfarbig schwarz; bronzierte Verfärbung ist charakteristisch mit mehr oder weniger „bärenbraunen" Schattierungen. Weiß ist zulässig an der Brust, auf den Pfoten und an der Spitze der Rute.

Üppiges, gerade vom Körper abstehendes Deckhaar mit dichter Unterwolle

Ursprünglicher Verwendungszweck:
Hüte- und Wachhund für Rentiere, auch zur Jagd eingesetzt

Der Schwedische und der Finnische Lapphund haben gemeinsame Vorfahren und wurden aus Hunden gezüchtet, die einst von nomadisch lebenden Sami im Norden Europas gehalten wurden. Die widerstandsfähigen und ausdauernden Hunde werden zur Jagd sowie beim Hüten und Bewachen der Rentierherden eingesetzt, die über Jahrhunderte die Lebensgrundlage dieser Völker bildeten.

Durch die harte Arbeit in der kargen Landschaft Nordskandinaviens entstand eine ausdauernde und widerstandsfähige Rasse. Bei der abwechslungsreichen Arbeit war es nötig, einen beweglichen, intelligenten Hund zu haben, der unabhängig zu arbeiten versteht. Der Schwedische Lapphund ist ein kräftiger Arbeitshund, der sich als „Allroundhund" jeder Arbeit stellt. Da die Selektion über Jahrhunderte nur aufgrund der Gebrauchsfähigkeit stattfand, bildeten sich je nach Region unterschiedliche Typen heraus. Erst im 20. Jahrhundert wurden die Lapphundrassen der verschiedenen Länder standardisiert und es entstanden der Finnische und der Schwedische Lapphund als getrennte Rassen, wobei der Schwede heute seltener anzutreffen ist als der Finne.

Heute wird der Schwedische Lapphund in seiner Heimat überwiegend als Wach- und Familienhund gehalten. In den skandinavischen Ländern findet er große Beliebtheit im Hundesport, vor allem Obedience, und ist darin sehr erfolgreich. Die Rasse hat auch eine Reihe von zertifizierten Such- und Rettungshunden.

Das lange und dichte, meist glänzend schwarze und wetterfeste Fell macht ihn bei der typisch spitzartigen, stolzen Körperhaltung zu einer imposanten Erscheinung.

Der Schwedische Lapphund hat ein lebhaftes und freundliches Wesen, aber wie alle nordischen Rassen auch eine gewisse Eigenständigkeit. Bei der Erziehung verlangt er eine liebevolle Behandlung und Konsequenz sowie eine regelmäßige geistige und körperliche Auslastung. Dann bekommt man einen freundlichen und verschmusten Begleiter, der gern bei seiner Familie ist. Er ist sehr sozial, Kindern gegenüber sehr geduldig und meist bis ins hohe Alter verspielt, was ihn bei regelmäßiger Bewegung und geistiger Beschäftigung zu einem guten und zufriedenen Familienhund macht.

Auszug aus dem Standard:

„Dieser typische Spitz ist etwas weniger als mittelgroß und zeigt eine stolze Kopfhaltung. Sein Haarkleid ist wetterfest. (…) Lebhaft, wachsam, freundlich und liebevoll."

Västgötaspets

FCI-Standard Nr. 14
Gruppe: 5
Sektion 3: Nordische Wach- und Hütehunde

Größe
Rüde: 33 cm
Hündin: 31 cm
Eine Toleranz von 2 cm nach oben und 1 cm nach unten ist zulässig.

Gewicht
Keine Angabe im FCI-Standard (i. d. R. 9–15 kg)

Farbe/Haarkleid
Gewünschte Farben sind: Grau, Grau-braun, Grau-gelb, rötlich-gelb, rötlich-braun

Mittellanges Deckhaar mit Unterwolle

Ursprünglicher Verwendungszweck:
Treibhund

Dieser Hund ist im Deutschen auch bekannt als Schwedischer Valhund oder Wallhund, Westgotenspitz oder Schwedischer Schäferspitz.

Der Västgötaspets gleicht dem Corgi so stark, dass man vermuten könnte, beide hätten den gleichen Stammbaum. Die offizielle schwedische Kynologie bezeichnet ihn aber als absolut autochthone Rasse. Mit dem Corgi teilt er auch die traditionelle Verwendung als Treibhund, für die er durch seinen Mut und seine Energie bestens geeignet ist.
Seine Herkunft ist nicht eindeutig geklärt: Die vorherrschende Annahme ist allerdings, dass sich die Hunderasse in Schweden – genauer: in Västergötland – entwickelt habe. Von dort könnte er nach England gelangt und zum Vorfahren der niederläufigen Corgis geworden sein. Die Aufgabe der flinken Vierbeiner bestand früher darin, das Vieh

Auszug aus dem Standard:
„Kleiner, kurzläufiger und robuster Hund. Äußere Erscheinung und Ausdruck kennzeichnen einen wachsamen, lebhaften und energievollen Hund."

zusammenzutreiben. Mittels Zwicken in die Beine der Kühe gelang es ihnen, die Tiere in die gewünschte Richtung zu lenken.

Als die wachsamen Hütehunde während des Zweiten Weltkrieges auszusterben drohten, suchten einige engagierte Hundefreunde die verstreuten Exemplare der Rasse und bauten die Zucht neu auf. 1954 wurde der Västgötaspets von der FCI anerkannt.

Es gibt zwei gleichermaßen anerkannte Rutenformen – die lange Rute und die von Natur aus kurze. Bei den Körperproportionen legt man Wert darauf, dass das Verhältnis von Widerristhöhe zu Körper etwa 2:3 betragen soll. Das mittellange Deckhaar ist harsch, eng anliegend und dicht und besitzt eine weiche Unterwolle. An Hals, Brust sowie Rückseiten der Hinterläufe ist es etwas länger.

Der Västgötaspets gilt als wachsames, mutiges und lebhaftes Energiebündel. Er ist einerseits ein zuverlässiger Hofhund, kann jedoch bei entsprechender Haltung mit viel Bewegung und Aufgaben, die seinem Naturell entsprechen, auch ein liebenswerter Familienhund sein. Er ist ein ausdauernder Zeitgenosse, den sein Arbeitswille antreibt. Er gilt als lernwillig und wissbegierig – für neue Aufgaben ist er immer zu begeistern! Auf eine entspannte Kuschelstunde lässt er sich aber gern ein, wenn er zuvor einige Zeit draußen aktiv war. Fühlt sich der Västgötaspets in seiner Familie wohl, hat man einen loyalen Gefährten, der einem kaum von der Seite weicht.

Ursprung: Deutschland/ – Mitteleuropa

Deutscher Spitz

FCI-Standard Nr. 97
Gruppe: 5
Sektion 4: Europäische Spitze
Varietäten: 5 (Größe)

Ursprünglicher Verwendungszweck:
Wach- und Begleithund

Der Spitz ist eine der wirklich klassischen Hunderassen in Deutschland und ganz Mitteleuropa. Spitze gehörten über viele Jahrhunderte auf jedes Anwesen, sie bewachten Warenlager und Fuhrwerke. Auf antiken Abbildungen der alten Römer und Griechen findet man Hunde, die eine große Ähnlichkeit mit den Spitzen haben, wie wir sie heute kennen. Spitzähnliche Hunde waren schon in der Steinzeit als sogenannte „Torfhunde" an der Seite des Menschen.

1899 wurde der Verein für Deutsche Spitze gegründet. Nach und nach wurden die Spitze in fünf Varietäten nach Größe geordnet: Wolfsspitz, Großspitz, Mittelspitz, Kleinspitz, Zwergspitz oder Pomeranian.

Spitze sind ausgesprochen clevere, wachsame und standorttreue Hunde. Im Mittelalter war die Jagd das Vorrecht des Adels. Wenn der Hund eines einfachen Bauern beim Jagen erwischt wurde, konnte dies schwere Strafen nach sich ziehen, selbst, wenn es nur um ein Kaninchen ging. Deshalb wurde in dem typischen Hofhund Spitz über etliche Jahrhunderte der vorhandene Jagdtrieb weggezüchtet und es entstand ein standorttreuer Wachhund.

Mit dem Ende der kleinbäuerlichen Landwirtschaft und dem Verschwinden der Pferdefuhrwerke ging das klassische Arbeitsfeld der Spitze verloren. Spitze wurden selbst in ihrem Stammland eine seltene Erscheinung. Das betrifft besonders die Groß- und Mittelspitze. Seit 2003 wurden der Groß- und Mittelspitz daher von der „Gesellschaft zur Erhaltung alter und gefährdeter Haustierrassen" zu einer vom Aussterben bedrohten Haustierrasse erklärt. Der Großspitz wird als „extrem gefährdet", der Mittelspitz als „stark gefährdet" eingestuft. Das ist bedauerlich. Spitze sind äußerst gelehrige und leicht führbare Begleiter, die sich überall bestens einpassen. Sie eignen sich hervorragend als Begleit- und Familienhund in unserer hektischen Zeit.

Allen Varietäten gemeinsam ist ein doppeltes Haarkleid mit langem, gerade abstehendem, festem Deckhaar und dicker, wattiger Unterwolle. Hals und Schultern sind von einer dichten Mähne bedeckt und die buschige Rute wird nach vorne über den Rücken gerollt getragen. Die dreieckigen Ohren mit fester Spitze werden immer aufgerichtet getragen, was zum wachsamen und kecken Eindruck beiträgt. Der Körperbau ist mit kurzem Rücken eher quadratisch.

Größe und Gewicht

a) Wolfsspitz
Größe: 44–55 cm
Gewicht: 16–25 kg

b) Großspitz
Größe: 40–50 cm
Gewicht: 20–27 kg

c) Mittelspitz
Größe: 30–40 cm
Gewicht: 7–11 kg

d) Kleinspitz
Größe: 24–30 cm
Gewicht: 3,5–4,5 kg

e) Zwergspitz
Größe: 18–24 cm
Gewicht: 2–3,5 kg

Farbe/Haarkleid
siehe Seite 358

Auszug aus dem Standard:

„Spitze bestechen durch ein schönes Haarkleid, das reichliche Unterwolle abstehend macht. Besonders auffällig sind der sich um den Hals legende, starke, mähnenartige Kragen und die buschig behaarte Rute, die kühn über dem Rücken getragen wird. Der fuchsähnliche Kopf mit den flinken Augen und die spitzen, kleinen eng stehenden Ohren verleihen dem Spitz das ihm eigene charakteristische kecke Aussehen."

Wolfsspitz

Der große und graugewolkte **Wolfsspitz**, außerhalb Deutschlands auch als Keeshond bezeichnet, hat seine namensgebende, attraktive Färbung durch silbergraue Haare mit schwarzen Spitzen. Fang und Ohren sind immer dunkler gefärbt und um die Augen herum trägt er eine feine schwarze Linie, die ihm einen besonderen Ausdruck verleiht. Die üppige Mähne und die Läufe sind hell, die Rutenspitze wiederum schwarz.

Er hat eine eher niedrige Reizschwelle, kann aber zum Kläffer werden, wenn er sich langweilt. Der Wolfsspitz strahlt Ruhe aus und ist ein hervorragender Begleit- und Familienhund in unserer hektischen Zeit. Er passt sich problemlos dem Lebensstil seiner Menschen an und braucht keine kräftige Hand, wohl aber Geduld und Konsequenz, da

Farbe / Haarkleid

a) Wolfsspitz
Graugewolkt (Silbergrau mit schwarzen Haarspitzen)

b) Großspitz
Weiß, Schwarz, Braun, weiße Flecken an Brust, Pfoten und Rutenspitze bei schwarzen und braunen Großspitzen sind zulässig

c) Mittelspitz
Weiß, Schwarz, Braun, Orange, Graugewolkt, andersfarbig (Creme, Creme-Sable, Orange-Sable, Black-and-Tan und Schecken)

d) Kleinspitz
Weiß, Schwarz, Braun, Orange, Graugewolkt, andersfarbig (Creme, Creme-Sable, Orange-Sable, Black-and-Tan und Schecken)

e) Zwergspitz
Weiß, Schwarz, Braun, Orange, Graugewolkt, andersfarbig (Creme, Creme-Sable, Orange-Sable, Black-and-Tan und Schecken)

Langes, gerade abstehendes Deckhaar mit dichter Unterwolle

er schon einmal seinen eigenen Kopf haben kann. Gegenüber anderen Hunden ist er in der Regel friedlich und bleibt meistens auch dann entspannt, wenn er von ihnen angepöbelt wird. Seine Haltung ist in jeder Hinsicht unproblematisch. Bei seinem Besitzer ist er anspruchsvoller: Der ist idealerweise ein Naturfreund und kein Stubenhocker. Der Wolfsspitz ist unternehmungslustig und will ständig etwas Neues in der Natur erleben. Er ist wetterunempfindlich und braucht bei jedem Wetter seinen täglichen Spaziergang.

Der **Großspitz** ist etwas kleiner als der Wolfsspitz und kommt in den Farben einfarbig schwarz, weiß oder braun ohne Abzeichen vor. Seine Wesensart entspricht weitgehend der des Wolfsspitzes.
Großspitze sind intelligente Hunde, die ihre Umgebung sorgfältig beobachten. Sie lernen schnell und sind in der Lage, Verhaltensmuster zu erkennen. Daher ist es wichtig, konsequent zu bleiben und sicherzustellen, dass er weiß, was von ihm erwartet wird.
Großspitze sind bekannt dafür, dass sie gut mit anderen Hunden und Menschen auskommen, wenn sie früh genug sozialisiert wurden. Spiel- und Apportiertraining können ihnen Spaß machen und helfen, fit und aktiv zu bleiben.
Interessant ist übrigens, dass weiße Großspitze, die es über den Atlantik nach Nordamerika geschafft hatten, wegen der Unbeliebtheit Deutschlands nach dem Ersten Weltkrieg dort als „American Eskimo Dog“ bezeichnet und als eigene Rasse unter diesem Namen weitergezüchtet wurden. In jüngerer Zeit hat man einige dieser American Eskimo Dogs nach Europa zurückimportiert, um die eng gewordenen Blutlinien der hiesigen Großspitze aufzufrischen.
Die schwarzen Großspitze waren früher vor allem als sogenannte „Weinbergspitze“ in Baden-Württemberg verbreitet, wo sie als unsichtbare schwarze Nachtwächter dafür sorgten, dass niemand die Trauben von den Reben stahl.

Der **Mittelspitz** ist die eigentliche alte Standard-Varietät, der „Klassiker“ unter den Spitzen also, der am häufigsten beim einfachen Volk anzutreffen war. Er ist von seinem Wesen her in erster Linie Wachhund. Lebhaft und außergewöhnlich anhänglich gegenüber seinem Besitzer, ist er sehr gelehrig und leicht zu erziehen. Sein Misstrauen Fremden gegenüber und sein fehlender Jagdtrieb machen ihn zum idealen Wächter für Haus und Hof.
Als Familienhund ist der Mittelspitz durchaus für Hundesport geeignet, besonders für die Spaßsportarten. Wenn er zu wenig Beschäftigung hat, kann er zum Kläffer werden. Er möchte seiner Familie gefallen und schließt sich ihr eng an, besonders Kindern ist er unermüdlicher Spielkamerad.

Der **Kleinspitz** im praktischen Format ist ebenfalls ein unbestechlicher Wächter, treu, widerstandsfähig und ausdauernd. Er ist weder ängstlich noch aggressiv. Wetterunempfindlichkeit, Robustheit und Langlebigkeit sind seine hervorragendsten Eigenschaften.
Er ist hochintelligent, neugierig und temperamentvoll. Seine geringe Größe hindert ihn nicht, Hundesport wie etwa Dogdancing oder Agility zu betreiben. Er ist ein idealer Begleiter für Familien wie Singles, Kinder wie Senioren und sehr gut für Anfänger geeignet.

Wolfsspitz

FCI-Gruppe 5

Mittelspitz

Der **Zwergspitz** ist der kleinste Vertreter der Deutschen Spitze. Weil seine Vorfahren vor über zweihundert Jahren aus Pommern nach England kamen, nannte man ihn im Englischen Pomeranian und züchtete ihn dort immer kleiner. Erst um 1970 kamen die ersten Pomeranians wieder nach Deutschland zurück und wurden als Zwergspitze hier wieder in die Familie der Spitze eingereiht. Sie sind clevere kleine Begleiter, die hervorragend zum Leben in einer Großstadt passen.

Solange der Zwergspitz nicht allzu klein und nicht allzu extrem nach Kindchenschema gezüchtet ist, ist er robust und langlebig. Er kann dann ein sehr hohes Alter von 15 Jahren und mehr erreichen.

Er wird zwar gerne als Schoßhündchen verstanden, ist aber ein richtiger Hund, der auch so behandelt und ernstgenommen werden möchte. Er ist im Rahmen seiner Möglichkeiten als Mini durchaus für manche Hundesportarten, etwa Dogdancing und Agility, geeignet und möchte eine Aufgabe haben.

Zwergspitz

Verbunden mit seiner Intelligenz und Gelehrigkeit macht es einfach Spaß, mit dem Kleinen Kunststückchen einzuüben. Der Pomeranian ist sehr gut für Anfänger geeignet, muss jedoch wie ein großer Hund mit aller Ernsthaftigkeit von Welpenalter an erzogen werden. Nur zu schnell ist man verleitet, diese kleinen, flauschigen Hunde, zumal als tapsige Welpen, zu unterschätzen. Das muss nicht sein, und mit etwas Verantwortlichkeit für seine Erziehung wird aus dem Pomeranian problemlos ein gut erzogener, äußerst angenehmer Begleiter.

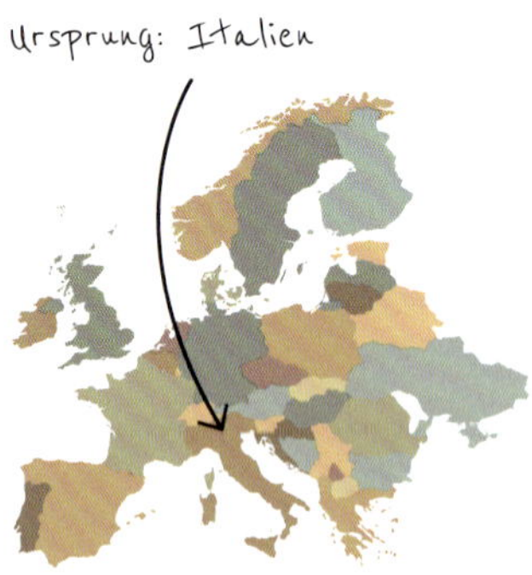

FCI-Standard Nr. 195
Gruppe: 5
Sektion 4: Europäische Spitze

Volpino Italiano
(Italienischer Zwergspitz)

Ursprünglicher Verwendungszweck:
Wach- und Begleithund

„Volpino“ ist Italienisch für „Kleiner Fuchs, Füchschen“ und passt angesichts der spitzen Stehohren und des spitzen Fangs gut, besonders dann, wenn man einen der (heute eher seltenen) rot gefärbten Vertreter der Rasse vor sich hat.

Der Volpino ist dem Deutschen Kleinspitz sehr ähnlich und wie dieser sehr quadratisch gebaut mit üppigem Langhaar und einer buschigen, über den Rücken gerollten Rute. Auch die Größe ist sehr ähnlich, nur die laut Standard zugelassenen Farben unterscheiden sich und der Kenner attestiert dem Volpino einen etwas flacheren Schädel mit weniger deutlichem Stopp sowie eine etwas längere und spitzere Schnauze. Beide Rassen haben gemeinsame Vorfahren in der großen und alten Familie der europäischen Spitze, die schon in der Bronzezeit hier verbreitet waren.

Beim Volpino handelt es sich wohl um eine eigenständige Seitenlinie, die schon lange in Italien bekannt ist. Seit dem Altertum dienten kleine Spitze besonders den Händlern und Fuhrmannsleuten als Wächter der wertvollen Waren. So gab es keinen Wein- oder Olivenöltransport von den großen Gütern nach Rom, der nicht von einem Spitz begleitet wurde und der Tag und Nacht umgehend lautstark meldete, wenn sich jemand unbefugt den Waren näherte.

Auf den Höfen selbst dienten die kleinen Spitze als lebende Alarmanlage für die großen und schweren Wachhunde – verdösten diese den heißen Nachmittag gemütlich im Schatten, war der kleine Volpino stets „auf Draht“ und weckte sie auf, wenn es etwas zu tun gab.

Seit der Renaissance erlebten die kleinen Spitze zusätzlich eine Glanzzeit als Lieblingshund des Adels. Besonders in den florentinischen Palästen waren sie so häufig anzutreffen, dass man sogar vom „Volpino di Firenze“ sprach. Auch Michelangelo besaß einen kleinen Spitz. Nach dem Zweiten Weltkrieg wurde die Rasse so selten, dass sie kurz vor dem Aussterben stand und nur in letzter Minute durch eine Handvoll Enthusiasten gerettet werden konnte. Außerhalb Italiens kommt er auch heute noch selten vor.

Das lebhafte, fröhliche und verspielte „Füchschen“ ist beweglich und sportlich und für alle Unternehmungen zu begeistern. Sein energisches und lebhaftes Temperament, gepaart mit großer Intelligenz, verlangt jedoch nach einer verständigen Erziehung, die auch Wert auf Ruhepausen legt, damit das kleine Energiebündel nicht überdreht. Besonders im Zusammenhang mit der angeborenen Bellfreudigkeit kann allzu turbulente Aktivität sonst schnell eskalieren. Die alten Wachhund-Eigenschaften hat der Volpino auch heute noch und wird mit seiner hellen, schrillen Stimme sofort melden, wenn sich Ungewöhnliches in der heimischen Umgebung tut – also nicht unbedingt der Hund für hellhörige Wohnungen!

Größe
Rüde: 27–30 cm
Hündin: 25–28 cm

Gewicht
Proportional zur Größe (i. d. R. zwischen 4–6 kg)

Farbe / Haarkleid
Einfarbig weiß oder rot. Champagnerfarben wird toleriert, ist aber nicht erwünscht.

Langes, gerade abstehendes Deckhaar mit Unterwolle

Auszug aus dem Standard:
„Kleinformatiger Spitztyp, kompakt, harmonisch, von langem, abstehendem Haar bedeckt.“

Das lange, dichte und raue Haar liegt nicht flach am Körper an, sondern steht charakteristisch ab, sodass der ganze kleine Hund wie von einem Muff umhüllt aussieht. Am Hals bildet es zusätzlich einen deutlichen Kragen. Damit die dichte Unterwolle nicht verfilzt, ist regelmäßiges, möglichst tägliches Bürsten nötig.

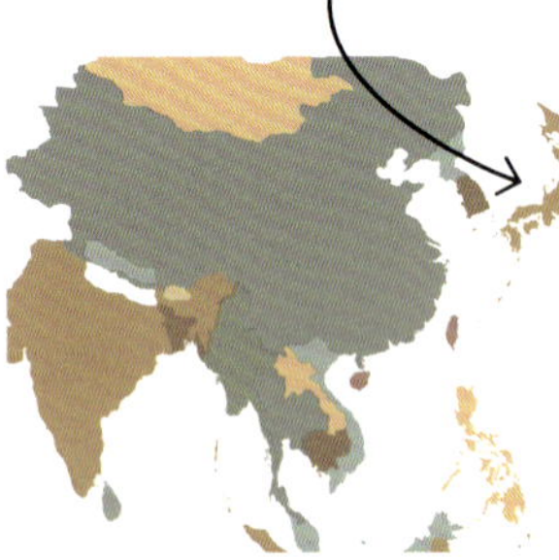

FCI-Standard Nr. 255
Gruppe: 5
Sektion 5: Asiatische Spitze und verwandte Rassen

Größe
Rüde: 67 cm
Hündin: 61 cm
Eine Toleranz von +/- 3 cm ist zulässig.

Gewicht
Keine Angabe im FCI-Standard (i. d. R. 25–34 kg)

Farbe / Haarkleid
Rot-falbfarben, Sesam (rot-falbfarbene Haare mit schwarzen Spitzen), Gestromt und Weiß. Alle angeführten Farben, außer Weiß, müssen „Urajiro" aufweisen (weißliches Haar seitlich am Fang und an den Backen, an der Unterseite des Kiefers, des Halses, der Brust, des Körpers und der Rute sowie an der Innenseite der Gliedmaßen)

Hartes, gerades Deckhaar mit dichter Unterwolle

Akita

Ursprünglicher Verwendungszweck:
Jagdhund zur Bären- und Hirschjagd

Als ausgezeichneter Wach- und Begleithund ist dieser imposante große, spitzartige Hund in der japanischen Region von Akita verbreitet. Der häufig anzutreffende Name „Akita Inu" heißt nichts anderes als „Hund von Akita" (Inu= Hund). Früher wurde er für die Großwildjagd in der nordöstlicheren Region des Landes verwendet. Dann, von der Epoche der Tokugawa bis zu jener der Taisho (1603–1925), wurde er wegen seines außerordentlich kräftigen Körperbaus und seines Mutes, der keine Grenzen zu haben schien, als Kampfhund gebraucht. Heute ist die Rasse vom japanischen Staat geschützt und der Gebrauch dieser Hunde zum Kampf ist verboten.

Über seine Abstammung gibt es diverse Studien und Untersuchungen mit unterschiedlichen Ergebnissen. Erste Darstellungen, die diesem Hundetyp ähneln, datieren auf das 2. Jahrhundert v. Chr. als keramische Grabbeigaben, typisch sind hier die Stehohren und die über den Rücken geringelte Rute.

Die genaue Entwicklungsgeschichte der Rasse lässt sich jedoch nicht eindeutig nachvollziehen. Fest steht nur, dass diese Hunde ein Teil der japanischen Geschichte und Kultur sind. Japaner verstanden diese Tatsache schon Anfang des 20. Jahrhunderts und erklärten den Akita im Juli 1931 als erste von sieben typisch japanischen Hunderassen zum Naturdenkmal Japans. Die Ausfuhr aus Japan war bis 1945 sogar verboten.

Der Akita ist ein intelligenter, ruhiger, robuster, starker Hund, der ein ausgeprägtes Jagd- und Schutzverhalten zeigt. Die Rasse wurde in ihrer Geschichte erst als Jagdhund gezüchtet, später kamen Wach- und Schutzaufgaben dazu. Die entsprechenden Verhaltensweisen sind bis heute erhalten und werden in der Zucht gepflegt. Akitas haben eine große Individualdistanz und mögen keine fremden Hunde in ihrer Nähe. Fremden Menschen gegenüber zeigen Akitas sich meist freundlich, aber auch zurückhaltend oder gleichgültig. Akitas sind eigenständiger und selbstbewusster als europäische Gebrauchshunderassen und verhalten sich nicht unterwürfig.

Große Bekanntheit erlangte Hachikō, ein japanischer Akita, der jeden Tag seinen Besitzer vom Bahnhof abholte und nach dessen plötzlichem Tod zehn Jahre lang am Bahnhof auf ihn wartete, bis er selbst starb. Seine Geschichte wurde mit Richard Gere in der Hauptrolle verfilmt und am Bahnhof von Shibuya in Tokio wurde ihm ein Denkmal gesetzt, an das noch heute Blumen gelegt werden.

FCI-Gruppe 5

Auszug aus dem Standard:

„Großer, wohlproportionierter Hund von kräftigem Körperbau mit viel Substanz; sekundäre Geschlechtsmerkmale ausgeprägt; viel Adel und Würde in Bescheidenheit; robuste Konstitution. (…) Ruhig, treu, gehorsam und aufnahmefähig.“

American Akita
(Amerikanischer Akita)

FCI-Standard Nr. 344
Gruppe: 5
Sektion 5: Asiatische Spitze und verwandte Rassen

Größe
Rüde: 66–71 cm
Hündin: 61–66 cm

Gewicht
Keine Angabe im FCI-Standard

Farbe / Haarkleid
Alle Farben wie Rot, Falbfarben, Weiß usw. sind zulässig, inklusive gestromt und gescheckt.

Hartes, gerades Deckhaar mit dichter Unterwolle

Ursprünglicher Verwendungszweck:
Jagdhund zur Bären- und Hirschjagd

Der Vorfahr dieses Hundes ist natürlich der japanische Akita, aber die amerikanische Variante hat sich inzwischen so sehr in eine eigene Richtung weiterentwickelt, dass man sie als eigenständige Rasse führt.

Während der Besatzung Japans im Zweiten Weltkrieg nahmen zahlreiche US-Soldaten japanische Akita als „Great Japanese Dogs" mit in ihre Heimat. Über die Jahre gaben amerikanische Akita-Züchter der Rasse Japanischer Akita dann eine komplett andere Richtung, die erst Anfang der 1990er Jahre offensichtlich wurde. In dieser Zeit besann sich der Klub amerikanischer Akita-Besitzer auf die Ursprünge des Hundes, aber die Unterschiede waren bereits zu groß. Daraufhin teilte die FCI die beiden Rassen offiziell im Jahr 2000. Der Amerikanische Akita hat ein kürzeres Fell und laut FCI sind alle Fellfarben zugelassen, sofern sie klar voneinander abgesetzt sind. Zudem wird er mit bis zu 71 Zentimetern Widerristhöhe größer als der japanische Akita.

Der japanische Akita verlor seinen Namenszusatz „Inu" (Japanisch für „Hund") und heißt seitdem einfach Akita. Die US-Variante hingegen ist als Amerikanischer Akita oder American Akita bekannt.

Am meisten sticht die Selbstständigkeit der Amerikanischen Akitas hervor. Wie ihre japanischen Verwandten sind sie unabhängig und haben ihren eigenen Kopf. Um einen treuen und loyalen Begleithund zu erhalten, muss man sich seine Anerkennung erst erarbeiten. Eine enge Bindung geht der eigensinnige Hund meistens nur mit seiner Bezugsperson ein. Gegenüber dieser ist er folgsam und kooperativ, ohne sich unterwürfig zu verhalten. Fremden gegenüber ist er wie sein japanischer Vetter gleichgültig bis distanziert, aber nicht aggressiv. Er ist jedoch ein sehr guter Wachhund, dem nichts entgeht und der im Falle eines Falles auch mutig verteidigt.

FCI-Gruppe 5

Auszug aus dem Standard:

„Großer, kräftiger, harmonisch gebauter Hund mit viel Substanz und von schwerem Knochenbau. Der breite Kopf in Form eines stumpfen Dreiecks, der tiefe Fang, die eher kleinen Augen und die Stehohren, welche die Oberlinie des Halses fast verlängernd nach vorn geneigt getragen werden, sind charakteristisch für die Rasse."

Kintamani-Bali-Hund

(Anjing Kintamani-Bali)

Ursprung: Indonesien

FCI-Standard Nr. 362
(provisorisch anerkannt)
Gruppe: 5
Sektion 5: Asiatische Spitze und verwandte Rassen

Größe
Rüde: 49–57 cm
(bevorzugt 53 cm)
Hündin: 44–52 cm
(bevorzugt 48 cm)

Gewicht
Rüde: 15–18 kg
Hündin: 13–16 kg

Farbe/Haarkleid
Weiß, Schwarz, Falb und gestromt

Stockhaar, weiches, relativ kurze Unterwolle, raues Deckhaar von mittlerer Länge an den Seiten des Körpers. Hals und Widerrist sind umrahmt von langem, rauem Deckhaar. Buschige Rute.

Ursprünglicher Verwendungszweck:
Wachhund

Der Kintamani ist eine seltene und faszinierende Hunderasse aus Bali, die unter anderem von den Pariahunden abstammt, die dort als Straßenhunde leben. Aber auch Chow Chows sollen bei seiner Entstehung eine Rolle gespielt haben. Der Name kommt von Kintamani, einer Region im Distrikt Bangli.

Der Hundetyp wurde ursprünglich von den Bauern der Region Kintamani geprägt. Sie wählten diejenigen Hündinnen aus, die ihnen besonders gut gefielen und die sich besonders gut als Wachhunde eigneten und ließen diese sich mehr oder weniger frei mit den Rüden der Region verpaaren. Die Selektion fand also hauptsächlich über die Mutterlinien statt anstatt wie in der westlichen Rassehundezucht eher über wenige prämierte Deckrüden.

In seiner Heimat war die Hauptaufgabe des Kintamani das Bewachen der menschlichen Besitztümer.

Der Kintamani ist Indonesiens erster Rassehund. 1985 fand die erste Hundeausstellung in Indonesien statt, auf der Kintamanis vorgestellt wurden. Die FCI erkannte ihn am 20. Februar 2019 provisorisch an.

Der Kintamani ist auf Bali weit verbreitet. Er ist ein liebevoller und wachsamer Begleiter für aktive Familien. Dank seiner Anpassungsfähigkeit eignet sich der Kintamani sowohl für Stadtbewohner als auch für Menschen mit Haus und Garten, die einen loyalen und sanftmütigen Hund suchen, der gleichzeitig aufmerksam und beschützend ist.

Auszug aus dem Standard:

„Ein gut ausgewogener Hund mit rechtwinkligem Körper, einem keilförmigen Kopf, mit mäßigem Stopp, Stehohren, Sichelrute, Stockhaar mit Unterwolle, rauem Deckhaar von mittlerer Länge und kürzer am Gesicht. (…) Aufmerksam, intelligent, wachsam, freundlich, loyal und einfach auszubilden."

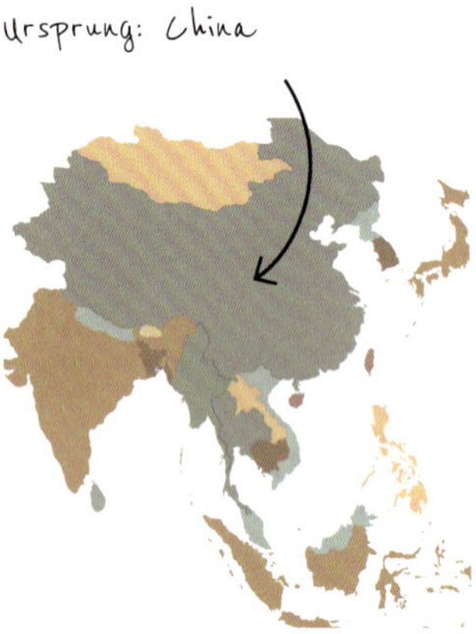

FCI-Standard Nr. 205
Gruppe: 5
Sektion 5: Asiatische Spitze und verwandte Rassen

Größe
Rüde: 48–56 cm
Hündin: 46–51 cm

Gewicht
Keine Angabe im FCI-Standard (i. d. R. 25–30 kg)

Farbe/Haarkleid
Einfarbig schwarz, rot, blau, rehfarben, creme oder weiß, häufig schattiert, jedoch nicht gefleckt oder gescheckt

Langhaar
Kurzhaar

Beide mit dichter Unterwolle

Chow Chow

Ursprünglicher Verwendungszweck:
Früher Wach- und Jagdhund, teils auch Schlitten- und Hütehund

Der Chow Chow stammt vom chinesischen Festland. Historiker führen Chows bis zum 11. Jahrhundert v. Chr. zurück, als Tartarenhorden nach China einfielen. Aus der Han Dynastie, etwa 150 v. Chr. sind Wandreliefskulpturen und Töpferabeiten überliefert, die chowartige Hunde auf der Jagd zeigen. Der Chow-Chow ist sicherlich mit den nordischen und asiatischen Spitzrassen am engsten verwandt, zählt aber vermutlich auch Mastiffs zu seinen Vorfahren, worauf sein schwerer Kopf und die dicke, Falten werfende Haut hindeuten.
Marco Polo berichtete, dass diese Hunde nach nordischer Art verwendet würden, sie zögen Schlitten durch Schlamm und Schmutz. Da China über Jahrhunderte eine Politik der Abschottung betrieb, erschienen diese Hunde in den übrigen Teilen der Welt nicht vor 1780. Gegen Ende des 19. Jahrhundert wurden mehrere Arten chinesischer Hunde, darunter Pekinesen und Chows, durch Seeleute herausgeschmuggelt. Im Londoner Zoo wurden diese Hunde als „Wildhunde aus China“ ausgestellt, bis die Hundeliebhaberin Queen Victoria einen Chow in ihre Obhut nahm und die Rasse damit bekannt machte.
Chows haben eine sehr unabhängige, ziemlich misstrauische Natur, sie behüten ihr Eigentum – Familie und alle Besitztümer – notfalls bis zum Tode. Der Chow Chow ist die Personifikation des Einmann-Hundes: Seiner Bezugsperson gegenüber ist er sehr loyal, jedoch sucht er sich tatsächlich selbst eine aus. Fremden gegenüber ist er außerordentlich zurückhaltend. Auf fremde Menschen und Hunde kann er gut verzichten und ignoriert sie meistens. Sollte er jedoch eine echte Bedrohung seines Menschen bzw. seiner Familie wahrnehmen, wird er nach vorn gehen und verteidigen. Er ist sehr wachsam, jedoch kein Kläffer und nimmt diese Aufgabe sehr ernst. Er eignet sich nur bedingt als Wohnungshund und mag lieber ein Haus mit Garten, er sucht sich dort gern seine Plätze, an denen er alles im Blick hat. Der eigenen Familie gegenüber sind diese Hunde völlig berechenbar und loyal, allerdings eher ernsthaft als verspielt und deshalb für Familien mit Kindern eher weniger geeignet.
„Man sagt, der Chow Chow sei bereit, für seinen Herrn zu sterben, nicht aber, ihm zu gehorchen,“ beschreibt seinen Eigensinn und seine Freiheitsliebe recht gut. Bekanntestes Merkmal des Chow Chow ist neben dem dichten, dicken Fell sicherlich seine blaue Zunge, die durch starke Melanineinlagerung in der Haut entsteht: Die Haut der Zunge ist eigentlich schwarz, erscheint aber durch die starke Durchblutung der Schleimhaute bläulich anstatt wie bei heller Haut rosig.

FCI-Gruppe 5

Auszug aus dem Standard:

„Lebhaft, kompakt, kurz und vor allem sehr harmonisch, löwenhafte Erscheinung, stolz, würdevolle Haltung, festgefügtes Gebäude, Rute gut über den Rücken getragen. (…) Eigenwillig, treu, jedoch zurückhaltend."

Eurasier

FCI-Standard Nr. 291
Gruppe: 5
Sektion 5: Asiatische Spitze und verwandte Rassen

Größe
Rüde: 52–60 cm
Hündin: 48–56 cm

Gewicht
Rüde: 22–30 kg
Hündin: 18–26 kg

Farbe / Haarkleid
Alle Farben und Farbkombinationen sind zugelassen (ausgenommen Reinweiß, gescheckt)

Mittellanges Deckhaar mit dichter Unterwolle

Ursprünglicher Verwendungszweck:
Begleithund

Der Eurasier wurde erst in den 1950er und 1960er Jahren als moderne Hunderasse in Deutschland entwickelt. Julius Wipfel aus Weinheim / Bergstraße hatte das Ziel, einen großen spitzartigen Hund mit wunderschönen Farben und einem in die heutige Zeit passenden Wesen zu züchten und kreuzte dazu Chow-Rüden mit Wolfsspitz-Hündinnen. Aus den Welpen sortierte er die chowartigen und wolfsähnlichen aus und behielt die dazwischenliegenden Welpen von klarem Spitztyp. Zunächst nannte er die neue Rasse „Wolfs-Chow“. Später kreuzte er seine Wolfs-Chow-Hündinnen mit einem Samojeden-Rüden. Ab dann gab es keine weiteren Einkreuzungen mehr und durch klare Zuchtwahl nach genetischen Grundsätzen wurde die Rasse aufgebaut, die seit 1973 als Eurasier bekannt ist – eine Verbindung der besten europäischen und asiatischen Spitztypen.

Auszug aus dem Standard:
„Harmonisch aufgebauter, mittelgroßer, spitzartiger Hund mit Stehohren in verschiedenen Farbschlägen (…) Selbstbewusst, ruhig, ausgeglichen mit hoher Reizschwelle, wach- und aufmerksam ohne lautfreudig zu sein, mit stark ausgeprägter Bindung an seine Familie.“

FCI-Gruppe 5

Sein dichtes, mittellanges Haar kann alle möglichen Farben haben, nur Reinweiß ist nicht erwünscht. Als Erbe des Chow treten manchmal, aber nicht immer blaue oder rosa-blau gesprenkelte Zungen auf.
Eurasier haben eine sehr starke Bindung zu ihrem Besitzer und dessen Familie. Sie trauern sehr, wenn man sie aus dem Familienleben ausschließt oder in eine Hundepension gibt. Besitzerwechsel ausgewachsener Hunde sind daher schwierig. Aufgrund dieser Bindung ist der Eurasier gegenüber Fremden unaufdringlich bis reserviert und dadurch ein guter Wachhund. Wenn er bellt, hat er auch Grund dazu. Fremde sollten ihn nicht ungefragt streicheln oder anfassen, bis er selbst anzeigt, dass er das möchte.
Gegenüber der Familie und mit in der Familie lebenden Hunden ist er freundlich und ruhig, kann aber – wenn notwendig – auch recht heftig werden. Insgesamt hat er aber eine eher hohe Reizschwelle.
Kenner beschreiben ihn als selbstbewussten Individualisten, der seinem Besitzer gerne gefallen möchte. Auch ein gewisses Harmoniebedürfnis wird ihm nachgesagt: Jeder Streit in seiner Familie macht ihn sehr unruhig – er läuft dann von einem zum anderen, winselt und zeigt an, dass er sich nicht wohlfühlt, bis sich alle wieder vertragen. Und wenn seine Familienmitglieder selbst nach nur kurzer Abwesenheit nach Hause kommen, begrüßt sie der Eurasier mit größter Begeisterung und tanzt vor Freude auf den Hinterläufen.

Hokkaido

(Ainu Inu)

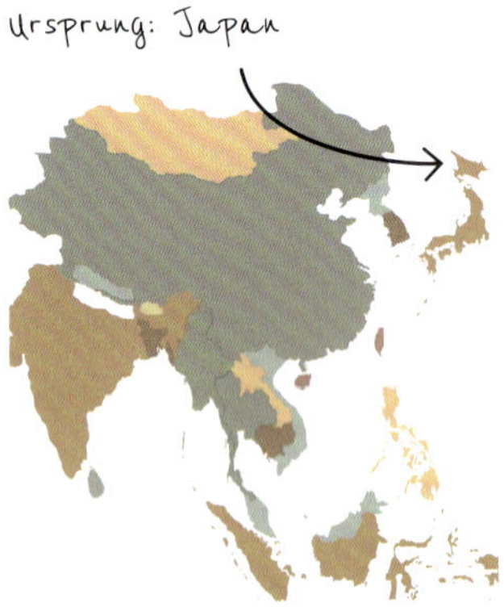

FCI-Standard Nr. 261
Gruppe: 5
Sektion 5: Asiatische Spitze und verwandte Rassen

Größe
Rüde: 48,5–51,5 cm
Hündin: 45,5–48,5 cm

Gewicht
Keine Angabe im FCI-Standard (i. d. R. 20–30 kg)

Farbe / Haarkleid
Sesam, (rot-falbfarbene Haare mit schwarzen Spitzen) über Gestromt, Rot, Schwarz, Schwarzloh bis Weiß

Hartes Deckhaar mit dichter Unterwolle

Ursprünglicher Verwendungszweck:
Jagd- und Begleithund, auch Personenschutzhund

Der Hokkaido, auch Ainu Inu oder Ainu Ken genannt („Inu" und „Ken" meinen auf Japanisch Hund), stammt von der nördlichsten Hauptinsel Japans, Hokkaido. Als Hund vom Urtyp hat er gemeinsame Vorfahren mit den bekannteren Rassen Akita Inu und Shiba Inu, zwischen denen er sich größenmäßig etwa in der Mitte befindet. Wie auch bei seinen Verwandten sind ein breiter Schädel mit eher flacher Stirn, spitz zulaufender Schnauze und weit auseinanderstehenden, kleinen dreieckigen Stehohren sowie die dicke und hoch angesetzte, gerollt oder sichelförmig getragene Rute typisch für ihn.

Traditionell wurde er für die Großwildjagd benutzt, ist aber auch ein sehr starrköpfiger Wächter. Die Ainu, heimisch in diesem Gebiet, schätzten ihn außerordentlich und wussten, dass er mit großem Mut und Kraft sogar gegen Bären kämpfen konnte. Als robuster Jagdhund hatte er auch mit Eis, Schnee und schwierigem Gebirgsgelände kein Problem. Außerdem war er auch als Zughund für kleinere Schlitten im Einsatz. Außerordentlich ist auch sein Orientierungssinn, der ihm gestattet, selbst in den schwierigsten Situationen nach Hause zurückzufinden.

Im Jahre 1937 unternahm Japan Maßnahmen zum Schutze dieser Rasse und ernannte den Hokkaido zum „Denkmal der Natur".

Auszug aus dem Standard:
„Mittelgroßer, ebenmäßig proportionierter,, kräftig gebauter Hund mit robustem Knochenbau (...) Bemerkenswert ausdauernd, von natürlicher Wesensart und vornehm in seinem Verhalten. Im Temperament treu, fügsam, sehr aufgeweckt und mutig. Zudem gute Urteilsfähigkeit und Vitalität."

Der Hokkaido wird vom Wesen her als vornehm, stolz und etwas sturköpfig beschrieben und ist ein typischer Ein-Personen-Hund. Durch seine lange Geschichte als robuster Gebrauchshund hat er eine selbstbewusste Eigenständigkeit entwickelt, die nicht immer zu unseren westlich-modernen Vorstellungen eines braven Hundes passt. Zu seiner Erziehung und Ausbildung gehört deshalb eine gute Portion Fingerspitzengefühl und Einfühlungsvermögen. Der Hokkaido ist trotz seiner Robustheit ein äußerst sensibler Hund, der schnell auf stur schaltet, wenn er sich ungerecht behandelt fühlt. Ein Hokkaido möchte weder als Kuscheltier noch als Spielzeug behandelt werden. Aufgeregtes Bellen oder überschwängliches Schwanzwedeln entspricht dieser ernsthaften Natur eher nicht, Fremden begegnet er mit großer Zurückhaltung.
Mit seinem dicken Haarkleid aus hartem Deckhaar und dichter, weicher Unterwolle ist der Hokkaido ein wahrer Naturbursche, dem eisige Kälte oder starker Schneefall nichts anhaben können. Er liebt die Natur und genießt die Arbeit bei Wind und Wetter. Generell ist der Hokkaido ein extrem ausdauernder und flinker Hund. Selbst weite Entfernungen machen dem sportlichen Vierbeiner nichts aus.

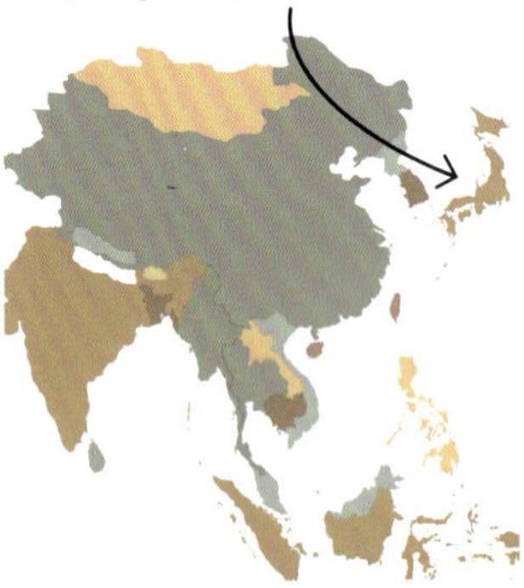

Kai

Ursprünglicher Verwendungszweck:
Jagd- und Begleithund

FCI-Standard Nr. 317
Gruppe: 5
Sektion 5: Asiatische Spitze und verwandte Rassen

Größe
Rüde: 50 cm
Hündin: 45 cm
Eine Toleranz von +/- 3 cm ist zulässig.

Gewicht
Keine Angabe im FCI-Standard (i. d. R. 11–25 kg)

Farbe / Haarkleid
Schwarz gestromt, rot gestromt oder gestromt

Hartes und gerades, mittellanges Deckhaar mit Unterwolle

Neben den bekannteren japanischen Rassen Shiba und Akita gibt es noch den mittelgroßen Kai, der seinen Namen von seinem Hauptverbreitungsgebiet, der ehemaligen Provinz Kai, einem von Bergen eingeschlossenen Gebiet, hat. Auf Japanisch wird er auch „Kai Ken" oder „Kai tora-ken" genannt („Ken" oder „Inu" bedeuten beide „Hund"), „tora" bedeutet Tiger und bezieht sich auf die gestromte Fellfarbe. Er ist ein sehr ursprünglicher Hund vom Spitztyp, der sich bis heute sein instinktsicheres, „wildes" Wesen bewahrt hat. Charakteristisch ist das gestromte Haarkleid. Eine Besonderheit ist dabei, dass die Welpen einfarbig geboren werden und erst während der weiteren Entwicklung die gestromte Fellfarbe bekommen.

Spitztypisch stehen seine Ohren steil aufrecht und die Rute wird über den Rücken gerollt getragen.

Nicht nur sein ausgeprägter Jagdtrieb und seine hohe Wachsamkeit, sondern auch sein natürliches Rudelverhalten und seine nur geringe Unterordnungsbereitschaft sind typische Wesensmerkmale. Als selbständig arbeitender Jäger auf Vögel und Hasen, aber auch Wildschweine und Hirsche hatte er niemals Grund, dem Menschen bedingungslos zu gehorchen – er entschied stets selbst. Das muss man unbedingt wissen, bevor man sich einen Kai zum Freund machen möchte. Fremden gegenüber ist er gleichgültig; aber nicht aggressiv und entwickelt eine starke Bindung zu seiner Bezugsperson.

Sicher ist dieser sehr kräftige, selbstbewusste Hund kein Hund für den Anfänger. Andererseits ist der Kai auch überaus loyal und steht seiner Familie uneingeschränkt und schützend zur Seite. Hat man sein Vertrauen gewonnen, weicht die anfängliche Reserviertheit bald einem überaus freundlichen und liebevollen Wesen.

Der Kai genießt die Liebe und Aufmerksamkeit seines Besitzers in vollen Zügen, aber seine starke Jagdleidenschaft gepaart mit natürlicher Schärfe sollten niemals unterschätzt werden.

Außerhalb Japans und selbst dort ist die Rasse aber extrem selten, sodass kaum jemals Welpen angeboten werden. In Europa und den Vereinigten Staaten gibt es höchstens eine Handvoll Züchter. In Japan wurde die Rasse schon 1934 zum „Kulturdenkmal" erklärt und wird in der Regel nicht aus dem Land exportiert.

Zur Bewahrung der insgesamt sechs alten einheimischen japanischen Rassen wurde schon 1928 von Dr. Hirokichi Saito die Nihon Ken Hozonkai, die Assoziation zum Schutz des japanischen Hundes, gegründet. Sie wird auch international meist als „Nippo" abgekürzt, formuliert die Zuchtstandards für die sechs Rassen Akita, Hokkaido, Kai, Kishi, Shikoku und Shiba und richtet zwei Mal jährlich eine große Ausstellung aus.

Auszug aus dem Standard:

„Mittelgroßer, ebenmäßig proportionierter, kräftig gebauter Hund mit gut entwickelter Muskulatur. Seine besonderen Merkmale als Hund aus einem bergigen Distrikt Japans sind seine ausgesprochen kräftig entwickelten Läufe und Sprunggelenke. (…) Temperament lebhaft und sehr aufmerksam."

FCI-Gruppe 5

FCI-Standard Nr. 318
Gruppe: 5
Sektion 5: Asiatische Spitze und verwandte Rassen

Größe
Rüde: 52 cm
Hündin: 49 cm
Eine Toleranz von +/-3 cm ist zulässig.

Gewicht
Keine Angabe im FCI-Standard (i. d. R. 14–17 kg)

Farbe/Haarkleid
Weiß, Rot oder Sesam (früher mit farbigen Abzeichen, auch gestromt)

Hartes, gerades Deckhaar mit dichter Unterwolle

Kishu

Ursprünglicher Verwendungszweck:
Jagd- und Begleithund

Der Kishu Ken (Ken bedeutet auf Japanisch „Hund") ist eine weitere sehr alte japanische Hunderasse aus dem mittleren Südwesten des Inselstaates, aus der Gegend der Präfekturen Wakayama und Mie. Er zählt wie der Akita Inu und der Shiba Inu zu den japanischen Spitzrassen, ist aber viel weniger bekannt als diese. Traditionell verwendete man die mittelgroßen, kräftigen Hunde zur Jagd auf Wildschweine und Hirsche, aber auch als Wachhunde. Die Jäger bevorzugten die reinweiße Farbe, weil sie besser sichtbar war. Diese kommt auch heute noch häufig innerhalb der Rasse vor. Seit 1934 sind nur einfarbige Hunde zur Zucht zugelassen, weiße Abzeichen sind unerwünscht. Im gleichen Jahr wurde die alte Rasse in Japan auch zum „Denkmal der Natur" ernannt. Seit 1982 ist der Kishu von der FCI anerkannt, allerdings ist er im deutschen Sprachraum extrem selten.

Kishus haben einen ausgeprägten Jagdtrieb und sind unerschrocken, intelligent und ausdauernd. Mit den anderen alten japanischen Spitzrassen teilen sie sich ihre große Eigenständigkeit und ihr Selbstbewusstsein, Unterwürfigkeit ist ihnen fremd. Sie entwickeln mit der Zeit eine starke Bindung zu ihrer Bezugsperson und sind Fremden gegenüber eher gleichgültig und reserviert, aber nicht unfreundlich. Wenn die Situation es erfordert, sind sie aber auch jederzeit zur entschlossenen Verteidigung bereit.

Der Kishu ist sicherlich kein Anfänger- oder typischer Familienhund, wegen seiner extremen Seltenheit stellt sich diese Frage aber auch eher gar nicht erst.

Zur Bewahrung der insgesamt sechs alten einheimischen japanischen Rassen wurde schon 1928 von Dr. Hirokichi Saito die Nihon Ken Hozonkai, die Assoziation zum Schutz des japanischen Hundes, gegründet. Sie wird auch international meist als „Nippo" abgekürzt, formuliert die Zuchtstandards für die sechs Rassen Akita, Hokkaido, Kai, Kishi, Shikoku und Shiba und richtet zwei Mal jährlich eine große Ausstellung aus.

FCI-Gruppe 5

Auszug aus dem Standard:

„Mittelgroßer, ebenmäßig proportionierter Hund mit gut entwickelter Muskulatur. Er hat aufrecht getragene Ohren und eine eingerollte oder sichelförmige Rute. Der Körperbau ist kräftig und kompakt bei guter Knochenstärke.“

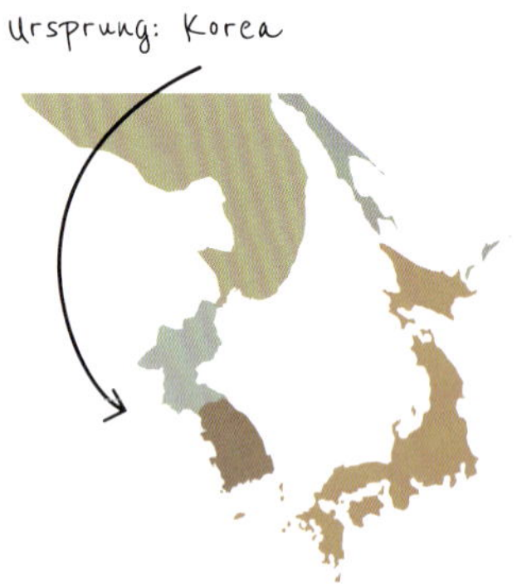

Korea Jindo Dog

Ursprünglicher Verwendungszweck:
Jagd- und Wachhund

FCI-Standard Nr. 334
Gruppe: 5
Sektion 5: Asiatische Spitze und verwandte Rassen

Größe
Rüde: 50–55 cm
(Idealgröße 53–54 cm)
Hündin: 45–50 cm
(Idealgröße 48–49 cm)

Gewicht
Rüde: 18–23 kg
Hündin: 15–19 kg

Farbe/Haarkleid
Rötlich-Falb, Weiß, Schwarz, Schwarz und Loh, Wolfsgrau und Gestromt

Harsches, kurzes Deckhaar mit Unterwolle

Die genaue Herkunft des unverkennbar zu den asiatischen Spitzen zählenden Korea Jindo Dog ist unbekannt, aber die meisten Experten sind sich darin einig, dass er ursprünglich wohl tatsächlich aus Korea stammt. Über Jahrtausende war der Jindohund nur auf der im Südwesten Koreas gelegenen Insel Jindo bekannt und blieb aufgrund der isolierten Insellage auch lange auf diese beschränkt. In Korea steht er unter Natur- und Artenschutz und der Export wurde verboten. 1938 wurde er zum Nationaltier Koreas erklärt. Trotzdem schmuggelten Koreaner Mitte der 1980er Jahre einige Hunde in die USA, wo es inzwischen eine „Korean Jindo Association of America" gibt.

Während der japanischen Kolonisation Koreas von 1910 bis 1945 wurde der Korea Jindo Dog fast ausgerottet, weil sein Fell für die Herstellung von Pelzkleidung begehrt war. Nach dem Zweiten Weltkrieg – und dem Ende der japanischen Besetzung – hat sich der Bestand der Rasse wieder erholt. Jedoch dürfen die Hunde nur unter sehr strengen Auflagen von der Insel Jindo hinunter und nur reinrassige Jindo wieder dorthin zurück.

In Korea durchgeführte DNA-Analysen haben ergeben, dass der Jindo sehr ursprünglich und wolfsnah ist. Dies zeigt sich unter anderem in der Robustheit und Gesundheit der Rasse, dem sehr guten Orientierungssinn und dem eher unabhängigen Wesen.

In seiner Heimat wurde der „Jindo-gae" (Jindo-Hund) traditionell als Jagd- und Wachhund genutzt. Er ist in der Familie ein selbstsicherer und loyaler, sehr zutraulicher Hund. Er geht eine enge Bindung zu seinen Menschen ein, braucht aber sehr lange, um sich an einen neuen Besitzer zu gewöhnen. In Korea berichtet man gern von dem Rüden Baeku, auf der Suche nach seinem Herrchen über 300 Kilometer zurückgelegt haben soll, nachdem er sieben Monate zuvor an einen neuen Besitzer abgegeben worden war. Für seine Treue errichtete man ihm auf der Insel Jindo ein Denkmal und später einen Grabstein.

Der Jindo verteidigt Haus, Hof und Familie und zeigt starkes Schutzverhalten, weshalb er früh und sorgfältig auf Menschen, Haustiere und Kinder sozialisiert werden muss. Außerdem zeigt die Rasse – wenig überraschend – ausgeprägtes Jagdverhalten.

Wie die meisten Spitze vom Urtyp ist der Korea Jindo Dog ein eigenständiger, selbstbewusster Hund und sicher nicht für Anfänger geeignet. Ohnehin sind die ursprünglichen Koreaner aber in Europa extrem selten anzutreffen.

Auszug aus dem Standard:

„Mit seinen Stehohren und seiner gerollten und sichelförmigen Rute sollte er Lebhaftigkeit, Beweglichkeit, Kraft, Wachsamkeit und Würde ausstrahlen."

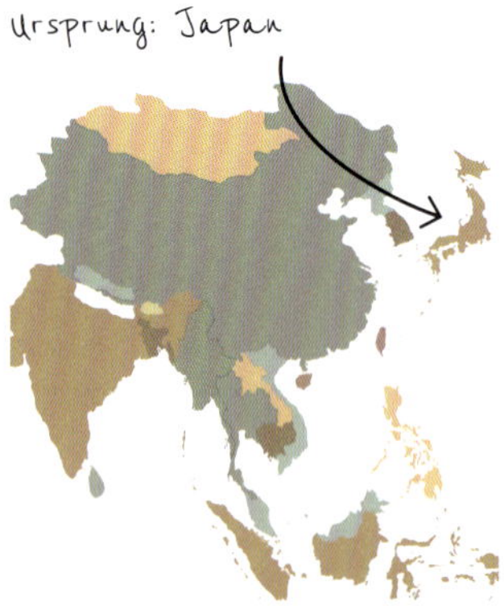

FCI-Standard Nr. 262
Gruppe: 5
Sektion 5: Asiatische Spitze und verwandte Rassen

Japan-Spitz

Ursprünglicher Verwendungszweck:
Begleithund

Der Japan-Spitz ist trotz seines Namens keine ursprünglich einheimisch japanische Rasse, sondern wahrscheinlich ein Nachfahre weißer Spitze, die früher in Europa sehr verbreitet und beliebt waren. Er unterscheidet sich stark von den originär japanischen Hunderassen wie Akita oder Shiba Inu und erinnert äußerlich eher an den Deutschen Klein- oder Mittelspitz, im Vergleich zu diesem ist er lediglich etwas länglicher als quadratisch gebaut. Vermutlich kam er vor zwei- oder dreihundert Jahren mit europäischen und amerikanischen Seefahrern nach Japan und fand dort neue Freunde. Einkreuzungen nordischer Spitze wie zum Beispiel des Samojeden werden vermutet, sind aber nicht nachgewiesen. Manche machen eine Verwandtschaft zum Samojeden am typischen „Samojeden-Lächeln" fest, einem sehr menschlich wirkenden Gesichtsausdruck, der bei leicht geöffnetem Maul durch Lefzen- und Augenform entsteht und ausgesprochen freundlich wirkt. Heute ist die Rasse nach einem Beliebtheits-Boom in den 1950er Jahren in Japan weniger verbreitet, findet aber hier und da den Weg von dort zurück nach Mitteleuropa, vor allem in Skandinavien und England trifft man sie häufiger an.

1921 wurde die Rasse erstmals auf einer Hundeausstellung in Tokio vorgeführt, 1954 vom japanischen Hundezuchtverband als „Nihon Supittsu" anerkannt und 1964 erfolgte die endgültige Anerkennung auch durch den Weltverband FCI.

Der Japan-Spitz wurde seit jeher als Begleithund gehalten und hat wie alle Spitze eine gewisse Wachsamkeit im Blut, ohne dabei jedoch übermäßig zum Kläffen zu neigen. In seinem Standard ist sogar ausdrücklich festgeschrieben „Darf keinen Lärm machen".

Er ist eine kluge, aufgeweckte Frohnatur, die immer lebhaft und zu einem temperamentvollen Spielchen bereit ist. Er ist anhänglich und unkompliziert und macht in der Regel wenig Erziehungsprobleme. Sein spektakulär üppiges, flauschig abstehendes, reinweißes, langes und weiches Haarkleid lädt zum Durchwuscheln ein und brachte ihm den gelegentlichen Beinamen „Wolkenhund" ein. Es verlangt mit wöchentlichem Durchbürsten nur mittleren Pflegeaufwand.

Für Agility, Trickdogging oder Dog Dancing ist der muntere und schlaue Japan-Spitz gern zu haben.

Größe
Rüde: 30–38 cm
Hündin: etwas kleiner als der Rüde

Gewicht
Keine Angabe im FCI-Standard (i. d. R. 5–9 kg)

Farbe/Haarkleid
Reinweiß

Gerade abstehendes, mittellanges Deckhaar mit reichlich Unterwolle

Auszug aus dem Standard:

„Hund mit üppigem reinweißem Haarkleid, einem spitzen Fang und dreieckig aufrecht getragenen Ohren. (…) Seine Schönheit, von Harmonie und Eleganz geprägt, entspricht dem aufgeweckten und würdevollen Charakter der Rasse."

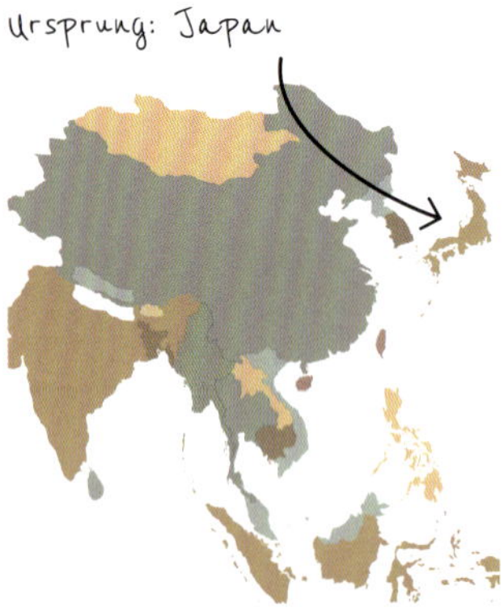

Shiba

Ursprünglicher Verwendungszweck:
Jagdhund für Vögel und Kleinwild, Begleithund

FCI-Standard Nr. 257
Gruppe: 5
Sektion 5: Asiatische Spitze und verwandte Rassen

Größe
Rüde: 39,5 cm
Hündin: 36,5 cm
Eine Toleranz von +/- 1,5 cm ist zulässig.

Gewicht
Keine Angabe im FCI-Standard (i. d. R. 9–14 kg)

Farbe / Haarkleid
Sesam, Schwarz-sesam, Rotsesam (alle angeführten Farben müssen „Urajiro" aufweisen), d. h. weißliches Haar seitlich am Fang und an den Backen, unter dem Fang, an der Kehle, an der Brust und am Bauch, an der Unterseite der Rute und an der Innenseite der Gliedmaßen).

Hartes, festes Deckhaar mit Unterwolle

Der Shiba gehört neben dem Hokkaido, Kishu, Shikoku, Kai und Akita zu den sechs einheimischen japanischen Rassen und ist unter diesen die kleinste. Er teilt sich mit ihnen einen gemeinsamen Stammvater, ähnelt ihnen auch äußerlich sehr stark und unterscheidet sich im Grunde hauptsächlich durch die Größe von den anderen vier. Manchmal liest und hört man auch die Rassebezeichnung „Shiba Inu", aber „Inu" bedeutet einfach nur „Hund" auf Japanisch.
Der mit seinen Stehohren und seiner buschigen Ringelrute typisch spitzartige Shiba stammt von Jagdhunden aus den bergigen Regionen am Japanischen Meer ab, die zur Jagd auf kleines Wild und Vögel eingesetzt wurden. Ende der 1920er Jahre begann die systematische Zucht, im Jahr 1934 wurde der Standard des Shiba erstellt. Die endgültige Anerkennung durch die FCI bekam er 1964. Wie alle japanischen Hunderassen steht auch der Shiba dem Stammvater Wolf genetisch besonders nahe.
Der Shiba hat wie die meisten Hunde vom Urtyp ein sehr selbstbewusstes, in sich ruhendes Wesen. Dabei ist er immer wach und aufgeweckt, ohne hektisch zu sein. Er beobachtet seine Umgebung einfach immer aufmerksam. Intelligenz und Eigenständigkeit sind bei ihm als Wesenseigenschaften besonders hervorzuheben, was schon ahnen lässt, dass er nicht unbedingt ein Hund für Anfänger, Ungeduldige oder Kontrollfreaks ist. Wer mit dem pfiffigen Freigeist gut umgehen und ihm Aufgaben vermitteln kann, deren Sinn er einsieht, kann an dem aufgeweckten Shiba aber viel Freude haben.
Auch wenn er heute eher als Gesellschafts- und Begleithund gehalten wird, ist er immer noch ein Jagdhund. Er kann sehr hoch springen und fängt mit erstaunlichem Geschick Mäuse und Vögel. Beim Freilauf ist Umsicht geboten: Manche Kenner der Rasse meinen, er höre nur im Radius von etwa zehn Metern gut, danach würde es schwierig, noch zu ihm durchzudringen.
Seine Erziehung ist nicht besonders schwierig, sofern man sich darüber im Klaren ist, dass ein Shiba einen immer beobachtet und nur folgt, wenn man in seiner gesamten Kommunikation, Körpersprache eingeschlossen, stimmig auftritt. Etwas vormachen kann man ihm nicht.
Der Shiba bellt nur wenig, hat aber eine breite Palette an anderen Lautäußerungen. Bemerkenswert ist außerdem, dass sein durch die feine Unterwolle und das gerade Deckhaar plüschig wirkende Fell auch im nassen Zustand nicht den typischen Hundegeruch besitzt und der Hund insgesamt sehr „katzenartig" reinlich ist.
Er ist ausgesprochen wachsam und Fremden gegenüber eher reserviert.

Auszug aus dem Standard:

„Wohlproportionierter kleiner Hund, sehr muskulös und von gutem Knochenbau. Konstitution kräftig. Seine Bewegung ist lebhaft, frei und schön. (…) Treu, scharfsinnig, sehr aufgeweckt."

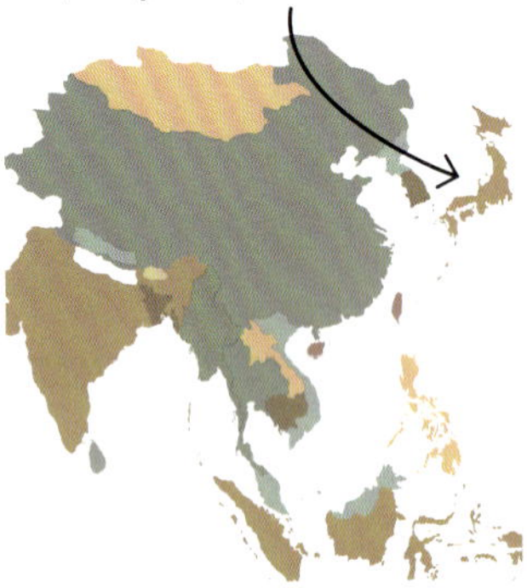

FCI-Standard Nr. 319
Gruppe: 5
Sektion 5: Asiatische Spitze und verwandte Rassen

Größe
Rüde: 52 cm
Hündin: 49 cm
Eine Toleranz von +/- 3cm ist zulässig.

Gewicht
Keine Angabe im FCI-Standard (i. d. R. 16–25 kg)

Farbe / Haarkleid
Sesam (insgesamt eine gute Mischung von schwarzen, roten und weißen Haaren), Rot, Schwarz, Black and Tan

Harsches, mittellanges Deckhaar mit Unterwolle

Shikoku

Ursprünglicher Verwendungszweck:
Jagd auf Wildschweine, auch Begleithund

Der Shikoku, benannt nach der kleinsten der vier Hauptinseln Japans, ist die seltenste der ursprünglichen japanischen Spitzrassen und im Gegensatz zu den bekannteren Verwandten Akita und Shiba bei uns kaum anzutreffen. Er gilt sogar weltweit als vom Aussterben bedroht.

Er wurde, wie viele alte Rassen, nicht absichtlich züchterisch vom Menschen geschaffen, sondern entwickelte sich aus Hunden ähnlichen Typs, die seit vielen Hundert oder gar Tausend Jahren auf Shikoku lebten und den Menschen dort seit jeher als Jagdhelfer und Wachhunde dienten.

Die Insel Shikoku ist von steilen Bergen, tiefen Wäldern und Flüssen geprägt, sodass die Jäger einen geländegängigen, agilen, robusten, selbständigen und mutigen Helfer benötigten, der das Wild aufspürte. Meistens ging ein „Matagi“, so das japanische Wort für Jäger, nur mit einem oder zwei Hunden auf die Pirsch nach Wildschweinen oder gelegentlich auch Hirschen. Wenn nicht gejagt wurde, waren die Hunde zuverlässige Wächter der Dörfer und Siedlungen.

Im Jahr 1937 wurde der Shikoku in Japan zum „lebenden Naturdenkmal“ erklärt, in der FCI wird er seit 1982 als eigenständige Rasse geführt. Zur Bewahrung der insgesamt sechs alten einheimischen japanischen Rassen wurde schon 1928 von Dr. Hirokichi Saito die Nihon Ken Hozonkai, die Assoziation zum Schutz des japanischen Hundes, gegründet. Sie wird auch international meist als „Nippo“ abgekürzt, formuliert die Zuchtstandards für die sechs Rassen Akita, Hokkaido, Kai, Kishi, Shikoku und Shiba und richtet zwei Mal jährlich eine große Ausstellung aus.

Der Shikoku ist bedingt durch seinen ursprünglichen Verwendungszweck immer noch ein leidenschaftlicher Jäger, der draußen gerne stöbert. Er ist ausdauernd und energiegeladen und braucht unbedingt einen aktiven Menschen an seiner Seite, der ihm Bewegung und Beschäftigung sowie Orientierung bietet. Erfahrene Züchter berichten, dass er durch seine große Wachheit und Aufmerksamkeit auch schnell mit Situationen überfordert sein kann, weshalb er unbedingt Ruhe- und Entspannungsphasen sowie einen souveränen Halter benötigt.

Er ist sehr wachsam, meldet zuhause alles Ungewohnte und ist Fremden gegenüber reserviert, seinem Besitzer jedoch treu ergeben.

Auszug aus dem Standard:

„Mittelgroßer, ebenmäßig proportionierter Hund mit gut entwickelter, sauber gezeichneter Muskulatur; er hat aufrecht getragene Ohren und eine aufgerollte oder sichelförmige Rute. Körperbau: kräftig, kompakt, mit stabilem Knochenbau."

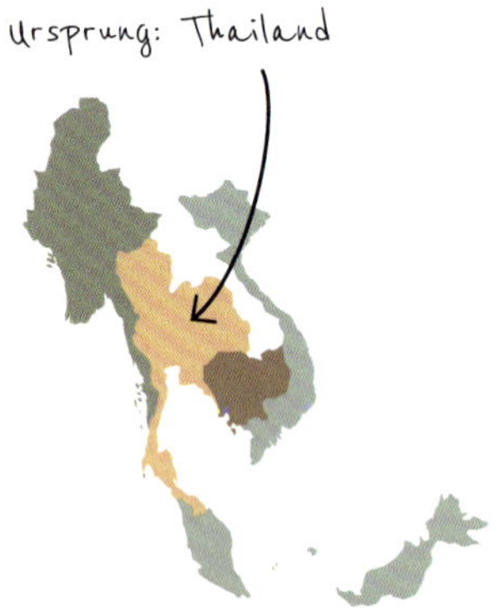

FCI-Standard Nr. 358
Gruppe: 5
Sektion 5: Asiatische Spitze und verwandte Rassen

Größe
Rüde: mind. 46 cm (maximal 55 cm)
Hündin: mind. 41 cm (max. 50 cm)

Gewicht
Keine Angabe im FCI-Standard (i. d. R. 16–20 kg)

Farbe / Haarkleid
Weiß mit klar abgegrenzten Flecken. Oftmals in jeglicher Schattierung von Lemon, Rot, Fahl, Loh oder Grau, mit oder ohne mehr oder weniger schwarzen Haarspitzen, sogar bis dreifarbig aussehend, auch weiß mit ganz schwarzen Flecken.

Mittellanges Deckhaar mit dichter Unterwolle

Thai Bangkaew Dog

Ursprünglicher Verwendungszweck:
Wachhund

Die Wurzeln dieser hübschen Spitzrasse vom Urtyp liegen vermutlich im thailändischen Dorf Bangkaew, auch wenn die eigentlichen Vorfahren der Rasse natürlich sehr viel älter sind.

Nach der Legende gab ein Dorfbewohner Anfang des 20. Jahrhunderts dem Abt des Klosters Wat Bangkaew eine trächtige Hündin mit langem schwarzem Fell. Die Welpen, deren Vater der Legende nach ein Goldschakal gewesen sein soll, wurden Wachhunde für das Kloster. Spätere DNA-Analysen haben tatsächlich Ähnlichkeiten zum Goldschakal ergeben, aber ein sicherer Nachweis über die Richtigkeit dieser Legende konnte nicht erbracht werden. 1957 begann die systematische Zucht, aus der die heutige Rasse entstand, die sich bald über ganz Thailand ausbreitete. Nachdem der Bestand in den 1980er Jahren einen bedrohlichen Tiefpunkt erreicht hatte, gründete der Tierarzt Dr. Nisit Tangtrakarnpong den Verband „Bang Kaew Khuen Thin“ zum Erhalt der Rasse, die heute in Thailand als Nationalerbe gilt. Erst 2011 wurde die Rasse vorläufig auch von der FCI anerkannt und wird in Deutschland vom Club für Nordische Hunde betreut, wobei jedoch bisher keine Zuchtstätte registriert ist. Außerhalb des Landes ist die Rasse noch sehr selten, eine etwas größere Anzahl von Hunden findet sich vor allem in den USA.

Der Thai Bangkaew Dog gilt als aufgeweckt, intelligent und aufmerksam und ist leicht auszubilden. Fremden gegenüber sollte er gemäß seines Wachhunderbes etwas zurückhaltend sein.

Zu den Herausforderungen gehören sein starker Jagdtrieb und seine Tendenz zum selbstständigen Handeln, was eine konsequente Erziehung erfordert. Außerdem braucht er viel Bewegung und geistige Stimulation, um ausgeglichen zu bleiben.

Sein dichtes, doppeltes Haarkleid besteht aus kurzer Unterwolle mit längerem Deckhaar bei einer großen Vielfalt an Farben und Zeichnungen. Bei Rüden bildet es eine üppige, löwenartige Mähne.

Insgesamt kann der Thai Bangkaew Dog eine wunderbare Ergänzung für aktive Familien sein, die Zeit und Geduld für seine Erziehung aufbringen können.

Auszug aus dem Standard:

„...ein quadratisch gebauter und gut proportionierter Hund, niemals kurzbeinig mit einem ziemlich breiten und tiefen Brustkorb. Er hat ein doppeltes Haarkleid, welches eine Mähne an Hals und Schultern bilden soll und eine buschige Rute, welches auffälliger bei den Rüden als bei den Hündinnen ist.“

Basenji

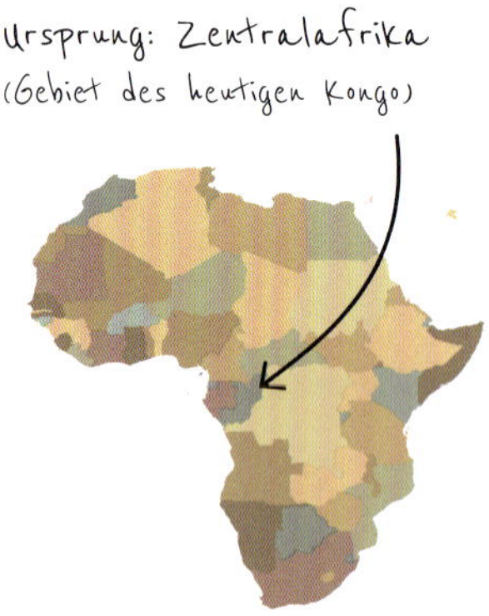

FCI-Standard Nr. 43
Gruppe: 5
Sektion 6: Urtyp

Größe
Rüde: 43 cm
Hündin: 40 cm

Gewicht
Rüde: 11 kg
Hündin: 9,5 kg

Farbe / Haarkleid
Rein schwarz und weiß, rot und weiß, schwarz, lohfarben und weiß mit lohfarbenen „Melonenkernen" (kleine Abzeichen über den Augen)

Kurzes, feines Haar ohne Unterwolle

Ursprünglicher Verwendungszweck:
Jagdhund

Der Basenji ist eine sehr alte Hunderasse, die vermutlich ihren Ursprung im Gebiet des heutigen Kongo hat. Afrikareisende deutsche Forscher beschrieben um die Mitte des 19. Jahrhunderts einen „kleinen, dem Spitz nahestehenden, aber kurz- und glatthaarigen Hund mit großen, stets aufgerichteten Ohren und kurzem, dürrem, nach Art eines Ferkelchens aufgerolltem Schwanz." Die Hunde lebten als Begleiter und Jagdhelfer eng mit den Einheimischen zusammen, die ihre Hunde sehr pflegten und schätzten. Oft trugen diese bei der Jagd eine hölzerne Klapper oder Glocke um den Hals, um mit dem entstehenden Lärm das Wild aufzuscheuchen und gleichzeitig den Jägern anzuzeigen, wo im dichten Unterholz sie sich gerade befanden. Hatten sie eine Fährte aufgenommen, taten sie dies mit einem jauchzenden Geläute kund, dass oft als „zwischen Lachen

Auszug aus dem Standard:
„Leichtgebauter, feinknochiger Hund mit aristokratischem Ausdruck, hochläufig im Vergleich zu seiner Körperlänge, immer ausgeglichen, aufmerksam und intelligent. (…) ergibt das Bild eines wohlproportionierten Hundes von gazellenartiger Anmut."

und dem Jodeln eines Tirolers" liegend beschrieben wird. Typische Belllaute hört man vom Basenji dagegen nie und er ist bekannt als „Hund, der nicht bellt".
Der heutige Basenji als eigenständige Rasse wurde von Engländern entwickelt, die Hunde dieses urtümlichen Typs im 19. Jahrhundert aus Zentralafrika mitbrachten. Äußerlich kennzeichnend sind heute vor allem die rautenförmigen Stirnfalten und die spitzen Häubchenohren sowie der elegante, quadratische Körperbau bei fließenden und weichen Bewegungen.
Der Basenji hat ein selbstbewusstes, in sich ruhendes Wesen. Er ist selbstständig und intelligent. Er beobachtet seine Umgebung vorsichtig, aber scharfsinnig. Er ist alles andere als ein Hektiker und trotzdem sehr rege und aufgeweckt. Zugleich sind viele natürliche Instinkte bei ihm hellwach, so auch der Jagdtrieb, sodass Freilauf in Feld und Wald nur sehr bedingt möglich ist. Kenner empfehlen, den Basenji draußen lieber an der langen Schleppleine zu führen.
Als besonders auffällig wird seine große Reinlichkeit beschrieben – wenn er sich putzt, erinnert dies durchaus ein wenig an eine Katze. Auch vom Verhalten her meinen Kenner Parallelen zum Stubentiger zu sehen: Wie dieser lässt sich der Basenji kaum im herkömmlichen Sinn „erziehen", er besitzt keinen ausgeprägten „Will-to-please". Apportieren ist nicht sein Ding wie auch sonstige Aufgaben, deren Sinn er nicht einsieht. Er will seine täglichen, ausgiebigen Spaziergänge und reichlich weitere Beschäftigung. Seinen Menschen gegenüber ist er ein sehr loyaler Hund. Fremden gegenüber kann er sich sehr reserviert zeigen.

FCI-Standard Nr. 273
Gruppe: 5
Sektion 6: Urtyp

Größe
50–60 cm
Rüden können wesentlich größer sein

Gewicht
Gewicht: 18–25 kg

Farbe / Haarkleid
Sandfarben bis Rotbraun, Weiß, Schwarz oder gefleckt, mit oder ohne Maske

Mittellanges, gerades, raues Fell mit Unterwolle

Kanaanhund

Ursprünglicher Verwendungszweck:
Schutz- und Wachhund

Bis in die 1930er Jahre haben die bezeichnend auch „Israelspitz" genannten Kanaanhunde ausschließlich als Pariahunde gelebt, sprich eher halbwild beim anstatt mit dem Menschen. Wenn überhaupt eine Zuchtauslese erfolgte, dann nur auf „Nützlichkeit". Sie sind natürlich sehr viel älter als der Staat Israel und stammen aus dem Nahen Osten. Der Überlieferung nach bewachten und hüteten sie die Herden der alten Israeliten.

In den 1930er Jahren begann die israelische Kynologin Prof. Rudolfine Menzel ein Zuchtprogramm mit freilebenden Beduinenhunden und begründete die Rasse Kanaanhund mit dem Ziel der Schaffung von Diensthunden für die israelische Armee. Die importierten Diensthunde hatten sich immer wieder als nicht zäh genug für das schwierige, steinige Gelände und das Wüstenklima mit starken Temperaturschwankungen und -extremen erwiesen. Daher kam Prof. Menzel auf die Idee, ein Zuchtprojekt mit den örtlichen Beduinenhunden zu starten, die mit beidem ganz offensichtlich gar keine Probleme hatten.

Tatsächlich erwiesen sich diese „neuen" Kanaanhunde in der Armee als gute Minenspürhunde, Fährtenhunde und Wächter der Militärlager. Bis in die 1980er Jahre wurden noch Pariahunde für die Zucht der Rasse eingesetzt.

Die endgültige Anerkennung durch die FCI erfolgte 1974.

Im Rassestandard wird der Kanaanhund als lebhaft und misstrauisch gegenüber Fremden, aber nicht aggressiv beschrieben. Der ideale Kanaanhund soll demnach wachsam nicht nur gegenüber Menschen, sondern auch gegenüber anderen Tieren sein. Wie es sich für einen Wachhund gehört, meldet er ungewohnte Geräusche, vorbeifahrende Autos, Spaziergänger oder Tiere, die sich seinem Grundstück nähern, normalerweise lautstark.

Wie alle Hunde vom Urtyp sind auch Kanaanhunde es seit Jahrtausenden gewohnt, unabhängig vom Menschen zu arbeiten, für sich selbst zu sorgen und eigene Entscheidungen zu treffen. Kadavergehorsam kann also von diesem instinktsicheren Wächter und Jäger nicht erwartet werden. Er braucht seinen Freiraum und wird sich, wenn man ihm diesen zugesteht, sehr eng an seinen Menschen binden und diesem gegenüber stets loyal sein. Kenner der Rasse sagen, dass er eher Mitbewohner als „Haustier" ist. Demgemäß muss man ihn wirklich von der Sinnhaftigkeit der anliegenden Aufgaben überzeugen, dann macht er gerne mit. Mit Druck und Zwang erreicht man bei diesem Freigeist das Gegenteil.

Das harsche, mittellange Fell muss etwa ein Mal wöchentlich gebürstet werden und verliert in den Zeiten des Fellwechsels große Büschel feiner Unterwolle.

FCI-Gruppe 5

Auszug aus dem Standard:

„Von mittlerer Größe, harmonisch gebaut, kräftig und quadratisch, einem Hund vom Wildtypus ähnelnd."

FCI-Standard Nr. 310
Gruppe: 5
Sektion 6: Urtyp
Varietäten: 3 (Größe)

Größe und Gewicht
a) **Groß:**
51 – 60 cm
12 – 30 kg
b) **Mittelgroß:**
41 – 50 cm
8 – 12 kg
c) **Klein:**
25 – 40 cm
4 – 8 kg

Farbe / Haarkleid
Haarlos: Schwarz bis Grau, einheitlich oder pigmentiert (vorzugsweise an Brust, Beinen und Rute)
Behaart / Kurzhaar: beliebige Farbe oder Farbkombination (außer Merle), ausschließlich an Kopf und Rute (büschelartig)

Perro sin Pelo del Perú

(Peruanischer Nackthund)

Ursprünglicher Verwendungszweck:
Begleithund

Nackthunde werden schon seit den Zeiten der Inka-Zivilisation in Peru gezüchtet, dort galten sie als große Kostbarkeit und man schrieb ihnen heilende Kräfte zu. Der Überlieferung nach bevorzugten die Inka hellhäutige Hunde, die tagsüber in Räumen bleiben mussten, damit sie nicht unter Sonnenbrand litten. Heute lässt der Standard auch die weniger empfindlichen dunklen und gesprenkelten Hautfarben zu.

Nach Dr. Hans Räber (1992) handelt es sich bei ihnen wahrscheinlich um eine lokale Varietät von Nackthunden, die irgendwann als spontane Mutation entstand. Vielleicht hatten sie bei hohen Temperaturen Vorteile oder wurden weniger von Parasiten befallen. Sie kamen schon in der Vor-Inka-Zeit in Südamerika vor und sind mit dem mexikanischen Xoloitzcuintle verwandt. Sie ähneln diesem auch sehr, sind aber etwas graziler und leichter und erinnern an einen unbehaarten Whippet.

Da das Gen für Haarlosigkeit mit dem für fehlende Zähne gekoppelt ist, haben peruanische Nackthunde immer ein mehr oder weniger unvollständiges Gebiss, was bei manchen Exemplaren dazu führen kann, dass ihnen die Zunge seitlich heraushängt. Die fehlenden Molaren oder Prämolaren sind laut Standard kein Fehler. Insgesamt ist die Rasse aber erstaunlich vital und robust mit einem starken Immunsystem.

Alle Nackthunde tragen immer auch ein Gen für Behaarung, das zum einen zu einer spärlichen Restbehaarung an Kopf, Pfoten und Rutenende und zum anderen dazu führt, dass in der Zucht immer wieder auch voll behaarte Welpen (die dann auch ein vollständiges Gebiss haben) zur Welt kommen. Der Standard akzeptiert sowohl die haarlose als auch die behaarte Version und unterscheidet darüber hinaus drei Größenvarietäten.

In unseren Breitengraden fühlen sich Nackthunde am wohlsten, wenn sie bei Kälter oder Nässe einen Hundemantel tragen. Besonders die helleren Exemplare müssen im Sommer mit Sonnenmilch geschützt werden, die dunkleren bekommen wie wir eine „Sommerbräune“ und werden folglich noch dunkler.

Peruanische Nackthunde gehören trotz ihres exotischen Aussehens zu den Hunderassen vom Urtyp und ihr Schädel ist laut Standard „lupoid“, also wolfsartig, geformt. Sie sind aufmerksam, intelligent, selbstsicher, unabhängig und verträglich. Sie schließen sich eng an ihre Besitzer an. Fremden Menschen gegenüber reagieren sie oft eher zurückhaltend, aber nicht ängstlich oder aggressiv.

Peruanische Nackthunde sind im Haus sehr ruhig und anpassungsfähig, aber auch wachsam.

FCI-Gruppe 5

Auszug aus dem Standard:

„Insgesamt handelt es sich hierbei um einen eleganten und schlanken Hund, dessen Aussehen Schnelligkeit, Kraft und Harmonie ausdrückt; er darf nie derb erscheinen. Der Rasse fehlen als grundlegendes Merkmal am ganzen Körper die Haare."

FCI-Standard Nr. 248
Gruppe: 5
Sektion 6: Urtyp

Größe
Rüde: 56 – 63,5 cm (ideal 56 cm)
Hündin: 53 – 61 cm (ideal 53 cm)

Gewicht
Keine Angabe im FCI-Standard
(i. d. R. 18 – 27 kg)

Farbe / Haarkleid
Rostbraun bis Dunkelrostbraun (bestimmte weiße Markierungen sind zulässig). Nase immer leberfarben (kein schwarzes Pigment), Augen bernsteinfarben

Kurzes Haar ohne Unterwolle

Pharaoh Hound

(Pharaonenhund / Kelb-tal Fenek)

Ursprünglicher Verwendungszweck:
Jagdhund auf Kaninchen (selten auch auf Wachteln und Schnepfen)

Die Herkunft des Pharaonenhundes ist die Insel Malta, auch wenn der Name „Pharaoh Hound" eher nach Ägypten verweist. Dieser Name ist aber eher eine romantisierende Fantasiebezeichnung späterer englischer Züchter und durch nichts weiter begründet, als dass diese Hunde den Windhunden auf altägyptischen Darstellungen sehr ähnlich sehen. Auf Malta selbst ist die Rasse seit alters her als „Kelb tal-Fenek" bekannt, was übersetzt nichts anderes heißt als „Kaninchenhund" und auch schon auf den ursprünglichen Hauptverwendungszweck – die Kaninchenjagd – hinweist.

Die Vorfahren dieser Rasse wurden vermutlich von den Phöniziern schon um 1000 v. Chr. an die Küsten Griechenlands, Siziliens und auch der Balearen gebracht. Dort haben sie sich größtenteils rein erhalten, insbesondere auf der Insel Ibiza, wo es eine Art gibt, die dem antiken Typ ungewöhnlich ähnlich ist und die wir heute als „Podenco Ibicenco" kennen. Auch die Bestimmung hat keinerlei große Veränderung erfahren, da er noch immer für die Wildkaninchenjagd verwendet wird.

Der Pharaonenhund ist in annehmbarem Maße unabhängig, aber auch loyal seiner Familie gegenüber. Er hat einen tiefverwurzelten Jagdtrieb und ist sehr ausdauernd. Katzen und andere kleine Tiere sieht er als Beute an. Diese Hunde können sehr laut sein und genießen die Gesellschaft von anderen Hunden und Menschen, da sie eine sehr aufgeschlossene Hunderasse sind.

Pharaonenhunde sind sehr intelligent und gelehrig. Sie lernen schnell, was erlaubt und was tabu ist. Sie sind den Menschen freundlich und aufgeschlossen zugewandt. Menschen gegenüber sind sie völlig aggressionslos; gegenüber anderen Hunden kann dies besonders bei Rüden anders sein. Sie haben ein gutmütiges, verspieltes Wesen. Sie suchen die innige Anbindung an ihre Menschen und sind diesen treu ergeben. Auch wenn sie elegant und schlank daherkommen, so sind sie sehr zäh und belastbar.

Der Pharaonenhund ist, wie bereits erwähnt, Spezialist der Kaninchenjagd. Dazu geht er nicht wie Dackel oder Terrier unter die Erde in den Bau, sondern spürt das Wild über den Geruch auf und jagt dann über Tage auf Sicht. Maltesische Kynologen beschreiben ihn als weder reinen Windhund noch reinen Spürhund, sondern als Kombination aus beidem. Pharaonenhunde sind flink, können blitzschnelle Haken schlagen und arbeiten in der Regel ohne Anleitung des Jägers vollkommen selbständig. Auf Malta helfen sie auch beim Hüten von Ziegen und machen sich als Allrounder bei allen Aufgaben an und in Haus und Hof nützlich.

Bis 1977 führte die FCI noch einen Sammelstandard für die mediterranen Windhundrassen. Großbritannien kreierte dann die Hunderasse Pharaoh Hound und übergab das Patronat später an Malta. Dort wurde er 1974 sogar zum Nationalhund erklärt. 1991 wurde er von der FCI offiziell als eigene Rasse anerkannt.

FCI-Gruppe 5

Auszug aus dem Standard:

„Von mittlerer Größe, edle Haltung mit klar umrissenen Linien. Anmutig, dabei kraftvoll. Sehr schnell bei freier, leichtfüßiger Bewegung und mit wachsamem Ausdruck."

FCI-Standard Nr. 234
Gruppe: 5
Sektion 6: Urtyp
Varietäten: 3 (Größe)

Größe

a) **Miniatur: 25–35 cm**
b) **Zwischenvarietät: 36–45 cm**
c) **Standard: 46–60 cm**
Eine Toleranz von +2 cm ist zulässig.

Gewicht

Keine Angabe im FCI-Standard

Farbe / Haarkleid

Haarlos: Einheitliche, einfarbige und dunkle Färbungen werden bevorzugt (Schwarz, Schwarzgrau, Schiefergrau, Dunkelgrau, Rötlich, Leberfarben, Bronzefarben oder Blond)
Behaart: Farben wie haarlose Variante

Xoloitzcuintle
(Mexikanischer Nackthund)

Ursprünglicher Verwendungszweck:
Wachhund (Miniatur-Varietät: Begleithund)

Der Xoloitzcuintle ist ein haarloser Hund und besonders in Mexiko verbreitet. Sein Ursprung ist sehr alt: Schon vor der europäischen Eroberung ernährten sich die Eingeborenen von seinem Fleisch, das sehr geschätzt wurde. Der Name Xoloitzcuintle stammt aus aztekischer Zeit und bedeutet etwa „Hund des Gottes Xolotl". Dieser Gott hatte nach dem Glauben des Volkes die Aufgabe, die Seelen der Toten nach den Orten ihrer ewigen Bestimmung zu geleiten.

Nackthunde sind keine moderne Züchtung, sondern begleiten den Menschen seit etwa 3500 Jahren im heutigen Mexiko. Von dort breiteten sie sich auf dem amerikanischen Kontinent aus. Die vielleicht früheste Darstellung eines solchen Hundes, eine Tonfigur, datiert auf etwa 1700 v. Chr. und wurde in Tlatilco, Mexiko, gefunden. Diese Figur ist sogar die älteste Darstellung eines Hundes auf dem amerikanischen Kontinent überhaupt. Die Theorie, dass der heutige Xoloitzcuintle auf den präkolumbischen Nackthund zurückgeht, ist seit Jahren umstritten.

Ein Xoloitzcuintle ist ein idealer Wach- und Begleithund. Er passt sich problemlos dem Alltag seiner Menschen an. Eine Stadtwohnung ist kein Problem. Wenn er genug Abwechslung hat, kommt er auch in einer kleinen Wohnung zurecht.

Ideal ist er als Begleiter einer Einzelperson, egal ob jung oder alt – aber mit Freude an täglichen ausgedehnten Spaziergängen. Er ist zutraulich zu Kindern, mit denen er gern herumtobt. Mit etwas Erziehung lässt er sich gut überall mitnehmen. Die Einschränkungen durch seine Haarlosigkeit muss man allerdings beachten. Allzu heftigem Wetter kann man aber mit den üblichen Mitteln (Mantel oder Pullover) begegnen, auch vor zu starker UV-Einstrahlung muss die Haut geschützt werden. Es gibt allerdings auch eine behaarte Varietät mit kurzem, dichtem und glattem Haarkleid ohne Unterwolle.

Das für die Haarlosigkeit verantwortliche Gen führt auch dazu, dass das Gebiss fast immer unvollständig ist, während die behaarte Varietät ein vollständiges Gebiss (42 Zähne) besitzt.

Auszug aus dem Standard:

„Der Xoloitzcuintle ist ein ruhiger und leiser Hund. Er ist fröhlich, wachsam und intelligent. Er kann Fremden misstrauen, ist ein guter Wachhund und hervorragender Begleiter. Er ist niemals aggressiv. Die Varietät mit Haar muss in jeder Hinsicht dieselben Verhaltensmerkmale zeigen."

Italien Arbeitsprüfung

FCI-Standard Nr. 199
Gruppe: 5
Sektion 7: Urtyp – Hunde zur jagdlichen Verwendung

Größe
Rüde: 46–50 cm
Hündin: 44–48 cm

Gewicht
Rüde: 10–13 kg
Hündin: 8–11 kg

Farbe / Haarkleid
Falb in allen Schattierungen, von dunkel bis hell mit Verwässerungen, lohfarben und weiß

Kurzes, feines, glattes Haar ohne Unterwolle

Cirneco dell'Etna

Ursprünglicher Verwendungszweck:
Jagdhund auf Hasen

Dieser kleinste der mediterranen Windhunde teilt seine Herkunft mit der des Pharao Hound und ist vor etwa 3000 Jahren mit den phönizischen Seefahrern auf die Insel Sizilien gekommen, so wie der Vorfahr des Pharao Hounds mit ihnen auf Malta „strandete". Beide Rassen sind sehr alt und durch die Insellage seit Jahrtausenden praktisch unverändert. Schon auf griechisch-sizilianischen Münzen, die aus 450 vor Christus datieren und die man auf Sizilien fand, ist ein solcher Hund unverkennbar abgebildet. Ob aber beide Rassen wirklich aus dem alten Ägypten der Pharaonen stammten, wie immer wieder angegeben wird, ist unklar. Wir haben als Hinweis lediglich Abbildungen aus dem alten Ägypten, die stehorige Windhunde von einem ähnlichen Typ zeigen. Solche Hunde können aber auch einfach nur im gesamten Nahen Osten jener Zeit verbreitet gewesen sein. Ein Hinweis darauf könnte die Vermutung sein, dass sein Name „Cirneco" auf die ehemals griechische Region Cyreanica im heutigen Libyen zurück gehe.

Zu Beginn des 20. Jahrhunderts begann die sizilianische Baronesse Agata Paternò Castello dei Duchi di Carcaci damit, den bei Bauern und Jägern Siziliens lebenden Bestand systematisch zu dokumentieren und schuf damit die Grundlage für die moderne Rassehundezucht. Die Freunde der Rasse bemühten sich in der Folge, den Cirneco dell'Etna als unterscheidungsfähig gegenüber dem Pharao Hound anzuerkennen. Der erste Standard wurde 1939 erstellt und die endgültige Anerkennung durch die FCI erfolgte 1956.

Die Hauptverwendung dieses kleinen Windhundes war auf Sizilien traditionell die Jagd auf Kaninchen, Hasen und Wildgeflügel. Seine Schnelligkeit, Gewandtheit sowie sein feiner Geruchssinn erleicherten ihm auch an den felsigen, von Lavaausbrüchen, Nischen, Spalten und Vorsprüngen geprägten Abhängen des Vulkans Ätna, von dem er seinen Namen hat, das Wild zu verfolgen und zu stellen.

Der Cirneco dell'Etna ist durchaus auch als lebhafter und freundlicher Familienhund geeignet, aber außerhalb Siziliens fast unbekannt und auch in seiner Heimat sehr selten. Sein Jagdtrieb ist nach wie vor fest verankert, sodass er, wenn er diesen nicht ausleben kann, unbedingt Ersatzbeschäftigungen braucht. Auf den Erhalt der jagdlichen Eignung wird in seiner Heimat großer Wert gelegt, und so hat der kynologische Dachverband Italiens verfügt, dass eine Jagdeignungsprüfung vorgeschrieben ist, um das italienische Schönheitschampionat zu erlangen. Man darf sich also nicht wundern, wenn der Cirneco draußen seinen Job machen und beim Auftauchen potenzieller Beute auf die Jagd gehen möchte. Freilauf ist daher eher nur im umzäunten Gelände möglich.

Als alternative Beschäftigungsmöglichkeiten bieten sich Windhunderennen an, aber auch Mantrailing, Agility und vieles mehr, was seiner Nase und seinem Bewegungsdrang gerecht wird. Auffällig ist dabei seine ausgeprägte Bellfreudigkeit – er bellt beim Toben, Rennen, aus Ungeduld oder als Spielaufforderung.

Als Sizilianer mag es der kurzhaarige Cirneco gern warm und kommt mit nasskaltem Wetter nicht gut zurecht.

Nach der Überlieferung gab es in Ardano auf Sizilien einen Tempel, der der örtlichen Gottheit gewidmet war. Dieser heilige Ort wurde von Cirnecos bewacht, die – so wird erzählt – einen übernatürlichen Instinkt besaßen, Ungläubige zu erkennen und anzugreifen, Gläubige aber enthusiastisch willkommen zu heißen.

Auszug aus dem Standard:

„Mittelgroßer Hund vom Urtyp, von eleganter und schmaler Form. Kompakt und von starkem Körperbau mit feinem Haarkleid und aufrechten Ohren, stets aufmerksam. Der Körperbau beruht auf sub-länglichen Linien."

Ursprung: Spanien
(Kanarische Inseln)

FCI-Standard Nr. 329
Gruppe: 5
Sektion 7: Urtyp – Hunde zur jagdlichen Verwendung

Größe
Rüde: 55–64 cm
Hündin: 53–60 cm
Eine Toleranz von +/- 2 cm ist zulässig.

Gewicht
Keine Angabe im FCI-Standard

Farbe/Haarkleid
Rot mit Weiß bevorzugt, wobei das Rot von Orange bis Dunkelrot (Mahagoni) reicht. Alle Kombinationen dieser zwei Farben.

Kurzes, glattes Haar ohne Unterwolle

Podenco Canario

Ursprünglicher Verwendungszweck:
Jagdhund auf Kaninchen

Der Podenco Canario gehört zu den windhundähnlichen, mediterranen Jagdhunden, die seit Jahrtausenden rund um das Mittelmeer verbreitet sind. Ähnliche Rassen sind die verschiedenen (nicht alle FCI-anerkannten) Podencos bzw. Podengos von der Iberischen Halbinsel und der Pharaonenhund von Malta. Für eine gemeinsame Herkunft spricht die Ähnlichkeit der Hunde trotz der isolierten Lage der Kanarischen Inseln vor der afrikanischen Küste. Wahrscheinlich ist, dass die schnellen, grazilen Hunde ursprünglich aus Ägypten stammen und einst von den im ganzen Mittelmeerraum Handel treibenden Phöniziern mit auf die Kanarischen Inseln gebracht wurden. Übrigens verdanken andersherum auch die Kanarischen Inseln ihren Namen den Hunden, denn „Islas Canarias“ heißt nichts anderes als „Hundeinseln“. Angeblich war es der aus Genua stammende Seefahrer Lanceloto Malocello, der um 1300 herum die Inseln entdeckt haben und ihnen den Namen gegeben haben soll, weil dort so viele Hunde lebten – und, was weniger romantisch ist, weil die dort lebenden Ureinwohner, die Guanchen, auch das Hundefleisch aßen.
Heute sind Unterschiede zwischen Podenco Ibicenco und Podenco Canario fast nur noch für Spezialisten zu erkennen, wobei der Ibicenco etwas größer ist.
Ursprünglich wurden sie im Inneren der Inseln – häufig zu mehreren – zur Jagd auf Kaninchen verwendet und von ihren Besitzern hoch geschätzt, weil sie ihnen den Lebensunterhalt sicherten. Ein schneller, selbständig stundenlang im schwierigen, felsigen und buschigen Gelände jagender Podenco, der ein Kaninchen erst aufspürte, dann hetzte und schließlich auch noch unversehrt nach Hause brachte, war unbezahlbar. Aus seiner Art des Jagens wird schon deutlich, dass er Eigenschaften von Lauf- und Windhunden in sich vereint, eben weil er nicht nur wie ein typischer Windhund auf Sicht hetzt, sondern auch aufspürt und apportiert. Äußerlich ist er mit seinem schlanken, „trockenen“ Körperbau, der Muskulatur und Knochen deutlich unter der Haut sehen lässt und den großen, beweglichen Stehohren eher den Windhunden ähnlich.
Die meisten bei uns zu findenden Canarios stammen aus dem Tierschutz und sind aufgrund ihrer Vergangenheit manchmal etwas ängstlich, was aber eigentlich gar nicht rassetypisch ist. Bei guter Sozialisation sind die sensiblen Hunde aktive, freundliche, wesensfeste und intelligente Begleiter, die mit ihrer Geschicklichkeit und ihrem Sprungvermögen auch in Sportarten wie Agility eine gute Figur machen. Prädestiniert sind sie natürlich für Windhunderennen, so genannte Coursings. Ihr großes Laufbedürfnis muss auf jeden Fall befriedigt werden, damit sie im Haus ruhig und zufrieden sind. Als ehemalige Kaninchenjäger hat sich ihr starker Jagdtrieb erhalten, was Freilauf je nach Gelände schwierig machen kann. Auch waren ihre Vorfahren es immer gewohnt, selbständig und unabhängig vom Menschen zu

Auszug aus dem Standard:
„... von mittlerer Größe, von länglichem Körperbau, schlank, leicht gebaut und äußerst widerstandsfähig.“

arbeiten, weshalb man es ihnen nicht verdenken kann, wenn sie auch heute noch gern eigene Entscheidungen treffen. Mit etwas Geschick und Einfühlungsvermögen lassen sie sich aber gern überzeugen. Die Wesensbeschreibung im Standard mit den Worten „mutig, nervig, feurig und dynamisch" liest sich wie die eines Vollblutpferdes.

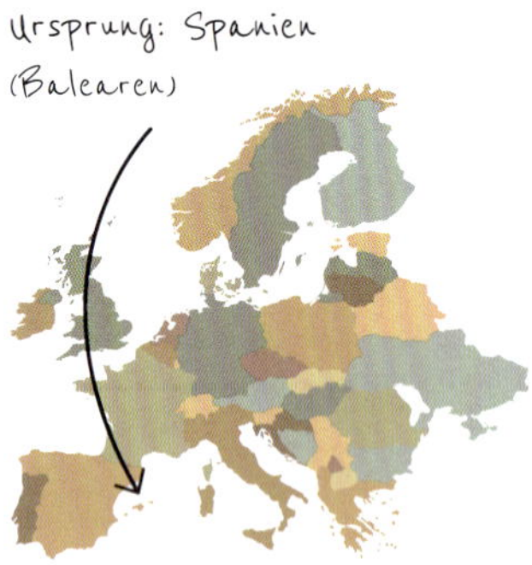

FCI-Standard Nr. 89
Gruppe: 5
Sektion 7: Urtyp – Hunde zur jagdlichen Verwendung
Varietäten: 2 (Haarkleid)

Größe
Rüde: 66–72 cm
Hündin: 60–67 cm

Gewicht
Keine Angabe im FCI-Standard (i. d. R. 20–30 kg)

Farbe/Haarkleid
Bevorzugt wird Weiß und Rot oder einfarbig Weiß oder Rot (falbfarbene Hunde sind zugelassen, sofern es sich um außerordentlich gute Exemplare handelt, wobei jedoch bei Glatthaar diese Farbe nicht zulässig ist).

a) Glatthaar
b) Rauhaar und Langhaar

Podenco Ibicenco

Ursprünglicher Verwendungszweck:
Jagd auf Kaninchen, auch auf Hasen und Großwild

Der Podenco Ibicenco stammt von den Baleareninseln. Auch, wenn er als ibizenkischer Hund bezeichnet wird, ist er auf den ganzen Balearen verbreitet, vor allem auch auf Mallorca, wo man ihn unter dem ursprünglichen Namen von „Cà Eivissenc“ (Hund von Ibiza) kennt. Angeblich soll die sehr alte und ursprüngliche Windhunderasse durch die Phönizier im ganzen Mittelmeerraum verbreitet worden sein. Aber auch Karthager, Römer und Araber unterhielten lange Zeit bedeutende Siedlungen auf den Baleareninseln und brachten ihre jeweiligen Haustiere mit. Jedenfalls ist die Ähnlichkeit mit altägyptischen Windhundedarstellungen sehr auffallend und man kann davon ausgehen, dass sich auf den Baleareninseln isoliert eine sehr alte Hundepopulation erhalten hat, die auf dem Festland in dieser Form wieder verschwunden ist.

Im Jahr 1929 gelangte der erste Podenco in nördliche Regionen Europas. In England begann zu dieser Zeit die erste Zucht der Rasse unter dem Namen Pharaonenhund.

Der ursprüngliche Verwendungszweck des schnellen Läufers mit den auffallend großen Stehohren war und ist die Jagd auf Hasen und Kaninchen, aber auch auf Wildhühner und gelegentlich Hochwild. In Meuten von mehreren Hündinnen (niemals mehreren Rüden, da diese sich unweigerlich untereinander stritten) hetzten die Podencos ihre Beute mit Spitzengeschwindigkeiten von bis zu 65 km/h, um sie dann auch zu erlegen und zum Jäger zurück zu apportieren. Lauflust und Jagdtrieb sind nach wie vor fest in der Rasse verankert. Mit seiner feinen Nase sucht der Podenco das Wild im Gestrüpp, wobei er sich gern auch einmal auf die Hinterbeine stellt, um besser wittern zu können und jagt anschließend mehr nach Geruch und Gehör als auf Sicht. Interessenten für die Rasse sollten wissen, dass der Podenco als echter Jäger seine Beute auch tötet, nachdem er sie gestellt hat. Seine Haltung hierzulande setzt also große Fachkenntnis und viel Einsatzbereitschaft voraus, um das Laufbedürfnis befriedigen zu können, ohne dass der Hund sich selbst und andere in Gefahr bringt. Lässt man ihn von der Leine, jagt er, wenn keine Kaninchen und Hasen in der Nähe sind, in großen Sätzen Mäuse, die er geschickt erlegt.

Im Haus ist der Podenco Ibicenco dagegen sehr ruhig, sensibel, anhänglich und liebesbedürftig. Auch hat er ein hohes Bedürfnis nach Sauberkeit. Dies darf aber nicht darüber hinwegtäuschen, dass er sich draußen in einen ursprünglichen und unverfälschten Jäger verwandelt, sobald er sich bewegende Beute erblickt.

Es gibt einen glatthaarigen, rauhaarigen und einen langhaarigen Schlag, wobei rot oder rot-weiß die häufigste Farbe ist. Es gibt aber auch reinweiße Podencos.

FCI-Gruppe 5

Auszug aus dem Standard:

„Gesamthaft betrachtet hat der lange, schmale Kopf die Form eines nahe an der Basis abgeschnittenen Kegels; ausgesprochen trocken, eher klein im Verhältnis zum Körper."

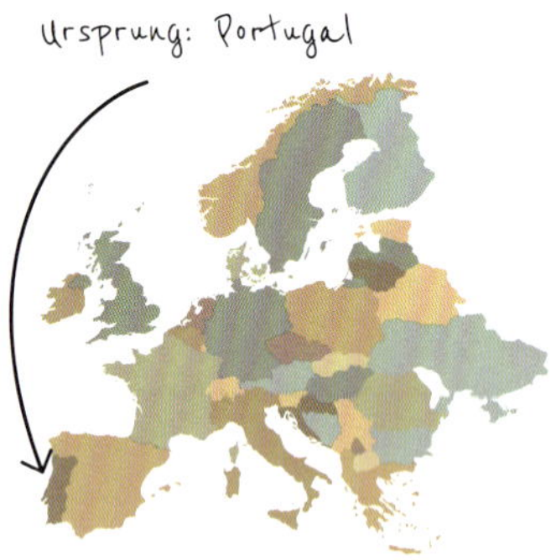

Podengo Português

FCI-Standard Nr. 94
Gruppe: 5
Sektion 7: Urtyp – Hunde zur jagdlichen Verwendung
Varietäten: 3 (Größe)

Größe und Gewicht

a) Klein:
20–30 cm
4–6 kg
b) Mittelgroß:
40–54 cm
16–20 kg
c) Groß:
55–70 cm
20–30 kg

Farbe/Haarkleid

Gelb und Falbfarben in allen Schattierungen (von hell bis sehr dunkel), mit oder ohne weiße Abzeichen, oder Weiß mit Abzeichen der vorgenannten Farben

Kurzhaar (glatthaarig)
Langhaar (rauhaarig)

Bei den kleinen Podengos werden folgende Farben akzeptiert, aber nicht vorgezogen: Schwarz, Braun (mit oder ohne weiße Abzeichen) oder Weiß mit Abzeichen der vorgenannten Farben.

Ursprünglicher Verwendungszweck:

Jagdhund (Kleine Varietät: vorrangig auf Kaninchen, auch zur Rattenjagd; große Varietät: auch zur Wildschweinjagd), Wachhund und Gesellschaftshund

Der Podengo Português, verwandt mit dem Podenco Ibicenco und dem Podenco Canario, hat sein Hauptverbreitungsgebiet im Norden Portugals. Er gehört wie seine Vettern zu den sehr alten Rassen vom Urtyp, ist jedoch deutlich weniger windhundartig als diese. Es gibt ihn in drei Größenvarietäten – klein, mittel und groß oder pequeño, medio und grande – die auf den ersten Blick ziemlich unterschiedlich wirken. Zudem gibt es auch noch eine rau- und eine glatthaarige Spielart, sodass insbesondere die kleinen rauhaarigen kaum etwas mit den großen glatthaarigen Vertretern gemeinsam zu haben scheinen und eher an einen Hüte- als einen Windhund erinnern. Dennoch gilt für alle drei Varietäten der gleiche Standard. Alle drei haben große Stehohren und einen fast quadratischen Körperbau, wobei die kleine Varietät etwas länglicher gebaut ist.
Traditionell wurde der Podengo für die Niederwildjagd, hauptsächlich die Kaninchenjagd, verwendet. Dabei hetzte er die Kaninchen nicht nur, sondern folgte ihnen ähnlich wie ein Terrier auch in ihre Bauten unter der Erde und trieb sie

Auszug aus dem Standard:
„Viereckiger pyramidenförmiger Kopf mit aufgerichteten Ohren, sichelförmiger Rute, gut proportioniert mit gesundem Körperbau, gut bemuskelt; sehr lebhaft und intelligent; solide und robust."

wieder daraus hervor. Der kleine Podengo war seit jeher auch als Rattenfänger beliebt und war zu diesem Zweck auf zahlreichen portugiesischen Handelsschiffen mit an Bord, während der große Podengo auch zur Jagd auf größeres Wild eingesetzt wurde.
Über seine Herkunft in Portugal gibt es nur Vermutungen. Wahrscheinlich ist er mit dem ägyptischen Pharaonenhund verwandt und im achten Jahrhundert mit den Mauren auf die iberische Halbinsel gekommen. Ursprünglich handelt es sich um eine Landrasse, die in zahlreichen Fellvarianten vorkam, vor allem im Norden und Osten Portugals. Erst 1933 wurde damit begonnen, die vorhandene Population systematisch zu erfassen. 1954 wurde er endgültig von der FCI anerkannt.
Der mittlere und der große Podengo werden in einigen Regionen mit bestem Erfolg als Wachhund gebraucht.
Alle drei Varietäten werden als lebhaft und neugierig beschrieben und benötigen viel Bewegung, damit sie ausgeglichen sind. Ersatzweise kann anspruchsvolle Kopfarbeit helfen, sie auszulasten.
Zu beachten ist aber ihr nach wie vor starker Jagdtrieb, der beim Freilauf problematisch sein kann. Auch ihr Wachhunderbe ist nach wie vor stark und sie melden alles, was ihnen ungewöhnlich erscheint. Gleichzeitig sind sie von sensiblem Naturell und vertragen jede Form von Druck und Zwang nur schlecht.

Taiwan Dog

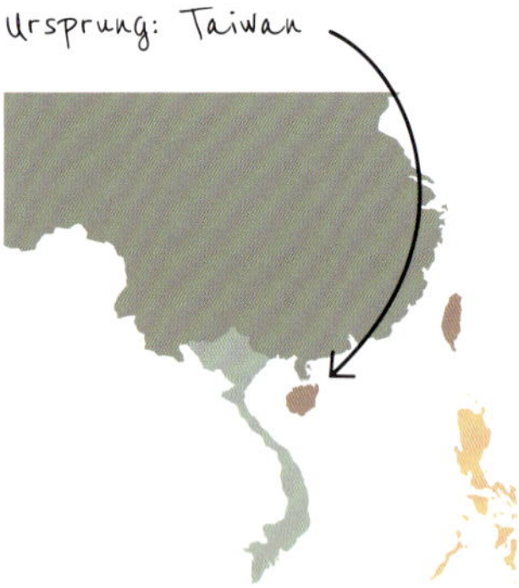

FCI-Standard Nr. 348
Gruppe: 5
Sektion 7: Urtyp – Hunde zur jagdlichen Verwendung

Größe
Rüde: 48–53 cm
Hündin: 43–48 cm

Gewicht
Rüde: 14–18 kg
Hündin: 12–16 kg

Farbe/Haarkleid
Schwarz, Gestromt, Falb, Weiß, Weiß und Schwarz, Weiß und Falb, Weiß und Gestromt

Kurzes, hartes, fest anliegendes Haar mit Unterwolle

Ursprünglicher Verwendungszweck:
Jagd-, Wach- und Begleithund

1980 wurde in Taiwan im Rahmen einer Feldstudie zu einheimischen Hunden eine der Wissenschaft bis dahin unbekannte Hunderasse entdeckt, die aufgrund ihrer Morphologie und DNA-Analysen einem sehr alten Stamm der südostasiatischen Pariahunde zugeordnet wurde. Sie erregte sofort die Aufmerksamkeit der Forscher und Hundefreunde, da es sich offensichtlich um eine sehr alte und urtümliche Rasse handelte, die sich aufgrund der unzugänglichen Insellage sehr unverfälscht erhalten hatte. Der Hund ist in Taiwan seit alters her beheimatet und diente den Ureinwohnern als Jagdhund im gebirgigen Gelände sowie als Wachhund. Die Rasse wurde von der FCI 2004 provisorisch anerkannt, 2015 erfolgte die endgültige Anerkennung. Die Hunde sind auch als Formosan Mountain Dog, Taiwanese Canis, Taiwanese Native Dog oder Takasogo Dog bekannt.

Gemäß seines über Jahrtausende gefestigten Erbes hat der Taiwanhund auch heute noch einen sehr starken Jagdtrieb und einen unabhängigen Charakter. Mit scharfen und immer wachen Sinnen beobachtet er seine Umgebung genau und ist stets zum schnellen Handeln bereit. In den Wäldern Taiwans kletterte er furchtlos sogar auf Bäume oder fast senkrechte Felsklippen hinauf, um seine Beutetiere zu verfolgen. Sein Orientierungssinn ist legendär und man berichtet, dass er Erdbeben oder andere Naturkatastrophen schon Tage vorher bemerkt und anzeigt. Auch die Stimmungen und Absichten der Menschen, mit denen er auf der Jagd kooperierte, nimmt er genau zur Kenntnis und zieht daraus seine Schlüsse. Er ist kein Befehlsempfänger, sondern eher gleichberechtigter Kooperationspartner, der seine Intelligenz und Intuition einzusetzen weiß. An seinen Menschen bindet er sich jedoch eng und ist ihm gegenüber außerordentlich loyal.

Die Hunde zeigen einige sehr wildhundtypische Verhaltensweisen, so graben tragende Hündinnen gern tiefe Löcher oder regelrechte Erdbauten, um dort ihre Welpen zur Welt zu bringen.

Die Rasse ist heute selbst in ihrer Heimat Taiwan sehr selten geworden, da der ursprüngliche Verwendungszweck verlorengegangen ist.

FCI-Gruppe 5

Auszug aus dem Standard:

„Mittelgroßer Hund mit dreieckigem Kopf, mandelförmigen Augen, dünnledrigen Stehohren und sichelförmiger Rute. Trockenes, sehniges, harmonisches Gebäude.“

Ursprung: Thailand

Thai Ridgeback

FCI-Standard Nr. 338
Gruppe: 5
Sektion 7: Urtyp – Hunde zur jagdlichen Verwendung

Größe
Rüde: 56–61 cm
Hündin: 51–56 cm
Eine Toleranz von +/- 2,5 cm ist zulässig.

Gewicht
Keine Angabe im FCI-Standard (i. d. R. 16–34 kg)

Farbe/Haarkleid
Einfarbig: Rot, Schwarz, Blau und sehr hell Falbfarben („Isabella"); vorzugsweise mit schwarzer Maske

Kurzes, glattes Haar ohne Unterwolle

Ursprünglicher Verwendungszweck:
Jagd- und Begleithund

Der Thai Ridgeback stammt aus dem östlichen Thailand, wo er schon seit vielen Jahrhunderten bekannt ist. Er wurde hauptsächlich als Jagd- und Wachhund in ländlichen Gebieten eingesetzt, aber er war auch Begleiter der Fuhrleute. Seine genauen Ursprünge sind unklar, aber man nimmt an, dass die Hunde von der Insel Phu Quoc im Golf von Thailand stammen und die heute zu Vietnam gehört. Durch die isolierte Lage kam es kaum zur Vermischung mit anderen Rassen.
Sein charakteristischer Rückenkamm, der sogenannte Ridge, von dem die Rasse genau wie der bekanntere Rhodesian Ridgeback ihren Namen hat, ist ein einzigartiges Merkmal, das nur bei wenigen Hunderassen zu finden ist. Es handelt sich um einen Strich aus gegensätzlich zur restlichen kurzen und glatten Körperbehaarung angeordneten Haaren, der vom Ansatz der Rute bis zum Nacken führen kann. Ob der Thai und der Rhodesian Ridgeback miteinander verwandt sind, konnte bisher nicht nachgewiesen werden, man weiß nur, dass es auch anderswo in Asien, wie zum Beispiel auf Bali oder in Vietnam, gelegentlich Hunde mit Ridge gibt.
Für sein Aussehen typisch ist auch, dass sich seine Stirn in Falten legt, sobald etwas seine Aufmerksamkeit erregt hat.
Der urtümliche Thai Ridgeback ist in Thailand sehr populär, außerhalb des Landes jedoch äußerst selten zu finden. Seinem Erbe als Wach- und Jagdhund entsprechend ist er aufmerksam, schnell und wendig und sehr trittsicher in schwierigstem Gelände. Er jagt auf Sicht, und zwar relativ unabhängig vom Menschen mutig und eigenständig. Das lässt schon ahnen, dass er kein unterwürfiger Befehlsempfänger, sondern ein selbstbewusster Hund mit sehr eigenen Vorstellungen ist, den man für sich gewinnen muss. In neuen Situationen kann er zunächst vorsichtig bis skeptisch reagieren – eine Eigenschaft, die früher überlebenswichtig war, heute jedoch schlecht in unsere eng gewordene Umwelt passt, denn wenn er keinen anderen Ausweg für sich sieht, kann er auch entschlossen nach vorn gehen.
Der intelligente Thai Ridgeback findet Schwächen seines Halters sehr schnell heraus und erkennt nur jemanden an, der konsequent und authentisch (nicht zu verwechseln mit hart) ist. Er ist daher nicht als Anfängerhund geeignet und Kenner der Rasse sind teilweise auch skeptisch, was seine Eignung für Familien mit kleinen Kindern betrifft, auch wenn dies natürlich im Einzelfall immer eine Frage des Züchters und der guten Sozialisation ist.
Erfahrene Hundebesitzer, die ihm angemessene Erziehung, Bewegung und geistige Herausforderungen bieten können, schwärmen von seiner Intelligenz und seinem differenzierten Ausdrucksverhalten.

FCI-Gruppe 5

Auszug aus dem Standard:

„Mittelgroßer Hund mit kurzem Haar, das den Rücken entlang einen ‚ridge' (Haarkamm) bildet. (…) Die Muskulatur ist gut entwickelt; sein Körperbau ermöglicht ihm jede Aktivität. (…) Robust und lebhaft, mit hervorragendem Sprungvermögen."

Laufhunde, Schweißhunde und verwandte Rassen

FCI-Gruppe 6

Sektion 1 – Laufhunde
Sektion 2 – Schweißhunde
Sektion 3 – Verwandte Rassen

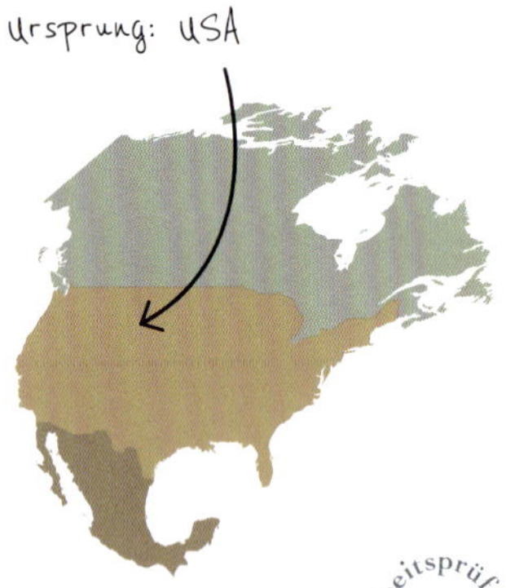

Arbeitsprüfung

FCI-Standard Nr. 303
Gruppe: 6
Sektion 1: Laufhunde
1.1 Große Laufhunde

Größe
Rüde: 56–63,5 cm
Hündin: 53–61 cm

Gewicht
Keine Angabe im FCI-Standard
(i. d. R. 30–34 kg)

Farbe/Haarkleid
Alle Farben erlaubt

Dichtes, harsches Haar von mittlerer Länge

American Foxhound

Ursprünglicher Verwendungszweck:
Jagdhund, ursprünglich zur Parforcejagd (Hetzjagd zu Pferd) auf Füchse

Wie viele Amerikaner führt auch der American Foxhound das Blut vieler verschiedener Ahnen in sich: In diesem Fall waren es wohl hauptsächlich englische, irische, französische und deutsche Jagdhunde, die zur Entstehung der Rasse beitrugen. Aus Berichten weiß man, dass schon im Jahr 1650 ein gewisser Robert Brooke eine Foxhoundmeute aus England mit in die neuen Kolonien brachte, und er dürfte sicher nicht der Erste gewesen sein. Der prominenteste Züchter der neuen Rasse war zweifellos der erste Präsident der Vereinigten Staaten, George Washington. Er war unter anderem begeistert von den tiefen, melodiösen und lauten Stimmen der Hunde, dem „Geläut", das sie während der Jagd in der Meute erklingen ließen und verglich es mit den „Glocken von Moskau". Seitdem gilt der American Foxhound als „State Dog" und ist ein Wahrzeichen des Bundesstaats Virginia.

Abstammung und Aussehen zählten den ersten Züchtern aber wenig, es kam allein auf die Leistung, vor allem Schnelligkeit und Ausdauer bei der berittenen Jagd auf Füchse an. Beides hat der American Foxhound auch heute noch zu bieten, auch wenn die Jagd auf lebende Füchse inzwischen stark an Popularität eingebüßt hat. In den USA ist sie aber im Gegensatz zu England und Wales, wo sie 2005 verboten wurde, nach wie vor legal und es existieren etliche aktive Meuten, vor allem an der Ostküste, wo die alten englischen Traditionen besonders aufrecht erhalten werden.

Im Gegensatz zum englischen Foxhound ist der American Foxhound heute etwas hochläufiger und zierlicher, dennoch ist es schwer, beide Rassen optisch voneinander zu unterscheiden. Innerhalb der Rasse gibt es in den USA verschiedene Typen, von denen einige, wie die sogenanten „July"-Hunde, sogar einfarbig rot sind.

In den USA leben heute Schätzungen zufolge mindestens 100.000 American Foxhounds, während man sie Europa eher selten antrifft. Das hat sicher auch einen Grund darin, dass ihr extremer Bewegungsdrang von Privatleuten kaum befriedigt werden kann – ein American Foxhound läuft ohne Probleme fünf Stunden lang im flotten Tempo am Fahrrad, allerdings hätte man dann immer noch das Problem des genetisch stark fixierten Jagdtriebs, den man ohne fachgerechte Jagdhundeausbildung kaum kontrollieren kann. Zum eigenständigen Jagen in der großen Meute gezüchtet, liegt diesen Hunden die enge Kooperation mit dem Menschen zudem viel weniger im Blut als den Apportier- oder Vorstehhunden unter den Jagdhunderassen. Anfänger- und Familienhunde sind sie also definitiv nicht, als Meutehund eignen sie sich zudem auch kaum zur Einzelhaltung. Berufsjäger geraten jedoch ins Schwärmen angesichts der hervorragenden Arbeitseigenschaften dieses schnellen, ausdauernden, sensiblen und ganz auf die Jagd konzentrierten Läufers.

Auszug aus dem Standard:

„Kopf: Ziemlich lang, mit leicht gewölbtem Hinterhaupt. Fang: Von guter Länge, gerade und quadratisch abgesetzt. Brust: Sie soll tief sein, um den Lungen genügend Raum zu bieten; sie ist schmaler im Verhältnis zur Tiefe als beim englischen Foxhound."

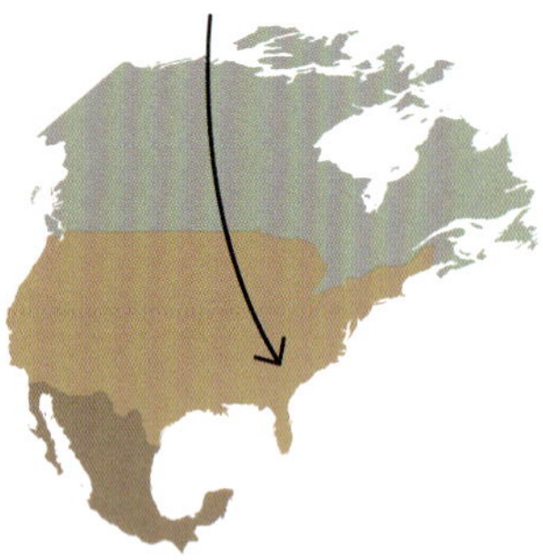

FCI-Standard Nr. 300
Gruppe: 6
Sektion 1: Laufhunde
1.1 Große Laufhunde

Größe
Rüde: 63,5–68,5 cm
Hündin: 58–63,5 cm

Gewicht
Keine Angabe im FCI-Standard (i. d. R. 23–34 kg)

Farbe/Haarkleid
Kohlschwarz mit intensiven lohfarbenen Abzeichen über den Augen, seitlich am Fang, an der Brust, an den Läufen und am hinteren Rand der Keulen (mit schwarzen Strichelungen auf den Zehen)

Kurzhaar

Black and Tan Coonhound
(Schwarz-lohfarbener Waschbärenhund)

Ursprünglicher Verwendungszweck:
Jagdhund auf Waschbären und andere Kleintiere, wie z. B. Opossums

Dieser Laufhund hat seinen Namen von dem Tier, das er jagen sollte: Dem Waschbären, englisch „raccoon" oder abgekürzt „coon". Er ist also der „schwarz-lohfarbene Waschbärhund". Seine Aufgabe war es (und ist es zum Teil heute noch), Waschbären aufzuspüren, spurlaut auf einen Baum zu jagen und dort so lange zu verbellen, bis der Jäger zur Stelle war. Dabei arbeiten die Hunde meist zu zweit, dritt oder viert. Auch Eichhörnchen und Opossums wurden auf diese Weise gejagt. Dazu benötigte der Coonhound eine gute Nase, aber auch Mut, Ausdauer, Kraft und Beweglichkeit – alles Eigenschaften, die ihn auch zur Jagd auf größeres Wild durchaus geeignet machen.
Die Rasse entstand in der ersten Hälfte des 19. Jahrhunderts im Süden der USA auf Grundlage von Foxhounds, irischen Jagdhunden und französischen Laufhunden wie vermutlich dem Bleu de Gascogne und dem Chien de St. Hubert, den wir heute eher als „Bloodhound" kennen. Vor allem in Louisiana, das bis 1812 noch französische Kolonie war, waren diese Rassen damals gut vertreten und hoch

FCI-Gruppe 6

geschätzt. Der Coonhound ist jedoch kleiner, leichter und schneller als der Bloodhound.
Neben dem schwarz-lohfarbenen Coonhound gibt es traditionell auch den blaugesprenkelten Bluetick Coonhound, der vom American Kennel Club, jedoch nicht von der FCI anerkannt ist.
Der Black and Tan Coonhound ist ein Jagdhund durch und durch, dem man große Intelligenz, aber auch einen gewissen Eigensinn und Sturheit nachsagt – was ja bei der Jagd auch sinnvoll ist, wo er mit großer Beharrlichkeit der Fährte folgen und sich nicht davon abbringen lassen soll. Die Coonhounds können daher auch wunderbare Mantrailer oder Rettungshunde abgeben und in dieser Sparte auch rassegerecht ausgelastet werden. Als reine Haus- und Familienhunde eignen sie sich eher weniger.

Auszug aus dem Standard:

„Der allgemeine Eindruck dieses Hundes ist von Kraft, Beweglichkeit und Aufmerksamkeit geprägt, und er imponiert auf den ersten Blick durch seine Fähigkeit, mit kraftvollen, rhythmischen Schritten viel Boden zu decken."

Arbeitsprüfung

FCI-Standard Nr. 25
Gruppe: 6
Sektion 1: Laufhunde
1.1 Große Laufhunde

Größe
Rüde: 60–70 cm
Hündin: 58–62 cm

Gewicht
Keine Angabe im FCI-Standard
(i. d. R. 24–32 kg)

Farbe / Haarkleid
Reinweiß oder Milchkaffeeweiß (auch Weiß mit hellorangefarbenen oder zitronenfarbenen Flecken oder Mantel)

Kurz und glatt

Billy

Ursprünglicher Verwendungszweck:
Großwildjagd auf Wildschweine und Rotwild, aber auch auf Rehe und Füchse

Der Billy ist eine relativ junge Rasse aus Frankreich, die Ende des 19. Jahrhunderts geschaffen wurde und zu den großen Laufhunden zählt. Er entstand aus dem Versuch, die legendären historischen „weißen Königshunde“ (Chiens Blancs du roi) zurückzuzüchten, die schon unter König Ludwig dem XI. bekannt und zuletzt am Hof des „Sonnenkönigs“ Ludwig XIV. populär gewesen waren.

Über seinen Ursprung wissen wir nicht viel mehr, als was ihr Schöpfer, Gaston Hublot du Rivault, nach dessen Wohnort Billy im Poitou die Rasse benannt ist, geschrieben hat: „… er wurde durch drei ziemlich verschiedene, aber irgendwie verwandte Rassen erhalten: 1) die Céris, anmutige Hunde, weiß mit orangen Flecken, 57–60 cm groß; sehr elegant; sie jagten besonders Hasen und Wölfe; 2) die Montemboeuf, große und schöne Hunde, mit starkem Knochenbau und kräftiger Muskulatur, weißem und orangem Haarkleid mit großen Flecken. Sie hatten ein edles Aussehen, waren sehr schnell, flink, große Jäger und verfolgten nur die Tiere, auf deren Spur sie gesetzt wurden; 3) die wunderbaren Hunde vom Hoch-Poitou, die Larrye, wurden gegen 1808 von Emile de Mauvisse, Graf von Villars, gebildet. Von allen französischen Rassen war diese die verblüffendste. Hier also die drei Rassen, welche mir durch lange und wiederholte Kreuzungen erlaubt haben, eine einzige zu bilden, d. h. die Billy-Rasse.“ Die drei Ausgangsrassen sind mittlerweile ausgestorben.

Nach dem Zweiten Weltkrieg war auch der Billy vom Aussterben bedroht, nur zwei Exemplare hatten den Krieg überlebt. Dieser extrem enge Zuchtbasis macht die Rasse sehr anfällig für Erbkrankheiten.

Noch heute ist der Billy ein Spürhund mit außerordentlichen Qualitäten, sehr feinem Geruchssinn, ein entschlossener Arbeiter. Er ist bedachtsam und geschickt im Buschwald und schleicht sich nah ans Wild heran.

Er besitzt eine leichte und klangvolle Stimme. Gegen große Kälte ist er empfindlich. Wenn er nicht jagt, ist der Billy mit seinen Artgenossen ziemlich streitsüchtig, dem Menschen gegenüber ist er freundlich und zugewandt.

Auszug aus dem Standard:

„Gut gebauter, kräftiger doch leichter Hund; Vorderhand etwas stärker entwickelt als Hinterhand. Galoppiert leichtfüßig."

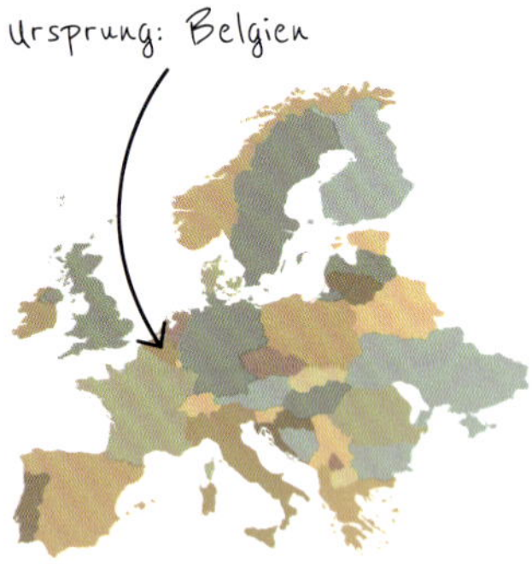

Arbeitsprüfung

FCI-Standard Nr. 84
Gruppe: 6
Sektion 1: Laufhunde
1.1 Große Laufhunde

Größe
Rüde: 68 cm
Hündin: 62 cm
Eine Toleranz von +/-4 cm ist zulässig.

Gewicht
Rüde: ca. 46–54 kg
Hündin: ca. 40–48 kg

Farbe/Haarkleid
Unterscheidung in drei Fellfarben: zweifarbig schwarz und loh („black and tan"), leberfarben und loh („liver and tan") und einfarbig rot („red")

Kurzhaar

Bloodhound
(Bluthund)

Ursprünglicher Verwendungszweck:
Lauf- und Meutehund für Hochwild, Schweißhund zur Nachsuche

Der Bloodhound ist nicht etwa besonders blutrünstig, wie man vielleicht aufgrund seines Namens vermuten könnte, sondern der Name bezieht sich auf die Blutspur von verletztem Wild, in der Jägersprache Schweißfährte genannt, die er verfolgen soll. Da sind wir auch schon bei der Spezialisierung dieses imposanten Hundes: dem Suchen. Ursprünglich (und in Frankreich und Belgien auch heute noch) hieß er „Chien de St. Hubert", „Hund von St. Hubert", nach dem Mönchskloster in den belgischen Ardennen, wo er Berichten zufolge schon ab dem 8. Jahrhundert zur Jagd auf Hirsche und Wildschweine gezüchtet worden sein soll. Schon im 11. Jahrhundert wurde er im Gefolge von Wilhelm dem Eroberer auch nach England exportiert und bekam dort den Namen „Bloodhound" (eine andere Theorie zur Namensentstehung besagt, der Name leite sich von dem „reinen Blut" in der Zucht ab.) Wir haben es also mit einer wirklich sehr alten Rasse zu tun. Die Hunde aus dem Ardenner Kloster in St. Hubert gelten als Vorfahren zahlreicher weiterer europäischer Brackenrassen, besonders der Schweißhundrassen.

Der Bloodhound ist ein großer, schwerer und kräftiger Hund, der sich dennoch raumgreifend, federnd und im Trab sehr ausdauernd bewegen kann. Sein großer Kopf mit vielen Falten, tiefliegenden Augen und herabhängendem Unterlid verleiht ihm einen würdevollen und erhabenen Ausdruck. Die lang herabhängenden Ohren bilden bei gesenktem Kopf eine Art seitlichen „Geruchsfänger" für vom Boden aufgewirbelte Geruchspartikel. Seine Riechleistung und vor allem seine Beharrlichkeit und Ausdauer beim Verfolgen einer Spur sind legendär: auch mehrere Tage alte Spuren verfolgt er – korrekte Ausbildung vorausgesetzt – über Stunden hinweg, ohne sich dabei ablenken zu lassen. Das prädestiniert ihn heute für den Job als Mantrailer, bei dem eine bestimmte Person nach dem Anriechen eines Geruchsmusters verfolgt wird. Seine Fähigkeiten macht man sich daher in der Vermisstensuche, aber auch in Kriminalfällen zunutze, um zu überprüfen, ob ein Tatverdächtiger an einem bestimmten Ort war oder nicht.

Kenner der Rasse beschreiben den Bloodhound als sanftmütig und ruhig, aber eigensinnig und nicht „abrichtbar" im Sinne eines Schäferhundes. Seine Besitzer sollten also eine gewisse Toleranz mitbringen. Gewarnt wird auch davor, sich von dem niedlichen Knautschgesicht eines Bloodhound-Welpen allzu leicht verführen zu lassen: Der Hund wird sehr groß, sehr schwer, er sabbert und er riecht auch bei guter Pflege recht streng. Als Wohnungshund ist er daher sicher nicht jedermanns Sache, zumal er viel Platz und Bewegung braucht.

Wird dieser Vollblut-Suchhund seinen Anlagen gemäß eingesetzt, gibt es eigentlich keinen Hund, der ihm in der Suche, was Alter und Länge der Spur betrifft, den Rang ablaufen kann.

Auszug aus dem Standard:

„Harmonisch in seinen Umrisslinien, starkknochig und gut bemuskelt, sehr substanzvoll, ohne jedoch schwer zu wirken. Seine Gesamterscheinung ist beeindruckend und voller Adel."

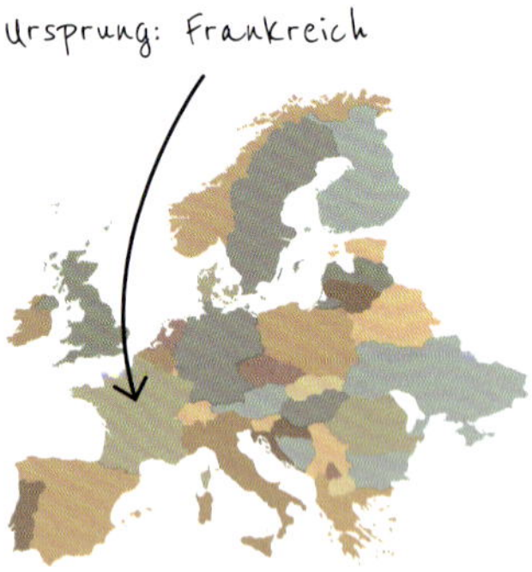

Arbeitsprüfung

FCI-Standard Nr. 220
Gruppe: 6
Sektion 1: Laufhunde
1.1 Große Laufhunde

Größe
Rüde: 65–72 cm
Hündin: 62–68 cm
Eine Toleranz von +/- 1 cm ist zulässig.

Gewicht
Keine Angabe im FCI-Standard (i. d. R. 27–32 kg)

Farbe/Haarkleid
Unbedingt Weiß und Schwarz, mit schwarzem Mantel oder mit mehr oder weniger ausgedehnten schwarzen Flecken. Es kann eine schwarze, blaue oder sogar lohfarbene Tüpfelung vorkommen, letztere sind aber nur auf den Läufen erlaubt.

Kurzhaar (ziemlich fest und dicht)

Chien français blanc et noir
(Französischer weiß-schwarzer Laufhund)

Ursprünglicher Verwendungszweck:
Hochwildjagd auf Rothirsch und Rehwild, auch zur Parforcejagd zu Pferd, ebenso in der Meute

Der „Français Blanc et Noir“, wie er in seinem Heimatland heißt, wurde für die berittene Hochwildjagd mit großen Meuten, die sogenannte Parforcejagd, gezüchtet. Mit großer Schnelligkeit und Ausdauer hält er mit den Pferden über Stock und Stein mit und soll die Spur von Rothirsch und Rehwild verfolgen und dieses hetzen.
Er wurde gemeinsam mit dem Français tricolore und dem Français blanc et orange, von denen er sich bis auf kleine Details nur durch die Farbe unterscheidet, im Jahr 1957 von der FCI anerkannt. Da die berittene Jagd mit Hundemeuten in Frankreich eine lange Tradition hat, wie man immer wieder auf Gemälden und Darstellungen seit mindestens dem Mittelalter sehen kann, stammen alle drei von sehr alten französischen Laufhunderassen ab, so zum Beispiel dem Bleu de Gascogne, dem Levesque, Poitevin und Saintongeois. Vor rund hundert Jahren wurden englische Foxhounds eingekreuzt, der den Franzosen eine etwas kräftigere Konstitution verlieh. Auch in der Kopfform kann man das Erbe des Foxhounds heute noch erkennen.
Der weiß-schwarze Laufhund ist heute die am häufigsten gezüchtete Farbvarietät der französischen Laufhunde und man zählt zwischen drei- und vierhundert Welpen pro Jahr in Frankreich. Damit bleibt die Rasse dennoch selten und außerhalb von Jägerkreisen kaum anzutreffen. Das kurze Fell soll rein weiß mit schwarzer Schabracke oder recht großen schwarzen Platten sein, Sprenkelungen an den Läufen, die auch lohfarben sein dürfen, sind erlaubt. Auch über den Augen kann er hell lohfarbene Flecken besitzen. Oft findet man außerdem einen graubraunen Fleck an der Innenseite des Sprunggelenks, den man als „marque de chevreuil“, deutsch „Rehfleck“, bezeichnet.
Jäger schätzen seine gute Nase, seine Geschwindigkeit und Ausdauer während der Jagd. Privatpersonen dürften mit dem großen und schnellen Hund, der ein starkes Laufbedürfnis und einen hohen Jagdtrieb besitzt, in der Regel eher überfordert sein, auch wenn der weiß-schwarze Franzose freundlich und dem Menschen sehr zugetan ist.

Auszug aus dem Standard:

„Großer Meutehund von edler Klasse, jedoch kräftig gebaut und von ausgeglichener Erscheinung. Diese Hunde werden aufgrund ihrer qualitativen Eigenschaften sehr gerne bei der Rotwildjagd eingesetzt: eine feine Nase, fleißig, zuverlässig und von ausgeprägter Statur.“

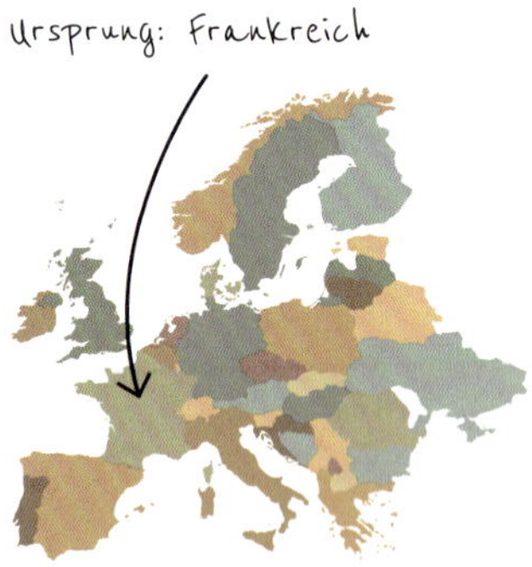

Arbeitsprüfung

FCI-Standard Nr. 316
Gruppe: 6
Sektion 1: Laufhunde
1.1 Große Laufhunde

Größe
Rüde und Hündin: 62–70 cm
Eine Toleranz von +2 cm über das obere Maß ist zulässig.

Gewicht
Keine Angabe im FCI-Standard (i. d. R. ca. 30–35 kg)

Farbe/Haarkleid
Weiß-zitrone oder Weiß-orange (vorausgesetzt, dass das Orange nicht zu dunkel ist und nicht zum Rot tendiert)

Kurzhaar (fein)

Chien français blanc et orange

(Französischer weiß-oranger Laufhund)

Ursprünglicher Verwendungszweck:
Jagdhund auf Hoch- und Niederwild (Hetzjäger)

Der Français blanc et orange gehört zusammen mit dem Français blanc et noir und dem Français tricolore zu den eng verwandten drei großen französischen Laufhundrassen, die gemeinsam im Jahr 1957 von der FCI anerkannt wurden.

Die Unterschiede zwischen diesen drei Rassen, von denen er die weitaus seltenste ist, sind, von der Fellfarbe abgesehen, ziemlich marginal und beschränken sich auf Details der Kopf- und Ohrenform. Dennoch werden alle drei unter eigenen Standards geführt. Der Français blanc et orange ist jedoch im Schnitt rund 2 cm kleiner als seine beiden „Brüder".

Zu seinen Ahnen zählen offensichtlich auch der hell gefärbte Billy und der Poitevin.

Wie seine andersfarbigen Kollegen ist dieser Hund auf das Jagen in großen Meuten hinter Rot- und Rehwild spezialisiert, gefolgt von Jägern zu Pferde (Chasse à courre). Er jagt spurlaut mit schönem „Geläut" und sehr ausdauernd.

Das kurze, feine Fell ist weiß mit gelben oder orangefarbenen Flecken, wobei das Orange nicht zu dunkel sein und nicht zum Rot tendieren soll.

Der schnelle, athletische und ausdauernde Jagdhund mit guter Nase eignet sich kaum zur Haltung in Privathand und wird von den meisten Züchtern auch nur an Jagdmeutenbesitzer abgegeben. Im deutschsprachigen Raum ist die Rasse kaum anzutreffen, in Frankreich gibt es einige Meuten, die sich aus dieser Rasse zusammensetzen. In Privathand sieht man sie auch dort als gelegentliche Ausnahme.

Auszug aus dem Standard:
„Edler Hund französischen Typs
und rustikaler Erscheinung.“

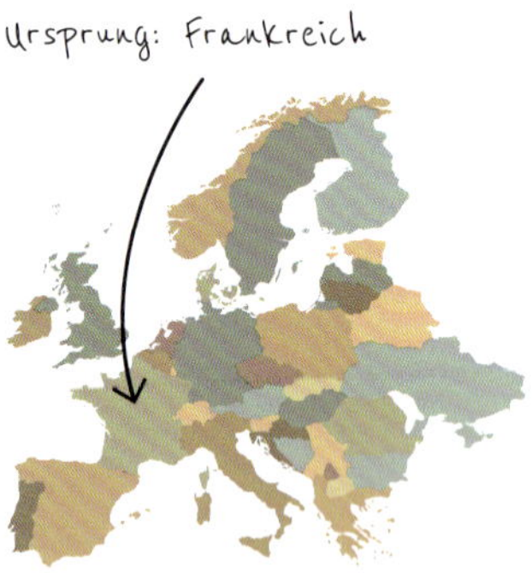

Arbeitsprüfung

FCI-Standard Nr. 219
Gruppe: 6
Sektion 1: Laufhunde
1.1 Große Laufhunde

Größe
Rüde: 62–72 cm
Hündin: 60–68 cm

Gewicht
Keine Angabe im FCI-Standard (i. d. R. 30–35 kg)

Farbe / Haarkleid
Dreifarbig mit mehr oder weniger ausgedehntem Mantel. Die Abzeichen sind vorzugsweise kräftig loh- oder kupferfarben. Wolffarben ist zulässig.

Kurzhaar (fein)

Chien français tricolore

(Französischer dreifarbiger Laufhund)

Ursprünglicher Verwendungszweck:
Meutelaufhund zur Hochwildjagd

Der Français tricolore gehört zusammen mit dem Français blanc et noir und dem Français blanc et orange zu den drei großen französischen Laufhunderassen, die gemeinsam im Jahr 1957 von der FCI anerkannt wurden und sich abgesehen von der Fellfarbe nur in recht wenigen Details der äußeren Erscheinung wie der Kopf- und Ohrenform voneinander unterscheiden.

Als Begründer des modernen Français tricolore gilt Graf Henri de Falandre, der in den 1950er Jahren große dreifarbige Hunde der Rasse „Anglo-Français" vorwiegend französischer Abstammung mit den Rassen Poitevin und Billy kreuzte. Der heutige Hund ist eckiger gebaut als der Poitevin, aber schlanker und gestreckter als der Anglo-Français.

Der Verwendungszweck der Français tricolore und ihrer Vorfahren war seit jeher die berittene Jagd auf Rot- und Rehwild sowie Hirsche, wobei sie mit großer Ausdauer und Schnelligkeit brillierten und in großen Meuten von manchmal bis zu 80 oder 100 Hunden jagten. Großer Wert wurde dabei in der Zucht auf einheitliche Eigenschaften der Hunde gelegt, denn in der Meute soll kein Hund schneller oder langsamer jagen als der andere, keiner aus der Meute ausscheren und sich selbständig machen, alle sollen gemeinsam die Spur verfolgen und das Wild hetzen. Auch heute noch erfreut sich die berittene Jagd auf lebende Tiere hinter Hundemeuten, die „Chasse à courre" oder „Vènerie", in Frankreich recht großer Beliebtheit und wird trotz Kritik von Seiten mancher Tierschützer als kulturelles Erbe und nachhaltige Form der Jagd verteidigt, weil, so die Befürworter, nur Einzeltiere und nur die schwächsten gejagt würden und in drei von vier Fällen das Wild entkommen würde. Viele dieser Meuten bestehen aus Français tricolore.

Das kurze, feine Fell ist dreifarbig mit mehr oder weniger ausgedehntem Mantel. Die Abzeichen sind vorzugsweise kräftig loh- oder kupferfarben. Lohfarbene schwarzgewolkte Abzeichen an Wangen und Lefzen sind laut Standard ebenso wenig gewünscht wie lohfarbene oder blaue Tüpfelung auf Gliedmaßen oder Körper.

Der Français tricolore ist ein athletischer Vollblut-Jagdhund, der von seinen französischen Züchtern in der Regel auch nur an Jäger bzw. an Jagdmeuten abgegeben wird.

Auszug aus dem Standard:

„Meutehunde mit Klasse und Eleganz, recht kräftig gebaut und bemuskelt.“

Arbeitsprüfung

FCI-Standard Nr. 159
Gruppe: 6
Sektion 1: Laufhunde
1.1 Große Laufhunde

Größe
Rüde und Hündin: 58 – 64 cm

Gewicht
Keine Angabe im FCI-Standard
(i. d. R. Rüde: 27 – 34 kg
Hündin: 25 – 32 kg)

Farbe/Haarkleid
Alle anerkannten Laufhundefarben und Abzeichen

Kurzhaar
(dicht, gegen schlechte Witterung widerstandsfähig)

English Foxhound

Ursprünglicher Verwendungszweck:
Meutehund für die berittene Fuchsjagd

Der English Foxhound ist der Klassiker unter den Meutehunden, die zur berittenen Fuchsjagd eingesetzt wurden und man kennt ihn von den typischen Gemälden und Stichen über das englische Landleben, auf denen Reiter im roten Rock hinter den Hunden über Hecken und Zäune setzen. In England gibt es Foxhound-Meuten, deren Ahnentafeln über rund 200 Jahre dokumentiert sind, was in der Hundezucht einmalig ist. Der Foxhound entstand schon im späten 16. Jahrhundert. Alte englische Jagdschriftsteller sind der Meinung, dass neben heimischen Bracken und im Gefolge der normannischen Eroberung aus Frankreich mitgebrachten Laufhunden dabei auch Windhunde eine Rolle gespielt hätten, um der Rasse mehr Schnelligkeit zu verleihen.

Gezielt nach einem einheitlicheren Standard gezüchtet werden die Foxhounds seit dem 19. Jahrhundert, vorher war das Aussehen viel unterschiedlicher und man legte vor allem Wert auf die Gebrauchseigenschaften. Einzelne Zwinger bzw. „Hunts" hatten außerdem ihre eigenen, recht unverkennbaren Typen, die zum Beispiel schwerer oder leichter gebaut sein konnten, typische Färbungen hatten oder durch eine besondere Stimmlage auffielen, wenn sie den Fuchs laut „läutend", wie der Jäger sagt, im vollen Lauf verfolgten.

Die berittene Jagd auf lebende Füchse ist in England seit 2005 verboten, seitdem finden Reitjagden hinter Hundemeuten, wie auch auf dem Kontinent, nur noch hinter künstlichen Schleppfährten statt. Dennoch gibt es in England noch knapp 200 Foxhound-Meuten (Stand 2024), die von der „Masters of Foxhounds Association" registriert werden. In Deutschland sind unter den der Deutschen Schleppjagdvereinigung angeschlossenen Hundemeuten die Foxhound-Meuten die mit Abstand zahlenmäßig stärksten und auch in den Niederlanden gibt es viele Foxhound-Meuten.

Als typischer Jagdhund hat der Foxhound eine tiefe Brust, die viel Raum für große Lungen bietet. Zusammen mit den langen und schlanken Läufen verschafft ihm dies große Schnelligkeit und Ausdauer. Viel Wert wird auch auf eine kraftvolle, ausgewogene Muskulatur, eine hoch angesetzte Rute und auf die Stimmfreudigkeit während der Jagd gelegt. Das kurze, aber harte und dichte Fell macht ihn widerstandsfähig gegen schlechtes englisches Wetter, aber auch Dornengebüsche und Geäst.

Die jahrhundertelange Zucht als Meutehund macht den Foxhound sehr sozialverträglich, auch dem Menschen gegenüber ist er freundlich, wenn auch gelegentlich etwas dickköpfig – diese Beharrlichkeit und Sturheit kommt ihm aber auf der Jagd zugute, wenn er die Spur verfolgen und sich dabei nicht ablenken lassen soll. Als Familienhund eignet sich dieser Vollblut-Jagdhund trotz seines hübschen Aussehens eher nicht, er braucht das Leben und Arbeiten in der Meute – abgesehen davon, dass kein seriöser Foxhound-Züchter seine Welpen in Privathand abgeben würde.

Auszug aus dem Standard:

„Voller Kraft und Ausdauer, von Natur aus zur Jagd begabt; freundlich, nicht aggressiv. “

Arbeitsprüfung

FCI-Standard Nr. 21
Gruppe: 6
Sektion 1: Laufhunde
1.1 Große Laufhunde
Varietäten: 2 (Größe)

Größe
a) Klein
Rüde: 56–62 cm
Hündin: 54–59 cm
b) Groß
Rüde: 65–72 cm
Hündin: 62–68 cm

Gewicht
Zu a) Keine Angabe im FCI-Standard (i. d. R. bis zu 20 kg)

Zu b) Keine Angabe im FCI Standard (i. d. R. bis zu 30 kg)

Farbe/Haarkleid
Die Grundfarbe ist Weiß, schwarz gefleckt, manchmal getüpfelt, aber nicht übermäßig. Jede Kopfseite trägt im Allgemeinen zwei schwarze Flecken, die den Behang bedecken, die Augen einfassen und auf den Backen enden.

Kurzhaar (dicht)

Gascon Saintongeois

Ursprünglicher Verwendungszweck:
Jagdhund für die Flintenjagd als auch für die Hetzjagd auf Hochwild und seiner Herkunft nach auf den Hasen; meist in der Meute oder einzeln als Fährtenhund

Dieser kurzhaarig weiß-schwarze Meutehund aus Frankreich wird in zwei Varietäten gezüchtet. Der größeren und älteren, genannt Grand Gascon Saintongeois, und der später daraus entwickelten kleineren, dem Petit Gascon Saintongeois.

Der ursprüngliche „Chien de Saintonge", im Mittelalter ein beliebter Jagdhund des französischen Landadels, war um die Mitte des 19. Jahrhunderts so gut wie ausgestorben und es ist den Bemühungen eines Grafen namens de Carayon-Latour zu verdanken, dass er die seltenen Exemplare seiner Zeit aufkaufte und mit Grand Bleu de Gascogne kreuzte, um den Bestand neu aufzubauen. Damit schuf er eine neue Rasse, den Chien de Saintonge selbst konnte er jedoch nicht retten.

Der Gascon Saintengeois wird zur Jagd auf Hasen und auf Großwild sowohl einzeln als auch in der Meute eingesetzt und ist damit auch heute noch ein vielseitiger Jagdhelfer. Seine Grundfarbe ist weiß mit schwarzen Flecken, auch schwarze Tupfen kommen vor, die aber nicht überhandnehmen sollen. Über den Augen und an den Backen, manchmal auch an den Gliedmaßen, findet man außerdem lohfarbene Abzeichen.

Der kleine Gascon Saintengeois entstand etwas später, etwa in der Mitte des 20. Jahrhunderts im Südwesten Frankreichs, wo die Jäger die Hunde eher für die Hasen- als für die Meutejagd auf Rotwild nutzten und daher eine kleinere Spielart bevorzugten, indem sie immer nur die kleinsten Welpen aus den Würfen auswählten.

Beide Größenvarietäten werden aber nach wie vor nach dem gleichen Rassestandard gerichtet und unterscheiden sich nur in der Körperhöhe. Beide Rassen zeigen bisweilen einen graubraunen Fleck, „Hirschmarke" oder „Rehfleck" genannt, oberhalb des Sprunggelenks, der von Jagdhund-Liebhabern als Merkmal edelster Abstammung gedeutet wird.

Außerhalb des Jagdbetriebes ist ein Einsatz zum Beispiel als Rettungshund aufgrund seiner feinen Nase gut denkbar, der genetisch fixierte Jagdtrieb ist aber stets im Auge zu behalten. Abgesehen davon ist der Gascon Saintongeois sehr ruhig, sanft und menschenfreundlich, leichtführig und offen und kommt durch sein Meutehund-Erbe gut mit Artgenossen zurecht. Durch diese Eigenschaften eignet er sich prinzipiell auch für Hundeanfänger, sofern der Jagdtrieb unter Kontrolle gebracht werden kann.

Auszug aus dem Standard:

„Vorzüglicher Meutehund, feine Nase, sehr klangvolles Geläut. Er ordnet sich instinktiv in der Meute ein. Der Gascon Saintongeois ist ruhig, anhänglich und ordnet sich leicht unter."

Arbeitsprüfung

FCI-Standard Nr. 324
Gruppe: 6
Sektion 1: Laufhunde
1.1 Große Laufhunde

Größe
Rüde und Hündin: 60–70 cm

Gewicht
Keine Angabe im FCI-Standard
(i. d. R. um 35 kg)

Farbe / Haarkleid
Weiß-zitrone oder Weiß-orange (vorausgesetzt, dass das Orange nicht zu dunkel ist und nicht zum Rot tendiert)

Kurzhaar

Grand anglo-français blanc et orange

(Großer anglo-französischer weiß-oranger Laufhund)

Ursprünglicher Verwendungszweck:
Jagdhund für die Hetzjagd auf Hoch- und Niederwild

Die weiß-„orange" Variante des anglo-französischen Laufhundes stammt wie die des dreifarbigen und des weiß-schwarzen anglo-französischen Laufhundes aus der Einkreuzung von englischem Foxhound in französische Laufhunderassen, in diesem Fall vorrangig dem Billy. Vom Billy hat er die je nach Individuum schwach bis intensiv gefärbten orangenen Flecken geerbt, die nicht zu dunkel sein und nicht zum Rot tendieren sollen.
Die erwünschte Farbe war in der Zucht nicht ganz einfach zu erreichen, da man die Dreifarbigkeit des Foxhounds wieder verdrängen musste.
Heute haben wir einen Hund vor uns, der stark an einen gelb-weißen Foxhound erinnert, dabei aber rund 10 cm größer ist als dieser.
Der Verwendungszweck dieser Laufhunde und ihrer Vorfahren war seit jeher die berittene Jagd auf Rot- und Rehwild sowie Hirsche, wobei sie mit großer Ausdauer und Schnelligkeit brillierten und in großen Meuten von manchmal bis zu 80 oder 100 Hunden jagten. Großer Wert wurde dabei in der Zucht auf einheitliche Eigenschaften der Hunde gelegt, denn in der Meute soll kein Hund schneller oder langsamer jagen als der andere, keiner aus der Meute ausscheren und sich selbständig machen, alle sollen gemeinsam die Spur verfolgen und das Wild hetzen. Auch heute noch erfreut sich die berittene Jagd auf lebende Tiere hinter Hundemeuten, die „Chasse à courre" oder „Vènerie", in Frankreich recht großer Beliebtheit und wird trotz Kritik von Seiten mancher Tierschützer als kulturelles Erbe und nachhaltige Form der Jagd verteidigt, weil, so die Befürworter, nur Einzeltiere und nur die schwächsten gejagt würden und in drei von vier Fällen das Wild entkommen würde.
Der Grand anglo-français blanc et orange ist selbst in seinem Heimatland Frankreich selten und nur in einigen wenigen Jagdhundmeuten, in Privathand so gut wie gar nicht anzutreffen.

Auszug aus dem Standard:

„Ziemlich stark gebauter, kräftiger Hund; der Einfluss englischen Blutes ist vor allem am Kopf stärker ausgeprägt als bei seinem dreifarbigen Rassekollegen."

Arbeitsprüfung

FCI-Standard Nr. 323
Gruppe: 6
Sektion 1: Laufhunde
1.1 Große Laufhunde

Größe
Rüde: 65–72 cm
Hündin: 62–68 cm
Eine Toleranz von +/- 1 cm ist zulässig.

Gewicht
Keine Angabe im FCI-Standard (i. d. R. um 35 kg)

Farbe / Haarkleid
Unbedingt Weiß und Schwarz, mit schwarzem Mantel und mit mehr oder weniger ausgedehnten schwarzen Flecken

Kurzhaar (ziemlich fest und dicht)

Grand anglo-français blanc et noir

(Großer anglo-französischer weiß-schwarzer Laufhund)

Ursprünglicher Verwendungszweck:
Meute-Laufhund zur Hochwildjagd (auf Hirsche und Rehe, auch Schwarzwild)

Der Grand anglo-français blanc et noir ist der weiß-schwarz gefärbte Cousin des Grand Anglo-français tricolore und besitzt wie dieser ein starkes englisches Foxhound-Erbe, auf der französischen Seite des Stammbaums findet man vorrangig Bleu de Gascogne und Gascon Saintongeois.

Die weiß-schwarze Variante ist viel seltener als die dreifarbige und man findet sie Quellen zufolge aktuell nur in zwei französischen Jagdhundmeuten.

Das schwarz-weiß gescheckte Fell kann schwarze Tupfen aufweisen, die schwarzen Scheckungsplatten wünscht man sich aber satt und tiefschwarz glänzend. Gelbe / lohfarbene Abzeichen sind erlaubt als Überaugenflecken, an den Wangen, um den After herum und als der jagdhundtypische „Rehfleck“ an der Innenseite der Sprunggelenke.

Kenner der Rasse meinen, dass sie sich vom Tricolore nicht nur durch die Farbe, sondern auch durch die Kopfform unterscheidet – so soll der Kopf des weiß-schwarzen einen viereckigeren Nasenrücken mit betonterem Stop aufweisen und insgesamt kürzer sein. Auch der Hals soll etwas kürzer und kräftiger sein. Für Nicht-Experten werden diese feinen Unterschiede aber kaum auszumachen sein.

In Frankreich werden die Hunde nach wie vor zur Reh- und Hirschjagd eingesetzt und selten bis gar nicht in Privathand abgegeben.

Auszug aus dem Standard:

„Exzellent bei der Hetzjagd nach Hirschen und Rehen, die in feuchtem oder dicht bewachsenem Terrain praktiziert wird. Ein sehr geselliger Hund, der sich gern in der Nähe von Menschen aufhält; einfach im Zwinger zu halten."

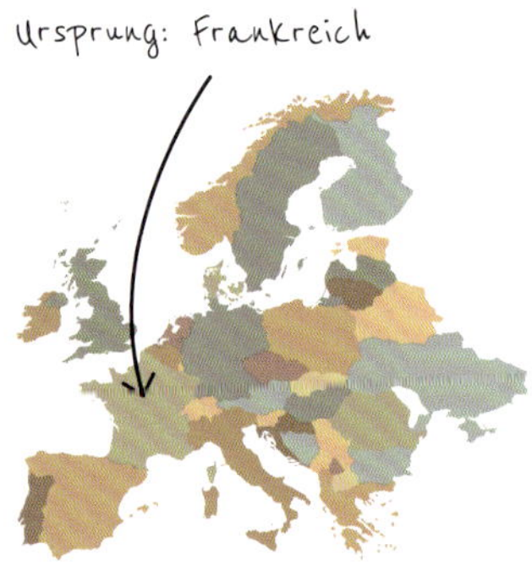

Arbeitsprüfung

FCI-Standard Nr. 322
Gruppe: 6
Sektion 1: Laufhunde
1.1 Große Laufhunde

Größe
Rüde und Hündin: 60–70 cm

Gewicht
Keine Angabe im FCI-Standard (i. d. R. um 35 kg)

Farbe/Haarkleid
Tricolor; meist mit schwarzem Mantel oder mit mehr oder weniger ausgedehnten schwarzen Flecken; lebhaft loh- oder kupferfarbene Abzeichen ohne Ruß; das als „louvard" bezeichnete Mischhaar ist nicht untersagt, eine übermäßige Tüpfelung ist unerwünscht.

Kurzhaar

Grand anglo-français tricolore
(Großer anglo-französischer dreifarbiger Laufhund)

Ursprünglicher Verwendungszweck:
Jagdhund auf Reh, Hirsch und Wildschwein, meist in der Meute

Bei den drei anglo-französischen Laufhunderassen, die sich äußerlich nur durch ihre Farbe unterscheiden, legen die französischen Kynologen großen Wert darauf, dass es „französische Hunde, deren Morphologie durch englisches Blut verbessert wurde" seien und es sich nicht etwa, wie man vielleicht aufgrund des Namens vermuten könnte, um halb und halb englisches und französisches Blut handele. Die Engländer sehen das natürlich andersherum und nennen ihn einen „Foxhound französischer Art".

Wer nun auch genau Recht hat: Der dreifarbige anglo-französische Laufhund ist heute vermutlich der am meisten gebrauchte große Laufhund in französischen Jagdmeuten.

Er stammt im Grunde aus einer Kreuzung von Poitevins mit dem englischen Foxhound. Von ersterem hat er die Größe um 70 cm Höhe, von letzterem die Farbe geerbt: braun-weiß mit schwarzem Sattel und manchmal schwarzem Nackenbereich. Der Foxhound hat auch zu einem etwas kompakteren Körper und stärkeren Knochen als bei den französischen Ahnen beigetragen, während die Kopfform viel stärker dem französischen Poitevin-Ahnen ähnelt. Vom Foxhound-Anteil stammen auch die höhere Ausdauer, Hartnäckigkeit, Robustheit und Widerstandskraft. Frischte man die Zucht früher regelmäßig mit Foxhounds auf, werden diese heute nur noch selten eingesetzt.

Ursprünglich wurden die Anglo-Français noch in drei Größen, groß, mittel und klein, gezüchtet, bevor sich die FCI im Jahr 1957 auf die heutige Einteilung nach den drei Farben einigte.

Als klassischer Laufhund möchte und muss sich der Große Anglo-Französische Laufhund viel bewegen, was zusammen mit seiner Jagdpassion und der Tatsache, dass er seit vielen Generationen in großen Meuten lebt, eine Einzelhaltung in Privathand problematisch machen dürfte. Es werden sich auch kaum seriöse Züchter finden, die Welpen als Familienhunde abgeben – in der Regel tauschen die großen französischen Jagdhundemeuten ihre Welpen unter sich. Lediglich über den Tierschutz gelangen selten Hunde dieser Rasse in Privathand.

Auszug aus dem Standard:

„Kräftiger Hund, überwiegend französischen Ursprungs mit einer gewissen Vornehmheit, der in unterschiedlichem Maße noch seine Abstammung vom Foxhound erkennen lässt."

Grand Bleu de Gascogne

(Großer blauer Gascogner Laufhund)

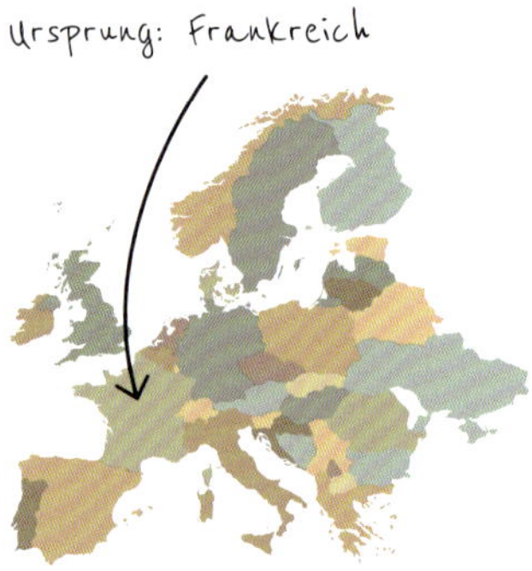

Arbeitsprüfung

FCI-Standard Nr. 22
Gruppe: 6
Sektion 1: Laufhunde
1.1 Große Laufhunde

Größe
Rüde: 65–72 cm
Hündin: 62–68 cm

Gewicht
Keine Angabe im FCI-Standard (i. d. R. 32–35 kg)

Farbe/Haarkleid
Vollständig (schwarz-weiß) getüpfelt, was einen schieferblauen Schimmer verleiht, mit oder ohne mehr oder minder ausgedehnten schwarzen Platten. Jede Kopfseite trägt im Allgemeinen zwei schwarze Flecken, die den Behang bedecken, die Augen einfassen und auf den Backen enden. Auf dem Schädeldach fließen sie nicht zusammen, sondern lassen einen weißen Zwischenraum, in dessen Mitte sich häufig ein kleiner ovaler schwarzer Fleck findet; dies ist typisch für die Rasse

Kurzhaar (dick, dicht)

Ursprünglicher Verwendungszweck:
Jagdhund für die Flintenjagd (manchmal für die Hetzjagd auf Hochwild, auch auf Hasen), meist in der Meute oder einzeln als Spürhund. Im Mittelalter auch auf Wölfe und Bären.

Dieser größte aller Laufhunde ist nach der Landschaft Gascogne im Südwesten Frankreichs benannt, die zwischen den Pyrenäen und dem Fluss Garonne liegt. Dort gab es noch bis zum Ende des 19. Jahrhunderts sehr viele Wölfe, die man mit Meuten der Gascogner Hunde jagte. Dadurch erklären sich auch Mut und Zähigkeit der Rasse, wenngleich sie nicht die schnellsten unter den Laufhunden sind und daher für die berittene Hetzjagd auf Rotwild eher weniger eingesetzt wurden. Für die Jagd auf den Wolf zählten aber andere Qualitäten. Auch in dem buschigen und hügeligen, unübersichtlichen Gelände der Gascogne kam den Hunden ihre Bedächtigkeit und Gründlichkeit in Kombination mit Durchhaltevermögen und einer feinen Nase zugute.

Es handelt sich um eine sehr alte Rasse, über deren Ursprünge die Autoren uneins sind und die ihrerseits als Urahn aller südfranzösischen Laufhunderassen zu sehen ist. Nach dem Schweizer Kynologen Dr. Räber ist die wahrscheinlichste Theorie diejenige, nach der alte englische bzw. sogar keltische große, schwerfällige und langsame Jagdhunde wie z. B. der englische Southern Hound bei der Entstehung eine Rolle gespielt haben, denn die Gascogne befand sich wischen 1150 und 1450 unter englischer Herrschaft. Schon aus dem 14. Jahrhundert sind uns Abbildungen von Jagdhundmeuten des Gaston Febus, eines Grafen von Foix, übermittelt, auf denen Laufhunde vom Typ des Grand Bleu de Gascogne zu sehen sind.

Der erste amerikanische Präsident George Washington erhielt 1785 sieben Bleu de Gascogne als Geschenk des französischen Generals Lafayette, was in der Folge dazu führte, dass die Rasse erheblich zur Entwicklung des amerikanischen Coonhound beitrug. Auch heute gibt es in den USA vermutlich mehr Grand Bleu de Gascogne als im Ursprungsland Frankreich.

Die Farbbezeichnung „Bleu“ ist ein wenig irreführend, denn der Eindruck einer „blauen“ Fellfarbe entsteht nur durch die feine schwarze Tüpfelung auf weißem Grund, ansonsten zeigt er schwarze Platten und lohfarbene Abzeichen.

Auffallend ist seine tiefe, laute Stimme mit heulenden Tönen, die er im Lauf beim Verfolgen der Spur in der Meute ertönen lässt. Der Rassestandard betont die Ohrenform als charakteristisches Merkmal der Rasse: Sie sind dünn, gefaltet, tief und schmal angesetzt, laufen spitz aus und reichen bis über die Nasenspitze.

Der Charakter des großen blauen Gascogner Laufhundes ist als ruhig zu bezeichnen, er ordnet sich in der Meute und dem Menschen gegenüber leicht unter.

Auszug aus dem Standard:

„Hund einer alten Rasse; in Kopf, Haarkleid und Ausdruck durch und durch den französischen Typ verkörpernd; seine imponierende Erscheinung vermittelt den Eindruck kraftvoller Ruhe und hohen Adels."

Grand Griffon Vendéen

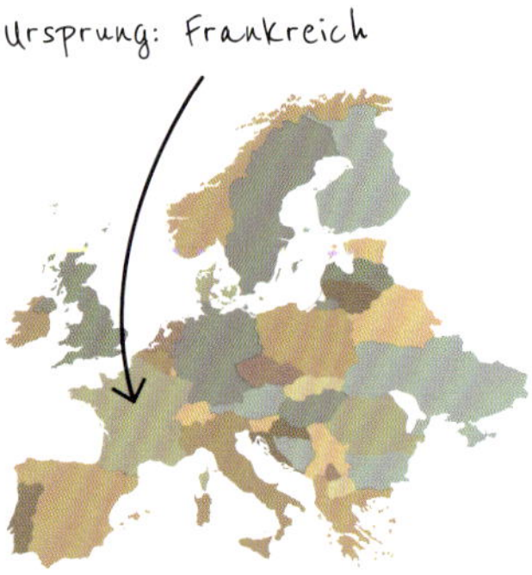

Arbeitsprüfung

FCI-Standard Nr. 282
Gruppe: 6
Sektion 1: Laufhunde
1.1 Große Laufhunde

Größe
Rüde: 62 – 68 cm
Hündin: 60 – 65 cm
Eine Toleranz von +/- 1 cm ist zulässig.

Gewicht
Keine Angabe im FCI-Standard (i. d. R. 18 – 20 kg)

Farbe / Haarkleid
Schwarz mit weißer Scheckung (weiß-schwarz), Schwarz mit falbfarbenen Abzeichen (schwarz-rot), Schwarz mit sandfarbenen Abzeichen; Falbfarben mit weißer Scheckung (weiß-orange), Falbfarben mit schwarzem Mantel und weißer Scheckung (tricolor)

Langhaar, aber nicht übermäßig (manchmal buschig und rau) mit reichlich Unterwolle

Ursprünglicher Verwendungszweck:
Laufhund für die Jagd auf Hirsch, Reh, Wildschwein und Fuchs, in der Meute oder einzeln

Die Vendée ist ein französisches Département, das an der Westküste des Landes südlich der Loire-Mündung liegt und dieser sehr alten französischen Laufhunderasse ihren Namen gab.
Die Bezeichung „Griffon“ für verschiedene Jagdhundetypen taucht in französischen Quellen bereits im 16. Jahrhundert auf und ist von der Wortherkunft her vermutlich mit dem mittelalterlichen „grifain“ für „bärtig“ verwandt.
Bei der Entstehung des Grand Griffon Vendéen spielten im Lauf der Jahrhunderte praktisch alle traditionellen bekannten und begehrten historischen großen Laufhunderassen Frankreichs mit, die heute wieder verschwunden sind, so die „Grauen Hunde des Heiligen Ludwig“ (Gris de Saint Louis), die fahlroten Jagdhunde der Bretagne (Griffon fauve de Bretagne) und ein kurz- bzw. glatthaariger Schlag von Laufhunden der Vendée.
Wer auch immer zur langen Ahnenreihe zählt: In der Vendée wurde mit diesen Hunden alles Mögliche gejagt, vom Hasen über das Wildschwein bis zum Hirsch. Dabei kam dem Grand Griffon seine gute Nase zugute und dem Jäger nutzte die Tatsache, dass er laut bellend bzw. „läutend“ im Laufen anzeigte, wenn er dem Wild auf der Spur war. Auch heute noch erwähnt der Rassestandard seine „feine Nase und schönes Geläut“ und ergänzt:“… eifrig auf der Fährte, scheut nicht vor Dornenhecken.“
Der Grand Griffon Vendéen galt und gilt als harter Hund, körperlich robust, nie zimperlich und charakterlich sehr eigenständig, wie die meisten Laufhunderassen, die eigenständig und außer Sicht des Jägers über lange Distanzen ausdauernd und schnell eine Spur verfolgen sollen.
Im Laufe des zwanzigsten Jahrhunderts wurden aus dem Grand Griffon Vendéen drei weitere, kleinere Schläge herausgezüchtet, die heute eigene Rassen bilden: Der Briquet Griffon Vendéen, Grand Basset Griffon Vendéen und Petit Basset Griffon Vendéen.
Die heutigen Grand Griffon Vendéen sind rauhaarig mit buschigen Augenbrauen und Bart, ihr struppiges Körperhaar weist eine dichte Unterwolle auf. Da in der Zuchtselektion nur die Arbeitstauglichkeit und nie die Farbe eine Rolle spielte, sind auch heute noch mehrere Farbvarianten vorhanden und erlaubt, so zum Beispiel häufig weiß-orange, aber auch weiß-schwarz, schwarz-loh und tricolor sowie zobel oder zobel-weiß. Traditionell werden die Fellfarben auch als Hasenfarbe (poil de lièvre), Wolfsfarbe (poil de loup), Dachsfarbe (poil de blaireau) oder Wildschweinfarbe (poil de sanglier) beschrieben.
Als reine Familienhunde in der Wohnung sind die Grand Griffons nur bei

Auszug aus dem Standard:
„Hund alter Rasse von französischem Typ; gelehrig und entschlossen; edel in Gestalt und Bewegung; gut proportioniert gebaut, kräftig, ohne schwerfällig zu wirken.“

FCI-Gruppe 6

sehr viel Bewegung und Beschäftigung geeignet, wobei sie sich den Mitgliedern ihrer menschlichen Familie gegenüber meistens ausgeglichen und sanft zeigen. Nur wenn es um die Führung geht, haben sie durchaus oft ihre eigenen Ideen. Die Frage nach der richtigen Haltung und Beschäftigung stellt sich aber eigentlich kaum, da die Hunde außerhalb Frankreichs, wo sie immer noch vorwiegend nur in Jägerhand sind, sehr selten vorkommen.

Arbeitsprüfung

FCI-Standard Nr. 52
Gruppe: 6
Sektion 1: Laufhunde
1.1 Große Laufhunde

Größe
Rüde: 56–65 cm
Hündin: 55–60 cm

Gewicht
Keine Angabe im FCI-Standard
(i. d. R. Rüde: 25–32 kg
Hündin: 20–26 kg)

Farbe / Haarkleid
Dunkler Sattel und Rotbraun

Mittellang, dichte Unterwolle

Ogar Polski
(Polnische Bracke)

Ursprünglicher Verwendungszweck:
Jagdhund auf Hase, Fuchs, Rotwild und Wildschwein, aber auch zum Aufstöbern von Enten

Obwohl der Rassestandard für die polnische Bracke auf die sehr lange Geschichte von Jagdhunden in Polen verweist, lässt sich heute nicht mehr klar sagen, wer zu ihren Vorfahren zählte. Kynologen sind der Meinung, dass der Chien de St. Hubert (der heutige Bloodhound) sowie russische und deutsche Bracken eine Rolle in der Entstehung spielten. Für den Hubertushund spricht auf jeden Fall, dass die polnische Bracke eher schwer, kräftig und kompakt als leicht gebaut ist. Schnelligkeit ist daher nicht so sehr ihre Stärke, wohl aber große Ausdauer in der Suche. Das passte zur Art der Jagd, wie sie in Polen betrieben wurde, denn anders als in Frankreich oder England wurde hier nie im großen Stil zu Pferd hinter großen, schnellen Hundemeuten auf Hirsch und Reh gejagt, sondern der polnische Jäger war in der Regel eher nur mit einem oder zwei Hunden nach Rehen, Füchsen und vor allem Hasen unterwegs. Der Ogar jagte dabei spurlaut, sprich gab einen klaren Laut wechselnder Tonlage von sich, wenn er beim „Brackieren“, dem Durchstöbern eines großen Gebietes, eine Spur aufgenommen hatte, das Wild verfolgte und dem Jäger zutrieb.

Die erste genauere Rassebeschreibung des Ogar Polski stammt von 1890 aus der Feder eines gewissen N.A. Werbitzkij und sie trifft auch heute noch in weiten Teilen zu. Nach dem Zweiten Weltkrieg war die Rasse fast ausgestorben, erst 1959 wagte sich ein Züchter mit Hilfe von Hunden aus dem Gebiet des heutigen Belarus wieder an die Rekonstruktion. 1966 konnte die FCI den Ogar Polski wieder als Rasse anerkennen.

Heute ist er, vor allem außerhalb seines Heimatlandes, immer noch selten.

Auffallend ist die hübsche Zeichnung mit einem klar abgegrenzten schwarzen „Mantel“ auf rotbraunem oder zimtfarbenem Grund, oft mit „Brand“, d. h. schwarzen Haarspitzen am rotbraunen Haar. Kleinere weiße Abzeichen an Kopf, Pfoten oder Rutenspitze kommen vor und sind erlaubt. Markant sind auch die langen, abgerundeten Ohren, die ähnlich wie beim Bloodhound lose herabhängen und bei Bewegung „flattern“.

Laut der Wesensbeschreibung im Rassestandard ist der Ogar Polski auch ein „vorzüglicher Familienhund, leicht zu halten, den Familienmitgliedern untergeben und Fremden gegenüber misstrauisch“. Auch andere Quellen berichten, dass die polnische Bracke zwar wie alle selbständig arbeitenden Jagdhunde einen gewissen Eigensinn besäße, der sich nicht mit Kadavergehorsam vertrüge, aber im Vergleich zu vielen anderen Jagdhunderassen doch eher leichtführig sei. Dennoch muss klar sein, dass sie trotz ihrer Gelassenheit und Ruhe im Umgang und ihrer Freundlichkeit eine angemessene körperliche und geistige Auslastung benötigt, um zufrieden zu sein und problemlos zu bleiben.

Auszug aus dem Standard:

„Mittelgroßer Laufhund mit muskulösem und schwerem Gebäude, welches eher für Ausdauer und nicht für Schnelligkeit steht."

Otterhound

FCI-Standard Nr. 294
Gruppe: 6
Sektion 1: Laufhunde
1.1 Große Laufhunde

Größe

Rüde: ca. 69 cm
Hündin: ca. 61 cm

Gewicht

Keine Angabe im FCI-Standard (i. d. R. Rüde: 41–50 kg Hündin: 29–41 kg)

Farbe / Haarkleid

Alle bei den Laufhunden anerkannten Farben sind erlaubt (einfarbig, gräulich, sandfarben, rot, weizenfarben, „blau"; bei diesen Farben sind an Kopf, Brust, Pfoten und Rutenspitze leichte weiße Abzeichen zulässig)

Langhaar mit dichter Unterwolle

Ursprünglicher Verwendungszweck:
Otterjagd in der Meute (seit 1977 europaweit verboten)

Wie aus dem Namen unschwer zu erraten, ist der Otterhound ein Otterjäger. Als solcher wurde er in Großbritannien im 19. Jahrhundert gezüchtet, um die Fischteiche vor den unerwünschten Konkurrenten freizuhalten, eine Praxis, die heute glücklicherweise verboten ist. Dazu kreuzte man seinerzeit vermutlich französische Meutehunde wie den Griffon Vendéen mit dem heute ausgestorbenen englischen Southern Hound, dem Bloodhound und wahrscheinlich auch dem Scottish Deerhound.

Heraus kam ein großer, sehr robuster, zotteliger Hund mit rauem, zotteligem Fell, der „… den Mut einer Bulldogge, die Schwimmfähigkeit eines Neufundländers, die Nase eines Pointers, die Wildheit eines Eskimohundes, die Schnelligkeit des Foxhounds, die Geduld des Pudels

Auszug aus dem Standard:
„Großer, starker Laufhund; ursprünglich dazu erschaffen, den ganzen Tag im Wasser jagen zu können, jedoch auch zum Galopp auf festem Boden fähig."

und die Kunstfertigkeit des Schäferhundes“ besitzen sollte, so das zeitgenössische Zuchtziel. Das klingt nach Universalgenie – und da verwundert es fast, dass die Rasse heute so selten ist, dass sie sogar im Heimatland Großbritannien auf der Roten Liste der bedrohten Hunderassen steht. In Deutschland gibt es derzeit unter einhundert Exemplare, weltweit, so schätzt man, um die eintausend. Damit ist ein Otterhound Welpe seltener zu finden als ein Pandabär, wie eine britische Zeitschrift einmal titelte.

Dabei hat der ehemalige Otterjäger wirklich viel zu bieten, nicht nur in Jägerhand, wo er manchmal, wenn auch nur selten, als Schweißhund zur Nachsuche eingesetzt wird – eine Aufgabe, die er ebenso mit Bravour erledigt. Was die Fans des „Ottis“, wie sie den Zotteligen liebevoll nennen, besonders schätzen, ist seine Freundlichkeit und Sanftmütigkeit, die ihn auch als Familienhund sehr gut geeignet macht. Er hat keine Probleme, sich in eine Familie mit Kindern und Katzen einzufügen und sich auch einmal nur zufrieden auf dem Teppich einzurollen, wenn draußen keine Unternehmung angesagt ist. Für Liebhaber der Spürhundearbeit dürfte er eine hervorragende Wahl sein: Sein Bloodhounderbe sorgt dafür, dass er jede Spur ambitioniert auch über Stunden verfolgt, wobei er sich von keiner Geländeschwierigkeit abschrecken lässt. Auch das Wasser liebt er nach wie vor und wird kaum davon abzuhalten sein, in den nächstbesten Tümpel zu springen. Übrigens weisen seine Pfoten, die laut Rassestandard besonders groß erwünscht sind (für die Standfestigkeit auf sumpfigem Boden) eine Besonderheit auf: Die Zwischenzehenhäute sind wie bei vielen Wasserhunderassen besonders ausgeprägt und gut sichtbar, sodass man von „Schwimmfüßen“ (engl.: webbed feet) spricht. Das raue und lange Fell haart wenig, fängt aber draußen viel Schmutz ein.

Poitevin

Arbeitsprüfung

FCI-Standard Nr. 24
Gruppe: 6
Sektion 1: Laufhunde
1.1 Große Laufhunde

Größe
Rüde: 62–72 cm
Hündin: 60–70 cm

Gewicht
Keine Angabe im FCI-Standard
(i. d. R. 30–35 kg)

Farbe / Haarkleid
Dreifarbig, mit schwarzem Mantel oder großen schwarzen Flecken; manchmal weiß und orange (zweifarbig), wolfsfarben eher selten

Kurzhaar

Ursprünglicher Verwendungszweck:
Rotwild-, Reh- und Schwarzwildjagd, meist in der Meute, früher auch als Stöberhund

Dieser große und sehr schnelle Laufhund hat seine Heimat rund um die Stadt Poitiers und der sie umgebenden Region Poitou in Westfrankreich, nach der er benannt ist.

Französische Autoren zitieren gerne Quellen, nach denen diese Hunde schon 732 im Zusammenhang mit Karl Martell erwähnt wurden, aber da befinden wir uns sicherlich im Reich der Spekulation. Gesichert wissen wir, dass der „Chien du Haut Poitou“ im Jahr 1877 in einem Brief des Vicomte de la Besge (nach Räber, 1995) erwähnt wurde.

Grob umrissen kann man sagen, dass auch der Poitevin, wie viele heutige französische Laufhunderassen, von sehr alten, traditionellen französischen Laufhunden, die in großen Meuten zur schnellen berittenen Hirschjagd eingesetzt wurden, unter späterer Einkreuzung

Auszug aus dem Standard:
„Außerordentlich edler Hund, der in hohem Maße eine perfekte Kombination von Kraft, Eleganz, Leichtfüßigkeit und bestechender Farben darstellt.“

von englischen Foxhounds abstammt. Genannt werden in diesem Zusammenhang immer wieder die Hunde des François de Larrye, Marquis de Haut-Poitou, im 17. Jahrhundert sowie die Hunde der Grafen Montemboeuf und Céris, die auch in der Entstehungsgeschichte anderer französischer Laufhunderassen auftauchen.

Er wurde in seiner Heimat auch zur Wolfsjagd eingesetzt und kann Wild bis zu sieben Stunden am Stück in hoher Geschwindigkeit verfolgen, wobei Spitzengeschwindigkeiten von bis zu 56 km / h gemessen wurden.

Äußerlich erinnert er mit seinem hochbeinigen, eleganten und leichten Körperbau ein wenig an eine Mischung aus Foxhound und Greyhound. Er ist schneller als die meisten anderen großen Laufhunderassen, aber auch weniger robust.

Der Poitevin kommt hauptsächlich in der Farbe Tricolore mit großem schwarzem Mantel auf weißem Grund vor, aber auch weiß-orange und weiß mit wolfsfarbenen Flecken sind erlaubt.

Als klassischer Meutehund ist der Poitevin auch heute noch praktisch nur in Jägerhand beziehungsweise in den großen Meuten Frankreichs zu finden, die nach wie vor Hirsch- und Schleppjagden durchführen. Mit seiner unbändigen Jagdpassion und hohem Bewegungsbedarf eignet er sich eher nicht für die Haltung als Familienhund.

Der Poitevin spielte seinerseits eine große Rolle bei der Entstehung des Grand anglo-français tricolore, des Chien français tricolore und des Anglo-français de petite vénerie.

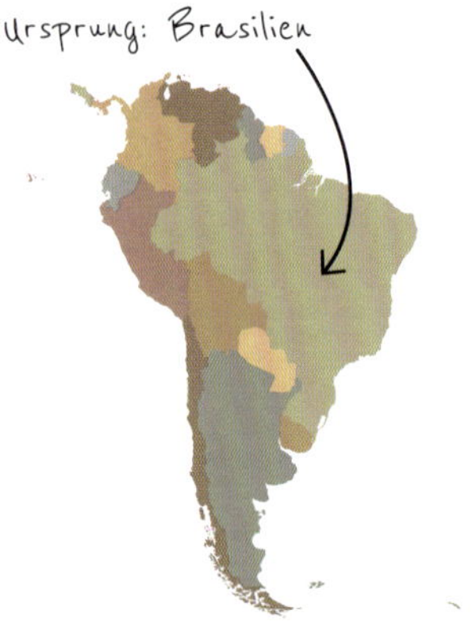

FCI-Standard Nr. 275
Gruppe: 6
Sektion 1: Laufhunde
1.1 Große Laufhunde

Größe
Rüde: 60–65 cm
Hündin: 56–63 cm
Eine Toleranz von +/- 1 cm ist zulässig.

Gewicht
Gewicht: Rüde: 26–33 kg
Hündin: 21–30 kg

Farbe/Haarkleid
Komplett schwarz und weiß gesprenkelt, auch zweifarbig (weiß mit hellbraunen oder schwarzen Abzeichen); dreifarbig (weiß und schwarz mit hellbraunen Abzeichen)

Kurzhaar

Rastreador Brasileiro
(Brasilianischer Laufhund)

Ursprünglicher Verwendungszweck:
Jagdhund für das Aufstöbern und Stellen von Beutetieren

Der Brasilianische Laufhund ist die Schaffung eines einzigen brasilianischen Züchters namens Osvaldo Aranha Filho, der in den 1950er Jahren auf der Suche nach einem geeigneten Hund für die Jagd auf Jaguare und Wildschweine im heißen Klima Brasiliens war. Er wünschte sich einen athletischen, widerstandsfähigen Hund mit gutem Geruchssinn, der auch mit schwierigem Gelände zurechtkommen und das Wild sowohl verfolgen als auch dem Jäger zutreiben konnte.

Die Grundlage dazu waren American Foxhounds unter Einkreuzung von Black and Tan Coonhounds, Petits Bleus de Gascogne, Bluetick Coonhounds und heimischen Jagdhunden, die als Veadeiro Pampeano bezeichnet wurden.

Als erste brasilianische Hunderasse wurde der Rastreador Brasileiro 1967 von der FCI anerkannt, aber 1973 bereits wieder als „ausgestorben" gestrichen, da alle Hunde im Zwinger Filhos an Babesiose gestorben waren.

Da Filho zuvor aber rund 30 Hunde aus seinem Zwinger an Jäger im ganzen Land verschenkt hatte, begann nun eine kleine Gruppe engagierter Züchter, diese und ihre Nachkommen wieder zusammenzusammeln, um die Rasse zu rekonstruieren, wobei auch der American Foxhound wieder eine große Rolle spielte. Schließlich gelang eine erneute Anerkennung durch die FCI.

Kurios ist der alternative Name, den die Rasse manchmal in Brasilien trägt: „Urrador Americano", was wörtlich übersetzt „Amerikanischer Heuler" heißt und sich auf den intensiven Spurlaut bezieht, mit dem das Wild verfolgt wird.

Der Rastreador (wörtl. „Verfolger") kann alleine als Fährtensuchhund, aber auch im Paar, Trio oder in größeren Meuten stundenlang auch bei großer Hitze arbeiten und ist dabei selbstbewusst, furchtlos und gelehrig, aber niemals aggressiv und seinem Herrn gegenüber immer sehr zugetan.

Das kurze und glatte Haar liegt eng am Körper und fühlt sich hart an. Die Farbe kann komplett schwarz/weiß gesprenkelt mit oder ohne Abzeichen sein, was aus der Ferne fast blau wirkt, oder aber auch zwei- oder dreifarbig mit oder ohne hellbraunen Abzeichen am Kopf, an der Brust, am Bauch und an den Vorder- und Hinterläufen sowie an der Rute. In Europa ist die Rasse außerordentlich selten.

Auszug aus dem Standard:

„Stark, rustikal, freundlich, lebhaft, jedoch nicht aggressiv, verfügt über einen ausgeprägten Geruchssinn und Jagdinstinkt."

Anglo-français de petite vénerie

(Mittelgroßer anglo-französischer Laufhund)

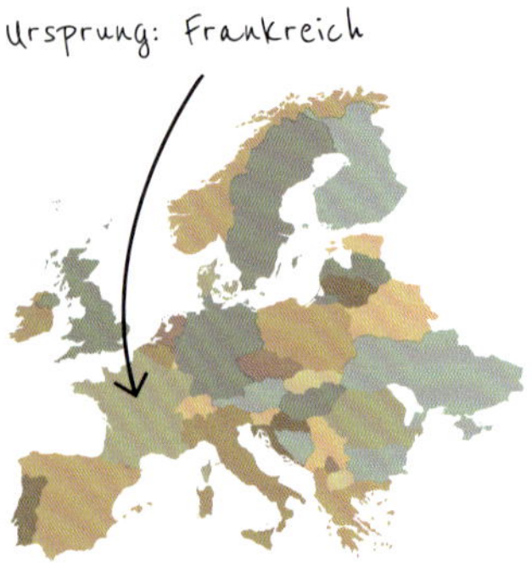

Arbeitsprüfung

FCI-Standard Nr. 325
Gruppe: 6
Sektion 1: Laufhunde
1.2 Mittelgroße Laufhunde

Ursprünglicher Verwendungszweck:
Laufhund für die Niederwildjagd

Der Anglo-Français de petite vénerie ähnelt nicht umsonst äußerlich ein wenig dem Beagle, spielte dieser doch bei seiner Entstehung in den 1930er Jahren neben englischen Harriern und französischen Petit Bleu de Gascogne, Briquet, Poitevin, Bleu de Gascogne, Porcelaine und wahrscheinlich noch weiteren Laufhunden eine Rolle. Den englisch-französisch gemischten Ahnen verdankt er also seinen Namen, der auch gleich seinen Verwendungszweck beinhaltet: „petite vénerie" meint auf Französisch die Niederwildjagd, also vorrangig die auf Hasen und Kaninchen.

Das Zuchtziel wurde voll erreicht – heraus kam ein sehr passioniert, ausdauernd, schnell und spurlaut jagender Meutehund, dem besonders die Hasenjagd im Blut liegt. Auch in seinem freundlichen, menschenzugewandten Wesen ähnelt er dem Beagle, ist jedoch anders als dieser noch sehr viel stärker auf die Jagd in der Meute fixiert, sodass er trotz seiner Zugewandtheit zum Menschen als Familienhund in Privathand eher nicht geeignet ist.

Um sich im Zuge der Anerkennung als eigene Rasse vom Beagle deutlich abzugrenzen, beschloss der französische Zuchtverband in den 1950er Jahren, dass Hunde mit typischen Beagle-Köpfen und Beagle-Ohren nicht mehr zur Zucht qualifiziert sein sollten. Seit 1983 ist die Rasse von der FCI anerkannt.

Heute wird in der Zucht Wert darauf gelegt, dass der Hund eher wie eine maßstabsgerecht verkleinerte Ausgabe der typischen großen französischen Laufhunde aussieht, also nicht etwa niederläufiger ist als diese und den gleichen typisch länglichen Kopf mit wenig ausgeprägtem Hinterhaupthöcker besitzt.

Das kurze und dichte Haar ist glatt, nur die mittelange und dünne Rute weist einige längere und gröbere Haare auf. Die häufigste Farbe ist tricolor wie beim Beagle, aber auch Weiß und Schwarz mit lohfarbenen Abzeichen (wie beim Grand anglo-français blanc et noir) und Weiß und Orange (wie beim Grand anglo-français blanc et orange) sind erlaubt.

Größe

Rüde und Hündin: 48–56 cm
Eine Toleranz von +/-2 cm ist zulässig.

Gewicht

Keine Angabe im FCI-Standard (i. d. R. 16–22 kg)

Farbe/Haarkleid

Dreifarbig: weiß und schwarz mit lebhaft lohfarbenen Abzeichen, schwarzer Nasenschwamm oder weiß und schwarz mit blassen lohfarbenen Abzeichen
Zweifarbig: weiß und orange, tabakfarbener Nasenschwamm, schwarzer Nasenschwamm

Kurzhaar

Auszug aus dem Standard:

„Ausgeglichener, kräftig, aber ohne Schwere gebauter Hund; seine Konturen gleichen denen der etablierten französischen Meutehunde."

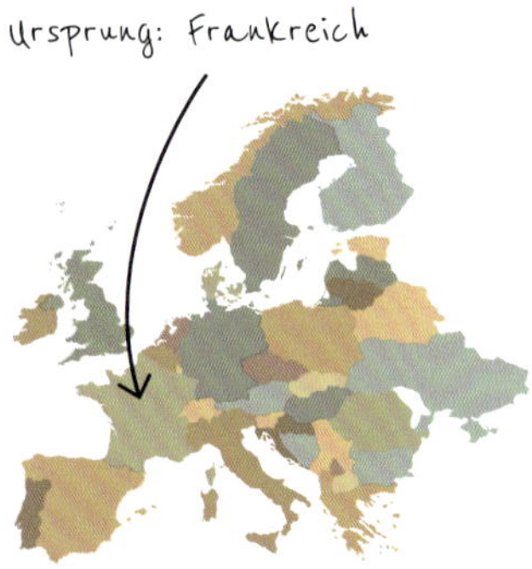

Arbeitsprüfung

FCI-Standard Nr. 20
Gruppe: 6
Sektion 1: Laufhunde
1.2 Mittelgroße Laufhunde

Größe
Rüde: 52 – 58 cm
Hündin: 50 – 56 cm

Gewicht
Keine Angabe im FCI-Standard (i. d. R. 25 – 27 kg)

Farbe / Haarkleid
Weiß mit klaren, gut abgegrenzten schwarzen Flecken; manchmal schwarz getüpfelt

Kurzhaar

Ariégeois

Ursprünglicher Verwendungszweck:
Jagdhund auf Hase, aber auch auf Reh oder Wildschwein

Diese vergleichsweise junge Laufhunderasse entstand erst zu Beginn des 20. Jahrhunderts aus der Kreuzung von Bleu de Gascogne, Gascon Saintengois und Chien d'Artois und ist benannt nach dem südwestfranzösischen Département Ariège an bzw. in den Pyrenäen.

Als ihr „geistiger Vater" gilt der Comte Élie de Vézins, der Jäger und großer Kenner der französischen Laufhunde war. Er verfasste 1866 ein viel beachtetes Buch mit dem Titel „Les chiens courants français pour la chasse du lièvre dans le Midi de France" („Die französischen Laufhunde für die Hasenjagd im Süden Frankreichs"). Hieraus zogen die ersten Züchter des Ariégois die Ideen, welche Eigenschaften ein Jagdhund speziell für das Gelände ihrer Heimat haben musste und welche Rassen als Ausgangsrassen in Frage kämen, um eine möglichst ideale Kombination der besten Eigenschaften zu finden.

In Meuten sind die Ariégois großartige Hasenjäger, die auch in schwierigem Gebirgsgelände große Geschicklichkeit an den Tag legen. Insbesondere in den heißen, trockenen und felsigen Gebirgsregionen ihrer okzitanischen Heimat, in der die Verfolgung von Duftspuren des Wildes extrem anspruchsvoll ist, können diese eher leichten, beweglichen und ausdauerstarken Hunde glänzen. Sie können eine Fährte schnell ausarbeiten und mit ihrem „Geläut" den nachfolgenden Jägern über große Entfernungen anzeigen, „wo der Hase läuft".

Aber auch zur Jagd auf Rehe oder Wildschweine wird dieser mittelgroße Laufhund gerne in seiner Heimat eingesetzt, während er außerhalb Frankreichs eher unbekannt ist.

Der Ariégois gilt als fröhlich und gesellig, dabei sehr gehorsam, aber mit viel Initiative und Unternehmungsgeist – wie alle Laufhunde also sicherlich kein Hund für Stubenhocker oder Kontrollfanatiker.

Sein kurzes, dünnes und dichtes Haarkleid ist weiß mit klar abgegrenzten schwarzen Flecken, manchmal auch schwarz getüpfelt. Blasse lohfarbene Abzeichen an den Wangen und über den Augen kommen vor.

Auszug aus dem Standard:

„Aufgrund seiner Herkunft ist er sowohl ein fleißiger Hund wie auch ein Auftreiber, der viel Initiative und Unternehmungslust zeigt."

Beagle Harrier

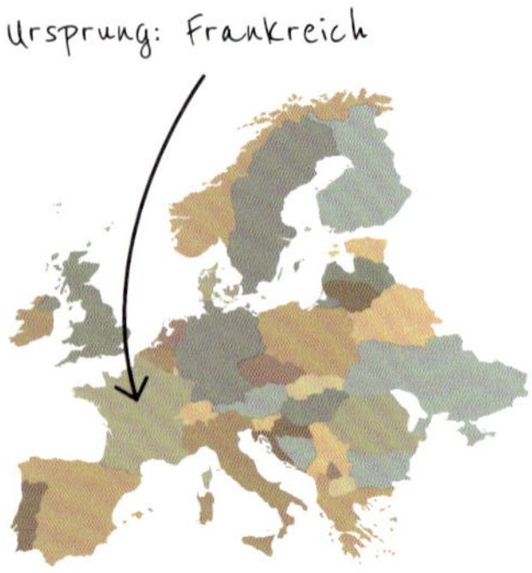

Arbeitsprüfung

FCI-Standard Nr. 290
Gruppe: 6
Sektion 1: Laufhunde
1.2 Mittelgroße Laufhunde

Größe
Rüde und Hündin: 45–50 cm

Gewicht
Keine Angabe im FCI-Standard (i. d. R. 20–25 kg)

Farbe/Haarkleid
Tricolor (falbfarben mit schwarzem Mantel und weiß), wobei dem Mantel keine allzu große Bedeutung zukommt, mit mehr oder weniger kräftigen lohfarbenen, blassen oder berußten Abzeichen

Kurzhaar

Ursprünglicher Verwendungszweck:
Hetzjagd zu Pferd in der Meute

Trotz ihres englischen Namens stammt diese Rasse aus Frankreich: Ein gewisser französischer Baron Gérard schuf sie zwischen 1920 und 1930 als Kreuzung zweier englischer Hound-Rassen, nämlich Beagle und Harrier, mit dem Ziel, sie als Meutehunde für die Jagd auf Hasen und Hirsch auch problemlos vom Pferd aus führen zu können. Erwünscht war ein mittelgroßer, starker und schneller Laufhund, größer als der Beagle, aber mit dessen feiner Nase ausgestattet. Das gelang nach einigen Startschwierigkeiten gut und noch heute gibt es in Frankreich einige aktive Beagle Harrier-Meuten. Außerhalb Frankreichs kommt die Rasse eher selten vor.

Vom Beagle haben diese Hunde ihre große Freundlichkeit und Umgänglichkeit sowohl dem Menschen als auch Artgenossen gegenüber geerbt. Aber auch wenn sie als Familienhunde sehr anhänglich sind, darf nicht vergessen werden, dass sie Jagdhunde durch und durch sind und dass Freilauf ohne Leine immer eine Herausforderung bleiben wird. Wie alle Laufhunde besitzen sie außerdem eine gewisse Portion Eigensinn und „Sturheit", die sie auch brauchen, um beharrlich einer Spur zu folgen und sich nicht davon abbringen zu lassen, egal wie lange es dauert und durch wie viel Unterholz es geht. Als Meutehunde fühlen sie sich außerdem nicht sehr wohl, wenn sie alleine gehalten werden.

Auch äußerlich ähnelt die Rasse dem Beagle, ist aber deutlich hochläufiger und hat einen stärker langgezogenen Fang. Die Ohren sind im Vergleich zu Beagle und Harrier eher kurz, mäßig breit und hängen herab. Im Gegensatz zum Beagle, der immer dreifabrig (Tricolor) ist, gibt es auch graue Beagle Harrier, diese Farbe ist jedoch nicht vom Standard anerkannt.

Auszug aus dem Standard:

„Harmonischer, ausgeglichener, edler, flinker und kräftiger Hund mit mittleren Körperproportionen.“

Arbeitsprüfung

FCI-Standard Nr. 155
Gruppe: 6
Sektion 1: Laufhunde
1.2 Mittelgroße Laufhunde

Größe
Rüde: 46–56 cm (ideal: 52 cm)
Hündin: etwas kleiner

Gewicht
16–24 kg (ideal: 20 kg)

Farbe/Haarkleid
Die Grundfarbe kann Weizengelb, Gelbrot, Erdgrau oder schwärzlich sein. Oft finden sich weiße Abzeichen an Kopf (Stern, Blesse), unter der Kehle, unter dem Hals, auf der Vorbrust, unter der Brust, auf den unteren Partien der Gliedmaßen und an der Rutenspitze. Die Farbe kann auch eine bi- oder tricolor Farbkombination sein.

Langhaar mit Unterwolle

Bosanski Oštrodlaki Gonič – Barak

(Stichelhaariger Bosnischer Laufhund – genannt Barak)

Ursprünglicher Verwendungszweck:
Jagdhund, Wachhund

Dieser robuste Geselle unterscheidet sich mit seinem langen, struppigen Fell und den ausgeprägten, buschigen Augenbrauen schon rein äußerlich sehr von den edel wirkenden, kurz- und glatthaarigen Laufhundrassen Frankreichs und Englands. Laut Standard ist sein offizielles Herkunftsland Bosnien, historisch erstreckte sich das Verbreitungsgebiet der Jagdhunde von diesem rauhaarigen Typus aber von Griechenland über Albanien und Montenegro über Bosnien und Herzegowina und Istrien bis hin nach Kärnten und in die Steiermark. Die Ursprünge dürften bis in die Antike zurückgehen, eine gezieltere Zucht erfolgte ab etwa dem neunzehnten Jahrhundert. Vermutlich spielten auch Windhunde in der Entstehungsgeschichte eine Rolle.
Laut Räber (1995) gibt es für die Zusatz- bzw. Alternativbezeichnung „Barak" zwei Deutungsmöglichkeiten – einmal vom türkischen Wort „bar" für „Borstenhirse" und damit „der Borstige", oder aber als altes türkisches Wort für „Bracke".
Bei der Anerkennung der Rasse durch die FCI im Jahr 1965 lautete die Bezeichnung noch „Illyrischer Laufhund", was man 1973 bei einer Neufassung des Standards in die jetzige Bezeichnung änderte.
Der Stichelhaarige Bosnische Laufhund ist zäh, wetterfest und ein ausdauernder Jäger auf Hasen, Füchsen und Wildschweine in den Gebirgslandschaften des Balkans. Da es sich um eine typische Arbeitshunderasse handelt, wurde stets mehr Wert auf die Gebrauchstüchtigkeit als auf das Aussehen gelegt. Nur die robustesten, mutigsten und ausdauernsten Hunde mit den besten Jagdeigenschaften durften sich weiter vermehren, die Zuchtauslese war also entsprechend hart.
Seine unspektakuläre Farbe ist meist gelbrot oder erdgrau mit weißen Abzeichen.
Die Rasse ist sehr selten und wurde durch die Kriege auf dem Staatsgebiet des ehemaligen Jugoslawiens in den 1990er Jahren weiter dezimiert.
Da es in Bosnien keinen der FCI angegliederten nationalen Dachverband für die Hundezucht gibt, hat die FCI mit Sitz in Brüssel selbst das Patronat übernommen.
Der Bosanski Oštrodlaki Gonič wurde in den 2010er Jahren in einem Auszucht-Projekt für mehr genetische Diversität und Auffrischung in der Zucht der vom Typ her sehr ähnlichen und sicherlich verwandten, seltenen Steirischen Rauhhaarbracke verwendet.

Auszug aus dem Standard:

„Guter, widerstandsfähiger
und ausdauernder Laufhund mit
voll tönender, teils tiefer Stimme."

Arbeitsprüfung

FCI-Standard Nr. 63
Gruppe: 6
Sektion 1: Laufhunde
1.2 Mittelgroße Laufhunde

Größe
Rüde: 50–56 cm
Hündin: 48–54 cm

Gewicht
Keine Angabe im FCI-Standard
(i. d. R. 15–22 kg)

Farbe / Haarkleid
Schwarz mit wenig, scharf abgesetztem hell- bis dunkelbraunem Brand. Die zwei lohfarbenen Abzeichen über den Augen (Vieräugl) müssen vorhanden sein.

Glatthaar (kurz)

Brandlbracke

(Vieräugl)

Ursprünglicher Verwendungszweck:
Vielseitiger Jagdhund im Hochgebirge

Diese mittelgroße Bracke hat ihren Namen von dem hell- bis dunkelbraunen „Brand" im glatten, seidigen Kurzhaarkleid, der sich deutlich von der schwarzen Grundfarbe abhebt. Die braune Zeichnung zieht sich die Läufe hinauf, unter den Bauch und teils bis auf die Brust. Auch die Unterseite des Fangs hat diese Farbe, außerdem gibt es zwei braune Flecken über der Innenseite der Augen, die der Rasse auch den Beinamen „Vieräugl" eingebracht haben.

Die attraktiv gezeichnete Brandlbracke wird seit Mitte des 19. Jahrhunderts in Österreich gezielt gezüchtet, ist aber vom Ursprung her sehr viel älter und geht wahrscheinlich direkt auf die Keltenbracken zurück. Bereits Kaiser Maximilian I. (1459–1519) nahm die Ahnen der Brandlbracke begeistert mit auf die Hochwildjagd. 1883 wurde der erste Rassestandard beschrieben.

Sie hat den elegantesten Körperbau unter den österreichischen Bracken und ist etwas hochläufiger und feingliedriger als ihre bayrischen Verwandten. Verwandt ist sie historisch sicherlich unter anderem auch mit dem Jura-Laufhund aus der Schweiz.

Die Rasse hat sich einen hervorragenden Namen als vielseitiger Jagdhund gemacht: Sie kann ausdauernd, sicher und spurlaut eine frische Fährte verfolgen, aber bei Bedarf ebenso gut stöbern. Selbst vor Wildschweinen schreckt sie nicht zurück und besitzt die nötige Schärfe. Auch als Schweißhund auf der Nachsuche nach angeschossenem Wild leistet sie Hervorragendes, wobei sie dann im Gegensatz zur Verfolgung frischer Wildspuren stumm sucht. Jäger, die viel im alpinen Hochgebirge mit ihr unterwegs sind, attestieren ihr eine sehr gute Geländegängigkeit, Wetterfestigkeit und hervorragendes Orientierungsvermögen: Die Brandlbracke geht nie verloren und findet immer zurück.

Dem Menschen ist die Brandlbracke sehr zugetan und braucht den Familienanschluss, ist aber aufgrund ihrer starken Jagdpassion kein Hund für Jedermann. Die meisten Züchter geben Welpen ausschließlich in Jägerhände ab.

Auszug aus dem Standard:

„Feinnasig, vor allem auch am Hasen spurlauter Hund, mit Spurwillen, Spursicherheit und angenehmem Wesen."

Briquet Griffon Vendéen

Ursprung: Frankreich

Arbeitsprüfung

FCI-Standard Nr. 19
Gruppe: 6
Sektion 1: Laufhunde
1.2 Mittelgroße Laufhunde

Ursprünglicher Verwendungszweck:
Jagdhund auf Hochwild, aber auch Hase und Fuchs, üblicherweise in kleinen Meuten

„Briquet" ist die französische Bezeichnung für einen kleineren Jagdhund für die Hasenjagd. Er durchkämmt in kleinen Meuten oder einzeln das Unterholz auf der Suche nach Wild. Die Rasse gehört zur größeren Familie der Griffons Vendéens, von denen es vier Varianten gibt, die alle als einzelne Rassen bei der FCI geführt werden: Absteigend sortiert nach Größe der Grand Griffon Vendéen, der Briquet Griffon Vendéen, der Grand Basset Griffon Vendéen und der Petit Basset Griffon Vendéen.

Die Griffons Vendéens stammen aus der Landschaft der Vendée an der Westküste Frankreichs, südlich der Bretagne. Die Bezeichnung „Griffon" leitet sich angeblich vom mittelfranzösischen „greffier" für „Schreiber" ab, da einer der ersten Züchter ein königlicher Schreiber des 15. Jahrhunderts gewesen sein soll. Aus den „Greffier"-Hunden sei dann schließlich der „Griffon" geworden. Einer anderen Theorie zufolge geht der Name auf das mittelalterliche Wort „grifain" für „bärtig" zurück.

Alle vier Griffons Vendéens gehören zu den ältesten Jagdhundeschlägen Frankreichs und führen vermutlich sowohl das Blut weißer Laufhunde aus dem Süden als auch das rauhaariger Jagdhunde aus Italien in sich.

Die Vendéens sind wie die meisten Laufhunde bei der Jagd auf frischer Fährte spurlaut und haben einen starken Jagdtrieb. Allen gemeinsam sind auch das raue, drahtige Haarkleid mit Unterwolle, die schlanken Köpfe und die langen, gefalteten Behänge.

Der Briquet ist zuchtgeschichtlich eine harmonische Verkleinerung und Verfeinerung des Großen (Grand) Griffon Vendéen. Die bevorzugte Farbe ist falbrot, der Standard lässt aber auch weiß mit orange, weiß mit grau und dreifarbig zu.

Der Briquet Griffon Vendéen scheut kein dorniges Gestrüpp und stellt sich auch in unwegsamem Gelände sehr geschickt an. Er jagt eher mit hoher als mit tiefer Nase und ist dabei selbständig, ausdauernd und robust. Er soll sowohl das Wild aufspüren als auch dem Jäger zutreiben.

Größe
Rüde: 50 – 55 cm
Hündin: 48 – 53 cm
Eine Toleranz von +/- 1 cm ist zulässig.

Gewicht
Keine Angabe im FCI-Standard (i. d. R. 22 – 24 kg)

Farbe / Haarkleid
Schwarz mit weißer Scheckung (weiß-schwarz), Schwarz mit falbfarbenen Abzeichen (schwarz-loh), Schwarz mit sandfarbenen Abzeichen, Falbfarben mit weißer Scheckung (weiß-orange), Falbfarben mit schwarzem Mantel und weißer Scheckung (tricolor), Falbfarben schwarz gewolkt, Sandfarben schwarz gewolkt mit weißer Scheckung, Sandfarben schwarz gewolkt

Langhaar (aber nicht übermäßig, manchmal buschig, rau anzufassen) reichliche Unterwolle

Auszug aus dem Standard:

„Griffon mittlerer Größe, gelehrig
und sehr entschlossen. Eher gedrungen
und gut proportioniert."

Chien d'Artois

Arbeitsprüfung

FCI-Standard Nr. 28
Gruppe: 6
Sektion 1: Laufhunde
1.2 Mittelgroße Laufhunde

Größe
Rüde und Hündin: 53–58 cm
Eine Toleranz von +/- 1 cm ist zulässig.

Gewicht
28–30 kg

Farbe/Haarkleid
Dreifarbig dunkelfauve bis hin zu hasen- oder dachsfarben, mit Mantel oder großen Flecken; der Kopf ist üblicherweise falbfarben, manchmal berußt

Kurzhaar

Ursprünglicher Verwendungszweck:
Jagdhund auf Wildschweine, aber auch Hasen und Kaninchen, meist in der Meute

Die historische Provinz Artois liegt in Nordfrankreich entlang des englischen Kanals gleich neben der Picardie, im heutigen Département Pas-de-Calais. Der Laufhund von dort, der Chien d'Artois, der zeitweise auch Chien Picard hieß, war im 17. Jahrhundert einer der beliebtesten Jagdhunde in Frankreich überhaupt für die Parforcejagd zu Pferd. Aus einem Brief des Prinzen Alexandre de Gray an einen anderen Prinzen aus dem Jahr 1609 wissen wir, dass er vorhatte, dem König Henri IV. eine Meute Chien d'Artois zu schenken, woraus man die Wertschätzung ahnen kann, die diese Hunde damals genossen.

Leider wurde es im 19. Jahrhundert unter französischen Jägern schick, sich mit Hunden von den britischen Inseln zu umgeben, was auch zu vielen Einkreuzungen in die französischen Hunde führte. Nur im Schloss Chantilly bei Paris und beim Prince de Condé gab es noch zwei reine Meuten. In anderer Richtung ist es übrigens auch durchaus möglich, so manche Autoren, dass der historische Chien d'Artois zu den Vorfahren des Beagles zählte.

FCI-Gruppe 6

In einem französischen Buch über die Jagd aus dem Jahr 1809 (Manuel de Vénerie Française) berichtet der Autor Le Couteulx de Canteleu sehr begeistert über den Chien d'Artois, sagt aber auch, dass die Rasse sehr bastardisiert sei und reinrassige Hunde nur noch schwer zu finden seien. Dennoch bliebe sie eine der besten Rassen für die Hasenjagd.
Nachdem es nach dem Zweiten Weltkrieg für die Rasse sehr düster aussah, erlebt sie seit den 1970er Jahren einen kleinen Aufschwung und man findet sie wieder häufiger bei französischen Jägern.

Auszug aus dem Standard:
„Kräftiger und widerstandsfähiger Hund mit feiner Nase; guter Zusammenhalt in der Meute; ausgeglichen und anhänglich."

Der Chien d'Artois ist nur mittelgroß, aber dennoch ein sehr mutiger Jäger, sodass er auch großes Wild und auch Wildschweine stellen kann. Üblicherweise jagt er spurlaut in der Meute und treibt den Jägern das Wild zu, wobei er mit Fleiß und Ausdauer auch verlorene Fährten wieder aufnimmt und kein Dickicht scheut. Seine melodiöse, helle Stimme ist dabei weithin zu hören.
Der untersetzte Körper weist eine breite, tiefe und lange Brust auf, auch der Rücken ist breit und fest. Der relativ kurze Schädel weist die typischen langen, sehr flach anliegenden Ohren der alten Laufhunderassen auf.
Dem Menschen gegenüber gilt der Chien d'Artois als anhänglich und gelehrig.

Arbeitsprüfung

FCI-Standard Nr. 59
Gruppe: 6
Sektion 1: Laufhunde
1.2 Mittelgroße Laufhunde
Varietäten: 4 (Farbe)

Größe
Keine Angabe im FCI-Standard
(i. d. R. Rüde: 49–59 cm
Hündin: 47–57 cm)

Gewicht
Keine Angabe im FCI-Standard
(i. d. R. 15–20 kg)

Farbe/Haarkleid

a) Berner Laufhund
Weiß mit schwarzen Flecken oder schwarzem Sattel, lohfarbene Abzeichen

b) Jura Laufhund
Lohfarben mit schwarzem Mantel oder Schwarz mit Brand

c) Luzerner Laufhund
Blau mit lohfarbenen Abzeichen und manchmal schwarzem Mantel

d) Schwyzer Laufhund
Weiß mit orangen Flecken oder einem orangen Sattel

Kurzhaar (glatt, dicht)

Chien courant suisse
(Schweizer Laufhund)

Ursprünglicher Verwendungszweck:
Jagdhund auf Hase, Reh, Fuchs und Wildschwein

„Schweizer Laufhund" ist eigentlich ein Überbegriff für vier Varietäten ein und derselben Rasse, die sich heute nur noch durch die Farbe voneinander unterscheiden: Der Berner, der Luzerner, der Jura und der Schwyzer Laufhund.

In früheren Jahrhunderten waren die Schweizer Laufhunde noch deutlich diverser und man unterteilte sie in verschiedene Typen und „Formen", die teils eleganter, teils untersetzter, teils größer und teils kleiner waren und sich daneben in Fellbeschaffenheit und Farbe unterschieden. So gab es zum Beispiel noch den heute ausgestorbenen Aargauer Laufhund oder den Thurgauer Laufhund. Auch eine rauhaarige Variante hat es gegeben. Aus römischen Fußbodenmosaiken wissen wir, dass es schon in der Antike Laufhunde in der Schweiz gab. Gegen Ende des Mittelalters genossen die Jagdhunde aus der Schweiz einen hervorragenden Ruf bei den adligen Jagdgesellschaften ganz Mitteleuropas und galten als kostbare Geschenke. Im Gegensatz zu den einfachen Bauernhunden wurde ihre Zucht geplant hinter dicken Burg- und Schlossmauern betrieben, wobei mit Sicherheit immer wieder auch Laufhunde aus Frankreich eingekreuzt wurden.

Mit der Schaffung des Schweizer Bundesstaats, dem Ende des Feudalismus und damit auch den vom Adel unterhaltenen Jagdmeuten erlebte die Zucht der Schweizer Laufhunde einen starken Niedergang. Nach kurzer Erholung zu Beginn des 20. Jahrhunderts machte der Erste Weltkrieg alle Zuchtbemühungen zunichte, bis die SKG (Schweizer Kynologische Gesellschaft) im Jahr 1931 ein Programm zum Wiederaufbau startete und die letzten noch verbliebenen Hunde zusammensammelte. Ab jetzt gab es nur noch einen einheitlichen Standard für die vier Schläge, die sich lediglich durch ihre Haarfarbe unterschieden, nämlich gelbweiß für den Schwyzer Laufhund, dreifarbig für den Berner Laufhund, grau-weiß gesprenkelte Grundfarbe mit schwarzen Platten und lohfarbenen Abzeichen für den Luzerner Laufhund und schwarz-rot oder braun-rot mit schwarzem Sattel für den Jura-Laufhund, wobei auch einfarbig gelbe oder rotbraune Hunde zugelassen waren.

Auch heute noch sind die Schweizer Laufhunde gebrauchstüchtige Jäger mit hervorragender Nase und hoher Jagdleidenschaft, die Wild über weite Strecken verfolgen können. Sie jagen dabei spurlaut und mit tiefer Nase. Aber auch als Schweißhunde finden sie ein alternatives Einsatzgebiet, in dem sie ihr Können beweisen. Der Schweizerische Laufhundclub unterzieht alle Hunde einer Jagdprüfung auf Hase und Reh unter der Aufsicht von qualifizierten Jägern.

Heute sind die Schweizer Laufhunde außerhalb der Schweiz zahlreicher vertreten als in ihrer Heimat, besonders in Skandinavien, Frankreich und Italien findet man viele Exemplare. Allein in Schweden soll es über eintausend Luzerner Laufhunde geben.

Auszug aus dem Standard:

„Brackenschlag, welcher spurlaut die Hasen, das Reh, den Fuchs und gelegentlich das Wildschwein jagt. Er jagt selbständig. Er sucht und sticht mit großer Sicherheit auch in schwierigem Gelände."

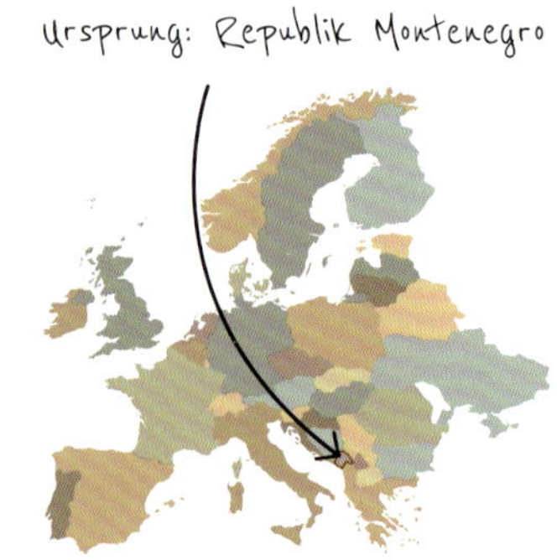

Arbeitsprüfung

FCI-Standard Nr. 279
Gruppe: 6
Sektion 1: Laufhunde
1.2 Mittelgroße Laufhunde

Größe
Rüde (ideal): 49 – 50 cm
Hündin: 48 – 49 cm, meist jedoch 44 – 54 cm

Gewicht
Keine Angabe im FCI-Standard (i. d. R. 20 – 25 kg)

Farbe / Haarkleid
Die Grundfarbe ist Schwarz mit roten Abzeichen über den Augen, am Fang und an den Unterseiten der Gliedmaßen. Die roten Abzeichen über den Augen haben Haselnussgröße, während sie sich an den Fangseiten höchstens bis zum Lippenwinkel erstrecken. Die Farbe der Abzeichen reicht von einem hellen Rot über Braunrot bis zu einem lebhaften Rot. Ein weißer Brustfleck wird toleriert, ist aber nicht erwünscht (sein Durchmesser darf 3 cm nicht überschreiten).

Kurzhaar mit Unterwolle

Crnogorski Planinski Gonič (Montenegrinischer Gebirgslaufhund)

Ursprünglicher Verwendungszweck:
Jagd auf Wildschwein, Bär und anderes Großwild im gebirgigen Gelände

Dieser athletische, glänzend schwarze Jagdhund stammt aus dem Balkangebirge (Planina = serbisch „Gebirge“) des früheren Jugoslawiens und wurde bis 1997 als „Jugoslawischer Gebirgslaufhund“ geführt, bevor man ihn aus politischen Gründen in „Montenegrinischer“ (crnogorski) Gebirgslaufhund umbenannte.

Früher wurde er im Serbischen und Kroatischen oft auch einfach als „crni gonič“, „schwarzer Jagdhund“, bezeichnet.

Der erste Standard wurde schon 1924 festgelegt und ist in weiten Teilen identisch mit dem der aus Österreich stammenden Brandlbracke. Räber (1995) ist sogar der Ansicht, dass es sich eigentlich um ein und dieselbe Rasse handele, bei der sich durch die räumliche Trennung nur geringfüge regionale Unterschiede herausgeformt hätten.

Fest steht sicherlich, dass dieser schöne Laufhund gemeinsame Vorfahren mit den anderen südosteuropäischen Jagdhunden hat. Während serbische Quellen eine Herkunft aus „der Mischung phönizischer Jagdhunde mit einheimischen slawischen Hunden“ vermuten, gehen andere Kynologen von einer Abstammung von den schon bei den Römern erwähnten „Keltenbracken“ aus. So oder so steht fest, dass Bracken – hängeohrige, mittelgroße und mittelschwere Jagdhunde – im Mittelalter in fast ganz Europa verbreitet waren. Ihre Spezialität ist das Aufspüren des Wilds auch im schwierigen Gelände und Unterholz sowie das „spurlaute“ Verfolgen, sprich sie bellen so lange (der Jäger spricht von „Geläut“), wie sie auf der Spur des Wilds laufen – verlieren sie diese, verstummen sie. Angeblich stammt daher die Redensart „wissen, wo der Hase langläuft“.

Der montenegrinische Gebirgslaufhund wurde traditionell in den unwegsamen Gebirgsregionen seiner Heimat zur Jagd auf Füchse, Schneehasen und Kleinwild, gelegentlich aber auch Hirsch und Reh eingesetzt.

Der in der Größe etwa zwischen Labrador und Beagle liegende, mittelschwere Hund hat lange Beine und einen länglichen Kopf mit hoch angesetzten und seitlich gefalteten Hängeohren. Er ist leicht genug, um lange Strecken ausdauernd in hoher Geschwindigkeit zu laufen, aber bringt andererseits auch genug Masse mit, um das aufgespürte Wild auch stellen zu können.

Es handelt sich um einen echten Vollblut-Jagdhund, für den es nichts Schöneres gibt, als ausdauernd eine Spur zu verfolgen und stundenlang draußen unterwegs zu sein. Fährten- und Nasenarbeit zusammen mit einem aktiven Besitzer bieten sich da an, ebenfalls Sportarten wie Agility, Canicross oder Mitlaufen am Fahrrad.

Bei genügend Auslastung ist der sportliche schwarze Montenegriner ein nahezu idealer Familienhund: Seiner Bezugsperson gegenüber sehr anhänglich, führig und gelehrig und mit Kindern ausgesprochen lieb. Allerdings ist er sehr selten und außerhalb seines Ursprungsgebiets fast unbekannt.

Das kurze, dichte und glänzende Deckhaar mit Unterwolle ist pflegeleicht.

Auszug aus dem Standard:

„Mittelgroßer Hund, kräftig, flink, (...)
Sehr ausgeglichen, führig, seinem Herrn
gegenüber sehr anhänglich, zuverlässig."

Arbeitsprüfung

FCI-Standard Nr. 203
Gruppe: 6
Sektion 1: Laufhunde
1.2 Mittelgroße Laufhunde

Größe
Rüde: 50–58 cm
(ideal: 52–54 cm)
Hündin: 47–54 cm
(ideal: 49–51 cm)

Gewicht
Keine Angabe im FCI-Standard
(i. d. R. 16–22 kg)

Farbe / Haarkleid
Abgeschwächtes Schwarz mit lohfarbenen Abzeichen oder blaugefleckt (merle) mit hellen falbfarbenen und weißen Abzeichen; tief schwarz mit warmen braunen Abzeichen ist weniger wünschenswert. 50% oder mehr weiße Farbe ist unerwünscht. Weiße Abzeichen, die über die Schultern hinweg bis zur Unterseite des Bauches und bis unten an den Läufen (Socken) reichen, sind eine zulässige korrekte Zeichnung.

Kurzhaar ohne Unterwolle

Dunker
(Dunkerbracke / Norwegischer Laufhund)

Ursprünglicher Verwendungszweck:
Jagdhund auf Hase spezialisiert, aber auch auf Fuchs.
Früher auch auf Luchse.

Dieser norwegische Laufhund verdankt seinen Namen einem jagdbegeisterten Offizier namens Wilhelm Dunker (1807–1860), dessen Vater von Deutschland nach Norwegen gekommen war. Schon als junger Mann beschäftigte er sich intensiv mit der Zucht von „Hasenhunden", die schnell und ausdauernd sein mussten, um die Langohren verfolgen und stellen zu können. Die Hasenjagd war in Norwegen traditonell kein elitärer Sport, sondern jedermann erlaubt, und entsprechend beliebt und verbreitet. Die meisten Hasenhunde im Land waren bis ins 19. Jahrhundert schwarz mit braunen und weißen Abzeichen, wie wir von Abbildungen wissen.

Wilhem Dunker jedoch baute seine Hasenhunde-Zucht auf einem Blue Merle-Rüden namens „Alarm" auf, den er von einem befreundeten General erworben hatte und der wiederum von einer Blue Merle-Hasenhündin und einem sehr großen, hauptsächlich weißen Rüden unbekannter Herkunft, aber mit herausragenden Jagdanlagen abstammte, den der General 1820 beim fahrenden Volk erworben hatte.

„Alarm" erarbeitete sich einen guten Ruf als Jagdhund und zeugte eine große Zahl von Nachkommen, die alle die auffällige Farbe erbten, daher leicht zu erkennen waren und schnell als „Dunkers" bekannt wurden. Welche weiteren Rassen Wilhelm Dunker noch in den nächsten Generationen seiner Zucht einsetzte, bleibt sein Geheimnis – in der Diskussion sind unter Fachleuten Englisch-Russische Laufhunde, heute als „Russian Harlequin Hound" (nicht FCI-anerkannt) bekannt, andere Experten sind der Meinung, Dunker habe ausschließlich mit Alarms Nachkommen weitergezüchtet.

1902 wurde die Rasse in Norwegen anerkannt und wurde schnell zum mit Abstand am weitesten verbreiteten Hasenhund im Land. Heute sind Bestand und Zuchtbasis sehr klein, was auch durch die häufige Inzucht bedingt war. Zwar hatte man ab 1989 Einkreuzungen mit Hamiltonstövare und Finsk Stövare erlaubt und damit die gesundheitliche Situation verbessert, aber dennoch blieben die Welpenzahlen bis heute gering.

Blue Merle, oft mit verschiedenfarbigen Augen, gilt weiterhin als typische Farbe der Rasse, aber da man niemals zwei Blue Merle miteinander verpaaren darf, um keine reinweißen Welpen mit schweren gesundheitlichen Schäden wie u. a. Taubheit zu erhalten, ist weiterhin fast die Hälfte des Bestandes innerhalb der Rasse schwarz mit hellbraunen und weißen Abzeichen.

In Skandinavien wird der Dunker nach wie vor gern zur Hasenjagd eingesetzt, und zwar im Gegensatz zu seinen britischen Kollegen, die stets in der Meute jagen, meist allein, wobei er mit seiner feinen Nase der Fährte des Hasen auch bei Schnee und Eis oder an dunklen Wintertagen ohne Sonne durch jedes Unterholz folgt und diese dabei laut bellend „spurlaut" anzeigt. Der erfahrende Jäger kann an der Stimmlage seines Dunkers genau erkennen, wie dicht dieser am Hasen ist.

Mit GPS-Tracking hat man ermittelt, dass ein Dunker an einem Jagdtag gut und gern zwischen dreißig und vierzig Kilometern zurücklegt!
Außerhalb des Jagdeinsatzes zeigt sich der Dunker nervenstark, ruhig und ausgeglichen und ausgesprochen anhänglich gegenüber seiner menschlichen Bezugsperson.

Auszug aus dem Standard:

„Die Rasse zeichnet sich durch starke Nerven und besonders durch ihre Sozialverträglichkeit und ihr Vertrauen aus. Sie sind bekannt für ihren Erfolg bei Jagdhunde-Prüfungen. Deshalb kann man sie gut als eine vorzügliche Kombination eines Jagd- und Begleithundes charakterisieren. Aufgrund ihres guten Temperaments und ihrer offenen Art ist diese Rasse leicht zu erziehen."

Arbeitsprüfung

FCI-Standard Nr. 241
Gruppe: 6
Sektion 1: Laufhunde
1.2 Mittelgroße Laufhunde

Größe
Rüde und Hündin: 55–65 cm

Gewicht
Rüde und Hündin: mind. 25 kg

Farbe / Haarkleid
Die Grundfarbe ist Schwarz. Ein nicht zu dunkles lohfarbenes Abzeichen ist immer in Form eines Punktes an den Augenbogen zu finden. An Fang und Läufen lohfarbene Abzeichen. Die Lohfarbe ist vom Schwarz scharf abgegrenzt. Ein weißes Abzeichen kann auf der Nase vorkommen; es kann in Form eines Streifens auf der Stirn, weiter am Hals, in Form eines Kragens, auf der Brust, unter der Brust, unten an den Läufen und an den Pfoten fortlaufen. Ein weißes Abzeichen kann auch am Ende der Rute vorkommen. Die weiße Farbe auf mehr als einem Fünftel der Körperoberfläche ist nicht erwünscht.

Kurzhaar ohne Unterwolle

Erdélyi Kopó (Ungarische Bracke/ Transsylvanischer Laufhund)

Ursprünglicher Verwendungszweck:
Jagd auf Hochwild und Raubtiere (Wolf, Bär und Luchs)

Als das Reitervolk der Magyaren im 9. Jahrhundert aus den asiatischen Steppen in das heutige Ungarn einwanderte, brachte es auch seine Laufhunde mit, die sich mit den bereits vorhandenen einheimischen Hunden mischten und später auch mit jagdlich ähnlich veranlagten Bracken aus weiter nördlich gelegenen Gebieten Osteuropas gekreuzt wurden. „Erdélyj“ ist die ungarische Bezeichnung für jemand, der aus Transsylvanien stammt, also dem heute in Rumänien liegenden Siebenbürgen im Karpatenbecken, das lange Zeit unter ungarischer bzw. habsburgischer Herrschaft stand. Dort waren die schnellen und feinnasigen Jagdhunde besonders beim Adel hochgeschätzte Helfer bei der Jagd auf Bär, Schwarzwild, Luchs, Hirsch und sogar Bisons in den Karpatenwäldern. Ursprünglich gab es auch eine heute ausgestorbene niederläufige Variante, die zur Jagd auf Niederwild wie Fuchs und Hase eingesetzt wurde.

Einen großen Rückschlag erhielt die Rasse, als die rumänische Regierung in der zweiten Hälfte des 20. Jahrhunderts einen Erlass verabschiedete, nach dem der Kopó als „Symbol der ehemaligen ungarischen Besatzungsmacht“ verschwinden sollte – fast die Hälfte des Bestands wurde aus rein politischen Gründen damals ausgelöscht. Heute ist die Rasse zum Glück in Ungarn und auch im angrenzenden Rumänien wieder weit verbreitet und bei Jägern beliebt.

Die ungarische Bracke erträgt extreme Witterungsverhältnisse von kalten und schneereichen Wintern bis hin zu sehr heißen Sommern und hat genügend Energie, um stundenlang ausdauernd das Wild zu suchen und zu verfolgen. Auch ihr guter Orientierungssinn ist legendär. Außerdem besitzt sie genügend Selbstsicherheit und Eigenständigkeit, auch dann noch unabhängig von ihrem Führer zu arbeiten, wenn dieser weit außer Sicht geraten ist und nur durch den deutlichen Spurlaut seines Hundes darüber informiert ist, wo dieser sich gerade befindet.

So hart im Nehmen der Kopó auf der Jagd ist, so freundlich, ruhig und anhänglich zeigt er sich zuhause. Fremden gegenüber verhält er sich dagegen neutral bis misstrauisch. Wie alle Bracken ist auch der Kopó nicht der geborene Befehlsempfänger. Er kooperiert gerne, legt aber Wert darauf, dabei eigenständig Problemlösungen einzubringen.

Wegen seines wachen Jagdtriebs ist es nicht ratsam, den Kopó unangeleint auf lange Spaziergänge mitnehmen zu wollen. Bei passender Beschäftigung und Auslastung ist er aber ein problemloser Mitbewohner im Haus.

Auszug aus dem Standard:

„Kopfform und Haltung, die Proportionen des Körpers, die kräftigen und bemuskelten Gliedmaßen und der Ansatz der Rute entsprechen dem charakteristischen mitteleuropäischen Brackentyp. Es handelt sich um eine mittelgroße Bracke. Der Körperbau der ungarischen Bracke hat sich der Langstreckenarbeit angepasst; sie ist athletisch gebaut, weder grob- noch dünnknochig."

FCI-Standard Nr. 366
(provisorisch anerkannt)
Gruppe: 6
Sektion 1: Laufhunde
1.2 Mittelgroße Laufhunde

Größe
Rüde: 45–52 cm
Hündin: 42–49 cm

Gewicht
Keine Angabe im FCI-Standard
(i. d. R. 15–20 kg)

Farbe / Haarkleid
Typische Farbe: schwarze Flecken mit lohfarbenen Abzeichen und satten weißen Abzeichen (dreifarbig).
Die Größe der Flecken ist nicht begrenzt oder lemon- bis goldgelbe Flecken ohne Schwarz sind auch erlaubt (zweifarbig)

Kurzhaar, gleichmäßig rau und glänzend, mit mäßiger Unterwolle

Eesti hagijas
(Estnische Bracke)

Ursprünglicher Verwendungszweck:
Schweißhund für die Jagd auf Hasen, Fuchs und Luchs

Die Entstehung der estnischen Bracke hat viele Parallelen zu den skandinavischen Bracken: Auch hier waren verschiedene ost- und westeuropäische sowie britische Jagdhunde die Grundlage, um eine optimal an die eigenen Bedürfnisse angepasste Landesrasse zu schaffen. Mit ihrer Zucht wurde 1947 begonnen, als Estland noch zur Sowjetunion gehörte und die Führung in Moskau entschied, dass jede Unionsrepublik eine eigene Rasse haben sollte. Speziell in Estland lautete die Aufgabe „Schaffung eines etwas kleineren Laufhundes zur Jagd auf Niederwild, vor allem Fuchs und Hase", da die bisher dort hauptsächlich vorhandenen größeren Laufhunde den Bestand an Rehwild übermäßig stark strapaziert hatten und man sich einen kleineren und damit auch langsameren, spurlaut jagenden Hund wünschte, der Reh- und Rotwild schonen sollte.
Die sowjetischen „Zootechniker" gingen sehr planvoll und strategisch im Aufbau der Zucht vor, sodass 1954 schon der erste Standard unter der russischen Rassebezeichnung „Estonskaja Gonchaja" (Estnischer Laufhund) formuliert werden konnte. Zu den Hauptausgangsrassen zählten russische und polnische Laufhunde, Dachsbracken, Foxhounds, Beagles und Schweizer Laufhunde.
Nach der Wiedererlangung der estnischen Unabhängigkeit 1991 wurde die Rasse unter dem Namen Eesti Hagijas zur Nationalrasse der kleinen baltischen Republik erklärt.
Für die Jagd in den weitläufigen und tiefen Wäldern Estlands brauchte der Hund viel Ausdauer und Jagdeifer. Wegen des oft schlechten Wetters, der kurzen Herbsttage und der Dunkelheit des Waldes war den Jägern auch wichtig, dass die Hunde möglichst weiße Abzeichen, vor allem aber eine weiße Rutenspitze hatten, die man auch bei schlechter Sicht und Jagd im Unterholz gut erkennen konnte.
Die Estnische Bracke gilt als ausgeglichen, agil und freundlich und hat in ihrer Heimat auch außerhalb der Jägerschaft Freunde gefunden. Um sie als Familienhund halten zu können, ist jedoch eine gute körperliche und mentale Auslastung, am besten durch irgendeine Form der Spürhundearbeit, Voraussetzung. Mit ihrer Intelligenz, Lernfreudigkeit und Loyalität ist sie gern für neue Aufgaben zu begeistern und eignet sich für Menschen, die gern viel draußen unterwegs sind und den fest in den Genen verankerten Jagdeifer in kontrollierte Bahnen lenken können. Wie schon bei den Ausgangsrassen ist ein gewisser Eigensinn auch für die Estnische Bracke typisch, musste sie doch auf der Jagd ihre eigenen Entscheidungen treffen können, wenn sie weiter weg vom Jäger arbeitete. Auch eine große Beharrlichkeit ist Voraussetzung, um eine Wildspur auch bis zum Ende zu verfolgen. Diese Eigenschaften einem Familienhund als „Sturheit" anzukreiden, wäre mehr als unfair.
Mit Kindern und Haustieren ist sie, angemessene Sozialisation selbstverständlich vorausgesetzt, problemlos verträglich. Außerhalb Estlands ist die Rasse aber nach wie vor ziemlich unbekannt und wenig verbreitet.

Auszug aus dem Standard:

„Ein gut proportionierter Hund von mittlerer Größe, kräftiger und trockener Körperbau. Starke Knochen, Pfoten und gut entwickelte Muskeln. Die weißen Abzeichen sind deutlich sichtbar und tragen dazu bei, dass der Hund bei seiner Arbeit im Feld besser gesehen wird. (…) Ein sehr gut entwickelter Geruchs- und Spürsinn sowie seine ausgeprägte Jagdleidenschaft garantieren gute Ergebnisse beim Aufspüren der Beute und der Fährtensuche in schwierigem Gelände."

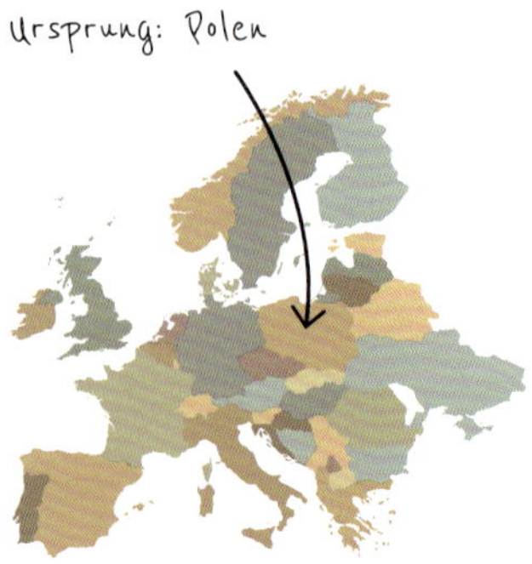

Arbeitsprüfung

FCI-Standard Nr. 354
Gruppe: 6
Sektion 1: Laufhunde
1.2 Mittelgroße Laufhunde

Größe
Rüde: 55–59 cm
Hündin: 50–55 cm

Gewicht
Keine Angabe im FCI-Standard (i. d. R. 22–26 kg)

Farbe / Haarkleid
Schwarz mit Loh; Braun (schokoladen) mit Loh; Rot mit schwarzem, braunem oder fleischfarbenem Nasenschwamm

Hart, kurz, dicht anliegend, an Kopf und Ohren weicher, mit Unterwolle

Gończy Polski
(Polnischer Jagdhund)

Ursprünglicher Verwendungszweck:
Jagdhund auf Wildschwein und Rotwild, auch auf Fuchs und Hase

Der Polnische Jagdhund, wie er wörtlich übersetzt heißt, ist eine sehr alte Laufhunderasse, die von ihrem Typus her seit mindestens dem 13. Jahrhundert bekannt und beschrieben ist. Polen mit seinen dichten, riesigen und wildreichen Wäldern und seinen unzugänglichen Gebirgsgegenden war schon immer ein traditionelles Jagdland und jeder Adelshof, der etwas auf sich hielt, führte seine eigene Laufhundemeute. Für die Jagd auf Rot- und Schwarzwild, aber auch Füchse und Hasen benötigte man sehr ausdauernde und mutige Hunde, die eine Spur nicht nur finden, sondern auch über Stunden in schwierigem Gelände verfolgen konnten und auch bei Kontakt mit dem Wild nicht klein beigaben. Sie zeigten dabei immer durch Spurlaut an, dass sie sich auf der Fährte befanden. Kenner des Gończy beschreiben dabei seine „besondere Melodie", eine Stimmlage mit verschiedenen Tönen je nachdem, wie weit entfernt oder nah dran am Wild sie sind und die bei Hündinnen tatsächlich etwas heller ausfällt als beim Rüden.

Der Gończy ist etwas kleiner und leichter als die mit ihm eng verwandte zweite polnische Laufhunderasse, der Ogar Polski, auch „Polnische Bracke" genannt. Letzterer besitzt zudem auch ein etwas längeres Haarkleid in rotbrauner Grundfarbe mit schwarzem Sattel, während der kurzhaarige Gończy mehrheitlich schwarz oder gelegentlich schokoladenbraun mit lohfarbenen Abzeichen ist.

Nach dem Zweiten Weltkrieg wurde in Polen alles, was mit dem Adel und adliger Betätigung zu tun hatte, unbeliebt, und so starben auch die typischen Jagdhunderassen des Adels fast aus. Es ist dem polnischen Oberst Józef Pawłusiewicz (1903–1979) zu verdanken, dass er die Restbestände der Laufhunde sichtete, zusammenführte und wieder mit dem Aufbau einer Zucht begann. Er verfasste auch einen ersten Rassestandard, was 1983 zur ersten Anerkennung der Rasse als „Gończy Polski" vom nationalen polnischen Hundezuchtverband führte. Erst 2006 wurde der Gończy von der FCI erst vorläufig, 2017 dann auch offiziell anerkannt. In Deutschland setzen sich Jäger im Verein für Gończy Polski Deutschland e.V. engagiert für eine Förderung dieser bei uns noch eher seltenen Rasse als Jagdhunde ein und prüfen sie auf ihre jagdliche Eignung anhand der Prüfungsordnung des Deutschen Bracken-Clubs. Sie schwärmen von Ausdauer, Mut und Tapferkeit ihrer Hunde mit „Spurwillen und Wildschärfe" und setzen sie sowohl zur Nachsuche als auch für Drückjagden ein.

Zuhause sind die athletischen polnischen Vollblut-Jäger ruhig und anschmiegsam, bringen aber auch ein paar ganz gute Wachhund-Eigenschaften mit und sind Fremden gegenüber eher abwartend bis misstrauisch. Sie gelten als „führig", sprich intelligent und leicht erziehbar und sind, typgerechte Auslastung und Beschäftigung sowie gute Sozialisation vorausgesetzt, auch als Familienhunde für aktive Menschen durchaus denkbar, wobei dem Jagdtrieb natürlich immer Rechnung getragen werden muss.

FCI-Gruppe 6

Auszug aus dem Standard:

„Ein gelenkiger Hund mit kompaktem Körperbau.
Der Knochenbau ist kräftig, aber nicht schwer.
Der Körperbau deutet auf ein großes Talent für
Beweglichkeit und eine offensichtliche Begabung für
schwierige Arbeitsbedingungen in bergigen Regionen.
(...) Stabil und sanft."

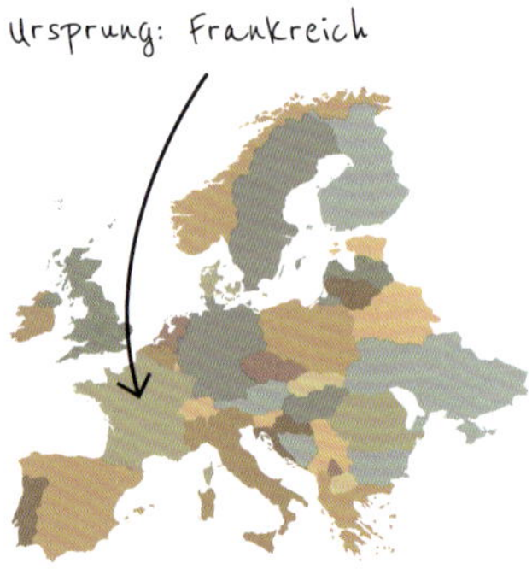

Arbeitsprüfung

FCI-Standard Nr. 32
Gruppe: 6
Sektion 1: Laufhunde
1.2 Mittelgroße Laufhunde

Größe
Rüde: 50–57 cm
Hündin: 48–55 cm

Gewicht
Keine Angabe im FCI-Standard
(i. d. R. 25–29 kg)

Farbe / Haarkleid
Vollständig (schwarz-weiß) getüpfelt, was einen schieferblauen Schimmer verleiht.

Rauhaar

Griffon bleu de Gascogne
(Blauer Gascogner Griffon)

Ursprünglicher Verwendungszweck:
Jagdhund auf Hase und Fuchs, auch auf Wildschwein sowie auf der Schweißfährte

Dieser mittelgroße Jagdhund ist im Pyrenäenvorland im Südwesten Frankreichs beheimatet und stammt aus Kreuzungen von glatthaarigen Petit Bleu de Gascogne mit rauhaarigen Griffons, wahrscheinlich Griffons Nivernais und Griffons Vendéens. Von letzteren hat er das markante raue, leicht struppige Fell geerbt. Um den Weißanteil im Fell zu erhalten, wurden auch immer wieder Vertreter der Rassen Ariégois und Saintongeois eingekreuzt. Es handelt sich also um einen reinblütigen Franzosen mit uralten Jagdhunde-Ahnen, denen die feine Nase und das „spurlaute“ Verfolgen der Fährte seit Jahrhunderten im Blut liegt. Man zählt ihn in Frankreich zu den „Chiens de Midi“, den Hunderassen des Südens, die aus Gascogne und Ariège stammen und dort vor allem zur Jagd auf Hasen, aber auch auf Schwarzwild eingesetzt werden.
Sie jagen einzeln oder in der Meute und zeichnen sich neben dem außerordentlichen Geruchssinn durch einen eher langsamen, aber systematischen und ausdauernden Jagdstil aus: Sie hetzen das Wild nicht planlos, sondern treiben es eher aus größerer Distanz vor sich her – wenn es sein muss, auch stundenlang und in großer Entfernung zum Hundeführer.
Diese Beharrlichkeit macht den Griffon Bleu des Gascogne zusammen mit dem Selbstbewusstsein und der feinen Nase neben dem jagdlichen Einsatz auch zu einem prädestinieren Personenspürhund oder Mantrailer: Auch hier wünscht man sich einen Hund, der im Ernstfall stundenlang sucht und der selbstbewusst eigene Entscheidungen trifft, die er dann wiederum dem Hundeführer mitteilt. Ein Mantrailer, der eine (vermeintliche) Spur anzeigt, nur um es seinem Führer recht machen zu wollen oder der sich zu stark an diesem orientiert („Ist es das, was du möchtest?“) ist im Einsatz unbrauchbar.
Da die französischen Jäger stets eher auf Leistung anstatt auf Äußeres selektierten, ist das Erscheinungsbild der Rasse zuweilen recht unterschiedlich: Es kommen gedrungenere und leichtere Exemplare vor, höher- und niederläufigere oder Variationen in Fellstruktur und -farbe sowie in Länge und Form der Ohren (oder „Behänge“, wie der Jäger sagt). So oder so sind die Ohren ähnlich wie beim Bloodhound beeindruckend lang, hängen beim Suchen mit tiefer Nase fast auf dem Boden und helfen dem Hund so, Geruchsmoleküle quasi „in die Nase zu fächern“.
Der namensgebende „blaue“ Farbeindruck stammt übrigens aus einer Mischung zwischen schwarzen und weißen Haaren, die aus etwas Entfernung einen bläulichen Schimmer erzeugt. Zusätzlich wünscht man sich große schwarze Platten am Körper sowie lohfarbene Abzeichen.
Der Südfranzose mit dem starken Willen ist draußen nach wie vor ein Vollblut-Jagdhund, der am liebsten mit tiefer Nase unterwegs ist. Ein gründliches Rückruf-Training ist daher von Beginn an wichtig. Gibt man ihm eine seinen Veranlagungen entsprechende sinnvolle Aufgabe, ist er zuhause ruhig, anhänglich, gut gelaunt und kinderfreundlich. Er ist intelligent und lernt schnell, stellt aber

durchaus den Sinn menschlicher Wünsche wie „bei Fuß gehen" oder „im rechten Winkel neben mir sitzen" in Frage. Sieht er den Sinn, wie eben zum Beispiel eine lange Nachsuche, ein, ist er mit Feuereifer dabei.
Die manchmal zu lesende Aussage, er sei misstrauisch gegenüber Fremden, stammt eher aus der früher bei Jägern verbreiteten Zwingerhaltung in Meuten und trifft in aller Regel nicht zu, wenn der Hund mit Familienanschluss lebt.

Auszug aus dem Standard:

„Es handelt sich um einen Griffon von rustikaler Erscheinung, kräftig gebaut; er nimmt eine mittlere Position ein zwischen den beiden Rassen, aus denen er hervorgegangen ist. (…) Feine Nase; gutes Geläut; gründlich in seiner Art zu jagen, aber auch voller Eifer und Unternehmungslust. Charakter aufgeweckt, sogar quirlig, aber dennoch anschmiegsam."

Griffon Fauve de Bretagne

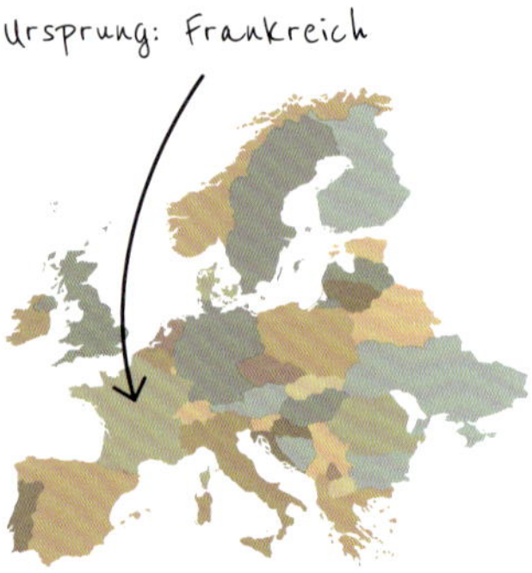

Arbeitsprüfung

FCI-Standard Nr. 66
Gruppe: 6
Sektion 1: Laufhunde
1.2 Mittelgroße Laufhunde

Größe
Rüde und Hündin:
mind. 48 cm, max. 56 cm
Eine Toleranz von +2 cm ist zulässig, bei außergewöhnlichen Exemplaren.

Gewicht
Keine Angabe im FCI-Standard (i. d. R. um 22 kg)

Farbe / Haarkleid
Falbfarben, von goldener Weizenfarbe bis hin zu ziegelrot. Einige wenige verstreute schwarze Haare auf dem Rücken und auf den Behängen werden toleriert.

Rauhaar

Ursprünglicher Verwendungszweck:
Jagdhund auf Hase, Fuchs, Rehwild und Schwarzwild

Mit den großen, „fahlen" (fauve) Griffon de Bretagne soll angeblich schon der französische König François I., der von 1515–1547 regierte, gejagt haben. Mit großer Vorliebe preschte er zu Pferd hinter Hirsch und Wildschwein durch die weitläufigen Wälder von Rambouillet, Fontainebleau und Chantilly, immer begleitet von Laufhundemeuten, die mit tönendem „Geläut" anzeigten, dass sie die Spur des Wilds in der feinen Nase hatten.

Die Griffons wurden besonders in der Bretagne, wo wegen des kargen Bodens und rauen Klimas kaum Landwirtschaft, aber viel Schafzucht möglich war, auch zur Wolfsjagd eingesetzt. Mit dem Verschwinden des Wolfs aus den nördlichen und zentralen Regionen Frankreichs erlebte auch die Rasse einen Niedergang und war bis ins 19. Jahrhundert so gut wie verschwunden, während der von ihm abstammende kleinere Basset Fauve de Bretagne populärer blieb.

1949 wurde der heute noch bestehende „Club de Fauve de Bretagne" gegründet, der sich um den Erhalt beider Rassen kümmerte und deren jagdliche Leistungsfähigkeit immer an erste Stelle setzte. So lautet sein Motto auch heute noch „Chasse d'abord" („Die Jagd zuerst").

Der Griffon Fauve de Bretagne ist ein mittelgroßer und eher schlanker, dabei aber starkknochiger und muskulöser Hund mit rauem, weizen- bis goldfarbigem Haar und einer großen körperlichen und mentalen Widerstandsfähigkeit. Er lässt sich weder von schlechtem Wetter noch von schwierigem Gelände oder wütenden Wildsauen davon abschrecken, seine Spur beharrlich zu verfolgen und mit kurzem, abgehackt klingendem Bellen anzuzeigen, dass er auf „heißer Fährte" ist.

Die falben Bretonen werden in Frankreich heute noch gerne jagdlich geführt und behaupten sich dort in Jagdhundeprüfungen auch gegenüber anderen Laufhunderassen immer wieder, hierzulande sind sie eher unbekannt.

Wie die meisten Laufhunde sind sie auf der Jagd voller Energie und Leidenschaft und nicht zu bremsen, während sie zuhause eine ganz andere Seite offenbaren: Dort sind sie, genügend typgerechte Auslastung natürlich vorausgesetzt, eher ruhig, sehr anhänglich und freundlich. Mut und Zähigkeit, aber auch ein gewisser selbstbewusster Eigensinn sind ihnen erhalten geblieben, weshalb ein konsequenter, aber liebevoller und überzeugender Führungsstil ihnen gegenüber notwendig ist.

Auszug aus dem Standard:

„Starkknochiger, muskulöser Hund, der jeder Witterung und allen Strapazen widersteht. Ein recht aktiver Jagdhund, besonders geeignet für schwieriges Gelände. (…) Fauves de Bretagne stecken voller Jagdleidenschaft, sind dabei aber gutartig mit Menschen, zutraulich, liebevoll und ausgeglichen."

Griffon Nivernais

Arbeitsprüfung

FCI-Standard Nr. 17
Gruppe: 6
Sektion 1: Laufhunde
1.2 Mittelgroße Laufhunde

Größe
Rüde: 55–62 cm
Hündin: 53–60 cm

Gewicht
Keine Angabe im FCI-Standard (i. d. R. 23–25 kg)

Farbe/Haarkleid
Immer gewolkt, d. h., Fellspitzen immer dunkler als Fellansatz (rußig). Die Falbfarbe kann mehr oder weniger dunkel sein, aber nie orange. Die gewolkte Spitze kann bläulich sein.

Langhaar

Ursprünglicher Verwendungszweck:
Jagdhund auf Wildschwein, meist in der Meute, aber auch einzeln

Dieser rustikale Griffon hat seinen Namen von der Region Nivernais rund um die Stadt Nevers im Zentrum Frankreichs.

Er soll in Typ und Aussehen der Meinung mancher Kynologen nach dem alten „Segusier" der Kelten weitgehend entsprechen, was natürlich unbewiesen ist. Andere vermuten eine Beeinflussung durch Hunde aus dem Nahen Osten, die mit den Kreuzzügen nach Frankreich kamen oder halten die heute ausgestorbenen „Chiens gris de Saint-Louis", die „Grauen Hunde des Hl. Louis", die im 13. und 14. Jahrhundert bevorzugten Hunde in den königlichen Jagdmeuten, für die Vorfahren des Griffon Nivernais.

Als gesichert gilt jedenfalls, dass rauhaarige Laufhunde schon seit alters her im französischen Zentralmassiv heimisch waren. Viele dieser unterschiedlichen Regionalschläge und Rassen sind heute wieder verschwunden.

Die Bauern des Nivernais hielten solche Hunde zur Abwehr gegen Wölfe und Bären und mussten sie bei Bedarf ihrem adligen Grundherrn auch zu Jagdzwecken auf Wildschwein, Hirsch & Co. zur Verfügung stellen. Mit der französischen Revolution 1789 verlor der Adel zeitweilig seine Privilegien und damit auch die Jagdrechte, was zunächst zu einem starken Niedergang der Jagdhunde führte. Schon wenig später, um 1800, begann man jedoch mit dem Wiederaufbau und nutzte dazu hauptsächlich Griffons aus der benachbarten Vendée in Kombination mit den im Nivernais heimischen Bauernhunden. Nachweislich wurde auch ein englischer Foxhound namens „Archer" eingekreuzt. Das Ergebnis hieß zunächst Griffon vendéen nivernais, bevor man das „vendéen" im Namen wieder wegließ und 1925 einen ersten Standard für den Griffon Nivernais formulierte.

Der strubbelige, robuste und muskulöse Hund sieht nicht nur so aus, als würde er durch kein Unterholz und keinen Tümpel abzuschrecken sein, er stellt sich auch heute noch unerschrocken jeder Wildsau gegenüber und verfolgt diese notfalls stundenlang. Seine Spezialität ist dabei eher ein ausdauernder, kräftesparender Trab, in dem er das Wild beharrlich vor sich hertreibt, als ein schneller Galopp.

Aufgrund seines struppigen Aussehens trägt er in Frankreich auch den nett gemeinten Spitznamen „Barbouillard" – der Schmuddelige.

Der Standard beschreibt sein Haar als „lang, struppig, durcheinander", Räber (1995) weist jedoch darauf hin, dass diese Einstufung als Langhaar falsch sei, da er die typischen Attribute eines rauhaarigen Hundes wie Bart- und Brauenwuchs sowie struppige Behaarung an den Läufen aufweist, während Langhaarhunde stets ein glattes Gesicht und kurzes Haar auf der Vorderseite der Läufe haben.

Auszug aus dem Standard:
„‚Krausebart', ausgeprägter Typ, robust, sehr rustikal und struppig. Bemuskelte, trockene Gliedmaßen. Eher für Ausdauer- als schnelle Arbeit geeignet; von etwas traurigem Aussehen, aber nicht ängstlich."

Seine halblangen, an der Spitze leicht nach vorn gedrehten Ohren und die typische Schädelform machen ihn unter dem Strubbelfell leicht als Mitglied der großen Laufhund-Familie erkennbar.
Wer dieser uralten Jagdhunderasse eine typgerechte Beschäftigung durch Jagdeinsatz oder alternativ Nasenarbeit sowie unbedingt ein Leben auf dem Land bieten kann, hat einen bei der Arbeit überaus engagierten, zuhause ruhigen und unkomplizierten Kumpel, der auch mit Kindern gut auskommt und seinen Besitzern gegenüber anhänglich ist. Wie alle Laufhunde hat er einen gewissen Eigensinn, der respektiert werden muss.

Arbeitsprüfung

FCI-Standard Nr. 267
Gruppe: 6
Sektion 1: Laufhunde
1.2 Mittelgroße Laufhunde

Größe
Rüde: 52 – 60 cm
(ideal: 56 cm)
Hündin: 50 – 58 cm
(ideal: 54 cm)

Gewicht
Keine Angabe im FCI-Standard
(i. d. R. 25 – 29 kg)

Farbe / Haarkleid
Weiß mit schwarzen Abzeichen, lohfarbene Schattierungen am Kopf, an den Gliedmaßen und manchmal zwischen den weißen und schwarzen Flecken. Schwarz darf nicht dominieren.

Rauhaar mit Unterwolle

Haldenstøver

(Halden-Bracke)

Ursprünglicher Verwendungszweck:
Jagdhund auf Fuchs

Diese auch Haldenlaufhund oder Haldenstövare genannte Rasse ist relativ jung und entstand Ende des 19. Jahrhunderts in Norwegen aus Kreuzungen einheimischer Jagdhunde mit englischen Foxhounds und Beagles, was man ihr gut ansieht. Benannt ist sie nach der südnorwegischen Stadt Halden, wo um 1850 erstmals die Reinzucht begann. Nachdem die Rasse nach dem Zweiten Weltkrieg so gut wie verschwunden war, wurde 1950 der erste Standard in Norwegen aufgestellt, die Rasse blieb aber sehr selten und ist außerhalb ihres Ursprungslands fast unbekannt. Der Bestand ist nach wie vor als kritisch gering anzusehen.

Als schneller, mittelgroßer Laufhund kann der Haldenstøver das Wild ausdauernd und über lange Strecken verfolgen. Besonders spezialisiert ist er auf Hasen, hier kann er seine Schnelligkeit gut ausspielen. Traditionell wird er im Gegensatz zu seinen englischen Vorfahren stets einzeln anstatt in der Meute zur Jagd eingesetzt und eher im offenen Gelände als im Wald.

Die Hasenjagd war in Norwegen seit dem 18. Jahrhundert sehr beliebt und im Gegensatz zu vielen anderen Ländern nicht nur dem Adel vorbehalten, sondern jedermann erlaubt. Das führte zu einem großen Bedarf an hierfür geeigneten Jagdhunden, und so entstanden nach und nach die Rassen Dunker, Hygenhund und Haldenstøver.

Trotz seines kurzen Fells kommt er gut mit dem kalten norwegischen Klima zurecht und hat auch mit Schnee und Eis keinerlei Probleme. Zwischen seinen Zehen wächst dichtes Haar, was ihm zusätzlichen Schutz verleiht.

Er hat einen eher keilförmigen, trockenen Kopf mit mittellangen Ohren, die nach vorn gezogen bis etwa zur Fangmitte reichen. Die Brust wünscht man sich tief, die Rippenbögen weit nach hinten verlaufend, die Lende breit und muskulös und die Läufe gerade und starkknochig.

Der Haldenstøver ist immer dreifarbig mit vorwiegend weißer Grundfarbe, dunklen Platten und lohfarbenen Abzeichen am Kopf, an den Läufen und am After. Damit unterscheidet er sich deutlich vom dunkleren schwedischen Hamiltonstövare.

Nichtjäger schätzen an dem feinnasigen Norweger seine Intelligenz, Menschenfreundlichkeit und Familienkompatibilität. Es sollte aber schon ein aktiver, naturliebender Besitzer sein, der dieses geborene Lauf-, Nasen- und Arbeitstier rassegerecht auslasten kann. Die Wahrscheinlichkeit, außerhalb Norwegens einen Züchter dieser seltenen Rasse zu finden, ist aber eher gering.

Auszug aus dem Standard:

„Rechteckig gebaut, stolz, kräftig, aber nicht schwer. (…) Kopf trocken, mittelgroß und gut ausgewogen."

Arbeitsprüfung

FCI-Standard Nr. 132
Gruppe: 6
Sektion 1: Laufhunde
1.2 Mittelgroße Laufhunde

Größe
Rüde: 57 cm (ideal), erlaubte Abweichung: 53–61 cm
Hündin: 53 cm (ideal), erlaubte Abweichung: 49–57 cm

Gewicht
Keine Angabe im FCI-Standard (i. d. R. 23–27 kg)

Farbe/Haarkleid
Dreifarbig (schwarz, weiß und lohfarben)

Kurzhaar

Hamiltonstövare

Ursprünglicher Verwendungszweck:
Jagdhund auf Hase und Fuchs

Dieser Laufhund verdankt seinen Namen dem Graf, Jäger und Gründer des schwedischen Kennel Clubs Adolf Patrik Hamilton, der 1886 auf der ersten schwedischen Hundeausstellung ein Paar Hunde zeigte, die als Begründer der Rasse gelten. „Pang" und „Stella" stammten von English Foxhounds und Harriern, deren Nachkommen er wiederum mit Holsteiner und Hannoverschen Bracken sowie Kurländer Bracken kreuzte. Da in Schweden seit 1789 auch der selbständige Bauernstand das Recht hatte, mit Hunden zu jagen, war der Bedarf an guten Jagdhunden groß.
Von Anfang an wurde der Hamilton wie die Deutschen Bracken immer nur als Einzeljagdhund anstatt in der Meute eingesetzt. In den weitläufigen schwedischen Kiefernwäldern stöbert er das Wild auf und treibt es den Jägern zu, wobei er stets durch Bellen, das sich eher wie ein melodisches Singen anhört, anzeigt, dass er die Fährte in der Nase hat: Je näher am Wild, desto aufgeregter wird der Tonfall.
Dabei zeigt er genügend Ausdauer, um stundenlang „dranzubleiben". Spezialisiert ist er auf Fuchs und Hase, kommt aber auch mit größerem Wild zurecht. Die schwedischen Jäger versuchen in der Regel, ihre Hamiltons „rehrein" zu halten,

sprich vom Verfolgen von Rehspuren abzuhalten. Können sie dies über fünf Jahre lang erfolgreich nachweisen, bekommt der Hund einen Prädikatseintrag in seinen Stammbaum.
Heute ist der Hamiltonstövare der beliebteste Jagdhund in Schweden und gilt als Nationalrasse. Er ist sogar so populär, dass er in die Kinderbücher von Astrid Lindgren einging: In „Tomte Tummetott" spielt ein Hamiltonstövare namens Karo eine wichtige Rolle.
Außerhalb Schwedens ist die Rasse selten und wird meist nur von Jägern an Jäger abgegeben. Da sie im Allgemeinen freundlich und angenehm im Wesen sind, ist eine Haltung als Familienhund denkbar, sofern man für die nötige Beschäftigung – am besten in Form von Nasenarbeit – sorgt. Kenner berichten allerdings davon, dass viele Hamiltons einen ausgeprägten Hang zum Zerkauen und Zerbeißen von Gegenständen haben – nicht umsonst nennt man sie in Schweden auch scherzhaft „Dosenöffner".
Draußen haben die Hunde einen enormen Jagdtrieb und sind unangeleint erstmal weg, wenn sie eine Wildfährte in die Nase bekommen. Gutes Rückruftraining und/oder die Sicherung an einer Schleppleine sind also essenziell, wenn man keinen endlosen, menschenleeren schwedischen Kiefernwald vor der Haustür hat.

Auszug aus dem Standard:
„Rechtwinklig, gut proportioniert, vermittelt einen Eindruck von großer Kraft und Ausdauer. Niemals schwer gebaut. Die Unterschiede im jeweiligen Geschlechtstyp sollen deutlich ausgeprägt sein. Dreifarbig. (…) Freundlich und ausgeglichen."

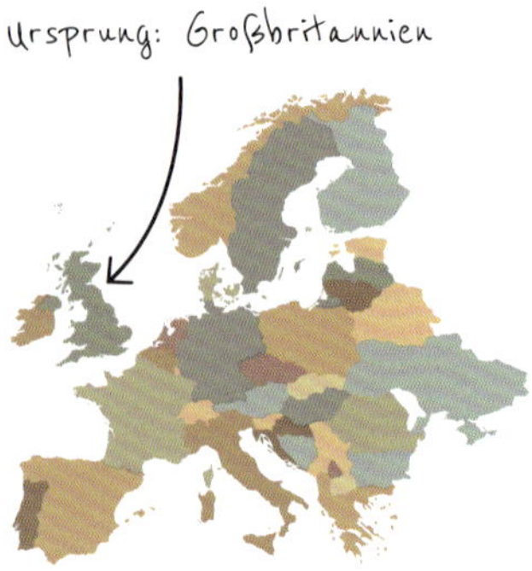

Arbeitsprüfung

FCI-Standard Nr. 295
Gruppe: 6
Sektion 1: Laufhunde
1.2 Mittelgroße Laufhunde

Größe
Rüde und Hündin: 48 – 55 cm
(i. d. R. 48 – 50 kg)

Gewicht
Keine Angabe im FCI-Standard
(i. d. R. 22 – 27 kg)

Farbe / Haarkleid
Alle Farbtönungen von Schwarz bis Orange auf normalerweise weißem Grund (in Frankreich meistens dreifarbig mit schwarzem Mantel auf der oberen Seite des Rückens)

Kurzhaar

Harrier

Ursprünglicher Verwendungszweck:
Jagd auf Hasen in der Meute

Auch wenn sein Ursprung auf das südliche England des 13. Jahrhunderts verortet wird, so haben wir es doch mit Nachfahren einer noch sehr viel älteren Rasse zu tun, nämlich den französischen Laufhunden, die 1066 mit Wilhelm dem Eroberer auf die Insel kamen. Die erste Harrier-Meute wurde der Überlieferung zufolge bereits 1260 von Sir Elias de Midhope zusammengestellt und 1570 beschreibt der bekannte englische Kynologe John Caius den Harrier in seinem Buch „De canibus britannicis" (Über die britischen Hunde). Damit zählt der Harrier zu den ältesten Meutehunden, die heute noch existieren und immer noch in ihrem ursprünglichen Verwendungszweck eingesetzt werden.

Dieser bestand seinerzeit in der Jagd auf Hasen, und zwar ausschließlich, was die naheliegende Vermutung zulässt, dass sein Name auf das englische Wort „hare" für Hase zurückgeht. Lange Zeit gingen die zweibeinigen Jäger jedoch noch zu Fuß, was es logisch erscheinen lässt, dass der Harrier der frühen

Auszug aus dem Standard:
„Ausdauernder und leichter Hund, weniger kräftig und edler als der Foxhound."

Jahrhunderte zwar ausdauernd, aber nicht allzu schnell jagen durfte. Vermutlich waren sie damals deutlich schwerer und niederläufiger, näher noch am alten Chien de St. Hubert (heutigen Bloodhound) und französischen Basset.
Erst mit Aufkommen der berittenen Jagd ergab sich die Notwendigkeit nach schnelleren Hunden, die den Pferden folgen konnten. Nun kreuzte man Foxhounds ein, um ihn hochbeiniger und schneller zu machen. Seitdem jagte er nicht mehr nur Hasen, sondern auch Füchse und Rehwild und war als Meutehund in ganz Großbritannien bis zum Verbot der Jagd auf lebende Hasen und Füchse im Jahr 2005 sehr weit verbreitet. Heute jagt man auf künstlichen Schleppfährten, aber immer noch gern mit Harrier-Meuten von zwanzig, dreißig oder mehr Hunden. Auch in die USA, nach Australien und Neuseeland hat sich die Rasse verbreitet und selbst in Deutschland gibt es eine aktive Harrier-Meute.
Wer über einen Harrier als Begleithund nachdenkt, muss sich vor Augen halten, dass diese Hunde jahrhundertelang dazu gezüchtet wurden, einen Hasen nicht nur über viele Meilen und Stunden hinweg zu verfolgen, sondern ihn am Ende auch zu töten – nichts, was man sich im heimischen Wald wünschen würde.
Wie alle Laufhunde sind auch Harrier außerhalb des Jagdeinsatzes zuhause sehr anschmiegsam und bleiben dort nicht gern allein. Draußen sind sie aber zum eigenständigen Handeln geboren und warten nicht, bis der Mensch ihnen Anweisungen gibt. Der Umgang mit ihnen erfordert daher viel Voraussicht, Verständnis und Konsequenz. Am wohlsten fühlen sie sich der ursprünglichen Bestimmung gemäß in der Meute und wenn sie ihrer Jagdleidenschaft nachgehen dürfen.

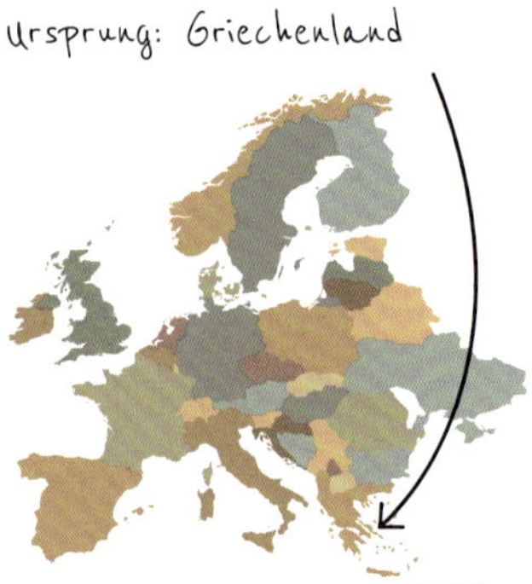

Arbeitsprüfung

FCI-Standard Nr. 214
Gruppe: 6
Sektion 1: Laufhunde
1.2 Mittelgroße Laufhunde

Größe
Rüde: 47–55 cm
Hündin: 45–53 cm
Eine Toleranz von +/-2 cm ist zulässig.

Gewicht
17–20 kg

Farbe / Haarkleid
Schwarz / Lohfarben
(ein kleiner weißer Fleck an der Brust wird toleriert)

Kurzhaar

Hellinikos Ichnilatis
(Griechischer Laufhund)

Ursprünglicher Verwendungszweck:
Hasenjagd

Der genaue Ursprung dieser alten, auch als Griechische Bracke bekannten Laufhunderasse ist unbekannt, zweifellos teilt er seine Vorfahren aber mit den italienischen und französischen Laufhunderassen und ähnelt insbesondere den Laufhunden des Balkans. Es wird vermutet, dass sie alle auf ägyptische Hunde zurückgehen, die von den Phöniziern mit nach Europa gebracht wurden.
Schon die alten Griechen kannten einen spurlaut jagenden Laufhund, wie wir aus Aristoteles' Tragödie „Hippolyt" wissen: Er schreibt dort von „hitzig auf Wild" jagenden Hunden, die „mit feiner Nase den Wind erfassen und mit gesenktem Kopf die Fährten aufsuchen" und dass „der Felsen Wölbung widerhallt vom Gebelle". Lange vor der Zucht und Anerkennung als eigene Rasse waren die in Griechenland vorkommenden Laufhunde als „Spartaner" bekannt, aber natürlich ist davon auszugehen, dass im Lauf der Jahrhunderte immer wieder anderes Blut eingekreuzt wurde und das Aussehen der Hunde sich veränderte.
Der heutige Griechische Laufhund ist mittelgroß, robust, hitzeresistent und ausdauernd und kommt ausschließlich in schwarz-lohfarben mit gelegentlichen kleinen weißen Abzeichen vor. Er ist bestens für die Hasenjagd im felsigen Gelände des Peloponnes geeignet und jagt allein oder in kleinen Meuten. Er jagt dabei temperamentvoll, voller Passion und mit weit zu hörendem „Geläut", wenn er auf der Fährte ist.
Sein Charakter wird als sehr stolz, eigenwillig und unbeugsam beschrieben, was möglicherweise aber auch auf die nur sehr geringen Erfahrungswerte dieser Rasse als Begleithunde und überhaupt deren geringe Verbreitung zurückgeht – sie ist selbst in Griechenland selten und anderswo fast unbekannt. Manchmal gelangen Mischlinge der Rasse über den Auslandstierschutz nach Deutschland, mitunter als „Labradormix" deklariert – entsprechend groß fällt dann die Überraschung der neuen Besitzer aus, wenn sie feststellen, dass sie einen Vollblut-Jäger in ihrer Stadtwohnung beherbergen. Hunde dieses Typs brauchen zwingend eine rassegerechte Auslastung, damit sie ihren feinen Geruchssinn und ihr Laufbedürfnis ausleben können. Mantrailing und andere Suchdisziplinen bieten sich an. Freilauf ohne Leine ist draußen auch bei gut trainiertem Rückruf kaum möglich, wenn man nicht möchte, dass der Hund stundenlang allein einer Fährte folgt, wie es seine Vorfahren seit Jahrtausenden getan haben.
Wie alle Laufhunde sind auch diese Griechen ihrem Besitzer gegenüber sehr anhänglich und in der Regel auch Artgenossen gegenüber freundlich.

Auszug aus dem Standard:

„Laufhund mit sehr feiner Nase und großer Widerstandskraft; alleine oder in der Meute ist er bei der Jagd sehr aktiv und eignet sich für jedes ebene oder bergige Gelände und sogar für felsiges und unzugängliches Gebiet. Seine Stimme ist laut und wohlklingend."

Arbeitsprüfung

FCI-Standard Nr. 266
Gruppe: 6
Sektion 1: Laufhunde
1.2 Mittelgroße Laufhunde

Größe
Rüde: 50–58 cm (ideal: 54 cm)
Hündin: 47–55 cm (ideal: 51 cm)

Gewicht
Keine Angabe im FCI-Standard (i. d. R. 20–25 kg)

Farbe/Haarkleid
Rotbraun oder gelb-rot schwarz/lohfarben weiß mit rotbraunen oder gelb-roten Abzeichen und getüpfelt (oder mit schwarz-lohfarbenen Abzeichen)

Kurzhaar

Hygenhund

Ursprünglicher Verwendungszweck:
Jagdhund auf Niederwild, speziell Hase und Fuchs

Die auch Hygenbracke genannte Laufhunderasse hat ihren Namen von dem norwegischen Rechtsanwalt und Hundezüchter Hans Fredrik Hygen, der in den 1830er Jahren eine aus Deutschland importierte Holsteiner Brackenhündin mit skandinavischen Laufhunden kreuzte, um einen für seine Bedürfnisse idealen Jagdhund zu erhalten. Die Nachkommen der ersten Generationen waren alle schwarz-braun, bis Hygen nochmals einen rotgescheckten Rüden zur Farbauffrischung einsetzte, der väterlicherseits aus der Zucht von Dunker, dem Schöpfer der zweiten, nach ihm benannten norwegischen Laufhunderasse, stammte. Es wird vermutet, dass außerdem auch Beagle eingekreuzt wurden. So wurde vor der ersten nationalen Anerkennung der Rasse durch den norwegischen Kennelclub im Jahr 1902 kurzzeitig der Name „Norwegischer Beagle“ erwogen, bevor man sich dann doch auf „Hygenhund“ einigte. 1965 wurde die Rasse auch von der FCI anerkannt.
Der Hygenhund ist spezialisiert auf die Hasenjagd, die in Norwegen schon seit vielen Jahrhunderten nicht nur dem Adel, sondern jedermann erlaubt war. Als robuster, widerstandsfähiger, schneller und beweglicher Laufhund konnte er auch im unwegsamen norwegischen Gelände den Hasen aufspüren und stundenlang verfolgen. Gründlich und zielorientiert blieb er auf der Fährte, ohne sich ablenken zu lassen und zeigte dabei stets durch melodiösen Spurlaut an, „wo der Hase langlief“ und wie weit er noch von diesem entfernt war. Auch Kälte und Schnee machten ihm nichts aus. Eine Behaarung zwischen den Pfotenzehen bot ihm dabei zusätzlichen Schutz.
Der Hygenhund wird auch heute noch in seinem Heimatland zur Jagd auf Hasen, aber auch auf Füchse sowie als Schweißhund zur Nachsuche eingesetzt.
Sein Kopf wird als etwas kürzer und keilförmiger als der der meisten anderen skandinavischen Laufhunde beschrieben. Außerdem sind die Ohren kleiner und höher angesetzt, wodurch sie etwas seitlich vom Kopf abstehen, anstatt schwer nach unten zu hängen. Die ziemlich kurze Rute reicht kaum bis zum Sprunggelenk und wird in einer leichten Aufwärtskurve getragen.
Wie die meisten Laufhunde ist der Hygenhund, wenn er ansonsten gut mit Arbeit ausgelastet ist, zuhause eher ruhig, freundlich und sehr anhänglich gegenüber seinen Menschen. Er lernt schnell und ist leicht erziehbar, aber sein Jagdtrieb bleibt natürlich enorm. Die Frage, ob man einen Hygenhund als Familien-oder Begleithund anschaffen möchte, stellt sich aber kaum: Hygenhunde sind mit nur dreißig bis vierzig registrierten Welpen pro Jahr auch in Norwegen selten und außerhalb des Landes beinahe unbekannt. Eine breitere Zuchtbasis wäre nach Meinung des Norsk Kennel Klub dringend nötig, um Inzuchtprobleme zu vermeiden und der Rasse eine lebensfähige Zukunft zu sichern.

Auszug aus dem Standard:

„Mittelgroß, kräftig und kompakt, rechteckig mit fester Rückenlinie. (…) Bewegung frei und ausgreifend, von vorne und hinten gesehen parallel."

Ursprung: Kroatien

Arbeitsprüfung

FCI-Standard Nr. 151
Gruppe: 6
Sektion 1: Laufhunde
1.2 Mittelgroße Laufhunde

Größe
Rüde: 49–53 cm
Hündin: 47–51 cm
Eine Toleranz von +/- 3 cm ist zulässig.

Gewicht
Keine Angabe im FCI-Standard (i. d. R. um 18 kg)

Farbe / Haarkleid
Die Grundfarbe ist Schneeweiß mit orangefarbenen Abzeichen am Körper und am Kopf. Die orangefarbenen Abzeichen können in allen Schattierungen vorkommen, aber die Nuancen müssen gleichmäßig sein.

Kurzhaar

Istarski Kratkodlaki Gonič (Kurzhaarige Istrianer Bracke)

Ursprünglicher Verwendungszweck:
Jagdhund auf Hase, Fuchs und Wildschwein

Die Heimat dieser sehr eleganten und uralten Laufhunderasse ist die Halbinsel Istrien in der Adria, die heute auf dem Staatsgebiet von drei Ländern, nämlich Kroatien, Slowenien und Italien liegt. Im Altertum wurde Istrien zuerst von den Illyrern, dann von den Römern besiedelt und während der Völkerwanderungen auch von germanischen Stämmen. Am Ostrand ragen die Berge bis 1400 Meter auf und die kargen, karstigen Hochflächen sind im Gegensatz zu den Küstenregionen nur dünn besiedelt.

Schon seit vielen Jahrhunderten gab es hier einen weitgehend weißen Laufhund mit rötlichen Abzeichen, der in älterer Literatur auch als „Illyrische Bracke" beschrieben wird. Die ältesten Zeugnisse ihres Vorkommens finden sich auf einem Säulenkapitell im Franziskanerkloster von Dubrovnik aus dem 14. Jahrhundert, das von vier typischen Laufhunden geziert wird. Außerdem wird auf dem Gemälde „Die Verbeugung der Heiligen Drei Könige" aus dem Jahr 1474 und der gleichen Region ein Hund gezeigt, der sehr einer heutigen Istrianer Bracke ähnelt.

Früher von der FCI als „jugoslawische" Rasse geführt, hat man sich seit dem Zerfall Jugoslawiens auf Kroatien als Ursprungsland geeinigt, auch wenn die historische Ursprungsregion sich natürlich nicht an heutige Staatsgrenzen hält.

Die Istrianer Bracke ist leichter und eleganter gebaut als die übrigen Bracken des Balkans und eine wahrhaft noble Erscheinung. Als besonderes Kennzeichen gilt die schneeweiße Grundfarbe mit rötlichen Abzeichen, die sich hauptsächlich an Kopf, Brustkorb, Rücken und Rutenansatz finden, insgesamt aber nicht mehr als ein Drittel der Gesamtfarbe ausmachen sollten. Besonders typisch sind die oft getupften Ohren.

Der Istrianer „Jäger" oder „Hetzer" (nichts anderes heißt das kroatische „Gonič" im Rassenamen) wurde traditionell zur Jagd auf Hase, aber auch Fuchs eingesetzt und konnte in den felsigen Karstgebieten seine Beweglichkeit, Geschicklichkeit und Ausdauer gut ausspielen. Mit seiner feinen Nase kann er nach wie vor das Wild gut aufspüren und besitzt dann genügend Jagdpassion und Ausdauer, um es notfalls stundenlang zu verfolgen, auch bei sengender Hitze und in unwegsamem Gelände. Wie die meisten Laufhunde zeigt auch die Istrianer Bracke mit einem

Auszug aus dem Standard:

„Ausdauernder Laufhund, besonders für die Jagd auf Hase, Fuchs und Wildschwein geeignet, kann aber auch als Schweißhund verwendet werden. (…) Ein Hund von edlem Aussehen und brackenartigem Körperbau und mittlerer Größe. Feingliedriger, eleganter Körper ohne Grobheit, mit harmonischen Bewegungen und kurzem, feinem Haar von schneeweißer Farbe mit orangefarbenen Abzeichen an Kopf und Körper."

eher singenden als bellenden Spurlaut an, dass sie sich auf der Fährte befindet und modifiziert dabei ihre Stimmlage je nach Entfernung zum Zielobjekt. Sie ist eigenständiges Arbeiten gewohnt, orientiert sich aber gern auch am Menschen.
Das erste Zuchtbuch wurde schon 1925 eröffnet, die Anerkennung durch die FCI erfolgte 1949.
Die Kurzhaarige Istrianer Bracke ist in ihrem Ursprungsgebiet häufiger anzutreffen als die rauhaarige Variante. Nach wie vor ist sie als Jagdhund beliebt und findet durch ihr freundliches Wesen auch als Begleithund zunehmend Freunde. Sie ist, rassegerechte Beschäftigung und Auslastung vorausgesetzt, zuhause eher ruhig, anhänglich und freundlich und verträgt keine grobe Behandlung oder harschen Worte.

Ursprung: Kroatien

FCI-Standard Nr. 152
Gruppe: 6
Sektion 1: Laufhunde
1.2 Mittelgroße Laufhunde

Größe
Rüde: 50–54 cm
Hündin: 48–52 cm
Eine Toleranz von +/- 3 cm ist zulässig.

Gewicht
Keine Angabe im FCI-Standard (i. d. R. 16–24 kg)

Farbe / Haarkleid
Die Grundfarbe ist Schneeweiß mit orangefarbenen Abzeichen am Körper und am Kopf. Die orangefarbenen Abzeichen kommen in allen Schattierungen vor, müssen aber gleichmäßig sein.

Rauhaar mit Unterwolle

Istarski Oštrodlaki Gonič (Rauhaarige Istrianer Bracke)

Ursprünglicher Verwendungszweck:
Jagdhund auf Hase, Fuchs und Wildschwein, auch als Schweißhund einsetzbar

Die Rasse ist bis auf das raue Haarkleid mit der Kurzhaarigen Istrianer Bracke so gut wie identisch, auch wenn sie durch das struppige Fell ein ganz anderes, rustikaleres Erscheinungsbild hat. Darunter verbirgt sich aber der gleiche Hund. Die Beschreibung der Rasse wird deshalb hier mit leichter Modifikation übernommen.

Die Heimat dieser sehr eleganten und uralten Laufhunderasse ist die Halbinsel Istrien in der Adria, die heute auf dem Staatsgebiet von drei Ländern, nämlich Kroatien, Slowenien und Italien liegt. Im Altertum wurde Istrien zuerst von den Illyrern, dann von den Römern besiedelt und während der Völkerwanderungen auch von germanischen Stämmen. Am Ostrand ragen die Berge bis 1400 Meter auf und die kargen, karstigen Hochflächen sind im Gegensatz zu den Küstenregionen nur dünn besiedelt.

Schon seit vielen Jahrhunderten gab es hier einen weitgehend weißen Laufhund mit rötlichen Abzeichen, der in älterer Literatur auch als „Illyrische Bracke“ beschrieben wird. Die ältesten Zeugnisse ihres Vorkommens finden sich auf einem Säulenkapitell im Franziskanerkloster von Dubrovnik aus dem 14. Jahrhundert, das von vier typischen Laufhunden geziert wird. Außerdem wird auf dem Gemälde „Die Verbeugung der Heiligen Drei Könige“ aus dem Jahr 1474 und der gleichen Region ein Hund gezeigt, der sehr einer heutigen kurzhaarigen Istrianer Bracke ähnelt. Historische Abbildungen der kurzhaarigen Variante sind häufiger als die der rauhaarigen, weil letzte als weniger attraktiv galt.

Früher von der FCI als „jugoslawische“ Rasse geführt, hat man sich seit dem Zerfall Jugoslawiens auf Kroatien als Ursprungsland geeinigt, auch wenn die historische Ursprungsregion sich natürlich nicht an heutige Staatsgrenzen hält.

Die Istrianer Bracke ist leichter und eleganter gebaut als die übrigen Bracken des Balkans und eine wahrhaft noble Erscheinung. Als besonderes Kennzeichen gilt die weiße Grundfarbe mit rötlichen Abzeichen, die sich hauptsächlich an Kopf, Brustkorb, Rücken und Rutenansatz finden, insgesamt aber nicht mehr als ein Drittel der Gesamtfarbe ausmachen sollten. Besonders typisch sind die getupften Ohren.

Der Istrianer „Jäger“ oder „Hetzer“ (nichts anderes heißt das kroatische „Gonič“ im Rassenamen) wurde traditionell zur Jagd auf Hase, aber auch Fuchs eingesetzt und konnte in den felsigen Karstgebieten seine Beweglichkeit, Geschicklichkeit und Ausdauer gut ausspielen. Mit seiner feinen Nase kann er nach wie vor das Wild gut

Auszug aus dem Standard:
„Ausdauernder Laufhund, besonders für die Jagd auf Hase, Fuchs und Wildschwein, aber er kann auch als Schweißhund verwendet werden. (...) Ein Hund von rustikalem Aussehen und kräftigem brackenartigem Körperbau und mittlerer Größe, mit charakteristischem längerem Haar von schneeweißer Farbe mit orangefarbenen Abzeichen an Kopf und Körper. Dank ihres rauen Haarkleids wirkt die Rasse robust.“

aufspüren und besitzt dann genügend Jagdpassion und Ausdauer, um es notfalls stundenlang zu verfolgen, auch bei sengender Hitze und in unwegsamem Gelände. Wie die meisten Laufhunde zeigt auch die Istrianer Bracke mit einem eher singenden als bellenden Spurlaut an, dass sie sich auf der Fährte befindet und modifiziert dabei ihre Stimmlage je nach Entfernung zum Zielobjekt. Sie ist eigenständiges Arbeiten gewohnt, orientiert sich aber gern auch am Menschen

Parallel zur kurzhaarigen Istrianer Bracke wurde das erste Zuchtbuch 1925 eröffnet.

Die rauhaarige Istrianer Bracke ist in ihrem Ursprungsgebiet seltener anzutreffen als die kurzhaarige Variante. Nach wie vor ist sie, vor allem in Slowenien, als Jagdhund beliebt.

Arbeitsprüfung

FCI-Standard Nr. 30
Gruppe: 6
Sektion 1: Laufhunde
1.2 Mittelgroße Laufhunde

Größe
Rüde: 55–58 cm
Hündin: 53–56 cm

Gewicht
Keine Angabe im FCI-Standard (i. d. R. 25–28 kg)

Farbe / Haarkleid
Sehr weiß mit rundlichen orangefarbenen Flecken, die sich nie zu einem Mantel ausdehnen dürfen. Unter den orangefarbenen Flecken ist die Haut normalerweise schwarz pigmentiert. Orangefarbene Tüpfelung der Behänge ist sehr charakteristisch.

Kurzhaar

Porcelaine

Ursprünglicher Verwendungszweck:
Jagdhund auf Niederwild (Hase, Fasan), auch zur Stöberarbeit geeignet

Ihren Namen verdankt diese sehr traditionsreiche französische Laufhunderasse der Tatsache, dass ihr Fell in einem gedeckten Weiß mit den wie transparent überlagerten hellorangen Flecken edel schimmert und die Körperkonturen unter dem kurzen, glatten Fell wie fein gemeißelt erscheinen. Dabei handelt es sich aber keineswegs um einen zerbrechlichen Hund, sondern um einen handfesten Jäger, der vor keinem Dornengebüsch zurückscheut.

Sein Ursprungsgebiet liegt in der Region Franche-Comté an der Schweizer Grenze und hieß zunächst auch so: Chien de Franche-Comté. Nach Räber (1995) ist es sehr wahrscheinlich, dass er auch von der weiß-gelben Varietät der Schweizer Laufhunde abstammt, während andere ihn eher als Nachkommen der alten, heute ausgestorbenen „Chiens blancs du Roi", den „weißen Hunden des Königs" sehen, in die erst später, nachdem sie in der Französischen Revolution fast ausgestorben waren, Schweizer Laufhunde zum Rasseerhalt eingekreuzt wurden.

Vermutlich stammen alle heutigen Porcelaines von zwei Hunden, die der Abt des Klosters von Luxeuil in der Haute-Saône Anfang des 19. Jahrhunderts dem Arzt Dr. Coillot schenkte, der zusammen mit seinen Enkeln in der Folgezeit eine entscheidende Rolle für die Zucht der Rasse spielte. Aber auch andere französische Klöster hatten nach der Revolution Jagdhundemeuten des Adels beherbergt und wurden so zu einer „Genreserve" für den Wiederaufbau der alten Rasse. Später wurden Gascon Saintengeois, Billy und Harrier eingekreuzt, um eine breitere Zuchtbasis zu erhalten.

Heute ist der alte Meute-Laufhund zumindest in Frankreich wieder gut verbreitet und man setzt ihn zur Jagd auf Hase und Reh, aber vermehrt auch auf Wildschwein ein, wobei man seine auch aus der Ferne im Unterholz und bei schlechtem Wetter leicht erkennbare weiße Farbe schätzt. Der Porcelaine jagt schnell, passioniert, ausdauernd und spurlaut mit sonorer, weithin hörbarer Stimme, die er je nach Entfernung zum Wild zu modulieren weiß.

So vehement er auf der Jagd eine Spur verfolgt und das Wild stellt, so ruhig und anhänglich ist er zuhause in der Familie. Wenn man ihn friedlich auf dem Sofa kuscheln sieht, mag man kaum glauben, wie er im dichten Gestrüpp nach kilometerlangem Lauf vor einem Wildschwein steht und dieses selbständig in Schach hält, bis der Jäger neben ihm ist.

Selbstverständlich ist dies kein Hund für städtische Umgebungen oder kleine Wohnungen. Er braucht, wenn er nicht jagdlich geführt wird, zwingend täglich ausgiebige Bewegung sowie typgerechte Auslastung durch beispielsweise Sucharbeit. Viele Züchter in Frankreich geben Welpen nur an Jäger ab.

Auszug aus dem Standard:

„Sehr edler, typisch französischer Laufhund für Niederwild, dessen gesamte Struktur in allen Teilen eine hochgezüchtete Rasse verrät. (…). Gangwerk lebhaft und munter. Galopp leicht und ausdauernd."

Ursprung: Kroatien

Posavski Gonič

(Savetalbracke)

FCI-Standard Nr. 154
Gruppe: 6
Sektion 1: Laufhunde
1.2 Mittelgroße Laufhunde

Größe
Rüde: 50 – 56 cm
Hündin: 47 – 53 cm
Eine Toleranz von +/- 2 cm ist zulässig.

Gewicht
Keine Angabe im FCI-Standard (i. d. R. um 20 kg)

Farbe / Haarkleid
Die Grundfarbe des Haarkleides ist rötlich-gelb in allen Tönungen mit weißen Abzeichen am Kopf, am Hals, an der Vorbrust und Brust, am Bauch, an den unteren Teilen der Läufe und an der Rutenspitze (niemals dunkelbraune oder schokoladenbraune Farbe, welches keine erlaubten Farben sind).

Kurzhaar

Ursprünglicher Verwendungszweck:
Jagdhund auf Hase, Fuchs, Wildschwein

Diese heute auch Posavatz-Bracke oder Save-Bracke genannte Laufhunderasse stammt aus der Mittellauf-Region des Flusses Save im heutigen Kroatien, die in der Landessprache Posavina heißt. „Gonič“ bedeutet auf Kroatisch „Jäger“ oder „Hetzer“. Vor der FCI-Anerkennung im Jahr 1955 waren die Hunde auch als „Bosniki“ oder „Laufhund des Karstbeckens“ bekannt.

Es handelt sich um eine sehr alte Jagdhunderasse, die schon seit vielen Jahrhunderten in dieser Region heimisch war.

So beherbergt die Friedhofskapelle des Ortes Berm in Istrien ein Gemälde aus dem Jahr 1474 mit dem Titel „Die Verbeugung der Drei Könige“, auf dem ein dunkelgelblicher Hund mit Hängeohren vom Typ der heutigen Savetalbracke erkennbar ist.

Außerdem beschreibt der Dakovoer Bischofs Petar Bakić in einem aus dem Jahr 1719 überlieferten Manuskript, dass die Zucht dieser Laufhunde schon im 14. Jahrhundert bekannt war.

Sie gehören zur großen Familie der Balkan-Bracken und unterscheiden sich von ihren Verwandten hauptsächlich durch den etwas niederläufigeren und länger gestreckten Körperbau. Wie fast alle Menschen und Tiere auf dem Balkan entstammen sie einer Vermischung der zahlreichen Stämme, die im Lauf der Jahrhunderte hier durchzogen oder beheimatet waren. Räber (1995) vermutet eine Herkunft von den alten österreichischen Bracken, den steirisch-kroatischen und den alten ungarischen Bracken, während andere Quellen von den antiken „illyrischen Laufhunden“ sprechen. Fest steht, dass es die Savetal-Bracke früher auch in einer langhaarigen Varietät gab, heute wird aber nur noch die kurzhaarige gezüchtet.

Neben der typischen rötlichen oder gelblichen Farbe sind weiße Abzeichen an Kopf, Hals, Brust, Bauch, den unteren Gliedmaßen und der Rutenspitze charakteristisch, wobei sie aber insgesamt nicht mehr als ein Drittel der Körperfläche einnehmen dürfen. Dunkel-oder schokobraune Färbungen gelten als zuchtausschließender Fehler.

Dieser außerhalb Kroatiens fast unbekannte Laufhund wird traditionell zum Aufspüren und Verfolgen von Hase und Fuchs verwendet, macht aber auch als Schweißhund eine sehr gute Figur. Mit seiner hohen und sonoren Stimme zeigt er weithin hörbar an, wenn er auf einer Geruchsspur läuft. In den weitläufigen Wäldern des Savetals hat er kein Problem damit, sich auch durch dichtes Unterholz zu kämpfen oder Gewässer zu durchqueren. In Kroatien, wo die Jagd auf Rehwild übrigens verboten ist, wird er auch zur Jagd auf Schwarzwild eingesetzt und erweist sich dabei als zäh, robust, mutig und ausdauernd.

Der energische und selbstständige Hund ist draußen ein leidenschaftlicher Jäger, zuhause anhänglich, folgsam und eher ruhig. Dennoch versteht es sich von selbst, dass er aufgrund seines Aktivitätsniveaus und seiner jagdlichen Veranlagung kein Familienhund für jedermann ist.

FCI-Gruppe 6

Auszug aus dem Standard:

„Ausdauernder Laufhund, besonders für die Jagd auf Hase, Fuchs, Wildschwein, kann aber auch als Schweißhund verwendet werden. (…) Kräftiger brackenartiger Körperbau, mittelgroßer Hund mit harmonischen Bewegungen. Die charakteristische rötlich-gelbe Farbe kommt in allen Tönungen vor."

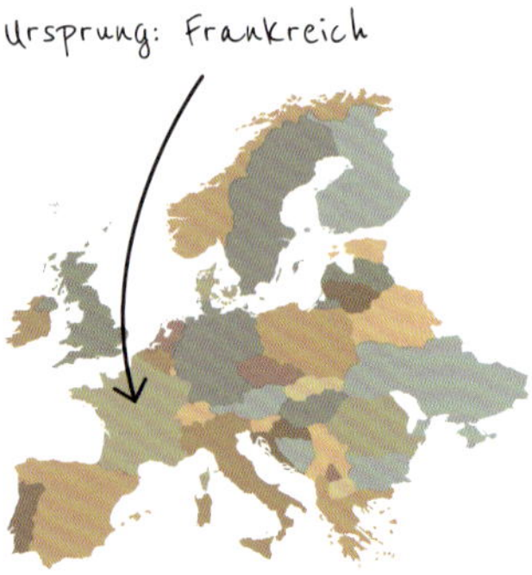

Arbeitsprüfung

FCI-Standard Nr. 31
Gruppe: 6
Sektion 1: Laufhunde
1.2 Mittelgroße Laufhunde

Größe
Rüde: 52–58 cm
Hündin: 50–56 cm

Gewicht
Keine Angabe im FCI-Standard (i. d. R. 18–22 kg)

Farbe/Haarkleid
Vollständig (schwarz-weiß) getüpfelt, was einen schieferblauen Schimmer verleiht, mit oder ohne mehr oder minder ausgedehnten schwarzen Platten

Kurzhaar

Petit bleu de Gascogne (Kleiner blauer Gascogne-Laufhund)

Ursprünglicher Verwendungszweck:
Jagdhund speziell auf Hase, aber auch auf Hochwild einsetzbar

Dieser vielseitige Jagdhund ist als gezielte Verkleinerung des Grand Bleu de Gascogne im ungefähr 17. Jahrhundert in Frankreich entstanden. Die adeligen Jäger wünschten sich eine verkleinerte Form, um kleineres Wild besser jagen zu können. Mit 43–52 cm Schulterhöhe nach heutigem Standard ist dies gut gelungen und der kleine Gascogner bewährte sich bei der Jagd auf Hase, Fuchs und Reh, aber durchaus auch Wildschwein.
Er ist ein spurlaut jagender Meutehund, der vor allem im Südwesten Frankreichs anzutreffen ist. Um 1970 herum war er beinahe ausgestorben, aber einer kleinen Gruppe von Enthusiasten ist es gelungen, die Zucht wieder aufzubauen und den Bestand zu sichern. Ursprünglich hat es auch eine rauhaarige Variante gegeben, die heute extrem selten geworden ist.
Das kurze und glatte, aber nicht zu feine Fell ist dreifarbig – am Körper vorwiegend weiß mit einer kräftigen schwarzen Sprenkelung, die von Weitem den „blauen“ Farbeindruck vermittelt. Schwarze Farbplatten am Körper können mehr oder weniger ausgedehnt sein. Der Kopf ist größtenteils schwarz mit lohfarbenen Abzeichen über den Augen, auf den Backen und auf der Unterseite der Ohren.
Der Petit Bleu de Gascogne als Vollblut-Jagdhund ist kein Hund für Anfänger oder Sofahelden. Er braucht viel Auslauf und artgerechte Beschäftigung, um, wenn er nicht jagdlich geführt wird, seinen starken Jagdtrieb in andere, gesellschaftsverträglichere Bahnen lenken zu können.
Er ist zuhause unproblematisch und anschmiegsam, sehr intelligent und lernbereit, aber nicht der Typ für bedingungslosen Kadavergehorsam. Wer seine stolze Persönlichkeit zu schätzen weiß und ihm genügend Auslauf und Aufgaben bieten kann, wird mit dem südfranzösischen Schlappohr einen tollen Kumpel haben, der laut erfahrenen Besitzern ein bisschen was von einer Katze hat: Schönheit gepaart mit Killerinstinkt und Anschmiegsamkeit.

Auszug aus dem Standard:

„Gute Nase, gründlich in seiner Art zu jagen; schöne Stimme; er fügt sich leicht in eine Meute ein. Charakter ruhig und anschmiegsam, ordnet sich leicht unter."

Ursprung: Spanien

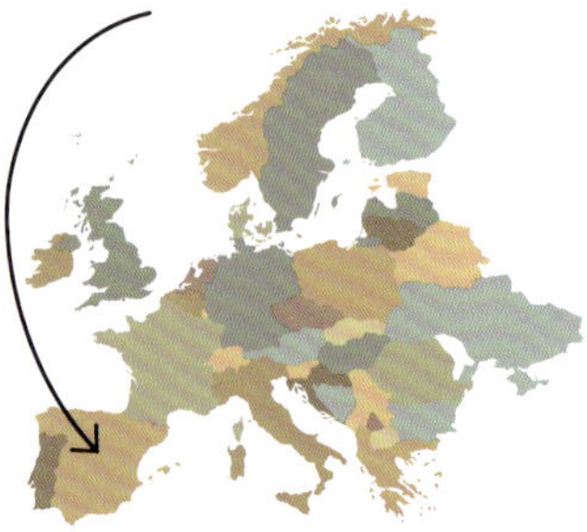

Arbeitsprüfung

FCI-Standard Nr. 204
Gruppe: 6
Sektion 1: Laufhunde
1.2 Mittelgroße Laufhunde

Größe
Rüde: 52–57 cm
Hündin: 48–53 cm
Eine Toleranz von + 1 cm ist zulässig.

Gewicht
Keine Angabe im FCI-Standard (i. d. R. 20–25 kg)

Farbe/Haarkleid
Weiß und Orange, wobei eine der beiden Farben vorherrscht, in unregelmäßigen, gut abgegrenzten Flecken verteilt (keine Tüpfelung). Das Orange kann zwischen einem helleren Farbton (Zitrone) und einem dunklen rotbraunen Ton variieren.

Kurzhaar

Sabueso Español
(Spanischer Laufhund)

Ursprünglicher Verwendungszweck:
Jagdhund spezialisiert auf Hase, auch auf Hochwild (Rehe, Wildschwein), ebenso höchst erfolgreich als Schweißhund

Diese schon seit dem Mittelalter bekannte Rasse wird detailliert im „Libro de la montería" („Buch von der Jagd") des Königs von Kastilien und León Alfons XI. beschrieben, der von 1311–1350 lebte und eine große Leidenschaft für die Jagd mit Hunden hegte. Er soll auch die damals noch in Spanien häufig vorkommenden Bären gejagt und sich dabei der weiß-roten Meutehunde bedient haben.
„Die Augen sollten traurig und geradeaus gerichtet sein, der Hals weder zu kurz noch zu lang, die Brust breit (…) die Beine kräftig und gebogen", schreibt er unter anderem über den damaligen Sabueso.
Da der Sabueso über die Jahrhunderte kaum mit anderen Rassen in Kontakt gekommen ist, hat er sich auf der Iberischen Halbinsel sehr rein erhalten können. Auch wenn er zwischenzeitlich sehr selten geworden war, wurde er 1911 bei der Gründung der „Real Sociedad Canina de España", der königlich spanischen kynologischen Gesellschaft, als eine der autochthonen Rassen erwähnt. 1957 wurde der Sabueso von der FCI anerkannt, 1977 wurde in Spanien der Club de Sabueseros de España gegründet.
Auffallend an ihm sind seine sehr langen Hängeohren, in der Jägersprache „Behang" genannt, die ihn zusammen mit der markanten Schädelform und dem langgestreckten Körperbau dem Bloodhound ähneln lassen, wenn er auch leichter als dieser ist. Ebenso sensationell ist aber seine gute Nase, wenn es um das Aufstöbern und ausdauernde Verfolgen von Wild geht. Er wird heute in Spanien vor allem für die Jagd auf Hase und Fuchs eingesetzt, aber auch auf Reh- und Rotwild und bewährt sich außerdem als guter Schweißhund für die Nachsuche nach verletztem Wild.
Wegen seiner feinen Nase setzt die spanische Polizei, die Guardia Civil, ihn gelegentlich als Personenspürhund ein.
Der Sabueso Español ist auf der Jagd sehr furchtlos und es gewohnt, selbständig zu arbeiten. Anweisungen des Menschen behandelt er eher als freundlichen Vorschlag, die er auf seine Sinnhaftigkeit hin abwägt. Gleichzeitig ist er seinem Besitzer gegenüber außerordentlich loyal und zeigt sich zuhause ruhig, freundlich und anhänglich, sofern er ansonsten seinen Bewegungsdrang ausleben kann und sinnvolle Aufgaben gestellt bekommt. Fremden gegenüber soll er sich eher misstrauisch verhalten, was ihn auch zu einem geeigneten Wachhund werden lässt.
Mit anderen Haustieren kommt er aufgrund seines starken Jagdtriebs nur dann zurecht, wenn er im Welpenalter sehr gut sozialisiert wurde.

FCI-Gruppe 6

Auszug aus dem Standard:

„Der Sabueso Español ist der große Spezialist für die Jagd auf den hakenschlagenden Hasen und er ist höchst erfolgreich auf der Schweißfährte. (…) Es handelt sich um einen mittelgroßen, wohlgeformten Hund mit länglichen Körperproportionen, mit einem schönen Kopf und langem Behang. Bemerkenswert ist die Größe seines Brustumfangs und seine Körperlänge, die die Widerristhöhe weit übertrifft. Fester Knochenbau und kräftige Gliedmaßen; feines, glatt anliegendes Haar. Sein Blick ist sanft, traurig und edel."

Segugio Italiano a pelo forte
(Drahthaariger Italienischer Laufhund)

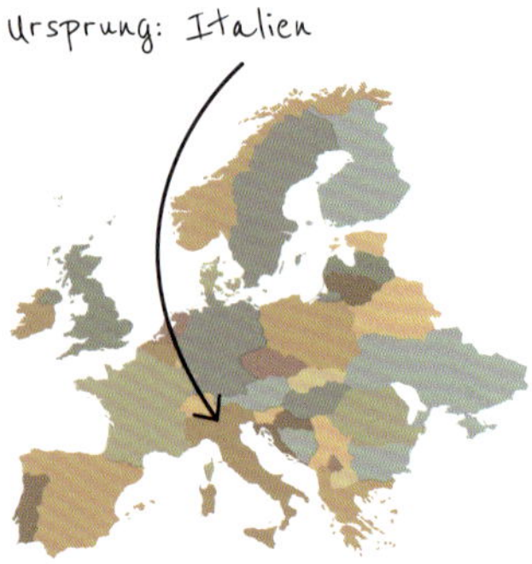

Arbeitsprüfung

FCI-Standard Nr. 198
Gruppe: 6
Sektion 1: Laufhunde
1.2 Mittelgroße Laufhunde

Größe
Rüde: 52–60 cm
Hündin: 50–58 cm
Eine Toleranz von +/-2 cm ist zulässig.

Gewicht
Rüde: 20–28 kg
Hündin: 18–26 kg

Farbe/Haarkleid
Die erlaubten Farben umfassen das ganze Spektrum von einfarbigem Falb, von dunkelrotem und berußtem Falb bis hin zum hellen Falb, Schwarz und Loh. Weiß ist nicht wünschenswert; je weniger vorhanden ist, desto besser. Der schwarze und lohfarbene Hund darf lediglich auf der Brust einen weißen Stern haben, in diesem Falle spricht man von einem dreifarbigen Segugio.

Rauhaar

Ursprünglicher Verwendungszweck:
Laufhund speziell zur Jagd auf Wildschwein und Hase

Der Italienische Laufhund ist eine uralte Rasse, die vermutlich von den altägyptischen Laufhunden abstammt, die mit den Phöniziern in der Antike in den Mittelmeerraum gelangt waren. Jedenfalls sind sie in Italien seit Jahrhunderten die Jagdhunde auf Wildschwein und Hase schlechthin. Man findet sie in zahlreichen Gemälden und Statuen verewigt, so zum Beispiel in der römischen Statue der „Jagenden Diana“ im Archäologischen Nationalmuseum von Neapel oder neben der „Bogenschießenden Diana“ im Museum des Vatikans.

Über die Herkunft seines italienischen Namens Segugio gibt es zwei Theorien: vom italienischen Wort „seguire“ für folgen/verfolgen, also wörtlich ein „Verfolger“, was seine Tätigkeit treffend beschreiben würde, oder vom keltischen Volksstamm der Segusier, die in der Gegend des heutigen Lyon (Frankreich) beheimatet waren und laut Beschreibung des „Jüngeren Xenophon“ in seinem Werk „Kynegetikos“ („Der Hundeführer“, 2. Jh. n. Chr.) einen Jagdhund züchteten, auf den die Beschreibung vieler heutiger Laufhunde passt und den er als „Canis segusius“ bezeichnete. In der Literatur ist von diesem geheimnisvollen Vorfahren auch als „Keltenbracke“ die Rede.

Ihre Glanzzeit erlebten die Segugi während der Renaissance, als der italienische Adel unter mit Hunderten von Hunden, Trommlern, Jagdhornbläsern und kunstvoll zurechtgemachten Pferden zu pompösen Jagden auf Hirsch, Wildschwein, Reh und Fuchs blies. Die französische Revolution läutete den Niedergang der Adelsschicht auch in Italien ein und das Aufkommen moderner Feuerwaffen tat ein Übriges dazu, dass die alten Jagdhunde nicht mehr so gefragt und beliebt waren. Auf die Zuchtauslese wurde nicht mehr so gut geachtet und man begnügte sich mit einem einfacheren Hund, den man gut für die Jagd auf Hase und Kaninchen gebrauchen konnte. Im Jahr 1948 waren beim nationalen italienischen Hundezuchtverband nur noch ganze 120 Segugi registriert, deren Zahl durch die Bemühungen passionierter Jäger und Züchter bis zur Jahrtausendwende wieder auf mehrere Tausend anstieg.

Der Segugio jagt enorm schnell und ausdauernd in Gebirge oder Ebene, alleine oder in der Meute und lässt dabei einen Spurlaut hören, der sich deutlich von dem anderer Laufhunde unterscheidet. Er kann von morgens bis abends auf der Spur bleiben, hat dabei eine vorzügliche Orientierung und natürlich eine feine Nase. Bei der Jagd ist kein blindes Hinterherhetzen gefragt, sondern immer auch

Auszug aus dem Standard:

„Hund von mittleren Proportionen, dessen Körper sich in ein Quadrat stellen lässt (…). Sein Körperbau ist ausgeglichen, absolut symmetrisch; gut entwickelter Knochenbau mit trockenen Formen und gut bemuskelt, ohne jeglichen Fettansatz, was ihn dazu befähigt, Wild von morgens bis abends zu verfolgen.“

die Fähigkeit zu Problemlösung und Strategiewechsel, wenn die Fährte zwischendurch abreißt. Dem Segugio liegt es dabei wie den meisten Laufhunden im Blut, unabhängig vom oft weit entfernten Menschen eigene Entscheidungen zu treffen.

Es gibt neben der rau- bzw. drahthaarigen Variante auch eine kurzhaarige, die aber von der FCI heute unter einer eigenen Standardnummer als getrennte Rasse geführt wird. Die kurzhaarige Variante ähnelt äußerlich mitunter fast einem Windhund und ist etwas temperamentvoller und überschwänglicher als die rauhaarige, die auf der Jagd etwas „nachdenklicher“ und gelassener vorgeht. Den Drahthaarigen sagt man auch eine größere Reserviertheit gegenüber Fremden nach.

Segugio Italiano a pelo raso
(Kurzhaariger Italienischer Laufhund)

Arbeitsprüfung

FCI-Standard Nr. 337
Gruppe: 6
Sektion 1: Laufhunde
1.2 Mittelgroße Laufhunde

Größe
Rüde: 52 – 58 cm
Hündin: 48 – 56 cm
Eine Toleranz von +/- 2 cm ist bei einwandfreien Hunden zulässig.

Gewicht
Rüde und Hündin: 18 – 28 kg

Farbe
Die erlaubten Farben umfassen das ganze Spektrum vom einfarbigen Falb, ausgehend vom intensiv roten Falb bis hin zum verwaschenen Falb, und Schwarz/Lohfarben

Kurzhaar

Ursprünglicher Verwendungszweck:
Laufhund zur Jagd speziell auf Hase und Wildschwein

Die Entstehungsgeschichte der Rasse und ihre historische Verwendung entspricht der des rauhaarigen Segugio (Segugio Italiano a pelo forte) und wird deshalb an dieser Stelle nicht wiederholt.

Der kurzhaarige Segugio unterscheidet sich aber nicht nur durch die Behaarung: Äußerlich ähnelt er mitunter fast einem Windhund und ist etwas temperamentvoller und überschwänglicher als der rauhaarige, der auf der Jagd etwas „nachdenklicher" und gelassener vorgeht. Den Drahthaarigen sagt man auch eine größere Reserviertheit gegenüber Fremden nach.
Für beide Haararten typisch sind die „Hasenpfoten" vorn und die gleichmäßig dünne Rute, die nur direkt an der Spitze noch feiner wird. Die sehr langen, gefalteten Behänge (=Ohren) sollen tief am Schädel angesetzt sein. Der Blick der großen, dunklen Augen ist sanft mit leicht melancholischem Ausdruck. Von den französischen Laufhunderassen unterscheiden beide sich unter anderem durch

einen schmaleren, längeren Kopf mit deutlich weniger ausgeprägtem Stopp und fest anliegenden anstatt hängenden Lefzen sowie einen windhundartig etwas aufgezogenen Bauch.
Der sensible und arbeitswillige Hund lässt sich gut führen, was die Erziehung recht einfach gestaltet. Zuhause gibt er sich, sofern er ansonsten mit artgerechten Aufgaben gut ausgelastet ist, anhänglich und freundlich.

Auszug aus dem Standard:

„Hund von mittleren Proportionen, dessen Körper sich in ein Quadrat stellen lässt (…). Sein Körperbau ist ausgeglichen, absolut symmetrisch; gut entwickelter Knochenbau mit trockenen Formen und gut bemuskelt, ohne jeglichen Fettansatz, was ihn dazu befähigt, Wild von morgens bis abends zu verfolgen."

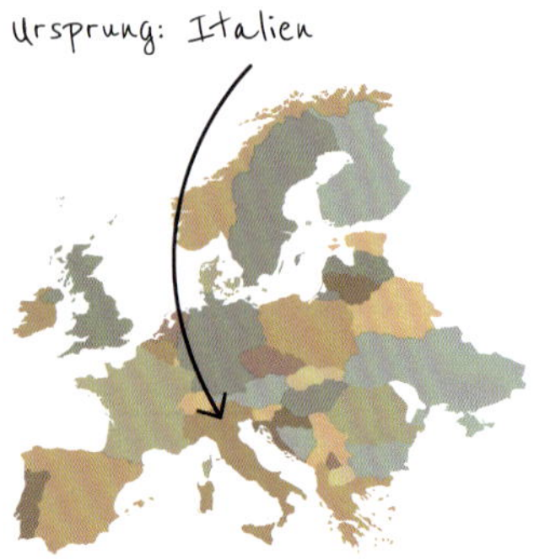

Arbeitsprüfung

FCI-Standard Nr. 361
(provisorisch anerkannt)
Gruppe: 6
Sektion 1: Laufhunde
1.2 Mittelgroße Laufhunde

Größe
Rüde: 48–54 cm
Hündin: 46–52 cm
Eine Toleranz von +/-2 cm ist zulässig.

Gewicht
Rüde: 16–23 kg
Hündin: 13–20 kg

Farbe/Haarkleid
Falb: von hell bis dunklem Loh, Schwarz und Loh und gestromt. Weiße Abzeichen sind zulässig

Kurzhaarig: Raue Struktur, dicht, gleichmäßige Verteilung an Körper und Gliedmaßen, häufig mit Unterwolle
Rauhaarig: Raue Struktur, Länge circa 3–4 cm, gleichmäßige Verteilung an Körper und Gliedmaßen

Segugio Maremmano

Ursprünglicher Verwendungszweck:
Fährtenhund, meist für die Wildschweinjagd

Die Maremma ist eine Küstenlandschaft im Süden der Toskana, die von Sümpfen und Salzseen, Sonne und Wind gekennzeichnet ist. Zum Meer hin ist sie eben, in Richtung Hinterland steigt sie hügelig an. Früher war sie von Malaria, Armut und Hunger der dort lebenden Menschen gekennzeichnet, heute sind die Sümpfe zum Teil trockengelegt und werden landwirtschaftlich genutzt, vor allem für die Viehzucht. Dennoch sind große Teile sehr ursprünglich geblieben und von Macchia bestanden. In diesem dichten, fast undurchdringlichen Gebüsch aus niedrigen Sträuchern und immergrünen Hartlaubgewächsen finden Wildschweine ein ideales Versteck, und um sie zu jagen, braucht man einen guten Hund.
So bildete sich schon vor langer Zeit in dieser Gegend ein Lokalschlag des Segugio Italiano heraus, der besonders gut auf die ausdauernde Jagd in diesem schwierigen Gelände spezialisiert war. Schon seit den 1930er Jahren kämpfen die Anhänger der Rasse für ihre offizielle Anerkennung, die endlich 2009 durch den italienischen Dachverband ENCI und 2018 auch – vorerst provisorisch – durch die FCI gelang. Im Jahr 2024 waren im Mutterland über 6000 Hunde registriert.
Die Arbeitsweise des hochläufigen, sehr robusten Jägers ist zunächst durch eine sehr weiträumige und schnelle Suche gekennzeichnet. Für einen unerfahrenen Beobachter sieht es so aus, als würde der Hund ziellos durchs Gelände galoppieren, aber in Wahrheit prüft er im Vorbeilaufen abgestreifte Geruchspartikel der Wildschweine an Ästen und Gräsern, die sich praktischerweise genau auf Höhe seiner feinen Nase befinden. Hat er eine frische Spur gefunden, verfolgt er sie spurlaut: Mit rhythmischem, hohem Bellen, das im Gegensatz zu den französischen Laufhunden keine Heultöne beinhaltet, zeigt er dem außer Sicht zurückgebliebenen Jäger stets an, wo er sich gerade befindet. Nähert er sich der versteckten Wildsau, ändert sich der Klang seiner Stimme merklich: Sie wird viel tiefer und das Bellen verdoppelt fast seine Frequenz. Dieser sogenannte Standlaut ist für den oder die Jäger das Signal: Schwein gefunden. Nun muss der Segugio tapfer vor dem wehrhaften Wildschwein ausharren und es an der Flucht hindern, bis der oder die Jäger endlich durch das unwegsame Gelände zu ihm vorgedrungen sind und ihm zur Hilfe kommen.
In der Regel jagen die Hunde in der Meute und arbeiten strategisch zusammen. Dabei gibt es immer einen Kopfhund, und sobald dieser aus der Suche heraus Laut gibt, stellen alle anderen ihre Suche ein und folgen ihm. Beim Stellen des versteckten Wildschweins kooperieren sie ebenfalls als Gruppe, und falls es diesem gelingt, aus seinem Versteck zu entkommen, haben sie es schnell wiedergefunden und drängen es erneut in eine Sackgasse oder den Jägern vor die Flinte.

Auszug aus dem Standard:
„Eine Rasse ohne Übertreibungen, lebhaft, von rustikaler Erscheinung, mit schnellen Bewegungen, im Rechteck stehend; Kopf mit einem recht großen Schädel (…) Der Fährtenhund ist auf die Wildschweinjagd spezialisiert."

FCI-Gruppe 6

Man kann sich vorstellen, dass ein solcher Hund neben einem feinen Geruchssinn sehr viel Ausdauer, Robustheit, Mut und Beharrlichkeit mitbringen muss, denn eine Jagd kann sich über viele Stunden hinziehen. Das unübersichtliche Gelände, der oft vom Meer her wehende Wind oder starke Sonneneinstrahlung machen die Suche nicht einfacher.
So kernig wie der Segugio Maremanno auf der Jagd ist, so anhänglich und ruhig zeigt er sich zuhause. Die rauhaarige Variante gilt als etwas zurückhaltender und nachdenklicher in der Arbeit.

Slovenský Kopov
(Slowakischer Laufhund)

Arbeitsprüfung

FCI-Standard Nr. 244
Gruppe: 6
Sektion 1: Laufhunde
1.2 Mittelgroße Laufhunde

Größe
Rüde: 45–50 cm
Hündin: 40–45 cm

Gewicht
Gewicht : 15–20 kg

Farbe/Haarkleid
Schwarz mit braunen bis mahagonifarbenen Abzeichen an den Gliedmaßen

Kurzhaar mit Unterwolle

Ursprünglicher Verwendungszweck:
Laufhund zur Jagd auf Schwarzwild und Raubwild

Dieser auch als Slowakische Bracke bekannte Laufhund, der im Englischen verwirrenderweise „Black Forest Hound" heißt, stammt vermutlich aus einer Mischung verschiedenster mitteleuropäischer Laufhunde mit autochtonen Hunden. Ähnlich aussehende und genutzte Hunde waren seit Jahrhunderten von der Tatra bis in den Karpatenbogen verbreitet, aber erst ab dem 19. Jahrhundert begann man einen einheitlicheren Typ herauszuzüchten. Eine wichtige Rolle in der Entstehung als Rasse spielte der Slowake Koloman Slimak, der im Jahr 1936 die erste Zuchtschau organisierte. Gekrönt wurden seine Bemühungen durch die FCI-Anerkennung im Jahr 1963, damals unter dem Namen „Slowakische Schwarzwildbracke".

Der heutige Slovenský Kopov ähnelt äußerlich etwas dem Juralaufhund, ist aber bei gleicher Größe gröber und massiver und hat kürzere und höher angesetzte Ohren. Außerdem ist er immer schwarz-lohfarben, während beim Juralaufhund auch gelb- und rotbraune Grundfarben vorkommen.

Der Kopov war in den Bergregionen der Slowakei stets der Jagd- und Hofhund der einfachen Leute, während höhergestellte Jäger und Förster meist Bracken deutscher Abstammung besaßen. Die Spezialität des Kopovs war stets die Jagd auf Wildschweine, da er hierfür nicht nur die nötige Ausdauer, sondern vor allem auch den Mut und die Schärfe mitbrachte, sich einem wütenden Keiler gegenüberzustellen. Diese Eigenschaften machten ihn gleichzeitig auch zu einem guten Wachhund auf den Höfen.

Der Kopov jagt alleine anstatt in der Meute und kann stundenlang beharrlich eine Fährte verfolgen, ohne in seinem Eifer nachzulassen. Dabei zeigt er stets zuverlässig durch Spurlaut an, dass er sich noch auf der Fährte befindet und wie frisch diese ist. Er hat einen außergewöhnlich guten Geruchs- und Orientierungssinn und kehrt auch nach stundenlanger Jagd im unwegsamen Gebirgsgelände immer zum Ausgangspunkt zurück. Natürlich kann er nicht nur Schwarzwild, sondern ebenso gut auch Fuchs, Hase und Reh- oder Rotwild aufspüren und verfolgen, aber berühmt wurde er eben durch seine besonderen Qualitäten bei der Schwarzwildjagd.

Der energische, unabhängige und mit viel Schutztrieb ausgestattete Kopov gilt als weniger unterordnungsfreudig als andere Laufhunderassen und ist deshalb in erster Linie wirklich nicht zum Begleithund geboren. Er braucht die jagdliche Arbeit und die Herausforderung dabei, dann ist er zuhause auch ausgeglichen, anhänglich gegenüber seinen Menschen und auch freundlich zu Kindern. Die meisten Züchter dürften aber ohnehin Welpen nur an Jäger abgeben.

In seiner Heimat nach wie vor als Jagdhund auf Schwarzwild sehr geschätzt, haben sich inzwischen auch in Deutschland Liebhaber zu einem „Schwarzwildbrackenverein" zusammengeschlossen, um die jagdliche Leistungszucht und Führung als „Sauhund" zu fördern.

FCI-Gruppe 6

Auszug aus dem Standard:

„Diese Hunderasse zeichnet sich durch ein ausdauernd lautgebendes, stundenlanges Folgen einer warmen Fährte oder Spur aus. Desgleichen zeichnet sie sich durch Schärfe aus und wird deshalb in ihrer Heimat namentlich zur Schwarzwild- und Raubwildjagd verwendet. (…) Temperamentvolle Natur. Außergewöhnlicher Orientierungssinn."

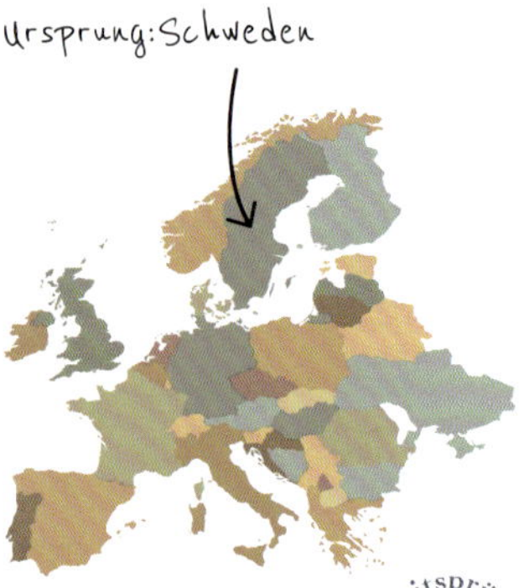

Arbeitsprüfung

FCI-Standard Nr. 129
Gruppe: 6
Sektion 1: Laufhunde
1.2 Mittelgroße Laufhunde

Größe
Rüde: 46–54 cm
(ideal: 50 cm)
Hündin: 42–50 cm
(ideal: 46 cm)

Gewicht
Keine Angabe im FCI-Standard
(i. d. R. 15–20 kg)

Farbe/Haarkleid
Schwarz oder Leberbraun, mit Abzeichen. Abzeichen in jeder Schattierung von bernsteinfarben bis hin zu kastanienbraun.

Mittellanghaar mit kurzer Unterwolle

Smålandsstövare

Ursprünglicher Verwendungszweck:
Fährtenhund zur Jagd auf Hase und Fuchs, kein Meutehund und nicht zur Jagd auf Rotwild

Diese Bracke aus dem südschwedischen Småland hat ein unverkennbares Merkmal: Die angeborene Stummelrute, die bei rund der Hälfte aller Welpen auftritt und gegenüber der langen Rute bevorzugt wird. Auch sonst unterscheidet sie sich äußerlich von den meisten anderen Brackenrassen: Sie ist kompakter und kräftiger, der Kopf ist kürzer und keilförmiger und die Ohren sind viel kleiner und am Kopf anliegender als die langen und manchmal gedrehten oder gefalteten Behänge anderer Laufhunde. Da sie zudem noch nur in der Farbe Schwarz mit Loh gezüchtet wird, ähnelt sie äußerlich eher einem kleinen Rottweiler als einem typischen Laufhund – nach Meinung von Kynologen ein Hinweis darauf, dass bei ihrer Entstehung lokale Bauernhunde eine Rolle gespielt haben müssen.
Was wir wissen, ist, dass schwedische Soldaten nach dem Dreißigjährigen Krieg in der Mitte des 17. Jahrhunderts Laufhunde deutscher, polnischer und baltischer Abstammung mit zurück nach Småland brachten. Es ist sehr wahrscheinlich, dass sie dort mit den vorhandenen Bauernhunden vom Spitztyp verkreuzt wurden. Um die jagdlichen Eigenschaften zu fördern und erhalten, wurden im Lauf der Zeit immer wieder auch englische Laufhunde eingekreuzt. So gab es ursprünglich eine sehr große Varianz in der Rasse, erst ab Anfang des 20. Jahrhunderts kristallisierte sich ein einheitlicherer Typ mit einem robusten, mittelgroßen Jagdhund als Ziel heraus.
Der erste, 1921 verfasste Standard erlaubte sowohl die lange als auch die kurze Rute, wobei später nur die kurze bevorzugt wurde. Dies erwies sich aber in der Folge als problematisch, denn verpaart man nur „Stummelschwänze" untereinander, führt dies dazu, dass das verursachende Gen doppelt (homozygot) vorhanden ist und dann leider an eine hohe Welpensterblichkeit gekoppelt ist. So wird heute richtigerweise wieder darauf geachtet, dass das verursachende Gen nur heterozygot vorhanden sein darf – und entsprechend gibt es rund 50:50 Hunde mit langer und kurzer Rute.
Der annähernd quadratisch gebaute, kompakte Hund jagt eher ausdauernd als schnell und wird vor allem zur Jagd auf Fuchs und Hase eingesetzt. Er jagt alleine anstatt in der Meute und zeigt durch deutlichen Spurlaut an, wann er sich auf der Fährte befindet. Seine robuste und widerstandsfähige Konstitution lässt ihn mit jedem Gelände und jedem Wetter gut zurechtkommen.
Der Smålandsstövare ist von seinem Wesen her eher gelassen und ruhig, auf der Jagd aber begeisterungsfähig. Zuhause zeigt er sich ruhig, freundlich, anhänglich und aufmerksam und kann damit auch zu einem guten Familienhund werden. In Schweden ist er als solcher auch durchaus verbreitet, außerhalb des Landes aber wenig bekannt geworden.

Auszug aus dem Standard:

„Lautgebender Fährtenhund zur Jagd auf Hase und Fuchs. Kein Meutehund und wird nicht zur Jagd auf Rotwild verwendet. (…) Ein robuster Hund mit durchaus elegantem Aussehen. Er sollte kräftig, jedoch nicht schwer gebaut sein."

Ursprung: Serbien

FCI-Standard Nr. 150
Gruppe: 6
Sektion 1: Laufhunde
1.2 Mittelgroße Laufhunde

Größe
Rüde: 46 – 56 cm
(ideal: 51 – 52 cm)
Hündin: 44 – 54 cm
(ideal: 48 – 49 cm)

Gewicht
Keine Angabe im FCI-Standard
(i. d. R. 11 – 23 kg)

Farbe / Haarkleid
Von gelblich Rot zu Rostrot reichendes Fuchsrot, mit einem schwarzen Mantel oder Sattel

Kurzhaar mit Unterwolle

Srpski Gonič
(Serbischer Laufhund)

Ursprünglicher Verwendungszweck:
Spür- und Jagdhund auf Rot-, Schwarz- und Niederwild, alleine oder als Paar, weniger in der Meute

Diese auch als Balkan-Bracke oder Balkan-Laufhund bekannte Rasse ist schon seit mehreren Jahrhunderten im östlichen Teil des heutigen Serbien entlang der bulgarischen Grenze verbreitet. Hier, am unteren Ende des sogenannten „Karpatenbogens" und an der Verbindungsstelle zum südlich gelegenen Balkangebirge, ist die Landschaft aus einer Mischung von gebirgigen und von Flusstälern, Auen und Wäldern bestimmten Regionen geprägt. So gab es von alters her einen Bedarf an vielseitigen, robusten, geländegängigen und ausdauernden Laufhunden zur Jagd auf Wildschwein, Hirsch, Hase und Fuchs. Die genaue Herkunft der Rasse verliert sich im Dunkel der Geschichte. Der FCI-Rassestandard vermutet eine Abstammung von den aus Kleinasien (der heutigen Türkei) um 1000 v. Chr. mit den Phöniziern eingeführten Laufhunden, während andere Kynologen eher auf die so genannte Keltenbracke als gemeinsamen hypothetischen Vorfahr aller süddeutschen, österreichischen und auf dem Gebiet des ehemaligen Jugoslawien beheimateten Bracken tippen. Dafür spricht, dass all diese Rassen sich untereinander stark ähneln und mitunter sogar für Experten schwer und nur anhand der Färbung oder Haarstruktur auseinanderzuhalten sind.

Die Beschreibung „Balkanischer Laufhund" finden wir erstmals 1905 von Franz Laska erwähnt, ein erster Standard wurde 1924 aufgestellt und 1940 wurde die Rasse als Balkanischer Laufhund (Balkanski Gonič) von der FCI anerkannt. 1996 wurde sie aus politischen Gründen in „Serbischer Laufhund" geändert.

Der Srpski Gonič (wörtlich: Serbischer „Jäger" oder „Verfolger") hat sich in seiner Heimat einen sehr guten Ruf als selbstsicherer und energischer Jagdhund insbesondere auf Schwarzwild gemacht. Manche Jäger berichten gar von etwas zu viel Schärfe oder Angriffslust gegenüber in die Enge getriebenen Keilern, wodurch so mancher übereifrige Hund sich selbst in Gefahr bringen könnte. Der meist mindestens zu zweien eingesetzte Hund schreckt jedenfalls nicht davor zurück, bei der Begegnung am Ende der Fährte gefundenen Wilds diesem auch gegenüberzutreten. Auch als Schweißhund hat er sich in der Nachsuche nach verletztem Wild vielfach bewährt.

Mit seinem ausgezeichneten Geruchssinn und seiner guten Orientierung ist der serbische Laufhund gut darin, Wildfährten aufzuspüren und wenn nötig stundenlang in schwierigem Gelände zu verfolgen, wobei er mit tönendem Spurlaut angibt, auf der Fährte zu sein.

Der kurzhaarige, fuchsrote oder weizenfarbige Hund muss immer einen klar ausgeprägten schwarzen Mantel oder Sattel haben, als rassetypisches Unterscheidungsmerkmal gilt außerdem ein schwarzer Fleck an der Schläfe.

Insgesamt ist die Balkanbracke minimal (um etwa zehn Prozent) länger als hoch gebaut und trägt die mittelangen, an der Spitze abgerundeten und hoch angesetzten Ohren eng am Kopf anliegend. Die Lefzen liegen eng an. Der Schädel zeigt

eine ausgeprägte Stirnfurche und einen nur wenig ausgeprägten Stopp. Die Rute wird wie bei allen Bracken hängend getragen.
Wie die meisten Laufhunde ist auch dieser hierzulande seltene Serbe auf der Jagd energisch und mit „Biss" bei der Sache, zuhause aber ruhig, anhänglich und freundlich. Es handelt sich keinesfalls um einen Anfängerhund.

Auszug aus dem Standard:
„Mittelgroßer Hund von kräftigem Körperbau, temperamentvoll, lebhaft und energisch. (…) Freundlich, von lebhaftem Temperament, zuverlässig, bemerkenswert beharrlich."

Ursprung: Serbien

Arbeitsprüfung

FCI-Standard Nr. 229
Gruppe: 6
Sektion 1: Laufhunde
1.2 Mittelgroße Laufhunde

Srpski Trobojni Gonič (Dreifarbiger Serbischer Laufhund)

Ursprünglicher Verwendungszweck:
Laufhund zur Jagd auf Hase und Fuchs, auch auf Wildschwein

Der Dreifarbige Serbische (früher: jugoslawische) Laufhund ist die seltenste der Balkan-Bracken und teilt mit ihnen den gleichen Ursprung. Mehrfach hat man in der Vergangenheit diskutiert, ob es sich nur um eine Farbvarietät des Serbischen Laufhunds oder eine eigenständige Rasse handele. Nach der ersten Vorstellung als eigene Rasse im Jahr 1950 auf der internationalen Hundeausstellung in Belgrad wurde 1955 von der Kynologischen Vereinigung des damaligen Jugoslawien ein erster Standard unter dem Namen „Balkanski Trobojni Gonič" – Dreifarbiger Balkanlaufhund – entworfen. 1961 wurde die Rasse auch von der FCI anerkannt und ein eigener Standard veröffentlicht, der allerdings in weiten Teilen dem des Serbischen Laufhunds wörtlich entspricht.

Die typische Färbung ist fuchsrot oder weizenfarbig mit schwarzem Mantel oder Sattel sowie weißer Blesse, Kehle, Brust, untere Hälfte der Läufe und Rutenspitze. Insgesamt darf die weiße Farbe nicht mehr als ein Drittel des Körpers einnehmen. Diese Färbung ist nicht nur attraktiv, sondern auch funktional, da sie dem Hund hilft, sich einerseits in verschiedenen Umgebungen zu tarnen, durch den Weißanteil aber andererseits gut vom Jäger gesehen zu werden. Der Körperbau ist muskulös und athletisch, mit einer mittellangen Schnauze und mittelangen, hängenden Ohren, die ihm ein wachsames Aussehen verleihen. Die Größe liegt typischerweise bei 45–60 cm Schulterhöhe, wobei Rüden oft etwas größer sind als Hündinnen.

Man vermutet eine Abstammung von den aus Kleinasien (der heutigen Türkei) um 1000 v. Chr. mit den Phöniziern eingeführten Laufhunden, andere Kynologen tippen eher auf die so genannte Keltenbracke als gemeinsamen hypothetischen Vorfahr aller süddeutschen, österreichischen und auf dem Gebiet des ehemaligen Jugoslawien beheimateten Bracken. Dafür spricht, dass all diese Rassen sich untereinander stark ähneln und mitunter sogar für Experten schwer und nur anhand der Färbung oder Haarstruktur auseinanderzuhalten sind.

Der ursprüngliche Einsatzzweck ist wie beim Serbischen Laufhund die Jagd auf Wildschweine, Füchse und andere Wildtiere. Der zu Fuß gehende Jäger wird von ein oder zwei Hunden begleitet, die mit deutlichem Spurlaut anzeigen, wenn sie sich auf der Fährte befinden. Ihre Fähigkeit, sowohl im Gelände als auch im dichten Unterholz zu arbeiten, macht sie zu einem geschätzten Begleiter für Jäger. Darüber hinaus wurden sie in ihrer Heimatregion auch oft als Wachhund auf den Höfen eingesetzt.

Auszug aus dem Standard:
„Mittelgroßer Hund von kräftigem Körperbau; er ist temperamentvoll, lebhaft und energisch. (...) Ergeben, freundlich, von lebhaftem Temperament, zuverlässig und bemerkenswert beharrlich. (...) Bevorzugte Gangart flotter, regelmäßiger, harmonischer Trab ohne vertikale Schwankungen der Oberlinie."

Größe
Rüde: 45–55 cm
(ideal: 51 cm)
Hündin: 44–54 cm
(ideal: 49 cm)

Gewicht
Keine Angabe im FCI-Standard
(i. d. R. 20–25 kg)

Farbe / Haarkleid
Die Grundfarbe ist ein sattes Rot oder ein Fuchsrot mit einem schwarzen Mantel oder Sattel. Das Schwarz kann bis zum Kopf reichen und bildet dann zwei schwarze Abzeichen auf den Schläfen.

Kurzhaar mit Unterwolle

Typische Merkmale dieser Rasse umfassen nicht nur das auffällige Aussehen, sondern auch ein charakteristisches Temperament. Serbische dreifarbige Laufhunde sind bekannt für ihre Energie, ihre Intelligenz, Lernbereitschaft und ihren ausgeglichenen Charakter. Sie sind sehr loyal gegenüber ihren Besitzern und zeigen eine freundliche, aber auch unabhängige Haltung. Wie alle Laufhunde zeigen sie auf der Arbeit, also der Jagd, ein völlig anderes Gesicht als zuhause: Dort hochmotiviert und voller „Biss", sind sie zuhause eher sanft und ruhig. Diese Eigenschaften machen sie zu ausgezeichneten Begleitern für aktive Personen, die sie ausreichend und rassegerecht zu beschäftigen wissen. In der Regel werden die seltenen Hunde aber nur an Jäger abgegeben.

Arbeitsprüfung

FCI-Standard Nr. 51
Gruppe: 6
Sektion 1: Laufhunde
1.2 Mittelgroße Laufhunde

Größe
Rüde: 55–61 cm
(ideal: 57–59 cm)
Hündin: 52–58 cm
(ideal: 54–56 cm)

Gewicht
Keine Angabe im FCI-Standard
(i. d. R. 20–25 kg)

Farbe / Haarkleid
Dreifarbig. Der Mantel schwarz, sattes Loh am Kopf, an unteren Partien des Körpers, Schultern, Oberschenkeln und auch an den Läufen. Weiße Markierungen gewöhnlich am Kopf, am Hals, an der vorderen Brust, am unteren Teil der Läufe und Rutenspitze.

Mittellanghaar mit dichter Unterwolle

Suomenajokoira
(Finnischer Laufhund)

Ursprünglicher Verwendungszweck:
Laufhund für die Jagd auf Hase und Fuchs

Finnland hatte ursprünglich keine eigene Brackenrasse, sodass die Jäger für die Jagd auf Fuchs und Hase Hunde aus anderen europäischen Ländern, meistens Deutschland, Polen, Russland und Schweden, einführten. Besonders letztere übten im Lauf der Zeit starken Einfluss aus, sodass die heutige Finnenbracke kaum vom schwedischen Hamiltonstövare zu unterscheiden ist. Übrigens ist auch der schwedische Name „Finsk Stövare“ für die Rasse recht verbreitet (das Finnische Original geht wohl nicht jedem so leicht über die Lippen).

Mit der Gründung des Finnischen Kennelclubs im Jahr 1889 begann erstmals die planvolle Zucht von sogenannten „Finnischen Hasenhunden“. Ziel war ein vielseitiger Fährtenhund, der die Eigenschaften der besten Laufhunde in sich vereinen sollte. Aus England trugen Harrier und Foxhounds ihren Anteil dazu bei. Heraus kam „einer der schönsten Jagdhunde überhaupt“ (Räber 1995).

Auch die jagdlichen Eigenschaften sind hervorragend: Gründlich sucht der Finnische Laufhund den Startbereich der Fährte ab, um diese dann ausdauernd und zuverlässig zu verfolgen und spurlaut anzuzeigen. Je frischer die Fährte, also je näher er dem Hasen kommt, desto lauter wird sein Gebell, sodass der zu Fuß folgende Jäger stets weiß, „wo der Hase langläuft“. Besonderes Talent beweist dieser Hund auch darin, die „Finten“ des Hasen auszutüfteln, wenn dieser komplizierte Haken geschlagen hat, um seinen Verfolger abzuhängen und in die Irre zu führen. Hat er die Fährte kurz verloren, verstummt sein Gebell und ertönt erst wieder, wenn er erneut auf der richtigen Spur ist. Ist der Hund beim Hasen angelangt, treibt er diesen dem Jäger zu – echte Teamarbeit! Besonders angenehm ist auch, dass der Hund, wenn er der Fährte folgt, unterwegs immer wieder Kontakt zum Jäger sucht und sich „Rückmeldung“ einholt. Durch seine relativ langen Läufe und seine Körpergröße von 50–60 cm Schultermaß hat der Finnische Laufhund auch keine Probleme damit, im tiefen Schnee zu jagen.

Manche Finnenbracken werden auch für die Jagd auf Fuchs und / oder Luchs eingesetzt, während die Jagd auf Rehe und Elche mit ihnen in Finnland ausdrücklich verboten ist – daher legt man in der Ausbildung Wert darauf, dass die Hunde „rehrein“ sind.

Der Finnische Laufhund ist immer dreifarbig mit roter oder weizengelber Grundfarbe, schwarzem Sattel und weißen Abzeichen. Von den Proportionen her soll der Körper 10 % länger sein als er hoch ist, also im Rechteckformat stehen.

Die Rasse ist in Finnland der am weitesten verbreitete Jagdhund und mit rund 2000 Welpeneintragungen pro Jahr im Bestand gesichert. Auch in anderen skandinavischen Ländern wird sie gern für die Fuchs- und Hasenjagd verwendet, während sie in den deutschsprachigen Ländern eher selten ist.

Wie alle Laufhunde zeigt auch dieser Finne das typische „doppelte Gesicht“: Voller Energie, Beharrlichkeit und Zielbewusstsein auf der Jagd, zuhause dagegen ruhig, entspannt und anhänglich. Welpen werden in der Regel aber nur an Jäger abgegeben.

Auszug aus dem Standard:

„Laufhund für die Jagd auf Hase und Fuchs, deren Witterung er auch auf der Jagd unter schwierigen Bedingungen mit Begeisterung verfolgt. Er arbeitet unabhängig, ist ein vielseitig verwendbarer Fährtenhund und verfolgt seine Beute mit volltönendem Gebell. (...) Ruhig und freundlich, niemals aggressiv; voller Tatendrang.“

Arbeitsprüfung

FCI-Standard Nr. 131
Gruppe: 6
Sektion 1: Laufhunde
1.2 Mittelgroße Laufhunde

Größe
Rüde: 53–61 cm
(ideal: 57 cm)
Hündin: 49–57 cm
(ideal: 53 cm)

Gewicht
Keine Angabe im FCI-Standard
(i. d. R. 18–25 kg)

Farbe / Haarkleid
Lohfarben mit ausgeprägtem schwarzem Mantel

Kurzhaar

Schillerstövare

Ursprünglicher Verwendungszweck:
Fährtenhund zur Jagd auf Hase und Fuchs, kein Meutehund

Diese schwedische Laufhundrasse trägt den Namen ihres Begründers Per Schiller, der fast genau zeitlich mit Hamilton, nach dem der ebenfalls schwedische Hamiltonstövare benannt ist, an die Schaffung seiner eigenen Brackenrasse ging, nämlich um das Jahr 1880. Man kann einen gewissen Ehrgeiz darin vermuten, eine eigene, nach sich selbst benannte Rasse haben zu wollen, überliefert ist aber auch, dass Schiller keinesfalls weiße Abzeichen an seinen Hunden sehen wollte, wie sie der Hamiltonstövare ja aufweist.

Zu den Rassen, die Schiller für seine Zucht benutzte, zählten vermutlich schwarz-rote Schweizer Laufhunde, Harrier und deutsche Steinbracken. Durch ziemlich enge Inzucht gelang es ihm und seinem Sohn, die unerwünschten weißen Abzeichen innerhalb kurzer Zeit vollständig auszumerzen und dabei die gewünschten jagdlichen Eigenschaften zu erhalten. Später kamen gelegentlich auch englische Harrier dazu.

1907 wurde die Rasse vom Svenska Kennelklubben anerkannt, 1955 auch von der FCI.

Dieser mittelgroße Laufhund wird eher einzeln als in der Meute eingesetzt und ursprünglich hauptsächlich für die Jagd auf den Fuchs. Man wollte in Schweden durch stärkere Bejagung des Fuchses den Rehbestand fördern, weshalb die Hunde ausdrücklich „rehrein" sein und deren Fährten ignorieren mussten. Bei der Fuchsjagd war man wohl etwas übereifrig, denn im Westen Schwedens waren Füchse in den 1980er Jahren beinahe vollständig ausgerottet und die Fuchsräude erledigte den Rest, sodass der Schillerstövare fortan fast nur noch zur Jagd auf Hasen eingesetzt wurde. Er jagt spurlaut und ausdauernd auch in schwierigem Gelände und gibt selbst nach vielen Stunden der Suche nicht auf.

Dennoch gingen seine Eintragungszahlen kontinuierlich zurück, obwohl er nach wie vor als der schnellste schwedische Laufhund gilt. Da nicht nur der Bestand, sondern auch die genetische Basis irgendwann zu klein wurde, um die Rasse gesund und leistungsfähig zu erhalten, diskutiert man im Schwedischen Kennelclub derzeit ein Projekt zur Einkreuzung des Serbischen Laufhundes, Srpski Gonič, um die genetische Vielfalt zu erhöhen und die jagdlichen Qualitäten zu sichern.

Unter den schwedischen Jägern hat der Schillerstövare nach wie vor seine feste Fangemeinde und mit der „Svenska Schillerstövarföreningen" eine eigene Interessenvertretung, ist aber außerhalb des Landes extrem selten. Welpen werden in aller Regel nur an Jäger abgegeben.

Aktiv, schnell und energisch auf der Jagd, ist der Schillerstövare zuhause eher ruhig, anhänglich, sanft und freundlich.

Auszug aus dem Standard:

„Gut proportioniert, leicht rechtwinklige, sehnige, stattliche Gesamterscheinung, die den Eindruck von Schnelligkeit und Stärke vermittelt. Lohfarben mit schwarzem Mantel. (…) Lebhaft und aufmerksam."

Arbeitsprüfung

FCI-Standard Nr. 62
Gruppe: 6
Sektion 1: Laufhunde
1.2 Mittelgroße Laufhunde

Größe
Rüde: 47–53 cm
Hündin: 45–51 cm

Gewicht
Keine Angabe im FCI-Standard
(i. d. R. 15–18 kg)

Farbe/Haarkleid
Rot und Fahlgelb, weißer Bruststern ist gestattet

Rauhaar

Steirische Rauhaarige Hochgebirgsbracke

Ursprünglicher Verwendungszweck:
Nachsuchenhund im Hochgebirge und Flachland. Zum Stöbern und zum Jagen geeignet, vor allem auf Schwarzwild.

Diese Bracke, in ihrer Heimat immer noch häufig mit dem früher üblichen Namen „Peintingerbracke“ nach ihrem Schöpfer benannt, ist ein typisches Beispiel für die Entstehung einer neuen Jagdhunderasse.

Karl Peintinger aus der österreichischen Steiermark war nicht zufrieden mit den um 1870 verbreitet zur Jagd eingesetzten damaligen Hannoverschen Schweißhunden, die auch als „Sollinger“ bekannt waren: Sie jagten größtenteils stumm, nur ganz am Ende der Spur, wenn sie das Wild schon erblickten, gaben sie Laut. Das war im schwierigen und unübersichtlichen Gebirgsgelände, wo der Jäger seinen Hund nicht immer im Blick haben kann, ein echter Nachteil, denn so musste er oft rätseln, wo sich Hund und Wild gerade befanden. Auch empfand er die Sollinger als etwas zu groß und schwer für das steile und felsige Gebirgsgelände. So kam er auf die Idee, seine Hannoveraner Schweißhündin Hela I von einem rauhaarigen Istrianer Laufhund decken zu lassen, der äußerlich viel Ähnlichkeit mit seiner Hela hatte, aber für seine Rasse typisch zuverlässig spurlaut jagte. Unter den Welpen waren nach den Gesetzen der Vererbung glatt- und rauhaarige, stumm und spurlaut jagende, und durch geschickte Auswahl und Weiterzucht mit weiteren Hunden der beiden Ausgangsrassen konsolidierte sich nach und nach ein Typ, der den von Peintinger gewünschten Eigenschaften sehr nahekam. Auf einer Hundeausstellung des Jahres 1888 in der Obersteiermark erregten Peintingers Hunde großes Aufsehen, sodass man einen ersten Standard erstellte. Nach drei Generationen wurden die Rasse als „Rauhaarige Steirische Hochgebirgsbracke“ vom Österreichischen Hundezuchtverein anerkannt. Die neue Rasse wurde bei den Jägern ihrer Heimat bald so beliebt, dass sie die einheimischen alten steiermärkischen und kärntnerischen Brandlbracken fast ganz verdrängte.

Die heutige steirische Rauhaarbracke ist immer rot oder fahlgelb und rauhaarig, wobei das Haar am Kopf etwas kürzer ist als am Körper, um die Nasenregion herum jedoch einen Schnurrbart bildet. Die mittelgroßen Ohren liegen flach am Kopf an, der gesamte Hund ist muskulös, aber beweglich bei mittlerer Größe. Sie ist für die Jagd im Hochgebirge hervorragend geeignet: Lauthals folgt sie mit ihrer feinen Nase dem Wild geschickt über Stock und Stein unter schwierigsten Bedingungen, weiß sich stets zu orientieren und ist dabei gegen Kälte und Nässe unempfindlich. Sie schreckt vor keinem Dornengebüsch zurück und bleibt ausdauernd stundenlang bei der Sache. Jäger rühmen ihre Härte und Wildschärfe vor allem gegenüber Schwarzwild: Sie hat kein Problem damit, sich einem Wildschwein

Auszug aus dem Standard:
„Mittelgröße, kräftige Muskulatur, ernster Ausdruck, aber nicht bösartig. (…) Passionierter, harter Jagdhund mit lockerem Spurlaut, Spursicherheit und Spurwillen.“

im Unterholz entschlossen und selbstbewusst gegenüberzustellen und dieses wenn nötig auch anzugreifen, wenn es zu fliehen versucht. Auch auf der Suche nach Hasen, deren Fährte als am schwierigsten zu finden und zu verfolgen gilt, macht sie eine hervorragende Figur. Im Flachland wird sie gern auch zur Nachsuche eingesetzt und verweist verendetes Wild, ohne dass man es ihr beibringen müsste: Diese Art der Anzeige ist ihr angeboren – „angewölft", wie die Jäger sagen.
Verständlich ist, dass die Steirische Rauhaarbracke für diese Art der Arbeit neben Intelligenz und Ausdauer eine gewisse Portion Selbständigkeit und Eigensinn mitbringen muss. Sie ist daher gewiss kein Anfängerhund und eignet sich nicht als reiner Familienhund, auch wenn sie ihren Menschen gegenüber sehr freundlich und anhänglich ist.

Ursprung: Österreich

Arbeitsprüfung

FCI-Standard Nr. 68
Gruppe: 6
Sektion 1: Laufhunde
1.2 Mittelgroße Laufhunde

Größe
Rüde: 44 – 50 cm
Hündin: 42 – 48 cm

Gewicht
Keine Angabe im FCI-Standard (i. d. R. 15–22 kg)

Farbe / Haarkleid
Rot oder Schwarzrot (kann auch dreifarbig sein), weiße Abzeichen gelten für beide Farbschläge

Dichtes Stockhaar mit Unterwolle

Tiroler Bracke

Ursprünglicher Verwendungszweck:
Jagdhund auf Hase und Fuchs, auch als Schweißhund für Nachsuchen im Gebirge

In Tirol jagte man schon seit langer Zeit mit Bracken auf Fuchs und Hase, wobei im Unterschied zu vielen anderen Ländern (vor allem England, wo man gerne mit Meuten jagt) immer nur ein Hund als Solojäger eingesetzt wurde. Dieser musste eine Wildfährte finden, zum Beispiel am Morgen aus einer Waldwiese heraus, auf der sich nachts ein Hase zum Fressen aufgehalten hatte, und dieser dann Spurlaut gebend so lange folgen, bis er den Hasen am Ende stellen und so in die Enge treiben konnte, dass der Jäger zum Schuss kam. Bei dieser „Brackieren" genannten Jagdart ist der Hund durch die Tatsache, dass er die ganze Zeit, wenn er die Fährte in der Nase hat, Laut gibt, immer etwas langsamer als das Wild, weil er die Luft zum Bellen braucht. Das ist aber gerade erwünscht, denn er soll das Wild nicht hetzen, sondern beständig verfolgen und vor sich hertreiben, ohne es in blinde Panik zu versetzen.
„Solojäger" heißt übrigens nicht, dass Hund und Jäger einsam und allein im Wald sind, sondern sie arbeiten durchaus mit anderen Mensch-Hund-Teams auf einer Jagd zusammen – nur eben verfolgt jede Bracke ihre Spur für sich und lässt sich nicht von den anderen Hunden dabei ablenken.
Mit der Reinzucht der heutigen Tiroler Bracke wurde um 1860 auf Grundlage der alten einheimischen Schläge begonnen, die zu dieser Zeit allerdings schon von mehreren anderen Rassen beeinflusst worden waren. Auf der Innsbrucker Hundeausstellung von 1896 erschienen genügend Tiroler Bracken, dass die Richter einen ersten Standard aufstellten. Die anfangs noch sehr unterschiedlichen Hunde wurden nach und nach immer einheitlicher: Heute sind sie rot oder schwarzrot mit weißen Abzeichen an Brust und Läufen, die jedoch nicht zu ausgedehnt sein sollen. Die Schwarzroten können außerdem lohfarbene Abzeichen über den Augen haben. Die breiten, hoch angesetzten und mittellangen Ohren sind unten abgerundet und hängen flach am Kopf herab. Der gesamte Hund wirkt sehr muskulös, robust, sportlich und beweglich.
Die Tiroler Bracke ist heute der meistgeführte Jagdgebrauchshund in Tirol und wird dort vor allem von Berufsjägern verwendet, die sie sehr gerne auch zur Nachsuche nach verletztem Wild einsetzen. Durch ihre feine Nase und ihre Fährtentreue sowie die natürliche Anlage zum „Totverweisen", das Anzeigen gefundenen toten Wilds durch ein unverkennbares Lautgeben, leistet sie hierbei wertvolle Arbeit.
Im Hochgebirge spielt sie vor allem ihren hervorragenden Orientierungssinn aus und zeigt sich auch im felsigen, steilen Gelände bei jedem Wetter gewachsen: Steilhänge, spitze Steine und dichtes Unterholz sind kein Problem.
Die betreuenden Zuchtvereine in Österreich, Deutschland und der Schweiz wachen streng darüber, dass nur Hunde, die ihre jagdliche Eignung in Prüfungen bewiesen haben, zur Zucht eingesetzt werden, damit die guten Anlagen erhalten bleiben. Welpen werden nur an Jäger abgegeben.

Auszug aus dem Standard:

„Mittelgroß. Knochen von mittlerer Stärke, kräftig, bemuskelt, sehnig, fließend lange Außenlinien, robust, gesund. Langrechteckformat, etwas länger als hoch. (…) Wesensfester, passionierter, feinnasiger Jagdhund, der selbständig sucht und ausdauernd jagt, mit ausgeprägtem Spurlaut, Spurwillen und Orientierungssinn."

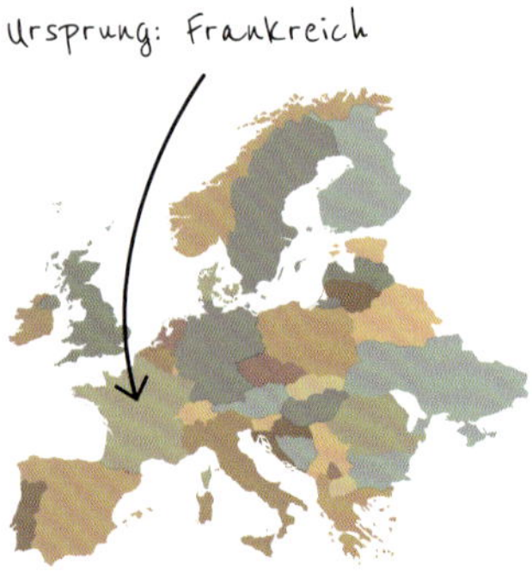

Basset artésien normand

Ursprünglicher Verwendungszweck:
Jagd auf Niederwild (Kaninchen, Hasen, auch Rehwild)

Arbeitsprüfung

FCI-Standard Nr. 34
Gruppe: 6
Sektion 1: Laufhunde
1.3 Kleine Laufhunde

Größe
Rüde und Hündin: 30–23 cm (ideal)
Eine Toleranz von +/- 1 cm ist bei außergewöhnlich guten Hunden zulässig.

Gewicht
Rüde und Hündin: 15–20 kg

Farbe/Haarkleid
Falbfarben mit schwarzem Mantel und weiß (dreifarbig) oder falbfarben mit weiß (zweifarbig)

Kurzhaar

„Basset" kommt vom französischen Wort „bas", niedrig, und beschreibt den niedrigen Körperbau mit kurzen Beinen dieses Jagdhundetyps, den es in Frankreich seit vielen Hundert Jahren gibt, perfekt.

Gegen Ende des 19. Jahrhunderts engagierten sich der Herzog Le Couteulx aus dem Artois und der Jäger Louis Lane aus der Normandie unabhängig voneinander in der systematischen Zucht von Bassets und schufen damit zwei unterschiedliche Typen, die nach der Region ihrer Entstehung benannt wurden: Der Basset artésien und der Basset normand. Deutlichstes Unterscheidungsmerkmal: Die Artois hatten gerade Vorderläufe, während die der Normands nach außen gedreht waren. Auch waren die von Normannischen Laufhunden abstammenden Bassets normands schwerer mit großen Pfoten und Zehen. Die vom heute nicht mehr existenten Briquet d'Artois abstammenden Bassets artésiens waren insgesamt etwas trockener und feiner. Sie galten als die besseren Hunde zur Einzeljagd, die Bassets normands als die besseren Meutehunde. Beide Typen waren vorwiegend dreifarbig. So lag es nahe, sie miteinander zu kreuzen, um die besten Jagdeigenschaften beider miteinander zu verbinden. Ab 1899 wurden die Kreuzungen als „Basset artésien normand" erstmals eingetragen und ab 1938 in einem eigenen Zuchtbuch geführt. Die alten Basset Artois starben in der Folge aus.

Der heutige Basset artésien normand hat kurze und stämmige, „halb oder etwas weniger als halb ausgedrehte" Vorderläufe mit einigen, aber nicht übertriebenen Hautfalten um das Karpalgelenk. An der Hinterhand fallen die rundlichen und stark bemuskelten Oberschenkel auf. Der eher feine Kopf mit den tief angesetzten, sehr langen, dünnen und gedrehten Ohren erinnert an den eines großen Laufhundes. Der lange Hals weist eine moderate „Wamme", sprich etwas lose Haut an der Kehle auf, die aber nicht zu stark herabhängen darf. Die unteren Augenlider können ganz leicht herabhängen und etwas von der Bindehaut zeigen, keineswegs sollen es aber „Triefaugen" sein. Insgesamt kann man sagen, dass der Basset artésien normand eine weniger übertriebene und funktionale Alternative zu den englischen und amerikanischen Bassethounds ist, die man hierzulande aber eher kennt und als – englisch ausgesprochen – „Basset" als erstes vor Augen hat.

Der niedrigläufige Franzose ist ein eifriger Helfer bei der Jagd auf Kaninchen, Hase oder auch einmal Reh und verfolgt mit seiner feinen Nase die einmal aufgenommen Fährte sehr zuverlässig und spurlaut, wenn auch nicht besonders schnell und „gestattet seinem Meister, die jagdliche Verfolgung auszukosten, ohne sich allzu

Auszug aus dem Standard:
„Im Verhältnis zu seiner Größe lang, gut gestellt und kompakt; sein Kopf zeigt den Adel des großen Normand-Laufhundes. (…) Charakter munter und sehr anhänglich."

sehr beeilen zu müssen“, wie es im Rassestandard heißt. Die kurzen Läufe machen es dem robusten Kerlchen leicht, auch in dichtes Unterholz vorzudringen, und er ist da auch nicht zimperlich, wenn es einmal in die Dornen geht. Er treibt das Wild vor sich her und dem Jäger zu, ohne es dabei selbst anzugreifen.

Man kann mit ihm allein jagen gehen, aber von seinen normannischen Ahnen hat er auch das Talent zur Meutejagd geerbt. In Frankreich gibt es einige solcher Basset-Meuten, die aber nicht einfach nur eine wildzusammengewürfelte Gruppe sind: Sie sind vielmehr durchdacht zusammengestellt und jeder Hund hat darin je nach seinen Talenten seine besondere Aufgabe, sei es das Anführen, das Austüfteln schwieriger Fährten oder die Unterstützung der anderen.

Die Rasse ist in Frankreich auch bei Nichtjägern zu einem recht beliebten Begleithund geworden, insgesamt aber leider eher selten. Dieser Basset ist freundlich, sozialverträglich und unkompliziert und lässt sich mit etwas sinnvoller Auslastung und unter Berücksichtigung seiner Jagdpassion auch gut als Familienhund halten.

Arbeitsprüfung

FCI-Standard Nr. 36
Gruppe: 6
Sektion 1: Laufhunde
1.3 Kleine Laufhunde

Größe
Rüde und Hündin: mind. 32 cm, max. 38 cm
Eine Toleranz von + 2 cm bei außergewöhnlichen Hunden ist zulässig.

Gewicht
Keine Angabe im FCI-Standard (i. d. R. 14 – 18 kg)

Farbe / Haarkleid
Falbfarben, von goldener Weizenfarbe bis hin zu Ziegelrot

Kurzhaar (rau und hart) mit Unterwolle

Basset fauve de Bretagne

Ursprünglicher Verwendungszweck:
Laufhund für die Jagd auf Kaninchen, Hase, Fuchs, Reh- und Schwarzwild

Diese Rasse ist die niederläufige Version des alten Griffon fauve de Bretagne, einem großen, rauhaarigen Jagdhund, mit dem man früher in Frankreich Hirsch, Wildschwein und sogar Wölfe jagte und der zu den vier sogenannten „königlichen Rassen", den „Chiens du roi" von Charles IX. (1550 – 1574) zählte – also alter französischer Jagdhundeadel. Der kurzbeinige Basset ist schon seit dem 19. Jahrhundert in seinem Ursprungsgebiet als Jagdbegleiter geschätzt. Der „kleine Bruder" des großen Griffon war in der hügeligen, von vielen Felsen, Büschen und Hecken geprägten Küstenlandschaft der Bretagne besonders nützlich, um auch in dichtes Unterholz schlüpfen und Hase oder Fuchs dort heraustreiben zu können. Auch war es für die im unwegsamen Gelände zu Fuß gehenden Jäger leichter, dem kleineren Hund zu folgen als einem großen, schnellen Laufhund.

„Fauve" bezeichnet die falbe, rötliche oder weizenfarbige Fellfarbe, „Basset" kommt vom französischen Wort „bas", niedrig, und beschreibt den Körperbau mit kurzen Beinen dieses Jagdhundetyps perfekt. Vom alten Griffon hat dieser Basset sein raues Fell und auch sein im Vergleich zu anderen französischen Basset-Rassen hitzigeres Temperament geerbt. Er ist als Jäger auf Kaninchen, Hase, Fuchs, Reh- und Schwarzwild äußerst passioniert und talentiert: Für seine Größe schnell und dabei mutig und hartnäckig verfolgt dieser rustikale Basset die einmal aufgenommene Fährte und zeigt dem zu Fuß gehenden Jäger mit Spurlaut an, wo er sich gerade befindet und wie nah er schon an der Beute ist. Er schreckt vor keiner Geländeschwierigkeit zurück und stellt sich dem Wild am Ende der Fährte mutig gegenüber. Auch als Schweißhund zur Nachsuche nach verletztem Wild ist er geeignet. Sein mittellanges, raues und hartes Fell mit viel Unterwolle schützt ihn bei Regen, Wind und Schnee sehr gut. Er jagt recht eigenständig und einfallsreich und ist dabei fast immer erfolgreich, sodass er in seinem Heimatland bei Jagdhundeprüfungen, vor allem auf Kaninchen, immer wieder mit Preisen ausgezeichnet wird.

Im Vergleich zu den anderen französischen Bassets ist der Rücken des kompakten Bretonen kürzer und breiter. Wenn er in lebhaftem Trab voranläuft, wippt die leicht oberhalb der Rückenlinie getragene, sichelförmige Rute rhythmisch von einer Seite zur anderen. Seinen Kopf wünscht man sich ziemlich lang mit ausgeprägtem Hinterhauptbein, die Ohren mittellang und etwas einwärts gedreht. Die Augenlider sollen niemals herabhängen und keine Bindehaut freilegen. Insgesamt ist der Basset fauve de Bretagne trotz seiner geringen Größe eine imposante Erscheinung: Er wirkt kompakt, rustikal und sehr muskulös.

Auszug aus dem Standard:
„Der Basset Fauve de Bretagne ist ein kleiner, kompakter Hund, er ist lebhaft und für seine Größe schnell. Sein Vorteil ist seine enorme Energie gepaart mit außerordentlicher Zähigkeit."

So leidenschaftlich, zäh und energisch der Basset fauve de Bretagne auf der Jagd ist, so anhänglich, freundlich und verspielt zeigt er sich zuhause. Bei der Erziehung ist neben seiner Jagdpassion sein unabhängiger Charakter zu berücksichtigen, der es gewohnt ist, eigene Ideen zu entwickeln. Kadavergehorsam ist sicher nicht sein Ding. Der Bretone gilt als sehr sozialverträglich und ohne aggressive Neigungen.
Im deutschsprachigen Raum gibt es einige wenige Züchter, die diesen Basset auch jagdlich führen und Welpen nur an Jäger abgehen. Sie sehen ihn eher als „familienfreundlichen Jagdhund“ anstatt als „Familienhund mit Jagdvergangenheit“. Wer dem kleinen Energiebündel eine rassegerechte Beschäftigung durch Nasenarbeit bieten, seine Jagdpassion in Bahnen lenken und mit seinem unabhängigen Charakter umgehen kann, hat aber einen charmanten und vielseitigen Begleiter in allen Lebenslagen.

Arbeitsprüfung

FCI-Standard Nr. 35
Gruppe: 6
Sektion 1: Laufhunde
1.3 Kleine Laufhunde

Größe
Rüde und Hündin: 34–38 cm

Gewicht
Keine Angabe im FCI-Standard (i. d. R. 16–18 kg)

Farbe/Haarkleid
Vollständig (schwarz-weiß) getüpfelt, was einen schieferblauen Schimmer verleiht (mit oder ohne mehr oder minder ausgedehnten schwarzen Platten)

Kurzhaar

Basset bleu de Gascogne

Ursprünglicher Verwendungszweck:
Zur Jagd auf Kaninchen und Hase (auch bei der Hetzjagd), arbeitet allein ebenso gut wie in der Meute

Die Herkunft dieses niederläufigen Jagdhundes ist umstritten: Die einen sehen in ihm das Ergebnis einer spontanen Mutation des Grand bleu de Gascogne, die zu kürzeren Beinen führte, andere halten eine Herkunft aus der Kreuzung von Grand bleu de Gascogne mit Bassets Saintengeois für viel plausibler. Fest steht jedenfalls, dass später Grand Basset Vendéen und Basset artésien normand eingekreuzt wurden. Der erste Rassestandard wurde 1919 veröffentlicht.

Bassets (vom französischen Wort „bas" für niedrig) werden in Frankreich schon seit langer Zeit zur Jagd auf Fuchs, Hase und Kaninchen genutzt. Sie haben im Gegensatz zu ihren hochbeinigeren Verwandten durch ihre geringere Körpergröße den Vorteil, dem Wild auch in dichtes Gestrüpp folgen und es daraus hervortreiben zu können. Außerdem sind sie für den Jäger immer dort von Vorteil, wo das Gelände sehr unwegsam und unübersichtlich ist und er sich nur zu Fuß fortbewegen kann: Dem kleinen Hund ist hier leichter zu folgen als dem großen schnellen. In der Gascogne, dem Vorland der Pyrenäen im Südwesten Frankreichs, ist das häufig der Fall. Trotzdem benötigt der zweibeinige Jäger einiges an Fitness, um den zwar korpulent, aber nicht schwer wirkenden Bassets hinterherzukommen, wenn sie der einmal aufgenommen Hasenfährte folgen: Erst gründlich suchend und schnüffelnd, dann immer schneller und mit ihrer eigentümlichen Stimme lauthals und immer aufgeregter heulend und geschäftig wedelnd, je näher sie der Beute kommen. Man kann mit einem Basset allein jagen, häufiger werden die Hunde aber in Meuten genutzt und sind untereinander sehr sozialverträglich.

„Blau" ist der Hund natürlich nicht: Der Farbeindruck entsteht durch die feine schwarz-weiße Tüpfelung, die von Weitem betrachtet zu einem Blauschimmer verschwimmt und die auch typisch für den großen Bruder, den Grand Bleu de Gascogne, ist. Auf der „blauen" Grundfarbe finden sich wie bei diesem große schwarze Platten sowie lohfarbene Abzeichen an Kopf, Hals und Läufen.

Der Rücken dieses Südfranzosen ist Basset-typisch langgestreckt, aber dennoch fest und nicht eingesackt oder durchhängend. Die niedrig angesetzten langen, dünnen, gefalteten und bis über die Nasenspitze reichenden Ohren sind ein typisches Merkmal der Rasse. Sie sollen am Ansatz schmal sein und in einer Spitze enden. Die säbelförmige Rute ist am Ansatz dicker und wird in Ruhe niedrig, in der Bewegung über der Rückenlinie getragen. Der Hals soll keine übertriebenen losen Hautlappen („Wamme") aufweisen.

Auf der Jagd ist der Basset bleu de Gascogne sehr aktiv und zielbewusst, zuhause anhänglich, verspielt und lebenslustig, was ihn in Frankreich auch außerhalb der Jägerschaft zu einem beliebten Begleithund macht. Sein eigenständiger Charakter will jedoch mit liebevoller Konsequenz respektiert sein, Härte in der Erziehung verträgt er nicht. Er benötigt viel Bewegung, rassegerechte Beschäftigung und einen Halter, der um seine Jagdlust Bescheid weiß und diese in akzeptable Bahnen lenken kann.

Auszug aus dem Standard:

„Ein sehr typischer Basset, der die große Rasse gut vertritt, deren Abkömmling er ist; recht korpulent, jedoch nicht zu schwer. (…) Sehr feine Nase; aktiv, flink und energisch; gründlich in seiner Art zu jagen; heulende Stimme; ordnet sich perfekt in die Meute ein. Anschmiegsamer und fröhlicher Hund mit dem Bedürfnis, sich auszutoben."

Arbeitsprüfung

FCI-Standard Nr. 33
Gruppe: 6
Sektion 1: Laufhunde
1.3 Kleine Laufhunde

Größe
Rüde: 40–44 cm
Hündin: 39–43 cm
Eine Toleranz von +/- 1 cm ist zulässig.

Gewicht
Keine Angabe im FCI-Standard (i. d. R. 18–20 kg)

Farbe/Haarkleid
Meistens einfarbig Schwarz Schwarz mit weißer Scheckung (weiß-schwarz), Schwarz mit falbfarbenen Abzeichen (schwarz-rot), Schwarz mit sandfarbenen Abzeichen, Falbfarben mit weißer Scheckung (weiß-orange), Falbfarben mit schwarzem Mantel und weißer Scheckung (tricolor), Falbfarben schwarz gewolkt, Sandfarben schwarz gewolkt mit weißer Scheckung; Sandfarben schwarz gewolkt

Kurzhaar (rau, glatt u. hart)

(Grand) Basset Griffon Vendéen

Ursprünglicher Verwendungszweck:
Jagd auf Reh und Wildschwein sowie zum Aufspüren von Kaninchen und Hasen

Dieser niederläufige Jagdhund stammt wie alle französischen Bassets von einer größeren Rasse ab, in diesem Fall von Grand Griffon Vendéen, der im Départment Vendée an der Westküste des Landes südlich der Loire-Mündung seinen Ursprung hat und dort auf eine jahrhundertelange rühmliche Vergangenheit als Jagdhund auf Hase, Wildschwein oder Hirsch zurückblicken kann.

Speziell für die Jagd auf Hasen und Kaninchen erwiesen sich aber kleinere Hunde als praktischer, zum einen, weil sie leichter ins dichte Gestrüpp schlüpfen und den Hasen dort heraustreiben konnten, zum anderen, weil sie mit ihren kürzeren Läufen nicht so schnell jagten wie ihre großen Verwandten und es damit dem im schwierigen Gelände zu Fuß gehenden Jäger leichter machten, ihnen zu folgen. Auch die Tatsache, dass die Jagdreviere mit dem Niedergang des Feudalismus immer kleiner wurden, spielte eine Rolle – die Jagd wurde weniger raumgreifend und man brauchte Hunde, die nicht ständig die Reviergrenzen zum Nachbarn überliefen.

Schon ab dem 17. Jahrhundert waren diese kurzbeinigeren Bassets in vielen Varianten in Frankreich bekannt und beliebt und arbeiteten ursprünglich in der Meute. Sie mussten dabei untereinander besonders verträglich und kooperativ sein, was ihr Naturell bis heute prägt.

Die erste Reinzucht der niederläufigen Variante (Basset kommt vom französisch „bas“ für „niedrig“) des Griffon Vendéen unternahm gegen Ende des 19. Jahrhunderts der Graf von Elva, der sich besonders darum bemühte, für seine Zucht Hunde mit zwar kurzen, aber geraden Läufen zu finden. Ein gewisser Herr Paul Dezamy führte seine Bemühungen fort und festigte den Typ bei einer Schulterhöhe von etwa 40 cm. 1907 wurde in Frankreich der erste Rasseclub gegründet. Gleichzeitig züchtete man auch eine noch etwas kleinere Variante, den Petit Basset Griffon Vendéen. Ursprünglich wurden beide Varianten ins gleiche Stammbuch eingetragen, aber seit 1976 haben sie separate FCI-Standards und werden als getrennte Rassen betrachtet, obwohl sie von Ursprung und ursprünglichem Verwendungszweck her gleich sind. Der Grand Basset wirkt etwas majestätischer und gelassener, der Petit charmanter und gewitzter. Auch an den Ohren kann man beide unterscheiden: Die des Petit sind nicht so lang, weniger gedreht und höher angesetzt.

Beide haben einen Basset-typisch langen Rücken und raues, mittellanges, zwei- oder dreifarbiges Haar in der Grundfarbe Weiß mit orangefarbenen und/oder braunen, schwarzen oder grauen Abzeichen. Wegen ihres zauseligen Aussehens und des schelmischen Blicks werden sie von Nichtkennern häufig für Mischlinge gehalten, zumal sie im deutschsprachigen Raum sehr selten anzutreffen

Auszug aus dem Standard:
„Er ist der perfekte Gehilfe des Jägers bei der Büchsenjagd in mittelgroßen Gebieten; unter allen Bassets ist er der schnellste; er ist zäh, mutig und ein wenig dickköpfig (…) Von leicht länglichem Körperbau; er besitzt gerade Läufe. Der Körperbau des Bassets darf nicht an einen kleinen Briquet erinnern. Er ist harmonisch und elegant.“

FCI-Gruppe 6

sind. In Frankreich gibt es einige Jagdmeuten aus Bassets Griffons Vendéens. Auch in die USA haben es etliche Rassevertreter geschafft, wo man den für amerikanische Zungen unaussprechlichen Namen gern als „GeeBeeGeeVee" (GBGV) oder PGBV abkürzt.

Beide sind ausgesprochen intelligent und sensibel, dabei aber eigensinnig – kein Wunder, mussten sie doch auf der Jagd unabhängig ihre eigenen Entscheidungen treffen können. Sie können sich als Familienhunde eignen, wenn man diesem Wesenszug Rechnung trägt und sie rassegerecht, zum Beispiel durch Sucharbeit, auslastet. Auch sollte man sich darüber im Klaren sein, dass man sie ohne sehr gutes Rückruftraining draußen nicht einfach ableinen kann, da sie jeder Wildspur folgen werden – und zwar weit und ausdauernd.

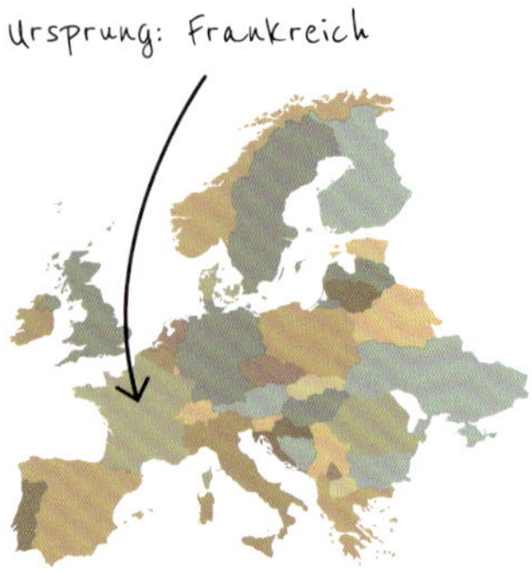

Arbeitsprüfung

FCI-Standard Nr. 67
Gruppe: 6
Sektion 1: Laufhunde
1.3 Kleine Laufhunde

Größe
Rüde und Hündin: 34–38 cm
Eine Toleranz von +/- 1 cm ist zulässig.

Gewicht
Keine Angabe im FCI-Standard (i. d. R. 15–20 kg)

Farbe/Haarkleid
Schwarz mit weißer Scheckung (weiß-schwarz), Schwarz mit falbfarbenen Abzeichen (schwarz-rot), Schwarz mit sandfarbenen Abzeichen, Falbfarben mit weißer Scheckung (weiß-orange), Falbfarben mit schwarzem Mantel und weißer Scheckung (tricolor), Falbfarben schwarz gewolkt, Sandfarben schwarz gewolkt mit weißer Scheckung, Sandfarben schwarz gewolkt

Kurzhaar (rau, glatt u. hart)

(Petit) Basset Griffon Vendéen

Ursprünglicher Verwendungszweck:
Jagd auf Kaninchen, Hase, Reh, Fuchs und Wildschwein, auch zur Treibjagd

Dieser niederläufige Jagdhund stammt wie alle französischen Bassets von einer größeren Rasse ab, in diesem Fall von Grand Griffon Vendéen, der in der Vendée an der Westküste des Landes südlich der Loire-Mündung seinen Ursprung hat und dort auf eine jahrhundertelange rühmliche Vergangenheit als Jagdhund auf Wildschwein oder Hirsch zurückblicken kann.
Speziell für die Jagd auf Hasen und Kaninchen erwiesen sich aber kleinere Hunde als praktischer, zum einen, weil sie leichter ins dichte Gestrüpp schlüpfen und den Hasen dort heraustreiben konnten, zum anderen, weil sie mit ihren kürzeren Läufen nicht so schnell jagten wie ihre großen Verwandten und es damit dem im schwierigen Gelände zu Fuß gehenden Jäger leichter machten, ihnen zu folgen. Auch die Tatsache, dass die Jagdreviere mit dem Niedergang des Feudalismus immer kleiner wurden, spielte eine Rolle – die Jagd wurde weniger raumgreifend und man brauchte Hunde, die nicht ständig die Reviergrenzen zum Nachbarn überliefen.
Schon ab dem 17. Jahrhundert waren diese kurzbeinigeren Bassets in vielen Varianten in Frankreich bekannt und beliebt und arbeiteten ursprünglich in der Meute. Sie mussten dabei untereinander besonders verträglich und kooperativ sein, was ihr Naturell bis heute prägt.
Die erste Reinzucht der niederläufigen Variante (Basset kommt vom französisch „bas" für „niedrig") des Griffon Vendéen unternahm gegen Ende des 19. Jahrhunderts der Graf von Elva, der sich besonders darum bemühte, für seine Zucht Hunde mit zwar kurzen, aber geraden Läufen zu finden. Ein gewisser Herr Paul Dezamy führte seine Bemühungen fort und festigte den Typ. 1907 wurde in Frankreich der erste Rasseclub gegründet. Gleichzeitig züchtete man auch eine noch etwas größere Variante, den Grand Basset Griffon Vendéen. Ursprünglich wurden beide Varianten ins gleiche Stammbuch eingetragen, aber seit 1976 haben sie separate FCI-Standards und werden als getrennte Rassen betrachtet, obwohl sie vom Ursprung her gleich sind. Der Grand Basset wirkt etwas majestätischer und gelassener, der Petit charmanter und gewitzter. Auch an den Ohren kann man beide unterscheiden: Die des Petit sind nicht so lang, weniger gedreht und höher angesetzt.
Beide haben einen Basset-typisch langen Rücken und raues, mittellanges, zwei- oder dreifarbiges Haar in der Grundfarbe Weiß mit orangefarbenen und/oder braunen, schwarzen oder grauen Abzeichen. Wegen ihres zauseligen Aussehens und des schelmischen Blicks werden sie von Nichtkennern häufig für gelungene Mischlinge gehalten, zumal sie im deutschsprachigen Raum sehr selten anzutreffen sind. In Frankreich gibt es nach wie vor Jagdmeuten aus Bassets Griffons Vendéens. Neben Beagle und Basset Fauve de Bretagne sind sie dort die am weitesten verbreiteten Meutehunde. Auch in die USA haben es etliche Rassevertreter geschafft, wo man den für amerikanische Zungen unaussprechlichen Namen gern als „PeeBeeGeeVee" (PBGV) abkürzt.

Beide sind ausgesprochen intelligent und sensibel, dabei aber eigensinnig – kein Wunder, mussten sie doch auf der Jagd unabhängig ihre eigenen Entscheidungen treffen können, ohne auf Anweisung des Menschen zu warten. Sie können sich durchaus als Familienhunde für Nichtjäger eignen, wenn man diesem Wesenszug Rechnung trägt und den rustikalen Naturburschen rassegerecht, zum Beispiel durch ausgiebige Sucharbeit, auslasten kann. Auch sollte man sich darüber im Klaren sein, dass man ihn ohne entsprechendes, sehr gutes Rückruftraining draußen nicht einfach von der Leine lassen kann, da er jeder Wildspur folgen wird – und zwar weit und ausdauernd.

Auszug aus dem Standard:

„Ein Teufel im Gelände, ein Engel zu Hause (…) kein Wild entkommt ihm. (…) Kleiner, quirliger, energischer Hund mit leicht länglichem Körperbau; Rute stolz getragen; hartes und ohne Übermaß langes Haar; ausdrucksstarker Kopf (…) Voller Passion für die Jagd; er ist mutig und liebt Dornenhecken und Gestrüpp."

Arbeitsprüfung

FCI-Standard Nr. 163
Gruppe: 6
Sektion 1: Laufhunde
1.3 Kleine Laufhunde

Größe
Rüde und Hündin: 33–38 cm

Gewicht
Keine Angabe im FCI-Standard (i. d. R. bis 35 kg)

Farbe / Haarkleid
Üblicherweise schwarz-weiß-braun (dreifarbig) oder lemon-weiß (zweifarbig), jede andere Laufhundfarbe ist aber zulässig

Kurzhaar (glatt u. dicht)

Basset Hound

Ursprünglicher Verwendungszweck:
Laufhund zum Aufspüren von Niederwild (Hase, Kaninchen etc.), auch zur Meutejagd

Der allseits bekannte Basset Hound ist ein Brite mit französischen Vorfahren. Dort waren niederläufige Jagdhunde, die Bassets von Französisch „bas" für „niedrig", seit dem Mittelalter in vielen regionalen Varianten geschätzte Helfer bei der Jagd auf kleineres Wild und in schwierigem Gelände. Sie konnten in jedes Unterholz vordringen und es fiel ihnen leicht, die Nase stets tief am Boden zu halten. Böse englische Zungen behaupteten damals, die französischen Adligen seien „so außer Form, dass sie nur einem sehr langsamen Hound mit kurzen Läufen und verkrüppelten Knien folgen konnten". Tatsächlich schielten die Briten aber insgeheim neidisch auf die jagdlichen Qualitäten der niederläufigen Meutehunde von der anderen Kanalseite und wünschten sich eigene zur bequemeren fußläufigen Jagd auf Hase, Kaninchen oder Fasan.

Die Rassen, die zur Entstehung des Basset Hound in England beigetragen haben, waren der Basset artésien normand, der Basset d'Artois (heute nicht mehr existent) und der Basset ardennais. Die englische Bezeichnung Basset Hound wird erstmals 1866 in der Literatur erwähnt und die Rasse 1880 vom englischen Kennel Club anerkannt.

Eine wichtige Rolle in der Schaffung der Rasse spielte der englische Lord Galway, der im gleichen Jahr zwei Hunde aus der Basset-Zucht des Grafen Couteulx de Canteleu aus Nordfrankreich importierte und mit ihnen weiterzüchtete. Einige Zeit später wurde die Bloodhound-Hündin „Inoculation" eingekreuzt, was der Rasse unter anderem ihren heutigen typvollen Kopf und die stärkere Substanz bescherte. Der Basset hat „Schädel und Knochen des Bloodhounds, die Farbe des Foxhounds und die Läufe eines Dachshundes", schreiben Wilcox und Walcowicz mit leichter Verwunderung in einer Rassebeschreibung aus dem Jahr 1991.

Der Basset ist trotz seines kräftigen Körperbaus mit viel Substanz auf der Jagd überraschend agil und beweglich. Er verfolgt das Wild, dessen Spur er einmal aufgenommen hat, zwar nicht sonderlich schnell, aber sehr beharrlich, wobei er seine volltönende Stimme hören lässt.

Der Basset Hound machte wegen seines gelassenen, anhänglichen, anpassungsfähigen und gutmütigen Gemüts sowie des charmant wirkenden „melancholischen" Gesichtsausdrucks schnell außerhalb der Jägerkreise Karriere als Begleithund. In den 1970er Jahren avancierte er so sehr zum Modehund, dass skrupellose Vermehrer die Chance auf schnelles Geld witterten und ohne jede Rücksicht auf sinnvolle Zuchtauswahl Welpen produzierten, deren vermeintlich „typischen" Merkmale oft vollkommen übertrieben wurden: Die Hunde wurden immer länger und kurzbeiniger, die lose Haut an Kopf und Körper wurde immer extremer, sodass die alte Funktionalität als Jagdhund beinahe ganz verloren ging, die Hunde sich nur noch schlecht bewegen konnten und unter Rücken- und Gelenksproblemen litten. In den letzten Jahren beobachtet man zum Glück wieder eine Verbesserung und der FCI-Standard legt heute ausdrücklich Wert darauf, dass der Hund den Anforderungen als arbeitender Jagdhund entsprechen können muss. Dennoch sind

FCI-Gruppe 6

weiterhin große Unterschiede zwischen den Ausstellungs- und den Arbeitslinien zu beobachten. Wer einer englischen Bassetmeute bei der Jagd zuschaut, wundert sich über die Beweglichkeit und Ausdauer der charmanten kleinen Gesellen, die mit ihren Kollegen aus dem Ausstellungsring gar nicht so viel gemeinsam zu haben scheinen.
Liebhaber der Rasse schätzen vor allem ihren Charakter, den sie als liebevoll, klug, treu und liebenswert eigensinnig beschreiben.

Auszug aus dem Standard:

„Niederläufiger Hund mit beträchtlicher Substanz, ausgewogen, voller Qualität. Es ist wichtig, dass man sich daran erinnert, dass dies ein arbeitender Laufhund ist und dass er seinen Anforderungen entsprechen muss, deshalb soll er kräftig, aktiv und fähig zu großer Ausdauer im Feld sein."

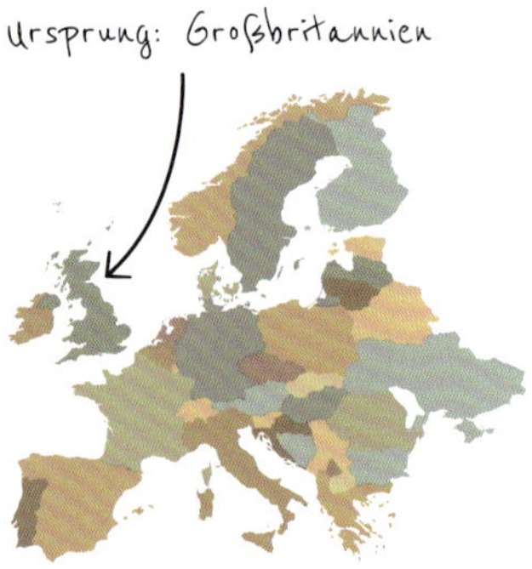

Arbeitsprüfung

FCI-Standard Nr. 161
Gruppe: 6
Sektion 1: Laufhunde
1.3 Kleine Laufhunde

Größe
Rüde und Hündin:
mind. 33 cm, max. 40 cm

Gewicht
Keine Angabe im FCI-Standard
(i. d. R. 10–18 kg)

Farbe / Haarkleid
Dreifarbig (schwarz, braun und weiß), (blau, weiß und braun), dachsfarbig gefleckt (badger-pied), hasenfarbig gefleckt (hare-pied), zitronengelb gefleckt (lemon-pied), zitronengelb (lemon) und weiß, rot (red) und weiß, braun und weiß, schwarz und weiß, ganz weiß. Mit Ausnahme von ganz weiß können alle oben genannten Farben auch ‚Mottles' (getüpfelt) vorkomnmen. Keine anderen Farben sind zulässig.

Kurzhaar (dicht u. wetterbeständig)

Beagle

Ursprünglicher Verwendungszweck:
Meutehund speziell für die selbstständige Treibjagd auf Feldhase und Wildkaninchen

Kleinere Hunde zur Jagd auf Hasen, die man auch „Beagling" nennt, gab es in England schon seit mehreren hundert Jahren, ihre planmäßige Rassezucht begann aber erst gegen Ende des 19. Jahrhunderts. Die Theorien zum Ursprung des Beagles sind unterschiedlich. Manche sehen in ihm einen direkten Abkömmling kleiner Jagdhunde aus Griechenland, die von den Römern mit nach Britannien gebracht wurden, andere tippen auf Kelten, wieder andere auf die Abstammung von französischen Laufhunden, die mit Wilhelm dem Eroberer 1066 ins Land kamen, wieder andere auf eine verkleinerte Form des Harriers. Der Begriff Beagle wurde seit dem Mittelalter als Oberbegriff für kleine Jagdhunde verwendet, die aber damals noch sehr unterschiedlich waren. Zu Zeiten Heinrichs VII. und Elizabeth I. gab es auch rauhaarige Beagles und solche, die so klein waren, dass man sie in der Jackentasche zu Pferd mit zum Start der Jagd nehmen konnte, weshalb man sie „Pocket Beagles" nannte.
Der Beagle wurde traditionell in der Meute zur Jagd auf Hasen eingesetzt. Oft waren es 40 oder mehr Hunde gleichzeitig in einem „Pack", denen der oder die Jäger zu Fuß folgten. Die Hunde sind sehr geschickt darin, gemeinsam (wobei sie sich dicht zusammenhalten) einen Hasen aufzuspüren und in einem großen Bogen zum Jäger zurückzutreiben. Auch heute noch gibt es in England zahlreiche Beagle-Meuten, einige sogar in Deutschland. Hier wird natürlich nicht mehr auf Hasen gejagt, sondern in Schleppjagden zu Pferd auf künstlichen Fährten.
Von der Vergangenheit als Meutehund stammt auch die große Sozialverträglichkeit der Rasse. Beagle sind überaus umgänglich, freundlich, anpassungsfähig und lebenslustig, was sie zu sehr beliebten Familienhunden machte. Sie sprühen nur so vor guter Laune und Unternehmungslust und sind für alles zu haben, solange man keinen Kadavergehorsam erwartet, denn der intelligente Beagle kann auch einen sehr eigenen Kopf haben. Kein Wunder, musste er doch auf der Jagd unabhängige Entscheidungen treffen können und diese zielstrebig durchsetzen. Dennoch ist seine Erziehung mit etwas liebevoller Konsequenz nicht schwierig. Als spurlaut jagender Meutehund sitzt ihm das Bellen bei Aufregung locker in der Kehle.
Wer sich darüber im Klaren ist, dass im freundlichen Beagle immer noch das Herz eines Jägers steckt und folglich einen guten Rückruf trainiert, findet in ihm einen begeisterungsfähigen Partner für alle möglichen Arten des Hundesports von Agility über Flyball und Obedience bis hin zu Dogdancing. Prädestiniert ist er natürlich für alle Sparten der Nasenarbeit wie zum Beispiel Mantrailing. In den USA werden Beagle seit den 1980er Jahren als „Beagle Brigade" erfolgreich bei der Zoll- und Grenzschutzbehörde als Spürhunde zur Gepäckkontrolle eingesetzt, wo sie nach verbotenen Substanzen oder Lebensmitteln suchen.
Beagle sind robust und kompakt, aber sehr beweglich und sportlich. Sie gelten als verfressen, weshalb man darauf achten muss, dass sie ihre schlanke Linie behalten. Zu trauriger Berühmtheit gelangte die Rasse auch dadurch, dass sie immer noch verbreitet als „Laborhund" für Tierversuche eingesetzt wird. Die Tatsache, dass sie

so robust und freundlich sind und gut in Meuten gehalten werden können, machte sie dafür besonders geeignet. Es gibt inzwischen einige Vereine, die solche ehemaligen „Laborbeagle" an neue Besitzer vermitteln.
Der berühmteste Beagle der Welt ist aber ganz klar „Snoopy". Charles Schultz, der die Peanuts schuf, hatte für ihn einen realen Beagle als Vorbild.

Auszug aus dem Standard:

„Ein fröhlicher Hund, dessen wesentliche Bestimmung es ist zu jagen, vornehmlich Hasen, indem er der Fährte folgt, unerschrocken, äußerst lebhaft, mit Zähigkeit und Zielstrebigkeit. Aufgeweckt, intelligent und von ausgeglichenem Wesen. Liebenswürdig und aufgeweckt, ohne Anzeichen von Angriffslust oder Ängstlichkeit."

Deutsche Bracke

Ursprung: Deutschland

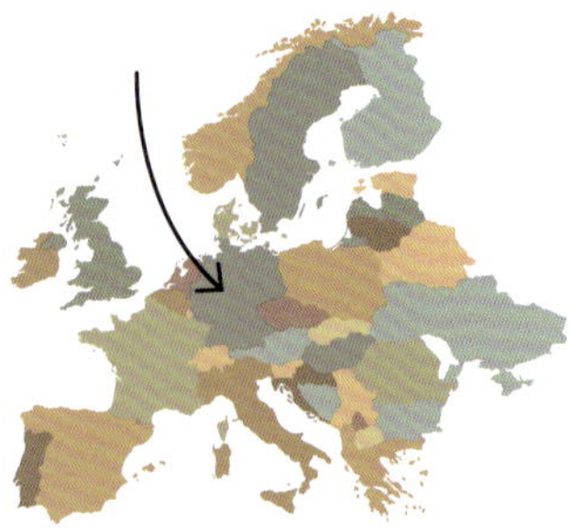

Arbeitsprüfung

FCI-Standard Nr. 299
Gruppe: 6
Sektion 1: Laufhunde
1.3 Kleine Laufhunde

Größe
Rüde und Hündin: 40–53 cm

Gewicht
Keine Angabe im FCI-Standard (i. d. R. 15–23 kg)

Farbe / Haarkleid
Rot bis Gelb mit schwarzem Sattel oder Mantel und weißen Brackenabzeichen: durchgehende Blesse, weißer Fang mit Halsring (geschlossener Halsring ist anzustreben), weiße Brust sowie Läufe und Rutenspitze

Kurzhaar (dicht, hart, fast stockig)

Ursprünglicher Verwendungszweck:
Brackenjagd auf Fuchs und Hase

Die Deutsche Bracke ist eigentlich der letzte und vereinheitlichte Rest einer früher weit verbreiteten Landrasse von Bracken, die in regional unterschiedlichen Schlägen in ganz Deutschland vorkam. Schon im Nibelungenlied werden sie erwähnt: „So sullt ir mir lihen einen suochman und etlichen braken, so will ich riten in den tan." Auch aus germanischen Gesetzestexten des 5. bis 8. Jahrhunderts kann man schließen, dass die Bracken und die Art des Jagens mit ihnen bereits bekannt waren.

Kynologen sind sich über die Herkunft dieses Jagdhundetypus nach wie vor uneinig – manche sprechen von der sagenumwobenen „Keltenbracke" als gemeinsamem Vorfahr, andere unterscheiden zwischen westlichen und östlichen Bracken, die unterschiedlicher Abstammung seien, aber sich immer wieder vermischt haben sollen.

Jedenfalls kannte man über Jahrhunderte die sogenannte Holzbracke, die Steinbracke, die Heidebracke oder Hannoversche Bracke, die Holsteiner Bracke, die Finnentroper Bracke oder die Westfälische Dachsbracke und viele mehr. Sie alle wurden nicht auf Aussehen, sondern allein auf Leistung gezüchtet, und die hieß: Eine Wildspur finden, aufnehmen und verfolgen, wobei durch Bellen (Spurlaut) angezeigt wird, dass sich der Hund auf der Fährte befindet. Am Ton konnte der Jäger erkennen, wie frisch die Fährte war: Je näher der Hund ans Wild kam, desto heller und aufgeregter wurde seine Stimmlage. Die Bracke hetzt das Wild dabei nicht blindlings, sondern treibt es eher strategisch vor sich her und dem Jäger zu, wobei diesem zugutekommt, dass aufgescheuchtes Wild fast immer die Tendenz hat, in großem Bogen zu seinem Ausgangspunkt zurückzukehren. Im Idealfall muss der Jäger seinen Standpunkt gar nicht groß verlassen, sondern nur zuhören, wie seine fleißige Bracke das Wild wieder in seine Richtung bringt.

Die planmäßige Zucht eines vereinheitlichten Typs begann, als 1896 in Berlin der erste Deutsche Brackenklub gegründet wurde. Der erste Rassestandard wurde 1900 aufgestellt, dessen Wortlaut sich auch heute noch in großen Teilen im heutigen Standard wiederfindet. Von Anfang an konnten nur Hunde ins Stammbuch eingetragen werden, die auf einer der alljährlich vom Klub ausgerichteten Preisjagden einen mindestens dritten Platz errungen hatten.

Auch heute noch wird die jagdliche Leistung überprüft und Welpen werden ausschließlich an Jäger abgegeben.

Die heutige Deutsche Bracke ist mit 40–53cm Schulterhöhe mittelgroß und rot bis gelb mit schwarzem Sattel oder Mantel sowie den typischen weißen „Brackenabzeichen" (Blesse, weißer Fang, Halsring und Bauch, weiße Brust,

Auszug aus dem Standard:
„Die Erscheinung ist die eines leichten, hochstehenden, eleganten, doch kräftig gebauten Jagdhundes mit edlem, verhältnismäßig leichtem Kopf, gutem Behang und gut getragener, jedoch für die Gesamterscheinung des Hundes auffallend dicker Rute; leicht aufgezogener Leib.

Läufe und Rutenspitze) gefärbt. Das für einen kurzhaarigen Hund eher lange Haar ist sehr dicht und hart und an der Rute sowie den Rückseiten der Läufe etwas länger.
So passioniert die Deutsche Bracke auf der Jagd ist, so angenehm und ausgeglichen zeigt sie sich zuhause in ihrer Familie, sofern natürlich die rassegerechte Auslastung gegeben ist. Da die „Verfolgungsjagd“ auf Wild heute rechtlich eher problematisch ist und auch die Jagdreviere gar nicht mehr groß genug dazu sind, wird die Deutsche Bracke heute hauptsächlich zur Nachsuche nach verletztem Wild eingesetzt, eine Aufgabe, die sie hervorragend erledigt.

FCI-Standard Nr. 130
Gruppe: 6
Sektion 1: Laufhunde
1.3 Kleine Laufhunde

Größe
Rüde: 35 cm
Eine Toleranz von 32 – 38 cm ist zulässig.
Hündin: 33 cm
Eine Toleranz von 30 – 36 cm ist zulässig.

Gewicht
Keine Angabe im FCI-Standard (i. d. R. 14 – 16 kg)

Farbe / Haarkleid
Alle Farben mit weißen Abzeichen sind zulässig (nicht zugelassen sind überwiegend Weiß, Merle oder Leberbraun)

Kurzhaar (harsch, hart)

Drever

Ursprünglicher Verwendungszweck:
Jagd auf Reh und Hirsch, aber auch auf Hase und Fuchs

Dieser auch als Schwedische Dachsbracke bekannte niederläufige Jagdhund stammt von Westfälischen Dachsbracken ab, die zu Beginn des 20. Jahrhunderts über Dänemark nach Schweden importiert wurden. Dort hatte man sie mit Schweizer Laufhunden gekreuzt, um einen besser an die skandinavischen Verhältnisse angepassten Jagdhund zu erhalten. Später wurden auch verschiedene lokale schwedische Laufhunde eingekreuzt, sodass der heutige Drever etwas größer ist als seine westfälischen Urahnen. Ab etwa den 1930er Jahren waren die Nachfahren bei den schwedischen Jägern als sehr gute Spürhunde für Rotwild bekannt und beliebt. Im Jahr 1947 suchte man per Leserumfrage in der Zeitung einen schwedischen Namen für die neue Rasse und entschied sich für „Drever", übersetzt etwa „Treiber" oder eben „Jäger". Noch im gleichen Jahr wurde der Drever vom Svenska Kennelklubben anerkannt und 1953 auch von der FCI.

In Schweden geht man mit dem flinken kleinen Helfer einzeln anstatt in der Meute auf die Jagd nach Hirsch und Reh, in Finnland auch auf Fuchs und Hase. Das unwegsame Gelände aus dichten Wäldern mit Sümpfen und Felsbrocken, abwechselnd mit Wiesen und Ackerland, erlaubt nur eine Jagd zu Fuß, und dazu ist der Drever der ideale Begleiter. Da die Hauptjagdzeit der Winter ist, muss der Hund auch mit hohem Schnee und tiefen Temperaturen gut zurechtkommen.

Er ist durch seine geringere Körpergröße langsamer als andere Laufhunde, was aber gerade als Vorteil gilt, da er so dem Jäger das Wild perfekt vor die Flinte treibt, anstatt es blindlings zu hetzen. Er arbeitet eher ruhig und entschieden. Der eifrige Drever hat eine perfekte Nase und zeigt durch Spurlaut an, wenn er sich dicht am Wild befindet. Interessant ist, dass er sich durch den Spurlaut anderer Drever, die möglicherweise gleichzeitig mit ihren Hundeführern im gleichen Gelände jagen, überhaupt nicht ablenken lässt – jeder bleibt konzentriert und hartnäckig auf seiner eigenen Fährte.

Er ist ausgesprochen energisch und zäh und in der Regel enttäuscht, wenn die Jagd schon zu Ende und die Aufgabe erledigt ist.

In Schweden ist die Rasse sehr beliebt und weit verbreitet – der „Svenska Dreverklubben" hat rund 3500 Mitglieder in 22 Lokalverbänden und legt Wert darauf, dass die Hunde jagdlich geführt und nur an Jäger abgegeben werden. Dennoch werden sie dort gelegentlich auch als reine Begleithunde gehalten, was angesichts ihrer Jagdlust aber nur funktionieren kann, wenn sie rassegerecht ausgelastet werden. Dann sind sie anhänglich, aufgeschlossen und freundlich, auch Kindern gegenüber. Sie sind mental stabil, Nervosität und Aggressionen kommen bei ihnen praktisch nie vor.

In Finnland, wo die Rasse ebenfalls sehr verbreitet ist, hat sich durch die stärkere Spezialisierung auf die Hasenjagd ein etwas leichterer Schlag entwickelt, auch bevorzugt man dort die schwarz-weiße Farbvariante.

Auszug aus dem Standard:

„Eher langer Körper mit ziemlich niedrig stehenden Läufen. Erscheinungsbild insgesamt eher robust und kräftig als elegant und schnittig. Stolze Haltung, gut entwickelte Muskulatur, flink.

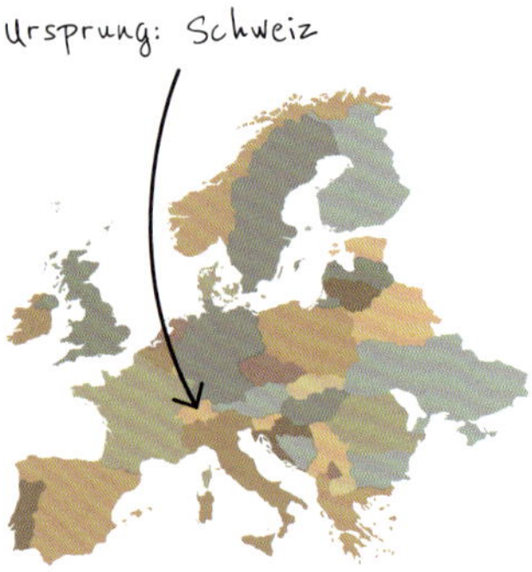

Arbeitsprüfung

FCI-Standard Nr. 60
Gruppe: 6
Sektion 1: Laufhunde
1.3 Kleine Laufhunde
Varietäten: 4 (Farbe)

Größe
Rüde: 35–43 cm
Hündin: 33–40 cm
Eine Toleranz von +/- 2 cm ist zulässig.

Gewicht
Keine Angabe im FCI-Standard (i. d. R. 15–20 kg)

Farbe/Haarkleid
a) **Jura Niederlaufhund**
Schwarz mit lohfarbenen Abzeichen
b) **Berner Niederlaufhund**
Weiß und schwarz mit lohfarbenen Abzeichen
c) **Luzerner Niederlaufhund**
Blauschimmel mit schwarzen Platten
d) **Schwyzer Niederlaufhund**
Weiß mit orange-roten Platten sowie alle Mischfarben davon

Glatthaar
Rauhaar
Stockhaar

Petit chien courant suisse
(Schweizer (Schwyzer) Niederlaufhund)

Ursprünglicher Verwendungszweck:
Laufhund, auch zur Stöber- und Schweißarbeit

Dieser Jagdhund entstand Ende des 19. Jahrhunderts aus einer Erfordernis, die sich aus einer Reform des Schweizer Jagdrechts ergeben hatte: Man hatte die Revierjagd eingeführt. Durfte früher im gesamten Kanton gejagt werden, sollten Jäger und Hunde sich nunmehr an engere Reviergrenzen halten. Die großen, schnellen Laufhunde von rund 60 cm Schulterhöhe, mit denen man bis dahin gejagt hatte, sahen das aber nicht ein und trieben das Wild regelmäßig über die Reviergrenzen hinaus. Außerdem spielte eine große Rolle, dass sich der Wildbestand in der Schweiz um diese Zeit herum veränderte: Bestand er vorher aus Hasen, Füchsen, Dachsen, Flugwild und Gemsen, wanderten nun immer mehr Rehe aus der baden-württembergischen Nachbarschaft ein, was die Schweizer Jäger sehr freute. Gern wollten sie, dass die Rehe bei ihnen dauerhaft heimisch würden, diese reagierten aber sehr empfindlich, wenn sie von den großen, spurlaut jagenden Laufhunden gehetzt wurden und suchten sich ruhigere Reviere. Folglich musste ein langsamerer Hund her, der ruhiger jagte und besser unter Kontrolle des Jägers blieb, aber dennoch die guten Eigenschaften der Laufhunde behielt, nämlich selbständig eine Wildfährte zu finden, zu verfolgen, durch Lautgeben anzuzeigen und das Wild dem Jäger zuzutreiben.
Die Anfangsphase der Zucht war von zahlreichen Kontroversen, Experimenten und auch Fehlschlägen geprägt. Dies spiegelt sich auch in der Tatsache wider, dass der 1905 gegründete Zuchtverband zunächst „Schweizerischer Dachsbracken-Club", hieß, sich später in „Schweizerischen Niederlaufhund-Club" umbenannte: Die Grundsatzfrage lautete, wie viel Dackel in der neuen Rasse stecken sollte. Man wollte als Idealziel eine maßstabsgerecht verkleinerte Ausgabe des alten, liebgewonnen Schweizer Laufhundes in den typischen Laufhundfarben und mit den typischen langen, gedrehten Ohren der Laufhunde erhalten, dem standen aber die typischen Köpfe, Läufe und Farben der Dackel entgegen, von der Jagdtechnik einmal ganz abgesehen. Letztlich machte es die Mischung: „Neben reinen Dachshunden und den alten Laufhunden haben ausländische Dachsbracken, französische Bassets, Foxterrier und viele, sehr viele Bastarde bei der Entstehung des modernen Niederlaufhunds mitgewirkt", schreibt der Schweizer Kynologe Hans Räber. Auch heute noch sind die eher kurzbeinigen, langgestreckten Basset- und Dackeltypen noch nicht ganz aus der Zucht verschwunden, aber sehr viel seltener geworden, sodass man dem Idealziel des Standards – dem Schweizer Laufhund im Kleinformat – nähergekommen ist.

Auszug aus dem Standard:
„Brackenschlag, welcher spur- und fährtenlaut das entsprechende Wild verfolgt und jagt. Er jagt selbständig. ‚Laufhund'-Typ, im verkleinerten Maßstab des Schweizer Laufhundes. Im Format rechteckig, mäßig lang, kräftig gebaut."

Je nach ihrer Farbgebung unterteilt man die Rasse in die drei Varietäten Jura, Berner und Luzerner Niederlaufhund. Der Schweizer Niederlaufhund sucht mit großer Sicherheit auch in schwierigem Gelände und eignet sich auch sehr gut für die Nachsuche nach verletztem Wild, die sogenannte Schweißarbeit. In der Schweiz wird er heute auch gern als Personenspürhund eingesetzt. Er gilt als ausgesprochen freundlich, nicht ängstlich und niemals aggressiv.

Westfälische Dachsbracke

Ursprung: Deutschland

Arbeitsprüfung

FCI-Standard Nr. 100
Gruppe: 6
Sektion 1: Laufhunde
1.3 Kleine Laufhunde

Größe
Rüde und Hündin: 30–38 cm

Gewicht
Keine Angabe im FCI-Standard (i. d. R. 10–15 kg)

Farbe/Haarkleid
Rot bis Gelb mit schwarzem Sattel oder Mantel und den weißen Brackenabzeichen (Blesse oder Schnippe, weißer Fang mit Halsring, weiße Brust sowie Läufe und Rutenspitze)

Kurzhaar (dicht und grob)

Ursprünglicher Verwendungszweck:
Laufhund zur Stöberarbeit auf Fuchs, Dachs (ursprünglich auch Fischotter), Hase und Kaninchen

Die Westfälische Dachsbracke ist die Niederlaufform der Deutschen Bracke und entspricht ihr in wesentlichen Punkten, wirkt dabei aber kräftiger und kompakter. Ihre Entstehung fällt in die 80er Jahre des 19. Jahrhunderts, als rheinisch-westfälische Brackenjäger mit der Reinzucht eines kleinen, leistungsfähigen Niederlaufhundes begannen. Dazu verwendeten sie im Wesentlichen möglichst niedrige Deutsche Bracken und vermutlich die heute ausgestorbene Steinbracke, die vor allem in der Ruhrgegend vorkam und eher klein und feingliedrig war. Aber auch Dachshunde – daher der Name Dachsbracke – spielten bei ihrer Entstehung eine Rolle.

Für die Schaffung der neuen Rasse gab es ähnliche Gründe wie beim Schweizer Niederlaufhund: Die Jagdreviere wurden kleiner, sodass die Jagd mit großen und schnellen Laufhunden problematisch wurde, denn diese trieben das Wild zu schnell über die Reviergrenzen hinaus. Auch wünschte man sich einen vielseitigeren Jagdhund, der nicht nur Fährten finden und laut verfolgen sollte, sondern auch gut zur Nachsuche und wenn nötig auch zum Hineinschlüpfen (in der Jägersprache „Einschliefen") in Fuchs- und Dachsbauten verwendbar sein sollte. Kurzum einen anpassungsfähigen und freundlichen Jagdhund mit feiner Nase, großer Spurpassion und Schärfe zur Verwendung auf Niederwild.

So kam es 1906 zur Gründung des „Westfälisch-Rheinischen Dachsbracken-Klubs", der sich um das Stammbuch und die jagdlichen Prüfungen zur Zuchtzulassung kümmerte. Großer Wert wurde darauf gelegt, dass die geprüften Hunde „rehrein" waren, sprich Rehfährten ignorierten. Sie sollten diese zwar kurz anzeigen, aber nicht weiter verfolgen.

Nach dem Ende des Zweiten Weltkriegs war der Bestand der Rasse so dezimiert, dass man Fremdblut einkreuzen musste, um sie zu erhalten. Man entschied sich für den schwedischen Drever, der ohnehin seinerseits von der Westfälischen Dachsbracke abstammte und damit die passende Genetik mitbrachte.

Heute werden die Deutsche Bracke und die Westfälische Dachsbracke beide vom Deutschen Bracken Club e.V. betreut, der sich weiterhin um Erhalt und Förderung der jagdlichen Eigenschaften der Rasse bemüht und die entsprechenden Prüfungen durchführt. Der nützliche Helfer wird hauptsächlich zur Stöberjagd auf Hase, Kaninchen und Fuchs, aber auch zu Drückjagden auf Schalenwild und zur Nachsuche eingesetzt. Eine Besonderheit im Vergleich zu vielen ausländischen Brackenrassen liegt darin, dass diese

Auszug aus dem Standard:
„Die Westfälische Dachsbracke ist ein 30 bis 38 cm hoher, mäßig langer, kräftig gebauter Jagdhund mit edlem, mittelgroßem Kopf und gut angesetzter Rute, die bei ruhigem Gang säbelförmig aufwärts oder hängend mit leichtem Bogen an der Spitze getragen wird. Der Gesichtsausdruck ist treu, freundlich, ernst und aufmerksam."

Dachsbracke ausschließlich die frische Wildfährte stimmlich, also spurlaut, anzeigt, nicht schon die ältere. Jäger berichten außerdem begeistert von der Hartnäckigkeit und Ausdauer, mit der ihre Bracken einer einmal aufgenommenen Fährte auch dann noch beharrlich folgen, wenn es schwierig wird und sich nicht dazu verleiten lassen, auf einfachere, frischere Fährten zu wechseln. Sie treiben das Wild eher geruhsam und mit deutlicher Stimme vor sich her und zum Jäger zurück, anstatt es blindlings zu hetzen, sodass es sicher zur Strecke gebracht werden kann.
Zuhause ist die „WDB", wie sie gelegentlich verkürzt von ihren Leuten genannt wird, freundlich, gesellig, ruhig und anhänglich, sofern sie genügend rassegerechte Auslastung bekommt. Mit rund 50 Welpen pro Jahr in Deutschland ist die Rasse fest in der Hand von Jägern und Welpen werden in aller Regel nur an solche abgegeben.

Arbeitsprüfung

FCI-Standard Nr. 254
Gruppe: 6
Sektion 2: Schweißhunde

Größe
Rüde: 37–38 cm (ideal)
Hündin: 36–37 cm (ideal)

Gewicht
Keine Angabe im FCI-Standard (i. d. R. 16–18 kg)

Farbe / Haarkleid
Dunkles Hirschrot mit oder ohne leichter schwarzer Stichelung, sowie Schwarz mit klar abgegrenztem rotbraunem Brand an Kopf (Vieräugl), Brust, Läufen, Pfoten und an der Rutenunterseite (weißer Bruststern erlaubt)

Stockhaar mit dichter Unterwolle

Alpenländische Dachsbracke

Ursprünglicher Verwendungszweck:
Nachsuche auf Schalenwild und zur Brackierjagd auf Hase und Fuchs sowie zum Stöbern von Reh und Schwarzwild

Die Bezeichnung „Dachsbracke" ist für die Übergangsform vom niedrigen, reinen Dachshund zur hochläufigen Bracke für Gebirgsjagdhunde seit 1896 gebräuchlich. Über die Entstehung dieses Hundetypus gibt es verschiedene Ansichten: Die einen halten sie tatsächlich für das Produkt einer Vermischung zwischen Teckeln (Dachshunden) und Laufhunden, die anderen bestreiten dies vehement und halten sie für eine eigene alte Rasse, die vielleicht einmal aus zufälliger Mutation hochläufiger Stöberhunde entstanden sein mag und die umgekehrt sogar der Stammvater des Teckels gewesen sei. Der etwas irreführende Name hat also nichts mit dem Dachs als möglichem Beutetier zu tun. Bekannt sind niederläufige Jagdhunde dieses Typs jedenfalls schon seit dem Mittelalter und die Jäger, die sie nutzten, kümmerten sich nur um eins: Leistung.

Ihre alpenländische Form wird erstmals in den 80er Jahren des 19. Jahrhunderts von Kronprinz Rudolf von Habsburg erwähnt, der einige seiner Berufsjäger damit ausstatten ließ. Eine systematische Zucht der bis dahin uneinheitlichen Hunde begann um die Jahrhundertwende, wobei es eine große Konzentration von Züchtern in Kärnten, aber auch im deutschen Erzgebirge gab, was der Rasse bei ihrer ersten Anerkennung durch den österreichischen Kynologenverband im Jahr 1932 zunächst den Namen „Alpenländische-Erzgebirgler Dachsbracke" einbrachte. Erst 1975 änderte man den Namen in „Alpenländische Dachsbracke" und erkannte Österreich als Ursprungsland an.

Heute sehen wir einen mit knapp vierzig Zentimetern Schulterhöhe mittelgroßen Hund, dessen Rumpfproportion von Schulterhöhe zu Rumpflänge etwa 2:3 beträgt und dessen Läufe im Verhältnis zum Körper eher kurz sind. Die mittellangen, hoch angesetzten Ohren fallen ohne Faltenbildung breit und glatt herab und sind unten abgerundet.

Die Alpenländische Dachsbracke ist eine robuste Gebirgsjägerin und dafür geschaffen, einen zu Fuß gehenden Jäger im unwegsamen Gelände über Stock und Stein zu begleiten. Sie eignet sich sowohl als Schweißhund zur Nachsuche nach verletztem Wild („Schweiß" ist in der Jägersprache Blut) als auch zur sogenannten „Brackierjagd", bei der sie zunächst eine Wildfährte findet, diese „spurlaut" bellend oder heulend eher ruhig und beständig treibend als schnell hetzend verfolgt und dann das Wild in einem großen Bogen dem Jäger zutreibt. Die mit viel „Wildschärfe" ausgestattete Dachsbracke scheut auch keine Konfrontation mit in die Enge getriebenem Wild.

Auszug aus dem Standard:
„Als robuster, wetterharter Gebrauchshund des Bergjägers wird die Alpenländische Dachsbracke als Schweißhund zur Nachsuche auf Schalenwild und zur Brackierjagd auf Fuchs und Hase verwendet. (…) Niederläufiger, kräftiger Jagdhund mit robustem, starkknochigem Körperbau, dichtem Haarkleid, fester Muskulatur."

Ihre vorrangige Spezialität ist aber heute die Nachsuche, und so wurde sie von den Jagdverbänden neben dem Hannoverschen Schweißhund und dem Bayerischen Gebirgsschweißhund offiziell als dritte Schweißhunderasse anerkannt. Ihre große Spursicherheit, der hartnäckige Finderwille auch bei schwierigen Nachsuchen und älteren Fährten sowie das sichere Verweisen sowohl bei Lebend- als auch bei Totfund werden dabei von den Jägern besonders geschätzt. Sie ist schnell genug, um dem Wild folgen zu können und klein genug, dass sich das verletzte Wild ihr eher stellt als einem großen, hochläufigen Jagdhund oder gar einer ganzen Meute. Sogar zum Apportieren hat sie Begabung.

Zuhause ist die robuste Jägerin ruhig, anhänglich und menschenfreundlich, auch Kinder mag sie gern. Aufgrund der hohen Jagdpassion und um die wertvollen jagdlichen Eigenschaften unverwässert zu erhalten, werden Welpen nur an Berufsjäger und Förster abgegeben, die sie entsprechend ihrer Veranlagung auch ausgiebig nutzen.

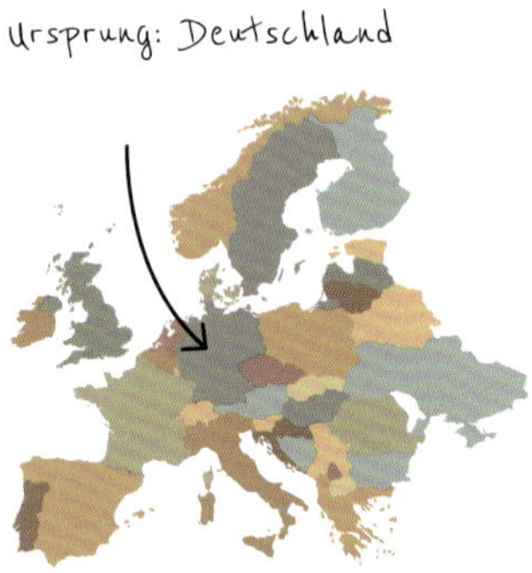

Arbeitsprüfung

FCI-Standard Nr. 217
Gruppe: 6
Sektion 2: Schweißhunde

Größe
Rüde: 47–52 cm
Hündin: 44–48 cm

Gewicht
Körpergewicht in Relation zur Widerristhöhe
(Rüde: ideal 20–30 kg
Hündin: ideal 17–25 kg)

Farbe / Haarkleid
Tiefrot, Hirschrot, Rotbraun, Rotgelb, auch Fahlgelb bis Semmelfarben; Rotgrau, wie das Winterhaar des Rotwildes, auch geflammt oder dunkel gestichelt, (kleiner, heller Brustfleck, sog. Brackenstern, ist zulässig)

Kurzhaar

Bayerischer Gebirgsschweißhund

Ursprünglicher Verwendungszweck:
Spezialist für die Nachsuche auf Schalenwild auch in unwegsamen Gelände

Mit „Schweiß" meinen Jäger das Blut von verwundetem Wild, daher sind „Schweißhunde" Hunde, die die Fährte von Wild verfolgen, das durch einen Schuss oder auch Verkehrsunfall verletzt wurde. Man nennt eine solche Fährte auch „Krankfährte" im Gegensatz zur „Gesundfährte" unverletzten Wildes. Der Hund riecht den Unterschied sehr genau und wird im Laufe seiner Ausbildung nur auf die eine Fährtenart spezialisiert.
Solche Spezialisten zog man sich schon vor vielen Jahrhunderten heran, indem man aus einer Meute von Bracken die begabtesten Leithunde aussuchte und diese dazu benutzte, diese angeleint („am Riemen") den Ausgangspunkt einer (Gesund-)fährte suchen zu lassen, bevor man den Rest der Meute losschickte.
Mit der Zerschlagung der adligen Großreviere ab dem Jahr 1848 änderte sich im deutschen Sprachraum die Art des Jagens: Man durchstreifte nicht mehr zu mehreren Jägern und Hunden große Flächen, sondern begann sich auf die Pirsch- und Ansitzjagd mit den nun immer weiter verbreiteten Feuerwaffen zu spezialisieren. Immer öfter kam es nun vor, dass der Jäger das Wild nicht gleich mit dem ersten Schuss erlegte, sondern dieses verletzt floh. Nun brauchte man „Schweißhunde", um das verletzte Wild möglichst schnell zu finden.
Die älteste und traditionsreichste dieser Schweißhunderassen ist der Hannoversche Schweißhund, der ab ungefähr 1800 bekannt ist. Für die Nachsuche in den Alpenregionen erwies er sich als zu schwer, weshalb man ihn mit kleineren und leichteren Gebirgsbracken vom Typ der heutigen Tiroler Bracke kreuzte. Eine Schlüsselrolle dabei spielte der Baron Karg-Bebenburg aus Reichenhall, der sich ab 1870 mit der Zucht dieses neuen Typs befasste. Die erste Rassebeschreibung des Bayerischen Gebirgsschweißhundes stammt aus dem Jahr 1883, die Gründung des Klubs für Bayerische Gebirgsschweißhunde e.V. fand 1912 statt.
Der heutige „BGS", wie ihn Jäger manchmal abgekürzt nennen, ist mittelgroß und dabei sehr muskulös und beweglich. Er ist etwas länger als hoch und ganz leicht überbaut (hinten höher als vorn). Er zeichnet sich nicht nur durch seine feine Nase und seine körperliche Fitness, sondern vor allem auch durch seinen Durchhaltewillen aus. Er lässt sich von keiner anderen Fährte ablenken, auch wenn diese viel frischer ist, sondern behält die einmal aufgenommene unbeirrt bei, egal wie lange es dauern mag und wie beschwerlich die Suche ist. Viele, aber nicht alle Rassevertreter zeigen spurlaut durch Bellen an, wenn sie auf der Fährte sind. Auch ist eine gehörige Portion „Wildschärfe"

Auszug aus dem Standard:
„Entsprechend seiner jagdlichen Zweckbestimmung als Spezialist für die Nachsuche auf Schalenwild, muss der Bayerische Gebirgsschweißhund alle von ihm geforderten Anlagen besitzen, um auf der erschwerten Nachsuche leistungsbezogen brauchbar zu sein. (…) Ein insgesamt harmonischer, leichterer, sehr beweglicher und muskulöser, mittelgroßer Hund."

erwünscht, sprich der Hund soll das gefundene Wild stellen und durch Bellen und Blickfixieren an Ort und Stelle halten, ohne es selbst anzugreifen. Im Fall eines verletzten Wildschweins erfordert dies großen Mut von Seiten des Hundes.
Zuhause zeigt sich der Bayerische Gebirgsschweißhund ausgesprochen ruhig und freundlich und geht liebevoll mit Kindern um. Dennoch geben die allermeisten Züchter Welpen ausschließlich an Jäger und Förster ab, auch wenn die Hunde als Mantrailer oder Rettungshunde ebenfalls gute Auslastung entsprechend ihrer Begabung finden können. Ein Halter mit viel Erfahrung und Zeit ist aber in jedem Fall ein Muss. Für die Zuchtzulassung sind strenge jagdliche Leistungsprüfungen Voraussetzung.

Ursprung: Deutschland

Hannoverscher Schweißhund

Ursprünglicher Verwendungszweck:
Hoch spezialisierter Jagdhund zur Nachsuche auf Hochwild im flachen bis leicht hügeligem Gebiet

Arbeitsprüfung

FCI-Standard Nr. 213
Gruppe: 6
Sektion 2: Schweißhunde

Größe
Rüde: 50–55 cm
Hündin: 48–53 cm

Gewicht
Rüde: 30–40 kg
Hündin: 25–35 kg

Farbe / Haarkleid
Hell- bis Dunkelhirschrot (mehr oder weniger stark gestromt), mit und ohne Maske

Kurzhaar

Mit „Schweiß" meinen Jäger das Blut von verwundetem Wild, daher sind „Schweißhunde" Hunde, die die Fährte von Wild verfolgen, das durch einen Schuss oder auch Verkehrsunfall verletzt wurde. Man nennt eine solche Fährte auch „Krankfährte" im Gegensatz zur „Gesundfährte" unverletzten Wildes. Der Hund riecht den Unterschied sehr genau und wird im Laufe seiner Ausbildung nur auf die eine Fährtenart spezialisiert.
Solche Spezialisten zog man sich schon vor vielen Jahrhunderten heran, indem man aus einer Meute von Bracken die begabtesten Leithunde aussuchte und diese dazu benutzte, diese angeleint („am Riemen") den Ausgangspunkt einer (Gesund-)fährte suchen zu lassen, bevor man den Rest der Meute losschickte.
Mit der Zerschlagung der adligen Großreviere ab dem Jahr 1848 änderte sich im deutschen Sprachraum die Art des Jagens: Man durchstreifte nicht mehr zu mehreren Jägern und Hunden große Flächen, sondern begann sich auf die Pirsch- und Ansitzjagd mit den nun immer weiter verbreiteten Feuerwaffen zu spezialisieren. Immer öfter kam es nun vor, dass der Jäger das Wild nicht gleich mit dem ersten Schuss erlegte, sondern dieses verletzt floh. Nun brauchte man anstatt der alten Leithunde „Schweißhunde", um das verletzte Wild möglichst schnell zu finden.
Der Hannoversche Schweißhund entstand durch die sorgfältige Arbeit des Hannoverschen Jägerhofs, der schon 1657 mit dem Ziel gegründet worden war, den Königshof nicht nur mit Wildbret für die Küche zu versorgen, sondern auch alle Belange rund um die Jagd zu regeln und die Felder der Bauern vor zu starker Zerstörung durch Wild zu bewahren. Von hier aus wurden Hunde in viele weitere Reviere in ganz Europa und sogar bis nach Russland geschickt. Sie waren ungeheuer wertvoll und für ihre Ausbildung nahm man sich gut und gerne vier bis fünf Jahre Zeit. Als das Königreich Hannover 1866 an Preußen angeschlossen wurde, wurde der Jägerhof aufgelöst und die Zucht geriet in Gefahr, aber zum Glück fanden sich preußische Forstmeister, allen voran Heinrich Christian Burckhardt (1811–1879), die sich um den Erhalt der regional noch recht unterschiedlich aussehenden Rasse kümmerten. Die Reinzucht auf einen einheitlichen Typ begann 1894 in Erfurt mit der Gründung des Vereins „Hirschmann" unter Vorsitz des Prinzen Egon von Ratibor und Corvey, der bis heute weiter besteht.
Der heutige Hannoversche Schweißhund ist ein kräftiger und langgestreckter Hund mit gut gestellten, kräftig bemuskelten Läufen, die ihn zu ausdauernder Arbeit befähigen. Seine leicht faltige Stirn und die dunklen Augen verleihen ihm den typischen ernsten Gesichtsausdruck. Auf der Nachsuche ist er beharrlich und passioniert, dabei aber stets ruhig und sicher.

Auszug aus dem Standard:
„Das allgemeine Erscheinungsbild des leistungsstarken Hannoverschen Schweißhundes ist das eines mittelgroßen, wohlproportionierten, kraftvollen Hundes. (…) Hohe Konzentrationsfähigkeit bei der jagdlichen Nachsuchenarbeit mit ausgeprägter Meutebeziehung zum führenden Jäger."

Er ist der Spezialist zur Nachsuche auf Schalenwild und als solcher von Jägern hochgeschätzt. Hat er keine Fährte in der Nase, zeigt er sich bedächtig, ruhig und sanft, was ihn zu einem angenehmen Hausgenossen macht. Fremden gegenüber kann er etwas zurückhaltend, jedoch nie aggressiv sein.
Als „Berufsjäger" eignet er sich nicht für ein Dasein als reiner Begleithund, sondern muss seine Suchpassion ausleben können. Die meisten Züchter geben Welpen ausschließlich an Jäger ab.

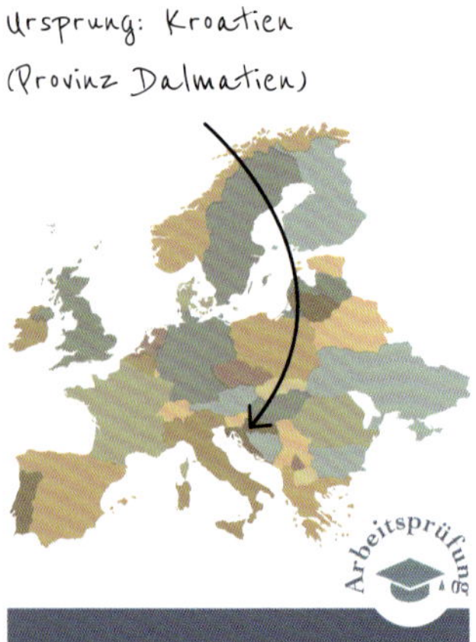

FCI-Standard Nr. 153
Gruppe: 6
Sektion 3: Verwandte Rassen

Größe
Rüde: 56–62 cm
Hündin: 54–60 cm

Gewicht
Keine Angabe im FCI-Standard (i. d. R. Hündin: 24–29 kg
Rüde: 27–32 kg)

Farbe / Haarkleid
Grundfarbe: rein weiß (schwarze Tupfen / schwarzer Farbschlag und leberbraune Tupfen / brauner Farbschlag), Tupfen sollen symmetrisch auf dem ganzen Körper verteilt sein, klar abgerundet und ohne Übergang in die weiße Grundfarbe

Kurzhaar

Dalmatinski Pas

(Dalmatiner)

Ursprünglicher Verwendungszweck:
Jagdhund auf Vögel, später Kutschbegleithund, Wachhund

Die Rasse hat ihren Namen aus der Region Dalmatien im heutigen Kroatien, die als ihre Heimat gilt, auch wenn es Hinweise darauf gibt, dass die Vorfahren ursprünglich aus dem alten Ägypten gestammt haben könnten. Jedenfalls beschrieb ein holländischer Schriftsteller schon im 14. Jahrhundert, dass er in Dalmatien weiße Hunde mit dunklen Flecken gesehen hätte. Namentlich erstmals genannt (als „Canis dalmaticus") wird er erstmals im Jahr 1719 vom kroatischen Bischof Peter Bakic als weißer Jagdhund mit schwarzen Tupfen. Die Rasse ist also schon sehr alt.

Sie wurde ursprünglich als Jagdhund auf Wildvögel gebraucht und man vermutet als ihre Vorfahren verschiedene Vorstehhunde-Rassen sowie getüpfelte („getigerte") Deutsche Doggen. Schon früh wurde der attraktive Dalmatiner auch als Begleithund für Kutschen, so genannter „Coach Dog", in ganz Europa genutzt. Ursprünglich trottete er auf langen Reisen neben den Wagen, um Reisende gegen Überfälle zu schützen, nach und nach wurden die Hunde aber immer mehr zum Schmuckstück der Reichen. Die Dalmatiner liefen auf den Straßen voraus, um den Weg freizumachen oder sie trotteten dekorativ vor den vorderen oder hinteren Wagenachsen.

Besonders bekannt wurden sie später durch ihre Anwesenheit in Feuerwachen und ihrem Lauf neben den von Pferden gezogenen Löschzügen. In den USA wurde der Dalmatiner zum Maskottchen der New Yorker Feuerwehr und ist oft auf dem roten Wagen sitzend zu sehen. Der Kinofilm „101 Dalmatiner" löste 1996 einen weiteren Beliebtheitsboom der Rasse aus.

Dalmatiner-Welpen werden reinweiß geboren, die entweder schwarzen oder braunen Flecken bilden sich erst in den ersten Lebenswochen. Aufgrund der mit der weißen Pigmentation und dem Scheckungsfaktor verbundenen Genetik werden leider rund 10% der Dalmatiner-Welpen ein- oder beidseitig taub geboren, auch wenn die meisten Zuchtverbände inzwischen vorschreiben, dass nur mit hörenden Elterntieren gezüchtet werden darf.

Da die Rasse außerdem zu Harnsteinen neigt, sollte bei der Ernährung auf eine purinarme Kost geachtet werden.

Der Dalmatiner ist eine Hunderasse von unglaublicher Ausdauer, er kann bei mäßigem Trab nahezu unermüdlich den Pferden folgen. Sein Bewegungsbedürfnis ist daher groß und möchte bedient werden. Auch geistig verlangt er nach Auslastung und zeigt sich lernwillig und lernbegeistert.

Kenner der Rasse beschreiben den Dalmatiner als freundlich, gesellig, liebesbedürftig und sensibel – liegen Spannungen in der Luft, zieht er sich schnell zurück; bei Zwang und Druck in der Ausbildung schaltet er gern ab oder auf stur. In guten Händen zeigt er sich als offener, freundlicher Familienhund, der auch mit Kindern Geduld hat.

FCI-Gruppe 6

Auszug aus dem Standard:

„Angenehmes Wesen, freundlich, nicht scheu oder zurückhaltend, frei von Nervosität oder Aggressivität. Lebendig, sanft, treu, selbständig und leicht abzurichten. Der Dalmatiner mag Wasser und Bewegung in der Natur. Er hat einen ausgeprägten Bracken-Instinkt."

FCI-Standard Nr. 146
Gruppe: 6
Sektion 3: Verwandte Rassen

Größe
Rüde: 63–69 cm
Hündin: 61–66 cm

Gewicht
Rüde: 36,5 kg
Hündin: 32 kg

Farbe/Haarkleid
Hell weizenfarben bis Rot weizenfarben (wenig Weiß an der Brust und den Zehen ist erlaubt)

Kurzhaar

Rhodesian Ridgeback

Ursprünglicher Verwendungszweck:
Jagdhund auf Großwild, auch zur Bewachung der Farmen

Der muskulöse „Löwenhund" hat seinen Namen von dem Ridge, dem markanten Kamm aus gegenläufig wachsenden Haaren auf dem Rücken. Woher dieses zum Markenzeichen der Rasse erhobene Merkmal ursprünglich stammt, ist unklar – ob aus einer zufälligen Mutation oder aus Verwandtschaft mit dem Phu Quoc, benannt nach der gleichnamigen Insel vor Thailand, der einen ähnlichen Kamm trägt und mit Handelsschiffen nach Afrika gekommen sein könnte. Auch der afrikanische Stamm der Khoikhoi besaß schon vor langer Zeit Windhunde und auf alten Abbildungen kann man einen Rückenkamm vermuten, aber nicht mit Sicherheit festmachen. Sicher ist aber, dass diese einheimischen Hunde mit in die Zucht des späteren Ridgeback einflossen.

Wichtiger als diese Äußerlichkeit waren den ersten Züchtern aber die Gebrauchseigenschaften. Die holländischen Einwanderer nach Südafrika, die Buren, benötigten große und tapfere Hunde zum Schutz ihrer Familien und Herden gegen wilde Tiere und Diebe. Gleichzeitig wurden diese Hunde zur Jagd auf Hirsch und Federwild eingesetzt, zur vielzitierten Jagd auf Löwen allerdings nur insofern, dass sie deren

Fährte folgten, den zu Pferd folgenden Jägern anzeigen sollten, wo sie sich die Großkatzen aufhielten und diese idealerweise auch stellten. Zu den Hunden, die im 17. und 18. Jahrhundert mit den Siedlern aus Europa kamen, zählten sicherlich mastiffartige Hunde vom Typ der Deutschen Dogge, aber auch Lauf- und Schweißhunde und viele andere. Das Ergebnis war ein großer, mutiger, kräftiger und gleichzeitig schneller Hund mit guter Nase und Jagdpassion.

Auszug aus dem Standard:

„Der Rhodesian Ridgeback sollte einen ausgewogen gebauten, starken, muskulösen, wendigen und aktiven Hund darstellen, symmetrisch im Profil und bei mittlerer Geschwindigkeit äußerst ausdauernd. Das Hauptaugenmerk ist auf Beweglichkeit, Eleganz und funktionale Gesundheit ohne irgendwelche Tendenzen zu einer massiven Erscheinung zu legen. (…) Der Rückenkamm ist das Wappenzeichen der Rasse. (…).“

Der heutige Rhodesian Ridgeback hat es aufgrund seiner beeindruckenden Optik zu einiger Beliebtheit als Begleithund gebracht, ist jedoch kein Anfängerhund. Er ist intelligent, mutig und selbstsicher, aber auch eigenständig und ziemlich territorial veranlagt. Fremden begegnet er eher mit Misstrauen. Er besitzt einen respektablen Jagdtrieb und braucht körperliche und geistige Auslastung, um nicht unterfordert zu sein. Nasskaltes Wetter mag er überhaupt nicht.

Das so stark zelebrierte „Markenzeichen“ des Ridge ist aus gesundheitlichem Aspekt kritisch zu sehen, denn dadurch neigen die Hunde zu einem so genannten Dermoid Sinus. Dies sind angeborene Einstülpungen der Haut, die problemlos sein, sich aber auch mit Talg und Schmutz füllen und zu Abszessen entzünden können, die unbehandelt schwere Folgekomplikationen nach sich ziehen können. Die Angaben, wie viele Hunde in der Rasse davon betroffen sind, variieren und schwanken zwischen 3 und 20 %.

nund

Vorsteh

Vo

Vorstehhunde

FCI-Gruppe 7

Sektion 1 – Kontinentale Vorstehhunde
Sektion 2 – Britische und irische Vorstehhunde und Setter

Ursprung: Italien

FCI-Standard Nr. 202
Gruppe: 7
Sektion 1: Kontinentale Vorstehhunde
1.1 Typ „Braque"
Varietäten: 2 (Farbe)

Größe
Rüde: 58–67 cm (ideal)
Hündin: 55–62 cm (ideal)

Gewicht
25–40 kg (je nach Größe)

Farbe/Haarkleid
a) Weiß-orange
b) Kastanienbraun-gestichelt

Kurzhaar

Bracco Italiano

(Italienischer Vorstehhund)

Ursprünglicher Verwendungszweck:
Vorstehhund zur Vogeljagd

Der Bracco Italiano gilt als eine der ältesten Vorstehhunderassen überhaupt und hat mit seinen auffallend langen, gefalteten Ohren und dem „französischen" Kopf den Typ des alten kontintentalen Meutehundes am besten bewahrt. Schon aus dem Mittelalter ist uns das Vorhandensein dieses Hundetyps aus Italien überliefert. Die damaligen Hunde waren jedoch schwerer und gröber als die heutigen.

Er ähnelt etwas dem Segugio Italiano, dem italienischen Laufhund, und teilt sich ziemlich sicher mit ihm die gleichen Vorfahren. Er wird jedoch jagdlich ganz anders eingesetzt.

Die ersten Rassemerkmale wurden in den 1890er Jahren von Graf Delor de Ferrabone erstmals schriftlich festgehalten, in den 1930er Jahren wurde die Società Amatori Bracco Italiano gegründet, die heute noch besteht. Sie richtet die jagdlichen Leistungsprüfungen in Italien aus und versucht die Rasse bei Jägern gegenüber ausländischen Vorstehhunden populär zu machen. Sie hat auch einen eigenen Arbeitsstandard für die Rasse entwickelt, der detailliert beschreibt, wie der Hund sich bei der Jagd zu verhalten hat.

Mit dem Bracco Italiano geht man traditionell vor allem auf die Jagd nach Federwild: Schnepfen und Enten, Feldhühner und Bekassinen oder auch einmal Hasen. Er jagt nicht besonders schnell, sucht in seinem langen und fließenden Trab aber weiträumig und sehr systematisch große Gebiete ab. Sein Suchstil wird als sehr autonom und einfallsreich beschrieben: Keinesfalls sollte man diesem Geruchsprofi „reinreden" wollen, wie er seine Arbeit zu machen hat, er weiß das selbst am besten und verliert die Motivation, wenn man ihn zu sehr bevormunden möchte.

Wenn er der Geruchsquelle, sprich dem Wild näherkommt, verlangsamt er seine Gangart sehr deutlich. Die letzten Schritte sind extrem langsam, oft „tastet" er mit der Pfote, bevor er sie absetzt, als hätte er Angst, Lärm zu machen. Wenn er dann schließlich stehen bleibt, spannt er die Rute, die zuvor geschäftig hin und her pendelte, an und stellt sie auf, außerdem nimmt er die klassische „Vorstehpose" mit angehobenem Vorderlauf ein. Er apportiert das Wild nach dem Schuss gekonnt und wird auch verbreitet als Schweißhund eingesetzt.

Der Bracco Italiano ist berühmt für sein außerordentliches sanftes und anhängliches Wesen: Er liebt seinen Menschen so sehr, dass es „fast schon lästig ist", wie Rassekenner berichten. Er ist einfach durch und durch verliebt in ihn. Auch Fremden gegenüber ist er stets freundlich, sodass er als Wachhund eine echte Niete wäre. Er ist intelligent und ausgesprochen sensibel und erinnert sich an jede Ungerechtigkeit. Korrigiert der Jäger einen noch unerfahrenen Junghund für einen Fehler, kann es sein, dass dieser die Arbeit völlig einstellt und künftig so tut, als würde er überhaupt kein Wild mehr finden. In seiner Ausbildung sind daher Können und Fingerspitzengefühl gefragt. Kann man mit dem selbständigen, aber sensiblen Wesen umgehen, bekommt man einen Jagdhelfer, der seinesgleichen

sucht. Italienische Liebhaber des Bracco sagen von ihm sogar, er sei ein Mensch, so sehr schätzen sie seinen Verstand.
Seine Wesenseigenschaften machen ihn sogar für Nichtjäger geeignet, sofern diese für eine rassegerechte Auslastung, am besten durch Nasenarbeit, sorgen können.

Auszug aus dem Standard:

„Er ist von robustem und harmonischem Körperbau und eine kraftvolle Erscheinung. Vorzuziehen sind Hunde mit trockenen Gliedmaßen, hervortretenden Muskeln und klaren Linien, mit gut modelliertem Kopf und mit deutlicher Ziselierung unterhalb der Augen, alles typische Merkmale, die diese Rasse besonders kennzeichnen. (…) Widerstandsfähig und für alle Jagdzwecke geeignet; zuverlässig, fügsam, mit rascher Auffassungs- und großer Lernfähigkeit."

FCI-Gruppe 7

Arbeitsprüfung

FCI-Standard Nr. 180
Gruppe: 7
Sektion 1: Kontinentale Vorstehhunde
1.1 Typ „Braque"

Größe
Rüde: 57–63 cm (ideal 60 cm)
Hündin: 53–59 cm (ideal 56 cm)

Gewicht
Keine Angabe im FCI-Standard (i. d. R. 22–28 kg)

Farbe/Haarkleid
Schwarz mit weißer Scheckung mit unterschiedlicher Ausdehnung. Diese besondere Scheckung lässt zwei Typen erkennen: getüpfelt oder gräulich.

Kurzhaar

Braque d'Auvergne

Ursprünglicher Verwendungszweck:
Vorstehhund, auch auf Niederwild

Dieser schöne Vorstehhund hat seine Heimat im französischen Zentralmassiv, genauer im Département Cantal, das landschaftlich stark durch den früheren Vulkanismus geprägt ist. Hier gibt es auf relativ engem Raum allein zehn Berge, deren Gipfel über 1700 Meter hoch liegen, und der höchste, der Plomb du Cantal, ist sogar 1855 Meter hoch. Sie alle waren erdgeschichtlich Teil eines einzigen riesigen Stratovulkans, der vor rund drei Millionen Jahren zuletzt aktiv war.

Hier, im bergigen, bewaldeten und von Basaltfelsen geprägten Gelände brauchte man gute Vorstehhunde hauptsächlich zur Jagd auf Niederwild, vor allem Schnepfen und Fasane, aber auch Hasen und Füchse. Zur Entstehungsgeschichte der Braque d' Auvergne gibt es verschiedene schön klingende Theorien, die aber vermutlich eher Wunschdenken als Wahrheit sind. Die einen meinen, ihre Vorfahren seien mit den Tempelrittern auf der Rückkehr von den Kreuzzügen mitgebracht worden, die anderen sagen, sie sei nach Napoleons Besetzung der Insel Malta mit den Malteserrittern, den Chevaliers de Malte, nach Frankreich gekommen. Wieder andere glauben in ihr eine sehr alte autochthone französische Rasse zu sehen. Wahrscheinlicher ist ganz einfach eine Herausbildung dieses Typs über viele Jahrhunderte auf Grundlage der alten französischen Bracke mit der Vermischung verschiedener Jagdhundetypen. Auch Pointer haben Eingang in die Rasse gefunden und machten den früher eher schweren Hund leichter und agiler. Der Typ ist bereits seit rund zweihundert Jahren ziemlich gefestigt, wie wir aus alten Abbildungen wissen, und der erste Rassestandard wurde 1913 aufgestellt.

Die Braque d'Auvergne ist der einzige schwarz-weiße Vorstehhund Frankreichs, alle anderen sind weiß mit gelben, roten oder braunen Platten oder Tüpfelungen. Das meist schwarz-weiß gesprenkelte Fell, französisch „charbonné", ruft je nach Dichte der Tüpfelung aus der Ferne betrachtet einen bläulichen Eindruck hervor, weshalb man die Rasse früher auch oft als „Bleu d'Auvergne" bezeichnete. Zu der Tüpfelung können sich mehr oder weniger große schwarze Platten am Körper gesellen, der Kopf ist immer schwarz mit weißer Blesse. Es gibt aber auch Hunde ohne Tüpfelung.

Das glatte, glänzende Kurzhaar soll nicht zu fein, aber auch niemals hart sein.

Die Braque d'Auvergne arbeitet als klassischer Vorstehhund, kann aber je nach Spezialisierung in der jagdlichen Ausbildung ebenso gut zur Nachsuche und zum Apport nach dem Schuss eingesetzt werden. Ihre Vorzüge liegen in ihrem ausgezeichneten Geruchssinn und ihrer großen Ausdauer: In ihrem leichten, mühelosen Galopp kann sie ohne Probleme einen ganzen Jagdtag lang auch im schwierigen Gelände durchhalten. Ihr athletischer, muskulöser Körperbau, der kräftig, aber niemals plump ist, kommt ihr dabei sehr zugute.

Die Braque d'Auvergne gilt bei aller Energie und Kraft als ausgesprochen sanftmütig, anhänglich und von eher sensiblem Wesen. Sie liebt die Gesellschaft ihrer Menschen und kuschelt zuhause gern, draußen bleibt sie aber ein

Vollblut-Jagdhund, der vor allem beim Anblick von Vögeln gern mal pfeilschnell ins Gebüsch verschwindet.

Für aktive und hundeerfahrene Menschen, die sie mit viel Bewegung und rassegerechter Beschäftigung auslasten und den Jagdtrieb in kontrollierte Bahnen lenken können, kann sie ein guter Begleithund sein.

Auszug aus dem Standard:

„Geradlinig, normal gebaut. Robust, kräftig gebaut, ohne plump zu sein, der charakteristische Vorstehhundetyp ist sehr ausgeprägt, durch seine harmonischen Proportionen wirkt er sehr elegant, leicht, noch deutlicher durch sein Haarkleid."

Ursprung: Frankreich
(südl. Region Ariège in den Pyrenäen)

Arbeitsprüfung

FCI-Standard Nr. 177
Gruppe: 7
Sektion 1: Kontinentale Vorstehhunde
1.1 Typ „Braque“

Größe
Rüde: 60–67 cm
Hündin: 56–65 cm

Gewicht
bis zu 30 kg

Farbe/Haarkleid
Blass orangefalbfarben oder manchmal Braun; stark weiß gescheckt mit falbfarbener oder brauner Tüpfelung; manche Hunde sind sogar weiß mit falbfarbener oder brauner Tüpfelung

Kurzhaar

Braque de l'Ariège

Ursprünglicher Verwendungszweck:
Vorstehhund auf Federwild

Dieser kräftige und große Vorstehhund hat seine Wurzeln in den südwestfranzösischen Pyrenäen an der Grenze zu Spanien und Andorra, dem Département Ariège. Die Ariège, benannt nach dem gleichnamigen Fluss, ist dünn besiedelt und durch Wälder und Berge gekennzeichnet – ihr höchster Berg ist über dreitausend Meter hoch.

Hier wurde die Rasse ab 1860 vom Schlossherrn de Morteau erstmals rein gezüchtet und verbessert, nachdem sie zuvor eher ein lokaler Typus und auch als „Braque de Toulouse“ oder einfach „Braque du Midi“ („Bracke des Südens“) bekannt gewesen war. Seit jeher gab es im Süden Frankreichs solche weiß-orangen Vorstehhunde, die eher starkknochig und robust als leicht und elegant waren.

Ihr Äußeres mit den sehr langen, tief angesetzten und gefalteten Ohren, der Kopfform, dem von vorn gesehen fast quadratisch wirkenden Fang und der losen Haut an Kehle und Hals lässt an eine Verwandtschaft mit dem typischen italienischen Vorstehhund, dem Bracco Italiano sowie mit dem spanischen Perdiguero de Burgos denken.

1908 wurde vom „Club Gaston Phoebus“, der heute noch existiert, ein erster Rassestandard formuliert. Leider selektierte man eine Zeitlang die Zuchttiere sehr stark nach heller Fellfarbe, was zu einer starken Verengung der genetischen Basis führte und die Rasse stark dezimierte. Erst in den 1960er Jahren starteten Liebhaber der Rasse eine Kampagne zum Wiederaufbau, indem sie per Zeitungsannonce in der Ariège Hunde dieses Typs – natürlich oft ohne Abstammungsnachweis – suchten und mit ihnen ein Zuchtprogramm starteten. Dennoch ist die Rasse heute immer noch mit nur wenigen Hundert in Frankreich registrierten Zuchttieren selten, Jäger schätzen aber ihre guten Eigenschaften.

Der 1990 zur Förderung der Rasse gegründete „Club du Braque de l’Ariège“ hat einen eigenen Arbeitsstandard formuliert, der das typische und erwünschte Verhalten des Hundes bei der Jagd beschreibt. Daraus lesen wir gleich zu Beginn, dass sein sanfter Charakter und seine Intelligenz einen „mechanisierten“ Umgang mit ihm nur schlecht vertragen. In dem großen und stattlichen Hund steckt also trotz aller Härte, die er auf der Jagd zeigt, auch eine sensible Seele, die geschätzt werden möchte. Wichtig sei es, so heißt es weiter, dem Hund bei der Arbeit die Freiheit zu lassen, selbst über das methodische Absuchen des Geländes zu entscheiden und ihn dabei nicht in eine Form pressen zu wollen. Dabei bewegt er sich bevorzugt im leichten, nicht allzu schnellen Galopp, den er lange durchhält und kann sich an jedes Gelände anpassen. Er kann sowohl in der Ebene als auch im gebirgigen Gelände und in dichtem Bewuchs gut arbeiten. Hat er Wild ausfindig gemacht, steht er diesem mit fixierendem Blick, leicht angehobenen Ohren und angehobenem Vorderlauf vor. Das geduckte Anschleichen an das Wild auf den letzten Metern, bei dem er immer wieder vorsichtig innehält, wittert und weiter vorangeht, erinnert an das Anschleichen eines Border Collies an Schafe – was ja auch nichts anderes als ein modifiziertes Jagdverhalten ist.

Nach dem Schuss apportiert die Braque de l'Airège freudig, aber mit Ruhe und Bedacht und zeigt dabei einen „sanften Zahn", wie man im Französischen für das „weiche Maul" sagt, beschädigt die Beute also nicht durch Zerbeißen.
Im deutschsprachigen Raum ist die Rasse sehr selten, die meisten Züchter finden sich nach wie vor im Süden Frankreichs.

Auszug aus dem Standard:

„Vom deutlichen Bracken-Typus. Seine Knochenstruktur ist stark, aber ohne übertriebene Schwere, er ist robust und von kräftiger Erscheinung. Exemplare mit trockenen Gliedmaßen, prominenter Muskulatur und gut definierten Linien werden bevorzugt. Sein weißes, in verschiedenen Falb-Schattierungen getüpfeltes oder braun gesprenkeltes Haarkleid machen aus ihm zusammen mit seiner Größe einen eleganten und vornehmen Hund."

Braque du Bourbonnais

Ursprung: Frankreich
(Provinz Bourbonnais)

Arbeitsprüfung

FCI-Standard Nr. 179
Gruppe: 7
Sektion 1: Kontinentale Vorstehhunde
1.1 Typ „Braque“

Größe
Rüde: 51–57 cm
Hündin: 48–55 cm
Eine Toleranz von +/- 1 cm ist zulässig.

Gewicht
Keine Angabe im FCI-Standard (i. d. R. 16–25 kg)

Farbe/Haarkleid
Weiße Scheckung mit überwiegend feinen braunen Tüpfeln (frühere Bezeichnung: „lie de vin“ = weinrot) oder falbfarben (frühere Bezeichnung: Pfirsichbaumblüte) gesprenkelt, mit allen Schattierungen.

Kurzhaar

Ursprünglicher Verwendungszweck:
Vorstehhund, vielseitig einsetzbar

Diese alte Vorstehhunderasse hat ihren Namen von der Provinz Bourbonnais in der Mitte Frankreichs. Früher wurde sie auch oft „Braque sans queue“, „Vorstehhund ohne Schwanz“ genannt, weil viele Hunde mit angeborener Stummelrute zur Welt kamen. Das ist auch heute noch manchmal der Fall, aber gute Züchter erheben dies nicht zum erwünschten Merkmal, weil sie wissen, dass es sich um einen Gendefekt handelt, der zu weiteren Gesundheitsproblemen führen kann. Die Verpaarung von zwei Hunden mit Stummelrute ist daher nicht erlaubt. Ohnehin sollten aber andere Eigenschaften dieses Hundes im Vordergrund stehen, nämlich dass er auch im schwierigen Gelände stundenlang unermüdlich sucht, auch Flüsse und Teiche auf der Suche nach Enten witternd durchschwimmt, zuverlässig vorsteht und apportiert und dazu noch die Neigung zum „Totverbellen“ hat, das heißt Laut zu geben (und nur dann!), wenn er ein totes Stück Wild gefunden hat. Auch zur Nachsuche ist er zu gebrauchen, also ein echter Allround-Jagdhund.

FCI-Gruppe 7

Auszug aus dem Standard:
„Kurzhaariger Vorstehhund vom Typ „Braque", mittlere Körperproportionen mit Neigung zu einem gedrungenen Körperbau; kräftig, kompakt und muskulös, mittelgroß, vermittelt er dabei den Eindruck von Robustheit und Kraft, jedoch nicht ohne eine gewisse Eleganz."

Es ist davon auszugehen, dass die heutige Rasse auf sehr alten Ursprüngen fußt und mit anderen französischen und spanischen Vorstehhunderassen eng verwandt ist, denn natürlich fand unter den meist adligen Jägern immer ein Austausch der besten Hunde statt.
Leider ließen sich ganze Generationen von Züchtern so sehr von den außergewöhnlichen gesprenkelten und getüpfelten Farben der Rasse begeistern, dass sie es mit der Selektion auf möglichst helle Farbgebungen übertrieben und in der Folge mit tauben Welpen und anderen Gendefekten zu kämpfen hatten, von denen wir heute wissen, dass sie mit dem Merle-Faktor in Zusammenhang stehen. Die Rasse gelangte so an den Rand des Ruins, dass sie nur noch durch Einkreuzung von Pointern und Deutsch Kurzhaar gerettet werden konnte. Heute ist sie wieder konsolidiert, aber selten.
Der Bourbonnaiser Vorstehhund ist ein temperamentvoller, athletischer und schneller Jagdhund, der, wenn er nicht regelmäßig jagdlich geführt wird, einen kenntnisreichen und aktiven Halter benötigt, der seine guten Anlagen in andere Richtungen lenken kann. Trotz allen Temperaments zeigt sich der Hund immer gelehrig und kooperativ, sodass der Jäger ihn auch aus einem vollen Galopp hinter Wild auf den Punkt zurückpfeifen kann – Eigenschaften, die auch im Hundesport Spaß machen. Zuhause ist der Hund anhänglich, sanft und freundlich.

Arbeitsprüfung

FCI-Standard Nr. 133
Gruppe: 7
Sektion 1: Kontinentale Vorstehhunde
1.1 Typ „Braque“

Größe
Rüde: 60–69 cm
Hündin: 58–68 cm

Gewicht
Keine Angabe im FCI-Standard (i. d. R. 18–23 kg)

Farbe/Haarkleid
Kastanienbraun, Kastanienbraun und weiß, Kastanienbraun stark weiß getüpfelt, Kastanienbraun mit lohfarbenen Abzeichen

Kurzhaar

Braque Français (Type Gascogne)

Ursprünglicher Verwendungszweck:
Vorstehhund zur Niederwildjagd auf Fasane, Rebhühner, Schnepfen, Hasen, Kaninchen

Die Herkunft des Braque Français geht bis ins Mittelalter zurück und er gilt als Stammvater aller französischen und vieler kurzhaariger europäischen Vorstehhunderassen wie unter anderem auch des Deutsch Kurzhaar. Daher heißt er, quasi als Urform des französischen Vorstehhundes, auch heute schlicht „Braque Français“ und wurde nicht wie viele seiner Nachkommen und Abkömmlinge nach einer bestimmten Region benannt.

Für etwas Verwirrung sorgt dabei das französische Wort „Braque“, das oft fälschlicherweise als „Bracke“ ins Deutsche übersetzt wird – eine Bracke ist im Deutschen aber ein Laufhund, während französisch „Braque“ oder italienisch „Bracco“ einen Vorstehhund meinen.

Der Braque Français erlangte zu Zeiten von König Charles X. (1757–1836) Ruhm als „Braque Charles X.“ und war ursprünglich im ganzen Südwesten Frankreichs verbreitet, aber auch in Italien und Spanien hatte er Verwandte.

Die ursprüngliche alte Form war meistens weiß-orangefarben und ziemlich groß, grob und schwer. Erst ab 1850 änderte sich der Typ hin zu einem modernen, leichteren und schnelleren Hund. Seit 1920 trennte sich die Rasse in zwei unterschiedliche Typen: Den größeren, schwereren und etwas langsameren Type Gascogne und den kleineren, leichteren und flotteren Type Pyrénées.

Heute zählt der Braque Français Type Gascogne in Frankreich unter Jägern zu den drei beliebtesten Vorstehhunderassen. Kein Wunder, hat er doch jede Menge guter Eigenschaften zu bieten, die ihn als vortrefflichen Jagdhelfer auszeichnen: Eine sehr feine Nase in Kombination mit einem ausgeprägten Finderwillen, der auch nach stundenlanger Suche nicht nachlässt, Beharrlichkeit in der Suche auch in schwierigem Terrain, zuverlässiges Vorstehen und Apportieren und Resistenz gegen alle möglichen Wetterbedingungen. Er sucht typischerweise in der Bewegung mit hoher Nase und vorgestrecktem Hals weiträumig im lockeren Galopp, gelegentlich auch Trab das Gelände ab. Auch die Jagd auf Wasserwild liegt ihm im Blut: Schwimmend durchquert er auch Schilfgürtel an Seen und wittert dabei beständig mit erhobener Nase, wo sich das Geflügel versteckt.

Die Ausbildung zum Jagdhund gelingt ohne große Schwierigkeiten, denn diese Eigenschaften sind fest genetisch in ihm verankert. Harte Dressurmaßnahmen verträgt der intelligente und sensible Franzose ohnehin überhaupt nicht: Er reagiert darauf mit Aufkündigen der Zusammenarbeit. Eine ruhige und klare Kommunikation, die ihm auf der Jagd auch eigene Entscheidungen zugesteht, ist wichtig. Man muss dem schlauen Hund nur zeigen, was man möchte, und ihn anschließend machen lassen, dann ist er mit Feuereifer dabei.

Zuhause ist der französische Vorstehhund ausgesprochen anhänglich und sanft und verträgt sich auch mit anderen Haustieren und Kindern sehr gut. Welpen werden aber in aller Regel nur an Jäger abgegeben.

Auszug aus dem Standard:

„Vorstehhund von mittleren Proportionen vom Typ Braque, mit Adel, robust und kräftig, jedoch nicht übertrieben schwer gebaut, mit starken Gliedmaßen. Die Hündinnen sind leichter. Die Haut ist weich und recht lose.“

Arbeitsprüfung

FCI-Standard Nr. 134
Gruppe: 7
Sektion 1: Kontinentale Vorstehhunde
1.1 Typ „Braque“

Größe
Rüde: 51–58 cm
Hündin: 49–56 cm

Gewicht
Keine Angabe im FCI-Standard (i. d. R. 18–23 kg)

Farbe/Haarkleid
Weiß mit braunen Platten, Weiß mit brauner Tüpfelung (ohne und mit Platten)

Kurzhaar

Braque Français (Type Pyrénées)

Ursprünglicher Verwendungszweck:
Vorstehhund zur Niederwildjagd auf Fasane, Rebhühner, Schnepfen, Hasen, Kaninchen und weiteres Flugwild

Die Herkunft des Braque Français geht bis ins Mittelalter zurück und er gilt als Stammvater aller französischen und vieler kurzhaariger europäischen Vorstehhunderassen wie unter anderem auch des Deutsch Kurzhaar. Daher heißt er, quasi als Urform des französischen Vorstehhundes, auch heute schlicht „Braque Français“ und wurde nicht wie viele seiner Nachkommen und Abkömmlinge nach einer bestimmten Region benannt.

Für etwas Verwirrung sorgt dabei das französische Wort „Braque“, das oft fälschlicherweise als „Bracke“ ins Deutsche übersetzt wird – eine Bracke ist im Deutschen aber ein Laufhund, während französisch „Braque“ oder italienisch „Bracco“ einen Vorstehhund meinen.

Der Braque Français erlangte zu Zeiten von König Charles X. (1757–1836) Ruhm als „Braque Charles X.“ und war ursprünglich im ganzen Südwesten Frankreichs verbreitet, aber auch in Italien und Spanien hatte er Verwandte.

Die ursprüngliche alte Form war meistens weiß-orangefarben und ziemlich groß, grob und schwer. Erst ab 1850 änderte sich der Typ hin zu einem modernen, leichteren und schnelleren Hund. Seit 1920 trennte sich die Rasse in zwei unterschiedliche Typen: Den größeren, schwereren und etwas langsameren Type Gascogne und den kleineren, leichteren und flotteren Type Pyrénées.

Der Braque Français Type Pyrénées hat in Frankreich unter Jägern eine eingeschworene Fangemeinde. Kein Wunder, hat er doch jede Menge guter Eigenschaften zu bieten, die ihn als vortrefflichen Jagdhelfer auszeichnen: Eine sehr feine Nase in Kombination mit einem ausgeprägten Finderwillen, der auch nach stundenlanger Suche nicht nachlässt, Beharrlichkeit in der Suche auch in schwierigem Terrain, zuverlässiges Vorstehen und Apportieren und Resistenz gegen alle möglichen Wetterbedingungen. Er sucht typischerweise in der Bewegung mit hoher Nase und vorgestrecktem Hals weiträumig im schnellen Galopp das Gelände ab. Auch die Jagd auf Wasserwild liegt ihm im Blut: Schwimmend durchquert er auch Schilfgürtel an Seen und wittert dabei beständig mit erhobener Nase, wo sich das Geflügel versteckt.

Die Ausbildung zum Jagdhund gelingt ohne große Schwierigkeiten, denn diese Eigenschaften sind fest genetisch in ihm verankert. Harte Dressurmaßnahmen verträgt der intelligente und sensible Franzose ohnehin überhaupt nicht: er reagiert darauf mit Aufkündigen der Zusammenarbeit. Eine ruhige und klare Kommunikation, die ihm auf der Jagd auch eigene Entscheidungen zugesteht, ist wichtig. Man muss dem schlauen Hund nur zeigen, was man möchte, und ihn anschließend machen lassen, dann ist er mit Feuereifer dabei.

Zuhause ist der französische Vorstehhund ausgesprochen anhänglich und sanft und verträgt sich auch mit anderen Haustieren und Kindern sehr gut. Seine Intelligenz und Führigkeit sowie die Loyalität zum Halter machen ihn theoretisch

FCI-Gruppe 7

auch zu einem guten Begleithund, sofern die Jagdpassion in passende Bahnen kanalisiert wird. Welpen werden aber in aller Regel nur an Jäger abgegeben und Züchter sind im deutschen Sprachraum selten.

Auszug aus dem Standard:

„Die kleinen Französischen Vorstehhunde vom ‚Pyrenäentyp' teilen mit jenen vom ‚Typ der Gascogne' bei gleichen Proportionen dieselben Merkmale in kleinerer Dimension und leichterem Format. (…) Rustikaler, ausreichend muskulöser, aber nicht schwerer Hund. Haut straffer als beim Typ Gascogne."

Braque Saint-Germain

Arbeitsprüfung

FCI-Standard Nr. 115
Gruppe: 7
Sektion 1: Kontinentale Vorstehhunde
1.1 Typ „Braque"

Größe
Rüde: 56–62 cm
Hündin: 54–59 cm
Eine Toleranz von +/- 2 cm ist zulässig.

Gewicht
Keine Angabe im FCI-Standard (i. d. R. 18–26 kg)

Farbe/Haarkleid
Mattweiß mit orange- (falb-) farbener Zeichnung (etwas Tüpfelung wird toleriert, jedoch nicht angestrebt), die Behänge sind falbfarben (eine sehr geringe Menge Weiß wird toleriert, jedoch nicht angestrebt)

Kurzhaar

Ursprünglicher Verwendungszweck:
Vorstehhund für die Jagd auf Federwild, aber auch auf Pelztiere

Diese Vorstehhunderasse entstand zu Beginn des 19. Jahrhunderts aus der Kreuzung von Braque Français mit englischen Pointern und ist benannt nach der nordwestlich von Paris gelegenen Stadt Saint-Germain-en-Laye, in der ein Schwerpunkt der Zucht lag. Zuvor hatten bereits am Hof von König Ludwig dem XVIII. erste Versuche mit der Kreuzung dieser beiden Rassen stattgefunden. Die Forstverwalter des Königs führten nach dessen Tod die Zucht fort und nahmen die Hunde nach dem Umzug der Forstverwaltung im Jahr 1830 von Compiègne nach Saint-Germain dorthin mit.

Der Typus war zu Beginn ziemlich uneinheitlich und glich oft sehr den Pointer-Vorfahren, weshalb die Hunde in Belgien anfangs auch „Pointer Saint-Germain" genannt wurden. Auch auf der ersten Ausstellung 1863 in Paris wurden sie noch in der Klasse „englische Vorstehhunde" gerichtet und von so manchem französischen Jäger wurden sie als „Fremdlinge" abgelehnt, während andere von dem attraktiven Äußeren begeistert waren. Nach und nach versuchte man nun in der Zucht einen modernisierten französischen Vorstehhund zu schaffen, der schneller als die alten

französischen Bracken, aber weniger temperamentvoll als ein Pointer und leicht für die Jagd abzurichten sein sollte. Der Vergleich von einem Vollblut- zu einem Halbblutpferd ist dabei recht treffend, und so bezeichnete man sie auch immer wieder als „démi-sang".

Auszug aus dem Standard:
„Die Knochen sind relativ schwer, die Muskulatur den Anforderungen eines ausdauernden Arbeitseinsatzes entsprechend ausgebildet."

Heute unterscheidet sich der Braque Saint-Germain vom Pointer äußerlich vor allem durch die weiße Grundfarbe mit hell-orangen Flecken, die bei letzterem nicht erlaubt ist. Auch der „Stopp" (Stirnabsatz) ist viel weniger ausgeprägt als beim Pointer, der Fang ist spitzer, die Ohren sind länger und die Rute tiefer angesetzt, und natürlich ist der ganze Hund insgesamt kräftiger gebaut.
Die Rasse ist selbst in Frankreich heute ziemlich selten, hat aber einen festen Kreis überzeugter Liebhaber und wird vor allem zur Jagd auf Fasane, Rebhühner und Schnepfen verwendet. Gerühmt wird dabei ihr „dent douce", das weiche Maul, das den Vogel beim Apportieren nicht beschädigt. Bei der weiträumigen Suche im Gelände bewegt sich der Braque Saint-Germain wie ein Pointer mit hoher Nase und Rute sehr ausdauernd im Galopp, jedoch nicht so rasant und etwas methodischer als dieser.
Kenner beschreiben die Rasse als ausgesprochen zutraulich, anhänglich, sensibel und leicht auszubilden. Auch lässt sie sich leichter dirigieren als der oftmals hitzige Pointer. Eine schroffe und harte Behandlung verträgt sie überhaupt nicht, sie stellt dann die Zusammenarbeit ein oder wird ängstlich. Leitet man sie jedoch verständnisvoll an, zeigt ihr mit Ruhe, was man von ihr erwartet und macht ihr dann bei der Ausführung ihrer Arbeit nicht ständig Vorschriften, ist sie sehr gern und mit Feuereifer dabei.

Ursprung: Deutschland

Arbeitsprüfung

FCI-Standard Nr. 98
Gruppe: 7
Sektion 1: Kontinentale Vorstehhunde
1.1 Typ „Braque“

Größe
Rüde: 61 – 68 cm
Hündin: 57 – 64 cm

Gewicht
Keine Angabe im FCI-Standard (i. d. R. 25 – 30 kg)

Farbe / Haarkleid
Braunschimmel (mit oder ohne Platte), Schwarzschimmel (mit oder ohne Platten), Braun mit und ohne weißen Brustfleck, Hellschimmel

Kurzhaar (rauhaarig)

Deutsch Drahthaar

Ursprünglicher Verwendungszweck:
Jagdgebrauchshund, vielseitig einsetzbar in Feld, Wald und Wasser

Dieser nicht nur in Deutschland, sondern auch in vielen anderen Ländern beliebteste und bewährteste große Jagdgebrauchshund verdankt seine Entstehung maßgeblich dem Jagdkynologen und Jagdschriftsteller Sigismund Freiherr von Zedlitz und Neukirch, der von 1838 bis 1903 lebte und besser bekannt ist unter seinem Pseudonym „Hegewald“. Die jährliche Zuchtausleseprüfung des Vereins Deutsch Drahthaar e.V. ist heute noch ehrenhalber nach ihm benannt.

Hegewald war zusammen mit Carl Rehfus („Oberländer“) und anderen Kynologen Initiator des 1891 gegründeten „Vereins für Prüfung von Gebrauchshunden zur Jagd“ und hatte sich zum Ziel gesetzt, einen wesensfesten, leistungsfähigen und drahthaarigen deutschen Jagdgebrauchshund zu schaffen, der sich durch praktische, wetterfeste Behaarung und Vielseitigkeit auf allen Gebieten der Jagdpraxis auszeichnen sollte. Gewünscht war ein „Vollgebrauchshund“, also ein Vorstehhund, der außerdem auch zu Stöberarbeit, Verlorensuche, Wasserarbeit und Schweißarbeit eingesetzt werden konnte. „Durch Leistung zum Typ“ lautete dabei sein Motto, folglich orientierte er sich stärker an den gewünschten jagdlichen Eigenschaften als an Äußerlichkeiten. Noch heute hält der Standard des Deutsch Drahthaar ausdrücklich fett gedruckt fest: „Entsprechend seiner Zweckbestimmung als vielseitig einsetzbarer Jagdgebrauchshund muss er alle für einen Deutsch Drahthaar geforderten Anlagen besitzen und für alle Arbeiten im Feld, im Wald und im Wasser vor und nach dem Schuss brauchbar sein.“

Zum Erreichen seines Ziels verwendete Hegewald in der Zucht neben den schon vorhandenen rauhaarigen deutschen Vorstehhunde-Schlägen die Ausgangsrassen Deutsch Stichelhaar, Pudelpointer, Griffon Korthals und Deutsch Kurzhaar.

Der Deutsch Drahthaar gilt unter Jägern als arbeitswillig, leichtführig sowie sehr robust und hart im Nehmen. Er ist belastbar, selbstbewusst und mutig, aber niemals feindselig oder aggressiv. Er ist lernwillig, kann aber durchaus seinen eigenen Kopf haben. Er hat einen hervorragenden Geruchssinn, weshalb er mitunter auch als Spürhund beim Zoll oder in der Rettungshundearbeit zum Einsatz kommt. Anders als viele andere Vorstehhunderassen kann er durchaus auch Schutztrieb zeigen. Artgenossen gegenüber ist er bei richtiger Sozialisation freundlich und gut verträglich.

Von seiner charakterlichen Veranlagung her hätte er bei passender Auslastung durchaus Familienhunde-Eignung, aber aufgrund seiner starken Jagdpassion werden Welpen nur an Jäger abgegeben.

Ein besonderes Kennzeichen der Rasse ist das namensgebende Haar, das sehr hart, drahtig, dem Körper eng anliegend und dicht ist. Durch die längeren und harten Deckhaare (Leit- und Grannenhaare) über der dichten Unterwolle entsteht so ein effektiver Schutz vor Wettereinflüssen und Dornengebüsch. Am Kopf bildet es deutliche Augenbrauen und einen Bart.

Bei beabsichtigter jagdlicher Führung des Hundes wird die Rute beim Welpen zu zwei Dritteln kupiert, um eine Verletzungsgefahr auszuschließen. Das deutsche Tierschutzgesetz sieht hier derzeit noch eine Ausnahme vom Kupierverbot vor, es wird jedoch diskutiert, diese Ausnahmeregelung gegebenenfalls wieder aufzuheben.

Auszug aus dem Standard:

„Vorstehhund von edler Erscheinung, mit harter, die Haut vollkommen schützender Behaarung, mit aufmerksamem und energischem Ausdruck. Seine Bewegungen sollen kraftvoll, raumgreifend, flüssig und harmonisch sein. (…) Fest, beherrscht, ausgeglichen, ohne Wildscheue, weder schussempfindlich noch scheu oder aggressiv."

FCI-Gruppe 7

Ursprung: Deutschland

Arbeitsprüfung

FCI-Standard Nr. 119
Gruppe: 7
Sektion 1: Kontinentale Vorstehhunde
1.1 Typ „Braque“

Größe
Rüde: 62–66 cm
Hündin: 58–63 cm

Gewicht
Keine Angabe im FCI-Standard (i. d. R. 25–30 kg)

Farbe/Haarkleid
Braun (ohne Abzeichen), Braun (mit geringen weißen oder gesprenkelten Abzeichen an Brust und Läufen), dunkler Braunschimmel (mit braunem Kopf, braunen Platten oder Tupfen), heller Braunschimmel (mit braunem Kopf, braunen Platten, Tupfen oder ohne Platten), Weiß (mit brauner Kopfzeichnung, braunen Platten oder Tupfen), schwarze Farbe (in denselben Nuancen wie die braune bzw. Braunschimmelfarbe)

Kurzhaar

Deutsch Kurzhaar

Ursprünglicher Verwendungszweck:
Jagdgebrauchshund, vielseitig einsetzbar

Der Deutsch Kurzhaar, oft einfach mit DK abgekürzt, gehört weltweit zu den am meisten verbreiteten deutschen Jagdgebrauchshunden mit einer großen Fangemeinde.

Seine Herkunft ist bei den alten deutschen „Hühnerhunden“ zu suchen, die schon seit mindestens dem Mittelalter zur Vogeljagd eingesetzt wurden und langsamer arbeiteten als die Laufhunde, die das Wild vor sich hertrieben. Sie hatten eine Veranlagung dazu, das Federwild zu stellen und anzugreifen, aber sie zeigten noch nicht das typische Vorstehen der heutigen Hunde. Dieses wurde erst zu einer gesuchten Eigenschaft, als zum einen Feuerwaffen breiter verfügbar wurden und zum anderen die Abschaffung der Feudalherrschaft durch Napoleon größeren Bevölkerungskreisen die Jagd auf Niederwild ermöglichte. Nun brauchte man einen Hund, der im dichten Bewuchs am Boden kauernde Vögel mit seiner feinen Nase aufspürte, sich ihnen vorsichtig annäherte und dem Jäger so lange anzeigte, bis dieser nah genug herankam, um es zu erlegen. Um diese Eigenschaften in den deutschen Hühnerhunden zu verankern, nutzte man unter anderem den alten spanischen Pointer oder „Pachón Navarro“, der für seine Vorstehleistung bekannt war.

Als Stammvater des Deutsch Kurzhaar wird der Rüde Hektor I aus dem Besitz des Oberförsters Hesse genannt, der 1872 zur Welt kam („gewölft“ wurde, sagen die Jäger) und im Stammbuch Band 1 verzeichnet ist. Allerdings hatte er äußerlich noch wenig Ähnlichkeit mit dem heutigen DK, denn er war viel schwerer gebaut mit loser Haut, einem Senkrücken und Triefaugen, aber er soll ein ausgezeichneter Verlorenbringer gewesen sein. 1880 kam es mit dem „Brauntigerklub“ zur Gründung des ersten Zuchtvereins, der 1891 in den Klub „Kurzhaar Berlin“ umgewandelt wurde. Man hatte sich ganz ähnlich wie beim Deutsch Drahthaar zum Ziel gesetzt, nicht nur einen guten Vorstehhund, sondern einen Vollgebrauchshund zu schaffen, der suchen, vorstehen und apportieren konnte und auch auf der Schweißfährte Einsatz fand. Dazu kamen nun vermehrt englische Pointer in die Rasse, die ihr mehr Schneid und Eleganz verliehen. Besondere Verdienste erwarb sich dabei Prinz Albrecht zu Solms-Braunsfeld (1841–1901), der als erster Rassemerkmale und Beurteilungsregeln festlegte. Noch heute ist die Herbstzuchtprüfung des Deutsch-Kurzhaar-Verbands nach ihm benannt.

Heute wird der DK weltweit als vielseitiger Jagdgebrauchshund geschätzt und für seine Eleganz, seinen Suchstil, sein wunderbares Vorstehen und seinen zuverlässigen Apport gerühmt. Er arbeitet mit viel Temperament und Ausdauer in allen jagdlichen Disziplinen außer der Baujagd und zeichnet sich durch ein ausgeglichenes, zuverlässiges Wesen aus.

Sein kurzes, glattes Haar wird als Vorteil gesehen, denn es trocknet schnell und verfängt sich nicht in Dornen und Geäst. Auch Schnee oder Eis können keine Klumpen an den Läufen oder unter dem Bauch bilden.

Der DK kann Arbeit und Privates gut trennen: Zuhause ist er ein sanftes und anhängliches Lämmchen. Die Rasse findet sich fast ausschließlich in Jägerhand,

in Nordeuropa und in den USA wird der „German Shorthaired Pointer" seit einigen Jahren wegen seiner Schnelligkeit gelegentlich sogar im Schlittenhundesport eingesetzt.

Auszug aus dem Standard:

„Edler, harmonischer Hund, dessen Körperbau Kraft, Ausdauer und Schnelligkeit gewährleistet. Aufrechte Haltung, fließende Außenlinien trockener Kopf, gut getragene Rute, straffes, glänzendes Fell und raumgreifende harmonische Bewegungen unterstreichen seinen Adel."

Arbeitsprüfung

FCI-Standard Nr. 232
Gruppe: 7
Sektion 1: Kontinentale Vorstehhunde
1.1 Typ „Braque"

Größe
Rüde: 60–70 cm
Hündin: 58–68 cm

Gewicht
Keine Angabe im FCI-Standard
(i. d. R. 25–35 kg)

Farbe / Haarkleid
Braun (mit oder ohne weißen Brustfleck), Braunschimmel (mit oder ohne braune Platten), Hellschimmel (mit oder ohne braune Platten)

Kurzhaar (rauhaarig)

Deutsch Stichelhaar

Ursprünglicher Verwendungszweck:
Jagdgebrauchshund, vielseitig einsetzbar

Der Deutsch Stichelhaar gilt als der älteste deutsche rauhaarige Vorstehhund. Er ist anders als Deutsch Kurzhaar und Deutsch Drahthaar nicht züchterisch neu erschaffen worden, sondern aus den spärlichen Resten der alten rauhaarigen deutschen „Hühnerhunde" wieder herausgezüchtet worden. Der 1892 gegründete „Club Stichelhaar", der seit 1976 „Verein Deutsch Stichelhaar" heißt, lehnte Einkreuzungen englischer Rassen wie dem Pointer ab, so lesen wir im Rassestandard. Dennoch erfolgte die Entwicklung der Rasse zeitgleich mit der von Deutsch Drahthaar und Deutsch Kurzhaar und auf den gleichen Grundlagen. Aufgrund der Ähnlichkeit in Aussehen und Jagdstil ist ein Deutsch Stichelhaar von einem Deutsch Drahthaar von einem Laien auch kaum zu unterscheiden.
Nach dem Zweiten Weltkrieg war die Rasse beinahe ausgestorben, eine Handvoll Züchter unternahm 1945 in Ostfriesland einen Neuanfang und sorgte dafür, dass dieser traditionsreiche Jagdhund erhalten blieb. Dennoch ist er im Vergleich zu den anderen deutschen Vollgebrauchshunden heute eher selten.
Unter Stichelhaar versteht man beim Hund anders als beim Pferd, wo es weiße Einzelhaare bezeichnet, eine bestimmte Haarstruktur: Das straffe, harte und borstige Deckhaar liegt in gleiche Richtung wachsend lose und mit etwa 4 cm Länge eng am Körper an, auf den Schultern und zum Bauch hin etwas länger. Die Unterwolle ist nur mäßig ausgeprägt und kann im Sommer sogar ganz fehlen. Der Bart ist mäßig entwickelt, die Augenbrauen dagegen deutlich.
Jagdlich wird der Deutsch Stichelhaar nicht nur zum Vorstehen, sondern vielseitig auch für Drückjagd, Feldarbeit, Wasserjagd oder Nachsuche eingesetzt. Der Verein Deutsch Stichelhaar empfiehlt ihn ganz besonders Jungjägern als Ersthund, da er sehr lernwillig und anpassungsfähig sei und damit auch für einen Neuling leicht auszubilden. Auch seine Zuverlässigkeit bei der Erledigung verschiedenster jagdlicher Aufgaben mache dem Anfänger den Einstieg in die Jagd mit diesem Begleiter leicht. Erfahrene Jäger schätzen seine Intelligenz und die daraus erwachsende Vielseitigkeit.
Der Hund entwickelt eine enge Bindung an seinen Menschen und gilt trotz seines robusten Aussehens als sensibel im Wesen. Schroffen Umgang und Ungerechtigkeiten verträgt er nicht. Behandelt man ihn konsequent, aber fair und verständnisvoll, hat man einen zuverlässigen Begleiter, der auf der Jagd nicht zu übermäßigen Temperamentsausbrüchen neigt, sondern ruhig seinen Job macht und zäh durchhält, bis er das Wild gefunden hat. Dabei zeichnet er sich durch große Nervenstärke und Ausgeglichenheit aus. Zuhause ist er sozial, freundlich und anhänglich. Früher sagte man der Rasse eine Neigung zur „Mannschärfe", sprich aus Schutztrieb erwachsender Aggression gegen Menschen nach, was seinerzeit für einen Förster, der mit seinem Hund an der Seite im Wald Wilderer

zur Rede stellte, auch eine absolut sinnvolle Eigenschaft war. Heute ist sie in der Zucht ausdrücklich nicht mehr erwünscht und wurde offenbar erfolgreich aus der Rasse ausgemerzt. Eine gewisse Wachsamkeit ist dem Stichelhaar aber erhalten geblieben.
Welpen werden in aller Regel nur an Jäger abgegeben.

Auszug aus dem Standard:
„Kräftiger, mittelgroßer bis großer Vorstehhund mit fester, harter Behaarung und mäßigem Bart. Die Augenbrauen sind deutlich ausgeprägt und verleihen dem Hund ein grimmiges Aussehen. (…) Ausgeglichen, ruhig, robust, mutig, aber beherrscht, weder scheu noch aggressiv."

FCI-Gruppe 7

Gammel Dansk Hønsehund

(Altdänischer Vorstehhund)

Ursprung: Dänemark

FCI-Standard Nr. 281
Gruppe: 7
Sektion 1: Kontinentale Vorstehhunde
1.1 Typ „Braque“

Größe

Rüde: 54–60 cm
(ideal: über 56 cm)
Hündin: 50–56 cm
(ideal: über 52 cm)

Gewicht

Rüde: 30–35 kg
Hündin: 26–31 kg

Farbe/Haarkleid

Weiß mit braunen Flecken (entweder mit einigen wenigen größeren oder vielen kleinen braunen Tupfen/Sprenkelung auf weißem Grund)

Kurzhaar (rauhaarig)

Ursprünglicher Verwendungszweck:
Vorstehhund speziell für Federwild

„Gammel“ meinte im Altdeutschen und meint heute noch im Dänischen „alt“ – ganz ohne negativen Beigeschmack. So ist der Gammel Dansk Hønsehund der Altdänische Vorstehhund.

Seine Geschichte lässt sich bis zum Jahr 1710 zurückverfolgen. Damals machte sich ein gewisser Morten Bak, Bauer aus der jütländischen Ortschaft Glenstrup, Gedanken darum, wie er den bestmöglichen Jagdhund für sich und seinesgleichen erschaffen konnte. Dazu muss man wissen, dass den dänischen Bauern zu jener Zeit zwar das Jagen zur eigenen Versorgung erlaubt war, aber nur in den engen Grenzen ihrer eigenen Landstücke und nur auf Niederwild, vor allem Federwild. Gesucht wurde also ein anspruchsloser und umgänglicher Hund, der zuverlässig verstecktes Wild fand und anzeigte, ohne es über die Grundstücksgrenzen hinauszujagen.

In der Literatur heißt es meist, Bak habe zu diesem Zweck „Zigeunerhunde“ mit lokalen Bauernhunden gekreuzt, wobei die „Zigeunerhunde“ aus Spanien stammende Stöber- und Vorstehhunde gewesen seien. Andere Autoren sind der Meinung, es habe sich eher um Hunde gehandelt, die von dänischen Soldaten aus dem spanischen Nachfolgekrieg 1701–14 mitgebracht worden seien, was ja zeitlich sehr gut passen würde. So oder so können wir davon ausgehen, dass alte spanische Vorstehhunde bei der Entstehung eine Rolle spielten, aber auch unterschiedlichste Wach- und Bauernhunde von den Höfen der Umgebung, wegen zu großer Langsamkeit ausgemusterte französische Laufhunde, die eher zum Verharren vor dem Wild als zu dessen Verfolgung neigten und alle möglichen europäischen Jagdhunde. Nach acht Generationen Zucht hatten sich die „Bak-Hunde“ einen guten Ruf erarbeitet, auch wenn sie im Aussehen noch sehr unterschiedlich waren. Bis zum Beginn des 20. Jahrhunderts schafften sie es, zum beliebtesten Jagdhund ihres Heimatlands zu werden. 1947 wurde der erste Rasseclub gegründet und 1963 folgte die Anerkennung durch die FCI.

Der moderne Vertreter seiner Rasse sucht typischerweise immer noch eher langsam und mit tiefer Nase, um anschließend vorzustehen. Dänische Jäger berichten, dass sie mit ihrer feinen Nase und ihrer gründlichen Suche oft noch das Wild finden, das die schnelleren Hunde in ihrem Eifer überlaufen haben. Eine Eigenart der Rasse sei außerdem, dass sie sich niemals weit vom Jäger entfernten und immer nah bei diesem blieben. Sie eignen sich daher besonders gut für die gründliche Suche in waldreichen Gebieten, während die weiträumige, schnelle Suche im Galopp und mit hoher Nase im offenen Gelände eher die Spezialität der Pointer und Setter ist.

Der Altdänische Vorstehhund gilt als leicht auszubilden, sensibel und außerordentlich anhänglich an seinen Besitzer. Sein gründlicher Suchstil und die feine Nase machen ihn auch für alle möglichen Arten der Spürhundearbeit gut geeignet. Da er darüber hinaus sehr gerne und gut apportiert, ist auch die Dummyarbeit eine passende Beschäftigung für ihn.

Mit rund 100–200 Welpen pro Jahr ist der Altdänische Vorstehhund in Dänemark gut verbreitet und dort größtenteils in Jägerhand, auch in Schweden und Norwegen geht man gern mit ihm zur Jagd. Im deutschsprachigen Raum ist er eher selten.

Auszug aus dem Standard:

„Mittelgroßer, kräftig gebauter Hund von rechteckiger Gestalt. (...) Er erweckt den Eindruck von Ruhe und Ausgeglichenheit, von Entschlossenheit und Mut. Auf der Jagd geht er eher langsam vor, bleibt in Kontakt mit dem Jäger und erfüllt seine Aufgabe als Vorstehhund ohne überflüssige Unruhe im Gelände zu verursachen. Diese Rasse ist sowohl für kleine als auch für ausgedehnte Jagdgründe geeignet."

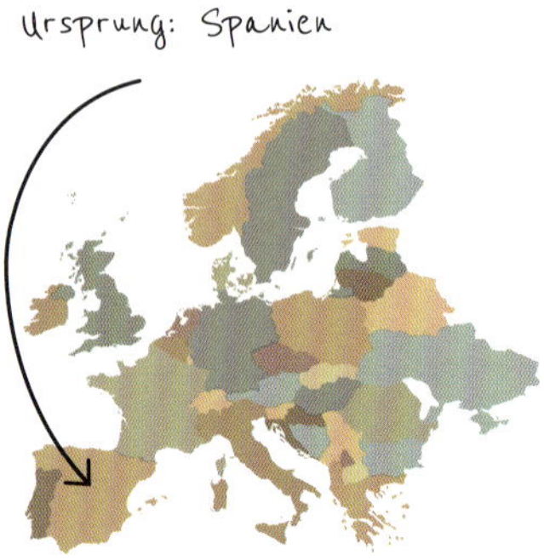

Perdiguero de Burgos

Arbeitsprüfung

FCI-Standard Nr. 90
Gruppe: 7
Sektion 1: Kontinentale Vorstehhunde
1.1 Typ „Braque"

Größe
Rüde: 62–67 cm
Hündin: 59–64 cm

Gewicht
Keine Angabe im FCI-Standard
(i. d. R. 25–30 kg)

Farbe/Haarkleid
Grundfarben: Weiß und leberfarben (Farben sind unregelmäßig vermischt)

Kurzhaar

Ursprünglicher Verwendungszweck:
Vorstehhund für Nieder- und Federwild

Der „Hühnerhund von Burgos", so sein aus dem Spanischen übersetzter Name (von „Perdiz", dem in Spanien verbreiten Rothuhn), ist als Rassetyp schon seit Hunderten von Jahren in Spanien fest verankert und gut an die örtlichen Gelände- und Klimabedingungen angepasst. Hitze macht ihm wenig aus und er kann in jedem Gelände jagen.

Er stammt wahrscheinlich ursprünglich aus einer Kreuzung des spanischen Laufhundes, des Sabueso, mit dem alten Pachón Iberico, der heute noch im (nicht FCI-anerkannten) Pachón Navarro weiterlebt, einem eher schwerfälligen Vorstehhund, der häufig eine gespaltene Nase aufweist. Durch das Blut des Sabueso wurde der Perdiguero de Burgos etwas leichter und beweglicher.

Die Rasse wurde 1911 vom spanischen Hundezuchtverband anerkannt, kam dann aber durch den Spanischen Bürgerkrieg und den Zweiten Weltkrieg an den Rand der Existenz. Ab den 1950er Jahren begann man langsam wieder mit dem Aufbau der Zucht, sodass 1954 die FCI-Anerkennung folgen konnte. Die Rasse ist aber nach wie vor selten und außerhalb Spaniens fast unbekannt.

Der heutige Perdiguero de Burgos wird, wie sein Name schon vermuten lässt, hautpsächlich zur Jagd auf Fasane und anderes Wildgeflügel, aber auch Hase und Reh eingesetzt. Er ist ein relativ massiv gebauter, großer und schwerer Vorstehhund, dadurch nicht der schnellste in der Suche, aber dafür sehr gründlich und zuverlässig und mit einer feinen Nase ausgestattet. Er gilt als sehr fügsam, anhänglich, sympathisch und leicht auszubilden. Hat er Wild im Gelände geortet, steht er diesem zuverlässig vor und bringt es nach dem Schuss mit großer Freude zum Jäger, ohne es dabei mit den Zähnen zu beschädigen. Er kann auch im Wasser arbeiten.

Er zeigt eine starke Belefzung, lose Haut an der Kehle (Kehlwamme), in der Regel hängende untere Augenlider, tief angsetzte Hängeohren und erinnert damit an einen Bloodhound. Außer ihm verkörpert heute nur noch der Bracco Italiano diesen alten, sehr selten gewordenen schweren Vorstehhunde-Typus.

Der Perdiguero erlebt in Spanien einen Nachfrage-Aufschwung, seit vermehrt organisierte Jagdreisen auch für ausländische Gäste speziell auf Rothühner, die Perdiz roja, angeboten werden. Diese sind begehrte „Strecke", da sie mit ihrem rot gefärbten Schnabel, den roten Beinen und den leuchtend braunroten Schwanzfedern sehr attraktiv sind und nur auf der Iberischen Halbinsel, in Südfrankreich und im Nordwesten Italiens vorkommen. Sie verstecken sich gern zwischen den Felsen und sind dann mit ihrem grauen Deckgefieder fast unsichtbar, aber ein guter Perdiguero spürt sie natürlich auf.

Im Gegensatz zum heißblütigen englischen Pointer gilt der Perdiguero als ausgesprochen cool und besonnen. Dennoch zeigt er sich auf der Jagd sehr strebsam und hartnäckig und erledigt seine Aufgabe gewissenhaft, wobei er Wert darauf legt, seine eigenen Entscheidungen mit einzubringen.

FCI-Gruppe 7

Auszug aus dem Standard:

„Jagdhund von zweckmäßiger Größe, von mittleren ausgewogenen Proportionen. (…) Robust, ausgeglichen, ruhig und gesetzt; er ist ein vorzüglicher Vorstehhund, speziell für die Jagd auf Niederwild und Federwild."

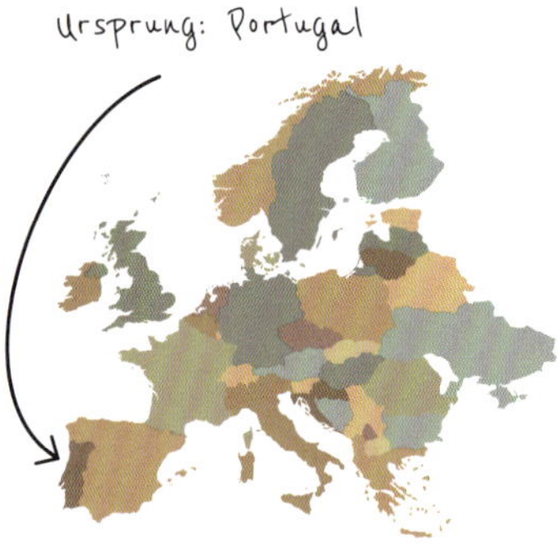

Arbeitsprüfung

FCI-Standard Nr. 187
Gruppe: 7
Sektion 1: Kontinentale Vorstehhunde
1.1 Typ „Braque“

Größe
Rüde: 56 cm
Hündin: 52 cm
Eine Toleranz von +/- 4 cm ist zulässig.

Gewicht
Rüde: 20–27 kg
Hündin: 16–22 kg

Farbe / Haarkleid
Gelb (hell, mittlere und dunkle Schattierung) einfarbig oder mit weißen Flecken

Kurzhaar

Perdigueiro Português
(Portugiesischer Vorstehhund)

Ursprünglicher Verwendungszweck:
Vorstehhund für die Vogeljagd

Der Perdigueiro leitet seinen Namen vom spanischen und portugiesischen Wort „Perdiz“ für Rebhuhn bzw. Rothuhn ab, zu dessen Jagd man ihn hauptsächlich nutzte.

Für portugiesische Jäger der „Nationalhund“, kann er auf eine lange Geschichte zurückblicken, die aber nicht mehr in allen Details rekonstruierbar ist. Es heißt, er stamme direkt von den Falkenhunden ab, die man im 5. und 6. Jahrhundert zur Beizjagd verwendete. Da Portugal immer im Zentrum sämtlicher Seefahrtswege lag, ist nicht mehr nachvollziehbar, woher diese ursprünglich kamen. Eine orientalische Herkunft ist denkbar, aber unbewiesen. Jedenfalls malte König Alfonso III. schon im 13. Jahrhundert Hunde für die Falkenjagd, die dem heutigen Perdigueiro ähneln. Man nannte sie damals Podengo de Mastra, was ungefähr so viel heißt wie „Zeige-“ oder eben Vorstehhund. Auch der französische Graf Gaston Phoebus beschrieb sie in seinem „Buch der Jagd“, „Le Livre de la Chasse“, das im Mittelalter als das Standardwerk zur Jagd schlechthin galt. Er rühmt darin den schönen Körperbau und Kopf sowie die weiß / zimtfarbene Färbung der portugiesischen Falkenhunde. Andere Autoren (Räber 1992) sind dagegen der Ansicht, er stamme wie der spanische Perdiguero de Burgos vom alten iberischen Vorstehhund, dem Pachón Iberico, ab.

Seinerseits wurde der portugiesische Vorstehhund zu einem der Vorfahren englischen Pointers: Anfang des 18. Jahrhunderts brachten Kaufleute ihn erstmals von Portugal nach England mit. Man sagt, der englische Pointer habe vom Perdigueiro das für ihn so typische „Dishface“, den leicht konvexen Nasenrücken, geerbt, das außer bei diesen beiden sonst bei keiner Vorstehhunderasse vorkommt.

Eine Reinzucht des Perdigueiro Português findet seit 1931 statt. Früher war auch noch ein langhaariger Schlag verbreitet, heute sieht der Standard nur noch Kurzhaar ohne Unterwolle vor. Das Haar soll sich besonders am Kopf kurz, fein und sehr weich anfassen, „wie mit Samt ausgekleidet“.

Der Perdigueiro hat eine starke angeborene Veranlagung zum Vorstehen und Apportieren und sucht auch ohne Anweisung von Seiten des Menschen das Gelände sehr systematisch und gründlich ab. Er gilt als ganz besonders anhänglich an seinen Herrn – so sehr, dass er laut Standard schon beinahe unangenehm zudringlich werden kann. Auch bei der Jagd entfernt er sich nie weit. Wer also einen Jagdhund mit geringerem Aktionsradius und enger Führerbindung sucht, ist mit ihm sehr gut beraten.

Er arbeitet lautlos, nimmt mit hoher Nase die Witterung auf und zeigt durch seine Körperhaltung unverkennbar an, wenn er Wildgeruch in der Nase hat. Er ist gut an das trockene und warme Klima angepasst und kann auch bei wenig Boden- und Luftfeuchtigkeit noch gute Suchleistung bringen, etwas, das anderen Rassen durchaus schwerfällt.

Damit er freudig und verlässlich arbeitet, darf er keine Härte im Umgang erfahren, sondern braucht verständnisvolle und ruhige Anweisung. Man muss ihm

eigentlich nur zeigen, wo er suchen soll, dann macht er den Rest schon von alleine.

Außerhalb Portugals ist er leider niemals besonders bekannt geworden, auch wenn es in Spanien und Frankreich einige Jäger gibt, die ihn nutzen und die seine Eigenschaften schätzen.

Auszug aus dem Standard:

„Mittelgroßer Hund, geradlinig, Bracken-Typ, kräftig, aber von harmonischem Aufbau kombiniert mit großer Geschmeidigkeit des Gangwerks. (…) Quadratischer oder fast quadratischer Körper. (…) Extrem freundlich und anhänglich, robust, zu großer Ausdauer und Ergebenheit fähig. (…) Immer ein begeisterter Jagdhund, der im engen Kontakt mit dem Jäger bleibt.“

Arbeitsprüfung

FCI-Standard Nr. 216
Gruppe: 7
Sektion 1: Kontinentale Vorstehhunde
1.1 Typ „Braque“

Größe
Rüde: 60–68 cm
Hündin: 55–63 cm

Gewicht
Keine Angabe im FCI-Standard (i. d. R. 20–30 kg)

Farbe/Haarkleid
Einfarbig braun, dürrlaubfarben, schwarz. Kleine weiße Abzeichen sind zulässig

Rauhaar (mit dichter Unterwolle)

Pudelpointer

Ursprünglicher Verwendungszweck:
Jagdgebrauchshund, in Feld, Wald und Wasser vielseitig einsetzbar

Wie der Name schon sagt, entstand dieser Jagdhund aus zwei Ausgangsrassen: Dem (Groß-) pudel und dem Pointer. Sigismund Freiherr von Zedlitz und Neukirch, Kynologen besser bekannt unter seinem Pseudonym Hegewald (der gleiche, der auch für die Schaffung des Deutsch Kurzhaar verantwortlich zeichnete), war Ende des 19. Jahrhunderts auf diese Idee gekommen, nachdem er zuvor eher zufällig an zwei Mischlinge aus großen Pudeln und Pointern gekommen war: die braune Hündin Uno und den schwarzen Rüden Nimrod. Wenn man so will, handelte es sich um die ersten „Designerhunde“ ihrer Zeit, denn es war schon damals weithin bekannt, dass „Blendlinge mit dem großen Pudel“ die besten Hunde seien.
Hegewald war von den Eigenschaften dieser Hunde mehr als angetan, wobei man wissen muss, dass die Großpudel zu jener Zeit noch ausgezeichnete Jagdhunde waren, die gern zur Wasserjagd eingesetzt wurden. Er beschloss also, diese Kreuzungen gezielt zu wiederholen und erhielt 1881 seinen ersten Pudelpointer-Wurf aus einer schwarzen Pudelhündin und einem braun-weißen Pointer. Um die weitere Zucht auf eine systematische Grundlage zu stellen, schuf er zusammen mit seinem Mitstreiter Carl Oberländer in der Folge neun Ausgangsstämme, die auf acht schwarzen und einem braunen Pudel sowie ausschließlich braun-weißen Pointern beruhten. Beide Züchter verstanden schon damals so viel von Genetik, dass sie die Welpen der ersten Generationen nicht sofort untereinander, sondern wiederum mit Pointern verpaarten und damit die besten Merkmale beider Seiten festigten. Jeder Hund musste vor der weiteren Verwendung zur Zucht zuerst seine jagdliche Eignung unter Beweis stellen. 1897 wurde auf Initiative Oberländers der erste Zuchtverein gegründet, Band 1 des Stammbuchs erschien 1904. Seitdem wurde der Pudelpointer bis heute nur unter gelegentlicher Zuführung von Pointerblut weiter rein gezüchtet.
Vom Pudel hat er die Intelligenz, Anhänglichkeit, Lernwillen und Liebe zum Wasser sowie den Spurlaut und die Apportierfreude, vom Pointer die feine Nase, schnelle, weiträumige Suche und das fantastische Vorstehen. Heute wird er zur Nachsuche auf Hochwild ebenso eingesetzt wie für die Drückjagd, die Jagd auf Enten oder die Feldjagd.
Der mittelgroße Hund ist fast quadratisch gebaut und kräftig bemuskelt, dabei aber insgesamt von edler und trockener Erscheinung. Das Haar ist nicht wie beim Pudel gelockt, sondern ein raues, hartes Stockhaar von mittlerer Länge mit Unterhaar. Der Gesichtsausdruck wird wesentlich von Bart und Augenbrauen sowie den seelenvollen, oft bernsteinfarbenen Augen geprägt. Die Farbe wünscht man sich dunkelbraun, „dürrlaubfarben“ oder schwarz.
Im Gegensatz zu anderen Vorstehhunden gehört der Pudelpointer zu den weniger bekannten Vorstehrassen, hat aber seine feste Fangemeinde, die ihn sehr schätzt und allen anderen vorzieht. Kenner lieben seine hohe Intelligenz und seinen Jagdverstand und raten Neulingen, den Hund, sofern er eine gute Grundausbildung

FCI-Gruppe 7

genossen hat, einfach mal machen zu lassen, denn er wisse meist am besten, was zu tun sei und habe immer Recht. Heute ist die Rasse fest in Jägerhand, Welpen werden nur an Jagdscheininhaber abgegeben.

Auszug aus dem Standard:

„Vielseitig einsetzbarer Jagdgebrauchshund mit allen für die Rasse geforderten Anlagen, für alle Arbeiten in Feld, Wald und Wasser brauchbar. (…) Idealerweise zeigt das Gebäude den Typ eines Pointers schweren Schlages mit nicht zu langem braunem, dürrlaubfarbenem oder schwarzem Rauhaar, das den ganzen Körper schützt."

Slovenský hrubosrstý stavač
(Slowakischer Rauhbart)

Arbeitsprüfung

FCI-Standard Nr. 320
Gruppe: 7
Sektion 1: Kontinentale Vorstehhunde
1.1 Typ „Braque"

Größe
Rüde: 62 – 68 cm
Hündin: 57 – 64 cm

Gewicht
Keine Angabe im FCI-Standard (i. d. R. 25 – 35 kg)

Farbe / Haarkleid
Grundton: kastanienbraun schattiertes Sandfarben (als „grau" bezeichnet) mit helleren oder dunkleren Varianten (mit oder ohne weiße Abzeichen an den Gliedmaßen und an der Brust) oder auch „Grau" mit mehr oder weniger großen Flecken (evtl. getüpfelt)

Rauhaar mit kurzer, dichter Unterwolle

Ursprünglicher Verwendungszweck:
Vorstehhund, vor allem für die Nachsuche und Apportieren

Bei diesem Vorstehhund mit auffallendem Äußeren handelt es sich um eine Rasse, die in den 1950er Jahren geschaffen wurde, und zwar wie so oft zunächst eher aus einem Zufall heraus. Beim Jäger und Züchter Ladislav Greznarík aus der mittelslowakischen Kleinstadt Šaľa fand sich im Jahr 1950 unter all den typisch braunen und braunmelierten neugeborenen Welpen seiner Böhmisch-Rauhbart-Hündin (Český fousek) ein Rüde mit ungewöhnlicher aschgrauer Farbe. Greznarik fand nicht nur Gefallen am Aussehen, sondern nach einigen Jahren auch an den jagdlichen Eigenschaften seines „Bobi Šelle" und wollte ihn gern weiter zur Zucht einsetzen, allerdings galt Grau beim Böhmischen Rauhbart als Fehlfarbe, also zuchtausschließend. Da lag es relativ nah, ihn zum Decken einer rauhaarigen Weimaranerhündin des befreundeten Jägers Koloman Slimák einzusetzen, der unter dem Zwingernamen „z Karpat" züchtete. Dieser stieg nach anfänglicher Skepsis begeistert in das Projekt ein und suchte für die Welpen der ersten Generation Partner nicht nur unter den rauhaarigen Weimaranern, sondern auch bei anderen Böhmisch-Rauhbart-Züchtern, denn Greznarik war nicht der einzige, bei dem sich gelegentlich graue Welpen in den Wurf mischten. Diese Nachkommen wurden etliche Jahre lang als rauhaarige Weimaraner ins Zuchtbuch des Slowakischen Jägerverbands eingetragen. Als der jedoch 1974 eine Anfrage an den deutschen Weimaraner Klub stellte, die Hunde als Drahthaar-Variante des Weimaraners anzuerkennen, wurde diese wegen der Fremdblutzufuhr abgelehnt. Da die „rauen Grauen" aber inzwischen in ihrer Heimat schon sehr bekannt und beliebt geworden waren, entschied sich der slowakische Jägerverband, sie als eigene Rasse weiterzuzüchten. Von den engen Vorgaben befreit, kreuzte man in den Folgejahren gelegentlich auch Deutsch Drahthaar und Pudelpointer ein und konzentrierte sich stärker auf die Arbeitseigenschaften als allein die Farbe, es wurden also auch andere Fellfarben als die weimaranergraue zugelassen.

1983 wurden diese Bemühungen durch die Anerkennung der FCI als Slovenský hrubosrstý stavač – der Einfachheit halber gern als SHS abgekürzt – gekrönt.

Heute ist der Slowakische Rauhbart in seiner Heimat bei Jägern sehr beliebt und verdankt dies seinen optimalen Jagdanlagen, dem intelligenten, lernwilligen und leicht dirigierbaren Wesen sowie dem wetterfesten Haarkleid. Auch in Großbritannien hat sich seit den 2000er Jahren eine größere Population entwickelt, hier jedoch leider nur als reine Ausstellungszucht.

Auf der Jagd zeigt sich der Slowake vielseitig einsetzbar. Er sucht mit hoher Nase auf dem Feld oder mit tiefer auf der Schweißspur, stöbert im Wald oder Schilf, steht vor, apportiert gut und gern und weiß sich im Bedarfsfall auch gegen angriffslustiges Wild zu wehren. Auf frischer Fährte zeigt er Spurlaut. Kenner der Rasse schwärmen von ihrer „Führigkeit", Menschenbezogenheit und Ausgeglichenheit bei gleichzeitigem Temperament und Durchhaltevermögen auf der Jagd. Zuhause ist er freundlich, verspielt und anhänglich.

FCI-Gruppe 7

Auszug aus dem Standard:

„Mittelkräftiger Hund vom Gebrauchshundetyp, aber dennoch edel im Körperbau. Die Grundfarbe des Haarkleides nennt man ‚Grau' und das Haar ist rau. Er muss sich zur Arbeit in der Ebene, im Wald und im Wasser eignen, vor allem aber zur Arbeit nach dem Schuss, zur Nachsuche nach verletztem Wild und zum Apportieren. Er ist gehorsam und leicht auszubilden."

Arbeitsprüfung

FCI-Standard Nr. 239
Gruppe: 7
Sektion 1: Kontinentale Vorstehhunde
1.1 Typ „Braque“

Größe
Rüde: 58–64 cm
Hündin: 54–60 cm

Gewicht
Keine Angabe im FCI-Standard (i. d. R. 20–29 kg)

Farbe/Haarkleid
Verschiedene Abstufungen von Semmelgelb (Behang etwas dunkler, sonst einheitlich), unerwünscht sind rote, bräunliche, hellgelbe oder aufgehellte Farbtöne; weiße Abzeichen an Brust, Kehle oder Zehen sind möglich und gelten nicht als Fehler.

Drahthaar mit wasserabweisender Unterwolle

Drótszőrű Magyar Vizsla

(Drahthaariger Ungarischer Vorstehhund)

Ursprünglicher Verwendungszweck:
Jagdgebrauchshund, in Feld, Wald und Wasser vielseitig einsetzbar

Der Drahthaarige Magyar Vizsla entstand in den 1930er Jahren in Ungarn durch Kreuzung des kurzhaarigen Magyar Vizsla mit Deutsch Drahthaar, wodurch man sich mehr Wetterfestigkeit und Wasserfreudigkeit als beim oft leicht „verfrorenen“ Kurzhaar, aber auch etwas mehr Schärfe erhoffte. Er ist der engste Verwandte des kurzhaarigen Magyar Vizsla und besitzt auch die gleichen Rassemerkmale, hat aber vom Deutsch Drathaar einen etwas robusteren Körperbau geerbt.

Er ist ein Allround-Jagdhund mit feiner Nase, der auch im schwierigen Gelände oder im Wasser gerne und beharrlich sucht, sehr gut vorsteht, mit großer Bringfreude apportiert oder bei Bedarf nachsucht. Er wird traditionell zur Jagd auf Niederwild, also Fasan, Ente, Hase & Co. eingesetzt und zeigt eher Sicht- als Spurlaut.

Anders als das durch das raue Haar, den Bart und die Augenbrauen robust und kernig wirkende Äußere vermuten lässt, ist der drahthaarige Ungar ein ausgesprochen anhänglicher und sensibler Hund. Entgegen dem Deutsch Drahthaar, der als echter Draufgänger gilt, orientiert er sich auch bei der Jagd immer sehr stark an seinem Menschen und entfernt sich niemals weit von ihm. Das ist nicht etwa Angst oder mangelndem Selbstbewusstsein geschuldet, sondern einfach der Tatsache, dass er gerne mit dem Jäger im Team arbeiten möchte. Wer einen Vizsla führt, dem ist das Warten auf den Hund fremd, sagt man. Im Umkehrschluss heißt das auch, dass ein Magyar Vizsla, egal ob Draht- oder Kurzhaar, eine grobe, laute Behandlung und strenge „Abrichtversuche“ überhaupt nicht verträgt: Er wird dann die Zusammenarbeit umgehend aufkündigen. Trotz dieser zarten Seite sucht der Vizsla auf der Jagd aber sehr ausdauernd und beharrlich und schreckt auch bei der Begegnung mit wehrhaftem Wild nicht zurück.

Seine charakterlichen Eigenschaften machen ihn zusammen mit der leuchtend-goldenen Farbe auch als Familienhund attraktiv. Tatsächlich gehört der Magyar Vizsla, egal ob Kurz- oder Drahthaar, zu den wenigen Vorstehhunderassen, die auch außerhalb des jagdlichen Einsatzes gut gehalten werden können, auch wenn Jäger dies gar nicht gerne hören und nicht fördern möchten, denn sie fürchten vor allem – und wahrscheinlich auch nicht ganz zu Unrecht – dass die guten jagdlichen Arbeitseigenschaften der Rasse verloren gehen könnten, wenn man in der Zucht durch geänderte Nachfrage plötzlich andere Schwerpunkte setzen würde.

Die menschenbezogene und anhängliche Art des Vizslas macht die Erziehung leicht, dennoch müssen sich Interessenten natürlich bewusst sein, dass ein Jagdhund eine seiner Veranlagung entsprechende Beschäftigung braucht, um ausgeglichen und zufrieden zu sein. Herumsitzen in der Wohnung ist nichts für ihn, auch wenn er sich nach einem spannenden Tag draußen an der frischen Luft

gerne auf dem Sofa ankuschelt. Vor allem jede Form der Nasenarbeit bietet sich an: Der Vizsla wird immer mit Feuereifer bei der Sache sein. Auch in einigen Rettungshundestaffeln sind inzwischen Drahthaar-Vizslas zu finden.

Auszug aus dem Standard:

„Ein lebhafter, semmelgelber, trockener und hagerer Jagdhund, dessen Körperbau robuster ist als der des kurzhaarigen ungarischen Vorstehhundes. Seine Erscheinung ist das Spiegelbild eines für jeden Zweck geeigneten Vorstehhundes und lässt Ausdauer, Leistungsfähigkeit und Anspruchslosigkeit erkennen."

Feld- und Wasserprüfung
Arbeitsprüfung

FCI-Standard Nr. 57
Gruppe: 7
Sektion 1: Kontinentale Vorstehhunde
1.1 Typ „Braque“

Größe
Rüde: 58–64 cm
Hündin: 54–60 cm

Gewicht
Keine Angabe im FCI-Standard (i. d. R. 20–29 kg)

Farbe/Haarkleid
Verschiedene Abstufungen von Semmelgelb (Behang kann etwas dunkler sein, sonst einheitlich in der Farbe), unerwünscht sind rote, bräunliche, hellgelbe oder aufgehellte Farbtöne; weiße Abzeichen an Brust, Kehle oder Zehen sind möglich und gelten nicht als Fehler.

Kurzhaar ohne Unterwolle

Rövidszőrű Magyar Vizsla
(Kurzhaariger Ungarischer Vorstehhund)

Ursprünglicher Verwendungszweck:
Jagdgebrauchshund, in Feld, Wald und Wasser vielseitig einsetzbar

Als das Nomadenvolk der Magyaren im 9. Jahrhundert aus dem Osten in die ungarische Tiefebene zwischen den Flüssen Donau und Theiß einwanderte, hatte es nicht nur Pferde und Vieh, sondern selbstverständlich auch Hunde dabei. Welche genau die Steppenreiter mitbrachten, können wir nicht wissen, aber sehr wohl vermuten, dass es damals schon je nach Verwendungszweck schwere und große Wach- und Schutzhunde, leichtere Hütehunde und auf die Jagd spezialisierte Hunde gab. Letztere wurden bei den Völkern der asiatischen Steppen, aus denen die Magyaren ja stammten, vor allem zur Vogeljagd mit dem Falken verwendet. Die Hunde mussten die am Boden hockenden Vögel auftreiben, damit der Falke zuschlagen konnte. Der Vizsla wurde aber auch zum Suchen, Markieren (Vorstehen) und Apportieren eingesetzt, auch aus dem Wasser. Er ist gut an das heiße und trockene Klima der Puszta angepasst und kann sehr ausdauernd laufen und suchen.

Für die Herkunft des Wortes „Vizsla“ gibt es mehrere Deutungen – vom Finno-Ugrischen „vizi“ für „suchen“ oder „nachspüren“, während andere Quellen meinen, es stamme vom ungarischen Wort „viz“ für „Wasser“ ab und beschreibe damit die Fähigkeit des Hundes, auch im Wasser zu arbeiten. Beide Erklärungen sind denkbar.

In ihrer heutigen Form entstand die Rasse erst im 19. Jahrhundert, als auch andere Jagdhunderassen, vor allem Pointer, eingekreuzt wurden.

Der Vizsla ist eleganter als viele andere Vorstehhunde und hat eher mäßig starke Knochen bei hohen Läufen. Er sieht aus, als könne ein Schuss Windhundeblut in ihm stecken. Das verleiht ihm zusammen mit der rötlichen oder semmelgelben Farbe ein sehr attraktives Äußeres, das auch auf Nichtjäger anziehend wirkt. Man trifft ihn daher immer häufiger als Familienhund, was die Jägerschaft nicht so gerne sieht, da sie durch eine reine „Schönheitszucht“ den Verlust der jagdlichen Eigenschaften befürchtet. Viele Jäger in unseren Breiten halten den Vizsla aber ohnehin für „zu weich“, und im Vergleich zu einem kernigen Deutsch Drahthaar ist er in der Tat ein Sensibelchen, das ruppige Umgangsformen überhaupt nicht verträgt. Das heißt aber nicht, dass er nicht ebenso exzellent sucht, vorsteht und apportiert! Er gilt als besonders leichtführig und orientiert sich bei der Jagd stets an seinem Menschen, mit dem er die Zusammenarbeit sucht. Wie schon beim Drahthaar-Vizsla erwähnt, heißt es bei seinen Anhängern: Wer einen Vizsla führt, dem ist das Warten auf den Hund fremd.

Wer ihn als Familienhund halten möchte, muss seinem großen Lauf- und Bewegungsbedürfnis natürlich gerecht werden und den starken Drang zum Suchen und Verfolgen von Wildspuren in andere Bahnen lenken, zum Beispiel durch Spürhundearbeit. Das fröhliche und anhängliche Naturell macht das Zusammensein mit ihm sehr angenehm und auch mit Kindern und anderen

Haustieren kommt er gut zurecht. Seine Intelligenz verlangt aber auch einen intelligenten Umgang mit ihm, um ihm die Regeln des Zusammenseins zu vermitteln, ohne ihn zu demotivieren.
Als Kind der Steppe friert er bei nasskaltem Wetter mit seinem feinen und kurzen Haar relativ schnell und benötigt dann möglicherweise zusätzlichen Schutz.

Auszug aus dem Standard:
„Mittelgroßer, eleganter Jagdhund von edlem Äußeren und mit kurzem, semmelgelbem Haarkleid. Der eher leichte, trockene, hagere Aufbau spiegelt die Harmonie von Schönheit und Kraft wider."

FCI-Gruppe 7

Weimaraner

Ursprung: Deutschland

Arbeitsprüfung

FCI-Standard Nr. 99
Gruppe: 7
Sektion 1: Kontinentale Vorstehhunde
1.1 Typ „Braque"
Varietäten: 2 (Haarkleid)

Größe
Rüde: 59–70 cm
Hündin: 57–65 cm

Gewicht
Rüde: 30–40 kg
Hündin: 25–35 kg

Farbe/Haarkleid
Silber-, Reh- oder Mausgrau (sowie Übergänge zwischen diesen Farbtönen); Kopf und Behänge meist etwas heller, weiße Abzeichen sind nur in geringem Maß an der Brust und an den Zehen zulässig, gelegentlich über der Rückenmitte ein mehr oder weniger gut ausgeprägter dunkler „Aalstrich"

a) **Kurzhaar** ohne oder mit wenig Unterwolle
b) **Langhaar** mit oder ohne Unterwolle

Ursprünglicher Verwendungszweck:
Jagdgebrauchshund zum Vorstehen für die Vogeljagd

Der Weimaraner fällt unter allen Vorstehhunden zunächst durch seine silbermausgraue oder silberrehfarbene Fellfarbe auf, die genetisch durch einen Verdünnungsfaktor entsteht. Dieser hellt die Grundfarbe schwarz zu „blau" und braun zu silber bis isabellfarben auf, das je nach Rasse unterschiedliche Namen hat wie eben beim Weimaraner „silberrehfarben". Das gleiche Phänomen sorgt auch dafür, dass seine Augen bernsteingelb statt dunkelbraun sind (beim Welpen sind sie himmelblau, bevor sie sich umfärben) und die Nase fleischfarben bis grau anstatt schwarz ist.

Die silbergraue Farbe kam schon im 17. Jahrhundert gelegentlich bei Vorstehhunden vor. Zur Entstehung der Rasse gibt es unterschiedliche Theorien. Wahrscheinlich stammt sie von deutschen Vorstehhunden (Bracken) ab und wurde schon im ersten Drittel des 19. Jahrhunderts vom Großherzog Karl August von Sachsen-Weimar-Eisenach am Hof zu Weimar gehalten. Das Epizentrum der Zucht lag ab Mitte des 19. Jahrhunderts bei Berufsjägern und Förstern in Mitteldeutschland, vor allem in der Gegend um Weimar und in Thüringen. Ab etwa 1890 wurde planmäßig gezüchtet, wobei die ersten Weimaraner noch als „blaue" Varietät des Deutsch Kurzhaar ins Zuchtbuch des „Klub Kurzhaar" eingetragen wurden, bis 1897 in Erfurt der erste Rasseverein gegründet wurde. Von Anfang an kamen auch wieder langhaarige Welpen in den Würfen vor, die lange Zeit unerwünscht waren, heute aber als eigene Varietät geführt werden und ihren eigenen Liebhaberkreis haben.

Der Weimaraner ist von seiner Veranlagung her ein Vollgebrauchshund, der zur Suche in Feld, Wald und Wasser, zum Vorstehen, Apportieren und zur Nachsuche eingesetzt werden kann, wobei die Arbeit nach dem Schuss seine besondere Stärke ist. Er ist lernwillig, aber selbstbewusst und benötigt eine konsequente Erziehung. Von Anfang an waren in der Zucht, anders als bei anderen Vorstehhunden, auch Schutztrieb und „Mannschärfe" ausdrücklich erwünscht, um den Förster oder Jäger notfalls auch verteidigen zu können. Die Anlage dazu steckt immer noch in den meisten Rassevertretern und zeigt sich oft erst im Alter von drei bis vier Jahren, was für so manchen unvorbereiteten Besitzer eine Überraschung darstellen kann. Der heutige Standard versucht dies durch die letzten Änderungen zu relativieren, indem er ausdrücklich hervorhebt, dass der Hund keinesfalls aggressiv gegen andere Hunde und Menschen sein dürfe. Nun ist Aggressivität nicht unbedingt mit Schutztrieb gleichzusetzen, aber man sollte wissen, dass so mancher Weimaraner eben kein Freund davon ist, wenn sich Fremde ungefragt ihm oder seinen Menschen annähern.

Während das strenge Zucht- und Prüfungssystem des deutschen Weimaraner Klubs dafür sorgt, dass nur Hunde aus nachweislich guten Arbeitslinien in die Zucht kommen und Welpen nur an Jäger abgegeben werden, hat der attraktive graue Hund im Ausland, vor allem in den USA, einen Beliebtheitsboom als schickes Accessoire erfahren, was leider seinen ursprünglichen Arbeitseigenschaften

nicht gutgetan hat. Der „Grey Ghost“, wie er dort bewundernd genannt wird, avancierte zum Modehund, nachdem unter anderem Frank Sinatra und Grace Kelly einen hielten – etwas, das Jäger nicht gerne sehen.
Es gibt durchaus Weimaraner, die erfolgreich als Familienhunde in Privathand gehalten werden, aber kenntnisreiche Erziehung und Auslastung sind wichtig und das attraktive Äußere darf nicht darüber hinwegtäuschen, dass es sich hier um einen dynamischen Vollblut-Jagdhund mit dem entsprechenden Jagdtrieb und der entsprechenden Beharrlichkeit handelt.

Auszug aus dem Standard:

„Mittelgroßer bis großer Jagdgebrauchshund; zweckmäßiger Arbeitstyp, formschön, sehnig, mit kräftiger Muskulatur. (...) Nase von bemerkenswerter Güte; raubzeug- und wildscharf; auch wachsam, jedoch nicht aggressiv; zuverlässig im Vorstehen und in der Wasserarbeit; bemerkenswerte Neigung zur Arbeit nach dem Schuss.“

Arbeitsprüfung

FCI-Standard Nr. 117
Gruppe: 7
Sektion 1: Kontinentale Vorstehhunde
1.2 Typ „Spaniel“

Größe
Rüde: 60–70 cm
Hündin: 58–66 cm

Gewicht
ca. 30 kg

Farbe / Haarkleid
Braun, Braun-weiß, Dunkelschimmel, Hellschimmel, Braunschimmel, selten Forellenschimmel. Vereinzelt kann als altes Brackenerbe gelber Brand auftreten.

Mittellanghaar mit guter Unterwolle

Deutsch Langhaar

Ursprünglicher Verwendungszweck:
Jagdgebrauchshund, in Feld, Wasser und Wald vielseitig einsetzbar

Der Deutsch Langhaar ist nicht etwa, wie sein Name vermuten lassen könnte, die langhaarige Version des Deutsch Kurzhaar, sondern er stammt von anderen Ahnen ab, hat deshalb andere Eigenschaften und gehört innerhalb seiner FCI-Gruppe einer anderen Untersektion an, nämlich der Sektion Typ „Spaniel“, was seine Eigenschaften schon ganz gut beschreibt. Eng verwandt ist er eher mit dem Großen Münsterländer Vorstehhund und ist wie dieser ein Nachkomme der mittelalterlichen „Habicht- und Wachtelhunde“, die mit dem französischen Épagneul (= frz. „Spaniel“) gekreuzt wurden. Schon auf alten Jagdgemälden und Wandteppichen aus dem Mittelalter kann man langhaarige Hunde auf der Vogeljagd sehen, die dem heutigen Deutsch Langhaar ähnlich sehen. Ihr besonderes Talent war das Suchen und Aufstöbern von Wildvögeln einschließlich Enten und das Anzeigen derselben durch Vorstehen. Auch konnte er damals schon den erlegten Vogel unbeschadet zum Jäger zurückbringen. Als eigene Rasse wird der Deutsch Langhaar seit 1879 rein gezüchtet, als anlässlich der Ausstellung des „Vereins zur Veredelung der Hunderassen“ in Hannover der

> **Auszug aus dem Standard:**
> „Kräftig, muskulös, tiefgestellt, flüssige Linien. Bei kleineren Hunden muss viel Substanz verlangt werden, allzu massige und dabei schwerfällige Hunde sind nicht erwünscht. (...) Ausgeglichen, ruhig, gezügeltes Temperament, gutartig, leicht zu führen."

erste Rassestandard schriftlich festgehalten wurde. Besondere Verdienste um die Zucht der Rasse erwarb sich Freiherr von Schorlemer, nach dem heute noch die Herbstzuchtprüfung des Verbands benannt ist.

In den ersten drei Jahrzehnten waren neben Braun, Braunschimmel und Braun-Weiß auch noch die Fellfarben Schwarzschimmel und Schwarz-Weiß erlaubt, bevor sich 1919 aufgrund von Streitigkeiten über die richtige Farbe der „Verein für die Reinzucht des langhaarigen, großen, schwarz-weißen Münsterländer Vorstehhundes" abspaltete. Nach einigen regionalen Vorläufer-Zusammenschlüssen wurde der erste deutschlandweite Zuchtverein für den Deutsch Langhaar 1926 gegründet und besteht bis heute.

Der Deutsch Langhaar war aber schon früh mehr als „nur" ein Vogelhund, sondern vielseitig auf der Jagd einsetzbar, was ihm seinen Beinamen „Alter Försterhund" einbrachte. Er war also weder nur auf ein Beutetier noch auf nur ein Einsatzgebiet beschränkt, sondern er konnte neben der Entenjagd im Schilf oder der Rebhuhnjagd in der Heide auch ebenso gut spurlaut im Wald die Spuren von Reh, Wildschwein oder Fuchs verfolgen, seien sie vom gesunden oder vom verletzten Tier oder im Feld akkurat nach Hasen suchen und diesen vorstehen. Kurzum, ein sogenannter Vollgebrauchshund, der auch heute noch ein guter Allrounder ist oder je nach Ausbildungsschwerpunkt zum Spezialisten gemacht werden kann. Als „Schweizer Messer eines Jägers" beschrieb ihn einmal treffend Christoph Jung.

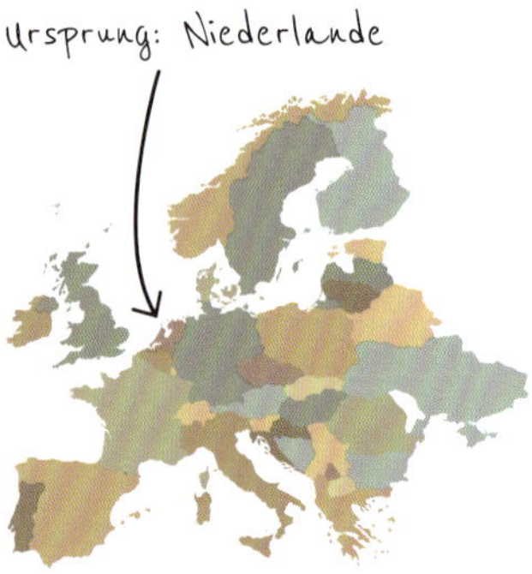

FCI-Standard Nr. 224
Gruppe: 7
Sektion 1: Kontinentale Vorstehhunde
1.2 Typ „Spaniel“

Größe
Rüde: 58 – 63 cm
Hündin: 55 – 60 cm

Gewicht
Rüde: 30 – 35 kg
Hündin: 25 – 31 kg

Farbe / Haarkleid
Weiß mit braunen Flecken (mit oder ohne Tüpfelung), Schimmelung (Mischung brauner und weißer Haare am ganzen Körper) ist nicht erlaubt. Hunde mit Mantelzeichnung sind wenig erwünscht.

Glattes Deckhaar mit wasserabweisender Unterwolle

Drentsche Patrijshond

(Drent'scher Hühnerhund)

Ursprünglicher Verwendungszweck:
Vorstehhund, traditionell zur Jagd auf Rebhühner und anderes Federwild

Die Vorfahren dieses mittelgroßen Vorstehhundes sind seit ungefähr dem 16. Jahrhundert in den Niederlanden bekannt. Er war vor allem in der abgelegenen Provinz Drente verbreitet, die durch ausgedehnte Torfmoore gekennzeichnet war. Hier gab es zahlreiche Rebhühner, Wachteln und Birkhühner, die von den ansässigen Bauern mit Netzen gefangen wurden. Die Hunde halfen dabei, das Wild zu finden und durch Vorstehen anzuzeigen.
Der Drent'sche Hühnerhund entstand aus einer Vermischung einheimischer Hunde mit spanielähnlichen Hunden aus Frankreich und Spanien, die man damals „Spioenen“ oder „Spanjoelen“ nannte. Er ist eng verwandt mit dem Kleinen Münsterländer und auf alten Gemälden sind die „Vogelhunde“ der Niederlande und der der benachbarten westfälischen Provinzen praktisch nicht voneinander zu unterscheiden. Der heutige Drentsche Patrijshond erhielt sich aber durch die isolierte Lage der Provinz Drente ohne weitere Einkreuzungen ziemlich rein und verkörpert deshalb einen etwas älteren Typ des mitteleuropäischen Vogelhundes. Er ist etwas größer und schwerer als der Kleine Münsterländer und anders als bei diesem sind auch die Farben weiß-orange und dreifarbig erlaubt.
Übrigens verursachte auf deutscher Seite der Förderer des Kleinen Münsterländer Vorstehhundes, Edmund Löns (der Bruder des bekannten Heidedichters Hermann Löns), in der aufkommenden Nazizeit nach dem Ersten Weltkrieg einen mittleren Skandal, als er einen braun-weißen „Rüden aus Holland“ mit seiner Hündin verpaarte – das wurde als „Verunreinigung einer urdeutschen Rasse“ gesehen, während diese Aufregung in den Niederlanden erst recht dazu führte, dass man sich für den einheimischen Patrijshond interessierte, denn an diesem musste dann ja wohl etwas Besonderes dran sein.
Der erste Zuchtverband „Nederlandse Vereniging – De Drentsche Patrijshond” wurde 1948 gegründet.
Heute ist er ein vielseitiger Jagdhund, der in fast allen Jagdisziplinen eingesetzt werden kann. Er hat eine feine Nase und apportiert auch sehr gerne. Typisch für ihn ist das eifrige Kreisen der Rute, wenn er eine Spur gefunden hat und diese verfolgt. Hat er Wild gefunden, „friert“ er auf der Stelle ein und steht diesem unerschütterlich vor, bis der Jäger da ist. Er entfernt sich nie weit vom Jäger und gilt aus ausgesprochen freundlich und anhänglich – Eigenschaften, die ihn in den Niederlanden auch zu einem beliebten Begleithund für aktive Menschen gemacht haben, die sich zum Beispiel ehrenamtlich in der Rettungshundearbeit engagieren. Der niederländische Zuchtverband achtet aber sehr darauf, dass die jagdlichen Arbeitseigenschaften weiter geprüft und gefördert werden.
Sein mittellanges Fell hat eine glatte und seidige Struktur. Durch die Befederung an den Läufen und an der Rute wirkt es insgesamt länger, als es ist.

FCI-Gruppe 7

Auszug aus dem Standard:

„Gut proportionierter, trocken bemuskelter Hund mit klar umrissenem Körper, der Kraft und auch die Fähigkeit zu einer für einen Jagdhund notwendigen Geschwindigkeit erkennen lässt. Er hat einen leicht keilförmigen Kopf. (…) Der ideale Hund für die Jagd in verschiedenartigem Gelände."

Arbeitsprüfung

FCI-Standard Nr. 106
Gruppe: 7
Sektion 1: Kontinentale Vorstehhunde
1.2 Typ „Spaniel“

Größe
Rüde: 57–62 cm
Hündin: 55–60 cm
Eine Toleranz von +/- 2 cm ist zulässig.

Gewicht
Keine Angabe im FCI-Standard (i. d. R. 22–30 kg)

Farbe/Haarkleid
Silbergrau bis grauschwarz gesprenkelt (bläulich wirkend, mit oder ohne schwarze Flecken)

Glatthaar, leicht gewellt

Épagneul bleu de Picardie
(Blauer Picardie-Spaniel)

Ursprünglicher Verwendungszweck:
Vorstehhund für alle Arten von Kleinwild, besonders geschickt in der Waldschnepfenjagd

Wie sein Name schon sagt, stammt dieser Vorstehhund aus der Picardie im Nordwesten Frankreichs und ist sehr eng mit dem Épagneul Picard verwandt. Manche Quellen sagen, er sei sogar nur eine Farbvariante von diesem, andere sprechen von einer Einkreuzung englischer Setter. Jedenfalls wurden Gemälden und schriftlichen Berichten zufolge die Vorläufer beider Rassen schon am Hof des französischen Königs Ludwig XII. gezüchtet – so bedankt sich dieser in einem Brief aus dem Jahr 1512 für den Erhalt von zwei „Bleus de Picardie“.

In der Picardie gab es seit dem Mittelalter weite, landwirtschaftlich genutzte Felder, die sich mit Wäldern, Sümpfen und Wasserflächen abwechselten. Man brauchte zur Jagd auf Schnepfen, Enten und anderes Niederwild also Hunde, die sowohl ins Dornengebüsch als auch in die Schilfgürtel der Gewässer gingen, um das Wild aufzustöbern.

Der erste Standard wurde 1938 in Frankreich aufgestellt. Da beide Weltkriege im Nordwesten Frankreichs, an den Ufern von Somme und Marne, besonders schlimm gewütet hatten, war die Rasse nach dem Zweiten Weltkrieg beinahe verschwunden und es ist nur einer Handvoll engagierter Züchter zu verdanken, dass sie erhalten blieb. Aber auch heute noch ist sie selten und nach wie vor hauptsächlich auf ihr Ursprungsgebiet beschränkt.

Anders als die Rassebezeichnung vermuten lässt, ähnelt der Blaue Picardie-Spaniel äußerlich eher einem Großen Münsterländer oder Gordon Setter als einem typischen Spaniel, wie er uns vom Bild zum Beispiel eines Cocker Spaniels her geläufig ist. So ist er auch vom Einsatzzweck her ein typischer Vorstehhund und vielseitiger Jagdhund. Er sucht methodisch und gründlich, apportiert gerne und ist auch bei der Nachsuche auf Schweißfährten erfolgreich einsetzbar. Dem Wasser gilt nach wie vor seine besondere Vorliebe.

Jäger, die mit ihm unterwegs sind, schätzen besonders seine unerschütterliche Ruhe und Ausgeglichenheit – jegliche Art von Nervosität ist ihm fremd. Er gilt außerdem als ausgesprochen menschenfreundlich und anhänglich, sodass er sich trotz aller Jagdpassion nie allzu weit vom Jäger entfernt.

Im deutschsprachigen Raum kommen blaue Picardie-Spaniel extrem selten vor, auch wenn der 2009 verstorbene Ferdinand Graf von Deym einiges zu seiner Bekanntmachung beigetragen hat.

Das glatte oder leicht gewellte Haarkleid ist grauschwarz getüpfelt (französisch: gris noir moucheté), sodass es aus der Ferne einen bläulichen Gesamteindruck vermittelt. Auffallend sind auch seine langen, seidenweich behaarten Ohren, die sein Gesicht einrahmen. Französische Quellen führen ihn wegen seines unkomplizierten, freundlichen Charakters auch als geeigneten Familienhund auf. Dennoch bleibt er natürlich ein Jagdhund mit dem entsprechenden Bedürfnis nach Bewegung und Beschäftigung.

Auszug aus dem Standard:

„Hund von mittleren Proportionen und kontinentalem Spaniel-Typ (französisch ‚Braque') mit glattem oder leicht gewelltem Haar. Die Einzigartigkeit und Eleganz des Épagneul Bleu de Picard stammen von der typischen Farbe seines Haarkleids. Recht nah am Boden, gut gebaut für seinen Einsatzzweck. Das allgemeine Erscheinungsbild ist das eines echten französischen Spaniels."

FCI-Standard Nr. 95
Gruppe: 7
Sektion 1: Kontinentale Vorstehhunde
1.2 Typ „Spaniel"

Größe
Rüde: 48 – 51 cm
(ideal: 49 – 50 cm)
Hündin: 47 – 50 cm
(ideal: 48 – 49 cm)
Eine Toleranz von +/- 1 cm ist zulässig.

Gewicht
Keine Angabe im FCI-Standard
(i. d. R. 13 – 15 kg)

Farbe / Haarkleid
Weiß und Orange, Weiß und Schwarz, Weiß und Braun (mit mittelmäßig überhandnehmender Scheckung in Form von unregelmäßigen Platten)

Glatthaar (fein, leicht gewellt)

Épagneul Bréton

(Bretonischer Spaniel)

Ursprünglicher Verwendungszweck:
Vorstehhund für Niederwildjagd

International besser als „Brittany" bekannt, steht dieser kleinste aller Vorstehhunde in Frankreich auf Platz eins der beliebtesten Jagdhunde. Manche vermuten in ihm sogar den zahlenmäßig beliebtesten Jagdhund weltweit. Äußerlich mag er auf den ersten Blick dem Kooikerhondje ähneln, ist aber nicht wie dieser ein Stöberhund, sondern eben tatsächlich ein Vorstehhund, der dadurch gekennzeichnet ist, dass er mit hoher Nase eine Geländefläche absucht und das geortete Wild in der typischen Vorstehpose anzeigt. Er sucht mit großem Aktionsradius beharrlich, aktiv und selbstständig das Gelände ab, zeigt Ausdauer beim Vorstehen und bringt erlegtes Wild nach dem Schuss freudig zurück. Auch auf die Schweißfährte kann er ausgebildet werden und ist damit ein vielseitig einsetzbarer Jagdgebrauchshund von angenehmer Größe und angenehmem Wesen, denn er zeichnet sich durch große Freundlichkeit und Anhänglichkeit

Auszug aus dem Standard:
„Er ist harmonisch gebaut und sein Knochengerüst ist kräftig, ohne grob zu sein. Gesamthaft gesehen ist er kompakt, stämmig und kräftig, jedoch ohne Schwere und recht elegant. Sein Ausdruck ist lebhaft und aufgeweckt. Er zeigt den Typ eines kleinen quadratisch gebauten Hundes voller Energie (…)."

dem Menschen gegenüber aus, dem er gern alles Recht machen möchte. Dem Wild gegenüber zeigt er jedoch durchaus Schärfe – man sollte ihn in seiner Jagdpassion und Energie keinesfalls unterschätzen! Als „der kleine Vollgebrauchshund mit großer Leistung" bezeichnet ihn der Club für Bretonische Vorstehhunde, der ihn in Deutschland betreut.
Seine Vorfahren waren schon seit dem Mittelalter in der Bretagne zuhause und zählten zu den in ganz Mitteleuropa verbreiteten Vogelhunden, die man zur Jagd auf Federwild mit Netzen, dem Jagdfalken oder später der Schusswaffe einsetzte. Die frühen Bretonen waren sehr wahrscheinlich noch derber und gröber, bis man zu Beginn des 19. Jahrhunderts englische Spaniel und Setter einkreuzte. Im Jahr 1907 stellte man in Frankreich einen ersten Rassestandard auf und führte ab 1912 regelmäßig Gebrauchsprüfungen durch.
Seine Rute kann natürlich lang oder eine angeborene Stummelrute sein. Früher versuchte man mangels genetischer Kenntnisse eine Zeitlang, die Stummelrute als typisches Rassemerkmal in der Zucht zu festigen, was aber gründlich schiefging, da die Hunde, wenn sie diese Veranlagung von beiden Elterntieren mitbekommen, unter starken bis hin zu tödlichen Gesundheitsproblemen leiden.
Wer als Nichtjäger über den hübschen Bretonen als Begleithund nachdenkt, sollte sich darüber im Klaren sein, dass dieser im freien Gelände erstens einen großen Aktionsradius hat, sprich schnell und weit hinausläuft, und zweitens allem und jedem vorsteht – und sei es ein Mauseloch – und in dieser Phase auch kaum für irgendetwas ansprechbar ist. Er mag sanft und anhänglich zu Menschen und zu Artgenossen sein, aber draußen ist er ein überschäumendes Energiebündel, das mit verständnisvoller Konsequenz, aber ohne jegliche Härte behandelt werden möchte.

Arbeitsprüfung

FCI-Standard Nr. 114
Gruppe: 7
Sektion 1: Kontinentale Vorstehhunde
1.2 Typ „Spaniel"

Größe
52–58 cm

Gewicht
Keine Angabe im FCI-Standard (i. d. R. 20 kg)

Farbe / Haarkleid
Kastanienbraun, vorzugsweise grau durchsetzt

Kraushaar (leicht filzig, ölig)

Épagneul de Pont-Audemer
(Pont-Audemer-Spaniel)

Ursprünglicher Verwendungszweck:
Vorstehhund für Niederwild, besonders Waldschnepfen- und Entenjagd

Dieser Vorstehhund mit dem ungewöhnlich gelockten Fell verdankt seine Haarpracht der Einkreuzung von Irish Water Spaniels in einen alten nordfranzösischen Spaniel-Regionalschlag. Pont Audemer ist eine Stadt in der Normandie, in deren Umland es schon seit Jahrhunderten sogenannte „Vogelhunde" zur Jagd auf Federwild einschließlich Wasservögeln gab. Schon aus dem Mittelalter sind uns Berichte über ihren Jagdeinsatz in Feld, Wald und Wassergebieten überliefert.
Räber (1995) vermutet, dass daneben auch der Barbet und möglicherweise auch der Pudel, beides alte Wasserhunde-Rassen, bei seiner Entstehung mitgespielt haben könnten. Eine systematische Zucht des „Ponto", wie er heute in Frankreich oft kurz genannt wird, begann 1886. Daraufhin erlangte der lockige Jagdhelfer einige Beliebtheit bei Jägern nicht nur in der Normandie, sondern auch an der Loire und sogar in der südfranzösischen Camargue, kurzum überall da, wo die Jagd auf Wasservögel ein Thema war.
Diese ist auch heute noch seine große Spezialität und wird über Arbeitsprüfungen weiter in der Zucht gefestigt und verankert. Der „Clown der Sümpfe", wie die Franzosen ihn wegen seiner lebhaften Art, seiner Wasserfreude und seiner lustigen Haartolle auf dem Scheitelpunkt des Kopfes gerne nennen, ist aber auch alles andere als abgeneigt, seine feine Nase im Feld bei der Jagd nach Hasen, Rebhühnern oder Kaninchen einzusetzen. Da er daneben auch noch gut und gerne apportiert und auch zur Nachsuche auf der Schweißfährte eingesetzt werden kann, zählt er zu den vielseitig einsetzbaren Jagdgebrauchshunden.
Außerhalb Frankreichs trifft man ihn eher selten an, was eigentlich schade ist, denn er ist mit seiner freundlichen und kooperativen Art leicht auszubilden – nur Härte und schroffen Ton verträgt er überhaupt nicht. Wer ihn in seiner Motivation nicht stört, sondern wohlwollend fördert, bekommt mit ihm einen fleißigen Helfer, der auch am Ende eines langen Jagdtages noch mit Eifer dabei ist.
Französische Webseiten beschreiben ihn als sehr verspielt und ausgesprochen kinderfreundlich, was ihn auch zu einem geeigneten Familienhund machen soll. Als Jagdhund benötigt er natürlich dennoch viel Bewegung und Beschäftigung und kommt nur für aktive Menschen in Frage, die gern draußen unterwegs und bereit sind, etwas Zeit in das Training eines verlässlichen Rückrufs zu investieren.
Sein gekräuseltes, aber im Vergleich zum Pudel leicht raues und eher filziges Fell hat den Vorteil, nur sehr wenig zu haaren, dafür bleiben Kletten und Zweige gerne darin hängen. Ansonsten reicht wöchentliches Bürsten aus. Nach dem Schwimmen oder Baden trocknet es schnell.

Auszug aus dem Standard:

„Stämmiger und kräftiger Hund. (…) Die Läufe müssen recht kurz sein, sodass der Hund eher bodennah, jedoch nicht Cocker-ähnlich gebaut ist. (…) Die Stirn steigt zum Schopf hin an; dieser muss gut gekräuselt sein und auf dem Schädeldach liegen, er lässt die Stirn frei."

Arbeitsprüfung

FCI-Standard Nr. 175
Gruppe: 7
Sektion 1: Kontinentale Vorstehhunde
1.2 Typ „Spaniel"

Größe
Rüde: 56–61 cm
Hündin: 55–59 cm
Eine Toleranz von +2/-1 cm ist zulässig.

Gewicht
Keine Angabe im FCI-Standard (i. d. R. 24–30 kg)

Farbe/Haarkleid
Weiß und Braun in mittlerer Scheckung mit unregelmäßigen Platten (wenig oder mittelmäßig getüpfelt und ohne Übermaß geschimmelt), die Brauntönung reicht von zimt- bis dunkel leberfarben

Langhaar

Épagneul Français
(Französischer Spaniel)

Ursprünglicher Verwendungszweck:
Vorstehhund für die Netzjagd

Der „Spaniel", früher auch „Espaniel" oder „Esbainholz" oder in ähnlichen Varianten geschrieben, soll angeblich ursprünglich aus Spanien stammen und daher seinen Namen haben, erwiesen ist dies jedoch nicht. Andere Kynologen sind der Meinung, sie seien historisch eng verwandt mit den deutschen Wachtelhunden und langhaarigen Vorstehhunden, wieder andere sehen den Französischen Spaniel sogar als Urahn aller langhaarigen Vorstehhunderassen.

So oder so stammt die erste schriftliche Erwähnung eines Französischen Spaniels aus einer Urkunde des Jahres 1512. Die Hunde genossen schon damals einen hervorragenden Ruf über die Grenzen Frankreichs hinaus und wir wissen, dass sie auch in England als Spezialisten für die Vogeljagd begehrt waren und dorthin exportiert wurden. Auf der britischen Insel wurden sie züchterisch in eine eigene Richtung weiterentwickelt, um erst viel später wieder als englische Spaniels in ihre alte Heimat auf dem Kontinent zurückzukehren.

In Frankreich selbst waren die Spaniel gegen Ende des 19. Jahrhunderts fast vollständig verschwunden und von den englischen Vortstehhunden verdrängt

worden. In letzter Minute startete James de Connick 1891 ein Zuchtprogramm zur Rettung und schrieb einen ersten Standard, der leider sehr eng gefasst war, was die erlaubten Farben anging: Nur weiß-kastanienbraune Hunde sollten zur Zucht zugelassen werden. Lohfarbene Flecken über den Augen, wie sie hin und wieder vorkamen, galten als verpönt. Das war wenig weitsichtig, weil es die genetische Basis der ohnehin schon seltenen Rasse weiter einengte. Auch heute noch gilt die Rasse selbst im Ursprungsland als selten und gefährdet, und das, obwohl sie der Stammvater aller französischen Spanielrassen ist.

Auszug aus dem Standard:

„Sein harmonischer Körperbau offenbart die zur Erfüllung seiner Aufgabe notwendige Energie und Widerstandskraft. Der Knochenbau ist stark, aber nicht derb. (...) Er ist ein vorzüglicher Vorstehhund, aber auch gleichermaßen zum Apportieren begabt."

Der heutige Französische Spaniel wird auf den ersten Blick leicht für einen Kleinen Münsterländer oder Deutsch Langhaar gehalten. Wie diese Rassen, bei deren Entstehung er möglicherweise auch mitmischte, ist er nicht nur ein hervorragender Vorstehhund, sondern ein ebenso begabter Apportierer und Sucher. Er sucht weniger schnell und weiträumig als der Bretonische Spaniel, aber dafür gründlich und hält dabei immer die Verbindung zum Jäger. Er bleibt beharrlich bei der Sache, bis seine Aufgabe erledigt ist.

Wer mit dem Französischen Spaniel jagt, schätzt besonders seine Intelligenz, Menschenbezogenheit und seinen Gehorsam, was die Ausbildung leicht macht. In immer kleiner werdenden Jagdgebieten ist auch besonders von Vorteil, dass er immer nah beim Menschen bleibt und sich nicht zu schnell und weit von diesem weg orientiert.

Zuhause zeigt er sich anhänglich, verspielt und freundlich auch zu Kindern.

Arbeitsprüfung

FCI-Standard Nr. 108
Gruppe: 7
Sektion 1: Kontinentale Vorstehhunde
1.2 Typ „Spaniel“

Größe
Rüde: 57–62 cm
Hündin: 55–60 cm
Eine Toleranz von +/-2 cm ist zulässig.

Gewicht
Keine Angabe im FCI-Standard (i. d. R. 25–32 kg)

Farbe/Haarkleid
Grau getüpfelt mit braunen Platten an verschiedenen Körperregionen und am Rutenansatz, meistens mit lohfarbenen Abzeichen an Kopf und Pfoten.

Langhaar

Épagneul Picard
(Picardie-Spaniel)

Ursprünglicher Verwendungszweck:
Vorstehhund zur Kleinwildjagd

Hier haben wir es mit einer der ältesten Vorstehhunderassen zu tun, deren Ursprünge bis zu den Vogelhunden des Mittelalters zurückreichen. Die langhaarigen und meist weiß-braunen, hängeohrigen Hunde waren überall dort verbreitet, wo man mit Hilfe von Netzen (Bauern), Falken (Adlige) oder später Schusswaffen Jagd auf Feld-oder Wasservögel machte. So auch in der Picardie, einer Region im Nordwesten Frankreichs, die stark von einer Mischung aus Feldern, Waldstücken und offenen Wasserflächen geprägt ist. Der Jagdbegeisterung der Adligen verdanken wir es heute, dass es zahlreiche Abbildungen und Berichte der langhaarigen Vogelhunde gibt, die man gern in den höchsten Tönen pries.

Der heutige Picardie-Spaniel stammt aus einer Mischung der alten, regional verbreiteten Vogelhunde mit englischen Settern, die übrigens ihrerseits auch Nachfahren der französischen Vogelhunde waren, aber auf den britischen Inseln über Jahrhunderte eine etwas andere Entwicklung genommen hatten. Sein erster Standard wurde 1907 aufgeschrieben, nachdem die Rasse zuvor sehr selten geworden war. Vom Épagneul Bleu de Picardie unterscheidet er sich in erster Linie durch die Fellfarbe.

Die deutsche Rassebezeichnung beziehungsweise Übersetzung „Spaniel“ für diesen Hund und seine französischen Verwandten ist etwas verwirrend: Sie haben zwar gemeinsame Vorfahren mit den heutigen Spanielrassen, sind aber von ihrer Arbeitsweise her nicht wie diese Stöber-, sondern Vorstehhunde. Aus französischer Sicht heißen auch der Kleine und Große Münsterländer richtigerweise „Épagneul de Münster“ und tatsächlich ähneln diese den französischen Épagneuls nicht nur stark, sondern sind auch eng mit ihnen verwandt. Trotzdem nennt man sie bei uns „Vorstehhund“ und nicht „Spaniel“, und auch für den Épagneul Picard wäre die passendere deutsche Namensentsprechung „Picardie-Vorstehhund“ gewesen.

Denn das kann der Épagneul Picard ganz besonders gut: Vorstehen, heißt den Fasan, das Rebhuhn oder auch den Hasen, nachdem er dessen Witterung mit hoher Nase aufgenommen und sich vorsichtig deren Quelle angenähert hat, dem Jäger anzeigen, indem er wie eingefroren und mit erhobenem Kopf und manchmal auch einem angehobenen Vorderlauf und steif nach hinten gestreckter Rute davor stehenbleibt. Früher hatten einige der Vogelhunde auch die Technik, sich stattdessen, ganz ähnlich wie heute ein Border Collie vor dem Schaf, vor dem Wild hinzulegen, was ihnen den Beinamen „chien couchant“, der sich legende Hund, einbrachte.

Der Épagneul Picard apportiert zudem den erlegten Vogel zuverlässig zum Jäger zurück und hat sich als besonderer Spezialist für Sumpfgebiete und Gewässer erwiesen. Eine Besonderheit seiner Arbeitsweise ist, dass er sich bei der Suche stets am Jäger orientiert und seinen Aktionsradius nicht zu groß wählt. Das macht ihn nicht nur sehr angenehm führbar, sondern gerade heute wieder interessant für den Jagdeinsatz in kleinräumigen und dicht besiedelten Gebieten. Er ist aber

durchaus auch in der Lage, im Wald zur Nachsuche nach verletztem Wild auf der Schweißspur oder auf der frischen Fährte eingesetzt zu werden, also bei entsprechender Ausbildung ein vielseitiger Jagdgebrauchshund. Er zeigt Wildschärfe auf Federwild, jedoch keine Raubwildschärfe.

Er gilt als sehr ruhig, besonnen und zuverlässig auf der Jagd sowie freundlich, anhänglich und gehorsam im Umgang, sodass seine Ausbildung kein größeres Problem darstellt.

Auszug aus dem Standard:

„(…) freundlicher Ausdruck, fröhliche und auffallende Kopfhaltung. Sehr gut gebaute Vorhand."

Ursprung: Deutschland

Arbeitsprüfung

FCI-Standard Nr. 118
Gruppe: 7
Sektion 1: Kontinentale Vorstehhunde
1.2 Typ „Spaniel“

Größe
Rüde: 60 – 65 cm
Hündin: 58 – 63 cm
Eine Toleranz von +2 cm ist zulässig.

Gewicht
ca. 30 kg

Farbe / Haarkleid
Weiß mit schwarzen Platten und Tupfen, schwarz geschimmelt oder rein schwarz (Kopf schwarz, evtl. mit weißer Schnippe oder Blesse)

Langhaar

Großer Münsterländer

Ursprünglicher Verwendungszweck:
Vorstehhund vorrangig zur Niederwildjagd, vielfältig einsetzbar in Feld, Wald und Wasser

Als man 1878 den Rassestandard für den Deutsch Langhaar festlegte, erklärte man die schwarz-weiße Farbe als unerwünscht, weil man sie für den Beweis für die Einkreuzung von englischem Setter-Blut hielt – was ein Irrtum war, denn schon unter den mittelalterlichen Vogelhunden, den Vorfahren aller heutigen langhaarigen Vorstehhunde, hatte es neben den häufigeren braunen und braun-weißen immer auch schwarz-weiße gegeben. Besonders die größeren unter den „Hühnerhunden“ wurden in Deutschland beim Adel beliebt, seit König Karl der Große die Beizjagd mit Falken, Habichten und Sperbern eingeführt hatte. Der Hund hatte die Aufgabe, den Vogel zu finden und anzuzeigen oder aufzustöbern, woraufhin der mitgeführte Raubvogel losgeschickt wurde, um diesen zu schlagen. Auch Hasen und Kaninchen jagte man auf diese Art.

Aber zurück zum Deutsch Langhaar und dessen Haarkleid: Nachdem man schwarz-weiße Färbung und Tüpfelung kurzzeitig doch wieder zugelassen hatte, wurde sie 1908 endgültig aus dem Standard für Deutsch Langhaar gestrichen, was am Ende dazu führte, dass 1919 im münsterländischen Haltern der „Verein für die Reinzucht des langhaarigen großen, schwarz-weißen Münsterländer Vorstehhundes“ gegründet wurde. Auf 83 Hunden, die man nach ihrem Typus aus den bodenstämmigen Jagdhunden der Region zusammengesucht und in einer „Urliste“ erfasst hatte, begann man die Reinzucht und trug deren Nachkommen in das 1922 eröffnete Zuchtbuch ein.

Übrigens ist der Große Münsterländer, wie der Name vermuten lassen könnte, keine Größenvariante des Kleinen Münsterländers, sondern eine eigenständige Rasse, die sich historisch zwar auf ähnlichen Grundlagen, aber doch auf andere Art und Weise entwickelt hat.

Heute ist der Große Münsterländer ein vielseitiger Jagdgebrauchshund, der nicht nur wie seine fernen Vorfahren Federwild aufspürt und durch Vorstehen anzeigt, sondern als sogenannter Vollgebrauchshund für alle Arten von Wild einsetzbar ist. Er kann in jedem Gelände suchen, frische Fährten oder Schweißfährten verfolgen, vorstehen und apportieren und zeigt sich ebenso ausdauernd wie gehorsam und gelehrig. Er sucht immer die Verbindung zu seinem Führer und entfernt sich nie zu weit von diesem. Er wird heute auch zu Nachsuchen und Drückjagden eingesetzt.

Jäger rühmen vor allem seine Qualitäten „nach dem Schuss“. Zuverlässig findet er auch im dichtesten Dornengestrüpp oder Schilf das erlegte Stück Wild und bringt es zum Jäger, ohne es dabei mit den Zähnen zu beschädigen.

Der mittelgroße, athletisch gebaute Hund zeichnet sich durch ein langes und glattes, festes Fell aus, das sehr dicht ist und ihn dadurch gut vor schlechtem Wetter und Dornen schützt.

Wer sich als Nichtjäger für einen Großen Münsterländer interessiert, sollte wissen, dass die meisten Züchter ihre Welpen nur an Jagdscheininhaber abgeben.

Die Jagdpassion und der Bewegungsbedarf der Rasse sind nicht zu unterschätzen. Mantrailing, Rettungshundearbeit und andere Formen der Nasen- oder Dummyarbeit sind denkbare Beschäftigungen.

Auszug aus dem Standard:

„Entsprechend seiner jagdlichen Zweckbestimmung als vielseitig einsetzbarer Jagdhund muss der Große Münsterländer alle von ihm geforderten Anlagen besitzen und für alle Arbeiten im Feld, im Wald und im Wasser leistungsbezogen und ‚vor' und ‚nach' dem Schuss brauchbar sein."

Kleiner Münsterländer

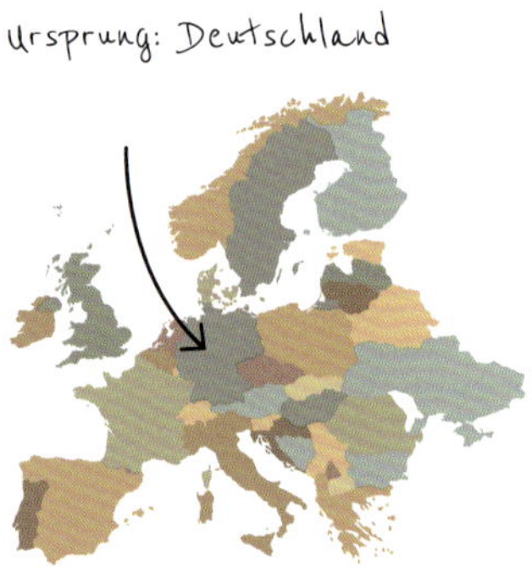

Arbeitsprüfung

FCI-Standard Nr. 102
Gruppe: 7
Sektion 1: Kontinentale Vorstehhunde
1.2 Typ „Spaniel"

Größe
Rüde: 54 cm
Hündin: 52 cm
Eine Toleranz von +/- 2 cm ist zulässig.

Gewicht
Keine Angabe im FCI-Standard (i. d. R. 18–25 kg)

Farbe/Haarkleid
Braun-weiß und Braunschimmel mit braunen Platten, braunem Mantel und/oderTupfen. Blesse ist zulässig, lohfarbene Abzeichen an Fang, Auge und um den Anus sowie an Behängen, Rute und Läufen sind gestattet.

Langhaar

Ursprünglicher Verwendungszweck:
Vorstehhund, vielseitig einsetzbar in Feld, Wald und Wasser, auch zum Apportieren

Die Geschichte dieser kleinsten aller deutschen Vorstehhunde-Rassen beginnt in der zweiten Hälfte des 19. Jahrhunderts im Münsterland. Hier hatte es schon seit Langem langhaarige und meist braun-weiße „Wachtelhunde" gegeben, die man in den Heide- und Waldgebieten sowie auf den Feldern zur Jagd auf Wildvögel, vor allem eben Wachteln und Schnepfen, aber auch Rebhühner oder Enten eingesetzt hatte. Sie waren sehr gut darin, versteckte Vögel zu finden, sie anzuzeigen und dem Jäger zu apportieren. Sie wurden aber nicht planmäßig auf irgendein Äußeres hin, sondern nur nach Gebrauchseigenschaften gezüchtet und waren daher sehr unterschiedlich im Typ. Da sie besonders häufig von Lehrern und Pfarrern gehalten wurden, wurden sie auch „Magisterhündchen" genannt, verbreitet waren auch die Bezeichnungen „Spion" oder „Heidewachtel".

Um die Jahrhundertwende waren sie allerdings so gut wie verschwunden, weshalb es sich Edmund Löns, der Bruder des bekannten Heidedichters Hermann Löns und selbst Förster, zur Aufgabe machte, die letzten Reste dieses Stücks Heimat- und Kulturgeschichte zusammenzusammeln.

Schon bald fand er Mitstreiter, und so wurde 1912 von 68 Mitgliedern der Verein für Kleine Münsterländer Heidewachtel in Osnabrück gegründet. Es dauerte noch bis 1921, bis ein erster Rassestandard formuliert wurde, und zwar von Dr. Friedrich Jungklaus. Edmund Löns schrieb übrigens ein Buch über die Rasse, das 1922 erschien und heute noch als Nachdruck erhältlich ist.

Wichtig zu wissen: Der Kleine Münsterländer ist keine Größenvariante des Großen Münsterländers, wie sein Name vermuten lassen könnte. Er ist mit diesem zwar verwandt, aber eher weitläufig.

Wurde der Kleine Münsterländer in seinen Anfangszeiten noch gern als „zu klein und schwach" belächelt, belehrte er seine Kritiker schnell eines Besseren und zeigte sich als vollwertiger Jagdgebrauchshund, der nicht nur suchen, stöbern und vorstehen, sondern auch apportieren und nachsuchen kann. Häufig meldet er mit kräftigem Spurlaut, wenn er eine Fährte in der Nase hat. Auch im Wasser kann er eingesetzt werden. Mit seiner feinen Nase sucht er ausdauernd und schreckt dabei vor keinem Gebüsch und Unterholz zurück. Wenn es sein muss, schleppt er auch einen erlegten Fuchs weit über Stock und Stein zum Jäger zurück. Von wegen klein und schwach!

Heute zählt er zu den am häufigsten geführten Vorstehrassen in Deutschland.

FCI-Gruppe 7

Auszug aus dem Standard:

„Mittelgroßer, kräftiger und harmonischer Körperbau, der bei viel Adel und Eleganz ausgeglichene Proportionen hat. Edler Kopf. Bei aufrechter Haltung zeigt er eine flach getragene Rute. (…) intelligent und lernfähig, temperamentvoll und ausgeglichen, mit stabilem Wesen."

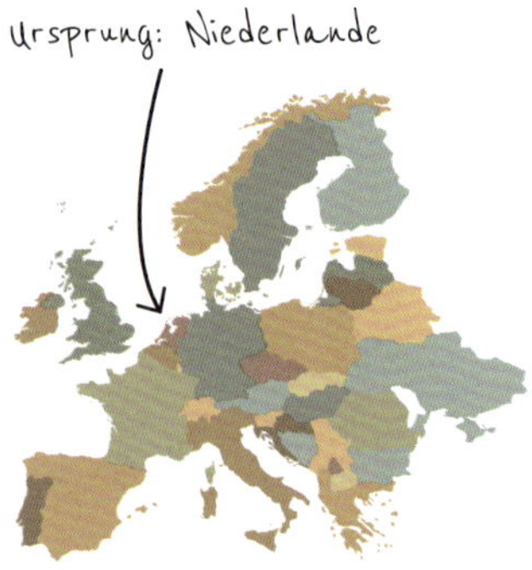

Stabijhoun
(Friesischer Vorstehhund)

Ursprünglicher Verwendungszweck:
Vorstehhund, Profi bei der Maulwurf- und Iltisjagd

Arbeitsprüfung

FCI-Standard Nr. 222
Gruppe: 7
Sektion 1: Kontinentale Vorstehhunde
1.2 Typ „Spaniel"

Größe
Rüde: 50–53 cm
Hündin: 48–50 cm
Eine Toleranz von +/-2 cm ist zulässig.

Gewicht
Rüde: 22–27 kg
Hündin: 18–23 kg

Farbe/Haarkleid
Gescheckt (schwarz oder braun mit weißen Abzeichen), schwarz- oder braungeschimmelt wird auch akzeptiert, das Weiß darf geschimmelt oder getüpfelt sein. Der Kopf ist schwarz oder braun (mit oder ohne Blesse), beide dieser Farben kommen mit oder ohne Flecken vor.

Langhaar mit wasserabweisendem Unterhaar

Der Stabijhoun wurde anders als die übrigen Rassen in seiner Gruppe nie gezielt von Adligen, Förstern oder Jägern als Jagdhund gezüchtet, sondern er war immer der Hund der einfachen Bauern im Südosten Frieslands. Hier war er schon lange zuhause und unterschiedlichen Theorien zufolge sind seine Ahnen entweder in der Zeit der spanischen Herrschaft in den Niederlanden aus Spanien hierhergekommen oder aber französische Jagdhunde haben mitgemischt – oder beides stimmt. Auch mit den in Deutschland im Mittelalter verbreiteten „Vogelhunden" sowie deren Nachfahren wie etwa dem Kleinen Münsterländer oder dem Drentsche Patrijshond ist er verwandt.

Die friesischen Bauern machten sich jedenfalls seine feine Nase und sein Jagdtalent zunutze, um kleines Wild wie Enten und Tauben zu jagen oder früher den Fischotter oder Iltis, dessen Fell zeitweise sehr begehrt war. Auch hielt er die Ställe zuverlässig von Mäusen und Ratten frei und bewachte den Hof. Während die größeren Exemplare auch schonmal als Zughund vor den Karren gespannt wurden, entdeckte man für die kleineren bald eine besondere Spezialisierung: Die Jagd auf Wühlmäuse und Maulwürfe. Diese waren nicht nur lästig, weil sie mit ihren Erdhaufen die Wiesen beschädigten, sondern Maulwurfsfell war auch durchaus eine beliebte Handelsware, weil man damit zum Beispiel die Innenseiten der Manschetten an Jacken- und Mantelärmeln auskleidete. Mit einem solchen „Mollevanger" im Fahrradkorb fuhr in schlechten wirtschaftlichen Zeiten so mancher Bauer von Hof zu Hof und bot seine Dienste als mobiler Schädlingsbekämpfer an. Mit seiner feinen Nase spürte der Hund jede Wühlmaus unter der Erde auf.

Sein Name heißt übersetzt so viel wie „Steh-bei-Hund", was sich auf das Talent zum Vorstehen beziehen könnte oder aber auch einfach auf das hilfreiche „zur-Seite-stehen" in allen Lebenslagen – „Bijke" kürzten die Bauern oft liebevoll ab.

Während die kleine Maulwurffänger-Variante nach und nach verschwand, kreuzten die Bauern ab dem frühen 20. Jahrhundert öfter Wetterhouns ein, um größere Hunde zu erhalten. Das hatte zur Folge, dass beide Rassen sich untrennbar miteinander zu vermischen und zu verschwinden drohten. So startete im Jahr 1938 eine Gruppe begeisterter Kynologen ein Projekt, diese beiden Rassen wieder reinrassig zu züchten, mit dem Erfolg, dass beide 1942 offiziell anerkannt wurden. Heute zählt der Stabijhoun zum Nationalen Kulturerbe der Niederlande und ist dort ein beliebter Familienhund geworden.

Vom niederländischen Zuchtverband wird der Hund als ausgesprochen selbständig beschrieben, was man je nach Sichtweise negativ als Eigensinn und positiv als Eigeninitative interpretieren könne. Die Selbständigkeit bei der Arbeit war früher so gewollt und ist daher fest verankert, genauso wie man sich nicht wundern muss, wenn der Stabij den Rasen auf der Suche nach Maulwürfen umgräbt. Außerdem ist er sehr neugierig, womit er sich auch schonmal in ungeschickte Situationen bringen kann.

Er hängt sehr an seinem Menschen und arbeitet für sein Leben gern mit ihm zusammen, verträgt aber keine Härte im Umgang, auf die er sofort mit Blockieren reagiert. Freiwilligkeit heißt auch bei ihm das große Zauberwort.

Auszug aus dem Standard:

„Funktionstüchtiger und kraftvoll gebauter Vorstehhund. (..) Das Gesamtbild ist weder zu schwerfällig noch zu leicht. (...) Der Friesische Vorstehhund ist ein sehr vielseitiger Hund. Er ist ein Allround-Jagdhund und hat einen guten Namen als Maulwurf- und Iltisfänger."

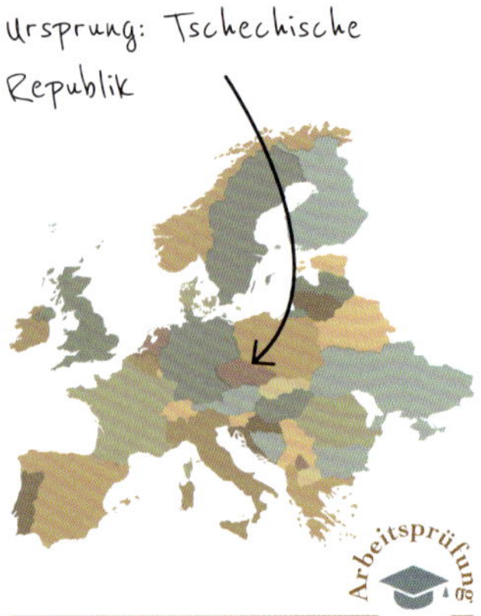

Arbeitsprüfung

FCI-Standard Nr. 245
Gruppe: 7
Sektion 1: Kontinentale Vorstehhunde
1.3 Typ „Griffon“

Größe
Rüde: 60 – 66 cm
Hündin: 58 – 62 cm

Gewicht
Rüde: mind. 28 kg (max. 34 kg)
Hündin: mind. 22 kg (max. 28 kg)

Farbe / Haarkleid
Dunkelschimmel mit oder ohne braune Platten, Braun (mit melierten Abzeichen an der Vorderbrust und an den unteren Partien der Gliedmaßen), braun (ohne jegliche weitere Abzeichen)

Rauhhaar mit dichter Unterwolle

Český Fousek
(Böhmisch Rauhbart)

Ursprünglicher Verwendungszweck:
Vorstehhund für Feld-, Wasser- und Waldarbeit

Jagd- und Vorstehhunde gab es in Böhmen schon lange, wie wir unter anderem aus einem Schreiben des Erziehers des jungen Königs Karl IV. aus dem Jahr 1348 erfahren. Dort wird erwähnt, der junge König habe dem Brandenburger Markgrafen „zur Jagdunterhaltung leistungsfähige Jagdhunde, genannt canis boehmicus“, geschenkt. Wie diese Hunde aussehen, können wir nicht wissen, aber auch in späteren Dokumenten wird dieser „canis boehmicus“ schon öfter als rauhaarig oder „Rauhbart“ erwähnt. Die erste wirklich klar zuzuordnende Beschreibung finden wir in dem 1882 erschienenen Werk „Myslivost“ (Jagdwesen) des Autors J. Černy als „Böhmischen drahthaarigen Vorstehhund“.
1881 begann die formale Anerkennung als eigene Rasse mit der Gründung eines ersten Zuchtvereins, 1896 legte man den Namen „Český Fousek“ fest („Fousek“ bedeutet auf Tschechisch so viel wie „bärtig“).
Vor dem Ersten Weltkrieg war er der meistgeführte Vorstehhund in Böhmen, nach dem Krieg, der Auflösung der Donau-Monarchie und der Gründung des neuen tschechoslowakischen Staates war er aber beinahe verschwunden. Ein 1924 neu gegründeter Zuchtverein mit Sitz in Prag kümmerte sich um den Erhalt und die Organisation der Jagdprüfungen für die Zuchtzulassung. Zur FCI-Anerkennung kam es erst 1963, weil vor allem von deutscher Seite zunächst Bedenken wegen der zu großen Ähnlichkeit zu den deutschen rauhaarigen Vorstehhunden geäußert wurden und man keine Notwendigkeit für eine eigene tschechische Rasse sah. Durch genetische Untersuchungen weiß man heute, dass der Böhmische Rauhbart vor allem mit dem Deutsch Stichelhaar nah verwandt ist – beide gingen aus den gleichen Vorfahren hervor.
Heute ist er der zweitbeliebteste Jagdhund in der Tschechischen Republik und findet auch in Deutschland, Österreich und Polen zunehmend Freunde in der Jägerschaft.
Der Český Fousek ist wie seine deutschen Verwandten ein Vollgebrauchshund, der mit hoher Nase sucht, vorsteht, apportiert und auch mit tiefer Nase nachsucht, und zwar beharrlich und in jedem Gelände. Gerühmt wird seine „Raubzeugschärfe“, sprich seine Bereitschaft, jederzeit den Kampf mit einem Fuchs, Marder oder Dachs aufzunehmen und auszufechten. Trotz dieses Draufgängertums und seines Durchhaltewillens gilt er als leicht zu führen. Er arbeitet im Gelände sehr ruhig, gründlich und konzentriert und lässt sich durch nichts ablenken, wenn er einmal die Fährte in der Nase hat. Kenner sagen, er suche langsamer, dafür möglicherweise gründlicher als die deutschen Rassen.
Zuhause schaltet er problemlos auf „Ruhe“ um, genießt das Zusammensein mit seinen Menschen im Haus und ist gern immer mit dabei.
Die im deutschsprachigen Raum eher seltenen Tschechen finden sich ausschließlich in Jägerhand. Das rauhaarige Fell schützt sie gut vor Dornen und jedem Wetter, hat aber den Nachteil, dass sich Kletten und Zweige gern darin verfangen.

FCI-Gruppe 7

Auszug aus dem Standard:

„Der Český Fousek ist ein mittelgroßer, edler, rauhaariger Vorstehhund, dessen Erscheinung von Ausdauer und Kraft zeugt. Er ist allseitig verwendbar, da er über angeborene Eigenschaften für Feld-, Wasser- sowie Waldarbeit verfügt. Trotz seiner angeborenen Raubzeugschärfe ist er leicht zu führen und seinem Meister sehr anhänglich."

Ursprung: Deutschland
(lt. FCI Frankreich)

FCI-Standard Nr. 107
Gruppe: 7
Sektion 1: Kontinentale Vorstehhunde
1.3 Typ „Griffon“

Größe
Rüde: ca. 55 – 60 cm
Hündin: ca. 50 – 55 cm

Gewicht
Keine Angabe im FCI-Standard (i. d. R. 23 – 27 kg)

Farbe / Haarkleid
Vorzugsweise Stahlgrau mit kastanienbraunen Flecken oder einfarbig Kastanienbraun (oft Kastanienbraun mit Beimischung von weißen Haaren oder gestichelt), gleichermaßen zulässig: Weiß und Kastanienbraun sowie Weiß und Orange

Rauhhaar mit feiner und dichter Unterwolle

Griffon d'arrêt à poil dur Korthals

(Rauhhaariger Französischer Vorstehhund Korthals)

Ursprünglicher Verwendungszweck:
Vorstehhund, auch als Schweißhund zur Nachsuche

Dieser Vorstehhund hat seinen Namen nicht etwa, weil er einen kurzen Hals hätte, sondern ist benannt nach dem Niederländer Ewald Karel Korthals, der in den 1870er Jahren als „Zwingermeister“ für die Jagdhunde beim Prinzen Albrecht zu Solms-Braunfels in Braunfeld an der Lahn, später im hessischen Biebesheim eingestellt wurde. Aus stichelhaarigen deutschen Vorstehhunden, hessischen Rauhbärten, französischen Griffons („Griffon“ ist im Französischen nur die Bezeichnung für einen rauhaarigen Hund), holländischen rauhaarigen „Wasserhunden“, heute nicht mehr existenten wollhaarigen Griffons Boulet und anderem mehr, was die europäische Vorstehhunde-Welt damals zu bieten hatte, züchtete er nach nur etwas mehr als einem Jahrzehnt einen einheitlichen rauhaarigen Typ heraus, der sich durch besonders gute jagdliche Leistungen auszeichnete. 1886 wurde der erste Standard festgelegt, 1888 der erste Griffon-Club in Mainz gegründet, der noch heute existiert.

Nachdem Korthals mit nur 44 Jahren an Kehlkopfkrebs gestorben war, führte vor allem der Baron de Gingins d'Eclepens, ein schweizerisch-deutscher Kynologe und Mitbegründer des organisierten deutschen Hundewesens, die Zuchtarbeit maßgeblich fort.

Die FCI nennt als offizielles Herkunftsland der Rasse Frankreich, was in Anbetracht der Entstehungsgeschichte nicht ganz nachvollziehbar ist, auch wenn französische Rassen wie der Barbet sicher bei seiner Entstehung mitspielten. Da seine Entwicklung aber in Deutschland stattfand, haben wir deshalb in unseren Angaben links oben auf der Seite das Herkunftsland ergänzend geändert. Richtig ist allerdings, dass es heute in Frankreich wesentlich mehr Korthals Griffons gibt als in Deutschland.

Der Griffon, wie ihn deutsche Jäger heute gern kurz nennen, ist ein vielseitig einsetzbarer Vollgebrauchshund in Wald, Feld und Wasser. Äußerlich ähnelt er recht stark dem Deutsch Drahthaar und dem Český Fousek und hat auch vergleichbare Arbeitseigenschaften. Der Griffon Club hebt hervor, dass Korthals Griffons besondere Qualitäten in der Nachsuche nach verletztem Wild bewiesen hätten, indem sie in den letzten Jahren mehrfach auf Prüfungen 20 oder sogar 40 Stunden alte Schweißfährten sauber ausgearbeitet hätten.

Er gilt als intelligent und leichtführig sowie als ruhiger und konzentrierter Arbeiter, was ihm insbesondere bei der Nachsuche zugutekommt. Wissen muss man, dass er mit einem recht ordentlichen Schutztrieb ausgestattet ist, was früher als „Leibwächter“ eines Försterhundes durchaus erwünscht war, heute mitunter je nach Situation nicht ganz so gelegen kommt.

Er hat trotz aller Härte, die er bei der Arbeit zeigt, ein sensibles Wesen, das bei unnötiger Härte zur Befehlsverweigerung neigt.
In der Regel werden Welpen nur an Jäger abgegeben, in Nichtjägerhand wären Rettungshundearbeit und Mantrailing denkbare Ersatzbeschäftigungen.

Auszug aus dem Standard:
„Mittelgroßer, kräftiger, widerstandsfähiger Hund. Er ist länger als hoch. Der Schädel ist nicht zu breit, der Fang ist lang und quadratisch. Buschige Augenbrauen überlagern die dunkelgelben oder braunen Augen, ohne sie zu decken; Bart und Schnurrbart sind gut entwickelt, verleihen ihm einen charakteristischen Ausdruck und drücken Kraft und Entschlossenheit aus."

Ursprung: Italien

Arbeitsprüfung

FCI-Standard Nr. 165
Gruppe: 7
Sektion 1: Kontinentale Vorstehhunde
1.3 Typ „Griffon“

Größe
Rüde: 60–70 cm
Hündin: 58–65 cm

Gewicht
Rüde: 32–37 kg
Hündin: 28–30 kg

Farbe/Haarkleid
Reines Weiß, Weiß mit orangefarbenen Flecken, Weiß mit orangefarbener Sprenkelung, Weiß mit kastanienbraunen Flecken oder mit orange- oder kastanienbrauner Schimmelung

Rauhhaar ohne Unterwolle

Spinone Italiano
(Rauhaariger Italienischer Vorstehhund)

Ursprünglicher Verwendungszweck:
Vorstehhund zum Suchen, Vorstehen und Apportieren

Dieser kräftige, bärtige Hund mit dem stets etwas traurigen Blick stammt aus Norditalien und gilt als der urtümlichste aller rauhaarigen Vorstehhunde. Schon auf Fresken aus der Renaissancezeit, zum Beispiel im fürstlichen Palast von Mantua, kann man Jagdhunde erkennen, die seinem heutigen Typ ähneln. In dem 1683 erschienenen Buch „Le parfait chasseur“ (Der perfekte Jäger) beschreibt der französische Herzog Sélincourt einen aus dem Piemont stammenden „Griffon“, ein Begriff, mit dem man damals allgemein rauhaarige (Jagd-)hunde bezeichnete. Von Beginn an war der Spinone auf der Jagd eher Allrounder als Spezialist. Sein Talent zum Anzeigen des Wildes durch Vorstehen und Apportieren ist unbestritten, aber er kann auch systematisch, gründlich und eher langsam große Gebiete absuchen oder ähnlich wie ein Laufhund das Wild beständig und ruhig vor sich hertreiben. Überhaupt wird er oft für seine unaufgeregte Art der Arbeit gerühmt. Er ist gründlich und konzentriert und niemals hektisch, aber auch keine Schlaftablette, wenn es darauf ankommt. Er zeigt dem Wild gegenüber keine besondere Schärfe, sondern hält es nur durch Vorstehen am Platz, bis sein Mensch da ist – den er übrigens über alle Maßen, manche sagen sogar übertrieben, liebt.
Er gilt als sensibel und sehr intelligent, viele Italiener beschreiben ihn als „Denker“ bei der Jagd. Einem solchen weisen Jagdgefährten macht man keine Vorschriften, sondern man arbeitet mit ihm zusammen und respektiert seine Meinung – dann läuft der Spinone zur Höchstform auf. Ein typischer Befehlsempfänger ist dieser Freigeist nicht, aber er möchte seinem Menschen auch unbedingt gefallen und verstehen, worum es geht.
Er ist von rustikalem Erscheinungsbild, eher quadratisch als länglich gebaut und für einen Vorstehhund ziemlich groß. Typisch für ihn ist ein raumgreifender und schneller Trab, den er lange durchhält und der auf der Suche seine bevorzugte Gangart darstellt. Nur, wenn er seine Beute unmittelbar vor sich sieht, fällt er in einen schnelleren Galopp. Anders als andere rauhaarige Vorstehhunde, wie etwa der Deutsch Drahthaar, besitzt sein hartes Rauhaar keine Unterwolle, was zum wärmeren italienischen Klima passt und ihn nach der Arbeit im Wasser schneller wieder trocknen lässt. Er besitzt eine voluminöse, bassartige Stimme, die er im Gegensatz zu anderen Rassen auf der Jagd nur gelegentlich ertönen lässt.
Nachdem er nach dem Zweiten Weltkrieg in Italien fast ausgestorben war, ist sein Bestand heute dort wieder gut gesichert und viele Jäger haben sich auf „ihre“ Rasse zurückbesonnen, anstatt nur englische oder deutsche Jagdhunderassen zu importieren. Diese gelten häufig als schneller, aber dafür nicht so gründlich im Suchen und Finden und weniger angenehm im Wesen als der Spinone.
Außerhalb Italiens ist die Rasse kaum bei Jägern zu finden, aber hin und wieder finden sich Liebhaber, die seine besonderen Qualitäten zu schätzen wissen. Die Zuverlässigkeit und Ausgeglichenheit des großen, zotteligen Italieners haben es ihnen angetan. Auch in der Familie und in der Öffentlichkeit fallen Spinoni durch

ihr angenehmes Wesen auf. Sie sind mit der „serienmäßig perfekten Nase", wie es auf der Webseite des Spinone Italiano e.V. heißt, auch sehr als gute Mantrailer und Rettungshunde einsetzbar, wobei ihnen ihre Menschenfreundlichkeit zusätzlich zugutekommt.

Auszug aus dem Standard:

„Hund von kräftigem, derbem und widerstandsfähigem Körperbau mit kräftigen Knochen, gut entwickelter Muskulatur und einer rauen Behaarung. (...) Naturgemäß umgänglich, gelehrig und geduldig, der Spinone ist ein erfahrener Jäger in allen Gebieten; unermüdlich geht er bereitwillig ins dornige Unterholz oder wirft sich ins kalte Wasser."

Ursprung: Großbritannien

Arbeitsprüfung

FCI-Standard Nr. 1
Gruppe: 7
Sektion 2: Britische und irische Vorstehhunde und Setter
2.1 Pointer

Größe
Rüde: 63–69 cm
Hündin: 61–66 cm

Gewicht
Keine Angabe im FCI-Standard (i. d. R. 25–30 kg)

Farbe/Haarkleid
Übliche Farben: Zitronenfarben und Weiß, Orange und Weiß, Leberbraun und Weiß sowie Schwarz und Weiß. Auch einfarbig und dreifarbig (tricolour) ist standardgerecht.

Kurzhaar ohne Unterwolle

English Pointer

Ursprünglicher Verwendungszweck:
Vorstehhund auf Fasane und Rebhühner

Der Pointer gilt als das „Vollblutpferd" unter den Jagdhunden: Athletisch, schnell und feinnervig, nennt man ihn auch gern „König der Felder". Sein Jagdstil ist seit jeher von einer schnellen und weiträumigen Suche geprägt, wobei er sich auch durchaus weit vom Jäger entfernt. Er ist also der richtige Hund, wenn es darum geht, große bis sehr große, offene Flächen selbständig, schnell und effizient nach verstecktem Niederwild, vorzugsweise Feldhühnern, abzusuchen. Die kleinteilige Feinsuche im schwierigen Gelände und die ständige Orientierung am Menschen sind eher nicht so sein Ding und sein Bewegungsdrang ist enorm. Dabei sieht es auf den ersten Blick gar nicht nach planmäßiger Suche aus, wenn er in großen Schleifen über ein Feld oder Hochmoor fliegt. Nur der Kenner weiß, dass er dabei gleichzeitig ständig mit hoher Nase die Witterung prüft und nur eins im Sinn hat: Wild finden. Bekommt er dann Geruch in die Nase, wirft er sich augenblicklich im Galopp herum und erstarrt in das typische Vorstehen, das er in Perfektion beherrscht und das seiner Rasse den Namen gab: Er „zeigt" wie ein eingefrorenes Standbild oder die klassische Bronzestatue eines Jagdhundes mit Kopf, Nase und Vorderlauf auf den im Gras hockenden Vogel, während er seine Rute waagerecht nach hinten streckt. Das muss ein Pointer nicht lernen, er hat es im Blut. Der Jäger, der mit ihm unterwegs ist, braucht eher seinerseits Gelassenheit und Nervenstärke, um darauf zu vertrauen, dass sein Hund auch irgendwann wieder zurückkommt und weiß, was er da tut.

Über die Entstehungsgeschichte und die Vorfahren der Rasse sind sich die Kynologen uneins. Vermutlich spielten spanische und portugiesische Vorstehhunde eine Rolle, die schon früh auf die britischen Inseln kamen. Bereits 1644 sprach man in Spanien von „Perros de punta" als den „zeigenden" Vorstehhunden. Eine Verwandtschaft zum portugiesischen Vorstehhund, dem Perdigueiro Português, vermutet man vor allem aufgrund des eigentümlich konkav eingewölbten Nasenrückens, dem sogenannten „Dishface", das nur bei diesen beiden Rassen vorkommt.

Die züchterische Entwicklung des heutigen Pointers hat aber, egal welche europäischen Rassen im Lauf der Zeit beteiligt waren, zweifellos in England stattgefunden, weshalb man ihn „English Pointer" genannt hat. Unter anderem sollen Greyhounds eingekreuzt worden sein, um den ehemals schwereren Vorstehhunden mehr Schnelligkeit zu verleihen, aber auch Bullterrier für mehr „Kühnheit". So oder so ist er wie das Englische Vollblutpferd, um bei diesem Vergleich zu bleiben, ein echt britisches „Produkt" und wurde oder wird weltweit züchterisch zur Verbesserung aller möglichen Jagdhunderassen eingesetzt. Sein gesamter Körperbau mit dem tiefen Brustkorb, der langen, schrägen Schulter und der muskulösen Hinterhand ist auf Schnelligkeit und Ausdauer ausgelegt.

Von seinem Wesen her ist der Pointer freundlich, aber weniger eng menschenbezogen als die meisten anderen Vorstehhunderassen. Für Nichtjäger ist er aufgrund seines Bewegungsdrangs und seiner starken Jagdpassion eigentlich ungeeignet, zumal es in unseren Breiten kaum Freiflächen gibt, die groß genug wären,

um den Pointer dort gefahrlos laufen zu lassen. Ständiger Leinenzwang wäre eine Zumutung für den temperamentvollen Hund und Bike-Jöring oder Schlittenziehen sei alternativ das Einzige, was der Pointer im Zusammenhang mit Leinen liebe, heißt es auf den Seiten des Deutschen Pointerclubs. Pointer oder Pointer-Kreuzungen sind aufgrund ihrer Schnelligkeit und Ausdauer tatsächlich inzwischen recht verbreitet im wettkampfmäßigen Mushing beliebt.
Ist der Pointer ausgelastet, ist er zuhause ein angenehmer Familiengenosse.

Auszug aus dem Standard:

„Symmetrisch und korrekt gebaut, grundsätzlich stellen die Umrisslinien ein Aneinanderfügen von harmonisch fließenden Rundungen dar. Eine kräftige, jedoch geschmeidige Erscheinung. (…) Aristokratisch, rege, erweckt den Eindruck von Kraft, Ausdauer und Schnelligkeit. Freundlich und ausgeglichen."

Arbeitsprüfung

FCI-Standard Nr. 2
Gruppe: 7
Sektion 2: Britische und irische Vorstehhunde und Setter
2.2 Setter

Größe
Rüde: 65 – 68 cm
Hündin: 61 – 65 cm

Gewicht
Keine Angabe im FCI-Standard (i. d. R. 27 – 29 kg)

Farbe / Haarkleid
Schwarz und Weiß (Blue Belton), Orange und Weiß (Orange Belton), Zitronenfarben und weiß (Lemon Belton), Leberbraun und Weiß (Liver Belton) oder Tricolour (besteht aus Blue Belton und Tan oder Liver Belton und Tan)

Langhaar

English Setter

Ursprünglicher Verwendungszweck:
Vorstehhund zur Jagd auf Federwild wie Fasane, Wachteln und Raufußhühner

Der English Setter stammt direkt von den früheren Vogelhunden Mitteleuropas, die das Wild in Netze drückten oder mit Falken arbeiteten und die Ausgangsrasse vieler Spaniels und Setter sind. Der Name „Setter“ kommt vom alten Jagdstil: Die Rasse hat eine stark genetisch fixierte Veranlagung, katzenartig auf das Federwild zuzukriechen und dabei sogar ein wenig in den Schulterblättern einzusinken. Schließlich legten oder setzten sie sich vor dem Vogel hin und wurden über den „Sitting Dog“ zum „Setter“.

Die Setter hatten sich schon im 17. Jahrhundert in Großbritannien etabliert und wurden zur Jagd auf Wachteln, Fasanen und Rauhfußhühnern eingesetzt. Die Aufspaltung in die verschiedenen Setterrassen erfolgte erst viel später.

Der moderne English Setter verdankt seine Entwicklung hauptsächlich einem gewissen Edward Laverack, der 1825 mit der planmäßigen Zucht begann. Seine zunächst als „Laverack Setter“ bekannten Hunde waren schnell sowohl auf Jagdhundeprüfungen als auch auf Hundeausstellungen erfolgreich. Laverack prägte auch die heute übliche Farbbezeichnung „Belton“ für die Tüpfelung oder das Zusammenlaufen der Farben beim Setter in den verschiedenen Kombinationen, inspiriert vom Namen eines Dorfs in Northumberland.

Heute sehen wir eine recht deutliche Aufteilung der Zucht in Arbeits- und in Showlinien, wobei die Arbeitshunde meist nicht nur kleiner sind, sondern auch weniger üppiges Fell haben, das bei der Jagd nur hinderlich wäre.

In Deutschland organisiert der English Setter Club jagdliche Feldprüfungen, um nur Hunde mit guten Arbeitseigenschaften zur Zucht zuzulassen. So müssen die Hunde nicht nur suchen und vorstehen, sondern auch zu Land und zu Wasser apportieren.

Der English Setter ist nicht nur nach wie vor ein guter Vorstehhund mit ausgeprägtem Jagdverstand, sondern fällt auch durch sein freundliches und anhängliches, charmantes Wesen dem Menschen gegenüber auf. Er orientiert sich eng an seinem Menschen und sucht dessen Zuneigung, kann allerdings auch eine gewisse Portion Eigensinn zeigen. Eine ruhige und konsequente, stets möglichst nur auf positiver Verstärkung beruhende Erziehung wird dem sensiblen Hund am besten gerecht. Kenner beschreiben ihn als sanft, aber zunächst eher distanziert und zurückhaltend, fast ein wenig aristokratisch. Taut er erst einmal auf, kommt auch seine überschwängliche, verspielte Art zum Vorschein.

Wer sich von dem attraktiven Äußeren angezogen fühlt und über einen English Setter als Familienhund nachdenkt, sollte wissen, dass viele Hundert Jahre Jagdhundezucht nicht folgenlos bleiben, Showlinie hin oder her. Die Jagdpassion und der Bewegungsdrang der edlen Briten sind immer noch stark. Weiß man beides in sinnvolle Bahnen zu lenken, zum Beispiel durch Spürhundearbeit, bekommt man einen tollen Begleiter. Als reines Dekorationsstück ist der Hund definitiv ungeeignet und zu schade.

Das lange, feine Fell muss täglich gebürstet werden.

Auszug aus dem Standard:

„Von mittlerer Größe mit klar umrissener Silhouette, Gesamterscheinung und Bewegung elegant. (…) Der Kopf wird erhoben getragen, er ist lang und verhältnismäßig trocken. (…) Sehr aktiv mit ausgeprägtem Jagdsinn. Besonders freundlich und gutmütig."

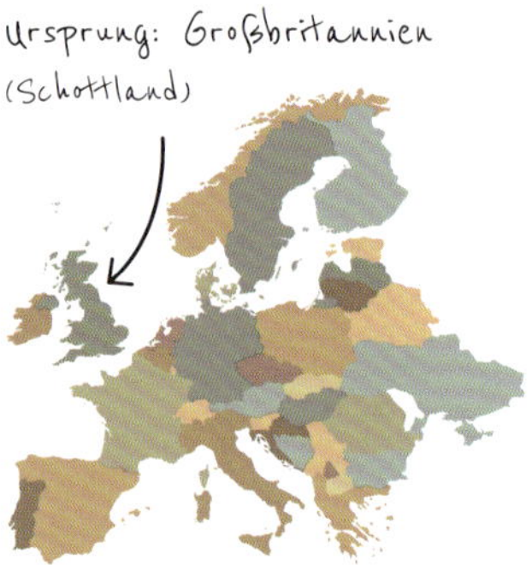

Arbeitsprüfung

FCI-Standard Nr. 6
Gruppe: 7
Sektion 2: Britische und irische Vorstehhunde und Setter
2.2 Setter

Größe
Rüde: 66 cm
Hündin: 62 cm

Gewicht
Rüde: 29,5 kg
Hündin: 25,5 kg

Farbe/Haarkleid
Tiefglänzendes Kohlschwarz (ohne Rostschimmer) mit kastanienrotem, d. h. leuchtendem Brand. Schwarze Strichelung (Pencil Markings) auf den Zehen und ein schwarzer Strich unter dem Unterkiefer sind erlaubt.

Langhaar

Gordon Setter

Ursprünglicher Verwendungszweck:
Vorstehhund zum Vorstehen im hügeligen Gelände, aber auch zum Apportieren aus dem Wasser sowie bei der Jagd auf Niederwild

Diese Rasse ist benannt nach Lord Alexander Gordon of Banffshire, der um 1820 in Schottland mit der Zucht von schwarz-roten Settern begann. Setter in dieser Farbe hatte es neben dreifarbigen und schwarz-weißen schon früher in Schottland gegeben, man setzte sie ungeachtet ihrer Farbe schon im 17. Jahrhundert verbreitet zur Jagd auf Moorhühner und andere Wildvögel ein. Woher genau sie kamen und wie sie entstanden, weiß man nicht genau, vermutet wird, dass sie aus einer Kreuzung von Spaniels und europäischen „Vogelhunden“ mit Pointern stammen. Der Name „Setter“ leitet sich laut manchen Quellen von „Sitting Dog“ ab, denn diese Jagdhunde hatten die Eigenart, sich vor dem gefundenen Wild hinzulegen oder hinzusetzen, um es so dem Jäger anzuzeigen. Andere meinen, es komme von „to set“, was auch so viel wie „sich aufstellen“ heißen und sich auf die typische Vorstehhaltung beziehen kann.

Lord Gordon war der erste, der die Setter auf die schwarze Farbe mit den roten bzw. lohfarbenen Abzeichen selektierte, und man munkelt, dass er auch einen schwarzen Collie in seiner Zucht eingesetzt habe, um die Fellfarbe zu festigen. Andere Züchter kreuzten später angeblich auch noch etwas Bloodhound ein, um den Spürsinn zu fördern. Das würde erklären, warum es sich beim Gordon heute um die größte und kräftigste der Setterrassen handelt.

Die eigentliche Reinzucht der Rasse begann aber erst nach Gordons Tod in den 1860er Jahren. Bis etwa um die Mitte des 19. Jahrhunderts hatte sich der Gordon Setter in England und Schottland einen guten Ruf als Jagdhund auf Niederwild erarbeitet und war sehr beliebt. Auch über die englischen Verbindungen zum Hof von Hannover gelangte er früh nach Deutschland, so hatte zum Beispiel Prinz Albrecht zu Solms-Braunfels schon 1889 Gordon Setter.

Der berühmteste Zwinger, aus dem zahlreiche Hunde hervorgingen, war im 20. Jahrhundert „Cromlix“ in Schottland.

Im Jagdgebrauch gilt der Gordon als der vielseitigste unter den Settern: Auch wenn sein Haupttalent die weiträumige Feldsuche im Galopp und das Vorstehen ist, kann er wie ein kontinentaler Vorstehhund auch zum Apportieren, Nachsuchen und zur Wasserarbeit verwendet werden.

Leider werden im Heimatland Großbritannien heute rund zehnmal mehr Welpen aus Showlinien als aus Gebrauchslinien eingetragen und auch in den USA sieht es ähnlich aus. Interessanterweise haben die Gordon Setter heute mehr überzeugte Anhänger unter französischen, norwegischen und deutschen Jägern als unter britischen.

Wer einen Gordon Setter als Familienhund führen möchte, muss sich über seinen Bewegungsbedarf und seine Jagdpassion im Klaren sein. Mantrailing oder Rettungshundearbeit könnte eine passende Form der Beschäftigung für ihn sein.

Von seinem Wesen her ist der große schwarze Schotte freundlich, sanft, verträglich und sensibel. Harte Behandlung verträgt er nicht.

FCI-Gruppe 7

Auszug aus dem Standard:

„Eleganter Hund mit den Konturen des Vollblüters. Sein Körperbau ist ausgewogen und mit dem eines leistungsfähigen Jagdpferds vergleichbar. (…) Intelligent, leistungsfähig, von vornehmer Gelassenheit. Mutig, offen, freundlich und ausgeglichen."

Irish Red Setter

Arbeitsprüfung

FCI-Standard Nr. 120
Gruppe: 7
Sektion 2: Britische und irische Vorstehhunde und Setter
2.2 Setter

Größe
Rüde: 58–67 cm
Hündin: 55–62 cm

Gewicht
Keine Angabe im FCI-Standard (i. d. R. 24–32 kg)

Farbe/Haarkleid
Sattes Kastanienbraun ohne jede Spur von Schwarz (Weiß an der Brust, am Hals und an den Zehen oder als kleiner Stern auf der Stirn, auch als schmaler Streifen oder Blesse auf Nase sowie Gesicht ist erlaubt)

Mittellanghaar

Ursprünglicher Verwendungszweck:
Jagdhund zur Schnepfenjagd im Sumpfgelände

Irland kannte schon im 18. Jahrhundert seine eigenen roten und rot-weißen Setter: So unterhielt die Familie des Lord de Freyne eine private Zucht in French Park im County Roscommon, über die sie ab 1793 siebzig Jahre lang ein Zuchtbuch führte. Die „de Freynes“ hießen ursprünglich „de Freigne“ und waren mit Wilhelm dem Eroberer aus Frankreich gekommen. Wegen dieser alten Verbindungen vermuten manche Autoren, ihre Hunde stammten vom Épagneul bréton oder hätten mit diesem gemeinsame (keltische) Vorfahren gehabt. Die de Freynes blieben aber nicht die einzigen, die rote, langhaarige Vorstehhunde zur Jagd auf Federwild züchteten, so genannte „Setting Dogs“. Man nannte sie so, weil viele von ihnen früher das gefundene Wild nicht im Stehen, sondern durch Hinlegen oder Hinsetzen anzeigten und sie sind zweifellos mit den Spaniels verwandt. Öfter heißt es in Quellen, der Irish Setter führe außerdem auch Pointerblut, was von den Iren stets bestritten und auch nie nachgewiesen wurde.

1882 wurde in Irland der heute noch bestehende Irish Red Setter Club gegründet, der 1886 den ersten Standard formulierte und die ersten Feldjagdprüfungen organisierte.

Die roten Setter wurden gezüchtet, um mit ihnen in den manchmal unwegsamen und von Wasser oder Steinbrocken durchzogenen Heide-, Sumpf- und Hochmoorgebieten Irlands Wildvögel zu jagen. Sie suchen zunächst die Fläche weiträumig im Galopp und mit erhobenem Kopf witternd ab, um dann, wenn sie Geruch in die Nase bekommen, zu verlangsamen und durch Vorstehen oder Hinkauern anzuzeigen, wo sich der Vogel versteckt. Die Iren nennen das nach wie vor „setting the game“.

Der attraktiv kastanenienrot gefärbte, sehr elegant und athletisch gebaute Hund mit dem seidigen Langhaar wurde aber schon früh vor allem auf dem Kontinent auch als Begleit- und Ausstellungshund entdeckt, der hübsch anzusehen war und mit dem man auf Shows Preise gewinnen konnte. So trennten sich schon früh in der Zucht Linien ab, die nicht mehr auf ihre jagdlichen Gebrauchseigenschaften geprüft wurden, während man in Irland stärker an den alten Traditionen festhielt. Die irischen Jagdsetter sind heute noch deutlich kurzhaariger als die Hunde, die auf Ausstellungen mit Schönheitspreisen ausgezeichnet werden.

Aber selbst wenn man einen Irish Red Setter aus einer reinen Showlinie erwirbt, die seit Generation nicht mehr gejagt hat, muss man wissen, dass das alte Erbe noch unter dem leuchtend roten Fell schlummert. Der sportliche Hund liebt und braucht viel Bewegung, er ist voller Tatendrang und möchte am liebsten auch seine feine Nase einsetzen dürfen, zum Beispiel als Suchhund.

Der Setter ist freundlich, intelligent und anhänglich und möchte am liebsten immer bei seinem Menschen sein. Schroffe Behandlung löst bei ihm Rückzug und

Arbeitsverweigerung aus. Er verträgt sich in der Regel problemlos mit anderen Hunden und Haustieren und taugt überhaupt nicht als Wachhund, da er jedem Fremden freundlich gegenübertritt. Sein seidiges Langhaar, das keine Unterwolle besitzt, muss zwei bis drei Mal wöchentlich gebürstet und an den Stellen mit längerer Behaarung gekämmt werden, damit es nicht verfilzt.

Auszug aus dem Standard:

„Rassig und athletisch, voller Qualität. Freundlich im Ausdruck. Ausgewogen und proportioniert. (…) Eifrig, interessiert, intelligent, voller Tatendrang; liebevoll und ergeben."

Irish Red and White Setter

Arbeitsprüfung

FCI-Standard Nr. 330
Gruppe: 7
Sektion 2: Britische und irische Vorstehhunde und Setter
2.2 Setter

Größe

Rüde: 62–66 cm
Hündin: 57–61 cm

Gewicht

Keine Angabe im FCI-Standard (i. d. R. 25–34 kg)

Farbe / Haarkleid

Grundfarbe Weiß mit nicht durchbrochenen roten Flächen, wobei beide Farben ein Maximum von Intensität und Leuchtkraft auszeichnen sollte. Streifenbildung (Roan) an Gesicht, Pfoten und Vorderläufen sind nicht erwünscht.

Mittellanghaar

Ursprünglicher Verwendungszweck:
Vorstehhund für Federwild

Der rot-weiße Setter ist außerhalb Irlands viel unbekannter als sein roter Vetter, dabei ist er die ältere der beiden Rassen. Vermutlich war er auch der Stammvater des roten Setters oder bildete zumindest die Hauptgrundlage für dessen Zucht.

Rot-weiß ist die typische Färbung der langhaarigen europäischen „Vogelhunde", die wir von Gemälden aus dem Mittelalter kennen. Sie wurden verwendet, um große Flächen schnell und gründlich nach Wildvögeln abzusuchen und diese dem Jäger anzuzeigen, indem sie sich vorsichtig lauernd davor hinstellten, -legten oder -setzten, woher im Englischen ihr Name „Setting Dog" kam. Viele Jäger bevorzugten die weiß-rote Färbung, weil die Hunde so aus der Ferne viel besser zu sehen waren.

Nach der Gründung des Irish Red Setter Clubs im Jahr 1882 wurde der einfarbig rote Setter in Irland aber so viel beliebter, dass der rot-weiße auszusterben drohte. In den 1960er Jahren waren nur noch sieben Hunde registriert, bis der Irish Kennel Club Anfang der 1970er Jahre ein Komitee zur Rettung der Rasse gründete. Heute ist die Rasse wieder konsolidiert, befindet sich aber anders als der

Irish Red Setter immer noch vorrangig in Jägerhand. Es hat keine nennenswerte Zucht in reine Showlinien gegeben, was der Rasse insgesamt sicherlich gutgetan hat.

Der rot weiße Setter ist im Vergleich zum roten etwas kürzer und kompakter gebaut und hat weniger übertriebenes Langhaar, vor allem die „Befederung“ an Brust, Ohren, Läufen und Rute fällt viel spärlicher aus. Vermutlich sieht er den Settern von vor hundert oder hundertfünfzig Jahren noch viel ähnlicher als der rote.

Auszug aus dem Standard:

„Stark und kraftvoll, sehr ausgewogen und gut proportioniert, ohne jegliches Zeichen von Schwerfälligkeit, eher athletisch als rassig. Der irische rot-weiße Setter wird in erster Linie für die jagdliche Arbeit gezüchtet und muss demzufolge vorrangig vom Standpunkt der Arbeitsbefähigung bewertet werden.“

Der Hund ist für seine Ausdauer bekannt und alte Erzählungen, nach denen ein rot-weißer Setter am Morgen zehn Meilen an der Kutsche seines Herrn zu einer Jagdprüfung lief und abends wieder zurück, sind durchaus glaubhaft. Genau wie der Irish Red Setter ist er ein zwar energiegeladener, aber freundlicher und gutmütiger Hund, der sich eng an seinen Besitzer bindet und gern mit diesem zusammenarbeitet. Er verträgt keine schroffe Behandlung und möchte in seiner Intelligenz nicht zum reinen Befehlsempfänger degradiert werden. Wer einen aktiven Lebensstil pflegt, viel draußen sportlich unterwegs ist und die Jagdveranlagung des rot-weißen Iren sinnvoll nutzen kann, zum Beispiel durch Such- und Apportierarbeit, wird einen tollen Begleiter haben und sicher oft auf den ungewöhnlichen Hund angesprochen werden.

APPORTI

STÖBERN

WASSERN

Apportierhunde
Stöberhunde
Wasserhunde

FCI-Gruppe 8

Sektion 1 – Apportierhunde
Sektion 2 – Stöberhunde
Sektion 3 – Wasserhunde

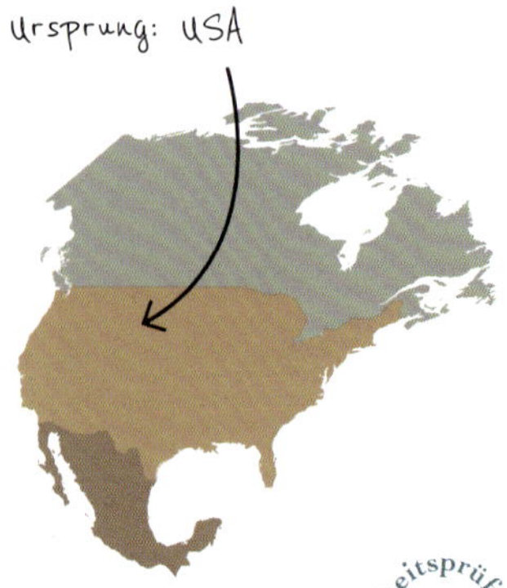

Arbeitsprüfung

FCI-Standard Nr. 263
Gruppe: 8
Sektion 1: Apportierhunde

Größe
Rüde: 58–66 cm
Hündin: 53–61 cm

Gewicht
Rüde: 29,5–36,5 kg
Hündin: 25–32 kg

Farbe/Haarkleid
Farbe trockenen Grases (Light Deadgrass, Dark Deadgrass) über hellrötlich (Sedge) und gräulich-braun (Tan) bis hin zu diversen Brauntönen (Light Brown, Brown, Dark Brown) ist jede Farbe erlaubt. Einfarbige Exemplare werden bevorzugt.

Kurzhaar (dicht), mit Unterwolle (dicht, fein, wollig)

Chesapeake Bay Retriever

Ursprünglicher Verwendungszweck:
Apportierhund für die Wasserjagd auf Enten und Gänse

Die Chesapeake Bay an der Ostküste der USA war seit jeher berühmt als Entenjagdrevier. Von den Jägern waren Retriever zum Zurückbringen des geschossenen Flugwilds immer begehrt, und über viele Jahre benutzte jeder Jäger ganz einfach den besten Hund, den er bekommen konnte. In der Literatur wird die Rasse erstmals im Jahr 1807 beschrieben, als ein englisches Schiff in der Chesapeake Bay sank und neben der Besatzung auch zwei St. John's-Newfoundland-Welpen gerettet wurden. Diese, so wird berichtet, erlangten später einen guten Ruf als apportierende Wasserhunde und wurden mit lokalen Coonhounds gekreuzt – der Chesapeake Bay Retriever als äußerst robuster, im Typ ziemlich homogener Hund mit großer Apportier- und Wasserfreude war erstmals geboren. Im letzten Drittel des 19. Jahrhunderts gründeten Besitzer einen eigenen Verein zur Förderung und Standardisierung des „Chesapeake Bay Ducking Dog". Die moderne Rasse fand erst über weitere 20 Jahre ihre endgültige Gestalt.
Der Chesapeake Bay Ducking Dog war der Liebling des Berufsentenjägers, der um die Jahrhundertwende Enten für Restaurants und den Handel schoss. Glaubwürdige Chroniken berichten von Hunden, die jeden Herbst gut tausend Enten an Land brachten. Das eisige Wasser und die rauen Wellen der Meeresbucht erforderten einen Hund, der in Wesen und Körperbau robust war und dafür lebte, zu apportieren. Je rauer die Umstände, umso mehr schien der Chessie Spaß an der Jagd zu finden. Das Haarkleid ist sehr dicht und hart, von einer öligen Struktur, die das Wasser abstößt und gegen Nässe und Kälte isoliert. Die Rasse wird eher als nützlich denn als „schön" beschrieben. Chessies sind Hunde für ernsthafte Entenjäger. Sie haben den Ruf eines Dickkopfes und haben ihren eigenständigen Mut und die Selbstständigkeit bewahrt, die für ihre frühere Arbeit so wichtig war. Weiß ein Chessie aber erst einmal, wer das Kommando führt, ist er ein harter und williger Arbeiter. Er beweist sein Können zum Beispiel auf Gehorsamkeitsprüfungen oder Field Trials.
Der Chesapeake Bay Retriever ist aber auch ein angenehmer Familienhund und liebt Kinder. Natürlich können die meisten Familien heute nicht die Art von Arbeit bieten, für die er ursprünglich gebraucht wurde und die er durchschnittlich an fünf Tagen die Woche leistete. So muss dem Chesapeake zumindest angemessener Auslauf und irgendeine Art Arbeit zugewiesen werden, um ihn zufrieden zu stellen. Im Gegensatz zu den anderen Retrieverrassen bringt der Chessie auch einen gewissen Schutz- und Wachtrieb mit und wird oft als etwas eigensinnig bezeichnet. Er ist der „Workaholic" unter den Retrievern und galt früher als typischer „Ein-Mann-Hund" – ganz anders als beispielsweise die Golden Retriever, die alle Menschen grundsätzlich zu lieben scheinen und immer kooperieren möchten. Der Chesapeake Bay Retriever ist am glücklichsten, wenn er seine ursprüngliche Aufgabe erfüllen kann, lässt sich im jagdlichen Einsatz auch zum Stöbern,

Buschieren und Vorstehen ausbilden und scheut keine Dornenhecke. Nicht-Jäger können ihn ersatzweise mit Dummyarbeit, als Rettungshund oder auch im Agility beschäftigen. Als Blindenführhund eignet er sich im Gegensatz zum Labrador und Golden Retriever wegen seines Schutztriebs eher nicht.

Auszug aus dem Standard:

„Die Rassecharakteristika sind spezifisch darauf zugeschnitten, dem Chesapeake zu ermöglichen, mit Leichtigkeit, Effizienz und Ausdauer zu arbeiten."

Arbeitsprüfung

FCI-Standard Nr. 110
Gruppe: 8
Sektion 1: Apportierhunde

Größe
Rüde: 69 cm
Hündin: 64 cm

Gewicht
Keine Angabe im FCI-Standard (i. d. R. um 35 kg)

Farbe / Haarkleid
Schwarz oder Braun

Kurzhaar aus kleinen, dichten, festen Locken, die dicht auf der Haut liegen; ohne Unterwolle

Curly Coated Retriever

Ursprünglicher Verwendungszweck:
Apportierhund, Jagdhund (Wasserjagd) auch bei der Niederwild-Treibjagd, Ausbringen und Einholen der Fischernetze, Schutzhund gegen Wilddiebe, Bewachung von Haus und Hof

Der Curly-Coated Retriever ist die älteste der englischen Retrieverrassen. Er stammt sehr wahrscheinlich vom alten English Waterdog ab, von dem er das kraushaarige Fell geerbt hat. Im 17. Jahrhundert kreuzte man St. Johns Newfoundland Dogs, die heute nicht mehr existenten Vorfahren des Labrador Retrievers ein, später möglicherweise auch Pudel, Pointer, Setter und Water Spaniels. In seiner heutigen Erscheinungsform gibt es den Curly Coated Retriever schon seit dem 18. Jahrhundert.

In der zweiten Hälfte des 19. Jahrhunderts war der Curly-Coated Retriever in England als Jagdhund sehr populär. Er wurde auch nach Australien und Neuseeland exportiert, wo er für die Jagd auf Wachteln und Wassergeflügel sehr gefragt ist. Diese beiden Länder weisen heute jährlich mehr Welpeneintragungen als das Ursprungsland auf und verwenden den Curly nicht nur zum Apportieren, sondern auch für das Treiben des Viehs, als Wachhund oder sogar für die Känguru-jagd. In manchen Ländern sieht man sie auch als Blindenführhunde oder sogar als Schlittenhunde – ein vielseitiger Gebrauchshund eben.

Dieser Hund ist im Wasser in seinem Element. Seine Besitzer betonen, dass er von Natur aus ein guter Apportierhund ist, mit hervorragender Nase, leicht zu erziehen, von robustem Körperbau und liebevollem Wesen. Er ist besonnen, selbstbewusst, Fremden gegenüber im Gegensatz zu den anderen Retrieverrassen aber eher reserviert. Das kurze, wasserfeste und schnell trocknende Fell macht ihn pflegeleicht.

Der Curly-Coated Retriever ist bei der Arbeit furchtlos und ausdauernd, oft hat er neben seiner Aufgabe als Jagdgefährte noch eine zweite Aufgabe als Beschützer seiner Familie. Kindern gegenüber ist er sanft, tolerant und verspielt. Kenner der Rasse berichten, dass der Curly Humor hat und gerne den Clown spielt, aber manchmal auch Eigensinn besitzt. Anders als der Golden und Labrador Retriever tut er nicht immer unbedingt alles dafür, seinem Menschen zu gefallen, sondern kann auch mal eigene Wege einschlagen. Hundeanfänger können mit ihm daher an ihre Grenzen geraten.

Er ist kräftig, quadratisch gebaut, hoch auf den Läufen. Die Rute ist meist ziemlich kurz wie beim Pointer. Das lockige Fell braucht nicht getrimmt zu werden. Es gibt weder weiches Kopfhaar noch Ohrfransen oder viel Haar an den Läufen. Das richtige Haarkleid betont mit kleinen, festen Locken über den ganzen Körper die eleganten äußeren Linien des Hundes.

Der Curly ist, obwohl er einst die beliebteste aller Retrieverrassen war, heute bei uns eher selten anzutreffen, die anderen Retriever haben ihm als einfacher handzuhabende Begleithunde den Rang abgelaufen. Erst allmählich finden sich neue Liebhaber auch außerhalb der Jägerkreise, die den intelligenten, temperamentvollen, robusten und sportlichen Arbeitshund mit starker Persönlichkeit wertschätzen.

FCI-Gruppe 8

Auszug aus dem Standard:

„Kräftiger, gut aufgerichteter Hund mit einer gewissen Eleganz und einem unverkennbaren Haarkleid."

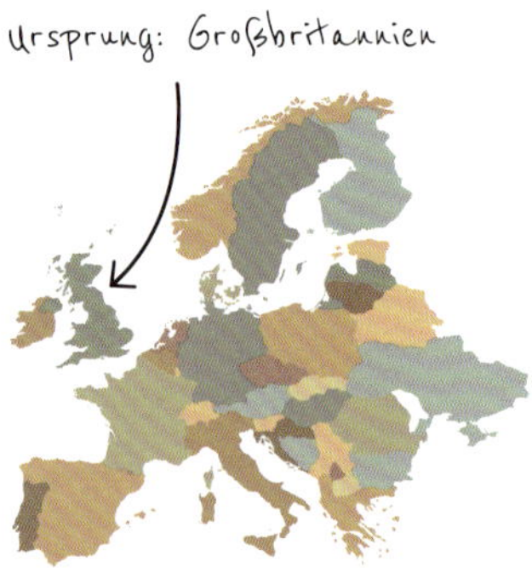

Arbeitsprüfung

FCI-Standard Nr. 121
Gruppe: 8
Sektion 1: Apportierhunde

Größe
Rüde: 59–61,5 cm
Hündin: 56,5–59 cm

Gewicht
Rüde: 27–36 kg
Hündin: 25–32 kg

Farbe / Haarkleid
Nur Schwarz oder Leberbraun

Mittellanghaar, glatt anliegend, leichte Wellen werden akzeptiert

Flat Coated Retriever

Ursprünglicher Verwendungszweck:
Apportierhund zur Arbeit nach dem Schuss, vor allem in wasserreichem Gelände, Entenjäger

Wie alle Retriever geht auch der Flat Coated auf den „Saint John's Dog" als Stammvater zurück, der seit Anfang des 18. Jahrhunderts in Neufundland beheimatet war und heute ausgestorben ist. Es ist tatsächlich der gleiche, der bei der Entstehung des Neufundländers eine bedeutende Rolle spielte, sodass der sportliche Flat Coated Retriever und der massige Neufundländer entfernte Verwandte sind. Während letzterer die Boote und Fischernetze an Land zog, wurde ersterer zur Jagd auf Wasservögel und zum Apportieren (engl. to retrieve = zurückbringen) gebraucht. Für die Jagdhundeeigenschaften kreuzte man Setter, Wasserspaniel und wahrscheinlich auch den ein oder anderen Collie ein. Insbesondere das Setter-Erbe sieht man dem heutigen Flat Coated Retriever noch an.
In seiner Anfangszeit nannte man ihn „Wavy Coated Retriever" und es gab auch andere Fellfarben als Braun und Schwarz, wobei Schwarz später zur bevorzugten und häufigsten Farbe wurde. 1885 wurde der erste Standard in England aufgestellt.
Kein Wunder, dass eine große Vorliebe für Wasser, eine feine Nase und eine große Leidenschaft fürs Apportieren auch heute noch die Haupteigenschaften des Flat Coated Retriever sind. Diese teilt er mit seinen Vettern Labrador und Golden Retriever, wurde aber nie so populär und weit verbreitet wie diese, was ja oft nicht das Schlechteste für eine Rasse insgesamt ist. Im Vergleich zu diesen beiden ist er etwas leichter, aber immer noch kräftig gebaut und gilt als etwas sensibler und eigenständiger. Kenner berichten außerdem, er sei temperamentvoller, ohne dabei jedoch hektisch zu sein.
Dieser „Geheimtipp unter den Retrievern" wird in vielen Ländern immer noch gern als Jagdhund auf Niederwild, insbesondere Wasservögel, geführt und entsprechenden jagdlichen Prüfungen unterzogen. Eine Aufspaltung in Arbeits- und Showlinien, wie sie ja zum Beispiel beim Labrador Retriever sehr ausgeprägt vorhanden ist, hat beim Flat Coated nie stattgefunden, allerdings legt man wegen der geänderten Nachfrage in letzter Zeit zumindest im deutschsprachigen Raum weniger Wert auf die jagdliche Leistungsprüfung der Elterntiere.
Von enorm freundlichem, kooperativem, verspieltem und neugierigem Naturell, fällt seine Erziehung und Ausbildung in jeder Hinsicht leicht: Er möchte es einem gern Recht machen, was die Engländer mit „will to please" beschreiben. Oft liest man in Beschreibungen, er tue eigentlich nie etwas, ohne dabei zu wedeln. Aufgrund dieses optimistischen Wesens ist er auch sehr gut als Familienhund für aktive Menschen geeignet, muss aber seinen Anlagen entsprechend beschäftigt und ausgelastet werden. Dummyarbeit ist für einen Retriever natürlich der Klassiker, aber auch für jede Form von Spürhundearbeit ist er zu begeistern und leistet Großartiges, zum Beispiel als Mantrailer, Rettungshund, Drogen- oder Sprengstoffspürhund. Auch Agility oder Mitlaufen am Pferd wären für ihn denkbare Beschäftigungen.

FCI-Gruppe 8

Mit anderen Hunden, Haustieren und Kindern verträgt er sich, normale Sozialisation vorausgesetzt, problemlos, ist wetterfest und pflegeleicht. Er kann durchaus auch als Ersthund für Hundeanfänger geeignet sein und als Assistenzhund eine gute Figur machen, sofern sein Bewegungsbedürfnis trotzdem befriedigt wird.

Auszug aus dem Standard:

„Ein aufgeweckter, reger Hund von mittlerer Größe mit intelligentem Ausdruck, zeigt Kraft, ohne schwerfällig zu wirken, zeigt Rasse, ohne dabei schmächtig zu sein. (…) Rundherum ausgestattet mit den natürlichen Eigenschaften eines Jagdhundes; Optimismus und Freundlichkeit wird durch enthusiastische Rutenbewegung demonstriert. Selbstsicher und freundlich."

Ursprung: Großbritannien

Arbeitsprüfung

FCI-Standard Nr. 111
Gruppe: 8
Sektion 1: Apportierhunde

Größe
Rüde: 56–61 cm
Hündin: 51–56 cm

Gewicht
Keine Angabe im FCI-Standard (i. d. R. Rüde: 34–40 kg, Hündin: 30–36 kg)

Farbe/Haarkleid
Jede Schattierung von Gold- oder Cremefarben (weder rot noch mahagonifarben)

Glatt oder wellig mit guter Befederung, dichte, wasserabstoßende Unterwolle

Golden Retriever

Ursprünglicher Verwendungszweck:
Apportierhund für die Niederwild- und Wasserjagd

Mit seiner Freundlichkeit und Aufgeschlossenheit sowie seinem attraktiven Äußeren hat sich der „Goldie“ einen sicheren vorderen Platz unter den beliebtesten Hunderassen weltweit gesichert. Seine Existenz haben wir einem britischen Lord zu verdanken, nämlich Sir Dudley Coutts Marjoribanks, Lord of Tweedmouth, der von 1820 bis 1894 lebte und sich als Anwalt und Politiker verdient machte, seinen größten Ruhm in der Nachwelt jedoch der von ihm geschaffenen Hunderasse verdankt. Er führte akribische Aufzeichnungen über seine Zucht, sodass wir über die Stammeltern genau informiert sind: „Nous“ und „Belle“ hießen die beiden. Wie bei allen Retrieverrassen bildeten die heute ausgestorbenen St. John's Dogs aus Neufundland, die für ihre Wasserliebe und Arbeitsfähigkeit bekannt waren, die Basis, im Fall des Goldens kamen noch die Gene von Water Spaniels und Settern hinzu. Dass der Lord sich seine Hunde goldgelb und mit mittellangem, gewelltem Deckhaar wünschte, war das eine, wichtiger war ihm jedoch, dass sie ihre Arbeit als Jagdhelfer verrichten konnten. Wie die meisten britischen Adligen liebte er es, an seinen freien Tagen durch die Heideflächen seiner Heimat zu

stapfen und Jagd auf Rebhühner, Schnepfen oder Enten zu machen. Dazu benötigt man einen Hund, der ruhig an der Seite des Jägers wartet, wenn dieser schießt, um sich dann anschließend zum Finden und Bringen (engl.: to retrieve) des manchmal weit entfernt zu Boden gegangenen Vogels bzw. mehrerer Vögel losschicken zu lassen. Der Golden Retriever hat dazu alles, was er braucht: Die „Steadiness" genannte Standruhe, das gute räumliche Erinnerungs- und Orientierungsvermögen, um zu wissen, wo er hinlaufen muss, die feine Nase zum Orten des Vogels, das Zurücktragen desselben durch Unterholz, Tümpel und über Bäche zum Jäger, ohne ihn dabei mit den Zähnen zu beschädigen und bei alledem ein ausgeprägter Wille zur Zusammenarbeit mit dem Menschen. All das macht den „goldenen Zurückbringer" auch so geeignet für andere Aufgaben, wie zum Beispiel als Assistenzhund: Gut gelaunt, fröhlich und ausgeglichen wartet er nur darauf, Aufgaben wie das Anreichen heruntergefallener Gegenstände, Öffnen von Türen oder Schubladen oder Betätigen von Schaltknöpfen erledigen zu dürfen. Auch als Blindenführ-, Rettungs- oder Spürhund macht er einen tollen Job und im Hundesport gehören Dummyarbeit und Obedience zu seinen Paradedisziplinen. Als Familienhund besticht er durch sein unkompliziertes Naturell und seine freundliche Aufgeschlossenheit, aber natürlich sozialisiert und erzieht sich auch ein Golden Retriever nicht von allein und es liegt immer noch am Menschen, das Beste aus den vorhandenen guten Anlagen herauszuholen.

Auszug aus dem Standard:

„Symmetrisch, harmonisch, lebhaft, kraftvoll, ausgeglichene Bewegung; kernig bei freundlichem Ausdruck. (…) Wille zum Gehorsam, intelligent mit natürlicher Anlage zu arbeiten. Freundlich, liebenswürdig und zutraulich."

Ursprung: Großbritannien

Arbeitsprüfung

FCI-Standard Nr. 122
Gruppe: 8
Sektion 1: Apportierhunde

Größe
Rüde: 56–57 cm
Hündin: 54–56 cm

Gewicht
Keine Angabe im FCI-Standard (i. d. R. Rüde: 29–36 kg, Hündin: 25–32 kg)

Farbe / Haarkleid
Ganz schwarz, gelb oder schokoladenfarben (Gelbtöne von hellcreme bis fuchsrot, Schokoladentöne von hell bis dunkel)

Kurzhaar (kurz, dicht, nicht wellig, ohne Befederung) mit Unterwolle

Labrador Retriever

Ursprünglicher Verwendungszweck:
Jagdhund, vor allem zum Apportieren von Flugwild nach dem Schuss

Die Vorfahren dieses Retrievers stammen eher aus Neufundland als von der Halbinsel Labrador vor Kanada, obwohl sie auch dort schon früh verbreitet waren. Tatsächlich sind sie sogar entfernt mit dem heutigen Neufundländer verwandt. Beide Hunde halfen den Fischern in den oft eisigen Gewässern vor der Küste Kanadas – die großen zum Ziehen der Netze und Boote, die kleineren zum Herausbringen von Fischen oder Wasservögeln aus dem Meer. Letztere beschrieb der britische Colonel P. Hawker von seinen Neufundland-Reisen schon 1814: „…schwarz und nicht größer als ein Pointer, feine Knochen, kurzes, glattes Haar (….) er ist extrem lebhaft, rennt, schwimmt und ist kämpferisch veranlagt. Im Auffinden von verwundetem Wild gibt es keine bessere Rasse."
Die Formung zu einer durchgezüchteten Rasse geschah im Verlauf des 19. Jahrhunderts in England auf Grundlage von aus Neufundland mitgebrachten Hunden, die man damals „St. John's Dogs" nannte. Den Namen „Labrador Dog" erhielt die neue Rasse erst in England. Hier nutzten jagdbegeistere Adlige, allen voran der Earl Malmesbury (1778–1841) die Apportierveranlagung und Wasserfreudigkeit der Neuankömmlinge und züchteten konsequent auf die Eignung als Helfer bei der Jagd auf Wildvögel. Die Hunde mussten geduldig, unaufgeregt und leise warten, bis der Jäger seine Schüsse auf die auffliegenden Vögel abgefeuert hatte, um dann zum Suchen und Zurückbringen (retrieve) derselben losgeschickt zu werden. Dabei mussten sie die oft schweren Vögel durch Wasser, Unterholz und über Stock und Stein transportieren, ohne sie dabei mit den Zähnen zu beschädigen. Und hatten sie dem Jäger die eine Ente vor die Füße gelegt, liefen sie gleich wieder los zur nächsten, deren Fallstelle sie sich schon gemerkt hatten.
Ihr wasserabweisendes Fell und die „otterähnliche" Rute halfen ihnen dabei, auch während der winterlichen Jagdsaison im kalten Wasser zurechtzukommen.
Die ersten Labradore waren schwarz, erst später kamen die gelbe und noch später die braune Farbe hinzu. Der englische Kennel Club erkannte die Rasse 1913 an, die FCI folgte 1954. Wie beim Golden Retriever fand in den Folgejahren eine Aufteilung in Arbeits- und in Showlinien statt, wobei die Arbeitshunde oft leichter und sportlicher gebaut sind und sich in ihrem Verhalten etwas unterscheiden.
Der Labrador zeichnet sich besonders durch seine freundliche und lernwillige Art aus. Er beobachtet seinen Menschen andauernd, möchte es ihm unbedingt Recht machen und freut sich über jede Aufgabe, die er für ihn erledigen darf. Daher eigenen sich Labradore auch so gut für die anspruchsvolle Ausbildung zum Assistenz- oder Blindenführhund, aber auch als Rettungshund, Spürhund oder in vielen Hundesportdisziplinen machen sie eine gute Figur, wobei die Dummyarbeit ihren natürlichen Veranlagungen besonders entgegenkommt.
Auch wenn der unkomplizierte, verträgliche Labrador durchaus für Ersthundehalter in Frage kommt, braucht er dennoch wie jeder Hund Sozialisation und Erziehung, um später seine besten Seiten zeigen zu können. Seine Arbeitsfreude muss ein Betätigungsfeld finden, damit er nicht unzufrieden

wird. Bei der Haltung ist zu beachten, dass viele Labradore gern fressen und zu Übergewicht neigen. Die Popularität des „Labbis", der seit Jahren unverändert zu den Top 5 der beliebtesten Hunderassen zählt, hat leider in den letzten Jahren vermehrt dazu geführt, dass Welpen in den vermeintlich „besonderen" Farben „silver", „charcoal" und „champagne" angeboten werden, die alle durch ein Verdünnungsgen entstehen und nicht vom Zuchtverband anerkannt sind – aus gutem Grund, denn sie können zu Hautproblemen und Immunschwächen führen. Der Labrador sollte durch seine Wesenseigenschaften und Veranlagung bestechen anstatt modischen Trends zu entsprechen.

Auszug aus dem Standard:

„Ausgeglichen, sehr aufgeweckt. Vorzügliche Nase, weiches Maul; begeisternde Wasserfreudigkeit. Anpassungsfähiger, hingebungsvoller Begleiter. Intelligent, eifrig und willig, mit großem Bedürfnis seinem Besitzer Freude zu bereiten. Von freundlichem Naturell, mit keinerlei Anzeichen von Aggressivität oder deutlicher Scheue."

Ursprung: Kanada

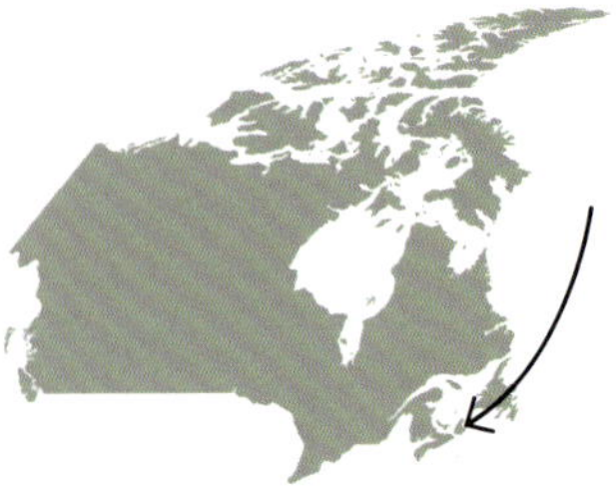

Arbeitsprüfung

FCI-Standard Nr. 312
Gruppe: 8
Sektion 1: Apportierhunde

Größe
Rüde: 48–51 cm
Hündin: 45–48 cm

Gewicht
Rüde: 20–23 kg
Hündin: 17–20 kg

Farbe/Haarkleid
Verschiedene Schattierungen von Rot bis Orange

Mittellanghaar mit dichter Unterwolle

Nova Scotia Duck Tolling Retriever
(Toller)

Ursprünglicher Verwendungszweck:
Apportierhund (Enten, auch Gänse)

„Neuschottischer Entenanlock- und Zurückbringhund", so etwa könnte man den zugegeben etwas sperrigen Namen dieses kleinsten aller Retriever übersetzen, der von seinen Fans meist nur kurz „Toller" genannt wird. Mit dem Anlocken der Enten hat es folgende Bewandtnis: Der agile und aufgeweckte Hund läuft ausgelassen spielend und auffordernd (engl: to toll = läuten, melden) am Ufer hin und her, wobei er manchmal noch vom Jäger aus einem Versteck heraus ins Wasser geworfene Bällchen oder Stöckchen apportiert oder immer wieder im Schilf verschwindet, um kurz darauf plötzlich wieder daraus aufzutauchen. All diese Aktionen werden von den Enten neugierig beobachtet, die weiter draußen im Wasser schwimmen und sie kommen vorsichtig näher ans Ufer, um zu untersuchen, was da vor sich geht – und kommen damit in Schussweite der Flinte. Anschließend wird der Toller losgeschickt, um die erlegten Tiere aus dem Wasser zu holen und unbeschädigt zum Jäger zurückzubringen.

Wie die anderen Retriever stammt er von den alten im Wasser arbeitenden St. John's Hunden ab, die den Fischern und Jägern in Kanada und Neufundland behilflich waren. Später wurden Cocker Spaniel, Irish Setter und vermutlich auch noch Shetland Sheepdogs eingekreuzt, was die für Retriever eher untypische Hüteveranlagung des kleinen Roten erklären könnte.

Bis zur Mitte des 19. Jahrhunderts nannte man ihn in Kanada noch den „Little River Duck Dog". 1945 vom kanadischen Kennel Club und erst 1981 von der FCI aufgenommen, ist er die jüngste und noch unbekannteste der Retrieverrassen, gewinnt aber zunehmend an Beliebtheit.

Er gilt als verspielter und lebhafter als die anderen Retriever, arbeitet aber ebenso gerne eng mit dem Menschen zusammen und liebt natürlich vor allem das Wasser und das Apportieren, hier ist er in seinem Element. Sein wasserabweisendes, doppeltes Haarkleid macht ihn dabei unempfindlich – selbst beim vollständigen Eintauchen ins Wasser wird er kaum bis auf die Haut nass, nach kräftigem Schütteln ist er schnell wieder trocken. Der attraktive Rot- oder Orangeton kann, muss aber nicht durch weiße Abzeichen an Kopf, Brust, Pfoten oder Rutenspitze ergänzt werden.

Der Toller ist außerordentlich munter, bewegungsfreudig und ausdauernd, also sicherlich kein Hund für Menschen, die es gern geruhsam mögen. Er möchte sinnvoll beschäftigt werden und seine Arbeitsfreude und sein Temperament ausleben dürfen. Er wird als sensibler und damit auch potenziell stressanfälliger als zum Beispiel der Labrador Retriever beschrieben, aber wie immer bestätigen Ausnahmen die Regel. Er ist seinem Halter gegenüber sehr anhänglich, Fremden gegenüber eher etwas zurückhaltend. Ankömmlinge in seinem Zuhause meldet er lautstark und ist generell „vokaler" veranlagt als seine Vettern aus der Retriever-Familie.

Seinen Leuten möchte er unbedingt alles Recht machen und ist für deren Stimmungen und Gefühlslagen, die er gerne spiegelt, sehr empfänglich. Kenner sagen, er könne aber auch zu „schottischer Sturheit“ neigen, was einen Teil seines Charmes ausmache.
Als kritisch ist der leider hohe Inzuchtkoeffizient in der Rasse zu sehen.

Auszug aus dem Standard:

„Der Toller ist ein mittelgroßer, kraftvoller, kompakter, harmonischer und gut bemuskelter Hund; Knochensubstanz mittel bis kräftig; mit einem hohen Maß von Flinkheit, Wachsamkeit und Entschlossenheit. Viele Toller zeigen einen etwas traurigen Ausdruck, bis sie an die Arbeit gehen; sodann wechselt ihr Aussehen zu intensiver Konzentration und Erregung. (…) Sein ausgeprägter Apportiersinn und sein Spieltrieb sind die unentbehrlichen Grundlagen für seine Lockfähigkeit.“

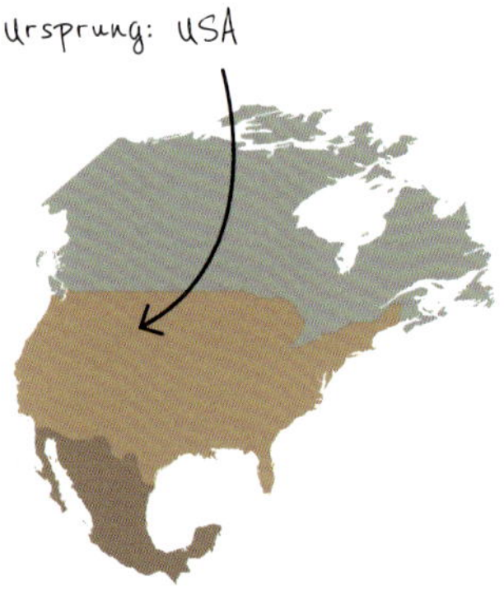

FCI-Standard Nr. 167
Gruppe: 8
Sektion 2: Stöberhunde
Varietäten: 3 (Farbe)

Größe
Rüde: ca. 38 cm
Hündin: ca. 35 cm
Eine Toleranz von +/- 1,27 cm ist zulässig.

Gewicht
Keine Angabe im FCI-Standard (i. d. R. 10–15 kg)

Farbe/Haarkleid
- a) **Schwarz**
- b) **Andere Einfarbige (außer Schwarz)**
- c) **Mehrfarbig**

Mittellanghaar mit Unterwolle

American Cocker Spaniel

Ursprünglicher Verwendungszweck:
Stöberhund, Begleithund

Wie so viele Amerikaner hat auch dieser seine Wurzeln in England. Er entstand aus im späten 19. Jahrhundert in die USA gebrachten Cocker Spaniels, die damals große Beliebtheit als Jagdhunde genossen. Ihre Spezialität war das Aufstöbern von Waldschnepfen, die englisch „Woodcocks“ heißen und den Hunden ihren Namen gaben.
In Amerika bildete sich bald ein eigener Typ heraus, der sich schon 1930 so stark vom englischen Cocker Spaniel unterschied, dass der American Kennel Club (AKC) ihn 1945 als eigene Rasse mit eigenem Standard definierte.
Der Hauptunterschied zum englischen Vetter liegt in der geringeren Größe und zeigt damit verbunden im Körperbau typische Merkmale des Klein- oder Zwergwuchses, des sogenannten Nanismus: der Schädel wird runder, die Augen und Brauenbögen treten stärker hervor, der Fang wird kürzer. Das alles zusammen entspricht unserem menschlichen „Kindchenschema“ und erklärt, warum die neue Rasse einen solchen Beliebtheitsboom erlebte: In den USA stand und steht sie zeitweise immer wieder auf Platz eins der beliebtesten Rassen.
Der „Ami“ unterscheidet sich außerdem durch einen kürzeren Rücken und damit quadratischeren Körperbau sowie eine viel reichere Behaarung: Das üppige, seidenweiche Langhaar reicht bei Showhunden meist bis zum Boden. Der FCI-Standard betont unter dem Abschnitt „Haarkleid“ zwar ausdrücklich, dass das Haar „am Gebäude von mittlerer Länge“ sein solle und vor allem die Befederung an Ohren, Brust, Bauch und Rückseiten der Läufe nicht so übermäßig sein solle, „dass die wahren Linien des Cocker Spaniels verdeckt, die Bewegung oder sein Erscheinungsbild und seine Aufgabe als ein maßvoll behaarter Jagdhund beeinträchtigt werden“, aber die Realität auf den Hundeausstellungen nicht nur in den USA, sondern auch in den Europa zeigt meist ein anderes Bild. Das Langhaar wird gehegt und gepflegt und ist sicher nicht mehr mit dem Stöbern in Hecken und Gebüsch vereinbar, auch wenn die Neigung dazu wie auch die Liebe zum Wasser dem Hund noch immer in den Genen steckt. Zwar sieht der Standard noch eine theoretische Verwendung als Jagdhund vor, de facto ist der American Cocker Spaniel jedoch schon lange ein Familienhund, auch wenn es in den USA noch vereinzelt jagdlich geführte Vertreter gibt.
Seine Fans mögen ihn aber nicht nur wegen seines Aussehens, sondern vor allem wegen seiner freundlichen, sanften, anhänglichen und verspielten Art – kurzum, er ist eine Charme-Offensive auf vier Beinen. Das fanden unter anderem auch Shirley Temple und Lauren Bacall, die sich von American Cocker Spaniels begleiten ließen und weiter zur Beliebtheit der Rasse beitrugen. Der wohl berühmteste American Cocker ist jedoch ein virtueller: Walt Disney setzte der Rasse mit dem Cockermädchen „Susi“ in „Susi und Strolch“ ein einzigartiges Denkmal.
Großer Wert wird auf eine koordinierte, mühelose und schwungvolle Bewegung des Hundes gelegt – das alte Erbe der Jagdhunde, die sich stundenlang effizient und ausdauernd fortbewegen mussten.

In der Pflege ist die Rasse etwas aufwändiger: Das seidige Langhaar muss regelmäßig gebürstet und am Rücken getrimmt werden – man sollte es hier keinesfalls scheren, da dies die Haarbeschaffenheit zerstören würde. Die sehr langen Hängeohren neigen wegen der schlechten Belüftung zu Entzündungen und müssen daher regelmäßig kontrolliert und gereinigt werden.

Auszug aus dem Standard:

„Er hat ein kräftiges, kompaktes Gebäude, einen fein gemeißelten, edlen Kopf und ist insgesamt ein völlig ausgewogener Hund von idealer Größe. Er steht gut aufgerichtet auf geraden Vorderläufen, wobei die Rückenlinie leicht abfällt (…) Vor allem muss er ungezwungen und fröhlich sein, gesund, insgesamt gut ausgewogen und in der Bewegung eine große Neigung zur Arbeit zeigen."

Arbeitsprüfung

FCI-Standard Nr. 109
Gruppe: 8
Sektion 2: Stöberhunde

Größe
Keine Angabe im FCI-Standard (i. d. R. 43–51 cm)

Gewicht
Rüde: 29,5–34 kg
Hündin: 25–29,5 kg

Farbe/Haarkleid
Bevorzugt einfarbig weißer Rumpf (mit zitronenfarbenen Abzeichen, orangefarbene Abzeichen zulässig)

Reichlich, dicht, seidig und glatt

Clumber Spaniel

Ursprünglicher Verwendungszweck:
Stöberhund, bevorzugt auf Rebhühner und Fasane, auch Enten sowie Schnepfen

Der Clumber Spaniel unterscheidet sich stark von den anderen Spaniels. Das kommt daher, dass sich unter seinen Vorfahren mehr Hounds finden als bei den anderen Spanielrassen. Hierdurch erklären sich sein massiver Knochenbau und sein schwerer Kopf.

Sein Typ wurde vor mehr als einem Jahrhundert besonders von dem Duke of Newcastle in Nottingham bewundert. Der Landsitz des Herzogs – Clumber Park – ist zweifelsohne Quelle des Rassenamens, die genaue Herkunft der Rasse ist aber unbekannt. Es gibt Erzählungen von Hounds, die dem Duke von französischen Adligen geschenkt wurden. Es ist aber auch durchaus möglich, dass die Eigenschaften, auf die er gezüchtet wurde, bereits in den Spaniels vorhanden waren.

Clumber Spaniel erfreuten sich einiger Anerkennung im englischen Königshaus. Prinz Albert, Gemahl von Königin Viktoria, war ihr erster Gönner; danach kam König Edward VI, sein Sohn, der außerordentlich stolz auf die Clumbers war, die er selbst in seinem Sandringham Zwinger züchtete. Als Lieblingshunde des Herrscherhauses wurden diese Spaniels sehr schnell populär.

König George V, der Sohn von Edward VI., war ein begeisterter Jäger und führte die Tradition fort, mit dem Clumber zu jagen. König George liebte die Jagd auch noch im fortgeschrittenen Alter, und dies mag zu dem Märchen beigetragen haben, der Clumber sei ein langsamer, sich mühsam bewegender Arbeiter, „nur gut für alte Männer mit Jagdstöcken" (das sind Jagdsitze, die in den Boden gesteckt werden, auf denen die Jäger auf das ihnen zugetriebene Wild warten).

Auszug aus dem Standard:

„Gut ausgewogen, guter Knochenbau, lebhaft, mit einem nachdenklichen Ausdruck. Seine gesamte Erscheinung drückt Kraft aus. Der Clumber soll fest, gesund und fähig sein, einen ganzen Tag auf dem Feld zu arbeiten."

Der moderne Clumber ist ein kräftiger Hund und alles andere als langsam. Er ist ein guter Vogelhund, der aktiv ist und einen Jagdtag gut durchstehen kann. Natürlich bewegt er sich nicht in der Gangart seiner Vettern mit leichteren Knochen, aber er ist besonders nützlich in schwerem Unterholz, für den langsam gehenden Jäger oder bei reichem Wildbestand. Heute ist er in England als Jagdhund eher eine Seltenheit und auch in Deutschland führt er im Vergleich zum kleineren, eleganten Cocker Spaniel eher ein Schattendasein. Seine Freunde schätzen an ihm seinen vielzitierten Sinn für Humor – dem Clumber scheint der Schalk im Nacken zu sitzen. Gleichzeitig hat er aber auch einen sehr würdevollen, zurückhaltenden und erhabenen Charakter, weshalb er gern auch der Aristokrat unter den Spaniels genannt wird.

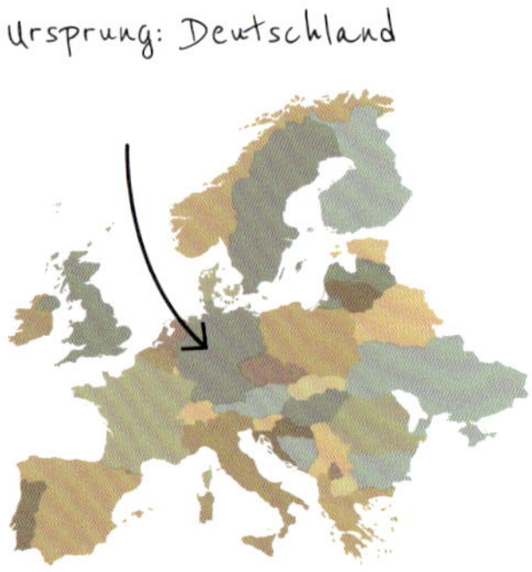

Arbeitsprüfung

FCI-Standard Nr. 104
Gruppe: 8
Sektion 2: Stöberhunde

Größe
Rüde: 48–54 cm
Hündin: 45–52 cm

Gewicht
18–25 kg
(Hündin etwas leichter als Rüde)

Farbe / Haarkleid
Einfarbig Braun (selten auch Rot) oder Braunschimmel (seltener auch Rotschimmel)

Kräftiges, dicht anliegendes, meist welliges, gelegentlich auch lockiges (Astrachan) oder glattes Langhaar, mit dichter Unterwolle

Deutscher Wachtelhund

Ursprünglicher Verwendungszweck:
Stöberhund, vielseitiger Jagdgebrauchshund

Der Deutsche Wachtelhund ist in seinem Ursprung der alte einheimische Stöberhund, den man zum Finden und Aufscheuchen von Wildvögeln brauchte und der aus den mittelalterlichen „Vogelhunden" hervorgegangen ist. Die mittelgroßen, langhaarigen und schlappohrigen, meist braunen oder braun-weißen Hunde waren damals im deutschsprachigen Raum weit verbreitet und halfen beim sogenannten „Tyrassieren", dem Jagen mit Fangnetzen.

Ende des 19. Jahrhunderts waren sie bis auf wenige Reste verschwunden, bis ein Jäger namens Friedrich Roberth den Anstoß dazu gab, die alte Rasse wiederzubeleben. Der von ihm 1897 in Oberbayern „entdeckte" Rüde Lord Augusta gilt als Stammvater aller modernen Wachtelhunde, deren Zucht mit Gründung des Deutschen Wachtelhundeklubs 1903 standardisiert wurde. Jahrzehntelang wurde die weitere Entwicklung der Rasse maßgeblich von Oberförster Rudolf Frieß beeinflusst, der deshalb auch als „Wachtelvater" bezeichnet wird.

Der Name „Wachtelhund" ist eher eine Reminiszenz an die Vorfahren als die Beschreibung der heutigen Tätigkeit, denn der Hund jagt nicht nur Wachteln, Rebhühner und anderes Federwild, sondern jedes Wild, das er in die Nase bekommt – das kann auch Hase und Fuchs, Reh, Hirsch und Schwarzwild sein. Er kann außer stöbern aber auch ebenso gut nachsuchen und apportieren, gerne auch aus dem Wasser, und zeigt eine (gewollte) Wildschärfe. Lediglich auf das Vorstehen wurde er, anders als zum Beispiel der Kleine Münsterländer, nie selektiert.

Von Anfang an wurde in der Zucht Wert auf „lautes Stöbern" gelegt, bei dem der Hund mit Bellen anzeigt, wenn er eine Wildfährte in der Nase hat. So wird das Wild in Bewegung versetzt und dem Jäger entweder vor die Flinte getrieben oder der Hund zeigt mit dem unverkennbaren „Standlaut" an, dass er ein Stück Wild gestellt hat. Als Solojäger jagt der Wachtelhund selbständig und weiträumig in einem großen Bogen und schaut nur ab und zu beim wartenden Jäger vorbei, ob dieser anderweitige Anweisungen wie Schicken in einen anderen Geländebereich zu vergeben hat, ansonsten trifft der ausdauernde Stöberer zwischendrin seine eigenen Entscheidungen und legt an einem Jagdtag viele Kilometer zurück.

Diese Jobbeschreibung macht schon deutlich, dass dieser „Border Collie unter Jagdgebrauchshunden" selbst für Wochenend-Jäger schwierig zu händeln ist, von Privatleuten einmal ganz abgesehen. Ein Stück Wald bellend so lange durchstöbern, bis alles herausgetrieben ist, was drin war – der „Traum" eines Hundehalters! So werden Welpen von den Züchtern wohlweislich auch nur an Jäger abgegeben, die wissen, worauf sie sich einlassen und dem Hund täglich Arbeit verschaffen.

Ist der Deutsche Wachtelhund seinen Anlagen entsprechend ausgelastet, zeigt er sich zuhause ausgesprochen anhänglich, sanft, gelehrig und gutmütig. Er bindet sich eng an seinen Menschen und sucht dessen Nähe.

Auszug aus dem Standard:

„Der Deutsche Wachtelhund ist ein mittelgroßer, langhaariger, sehr muskulöser Stöberhund mit edlem Kopf und kräftigen Knochen. Insgesamt länger als hoch (…) bei entsprechender Einarbeitung und Führung selbständig, weiträumig kontrolliert (bogenrein) jagende, zuverlässig auf Schweiß und als Verlorenbringer arbeitende Stöber- und vielseitige Jagdgebrauchshunde für deckungsreiche, vorwiegend Wald- und Wasserreviere."

Arbeitsprüfung

FCI-Standard Nr. 5
Gruppe: 8
Sektion 2: Stöberhunde
Varietäten: 2 (Farbe)

Größe
Rüde: 39–41 cm
Hündin: 38–39 cm

Gewicht
13–14,5 kg

Farbe/Haarkleid
a) Einfarbig
b) Mehrfarbig (Zweifarbig, Dreifarbig, Schimmel)

Glatthaar (seidige Beschaffenheit, niemals drahtig oder wellig), nicht zu reichlich und niemals lockig

English Cocker Spaniel

Ursprünglicher Verwendungszweck:
Stöberhund

Diese bekannteste und am weitesten verbreitete Spanielrasse hat ihren Namen von der Waldschnepfe, die auf Englisch „woodcock" heißt. Dieser Vogel ist mit seinem schwarz-braun gemusterten Federkleid auf dem Waldboden fast unmöglich zu entdecken, wenn er sich in die Vegetation drückt, und so ist die feine Hundenase gefragt, ihn zu finden. Den „Cocking Spaniel" finden wir daher schon früh in Aufzeichnungen erwähnt. Dabei wurden die vielen und schon seit Jahrhunderten in Großbritannien heimischen Spanieltypen ursprünglich gar nicht streng voneinander getrennt, sondern nur nach ihrem Verwendungszweck benannt. Spaniel an sich findet man schon 1386 in Chaucers „Canterbury Tales" erwähnt und auch in vielen von Shakespeares Werken aus dem 16. Jahrhundert kommen sie vor.

Woher sie einst nach England kamen, ist unklar, auch wenn es immer wieder (naheliegend) heißt, sie stammten ursprünglich aus Spanien. Nur: Auf der gesamten iberischen Halbinsel gibt es keinen Hundetyp, der den Spaniels ähnelt. Wohl dagegen in Frankreich, das etliche „Épagneuls" sein Eigen nennt und in ganz Nordeuropa kannte man mindestens seit dem Mittelalter langhaarige und -ohrige „Vogelhunde". Wie auch immer die Spaniel auf die Insel gelangten: Dort beschäftigte man sich mehr als anderswo mit ihnen und schuf seit der Gründung des English Kennel Clubs im Jahr 1873 zahlreiche unterschiedliche Spanielrassen. Der Cocker, dem man später zur Unterscheidung von seinem amerikanischen Cousin den Beinamen „English" gab, wurde schon im Gründungsjahr von Field und Springer Spaniel getrennt. Auch in der FCI zählt er zu den Rassen der ersten Stunde.

Geht der Cocker mit zur Jagd, „buschiert" er, das heißt er bewegt sich in mehr oder weniger systematischen Bögen oder Zickzacklinien in geringer Entfernung vor dem Jäger hin und her, um das Gelände mit seiner feinen Nase nach Wild abzusuchen, es aufzuscheuchen und nach dem Schuss zu apportieren. Er sucht dabei immer den Kontakt zu seinem Führer, lässt sich von diesem dirigieren und bewegt sich nicht zu weit weg. Ein wichtiger länderspezifischer Unterschied hat sich herausgebildet: Die Briten und Amerikaner erwarten von ihrem Spaniel, dass er stumm jagt, während er im deutschsprachigen Raum Laut geben soll, sobald er eine Fährte in der Nase hat.

Schon früh machte der Cocker aber eine steile Zweitkarriere als Begleithund – kein Wunder bei seinem fröhlichen, zugewandten Naturell und seinem hübschen Äußeren mit den langen, behaarten Ohren und seinem unwiderstehlichen, immer ein bisschen melancholischen Blick. Die Zucht trennte sich daher schon bald in Jagd- und Showlinien, die sich inzwischen auch äußerlich unterscheiden. In England sind die „Working Cocker" schon fast eine eigene Rasse geworden.

In vielen Ländern stand der Cocker lange auf den vorderen Plätzen der beliebtesten Rassen. Virginia Woolf setzte mit der Erzählung „Flush" einem Cocker ein Denkmal und Richard Nixons berühmt gewordene Rede „Checker's Speech" ist nach seinem schwarz-weißen Cocker Spaniel benannt. In den 1970er Jahren gab es Tausende Welpen pro Jahr – und leider bedingt durch die Massenzucht

auch eine landläufig als „Cockerwut“ bezeichnete erbliche Erkrankung, bei der die Hunde völlig ohne Anlass und wie anfallsartig grundlose Aggressionen zeigten. Nachdem betroffene Tiere konsequent aus der Zucht ausgeschlossen wurden, ist dies aber heute kaum noch ein Thema.

„Er gehorcht nicht aus Dienstbarkeit, sondern aus Ideengemeinschaft mit seinem Herrn, dessen Absichten er errät,“ beschrieb der Kynologe Villard einmal treffend den Charakter des Cocker Spaniels.

Auszug aus dem Standard:

„Fröhlich, robust, sportlich, gut ausgewogen, kompakt. (...) Fröhliches Wesen mit unermüdlichem Rutenspiel, zeigt eine typische eifrige Bewegung, hauptsächlich beim Folgen einer Spur, unerschrocken in unwegsamem Dickicht. Sanft und anhänglich, jedoch voller Leben und Überschwang.“

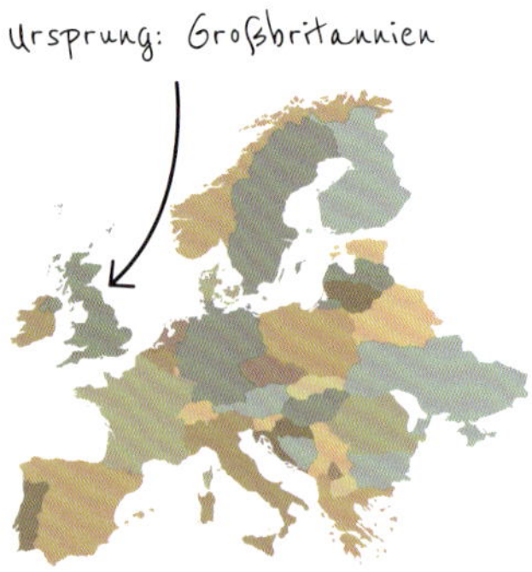

Arbeitsprüfung

FCI-Standard Nr. 125
Gruppe: 8
Sektion 2: Stöberhunde

Größe
ca. 51 cm (Rüde und Hündin)

Gewicht
Keine Angabe im FCI-Standard (i. d. R. 22–24 kg)

Farbe / Haarkleid
Leberbraun / Weiß, Schwarz / Weiß oder jede dieser Farben mit Lohabzeichen

Glatthaar (dicht und wetterresistent, niemals grob)

English Springer Spaniel

Ursprünglicher Verwendungszweck:
Stöber- und Apportierhund

Dieser größte Vertreter der Landspanielrassen zählt zu den ältesten englischen Jagdhunden und wird schon im 17. Jahrhundert erwähnt. Seine Vorfahren halfen bei der Beizjagd mit Falke oder Habicht oder bei der Vogeljagd mit Stellnetzen, indem sie die am Boden hockenden Wildvögel fanden und in die Netze oder zum wartenden Falken hochjagten. Auch in Kombination mit Windhunden kam er mitunter zum Einsatz, die dann die Hasen verfolgten, welche der Spaniel zuvor hochgescheucht hatte.

Sein Name kommt von „springing the game", was „Wild aufstöbern" bedeutet. Diese frühen Hunde unterschieden sich wahrscheinlich nur wenig vom Setter, erst später entwickelten sie sich auseinander. Kynologen sind der Ansicht, er stamme wahrscheinlich von den heute ausgestorbenen Norfolk Spaniel und der Kreuzung mit Black-and-Tan Terriern ab. Er war schon damals nicht nur als Stöber-, sondern auch als vorzüglicher Apportierhund zu Land und zu Wasser bekannt.

Nach festgelegtem Standard und mit Zuchtbuch züchtet man den Springer in England seit 1902, in Deutschland aber auch schon seit 1908.

„Spring-ins-Feld", wie ein Artikel im Schweizer Hundemagazin einmal titelte, wäre allerdings auch eine gute Erklärung für seinen Namen gewesen, denn er ist ausgesprochen temperamentvoll, lebhaft und eben „immer auf dem Sprung", wo es etwas zu suchen und zu jagen gibt. Gleichzeitig muss ein guter Jagdspaniel aber auch immer kontrollierbar sein und darf nicht auf eigene Faust stundenlang in der Heide verschwinden, sondern er muss nah beim Jäger bleiben, das Gelände vor ihm systematisch absuchen („Buschieren" nennt man das in der Fachsprache) und auf Anweisungen achten. Das erklärt die fest in seiner Genetik verankerte Bindungs- und Kontaktfreude zu seinem Menschen, den „will to please", wie die Briten sagen. Zusammen mit seiner Lernfreude und Verträglichkeit sind all das Charaktereigenschaften, die ihn auch als Familienhund attraktiv machen. Aktiv sollte der Springer-Besitzer schon sein und Ideen haben, wie er seinen lebensfrohen und energiegeladenen Begleiter auslasten kann. Dank der Vielseitigkeit der Rasse sind den Möglichkeiten da fast keine Grenzen gesetzt, wenn man von Schutzdienst einmal absieht. Das würde den von Grund auf freundlichen Hund eher ratlos zurücklassen. Alles, was Bewegung beinhaltet und vor allem alles, wo er seine feine Nase und seinen Finderwillen unter Beweis stellen kann, ist gut – und so ist es kein Zufall, dass auch unter den professionellen Sprengstoff- und Drogenspürhunden so mancher Springer Spaniel zu finden ist und schwanzwedelnd unermüdlich LKWs, Flughäfen und Industriehallen absucht. Auch das Apportieren liegt ihm nach wie vor im Blut, hat er doch kein Problem damit, auch einen ausgewachsenen Fuchs zurückzutragen.

Der sensible und feinfühlige Hund muss mit freundlicher Konsequenz erzogen werden und verträgt keine harte Behandlung. Das Training eines guten Rückrufs ist angesichts der Jagdpassion, die aber zweifellos in seinen Genen steckt, eine Bedingung für ein gedeihliches Zusammenleben in der Zivilgesellschaft von heute.

Trotz seines Langhaars ist der Pflegeaufwand gering, regelmäßiges Bürsten reicht.

FCI-Gruppe 8

Auszug aus dem Standard:

„Symmetrisch gebaut, kompakt, kräftig, fröhlich, lebhaft. Von allen britischen Landspaniels am höchsten auf den Läufen und am rassigsten im Körperbau. (…) Freundlich, unbekümmert, gehorsam."

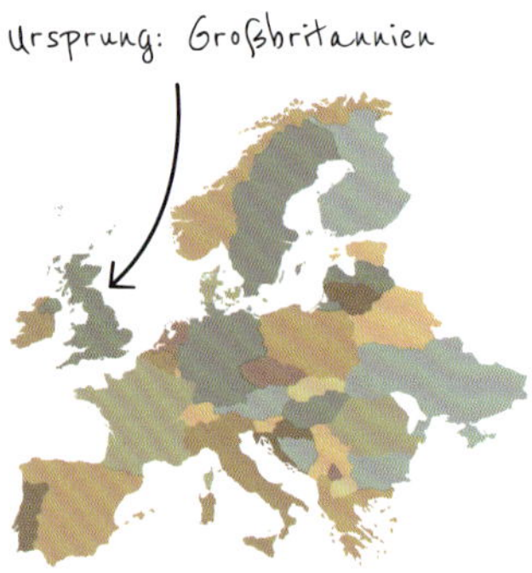

Arbeitsprüfung

FCI-Standard Nr. 123
Gruppe: 8
Sektion 2: Stöberhunde

Größe
ca. 46 cm (Rüde und Hündin)

Gewicht
18–25 kg

Farbe/Haarkleid
Schwarz, Schwarz mit Loh, Schwarzschimmel, Schwarzschimmel und Loh, Leberbraun, Leber und Loh, Braunschimmel, Braunschimmel und Loh. Bei einfarbigen Hunden ist Weiß oder geschimmelt auf der Brust zulässig. Reines Schwarz/Weiß, Leberbraun/Weiß, Orange oder Gold sind inakzeptabel.

Lang, glatt, glänzend und von seidiger Beschaffenheit. Niemals lockig, kurz oder drahtig. Dicht und wetterfest.

Field Spaniel

Ursprünglicher Verwendungszweck:
Stöber- und Apportierhund auf Federwild

Der mittelgroße, elegante Field Spaniel gehört zu den seltensten Vertretern der Spanielfamilie. Selbst im Mutterland Großbritannien hat er die wenigsten jährlichen Welpeneintragungen zu verzeichnen.

Er entstand in den 1860er Jahren aus Cocker- und Sussex Spaniels, wobei die Spanielrassen damals formal noch gar nicht unterschieden wurden. Alle außer den Clumber und Wasser Spaniels wurden im gleichen Zuchtbuch geführt. Erst später unterteilte man sie nach Gewicht und Farbe. Der Name „Field Spaniel" ist dabei ein wenig verwirrend, denn dies war eigentlich der Überbegriff für alle Spaniels, die jagdlich im Feld genutzt werden – im Unterschied zu den vorrangig im Wasser arbeitenden.

Später kreuzte man Irish Water Spaniel, Setter, Springer und um 1880 auch Bassets ein, weil man damals der Meinung war, niederläufige und damit bodennähere Hunde hätten beim Suchen im Unterholz einen Vorteil. Leider führte diese Phase dazu, dass viele Hunde viel zu langrückig, schwer und damit arbeitsuntauglich wurden. Heute ist dem Field Spaniel vom Basset nur noch die sehr feine Nase und nach Aussage einiger Kenner ein klein wenig Sturheit und Eigenständigkeit geblieben, die für Spaniels eher ungewöhnlich ist. Diese verbindet sich aber mit einem ausgesprochen freundlichen, sanften und feinfühligen Wesen. Der sensible Field vergöttert seinen Besitzer, sucht seinen Kontakt und kann weder unbeherrschte Gemütsausbrüche noch schroffe Befehle vertragen. Trotzdem ist er willens und in der Lage, seine eigenen Entscheidungen zu treffen oder klar zu äußern, wenn ihm etwas nicht passt. Als typisch für die Rasse wird auch beschrieben, dass sie zwar sehr schnell lernt, aber etwas länger als andere braucht, um erwachsen zu werden, sich bei der Arbeit gut konzentrieren und mit dem Menschen kooperieren zu können.

Der Field Spaniel ist nicht so extrovertiert fröhlich wie der Cocker und nicht so energiegeladen wie der Springer Spaniel, sondern insgesamt etwas ausgeglichener, was auch für seinen gesamten Körperbau gilt: Ein unspektakulärer Hund ohne Übertreibungen, aber ausgesprochen edel in seiner Erscheinung. Die Form des Kopfs mit dem ausgeprägten, manchmal geradezu spitzen Hinterhauptbein und dem flachen Stopp und den langen Ohren vermittelt laut Standard „den Eindruck von vornehmer Herkunft, Charakter und Adel." Der ausbalancierte Körperbau und der fließende, kraftvolle Bewegungsablauf tragen weiter zu dem noblen Gesamteindruck bei.

Trotz aller Noblesse ist der Field Spaniel voll arbeitstauglich als geborener Buschierer, der das Gelände vor dem Jäger nach Wild absucht und dieses aufstöbert, wobei er eher stumm bleibt. Auch zum Apportieren und Nachsuchen kann er problemlos ausgebildet werden. Der Standard betont, dass es sich um einen Hund für den harten Jagdeinsatz handele, aber mit seinen guten Wesenseigenschaften hat er auch das Zeug zu einem wunderbaren Begleithund – wenn auch nicht unbedingt für Hundeanfänger angesichts der Kombination aus Jagdpassion, Sensibilität

und Eigenständigkeit, die einen sicheren und ausgewogenen Umgang erfordert.

Waren Field Spaniels früher fast ausschließlich schwarz, kommen heute auch leberbraune und seltener geschimmelte (roan) Hunde vor. Das seidige, glatte Fell, das niemals lockig oder gar drahtig sein darf, ist dicht und wasserfest und bedarf außer Bürsten und Entwirren der Befederung keiner besonders aufwändigen Pflege.

Auszug aus dem Standard:

„Stöber- und Apportierhund. Ideal für harte Jagdeinsätze oder als Begleiter für den Bewohner auf dem Lande. Passt nicht in die Stadt. (…) Gut ausgewogen, edel, tüchtiger Jagdspaniel, gebaut für Aktivität und Ausdauer."

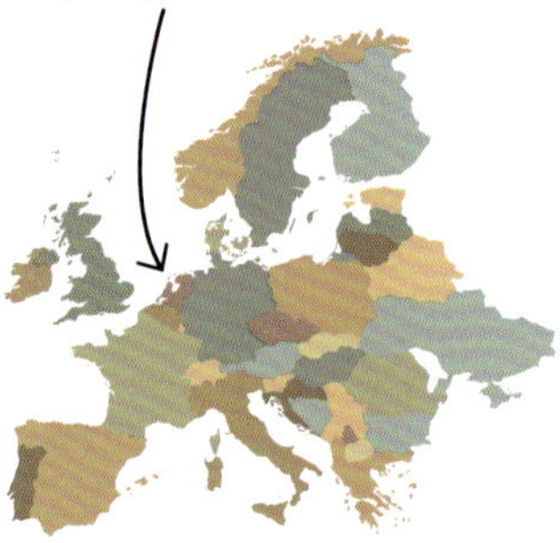

FCI-Standard Nr. 314
Gruppe: 8
Sektion 2: Stöberhunde

Größe
Rüde: 40 cm
Hündin: 38 cm
Eine Toleranz von +2 cm/- 3 cm ist zulässig.

Gewicht
Keine Angabe im FCI-Standard (i. d. R. 9–14 kg)

Farbe/Haarkleid
Klar abgegrenzte Flecken von reiner orange-roter Farbe auf weißem Grund (obwohl ein paar kleine Flecken an den Beinen akzeptiert werden). Die orange-rote Farbe sollte überwiegen. Etwas schwarzes Haar, welches sich mit der orange-roten Farbe vermischt und eine leichte Form der Tüpfelung sind akzeptabel, aber weniger erwünscht.

Mittellanghaar (leicht gewellt oder glatt und dicht anliegend), weiches Haar. Gut entwickelte Unterwolle.

Nederlandse Kooikerhondje

Ursprünglicher Verwendungszweck:
Jagdhund zum Anlocken von Enten

Die fernen Vorfahren dieses hübschen Hündchens sind die gleichen wie die der Spaniels oder des Kleinen Münsterländers, nämlich die „Vogelhunde" des Mittelalters, und das sieht man ihnen auch an. Sie waren einst überall in Mitteleuropa verbreitet. So sieht man auch auf Ölgemälden aus dem 17. Jahrhundert, zum Beispiel auf denen von Jan Steen, kleine rot-weiße Hunde, die dem heutigen Kooikerhondje verblüffend ähneln. In Holland erfuhren diese Vogelhunde aber schon früh eine Spezialisierung: Sie wurden zu Entenlockhunden.

Die Holländer hatten über die Jahrhunderte eine ausgeklügelte und aufwändige Entenfangtechnik entwickelt. Rund um einen dicht mit Schilf und Gebüsch bestandenen Teich wurde ein System aus Schilfmatten und gegen den Wind ausgerichteten Fanggängen angelegt, die in mit Klappen versehenen Käfigen endeten. In dieser „Entenkoje", auf niederländisch Kooi, wurden zahme Enten regelmäßig gefüttert und dienten als Lockvögel für ihre wilden Verwandten. Weil der Hund des Entenfängers, des „Kooikers", bei der Fütterung stets anwesend war, brachten die Enten seinen Anblick schnell mit Futter in Verbindung und folgten ihm, wenn er am Ufer hin und her und in die Öffnungen der Fanggänge hineinlief – und im Idealfall kamen ihnen neugierige Wildenten hinterher, zusätzlich angelockt von der interessanten buschigen weißen Rutenspitze des Hündchens, die im Halbdunkel der Eingänge immer wieder kurz auftauchte und verschwand.

Als diese Jagdmethode unmodern wurde, verschwanden auch die Hunde der Kooiker fast ganz und es ist den Bemühungen der Baronin von Hardenbroek van Ammerstol zu verdanken, dass es sie heute noch gibt: Sie beauftragte mit Hilfe eines Fotos und einer Haarsträhne einen Hausierer, bei seinen Reisen über Land nach solchen Hunden Ausschau zu halten und hatte Erfolg: In Friesland wurde die Hündin „Tommie" gefunden, deren erster Wurf 1943 zur Welt kam. Unter dem Zwingernamen der Baronin „van Walhalla" startete die Rasse neu und wurde 1971 vom niederländischen Dachverband, dem Rad van Beheer, anerkannt, die FCI folgte 1990.

Das Kooikerhondje ist ein agiler und aufgeweckter Hund mit Lust auf Arbeit geblieben. Lebensfroh und energiegeladen ist es überall gern dabei, wo es etwas zu unternehmen gibt – besonders, wenn dabei seine alten Jagdhundgene noch gekitzelt werden, etwa durch Nasenarbeit. Auch zum Apportieren hat der kleine Holländer Naturtalent und ist mit seiner Spritzigkeit und Gelehrigkeit für viele Hundesportarten zu begeistern. Beim Freilauf draußen ist die Veranlagung zum Stöbern und Jagen zu beachten, ein guter Rückruf muss daher unbedingt trainiert werden.

Kooikers gelten als eher reserviert gegenüber Fremden und möchten von diesen nicht ungefragt angefasst werden, manche sprechen sogar von typischen „Einmannhunden". Zuhause sind sie wachsam und melden kurz, wenn jemand kommt. Ab einem gewissen Erregungsgrad neigen sie dazu, sich durch Bellen

FCI-Gruppe 8

Luft zu machen, dem kann man aber durch vernünftiges Stressmanagement und indem man den Hund nicht „überdreht" gut entgegenwirken. Der Kooiker ist intelligent und sensibel und wird auch als Therapie- oder Schulhund sowie zu verschiedenen Spürhundaufgaben eingesetzt.

Auszug aus dem Standard:

„Der Kooikerhondje ist ein harmonisch aufgebauter orange-roter, mehrfarbiger kleiner Jagdhund mit nahezu quadratischem Körperbau. In der Bewegung trägt er seinen Kopf hoch und die gut befederte, fröhliche Rute wird gerade oder oberhalb der Rückenlinie getragen. Die Ohren haben schwarze Haare an den Spitzen, die sogenannten Ohrringe. (…) Lebhaft und aktiv, selbstbewusst und mit ausreichend Ausdauer und Durchhaltevermögen."

Arbeitsprüfung

FCI-Standard Nr. 127
Gruppe: 8
Sektion 2: Stöberhunde

Größe
Ideale Größe: 38–41 cm

Gewicht
ca. 23 kg

Farbe / Haarkleid
Satt goldleberfarben (goldener Farbton zunehmend zu den Haarspitzen und ist vorherrschend), dunkle Leberfarbe oder Braunrot sind unerwünscht.

Glatthaar (reichlich ohne Neigung zur Lockenbildung), reichlich Unterwolle

Sussex Spaniel

Ursprünglicher Verwendungszweck:
Stöberhund

Dieser Spaniel ist benannt nach der Grafschaft im Süden Englands. Hier lebte in Rosehill Park der wohlhabende und einflussreiche Landadlige Augustus Elliott Fuller, der um 1795 mit der Zucht seiner eigenen Jagdspaniel begann. Für den schweren Lehmboden seiner Heimat wünschte er sich besonders kräftige Hunde, die mit dem Gelände besser zurechtkommen sollten. Natürlich gab es Spaniels schon lange vor ihm in England, sie waren aber noch eine ziemlich bunt gemischte Gesellschaft, die nur nach ihrem Verwendungszweck unterschieden und benannt wurden – Wasserspaniels zum Appportieren von Ente & Co., Cocking Spaniels zur Jagd auf die Waldschnepfe (woodcock), Springing Spaniels zum Aufscheuchen (springing) des Wilds und Setting Spaniels, die späteren Setter, zum Vorstehen der Vögel bei der Netzjagd.
Fullers besondere kräftige Linie mit etwas kürzeren Läufen jagte eher langsam, dafür aber ausdauernder und schon 1803 wurden sie in einem Artikel der Zeitschrift „The Sportsman's Cabinet" erwähnt: „… die größten und stärksten sind in den meisten Regionen von Sussex verbreitet und heißen Sussex Spaniel".
Fullers Hunde wurden außerdem für ihr dickes, glattes, glänzendes und wasserfestes Fell gelobt, dessen dunkler Braunton einen sanften Goldschimmer aufwies.
Im allerersten Zuchtbuch des britischen Kennel Clubs, das die Jahrgänge 1859–1874 abdeckte, wurden sie unter der Kategorie Spaniel (Field, Sussex, Cocker) eingetragen. Zwei von Fullers Hunden, George und Romp, wurden 1859, zwei Jahre nach seinem Tod, im Buch „The Dog" von Stonehenge abgebildet, sodass uns ihr Aussehen gut überliefert ist.
Dass der Sussex Spaniel den Zweiten Weltkrieg überstand, verdankt er nur der Züchterin Joy Freer, deren Zwinger „Fourclovers" von 1923 bis 1984 existierte. Sie brachte acht Hunde durch, auf die alle heutigen Spaniels zurückgehen. Der Genpool der Rasse ist also leider ziemlich klein und sie ist sehr selten geblieben. In Großbritannien ist sie als „Vulnerable Native Breed" klassifiziert.
Der Sussex hat von allen Spaniels die niedrigsten Läufe und wirkt bei einer Schulterhöhe von um die 40 cm und einem Gewicht von rund 23 kg recht massiv. Er verkörpert damit den alten Spanieltyp und war an der Entstehung aller modernen Spanielrassen maßgeblich beteiligt.
Die einzig zugelassene Farbe ist immer noch Fullers goldschimmerndes „Leberbraun" ohne weiße Abzeichen.
Er ist der einzige Spaniel, in dessen Standard ausdrücklich erwähnt wird, dass er spurlaut jagt. Eine Besonderheit ist außerdem seine „rollende" Gangart, die ein wenig an die eines Löwen erinnern soll.
Wie alle Spaniels ist er sehr gesellig, freundlich und anhänglich. Er lernt gern und schnell und hat ein sensibles Naturell. Seine Freude am Stöbern ist nach wie vor ausgeprägt, er geht auch willig ins Wasser und apportiert gern.

Auszug aus dem Standard:

„Kräftig gebaut. Lebhafter Hund, dessen charakteristische Gangart ein eindeutiges Rollen ist, ganz anders als das der übrigen Spaniels. (…) Natürliche Anlage zur Arbeit; gibt Laut bei der Arbeit im dichten Unterholz. Freundliches Wesen."

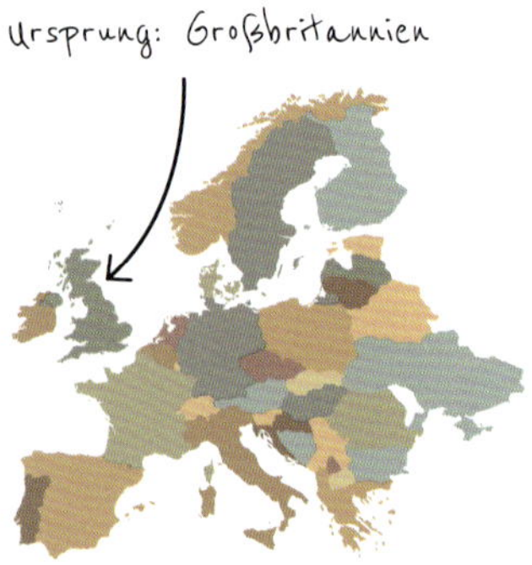

FCI-Standard Nr. 126
Gruppe: 8
Sektion 2: Stöberhunde

Größe
Rüde: 48 cm
Hündin: 46 cm

Gewicht
Keine Angabe im FCI-Standard (i. d. R. um 20 kg)

Farbe / Haarkleid
Nur sattes Rot und Weiß

Glatthaar, seidige Beschaffenheit, dicht, niemals drahtig oder wellig

Welsh Springer Spaniel

Ursprünglicher Verwendungszweck:
Stöberhund

Die Waliser, die diesen Spaniel in ihrer Landessprache „Llamgi cymru“ nennen, sind davon überzeugt, dass er zu den ältesten Jagdhunden Großbritanniens zählt und der Vorfahr aller englischen Spaniels mit Ausnahme des Clumber sei. Manche Autoren vermuten auch eine Verwandtschaft mit dem Épagneul Bréton von der anderen Seite des Kanals, was insofern passen würde, als dass sowohl in der Bretagne als auch in Wales Reste von Kelten leben, die einst über ganz Europa verbreitet waren und die manche Eigenarten und Traditionen lange beibehalten haben – so vielleicht auch die rot-weiße Fellfarbe ihrer Jagdhunde, die typische Farbe der alten mittelalterlichen Vogelhunde, die bei den anderen britischen Spaniels nach und nach von schwarzen und andersfarbigen verdrängt wurde.
Der Beginn der formalen Rassezucht fällt in die gleiche Zeit wie die von Cocker und Springer Spaniel: Um 1900 traten Welsh Springer Spaniel erstmals auf Arbeitsprüfungen und Ausstellungen auf.
Vom English Springer Spaniel unterscheidet sich der Waliser vor allem durch seinen schmäler zulaufenden Vorderkopf, die höheren Läufe, die höher angesetzten und kürzeren Ohren und natürlich durch die markante rot-weiße Farbe. Sein mittellanges Haarkleid, das keinesfalls lockig oder wellig sein darf, weist keinerlei Übertreibungen durch allzu üppige Befederung aus, die bei der Arbeit hinderlich sein könnte. Er ist immer ein Arbeitshund geblieben, dessen Spezialität es ist, nah vor dem Jäger das Gelände systematisch zu durchstöbern und das Wild aufzutreiben, damit es erlegt werden kann. Nach dem Schuss kann er außerdem das erlegte Stück Wild, sei es Fasan, Ente oder Hase, zurückbringen.
Mit seiner angenehmen mittleren Größe und seinem spanieltypisch freundlichen, anhänglichen und lernwilligen Wesen eignet er sich auch gut zum Familienhund, sofern man ihm adäquate Beschäftigungsmöglichkeiten anbieten kann, denn ein reiner Schoßhund ist er ganz sicher nicht. Dummyarbeit, Mantrailing oder jede Form von Nasenarbeit kommen ihm besonders entgegen, aber auch zum Wandern oder Joggen kommt er gerne mit. Dabei sollte man im Auge behalten, dass sein Stöber- und Jagdtrieb noch immer vorhanden ist und in kontrollierte Bahnen gelenkt werden muss. Kleine Aufgaben und Spiele unterwegs können dabei helfen.
Seine ausgesprochene Anhänglichkeit an den Menschen kann zum Problem werden, wenn man das stundenweise Alleinsein nicht frühzeitig und positiv besetzt trainiert.

FCI-Gruppe 8

Auszug aus dem Standard:

„Symmetrisch, kompakt, nicht hochläufig, offensichtlich für Ausdauer und harte Arbeit gebaut. Bewegt sich schnell und lebhaft, mit viel Schwung und Schub. (…) Sehr alte, eigenständige Rasse reinen Ursprungs. Kräftig, fröhlich und sehr lebhaft. Freundliches Wesen, keine Aggressivität oder Nervosität zeigend."

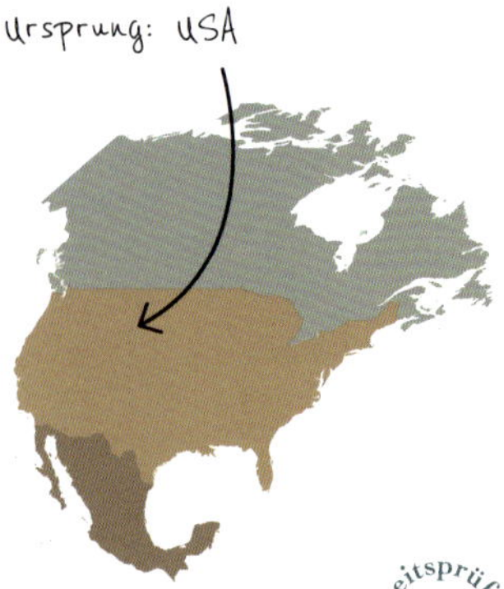

Arbeitsprüfung

FCI-Standard Nr. 301
Gruppe: 8
Sektion 3: Wasserhunde

Größe
38–46 cm (Rüde und Hündin)

Gewicht
Rüde: 13,5–20,5 kg
Hündin: 11,5–18 kg

Farbe/Haarkleid
Entweder einheitlich Leberbraun, Braun oder dunkles Schokoladenbraun (ein wenig Weiß an Zehen und Brust ist zulässig)

Langes, lockiges Fell mit reichlich Unterwolle

American Water Spaniel

Ursprünglicher Verwendungszweck:
Jagdhund auf Wasservögel (Apportierhund)

Dieser lockige Entenjäger entstand Ende des 19. Jahrhunderts am Oberlauf des Mississippi im Mittleren Westen der USA, wo man sich einen Stöberer und Apportierer wünschte, um die Wasservögel aus dem Schilf und aus dem Wasser zu holen. Er sollte dabei klein genug sein, um auf dem Ruderboot mitfahren und von dort ins Wasser geschickt werden zu können, andererseits trotzdem kräftig genug, um nicht nur zu stöbern, sondern die erlegten Vögel auch zu apportieren. Wenn er zur Abwechslung einmal einen Hasen apportieren konnte, war das auch kein Fehler. Als Gebrauchshund wünschte man ihn sich unkompliziert, pflegeleicht und robust.

Er hatte britische Vorfahren, vermutlich den heute nicht mehr existenten englischen Water Spaniel und den Irish Water Spaniel. Später nahm man auch Curly Coated Retriever zur Hilfe, um den gewünschten Typ zu schaffen. Welche Rassen noch alle mitmischten, ist nicht genau überliefert. Von Pudeln und Settern ist die Rede, aber bewiesen ist das nicht.

In den Anfangsjahren war er als „Brown Water Spaniel" bekannt. Maßgeblich beeinflusst wurde die Zucht um 1920 von Dr. Fred J. Pfeifer aus New London in Wisconsin, der auch den ersten Standard ausarbeitete. Sein eigener Hund „Curley Pfeifer" war 1940 der erste vom American Kennel Club anerkannte American Water Spaniel. Wisconsin hat die Rasse daher zu ihrem „State Dog" erkoren.

In seiner Heimat, vor allem in den Staaten Wisconsin, Michigan und Minnesota, wird er immer noch gern von Jägern zur Wasserjagd eingesetzt, ist aber auch zum beliebten Familienhund geworden. Zu großer Verbreitung kam er aber bis heute nie und außerhalb der USA trifft man ihn selten.

Er hat den Charme und die Freundlichkeit aller Spaniels, jedenfalls, was seine Besitzer und dessen unmittelbare Familie betrifft. Fremden gegenüber gilt er als eher zurückhaltend und kann auch mal eine sture Seite seines Charakters zeigen. Dennoch ist er im Grunde eine sensible Seele, die keine grobe Behandlung verträgt. Er ist recht stimmlich veranlagt und neigt bei Aufregung zum Fiepen, Jaulen und Bellen, sodass man hierauf ein besonderes Auge haben muss.

Sein dichtes und gelocktes Haarkleid ist im Unterschied zu dem des Pudels zweilagig, was ihn gut vor Nässe, Extremtemperaturen und Verletzungen im Schilf schützt. Die Menge der Locken kann dabei von Hund zu Hund variieren.

Auszug aus dem Standard:

„Der Amerikanische Wasserspaniel ist ein aktiver, muskulöser Hund von mittlerer Größe und mit einem ‚ondulierten' (gewellten) bis gelockten Haarkleid. (…) Ein stabil gebauter und gut bemuskelter Hund, voller Kraft und Qualität. Die Rasse hat so viel Substanz und Knochen wie nötig, um die gesamte Muskulatur zu tragen, aber nicht so viel, um schwerfällig zu erscheinen. (…) Gering länger als hoch, nicht zu quadratisch oder kompakt."

Barbet
(Französischer Wasserhund)

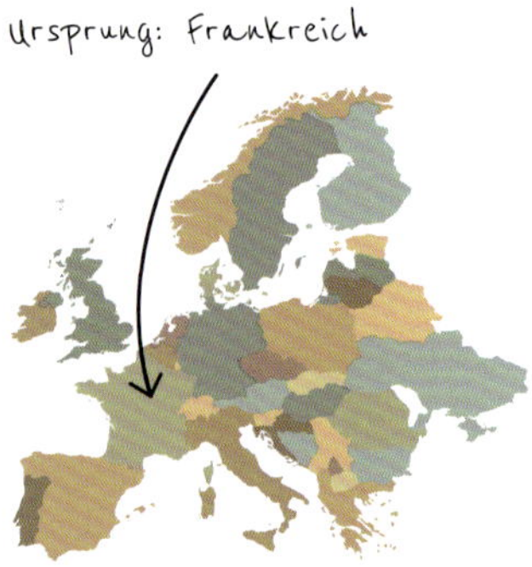

Arbeitsprüfung

FCI-Standard Nr. 105
Gruppe: 8
Sektion 3: Wasserhunde

Größe
Rüde: 58–65 cm
Hündin: 53–61 cm
Eine Toleranz von +/- 1 cm ist zulässig.

Gewicht
Keine Angabe im FCI-Standard (i. d. R. 20–30 kg)

Farbe / Haarkleid
Einfarbig Schwarz, Grau, Braun, Lohfarben (Falb), Sandfarben, Weiß oder gescheckt (alle Schattierungen von Lohfarben und Sandfarben sind erlaubt, vorzugsweise am ganzen Körper gleich)

Langhaar, wollig, lockig, kann Schnüre / Stränge bilden

Ursprünglicher Verwendungszweck:
Jagdhund auf Wasservögel

Der Barbet hat seinen Namen von dem Bart, französische „barbe", den das üppige, zottelige Haar an seinem Fang formt. Bis ins 16. Jahrhundert hießen alle zotthaarigen und bärtigen Hunde in Frankreich so, auch wenn sie kein krauses Haar hatten. Erst später trennte man zum Beispiel Pudel und Griffon als eigenständige Rassen ab. Darüber, wie die Wasserhunde nach Europa kamen, gibt es unterschiedliche Theorien – von den Mauren aus Nordafrika oder mit den Ungarn aus den asiatischen Steppen.

In der Tat haben wir es hier mit einer sehr alten Rasse zu tun, von der manche meinen, es handele sich um den Urahn aller europäischen Wasserhunde, während die Portugiesen das gleiche gern für ihren Wasserhund reklamieren. Erste Quellen erwähnen ihn schon im 14. Jahrhundert, und nachweislich ging schon König Heinrich IV von Frankreich (1553–1610) mit Barbets zur Entenjagd. Anders als viele Jagdhunde war er aber nie ein typischer Hund der Adligen, sondern überall in Frankreich als Hund einfacher Leute verbreitet, die sich mit ihm ihren Lebensunterhalt durch Jagen in den Sümpfen sicherten oder ihn auch mal als Wach- oder Hütehund einsetzten.

Der Barbet war an der Entstehung nicht nur des Pudels und der Wasserspaniel, sondern auch viel jüngerer Rassen wie Briard, Deutsch Drahthaar oder Pudelpointer beteiligt. Ihnen allen vererbte er nicht nur seine Apportierfreude aus dem Wasser – es heißt, er habe früher den Jägern nicht nur die Enten aus dem Wasser geholt, sondern hinterher auch noch die verschossenen Pfeile -, sondern auch die heute weniger mit der Rasse assoziierte Neigung zum Suchen, Stöbern und sogar Vorstehen. Auch auf dem Feld war er zur Hasenjagd brauchbar, etwas, das durch seine Einordnung in die Gruppe der Wasserhunde heute etwas in Vergessenheit geraten ist.

Aber natürlich ist das Wasser sein liebstes Element. Er holt mit Begeisterung alles heraus, was man hineinwirft oder ihm zeigt – egal, wie kalt das Wasser ist. Sein dichtes Fell lässt kaum Wasser bis auf die Haut durch.

Der berühmteste Barbet der Geschichte war der schwarze Rüde Moustache, der sich in der Normandie aus freien Stücken aus der Stadt herausmarschierenden napoleonischen Truppen anschloss und mit ihnen durch halb Europa zog. Bei Austerlitz warnte er die Lagerwachen in der Nacht vor einem feindlichen Spion und wurde dafür mit einer Ehrenmedaille ausgezeichnet.

Im Laufe des 19. Jahrhunderts nahm die Verbreitung des Barbets ab, weil Gesellschaft, Landschaft und Jagdmethoden sich änderten, aber auch, weil eine ähnliche Rasse ihn an Beliebtheit übertraf – der Pudel. Mit ihm hat er nicht nur Äußerliches, sondern auch einige Wesenszüge gemeinsam, nämlich die Anhänglichkeit an seinen Menschen, die Gelehrigkeit und sein fröhliches und freundliches Naturell, dem manchmal der Schalk im Nacken sitzt. Übrigens wurden in den 1970er Jahren auch einige Großpudel eingekreuzt, weil die genetische Basis so klein geworden war, dass die Rasse auszusterben drohte. Im Unterschied zum Pudel wird er

FCI-Gruppe 8

noch heute jagdlich geführt und auf seine Eignung dazu geprüft, bevor er zur Zucht zugelassen wird.

Als Familienhund eignet er sich mit seinem unkomplizierten Wesen auch für Anfänger, braucht aber körperliche und geistige Beschäftigung – gern durch Apportier- oder Nasenarbeit. Mit seiner zugewandten und menschenfreundlichen Art kann er auch gut in der tiergestützten Intervention eingesetzt werden. Sein wolliges Lockenfell haart kaum und muss regelmäßig gebürstet und geschoren werden. Auf Ausstellungen wird der Barbet langhaarig, gekämmt und gefönt vorgestellt, was ihm ein ganz anderes Aussehen verleiht als der lockig-wuschelige Naturlook.

Auszug aus dem Standard:
„Ausgeglichen, sehr führerbezogen, sehr gesellig, sehr wasserfreudig, auch wenn das Wasser sehr kalt ist."

Arbeitsprüfung

FCI-Standard Nr. 124
Gruppe: 8
Sektion 3: Wasserhunde

Größe
Rüde: 53–59 cm
Hündin: 51–56 cm

Gewicht
Keine Angabe im FCI-Standard (i. d. R. 10–29 kg)

Farbe/Haarkleid
Satte, dunkelbraunrote Leberfarbe (Weiß an der Brust ist zu beanstanden)

Dichte, feste, krause Ringellocken ohne jegliche Wolligkeit, von Natur aus ölig

Irish Water Spaniel

Ursprünglicher Verwendungszweck:
Jagdhund auf Federwild

Mit „Spaniel" ist dieser irische Wasserhund etwas irreführend bezeichnet, denn er passt von Größe und Aussehen eigentlich nicht in die Spanielfamilie hinein. Mit rund 60 cm ist er deutlich größer und gekräuseltes Fell mit Haarschopf oben auf dem Kopf kommt bei keinem Spaniel vor, genauso wenig wie der dünn behaarte „Rattenschwanz". Besser würde er also wahrscheinlich „Irish Water Dog" heißen. Aber auch zu dem französischen Barbet oder dem spanischen und portugiesischen Wasserhund gibt es deutliche Unterschiede, vor allem die kurze und glatte Behaarung im Gesicht, die von Ferne wirkt wie ein freigeschorenes Pudelgesicht, aber tatsächlich von Natur aus so beschaffen ist.

Dass es in Irland, wie auch in England und im übrigen Europa, schon jahrhundertelang kraushaarige Hunde zur Wasserjagd gab, ist bekannt. Alle stammten wahrscheinlich von den mehr oder weniger gleichen Vorfahren, unterschieden sich aber regional in Größe, Typ und Farbe und wurden natürlich nie ganz rein gezüchtet, sondern oft mit dem gekreuzt, was gerade so passte. Der heutige Irish Water Spaniel führt seine Abstammung in erster Linie auf Hunde eines gewissen Justin McCarthy zurück, der sie um 1830 zu züchten begann und uns nicht überliefert hat, welche Ausgangsrassen er benutzte. Neben den in Irland schon vorhandenen Wasserhunden sind französische Einflüsse denkbar, aber auch Setter mögen vorgekommen sein. Sein Rüde „Boatswain" gilt als Stammvater der Rasse und im Jahre 1890 wurde der Irish Water Spaniel Club gegründet, um die Rasse systematisch weiter zu fördern.

Ziel war ein Hund, der ausdauernd im Uferbereich stöbern, kraftvoll größere Vögel aus dem Wasser apportieren konnte und auch verwundete Vögel noch zielsicher fand. Es heißt, er könne ohne Weiteres auch nach verletzten Enten tauchen. Schnell machte er sich mit seiner guten Nase, seinem zuverlässigen Apport und seiner Unempfindlichkeit auch gegen das eiskalte Wasser des Nordatlantiks bei irischen und englischen Jägern einen Namen.

Vom Naturell her ist er intelligent, wach, lernwillig und auf seinen Besitzer fixiert, Fremden gegenüber eher reserviert. Wegen seiner manchmal unerwarteten eigenen Einfälle wird er auch „Clown unter den Spaniels" genannt.

Als Outdoor-Hund braucht der Irish Water Spaniel Bewegung und Beschäftigung. Dummysport, Rettungs- oder Spürhundearbeit, aber auch Agility, Radfahren oder Wandern können passende Aktivitäten für ihn sein – und klar, natürlich Schwimmen! Er wird kein Gewässer auslassen, an dem man draußen mit ihm vorbeikommt.

Sein immer satt dunkelbraunes Lockenfell hat zwar wie das des Pudels ebenfalls keine Unterwolle, aber es ist nicht wie dieses wollig, sondern eher fettig und wächst vor allem nicht ständig weiter, sondern behält seine Länge auch ohne Schur bei. Es muss lediglich ab und an gekämmt werden (nicht gebürstet, um

die Lockenstruktur nicht zu zerstören) und die Haare im Ohrinneren müssen ausgezupft werden, damit genug Luft zirkulieren kann. Leider gibt es bei Züchtern mancher Showlinien Bestrebungen, den Hunden eine üppigere Fellpracht anzuzüchten, was im Interesse einer guten Arbeitstauglichkeit nicht gefördert werden sollte.

Auszug aus dem Standard:

„Stolz; er zeigt große Intelligenz und Ausdauer verbunden mit von kühnem, forschem Eifer geprägten Temperament, enormer Kondition und Ergebenheit. Ein guter Familienhund mit Sinn für Humor, aber misstrauisch gegenüber Fremden."

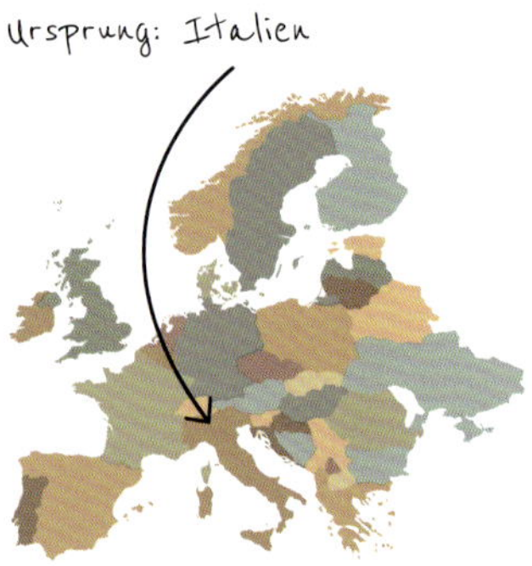

Arbeitsprüfung
Fakultativ

FCI-Standard Nr. 298
Gruppe: 8
Sektion 3: Wasserhunde

Größe
Rüde: 43 – 48 cm
Hündin: 41 – 46 cm
Eine Toleranz von +/- 1 cm ist zulässig.

Gewicht
Rüde: 13 – 16 kg
Hündin: 11 – 14 kg

Farbe/Haarkleid
Einfarbig Grauweiß, Weiß mit braunen oder orangen Flecken, Orangeschimmel, Braunschimmel, Braun (in verschiedenen Tönungen) mit oder ohne Weiß, Orange mit oder ohne Weiß.
Einige Hunde haben eine braune bis dunkelbraune Maske. Lohfarbene Markierungen (in verschiedenen Schattierungen) sind zulässig.

Wollige Struktur, niemals gedreht, um dünne Schnüre zu formen, an der Oberfläche etwas rau, mit engen ringförmigen Locken, mit sichtbarer Unterwolle

Lagotto Romagnolo
(Italienischer Trüffelhund)

Ursprünglicher Verwendungszweck:
Trüffelhund, Wasser-Apportierhund

Was denn nun, Trüffel- oder Wasserhund? Wie passt denn das zusammen?
Beides ist richtig, denn historisch wurde der kraushaarige Lagotto bzw. dessen Vorfahren, die mit den spanischen und portugiesischen Wasserhunden verwandt waren, schon seit dem 17. Jahrhundert zur Jagd auf Wasservögel in den Sumpf- und Feuchtgebieten der Romagna rund um die Stadt Ravenna oder im Tal des Comacchio eingesetzt. Im Dialekt dieser Region heißt Càn Lagòt so viel wie „Wasserhund". Gründlich und konzentriert suchten die kleinen Lockenköpfe die dicht bewachsenen Uferbereiche nach versteckten Vögeln ab, trieben sie hoch und brachten die erlegten Tiere zum Jäger zurück.
Mit der Trockenlegung der Sümpfe und ihrer Umwandlung in Ackerland verloren die Lagotti mehr und mehr ihr Arbeitsgebiet, aber sie bekamen schon bald eine neue Aufgabe: Trüffel erschnüffeln! Ihre natürliche Neigung zum systematischen Absuchen eines Geländeabschnitts kam ihnen dabei sehr entgegen, und vermutlich riecht ein reifer Trüffel selbst unter einigen Zentimetern Erde für sie ohnehin intensiver als die flüchtige Spur eines Sumpfvogels. Die neue Spezialisierung ging so weit, dass heute sogar im Rassestandard festgelegt wird, dass der Lagotto sich nicht durch Wildgeruch von der Trüffelsuche ablenken lassen darf. Sein alter Jagdtrieb ist sicher auch schwächer geworden, wenn auch nicht ganz verschwunden, seit er züchterisch nicht weiter gefestigt wurde. Dennoch hat er nicht seitdem stattdessen genetisch „Trüffel finden" programmiert, sondern muss in der Ausbildung lernen, dass es dieser und kein anderer Geruch ist, auf den es seinem Menschen ankommt – aber das geht eben schnell und einfach. Man kann ihn auch gut zum Suchen und Anzeigen anderer Gerüche wie Drogen, bestimmte Nahrungsmittel, Schädlinge oder invasiven Pflanzenarten ausbilden.
Nachdem die Lagotti, die es bis dahin nicht als formal anerkannte Rasse gab, Mitte der 1970er Jahre ziemlich selten geworden waren, wurde 1988 der Club Italiano Lagotto gegründet und 1992 von Dr. Antonio Morsiani der erste Standard aufgestellt, um die rassetypischen Merkmale zu fixieren. 1995 wurde der Lagotto vorläufig und 2005 endgültig von der FCI anerkannt, es ist also eine „junge alte Rasse".
Er ist ein rustikaler Typ statt Showstar geblieben, auch wenn er in jüngster Zeit stark an Beliebtheit als Familienhund gewonnen hat. Der kompakte, kleine Körperbau und das wuschelige Lockenfell mögen dazu verleiten, ihn als unkomplizierten Hund für jedermann zu sehen, aber er ist in seinem Herzen immer noch ein Arbeitshund, der „aktiv in Kopf und Körper" sein muss, um zufrieden und ausgeglichen zu sein. Er ist neugierig, aufgeschlossen, lernwillig und freundlich, braucht aber Aufgaben wie Fährtensuche, Mantrailing, die Suche nach Gegenständen oder dergleichen, denn die Suche nach Trüffeln ist in Deutschland verboten.
Zuhause ist der Lagotto wachsam und meldet Eindringlinge, neigt aber ansonsten nicht sonderlich zum Kläffen.

Sein wolliges Lockenfell haart nicht bzw. nur sehr wenig und erfreut so manchen Allergiker. Es muss regelmäßig gebürstet und ein bis zwei Mal pro Jahr geschoren werden, die Haare zwischen den Pfotenballen und im Ohrinneren müssen entfernt werden.

Auszug aus dem Standard:

„Kleiner bis mittelgroßer, wohlproportionierter, kräftig gebauter Hund von rustikalem Aussehen mit dichtem, gelocktem Haar von wollener Struktur. (…) Seine natürliche Begabung zum Revieren und sein ausgezeichneter Geruchssinn machen ihn zu einem vorzüglichen Trüffelhund."

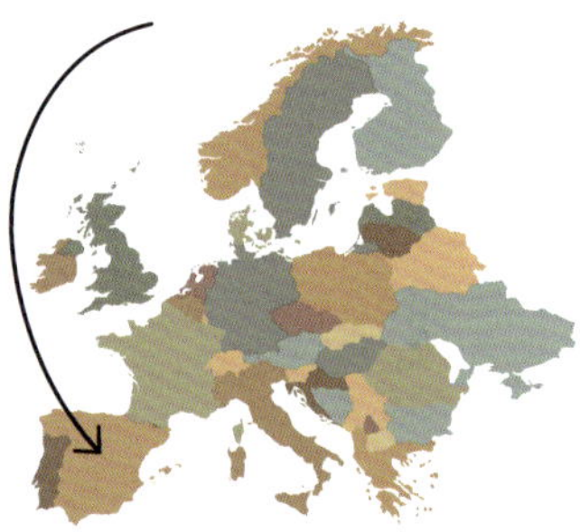

Fakultativ Arbeitsprüfung

FCI-Standard Nr. 336
Gruppe: 8
Sektion 3: Wasserhunde

Größe
Rüde: 44–50 cm
Hündin: 40–46 cm

Gewicht
Rüde: 18–22 kg
Hündin: 14–18 kg

Farbe/Haarkleid
Einfarbig (Weiß, Schwarz und Braun in unterschiedlichen Nuancen), Zweifarbig (Weiß/Schwarz oder Weiß/Braun in unterschiedlichen Nuancen), Dreifarbige sowie schwarz-lohfarbene und haselnusslohfarbene Hunde sind nicht zulässig.

Immer gelockt und wollig in der Textur. Gelockt, wenn es kurz ist; wenn es lang ist, kann es Zotten bilden.

Perro de Agua Español
(Spanischer Wasserhund)

Ursprünglicher Verwendungszweck:
Hütehund, Jagdhund (Wasserwild), Fischerhund

Diesen Lockenkopf hätte man vermutlich ebenso gut bei den Hütehunden einsortieren können: In Andalusien ist er seit Jahrhunderten unentbehrlicher Helfer an den Schaf- und Ziegenherden. Er half aber auch Fischern beim Einholen der Bootstaue und Herausbringen von Fisch oder erlegten Vögeln aus dem Wasser, und auch als Wachhund hat er sich seit jeher bewährt. Ein wirklich vielseitiger Arbeitshund also. Genetisch ist er allerdings in der Tat mit den anderen europäischen Wasserhunderassen wie dem Barbet, dem Portugiesischen Wasserhund, dem Pudel oder dem Lagotto Romagnolo verwandt.
Darüber, wie er nach Spanien kam, gibt es unterschiedliche Meinungen, einen plausiblen Hinweis liefert aber sein in Andalusien gebräuchlicher Name „Perro turco“ oder „Turco andaluz“, also „Türkenhund“. Nur ob es schon die Mauren waren, die bei ihrer Eroberung der iberischen Halbinsel ab 711 solche Hunde mitbrachten oder erst Jahrhunderte später türkische Händler, die neben Merinoschafen auch Hütehunde einführten, ist ungewiss.

Auszug aus dem Standard:
„(…) Treu, gehorsam, freudig, arbeitswillig, wachsam und sehr ausgeglichen. Lernfähigkeit dank einer außergewöhnlich guten Auffassungsgabe stark ausgeprägt; unter allen Bedingungen passt er sich jeder Situation an."

Klar ist, dass es diesen Hund schon lange vor Beginn der modernen Rassehundezucht gab und dass er sich von Andalusien aus weiter nach Spanien hinein verbreitet hat. Man traf ihn überall dort, wo es Schafe und Ziegen zu hüten gab, oft regional unter unterschiedlichen Namen. Noch heute, so schätzt man, leben im ländlichen Spanien rund 50.000 dieser Hunde, die bei keinem Rasseverband registriert sind.

In Spanien arbeiten die Hunde bei der Guardia Civil als Drogenspürhunde oder bei der Feuerwehr als Rettungshunde. Hier rühmt man die Autonomie, mit der sie arbeiten. Hat man ihnen einmal ihre Aufgabe gezeigt, wissen sie, was sie zu tun haben und erledigen diese dann selbständig. Im Hundesport haben es einige Vertreter der Rasse zum spanischen Meistertitel im Agility gebracht.

Der lockige Spanier ist Fremden gegenüber zunächst reserviert und auch ein guter Wachhund. Er ist wissbegierig und lernt sehr schnell, auch durch Beobachtung – und leider sehr schnell auch die falschen Dinge, wenn man nicht aufpasst. Das wollige Lockenfell ist etwas drahtiger als das des Pudels, wächst kontinuierlich weiter und formt sich ähnlich wie beim Puli zu Schnüren, wenn es länger wird. Kenner empfehlen, es nicht zu bürsten, um es nicht in seiner Struktur zu verändern, sondern nur mit den Fingern zu trennen, damit keine Filzplatten entstehen und es ansonsten zwei Mal jährlich auf eine gleichmäßige Länge zu scheren. Wer einen intelligenten, selbständigen, gelehrigen und robusten Arbeitshund sucht und diesem die ausreichende Beschäftigung bieten kann, findet hier einen tollen Gefährten.

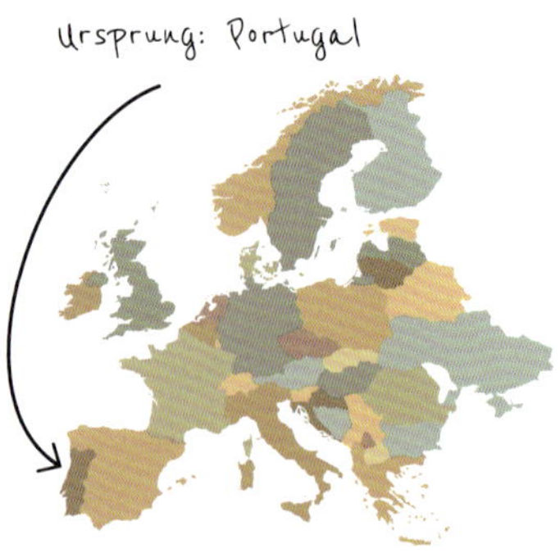

Cão de Água Português (Portugiesischer Wasserhund)

Ursprünglicher Verwendungszweck:
Helfer beim Fischen und Apportieren

FCI-Standard Nr. 37
Gruppe: 8
Sektion 3: Wasserhunde
Varietäten: 2 (Haarkleid)

Größe
Rüde: 50–57 cm (ideal 54 cm)
Hündin: 43–52 cm (ideal 46 cm)

Gewicht
Rüde: 19–25 kg
Hündin: 16–22 kg

Farbe/Haarkleid
Schwarz, Braun (von verschiedenen Farbintensitäten) und Weiß)

Reichliches widerstandsfähiges Haar, keine Unterwolle

a) Gewelltes Langhaar
b) Kürzeres gekräuseltes Haar

Das Wasser ist sein Element: Seit Jahrhunderten ist der Portugiesische Wasserhund der unentbehrliche Helfer der Fischer an den portugiesischen Küsten, insbesondere an der Algarve, gewesen. Er fuhr auf den Booten mit und half beim Einbringen der Netze und Taue, brachte vom Haken gelöste Fische unbeschädigt aus dem Wasser und sprang allem hinterher, was über Bord ging. Geriet das Boot auf See in dichten Nebel, diente er als „Radar" und meldete die Nähe von Land oder anderen Booten. Auch große Sardinenschwärme konnte er vom Boot aus anzeigen. In den Häfen bewachte er die Boote und den Fang, kurzum, er war ein geschätztes Crewmitglied. Das drückte sich unter anderem darin aus, dass er nicht nur einen Teil des Fangs als „Lohn" erhielt, sondern auf größeren Schiffen auch noch regelmäßig Bargeld aus dem Verkauf des Fangs in einen Topf gesammelt wurde, um daraus später die „Pension" des alten Hundes zu bestreiten. Die portugiesische Marine nahm diese Hunde zu Beginn des 20. Jahrhunderts sogar mit auf ihre Ausbildungsschiffe, und man kann annehmen, dass die Wasserhunde mit den portugiesischen Seefahrern schon in den Jahrhunderten zuvor in alle möglichen Ecken der Welt gelangt waren.

Wie die Hunde einst nach Portugal kamen, ist unklar, möglicherweise mit den Phöniziern, möglicherweise mit den Römern – diese kannten jedenfalls schon einen „canis leo", einen Hund mit der typischen Löwenschur der Wasserhunde, die später zum Vorbild der Pudelschur wurde und bildeten ihn auf Münzen ab. Man schor das Fell von hinten bis zur letzten Rippe und ließ eine „Löwenmähne" stehen, um dem Hund mehr Beweglichkeit im Wasser und vor allem beim Heraussteigen an Land zu ermöglichen, wenn das vollgesogene Fell schwer nach hinten zog. Die langen Haare um den Brustkorb schützten weiterhin Herz und Lunge und am Rutenende ließ man eine „Fahne" stehen, die insbesondere dann, wenn die Schwanzspitze auch noch weiß war, im Wasser zu sehen war wie eine Boje.

Apropos Pudel: Mit diesem ist der Portugiesische Wasserhund eng verwandt, genau wie mit dem Spanischen Wasserhund und dem Barbet – wahrscheinlich teilen sie alle sich einen gemeinsamen Vorfahren.

Durch die Technisierung der Fischerei und andere gesellschaftliche Umbrüche waren die Wasserhunde bis Ende der 1930er Jahre fast ganz von Portugals Küsten verschwunden, aber zum Glück ergriffen der Reeder Vasco Bensaude und später der Tierarzt Dr. Antonio Cabral die Initiative zur Rettung dieses lebenden nationalen Kulturguts. Dennoch führte das Guinness Buch der Rekorde den Portugiesischen Wasserhund 1981 als „seltenste Hunderasse der Welt" auf. Dies änderte sich spätestens, als der amerikanische Präsident Obama zwei Portugiesische Wasserhunde, Sunny und Bo, ins Weiße Haus holte – ab da war die Rasse in aller Munde.

Die Wasser- und Apportierfreudigkeit der Portugiesen braucht man nicht extra zu betonen. Sie sind intelligent, lernwillig und kooperativ, aber als ehemalige

FCI-Gruppe 8

Arbeitshunde möchten sie auch etwas zu tun haben, und zwar körperlich wie mental.

Das Fell kann gewellt oder gelockt sein und besitzt wie das des Pudels keine Unterwolle. Es muss regelmäßig gebürstet werden und wird zwei bis drei Mal pro Jahr geschoren. Für Ausstellungen ist die traditionelle Löwenschur vorgeschrieben. Manchmal wird damit geworben, das Fell sei Allergiker-geeignet, dafür gibt es jedoch nur wechselnde Erfahrungswerte und keinen Beweis.

Auszug aus dem Standard:

„Er ist außergewöhnlich intelligent, er versteht und gehorcht freudig allen Befehlen seines Meisters. Er hat ein heftiges Temperament, ist eigenwillig, stolz, ungestüm, genügsam und unermüdlich. Sein Ausdruck ist streng, sein Blick ist durchdringend und aufmerksam."

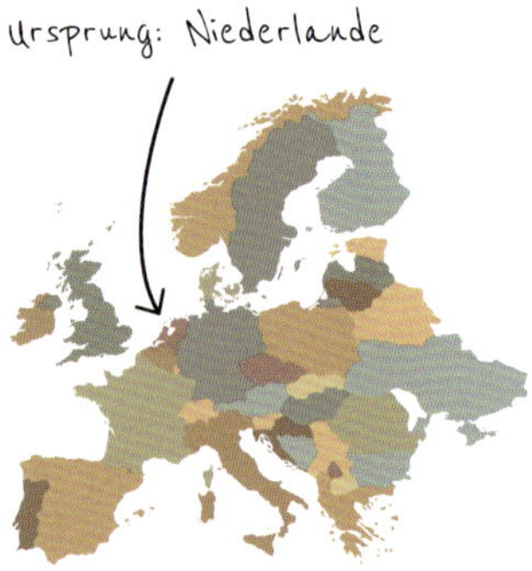

Wetterhoun
(Friesischer Wasserhund)

Ursprünglicher Verwendungszweck:
Jagdhund (auf Otter), Hofhund

Arbeitsprüfung

FCI-Standard Nr. 221
Gruppe: 8
Sektion 3: Wasserhunde

Größe
Rüde: ideal 59 cm
Hündin: ideal 55 cm

Gewicht
Rüde: ca. 34 kg
Hündin: ca. 28 kg

Farbe/Haarkleid
Einfarbig Schwarz oder Braun sowie schwarz-weiße und braun-weiße Abzeichen, mit weißem Schimmel und/oder Sprenkeln

Auffällig gelocktes Fell, leicht ölig für das Arbeiten im Wassser

Sein Name hat nicht etwa mit gutem oder schlechtem Wetter zu tun, sondern Wetter ist das friesische Wort für Wasser – er heißt ganz einfach „Wasserhund".

Von den übrigen europäischen Wasserhunden unterscheiden ihn aber ein paar deutliche Besonderheiten. Mit seinem quadratischen Körperbau und dem großen, breiten Schädel wirkt er deutlich massiger, außerdem trägt er seine Rute geringelt über den Rücken getragen. Auch im Verhalten ist er anders: Er ist eher ein „Hofhund mit starkem Jagdinstinkt", wie Räber (1992) meinte.

Traditionell wurde der persianerartig gelockte Wetterhoun in den Niederlanden als Allzweckhund eingesetzt, der sehr gut den Hof bewachen, zuhause Schadnager bekämpfen und auf der Jagd nach Wasservögeln sowohl das Schilf durchstöbern als auch erlegte Tiere apportieren konnte. Dabei jagt er „wie ein Panzer", wie holländische Jäger sagen – er bricht auch durchs dichteste Unterholz, wenn es sein muss. Das passt auch gut zu seinem oft als eigensinnig beschriebenen Charakter: Wenn er eine Aufgabe gestellt bekommen hat, dann erledigt er diese auch, und zwar in seinem eigenen Tempo und egal, wie lange es dauert. „Beharrlich" wäre also eigentlich die passendere Bezeichnung. Versucht man, einen Wetterhoun abzurufen, der gerade einen Schilfgürtel durchstöbert, würde er sinngemäß antworten: „Gern, aber Moment noch, ich bin noch nicht fertig. Komme gleich!"

Mit seinem Selbstbewusstsein war er auch gut geeignet, früher auf die Jagd nach wehrhaften Ottern und Iltissen zu gehen. Auch Bisamratten, zu deren Bekämpfung er häufig im Rahmen des Deichschutzes eingesetzt wurde, mussten ihn fürchten. Obendrein war er auch noch kräftig genug, um den ein oder anderen kleinen Karren zu ziehen und sogar zum Treideln kleiner Kähne auf den Kanälen soll man ihn eingesetzt haben.

Sein leicht öliges, dicht gelocktes Fell schützte ihn vor jedem Wetter.

Bei der Jagd ist typisch für ihn, dass er sich ähnlich wie die Spaniels nie sehr weit vom Jäger entfernt – er jagt nicht selbständig weiträumig, sondern bleibt immer in der Nähe. Die Zusammenarbeit mit dem Menschen scheint ihm wichtiger zu sein als ein einsamer Jagderfolg.

Überhaupt, so berichten Kenner, sei das Wichtigste für ihn ein glücklicher Besitzer: Sei dieser unzufrieden, stresse ihn das ungemein. Er wird als typischer „Einmannhund" beschrieben, der sich sehr eng an seinen Besitzer bindet, Fremden gegenüber aber stets reserviert bleibt. „Everbody's Darling" ist der robuste Friese also eher nicht, aber bei guter, ausreichender Sozialisierung auch mit Kindern und anderen Haustieren freundlich und geduldig.

Wie die Wasserhunde nach Friesland kamen, verliert sich im Dunkel der Geschichte. Auf einem Ölgemälde des flämischen Meisters David Tenier dem Jüngeren mit dem Titel „Bauernjunge mit Hund" aus dem Jahr 1642 ist ein gescheckter

und gelockter Hund zu sehen, aber darin schon einen Wetterhoun zu erkennen, ist vielleicht etwas gewagt. Einig sind sich die Kynologen darin, dass er eng mit dem Stabijhoun verwandt ist. Beide Rassen oder vielmehr damals „Typen“ wurden auch oft untereinander gekreuzt, je nachdem, welche Eigenschaft man gerade mehr benötigte. Erst ab 1938 begann man, beide Rasse systematisch zu trennen, 1942 wurden beide in den Niederlanden anerkannt.

Auszug aus dem Standard:

„Ein einfacher Hund, insgesamt quadratisches Erscheinungsbild, kraftvoll gebaut, kompakt, ohne schwerfällig oder plump zu sein. (...) Dichte Locken (...) das Haar selbst ist ziemlich harsch und fühlt sich ölig an.“

esell

unde

Beg

Gesellschafts- und Begleithunde

FCI-Gruppe 9

Sektion 1 – Bichons und verwandte Rassen
Sektion 2 – Pudel
Sektion 3 – Kleine belgische Hunderassen
Sektion 4 – Haarlose Hunde
Sektion 5 – Tibetanische Hunderassen
Sektion 6 – Chihuahueño
Sektion 7 – Englische Gesellschaftsspaniel
Sektion 8 – Japanische Spaniel und Pekingesen
Sektion 9 – Kontinentaler Zwergspaniel und andere
Sektion 10 – Kromfohrländer
Sektion 11 – Kleine doggenartige Hunde

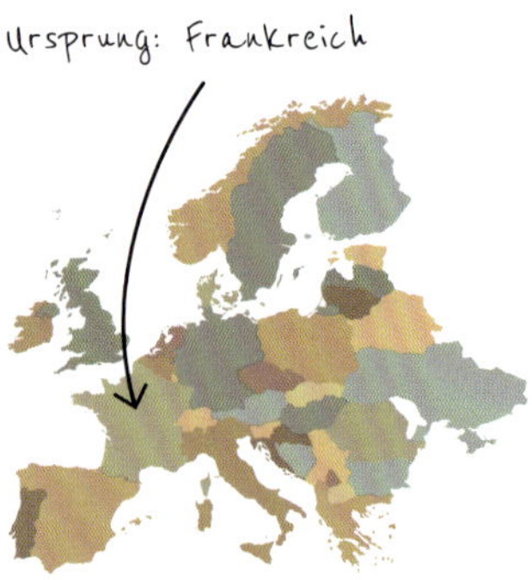

FCI-Standard Nr. 215
Gruppe: 9
Sektion 1: Bichons und verwandte Rassen
1.1 Bichons

Größe
25–29 cm
Eine Abweichung von + 1 cm bei Rüden und - 2 cm bei Hündinnen wird toleriert.

Gewicht
ca. 5 kg
(abhängig von der Größe)

Farbe/Haarkleid
Reines Weiß
(bis zum ersten Lebensjahr leicht beige/champagnerfarben tendierend)

Reichliche Behaarung, Deckhaar aus lockeren Korkenzieherlocken mit seidig dünnem Unterfell

Bichon Frisé

(Bichon à poil frisé)

Ursprünglicher Verwendungszweck:
Gesellschaftshund

Der Name dieser Rasse entstammt ursprünglich einer Verkleinerungsform von Barbet – Barbichon, woraus später verkürzt Bichon wurde, und „à poil frisé" bedeutet „mit gelocktem Fell". Ob der Bichon wirklich vom Barbet abstammt oder nur so genannt wurde, weil er diesem mit seinem Lockenfell ähnelte, wissen wir nicht. Verbürgt ist nur, dass es die kleinen weißen Hunde schon um 1500 auf den Kanaren, hauptsächlich auf Teneriffa, gab, wohin sie mit spanischen Seglern gekommen waren. Deshalb wurden sie eine Zeitlang auch „Bichon de Ténériffe" oder in Deutschland „Teneriffa-Seidenpudel" genannt. Als offizielles Herkunftsland wird heute Frankreich geführt, weil dort 1933 der erste Rassestandard erstellt wurde, aber historisch „gehörte" er dem gesamten Mittelmeerraum. Er ist verwandt mit Bologneser, Malteser, Havaneser, Löwchen, Cotón de Tulear und Bolonka Zwetna, die man auch als Rassen der „Bichon-Gruppe" bezeichnet.

Über 400 Jahre lang waren die fröhlichen weißen Hündchen in Italien, Spanien und Frankreich als Gesellschaftshunde in besseren Kreisen beliebt und gefragt und man kann sie auf zahlreichen historischen Gemälden sehen. Einen besonderen Beliebtheitsboom erlebten sie in Frankreich unter der Herrschaft von Henri III Ende des 16. Jahrhunderts und später noch einmal unter Napoleon III. Sie wurden gehegt und gepflegt, mit Bändern und Schleifen geschmückt und ihr einziger Daseinszweck war es, ihre Menschen glücklich zu machen.

Mit ihrem fröhlichen und vereinnahmenden Wesen gelang ihnen das leicht: sie kuschelten und spielten gern und zauberten ihren Menschen ein Lächeln ins Gesicht. Dieses Wesen haben sie sich bis heute bewahrt, und man kann sagen, dass die jahrhundertelange Übung im „Menschen glücklich machen" dazu geführt hat, dass sie besonders gut im Erkennen unserer Stimmungen und Wünsche sind. Diese enge Vertrautheit hat auch einen Nachteil – sie sind nicht gern allein. Ein Bichon möchte am liebsten immer dabei sein und ist ganz sicher kein Hund für jemanden, der plant, ihn täglich länger als drei bis vier Stunden alleine zuhause zu lassen.

Der aufgeweckte kleine Hund hat je nach Individuum durchaus Temperament und lässt sich gern mit Tricktraining oder Schnüffelaufgaben beschäftigen. Besonders hohe Ansprüche an Bewegung stellt er nicht, hält aber auch problemlos auf stundenlangen Wanderungen mit, wenn das angesagt ist. Agility in der Mini-Klasse kann ihm Spaß machen und natürlich kann er wie jeder Hund eine Begleithundprüfung ablegen, aber er ist auch ohne besonderes Freizeitprogramm zufrieden.

Er gilt als ausgesprochen kinderlieb und vollkommen ungeeignet als Wachhund, weil er einfach jeden Menschen freundlich begrüßt. Höchstens wird er ein oder zwei Mal kurz anschlagen, wenn jemand Fremdes das Haus oder Grundstück betritt. Zum Kläffen neigt er aber nicht. Jagdtrieb ist kein nennenswerter vorhanden, höchstens eine Maus wird er einmal fangen.

Auszug aus dem Standard:

„Kleiner, fröhlicher und verspielter Hund; lebhaftes Wesen; weißes, korkenzieherartiges und sehr lockeres Haar. Der Kopf wird stolz hoch getragen; die dunklen Augen sind ausdrucksstark, der Blick lebhaft. Die Rute wird anmutig gebogen auf dem Rücken getragen."

Das Haar des Bichons, dessen Struktur gern mit dem einer Kaschmirziege verglichen wird, wächst ständig nach. Belässt man es im Naturzustand, bildet es korkenzieherartige Löckchen, verfilzt aber auch sehr schnell. Etwas Zeit in die Fellfpflege muss man also investieren, wenn der Hund gepflegt aussehen soll: Regelmäßiges, je nach Fellstruktur am besten tägliches Bürsten und Kämmen mit einem grobzackigen Kamm und etwa ein Mal pro Monat Baden sind angesagt. Dafür gibt es einen Vorteil: Der Bichon haart nur sehr wenig. Manche Bichon-Besitzer lassen ihre Hunde regelmäßig im Salon scheren, den Enthusiasten ist das aber ein Graus: Besser kommt nur die Schere anstatt der Maschine ans zuvor gebadete, geföhnte und aufgebürstete Fell. Nur so kann man es wie Zuckerwatte in Form schneiden. Für Ausstellungen wird das luftig abstehende Haar rund um den Kopf in Kugelform geschnitten, sodass ein weiterer Flauschball-Effekt entsteht.

Ursprung: Kuba

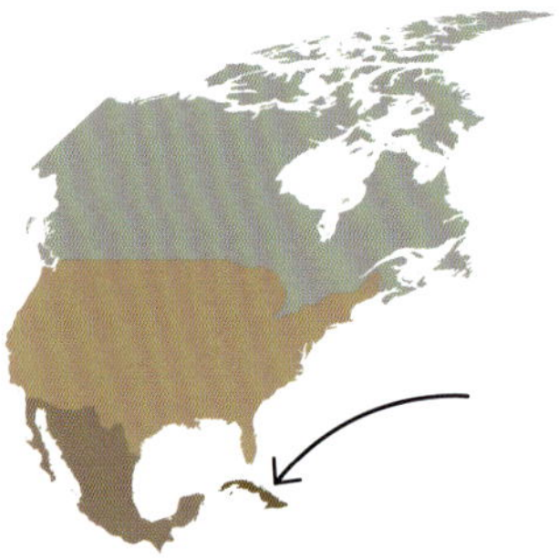

FCI-Standard Nr. 250
Gruppe: 9
Sektion 1: Bichons und verwandte Rassen
1.1 Bichons

Größe
23–27 cm
Eine Toleranz von +/-2 cm ist zulässig.

Gewicht
Keine Angabe im FCI-Standard (i. d. R. 3–9 kg)

Farbe/Haarkleid
Selten vollständig Reinweiß, falbfarben in verschiedenen Tönungen (leicht schwarz gewolkt ist zulässig), Schwarz, Havannabraun, tabakfarben und rötlichbraun (Flecken in den erwähnten Farben sind zulässig, ebenso wie Brandmarkierungen in allen Schattierungen)

Langhaar (12–18 cm), weich, glatt oder gewellt, kann lockige Strähnen aufweisen, schwach entwickeltes Unterhaar

Bichon Havanais

(Havaneser)

Ursprünglicher Verwendungszweck:
Gesellschafts- und Begleithund

Nach der Hauptstadt Havanna benannt, kam diese kleine Frohnatur ursprünglich mit spanischen Seefahrern und Händlern im 17. Jahrhundert aus dem Mittelmeerraum nach Kuba. Kleine weiße Gesellschaftshunde waren damals in den höhergestellten Kreisen der spanischen, französischen und italienischen Gesellschaft sehr beliebt und es ist nur logisch, dass einige von ihnen auch in die Karibik mitfuhren, um dort auf den Landsitzen der Kolonisten oder in städtischen Bürgerhäusern heimisch zu werden. Es gibt heute unterschiedliche Meinungen darüber, ob die unmittelbaren Ahnen des Havanesers eher aus Italien oder Malta kamen, also unter den Maltesern zu suchen sind, oder eher aus Spanien oder von den Kanaren, also Bichons, aber so oder so ist dies ein Streit „um des Kaisers Bart“, da diese Hunde ohnehin zur gleichen Familie gehören und damals noch gar keine klar voneinander abgegrenzten Rassen waren. Die kleinen, wuscheligen Neuankömmlinge eroberten in Kuba die Herzen im Sturm und wurden als „Blanquito de la Habana“ bekannt. Im Laufe der Zeit wurden auch noch andere Rassen eingekreuzt, möglicherweise Pudel, jedenfalls entwickelte sich nach und nach ein eigener Typ, der zur neuen Rasse und sogar zum Nationalhund Kubas erhoben wurde. Mit der kubanischen Revolution und der Flucht vieler Kubaner ins Ausland gelangten die Hunde auch in die USA und traten von hier ihren Siegeszug zurück in ihre neue alte Heimat Europa an.

Im Unterschied zu Malteser und Bichon, die ja immer weiß sind, kommt der Havaneser auch in anderen Farben vor, ähnelt aber ansonsten äußerlich stark einem Malteser. Der Überlieferung nach sollen die kleinen Hunde auf Kuba auch gelegentlich zum Hüten von Kleinvieh und Geflügel eingesetzt worden sein, was erklären könnte, warum manche Exemplare heute noch Hütetrieb zeigen.

Der Havaneser ist von Natur aus sehr freundlich, verspielt und fröhlich. Der sonst so nüchtern formulierte Rassestandard spricht sogar von „etwas närrisch“ und meint damit seine Neigung, sich gern Neues einfallen zu lassen, wenn er damit seinem Menschen, den er über alles liebt, gefallen kann. Tricktraining und Kunststückchen sind ganz nach seinem Geschmack und er wird Varianten davon erfinden, die er unaufgefordert vorführt.

In dem nur katzengroßen Hund steckt aber mehr als nur ein Clown: Er kann zum Beispiel als Schimmelpilz- oder Bettwanzenspürhund ausgebildet werden, der wegen seiner Kleinheit und seines geringen Gewichts gut in Räumen und auf Möbeln suchen kann. Auch im Dogdancing oder Agility kann er eine gute Figur machen – er muss aber nicht zwingend ständig beschäftigt werden und passt sich auch dann an, wenn es mal ruhiger zugeht. Damit ist er auch gut für alleinstehende Senioren oder als Stadthund geeignet. Kinder liebt er sehr und wird nicht müde, mit ihnen zu spielen. Meistens muss man eher den Hund vor den Kindern beschützen als umgekehrt.

Das lange Fell macht keinen üblichen saisonalen Fellwechsel durch und haart deshalb nur wenig, es wächst aber auch nicht fast endlos weiter wie das des Pudels

und muss daher nicht regelmäßig gekürzt werden. Auf Ausstellungen müssen Havaneser sogar zwingend im Naturlook gezeigt werden, jedes Kürzen mit der Schere oder Trimmen ist hier verboten. Für eine bessere Alltagstauglichkeit kann man es natürlich kürzen, sollte dies aber nur mit der Schere und nie mit der Schermaschine tun, da regelmäßiges Scheren die Fellstruktur zerstören würde – das seidige, glatte Fell würde weich und glanzlos werden.

Damit das Fell nicht verfilzt, muss es regelmäßig gebürstet und gekämmt werden. Besonders hinter den Ohren und unter den Achseln bilden sich gern Filzknoten. Zwischen den Pfotenzehen müssen die Haare hin und wieder gekürzt und in den Ohren ausgezupft werden.

Auszug aus dem Standard:

„Der Havaneser ist ein kleiner, kräftiger, niederläufiger Hund; sein Haar ist lang, üppig, weich und vorzugsweise gewellt. Sein Gangwerk ist lebhaft und elastisch. (…) liebevoll und fröhlich, anziehend, bezaubernd, spielerisch, sogar etwas närrisch. Er liebt Kinder und spielt unentwegt mit ihnen."

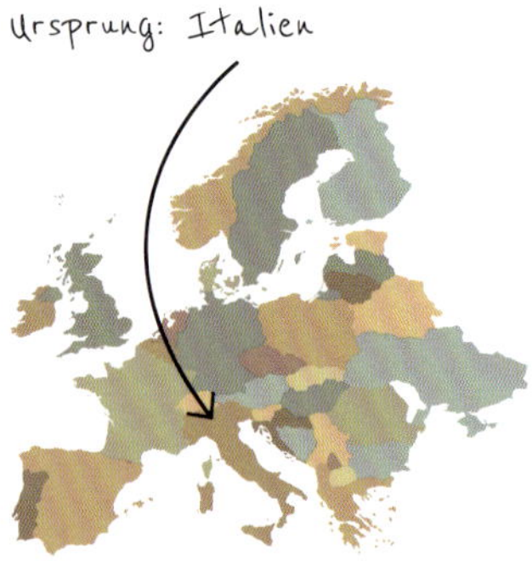

FCI-Standard Nr. 196
Gruppe: 9
Sektion 1: Bichons und verwandte Rassen
1.1 Bichons

Größe
Rüde: 27–30 cm
Hündin: 25–28 cm

Gewicht
2,5–4 kg

Farbe / Haarkleid
Reines Weiß
(sehr leichte Elfenbeintönung führt nicht zum Ausschluss)

Langhaar, formt lange Flocken, abstehend, nicht anliegend, fest, bildet nie Fransen

Bolognese
(Bologneser)

Ursprünglicher Verwendungszweck:
Begleithund

Dieser Vertreter der Bichon-Familie ist nach der Stadt Bologna in Italien benannt, wo jahrhundertelang ein Zentrum seiner Beliebtheit lag. Insbesondere während der Renaissancezeit waren die kleinen weißen Hunde in Adelskreisen hochgeschätzt und gehörten in jeden Palast. Häufig wurden sie als kostbare Geschenke an wichtige Personen weitergegeben, so zum Beispiel von Cosimo de Medici, der im 15. Jahrhundert gleich acht Stück aus Florenz nach Brüssel schicken ließ. Auch Katharina die Große von Russland wird später auf ähnliche Weise an ihren Bologneser gekommen sein: Die Hündchen wurden in europäischen Adelshäusern herumgereicht wie Pralinenschachteln. Allerdings muss man ehrlich sagen: All die berühmten Häupter, die man in den Rassebeschreibungen der Bologneser zitiert findet – von Madame de Pompadour bis Maria Theresia – könnten ebenso gut von den Freunden des Maltesers oder des Bichon Frisés für sich reklamiert werden, denn die Trennung dieser Rassen und ihre standardisierte Zucht erfolgte erst sehr viel später. Über Jahrhunderte waren es „kleine weiße, langhaarige Gesellschaftshunde“, die je nach Land und Region andere Namen hatten, aber alle aneinander sehr ähnlich waren und vermutlich von gemeinsamen Vorfahren abstammten. Schon im klassischen Griechenland und bei den Römern waren solche Hunde bekannt und geschätzt. Letztere werden es vermutlich auch gewesen sein, die zur weiteren Verbreitung im Mittelmeerraum beigetragen haben.

Jedenfalls findet man auf Gemälden von Tizian, Breughel und Goya Hunde abgebildet, die an heutige Bologneser erinnern, aber auch Malteser gewesen sein können. Konkreter ist da schon eine Porzellanfigur aus Meißen, die den Titel „Bologneser Hund“ trägt und 1734 von Johann Joachim Kaendler entworfen wurde. Angeblich soll sie von August III. inspiriert gewesen sein, dessen Lieblingshunde wohl Bologneser waren.

Heute unterscheidet sich der Bologneser vom Malteser durch etwas mehr Körpergröße und Kompaktheit und vor allem das flauschigere Fell. Auch seine Schnauze ist etwas länger.

Er ist ein freundlicher und fröhlicher Hund, aber nicht so ausgelassen aktiv wie sein Vetter Bichon frisé, sondern insgesamt etwas ruhiger. Als gute Mischung zwischen Gelassenheit und Verspieltheit wird er gern bezeichnet. Die jahrhundertelange Selektion auf die Aufgabe „Begleithund“ hat dazu geführt, dass der Bologneser sehr anhänglich ist und seinem Menschen immer gefallen möchte. Das Alleinsein muss man schrittweise mit ihm üben, da es wirklich gegen sein Naturell geht und er ist bestimmt kein Hund für Berufstätige, die ihn regelmäßig allein zuhause zurücklassen möchten. Dagegen eignet er sich mit seinen eher geringen Ansprüchen an Auslastung und Beschäftigung auch für alleinstehende Senioren oder körperlich nicht so mobile Personen. Dabeisein ist für den Bologneser alles, auch wenn er selbstverständlich seinen hundgerechten Auslauf braucht und nicht nur auf dem Sofa sitzen möchte. Er ist intelligent, lernt gern und lässt sich für

Tricktraining begeistern. Er ist unkompliziert, aber die Grundkommandos und Leinenführigkeit muss er lernen wie jeder andere Hund auch, und damit er mit allen und jedem so gut verträglich ist, wie es sein Wesen ermöglicht, benötigt er eine gute Sozialisation im Welpenalter. Das leicht gekräuselte, flockige Fell muss regelmäßig gebürstet und soll besser nicht geschoren, sondern bei Bedarf nur mit der Schere gekürzt werden, damit es seine Struktur behält. Der Bologneser gehört aber nicht zu den Rassen, deren Fell immer weiterwächst und die deshalb regelmäßig geschnitten werden müssten.

Auszug aus dem Standard:

„Klein, gedrungen und kompakt, bedeckt mit langem, weichem, reinweißem Haar. (...) Sehr gelassen, insgesamt nicht sehr aktiv. Unternehmungslustig, aber ruhig, seinem Herrn und seiner Bezugsperson sehr treu."

FCI-Standard Nr. 65
Gruppe: 9
Sektion 1: Bichons und verwandte Rassen
1.1 Bichons

Größe
Rüde: 21–25 cm
Hündin: 20–23 cm

Gewicht
3–4 kg

Farbe/Haarkleid
Reines Weiß
(helle Elfenbeintönung ist zulässig. Spuren einer blassen Orangeschattierung werden toleriert, sind aber unerwünscht)

Langhaar (glänzend, schimmernd, schwer herabfallend und von seidiger Textur), ohne Unterwolle

Malteser

Ursprünglicher Verwendungszweck:
Gesellschafts- und Begleithund

Der Malteser gilt als der älteste Vertreter der Bichon-Familie, der kleinen weißen, langhaarigen Hunde, die alle aus dem Mittelmeerraum stammen und nur regional unterschiedliche Namen bekamen. Aus neueren Genanalysen (Parker et al, 2017) weiß man, dass sie auch mit Pudel und Portugiesischem Wasserhund verwandt sind und möglicherweise einen gemeinsamen Vorfahr hatten.

Ob sie wirklich von der Insel Malta stammen, die ihnen den Namen gab, ist nicht ganz klar, denn es gibt mehrere Orte und Inseln rund ums Mittelmeer, die so ähnlich heißen und alle ihren Namen vom alten semitischen Wort „màlat" ableiten, das „Zuflucht" oder „Hafen" bedeutet. Jedenfalls waren sie schon seit der Antike hier beheimatet, erste Zeugnisse ihrer Existenz stammen aus etwa 500 v. Christus von der Abbildung eines kleinen Hundes auf einer griechischen Amphore mit der Beschriftung „melitaie". Der römische Gouverneur Publius, der im 1. Jahrhundert nach Christus auf Malta lebte, ließ von seiner kleinen Hündin „Issa" ein Porträt malen, das leider nicht erhalten ist. Wohl aber ist uns das Gedicht überliefert, das dazu geschrieben wurde und in dem Issa als „wertvoller als indische Edelsteine" gepriesen wird, dass sie „an den Hals geschmiegt" liege und jede Traurigkeit und Freude ihres Herrn spüre.

Fast zweitausend Jahre später ging es Queen Victoria von England genauso und sie ließ ihren Malteser „Quiz" von dem berühmten Tiermaler Edwin Landseer verewigen. Eine solche Historie können wohl nur wenige Rassen aufweisen.

Malteser waren in allen europäischen Königs- und Adelshäusern zuhause und gelangten im Jahr 1520 durch Maria Stuart nach England, wo sie die hundeverrückten Briten sogleich für sich einnahmen. Zu den prominenten Malteserbesitzern der Neuzeit zählen Frank Sinatra, Marilyn Monroe, Barbra Streisand und Britney Spears, aber auch Bon Jovi und Snoop Doggy Dog.

Man kann sie verstehen: Malteser sind in der Tat wunderbare Begleiter und Seelentröster, die ein feines Gespür für uns haben. Aber sie sind natürlich auch sie selbst: Lebhaft, verspielt, schlau, manchmal eigensinnig, aber eigentlich immer gut gelaunt. Dass sie mehr als nur Schoßhund sind, beweisen sie gern in Agility, Dogdancing oder Tricktraining, aber sie bestehen nicht auf einem ausufernden Beschäftigungsprogramm und sind daher gut auch für Stadtwohnungen und körperlich nicht ganz so mobile Besitzer geeignet. Ihre Erziehung stellt in aller Regel kein Problem dar und ist auch von Hundeanfängern zu bewältigen.

Ihr dichtes, glattes und seidiges Langhaar, das keine Unterwolle besitzt, soll „wie ein Umhang" an den Körper angeschmiegt schwer herabfallen und kann bis zum Boden reichen. Für Ausstellungen wird es aufwändig gepflegt und auf dem Kopf mit einem Schleifchen hochgebunden. Wer es alltagstauglicher mag, lässt seinem Malteser eine schicke Kurzhaarfrisur schneiden, dennoch muss das Fell regelmäßig

gekämmt und gebürstet werden, da es sonst schnell verfilzt. Eine frühe und positiv verknüpfte Gewöhnung an das Bürsten ist daher schon beim Welpen sinnvoll. Da die Unterwolle fehlt, kann der Malteser im Winter frieren und braucht gegebenenfalls einen Mantel. Die gute Nachricht: Er haart deshalb auch kaum und kann eine Option für Allergiker sein, was aber im Einzelfall überprüft werden muss.

Auszug aus dem Standard:

„Klein, mit länglichem Körper. Von einem sehr langen, weißen Haarmantel bedeckt, wirkt er sehr elegant und trägt den Kopf stolz und vornehm. (…) Lebhaft, zärtlich, sehr entspannt und intelligent."

Ursprung: Madagaskar

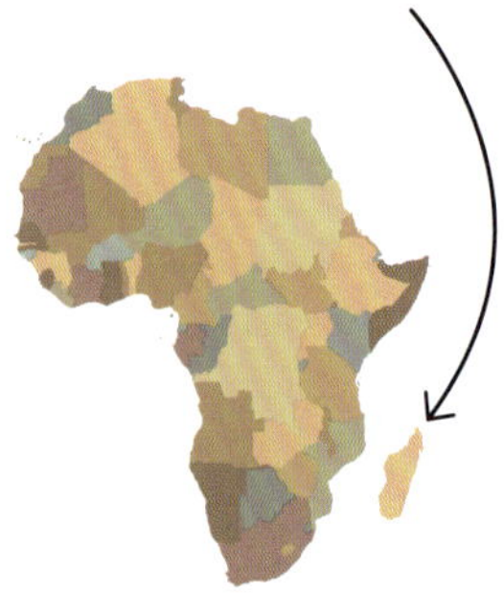

Coton de Tuléar

Ursprünglicher Verwendungszweck:
Gesellschaftshund

FCI-Standard Nr. 283
Gruppe: 9
Sektion 1: Bichons und verwandte Rassen
1.2 Coton de Tuléar

Größe
Rüde: 26–28 cm
Hündin: 23–25 cm
Eine Toleranz von +2 cm und -1 cm ist zulässig.

Gewicht
Rüde: 4–6 kg
Hündin: 3,5–5 kg

Farbe/Haarkleid
Weiß. Im Welpenalter sind Flecken möglich, die später meist verschwinden.

Weich und geschmeidig, baumwollartig, nie hart oder rauh. Ebenso dicht, reichlich vorhanden und leicht gewellt.

Bichon-Hunde wurden bereits im 16. Jahrhundert auf Handelsschiffen von Teneriffa aus auf die im Indischen Ozean gelegenen Inseln gebracht. Aus diesen Originalimporten entstand der Coton de Réunion, eine inzwischen ausgestorbene Hunderasse, die auf Réunion sehr populär war. Die Nachfolger des Coton de Réunion waren in Madagaskar recht beliebt und man entwickelte daraus eine Hunderasse, die heute als Coton de Tuléar (wörtl.: „Baumwolle/Baumwollhund aus Tuléar") bekannt ist. Tuléar ist eine Region im Süden Madagaskars und das feine, manchmal leicht gewellte Haar erinnert in Struktur und Aussehen wirklich an Baumwolle.

Der Coton wurde zum Liebling der Merina, des französischen Adels auf Madagaskar während der Kolonialzeit. Tatsächlich war es vor dem 20. Jahrhundert dort für einen einfachen Bürger verboten, einen Coton zu besitzen. Dieser Hundeaufsteiger nahm bald den Titel des „königlichen Hundes" an und lange Zeit besaßen nur prominente Madagassen einen Tuléar. Nach Frankreich kamen die ersten Exemplare erst in den 1970er Jahren, von wo aus der Coton schnell einen Beliebtheits-Siegeszug durch Europa startete.

Das kleine Baumwollflöckchen ist ein fröhlicher, anhänglicher und aktiver Hund, der sich gerne an seine Familie anpasst und ungern alleine ist. Er ist ein Clown, der sich einiges einfallen lässt, um sich und andere zu unterhalten, wenn er sich gelangweilt und unterfordert fühlt, was eine Beleidigung für seine Intelligenz und Unternehmungslust darstellt. Ansonsten benötigt er wenig Erziehung, um zum angenehmen Familienhund zu werden. Auch Kinder und ältere Menschen kommen gut mit ihm zurecht.

Die Rasse ist trotz ihrer geringen Größe gesund und kräftig. Das feine Haar sollte am besten täglich gebürstet werden, damit es nicht verfilzt. Bei allen Bichons gibt es nur minimalen Haarwechsel, ein großer Vorteil für allergische Besitzer. Das muss aber im Einzelfall überprüft werden, denn es gibt zahlreiche verschiedene Allergene rund um das Hundefell und keinerlei Garantie für eine „anti-allergene" Rasse.

Eine der liebenswertesten Eigenschaften der Cotons ist ihre Gewohnheit, zu springen und auf den Hinterläufen zu gehen.

FCI-Gruppe 9

Auszug aus dem Standard:

„Er ist von fröhlichem Wesen, ausgeglichen und sehr umgänglich mit Artgenossen und den Menschen; er passt sich perfekt jedem Lebensstil an. Das Wesen des Coton de Tuléar ist eines der wichtigsten Merkmale der Rasse."

Petit Chien Lion

(Löwchen)

Ursprünglicher Verwendungszweck:
Gesellschaftshund

FCI-Standard Nr. 233
Gruppe: 9
Sektion 1: Bichons und verwandte Rassen
1.3 Petit chien lion

Größe
26–32 cm
Eine Toleranz von +/- 1 cm ist zulässig.

Gewicht
ca. 6 kg

Farbe/Haarkleid
Alle Farben oder alle kombinierte Färbungen sind erlaubt

Langhaar (seidig, gewellt, dicht), ohne Unterwolle

Dieser charmante kleine Hund hat seinen Namen von der rassetypischen Schur mit dem kahlgeschorenen Hinterteil und der üppigen Löwenmähne. Abbildungen von Kleinhunden mit Löwenschur finden wir über das ganze Mittelalter hinweg aus Frankreich, Belgien, den Niederlanden und Deutschland auf Gemälden und Wandteppichen. Verblüffend lebensecht muten zwei in Stein gemeißelte kleine Löwenhunde aus dem 13. Jahrhundert in der Kathedrale von Amiens an – sie ähneln sehr den heutigen Hunden. Auch in der 1669 erschienenen Ausgabe des „Allgemeinen Thier-Buchs" des Züricher Naturforschers Konrad Gesner finden wir als Deckblatt zum Kapitel „Von den Hunden und dem Wolff" auf einem Holzschnitt zusammen mit anderen Hunden unverkennbar ein Löwchen dargestellt. Berühmt ist auch Goyas Gemälde der Herzogin von Alba aus dem Jahr 1795, auf dem ein kleiner weißer Löwenhund der Duquesa zu Füßen steht.

Die Abbildungen lassen darauf schließen, dass es sich um einen beliebten und verbreiteten Luxushund der besseren Gesellschaftsschicht gehandelt hat. Ob man ihn so geschoren hat, weil es für die Funktion „lebende Wärmflasche" im Bett feiner Damen sauberer war oder weil es ursprünglich einen praktischen Zweck hatte, wie zum Beispiel zur Entenjagd, ist unklar. Wie später beim Pudel, für den man die Löwchenschur möglicherweise zum Vorbild nahm, lässt man am Rutenende einen Haarquast stehen sowie Büschel oberhalb der Pfoten.

Das Löwchen wird der Familie der Bichons zugerechnet, wobei Wilcox und Walkowicz anmerken, dass es nicht nur wegen der Schur, sondern auch wegen der hoch über dem Rücken getragenen Rute und dem üppigen Haar aussähe wie die Miniaturversion eines Portugiesischen Wasserhundes. Es ist auch deutlich hochläufiger als die anderen Bichon-Rassen.

In neuerer Zeit verlor das Löwchen durch sich wandelnde Modetrends stark an Beliebtheit. War es schon vor dem Zweiten Weltkrieg selten, so war es danach so gut wie verschwunden und es ist allein den Bemühungen von Madame M. Bennert aus Brüssel zu verdanken, die 1945 mit der Suche nach den letzten Exemplaren zum Aufbau einer Zucht begann, dass die Rasse heute noch existiert. Das Guinness Buch der Rekorde des Jahres 1969 listete das „Lowchen", wie es im Englischen heißt, als seltenste Rasse der Welt mit 40 Tieren, davon 20 in Deutschland. Die Welpenstatistik des VDH weist für das Jahr 2023 82 Neueintragungen von Löwchen aus.

Das Löwchen hätte durchaus weitere Verbreitung verdient, denn es handelt sich um eine sehr robuste, aktive und abenteuerlustige, gleichzeitig aber auch anhängliche und verspielte Rasse. Diese Mischung aus Energie und Zärtlichkeit macht für Fans das Besondere der Rasse aus. Ist das Löwchen zusammen mit großen Hunden unterwegs, lässt es sich nicht „die Butter vom Brot nehmen" und hält bei jeder Wanderung mit, ist an einem Schlechtwettertag einmal weniger Abenteuer

angesagt, ist es auch mit einem Gang in den Garten zufrieden und tollt dort fröhlich herum.

Es ist intelligent und leicht erziehbar und eignet sich gut sowohl für ältere Menschen als auch für Familien mit Kindern und weiteren Haustieren, die einen kleinen, aber robusten und dabei unkomplizierten Hund suchen. Es ist sensibel, empfänglich für die Stimmungen seiner Menschen und verträgt keine harte Behandlung, ist dabei aber dennoch selbstbewusst und ausgeglichen.

Auszug aus dem Standard:

„Es ist ein kleiner Hund intelligent und voller Elan, mit lebhaftem Ausdruck und sehr aufgeweckt; insgesamt robust mit gutem Knochenbau, kurz und gut proportioniertem Körper, hochgetragenem Kopf, windhundartiger Silhouette. Mit Stolz und forschem Gang, betont durch seine flatternde Mähne, durch löwenartige Schur (....)"

Für die Teilnahme an Ausstellungen ist die traditionelle Löwenschur Pflicht, wird das Haar gleichmäßig lang belassen, reicht gelegentliches Durchbürsten und Freischneiden der Augen. Da das seidige, leicht gewellte Fell keine Unterwolle besitzt, haart es kaum. Die Fellpflege ist weit weniger aufwändig als die anderer Bichon-Rassen.

FCI-Standard Nr. 172
Gruppe: 9
Sektion 2: Pudel
Varietäten: 4 (Größe)

a) Groß- oder Königspudel
b) Klein- oder Mittelpudel
c) Zwerg
d) Toy

Größe:
a) 46–60 cm
b) 36–45 cm
c) 29–35 cm
d) über 24–28 cm (ideal: 25 cm)

Gewicht:
a) 18–38 kg
b) 7–17 kg
c) 3–6 kg
d) max. 3 kg

Farbe/Haarkleid
Schwarz, Weiß, Braun, Silber, Fawn (alle Rottöne von Apricot bis Rot), Schwarz-weiß gescheckt (Harlekin) und Black and Tan (Schwarz und Loh)

Üppig, von feiner, wolliger Textur, fein gekräuselt, bei Handauflegen elastisch.
Das Haar soll dicht, reichlich einheitlich lang und gleichmäßig gelockt sein.

Pudel

(Caniche)

Ursprünglicher Verwendungszweck:
Wasserjagdhund, Begleithund

Der Pudel zählt zu den ältesten Hunderassen Europas. Lange Zeit stritten Deutschland und Frankreich darum, wer das Recht als Ursprungsland beanspruchen dürfte, was aber recht müßig ist, denn wahrscheinlich haben beide und gleichzeitig keiner Recht – es gab lockige Wasserhunde in fast ganz Europa schon seit dem Mittelalter. Zu den nächsten Vorfahren zählt sicherlich der Barbet, verwandt ist er aber unter anderem auch mit Portugiesischem und Spanischem Wasserhund, italienischem Lagotto Romagnolo, niederländischem Wetterhoun und natürlich dem altdeutschen Schafpudel (nicht FCI-anerkannt). Da Frankreich die Ehre zukam, den ersten Standard verfasst zu haben, gilt es auch heute als offizielles Ursprungsland.
Sein Name leitet sich vom mittelhochdeutschen „puddeln“ ab, was so viel wie „im Wasser planschen“ bedeutet – ein Hinweis auf seine ursprüngliche Verwendung als Wasserjagdhund. In Frankreich ist der Pudel als „Caniche“ bekannt, was vom Wort „canard“ (Ente) stammt. Das beschreibt auch gleich seinen ursprünglichen Verwendungszweck: Früher wurde er als Apportierhund für die Wasserjagd gezüchtet. Nach dem Schuss schwamm er zu dem erlegten Federwild und brachte es

dem Jäger ans Ufer. Auch heute noch lieben viele Pudel das Wasser und in manchen ist auch noch ein Rest des alten Jagdtriebs erhalten geblieben, wie er sich zum Beispiel auch beim Barbet findet.
Seine lockige, wasserabweisende Wolle schützte ihn dabei vor Kälte, und seine Intelligenz und Gelehrigkeit machten ihn zu einem idealen Helfer. Auch die typische „Löwenschur" hat ihren Ursprung in der früheren Wasserjagd: Man schor ihn von hinten bis zu den Schultern kurz, damit sich das Fell beim Schwimmen nicht mit Wasser vollsog und den Hund nicht unnötig unter Wasser zog, und man ließ es um Brustkorb und Gelenke länger, um den Wärmeschutz zu erhalten. Schon Wilhelm Busch dichtete in seinem „Naturgeschichtlichen Alphabet": „Der Papagei hat keine Ohren, der Pudel ist meist halb geschoren."
Schon im 15. Jahrhundert finden sich Darstellungen pudelähnlicher Hunde in der Kunst. Die gezielte Zucht begann im 17. und 18. Jahrhundert, wobei sich der Pudel schnell vom Gebrauchshund zum Begleithund des Adels wandelte. Aufgrund seiner Intelligenz, seiner eleganten Erscheinung und seiner anpassungsfähigen, sehr verspielten Art wurde er bald zum Lieblingshund europäischer Höfe. Kein Wunder, bindet sich der Pudel doch außergewöhnlich eng an seinen Menschen und tut alles, um ihm zu gefallen. Sanft und liebenswürdig, gleichzeitig aber sprühend vor Intelligenz, Einfallsreichtum, Gelehrigkeit und Lebenslust: So weiß einen der Pudel schnell um den Finger zu wickeln.
Marie Antoinette hielt Pudel an ihrem Hof und auch Arthur Schopenhauer besaß einen, genau wie später Winston Churchill, der seinen schwarzen Zwergpudel namens Rufus liebte und verehrte. Pablo Picasso verewigte seinen Pudel

Kaszka in mehreren Werken und John Steinbeck, der Literatur-Nobelpreisträger, reiste mit seinem Pudel Charley durch die USA, was zur Grundlage für sein Buch „Reise mit Charley“ wurde.

Die Rasse gibt es in vier Größen: Groß-, Klein-, Zwerg- und Toypudel, die sich alle einen Rassestandard teilen und sich ansonsten nur in der Größe, nicht aber in der Morphologie und in den Proportionen voneinander unterscheiden sollen. So soll insbesondere beim kleinsten Toypudel vermieden werden, dass sich Verzwergungsmerkmale wie rundlicher Oberkopf, hervorquellende Augen oder Gebissfehler einschleichen.

Der Pudel ist vielseitig einsetzbar und beileibe nicht nur ein „Showhund“: Er glänzt auch in den verschiedensten Hundesportarten von Agility bis Dog Dancing und der Großpudel ist häufig als Blindenführhund, Assistenzhund oder in der hundgestützten Intervention unterwegs. Ein zusätzliches Plus ist dabei die Tatsache, dass sein wolliges Lockenfell kaum Haare verliert, was für eine erfreulich haarfreie Wohnung, aber auch weniger Beschwerden bei Allergikern führt. Dafür wächst das Fell fast endlos weiter und verfilzt, wenn es nicht regelmäßig gebürstet und rechtzeitig alle etwa sechs bis acht Wochen geschoren wird.

Früher war auch die Variante des „Schnürenpudels“ beliebt, bei dem das Haar weder geschoren noch gebürstet, sondern von Hand zu verfilzenden Schnüren verdreht wurde – wobei sich nicht bei allen Pudeln das Fell hierfür eignete. Da diese Haartracht sehr zeit- und pflegeaufwändig und wegen Gewicht und Länge auch hinderlich für den Hund war, ist sie ziemlich aus der Mode gekommen, auf Ausstellungen aber noch als Variante zugelassen.

Wie extravagant oder einfach man die Schur seines Pudels gestaltet, ist jedem selbst überlassen – oft wegen exaltierter Showfrisuren als „kein richtiger Hund“ belächelt, ist der Pudel unter seinem Lockenfell ein sehr harmonisch gebauter, gesunder und leistungsfähiger Hund geblieben, was vielleicht auch ein wenig der Tatsache geschuldet sein mag, dass sich das menschliche Optimierungs- und Verschönerungsbedürfnis an seinem Fell austoben konnte und er so von Überzüchtungen an seinem Körperbau verschont blieb. Für Ausstellungen sind allerdings nur bestimmte Schuren zugelassen, die in einem Zusatz zum Standard festgelegt sind.

Der intelligente Pudel ist leicht erziehbar, aber auch sensibel und reagiert empfindlich auf grobe Umgangsformen und Missstimmungen im Haus. Durch seine Nähe zum Menschen nimmt er sich auch dessen Gemütsverfassung sehr zu Herzen.

In letzter Zeit sind Kreuzungen aus Pudel mit anderen Rassen wie Labrador oder Golden Retriever und anderen, oft mit Überbegriff „Doodle“ oder „Designerhunde“ bezeichnet, sehr in Mode gekommen, weil man sich erhoffte, durch die Haarkleid-Gene des Pudels einen anti-allergenen Labrador etc. zu erhalten. Leider geht diese Rechnung nur zum Teil auf, da aufgrund der Mendel'schen Gesetze der Vererbungslehre ein Teil der Hunde eben doch haart. Auch führte die große Nachfrage nach solchen Mixen leider zum Teil zu einer unseriösen „Zucht“, sodass Liebhaber der Rasse nach wie vor auf das Original schwören.

FCI-Gruppe 9

Auszug aus dem Standard:

„Dieser Hund ist bekannt für seine Loyalität und seine Lern- und Dressurfähigkeit, was ihn zu einem besonders angenehmen Gesellschaftshund macht."

FCI-Standard Nr. 81
Gruppe: 9
Sektion 3: Kleine belgische Hunderassen
3.1 Griffons

Größe
Keine Angabe im FCI-Standard (i. d. R. 20–30 cm)

Gewicht
3,5–6 kg

Farbe / Haarkleid
Schwarz, Schwarz mit Loh, rauhaarig, weiße Haare an der Brust werden geduldet (nicht erstrebenswert)

Rauhaar mit Unterwolle (harsch, leicht gewellt, nicht lockig)

Griffon Belge (Belgischer Griffon)

Ursprünglicher Verwendungszweck:
Kleiner Wach- und Begleithund

Diese ausgefallene, oft als „kleiner Kobold" bezeichnete Rasse sind eigentlich drei Rassen: Neben dem Belgischen Griffon gibt es noch den Brüsseler Griffon und den Petit Brabançon, die sich nur durch Farbe und Haarkleid voneinander unterscheiden. Während der Belgische Griffon rauhaarig und schwarz oder schwarz-lohfarben daherkommt, ist der Brüsseler rot und rauhaarig und der Petit Brabançon oder Brabanter Griffon kurzhaarig in den erlaubten Farben der beiden anderen. Die Entstehungsgeschichte und die Eigenschaften aller drei, die auch mit dem Überbegriff „Belgische Zwerggriffons" bezeichnet werden, sind deckungsgleich.
Sie stammen von kleinen rauhaarigen Hunden im Pinschertyp ab, die „Smousje" oder „Smoushond" genannt wurden und seit Jahrhunderten im Brüsseler Raum verbreitet waren. Davon, wie sie vermutlich aussahen, gibt uns Jan van Eycks Gemälde „Die Hochzeit der Arnolfinis" aus dem Jahr 1434 eine gute Vorstellung. Wie die Pinscher waren sie kleine Haus- und Hofhunde, die den Stall von Ratten und Mäusen freihielten und auf den Kutschböcken mitfuhren, um Waren zu bewachen.
Erst Mitte des 19. Jahrhunderts entstanden daraus die heutigen Belgischen Griffons, indem man Möpse und Toy Spaniels einkreuzte. Das führte zu dem runden Oberkopf, der verkürzten Nase und den großen, runden Augen, die insbesondere zusammen mit dem ausgeprägten Schnurr- und Backenbart und den buschigen Augenbrauen der beiden rauhaarigen Varianten zu einem sehr menschenähnlichen Gesichtsausdruck führen, der uns unmittelbar fasziniert.
Leider bergen auch genau diese Merkmale eine gesundheitliche Gefahr für die Rasse, wenn sie züchterisch übertrieben werden. Eine zu stark verkürzte Nase führt wie bei allen brachyzephalen Rassen zu Atemnot und übergroße Kulleraugen sind verletzungsanfällig, weshalb unbedingt darauf geachtet werden muss, Welpen aus einer Zucht zu erwerben, die keine Extreme fördert. Gesunde „Griffs" sind lebhaft, aktiv, robust und langlebig – bis zu 15 Jahre sind keine Seltenheit.
Ihr Körperbau ist am besten mit „kompaktes kleines Quadrat" beschrieben, der Kopf ist im Verhältnis zum Körper ziemlich groß, was zu Schwierigkeiten bei der Geburt führen kann.
Die kleinen Belgier haben „genug Persönlichkeit für zehn normale Hunde", heißt es in der Rassebeschreibung des American Kennel Club, und tatsächlich ist ihr Wesen eine eigenartige Mischung aus dem schrulligen Charme und dem Humor des Mopses und dem Selbstbewusstsein der Pinscher. Er ist sehr anhänglich, sensibel, treu und gelehrig, aber auch energisch, aufmerksam und stolz. Er möchte gern immer dabei sein, bringt aber seine eigenen Ideen in die Partnerschaft mit dem Menschen ein und kann einen gewissen Eigensinn an den Tag legen. Ein reiner Schoßhund, der nur auf weichen Kissen sitzt, möchte der ehemalige Rattenjäger nicht gern sein, ein Ausdauersportler ist er aber sicherlich auch nicht. Geistige

Beschäftigung, zum Beispiel in Form von Tricktraining, kombiniert mit mittellangen Spaziergängen passt am besten zu ihm, was ihn auch als Stadt- und Wohnungshund geeignet macht.
Die drei kleinen belgischen Griffons sind bei uns, aber leider auch in Belgien sehr selten, was eigentlich schade ist, denn sofern sie gesund gezüchtet sind, passen sie gut in unsere moderne, urban geprägte Gesellschaft.

Auszug aus dem Standard:
„Kleiner Begleithund; intelligent, ausgewogen, aufmerksam, stolz, robust, so gut wie quadratisch; mit guter Knochenstärke, dabei aber elegant in Bewegung und Körperbau; durch den fast menschlichen Gesichtsausdruck auffallend. (…) Ausgeglichener kleiner Hund, aufmerksam, stolz, sehr an seinem Herrn hängend, sehr wachsam. Weder ängstlich noch aggressiv."

Während die beiden rauhaarigen Varianten von Hand getrimmt werden müssen, reicht bei der kurzhaarigen gelegentliches Bürsten.

FCI-Standard Nr. 80
Gruppe: 9
Sektion 3: Kleine belgische Hunderassen
3.1 Griffons

Größe
Keine Angabe im FCI-Standard (i. d. R. 20–30 cm, variiert)

Gewicht
3,5–6 kg (große Exemplare auch bis 8 kg)

Farbe / Haarkleid
Rot (ein schwarzer Anflug ist am längeren Haarbehang des Kopfes erlaubt), rauhaarig, weiße Haare an der Brust werden geduldet (nicht erstrebenswert)

Rauhaar mit Unterwolle (harsch, leicht gewellt, nicht lockig)

Griffon Bruxellois
(Brüsseler Griffon)

Ursprünglicher Verwendungszweck:
Kleiner Wach- und Begleithund

Diese ausgefallene, oft als „kleiner Kobold“ bezeichnete Rasse sind eigentlich drei Rassen: Neben dem Brüsseler Griffon gibt es noch den Belgischen Griffon und den Petit Brabançon, die sich nur durch Farbe und Haarkleid voneinander unterscheiden. Während der Brüsseler Griffon rauhaarig und rot daherkommt, ist der Belgier schwarz oder schwarz-lohfarben und rauhaarig und der Petit Brabançon (oder Brabanter Griffon) kurzhaarig in den erlaubten Farben der beiden anderen. Die Entstehungsgeschichte und die Eigenschaften aller drei, die auch mit dem Überbegriff „Belgische Zwerggriffons“ bezeichnet werden, sind deckungsgleich.
Sie stammen von kleinen rauhaarigen Hunden im Pinschertyp ab, die „Smousje“ oder „Smoushond“ genannt wurden und seit Jahrhunderten im Brüsseler Raum verbreitet waren. Davon, wie sie vermutlich aussahen, gibt uns Jan van Eycks Gemälde „Die Hochzeit der Arnolfinis“ aus dem Jahr 1434 eine gute Vorstellung. Wie die Pinscher waren sie kleine Haus- und Hofhunde, die den Stall von Ratten und Mäusen freihielten und auf den Kutschböcken mitfuhren, um Waren zu bewachen.
Erst Mitte des 19. Jahrhunderts entstanden daraus die heutigen Belgischen Griffons, indem man Möpse und Toy Spaniels einkreuzte. Das führte zu dem runden Oberkopf, der verkürzten Nase und den großen, runden Augen, die insbesondere zusammen mit dem ausgeprägten Schnurr- und Backenbart und den buschigen Augenbrauen der beiden rauhaarigen Varianten zu einem sehr menschenähnlichen Gesichtsausdruck führen, der uns unmittelbar fasziniert.
Leider bergen auch genau diese Merkmale eine gesundheitliche Gefahr für die Rasse, wenn sie züchterisch übertrieben werden. Eine zu stark verkürzte Nase führt wie bei allen brachyzephalen Rassen zu Atemnot und übergroße Kulleraugen sind verletzungsanfällig, weshalb unbedingt darauf geachtet werden muss, Welpen aus einer Zucht zu erwerben, die keine Extreme fördert. Gesunde „Griffs“ sind lebhaft, aktiv, robust und langlebig – bis zu 15 Jahre sind keine Seltenheit.
Ihr Körperbau ist am besten mit „kompaktes kleines Quadrat“ beschrieben, der Kopf ist im Verhältnis zum Körper ziemlich groß, was zu Schwierigkeiten bei der Geburt führen kann.
Die kleinen Belgier haben „genug Persönlichkeit für zehn normale Hunde“, heißt es in der Rassebeschreibung des American Kennel Club, und tatsächlich ist ihr Wesen eine eigenartige Mischung aus dem schrulligen Charme und dem Humor des Mopses und dem Selbstbewusstsein der Pinscher. Er ist sehr anhänglich, sensibel, treu und gelehrig, aber auch energisch, aufmerksam und stolz. Er möchte gern immer dabei sein, bringt aber seine eigenen Ideen in die Partnerschaft mit dem Menschen ein und kann einen gewissen Eigensinn an den Tag legen. Ein reiner Schoßhund, der nur auf weichen Kissen sitzt, möchte der ehemalige Rattenjäger nicht gern sein, ein Ausdauersportler ist er aber sicherlich auch nicht.

Geistige Beschäftigung, zum Beispiel in Form von Tricktraining, kombiniert mit mittellangen Spaziergängen passt am besten zu ihm, was ihn auch als Stadt- und Wohnungshund geeignet macht.
Die drei kleinen belgischen Griffons sind bei uns, aber leider auch in Belgien, sehr selten, was eigentlich schade ist, denn sofern sie gesund gezüchtet sind, passen sie gut in unsere moderne, urban geprägte Gesellschaft.

Auszug aus dem Standard:
„Kleiner Begleithund; intelligent, ausgewogen, aufmerksam, stolz, robust, so gut wie quadratisch; mit guter Knochenstärke, dabei aber elegant in Bewegung und Körperbau; durch den fast menschlichen Gesichtsausdruck auffallend. (…) Ausgeglichener kleiner Hund, aufmerksam, stolz, sehr an seinem Herrn hängend, sehr wachsam. Weder ängstlich noch aggressiv."

FCI-Gruppe 9

Zu etwas größerer Bekanntheit gelangte die Rasse durch den Film „Besser geht's nicht" aus dem Jahr 1997, in dem ein Brüsseler Griffon namens Verdell als heimlicher Star zeitweise Jack Nicholson die Show stahl.
Beide rauhaarige Varianten müssen von Hand getrimmt werden, bei der kurzhaarigen reicht gelegentliches Bürsten.

Petit Brabançon
(Brabanter Griffon)

Ursprünglicher Verwendungszweck:
Kleiner Wach- und Begleithund

FCI-Standard Nr. 82
Gruppe: 9
Sektion 3: Kleine belgische Hunderassen
3.2 Petit Brabançon

Größe
Keine Angabe im FCI-Standard (i. d. R. 20–30 cm)

Gewicht
3,5–6 kg

Farbe/Haarkleid
Schwarz, Schwarz mit Loh, Rot mit schwarzer Maske, kurzhaarig, weiße Haare an der Brust können vorkommen

Rauhaar mit Unterwolle (harsch, leicht gewellt, nicht lockig)

Diese ausgefallene, oft als „kleiner Kobold" bezeichnete Rasse sind eigentlich drei Rassen: Neben dem Brabanter Griffon gibt es noch den Belgischen und den Brüsseler Griffon, die sich nur durch Farbe und Haarkleid voneinander unterscheiden. Während der Brüsseler Griffon rauhaarig und rot daherkommt, ist der Belgier schwarz oder schwarz-lohfarben und rauhaarig und der Petit Brabançon (kurzhaarig in den erlaubten Farben der beiden anderen. Die Entstehungsgeschichte und die Eigenschaften aller drei, die auch mit dem Überbegriff „Belgische Zwerggriffons" bezeichnet werden, sind deckungsgleich.
Sie stammen von kleinen rauhaarigen Hunden im Pinschertyp ab, die „Smousje" oder „Smoushond" genannt wurden und seit Jahrhunderten im Brüsseler Raum verbreitet waren. Davon, wie sie vermutlich aussahen, gibt uns Jan van Eycks Gemälde „Die Hochzeit der Arnolfinis" aus dem Jahr 1434 eine gute Vorstellung. Wie die Pinscher waren sie kleine Haus- und Hofhunde, die den Stall von Ratten und Mäusen freihielten und auf den Kutschböcken mitfuhren, um Waren zu bewachen.
Erst Mitte des 19. Jahrhunderts entstanden daraus die heutigen Belgischen Griffons, indem man Möpse und Toy Spaniels einkreuzte. Das führte zu dem runden Oberkopf, der verkürzten Nase und den großen, runden Augen, die insbesondere zusammen mit dem ausgeprägten Schnurr- und Backenbart und den buschigen Augenbrauen der beiden rauhaarigen Varianten zu einem sehr menschenähnlichen Gesichtsausdruck führen, der uns unmittelbar fasziniert.
Leider bergen auch genau diese Merkmale eine gesundheitliche Gefahr für die Rasse, wenn sie züchterisch übertrieben werden. Eine zu stark verkürzte Nase führt wie bei allen brachyzephalen Rassen zu Atemnot und übergroße Kulleraugen sind verletzungsanfällig, weshalb unbedingt darauf geachtet werden muss, Welpen aus einer Zucht zu erwerben, die keine Extreme fördert. Gesunde „Griffs" sind lebhaft, aktiv, robust und langlebig – bis zu 15 Jahre sind keine Seltenheit.
Ihr Körperbau ist am besten mit „kompaktes kleines Quadrat" beschrieben, der Kopf ist im Verhältnis zum Körper ziemlich groß, was zu Schwierigkeiten bei der Geburt führen kann.
Die kleinen Belgier haben „genug Persönlichkeit für zehn normale Hunde", heißt es in der Rassebeschreibung des American Kennel Club, und tatsächlich ist ihr Wesen eine eigenartige Mischung aus dem schrulligen Charme und dem Humor des Mopses und dem Selbstbewusstsein der Pinscher. Er ist sehr anhänglich, sensibel, treu und gelehrig, aber auch energisch, aufmerksam und stolz. Er möchte gern immer dabei sein, bringt aber seine eigenen Ideen in die Partnerschaft mit dem Menschen ein und kann einen gewissen Eigensinn an den Tag legen. Ein reiner Schoßhund, der nur auf weichen Kissen sitzt, möchte der ehemalige Rattenjäger nicht gern sein, ein Ausdauersportler ist er aber sicherlich auch nicht. Geistige Beschäftigung, zum Beispiel in Form von Tricktraining, kombiniert mit

mittellangen Spaziergängen passt am besten zu ihm, was ihn auch als Stadt- und Wohnungshund geeignet macht.

Die drei kleinen belgischen Griffons sind bei uns, aber leider auch in Belgien sehr selten, was eigentlich schade ist, denn sofern sie gesund gezüchtet sind, passen sie gut in unsere moderne, urban geprägte Gesellschaft.

Auszug aus dem Standard:

„Kleiner Begleithund; intelligent, ausgewogen, aufmerksam, stolz, robust, so gut wie quadratisch; mit guter Knochenstärke, dabei aber elegant in Bewegung und Körperbau; durch den fast menschlichen Gesichtsausdruck auffallend. (…) Ausgeglichener kleiner Hund, aufmerksam, stolz, sehr an seinem Herrn hängend, sehr wachsam. Weder ängstlich noch aggressiv."

Die beiden rauhaarigen Varianten müssen von Hand getrimmt werden, bei der kurzhaarigen reicht gelegentliches Bürsten.

Chinese Crested Dog (Chinesischer Schopfhund)

FCI-Standard Nr. 288
Gruppe: 9
Sektion 4: Haarlose Hunde
Varietäten: 2 (Haarkleid)

Größe
Rüde: 28–33 cm
Hündin: 23–30 cm

Gewicht
Keine Angabe im FCI-Standard (i. d. R. 2–5 kg)

Farbe/Haarkleid
Jede Farbe oder Farbkombination ist zulässig.

a) Haarlos:
Haare nur an Kopf, Pfoten und Rute

b) Powder Puff:
Haarkleid besteht aus Unterwolle und einem weichen, langen Haarschleier (dieser ist ein besonderes Merkmal)

Ursprünglicher Verwendungszweck:
Gesellschaftshund

Haarlose Hunde sind keine Modeerscheinung der Neuzeit, es gibt sie schon seit vielen Tausend Jahren. Die Haarlosigkeit entwickelte sich wahrscheinlich über eine spontane Mutation und wurde dann züchterisch vom Menschen weiter gefestigt, da die Hunde als etwas sehr Besonderes und Kostbares betrachtet wurden. Vor allem in Mittelamerika galten sie schon den Inkas und Azteken als heilig und zwei Nackthunderassen gibt es dort noch heute: den mexikanischen Xoloitzcuintle und den Peruanischen Nackthund. Vermutlich stammt auch der Chinesische Schopfhund eher von hier als aus China, wie sein Name ja nahelegt. Zwar gab es auch in China schon während der Han-Dynastie im zweiten Jahrhundert vor Christus den haarlosen „kostbaren Hüter des Hauses", aber neuere Untersuchungen einer Gruppe von Genetikern um Heidi Parker legten 2017 nahe, dass die Rasse eher aus Mittelamerika stammt und sogar mit dem Chihuahua verwandt ist. Wo auch immer er ursprünglich herkam: Der als Gastgeschenk und Handelsware begehrte chinesische Schopfhund fand seinen Weg schon im 16. Jahrhundert nach Europa. Bereits 1780 bannte der englische Maler George Cuitt ein Exemplar in Öl auf Leinwand, das aussieht wie die heutigen Hunde.

Ganz haarlos ist der Chinese Crested nicht: Auf dem Kopf befindet sich der namensgebende Schopf, an den Pfoten bilden sich „Socken" und am Rutenende eine kleine Haarfahne. Da das mutierte Gen für Haarlosigkeit, das 2008 als „FOXI3" identifiziert wurde (und das übrigens auch beim Menschen vorkommt, wo es vermutlich für frühzeitige Glatzenbildung sorgt) nur heterozygot vererbt werden kann, finden sich in jedem Wurf immer auch voll behaarte Welpen, die als Varietät „Powder Puff" geführt werden. FOXI3 hat als Nebeneffekt Auswirkungen auf die Gebissentwicklung, sodass manche, aber nicht alle Hunde mit teilweise fehlenden Zähnen zur Welt kommen. Bei zu starken Anomalien werden sie von der Zucht ausgeschlossen.

In den Fokus geriet die Rasse im sogenannten „Qualzuchtgutachten" von 1999, das ein Zuchtverbot forderte. Eine ausführliche Auseinandersetzung mit den Kritikpunkten darin hat der Club für exotische Rassehunde e.V. unternommen, auf dessen Webseite man sie im Detail nachlesen kann.

Chinese Crested sind jedenfalls auch ohne Fell ausgesprochen fröhlich: Wer einmal einen kennengelernt hat, wird sein Vorurteil vom armen, immer frierenden und leidenden Hund nicht bestätigt finden. Die Haut der Hunde bräunt übrigens im Sommer wie unsere, bei zu starker UV-Strahlung und je nach „Rosa-Anteil" sollte sie aber mit Sonnenmilch geschützt werden. Im Winter sind Hundemäntel sinnvoll. Unter Hautkrankheiten leiden sie nicht öfter als andere Hunde und Flöhe haben bei ihnen keinen guten Stand.

Ein bisschen schade ist, dass im Zusammenhang mit der Rasse fast immer nur über das (fehlende) Fell gesprochen wird, dabei stechen die Hunde auch durch ihr sehr fröhliches, lebhaft verspieltes und menschenbezogenes Wesen hervor. Sie

sind sehr anhänglich und gute Begleiter gerade auch im städtischen Umfeld. Für Tierhaarallergiker können sie eine Option sein, das muss aber im Einzelfall überprüft werden.
In der Zucht wird zwischen einem feinknochigeren „Deer Type" und einem kräftigeren „Cobby Type" unterschieden, wobei der feinere sich stark durchgesetzt hat.
Der behaarte Powder Puff muss gelegentlich gebürstet werden, um nicht zu verfilzen.

Auszug aus dem Standard:

„Ein kleiner, lebhafter und anmutiger Hund, Knochen mittelstark bis leicht. Körper ebenmäßig, entweder haarlos, mit Haarwuchs an den Pfoten, am Kopf und an der Rute oder leicht mit einem weichen Haarschleier eingehüllt. (...) Fröhlich, niemals bösartig."

FCI-Standard Nr. 227
Gruppe: 9
Sektion 5: Tibetanische Hunderassen

Größe
Rüde: 25 cm (ideal)
Hündin: etwas kleiner

Gewicht
Keine Angabe im FCI-Standard (i. d. R. 5–8 kg)

Farbe/Haarkleid
Gold, sandfarben, honigfarben, dunkel-grizzle, schieferfarben, Rauchgrau, zweifarbig, Schwarz, Weiß oder bräunlich. Alle Farben sind gleichermaßen erlaubt.

Langes Deckhaar (schwer, gerade und hart, nicht wollig oder seidig), mittelmäßig viel Unterwolle

Langhaar, gelegentlich Kurzhaar (vom Standard nicht erwünscht)

Lhasa Apso (Löwenhund)

Ursprünglicher Verwendungszweck:
Gesellschafts- und Begleithund

Dieser stolze kleine Hund stammt aus Tibet, wo er schon seit Tausenden von Jahren in Klöstern und adeligen Häusern beheimatet war. Frühe Abbildungen und Überlieferungen legen davon Zeugnis ab. Eine besondere Bedeutung bekam er mit dem Aufstieg des Buddhismus ab dem 7. Jahrhundert: In diesem Glauben hat der Löwe eine starke Bedeutung als Symbol und heiliges Tier, und da man in den kleinen, langhaarigen Hunden eine Ähnlichkeit zu erkennen glaubte, wurden sie zu „Löwenhunden" und damit besonders kostbar. Auch war man der Überzeugung, dass tibetische Priester als kleine Hunde wiedergeboren werden konnten. Deshalb wurden sie niemals verkauft, sondern nur als wertvolles Geschenk und Glücksbringer an Freunde gegeben, denen man Gutes wünschte.
Der Lhasa Apso war trotz seiner kleinen Körpergröße immer ein unbestechlicher und tapferer Wächter und passte mit seinem feinen Gehör aufmerksam auf, ob sich jemand unbefugt dem Haus oder Kloster näherte, um dann scharf zu bellen. Während draußen der große, respekteinflößende Tibetmastiff lag, um notfalls das Haus zu verteidigen, fungierte der kleine Apso als „Alarmanlage", der den großen Hund aufmerksam machte.
In dem isolierten Hochland Tibets, das bis zu 5000 Metern Höhe reichen kann, gab es keine großartige Beeinflussung der Hunde von außen, sodass der Typ ziemlich unverändert erhalten blieb. Nur andersherum fanden die kleinen Hunde als Geschenke den Weg aus Tibet heraus, zum Beispiel an den chinesischen Kaiserpalast, wo sie zu einer neuen Rasse, dem Shi Tzu, wurden.
Erst zu Beginn des 20. Jahrhunderts kamen erste Lhasas Apsos mit Abenteuerreisenden auch nach Europa und wie fast immer waren es die Engländer, die einen ersten Rassestandard definierten (1934) und sich um die weitere Reinzucht kümmerten. In der Anfangszeit gab es einige Verwirrung darüber, wie der Lhasa Apso von seinen Verwandten Shih Tzu und Tibet Terrier unterschieden werden sollte, doch dann trennte man diese Rassen klar voneinander.
Der alte Klosterwächter liebt es auch heute noch, zuhause auf einem erhöhten Platz zu liegen und seine Umgebung im Blick zu haben. Nach wie vor entgeht seinem feinen Gehör kein ungewöhnliches Geräusch, das er umgehend meldet. Fremden gegenüber ist er deutlich misstrauisch und reserviert, seine Besitzer liebt er dagegen zärtlich. Er ist aber ein sehr selbstbewusster und stolzer kleiner Hund, was der Rassestandard als „anmaßend" beschreibt. Positiver formuliert könnte man es „leichte Überheblichkeit" nennen. Auf die Gesellschaft anderer Hunde ist er nicht unbedingt erpicht. Bei seiner Erziehung ist seine Persönlichkeit zu achten: Sein Stolz verlangt eine faire Behandlung, wenn man ihm die Regeln des Zusammenlebens erklärt.
Der Lhasa Apso gehört zu den (mäßig) brachycephalen Hunderassen mit verkürzter Schnauze, sodass ein leicht vorbeißender Unterkiefer anstatt eines geschlossenen Scherengebisses bei ihm normal und gewünscht ist.

> **Auszug aus dem Standard:**
> „Gut ausgewogen, robust, üppig behaart, ohne Übertreibung. (...) Lebhaft und anmaßend. Wachsam, ausgeglichen, Fremden gegenüber allerdings etwas zurückhaltend."

Das lange, schwere Haarkleid, das ihn im tibetischen Hochland vor Kälte und Wind schützte, kommt in zahlreichen Farbschattierungen und -nuancen daher, die sehr individuell sein können, sodass kaum ein Lhasa dem anderen genau gleicht. Auch kann er die Farbe im Lauf seines Lebens verändern.

Für Ausstellungen wird das Haar bis zu extremer Länge gehegt und gepflegt, sodass in Kombination mit der über den Rücken geschlagen getragenen Rute manchmal kaum noch erkennbar ist, wo am Hund vorn und hinten ist. Der Standard verlangt aber, dass das Langhaar den Hund keinesfalls behindern darf. Für den Alltag ist ein kürzerer Haarschnitt praktischer.

Manchmal kommt es vor, dass in einem Wurf kurzhaarige Welpen fallen, diese nennt man „Prapso" von „Perhaps an Apso". Sie sind einfach eine Laune der Natur und kein bisschen minderwertiger. Laut Standard ist aber nur das Langhaar erwünscht. Der Lhasa Apso gilt als sehr langlebig, fünfzehn und mehr Jahre sind keine Seltenheit.

Shi Tzu

FCI-Standard Nr. 208
Gruppe: 9
Sektion 5: Tibetanische Hunderassen

Größe
nicht über 27 cm
(Rüde und Hündin)

Gewicht
4,5–8 kg (Rüde und Hündin),
ideal bis 7,5 kg

Farbe/Haarkleid
Alle Farben sind erlaubt. Bei mehrfarbigen Hunden sind eine weiße Stirnblesse und eine weiße Rutenspitze sehr wünschenswert.

Deckhaar lang, dicht, nicht lockig, mit mäßiger Unterwolle, nicht wollig. Leichte Wellen erlaubt.

Ursprünglicher Verwendungszweck:
Begleithund

Der Shih Tzu stammt vom tibetischen Lhasa Apso und wie bei diesem bedeutet auch sein Name übersetzt „Löwenhund" vom chinesischen „Shizi" für Löwe. Die kleinen Hunde wurden schon seit etwa dem 7. Jahrhundert in den Klöstern Tibets gehalten und waren dort wichtige Wächter, die Ungewöhnliches meldeten. Sie genossen aber auch besondere Wertschätzung, da man glaubte, dass Priester als Hunde wiedergeboren werden konnten, und der Legende nach führte Buddha auf seinen Reisen stets einen kleinen Hund mit sich, der sich bei Gefahr in einen Löwen verwandeln konnte. Als Geschenk, oder vielmehr Tributzahlung, gelangten Lhasa Apsos schon ab dem 17. Jahrhundert von Tibet regelmäßig an den chinesischen Kaiserpalast. Hier wurden sie zu kostbaren Palasthunden, die umhätschelt und gepflegt wurden. Die Witwe des letzten chinesischen Kaisers Tzu Hsi soll über hundert Hunde besessen und diese täglich in ihren Zwingern, oder besser „Hundepalästen", besucht haben, wo sie sich Kunststücke vorführen ließ. Durch Einkreuzung von Pekingesen wurde die Schnauze des Shih Tzu kürzer als beim Lhasa Apso und die Läufe etwas kürzer, ansonsten sehen sich die beiden Hunde nach wie vor sehr ähnlich.

Nach Tzu Hsis Tod im Jahr 1908 erlosch in China das Interesse an der Zucht und die ersten Hunde gelangten außer Landes, nachdem ihre Ausfuhr zuvor jahrhundertelang streng verboten gewesen war. Nach der Machtübernahme der Kommunisten 1949 war endgültig Schluss mit der Hundezucht. Inzwischen gab es aber schon erste Zuchtbestrebungen in Europa, vor allem in England, die ab den 1930er Jahren Fahrt aufzunehmen begannen.

Der Shih Tzu gehört zu den brachycephalen Rassen mit verkürztem Gesichtsschädel und ist in dieser Hinsicht extremer als der Lhasa Apso, der eine etwas längere Schnauze besitzt. Durch das verkürzte Nasenbein wachsen die Haare darauf nach oben, was dem Gesicht zusammen mit dem Haarschopf laut Standard Ähnlichkeit zu einer Chrysantheme verleihen soll. Wahrscheinlich ist dieser blumige Vergleich ein Überbleibsel aus der ersten, üppigen chinesischen Rassebeschreibung, die auch von „Palmblattohren" oder „perlförmiger Zunge" und „Bewegung gleich einem Goldfisch" sprach. Weniger poetisch ist die Tatsache, dass Hunde mit extrem kurzer Nase einfach schlechter Luft bekommen, noch dazu, wenn gleichzeitig auch noch die Nasenlöcher verengt sind. Das ist zwar laut Standard unerwünscht, aber leider hin und wieder zu sehen. Es gibt aber auch Züchter, die auf weniger extreme Körperformen Wert legen und stattdessen gesunde Hunde züchten, die sich auch mal sportlich betätigen können, ohne in Atemnot zu geraten.

Der Shih Tzu wird häufig mit „arrogant" in Körperhaltung und Wesen beschrieben. Was eher unsympathisch klingt, ist wahrscheinlich durch den aufrecht getragenen Kopf und die hoch getragene, über den Rücken geschlagene Rute inspiriert. Charakterlich ist der kleine Chinese freundlich, liebenswert, lebenslustig und verspielt, aber manchmal etwas katzenartig eigensinnig. Inkonsequentes Verhalten oder reines Verhätscheln von Seiten seines Menschen

nutzt er aus und wird dann zum kleinen Tyrann. Er ist weniger misstrauisch gegenüber Fremden als der Lhasa Apso.

Sein üppiges Langhaar wächst immer weiter und muss deshalb regelmäßig gekürzt werden, wenn es nicht wie ein Wischmop auf dem Boden schleifen soll. Auf dem Kopf wird es gekürzt oder nach oben gebunden, damit der Hund freie Sicht hat. Der Standard legt ausdrücklich Wert darauf, dass das Langhaar Bewegung und Sehfähigkeit des Hundes nicht einschränken darf, auf Ausstellungen sieht man aber oft eine andere Realität. Häufig wird diesen Showhunden das mit Pflegeprodukten behandelte Langhaar zwischen den Auftritten in Papierpäckchen gewickelt und mit Gummis hochgebunden, damit es nicht verschmutzt und verfilzt. Für den Alltag ist ein kürzerer Haarschnitt, mit dem der Hund draußen nach Herzenslust herumtoben kann, praktischer. Um regelmäßiges Bürsten kommt man trotzdem nicht herum.

Auszug aus dem Standard:

„Robuster, reichlich, aber nicht übermäßig behaarter Hund mit deutlich arroganter Haltung und chrysanthemenartigem Gesicht. (…) Intelligent, lebhaft und aufmerksam. Freundlich und unabhängig."

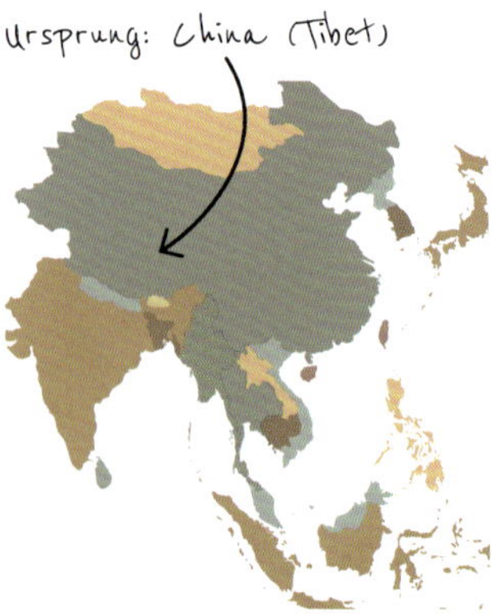

FCI-Standard Nr. 231
Gruppe: 9
Sektion 5: Tibetanische Hunderassen

Größe
ca. 25,4 cm
(Rüde und Hündin)

Gewicht
(4,1–6,8 kg)
(ideal für Rüde und Hündin)

Farbe / Haarkleid
Alle Farben und Mischungen von Farben sind erlaubt.

Deckhaar von seidiger Struktur, am Gesicht und an der Vorderseite der Läufe kurz, am Körper von mittlerer Länge, aber ziemlich glatt anliegend. Dichte, feine Unterwolle.

Tibet Spaniel

Ursprünglicher Verwendungszweck:
Begleithund

Das Wichtigste vorab: Der Tibet Spaniel ist gar kein Spaniel und hat mit ihm nichts gemeinsam, auch den Jagdtrieb teilt er nicht mit ihm. Er gehört einer uralten, aber erst vor wenigen Jahrzehnten bei uns in Europa „wiederentdeckten" Rasse an und wurde damals begrifflich einfach falsch einsortiert.

In seiner Heimat Tibet heißt er „Jemtse Apso", was so viel wie „geschorener Apso" bedeutet und auf sein kürzeres Fell hinweist. Tatsächlich waren die beiden „Rassen" (damals waren es noch keine im heutigen Sinn) vor Beginn der Reinzucht gar nicht so klar voneinander trennbar und der Tibet Spaniel hat viel mit dem Lhasa Apso gemeinsam, so auch die lange Vergangenheit als Wach- und Meldehund in den tibetischen Klöstern. Über viele Jahrhunderte wurden die kleinen Hunde hier gezüchtet und geliebt. Die Mönche trugen sie im Winter unter ihren flatternden Kutten, so konnten sich beide gegenseitig wärmen. Auch weiß man, dass die Hunde dazu eingesetzt wurden, die Gebetsmühlen der Mönche zu treten.

Im Vergleich zum Lhasa Apso ist der Tibet Spaniel ein bisschen kleiner und hat kürzeres, aber immer noch mittellanges Fell. Die „Löwenmähne" der Rüden, die beiden auch den Beinamen „Löwenhündchen" gab, fällt weniger üppig aus als beim Apso. Auch gilt der Apso eher als der robuste Wachhund und der Tibet Spaniel als der verspieltere Begleithund.

Einer anderen Theorie zufolge könnte der Tibet Spaniel auch von chinesischen Hunden beeinflusst worden sein, denn die tibetischen Mönche schickten regelmäßig Löwenhündchen an den chinesischen Kaiserpalast – da ist es denkbar, aber unbewiesen, dass auch mal welche den umgekehrten Weg fanden. Gestützt wird diese Annahme durch die große Ähnlichkeit zu „Ur-Pekinesen", wie wir sie von chinesischen Abbildungen von vor 150–200 Jahren kennen. Damals hatten sie noch längere Schnauzen und waren nicht so extrem kurznasig gezüchtet, genau wie die Möpse. Schaut man diese Abbildungen an, könnte der Tibet Spaniel ein „Langhaar-Urmops" sein. Vielleicht hatten aber auch alle einfach nur gemeinsame Vorfahren. Da Tibet Spaniels bei uns recht selten sind, werden sie oft für Pekinesen-Mischlinge gehalten.

Der erste nachgewiesene Tibet Spaniel kam 1895 mit einem Seemann über Indien nach Europa, weitere folgten – zwei, die 1908 aus Lhasa kamen, stehen sogar ausgestopft im British National Museum. 1961 wurde die Rasse von der FCI anerkannt, ist aber nie so beliebt geworden wie zum Beispiel der Pekinese. Vielleicht war das auch ihr Glück, denn die Fans der Tibet Spaniels schätzen an ihnen vor allem das Fehlen jeglicher züchterischer Übertreibung: Sie haben den exotischen Charme der östlichen Rassen, aber weder extrem verkürzte Gesichtsschädel noch extremes Langhaar. Sie sind keine zerbrechlichen Zwerghunde, sondern robuste und unerschrockene kleine Kerle, die gern als „großer" Hund in kleiner Verpackung beschrieben werden. Sie sind fröhlich, lebhaft und verspielt und manchmal etwas eigensinnig, aber sehr sozialverträglich. Sie lieben es immer noch, auf

erhöhte Plätze zu springen und von dort wie früher in den Klöstern ihre Umgebung zu überwachen. Sie sind anpassungsfähig und auch für die Stadtwohnung geeignet, sofern sie geistige und körperliche Beschäftigung bekommen. Sie bewegen sich gern, sind aber keine Ausdauersportler, die mit zum Radfahren oder Joggen kommen sollten. Mit ihrem unkomplizierten Wesen sind sie auch für Anfänger geeignet. Sie sind nicht gern allein, aber dank ihrer geringen Größe können sie ja auch gut überall hin mitgenommen werden.
Das mittellange Fell haart wegen seiner dichten Unterwolle etwas mehr als das der verwandten Rassen und sollte regelmäßig gebürstet werden.

Auszug aus dem Standard:

„Klein, lebhaft und wachsam. Sehr ausgewogen in der Gesamterscheinung; die Länge des Körpers ist geringfügig größer als die Höhe am Widerrist. (…) Ein fröhlicher, bestimmt auftretender, äußerst intelligenter Hund, Fremden gegenüber zurückhaltend. Wachsam, treu, aber unabhängig."

Tibet Terrier

FCI-Standard Nr. 209
Gruppe: 9
Sektion 5: Tibetanische Hunderassen

Größe
Rüde: 36–41 cm
Hündin: geringfügig kleiner

Gewicht
Keine Angabe im FCI-Standard (i. d. R. 8–14 kg)

Farbe / Haarkleid
Weiß, Gold, Creme, Grau oder rauchfarben, Schwarz, zwei- und dreifarbig (eigentlich ist jede Farbe mit Ausnahme von Schokoladen- und Leberbraun oder Merle erlaubt)

Doppeltes Haarkleid: Unterwolle fein und wollig, Deckhaar üppig, fein, jedoch weder seidig oder wollig, lang, glatt oder gewellt, aber nicht lockig

Ursprünglicher Verwendungszweck:
Hüte- und Wachhund

So wenig, wie der Tibet Spaniel ein Spaniel ist, ist der Tibet Terrier ein Terrier. Die Exoten aus dem fernen Tibet haben wohl bei ihrer Ankunft in Europa für Verwirrung gesorgt. Wir haben es vielmehr mit einem waschechten Hütehund zu tun, der im Extremklima des tibetischen Hochlands seit undenkbaren Zeiten unermüdlich die Schaf-, Ziegen- und Yakherden begleitete und bewachte. Er scheute kein Wetter und besaß ein besonderes Talent zum Klettern in felsigem Gelände und bei Eis und Schnee, wo er sich mit seinen sehr beweglichen Krallen an den ungewöhnlich breiten Pfoten festhielt. An Engstellen lief er auch schonmal über den Rücken der Schafe, um wieder von vorn hinter die Herde zu gelangen. Manche Kynologen vermuten in ihm sogar den Urahn aller alten europäischen Hütehunderassen. Das wird gestützt durch eine molekulargenetische Studie aus dem Jahr 2002 von Peter Savolainen und anderen, die anhand der Untersuchung der DNA von fast 700 Hunderassen den Ursprung der Domestikation unserer Haushunde herausfinden wollte. Als Nebeneffekt stellte die Studie fest, dass es sich beim Tibet Terrier um einen der ältesten Haushunde überhaupt handelt. Janeš, Zorc et al. kamen 2019 in ihrer Studie zu einem ähnlichen Ergebnis und bezeichnete die Rasse als „wertvolle genetische Ressource“.

In Tibet unterschied man schon früh zwei unterschiedliche Typen: Die Hunde aus der Nomadenzucht und die aus der Klosterzucht. Waren erstere harte Arbeiter, führten letztere ein geruhsameres Leben als Wach- und Begleithunde in Klöstern. Vermutlich wurde aus den Kleineren von ihnen der Lhasa Apso herausselektiert. Beide Rassen vergleicht man in Tibet gern mit „Sengge“, dem mythische Schneelöwen, der im Lamaismus eine große Rolle spielt und der auf der Flagge Tibets abgebildet ist.

Die heutigen europäischen Tibet Terrier beruhen auf zwei Zuchtlinien, Lamleh und Luneville, die beide von Engländern begründet wurden. Sie waren es auch, die 1901 den ersten Rassestandard formulierten und die Rasse 1931 als erste im Kennel Club anerkannten. Die Rasse hat sich gegenüber den Ursprungshunden in Tibet bis heute nur wenig verändert und selbst in neuerer Zeit wurden noch „papierlose“ Hunde aus Tibet eingeführt und in der Zucht verwendet. Sie gehört zu den Rassen mit der höchsten genetischen Vielfalt, die sich auch im Äußeren widerspiegelt. Vertreter der Rasse können ziemlich unterschiedlich aussehen.

Der Tibet Terrier ist ein energiegeladener und sportlicher Hund mit liebevollem, einnehmendem und charmantem Wesen sowie robuster Gesundheit. Er ist sehr intelligent und selbstbewusst und gehorcht nicht um des Gehorchens willen: Ein Sinn sollte für ihn erkennbar sein, dann kooperiert er gerne. Bei Sportarten wie Agility oder Dogdance macht er gerne mit, muss aber nicht dauerbespaßt werden. Er passt sich an und ein Spaziergang reicht auch mal – ein Schoßhündchen ist er aber ganz sicher nicht. Er ist, Sozialisation vorausgesetzt, verträglich mit Hunden und anderen Haustieren, fremden Menschen gegenüber reserviert, aber nie

aggressiv. Sein altes Erbe zeigt sich auch darin, dass er gern seine Umgebung von einem Aussichtspunkt aus überwacht und ungewöhnliche Vorgänge meldet, er neigt aber nicht zum Dauerkläffen.

Auszug aus dem Standard:

„Robust, von mittlerer Größe, langhaarig, mit quadratischer Silhouette. (…) Lebhaft, gutmütig. Treuer Kamerad mit vielen einnehmenden Wesenszügen. Aus sich herausgehend, wachsam, intelligent und mutig; weder ungestüm noch streitsüchtig. Fremden gegenüber zurückhaltend."

Sein langes, im ungekämmten Zustand zotteliges Fell mit dichter Unterwolle schützte ihn in Tibet vor Kälte, Wind, Schnee und auch Hitze, der herabfallende Haarschopf auf dem Kopf sorgte dafür, dass bei Wind kein Sand in seine Augen geriet. Gern kann er hochgebunden werden, um dem Hund freie Sicht zu geben, aber bitte nie mit einem Schleifchen – das würde nicht zu diesem robusten Tibeter passen. Regelmäßiges Bürsten reduziert das Haaren und verhindert das Verfilzen.

FCI-Gruppe 9

Ursprung: Mexiko

FCI-Standard Nr. 218
Gruppe: 9
Sektion 6: Chihuahueño
Varietäten: 2 (Haarkleid)

Größe
Keine Angabe im FCI-Standard (i. d. R. 18–23 cm)

Gewicht
1,5–2,5 kg (Idealgewicht)

Farbe / Haarkleid
Alle Farben sind in allen Schattierungen und Kombinationen erlaubt (mit Ausnahme von Merle)

a) **Langhaar:**
Haar fein und seidig, glatt oder leicht gewellt, wenig Unterwolle

b) **Kurzhaar:**
Kurz am ganzen Körper, etwas länger, wenn es Unterwolle hat

Chihuahueño

(Chihuahua)

Ursprünglicher Verwendungszweck:
Begleithund

Der Chihuahua ist die kleinste Hunderasse der Welt. Über seine Herkunft sind sich die Experten uneins. Eine Theorie besagt, dass er aus der aztekischen Kultur stammt, andere vermuten seinen Ursprung in China und nehmen an, dass er durch spanische Händler nach Europa kam, von wo aus er in die spanische Kolonie Mexiko mitgenommen wurde. Eine „Mischtheorie" zwischen beiden besagt, dass aus China nach Amerika mitgebrachte kleine Hunde lediglich in schon vorhandene eingekreuzt wurden. Wieder andere Kynologen sind der Auffassung, dass diese Hunde nichts anderes als eine Zwergversion eingeborener mexikanischer Pariahunde seien. Die winzigen Hunde wurden nach dem Staat Chihuahua in Mexiko benannt, und viele Überlieferungen und Funde machen es wahrscheinlich, dass sie hier schon lange leben. Man weiß aus Aufzeichnungen und Skulpturen, dass bei den Tolteken, einem Ureinwohnerstamm Amerikas, schon im 9. Jahrhundert kleine Hunde lebten, die als *Techichi* bezeichnet und wahrscheinlich für religiöse Zeremonien verwendet wurden. Sie waren etwas größer als die heutigen Chihuahuas, aber es ist durchaus wahrscheinlich, dass es sich hier um ihre direkten Vorfahren handelt.

Auszug aus dem Standard:
„Lebhaft, wachsam, ruhelos und sehr mutig."

Um 1895 wurden moderne Chihuahuas erstmals in Mexiko Stadt nachgewiesen, kurz darauf erreichten sie auch schon El Paso in Texas. In den USA wurde er bald zum beliebtesten Zwerghund überhaupt. Hier wurde aus dem ursprünglich kurzhaarigen auch der langhaarige Schlag gezüchtet, wozu man andere Zwerge wie den Papillon, Zwergspitz (Pomerian) und ähnliche Rassen einkreuzte. Chihuahuas sind verspielt und elegant, ihre großen Ohren unterstreichen ihr munteres Aussehen. In Mexiko wurden die Chihuahuas gern als Wachhunde eingesetzt, denn sie sind sehr verlässlich, wenn es darum geht, Eindringlinge in ihr Hoheitsgebiet nicht nur zu melden, sondern ihnen trotz ihrer geringen Größe auch mutig entgegenzutreten. Auch aus diesem Grund ist der Chihuahua kein „Handtaschenhund" und schon gar kein modisches Accessoire, wie leider oft angenommen wird. Er ist mutig bis zur Selbstüberschätzung und durchaus auch frech, weshalb er sich schnell zum kleinen Tyrann entwickeln kann, wenn ihm nicht verständnisvoll, aber konsequent Grenzen gesetzt werden. Er möchte sich außerdem lieber bewegen als getragen werden und hat Ausdauer auch für längere Spaziergänge.

Bei den ganz kleinen Exemplaren gibt es leider oft Gesundheitsprobleme. Je stärker zugunsten von immer mehr Winzigkeit auf die Verzwergungsmerkmale Wert gelegt wird, desto nachteiliger wird es für den Hund mit extrem gewölbtem Oberkopf mit hervortretenden, verletzungs- und infektionsanfälligen Augen, fehlerhaftem Gebiss, Spaltrachen, Atemproblemen und vielem mehr, was eindeutig vermieden werden muss. Die Mollera, eine „Nahtstelle" in der Schädeldecke, ist bei den meisten Chihuahuas nicht geschlossen, was der Standard erlaubt.

FCI-Standard Nr. 136
Gruppe: 9
Sektion 7: Englische Gesellschaftsspaniel
Varietäten: 4 (Farbe)

Größe
Keine Angabe im FCI-Standard (i. d. R. 30–33 cm)

Gewicht
5,5–8 kg

Farbe / Haarkleid
- **a) Schwarz und Loh** (Black and Tan)
- **b) Rubinrot** (Ruby),
- **c) Perlweiß** mit kastanienroten Abzeichen (Blenheim)
- **d) Dreifarbig** (Tricolour).

Jede andere Farbe oder Farbzusammensetzung ist höchst unerwünscht.

Langhaar, manchmal leicht gewellt. Üppige Befederung.

Cavalier King Charles Spaniel

Ursprünglicher Verwendungszweck:
Gesellschaftshund

Seine Ursprünge reichen bis ins 17. Jahrhundert zurück: Der namensgebende König Charles I. (1600–1649) und sein Sohn Charles II. (1630–1685) waren praktisch nie ohne Begleitung eines kleinen Spaniels zu sehen. Angeblich hat einer von ihnen beiden sogar ein Gesetz erlassen, nach dem diesen kleinen Hunden überall hin Zutritt gewährt werden sollte. Auch bei den adeligen Damen jener Zeit war der Cavalier beliebt und wärmte ihnen in den kalten Burg- und Schlossgemäuern Körper und Seele.
Historisch ist der Cavalier King Charles Spaniel unbedingt zusammen mit dem King Charles Spaniel zu betrachten, denn er entstand aus dem Versuch, ab Ende der 1920er Jahre den ursprünglichen „alten" King Charles Spaniel wiederherzustellen, nachdem diesem durch Einkreuzung anderer Rassen, vor allem Mops und Japan Chin, eine wesentlich kürzere Nase, größere Augen und ein runderer Schädel angezüchtet worden waren. Dies führte 1945 zur Anerkennung als eigene Rasse mit dem Vorsatz „Cavalier" und wieder einer längeren Nase. Ein weiteres Unterscheidungsmerkmal der beiden Rassen ist, dass der Cavalier etwas größer und schwerer ist. Die Wesensmerkmale teilen sich die beiden Rassen nach wie

vor weitgehend. Ihre charmante Anhänglichkeit, die früher von Königen und Adligen so geschätzt wurde, haben sich die Cavaliere bis heute bewahrt – sie sind verschmust und zärtlich, aber auch fröhlich, verspielt, furchtlos und für jeden Spaß zu haben. Im Allgemeinen bescheinigt man ihnen eine sehr hohe Verträglichkeit mit anderen Hunden, mit denen sie das gemeinsame Herumtoben genießen. Die Erziehung ist in aller Regel problemlos, sodass auch Hundeanfänger gut mit der Rasse zurechtkommen. Trotz seiner geringen Größe und seines geringen Körpergewichts ist der Cavalier aber auch gern bei allen möglichen Hundesportarten dabei und freut sich über gemeinsame Unternehmungen.

Auszug aus dem Standard:

„Aktiv, anmutig und ausgewogen, mit sanftem Ausdruck. Unternehmungslustig, liebevoll, absolut furchtlos. Fröhlich, freundlich, nicht streitsüchtig, keinerlei Neigung zu Nervosität."

Die Cavaliere haben durch ihre wieder natürlichere Nase zwar weniger mit Atemnot zu kämpfen, dafür ist aber leider in der Rasse eine früh einsetzende und fortschreitende Degeneration der Herzklappen recht weit verbreitet, sodass regelmäßige Kontrollen der Herzfunktion unbedingt anzuraten sind. Außerdem kommt häufiger ein Krankheitskomplex vor, der als Chiari-Malformation / Syringomyelie bekannt ist. Grob vereinfacht gesagt wird das Gehirn im Schädel gequetscht bzw. es entsteht ein Druckungleichgewicht, das zu Nervenschmerzen und neurologischen Defiziten führen kann. Es wäre sehr wünschenswert, wenn man es künftig schaffen würde, das unglaublich charmante Wesen dieser kleinen Herzensbrecher in einem gesünderen Körper zu erhalten.

FCI-Standard Nr. 128
Gruppe: 9
Sektion 7: Englische Gesellschaftsspaniel
Varietäten: 4 (Farbe)

Größe
Keine Angabe im FCI-Standard (i. d. R. 23–28 cm)

Gewicht
3,6–6,3 kg

Farbe/Haarkleid
a) **Schwarz und Loh** (Black and Tan)
b) **Rubinrot** (Ruby),
c) **Perlweiß** mit kastanienroten Abzeichen (Blenheim)
d) **Dreifarbig** (Tricolour).

Langhaar, seidig, gerade. Leichte Wellen sind zulässig. Das Haar ist nie gelockt. Gliedmaßen, Ohren und Rute tragen reichliche Fransen.

King Charles Spaniel

Ursprünglicher Verwendungszweck:
Gesellschaftshund

Seinen Namen hat er zu Ehren von König Charles II., der von 1630–1685 lebte und der Überlieferung nach immer gleich mehrere dieser kleinen Spaniels um sich hatte. Sie sind aber auch unter dem Namen English Toy Spaniel bekannt und ursprünglich eine verkleinerte Version der Jagdspaniels, die es in England schon lange gab. Man suchte einfach gezielt die kleinsten und zutraulichsten Exemplare aus den Würfen und züchtete mit diesen weiter. Das fröhliche und anhängliche Spaniel-Naturell ließ aus den Kleinen schnell beliebte Gesellschaftshunde werden, die in Burgen, Schlössern und auf Landsitzen gute Laune verbreiteten und den Herrschaften Füße und Seele wärmten. Schon John Caius (1510–1573), Leibarzt der Königin Elizabeth I., erwähnte sie als „Spaniel gentle" oder „Comforter" – weil sie bei Magenschmerzen auf den Bauch des Patienten gelegt wurden und mit ihrer Wärme Linderung brachten.

Irgendwann im Lauf des 19. Jahrhunderts begann man, für einen noch niedlicheren Gesichtsausdruck Möpse, Pekinesen und Japan Chins einzukreuzen, um so eine kürzere Schnauze, einen stärker gewölbten Oberkopf, ein runderes Gesicht und größere Augen zu erhalten. Die Hunde wurden auch insgesamt kleiner und leichter.

Das führte in den 1920er Jahren zu einer Gegenbewegung, den alten Typ mit längerer Nase wiederherzustellen und wieder größer zu züchten, was aber nicht auf die Zustimmung aller King Charles Enthusiasten stieß. So spaltete sich 1945 eine neue Rasse ab – der Cavalier King Charles Spaniel als „langnasige" Version, während der King Charles die kurznasigen und rundköpfigen Merkmale beibehielt. Er ist heute viel seltener als der Cavalier.

Durch die Merkmale der Brachycephalie bedingt hat der Hund einen Vorbiss. Von seinen Fans liebevoll „Charlie" genannt, soll er aber im Gegensatz zu vielen anderen brachycepalen (kurznasigen) Rassen eine vollständig entwickelte Nase haben und auch bei Aktivität nicht unter Atemnot leiden. Dennoch ist eine extreme Betonung dieser Merkmale in der Zucht natürlich vom gesundheitlichen Standpunkt aus kritisch zu sehen. Der King Charles Spaniel Club Deutschland hat für die von ihm betreuten Hunde das Bestehen eines Belastungstests zur Voraussetzung für die Zuchtzulassung gemacht.

Wie die Cavaliere können auch die Charlies unter angeborenen Herzfehlern leiden, anscheinend jedoch seltener als diese. Sie sollen tendenziell gesünder und langlebiger sein als Cavaliere, da sie im Gegensatz zu diesen nie Moderasse waren und nie exzessiv gezüchtet wurden. So soll die durchschnittliche Lebenserwartung bei 13 bis 14 Jahren liegen.

Der „Charlie" soll nach Aussagen von Kennern noch anhänglicher und drolliger sein als der Cavalier und sich sehr eng an einen Menschen binden. Fremden gegenüber ist er reserviert, aber freundlich zurückhaltend.

Er kann eine angeborene Stummelrute haben, die vom Rassestandard toleriert wird.

Auszug aus dem Standard:

„Eleganter, kompakter, stämmig gebauter Hund. (...) Lebenslustiger Gesellschafts-Spaniel, intelligent, mit charakteristischer Schädelwölbung. Zurückhaltend, sanft und zärtlich."

FCI-Standard Nr. 206
Gruppe: 9
Sektion 8: Japanische Spaniel und Pekingesen

Größe
Rüde: ca. 25 cm
Hündin: etwas kleiner

Gewicht
Keine Angabe im FCI-Standard
(i. d. R. 2–4 kg)

Farbe / Haarkleid
Weiß mit schwarzen oder roten Abzeichen. Diese sollten möglichst von der Umgebung der Augen an über die Ohren und den ganzen Körper symmetrisch verteilt sein. Insbesondere ist eine breite, weiße Blesse vom Fang bis zum Schädeldach erwünscht.

Langhaar (seidige Struktur), außer in der Gesichtsregion ist der ganze Körper reichlich mit Haar bedeckt. Ohren, Hals, Oberschenkel und Rute reichlich befedert.

Japan Chin

Ursprünglicher Verwendungszweck:
Begleithund

Der Chin ist in Japan seit vielen Jahrhunderten bekannt und geht wahrscheinlich auf Hunde vom asiatischen Kontinent zurück. Umstritten ist, ob es sich um ein Geschenk an den Kaiser durch einen koreanischen Gesandten aus dem Jahr 732 nach Christus handelt oder der Hund mit buddhistischen Mönchen und Lehrern aus China kam, die schon ab 520 n.Chr. den Buddhismus in Japan lehrten. Vielleicht stimmt beides, und so könnte der Japan Chin gemeinsame Vorfahren mit Mops und Pekinese haben. Sein Name hat aber nichts mit China zu tun, sondern ist eine Kurzform von „chiichi inu", japanisch für „kleiner Hund". Schon auf tausend Jahre alten Abbildungen aus Japan sind Hunde zu sehen, die dem heutigen Chin ähneln.
Er war der kostbare Liebling in den Adelshäusern und umso wertvoller, je kleiner er war. Die kleinsten wurden von den Damen in den Kimonoärmeln getragen und lebten wie Kanarienvögel in Bambuskäfigen. Einfache Leute hatten nicht das Recht, sie zu besitzen.
Ab etwa 1860 gelangten die ersten Hunde nach Europa, nach Deutschland kamen die ersten 1880 als Geschenk der japanischen Kaiserin an die deutsche Kaiserin Augusta, die Ehefrau Wilhelms des Ersten.
Der Chin ist lebhaft, neugierig und verspielt und natürlich sehr anhänglich. Sein Verhalten wird häufig als katzenartig beschrieben: So benutzt er häufig seine Pfoten, die er zuvor abgeleckt hat, um sich zu waschen, er versteckt sich gern an ungewöhnlichen Orten, er klettert gern und liegt gern erhöht, zum Beispiel auf der Sofalehne. Bei freudiger Aufregung dreht er sich schnell im Kreis um sich selbst, was wohl so charakteristisch ist, dass es sogar einen Namen dafür gibt – den „Chin Spin".
Seine Anhänger zitieren gern die Aussage, er sei klug wie ein Affe, leise und zärtlich wie eine Katze und treu wie ein Hund. Er spielt gern, auch mit Kindern und anderen Hunden – aber Achtung, durch seine geringe Körpergröße und Zerbrechlichkeit kann er dabei leicht unabsichtlich verletzt werden. Er hat keinen sehr großen Bewegungsbedarf, kuschelt gern, ist unkompliziert in der Erziehung und damit eigentlich ein idealer Begleiter für kleinere Wohnungen oder nicht so mobile Menschen.
Der Japan Chin gehört zu den brachycephalen (kurznasigen) Rassen mit den damit verbundenen Problemen wie Atemnot, geringe Hitzetoleranz und Zahnfehlstellungen. Wenn die Standardforderung nach einem „sehr kurzen, breiten Nasenrücken" und „tiefem und eingekerbtem Stop" in der Zucht übererfüllt wird, kommt es schnell zu Extremen. Durch ihre Schädelform können Chins unter Syringomyelie leiden, bei der grob vereinfacht gesagt das Gehirn nicht genug Platz im Schädel hat. Dies führt zu neurologischen Problemen und Ausfällen wie Schmerzen, unerklärlichen Kratzattacken oder Schwäche der Gliedmaßen. Dennoch schaffen es viele Japan Chins ein Alter von 12 bis 13 Jahren zu erreichen.
Das seidige, sehr feine Haar besitzt keine Unterwolle und muss regelmäßig gebürstet werden.

Auszug aus dem Standard:

„Kleiner, eleganter und graziöser Hund mit reichlichem Haarkleid und breitem Gesichtsschädel. (…) Aufgeweckt, gutmütig und liebenswürdig."

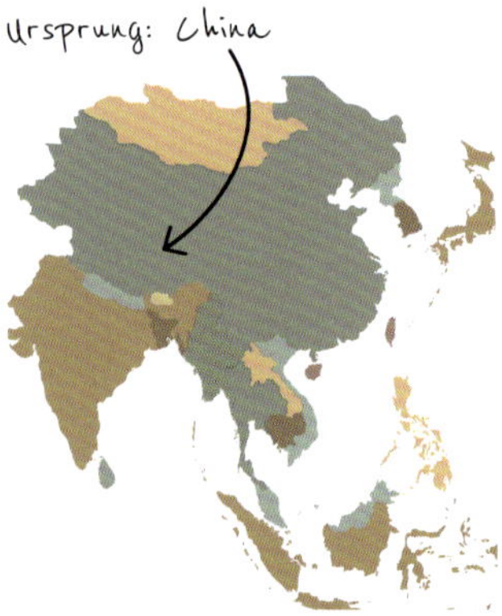

FCI-Standard Nr. 207
Gruppe: 9
Sektion 8: Japanische Spaniel und Pekingesen

Größe
Keine Angabe im FCI-Standard (um die 20 cm)

Gewicht
Rüden: nicht über 5 kg
(i. d. R. 5–6 kg)
Hündin: nicht über 5,4 kg
(i. d. R. 3–4 kg)

Farbe / Haarkleid
Alle Farben und Zeichnungen sind zulässig und gleichwertig (mit Ausnahme von Albino und Leberfarbe), bei mehrfarbigen Hunden sind die Farben gleichmäßig verteilt.

Mäßig lang, gerade mit einer Mähne, die sich wie ein Schal rund um den Hals, aber nicht weiter als bis zur Schulter erstreckt. Derbes Oberhaar mit dicker, weicherer Unterwolle. Ohren, Rückseite der Läufe, Rute und Zehen reich befedert.

Pekingese
(Pekinese)

Ursprünglicher Verwendungszweck:
Gesellschaftshund

Der Pekinese (Pekingese ist die englische Schreibweise) geht auf sehr alte Ursprünge zurück: Schon im etwa 6. Jahrhundert nach Christus tauchen erstmals vermutlich aus Tibet stammende Zwerghunde im Kaiserpalast in Peking auf, die als kostbare Luxusgüter gehalten und seitdem immer wieder in der chinesischen Kunst und Literatur dargestellt wurden. Natürlich sahen sie nicht aus wie der moderne Rassehund, sie waren viel weniger behaart und hatten zwar verkürzte, aber deutlich längere Nasen als heute, dennoch ist eine Ähnlichkeit unverkennbar. Sie wurden als „Löwenhunde" bezeichnet, denn der Löwe galt im Buddhismus als heilig, aber weil die Haltung von Löwen im Palast etwas unpraktisch war, griff man auf die kleinen, vorzugsweise löwenfarbenen Hunde mit der üppigen Halskrause als Stellvertreter zurück. Auch berichtet die Legende, dass Buddha stets von mehreren kleinen Hunden begleitet wurde, die sich bei Gefahr in Löwen verwandeln konnten. So wurde den kleinen Hunden im Palast eine große Verehrung und Sonderbehandlung zuteil, sie hatten eigene Gemächer und Angestellte, die sich um ihr Wohlergehen kümmern mussten. Einfache Leute hatten kein Recht, einen solchen Hund zu besitzen, und auf seinen Diebstahl stand die Todesstrafe. Von der Witwe des letzten chinesischen Kaisers, Tsu Hsi, ist uns eine lange, sehr blumige Beschreibung überliefert, die als so etwas wie der erste „Rassestandard" gelten kann. „Lass seine Ohren gesetzt sein wie die Segel der Kriegsdschunke – lass ihn den schwellenden Mantel der Würde um den Hals tragen," heißt es da unter anderem.
Im Zuge des sogenannten zweiten Opium-Kriegs, den Großbritannien und Frankreich gegen das Kaiserreich China führten, gelangten 1860 erstmals fünf erbeutete Palasthunde nach England. Vorher hatten die Chinesen jahrhundertelang verhindert, dass je ein Hund in fremde Hände geriet. In England wurde der Pekinese zu dem, was er heute ist: Seine Nase wurde deutlich kürzer, sodass sich ein Hautwulst vor den Augen bildete, der Kopf wurde größer und breiter, die Augen wurden runder und stärker hervortretend, die Läufe wurden gebogener und die Behaarung am ganzen Körper üppiger. Das wurde zeitweise so übertrieben, dass der aktuelle FCI-Standard wieder betont: „Jegliche Anzeichen von Atembeschwerden oder Unfähigkeit, korrekt zu laufen, sind inakzeptabel und sollten streng bestraft werden. Nicht übermäßig behaart."
Pekinesen sind sehr intelligent, verspielt und anhänglich und binden sich sehr eng an ihre Bezugsperson, sie haben aber durchaus auch einen gewissen hoheitsvollen Eigensinn. Auf viel Bewegung neben den üblichen Spaziergängen sind sie nicht unbedingt erpicht, aber sie brauchen die möglichst ständige Nähe und Aufmerksamkeit ihres Menschen. Da sie sich bei ständigem Kommen und Gehen im Haus eher unwohl fühlen, sind sie gut für alleinstehende Personen geeignet. Fremden gegenüber zeigen sie sich distanziert, aber niemals aggressiv. Zuhause passen sie auf und melden Ungewöhnliches, neigen aber nicht zum Dauerkläffen.

Für die Pflege des üppigen Langhaars mit der dichten Unterwolle ist extra Zeit einzuplanen. Es muss regelmäßig gebürstet werden, damit es nicht verfilzt und sammelt mit seiner Länge draußen allerlei Schmutz auf. Etwa viermal im Jahr ist ein Besuch im Hundesalon empfehlenswert, sofern man das Einkürzen der zu lang gewordenen Haare nicht selbst vornehmen kann. Schon als Welpe sollte der Pekinese sorgsam an die regelmäßige Fellpflege und auch das Säubern der Hautfalte über der Nase gewöhnt werden, da sich hier sonst Entzündungen bilden können. Durch ihr dichtes Fell und die kurze Nase sind Pekinesen hitzeempfindlich.

Auszug aus dem Standard:

„Löwenartige Erscheinung mit aufmerksamem, intelligentem Ausdruck. Klein, ausgewogen, mäßig untersetzt mit viel Würde und Qualität. (…) Furchtlos, treu, distanziert, nicht ängstlich oder aggressiv. (…) Kopf ziemlich groß, im Verhältnis breiter als tief."

FCI-Gruppe 9

Épagneul Nain Continental

(Kontinentaler Zwergspaniel / Papillon, Phalène)

FCI-Standard Nr. 77
Gruppe: 9
Sektion 9: Kontinentaler Zwergspaniel und andere
Varietäten: 2 (Ohrform)

Phalène

Größe
ungefähr 28 cm

Gewicht
Zwei Kategorien
1. Rüde und Hündin: weniger als 2,5 kg
2. Rüde: 2,5–4,5 kg
   Hündin: 2,5–5 kg
   (Minimalgewicht: 1,5 kg)

Farbe / Haarkleid
Auf weißem Grund sind alle Farben zugelassen.

Das reichliche, glänzende Haar ohne Unterwolle ist gewellt (nicht zu verwechseln mit gelockt), nicht weich, eher etwas kräftig mit einem seidigen Schimmer.

a) Papillon mit Stehohren
b) Phalène mit Hängeohren

Ursprünglicher Verwendungszweck:
Gesellschaftshund

Der Ursprung der Zwergspaniel wird zwar in Europa vermutet, aber es ist auch denkbar, dass ihre Vorfahren, wie bei vielen Zwerghunderassen, aus Ostasien stammten und als Folge der Entdeckungsreisen von Marco Polo gegen Ende des 13. Jahrhunderts nach Europa kamen. Jedenfalls finden wir kleine Luxushündchen, die dem heutigen Zwergspaniel sehr ähnlich sehen, erstmals auf italienischen Darstellungen adeliger Damen und Kinder aus dem 13. und 14. Jahrhundert. Vielleicht ist auch einfach aus den zur Jagd verwendeten Spaniels irgendwann eine Zwergform entstanden, die den Damen zum Zeitvertreib diente.

Die Verbreitung der Hündchen in Europa erfolgte von Italien aus, und es waren Händler unterwegs, die sie auf dem Rücken von Mauleseln von einem zum anderen Land brachten und hohe Preise forderten. Einer dieser allgemein bekannten Hundehändler stammte aus Bologna, weshalb mitunter gemutmaßt wird, dass auch Bologneser Hunde eine Rolle für die Rasse gespielt haben könnten. Besonderer Beliebtheit erfreute sich der Zwergspaniel aber in der Folge über Jahrhunderte hinweg in Frankreich, weshalb die FCI auch hier das Ursprungsland sieht.

Papillon

Auch am englischen Hof waren die Hunde beliebt, doch bevorzugte man hier einen leicht anderen Typ mit kürzerem Fang, weshalb sich dort schon im 18. Jahrhundert die eigene Rasse „English Toy Spaniel" herausbildete.

Auszug aus dem Standard:
„Dieser kleine prachtvolle Spaniel mit langem Haar hat einen normalen, harmonischen Körperbau; sein mäßig langer Fang ist kürzer als der Schädel. Er ist lebhaft und anmutig, jedoch auch robust, und stolz in seiner Haltung. Sein Gang ist frei und elegant."

Die Reichen und der Adel in Europa und England besaßen diese Zwergspaniels und so manche große Dame weigerte sich, sich portraitieren zu lassen, ohne dass ihr winziger Hund mit ins Bild einbezogen wurde. So findet man die Rasse auf den Gemälden alter Meister wie Rubens, van Dyke, Rembrandt, Fragonard und anderen. Auch Madame Pompadour besaß zwei Papillons, „Inez" und „Mimi".
Ursprünglich hatten alle kontinentalen Zwergspaniels Hängeohren, der stehohrige Schlag entstand erst später, um das Jahr 1700 herum. Als Ende des 19. Jahrhunderts Kennel Clubs entstanden, wurde die stehohrige Varietät allgemein als Papillon bekannt. Dieses französische Wort für Schmetterling beschreibt die großen, aufrecht getragenen Ohren, die seitlich am Kopf angesetzt sind. Tatsächlich wurde dieses dominante Stehohr so allgemein verbreitet, dass man die Existenz der Hängeohrigen, nun „Phalène" („Nachtfalter") genannt, beinahe vergaß.
Heute ist die Rasse in die beiden Schläge Papillon (Stehohr) und Phalène (Hängeohr) unterteilt, die sich nur durch die Ohrenform unterscheiden. Liebevoll werden sie in Frankreich aufgrund ihrer hübschen befederten Ruten auch „Chien Écureuil" (Eichhörnchenhund) genannt. Trotz ihrer Kleinheit sind Papillons robuste Hunde. Sie haben viel Selbstvertrauen, sind aufgeschlossen und freundlich. Ihr prächtiges Fell braucht nur wenig Pflege.

Ursprung: Tschechische Republik

FCI-Standard Nr. 363
(provisorisch anerkannt)
Gruppe: 9
Sektion 9: Kontinentaler Zwergspaniel und andere

Größe
Rüde und Hündin: 21–23 cm
Eine Toleranz von +/- 1 cm ist zulässig.

Gewicht
Rüde und Hündin:
idealerweise ca. 2,6 kg

Farbe/Haarkleid
Schwarz, Braun oder Blau mit lohfarbenen Abzeichen, einschließlich deren „verwässerten" Variationen und jeder Schattierung von sehr hell bis sehr dunkel

Kurz, glänzend, glatt am Körper anliegend ohne Unterwolle

Pražský krysařík
(Prager Rattler)

Ursprünglicher Verwendungszweck:
Jagd auf Ratten, Gesellschaftshund

Dieser im Pinschertyp stehende Hund trägt seinen Namen nicht umsonst: Früher wurde er vor allem dazu eingesetzt, die Ratten in Schach zu halten, wozu er wegen seiner guten Nase, seiner Schnelligkeit und seines Muts gut geeignet war.
Die Rasse ist schon seit Langem in Böhmen beheimatet. Eine erste Erwähnung findet sich bei dem fränkischen Chronisten Einhard (770–840), der berichtet, der böhmische Fürst Lech habe Kaiser Karl dem Ersten zwei Rattler geschenkt. Ob sie den heutigen Hunden ähnlich sahen, können wir nicht wissen, aber aufgrund der historischen ähnlichen Verwendung der Pinscher vermuten.
Über das gesamte Mittelalter hinweg finden sich immer wieder Beschreibungen kleiner kurzhaariger, stehohriger rattenfangender Hunde in den Schlössern und Burgen der böhmischen Aristokratie. Häufig wurden sie als Rattenwächter zusammen mit den Jagd- und Windhunden in den Zwingern gehalten, aber auch als Zierde am Hof waren sie geschätzt und wurden gelegentlich als Geschenke weitergegeben.
Nachdem die Rasse zu Beginn des 20. Jahrhunderts beinahe verschwunden war, setzte sich eine Gruppe engagierter Kynologen unter Leitung von Dipl. Ing. Findejs Ende der 1970er Jahre dafür ein, sie aus den letzten noch vorhandenen Exemplaren „wiederzubeleben" . Der nationale tschechische Zuchtverband erkannte sie 1980 als eigenständige Rasse an, die FCI folgte 2019 mit einer vorläufigen Anerkennung.
Äußerlich wird er, da die Rasse noch selten ist, oft für einen Zwergpinscher- oder Chihuahuamischling gehalten. Vor allem seine Kopfform ist aber anders, sie wird als „birnenförmig" bezeichnet und ist zwischen den Ohren nicht so gerundet wie beim Chihuahua, aber auch nicht so flach wie beim Pinscher.
Der nur rund 20 cm hohe Prager Rattler ist trotz seiner Kleinheit ein richtiger Hund: Er ist flink, agil, unermüdlich und läuft draußen stundenlang mit, auch für Sportarten wie Agility oder Dogdance ist er mit seiner Lernwilligkeit und Intelligenz zu begeistern. Sehr gut kann er mit seiner feinen Nase auch als Spürhund für Einsatzzwecke ausgebildet werden, wo ein kleiner und leichter Hund Vorteile hat, zum Beispiel beim Suchen nach Schimmelpilzen oder Bettwanzen in Wohnungen.
Er ist anpassungsfähig und auch für die Stadtwohnung geeignet, wo ihm das kurze, glatte und pflegeleichte Fell Pluspunkte einbringt (allerdings gibt es inzwischen auch eine Variante mit mittellangem Haar). Gern kuschelt er sich tief in Decken und Kissen ein oder schmust mit seinem Menschen, wenn gerade keine Action angesagt ist. In der Wohnung verhält er sich eher ruhig, Fremden gegenüber zurückhaltend.
Vorsicht bei der Begegnung mit anderen Hunden: Der Prager Rattler ist in der Regel freundlich und verträglich, aber wegen seiner Kleinheit im Spiel mit großen Hunden verletzungsgefährdet, wenn es zu wild hergeht.

Ist man mit dem Rattler draußen unterwegs, kann man daran erinnert werden, dass sein alter Jagdinstinkt noch nicht verschwunden ist, wenn er Eichhörnchen oder Mäuse jagt. Das Zusammenleben mit anderen Haustieren ist unproblematisch, wenn er als Welpe gut sozialisiert wurde.

Auszug aus dem Standard:

„Ein kleiner, glatthaariger oder mittellang behaarter Hund mit fast quadratischem, kompaktem Körperbau. Trotz seiner geringen Größe ist er ein sehr aktiver, aufmerksamer und lebhafter Hund. (...) Freundlich, neugierig und sanftmütig. Schnell mit guten Bewegungen und gleichmäßigem Schritt. Fremden gegenüber von Natur aus etwas zurückhaltend, in der Familie jedoch sehr freundlich. Mit natürlichem Adel und Charakter."

Sein kurzes, glattes Fell ist pflegeleicht, mehr Aufmerksamkeit brauchen seine großen Stehohren, die durch ihre Form schonmal zum „Aufgabeln" von Schmutz und Fremdkörpern neigen und deshalb regelmäßig untersucht werden sollten.

Ursprung: Russland

Russkiy Toy
(Russischer Toy)

Ursprünglicher Verwendungszweck:
Gesellschaftshund

FCI-Standard Nr. 352
Gruppe: 9
Sektion 9: Kontinentaler Zwergspaniel und andere
Varietäten: 2 (Haarkleid)

Größe
22–27 cm (ideal 25 cm)

Gewicht
bis zu 3 kg
(ideal 2,3 kg)

Farbe / Haarkleid
Schwarz mit Loh, Braun mit Loh, Blau mit Loh, Isabell mit Loh, Rot mit Schwarz, Rot mit Blau, Rot mit Braun, Rot mit Isabell, Rot, Falb, Cremefarben

a) Glatthaar:
Kurz, dicht anliegend, glänzendes Haar, ohne Unterwolle oder kahle Stellen
b) Langhaar:
Ziemlich langes (3–5 cm) gerades oder leicht welliges, dicht anliegendes Haar, auffällige Befederung an den Hinterseiten der Beine und der Rute

Der Russische Toy wurde erst 2006 von der FCI anerkannt und ist damit eins der jüngsten Mitglieder der großen FCI-Familie.

Er entstand in Russland aus dem Englischen Toy Terrier, der dort zu Beginn des 20. Jahrhunderts sehr beliebt und verbreitet gewesen war. Einst als bewährter Rattenfänger schon unter Zar Peter dem Großen nach Russland gekommen, avancierte er dort schnell zum Begleithund der feinen Gesellschaft. Nach der Russischen Revolution nahm seine Zahl aber drastisch ab, da er in der Sowjetunion als „überflüssiger bourgeoiser Luxus“ betrachtet und nicht weiter gezüchtet wurde. Erst in den 1950er Jahren, in der sogenannten „Tauwetter“-Periode nach dem Tod Stalins, beschloss eine Gruppe sowjetischer Kynologen, die Zucht der einst so berühmten Salonhunde wieder aufzunehmen. Es gab zu diesem Zeitpunkt aber nur noch wenige Exemplare, die keine Ahnentafeln mehr besaßen und neue konnten aus dem Ausland nicht eingeführt werden. Auch fehlte den russischen Züchtern durch die Politik des Eisernen Vorhangs die Möglichkeit, ihre Hunde international zu vergleichen, sodass sie, zunächst ganz unbewusst, nach und nach eine eigene Rasse schufen, die sich deutlich von ihrem Ursprung, dem Englischen Toy Terrier, unterschied: Die russische Variante war gut 10 cm kleiner und auch in Kopf- und Körperform gab es Unterschiede. Doch damit nicht genug – 1957 fiel in einem Wurf mit einem nicht ganz rassereinen Elternteil ein Welpe mit attraktiven Langhaar-Fransen an Ohren und Pfoten, der so gut gefiel, dass die Züchter beschlossen, diese ansprechende Varietät beizubehalten und als sogenannte „Moskauer langhaariger Toy Terrier“ weiter zu fördern. Nachdem der erste Rassestandard 1985 in der Sowjetunion aufgestellt wurde, erkannte die FCI die lang- und die kurzhaarige Varietät 2006 gemeinsam unter dem neuen Namen „Russischer Toy“ an.

Mit 20–28 cm Schulterhöhe gehört der Russische Toy zu den kleinsten Hunden. Sein zierlicher Knochenbau bei fast quadratischem Körperformat, die großen, runden Augen und die Stehohren tragen weiter zum Eindruck eines „lebendigen Spielzeugs“ bei. Dennoch ist er ein aktiver, energiegeladener kleiner Hund, der von seinen englischen Urahnen noch die terriertypische Mischung aus Temperament und Eigensinn beibehalten hat. Er ist aber auch anschmiegsam und freundlich und kann seinen Besitzer überallhin mit begleiten, zur Not auch in einer Tasche oder einem Korb. Durch seine Kleinheit ist er gut für ein Leben in der Stadtwohnung geeignet, aber Achtung, er ist sehr wachsam und bellt gern. Häufig wird er als wenig stressresistent beschrieben, er neigt bei Außenreizen dazu, sich aufzuregen, was sich in Bellen, Zittern und erhöhter körperlicher Aktivität äußern kann. Für unruhige Haushalte mit kleinen Kindern oder viel Kommen und Gehen ist er also eher nicht geeignet. Bei seiner Aufzucht und Erziehung ist daher besonders auf gute Sozialisation sowie das Belohnen von Ruhe zu legen, um seine Resilienz zu stärken. Ein konsequenter, stabiler, ruhiger und zugewandter Umgang mit ihm ist wichtig.

In der russischen High Society ist er zum beliebten Instagram-Accessoire geworden und es werden ganze Modekollektionen für ihn angefertigt. Aus seiner Sicht ist ein warmer Wintermantel genug und gemeinsame Aktivität mit seiner Bezugsperson ist ihm mehr Wert als Klicks.
Sein zierlicher Körperbau mit den feinen Knochen muss beim Spielen mit größeren Hunden berücksichtigt werden, und auch Sprünge aus größerer Höhe sollten vermieden werden.

Auszug aus dem Standard:

„Ein kleiner, eleganter hochläufiger Hund, mit feinen Knochen und trockener Muskulatur. (…) Lebhaft, sehr fröhlich, weder ängstlich noch aggressiv. Immer neugierig auf die Außenwelt, seinem Besitzer treu ergeben."

Kromfohrländer

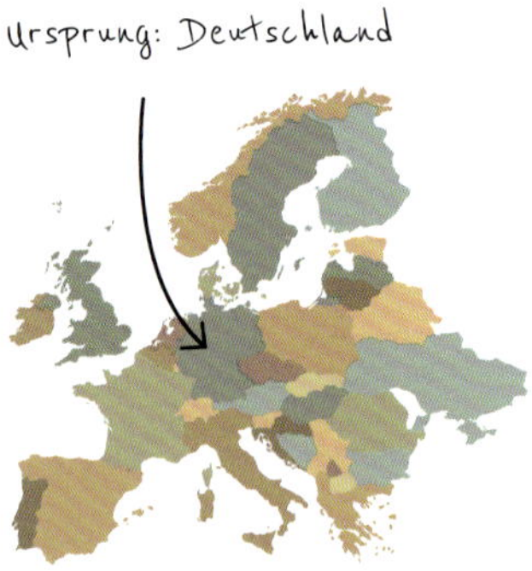

FCI-Standard Nr. 192
Gruppe: 9
Sektion 10: Kromfohrländer
Varietäten: 2 (Haarkleid)

Größe
38–46 cm

Gewicht
Rüde: 11–16 kg
Hündin: 9–14 kg

Farbe/Haarkleid
Grundfarbe Weiß (hellbraune, rotbraune bis stark dunkelbraune Abzeichen in Form von verschieden großen Flecken oder als Sattel; schwarze Haarspitzen bei brauner Unterwolle erlaubt

Rauhhaar:
Dichte, rauhe Textur, mit Bart. Haarlänge am Widerrist und auf dem Rücken nicht länger als 7 cm. An den Seiten kürzer, etwa 3 cm. Unterwolle vorhanden, kurz und weich
Glatthaar:
Dichte, weiche Textur, ohne Bart. Haarlänge am Widerrist und auf dem Rücken nicht länger als 7 cm. An den Seiten kürzer, etwa 3 cm. Haar gut am Körper anliegend. Unterwolle vorhanden, kurz und weich.

Ursprünglicher Verwendungszweck:
Begleit- und Haushund

Die Historie dieser Rasse ist eine fast filmreife Story: Es war 1945 in Frankreich, dass amerikanische Soldaten einen jungen Hund aufsammelten und als Maskottchen mitnahmen. Mit ihnen kam er bis ins Siegerland. Hier verpasste er bei einem Tankstopp den Wiedereinstieg in den Lastwagen seiner Truppe und blieb allein auf der Straße zurück. Nach Wochen fingen zwei Männer den abgemagerten Streuner ein und wollten ihn töten lassen, als Ilse Schleifenbaum, die Gattin eines aufs Land evakuierten Anwalts, zufällig dazukam, Mitleid hatte und das struppige Kerlchen mitnahm. „Peter", wie sie ihn nannte, war mittelgroß, rauhaarig, bärtig und weiß mit gelblich-rötlichen Platten, der Erscheinung nach ein griffonähnlicher Jagdhund, vielleicht ein Briquet Griffon Vendéen, aber wer will das wissen. Wie ein weiterer Zufall es wollte, fand jener „Peter" Gefallen an der Foxterrierhündin „Fiffi" der Nachbarn, und so purzelte eines Tages ein Wurf braunweißer Welpen ins Nest. Das Erstaunliche dabei: Alle Welpen waren absolut einheitlich in Größe und Farbe und wirkten wie eine seit Generationen planvoll gezüchtete Rasse. Dazu entwickelten sie sich noch zu so ansehnlichen und sympathischen Hunden, dass

Auszug aus dem Standard:
„Anpassungsfähiger, lernfähiger und temperamentvoller, gegenüber Fremdpersonen zurückhaltender Begleit- und Haushund mit geringem Jagdtrieb. Aggressivität und Ängstlichkeit sind nicht erwünscht.“

Frau Schleifenbaum und Fiffis Besitzerin Frau Schneider beschlossen, die Paarung „Peter x Fiffi“ zu wiederholen. Long Story short – 1955 fuhr Ilse Schleifenbaum mit Peter und sieben seiner Kinder und Kindeskinder nach Dortmund, um diese einem Expertengremium des VDH vorzustellen – und voilà, eine neue Rasse war geboren. Fehlte nur noch ein Name – und die Inspiration dazu gab das Wochenendhaus der Schleifenbaums, das auf der Gemarkung „Krom Fohr“ – plattdeutsch für „Krumme Furche“, lag. Nach und nach kamen weitere Züchter hinzu, sogar in Finnland und in der Schweiz, sodass es bis heute rund 3000 Kromfohrländer in Europa gibt.

Ganz so einheitlich wie die ersten Welpen wurden die weiteren Generationen dann doch nicht: Sie spalteten sich immer wieder auf in Stock-, Lang- und Rauhaar. Heute erkennt der Standard wie beim Foxterrier die Varietäten Rau- und Glatthaar an.

Durch die enge Zuchtbasis ist die Rasse häufiger von Erbkrankheiten betroffen, in erster Linie von Epilepsie und Hyperkeratose der Ballen, einer Verhornungsstörung. Der Zuchtverband RZV verlangt entsprechende Gentests.

Der Kromfohrländer ist ein typischer Ein-Personen-Hund, der sich seine Hauptbezugsperson selbst aussucht. Erstaunlich ist, dass sein Jagdtrieb trotz der Jagdhunde-Ahnen praktisch nicht mehr vorhanden ist.

FCI-Standard Nr. 101
Gruppe: 9
Sektion 11: Kleine doggenartige Hunde
Varietäten: 4 (Farbe)

Größe
Rüde: 27–35 cm
Hündin: 24–32 cm

Gewicht
Rüde: 9–14 kg
Hündin: 8–13 kg

Farbe / Haarkleid
a) **Gestromt**
b) **Fauve**
c) **Gestromt** mit mittlerer oder überhandnehmender weißer Scheckung
d) **Fauve** mit mittlerer oder überhandnehmender weißer Scheckung (Fauve und Weiß)

Eng anliegendes, glänzendes und weiches Kurzhaar, ohne Unterwolle

Bouledogue français
(Französische Bulldogge)

Ursprünglicher Verwendungszweck:
Gesellschafts-, Wach- und Begleithund

Der „Bully" oder „Frenchie" hat englische Vorfahren: den Bulldog, wie er seit langer Zeit auf der Insel für Kämpfe gegen Bullen verwendet wurde. Als das englische Parlament diese 1802 endlich verbot, wurde der Bulldog arbeitslos. Fans behielten die kleineren und leichteren Exemplare, die auch in eine bescheidene Arbeiterwohnung passten. Kleine Bulldoggen wurden vor allem zu Gefährten der Leinenweber und Spitzenklöppler in London und Nottingham. Als in der französischen Normandie Anfang des 19. Jahrhunderts die Spitzenindustrie zu blühen begann, wanderten Facharbeiter aus England dorthin – und mit ihnen die kleinen Bulldoggen. Von hier gelangten sie in die Pariser Vororte, wo sie schon bald zu beliebten Begleitern der Kutscher, Lastenträger, Pferdehändler oder auch Prostituierten wurden. Hier wurden nach und nach die fledermausartigen großen Stehohren zum Rassemerkmal herausgeformt, was von den Engländern mit Hohn und Spott quittiert wurde. Die Franzosen dagegen liebten ihre „Terrier Boules" und kreuzten in der Folge alles Mögliche nicht überlieferte ein, da es ja wie gesagt ein Hund der einfachen Leute war, die keine Zuchtbücher führten. Vermutlich

spielten Möpse und Terrier eine Rolle. 1888 wurde in Frankreich ein erster Standard verfasst, in dem der Hund als „kleiner Herkules“ beschrieben wurde. Dennoch fremdelte die offizielle französische Kynologie zunächst noch mit dem „Underdog“, so soll der Präsident der Société Centrale Canine einmal auf Nachfrage geantwortet haben, wenn man darüber etwas wissen wolle, solle man sich an die Straßenkehrer und Kohlehändler wenden. Das änderte sich schlagartig, als King Edward VII. sich einen weißen „Frenchie“ zulegte – jetzt wurde die Rasse plötzlich gesellschaftsfähig und erlebte einen Boom.

Auszug aus dem Standard:

„Ein typischer, kleinformatiger Molosser. Trotz seiner geringen Größe ein in allen Proportionen kräftiger, kurzer und gedrungener Hund mit kurzem Fell, mit kurzem, stupsnasigem Gesicht, Stehohren und natürlicher Kurzrute. Er muss den Eindruck eines lebhaften, aufgeweckten, sehr muskulösen Hundes von kompakter Struktur und solidem Knochenbau vermitteln.“

Als „Molosser im Kleinformat“ sind sie charmante kleine Sturköpfchen – freundlich, aber mit eigenem Willen. Sie sind kinderlieb, unkompliziert, haben kaum Jagdtrieb und eignen sich auch für die Stadt oder für Hundeanfänger. Das alles wäre ideal für unsere urban geprägte Welt, gäbe es da nicht die Gesundheitsprobleme: Wegen der im Verhältnis zum Körper zu großen Köpfe kommen die meisten Welpen nicht auf natürlichem Weg zur Welt, sondern müssen per Kaiserschnitt geholt werden. Die kurze Nase kann Atemnot verursachen, die Hautfalten im Gesicht Entzündungen und Ekzeme. Die verkürzte, oft verdrehte und geknickte Rute geht mit Wirbelanomalien einher, die Rückenschmerzen oder neurologische Ausfälle bedingen. Übertypisierung ist daher in der Zucht unbedingt zu vermeiden.

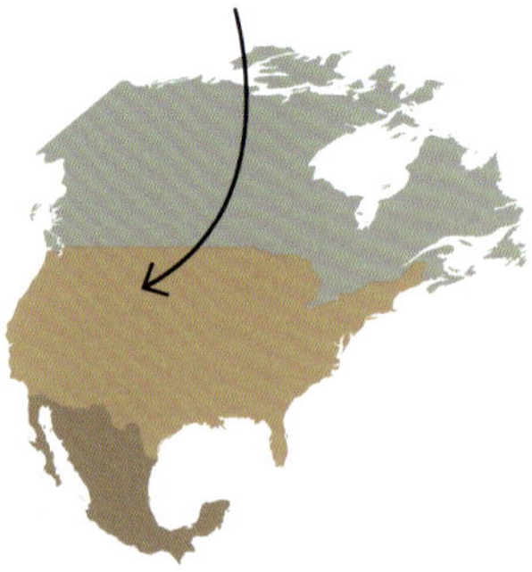

Boston Terrier

FCI-Standard Nr. 140
Gruppe: 9
Sektion 11: Kleine doggenartige Hunde

Größe
Keine Angabe im FCI-Standard (leitet sich von der jeweiligen Gewichtsangabe ab)

Gewicht
Unterteilt in drei Gewichtsklassen (leicht: 6,8 kg / mittel: 6,8 – unter 9 kg / schwer: 9 kg – max. 11,3 kg)

Farbe / Haarkleid
Gestromt, Schwarz oder Seal (jeweils mit weißer Zeichnung, ist zu definieren als schwarz mit rötlichem Schimmer, der nur bei Sonnenlicht oder sonstigem hellem Licht zu erkennen ist)

Kurz, glatt, glänzend und fein

Ursprünglicher Verwendungszweck:
Begleithund

Trotz seines Namens gehört der Boston-Terrier zu den doggenartigen Hunden. Er wurde erstmalig in den 1870er Jahren für Hundesportveranstaltungen in Boston / Massachusetts gezüchtet, wo die Züchter beabsichtigten, eine neue Kampfhundrasse zu erfinden. Die Englische Bulldogge war den Amerikanern zu schwer und wurde daher mit verschiedenen Terrierrassen gekreuzt. Das gelungene Ergebnis war der Boston Terrier – die Mischung aus Bulldogge und dem damaligen englischen Weißen Terrier. Im Laufe der Zeit hat sich sein Zuchtziel verändert, sodass er heute zu einem beliebten kleinen Begleithund geworden ist, der oft als „American Gentleman" bezeichnet wird.

In der Entstehungsgeschichte der Rasse gab es einigen Streit um die gewünschte korrekte Form der Ohren, bis man sich auf das Stehohr mit abgerundeter Spitze einigte. Die Rute ist von Natur aus kurz bis sehr kurz und kann gerade oder schraubenförmig (Korkenzieherrute) sein, ein deutlicher Rutenansatz soll aber auf jeden Fall erkennbar sein. Der Boston Terrier gehört zu den brachyzephalen (kurznasigen) Rassen, weshalb in der Zucht darauf geachtet werden muss, dieses

Merkmal nicht zu übertreiben, um eine gesunde Atmung zu erhalten.
Das glatte, kurze Fell ohne Unterhaar ist sehr pflegeleicht, macht den Hund aber auch etwas kälteempfindlich. In der Zucht legt man Wert auf eine möglichst symmetrische Weißzeichnung, sodass Boston Terrier sich heute häufig ähneln „wie ein Ei dem anderen".

Auszug aus dem Standard:
„Der Boston Terrier ist ein lebhafter, höchst intelligenter, kurzhaariger Hund von ausgewogener Gesamterscheinung mit kurzem Kopf, kompaktem Gebäude und kurzer Rute."

Fans der Rasse sind besonders von den Wesenseigenschaften des Boston Terriers begeistert: Wenn man ihn liebevoll und konsequent behandelt, lässt der intelligente Kleine sich leicht trainieren und lernt gern. Er ist wachsam, aber niemals ein Kläffer. Er ist selbstbewusst, stark auf seinen Herrn und sein Heim bezogen, aber freundlich zu Kindern und Gästen. Er kann als ausdauernder Begleithund ohne Jagdleidenschaft auch längere Wanderungen mitmachen, gibt sich aber auch im Bedarfsfall mit kurzen Stadtspaziergängen im Schlenderschritt zufrieden. Anderen Hunden gegenüber ist der Boston Terrier normalerweise freundlich und fröhlich verspielt, aber auch jederzeit bereit, sich mit Kraft und Wendigkeit zu verteidigen.
Heute ist der Boston-Terrier ein anhänglicher, liebevoller Hausgenosse, der besonders lieb zu Kindern und zu älteren Menschen ist. Er tut alles, um seinem Menschen zu gefallen, wird aber deshalb nicht zum Sklaven für ihn. Er bellt sehr wenig und ist zurückhaltend.

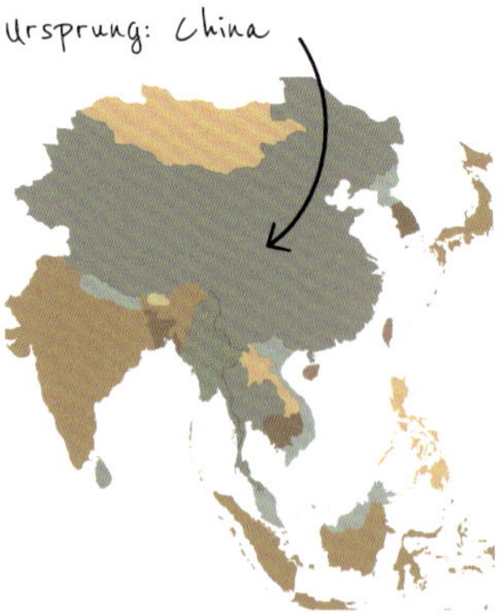

FCI-Standard Nr. 253
Gruppe: 9
Sektion 11: Kleine doggenartige Hunde
Varietäten: 4 (Farbe)

Größe
Keine Angabe im FCI-Standard (i. d. R. 25–30 cm)

Gewicht
6,3–8,1 kg (ideal)

Farbe/Haarkleid
a) Silber
b) Apricot mit schwarzer Maske
c) Hell falbfarben
d) Schwarz

Fein, glatt, weich, kurz und glänzend, weder harsch noch wollig

Mops
(Pug)

Ursprünglicher Verwendungszweck:
Begleithund

Der Mops ist schon seit dem 15. Jahrhundert in Europa bekannt. Seine Herkunft ist nicht endgültig geklärt, Erkenntnisse der Genforschung verweisen aber auf frühe asiatische Wurzeln. Er kam mit den Händlern der Niederländischen Ostindien-Gesellschaft aus China nach Europa und wurde hier schnell in Adelskreisen als Begleit-und Schoßhund beliebt: Kein Wunder bei seinem besonderen Charme und immer wieder beschriebenen „Witz", gepaart mit Intelligenz, Fröhlichkeit und Gutmütigkeit. Nicht umsonst prägte seine Quirligkeit einst den Ausdruck „mopsfidel".

„Ein Leben ohne Mops ist möglich, aber sinnlos", sagte einmal Vico von Bülow alias Loriot und machte der Rasse damit eine legendäre Liebeserklärung. Mops-Darstellungen in Literatur und Kunst sind beinahe endlos und dem Sammler bietet sich ein riesiges Feld an neuen und alten Mops-Devotionalen vom Figürchen über Keksausstecher und Sofakissen bis zum Kühlschrankmagneten an. Schon der Gründer der Porzellanmanufaktur Meißen, der sächsische Kurfürst August der Starke (1670–1733), schenkte seiner Geliebten einen Porzellan-Mops. Der drollige und manchmal ein bisschen schrullige Hund hat die Menschen schon immer fasziniert. Heute ist er fast eine Art Lebenseinstellung – seine Besitzer verstehen sich gern als humorvolle, ironische, bisweilen exzentrische und kulturell interessierte Menschen.

Tatsächlich hat, wer den Mops in sein Leben einbindet und daran teilhaben lässt, einen Freund fürs Leben. Egal, ob Single oder Familie, ob jung oder alt, ob Stadt oder Land – der Mops fühlt sich überall wohl. Er stellt keine besonderen Ansprüche an seine Unterkunft und ist in der kleinsten Etagenwohnung in der Großstadt ebenso zuhause wie in einem Schloss mit parkähnlichem Garten. Seine Freundlichkeit und seine Geduld mit Kindern machen ihn zu einem idealen Anfängerhund. Er nimmt kleine Fehler nicht übel und setzt draußen nicht sofort hinter jedem Kaninchen her, weil sein Jagdtrieb nicht besonders ausgeprägt ist. Mit Zuneigung und Konsequenz lässt sich eine Vertrauensbasis schaffen, auf der die Erziehung des Mopses nicht schwierig ist.

Damit ist er eigentlich ein idealer Begleiter in unserer hektischen Zeit, wären da leider nicht die häufigen Atemprobleme, die durch eine übertriebene Betonung der Kurznasigkeit in der Zucht in den letzten Jahrzehnten vermehrt entstanden sind – der ursprüngliche Mops hat durchaus eine etwas längere Schnauze (und im übrigen auch längere Beine), wie man alten Abbildungen entnehmen kann. Das oft als niedlich beschriebene Schnarchen des Mopses ist in Wahrheit alles andere als drollig, ist es doch ein Ausdruck seiner Kurzatmigkeit durch ein anatomisch verkürztes Gaumensegel.

Die Übertreibung des Kindchenschemas mit kurzer Nase, Kulleraugen, faltigem Knautschgesicht und großem, rundem Kopf hat noch zu weiteren, mitunter durchaus tierschutzrelevanten Gesundheitsproblemen geführt, die man erst jetzt durch verschärfte Zuchtbestimmungen teilweise wieder rückgängig zu machen

versucht. Es ist wirklich zu hoffen, dass diese alte, einzigartige und charmante Rasse auf einer gesünderen Basis erhalten werden kann.

Als Besitzer eines Mopses muss streng darauf geachtet werden, dass der eher verfressene und gemütliche Hund nicht übergewichtig wird, um weitere Gesundheitsprobleme zu vermeiden.

Auszug aus dem Standard:

„Ausgesprochen quadratisch und gedrungen, ist er „Multum in parvo" (= viel Masse in kleinem Raum), was sich durch kompakte, straff-gedrungene Proportionen und Festigkeit der Muskulatur ausdrückt, darf aber niemals kurz- oder langbeinig sein. (…) Viel Charme, Würde und Intelligenz. Ausgeglichen, fröhlich und lebhaft."

Windhunde

FCI-Gruppe 10

Sektion 1 – Langhaarige oder befederte Windhunde
Sektion 2 – Rauhaarige Windhunde
Sektion 3 – Kurzhaarige Windhunde

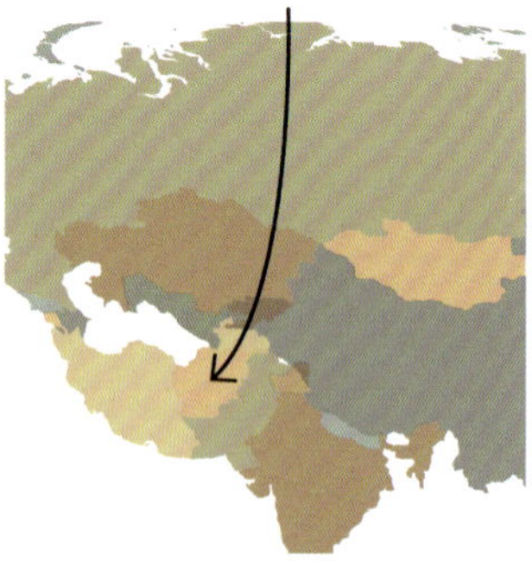

Afghan Hound
(Afghanischer Windhund / Afghane)

FCI-Standard Nr. 228
Gruppe: 10
Sektion 1: Langhaarige oder befederte Windhunde

Größe
Rüde: 68–74 cm
Hündin: 63–69 cm

Gewicht
Keine Angabe im FCI-Standard (i. d. R. um 25 kg)

Farbe / Haarkleid
Alle Farben sind zulässig, jedoch sind weiße Abzeichen am Kopf oder am Kragen höchst unerwünscht.

An den Rippen, an der Vor- und Hinterhand und an den Flanken lang und von sehr feiner Textur. Bei erwachsenen Hunden von den Schultern an rückwärts und entlang des Sattels kurz und dicht. Von der Stirn an nach hinten lang, mit einem markanten, seidigen Haarschopf („top-knot").

Ursprünglicher Verwendungszweck:
Jagdhund auf Gazellen und Steinwild, auch zur Beizjagd eingesetzt

Der Afghanische Windhund ist eine der ursprünglichsten Windhundrassen aus dem Hochland des Hindukusch. Bereits um 4000 v. Chr. züchteten die Nomaden Afghanistans einen Typ von Hund, der heute als Vorfahr des Afghanischen Windhundes gilt.

In seinem Ursprungsgebiet wurde der Hund hoch geschätzt und wie eine Kostbarkeit behandelt. Dies ist leicht zu verstehen im Zusammenhang mit dem kargen Leben der Nomaden in den zerklüfteten Bergen, den weiten Steppen dieses Landes und seiner rauen Natur, wo er als Jagdhund eingesetzt wurde und das Überleben seiner Besitzer sicherte. In Afghanistan gibt es verschiedene Varianten dieser Hunderasse, die zum Bewachen und Hüten von Schafen und Kühen und auch als Begleiter bei der Jagd auf Bergwild, Antilopen, Hasen und sogar Raubtiere wie Wölfe, Schakale und Schneeleoparden eingesetzt werden.

Die Hunde wurden als so kostbar erachtet, dass sie nicht aus dem Land gebracht werden durften. Britische Soldaten, die im zweiten Anglo-Afghanischen Krieg

(1878 – 1880) kämpften, schmuggelten einige Exemplare heraus und brachten sie mit nach Europa.

In den weiteren Jahrzehnten entwickelte sich der Standard vom einstigen Jagdhund immer mehr in Richtung Ausstellungstier. Das Fell wurde länger und voller, so dass diese Hunde auf der Rennbahn keinen Erfolg mehr hatten. Dadurch gibt es unterschiedliche Zuchtlinien für die Präsentation auf Ausstellungen und die Verwendung auf der Rennbahn. Durch die Spezialisierung der Zucht auf Erfolge bei Windhunderennen oder bei Ausstellungen entstanden so sehr unterschiedliche Typen des Afghanischen Windhundes. 1925 wurde der Standard verabschiedet, der den Typ endgültig festlegt. Die endgültige Anerkennung durch die FCI folgte 1961.

Auszug aus dem Standard:

„Vermittelt den Eindruck von Stärke und Würde, dabei Schnelligkeit und Kraft in sich vereinigend (…) Der Afghane schaut jemanden an und durch ihn hindurch. Würdevoll und zurückhaltend, mit einem gewissen leidenschaftlichen Ungestüm."

Der Afghanische Windhund ist ein selbstständiger und gleichzeitig anschmiegsamer Hund. Er ist stark menschenbezogen, behält jedoch einen eigenen Kopf. Rassekenner sind sich der Tatsache bewusst, dass er selbst mit viel persönlichem Einsatz irgendwann nur „mehr oder weniger gut" gehorchen wird.

Unterwürfigkeit, aber auch Aggression sind ihm fremd. Ein gut ausgelasteter Afghanischer Windhund ist ein angenehmer Familienhund, der vorsichtig mit Kindern umgeht. Sein stark ausgeprägter Jagdtrieb ist allerdings kaum in den Griff zu bekommen. Dagegen zeigt er sich in seinen vier Wänden verschmust und unauffällig. Er bellt kaum und hat keinen Schutztrieb. Auch Fremden und anderen Hunden begegnet der soziale Windhund freundlich.

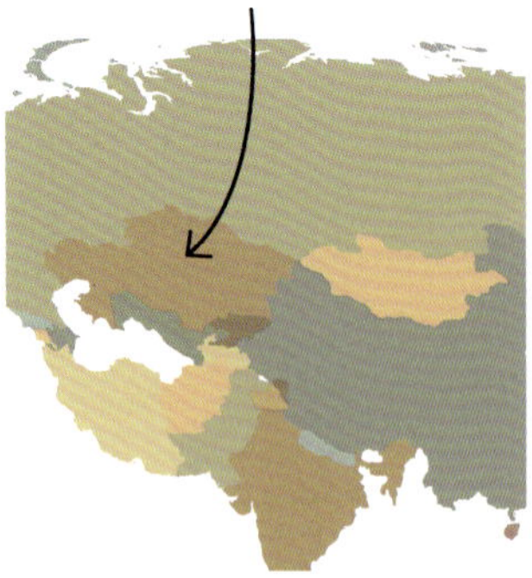

FCI-Standard Nr. 372
(provisorisch anerkannt)
Gruppe: 10
Sektion 1: Langhaarige oder befederte Windhunde

Größe
Rüde: 63–70 cm
Hündin: 58–65 cm
Eine Toleranz von +/-2 cm ist zulässig.

Gewicht
Keine Angabe im FCI-Standard (i. d. R. 20–35 kg)

Farbe/Haarkleid
Gelb in allen Schattierungen (von hellem Rehbraun bis Rot), alle Grautöne, Weiß, Schwarz

Weich, glatt, eng anliegend, kurz am Körper, ca. 3 cm (in der Lendengegend). Im Sommer fast ohne Unterwolle. Im Winter kann die Unterwolle gut entwickelt sein.

Kazakh Tazy

Ursprünglicher Verwendungszweck:
Vielseitiger Jagdhund, auch zur Beizjagd

Obwohl erst 2024 von der FCI provisorisch anerkannt, haben wir es hier mit einer der ältesten Rassen überhaupt zu tun, deren Geschichte sicherlich mehrere Tausend Jahre zurückreicht. Dass sie erst jetzt in Mitteleuropa ins Blickfeld geriet, liegt daran, dass das Ursprungsland Kasachstan als frühere Sowjetrepublik bisher kein FCI-Mitglied war. Nachdem alle formalen Hürden genommen waren, konnte nun endlich auch diese alte, traditionsreiche Windhunderasse nach jahrelanger Arbeit der kasachischen Kynologen anerkannt werden.

„Tazy“ bedeutet auf Persisch schnell, und damit ist das Kernwesen dieses Läufers auch schon beschrieben.

In Zentralasien, etwa auf dem Gebiet der heutigen Staaten Kasachstan, Usbekistan und Turkmenistan, ist der schnelle Windhund seit alters her untrennbar mit der Lebensweise der reitenden Nomadenvölker verbunden. In der alten Überlieferung „Zhety Kazyna“ werden die sieben Schätze eines Nomaden beschrieben – der Tazy rangiert dabei gleich an zweiter Stelle nach dem Pferd. Er war der unverzichtbare Helfer bei der berittenen Jagd mit dem Falken oder Steinadler in den Steppen und Halbwüsten und arbeitete mit dem Greifvogel perfekt zusammen. Der Jäger führte zunächst den Hund am Pferd und den Adler auf dem Arm mit sich, um beide dann an vielversprechender Stelle loszuschicken. Der pfeilschnelle Hund folgte der Flugbahn des Adlers auf dem Boden und hielt dabei Ausschau nach versteckten Beutetieren, häufig Hasen und Füchse, aber auch Gazellen oder sogar Wölfe. Dazu setzte er im Gegensatz zu vielen anderen Windhunden, die fast ausschließlich auf Sicht jagen, auch seinen Geruchssinn ein. Hatte er den Hasen hoch- und aus der Deckung herausgetrieben, setzte er zur Verfolgung über offenes Gelände an und lieferte dem Adler damit freie Bahn zum Zuschlagen. Manche Tazys apportierten auch die vom Adler geschlagene Beute an den Jäger zurück. Der mächtige Steinadler scheut übrigens auch vor dem Angriff auf einen Wolf nicht zurück und kann diesen ohne weiteres gewinnen.

Ein guter, auf der Jagd erfolgreicher Tazy war mehrere Dutzend Pferde oder Kamele wert, falls er denn überhaupt je verkauft wurde. Eher wurden Welpen als Zeichen besonderer Ehrerbietung verschenkt. Er durfte mit im Nomadenzelt schlafen und sich auch den Kindern der Familie nähern, etwas, das „normalen“ Hunden niemals erlaubt gewesen wäre.

Er jagt schnell, ausdauernd und zielbewusst, um dann zuhause eher ruhig und anhänglich zu sein. Wie die meisten Windhunde ist er im Haus ausgesprochen sanft und freundlich, aber nur, wenn er sein Bewegungsbedürfnis auch ausleben kann, und das geht nicht an der Leine. Zwei bis drei Mal pro Woche je 10–15 km Freilauf ohne Leine seien Mindestvoraussetzung, meint eine kasachische Internetseite. Das dürfte in unseren Breiten schwer zu realisieren sein angesichts des starken Jagdtriebs der Rasse, denn der Tazy jagt ja, wie bereits erwähnt, sowohl mit der Nase als auch mit den Augen und sieht in einem Spaziergang ohne erfolgreiche

Jagd keinen Sinn. Eine gute Alternative ist die Teilnahme an Coursings und das entsprechende Training dazu, wo der Hund gefahrlos bis zur Höchstgeschwindigkeit laufen kann.
Äußerlich ähnelt er dem Saluki, wurde aber bis vor wenigen Generationen wesentlich stärker auf Jagdleistung selektiert als dieser.

Auszug aus dem Standard:

„Gut proportionierter Hund von mittlerer bis etwas über mittlerer Größe. Muskeln schlank und sehr gut entwickelt. Harmonisches, elegantes und graziles Erscheinungsbild. (…) Ausgeglichenes Wesen, agil. Kann sehr schnell Situationen einschätzen und Entscheidungen treffen."

Ursprung: Russland

Russkaja psowaja borsaja
(Barsoi)

FCI-Standard Nr. 193
Gruppe: 10
Sektion 1: Langhaarige oder befederte Windhunde

Größe
Rüde: 75–85 cm
Hündin: 68–78 cm

Gewicht
Keine Angabe im FCI-Standard (i. d. R. 25–40 kg)

Farbe / Haarkleid
Alle Farben von Weiß bis Schwarz in jeder Kombination sind akzeptabel (mit der Ausnahme von Braun, Blau, isabellfarbig und deren Schattierungen, d. h. verdünnte Farben ohne schwarzen Nasenschwamm)

Langhaar (weich, seidig, wellig oder lange Locken bildend), kleine Locken sind erlaubt

Ursprünglicher Verwendungszweck:
Jagdwindhund, vorrangig für die Hasen- und Fuchsjagd

Der Name kommt vom altrussischen „borzij" für „schnell", das im modernen Russisch zum Gattungsbegriff für Windhunde aller Rassen wurde. „Borzye" sind im Russischen also alle Windhunde, während nur der „Russkaja Borzaya", also der „Russische Windhund", unseren Barsoi meint.

Der Barsoi hat wie alle Windhunde einen alten Ursprung. Er wurde traditionell in Russland vom Adel und den Großgrundbesitzern zur Hetzjagd auf Füchse, Wölfe und Hasen benutzt. Im Gegensatz zu den europäischen großen Laufhunden, die Rot- und anderes Großwild über weitere Strecken im Wald und unübersichtlichem Gelände verfolgten, ist die Spezialität des Barsois das Jagen in weitem, offenem Gelände und auf Sicht. Die berittenen Jäger führten je Zweierkoppeln von Barsois angeleint mit sich, die erst dann losgelassen wurden, wenn die anderen mitgeführten Jagdhunde das Wild aus der Deckung (wenn vorhanden) getrieben hatten, um dieses im schnellen Sprint zu hetzen und zu stellen. Es gab vor der russischen Revolution praktisch kein Herrenhaus, in dem nicht mehrere Barsois gehalten wurden.

Sein schmaler Kopf, der von vielen zunächst als etwas befremdlich empfunden wird, soll übrigens eine gute Rundumsicht fördern, genau wie der aufgewölbte Rücken und die langen Läufe die Schnelligkeit unterstützen. Alles an ihm ist spezialisiert auf den schnellen Lauf.

Die ersten Windhundrennvereine Deutschlands wurden von Barsoi-Besitzern gegründet, prominentestes Beispiel ist der heutige Dachverband DWZRV, der Deutsche Windhund Zucht- und Renn-Verband.

Auszug aus dem Standard:
„Ein Hund von aristokratischer Erscheinung, hoch, schlank und stark, harmonisch gebaut, eher hochbeinig, relativ schmaler Körper. Leicht länglich gebaut."

Der Barsoi ist ein liebenswürdiger und anhänglicher Begleithund, der ruhige Gelassenheit und Würde ausstrahlt. Fremden Menschen und Hunden begegnet er in der Regel mit vornehmer Zurückhaltung. Wie die meisten Windhunde zeigen auch Barsois ein stark ausgeprägtes Jagdverhalten und können sehr schnell und heftig auf potenzielle Beutetiere oder bewegliche Objekte reagieren.

Die Erziehung des Barsoi soll konsequent und mit Ruhe durchgeführt werden. Härte ist fehl am Platz und würde die sensiblen Hunde in kürzester Zeit verderben.

Als Statussymbol sind die anspruchsvollen Jäger und Läufer auf keinen Fall geeignet, sie benötigen Menschen, die ihr sensibles Wesen verstehen und ihnen die angemessenen Möglichkeiten zur Bewegung bieten können.

Ursprung: Mittlerer Osten

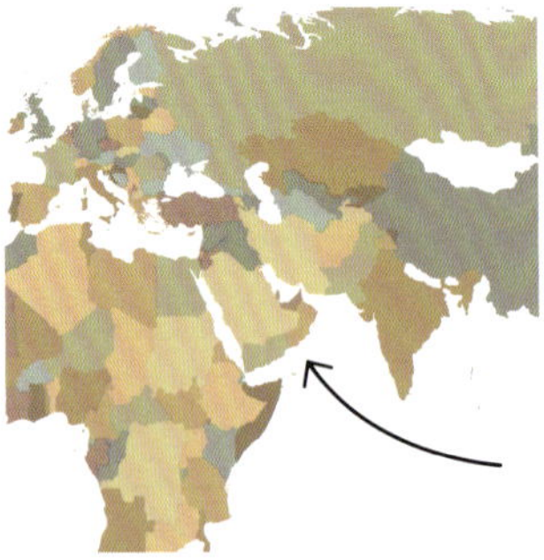

Saluki

FCI-Standard Nr. 269
Gruppe: 10
Sektion 1: Langhaarige oder befederte Windhunde
Varietäten: 2 (Haarkleid)

Größe
Rüde: 58–71 cm
Hündin: proportional kleiner

Gewicht
Keine Angabe im FCI-Standard (i. d. R. 18–27 kg)

Farbe/Haarkleid
Alle Farben oder Farbkombinationen sind zulässig. Brindle (Stromung) ist unerwünscht.

a) **Befedert**: Glatt und von weicher, seidiger Struktur. Befederung an den Läufen und an den Rückseiten von Ober- und Unterschenkel, Befederung an der Kehle von erwachsenen Hunden kann vorkommen, im Welpenalter besteht manchmal eine leichte, mehr wollige Befederung an Oberschenkeln und Schultern

b) **Kurzhaarig:** ohne jegliche Befederung

Ursprünglicher Verwendungszweck:
Hetzjagd auf Gazellen und Hasen

Jahrtausendelang wurde der Saluki für die Gazellen-, Hasen- und Falkenjagd gezüchtet. Gute Jagd-Salukis werden im Mittleren Osten – im Gegensatz zu anderen Hunden – sehr geschätzt, weil sie historisch einiges zum Nahrungserwerb der Familie beitragen konnten. In der Literatur werden Salukis wohl deshalb auch als Geschenk Allahs bezeichnet. Sie wurden mit kostbaren Halsbändern geschmückt, durften in den Zelten der Beduinen schlafen und wurden niemals verkauft, höchstens als Ehrengabe verschenkt.

Der Saluki oder Persische Windhund ist ein Windhund vom orientalischen Typ, der sich durch einen muskulösen, schlanken Körperbau auszeichnet. Er stammt aus dem Mittleren Osten, ungefähr den Gebieten der heutigen Türkei, des Iran, Irak, Saudi-Arabien, Syrien, Yemen und Oman. Möglicherweise geht er auf ägyptische Hunde zurück, wie alte Abbildungen vermuten lassen. Die Rasse wird in ihren Herkunftsländern seit Jahrtausenden unter gleichen Bedingungen erhalten. Die arabischen Beduinen begannen die Zucht von Salukis noch vor der Zucht der berühmten Araberpferde.

Der Saluki möchte immer dabei sein und ist ein Familienhund. Im Haus ist er ein sehr ruhiger Hund, draußen aber kann er aufdrehen und macht gern lange Spaziergänge und Wanderungen. Soll er Marathonläufer werden, kann das trainiert werden. Ursprünglich ist der Saluki ein Jäger, der Wild jagen soll, teilweise über große Entfernungen.

Auszug aus dem Standard:
„Die ganze Erscheinung dieser Rasse soll einen Eindruck von Anmut und Ebenmaß, großer Schnelligkeit und Ausdauer, verbunden mit Kraft und Gewandtheit vermitteln."

Allerdings sind Salukis Sichtjäger. Das heißt, wenn sie Wild aufschrecken, werden sie es auch verfolgen wollen. Teilweise ist es möglich, wenn man das Wild vor dem Saluki sieht, ihn daran zu hindern, indem man ihn zu sich ruft, bevor er startet.

Natürlich sind Salukis auch erziehbar. Nicht aufs Wort, aber sie können sich durchaus an Regeln halten und auch folgen. Einzig der Jagdinstinkt ist nicht unbedingt beeinflussbar. Der Standard beschreibt sie sie als Fremden gegenüber reserviert, jedoch nicht scheu oder aggressiv, als würdevoll, intelligent und unabhängig.

In der Familie ist der Saluki ein integriertes, kinderliebes Mitglied. Wenn er seine Ruhe haben möchte, sucht er sich bevorzugt einen erhöhten Liegeplatz. Der Saluki ist zuhause ein ruhiger Zeitgenosse. Er kann auch mit ins Büro, weil er gerne wartet, bis man fertig mit der Arbeit ist.

Man unterscheidet zwischen einer Langhaarvarietät mit seidiger Befederung an Ohren und Läufen und einer Kurzhaarvarietät ohne jegliche Befederung.

FCI-Standard Nr. 164
Gruppe: 10
Sektion 2: Rauhaarige Windhunde

Größe
Rüde: 76 cm
Hündin: 71 cm

Gewicht
Rüde: ca. 45,5 kg
Hündin: ca. 36,5 kg

Farbe/Haarkleid
Dunkles Blaugrau, dunkleres und helleres Grau oder Gestromt sowie Gelb, Rotsandfarben oder Rotbräunlich mit schwarzer Maske und schwarzen Ohren, Läufen und Rute. Weiße Abzeichen sind unerwünscht.

Struppig, aber nicht übermäßig viel Haar, wolliges Haar nicht zulässig. Das korrekte Haarkleid ist dicht, anliegend, zottig, fühlt sich harsch oder steif an. An Rumpf, Hals und Hinterhand harsch und drahtig, etwa 8–10 cm lang; an Kopf, Brust und Bauch viel weicher. Leichte Haarfransen an der Innenseite der Vorder- und Hinterläufe.

Deerhound

(Schottischer Hirschhund)

Ursprünglicher Verwendungszweck:
Hetzjagd auf Rotwild, aber auch Elch und Wildschwein

Der Deerhound, zu deutsch „Hirschhund", wurde schon in Berichten aus dem frühen Mittelalter als edler Windhund gerühmt und gilt damit als Schottlands älteste Hunderasse. Tatsächlich reicht sein Ursprung aber noch viel weiter zurück, schon die Römer fanden im 3. Jahrhundert im Norden Britanniens große, rauhaarige Windhunde vor. Ob diese direkt vom Wolf abstammten, wie manche schottischen Quellen gern behaupten, ist zweifelhaft, wahrscheinlicher ist, dass er ein Produkt aus dem alten keltischen Windhund, von dem auch der Irish Wolfhound abstammt, und anderen großen Rassen ist.
Wie sein Name schon sagt, wurde er historisch vor allem zur Hetzjagd auf Hirsch und Reh eingesetzt, was natürlich ein Privileg des Adels war. Mit seinem rauen, drahtigen Fell war er dabei gut für das Klima des schottischen Hochlands gerüstet. Wie alle Windhunde jagte er dabei vorrangig auf Sicht und konnte seine Schnelligkeit vor allem im Sprint ausspielen. Die Hunde wurden mindestens zu zweit oder dritt zur Jagd eingesetzt und verfolgten das Rotwild nicht nur, sondern stellten es am Ende auch, wobei ihnen ihre Größe und Kraft zugutekamen.
Der Deerhound ist ein sehr intelligenter Hund und trotz seiner imposanten Größe sanft und anhänglich, eher schüchtern als aggressiv, gehorsam und eher ruhig. Kenner der Rasse berichten, dass er seine Energie gerne einmal euphorisch in den frühen Morgenstunden entlädt, wobei er wie verrückt herumrennt und große Sprünge vollführt, um dann den Rest des Tages gemütlich zu verdösen.
Besondere Qualitäten dieser Rasse bestehen in einer außergewöhnlichen Gutmütigkeit und der Fähigkeit, bei jeder Gefahr äußerste Ruhe zu bewahren. Er ist anhänglich zu Familienangehörigen, nicht streit- und beißlustig und im Alltag ein „Big Softie". Er wird als stolz beschrieben und neigt dazu, bei ungerechter Behandlung vorübergehend beleidigt zu sein. Bei der Jagd verwandelt er sich allerdings vom Softie zum harten Kämpfer, der entschlossen losgeht und nicht nachgibt, bis er seine Beute gestellt hat.
Ihn sprinten zu sehen, ist ein spektakuläres Ereignis: Mit dem Bauch fast am Boden fliegt der riesige Hund in langgestrecktem Galopp wie ein Pfeil dahin. Eine ideale Beschäftigungsmöglichkeit für ihn bieten natürlich Coursings, von Windhundesportvereinen organisierte Rennen hinter künstlichen Hasen, die seinem Naturell sehr entgegenkommen.
Für kleine Wohnungen, kleine Autos und generell ein beengtes Umfeld ist der Deerhound ungeeignet. Wegen seines Jagdtriebs sowie seiner Größe und Kraft empfiehlt sich trotz des freundlichen Wesens ein hundeerfahrener Besitzer.

Auszug aus dem Standard:

„Der Körperbau ruft den Eindruck einer einzigartigen Kombination von Schnelligkeit, Kraft und Ausdauer hervor, die erforderlich sind, um einen Hirsch niederzureißen; dennoch ist seine allgemeine Haltung von edler Würde geprägt."

Irish Wolfhound
(Irischer Wolfshund)

FCI-Standard Nr. 160
Gruppe: 10
Sektion 2: Rauhaarige Windhunde

Größe
Rüde: 79 cm
Hündin: 71 cm

Gewicht
Rüde: mind. 54,5 kg
Hündin: mind. 40,5 kg

Farbe / Haarkleid
Grau, Gestromt, Rot, Schwarz, Reinweiß, Rehbraun

Rau und hart an Rumpf, Läufen und Kopf; über den Augen und am Unterkiefer besonders drahtig

Ursprünglicher Verwendungszweck:
Hetzjagd auf Rotwild, aber auch Wildschwein, Elch und Wolf

Wahrscheinlich ist der Ursprung dieses größten aller Windhunde sehr alt. Archäologische Funde beweisen, dass es sehr große windhundartige Hunde schon um 700 v. Chr. in Irland, England und Wales gegeben hat und sie werden auch in altrömischen Quellen erwähnt. So bedankt sich der römische Konsul Quintus Aurelius Symmachus im Jahr 391 n. Chr. in einem Brief für die ihm übersandten sieben irischen Hunde, die bei den Vorstellungen und Spielen in Rom für großes Aufsehen gesorgt hatten und schrieb: „Ganz Rom betrachtet diese Hunde mit Staunen!". Demnach mussten die Hunde wirklich außergewöhnlich gewesen sein, wenn man bedenkt, dass die Römer den Anblick von Raubkatzen und Bären bei den Spielen gewohnt waren.
Seine erfolgreichste Zeit hatte der Irische Wolfshund im alten und mittelalterlichen Irland, wo er zur Hetzjagd auf Wölfe, Sauen, Hirsch oder den heute ausgestorbenen irischen Elch eingesetzt wurde. Sein Besitz war damals dem Hohen Adel vorbehalten.

Berichte über große Windhunde tauchen auch immer wieder in der Literatur anderer Länder auf, unter anderem in der isländischen Brennu Njáls Sage aus dem Jahr 1000 nach Christus.

Das Aufkommen von Feuerwaffen führte schließlich zur Ausrottung des Wolfs in England und Irland, wodurch der Wolfshund keinen speziellen Zweck mehr hatte und immer seltener wurde. Im 17. Jahrhundert erließ Oliver Cromwell ein Ausfuhrverbot aus Irland, um den letzten Bestand zu retten.

Mitte des 19. Jahrhunderts nahm sich Captain George Augustus Graham der Rasse an, legte einen Rassestandard fest und kreuzte die wenigen noch lebenden Exemplare mit Deerhounds, Doggen, Barsois und einigen anderen Rassen. Daraus entstand der Irish Wolfhound, wie wir ihn heute kennen.

Trotz seiner gigantischen Ausmaße und seines struppigen Aussehens ist er von großer Sanftheit und geduldig mit allen, insbesondere mit Kindern. Er ist ein guter Wachhund, mutig, energisch, aber nicht von Natur aus bissig. Er zieht es vor, zu bellen und mit wachsamen Augen den Eindringling zu beobachten. Er liebt alle Familienmitglieder, fühlt sich jedoch meistens zu einer Person besonders hingezogen.

Für einen Irish Wolfhound ist viel Platz in Haus, Garten und Auto eine Voraussetzung, ebenso ein aktiver Lebensstil, der ihm die nötige Bewegung verschafft. Die Rasse ist zwar sanft, aber wegen ihres Jagdtriebs sowie ihrer Größe und Kraft sollte der Besitzer hundeerfahren sein.

Auszug aus dem Standard:

„Er ist von beachtlicher Größe und imponierender Erscheinung, stark bemuskelt, kräftig und dennoch elegant gebaut, mit leichten und lebhaften Bewegungen (…) Zu Hause ein Schäfchen, aber ein Löwe auf der Jagd."

Ursprung: Nördliches Grenzgebiet zwischen Mali und Niger

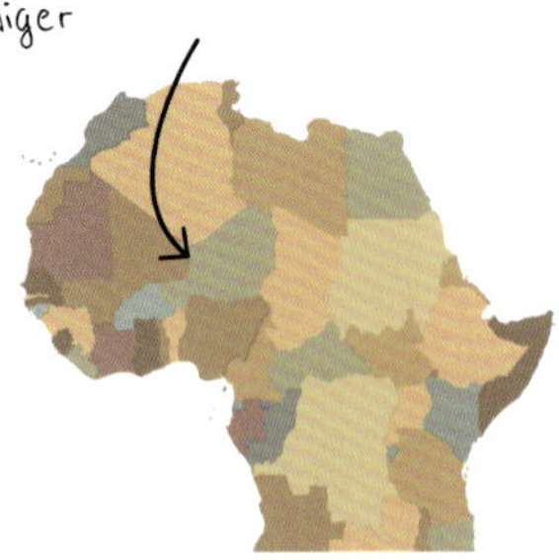

FCI-Standard Nr. 307
Gruppe: 10
Sektion 3: Kurzhaarige Windhunde

Größe

Rüde: 64–74 cm
Hündin: 60–70 cm
Eine Toleranz von +/-2 cm ist zulässig.

Gewicht

Rüde: ca. 20–25 kg
Hündin: ca. 15–20 kg

Farbe/Haarkleid

Fauve: Mit oder ohne Stromung, mit weißen Abzeichen, die auf die Gliedmaßen beschränkt sind. Alle Farbnuancen von hell sandfarben bis zum dunklen Fauve (Mahagoni) sind zulässig. Der Fang kann eine schwarze Maske zeigen.
Weißscheckung: Die Farbenpracht ist nicht konstant. Auf der Brust kann sich Weiß in Form von weißen, mehr oder weniger ausgedehnten Flecken zeigen, begrenzt auf die Basis des Halses (weitere Besonderheiten hierzu: s. FCI-Standard)

Kurz, dünn, am Bauch bis zur Haarlosigkeit reduziert

Azawakh

Ursprünglicher Verwendungszweck:
Jagd auf Sicht von Wildtieren (Gazellen, Hasen, Straußenvögel) und im Kampf gegen Raubtiere (Hyänen, Schakale, Löwen)

Der Azawakh, auch Tuareg-Windhund genannt, ist eine alte Windhunderasse, die von den Nomaden der Sahelzone als Jagd- und Wachhund gehalten wird. Das Verbreitungsgebiet erstreckt sich über die heutigen Staaten Mali, Niger und Burkina Faso. In der Sprache der Tuareg, die uns durch ihre leuchtend blauen Gewänder bekannt sind, wird er „Idii n'illeli" genannt, was so viel wie „Windhund der Freien" heißt. Unsere Bezeichnung Azawakh leitet sich vom Azawakhtal ab, das im Grenzgebiet der Staaten Mali und Niger und damit im Zentrum der Ursprungsregion liegt.
Seit Jahrtausenden ist der schlanke Windhund, dessen Format fast ein hohes Rechteck bildet, ein treuer Begleiter der Nomaden. Besonders die Tuareg schätzen seinen Jagdtrieb und seine Zuverlässigkeit. In den Trockengebieten jagt der Azawakh Antilopen, kleine Hasen und Gazellen, aber er unterstützte die Menschen auch beim Kampf gegen Hyänen, Schakale und Löwen und bewachte die Viehherden. Ein weißer Brustfleck gilt bei den Tuareg sogar als wertsteigernd.
Andere Hunde werden im Tuareg-Gebiet selten gehalten. Kaum eine Rasse hält die Hitze aus und ist gleichzeitig so aktiv. Den Weg nach Europa fand der Azawakh erst in den 1970er Jahren, anfangs war er hier noch selten anzutreffen. Erste Zuchtversuche und die Verbreitung der Rasse in den 1980er Jahren scheiterten. Heute hat er sich jedoch in der Familie der Windhunde etabliert und ist auf den Windhunderennen immer öfter zu sehen.
Als Haus- und Familienhund ist er sehr angenehm zu halten, wenn er einen erhöhten Liegeplatz haben kann. Er ist sehr intelligent und emotional und verlangt einen entsprechend feinfühligen Umgang.
Er registriert jede Stimmungsschwankung und jede Befindlichkeit seines Menschen, nimmt sich diese zu Herzen und reagiert darauf. Damit ist er einerseits leicht erziehbar, andererseits auch leicht zu verunsichern. Seine Besitzer sollten ihm also emotionale Stabilität vermitteln können. Andersherum kann er in seinem ganzen Ausdrucksverhalten dem Menschen gegenüber ebenfalls sehr mitteilsam sein.
Obwohl er einen guten Rückruf erlernen kann, kann der Freilauf draußen beim Anblick von Wild oder fliehenden Katzen zur Gefahr werden. Besser kann er seine Lauf- und Jagdleidenschaft ungehindert und in sicherem Umfeld auf der Rennbahn hinter einem künstlichen Hasen ausleben, dann wird er auch zuhause ruhig und ausgeglichen sein.

Auszug aus dem Standard:

„Besonders schlank und elegant, vermittelt der Azawakh-Windhund insgesamt den Eindruck großer Schlankheit. Knochengerüst und Muskulatur bleiben unter dünner und trockener Haut sichtbar."

FCI-Gruppe 10

Chart Polski
(Polnischer Windhund)

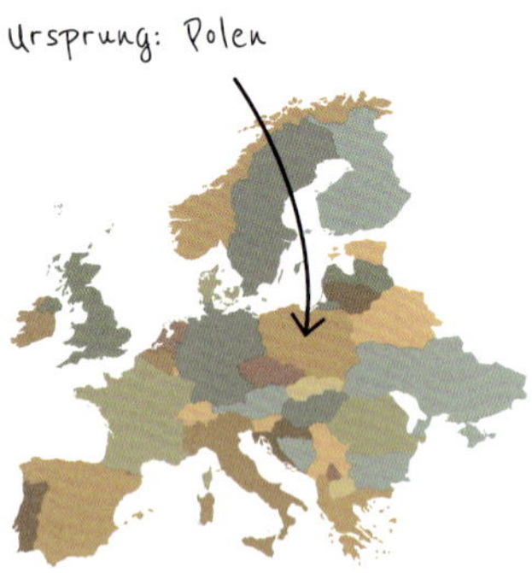

FCI-Standard Nr. 333
Gruppe: 10
Sektion 3: Kurzhaarige Windhunde

Größe
Rüde: ideal 70–80 cm
Hündin: ideal 68–75 cm

Gewicht
Keine Angabe im FCI-Standard (i. d. R. ca. 25–30 kg)

Farbe / Haarkleid
Alle Fellfarben sind erlaubt. Lidränder und Nasenschwamm schwarz oder dunkel (wenn die Fellfarbe heller ist)

Beim Anfassen erscheint das Haar elastisch, ziemlich hart, nicht „drahtig", aber auch nicht seidig. Es ist auf dem Rumpf von unterschiedlicher Länge, im Allgemeinen etwas länger am Widerrist, auf den Seiten kürzer, am kürzesten am Brustbein und an den Gliedmaßen. Der Bauch ist feiner und dünner behaart. An der Rückseite der Hinterschenkel und an der gesamten Unterseite der Rute ist das Haar lang, bleibt aber auch hart; es bildet leichte Hosen und eine Bürste.

Ursprünglicher Verwendungszweck:
Zur Jagd auf Feldhase, Fuchs, Reh und Trappe, auch zur Wolfsjagd verwendet

Der Typ des Chart Polski ist schon seit dem 13. Jahrhundert im ehemaligen Königreich Polen, dessen Gebiet sich vom Dnjepr in der Ukraine bis zur Krim erstreckte, belegt. Schon früh wird er in der Literatur als kräftiger, dennoch eleganter, bis 80 cm großer Windhund erwähnt. In der Ukraine gibt es heute noch den nicht FCI-anerkannten „Chortaja borzaja", bei dem es sich historisch um die gleiche Rasse handeln dürfte. Eine Verwandtschaft mit Barsoi, Saluki und Greyhound liegt nah.

Der Chart Polski wurde ursprünglich für die Jagd zu Pferd auf Füchse, Rehe und Trappe, aber auch für die Wolfsjagd verwendet. Dabei wurde immer mit zwei oder drei Hunden gleichzeitig gejagt. Diese hetzten das Wild nicht nur, sondern rissen es auch nieder und töteten es. Berichten zufolge musste der Jäger sich dann meist beeilen, schnell zur Stelle zu sein, denn die Hunde „jagten für sich und nicht für den Jäger". Sie ließen sich allerdings dazu abrichten, auf Hornsignal vom Wild abzulassen und zum Jäger zurückzukommen. Heute wird der Chart Polski wegen seiner Wendigkeit gern beim Coursing eingesetzt.

Er gilt als ausdauernder, robuster und rustikaler Windhund, der auch unter den schwierigen klimatischen Bedingungen Polens beständig gute Jagdleistungen erbringen konnte.

In seinem Erscheinungsbild fallen dem Betrachter neben dem muskulösen Körperbau vor allem die ausdrucksstarken Augen und der wache, durchdringende Blick auf.

Wie alle Windhunde hat der Chart Polski einen großen Bewegungsdrang, weshalb seine Halter aktive Menschen sein sollten. Außerdem hat der Hund einen starken und nicht zu unterschätzenden Jagdtrieb. Der polnische Windhund ist mutig und selbstbewusst, aber auf der anderen Seite auch zurückhaltend, ruhig und sanft. Er genießt die Nähe zu seinem Menschen, wenn man ihm seine Vorliebe für einen erhöhten Liegeplatz zugesteht. Im Training erweist er sich als überaus intelligent und leichtführig und lässt sich zu einem für Windhunde ungewöhnlich gehorsamen Hund erziehen.

Im Gegensatz zu vielen anderen Windhunderassen hat der Chart Polski einen ausgeprägten Schutztrieb und ist misstrauisch gegenüber Fremden. Ebenfalls etwas untypisch ist die Tatsache, dass er eher ein Einzelgänger ist und sich anderen Hunden gegenüber oft sehr selbstbewusst verhält. Daher sollten Interessenten schon früh mit der Sozialisierung beginnen, denn im Erwachsenenalter schließt er nicht mehr so leicht Freundschaften mit anderen Hunden. Seiner Familie gegenüber verhält sich der Polnische Windhund dafür umso anhänglicher und loyal.

Auszug aus dem Standard:

„Der Polnische Windhund ist ein Hund von großem Wuchs, kraftstrotzend muskulös, deutlich stärker und nicht so fein in den Körperformen wie die anderen kurzhaarigen Windhunde; doch darf er weder plump noch träge sein. In seiner Erscheinung gleicht er dem Typ des asiatischen Windhundes, der sein Urahn ist."

FCI-Gruppe 10

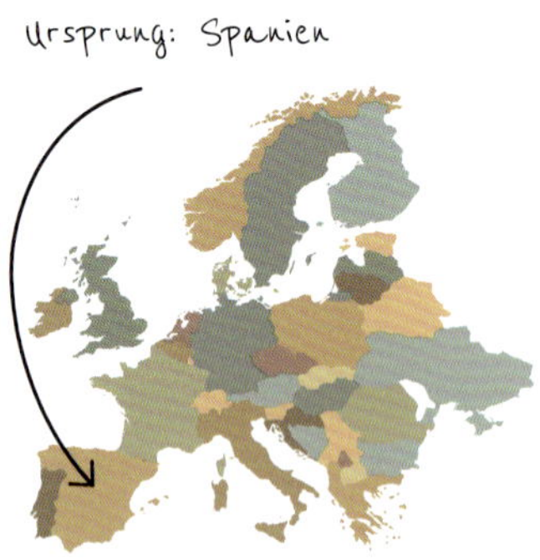

Galgo Español
(Spanischer Windhund)

Ursprünglicher Verwendungszweck:
Hetzhund für die Hasenjagd, gelegentlich auch auf Kaninchen, Füchse und sogar Wildschweine

FCI-Standard Nr. 285
Gruppe: 10
Sektion 3: Kurzhaarige Windhunde

Größe
Rüde: 62–70 cm
Hündin: 60–68 cm
Eine Toleranz von +/-2 cm ist zulässig.

Gewicht
Keine Angabe im FCI-Standard (i. d. R. um 30 kg)

Farbe/Haarkleid
Alle Farben sind zulässig.
Folgend nach der Bevorzugung: Falbfarben und mehr oder weniger dunkel gestromt (gut pigmentiert), schwarz, schwarz gefleckt (hell oder dunkel, dunkel falbfarben, zimtfarben, gelb, rot, weiß, gescheckt)

Kurzhaar oderRauhaar

Der Ursprung des Galgo Español liegt in der Antike. Bereits im 6. Jh. v. Chr. jagten die Kelten mit ihren Windhunden, die sie dann später auf ihren Eroberungszügen auf die iberische Halbinsel brachten. Nach der Unterwerfung der Kelten durch die Römer wurde in der damaligen römischen Provinz Hispania diese Hunderasse Canis Gallicus (gallischer Hund) genannt. Daraus entwickelte sich später die Bezeichnung Galgo, die heute im Spanischen allgemein für Windhund steht.
Der Galgo wird auch heute noch in Spanien als Jagdhund im Gelände eingesetzt. Er jagt wie alle Windhunde auf Sicht und fängt seine Beute, vorrangig Hasen, durch seine ausdauernde Schnelligkeit (60 bis zu 65 km/h) und seine blitzschnellen Wendungen. Dabei ist wichtig zu wissen, dass er sie nicht nur hetzt, sondern tatsächlich auch tötet. Auf Grund seiner Schnelligkeit wird er auch bei Windhundrennen eingesetzt. Der Galgo ist etwas langsamer als der Greyhound, aber deutlich ausdauernder und im Gelände wendiger. Deshalb wird er gern für das Coursing genommen.
Hierzulande hat er traurige Berühmtheit dadurch erlangt, dass viele Galgos über Tierschutzorganisationen aus Spanien kamen, wo die Hunde nach Ende der Jagdsaison häufig getötet oder ausgesetzt wurden. Sie wurden dort lange Zeit als Wegwerfprodukte betrachtet, die von Züchtern in großen Mengen produziert und nach Gebrauch entsorgt wurden. Langsam scheint diesbezüglich aber auch in Spanien ein Umdenken stattzufinden. Die alte Rasse, die so viele hervorragende Qualitäten hat und auch zu den Vorfahren des Greyhounds zählt, hätte dies auf jeden Fall verdient.
Der Galgo Español braucht etwas Zeit, bis er eine Beziehung zu seiner Bezugsperson aufgebaut hat. Die Bindung ist dann allerdings sehr eng. Mit der Familie im Haus ist der Galgo ruhig und gelassen, gelegentlich zurückhaltend. Erst bei der Jagd und beim Rennen entwickelt er große Tatkraft und Lebhaftigkeit, wobei der Jagdtrieb gut erhalten ist. Wie oben erwähnt, ist im Gegensatz zu manchen anderen Jagdhunderassen bei ihm die Endhandlung der Verhaltenskette „Jagen" erhalten geblieben und er tötet die Beute, die er zuvor gehetzt und gestellt hat auch. Das kann im schlechtesten Fall dann Nachbars Katze sein. Auf gutes Rückruftraining und im Zweifelsfall Absicherung durch Schleppleine ist daher großer Wert zu legen.
Der Galgo ist sehr intelligent, sehr neugierig, für einen Windhund recht gut erziehbar und pflegeleicht. Bei seiner Erziehung stellt er abgesehen von seiner Jagdleidenschaft keine sehr hohen Anforderungen an den Besitzer. Er reagiert sehr gut auf positiv bestärkende Erziehungsmethoden, mit Druck und Strenge erreicht man bei ihm nichts.

Auszug aus dem Standard:

„Windhund von erheblicher Größe, mittlerem Format, leicht konvexem Profil, länglich in seiner Gestalt, mit langgezogenem Schädel (…) geräumiger Brustkorb, stark aufgezogener Bauch und sehr lange Rute. Hinterhand ausgeprägt senkrecht gestellt und bemuskelt."

Greyhound

FCI-Standard Nr. 158
Gruppe: 10
Sektion 3: Kurzhaarige Windhunde

Größe
Rüde: 71–76 cm
Hündin: 68–71 cm

Gewicht
Keine Angabe im FCI-Standard (i. d. R. 25–35 kg)

Farbe/Haarkleid
Schwarz, Weiß, Rot, Blau, bräunliches Rotgelb, Sandfarben, Gestromt oder jede dieser Farben mit Weiß

Fein und dicht

Ursprünglicher Verwendungszweck:
Hetzhund zur Jagd auf Sicht, später Rennhund

Der Greyhound ist ein Meisterwerk: Er verdankt seine heutigen Qualitäten der Zielstrebigkeit englischer Züchter, die einen schönen und schnellen Hund schaffen wollten. Er ist aber viel älter als die moderne Rassehundezucht und geht vermutlich auf keltische Ursprünge zurück. Schon der griechische Philosoph Arrian berichtete um 100 n. Chr. in seinem Werk „Kynegeticus" über die Windhunde der Kelten, die er als langgestreckt mit schmalem Kopf beschrieb und als „Schnellfuß" bezeichnete. Im England des Mittelalters war sein Besitz dem Adel vorbehalten, einfachem Volk war es laut dem „Forest Law" aus dem Jahr 1016 untersagt, einen Windhund zu besitzen, mit dem sie hätten jagen können – was ihnen natürlich ebenfalls nicht erlaubt war. Auf das Töten eines Greyhounds stand die gleiche Strafe wie auf Mord.

Der heutige Greyhound hat die Fähigkeit, in Sprints mit größter Geschwindigkeit (bis zu knapp 80 km/h) hinter einem Hasen sowohl in offenem Gelände als auch hinter mechanischen Hasen auf der Hunderennbahn zu rennen. Damit ist er der schnellste Hund überhaupt und rangiert in der Liste der schnellsten

Landsäugetiere direkt hinter dem Gepard, der den Spitzenplatz einnimmt. In England, aber auch Irland, Australien und den USA ziehen Hunderennen, die so genannten Coursings, Zigtausende von Zuschauern an und es werden wie bei Pferderennen hohe Wetten abgeschlossen. Die Kehrseite dieses Sports, in dem durchaus viel Geld steckt, ist, dass Hunde, die nicht oder nicht mehr schnell genug sind, oftmals kurzerhand per Euthanasie entsorgt werden. Zahlreiche Tierschutzorganisationen, allen voran der englische Greyhound Trust, bemühen sich um eine Weitervermittlung ausrangierter Rennhunde in verständige Privathände. In Deutschland unterliegen die Coursings sehr strengen Regeln, das Wetten ist verboten und das Tierwohl steht im Vordergrund. Der Greyhound ist dem Menschen gegenüber freundlich. Hat er genügend Bewegung, ist er zu Hause ein ruhiger, ausgeglichener Familienhund, der gern unauffällig auf seinem – möglichst erhöhten – Lieblingsplatz liegt und mit seinen Hausgenossen kuschelt. Ein Greyhound ist souverän im Umgang mit anderen Hunden und auch Kindern. Er ist ein ruhiger anschmiegsamer Hausgenosse, aber auch sehr neugierig. In seiner Jugendzeit sollte man auf viel Bewegung und Beschäftigung achten, sonst sucht er sie sich selbst. Obwohl die Verwendung als Jagdhund lange Zeit zurückliegt, ist der Jagd- und Hetztrieb gut erhalten geblieben, weshalb Freilauf außerhalb eingezäunter Gelände schwierig ist.

Auszug aus dem Standard:

„Kräftig gebaut, groß gewachsen mit großzügigen Proportionen, Muskelkraft und symmetrischen Formen, mit langem Kopf und Hals, klar umrissenen, gut liegenden Schultern, tiefer Brust, geräumigem Rumpf, leicht gewölbter Lende, kraftvoller Hinterhand, geraden und parallelen Läufen und Pfoten sowie einer Geschmeidigkeit der Glieder, die in besonderem Maße seinen charakteristischen Typ und seine Eleganz hervorheben."

FCI-Gruppe 10

Magyar Agár
(Ungarischer Windhund)

Ursprünglicher Verwendungszweck:
Jagd- und Hetzhund, vor allem auf Hasen und Kaninchen

FCI-Standard Nr. 240
Gruppe: 10
Sektion 3: Kurzhaarige Windhunde

Größe
Rüde: 65–70 cm
Hündin: 62–67 cm

Gewicht
Keine Angabe im FCI-Standard (i. d. R. 20–30 kg)

Farbe/Haarkleid
Alle bekannten Farben und Farbkombinationen der Windhunde mit Ausnahme von Blau, Blau-weiß, Braun, Wolfsgrau, Schwarz mit Loh, Dreifarbigkeit.

Kurzhaar, dicht, rau, glatt anliegend. Im Winter kann sich dichte Unterwolle in beträchtlicher Menge ausbilden.

Im 9. Jahrhundert drangen die Reiterkrieger der Magyaren aus den Steppengebieten des Urals nach Pannonien, Siebenbürgen und in das mittlere Donautal vor. Sie führten Windhunde mit, die vermutlich gemeinsame Vorfahren mit dem heutigen Barsoi hatten und die sich auf dem Gebiet des heutigen Ungarn mit schon vorhandenen Windhundetypen der keltischen Pannonier vermischten. Weitere Hundetypen aus West und Ost kamen in dem Schmelztiegel der Völker und Kulturen, der Pannonien damals war, hinzu und leisteten ihren Beitrag zur Entstehung der heutigen Rasse.

Die flinken Hunde wurden jahrhundertelang zur vom Pferd geführten Hetzjagd in den offenen, weiten Grassteppen verwendet. Wie alle Windhunde jagten sie ihre Beute, vor allem Hasen und Kaninchen, aber auch größeres Wild wie Reh oder Hirsch auf Sicht. Um die Schnelligkeit weiter zu erhöhen, wurden im 19. Jahrhundert Greyhounds eingekreuzt, was aber zu keiner Verbesserung für die Verwendung als Jagdhund führte, sodass man dieses Experiment wieder aufgab.

Der Magyar Agár war und ist ein erstklassiger Jagdhund, unermüdlich, zäh und kräftig. Er ist ein sehr ausdauernder Läufer und somit für längere Strecken geeignet. Dort übertrifft er sogar den sprintstarken Greyhound. Daneben ist er treu und anhänglich und – eher untypisch für Windhunde – auch als Wächter des Hauses geeignet.

Seit 1966 ist der Magyar Agar als eigenständige ungarische Rasse von der FCI anerkannt. Man kann ihn heutzutage auch bei Windhundrennen antreffen, was seinem Wesen und seiner Leidenschaft entspricht.

Als Haus- und Familienhund ist er sehr angenehm, ausreichend Bewegung vorausgesetzt. Dann kuschelt er gern mit den Familienmitgliedern. Der genetisch verankerte starke Jagd- und Hetztrieb ist bei der Erziehung zu berücksichtigen.

Auszug aus dem Standard:
„Unermüdlich, ausdauernd, schnell, abgehärtet und widerstandsfähig. Ausgezeichnet bei Hunderennen."

FCI-Gruppe 10

Ursprung: Italien

Piccolo Levriero Italiano
(Italienisches Windspiel)

Ursprünglicher Verwendungszweck:
Jagdhund auf Hasen, Gesellschaftshund

FCI-Standard Nr. 200
Gruppe: 10
Sektion 3: Kurzhaarige Windhunde

Größe
Rüde/Hündin: 32–38 cm

Gewicht
Rüde/Hündin: höchstens 5 kg

Farbe/Haarkleid
Einfarbig Schwarz, Grau und Isabella (hell gelb/beige) in allen möglichen Nuancen (Weiß wird nur an Brust und Pfoten toleriert)

Kurzhaar, seidig und fein, keinerlei Spuren von Fransen

Man kann nicht vom Italienischen Windspiel sprechen, das auch Kleiner Italienischer Windhund genannt wird, ohne seine große Beliebtheit im 17. und 18. Jahrhundert zu berücksichtigen. Besonders der Preußenkönig Friedrich der Große war von dem kleinen, eleganten Hund angetan. Neben seiner Lieblingshündin „Biche" hielt er zeitweise bis zu fünfzig Windspiele, die von speziell instruiertem Personal betreut wurden. Er liebte es, sich ständig mit ihnen zu umgeben und etliche seiner Lieblingshunde wurden auf der Terrasse von Schloss Sanssouci begraben, wo man noch heute ihre Grabplatten bestaunen kann. Übrigens war es der letzte Wunsch des „Alten Fritz" gewesen, neben seinen Windspielen auf der Schlossterrasse bestattet zu werden – dieser wurde ihm erst 1991, 205 Jahre nach seinem Tod, durch eine Umbettung aus der Potsdamer Garnisonskirche nach Sanssouci erfüllt.

Diese kleinste aller Windhunderassen hat sich seit eh und je einen festen Liebhaberkreis erhalten. Ursprünglich zur Hasenjagd verwendet (im italienischen Rassenamen „levriero" ist der Hase, italienisch „lepre", noch enthalten), wurde das Windspiel schon seit Jahrhunderten auch als Gesellschaftshund des Menschen gehalten und wird als solcher auch heute noch sehr geschätzt: Klein, elegant, grazil, verspielt und aufgeweckt, von hoher Anpassungsfähigkeit, wachsam und immer für seinen Menschen da.

Dieser Hund gilt als fröhlich und intelligent. Er ist ein guter Begleithund auch bei höheren Temperaturen, im Winter und bei nasskaltem Wetter friert er mit seinem kurzen Fell ohne Unterwolle und ohne schützendes Körperfett schnell und benötigt entsprechenden Schutz durch einen Mantel. Als Sporthund eignet er sich besonders für die Spaßsportarten. Außerdem wird er gern bei Coursings eingesetzt. Windspiele können äußerst temperamentvolle Hunde sein und besitzen immer noch Jagdtrieb, der sie zum Nachsetzen hinter fliehender Beute animiert. Ansonsten gelten sie als feinfühlig, intelligent und leicht zu führen.

Das Windspiel ist zierlich, aber es sollte nicht zu leicht gezüchtet werden, da sonst seine Robustheit leidet. Bei übertrieben kleinen und leichten Exemplaren sieht man häufig ständiges Muskelzittern, das nichts mit Kälte zu tun hat. Idealerweise sollte das Windspiel schön und schnell zugleich sein und sich seine Leistungsstärke bewahren. Ein Leben als Ausstellungsstück oder modisches Accessoire wird ihm nicht gerecht, wie natürlich keinem Hund.

Da der kleine Kobold sehr gesellig ist, fühlt er sich besonders wohl, wenn es in der häuslichen Gemeinschaft noch einen Artgenossen gibt. Es müssen ja nicht gleich fünfzig werden wie beim Alten Fritz, aber die meisten Windspielhalter besitzen mehr als einen Hund. Mit Kindern spielt der Hund gern und scheint dies sehr zu genießen, sofern die Spielregeln auch von Seiten der Kinder eingehalten werden und das Spiel nicht zu grob wird.

Auszug aus dem Standard:

„(…) Obwohl von eher kleiner Statur, entspricht er doch einer exakten Miniatur-Ausgabe eines großen Windhundes; der Prototyp von Zartheit und Eleganz. Das Italienische Windspiel kann als Inkarnation von Grazie und Würde bezeichnet werden."

FCI-Gruppe 10

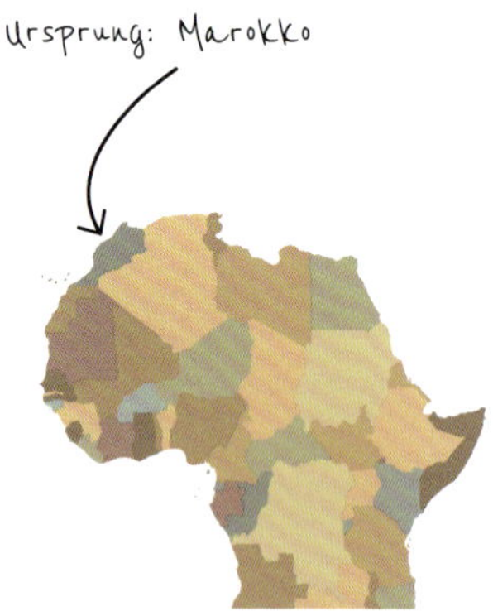

Sloughi

FCI-Standard Nr. 188
Gruppe: 10
Sektion 3: Kurzhaarige Windhunde

Größe
Rüde: 66–72 cm
Hündin: 61–68 cm

Gewicht
Keine Angabe im FCI-Standard
(i. d. R. 18–28 kg)

Farbe/Haarkleid
Alle Tonschattierungen von hell sandfarben bis zu rotsandfarben (mit/ohne schwarze Maske, schwarzen Mantel, schwarze Stromung, schwarze Wolkung)

Sehr kurz, dicht und fein

Ursprünglicher Verwendungszweck:
Jagd auf Sicht, z. B. auf Hasen

Der Sloughi ist vermutlich einer der ältesten Hunderassen überhaupt und wird noch heute in seinem Ursprungsgebiet jagdlich eingesetzt. Man findet die Rasse über das gesamte Gebiet der Sahara, das heute Teile von Marokko, Tunesien, Algerien und Libyen umfasst. Der Sloughi wurde 1934 von der FCI mit Marokko als Ursprungsland anerkannt, wird aber noch immer gelegentlich als arabischer Windhund bezeichnet. Es gibt in Nordafrika Felsenmalereien mit Sloughi-ähnlichen Hunden aus der Jungsteinzeit (8.000 bis 6.000 v. Chr.) und auch die alte Berberkultur der Sahara zeigt Hunde dieses Typs. Mit zunehmender Zivilisation stieg die Nachfrage der Wohlhabenden nach solchen Hunden für größere Jagden. Als Hannibal die Alpen überquerte, wurde er von berittenen Berbern begleitet: Da diese nie ohne ihre Jagdhunde reisten, ist es durchaus möglich, dass bereits zu dieser Zeit Windhunde nach Südeuropa eingeführt wurden. Gekreuzt mit schon im Land vorhandenen Laufhunden haben sie so vor allem in Italien sehr wahrscheinlich eine Reihe von Windhundmerkmalen auf die Jagdhundrassen übertragen.
Aber ihre eigentliche Rolle spielten die Hunde als Jagdhunde der Wüstenbewohner. Sie lebten buchstäblich über Tausende von Jahren mit ihren Nomaden, jagten zusammen mit dem abgerichteten Falken das Wild in der Wüste und beschützten die Zelte. Neben Pferd und Dromedar waren sie der wertvollste Besitz der Beduinen. Im Arabischen wird der Sloughi als „El Hor", der Edle, bezeichnet. Seine langen, hasenartigen Pfoten ermöglichen es ihm, im vollen Galopp im heißen Wüstensand Halt zu finden.
In den Bergen ist die gestromte Farbe die Tarnfarbe der Sloughis, in der Wüste sind die Farben sandähnlich. Unter den Anhängern gibt es Streit, ob Saluki und Sloughi ursprünglich nicht dieselbe Rasse waren. Die Saluki-Anhänger verwerfen den Sloughi als glatthaariges Mitglied ihrer Rasse, während die Sloughi-Freunde auf klare Unterschiede ihrer Hunde verweisen. Mit Sicherheit ist der Sloughi größer und hat kräftigere Knochen.
Sloughis sind ruhige, vernünftige Hunde, die sich stark und früh an eine Person binden. Diese Eigenschaft macht einen Besitzerwechsel unter Umständen schwierig. Ihre freundliche Art und ihre Sauberkeit macht sie in der Wohnung willkommen. Wichtig sind angemessene Möglichkeiten, ihre Energie auszutoben, Zeit und Platz für regelmäßigen Galopp oder lange Spaziergänge. Freilauf kann aufgrund des immer noch sehr stark vorhandenen Jagdtriebes problematisch sein. Der Sloughi jagt zwar vorrangig auf Sicht, setzt aber auch seinen Geruchssinn ein. Solange kein zuverlässiger Rückruf trainiert ist, ist eine Schleppleine empfehlenswert. Dauerhaftes Dasein an der Leine wird diesem Läufer aber keinesfalls gerecht. Das kurze und glatte Fell bedarf keiner besonderen Pflege.

Auszug aus dem Standard:

„Durch sein Aussehen, die Feinheit seiner Gewebe und die Trockenheit seiner Muskulatur ist seine Gesamterscheinung die eines sehr rassigen und eleganten Hundes (…) Obgleich edel und stolz, hängt er sehr an seinem Herrn und verteidigt ihn bei Veranlassung."

FCI-Gruppe 10

FCI-Standard Nr. 162
Gruppe: 10
Sektion 3: Kurzhaarige Windhunde

Größe
Rüde: 47–51 cm (ideal)
Hündin: 44–47 cm (ideal)

Gewicht
Keine Angabe im FCI-Standard (i. d. R. 8–16 kg)

Farbe/Haarkleid
Jede Farbe oder Farbmischung (außer Merle)

Fein, kurz, anliegend

Whippet

Ursprünglicher Verwendungszweck:
Jagdhund auf Fährte oder Sicht für Kaninchen

Der mittelgroße Whippet ist ein äußerst schneller Hund und trägt seinen Namen nicht ohne Grund: „Whippet“ heißt so viel wie „kleine Peitsche“ – er ist wie eine gespannte Feder, die ihre Energie jederzeit explosiv wie ein Peitschenknall in einem Vorwärtssprint entladen kann.

Es wird vermutet, dass der Whippet, wie wir ihn heute kennen, von nordenglischen Bergarbeitern geschaffen wurde, indem sie kleine Windhunde mit Terriern kreuzten. Das Ergebnis dieser Mischung war ein zäher, robuster, agiler kleiner Windhund. Die deutlichen Vorteile der Rasse in ihrer Schnelligkeit und ihrer einfachen Haltung sowie ihre geringe Größe blieben von Wilderern nicht unbemerkt, die den Whippet unter ihren Mänteln oder im Rucksack vor dem misstrauischen Auge des Wächters versteckten, um dann in die Jagdgebiete der Herrschaft zu schleichen. Der Whippet jagte sowohl auf Fährte als auch auf Sicht.

Ein beliebter Zeitvertreib für die Arbeiter war das sogenannte „Snap-Dog Coursing.“ Dieses Wett-Ereignis fand in einem Gehege statt, in dem Kaninchen und manchmal Ratten freigelassen wurden. Eine Anzahl von Whippets wurde

Auszug aus dem Standard:
„Ausgewogene Kombination von Muskelkraft und Stärke mit Eleganz und Grazie der Umrisslinien. Für Geschwindigkeit und Leistung gebaut."

in dasselbe Gehege gelassen, und wer die meisten Kaninchen oder Ratten schnappte, hatte gewonnen. Nachdem dieses grausame Spiel verboten wurde, gab es Hunderennen mit den Whippets und er wurde als „Rennpferd des kleinen Mannes" bekannt.

Der Whippet ist heute auf allen Windhunderennen zu sehen. Aber seit dem Ende des 20. Jahrhunderts legten immer mehr Züchter nicht nur Wert auf reine Schnelligkeit, sondern auch auf Exterieur und Wesen. Seine freundliche, intelligente und menschenbezogene Art machte ihn zum idealen Familienhund und Begleiter. Er ist sehr anschmiegsam und liebebedürftig, aber gleichzeitig auch temperamentvoll und fröhlich. Der alte Anteil an Terriergenen sorgt dafür, dass er auch charakterlich etwas robuster und mitunter eigensinniger und selbstbewusster ist als die meisten anderen Windhunderassen.

Sein kurzes Haar ist sehr pflegeleicht und Kenner der Rasse berichten, dass er nicht nach Hund riecht. Kalte Temperaturen machen ihm nicht viel aus, solange er sich durch Bewegung warmhalten kann, aber wenn es nasskalt wird, freut er sich über einen wärmenden Mantel, da weder eine Speckschicht noch ein dickes Fell ihn schützen.

Sein Jagdtrieb und sein Bewegungsdrang haben sich natürlich in seinem Erbe erhalten, sodass er ausgelastet und beschäftigt werden möchte. Hundesportarten wie Agility eignen sich gut dazu, allerdings muss im Kopf behalten werden, dass er von seinem Naturell her ein Sprinter und kein Dauerläufer ist. Er ist (nach entsprechendem Aufwärmen) mit schnellen, kurze Bewegungseinheiten, wo er sich so richtig strecken darf, wesentlich glücklicher als mit zwei Stunden Traben am Fahrrad.

Quellen und Literaturempfehlungen

Weiterführende Informationen:

Die aktuellen Rassestandards finden Sie auf www.fci.be

Deutscher Dachverband:
Verband für das deutsche Hundewesen
Westfalendamm 174
44141 Dortmund
www.vdh.de

Schweizer Dachverband:
Schweizerische Kynologische Gesellschaft SKG
Thalstraße 49
4710 Balsthal
www.skg.ch

Österreichischer Dachverband:
Österreichischer Kynologenverband
Siegfried Marcus-Str. 7
2362 Biedermannsdorf
www.oekv.at

Weiterführende Literatur:

Für Welpenkäufer:
Céline Lintz, Erst das Buch, dann der Hund. Ratgeber vor dem Hundekauf. Kynos Verlag, 2025.
Maria Rehberger, Welpen achtsam begleiten. Bindungs- und bedürfnisorientiert von Anfang an. Kynos Verlag, 2025.
Jana Rätke, Warum macht der das? Der Welpen-Dolmetscher. Kynos Verlag, 2021.

Kritik an der Rassehundezucht:
Helmuth Wachtel, Rassehund wohin? Argumente für eine Neuorientierung. Kynos Verlag, 2012.

Wissenschaftliche Untersuchungen zu rassespezifischen Erkrankungen (engl.):
Alex Gough, Alison Thomas, Dan O'Neill, Breed Dispositions to Disease in Dogs and Cats, Third Edition. Wiley, 2018.

Domestikation und Verhalten:
Clive Wynne, ...und wenn es doch Liebe ist? Neues zur Mensch-Hund-Beziehung. Kynos Verlag, 2019.
Marc Bekoff und Jessica Pierce, Hunde ohne Menschen. Ein Gedankenexperiment. Kynos Verlag, 2022.
John Bradshaw, Hundeverstand. Kynos Verlag, 2012.
Raymond Coppinger und Mark Feinstein, Die Ethologie der Hunde. Wissenschaftliche Grundlagen zum Verhalten. Kynos Verlag, 2018.

Einteilung der Rassen nach Parker-Studie:
Udo Gansloßer, Yvonne Adler, Gudrun Braun, Hunderassen, Zoologie, Zucht und Verhalten neu betrachtet. Kosmos Verlag, 2021.

Für Züchter:
Sabine König & Sonja Umbach: Praxisbuch Hundezucht. Wegweiser für Züchter und Deckrüdenbesitzer. Kynos Verlag, 2018.
Dr. Anna Laukner et al. Die Genetik der Fellfarben beim Hund, 2. Auflage. Kynos Verlag, 2017.

Für Aussteller und Richter:
Dr. Peter Beyersdorf, Best in Show. Hunde erfolgreich ausstellen, Kynos Verlag, 2. Auflage 2016.
Robert W. Cole, Hunde im Expertenblick. Bewertungshilden für Zuchtrichter und Aussteller. Kynos Verlag, 2008.

Für dieses Buch hauptsächlich benutzte Recherchequellen:

Wilcox & Walcowicz, Kynos Atlas Hunderassen der Welt. 6. Auflage 2004.
Dr. Hans Räber, Enzyklopädie der Rassehunde. Kosmos Verlag, 1995.
Dr. Alain Fournier, Encyclopédie Visuelle des Races de Chiens. Artemis, 2009.
Internetseiten www.vdh.de sowie der jeweiligen Rassezuchtverbände
Für Jagdhunde insbesondere: www.sabinemiddelhaufeshundundnatur.net

Index der Rassenamen und alternativen Rassebezeichnungen

Haupteintrag/Hauptbezeichnung sind fettgeschrieben; Erwähnung im Text/Alternativer Rassename und auf anderen Seiten wurden in normaler Schrift geschrieben.

A

Affenpinscher **118**, 134
Afghane **738**
Afghan Hound **738**
Afghanischer Windhund **738**
Aïdi **178**
Ainu Inu **374**
Ainu Ken 374
Airedale Terrier 138, **232**, 264, 302
Akita **364**, 366, 374, 376, 378, 382, 384, 386
Alabai 218
Alaskan Malamute **312,** 320
Alpenländische Dachsbracke **548**
Altdänischer Vorstehhund **580**
American Akita **366**
American Cocker Spaniel **646**
American Foxhound **414**, 448
American Staffordshire Terrier **290**, 297
American Water Spaniel **664**
Amerikanischer Akita **366**
Amerikanisch-kanadischer Weißer Schäferhund 24
Anatolischer Schäferhund 200
Anglo-français de petite vénerie 447, **450**
Anjing Kintamani-Bali **368**
Appenzeller Sennenhund **222**, 226
Ardennen-Treibhund 108
Argentinische Dogge **160**
Ariégeois **452**
Atlas-Berghund **178**
Atlas-Schäferhund 178
Aussie 20, 21, 32, 78
Australian Cattle Dog 76, **104**, 106, 150
Australian Kelpie **18**
Australian Shepherd **20**, 32, 78
Australian Silky Terrier 266, **298**
Australian Stumpy Tail Cattle Dog **106**
Australian Terrier **266**
Azawakh **750**

B

Balkan-Bracke 514
Balkan-Laufhund 514
Barak **456**
Barbet 29, 604, 618, **666**, 668, 672, 674, 680, 692 f.
Barsoi **742**, 752, 758
Basenji **390**
Basset artésien normand **526**, 530, 536
Basset bleu de Gascogne **530**
Basset fauve de Bretagne **528**
Basset Griffon Vendéen (Grand) **532**
Basset Griffon Vendéen (Petit) **534**
Basset Hound **536**
Bayerischer Gebirgsschweißhund **550**
Beagle 450, 454, 466, 490, 534, **538**
Beagle Harrier **454**
Bearded Collie **22**
Beauceron **26**, 29, 30
Bedlington Terrier **234**, 254, 272
Belgischer Griffon **696**
Belgischer Schäferhund **48**
Bergamasker **40**, 84
Berger Blanc Suisse **24**
Berger de Beauce **26**, 30
Berger de Brie **28**, 30
Berger de Picardie **30**
Berger de Pyrénées **32**
Berger des Pyrénées à face rase 32, **34**
Berger des Pyrénées à poil long **32**
Berner Laufhund **464**
Berner Niederlaufhund **544**
Berner Sennenhund **224**
Bernhardiner 176, **180**, 190, 200, 228
Bichon à poil frisé **680**
Bichon de Ténériffe 680
Bichon Frisé **680**
Bichon Havanais **682**
Billy 256, **418**, 424, 426, 432, 496
Black and Tan Coonhound **416**
Black Forest Hound 510
Blauer Gascogner Griffon **476**
Blauer Picardie-Spaniel **600**
Bloodhound 14, 164, 416, 417, **420**, 442, 444, 487, 502, 536, 582, 626
Bluetick Coonhound 417
Bluthund **420**
Bobtail **84**
Böhmischer Schäferhund **54**
Böhmisch Rauhbart **616**
Bolognese **684**
Bologneser 680, **684**, 722
Bordeauxdogge **162**
Border Collie 18, **36**
Border Terrier 136, **236**, 254
Bosanski Oštrodlaki Gonič **456**
Bosnischer Laufhund 456
Bosnischer Schäferhund 198
Boston Terrier 297, **732**
Bouledogue français **730**
Bouvier des Ardennes **108**
Bouvier des Flandres **110**
Boxer **158**, 160
Brabanter Griffon 696, 698, **700**
Bracco Italiano **560**, 564, 582
Brandlbracke **458**, 466
Braque d'Auvergne **562**
Braque de l'Ariège **564**
Braque du Bourbonnais **566**
Braque Français **568**, **570**, 572
Braque Français (Type Gascogne) **568**

Braque Français (Type Pyrénées) **570**
Braque Saint-Germain **572**
Brasilianischer Laufhund **448**
Brasilianischer Mastiff **164**
Bretonischer Spaniel **602**
Briard 26, **28**, 30, 84
Briquet Griffon Vendéen 440, **460**, 728
Brittany 602
Broholmer **140**
Brüsseler Griffon 696, **698**, 700 f.
Buhund 344, 348
Bullmastiff **144**
Bull Terrier 240, 290, **292**, 294, 296

C

Ca de Bestiar **38**
Ca de Bou 146 f.
Cairn Terrier 266, **268**, 280, 288
Canadian Eskimo Dog **314**
Cane Corso Italiano **148**
Cane da Bergamasco **40**
Cane da Pastore Bergamasco **40**
Cane da Pastore Maremmano-Abruzzese **42**
Caniche **692**
Cão da Serra da Estrela **186**
Cão da Serra de Aires **44**
Cão de Água Português **674**
Cão de Castro Laboreiro **182**
Cão de Gado Transmontano **184**
Cão Fila de São Miguel **150**
Carpatin **56**, 58, 192
Cattle Dog 76, 104 ff., 150
Cavalier King Charles Spaniel 98, **714**, 716
Československý vlčak **46**
Český Fousek **616**, 618
Český Teriér **270**
Cesky Terrier 270
Chart Polski **752**
Chesapeake Bay Retriever **634**
Chien courant suisse **464**
Chien d'Artois 452, **462**, 463
Chien de Berger Belge **48**, 51
Chien de Montagne des Pyrénées **188**
Chien de Saintonge 430
Chien de St. Hubert 416, 420, 442, 487
Chien du Haut Poitou 446
Chien français blanc et noir **422**
Chien français blanc et orange **424**
Chien français tricolore **426**, 447
Chiens gris de Saint-Louis 480
Chihuahua 702, **712**, 724
Chihuahueño 679, **712**
Chinese Crested Dog **702**
Chinesischer Schopfhund **702**
Chodenhund **54**
Chodský pes **54**
Chow Chow 174, **370**
Cimarrón Uruguayo **152**
Ciobănesc Românesc Carpatin **56**, 58
Ciobănesc Românesc Corb **192**
Ciobănesc Românesc de Bucovina **190**, 192
Ciobănesc Românesc Mioritic **58**, 192
Cirneco dell'Etna **400**
Clumber Spaniel **648**
Cocker Spaniel 644, 646, 649, 652
Collie Kurzhaar **62**
Collie Langhaar **60**
Collie Rough **60**
Collie Smooth **62**
Continental Bulldog **154**
Coonhound 416, 417, 438
Corb 192, 193
Corgi 76, **112**, **114**, 115, 354
Coton de Tuléar **688**
Crni gonič **466**
Crnogorski Planinski Gonič **466**
Curly Coated Retriever **636**, 664

D

Dachsbracke 306, 540, 542, 546, 547, 548
Dachshund 306, **548**
Dackel 112, **306 ff.**, 396, 544
Dalmatiner 105, **554**
Dalmatinski Pas **554**
Dandie Dinmont Terrier 234, 266, **272**, 284, 298
Dänische Dogge 140, 156
Dänisch-schwedischer Farmhund **120**
Dansk-Svensk Gårdshund **120**
Deerhound 29, 84, 444, **746**
Deutsch Drahthaar **574**, 576, 578, 588, 590, 592, 618, 620, 666
Deutsche Bracke **540**, 546
Deutsche Dogge 124, 140, **156**, 160
Deutscher Boxer **158**
Deutscher Jagdterrier **238**
Deutscher Pinscher **122**
Deutscher Schäferhund **64**
Deutscher Spitz **356**
Deutscher Wachtelhund **650**
Deutsch Kurzhaar 567, 568, 570, **574**, 576, 578, 586, 594, 596
Deutsch Langhaar **596**, 607, 610
Deutsch Stichelhaar 574, **578**, 616
Dobermann 122, **124**, 128
Dogo Argentino **160**
Dogo Canario 170
Dogue de Bordeaux **162**
Do Khyi **194**
Drahthaar 240, 574, 576, 578, 588, 590, 591, 592, 618, 620, 666
Drahthaariger Italienischer Laufhund **504**
Drahthaariger Ungarischer Vorstehhund **590**
Dreifarbiger Serbischer Laufhund **516**
Drentsche Patrijshond **598**, 614
Drent'scher Hühnerhund **598**
Drever **542**, 546
Drótszőrű Magyar Vizsla **590**
Dunker **468**, 482, 490
Dunkerbracke **468**
Dürrbächler 224

E

Eesti hagijas **472**
Elchhund 114, 324, 330, 332
Englische Bulldogge **142**, 732
English Bulldog **142**, 154 f.
English Cocker Spaniel **652**
English Foxhound **428**
English Pointer **622**
English Setter **624**
English Springer Spaniel **654**, 662
English Toy Terrier 257, **300**
Entlebucher Sennenhund 222, **226**
Épagneul bleu de Picardie **600**
Épagneul Bréton **602**, 662
Épagneul de Pont-Audemer **604**
Épagneul Français **606**
Épagneul Nain Continental **722**
Épagneul Picard 600, **608**
Erdélyi Kopó **470**
Eskimohund 314 f.
Estnische Bracke **472**
Estrela-Berghund 216
Eurasier **372**

F

Field Spaniel **656**
Fila Brasileiro **164**, 262
Finnenspitz **338**
Finnischer Lapphund **350**
Finnischer Lapplandhirtenhund 346
Finnischer Laufhund **518**
Finsk Stövare 468, 518
Flandrischer Treibhund **110**
Flat Coated Retriever **638**
Fox Terrier **240**
Fox Terrier (Drahthaar) **240**
Fox Terrier (Glatthaar) **242**
Français blanc et noir 422, 424, 426, 434, 450
Français blanc et orange 422,424, 426, 432, 450
Français tricolore 422, 424, 426
Französische Bulldogge **730**
Französischer dreifarbiger Laufhund **426**
Französischer Spaniel **606**
Französischer Wasserhund **666**
Französischer weiß-schwarzer Laufhund **422**
Französischer weiβ-oranger Laufhund **424**
Friesischer Vorstehhund **614**
Friesischer Wasserhund **676**

G

Galgo Español **754**
Gammel Dansk Hønsehund **580**
Gascon Saintongeois **430**, 434
Golden Retriever 634 ff., 638, **640**, 642, 694
Gończy Polski **474**
Gordon Setter 600, **626**
Gos d'Atura Català 44, **66**, 102
Gos Rater Valencià **244**
Grand anglo-français blanc et noir **434**
Grand anglo-français blanc et orange **432**
Grand anglo-français tricolore **436**, 447
Grand Basset GriffonVendéen 532
Grand Bleu de Gascogne 430, **438**, 500, 530
Grand Griffon Vendéen **440**, 460, 532, 534
Greyhound 447, 752, 754, **756**, 758
Griechischer Laufhund **488**
Griffon 29, 110, 440, 444, 460 f., 476 ff., 480, 528, 532, 534, 574, 616, 618, 620, 666, 696, 698 ff., 728
Griffon Belge **696**
Griffon bleu de Gascogne **476**
Griffon Bruxellois **698**
Griffon d'arrêt à poil dur Korthals **618**
Griffon Fauve de Bretagne **478**
Griffon Nivernais **480**
Groenendael 48, **50**
Grønlandshund **316**
Grönlandhund **316**
Großer anglo-französischer weiß-oranger Laufhund **432**
Großer blauer Gascogner Laufhund **438**
Großer Münsterländer **610**
Großer Schweizer Sennenhund **228**
Großpudel 130, 586, 666, 694
Großspitz 356, **358**
Groβer anglo-französischer dreifarbiger Laufhund **436**
Groβer anglo-französischer weiβ-schwarzer Laufhund **434**

H

Halden-Bracke **482**
Haldenstøver **482**
Hamiltonstövare 468, 482, **484**, 518, 520
Hannoverscher Schweißhund **552**
Harrier 454, **486**, 496, 518, 520
Havaneser 680, **682**
Heeler 76
Heidewachtel 612
Hellinikos Ichnilatis **488**
Herder **68**
Hokkaido **374**, 376, 378, 384, 386
Holländischer Schäferhund 68
Holländischer Smoushund **136**
Hollandse Herdershond **68**
Hollandse Smoushond **136**
Hovawart **196**
Hrvatski Ovčar **70**
Husky 14, 320 ff.
Hygenhund 482, **490**

I

Illirskij ovcar 198
Illyrische Bracke 492, 494
Illyrischer Laufhund 456
Illyrischer Schäferhund 198, 204
Irischer Wolfshund 248, **748**
Irish Glen of Imaal Terrier **248**
Irish Red and White Setter **630**
Irish Red Setter **628**, 630 f.
Irish Soft Coated Wheaten Terrier **250**
Irish Terrier **246**, 250
Irish Water Spaniel 246, 656, 664, **668**
Irish Wolfhound 160, 246, 746, **748**
Islenskur Fjárhundur **344**
Islandhund **344**, 348
Israelspitz 392
Istarski Kratkodlaki Gonič **492**
Istarski Oštrodlaki Gonič **494**
Istrianer Bracke 492 ff.
Italienischer Laufhund 504, 506
Italienischer Trüffelhund **670**
Italienischer Vorstehhund **560**, 620
Italienischer Zwergspitz **362**
Italienisches Windspiel **760**

J

Jack Russell Terrier 121, 240, 258 f., 262 f., **274**
Jämthund **324**, 330
Japan Chin 714, **718**
Japanischer Terrier **276**
Japan-Spitz **382**
Jugoslawischer Gebirgslaufhund 466
Jugoslawischer Hirtenhund 198
Jura Laufhund **464**
Jura Niederlaufhund **544**

K

Kai **376**, 378, 384, 386
Kanaanhund **392**
Kanadischer Eskimohund **314**
Kangal **200**
Kangal Çoban Köpeği **200**
Karabaş 200
Karelischer Bärenhund **326**
Karjalankarhukoira **326**

Karst-Schäferhund **204**, **205**
Katalanischer Schäferhund **66**
Kaukasischer Owtscharka **202**
Kawkaskaja Owtscharka **202**
Kazakh Tazy **740**
Keeshond 357
Kelb-tal Fenek **396**
Kelpie 18 f., 36, 106
Kerry Blue Terrier 250, **252**
King Charles Spaniel 98, 714, **716**
Kintamani-Bali-Hund **368**
Kishu **378**, 384
Kleiner blauer Gascogne-Laufhund **500**
Kleiner Münsterländer **612**
Kleinpudel **692**
Kleinspitz 356, **358**, 362
Komondor **72**, 80, 90, 220
Königspudel **692**
Kontinentaler Zwergspaniel 679, **722**, 724, 726
Korea Jindo Dog **380**
Korthals 574, 618
Kraševec 204
Kraški ovčar **204**
Kroatischer Schäferhund **70**
Kromfohrländer 679, **728**
Kurzhaarcollie 61 f.
Kurzhaarige Istrianer Bracke **492**
Kurzhaariger Italienischer Laufhund **506**
Kurzhaariger Ungarischer Vorstehhund **592**
Kuvasz 72, **74**, 80, 88, 100, 196, 220

L

Labrador Retriever 636, 638, **642**, 644
Laekenois 48, 52, **53**
Lagotto Romagnolo **670**, 672, 692
Laika 322, 336, 340, 342 f.
Lakeland Terrier **254**
Lancashire Heeler **76**
Landseer 206, **208**, 686
Langhaarcollie 60, 61, 62
Lapinporokoira **346**
Lapphund 350, 352
Lappländischer Hütehund 350
Lappländischer Rentierhund **346**
Leonberger 186, **206**
Levesque 422
Lhasa Apso **704**, 706 ff., 710
Löwchen 680, **690**
Löwenhund 556, 690, **704**, 706
Lundehund 334 f.
Luzerner Laufhund **464**
Luzerner Niederlaufhund **544**

M

Magyar Agár **758**
Magyar Vizsla 590, 592
Magyar Vizsla (Drahthaar) **590**
Magyar Vizsla (Kurzhaar) **592**
Malamute 312 f., 320
Malinois 48, 50, **51**, 64
Mallorca-Dogge 146
Mallorca-Mastiff **146**
Mallorca-Schäferhund **38**
Malteser 286, 680, 682, 684, **686**
Manchester Terrier 76, **256**, 300
Maremmaner Hirtenhund 40, 42
Maremmano 40, **42**
Maremmen-Abruzzen-Schäferhund **42**
Mastiff 140, 141, 144, 146, 156, 164, **166**, 182 f., 194, 210, 212
Mastín del Pirineo **210**
Mastín do Alentejo 216
Mastín Español **212**, 216
Mastino Napoletano **168**
Mexikanischer Nackthund **398**
Miniature American Shepherd **78**
Miniature Australian Shepherd 78
Miniature Bull Terrier **294**
Miniatur-Pinscher 128
Mini-Aussie 78
Mioritic **58**, 192
Mittelasiatischer Schäferhund **218**
Mittelgroßer anglo-französischer Laufhund **450**
Mittelpudel **692**
Mittelschnauzer **132**
Mittelspitz 356, **358**, 360, 382
Montenegrinischer Gebirgslaufhund **466**
Mops 12 f., 174, 714, 718, **734**
Mudi 70, **80**, 92

N

Nackthund 394, 398, 702
Nederlandse Kooikerhondje **658**
Nederlandse Schapendoes **82**
Newfoundland **214**
Neufundländer 138, 192, 193, 208, 209, **214**, 638, 642
Nihon Terrier **276**
Norfolk Terrier **278**, 280
Norrbottenspets **328**
Norrbottenspitz **328**
Norsk Buhund **348**
Norsk Elghund Grå **330**
Norsk Elghund Sort **332**
Norsk Lundehund **334**
Norwegischer Buhund **348**
Norwegischer Elchhund Grau **330**
Norwegischer Elchhund Schwarz **332**
Norwegischer Laufhund **468**
Norwegischer Lundehund **334**
Norwich Terrier 278, **280**
Nova Scotia Duck Tolling Retriever **644**

O

Ogar Polski **442**, 474
Old English Sheepdog 22, 28, **84**
Ormskirk Heeler **76**
Österreichischer Pinscher **126**
Ostsibirischer Laika **340**
Otterhound 232, 272, **444**

P

Papillon 713, **722**
Parson Russell Terrier **258**, 274 f.
Patou 188
Peintingerbracke 522
Pekinese 708, **720**
Pekingese 718, **720**
Perdigueiro Português **584**, 622
Perdiguero de Burgos 564, **582**, 584
Perro de Agua Español **672**
Perro de Pastor Mallorquín **38**
Perro de Presa Canario 170
Perro sin Pelo del Perú **394**
Peruanischer Nackthund **394**
Petit Basset Griffon Vendéen 534
Petit bleu de Gascogne **500**
Petit Brabançon 696, 698, **700**
Petit chien courant suisse **544**
Petit Chien Lion **690**
Petit Gascon Saintongeois 430
Phalène **722**
Pharaoh Hound **396**
Pharaonenhund **396**, 402, 404, 407
Picardie-Spaniel 600, **608**
Piccolo Levriero Italiano **760**

Podenco Canario **402**, 406
Podenco Ibicenco 396, 402, **404**, 406
Podengo Português **406**
Pointer 160, 562, 572 f., 576 ff., 580, 582, 584, 586, 592, 622 f., 636, 642
Poitevin 422, 424, 426, 436, **446**, 450
Polnische Bracke **442**, 474
Polnischer Jagdhund **474**
Polnischer Windhund **752**
Polski Owczarek Nizinny 44, **86**
Polski Owczarek Podhalanski **88**
Pomeranian 356, 360, 361
PON **86**
Pont-Audemer-Spaniel **604**
Ponto 604
Porcelaine 450, **496**
Portugiesischer Schäferhund **44**
Portugiesischer Vorstehhund **584**
Portugiesischer Wasserhund **674**
Posavski Gonič **498**
Powder Puff 702 f.
Prager Rattler **724**
Pražský krysařík **724**
Presa Canario **170**
Pudel 14, 84, 234, 586, 604, 636, 666, 672, 674, 679, 682, 686, 690, **692**, 694
Pudelpointer 574, **586**, 588, 666
Pug **734**
Puli 72, 80, **90**, 92, 673
Pumi 80, 90, **92**
Pyrenäen-Berghund **188**
Pyrenäen-Hütehund **31**
Pyrenäen-Mastiff **210**
Pyrenäen-Schäferhund (Glatthaar mit kurzhaarigem Gesicht) 34
Pyrenäen-Schäferhund (Langhaar) 33

Q

Qimmeq qimuttoq **316**

R

Rafeiro do Alentejo **216**
Rastreador Brasileiro **448**
Ratonero Bodeguero Andaluz **260**
Ratonero Valenciano **244**
Rattler 120, 122, 126, 136, 256, 724, 725
Rauhaarige Istrianer Bracke **494**
Rauhaariger Italienischer Vorstehhund **620**
Rauhhaariger Französischer Vorstehhund Korthals **618**
Rehpinscher 128
Rhodesian Ridgeback 410, **556**
Riesenschnauzer **130**, 134, 138
Rottweiler 138, **172**, 512
Rough Collie 60, 62
Rövidszőrű Magyar Vizsla **592**
Rumänischer Bukowina Schäferhund **190**
Rumänischer Hirtenhund 56, 190
Russischer Schwarzer Terrier **138**
Russischer Toy **726**
Russisch-Europäischer Laika **336**
Russkaja psowaja borsaja **742**
Russkiy Toy **726**
Russkiy tchiorny terjer **138**
Russko-Evropejskaia Laika **336**

S

Saarlooswolfhond **94**
Saarlooswolfhund **94**
Sabueso Español **502**
Saintongeois 422, 430 f., 434, 476
Saluki 741, **744**, 752, 762
Samojede **318**
Šarplaninac **198**, 204
Savetalbracke **498**
Schapendoes 44, **82**, 83
Schillerstövare **520**
Schipperke **96**
Schnauzer 116 ff., 120, 122, 124, 126, 128, 130, **132**, 134, 136, 138, 306
Schottischer Hirschhund **746**
Schwarz-lohfarbener Waschbärenhund **416**
Schwedische Dachsbracke 542
Schwedischer Elchhund **324**
Schwedischer Lapphund **352**
Schwedischer Schäferspitz 354
Schweizer Laufhund **464**, 544
Schweizer (Schwyzer) Niederlaufhund **544**
Schwyzer Laufhund **464**
Scottish Terrier 268, 272, **282**
Sealyham Terrier 270, **284**
Segugio Italiano a pelo forte **504**, 506
Segugio Italiano a pelo raso **506**
Segugio Maremmano **508**
Serbischer Laufhund **514**, 516
Serra da Estrela Berghund **186**
Shar Pei **174**
Sheltie **98**
Sherry-Terrier **260**
Shetland Sheepdog **98**
Shiba 374, 376, 378, 382, **384**, 386
Shikoku 176, 376, 378, 384, **386**
Shi Tzu 704, **706**
Siberian Husky **320**, 322
Skye Terrier 268, 282, **286**, 288
Sloughi 178, **762**
Slovensky Čuvač **100**
Slovenský hrubosrstý stavač **588**
Slovenský Kopov **510**
Slowakischer Laufhund **510**
Slowakischer Rauhbart **588**
Slowakischer Tschuvatsch **100**
Slowakische Schwarzwildbracke 510
Smålandsstövare **512**
Smooth Collie 62
Smoushond 136, 696, 698, 700
Sollinger 522
Spanischer Laufhund **502**
Spanischer Mastiff **212**
Spanischer Wasserhund **672**
Spanischer Windhund **754**
Spinone Italiano **620**
Spitz 70, 318, 325, 327 ff. 331, 333, 345, 347 ff., 353, 356, 362, 382, 390
Sredneasiatskaja Owtscharka **218**
Srpski Gonič **514**, 520
Srpski Trobojni Gonič **516**
Stabijhoun **614**, 677
Staffordshire Bull Terrier 290, **296**
Standardschnauzer 132
Steirische Rauhaarige Hochgebirgsbracke **522**
Stichelhaar 574, 578 f., 616
Stichelhaariger Bosnischer Laufhund **456**
Stumpy 106
Südrussischer Owtscharka **102**
Suomenajokoira **518**
Suomenlapinkoira **350**, 352
Suomenpystykorva **338**
Sussex Spaniel **660**

T

Taiwan Dog **408**
Tatra-Schäferhund **88**
Tazy 740
Teckel **306**

Teneriffa-Seidenpudel 680
Terrier Brasileiro **262**
Tervueren 48, **52**
Thai Bangkaew Dog **388**
Thai Ridgeback **410**
Tibet Mastiff **194**
Tibet Spaniel 86, **708**, 710
Tibet Terrier 86, 90, 704, **710**
Tiroler Bracke **524**, 550
Toller **644**
Tornjak **220**
Tosa **176**
Toypudel 694
Transmontano-Hirtenhund **184**
Transsylvanischer Laufhund **470**
Tschechischer Terrier **270**
Tschechoslowakischer Wolfhund **46**
Type Gascogne **568**, 570
Type Pyrénées 568, **570**

U

Ungarische Bracke **470**
Ungarischer Windhund **758**
Urrador Americano 448
Uruguayischer Cimarron **152**

V

Valhund **354**
Västgötaspets **354**
Veadeiro Pampeano 448
Vieräugl **458**, 548
Volpino Italiano **362**
Vostochno-Sibirskaja Laika **340**

W

Wachtelhund 650 f.
Wallhund 354
Weimaraner 124, 588, **594**
Weißer Schäferhund 24
Weißer Schweizer Schäferhund **24**
Welsh Corgi Cardigan **112**
Welsh Corgi Pembroke **114**
Welsh Springer Spaniel **662**
Welsh Terrier 238, 254, **264**
Westfälische Dachsbracke 540, **546**
Westgotenspitz 354
West Highland White Terrier 278, **288**
Westsibirischer Laika **342**
Wetterhoun **676**, 692
Whippet 394, **764**
Windspiel 760 f.
Wolfsspitz **356**, 358 f.
Working Cocker 652

X

Xoloitzcuintle 394, **398**, 702

Y

Yakutskaya Laika **322**
Yorkshire Terrier 280, 298, **302**
Yuzhnorusskaya Ovcharka **102**

Z

Zapadno-Sibirskaja Laika **342**
Zwergpinscher 118, **128**, 724
Zwergpudel **693**
Zwergschnauzer 118, **134**
Zwergspitz 356, 358, **360**, 362, 713

Und jetzt einmal nicht ganz so ernst – hier ein kleiner Auszug aus dem Buch "Grundels Hundekunde"

Briard

Azawakh

Beagle

Bergamasker

English Toy Terrier

Havaneser

Boxer

Wolfsspitz

Collie

Dackel

Kynos Verlag Dr. Dieter Fleig GmbH
Konrad Zuse Straße 3
54552 Nerdlen/Daun
Tel.: +49(0)6592-957389-0
bestellung@kynos-verlag.de

Kynos